海洋石油工程技术论文
（第六集）

中国石油学会石油工程专业委员会海洋工程工作部　编

中国石化出版社

图书在版编目(CIP)数据

海洋石油工程技术论文. 第 6 集 / 中国石油学会石油
工程专业委员会海洋工程工作部编. —北京：中国石化
出版社，2014.9
ISBN 978-7-5114-2984-1

Ⅰ.①海… Ⅱ.①中… Ⅲ.①海上海气田-石油工程-文
集 Ⅳ.①TE5-53

中国版本图书馆 CIP 数据核字(2014)第 206728 号

中国石化出版社出版发行
地址：北京市东城区安定门外大街 58 号
邮编：100011　电话：(010)84271850
读者服务部电话：(010)84289974
http://www.sinopec-press.com
E-mail:press@ sinopec.com
北京富泰印刷有限责任公司印刷
全国各地新华书店经销
*
787×1092 毫米 16 开本 68.75 印张 1702 千字
2014 年 10 月第 1 版　2014 年 10 月第 1 次印刷
定价:210.00 元

海洋石油工程技术论文（第六集）

编　委　会

目　录

平台设计研究

平台建造安装

海 底 管 道

海上钻井作业及自升式平台

浮式装置及水下系统

HSE、风险评估及项目管理

陆岸终端及装备

平台设计研究

海上固定平台总图审查要点探讨

李祥锋

（中国船级社天津分社）

摘要：总图是海上固定平台设计过程中关键图纸之一，总图布置的优劣与平台的安全程度高低息息相关，在海上平台设计文件审查中需要重点关注平台的总图。本文结合国内海上固定平台的总图设计特点，探讨了总图中点火源和燃料源的隔离、通风、墙对危险区影响、逃生通道布置等审图要点。

关键词：燃料源；点火源；防火墙；挡风墙；危险区；逃生通道

1　前言

总图布置是海上油（气）田工程开发工程设计的前期基础文件，关键技术参数的应用正确与否、重点设计成果是否安全、合理对整个工程顺利完工至关重要，为确保海上油（气）田总图布置安全、可靠，保证项目的设计质量，在固定平台审图时需重点审查和关注。

总图布置的一般安全原则是使潜在着火的燃料源（可燃物质）尽可能远离着火源，使固定平台尽量开敞，保持平台通风效果良好，避免可燃气体积聚，达到阻止油气点燃和防止火灾扩散目的。合理可靠的总体布置图可以最大限度避免和减轻固定平台风险对平台人员和设施的影响。

本文主要从以下几个方面探讨总体布置图。

2　燃料源和点火源隔离

固定平台在布置时应根据工艺装置的不同和潜在的风险差异划分为不同的区域。高风险区域应与低风险区域、重要功能区相隔离，避免高风险区域事故影响其他区域。

生活楼和其他有人值守处所属于重要区域，应重点关注其布置的安全性，以对平台人员进行保护。在其布置时应位于非危险区，尽可能远离危险区域，如油气处理区域、油类储存罐、井口区域、立管、钻井区域。

区域的隔离措施首先应从空间距离（水平和竖直）上进行考虑，由于固定平台设备多，空间狭小，如空间隔离很难实现，可以利用防火墙、防爆墙、围堰等进行区域隔离。

在审图过程中应注意防火墙的设置是否合理，是否有效的将燃料源和着火源隔离。结合曾经设计和审查的项目，现将典型燃料源和点火源设备进行汇总，见表1。

图1为某项目井口平台中层甲板典型布置图，油气处理区属于高风险区域，主要为天然气设备，天然气属于燃料源，具体有天然气压缩机组、天然气过滤器、天然气洗涤器等；该层甲板中间区域为水处理区，主要点火源设备为非防爆注水泵电机。A60防火墙将油气处理

区与水处理区域分隔开，电气区域通过房间与水处理区域分隔开，实现平台不同风险区域明确分隔。

表 1　固定平台典型燃料源和点火源一览表

燃 料 源	点 火 源
井口	热油锅炉
油气管汇	柴油机
油气分离器、洗涤器	发电机
油气加热器、换热器	生活楼
电脱水器	电气设备
原油外输泵	火炬
柴油罐	焊接机械
天然气计量设备	切割设备
立管	废热回收设备
收发球筒	直升机甲板
闭排罐、火炬分液罐	
天然气压缩机	
取样口	

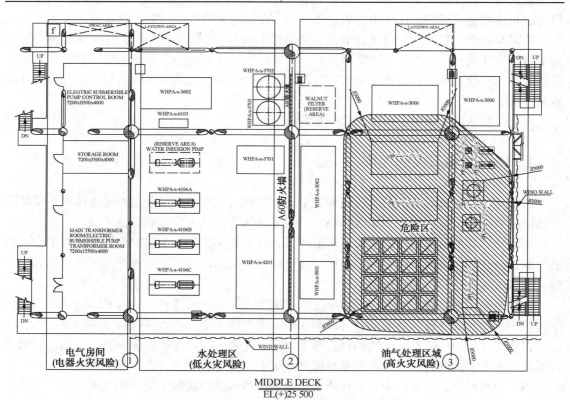

图 1　井口平台中层甲板典型布置图

在实际的工程中，不可能将燃料源和点火源完全隔开，例如内燃机驱动的泵和压缩机，燃料源和点火源共同存在。在审图中会经常遇到此种情况，需要经过充分的分析，考虑可能存在的风险和可能发生的后果。

3 风向对总体布置图影响

风向是在平台甲板布置时，重点考虑的因素。在平台总体设备审查时，应重点关注设备布置是否充分利用风向减少泄漏或放空的油气吹向潜在的着火源。一般情况下，常压放空口、火炬系统的布置应能使主风将热和油气带离海上平台。锅炉、内燃机、压缩机、HVAC系统进风口的布置应最大限度的与燃料源分开，最后处于上风向。

平台上生活楼应布置在平台常年主风向的上风向，主要工作船停靠位置平台常年主风向的下风向、一般逆风向和逆流停靠，火炬臂、放空臂应布置在平台常年主风向的下风向或布置在平台常年最小频率风向的上风向。

平台甲板设备布置时，如分离器，其轴向应尽可能顺着主风向，保持平台上自然通风顺畅，避免烟气在平台内部滞留。

4 防火墙和挡风墙的设置对危险区划分影响

高纬度海域平台冬季温度低、风大，为了提高作业环境，常常设置挡风墙。在审图时，必须注意挡风墙的设置对平台自然通风的影响，有可能因为挡风墙和防火墙的设置影响危险区的划分和危险区等级的确定。

根据API RP500《石油设施电气设备安装一级一类和二类危险区域划分推荐做法》，封闭空间：(房屋、建筑或空间)指三维空间，其封闭投影面超过2/3，并有足够通道保证人员正常出入。对一典型建筑而言，这就要求它的墙壁、天花板、地板占其总投影面的2/3以上。

封闭区域、或部分封闭区域满足充分通风条件：具有屋顶或天花板和墙壁的建筑物或区域，如果其垂直墙壁面积与整个建筑所围的墙面之比小于或等于50%，则被认为充分通风区域(不考虑甲板形式)。

由于平台甲板防火墙和挡风墙的设置，本来非封闭甲板区域变成封闭区域，而内部有油气处理设备则整个封闭区域则被划分为2类区域，如果垂直墙壁的面积占封闭区域四周立面(墙壁和开口)面积大于50%，则该甲板区域属于非充分通风区域，内部划分一类危险区。

以图2为例说明挡风墙和防火墙对危险区的影响，该层甲板1轴和3轴设有防火墙，北侧设有挡风墙。根据API RP500，1轴和3轴间空间属于封闭空间，防火墙和挡风墙面积大于封闭空间四周面积的50%，该封闭空间属于非充分通风区域，1轴和3轴防火墙间区域划分一类危险区，一类危险区临近三米空间划分二类危险区。

5 逃生通道布置

决定总图布置的一个关键因素是逃生通道的布置，好的总图布置应首先能保证平台人员在事故状态安全逃生。平台总图布置必须考虑逃生通道的设计，逃生通道的设计应遵循以下

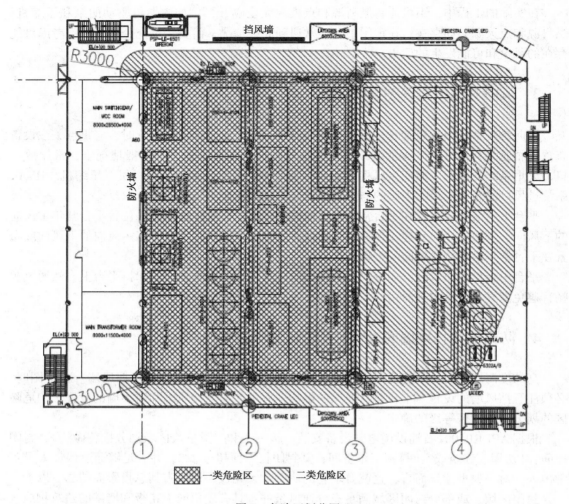

图 2 危险区划分图

原则:

(1) 海上生产设施逃生通道设置的基本原则是至少提供两条逃生通道;

(2) 逃生通道的布置应尽量远离,避免一个事故导致两条通道同时失效;

(3) 主逃生通道的布置应沿平台甲板的外边缘布置,以减少火灾烟气对通道的影响;

(4) 主逃生通道的布置应减少人员在逃生过程中曝露在热、火焰环境下;

(5) 逃生通道应有足够的高度、宽度,人员撤离通畅无阻;

(6) 逃生通道应提供应急照明及安全标识。

在大型平台、高危险海上设施、或者由于环境状况限制,人员从海上逃生存在困难,应考虑设置临时集合区。平台的操作人员可以在临时集合区聚集,并制定计划逃生或者在此寻求临时的庇护。一般来说,可以作为临时集合区的设施有生活楼、控制室、或者救生艇站,这些区域应能够提供一定时间的保护。

临时集合区应配有救生艇、救生筏等逃生设施,能够使人员在紧急情况下逃生。从临时集合区应至少有两条独立的逃生通道通向海面,对于含 H_2S 的油气设施,考虑 H_2S 密度比空气大, 应有一条逃生通道通向直升机甲板。

生活楼应有两条彼此独立的逃生通道, 其中至少一条通道通向海面。如果临近生活楼区域有集合区, 应设置两条彼此独立的从生活楼至集合区的逃生通道。对于已建的设施, 如果生活楼无法设置两条通道, 生活楼出口应足够安全, 保证在应急情况下人员能从唯一的出口安全逃生。

6 直升机甲板布置

海上固定平台通常设有直升机甲板, 直升机起降对环境条件要求很高, 例如障碍物、平台设备排放烟气等。在海上平台直升机甲板布置图纸审查时应严格执行《海上固定平台安全规则》、《民用直升机海上平台运行规定》(民航总局令第 151 号) 标准要求。在直升机平台为中心的 1000m 以内, 直升机平台上 210° 直升机抵离区域不允许有高于 250mm 的物体。

在总图设计及审查时应特别注意以下两点:

(1) 在直升机平台上 210° 直升机抵离区域内平台上的吊机、火炬、生活楼、烟管、钻井井架等超出直升机平台允许的高度;

(2) 在直升机平台上 210° 直升机抵离区域内平台上的火炬臂的火焰、放空臂排出的燃气、主机排出的烟热对直升机的影响。

在直升机平台中心为界靠海侧的 180° 范围内, 直升机平台至海面 1:5(高度距离 5 个单位、水平距离 1 个单位) 坡度外不允许存在结构、设施等, 要特别注意吊机的吊臂、钢丝绳在以上区域出现对直升机平台的隐干涉。

在直升机甲板布置图纸审查时应同时参考平台吊机其吊机臂在驻留位置时吊臂、吊机钢丝绳与飞机平台干涉图和直升机平台与周围平台上的吊机、火炬、生活楼、烟管、钻井井架等与飞机平台关系图, 以便核实直升机平台设计是否满足设计要求。

7 结语

固定平台合理的总图可以有效地对点火源和燃料源进行隔离、保证平台利用自然条件进行通风, 防止火灾爆炸的产生, 同时也可以为平台人员逃生提供畅通的逃生途径, 起到保障固定平台安全生产、减少人员伤亡的作用。

参 考 文 献

1 Recommended Practice for Design and Hazards Analysis for Offshore Production Facilities(API RP14J).

2 Recommended Practice for Classification of Locations at Electrical Installations at Petroleum Facilities Classified as Class I, Division 1 and Division 2.

3 李祥锋. 海上生产设施危险降低及人员逃生探讨. 中国造船 Vol. 49 增刊 2 2008. 11.

钻井船插桩与环境荷载对桩基的耦合作用研究

陶敬华　侯金林　贾旭　王朝阳

（中海油研究总院）

摘要：自升式钻井船通过桩靴支撑在土层上，用来进行海上油气田的钻完修井作业。当自升式钻井船距离平台桩基较近时，随着桩靴的插入会产生大体积土体流动和重塑，对导管架桩基产生挤压荷载。尤其当自升式钻井船正在海上作业时遭遇极端风暴，桩基处于危险状态。本文分析了当前国内外研究成果和不足，提出一套解决挤土效应和环境荷载效应耦合的新方法，然后以工程实例对该方法进行了详细说明。

关键词：桩靴插桩；桩基；耦合分析；桩土相互作用；新方法；CEL；环境荷载

1　引言

自升式钻井船通过贯入海底土层的桩靴支撑，是用来进行钻进新井或维修老井的海洋工程装备。随着技术的提升，自升式钻井船最大作业水深达到120m。

在百米水深的油气田开发中，与新建平台上设置模块钻机或修井机方案、半潜式钻井船进行作业方案相比，采用自升式钻井船方案具有更好的经济效益。因此，近年来自升式钻井船越来越多地应用于我国近海油气开发中。

固定式导管架平台采用钢管桩基支撑。自升式钻井船的桩靴贯入土层一定深度，将会引起大体积土体重塑和扰动。当桩靴距离桩基较近时，该土体运动对桩基会产生显著的影响（见图1和图2）。

图1　自升式钻井船三维示意图

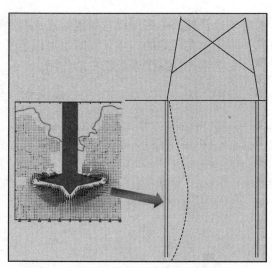

图2　自升式钻井船桩靴插桩挤压示意图

2 当前研究成果

钻井船插桩对桩基影响是个复杂的难题，国内外做了一些研究（Xie et al.，2012；Wang et al.，2013）。以上研究主要结论有：

（1）钻井船插桩导致土体流动，对桩基产生侧向挤压力；

（2）桩靴距离桩基越近，桩身弯矩越大；（图 3 为 Xie et al.，2012 论文中，在桩靴入泥 9m 下，不同桩靴距离对应的桩身弯矩图）

（3）桩靴入泥越深，桩身弯矩越大；（图 4 为 Xie et al.，2012 论文中，在桩靴距桩基 $0.5D$ 下，不同桩靴入泥深度对应的桩身弯矩图）

（4）相比于卸载、拔桩、钻井工况，插桩工况导致桩身弯矩最大；

（5）桩靴贯入对桩基横向影响大于轴向。

（6）土壤参数、表层土体厚度、桩身刚度、桩头刚度也是影响桩基的重要因素。

然而，以上研究成果存在以下不足：

（1）未考虑挤土效应和环境荷载效应的耦合影响，尚不能应用到工程实践。

（2）分析成果针对某一种特定软黏土，具有一定的局限性。

（3）采用离心机模型试验耗时耗钱，无法满足工程工期要求。

（4）未考虑桩头刚度对桩头设计的影响。

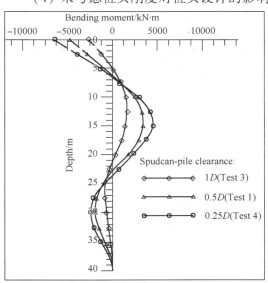

图 3 不同净距下桩靴挤土产生的桩身弯矩图
（桩靴最终入泥 9m）

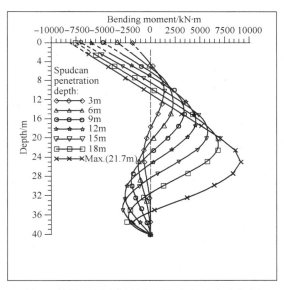

图 4 桩靴不同入泥深度下产生的桩身弯矩图
（净距为 0.5 倍桩靴直径）

3 解决方案

鉴于钻井船插桩对桩基影响的复杂性，国内外研究人员大多进行模型试验，并试图从中推导出一些简化公式。但目前尚且没有一套应用于工程实践的评估办法。因此急切需要寻求一套创新的方法来指导工程实践。本文结合目前研究成果和工程实践做法，提出以下一套新的解决方案(共分为六个步骤)：

(1)采用有限元 CEL(Couple Eulerian-Lagrangian 耦合欧拉—朗格朗日)方法模拟桩靴入泥过程，求解挤土效应下的桩身变形。

(2)采用有限元拉格朗日(Lagrangian)方法模拟桩身挤压变形，求解桩身强度 UC 值 (UC=Unit Check)。

(3)采用海洋工程中常用设计软件 SACS 模拟环境荷载效应，求得桩身强度 UC 值。

(4)根据海洋工程中常用设计规范 API RP 2A-WSD(2007)在 MS EXCEL 中编程，实现挤土效应和环境荷载效应的人工耦合，根据耦合结果调整桩基参数。

(5)进行桩基承载力分析、起吊分析、自由站立分析、打桩分析、疲劳分析、制造分析、桩腿连接分析等常规设计工作，再次调整桩基参数。

(6)重复第一至第五步，直至桩身 UC 值满足规范要求。

4　基础数据

在挤土效应和环境荷载效应的耦合分析中，需要表 1 中基础数据。

表 1　耦合分析的基础数据

项　　目	数　　值	应 用 阶 段	提 供 者
桩靴直径	18m	用于第一步模型	钻井船作业承包商
桩靴入泥深度	9.08m	用于第一步模型	钻井船作业承包商
桩靴与桩基净距离	5.52m	用于第一步模型	钻井船作业承包商
各层土壤参数	土层厚度、分类、弹性模量、泊松比、粘聚力和内摩擦角等	用于第一步模型	土壤勘查承包商
环境荷载下桩头力和变形	水平力、弯矩与线变形、转角	用于第一、第二步模型	桩基设计方
桩基入泥长度、直径和壁厚等	80m, 2134mm, 38~85mm	用于第一、第二步模型	桩基设计方
土壤 P-Y、T-Z、Q-Z 曲线	非线性弹簧数据	用于第二、第三步模型	土壤勘查承包商
群桩效应参数	Z 乘子=4.91, Y 乘子=1.92	用于第二、第三步模型	土壤勘查承包商
导管架、桩基、环境计算模型	含桩土相互作用的 SACS 模型	用于第一、第三步模型	桩基设计方

其中入泥深度和净距离两个基础数据对耦合分析影响较大，需要对于钻井船作业承包商提供的数据加以简单分析才能使用。

在给定入泥深度下，在第一步模型中提取桩靴底部压力，与自升式钻井船桩靴最大设计值对比，可简单对入泥深度进行评价。本文的案例中入泥深度 9.08m，第一步模型中提取的桩靴压力 120MPa，该自升式钻井船桩靴设计值 112MPa，两者数值差别不大，可以初步判断入泥深度 9.08m 可用来进行耦合分析。

净距离除了需要考虑自升式钻井船悬臂满足平台最外侧井槽作业要求外，还需考虑自升式钻井船就位误差，并适当考虑挤压入泥过程中的滑移。本文案例中，经沟通后不考虑就位误差和泥下滑移时的净距离为 6.989m，考虑就位误差和泥下滑移±1.5m，桩靴与桩基净距离为 5.52m（见图 5 和图 6）。

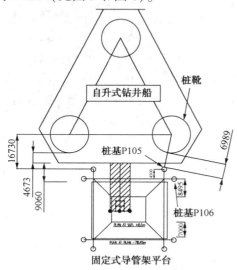

图 5　不考虑钻井船就位误差和滑移情况下
桩靴与桩基净距离 6.989m

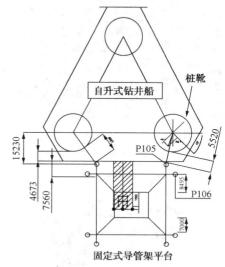

图 6　不考虑钻井船就位误差和滑移 1.5m 情况下
桩靴与桩基净距离 5.52m

5　挤土效应下桩身变形

采用有限元方法进行挤土效应分析，可适用于砂土、黏土等多种土壤，节省时间，满足工程工期需求。

CEL（Couple Eulerian-Lagrangian 耦合欧拉—拉格朗日）方法是有限元分析中一种新的解决大变形问题的技术。采用 CEL 方法模拟钻井船桩靴贯入过程中，将桩靴设置成拉格朗日结构体，土体设置成欧拉材料，土体材料独立于网格自由流动。相比于传统拉格朗日方法，CEL 解决了桩靴深入泥时土体大变形导致的网格严重扭曲的问题，对钻井船插桩的过程进行较好的数值仿真模拟。在 Wang et al.，2013 论文中研究成果表明：在桩靴贯入土层过程中，利用 CEL 方法的计算结果与理解论计算结果核模型试验结果较为接近。采用 CEL 方法模拟挤土效应是可行和有效的。

建立 CEL 模型过程中需要确定土体参数（弹性模量、泊松比、黏聚力和内摩擦角），弹性模量的确定是难点。针对多层不同特性的土壤，本文案例采用统一的弹性模量，其确定原则是给定外力下 CEL 模型的桩头变形值接近 SACS 计算的变形值。

本文案例中 CEL 模拟结果显示，在泥面以下桩身 16m 处产生最大侧向变形，约 7cm。通过处理变形数据，发现沿桩身侧向变形偏移角度是变化的，桩头偏移角度为 289°，泥下 16m 偏移角度 251°。

图 7 展示了在土体大变形时拉格朗日方法导致网格严重扭曲失真。图 8 展示了在土体大变形时 CEL 方法模拟桩靴贯入中土体发生流动。图 9 展示了本文案例中采用的 CEL 模型。

图 10 展示了本文案例中桩靴挤土效应下的桩身变形(桩身变形放大 100 倍)。图 11 展示了本文案例中桩身侧向变形曲线。图 12 展示了本文案例中沿桩身侧向变形偏移角度。

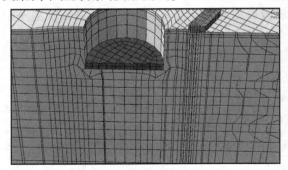

图 7　土体大变形时拉格朗日方法
导致网格严重扭曲

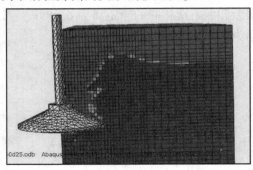

图 8　土体大变形时 CEL 方法模拟桩
靴贯入和土体流动

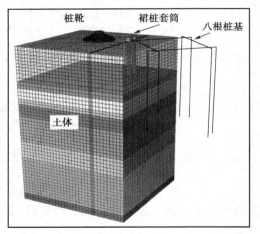

图 9　模拟桩靴贯入土层的 CEL 模型

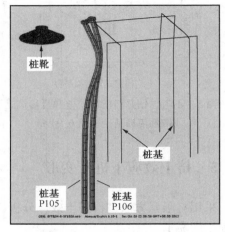

图 10　桩靴挤土效应下的桩身变形
(桩身变形放大 100 倍)

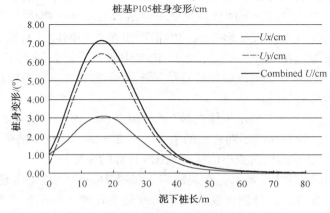

图 11　挤土工况下桩基 P105 桩身变形

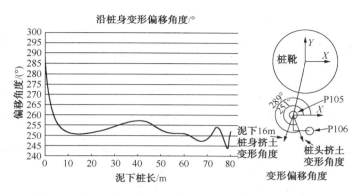

图 12 挤土工况下桩基变形 P105 沿桩身变形偏移角度

6 挤土效应下桩身 *UC* 值

考虑土体的非线性，泥面以上导管架与泥面以下桩基之间通常采用迭代法进行分析。其中土体按照 API RP 2A-WSD（2007）规范要求采用 P–Y、T–Z、Q–Z 曲线表述的非线性弹簧来模拟。在目前的海洋工程设计程序中，尚不能施加桩身的初始变形，因此需要采用拉格朗日有限元方法模拟桩基，施加桩身变形以求解桩身弯矩。图 13 为采用拉格朗日方法的桩基与土弹簧模型。

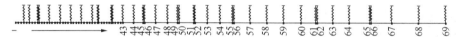

图 13 采用拉格朗日方法模拟桩基与土体弹簧模型

在第二步模型中，沿桩身施加侧向 P–Y 曲线非线性弹簧约束，P–Y 数据需考虑群桩效应的 Y 乘子的增大。在模型试验中桩头大多采用固定约束，由此在桩头区域产生较大的弯矩。但是实际情况中桩头采用裙桩套筒连接，桩头处于半刚接半铰接状态。本案例桩头刚度依照 SACS 计算的环境荷载下桩头力和变形来确定。

在图 14 中，不同桩头刚度下桩头弯矩差别显著。本案例中最大弯矩在泥面以下 15m 处，为 45，000kN·m。图 15 展示挤土效应下的桩身 *UC* 值。

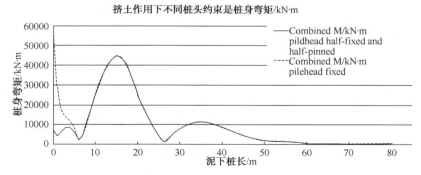

图 14 在挤土作用下不同桩头约束时桩基 P105 弯矩图

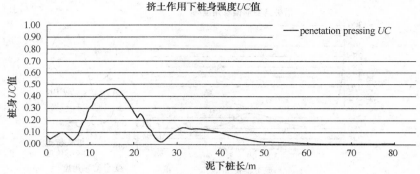

图 15　在挤土作用下沿桩基 P105 桩身强度 *UC* 值

7　环境荷载效应下桩身 *UC* 值

在海洋工程中，常用 SACS 程序来模拟环境荷载效应，求解桩基内力和变形，按照规范要求进行桩身强度校核。

环境荷载是平台遭受的风、浪、流等海况荷载，可分为操作状态和极端状态。图 16 展示了本文案例中 SACS 程序模拟的平台结构模型。图 17 展示了本文案例中环境荷载效应下桩身变形值。图 18 展示了本文案例中环境荷载效应下桩身强度 *UC* 值。

8　挤土和环境荷载效应耦合

目前研究成果显示，插桩工况对桩基的水平侧向挤压效应最为显著，但未考虑与环境荷载的耦合影响，因此没有应用在工程实践中，这就是本文研究的主要目的。桩基的耦合影响是指挤土效应和环境荷载效应导致的桩身侧向变形的叠加影响，以及由变形引起桩身 *UC* 值的变化。

图 16　SACS 程序模拟的
平台结构模型

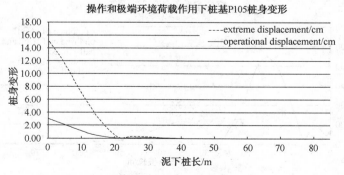

图 17　环境荷载效应下桩基 P105 桩身变形

根据自升式钻井船作业承包商提供的要求：在极端工况下自升式钻井船不撤离，直到钻完井作业结束。因此挤土效应分别与操作、极端工况耦合，两者取最不利工况。

操作和极端环境荷载作用下桩基P105桩身强度UC值

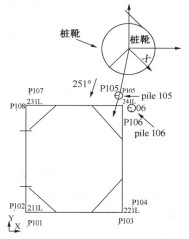

图 18　环境荷载效应下桩基 P105 桩身强度 UC 值

在本文案例中挤土效应下，桩身最大弯矩发生在泥下 15m 处，为 45000kN・m（见图 11），桩身最大侧向变形发生在泥下 16m 处，为 7cm（见图 14）。在极端工况下桩头侧向变形最大 15cm，随深度增加变形值迅速减少，在泥下 22m 处趋于 0（见图 17）。

同时，沿桩身变形的偏移角度一直在变化中（见图 12），因此需确定一个角度，以保证在该角度下环境荷载效应与挤土效应的桩身变形是同方向。采用同方向的变形进行线性叠加，可产生最不利的桩身弯矩。综合考虑，确定采用挤土效应下泥下 16m 处侧向变形偏移角度 251°作为最不利耦合角度。

当耦合结果 UC 值大于 1.0 时，表示不满足规范要求，需要对桩基直径和壁厚参数进行调整，然后再进行第一步到第四步的分析，直到耦合 UC 值小于 1.0。

本文案例中挤土效应和极端环境荷载效应耦合影响是桩基设计的控制工况。结果显示，耦合效应最危险位于泥下 16m 处，此处挤土效应贡献 UC 值为 0.45，极端工况贡献 UC 值为 0.5，耦合 UC 值为 0.95，挤土效应约占耦合结果的 50%。

图 19 展示了采用 251°方向的环境荷载效应。图 20 展示了 251°极端环境荷载效应与挤土效应的桩身耦合变形。图 21 展示了 251°操作环境荷载效应与挤土效应的耦合桩身 UC 值。图 22 展示了 251°极端环境荷载效应与挤土效应的耦合桩身 UC 值。

图 19　采用 251°方向的环境荷载效应

251°极端环境荷载效应与挤土效应的桩身耦合变形/cm

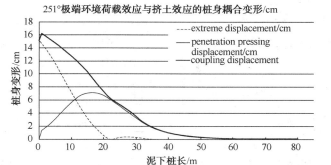

图 20　251°极端环境荷载效应与挤土效应的桩身耦合变形

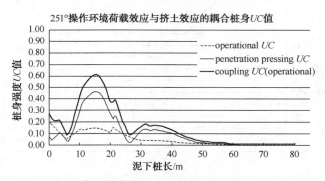

图 21　251°操作环境荷载效应与挤土效应的耦合桩身 UC 值

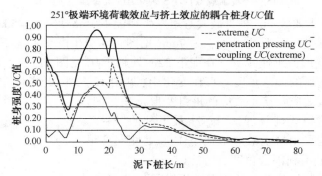

图 22　251°极端环境荷载效应与挤土效应的耦合桩身 UC 值

9　桩基常规设计

通过耦合分析调整桩基参数(桩基直径和壁厚)后,应进行后续的常规分析,主要有承载力分析、起吊分析,自由站立分析、打桩分析、疲劳分析、桩腿连接分析等。当常规分析结果不满足规范要求时,需调整桩基参数,此时需再次进行第一步到第五步的分析,直到桩基满足要求。

挤土效应和环境荷载效应对桩头区域影响显著,导致桩头区域壁厚增加。同时,桩头壁厚增加在自由站立分析中将对桩底区域产生显著影响,导致桩底区域壁厚增加。以上两者共同增加桩基重量。图 23、图 24 展示了桩身的壁厚变化。

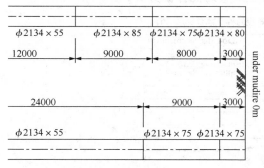

图 23　耦合分析前后桩头区域厚度变化

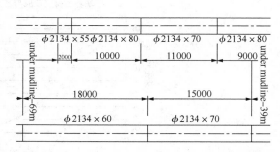

图 24　耦合分析前后桩身-69~-39m 区域厚度变化

10　结束语

　　自升式钻井船桩靴贯入土层过程中，使土体产生显著的流动，对临近桩基的桩头区域产生较大的挤压效应。当钻井船作业时遭遇极端风暴条件，桩头区域遭受较大的耦合弯矩，而使桩基处于风险状态。鉴于目前无法进行挤土效应和环境荷载效应的耦合，本文提出一套新的评估流程应用于工程实践，取得较好效果。同时对于耦合影响分析，还有诸多问题需要探讨，例如努力寻找一种简洁的解决方法，裙桩灌浆撕裂，CEL 方法与现场测量的验证等。

参 考 文 献

1　王鹏，王建华．钻井船插桩的大变形有限元数值模拟．低温建筑技术，2013，100~101.

2　Y. XIE，C. F. LEUNG & Y. K. CHOW. Centrifuge modelling of spudcan-pile interaction in soft clay. Ge'otechnique 62, 2012，(9)：799~810.

海上平台抗冰技术研究及设施应用

杜夏英　崔玉军　刘圆　徐田甜　邢海滨等

(中海油工程建设部)

摘要：中国的渤海湾、黄海在冬季生产过程中存在冰情，冰期大约在每年的 11 月至次年的 2 月不等，冰激振动是渤海冰区导管架平台的主要环境灾害之一，强烈的冰激振动严重危及平台结构、生产设施及作业人员的安全，是必须解决的问题。本文就根据这些海域的冰期情况提出海上平台冰力学技术研究及防冰技术应用。

关键词：冰期、导管架、冰激振动、抗冰锥体

1　概述

中国海域有不同区域的油田开发，渤海湾海上油田的开发更是中国海上能源贡献的引领者，产量占海上油田的总产量一半以上，而在渤海湾的东北部，其油田产量也将占整个渤海湾产量的一半，保证该区域油田的开发除面临常规的海洋石油技术挑战外，还要考虑一个重要因素就是冰的有效防护。冰对结构不但有巨大的静力作用，还会随着冰排的破坏产生剧烈的动力作用。渤海冰区平台冰激振动问题是一个影响安全生产的重要问题，冰荷载是渤海湾平台设计过程中必须考虑的一个因素，

2　研究历程及存在问题

早在 1969 年，中国海洋人经过三年建立起来了第一代海上平台承受着强烈的海冰威胁，桩腿周围堆积起高 6m、长 70m 的冰山，一排排的大冰流随着狂风和海潮横冲直撞，最终平台被海冰推到，在当时的平台设计中，防冰、抗冰技术考虑较少，这是导致平台倒塌的重要因素；接受失败的教训，海洋人开始研究建造第二代抗冰平台，第二代平台采用强度设计方法，平台设计考虑可以抵抗最大的冰排的水平推力，结构比较坚固，钢材用量成倍增加，经济效益较差；经过对冰力学的深入研究，利用冰的弯曲强度远远小于挤压强度，1992 年渤海辽东湾建立起第三代抗冰平台，第三代平台对导管架桩腿采用抗冰锥体，减小冰的作用荷载，使平台设计更为合理，钢材用量降低。但平台在实际作业过程中还是出现了一些问题，如井口区域冰堵塞使井口隔水套管受到巨大的冰力撞击，进而造成平台结构物的晃动，管线断裂、法兰松动等。平台出现的这些问题，使得设计者必须进一步研究冰振原理。

2002 年初在渤海湾冰区开发一个海上油气田项目，主要目的是将该区域多余的气送往远端用户，由于该区域原所使用结构形式为沉箱结构，外输管线无法从结构物上直接连接，为此计划选择简易的结构桩平台作为设计方案。计算所用参数如表 1 所示。

表1 常规计算所用冰参数

冰荷载	冰厚/cm	抗压强度/(kg/cm²)
原ODP	90	24.1

以上是根据相关报告中提供的环境资料，对立管平台单桩方案核算的结果表明，平台位移达49cm，难以满足安装立管的要求。为此经过研究决定采用新的海冰条件，即《中国海海冰条件及应用规定》的新的荷载参数，对单桩方案重新进行了校核。冰荷载的取值见表2。

表2 2002年6月起执行参数

冰荷载	冰厚/cm	抗压强度/(kg/cm²)
新《规定》	70	18.4

上面两个表的参数比较冰荷载降低了约42%。重新分析的计算结果如表3。

表3 采用新参数计算结果

管径(in×in)	84×2	总冰力/kN(动+0.5静)	1281
主结构重/t	151	动冰力引起的振幅/cm	15
静冰力/kN	1038	静力变位/cm	20
自振周期/s	0.737	总冰力引起变位/cm	28
动冰力/kN	762	U.C	0.42

由以上计算及分析，单桩方案仍存在以下几个问题：单桩结构在冰荷载作用下位移较大，影响海底管线安全；施工中，需要增加很多辅助设施来保证桩的垂直度，而且桩一旦打偏，校正非常困难；由于有栈桥通向其上平台，立管平台的倾斜将会给使用带来影响；如倾斜角度过大，则会使平台所受冰力大大增加，影响平台的整体安全。

而同样在输气的另一端，若海管立管从单桩立管平台连接，根据环境资料计算总变位达92cm，再采用新规定的荷载，单桩方案计算如表4。

表4 该区域冰荷载对比表

冰荷载	冰厚/cm	抗压强度/(kg/cm²)
原ODP	100	19.6
新《规定》	67.5	17.52

冰荷载降低了约40%，重新分析的计算结果如表5。

表5 采用采用新参数计算结果

管径(in×in)	84×2	主结构重/t	171
静冰力/kN	949	自振周期/s	1.188
动冰力/kN	717	总冰力/kN	1192
动冰力引起的振幅/cm	33	静力变位/cm	44.8
总冰力引起变位/cm	61	U.C	0.63

由以上的结构计算结果分析，不论使用何种规范，该区域单桩结构变位较大，因此单桩

方案在此区域不能满足立管安装要求。上述的例子说明冰荷载的存在（见图1~图3）直接影响到设计方案的选择，同时冰激振动严重影响平台的安全生产和人员安全，因此有必要研究冰力学及建立一套防冰的技术。

图1　早期海上平台冰期状况　　　图2　井口区局部冰堵塞状况　　　图3　沉箱结构受冰力状况

3　海上冰力学及防冰技术研究

上面的实例反映了海冰影响的真实情况，因此对于冰区的工程项目必须从根本上提出一套解决办法，才能避免工程设计过程中少走弯路，避免造成可怕的事故。海冰是高纬度海域海洋结构物设计和安全运营的重要影响因素。海冰的形成存在一定的不确定性，只有经过长期的预测，再进行分析才能得出相应的结果。海冰撞击海上石油平台时，平台会因为海冰冲击而造成冰激振动，冰激振动过大时，对平台结构及其上部设施造成疲劳破坏。为保障渤海冰区油气资源开发的安全，首先需要研究冰的形成规律包括冰期、冰厚分布等，其次需要考虑冰荷载的类型、计算方法和海冰疲劳环境模型等关键性问题。

3.1　研究内容

3.1.1　冰期研究

在渤海冰区人们对1996~2003年的冰情等级和有效冰期进行了统计，得出不同年份的冰情等级不同，冰期长短不等，如表6。

表6　1996~2003年冰情等级和有效冰期

年　份	1996	1997	1998	1999	2000	2001	2002	2003
冰情等级	2.5	2.0	1.5	3.0	4.0	1.0	2.0	2.0
有效冰期/d	46	42	23	52	57	23	34	27

通过最小二乘法分析，可建立冰情等级与有效冰期的线性关系，其关系式为：

$$y = 13.083x + 8.5625 \qquad (1)$$

其相关系数 $R = 0.92$，可见冰情等级与有效冰期之间有较好的线性关系，即冰期时长相对等级高，反之亦然。对1960~2004年44年中各种冰情出现的频次进行统计，可得到冰情等级的概率分布。假定冰情等级和有效冰期具有相同的概率分布，同时根据式（1）可以得到各种冰情等级对应的有效冰期，从而可以得到44年的平均有效冰期，结果如表7。

于是，44年一遇的平均有效冰期 $T = \sum T_i \cdot P_i = 42(\text{d})$。

3.1.2　冰厚的概率分布

基于辽东湾海域1996~2004年8个冬季海冰定点观测资料，统计结果表明，它较好地服从对数正态分布，如图 4 所示，并通过了显著水平 $a = 0.05$ 的 K–S 检验。其概率密度为：

$$f(h) = \frac{1}{0.5503h\sqrt{2\pi}}\exp\left[-\frac{1}{2}\left(\frac{\ln h - 1.8671}{0.5503}\right)^2\right] \tag{2}$$

表 7　渤海冰情等级及有效冰期分布

冰期等级	1.0	1.5	2.0	2.5	3.0	3.5	4.0	4.5	5.0
频次 P_i	0.11	0.2	0.16	0.07	0.21	0.14	0.02	0.07	0.02
有效冰期 T_i/d	22	28	35	42	48	54	61	67	73

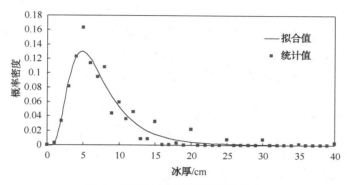

图 4　年资料统计的冰厚概率分布

3.1.3　冰荷载研究

经过研究概括渤海冰区基本情况为初年冰，平整冰厚大约为 0.2m，重叠冰厚 0.3~0.4m，堆积冰，冰脊 4.5m，最大冰速 1.2m/s，以此为基础研究冰荷载。

冰荷载类型及其计算方法是冰激疲劳分析首先需要解决的问题，如果荷载这个输入条件不精确，结构的热点应力以及疲劳寿命估算就无从谈起。冰荷载是渤海海洋平台结构设计的控制性荷载。冰荷载加载在不同类型结构物上，其破坏模式是不一样的，由此产生的交变冰荷载也不同，不同类型结构物可以分为：宽大结构和窄小结构、直立结构和斜面/锥体结构、刚性结构和柔性结构、固定结构和浮式结构，冰荷载引发的结构问题是极值冰力会造成结构被推倒，交变冰力会引起冰激结构振动。

针对渤海冰区做了以下几方面的研究：提出冰荷载研究方法、建立渤海现场冰荷载研究基地、窄结构冰荷载研究、多桩腿结构的堆积问题、多腿结构的冰荷载问题；提出确定冰荷载的原则即极限应力准则、极限动量准则、极限动量准则；确定冰荷载方法，即理论模型分析、室内实验研究、原型结构试验，得出以下结论：柔性窄结构的冰激振动问题是结构动力响应，造成结构疲劳和甲板振动，甲板振动引起人员不舒服感受和机械设备振动、管线振动等，宽大结构的坡前冰堆积问题：结构前形成的坡前冰堆积，是一种宽大结构冰力，流冰直接作用于堆积冰；坡前冰堆积对冰力极值冰力大小和交变冰力形成有影响；多桩结构的内部存在冰堆积问题；对直立结构冰荷载的认识存在较大的差异，主要问题归结为是自激振动还是强迫振动，目前基于原型结构试验讨论的问题还比较多：是否存在挤压破坏冰力的不同破坏模式？是否存在冰的自激振动？非同时破坏理论是否正确？低值冰力公式对窄结构是否适用？因此需要对海冰材料性质和破坏进行深入研究并结合现场测量数据进行机理分析说明。

3.1.4　冰激疲劳分析

由冰激振动导致的结构疲劳失效一直是相关研究的重点，目前疲劳设计方法主要有四种：无限寿命设计、安全寿命设计、损伤容限设计和耐久性设计。对于海洋结构来讲，安全寿命设计方法比较成熟，适于新建结构的疲劳寿命估计，因此，本文选取安全寿命设计方法进行冰激疲劳寿命估计。

冰激疲劳分析与波浪条件下的疲劳分析的主要差别有两点：一是疲劳荷载不同，二是疲劳环境模型不同。与波浪条件下的疲劳分析相比，疲劳冰荷载和冰疲劳环境要复杂得多，研究也不成熟，因此疲劳冰荷载和冰疲劳环境模型是冰激疲劳寿命估计的两个关键问题。

3.2　抗冰锥体研究

在分析了冰荷载对结构物的影响以后，在设计过程中需要考虑建立一种理念，即在冰到来后让冰首先破坏，这样就将减轻对结构物的破坏。前面研究了直立结构受冰载荷影响的问题，这种结构所受的冰荷载是直接的，为此需要考虑其他结构形式，抗冰锥体正是在这种情况下提出的。

经过研究认识到冰与直立结作用时，通常产生挤压破坏，而与锥体结构作用时多为弯曲破坏，因此，常见的抗冰结构由此分为直立结构和锥体结构两种型式。受破坏力学研究进展的限制，无论是数值模拟还是物理模拟这一过程都比较困难，利用现役的抗冰结构进行现场监测是研究冰激振动和动冰荷载比较理想的方法。

冰与直立结构作用可以出现多种破坏形式，其中出现最多的是挤压破坏，而冰与直立结构挤压破碎形成的动冰力随着冰速变化冰挤压破碎可以分为三种冰力模式，在低冰速时为准静态冰力，中冰速可以形成自激振动，在快冰速时产生随机强迫振动。

在冰挤压破坏形成的的三种冰力中，准静态冰力的周期远大于结构的周期，引起的结构振动不大，而且出现的概率不高，冰致自激振动也只有在特殊的冰速下出现，所占比率也不高，但引起的结构响应是稳态的，对结构的危害比较大，直立结构在快冰速挤压破坏引起的强迫振动占了绝大多数工况，是疲劳分析主要应当考虑的。下面主要介绍抗冰锥体的原理、设计方法及应用。

渤海海冰属一年冰，常出现的形式有平整冰、迭冰、冰脊和二次冻结的碎冰场，渤海海洋平台结构设计一般只考虑前两种形式的冰。锥形结构上的冰荷载的主要影响因素为冰类型、冰厚、冰速和冰的弯曲强度等。

多锥体结构前冰的非同时破坏现象对总冰力的影响显著，如考虑"非同时破坏"影响，则多锥体结构的总冰力可大幅折减。锥体间距对冰力有影响，当锥间距小于7倍锥体水线面直径时，应考虑锥间距对冰力的折减作用。正、倒锥体交界线前冰的破坏是挤压破坏，但其冰力远小于同直径桩柱上的冰力，冰力与交界线边棱的尖锐程度有关。另外锥体上的复杂附体对冰力计算的影响也有待研究。目前渤海海上平台工程设计中为了简化，将锥体冰力作为一个确定的静力值计算，还未考虑上述诸多因素的影响，平台总冰力的计算值偏大，平台总冰力的计算方法还有待改进。

3.2.1　抗冰锥体结构强度计算

目前渤海重冰区导管架平台通常应用有限元法对抗冰锥体结构进行局部强度计算。渤海导管架平台的固有频率约为 $0.5 \sim 2.0$ Hz，这一频率范围恰好是冰荷载能量集中的范围，因此冰荷载的动力效应显著。考虑到渤海海冰对导管架式平台作用时冰荷载的动力效应，抗冰锥体结构应具有足够的强度储备。

3.2.2　实例

渤海辽东湾的多座平台已经安装了破冰锥体。观测表明在绝大多数的情况下，冰与锥体结构作用呈弯曲破坏，如图5所示，并具有明显的周期性，进一步证实了模拟实验的结果如图6所示。

利用安装在锥体上的冰压力计，可以获得冰力时程曲线，如图6所示。通过对冰与锥体相互作用的破碎分析，可以建立确定性的冰力

图5　窄锥结构前冰的弯曲破碎

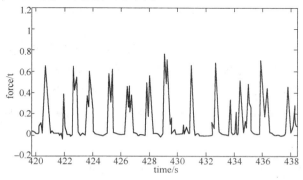

图6　典型锥体冰力时程

函数，其函数可表示为：

$$F(t) = \begin{cases} F_0\left(1 - \dfrac{t}{\tau}\right) & (0 \leq t < \tau) \\ 0 & (\tau \leq t < T) \end{cases} \tag{3}$$

式中，F_0为冰力幅值，T为冰力周期，τ为冰与锥体的作用时间。确定性的冰力函数具有明确的物理意义，也可以用作粗略的疲劳分析。

4　建立一套渤海海域的防冰、抗冰管理体系

4.1　海上平台监测系统

4.1.1　监测系统建立

要设计合理的防冰、抗冰平台，就需要知道冰的相关情况，因此有必要建立监测系统（图7），监测各种参数。使用一种常规的监测仪器就可以把平台冰激振动状况转换为电压或电流信号，从而获取整个冰期的冰激振动数据。

通过对获取的冰激振动数据进行分析，可以反推出海冰的各种情况，从而指导防冰破冰。此外监测的这些冰激振动数据可以作为设计的依据。

冰激振动监测是海冰监测的间接监测方式，通过监测冰激振动可以反映出海冰冰期的轻重情况，同时也监测出平台的冰激反映状况，随着对自然环境要素特别是冰要素与冰激振动之间、冰激振动与平台结构及上部设施安全之间关系的深入了解，冰激振动监测可以逐渐为

图 7　冰激振动监测系统

海冰监测体系提供更好的理论支持。

4.1.2　监测点的布置

平台振动监测的监测点一般选择在平台的主要结构上,依靠对振动加速度的测量反映平台结构在海冰作用下的振动情况,因此选用的振动加速度传感器为低频传感器,其测量范围大约在 0.05~1500Hz 之间,监测点应避开平台吊机、楼梯通道、压缩机等背景振动较强烈的区域。

通过现场设备采集相关数据,采集的数据通常有振动数据、视频数据、雷达扫描图、气象数据、冰情数据等等。然后根据采集的冰情数据情况进行分析,及时通报平台安排破冰船进行破冰作业。经过测试、记录、分析,形成一套主动控制破冰的机制,包括冰厚、冰流速、冰类型和破冰的对照情况;冰振加速度效值(gal)、持续时间和破冰的对照情况;冰激振动引起的人员感受及处理方式的对照情况等。

4.2　防冰、抗冰设施应用

抗冰锥体作为渤海冰区导管架平台上的重要设施元件,其布置和构造设计应服从于各油田海域的环境特点以及平台整体布置的要求。从上述研究中得知锥体上的冰力小于同直径直立柱体上的冰力,但设置在柱体上的锥体的水线面直径增大到一定程度时,锥体上的冰力仍有可能大于原柱体上的冰力;另外导管架加装抗冰锥体后,平台在某些海况下所受浪、流荷载会有所增加,抗冰锥体与其它平台附属设施之间的距离减小也可能会导致局部冰堵塞,锥体结构可能会使海冰弯曲破坏过程具有规律性,导致平台结构发生明显振动;因此首先要综合评估在导管架上加装抗冰锥体的合理性和抗冰效果,防止冰期在井口区出现了局部冰堵塞等。因此针对不同的项目要有不同的设计方案,下面是渤海湾各项目具体的抗冰锥体安装情况。

4.2.1　常规导管架平台抗冰锥体

常规导管架平台抗冰锥体的中心点通常位于平均海平面附近,锥体高度应能完全覆盖冰磨蚀区。如因导管架主体构造的布置限制等原因,锥体高度难以完全覆盖冰磨蚀区,则锥体高度应至少能覆盖冰磨蚀区内导管架主体构造重要的环形焊缝。

锥体直径应充分考虑隔水套管、泵护管、立管、电缆护管、灌浆管线、靠船件、牺牲阳极和水下阴极保护监测系统等附属设施的布置要求。为了避免出现冰堵塞,且便于抗冰锥体的建造,各种附属设施在锥体上的布置应间隔匀称,不应过于密集。抗冰锥体的建造难度较大,抗冰锥体的锥体直径还应兼顾锥体内部的最小施工空间要求,建造时应在锥壳上开设临时人孔,锥壳内部的焊接及检验完工后再将临时人孔密封。

40°~65°是渤海导管架平台抗冰锥体实用的锥角范围。正、倒锥角最合理的搭配应是使正、倒锥体上的冰力相等。

抗冰锥体结构通常采用 EH36 级钢板建造,构造分为基本型和加强型两种。基本型抗冰锥体的构造完整、对称，没有附属设施穿过锥体；抗冰锥体结合部设有水密隔板和圆管环，将抗冰锥体分隔为上、下两个独立的水密室。锥壳内部设径向肘板，肘板端部与导管架主腿及水密隔板焊接。锥壳板、水密隔板和肘板之间的连接均以圆管环为过渡构件。加强型抗冰锥体则在有附属设施穿过锥体处开有圆孔或凹槽，锥体内部可再加装加强环。

平台海管立管的安装方式对抗冰锥体构造的影响较大。立管在潮差段应尽可能的被包络在抗冰锥体内。如立管在海上安装，抗冰锥体的凹槽处宜采用螺栓连接构造。

平台海上灌浆作业完成后如灌浆管线被拆除，则灌浆管线可从锥体外部绕过；如灌浆管线不拆除，则灌浆管线应从锥体内部穿过。

锦州 9-3W WHPB 平台加强型抗冰锥体模型见图 8。

4.2.2 浅水区导管架平台抗冰锥体

对于常规的浅水区，其冰情一般比深水严重，即使在常冰年，浅水海域的流冰、固定冰也较为严重，且冰期较长，浅水区导管架平台主体结构的固有特点给抗冰锥体的设计造成了一些特殊问题。如锦州 9-3E WHPA 平台导管架(见图 9)由于水平层结构的影响，常规的抗冰锥体的高度不能完全覆盖冰磨蚀区，因此设计了较高的抗冰锥体，以保护冰磨蚀区内主腿柱的焊缝。月东油田 A1(见图 10)和 A2 平台导管架的抗冰锥体由于避让立面斜撑构件并兼顾主腿柱上牺牲阳极的安装，以至抗冰锥体的高程较低、直径较小，抗冰锥体与立面斜撑构件之间的间隙也较小。

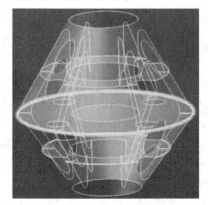  

图 8　锦州 9-3W WHPB 抗冰锥体模型　　图 9　锦州 9-3E WHPA　　图 10　月东油田 A1
　　　　　　　　　　　　　　　　　　　　　　平台导管架　　　　　　平台导管架

4.2.3 新型无人平台抗冰锥体

近年来，为适宜边际油田开发的需要，渤海油田应用了独腿三桩(见图 11)、独腿筒基(见图 12)和独腿单点系泊平台(见图 13)等新型平台，这些平台的抗冰振效果明显优于以往平台。

4.2.4 非常规抗冰锥体

非常规结构的平台采用何种抗冰锥体成为进一步研究的课题，针对一些生产年限较长的老气田导管架平台服役后冰激振动严重的问题，采取了非常规抗冰锥体等补救措施。针对平台需增设海管和海底电缆等改造工程，也加装了海上非常规抗冰锥体，这种抗冰锥体的设计要充分考虑改造引起的平台荷载的变化对平台整体结构的影响，尽量控制改造工程量。如加装抗冰锥体后平台所受的环境荷载的增加对平台整体结构的影响较大，可在锥壳板上开设消波孔等措施。

图 11　独腿三桩平台　　　图 12　独腿筒基平台　　　图 13　独腿单点系泊平台

4.2.5　浮托平台抗冰锥体

浮拖法安装对抗冰锥体提出新的要求，这种情况下由于要考虑驳船顺利进入导管架实施浮拖安装，就需要在设计上考虑抗冰锥的安装顺序问题，设计上采用陆地建造阶段先预制安装导管架桩腿外侧的抗冰锥体，而靠桩腿内侧的(如图 14)抗冰锥体要在组块用浮拖法安装完成之后再进行海上安装，组成一个完整的抗冰锥体。

4.2.6　隔水套管抗冰设施

对于海上钻井而言，隔水套管是必需的设备，冬季由于海冰覆盖，冰区跨度大，冰力大，对表层隔水套管侧向作用力大，表层隔水套管抗冰能力对冬季海上钻井作业安全起着重要的影响。

常规的隔水套管无法在冰力的作用下完成海上钻井作业，研究新型抗冰隔水套管是钻完井专业需要解决冰区的首要问题，经过多方研究，技术攻关，新型抗冰隔水套管问世，它主要由外层隔水套管、内层隔水套管及表层套管三部分组成，该内层隔水套管对应冰区范围设置于外层隔水套管与表层套管之间，其长度小于外层隔水套管的长度且大于冰区厚度。该隔水套管组合的外层隔水套管，内层隔水套管之间的环空部分以及内层隔水套管与表层套管之间的环空部分均以水泥浇注固结。其简图如图 15、图 16 所示。

经过计算这种整体结构的力学性能满足海上钻井作业的安全需求，在保证隔水套管的抗冰能力的同时，大大降低施工时间和材料及作业的费用。

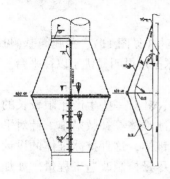 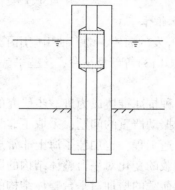 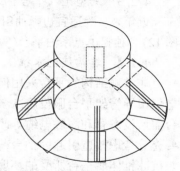

图 14　浮托安装抗冰锥体　　图 15　新型抗冰隔水套管组合　　图 16　新型连接接头三维图

5 结束语

综上所述，渤海湾冰区油田的开发面临较大的挑战，长期对冰区提供检测得到较准确的基础数据是冰区结构物设计的前提，要进一步在研究的基础上制定适合该区域设计的规范等；加装抗冰锥体是渤海重冰区导管架式平台有效的抗冰措施之一，已取得了一定的减轻冰激振动的效果，但平台冰激振动问题仍然存在，还有进一步研究提高这种抗冰设施的效果；结合渤海重冰区导管架平台工程设计的需要，提出如下建议：

（1）进一步研究海上平台冰荷载及冰激结构振动原理，完善规范；

（2）不断研究冰激振动控制原理及建立冰振与相应结构物的关联方式，针对油田产能规模和功能需求，研究建什么样结构形式的抗冰平台（单腿、多腿、沉箱等）；

（3）由于海冰自身的复杂性，以及受冰厚、冰速、冰强度、冰期、锥体结构形式等诸多因素的影响，渤海海冰对重冰区导管架平台的作用是一个复杂的力学问题，还需要进一步跟踪研究，不断总结提升；

（4）不断跟踪监测评估渤海湾已有平台抗冰锥体的实际应用效果，对今后平台抗冰锥体的设计优化提供借鉴作用；

（5）渤海重冰区的重要平台和新型平台在设计阶段进行必要的模型试验，并进行深入的抗冰性能综合评估，优化平台总体设计；

（6）细化抗冰锥体构造，建议可在抗冰锥体上增加附属构造，以加速冰中裂纹的生成，诱导冰的弯曲破碎过程，降低冰力；另外可在抗冰锥体与平台主体结构之间安装弹簧、橡胶等弹性与阻尼构件，降低冰力的动力效应；

（7）渤海重冰区平台冰激振动问题还没有得到完全解决，除在设计上改进平台结构的抗冰能力以外，还应采取减轻平台振动的补救办法，如在重冰期用破冰船破冰和用平台临时冲水设施冲冰等。

为了避免浅水重冰区平台抗冰锥体设计的问题，建议浅水重冰区平台的构造形式还要结合抗冰锥体的布置进行创新改进。

参 考 文 献

1　Sinha, N. K., Timco, G. W., Frederking, R.. Recent advance in ice mechanics in Canada. Appl. Mech. Rev., 1987, 40(9): 1214~1231.

2　Engelbrekston, A.. Dynamic ice loads on lighthouse structures. Proc., 4th Int. Conf. on Port and Oc. Engrg. under Arctic Conditions, St. John's Canada, 1977, 2: 654~864.

3　API. Recommended pratice for planning, designing, and constructing fixed offshore structures in ice environments. API RP2N. 1988, 1.

4　岳前进，杜小振，毕祥军，等．冰与柔性结构作用挤压破坏形成的动荷载[J]．工程力学，2004，21（1）：202~208．

5　Blanchet, D., Churcher, A., Fitzpatrick and Badra-Blanchet, P. An analysis of observed failure mechanism for laboratory, first-year and multi-year ice. InProceedings of 9th IAHR Ice Symp., Vol. 3, Sapporo, Japan (1988) 89~136.

6　Yue qianjin, Bi xiangjun. Ice-induced jacket structure vibrations in Bohai sea[J]. Journal of Cold Regions Engineering，2001，14(2)：81~92.

7　陈传尧. 疲劳与断裂[M]. 武汉：华中科技大学出版社，2001.

8　陆定发，李林普，高明道. 近海导管架平台[M]. 北京：海洋出版社，1992.

9　俞聿修. 随机波浪及其工程应用[M]. 大连：大连理工大学出版社，2000.

10　邢海滨，贾波，等. 锦州9-3油田海冰管理程序. 中海石油(中国)有限公司天津分公司.

11　余永权，陈胜利，等. 海上石油平台海冰监测综述. 中海油能源发展股份有限公司北京分公司.

12　杨国金. 海冰工程学[M]. 北京：石油工业出版社，2000.

陆丰 13-2DPP 平台结构设计要点分析及优化研究

张宝钧

(中海油研究总院)

摘要： 陆丰 13-2 DPP 平台结构设计内容包括导管架结构、甲板组块结构、生活楼、栈桥、老平台改造等。陆丰 F13-2DDP 平台导管架结构滑移下水重量达到 11000t，还需要进行平台结构波浪动力分析、导管架拖航状态的船舶运动和稳性分析、导管架滑移下水分析、导管架漂浮和扶正分析、桩腿连接有限元分析、导管架静水压溃分析等比较复杂的分析。甲板组块分块及吊装方案优化取得重要成果。本文对陆丰 13-2DPP 平台结构设计要点，及一些有益的经验启示和优化过程进行了总结分析，旨在为工程项目提供参考和借鉴。

关键词： 深水导管架；大型组块吊装；结构设计要点；设计优化

1 项目概况

陆丰 13-2 油田位于南海珠江口盆地，距香港东南约 210km，距陆丰 13-2 油田 12km，油田所在海域水深约 132.3m。

陆丰 13-2 油田调整项目需新建一座陆丰 13-2 DPP 钻采平台，开发井 5 口，最大年产油 $164 \times 10^4 m^3/a$。陆丰 13-2 油田调整项目依托现有设施(陆丰 13-1 平台、陆丰 13-2 平台和"南海盛开号")开发，新建平台原油经初步处理后，由海底管线输送到陆丰 13-1 平台，进一步脱水、稳定处理后经软管输送到"南海盛开号"储存外输。

陆丰 13-2 油田调整项目的生产和钻井由新建陆丰 13-2DPP 平台电站统一供电，平台原油电站的燃料依靠外运流花 11-1 油田原油。原油处理能力为 $7813m^3/d$，液处理能力为 $33316m^3/d$，油田经济生产年限为 13 年，年生产天数为 310d，陆丰 DPP 平台结构设计寿命为 25 年，最大年产油量为 $164 \times 10^4 m^3$(2012 年)，累产原油为 $1048 \times 10^4 m^3$。

陆丰 13-2 油田调整项目基本设计包括以下五项内容：

(1) 一座新建八腿桩基钻采生产平台(DPP 平台)设计(不含平台钻机模块)；

(2) 一座定员 110 人的生活楼设计；

(3) 一条混输备用立管的设计；

(4) 一座从陆丰 13-2WHP 平台到陆丰 13-2DPP 平台的栈桥设计；

(5) 陆丰 13-1 平台、陆丰 13-2WHP 平台相应的改造设计。

2　结构设计

2.1　设计原则

结构设计须遵循以下原则:

(1)以批准的陆丰13-2油田调整项目ODP报告为基础,按照ODP确定的原则开展基本设计;

(2)对ODP阶段未能深入研究的有关问题进行专题研究,并进行优化、细化和完善设计方案;从总体优化角度考虑,优化海上施工方案;

(3)满足海上油田作业人员生活、安全、救生、操作和维修管理的需要;

(4)基本设计深度须达到和满足《海上油气田开发工程设计阶段划分及设计内容规定》(Q/HS 3016—2005)和中海石油《工程建设项目管理规定》的要求。

2.2　平台规模

陆丰13-2DPP平台导管架设计水深132.3m,甲板面积总计8750m²,平台功能设施主要包括3台电站、1000m³原油储罐、7000m模块钻机、110人生活楼、16个井槽等。上部组块操作荷载总计约2万吨。

陆丰13-2DPP平台三维模型示意图如图1所示。

图1　DPP平台三维模型

2.3　结构设计内容

结构设计内容包括导管架结构、甲板组块结构、生活楼、栈桥、老平台改造等。

结构设计方案确定是一项重要的工作,其关键是平台结构形式和海上施工方案。

平台结构模型示意图如图2所示。

计算分析和报告编制工作主要包括在位分析(静力、疲劳、波浪动力响应、地震分析)、施工分析(包括装船、运输、滑移下水、漂浮和扶正)、桩自由站立和打桩分析、裙桩套筒连接结构设计、附属构件设计(防沉板、吊耳、靠船设施、波浪拍击、涡激振动)等,和相应的设计报告、规格书、图纸、料单、重量控制等。

结构设计需要抓好以下重点的设计,包括选择合适的导管架和组块结构形式、上部组块分块吊装方案、滑移下水方式、导管架漂浮和扶正分析、动力计算及放大效应、静水压溃、桩基础设计等。

2.4　导管架结构方案

结构方案需要重点考虑导管架结构形式、裙桩及裙桩套筒连接结构、导管架水平层、桩基础、导管架施工方案。

导管架工作点尺寸为20m×(15+18+15)m,导管架底盘尺寸为65m×60m,工作点标高为10m,共设有7层水平桁架。导管架四角各设有3根裙桩,裙桩直径为96寸(1寸 ≈ 3.333mm),入泥110m;隔水套管16根,直径24寸。

导管架采用滑移装船，使用海洋石油 229 号运输至平台场址；导管架海上安装采用滑移下水，浮吊辅助就位，然后打入 12 根裙桩。导管架滑移下水时不设浮筒，隔水套管待组块安装完毕后，利用平台钻机钻入。

组块分三块设计、建造、安装，滑移装船；海上使用"华天龙"吊装就位；生活楼、钻机模块使用"华天龙"吊装就位。

2.5 导管架设计要点

1）结构荷载

上部组块操作荷载总共 193000kN，极端工况竖向荷载 159700kN；疲劳分析工况时，上部组块竖向荷载 170900kN；

操作工况水平波浪力为 20450kN，极端工况水平波浪力 73860kN。

操作工况桩头力为 29870kN，极端工况桩头力为 50200kN，桩承载力安全系数为 1.60。

平台结构自振周期为 3s，波浪动力放大系数 1.19。

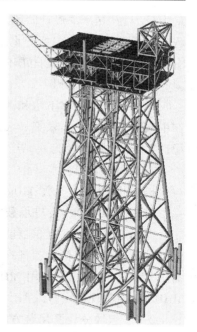

图 2　DPP 平台结构模型

2）静力分析

操作工况采用 1 年重现期环境条件。导管架结构杆件最大 UC 值为 0.90，导管架结构强度满足要求。极端工况采用 100 年重现期环境条件。导管架结构杆件最大 UC 值为 0.92，导管架结构强度满足要求。

导管架进行了在位状态下的静水压溃分析，分析结果表明：某些杆件强度不满足要求，需要在杆件内部设置抗压溃加强环。

环境荷载采用条件极值（最大波高对应的风和流）。荷载系数考虑波浪动力系数 DAF（Dynamic Amplification Factor）和裕量系数。

3）疲劳分析

对导管架进行了波浪谱疲劳分析。计算结果表明：导管架底部水平层某些（12）节点疲劳寿命低于设计要求寿命（52 年），对这些节点焊缝采取措施，进行打磨后，节点寿命可以满足要求。

4）施工船舶和机具

海上浮吊机具为"华天龙"，下水驳船为海洋石油 229；主打桩锤为 MHU800，备用锤为 MHU1200。

导管架安装还要考虑卡桩器（Gripper）、密封隔膜（Water Tight Diaphrame）、封隔器（Grout Packer Wiper）等。

5）滑移下水分析

导管架净重 10436t，考虑 5% 不确定系数（附属结构考虑 10%），导管架下水重量为 11059t，总净浮力为 13108t，剩余浮力为 15.6%。

导管架下水驳船为海洋石油 229，船舶吃水 11.1m，整个滑移时间大约 45.5s，摇臂上最大反力6610t。本设计阶段对重心、重量、摩擦系数等参数进行了敏感性分析。在滑移过程中，导管架强度(包括静水压溃)满足规范要求。滑移角度设定为4.25°，该状态为切割所有临时固定后，导管架自重不能克服静磨擦力(使用千斤顶克服)，但能克服动摩擦力。

　　6)漂浮和扶正分析

　　导管架采用滑移下水和浮吊辅助扶正就位，导管架B面设有索具平台。扶正吊点设置在中间4条腿，初步核算最大钩头力小于12000kN吨。导管架漂浮状态满足完整/破舱状态稳性要求(每腿设两舱)，导管架结构满足完整/破舱状态和扶正过程的结构强度要求。

　　7)桩基础设计

　　桩总长135m，入泥110m，单桩净重508.6t，总净重6103t。

　　桩头力50200kN，桩承载力88450kN，桩承载力安全系数1.60。

　　浮吊起桩能力、起桩器能力、桩强度都满足规范要求。桩自由站力计算采用MHU1200进行分析，插桩置锤后，锤在水面附近，与波浪响应力较大($H_m = 3$m)，使得部分桩段厚度需求较大(80mm)。使用MHU800桩锤，进行了桩可打入性分析，分析结果表明采用MHU800能实现预定打入深度。

2.6　组块分块及吊装方案

　　组块上层甲板为69.5m×37m，中层甲板66m×37m，下层甲板为66m×37m，工作甲板为52m×24m，甲板总面积约为8750m²。上层甲板设有7000m模块钻机和110人生活楼。

　　ODP阶段，上部甲板组块分块方案经过审查，技术可行。该方案满足施工机具起吊能力要求，工期考虑了海上联结调试周期的增加。

　　基本设计阶段，重新审视组块分块及吊装方案，进行了有效的优化和改进工作。基本设计阶段，组块分三块设计、建造和安装，一块为工作甲板及MSF，MSF上部分为东、西两块。采用滑移装船，海上使用"华天龙"吊装就位。

　　MSF框架及吊装方案设计要点：

　　(1)上部组块与MSF组块间的连接采用插尖形式，以方便海上安装；

　　(2)组块之间的海上联结宽度轴线间距3.0m，尽量满足安装净间隙1.5m的要求；

　　(3)工作甲板高程不变，考虑MSF对甲板空间的影响，下层甲板高程需提高2.0m；

　　(4)核算浮吊吊装能力时，需要根据吊装能力曲线考虑1.1的折减系数。

2.7　生活楼

　　在生活楼的基本设计过程中，坚持以批准的ODP方案为基础，总体规模和投资估算不能超出ODP；与工程项目组和海上作业者积极沟通，听取他们的意见和建议，生活楼各房间布置适当，满足平台人员生活、居住、办公等各种功能的要求。

　　生活楼主要设计特点如下：

　　(1)生活楼定员为110人，救生艇定员150人(考虑钻完井工况150人)；

　　(2)生活楼每层尺寸大小为29m×12m，共5层，1~4层层高3.75m，第5层层高3.5m。

　　(3)生活楼顶层设有直升机甲板，直升机机型为西科斯基S92型。

　　(4)生活楼结构重量为744t，建造状态四点滑靴支撑，就位状态六点支撑，吊装时吊点高度85m，满足海上起吊机具要求。生活楼吊装重量1206t，操作重量1597t。

（5）生活楼设有 4 个一人间，1 个二人间，14 个四人间，8 个六人间，其中 4 人房间和 6 人间可以在需要时扩充为 6~8 人间，满足临时增加 40 人员的住宿要求。

（6）四人间和六人间不设独立卫生间，每层设立公用卫生间；居住房间采用模块化布置。

（7）餐厅按功能区域规划，使用方便；餐厅靠海布置，宽敞明亮。

（8）充分利用会议室的空间，增加其作为阅览室的功能；适当增加相应面积，放置了报刊架、书柜等；生活楼顶层设置健身房，便于员工身体锻炼。

（9）走廊宽度 1.5m，每个房间的净高 2.4m。

（10）生活楼功能和总体布置细节上考虑充分周全，如开水柜的布置，医生住房的优化等。

2.8 栈桥设计

陆丰 13-2DPP 平台和陆丰 13-2WHP 平台间有栈桥连接。在栈桥结构设计过程中，分别对渤海油田的栈桥结构和惠州油田的栈桥结构进行了调查研究，最终采用了惠州油田的栈桥结构形式。

渤海某油田栈桥结构，采用一端固定，一端滑动连接形式，滑动端加有限位板；惠州油田栈桥采用一端滑动，一端转动的连接形式。在南海海域，平台位移较大，适宜采用该结构形式。

栈桥设计首先需要考虑栈桥两端在平台甲板的支撑位置，一般栈桥支撑点位于甲板主轴桁架，使得栈桥和平台受力较好。另外就是确定合适的栈桥长度，陆丰 13-2 平台栈桥长度为 40m。栈桥滑动端支撑长度需要考虑充分，陆丰 13-2 平台栈桥滑动端长度为 4.8m。

2.9 裙桩套筒有限元分析

裙桩套筒有限元分析包括裙桩套筒、相连接的导管架腿柱及其连接板进行有限元网格力学分析，计算平台在位状态其裙桩套筒结构强度能否满足要求。极端工况是控制工况，使用百年重现期风暴荷载条件。

裙桩套筒有限元分析使用 ANSYS 计算程序。由于结构的对称性，选取平台结构的 A1 腿进行裙桩套筒有限元分析。裙桩套筒有限元分析关键点包括：①有限元模型；②结构材料特性；③适当的边界条件。

3 经验总结

3.1 平台方位确定

新建平台与老平台通过栈桥连接，新平台方位受诸多因素影响，需要考虑充分。

对于新平台方位，需要考虑以下因素：①靠船方式；②风、波、流方向；③老平台位置；④栈桥长度；⑤海上施工避让。

3.2 疲劳分析

此次设计采用 LF13-2WHP 平台结构设计疲劳环境数据。波浪谱数据中，波高大、概率分布值偏高。陆丰 13-2 油田波高波周期联合概率分布是由数值分析得出，其中 1.0m 到 3.0m 间的波高在每年中有 193d，3m 以上的波高有近 52d。

对于文昌海域，波高波周期联合概率分布也是由数值分析得出，其中 1.0~3.0m 间的波高在每年中有 219d，3m 以上的波高有近 34d。这需要指出的是；这些数据都是推导出来的，不是实际观测值。

由于平台结构规模大，波浪动力响应显著，疲劳分析尤为重要，且表现为控制工况之一。波高波周期联合概率分布对疲劳分析影响明显。

另外波浪动力分析时，要准确考虑上部组块重心高度，如需要考虑主要设施模块钻机和生活楼的重心高度，以准确计算平台自振周期。荷载重心高度影响平台动力特性，影响疲劳和波浪动力响应的准确计算。

3.3 桩基础

对于桩基础的轴向性能，黏土中裙桩承载力可能小于孤立单桩承载力乘以裙桩的桩数；相反，砂土中裙桩承载力可能大于孤立单桩承载力的总和。不论是粘土还是砂土，裙桩的沉降量在正常情况下都大于单桩承受平均荷载的沉降量。

对于桩基础的侧向性能，在正常情况下，裙桩受到的变形要大于单桩承受裙桩平均荷载时的变形。影响裙桩变位和桩的荷载分布的主要因素是桩的间距、桩的贯入深度与桩径之比、裙桩的尺寸以及随深度变化的土壤剪切强度等。

由于陆丰 13-2DPP 平台裙桩距离较近，裙桩效应必须考虑。在基本设计时，桩基础设计考虑了裙桩系数。

3.4 靠船设施设计

油田作业期间，登船平台(Boat Landing)一般很少使用。陆丰 13-2 平台参考西江 23-1 平台，不设登船平台，设置 8 个靠船件(Barge Bumper)，和在 A1 腿和 B4 腿设计爬梯(Boat Access Lader)，供紧急情况时人员撤离使用。相比常规登船平台，上述靠船设施结构简单，可以降低平台结构波浪力。

3.5 组块分块及吊装方案

对于大型甲板组块，组块分块及吊装方案复杂，因为分块方案直接影响到甲板总体布置。本次基本设计，组块分块及吊装方案取得重要成果。本项目甲板组块分块及吊装方案设计为番禺 4-2/5-1 油田调整项目提供了很好的参考和借鉴。

3.6 导管架独立分析

为保证海上结构安全，控制设计质量，该平台导管架设计工作按工程建设部"对于水深超过 120m 的平台下部支持结构的补充规定(试行)"执行，即在基本设计阶段，要求设计单位聘请有经验的设计公司进行独立审核，并出具审核报告。

第一次进行导管架结构独立分析工作，总结起来有以下几点经验：

(1)承担单位需要有深水导管架结构设计的业绩，并具有 SACS 和 MOSES 等专用分析程序，项目组成人员要有深水导管架结构设计经验；

(2)承担单位需要最大程度参与平台结构方案论证工作；

(3)独立分析需要根据深水导管架的设计特点，对关键内容给予重点关注，如疲劳分析、极端波浪响应分析、装船分析、拖航分析、滑移下水分析、漂浮和扶正分析、裙桩套筒有限元分析、打桩分析、静水压溃分析等。

4　结束语

陆丰 13-2DPP 平台结构规模大，结构设计过程复杂。陆丰 13-2 DPP 平台结构设计内容包括导管架结构、甲板组块结构、生活楼、栈桥、老平台改造等。陆丰 F13-2DDP 平台导管架结构滑移下水重量达到 11000t，还需要进行平台结构波浪动力分析、导管架拖航状态的船舶运动和稳性分析、导管架滑移下水分析、导管架漂浮和扶正分析、桩腿连接有限元分析、导管架静水压溃分析等比较复杂的分析。甲板组块分块及吊装方案优化取得重要成果。陆丰 13-2DPP 平台已经于 2011 年 10 月顺利投产，如图 3 所示。本文对陆丰 13-2DPP 平台结构设计要点，及一些有益的经验启示和优化过程进行了总结分析，希望能给海上工程项目提供参考和借鉴。

图 3　DPP 平台安装就位

圆柱体涡激振动缩尺试验的相似关系研究

周阳　黄维平

（中国海洋大学）

摘要：推导了圆柱体涡激振动（VIV）缩尺试验的相似关系，提出了基于雷诺数相似的圆柱体涡激振动比例模型试验相似准则。分析了基于傅汝德数相似的圆柱体涡激振动缩尺试验中，模型与原型之间存在的不相似性，并采用 CFD 方法对原型和满足三种不同相似准则——雷诺数和弗汝德数均相似、雷诺数相似但弗汝德数不相似和弗汝德数相似但雷诺数不相似——的缩尺模型进行了涡激振动数值仿真试验。数值试验结果表明，满足本文提出的雷诺数相似准则的模型，其涡泄模式和尾流场与原型相似，涡激升力及脉动拖曳力和圆柱体振动响应分别满足雷诺数相似准则的对应相似关系，这个结果与雷诺数和弗汝德数均相似的模型仿真结果一致。而弗汝德数相似但雷诺数不相似的模型，其涡泄模式和尾流场与原型不相似，涡激升力及脉动拖曳力和圆柱体振动响应也不满足弗汝德数相似准则的对应相似关系。

关键词：涡激振动；雷诺数相似；弗汝德数相似；相似准则

1　引言

涡激振动（涡激振荡或涡激运动）是海洋工程结构的主要水动力响应形式之一，如深水立管（顶张式立管、悬链式立管和脐带缆）的涡激振动、浮式平台（Spar、TLP 和半潜式）的涡激运动（涡激振荡）。由于试验条件的限制，在研究此类结构的水动力性能试验时，只能采用缩尺（比例）模型试验。而水动力模型试验中的试验介质相似问题至今仍难以实现，目前的最佳解决方案是弗汝德数相似，即重力相似，这也是迄今为止被广泛接受的唯一方法。因此，该方法被推而广之地应用于涡激振动或涡激运动（涡激振荡）的比例模型试验，甚至 CFD 数值模拟也采用弗汝德数相似进行小比例模型的涡激振动分析，从而根据小比例模型的试验或数值仿真结果外推原型结构的涡激振动（涡激运动）性质和强度。

由于试验介质不相似，在满足弗汝德数相似的条件下，雷诺数不相似，但是，涡激振动（涡激运动）与其他水动力引起的结构运动（振动）响应不同，其涡激升力（垂直流向的水动力荷载）和脉动拖曳力（顺流向的水动力荷载）的性质取决于涡旋泄放的模式，而涡旋泄放模式又唯一的取决于雷诺数。因此，由于雷诺数不相似，基于弗汝德数相似的涡激振动缩尺模型试验其涡激升力和脉动拖曳力与原型结构的涡激升力和脉动拖曳力并不满足该相似准则给出的相似关系，因此，模型与原型的响应也不满足该相似准则给出的相似关系。此外，描述圆柱体涡激振动的重要参数还有约化速度 U_r，对于交变流场，KC 数（Keulegan-Carpenter number）也是描述圆柱体涡激振动的重要参数之一。

圆柱体的涡激振动，尤其是立管的涡激振动，在不考虑截面转动（欧拉梁小变形条件）

的条件下，重力的动态影响较小。因此，比例模型试验在不能满足全相似的条件下，应优先满足雷诺数相似，使模型与原型在满足几何和动力特性相似的条件下，涡旋泄放模式也相似，从而涡激升力和脉动拖曳力以及振动响应满足同一相似准则的对应相似关系。此处之所以强调同一相似准则，是为了避免读者的误解，因为，满足弗汝德数相似时，除圆柱体的几何和动力特性满足弗汝德数相似准则的对应相似关系外，其它参数均不满足弗汝德数相似准则的对应相似关系，但它们一定满足某种相似关系，当然这些相似关系不满足同一相似准则。

目前，涡激振动模型试验主要采用弗汝德数相似准则作为确定试验参数的相似关系准则，从而导致模型与原型(比例模型试验)，模型与模型(对比试验)之间仅几何和/或动力特性相似，而涡旋泄放模式不相似，因此，涡激升力和脉动拖曳力从而振动响应并不满足由弗汝德数相似准则确定的比例关系。

基于上述分析，本文对圆柱体涡激振动的比例模型试验相似关系进行了理论分析和数值模拟，探讨了不同相似准则的模型与原型相似关系，证明了本文上述分析的正确性及合理性。

2　涡激振动的相似性

2.1　涡激振动

圆柱体的涡激振动是流体流经圆柱体时形成的漩涡脱落——涡旋泄放引起的圆柱体往复运动，涡旋脱落的性质——频率和形状：不仅与流速有关，还与圆柱体的直径和流体的黏度有关，而雷诺数建立起了流速、圆柱体直径和流体黏度之间的关系：

$$Re = \frac{U \cdot D}{\nu} \tag{1}$$

因此，雷诺数唯一的决定了光滑圆柱体在定常流场中的涡旋泄放模式。图1给出了圆柱体涡泄模式与雷诺数的关系，这表明，要使满足几何和动力特性相似的模型与原型之间的涡激振动满足同一相似准则的相似关系，必须保证它们之间的雷诺数相似。

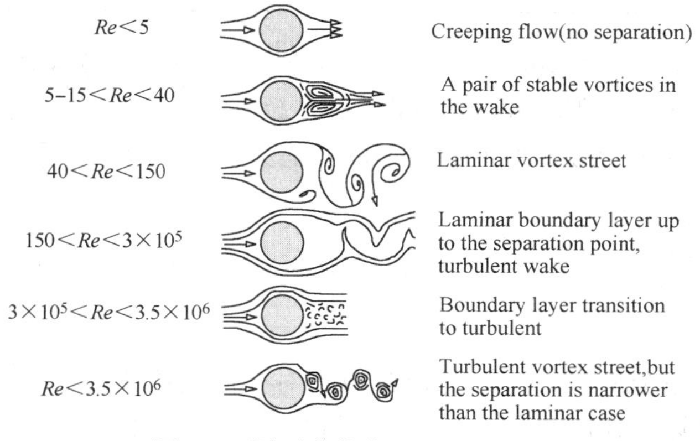
Re<5
Creeping flow(no separation)
5-15<Re<40
A pair of stable vortices in the wake
40<Re<150
Laminar vortex street
150<Re<3×10^5
Laminar boundary layer up to the separation point, turbulent wake
3×10^5<Re<3.5×10^6
Boundary layer transition to turbulent
Re<3.5×10^6
Turbulent vortex street,but the separation is narrower than the laminar case

图1　不同雷诺数范围的涡泄模式

2.2　相似准则

表1列出了模型与原型全相似(弗汝德数和雷诺数均相似)、弗汝德数相似和雷诺数相

似的主要相似关系，考虑到现行的物理模型试验条件，弗汝德数相似和雷诺数相似的流体运动黏度相似比取为1。分析可知，在模型与原型仅满足弗汝德数相似的条件下，它们之间的雷诺数之比为 $\lambda_1^{3/2}$。这意味着，当模型与原型的缩尺比为 1:40 时，其雷诺数之比为 1:253，即当原型结构的涡激振动处于跨临界范围时，模型的涡激振动仅处于亚临界范围，尚未完成层流边界向湍流边界的转变，从图 1 可以看出，两者的尾流场有较大的区别，一个为湍流涡街，而另一个为层流涡街向湍流尾流转变的过程。而当模型与原型的缩尺比为 1:100 时，其雷诺数之比更是高达 1:1000。对于深水工程结构，目前还只能完成这样的大比例模型试验，这就意味着，我们必须解决大比例模型涡激振动试验的相似关系问题。

表 1　不同相似准则的相似比

参　数	相似准则		
	全相似	Re 数相似	Fr 数相似
流体密度 ρ_f	λ_ρ	1	1
结构几何尺寸 l	λ_1	λ_1	λ_1
Re	1	1	$\lambda_1^{3/2}$
Fr	1	λ_1^{-3}	1
流体运动黏度 ν	$\lambda_1^{3/2}$	1	1
流体速度 u	$\lambda_1^{1/2}$	λ_1^{-1}	$\lambda_1^{1/2}$
结构固有频率 f_n	$\lambda_1^{-1/2}$	λ_1^{-2}	$\lambda_1^{-1/2}$
结构密度 ρ_s	$\lambda_\rho \lambda_1^{-1}$	λ_1^{-1}	λ_1^{-1}
约化速度 U_r	1	1	1
结构弹性模量 E	λ_ρ	λ_1^{-3}	1
涡泄频率 f_s	$\lambda_1^{-1/2}$	λ_1^{-2}	$\lambda_1^{-1/2}$
流体荷载 F	$\lambda_\rho \lambda_1^2$	λ_1^{-1}	λ_1^2
结构位移响应 x	λ_1	λ_1	λ_1

此外，仅满足弗汝德数相似时，模型与原型的斯托哈尔（涡旋泄放）频率的相似关系是不确定的，因为，斯托哈尔数（Strouhal number）在超临界区和亚临界区是不同的（见图 2）。这意味着，由于雷诺数不相似，模型与原型的涡泄频率不相似，从而造成涡激振动响应不相似。

3　数值试验

为了验证上述理论分析结果，采用 CFD 方法对弹性圆柱体进行了涡激振动分析，通过计算满足不同相似准则的弹性圆柱体在流场中所受的涡激升力、脉动拖曳力及其振动响应，分析不同相似准则对涡激振动的适用性。

3.1　数值模型

数值模拟的原型为 0.3m 直径、10m 长的弹性圆柱体，两端固支，计算流速为 0.02m/s，

相应的雷诺数 $Re = 6000$。流场的计算域尺寸为：宽（横流向）取 10 倍圆柱体直径，长（顺流向）取 20 倍圆柱体直径，高等于圆柱体的长度，即 3m×6m×10m。圆柱体距上游端部为 1.5m，如图 3 所示。

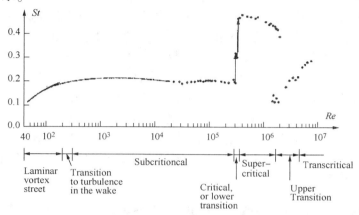

图 2　斯托哈尔数与雷诺数的关系

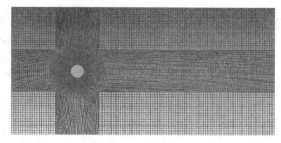

图 3　计算模型

三个缩尺模型的几何缩尺比为 1:10，为保证边界效应与原型相同，其流体计算域也取为原型的 1/10。模型的结构和流体物理参数分别满足不同的相似准则，为了与现行的物理模型试验条件相适应，其中的弗汝德数相似模型和雷诺数相似模型均取流体的物理参数相似比为 1，具体的设计参数见表 2。

表 2　模型设计参数

计算模型	计算流体域		圆柱体参数				流体参数			Re
	长/m	宽/m	长/m	直径/m	密度/(kg/m³)	弹性模量/Pa	密度/(kg/m³)	运动黏度/(m²/s)	流速/(m/s)	
原型	6	3	10	0.3	4076	$2.1×10^6$	1000	$1×10^{-6}$	0.02	6000
全相似模型	0.6	0.3	1	0.03	128.9	6546	31.6	$3.16×10^{-8}$	0.00632	6000
雷诺数相似模型	0.6	0.3	1	0.03	4076	$2.1×10^8$	1000	$1×10^{-6}$	0.2	6000
弗汝德数相似模型	0.6	0.3	1	0.03	4076	$2.1×10^5$	1000	$1×10^{-6}$	0.00632	189.6

3.2　计算结果分析

采用 ANSYS-CFX 的 SST 模型对上述四个计算模型按表 1 的参数进行了数值仿真计算，计算时长为 1500s，并分别对原型和缩尺模型的升力、脉动拖曳力和弯曲位移进行了对比分析。

1)涡旋泄放的相似性

图4给出了4个计算模型的尾流涡街图,流场平面均取自圆柱体的跨中截面。比较可知,全相似模型和仅雷诺数相似的模型,其圆柱体周围的流场及尾流涡街[图4(b)和(c)]与原型的流场及尾流涡街[图4(a)]是相似的,均为4对交替发放的涡,且涡的大小和形状以及涡的扩散和涡街宽度也相似;而仅弗汝德数相似的模型,其圆柱体周围的流场及尾流涡街[图4(d)]与原型的流场及尾流涡街[图4(a)]明显不同,只有3对交替发放的涡,且涡的大小和形状以及涡的扩散和涡街宽度也不同,涡的扩散范围和涡街宽度明显大于相似比。上述结果表明,只要模型与原型满足雷诺数相似,即可使模型与原型的涡旋泄放模式相同,反之亦然。因此,如果不能满足全相似的要求,涡激振动的缩尺模型试验应满足雷诺数相似,而不是弗汝德数相似,以保证试验模型与原型的涡旋泄放模式相同,而弗汝德数相似不适用于涡激振动的缩尺模型试验。

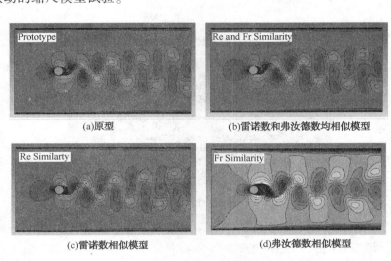

图4　原型和模型的尾流涡街

2)涡激力的相似性

图5给出了4个计算模型的升力系数C_L和拖曳力系数C_D的时程曲线,表3分别列出了升力系数的幅值和拖曳力系数的均值,图6给出了4个模型的涡激升力谱曲线。从图5和表3可以看出,全相似模型和仅雷诺数相似的模型,其升力系数的幅值和拖曳力系数的均值均相同,而仅弗汝德数相似的模型,其升力幅值和拖曳力均值与原型均不同。而分析图6可以得出,原型与雷诺数和弗汝德数均相似模型的升力频率之比为0.315,满足全相似准则的斯托哈尔频率相似关系(见表1)$\lambda_1^{-1/2} = 10^{-1/2} = 0.316$;原型与仅雷诺数相似模型的升力频率之比0.01,满足雷诺数相似准则的斯托哈尔频率相似关系(见表1)$\lambda_1^{-2} = 10^{-2} = 0.01$。但是,原型与仅弗汝德数相似模型的升力频率之比为0.424,不满足弗汝德数相似准则的斯托哈尔频率相似关系(见表1)$\lambda_1^{-1/2} = 10^{-1/2} = 0.316$。

3)结构响应的相似性

表4列出了4个计算模型中点的顺流向和横向位移响应计算结果。比较可知,原型与全相似模型的顺流向位移均值和横向位移幅值之比分别为9.81和9.85,原型与仅雷诺数相似

模型的顺流向位移均值和横向位移幅值之比分别为 10.06 和 10，满足对应的相似关系（见表 1）$\lambda_1 = 10$，而原型与仅弗汝德数相似模型的顺流向位移均值和横向位移幅值之比分别为 5.50 和 12.11，不满足对应的相似关系（见表 1）$\lambda_1 = 10$。

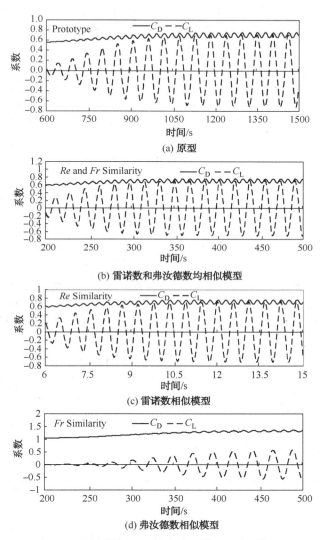

图 5　升力系数 C_L 和拖曳力系数 C_D 时程曲线

表 3　升力和拖曳力系数

模　　型	C_L 幅值	C_D 均值
原型	0.715	0.709
全相似模型	0.713	0.710
雷诺相似模型	0.713	0.709
弗汝德数相似模型	0.579	1.330

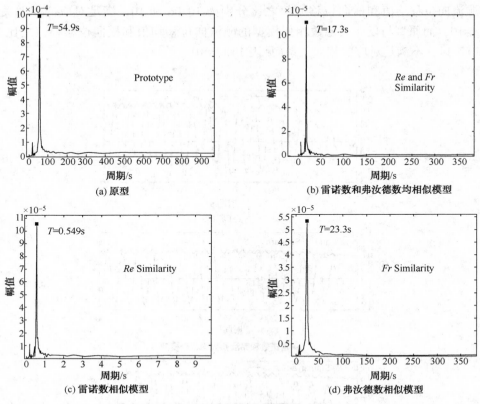

图6   涡激升力谱

表4   圆柱体中点位移响应计算结果

模 型	顺流向位移响应均值	横向位移响应幅值
原型	1.53×10^{-3}	1.32×10^{-3}
全相似模型	1.56×10^{-4}	1.34×10^{-4}
雷诺相似模型	1.52×10^{-4}	1.32×10^{-4}
弗汝德数相似模型	2.78×10^{-4}	1.09×10^{-4}

4   结论

通过对4个圆柱体计算模型进行涡激振动数值模拟,分析了满足不同相似准则的缩尺模型与原型之间的涡旋泄放模式和尾流涡街形态、升力和拖曳力系数的幅值和频率以及圆柱体振动响应位移圆柱体的相似关系,研究了圆柱体涡激振动缩尺模型试验应遵循的相似准则,得出了以下结论:

(1)在试验流体和原型流体相同的条件下,圆柱体涡激振动的缩尺模型试验(需根据模型试验结果定量得出原型性能)应满足雷诺数相似准则,在此条件下,可以根据雷诺数相似准则的对应相似关系由模型试验结果定量得到原型的涡激振动性能。

(2)仅满足弗汝德数相似准则的圆柱体缩尺模型涡激振动试验,其涡旋泄放模式和尾流涡街形态均与原型不相似，因此，其升力和拖曳力与原型的升力和拖曳力并不满足弗汝德数相似准则给出了对应相似关系，从而结构响应也不满足该相似准则给出的相似关系。

（3）由于涡激振动的特殊性，目前水动力试验采用的弗汝德数相似准则不适用于涡激振动缩尺模型试验。对于涡激振动对比试验，应建立在雷诺数相同条件下的对比，而建立在弗汝德数相似条件下的对比是没有意义的。

参 考 文 献

1 葛斐，龙旭，王雷，等. 大长细比圆柱体顺流向与横向耦合涡激振动的研究［J］. 中国科学，2009，39（5）：752~759.

2 张立武，陈伟民. 深水细长柔性立管涡激振动响应形式判定参数研究［J］. 中国海上油气，2010，22（3）：202~206.

3 Sampath Atluri, John Halkyard and Senu Sirnivas. CFD simulation of truss spar vortex-induced motion ［C］// The 25th International Conference on Offshore Mechanics and Arctic Engineering. Hamburg, Germany, 2006.

4 Dominique Roddier, Tim Finnigan and Stergios Liapis. Influence of the reynolds number on spar vortex induced motions(VIM)：multiple scale model test comparisons ［C］//Proceedings of the ASME 28th International Conference on Ocean, Offshore and Arctic Engineering. Honolulu, Hawaii, 2009.

5 Wang Ying, Yang Jianmin and Lv Haining. Computational fluid dynamics and experimental study of lock-in phenomenon in vortex-induced motions of a cell-truss spar ［J］. Journal of Shanghai Jiaotong University (Science)，2009，14(6)：757~762.

6 王颖，杨建民，杨晨俊. Spar 平台涡激运动关键特性研究进展［J］. 中国海洋平台，2008，23(3)：1~10.

7 张蕙，杨建民，肖龙飞，杨立军. 均匀流中深水系泊 Truss Spar 平台涡激运动试验研究 ［J］. 海洋工程，2011，29(4)：14~20.

8 杨烁，缪泉明，匡晓峰. 平台螺旋侧板绕流场的 CFD 分析［C］. 第二十一届全国水动力学研讨会. 中国，济南，2008.

9 竺艳蓉. 海洋工程波浪力学［M］. 天津：天津大学出版社，1991.

10 B. Mutlu Sumer and Jorgen Fredsoe. Hydrodynamics Around Cylindrical Structures ［M］. World Scientific Press，1997.

深水导管架平台水下疲劳裂纹节点加固技术研究

唐广银[1]　张勇[2]

（中国船级社海工审图中心；CACT 作业者集团）

摘要：针对深水导管架式固定平台水下节点出现的疲劳裂纹，本文参考了国内外文献和加固工程技术，在借鉴参考传统水下节点加固修理技术的基础上，提出了一种水下剪切板连接形式的裂纹节点加固修理方案。对这种修理和加固方案进行了详细的工程技术分析，并对修理后的管节点疲劳寿命和剪切板连接的强度进行了详细的计算。分析表明，这种修理方式能够大幅减少管节点裂纹处的应力集中，提高管节点的疲劳寿命，达到对疲劳裂纹处管节点的修理和加固目的，为深水导管架水下节点疲劳裂纹修理和加固提供了一种非常具有工程实践价值的参考和借鉴。

关键词：深水导管架；水下节点疲劳裂纹；裂纹管卡加固；剪切板连接；疲劳寿命；剪切板连接强度

1　引言

中国海域海洋石油开发已经有超过 30 年的历史，随着海洋石油事业的发展，海洋采油平台的数量日益增多。随着时间的推移，对于那些经过了许多年的使用已进入中后期生产和管理的采油平台来说，其结构部件常会存在不同程度的缺陷和损伤。在这些损伤中，由于疲劳引起的损伤比例较大，这是平台老化和随平台服务年限增长可以预料的现象。

近年来，在水深超过 100m 的水深导管架平台水下结构节点发现的裂纹，绝大多数都是由于导管架长期服役以来由于疲劳造成的（图 1）。这些裂纹一旦出现，会随着平台服役逐渐扩展，而且有些裂纹会从表面裂纹沿着焊缝厚度方向扩展，逐渐形成贯穿性裂纹，大大降低节点的焊接能力，导致节点连接形式承载能力的大大降低甚至失效，从而对平台结构强度和平台整体完整性安全造成很大的影响。

针对导管架出现的疲劳裂纹，可以采取多种方式对其进行修理、加固和修复。近 20 年来，美国、英国、挪威等国相继开展了对海上固定式平台水下节点裂纹的修理与加固的研究工作，并取得了显著的进展，针对疲劳裂纹主要有以下集中修理、加固和修复方式：

（1）裂纹打磨，这种方法主要用于表面初期裂纹。当裂纹尺度较小的情况下，且裂纹只是在焊缝表面出现，这个阶段裂纹对节点强度的影响不是最主要的考虑因素，而是要及时消除裂纹尖端的高热点应力集中，避免裂纹进一步的扩展。消除的方法是打磨裂纹，使裂纹变成凹槽，降低尖端应力。

（2）节点灌浆，这种方法是最早应用在管节点加固中的方法之一，通过在管节点杆件内部灌注水泥浆的方法提高管节点的刚度，利用混凝土的抗压性能提高节点的径向刚度。这种方法使灌浆节点承载由非灌浆时的弯曲抗力为主转变为灌浆后的杆件表面应力为主，从而改善节点的疲劳性能，提高节点受损之后的疲劳寿命。但是这种方法也会存在一些弊端，包括大大增加了节点的重量以及施工过程可能需要从节点外部对结构进行开孔，从而对结构造成二次损伤。

图 1　水下节点疲劳裂纹

（3）灌浆卡箍，这种方式对水下节点进行修理和加固最常用的方式之一，灌浆卡箍是用套筒从外面套住管节点，套筒可以是两瓣，也可以是多瓣的，用螺栓紧固住套筒的各瓣，然后向套筒和管节点之间的环形空间灌浆。这种加固节点的方法利用外套的卡箍分担部分节点杆件的轴向和弯曲载荷，对节点的能力恢复效果明显，能够显著提高节点的刚度和完整性。这种加固方法效果明显，对于卡箍的预制精度要求不高，海上施工也相对简单，但是一般只是用在简单型式的管节点，如 T 型节点。

（4）机械卡箍，这种卡箍与灌浆卡箍的结构形式类似，所不同之处在于套筒和管节点之间不存在环形空间，而是通过机械预紧力将套管紧密套在管节点结构之上，依靠金属之间的摩擦力传递荷载。这种卡箍以机械预紧力的方式代替灌浆，可以节省海上作业时间，但是会对卡箍的制造和水下安装精度以及预紧力的选择提出比较高的要求，以达到理想的载荷传递效果而又不至于预紧力过大从而造成管节点杆件的局部屈曲破坏。

（5）水下焊接，水下焊接技术分为湿式水下焊接和干式水下焊接。湿式水下焊接是指潜水焊工在湿式环境对焊件和焊接电弧不采取任何辅助屏护措施而进行焊接的方法。干式水下焊接，是指把包括焊接部位在内的一个较大的范围里的水人为地排开，使潜水焊工能在一个干的气相环境中进行焊接的方法。湿式水下焊接设备比较简单，灵活方便，造价低，但焊接质量不好；而干式水下焊接虽然焊接质量好，但造价高，适用范围窄，近年来出现了局部干式舱的干式水下焊接方法，即在裂纹部位周围局部区域形成一个较小的局部空间，将水排开形成气相区域，在此局部气相区域内进行干式焊接。局部干式水下焊接在一定程度上改善了焊接质量，修理费用也相对便宜。

在进行深水导管架的水下裂纹修复时，除了要对上述各种可能实施的修理和加固进行技术可行性分析之外，还要针对裂纹出现的位置，裂纹处管节点特点以及裂纹特性等综合考虑，选取何种修理和加固方式最为经济、合理。主要考虑的因素有以下几项：

（1）裂纹特点，主要是裂纹出现的位置，裂纹深度以及裂纹长度。如果是表面裂纹，且裂纹深度比较小，就可以采用打磨的方式对裂纹进行处理，消除裂纹尖端应力集中，以阻止和减缓裂纹扩展，达到延长管节点疲劳寿命的目的。如果是深层裂纹或者是裂纹深度比较深，则要考虑其他打磨以外的方式考虑对裂纹处管节点进行修理和加固。

（2）裂纹出现的水深，裂纹出现的水深直接影响修理方案的选取，如果裂纹出现在浅水区，水下作业难度较小，施工成本低；反之，深水区的水下施工难度就会大大增加，尤其是超过水下50m之后，就需要动用饱和潜水，不但会大大增大施工的难度，降低施工效率，而且施工也会大幅增加。

（3）裂纹处管节点构造形式，管节点构造形式简单，如T型节点，可以选择管卡方式进行修理，但是如果管节点构造形式复杂，有多根撑杆和弦杆连接，则管卡的方案就非常受到局限，不但前期对节点尺寸测量会造成难度，且管卡重量会增大，就会对水下施工造成非常大的困难。

（4）技术经济比较，在比较各种技术可行的方案时，还要对各种可以采用的技术方案进行经济评价，选取经济性最好的方案，降低工程成本。

2　深水导管架平台水下节点疲劳裂纹加强方案

本文针对的平台是一座在南海服役超过20年的导管架平台，平台具有生活能力且具备钻井功能。在近年的导管架检测中，不断发现水下节点出现疲劳裂纹，其中对浅水区T型管节点，已经进行了灌浆管卡修理。

在最近的一次水下检测中，发现了位于深水区的管节点疲劳裂纹，具体裂纹数据详见表1。

表1　裂纹详细数据

Node No.	Depth/ft	Weld No.	Member Size/mm	Crack Size/mm	Depth/%	Clock Location
N42	185	M31	φ914×19	344×8.2	43.2%	17.5~20.5
		M32	φ914×19	23×2.0	10.5%	5~6
				262×7.3	38.4%	6~9
		M666	φ762×25.4	293×4.3	16.9%	9~12
		M676	φ762×25.4	107×7.3	28.7%	0~1.5
				67×3.5	13.8%	13~14
		M480	φ1117×22.2	82×3.3	14.9%	16~17

裂纹处管节点具体构造和各杆件连接详见图2和图3。

从裂纹数据表1和裂纹处管节点构造图2及图3可以看出：

（1）管节点水深达到了水下185ft(56.38m)，已经属于深水区的管节点，这种水深的的水下修理和加固施工需要动用饱和潜水，修理和加固施工难度比较大。

（2）管节点非常复杂，连接的水平层撑杆数量就达到了5根，里面斜撑有2根，总共达到了7根，这给修理裂纹带来非常大的困难。

（3）裂纹出现的非常多，在4根水平撑杆和1根里面斜撑上都出现了裂纹，且裂纹深度都比较大，最大裂纹深度已经达到撑杆壁厚的43%，使用打磨的方式已经不能对此类裂纹进行修理。

针对该平台出现裂纹的情况和管节点构造，传统的修理方式面临诸多的问题和局限：

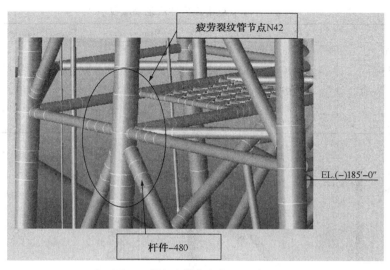

图 2   裂纹处管节点构造示意图

裂纹打磨：打磨修理的方式只适用于深度较浅的表面裂纹，按照该平台的具体情况，杆件 M31 和 M676 裂纹深度已经超过 7mm，且裂纹深度已经到管材壁厚的 28.7% 和 43.2%，打磨后对节点连接杆件的能力削弱非常明显。

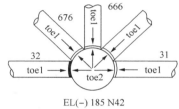

EL(-) 185 N42

图 3   裂纹处管节点
水平面杆件布置

管卡加强：管卡修理的方式只适用于管节点构造形式简单的情况，如单纯的 T 型式或者是 K 型式的管节点。该管节点形式过于复杂，如果采用管卡，会造成管卡尺寸巨大，相应重量也会非常大，在深水区施工难度巨大，且施工时一般动用的平台吊机能力也限制。

水下湿式焊接：目前国际上和国内对水下湿式焊接的应用虽然采用，但是焊接效果难以保证，湿式焊接的焊缝强度一般只能达到原焊缝强度的 30% 左右，采用的解决方式是采用多道焊缝进行堆焊，且容易对焊缝造成二次损伤。从图 2 中可以看出，该管节点位于导管架主立面桩腿同水平层和主斜撑连接位置，位于主要传递载荷的路径上，该管节点的重要性不言而喻，不宜采用湿式焊接的方式对此类重要节点进行修理。

水下干式焊接：水下干式焊接的最大优势在于能够焊接效果好，能够基本上恢复节点焊缝的能力，但是由于该节点的复杂程度高，水下干式焊接对此类复杂节点的修理干式舱费用非常高，经济性非常差。

通过上述分析可以看出，传统的节点修理方式对该节点的修理都不适用。对该节点的裂纹修理是一个很大的工程挑战。

为此，针对该导管架出现的裂纹状况进行详细的工程分析：

首先，对该导管架出现裂纹后的强度进行了分析，以确认该导管架的强度是否满足规范要求。在分析中考虑裂纹对管节点能力的降低。经过分析发现，该导管架在节点出现裂纹的情况下，裂纹节点附件存在杆件强度不满足设计水平强度要求。具体结构设计水平分析结果详见表 2 和图 4。

表2　N42节点相连杆件规范强度校核

Member	Member section	Member Group	Unity check（Original）
0277-0276	φ36in×0.75in	622	1.07
0278-0277	φ36in×0.75in	621	0.99
0156-0277	φ44in×0.875in	22	1.03
0158-0277	φ48in×1.125in	D23	0.87
0276-0368	φ42in×1.00in	D32	0.94

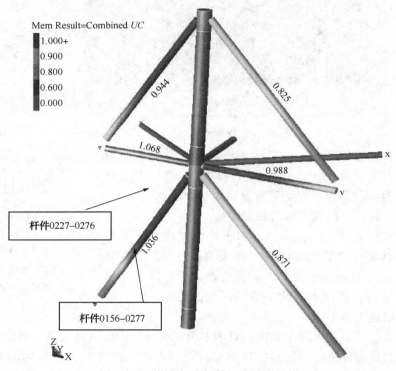

图4　N42节点相连杆件规范强度校核

　　其次，对导管架出现裂纹后的节点疲劳寿命进行了分析，对该导管架进行了详细的谱疲劳分析，发现节点疲劳寿命不满足规范要求，所以主要关注的问题是如何提高节点的疲劳寿命以满足规范的要求。N42节点疲劳寿命如表3所示。

表3　N42节点疲劳寿命

Location	Brace ID	Brace Section	Original Condition
N42 Joint（0277）	0000-0277	φ36in×0.75in	40.80
	0641-0277	φ36in×0.75in	80.57
	0660-0277	φ43.74in×0.745in	452
	0158-0277	φ48in×1.125in	393.85
	0643-0277	φ29.426in×0.713in	859025
	0642-0277	φ37.662in×0.831in	2095782
	0644-0277	φ36in×0.875in	42268824

经过对该导管架结构的工程分析，节点连接杆件的轴向荷载和弯曲荷载，发现轴向荷载是造成裂纹出现的主要原因。如何降低节点连接杆件的轴向荷载，以降低节点处的热点应力，进而提高节点的疲劳寿命，成为本次裂纹修复的方案研究主要问题。表 4 中选取某典型极端海况列出了 N42 节点相连杆件的载荷情况。

表 4 N42 加强前节点相连杆件载荷分布

Member Number	Member End	Force（X）kips	Force（Y）kips	Force（Z）kips	Moment（X）kips-in	Moment（Y）kips-in	Moment（Z）kips-in
0641-AA01	AA01	-1053.23	-12.35	68.96	-5.65	11740.01	-2184.30
AA02-0664	AA02	1401.37	-5.34	18.43	25.51	-725.88	397.90
0660-AA03	AA03	1915.66	-2.90	4.92	-206.99	300.05	-197.46
AA04-0650	AA04	-2658.27	-2.78	12.15	-55.86	-419.22	-870.59
AA05-0659	AA05	-3019.60	67.23	7.13	-1664.15	-843.57	-12924.17
0277-AA06	AA06	-2904.16	4.24	-8.74	-3800.66	648.79	7317.08
AA07-0277	AA07	-353.30	-0.40	-8.26	17.76	-660.55	-474.24
AA08-0277	AA08	203.74	-4.36	5.65	-1288.40	555.42	615.42
0277-AA09	AA09	-45.12	0.87	3.36	-204.23	863.09	-833.40

针对以上修理方案的局限和限制，提出一种剪切板连接结合管卡的方式，本加强方案不对节点裂纹进行直接的修复，本着降低裂纹节点连接杆件轴向荷载的原则，利用剪切板将裂纹节点相连杆件进行加强，将杆件轴向荷载传递到附近杆件上，共同分担轴向载荷。具体加强方案见图 5。

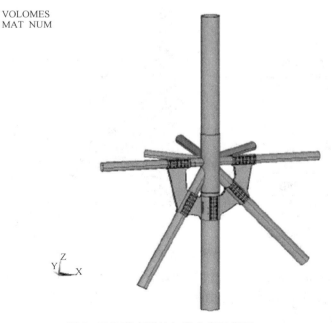

图 5 N42 节点裂纹加强方案示意图

这种加强方案可以达到以下效果:

(1) 可以改变节点连接杆件的载荷分布,将轴向荷载由单根撑杆承担变成临近多跟撑杆共同承担,通过改变节点周边杆件载荷传递路径的方法降低单根撑杆的轴向应力,以降低节点焊缝处的热点应力。

(2) 该加强方案不会对节点造成二次破坏。

(3) 管节点处的裂纹可以随时观察,不影响今后检测和裂纹扩展观察。

(4) 剪切板构造质量较管卡质量大大减轻,且可以分块安装,海上施工难度小。

3 导管架结构加强后的强度和疲劳寿命分析

针对上述提出的节点加强和修复方案,进行了结构强度分析和 N42 节点的谱疲劳寿命分析。在整体强度分析中,剪切板的材料属性和截面模量经过计算在整体计算模型中进行了模拟。表 5 中列出了针对不同直径的杆件加强所使用的剪切板的截面特性和在整体计算模型(图 6)中的模拟。

表5 剪切板截面尺寸和模量

Dummy Plate Group ID	Thickness/in	Young's modulus/ksi	Poisson ratio	Remark
GT1	1.5	561404	0.2	For 36in Pipe
GT2	1.5	729262	0.2	For 44in Pipe
GT3	1.5	879121	0.2	For 48in Pipe
GT4	1.5	1503759	0.2	For 77.5in Pipe

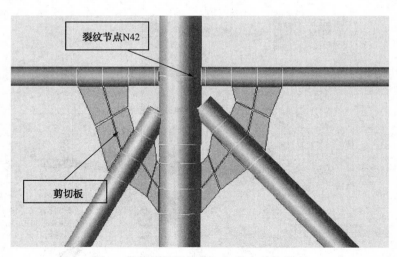

图6 带剪切板导管架 N42 节点结构模型

通过工程计算分析发现,经过上述的加强方案后 N42 节点相连杆件强度略有降低,剪切板连接后的各杆件的整体性得到了加强。表 6 列出了加强前后的 N42 节点相连杆件强度规范校核对比结果。

表6 N42节点相连杆件加强前后规范强度校核结果

Member	Member section	Member Group	Unity check (Original)	Unity check (Reinforced)
0277-0276	φ36in×0.75in	622	1.07	0.97
0278-0277	φ36in×0.75in	621	0.99	0.89
0156-0277	φ44in×0.875in	22	1.03	0.92
0158-0277	φ48in×1.125in	D23	0.87	0.84
0276-0368	φ42in×1.00in	D32	0.94	0.94

在对加强后导管架结构 N42 节点进行谱疲劳寿命分析后，N42 节点疲劳寿命增加非常显著，表7给出了导管架 N42 节点剪切板加强前后的各条焊缝的疲劳寿命结果。

表7 N42节点加强前后焊缝疲劳寿命分析结果

Location	Brace ID	Brace Section	Original Condition	Reinforcement Condition
N42 Joint (0277)	0000-0277	φ36in×0.75in	40.80	220.64
	0641-0277	φ36in×0.75in	80.57	381.66
	0660-0277	φ43.74in×0.745in	452	1745.38
	0158-0277	φ48in×1.125in	393.85	1509.49
	0643-0277	φ29.426in×0.713in	859025	2172768
	0642-0277	φ37.662in×0.831in	2095782	44705960
	0644-0277	φ36in×0.875in	42268824	47788592

通过上述各分析结果可以看出，在对疲劳裂纹节点采用剪切板的方法进行加强和修复后，与节点相连的杆件强度得到一定程度的加强。更加重要的是，节点焊缝的疲劳寿命得到大大的增加，非常有效的延长了节点的疲劳寿命。

4 剪切板加固结构强度分析

在保证上述修理加强方案对节点疲劳裂纹加强效果的基础上，加强剪切板本身的强度也必须得到保证，本文采用有限元的方法，对剪切板做详细的强度分析计算。

在剪切板强度分析模型中，剪切板加强结构以及连接结构都被详细的模拟，连接剪切板与撑杆的螺栓预紧力也同样在有限元模型中采用接触面压力的方法进行了模拟。采用第三节中导管架结构整体分析中的 N42 节点弦管和相连撑杆的位移及载荷作为剪切板强度计算的边界条件和施加载荷，具体三维有限元分析模型详见图7和图8。

通过计算分析结果发现，剪切板结构整体应力水平低于结构的屈服极限，在典型极端风暴工况下的 vovmises 应力最大值为 28.2kips(194MPa)。具体应力分布情况详见图9。

同时，对剪切板加强结构的局部强度也同样在模型中进行了计算，通过计算发现，在典型风暴工况下的螺栓孔周围加强翼板出现了局部应力集中，这些局部高应力出现是由于几何形状突变和有限元网格单元的形状突变造成的。这些局部应力集中不会导致剪切板整体结构的失效。具体局部应力集中分布情况详见图10。

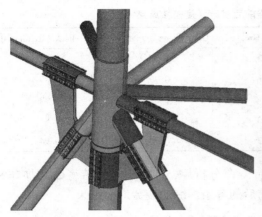

图7　剪切板加强结构有限元分析模型

图8　剪切板加强结构有限元分析模型(局部结构)

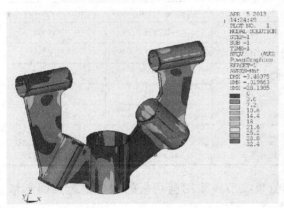

图9　剪切板加强结构应力分布云图　　图10　剪切板加强结构螺栓孔周围翼板应力分布云图

通过上述对剪切板加强结构的有限元强度分析结果可以得出如下结论:

(1)剪切板加强结构的整体应力水平低于材料的许用屈服应力。

(2)在螺栓孔周围的翼板上由于结构几何形状突变和有限元网格形状突变产生的局部应力集中和高应力区,这些应力集中和高应力区不会导致剪切板加强结构的整体失效。

5　其他工程设计问题

(1)剪切板与撑杆的连接方式选择,灌浆连接亦或机械连接;灌浆连接,螺栓预紧力必须加以设计和合理的选取,如果采用机械连接,就要考虑剪切板与撑杆间相对摩擦活动产生的可能性,选取适当的预紧力。

(2)不管是灌浆连接亦或机械连接,撑杆都会遭受一定的径向压力,尤其是对于处于N42节点这种水下50m以下的水深,静水压力对圆管杆件的影响已经比较显著的情况下,这种径向压力与静水压力的作用产生叠加效应后,撑杆发生局部屈曲压溃的风险就会大大增加,应该在确定具体的预紧力之后,评估撑杆在静水压力和由于预紧力产生的径向压力作用下的局部屈曲和压溃的方向。

(3)剪切板的水下安装,裂纹节点加强结构的水下安装必须考虑到施工的可行性和工程实施难度。还要考虑剪切板各个部件在水下安装的精度以及同撑杆连接的预紧力水下施加。这些都要在工程具体实施前做好具体的施工设计方案，以保证水下加强结构的顺利安装。

6　结语和展望

本文针对深水导管架水下节点出现的疲劳裂纹，提出了一种修理加强方案，这种加强方案在详细分析了疲劳裂纹节点受力形式的基础上，利用剪切板结构将疲劳裂纹节点相连撑杆相连接，提高各撑杆和弦杆的整体性，降低撑杆同弦杆连接焊缝的热点应力，从而提高节点焊缝的疲劳寿命。

通过对比导管架疲劳裂纹节点加强前后的疲劳寿命，本文提出的加强方案可以大大提高裂纹节点的疲劳寿命，保证节点在平台在役寿命期内的安全。同时，这种加强方案不会对裂纹节点进行二次破坏和掩盖，加强后裂纹节点随时处于可被观察，便于今后的检测和裂纹扩展观察。

本文提出的加强方案基于工程分析和实施进行，对加强后节点的疲劳寿命分析是基于规范和工程普遍认可的方法进行。对节点裂纹的进一步研究，如裂纹处热点应力的具体降低比例，精确疲劳裂纹断裂力学扩展计算分析并未进行，这些内容尚未有业界公认的具体规范可依，可在今后进行进一步的研究。

参 考 文 献

1　Tebbet I E. 最近五年钢质平台的修理经验[A]. 海上结构物检测、维护与修理技术文集第 I 集，渤海石油海上工程公司.

2　龚顺风，金伟良，王全增. 海上固定平台受损构件的修理与评估. 中国海洋平台，16(12).

3　API RECOMMENDED PRACTICE 2A-WSD（RP 2A-WSD）. Recommended Practice forPlanning, Designing and Constructing Fixed Offshore Platforms——Working Stress Design. 2007.

4　SHIP STRUCTURE COMMITTEE. RESIDUAL STRENGTH OFDAMAGED MARINE STRUCTURES. NTIS # PB95-185419，1995.

5　R G Harwood & E P Shuttleworth. GROUTED AND MECHANICALSTRENGTHENING AND REPAIR OFTUBU-LAR STEEL OFFSHORESTRUCTURES. OTH 88 283 Report of Joint Industry Repairs Research Project.

对当前渤海油田开发工程设计技术的思考

焦洪峰　戴连依　王治龙　孙振平

(中海石油(中国)有限公司上海分公司工程建设部)

摘要： 渤海石油勘探开发 50 多年经历了实践——认识提高——再实践的过程。自对外合作以来各大油气田采油平台相继进入服役中后期，埕北平台已经超期服役。经多年开采的地下油气藏再度进行不同程度重新评价后，呈现出：区域开发、边际开发、依托原有设施联合开发等新策略。结构设计如何储备能力配合后期上措施提高产量尤为关键。

本文就目前二次跨越的新形势，面对油气生产设施建设的新需求，开展创新设计理念和更新技术的探讨。

关键词： 重新评价；打调整井；服役期；创新理念；可持续性

1　概述

经过三、四代石油人的努力奋斗，创造了今天渤海石油工业的辉煌业绩，在当下跨越深海的关键时期，解决好新形势下边际油田开发工程设计中关键技术的创新与新技术新观念的应用尤为重要。要注意从海油总多年创业经历中汲取经验与智慧，既要解决今天的现实问题，又要考虑明天的发展与建设，即可持续性开发与建设。

应对新形势，要务实创新思考渤海油气田勘探开发工程可持续性设计技术，继续保持技术领先地位。标准化是技术、经验的积累，是重复性使用的一个规定，是整个社会福利的体现。规定与标准需与时俱进，经过科研、工程设计实践的验证给予补充与完善，及时地增补现行规范标准(企业标准)。

1.1　平台设计

渤海石油勘探开发自 20 世纪 60 年代开始，开发工程建设是伴随着抗冰结构设计发展起来的。随着科研工作的开展、生产实践、建造与施工能力的提高，迅速走入标准型设计，渤海六号、七号、八号、十号钻井平台的导管架，上端尺度为 36m×27m，十六根腿柱的标准型式，如图 1 所示。此后 80 年代对外合作期间中日双方共同认定了此前中方在渤海石油工程实践中取得的经验，延续了十六根腿柱导管架的传统型式，建造了埕北油田 A 平台和 B 平台，如图 2 所示。

先期的平台是钻机上平台作业方式，采取了海上平台陆地式打井的方法。此时我国还没有自升式钻井船。在 1975 年前，合作研制了第一条 40m 自升式移动钻井船'渤海一号'。随后 80 年代研制、引进了多条自升式移动钻井船，开始了钻井船悬臂打井及水下井口作业，导管架套水下基盘就位、回接井口施工的开发模式。

这时期的导管架以四腿柱为主。此类结构应用于 JZ20-2 油田、BZ28-1 油田、BZ34-2/

4 油田、SZ36-1 试验区Ⅰ期、Ⅱ期等油田，如图 3、图 4 所示。由于四腿柱平台的隔水套管束放置在导管架的里面，其弱点是甲板布置的重心严重偏置而且非对称的悬臂尺度较大。此后较多应用六腿柱导管架，这种结构形式对甲板的设备布置带来了较大的改善、偏西问题得到缓解、空间大了、桩基的受力分配相对均匀了。

图 1　渤海六号、七号、八号、十号钻井平台（十六腿柱式）

图 2　埕北油田 A 平台、B 平台（十六腿柱式）

图 3　BZ28-1N 井口平台（四腿柱式）

图 4　钻井船靠 SZ36-1 WHP1 导管架钻井作业

随着科学的发展，工程船舶浮吊起重和施工能力的提高，上部组块的设计变化导致了导管架的结构形式随之变化。钢桩由最初直径 42in、48in、60in，现在已经调整到 72in、84in、96in，结构布置的变化就更大了。

平台设计的主要专业——结构，有两大特点尤为重要。一是强度储备；二是后期作为依托设施的适应性。前者讲的是满足生产设施的再扩大引起设备重量及作业荷载的增加，后者说的是增产措施需要上设备增加甲板面积和重量的可行性。例如：①增打调整井的预留井槽口的余量；②增加上平台的立管有否预留位置和安装支座；③平台超期服役的水下防腐欠保护的弥补措施等。

就增加预留井槽口数量而言，新平台设计按井槽的数量进行系统设计。增加一个槽口同时按比例增加投资费用。可后期增补调整井的产量可直接进入原生产系统，补充油气产量，但要考虑增加水处理能力。所以先期考虑和后期补偿的费用计算是不一样的。只要导管架没有下水安装，在陆地上解决这些事情可轻而易举费用且低廉，一旦下水再考虑这些事宜付出的代价就大了。在东海、南海的油气平台服役后期想在原平台上再增加两口调整井就没有可能。这就是结构设计的关键特点，掌握它——未雨绸缪。希望油藏规划和总体设计给予理解和考虑。

1.2　模块化设计

早年，钻井（采油）平台设计（上部组块和导管架）受起重能力的限制，不得不把平台划分成若干模块拼装。例如，自营油田的渤海十二号钻井平台的上部组块就划分为 12 个模块分别设计，其中 6 个是从美国引进的钻机模块。

上部组块设计。拼装式组块设计方法是逼出来的。而且随着起重能力的逐渐提高，模块的设计重量也在变大。随着生产系统的变化整体组块的吊装重量越来越大，超过了起重装备的能力，现有起重装备已经落后于大组块施工设计要求。

钻修机模块设计。自 2000 年以来，工程开发方案由用钻井船靠导管架打井，调整到采用钻机模块（可搬迁式）打井方案，例如，大模块有 NB35-2 钻机模块、文昌油田修井机模块（一式五套）、BZ25-1 钻机模块、番禺 30-1 钻机模块、天外天气田钻机模块（一式两套）；组装式小模块有，PL19-3 钻修机模块（C、B、D、F、E 一式五套）等，如图 5 所示。

图 5　PL19-3 钻修机模块（D）

生活楼模块设计。自 JZ20-2 油田 MUQ 平台开始以模块化形式独立进行设计、建造与安装，随后有 SZ36-1 试验（A、B）区生活楼，此后的井口平台上除 10 人以下的住房设置在组块内之外，从定员 30 人开始生活楼都独立为单一模块。目前生活楼作为模块设计、建造和安装已经具备标准化的条件，如果再配以隐蔽式吊点，就可以作为一种定型的移动式生产装备服务于油田建设。（图 6）。

但是，直升机甲板在生活楼顶部的布置需注意一点，那就是不要形成错层的状态。这样会使吊点的位置两高两低，导致吊装设计问题较大，详见图 7。当生活楼重量较大时结构处理难度就大了，如果使用吊装框架，海上安装施工麻烦就大了。评价设计的优秀有两点：一是高超的设计技艺；二是施工方案的可靠和可操作性。

Float-over 施工方法，近年来在渤海海域多用于安装大型平台组块。相继有上部组块：NB35-2 CEP、BZ34-1 CEPA 中心平台和 LD32-2PSP 生产储油平台等的成功安装就位。从设计、建造到海上施工导致一系列新技术、新工艺、新设备的引进、研发和应用。

目前在东海海域以浮托法设计超大型组块技术上有很大困难，即使超大型起重船研制出来，也很难实现起重 10000t 到 15000t 的大型组块。现在组块安装设计还做不到按照组块的重量区别选择不同的安装方案，由起重装备的能力形成的瓶颈是摆在当前工程界亟待解决。眼下仍以拼装模块的安装方法为之。

图6　PY30-1生活楼

图7　生活楼顶部布置导致吊点两高两低

2　总体布置方面考虑

2.1　导管架上端开口尺寸与隔水套管束位置的影响

固定平台基础结构——导管架应用于海洋工程几十年了，由于新工艺系统的要求，尤其服役中后期增产上措施的要求，致使甲板面积和导管架的负荷不断地增加。明显的特点：四腿柱导管架上端开口尺寸（轴线间距离）与扩大甲板面积的组块之间出现了不匹配的现象。导致甲板的悬臂跨度增大，组块重心严重偏置，造成结构设计、吊装分析、桩基设计中存在不合理的现象，也给海上安装施工带来较大的困难。

组块重心偏离导管架结构形心的原因。一是，导管架的轴线间距较小，即组块支撑腿柱的间距小；二是，隔水套管束放置在导管架的里边，各类设备按划分的区域布置在井口区的周围，由此形成了'跷跷板'式的配重布置设备。通常四点吊的吊点都布置在轴线（或支撑框架）的交点上，由于组块整体重心偏置于井口区的异侧轴线附近并且还可能靠上或靠下部，四个吊点的受力分配很不均匀，加之各吊点间的跨度较小，增加了配扣和起重作业难度。

这种现象普遍存在于四腿柱导管架井口平台设计中，自SZ36-1油田二期工程建设之后，曾改用六腿柱导管架之后对此问题的解决有所改善。就四腿柱导管架而言，如何解决这一问题建议如下：

（1）增加导管架大腿轴线间的距离。例如，控制在20~22m，可以有效地减小甲板悬臂构造的跨距；

（2）将隔水套管束放置在导管架的外面，详见示意图8。把组块重心位置控制在导管架的形心附近，使四根钢桩均匀受力。把隔水套管束放置在导管架外面已有工程实践。案例有，三腿柱导管架JZ20-2油田中南井口平台；此前以'浮托法'设计的几座井口平台，都是把隔水套管束放置在导管架外面，井槽口数量多了可以把隔水套管的导向框架连起来。因为作用在隔水套管束上的环境荷载仅仅增减导管架的水平力。

当下组块的甲板面积越来越大，不能只是简单地加大悬臂跨度，应该考虑扩大组块支撑腿柱间轴线距离，这和导管架上端开口的距离有直接关系。提高结构设计的合理性，发挥组块桁架结构的实用功能，调整构件布置刚柔并济。制定方案时需确认预制场地滑道和锁定的

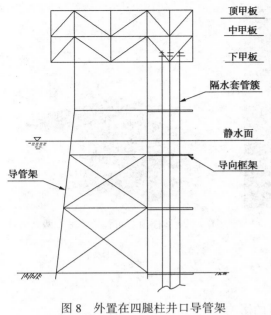

顶甲板
中甲板
下甲板
隔水套管簇
静水面
导向框架
导管架

图 8　外置在四腿柱井口导管架
外面的隔水套管束

运输驳船上滑道的宽度，好在渤海的水浅，导管架立式建造。

2.2　外挂井槽辅助结构设施的选择——四腿柱平台

打调整井这种增产措施，在工程上也称之为'外挂井槽'。即提供新增结构以便安置新增加的若干隔水套管——井槽口矩阵。目前这种新增结构形式有两种：一种是常规的四腿柱平台；另一种是'两腿柱导管架'(单片框架结构)支撑的简易上部设施。可以简单地理解为两腿柱或四腿柱小平台。

当下两腿柱新增结构在几个平台的改造设计中都被应用，例如：SZ36-1WHPJ、SZ36-1二期 WHPE/G、BZ26-2WHPA、LD10-1WHPA平台。

新增平台——两腿柱单片桁架和简易上部设施，就结构设计而言，与四腿柱导管架平台比较，少了两条腿柱、部分连接杆件与甲板面积。以用钢量评估大约能节省 200~400t 钢材(与井槽口数量有关)。这两种方案的差别不仅是用钢量和钢材加工量的区别，而且其他各专业都得围绕这两腿柱布置设备和开展设计，关键在于控制各种施工条件下的平衡问题。

经工程实践的检验这个设计方案不宜再推荐，建议放弃，该方案有如下三个弱点。

2.2.1　组合结构

单片桁架结构的刚性和抵抗环境水平力的能力较差。在其两腿柱平面内和平面外差别极大，即平面外抵御环境荷载几乎全依靠两根钢桩的抗弯能力来承受，单片桁架的贡献却很小。但与老平台组合在一起时，由于仅在水面以上链接，经模型计算分析结果表明结构整体性差。当水平荷载沿着新、老结构作用于组合平台时，新增结构不但不能分担老平台的负荷，而且增加了老平台的负担。这对老平台的后期服役和结构剩余强度评估非常不利。

2.2.2　海上安装施工

经几个改造工程施工情况反映，新增两腿柱结构安装施工麻烦难度大，海上浮吊作业时间长。

(1)安装就位水平精度。依靠增大设计防沉板的面积控制两腿柱单片桁架平稳就位，而且同样依靠防沉板约束钢桩垂直贯入，以致对防沉板的依赖过高。首根钢桩在贯入过程中可能把整体结构带偏，以致影响隔水套管的垂直度(设计这两根钢桩:有单斜的、也有直的)。就浮吊的使用而言，单片桁架就位——调平对中(与老平台靠齐)和插桩作业相冲突。而且，如果不能及时地插桩、打桩和固定，就位过程时间稍长，在海流和结构自重的作用下，会出现冲刷或不均匀沉陷，调平或对正会更困难;

(2)为两腿柱上部设施增设四根辅助支撑腿柱(布置在轴线两侧)，靠单片桁架的平面外的抗弯能力维持平衡，以便顺利吊装就位。另外，上部设施的重心是不会落在两腿柱连接的轴线上。就位后主梁来不及连接就给下部基础施加了预应力。而且组块吊装就位后浮吊不能马上摘钩，使安装施工面临不可预见的风险较大；

（3）在两腿柱单片桁架就位时，难以满足：既与老平台的轴线对齐，又符合水平精度要求。最终，只能优先满足水平精度要求，保证隔水套管的垂直度。结果增加了海上连接组块主梁的难度（用钢板焊接组合梁），增加了安装作业工作量。这个问题在四腿柱平台安装施工中也会出现，但这样可由平台上自行完成不占用浮吊。例如 SZ36-1 实验区 A1 和 A2 井口平台上部组块之间修井机轨道梁的连接是在组块安装之后。

2.2.3　新老结构强度设计的匹配

对老油气藏重新评价的现役生产平台，多数都已经进入服役的中后期，这种增产措施实施以来，出现了新老平台结构联合服役的现象，这种形式今后会越来越多。所以，结构设计寿命期应该有区别，尤其对于不能回收再利用的结构物，对于新旧不同结构物选择不同的设计寿命期，合理配置以达到实用和降低工程造价的目的。在设计规格书中制定具体的实施策略和标准。

2.3　基本设计与详细设计的分与合

经历勘探开发几十年的中国海洋石油工业，成熟的开发工程技术、作业能力和装备资源应用都处于掌控范围之内。海洋工程设计者娴熟的工作能力和智慧、规范标准、实践经验和成功的工程案例，是海洋工程建设成功的保证。

就海洋工程设计而言，基本设计阶段是分析结构物的生存条件、主要杆件的强度校核和选择与确认建造施工的大方案。详细设计阶段是对基本设计内容的细化、执行前期的各项规划、最终实现完整的工程设计成果。而且充裕的设计工作时间也是设计质量的保证。

对于技术成熟而工期较紧且投资较低的项目，建议考虑基本设计与详细设计合并在一起开展设计。这尤其适合自始至终由一个公司总包 EPCI 项目，在于初始阶段就以本公司的设计、建造、安装施工、装备能力为基础开展设计。总之是有条件的设计二合一，既节省费用又集中时间和精力考虑工程设计建造和施工的全过程。防止中途调整或修改方案，或来不及修改的现象（涉及到时间与费用问题）。基本设计直接进入加工设计在国外也有先例，1994年新加坡远东造船厂与挪威某石油公司一次签约了两条 FPSO 浮式生产储油轮。

然而对于新的领域、技术难度较高而且没有工程经验的项目，就得严格执行设计阶段的划分逐项地开展工作，来不得跨越。

3　计算分析

3.1　吊装分析

在吊装分析中，其主要系数是动力放大系数。API RP 2A 推荐作法中要求，在开阔海区（open exposed sea）动力放大系数选用 2.0/1.35，在非开阔海区（other marine situations）动力放大系数选用 1.5/1.15。在这里，把海上安装作为控制条件定义作业海区为开阔海区；把码头和预制场地定义为非开阔海区或有遮蔽的海区，但对结构物自身质量大小变化和不同的海域条件并没有详细划分。我国渤海、黄海、东海和南海海域的海况，除渤海海域要考虑海冰条件外，其余海域的环境条件（风、浪、流）一个海域比一个海域恶劣，均需具体考虑。以海上安装为例，动力放大系数为 2.0/1.5，针对这 4 个海域转换成安全系数，那就是一个比一个小；但就海上吊装作业而言，在既定的适用起重能力条件下，浮吊船舶抵御涌浪的能力和海上天气窗如何选择，将直接决定着海上待机时间的长短。还有一个条件是对所选用的工程船舶的性能要求。

在渤海，平台组块的起重质量已经由几百吨到三、四千吨，但其动力放大系数仍用2.0/1.5，显然吊装2000t重物的安全系数要大于650t重物的安全系数。在选定的天气窗口条件允许的情况下，就操作规程而言，质量越大起重的速度就越慢，出现动力放大现象的可能性就越小，甚至不出现。在这方面，DnV规范（RP5 LIFTING，JUNE1985）按质量级别对动力放大系数的数值作了划分，详见表1。

表1　动力放大系数

被吊物体的质量/t	<100	100~1000	1000~2000	>2500
DAF 海上	1.30	1.20	1.15	1.10
DAF 陆地	1.15	1.10	1.05	1.05

建议把动力放大系数对应的海区分为：预制场地（包括码头）和开阔海区两级；把组块和导管架起重质量级别分为3级。这样可针对不同的区域、不同的质量级别，可选用不同的动力放大系数。

3.2　拖航分析

拖航力是一种往复周期性荷载，如果拖航的时间、航程比较长，那么这种荷载是不容忽视的。目前对渤海海域内拖航主要有两种分析方法：一种是简化且保守的10/20方法计算拖航力；另一种是使用MOSES分析程序先计算出锁定运输船舶的运动特性，然后再计算拖航力。两种方法的计算结果表明：在渤海海域，用第一种方法求得的拖航作用力比用第二种方法来得大。在环境数据不全或运输驳船不确定的情况下，用10/20方法进行拖航分析，既简便又安全。请注意建造场地的位置，例如青岛海油工程。

建议无论航程的远近，拖航分析都要以锁定的运输驳船实际计算船舶的运动特性进行运输分析，逐渐放弃10/20方法。

在天外天气田开发工程设计中，曾利用10/20简化方法验算组块的拖航分析，其结果小于利用设计拖航环境条件锁定船舶计算分析的结果。可以看出10/20方法应用范围是有条件的，在东海海域就偏于危险需慎重。

4　构造设计

4.1　灌浆设计和隔水导管楔块固定设计

灌浆连接是海洋石油平台设计的一贯作法。可在旅大油田（LD10-1 WHPA 和 CEP 平台）和曹妃甸油田（CFD11-1 WGPA 和 WHPA平台），导管架与钢桩的连接采用不灌浆设计。另外，在水面以下隔水导管各层水平导向框架处，已经取消螺栓连接的固定限位楔块。可这种方法适合由钻井船钻孔下注隔水套管施工。

在渤海海域水深较浅，一般在15~35m的范围之内。上部组块是作用在钢桩上，导管架的作用是约束钢桩的水平位移和提高整体的抵御环境荷载的最大水平剪力和最大倾覆力矩。实际上，平台结构设计的结果是刚性很大，这是渤海海洋石油工程设计建造和施工的特点。

鉴于已有工程实践的案例，建议提高钢结构的柔韧性，开展科研简化平台设计与安装施工，降低工程造价提高施工进度。

4.2 吊点的切割

当导管架、上部组块和模块等结构物在海上吊装就位后，随后吊点就被切割掉，这是目前工程作业的习惯做法。如果站在模块的搬迁重复利用和废弃平台拆除工程的立场来考虑，保留吊点及相应的构件是有利的，避免了重新加工吊点。即可缩短施工工期，又方便了后期工程作业，只需考虑其隐蔽的措施，再次使用前进行全面的探伤检验。

不排除有新的技术应用，估计是专用工具和船舶设施的研制与引进。目前看来还没有拆除废弃平台的设计及参照的规范标准。这个事已经上升到日程上来了，早些准备有备无患。

4.3 节点的加强环设计

由于管节点冲剪力计算结果，节点处的管径与壁厚取值较高，当达不到要求时会推荐设计加强环(管节点的内部或外部)。还有组块的主腿柱穿甲板时，设计连接4根型钢大梁的外环板(几乎方形)，这种构造的共同特点：由于钢材焊接后冷却收缩造成腿柱管材厚度方向出现层状撕裂，更何况加强环又设计的较强。在SZ36-1二期工程上部组块吊装就位后，吊点切割后余下的基板做磁粉检验时发现了这个问题，并在以后的构造设计中作了调整。汲取实践经验调整构造设计，改善了局部受力状态，以便降低对 Z 向钢板的依赖。

说到底是构造处理问题。连接点的设计怎么样才能做到与结构力学理论上定义的节点相一致，在实践上确实存在很大的差异。目前组块重要节点设计，从渤海到东海，再到南海是一模一样。可实际上，环境条件不一样，控制工况也应有区别。在医学上有"过度治疗"的说法，同样在我们工程设计中也存在这类问题，例如'过度的焊接'、'过度地加强'等造成局部僵化，对结构整体的柔韧性很不利。在东海、南海，波浪的动力效应会更突出。节点设计是值得我们工程设计人员深思的研究课题。

5 启示与建议

(1) 制定渤海海域固定平台分类规划设计示范。例如，针对四、六腿柱的井口平台、八腿柱的中心处理平台设计(尤其以浮托法安装组块)。模块化设计(但凡有办法要整体考虑)，钻修井模块(可搬迁)、生活楼(按定员、星级、质量等因素确定)等典型设计规划；

(2) 针对调整隔水套管束的位置，使4腿柱井口平台在应用于边际油气田开发工程建设中改善设计状态(吊装设计与桩基设计)，提高平台的服役效果；

(3) 开发'浮托法(Float-over)安装上部组块'的施工方法应用于边际油气田开发工程建设；

(4) 优先考虑工程项目规格书的编制与审批，它既反映了中海油海洋石油工程设计原则与关键技术，又控制着设计质量和工程投资；

(5) 降低工程投资的关键是有效控制或适当地降低大型船舶资源使用率，优化施工方案把海上的作业尽可能地拿到陆地上来完成；

(6) 制定老平台检测评估标准，对中后期服役或超期服役的平台开展剩余强度的评估。以便适应油气藏重新评价后的各种改造措施；

(7) 总体设计中考虑平台中后期油田持续性开发，预留一些设备空间和荷载储备能力。在新平台的设计、建造和施工中，建议为该平台的后期服役预先做些准备工作。

参 考 文 献

1　渤海工程设计公司情报室. 中国海洋石油总公司渤海石油公司渤海工程设计公司主要设计成果汇编,
　　1965~1988.
2　刘巍,孙振平. 绥中 36-1 油田 Ⅱ 期开发工程井口平台导管架和组块的吊装与拖航. 中国海上油气(工
　　程),2001,13(2).
3　房晓明,郝军,魏行超. 南堡 35-2 油田中心平台应用浮托法安装新工艺实践,中国海上油气,2006,
　　16(2):126~129.
4　中海石(中国)有限公司工程建设部. 2010 年首届海洋石油工程技术年会论文集.
5　Q/HS 3002—2002. 渤海海域钢质固定平台结构设计规定.
6　SY/T 10030—2004. 海上固定平台规划、设计和建造的推荐作法——工作应力设计法.
7　孙振平,焦洪峰,蒲玉成,等. 新型可搬迁组装式导管架设计技术——应用于渤海边际油气田开发工
　　程,第十三届石油工业标准化学术论坛论文集,2011.12.
8　张树德,等. 在东海油气田开发工程设计技术中实施策略思考. 中国石油学会石油工程专业委员会海洋
　　工程工作部 2013 年技术交流会论文集,2013.9.

带裂纹管节点静力失效的试验测试研究

杨冬平[1]　张洪山[1]　牛更奇[1]　邵永波[2]　龙凤乐[1]　文世鹏[1]

(1. 中国石化胜利油田分公司；2. 烟台大学土木工程学院)

摘要：导管架海洋平台中的焊接管节点在循环荷载作用下会萌生疲劳裂纹，疲劳裂纹的存在导致管节点承载能力的下降，并可能加剧节点部位的脆性破坏。本文首先对 3 个 T 节点进行循环加载，使得节点的焊缝部位产生疲劳裂纹。然后对带裂纹的 T 节点进行了静力加载，测试了加载过程中裂纹的扩展及管节点的最终失效模式。通过试验测试发现：带有疲劳裂纹的管节点在静力作用下，最终失效时节点会经历较大的塑性变形，裂纹尖端会发生明显的钝化现象，说明管节点在断裂前会有明显的变形预兆。

关键词：焊接管节点；疲劳裂纹；静力失效；塑性变形；裂纹钝化

1　前言

导管架海洋平台中焊接管节点部位由于本身所处的环境以及使用周期中所承受荷载性质，会经常受到各种交变荷载作用，如风浪对海洋平台的作用等。在这种具有疲劳荷载作用下，焊接管结构在经过一定的服役期后，容易在焊接的节点部位萌生疲劳裂纹。由于圆钢管节点的主支管交汇处焊缝上存在较大的应力集中现象，并且焊接也会产生残余拉应力，因此，疲劳破坏一般均表现为沿着焊趾轮廓线萌生疲劳裂纹。这种疲劳裂纹一般呈近似半椭圆形，也称之为表面裂纹。由于疲劳裂纹是在节点部位产生，因此它对节点部位的承载能力和破坏形式有很大的影响。

管节点部位出现疲劳裂纹后，会降低整个焊接管结构的承载力，即原来按照静力承载力设计处于安全状态的管结构可能由于裂纹的出现降低极限承载能力而导致破坏。疲劳裂纹的存在还可能影响管结构在节点部位的破坏形式，因为裂纹处由于高度应力集中而使得该部位在破坏时有发生脆性断裂的趋势。但当裂纹尺寸不大，从而裂纹扩展驱动力大于节点部位的塑性极限承载力时，管节点部位也可能发生塑性破坏。本文对 T 节点试件首先进行了疲劳试验测试，在管节点焊缝处预制疲劳裂纹。然后对带疲劳裂纹的管节点进行了静力加载，研究了其破坏过程。

2　管节点疲劳裂纹预制试验

试验测试的对象表 1 中的 T1 和 T2 两个不同几何尺寸的 T 节点试件，其中 T1 做了 2 个试件，T2 做了 1 个试件。T 型圆钢管节点试件的主、支管均为无缝钢管，主、支管则是通过全熔透坡口熔透焊焊接而成。

表 1　管节点试件尺寸

编号	主管直径/mm	支管直径/mm	主管厚度/mm	支管厚度/mm	主管长度/mm	支管长度/mm
T1	219	114	6	6	1950	1000
T2	180	133	8	6	2000	400

在对圆钢管节点进行疲劳试验时，疲劳裂纹一定首先出现在最大热点应力处。由于 T 型管节点几何参数 β、γ 的不同，导致热点应力所处的位置也不相同，疲劳裂纹可能会在冠点处产生，也有可能会在鞍点处产生。因此为预先得知疲劳表面裂纹在管节点焊缝周围出现的位置即其最大热点应力位置，在疲劳试验前，需对三组试件中的一个试件进行应力分布试验测试。

由于受局部焊缝形状和切口应力等因素的影响，应变片不能直接贴在焊趾处。为获得更为准确的热点应力值，应变片必须位于焊缝周围且远离受焊缝几何尺寸影响的区域，这个区域被称为"外推插值区域"。而焊趾处得热点应力则由这个区域的应力推算得出。外推区域是由管节点的几何尺寸和交叉处的位置所决定的，国际管节点设计规范中给出了焊接圆钢管节点焊缝处插值区的范围，本研究也采用该规范中规定的插值区取值。

在主支管相贯处的焊缝周围共布置 16 片应变片，沿环向每隔 45°设置一个测点，共 8 个测点，每个测点含有两片应变片，详见图 1 所示。应变片的位置严格按照以上所述的"外推插值区域"来确定。

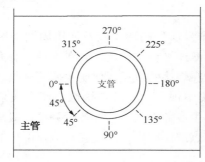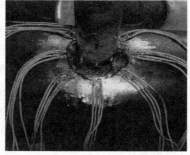

图 1　应变片布置图

通过试验测试得出了三个需做疲劳试验试件焊缝周围的应力分布曲线，如图 3 所示，图中应力值均为试件承受支管轴力 20kN 作用下的结果。图中 0°点定义为每个试件的冠点位置。从图 2 中可以看出，T1 试件在 180°位置应力最大，而 T2 试件则在 90°位置应力最大。由于疲劳裂纹一定首先出现在应力最大处，因此，T1 试件将在 180°位置即与定义 0°起始点相对的另一个冠点处首先出现裂纹。而 T2 试件将在以 0°点为起始点经过的第一个鞍点处。

在 T1 试件中，对 2 个试件进行疲劳表面裂纹的预制，并用一个未经过疲劳测试的试件进行静力试验，与带疲劳表面裂纹的试件进行静力性能的对比。对于 T3 试件，选取 1 个试件进行了疲劳试验，采用 1 个未进行疲劳试验的试件进行静力试验。所有试件的疲劳试验均在 SDS500 电液伺服动静万能试验机上进行。试验机通过本身具有的数据采集系统可以实时显示荷载的均值、幅值和加载频率，并自动记录循环次数。

在整个疲劳试验过程中试件始终处于受拉状态。为了实时得知疲劳裂纹尺寸信息，因此在整个疲劳过程采用德国 KARL DEUTSCH-RMG4015 裂纹测深仪对试件的热点应力位置(即

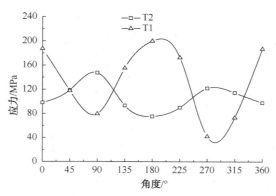

图 2　管节点焊缝周围热点应力分布曲线

疲劳裂纹出现的部位）进行实时监测。疲劳试验结果如表 2 所示。

表 2　疲劳试验结果

试件编号	最大荷载/kN	最小荷载/kN	频率/Hz	N/万次	裂纹出现位置
T2	40	10	3.0	19.29	鞍点处
T1-1	38	5	2.0	27.3	冠点处
T1-1	38	5	2.0	14.03	冠点处

　　通过疲劳试验后，三个管节点在焊缝处已经产生了疲劳裂纹，疲劳裂纹为止和尺寸如图 3 所示。采用 SDS500 电液伺服动静万能试验机对带有疲劳表面裂纹 T 型管节点进行静载试验，裂纹深度采用德国 KARL DEUTSCH-RMG4015 裂纹测深仪进行测量，将两组探针置于裂纹两侧时，裂纹的实际深度可以在仪器上直接读取，其测量精度为 0.1mm。

3　静力强度试验

　　首先对未产生疲劳裂纹的试件进行静力加载试验，采用 SDS500 电液伺服动静万能试验机对试件进行轴向拉伸测试的静力强度试验。试件两端约束不变依然采用上述的钢销与支座相连，尽可能模拟铰接约束。在试件主管下表面跨中部位安装一个位移计，由支管端部位移与位移计数值之差可以得出试件主管的变形，忽略支管轴向的变形。在试验过程中，弹性阶段均采用负荷控制，加载速度为 5kN/min，当进入塑性阶段时，将切换成位移控制进行加载，加载速度为 2mm/min。若当试件进入塑性后依然采用负荷控制加载，有可能导致试验机失控，甚至损坏试验机。当试件主管发生较大变形时，停止试验。在疲劳试验完成以后，依然采用 SDS500 电液伺服动静万能试验机对带有疲劳表面裂纹 T 型管节点进行静载试验。裂纹深度采用德国 KARL DEUTSCH-RMG4015 裂纹测深仪进行测量，将两组探针置于裂纹两侧时，裂纹的实际深度可以在仪器上直接读取，其测量精度为 0.1mm。采用 MDA 系列 USB 数码智能测量显微镜对裂纹口张开位移进行测量，USB 数码智能测量显微镜的测量精度为 0.1mm。

　　对 3 个带疲劳裂纹的 T 节点试件进行静力加载时，均在支管端部施加轴向拉力。试验过程中，弹性阶段均采用负荷控制，加载速度为 5kN/min，当进入塑性阶段时，将切换成位移控制进行加载，加载速度为 2mm/min，每隔一定的时间，将试验机置于保持档位，对试件承受此荷载时的裂纹口张开位移和裂纹深度进行测量。随着荷载的增加，裂纹深度也缓慢向深度方向扩展。当支管端部位移达到一定值时，试件突然发生脆性断裂破坏，此时停止试验。

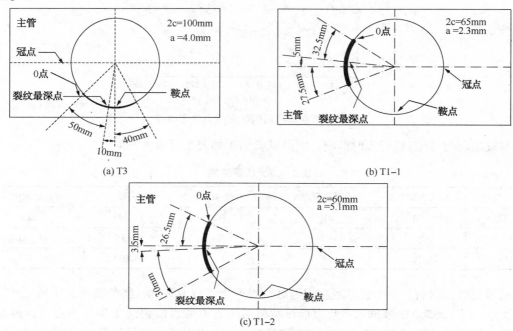

图 3　管节点试件疲劳裂纹位置和尺寸

　　T 节点试件发生断裂破坏后，可以根据裂纹断裂面来判断裂纹扩展过程。图 4 显示的是 3 个试件裂纹的断裂面图，从图中可以看出，试件 T2 的整个断裂面共分为三个区域：疲劳裂纹面、延性撕裂区和脆性断裂区。表面光滑颜色暗黑的为疲劳裂纹面，其形状均近似半椭圆形；延性撕裂区表面粗糙，且具有明显的金属光泽和屈服（塑性变形、流动等）痕迹；脆性断裂区表面不平整，呈晶体颗粒状。可以明显看出：T1-1 和 T1-2 的延性撕裂区比 T3 小很多，而且很不明显。由于试件 CTJT1-1 试件裂纹较浅，在加载到断裂前，荷载并未出现明显降低。试件 T1-2 虽然裂纹较 T2 的裂纹深，但在脆性断裂前荷载也未见明显下降。而试件 T2 直到位移达到接近试验机量程时，才发生断裂，呈现出非常好的塑性屈服破坏。

　　试验测试结果还发现：随着荷载的增加，所有试件的裂纹均沿着深度方向发生不同程度的扩展。随着荷载的增加，裂纹尖端首先发生钝化现象，裂纹深度稍微变大，随着荷载的继续增加，裂纹尖端发生明显的延性撕裂，且在达到管节点塑性极限承载力时裂纹也没有发生脆性断裂。

　　根据试验测试结果，分别得出了 3 个试件的支管端部荷载-位移曲线和荷载-变形曲线，如图 5 所示。在 3 个试件的荷载-位移曲线图中，采用两倍弹性斜率准则分别确定每个试件的极限承载力。所谓两倍弹性斜率准则是指在荷载-位移曲线中，过原点画一条直线，与荷载-位移曲线相交于一点，如果该点与荷载轴之间的夹角 α 的正切满足以下关系：

$$\tan\alpha = 2\tan\theta \tag{1}$$

则交点对应的荷载 P_{cr} 即为管节点的塑性极限承载力。在公式(1)中，θ 是指荷载-位移曲线中的线弹性段与荷载轴之间的夹角，如图 5 所示。

图 5(a)显示了 T2 试件的荷载—位移曲线。图 5(b)给出了 T1-1 和 T1-2 试件的荷载—位移曲线，T1-1 和 T1-2 两个试件具有相同的管节点几何尺寸不同的裂纹几何尺寸，从图中可以看出，裂纹尺寸对此试件的极限承载力是有一定影响的。裂纹尺寸较大试件比裂纹尺寸较小试件的极限承载力略低些。根据图 5 可以得到 T2 的极限承载力是 197.2kN，T1-1 和 T1-2 的极限承载力分为为 134kN 和 125kN。

图 6 为 T2 试件在不同荷载下的裂纹深度曲线。在试验进行过程中，采用裂纹测深仪对某一荷载下各个部位的裂纹深度进行测量，由于裂纹测深仪两排探针之间的距离为 2.5mm，当裂纹口张开位移大于 2.5mm 时，裂纹测深仪将不能够采集到裂纹深度数据。对于 T2 试件，在裂纹口张开位移达到 2.5mm 时，裂纹尖端并没有发生明显

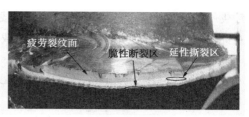

(a) 试件T2

(b) 试件T1-1

(c) 试件T1-2

图 4 断裂后的裂纹面

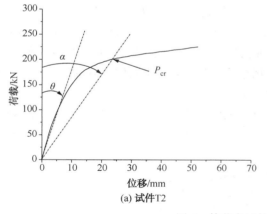

(a) 试件T2

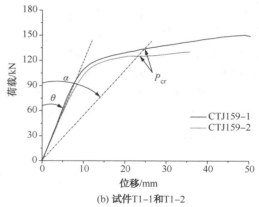

(b) 试件T1-1和T1-2

图 5 管节点试件荷载—位移曲线

扩展，而此时主管变形已经较大，已属于塑性极限强度破坏。从裂纹深度曲线中可以分析得出，荷载在 L1~L4 阶段时属于裂纹尖端的钝化，裂纹深度稍微变深；荷载在 L4~L5 阶段时，荷载仅增加了 4kN 而裂纹深度变化很大，因此 L4~L5 荷载范围属于裂纹的启裂段。若荷载继续增加，裂纹尖端向深度方向扩展的速率会迅速变大，但由于当荷载达到 L5 时，裂纹口张开位移已经达到 2.5mm，因此之后的裂纹数据未能够采集到。因此，较保守的选取了 L4 荷载 198.6kN 作为此试件的启裂荷载。

T1-1 试件在不同荷载下的裂纹深度曲线如图 7 所示。从图中可以发现，在开始阶段，裂纹沿深度方向扩展非常缓慢，随着荷载的增加，裂纹尖端要经历与前几个试件相同的过程，首先进入屈服，然后尖端开始钝化，之后发生扩展。荷载在 L1~L5 阶段时基本属于裂

纹尖端的钝化，裂纹深度稍微变深；荷载达到 L5~L6 阶段时，裂纹深度变化较大，裂纹启裂在此荷载范围内发生。保守的选取此荷载范围内的最小荷载 138.6kN 作为此试件的启裂荷载。

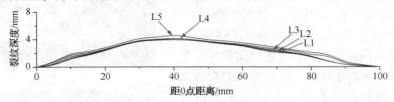

L1: P=100kN　　L2: P=185.8kN　　L3: P=193.8kN　　L4: P=198.6kN　　L5: P=200.6kN

图 6　T3 试件不同荷载下的裂纹深度曲线

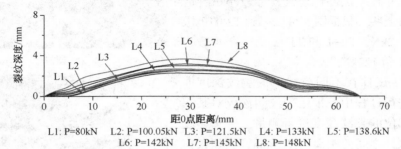

L1: P=80kN　　L2: P=100.05kN　L3: P=121.5kN　　L4: P=133kN　　L5: P=138.6kN
L6: P=142kN　　L7: P=145kN　　L8: P=148kN

图 7　T1-1 试件不同荷载下的裂纹深度曲线

图 8 显示的为 T1-2 试件在不同荷载下的裂纹深度曲线。从其曲线中可以发现，其裂纹沿深度方向扩展的规律与 T1-1 试件的相似，在整个加载过程中，裂纹尖端也是经历三个过程：屈服、钝化和扩展。通过对曲线数据分析可以得出，荷载在 L1~L4 阶段时基本属于裂纹尖端的钝化，裂纹深度稍微变深；当荷载达到 L4~L5 阶段时，荷载仅增加 1kN，而裂纹深度变化较大，同时在荷载-位移曲线可以发现荷载的突降点也大约发生在此荷载范围内，因此说明裂纹在此荷载范围时发生启裂。保守选取 L4 荷载作为此试件的启裂荷载。综上所述，试件的塑性极限强度破坏判定若两倍弹性斜率准则为基础，T1-2 试件在发生塑性极限强度破坏的同时伴随着疲劳裂纹的扩展断裂，可以说此试件在未达到塑性极限强度破坏前发生了脆性断裂破坏。

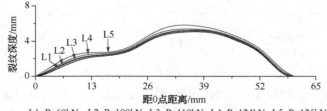

L1: P=60kN　　L2: P=100kN　　L3: P=110kN　　L4: P=124kN　　L5: P=125kN

图 8　T1-2 试件不同荷载下的裂纹深度曲线

4　结论

基于对带裂纹的 T 节点试件的静力加载试验，研究了 T 节点的静力失效过程。试验测试结果发现：虽然在焊缝处萌生疲劳裂纹，对于常用的结构钢而言，由于本身的塑性性能较好，在承受静力作用时，焊接管节点在失效过程中仍然表现出了良好的塑性性能。在发生最终的强度破坏之前，管节点会经历较大的塑性变形能力，裂纹尖端会发生明显的钝化现象，有利于管节点的塑性失效。

参 考 文 献

1 Burdekin FM. The Static Strength of Cracked Joints in Tubular Members，*Offshore Technology Report OTO*-2001/080，Health and Safety Executive，London，UK，2001.

2 Burdekin FM，Chu WH，Chan WTW，Manteghi S. Fracture Mechanics Analysis of Fatigue Crack Propagation in Tubular Joints，*International Conference on Fatigue and Crack Growth in Offshore Structures*，IMechE，London，UK，C133/86，1986.

3 Burdkin FM. The fracture behaviour of a welded tubular joint-an ESIS TC1. 3 round robin on failure assessment methods Part Ⅲ：UK BS7910 methodology. *Engineering Fracture Mechanics*，2002，Vol. 69，pp. 1119~1127.

4 Lie ST and Yang ZM. Safety assessment procedure for a cracked square hollow section（SHS）Y-joint. *Advances in Structural Engineering*，2009，Vol. 12，No. 3，pp. 359~372.

5 Lie ST，Yang ZM and Gho WM. Validation of BS7910：2005 Failure assessment diagrams for cracked square hollow section T-，Y- and K-joints. *International Journal of Pressure Vessels and Piping*，2009，Vol. 86，No. 5，pp. 335~344.

6 Lie ST and Yang ZM. Fracture assessment of damaged square hollow section（SHS）K-joint using BS7910：2005. *Engineering Fracture Mechanics*，2009，Vol. 76，pp. 1303~1319.

7 Marshall GW and Ainsworth RA. The fracture behaviour of a welded tubular joint-an ESIS TC1. 3 round robin on failure assessment methods Part Ⅱ：R6 analysis. *Engineering Fracture Mechanics*，2002，Vol. 69，pp. 1111~1118.

8 Qian X，Ou Z and Swaddiwudhipong S. Failure assessment of a cracked circular hollow section T-joint including the effect of crack-front constraints. *Tubular Structures XIII*，2010，pp. 507~514.

9 Schindler HJ，Primas R，Veidt M. The fracture behaviour of a welded tubular joint-an ESIS TC1. 3 round robin on failure assessment methods Part Ⅴ：screening method by required toughness and plastic stability considerations. *Engineering Fracture Mechanics*，2002，Vol. 69，pp. 1149~1160.

10 Talei-Faz B，Brennan FP and Dover WD. Residual static strength of high strength steel cracked tubular joints，*Marine structures*，2004，No. 17，pp. 291~309.

11 Yang GJ，Effect of mixed mode fracture on ultimate strength of cracked tubular joints，*Ph. D. Thesis*，Department of Civil and Structural Engineering，UMIST，UK，1996.

12 Yang ZM，Lie ST，Gho WM. Failure assessment of cracked square hollow section T-joints. *International Journal of Pressure Vessels and Piping*，2007，Vol. 84，No. 4，pp. 244~255.

13 Zerbst U，Heerens J，Schwalbe KH. The fracture behaviour of a welded tubular joint-an ESIS TC1. 3 round robin on failure assessment methods Part Ⅰ：experimental data base and brief summary of the results. *Engineering Fracture Mechanics*，2002，Vol. 69，pp. 1093~1110.

14 Zerbst U，Primas R，Schindler HJ，Heerens J，Schwalbe KH. The fracture behaviour of a welded tubular joint-an ESIS TC1. 3 round robin on failure assessment methods Part Ⅳ：application of the ETM 97/1. *Engineering Fracture Mechanics*，2002，Vol. 69，pp. 1129~1148.

15 Zerbst U and Miyata T. The fracture behaviour of a welded tubular joint-an ESIS TC1. 3 round robin on failure assessment methods Part Ⅵ：application of WES 2805~1997. *Engineering Fracture Mechanics*，2002，Vl. 69，pp. 1161~1169.

16 杨勇新. 带疲劳裂纹 T 型管节点性能的试验研究. 郑州工学院学报，1992，13(1)：42~46.

渤海冰区油田 FPSO 系统冰工程问题探讨

李健民 李桐魁

（中国海洋石油总公司工程建设部）

摘要： 渤海油田冰区现有的 FPSO 系统在冰设计条件下的单点系泊力是 FPSO 系统设计和运行关键问题，本文讨论利用大型冰池冰力模型试验解决冰区 FPSO 系统冰工程问题方法。通过介绍以渤海油田中 FPSO 系统为原型，在冰池中通过作用力传感测量整个 FPSO 系统冰荷载和软钢臂荷载，同时测量软钢臂围绕导管架转动位移。在试验中设定 0°、90°、180° 系统与海冰相互作用方向和相当于原型 0.5、1.0m/s 的冰速。在冰力模型试验基础上，探讨 FPSO 系统与海冰相互作用过程中可能引起的最大冰荷载进行估算，并讨论利用大型冰池冰力模型试验解决冰区 FPSO 系统冰工程问题方法。试验研究结果对渤海冰区 FPSO 系统冰工程设计研究和现有油田冬季生产危险冰情预警有一定参考价值。

关键词： 冰力模型试验；FPSO 系统；海冰工程

1 引言

渤海油田在采用全海式开发模式的过程中，设计建设了多种形式的 FPSO 单点系泊系统。这些渤海油田 FPSO 系统基本都考虑了海冰设计条件，基本采用固定的系泊塔通过钢臂将 FPSO 连接在一起。然而，如何确定在设计冰环境条件下 FPSO 单点系泊系统的冰荷载及其单点系泊力一直是 FPSO 单点系泊系统设计的关键问题。同时，对于制定现有的冰区 FPSO 系统危险冰情预警方案也是重要参考依据。

在渤海冰工程学研究中，已经在 1988~1992 年期间开展了辽东湾海冰调查和导管架平台冰力模型试验研究，积累了利用大型的船舶模型试验水池和低温模型冰的制作技术的基础，为进一步开展复杂结构物冰力模型试验，例如渤海 FPSO 系统（图 1）研究提供了良好的条件。

图 1　渤海油田 FPSO 系统图

利用芬兰赫尔辛基理工大学极地近海研究的先进 40m×40m 大型冰池设施和冰工程学技术，在中芬合作研究渤海油田中 FPSO 系统设计冰条件下的冰荷载问题。通过冰力模型试验如何确定一个通过 YOKE（钢臂）将 FPSO 与固定海底的系泊塔连接在一起，FPSO 围绕系泊塔作廻转运动的体系。在五十年一遇的冰环境条件下可能出现的受力状态和运动状态，1998 年中海油渤海公司与芬兰赫尔辛基理工大学开展了冰区油田 FPSU 系统冰力模型试验。芬兰海冰专家 Kaj Riska 博士指导，Iikka Saito 博士和 Sami Saarinen 先生实施整个试验过程。渤海公司技术组参加试验方案策划和讨论，并见证了整个试验过程。

2　冰力模型试验概况

　　渤海油田 FPSO 系统是一个通过 YOKE 将 FPSO 与固定海底的系泊塔连接在一起，FPSO 围绕系泊塔作廻转运动的体系。为了再现设计冰环境条件下，风、流和冰组合作用下整个体系各部分荷载的动态变化，特别是测定作用在 YOKE 的荷载。按照原型渤海油田 FPSO 系统采用 1:30 的几何比尺制作了模型系统，并设置了 10 个测力传感器、3 个角度测量传感器（图 2）。分别测量试验过程中的作用在冰力模型系统的 X、Y、Z 方向总冰力、作用在 FPSU 的 X、Y、Z 方向总冰力和作用在 YOKE 与 FPSO 的吊杆的链接力，同时测量记录了 YOKE 在 3 个平面的转角。整个 FPSU 系统冰力模型试验完成后，通过试验数据处理，计算分析出渤海油田 FPSO 系统模型系统的总冰力和 FPSO 总冰力，以及 FPSO 系统原型在设计冰条件下的受力状态和抗冰能力。

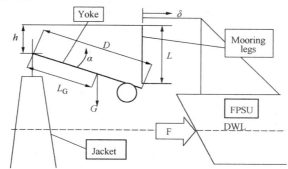

图 2　冰力模型试验测力传感器、角度测量传感器布置示意图

　　在 40m×40m 大型冰池共进行 6 次模拟冰盖的试验（图 3），各次冰特性及冰盖作用状态方案如下（表 1）。

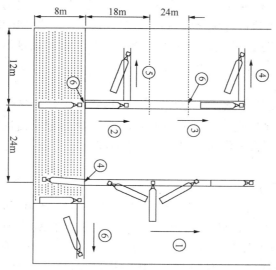

图 3　在大型冰池中的冰盖试验方案

表 1 渤海油田 FPSO 系统冰力模型试验冰特性及冰盖与 FPSU 系统作用状态

冰盖序号	冰厚/mm	抗弯强度/kPa	冰速/(m/s)	冰盖与 FPSO 系统初始状态及方向
1	20	14	0.5	流冰朝向 FPSO 艉，FPSO 转 180°
2	30	14	0.5	流冰朝向 FPSO 艉，FPSO 不转动
3	40	14	1.0	流冰朝向 FPSO 艉，FPSO 不转动
4	20	28	0.5	流冰朝向 FPSO 一侧，FPSO 两侧有冰
5	20	42	0.5	流冰朝向 FPSO 一侧，FPSO 一侧有冰
6	30	12	1.0	流冰朝向 FPSO 一侧，FPSO 一侧有冰

冰力模型试验实施中模型冰的制作是关键，原型海冰抗弯强度和弹性模量均采用 1988 年~1992 年期间渤海辽东湾海冰调查的实测数据，而模型冰的每个冰盖在模型试验前取 3 个局部和试验后取 1 个局部实测弯曲强度，在表 2 中表示若干个实测内插到试验时刻的数值。

表 2 渤海油田 FPSU 系统冰力模型试验实测冰特性

冰盖	日期 日/月/年	向下弯曲强度/kPa	挤压强度/kPa	冰厚/mm	弹性模量/MPa
1	040398	24.4	15.0	30.0	65.6
2	060398	51.3	19.6	22.0	224.5
3	100398	16.6	15.8	38.0	28.6
4	120398	18.8	16.0	22.0	82.1
5	250398	25.0	18.8	22.0	21.9
6	310398	10.7	6.3	30.0	3.8

3 冰力模型试验成果

冰力模型试验成果分析需要通过实验中录像带回放和 10 个测力传感器、3 个角度测量传感器的时间历程记录相结合进行分析完成，在分析过程中识别出可能出现的大于正向(0°情况)冰力的动态情况，冰力模型试验成果分析主要分 3 种初始情况到冰盖与 FPSO 系统作用后的过程分别进行分析，即

3.1 正向(0°情况)

即风向标方向，模拟原型冰盖前缘首先作用于 FPSO 系统的系泊塔，冰盖破碎后再作用于 FPSO 的船艉，FPSO 系统测力传感器和角度测量传感器记录流冰对整体 FPSO 系统作用的时间历程，由于破碎后冰盖作用 FPSO 的船艉引起的冰荷载很小，作用在 YOKE 与 FPSO 的吊杆的链接力也很小；

3.2 反向(180°情况)

即反风向标方向，模拟原型冰盖前缘首先与 FPSO 船艉相互作用，此时冰盖破碎对 FPSO 船体产生较大的冰荷载，同时 FPSO 船体受非对称冰荷载作用后围绕系泊塔旋转，直至产生冰盖前缘与 FPSO 船侧相互作用，此时冰盖破碎会对 FPSO 船体产生更大的冰荷载，由于 FPSO 系统的系泊塔仅与破碎冰相互作用，冰荷载较小，FPSO 系统测力传感器和角度测量传感器记录整个时间历程。

3.3 向冰转动(90°情况)

模拟原型冰盖前缘首先与 FPSO 船体侧面相互作用,冰盖破碎的同时 FPSO 船体围绕系泊塔旋转直至 0°情况,FPSO 系统测力传感器和角度测量传感器记录整个时间历程,是 FPSO 系统总冰力最大到最小的时间历程记录。

通过分析认识 FPSO 系统在极端冰条件可能发生的非正向冰盖运动及相应的冰荷载,按照模型相似律可以推算出原型冰力。

表 3 给出原型冰力推算模型系数,及表 4 给出原型冰力推算值。图 4、图 5 分别给出 FPSO 冰力与转角的关系曲线和 FPSO 冰力与位移的关系曲线。

表 3 原型冰力推算模型系数表

The final regression equation $F = C_1 \cdot \sigma_f \cdot h^2 + C_2 \cdot \sigma_f \cdot h$

Model and full scale values for C_1 and C_2 in T_6.

	N_{1x}		N_{1y}		N_{1xy}		N_3(SB)		$F_{\text{Total } xy}$	
	M. Scale	F. Scale	M. Scale	F. Scale	M. Scale	F. Scale	M. Scale	F. Scale	M. Scale	F. Scale
C_1	0.650	0.650	0.344	0.344	0.739	0.739	0.855	0.855	1.421	1.421
C_2	0.329	9.885	0.106	3.170	0.343	10.292	0.280	8.391	0.534	16.024

表 4 原型冰力推算结果

	Full Scale Ice Forces/MN				
	N_{1x}	N_{1y}	N_{1xy}	N_2(BB)	$F_{\text{Total } xy}$
$Sn1$	11.960	3.856	12.462	10.199	19.444
$Sn2$	18.014	5.824	18.777	15.395	29.327
$Sn3$	24.116	7.817	25.148	20.656	39.317
$Sn4$	12.058	3.908	12.574	10.328	19.659
$Sn5$	12.156	3.960	12.686	10.457	19.873
$Sn6$	24.509	8.025	25.295	21.173	40.177
Design point	4.769	1.535	4.968	4.080	7.745

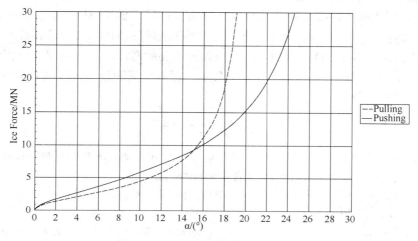

图 4 FPSO 冰力与转角的关系曲线

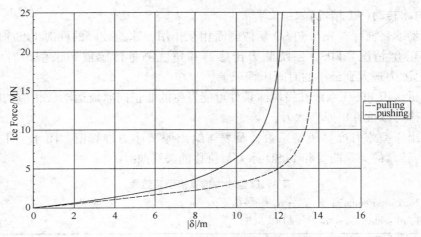

图 5　FPSO 冰力与位移的关系曲线

4　讨论

目前,在渤海油田现有 7 座 FPSO 系统,分布在渤海各个海区,根据 1969 年大冰灾流冰分布范围,这些油田的 FPSO 系统在五十年一遇的冰环境条件下都可能遭遇流冰,出现本次冰力模型试验类似受力状态和运动状态。

尽管由于渤海油田 FPSO 系统的原型现已撤离现场,无法验证原型在冰环境条件下可能出现的受力状态和运动状态。然而冰力模型试验结果表明,设计中仅考虑的正向(0°情况)受力状态是保守的。试验记录给出最大的 FPSO 系统系泊力及相应的角度,大于正向(0°情况)系泊力。由此可以认识到,对于渤海油田正在运行的各 FPSO 系统,当油田被流冰覆盖,都存在超出设计系泊力危险状态,对冬季安全生产运行具有一定的影响。

综上所述,对于渤海油田现已存在的各 FPSO 系统冬季运行提出以下建议:

(1)在冬季生产中应对设计冰条件环境下的各 FPSO 系统受力状态和运动状态进行预测,并制定相应的应急响应方案;

(2)FPSO 系统冰力模型试验是估算设计冰条件环境下的 FPSU 系统受力状态和运动状态的冰工程学研究手段,对认识冰灾状态下各 FPSO 系统的破坏和影响是有益的;

(3)在渤海油田各 FPSO 系统所在海区应设置必要的海洋水文气象观测仪器设备,记录和积累水文气象观测数据,监测冰情生成、发展、漂移和消融过程,提高各 FPSO 系统所在油田危险冰情的预测能力。

参 考 文 献

1　赫尔辛基理工大学力学工程系船舶试验室 . 绥中 36-1 油田 FPSU 系统冰力模型试验 . 1998. 10.

2　中国海洋石油总公司 . 渤海海冰设计作业条件规定 . 1998. 12.

3　中国海洋石油总公司 . 渤海海洋工程环境条件基础资料汇编 . 2001. 6.

4　卢敏, 张涛, 等 . 海冰原地悬臂梁试验 . 中国海上油气(工程), 1992, 4.

5　Li Tongkui. Exploration Of A Sea Ice Hazard Warning Program For Winter Production In The Bohai Oil Fields. 5th International Meeting On Petroleum Engineers, Beijing, SPE 29939, 1995.

海上油气田开发中的水文气象监测规划与实施

刘在科　李家钢　雷方辉

(中海油研究总院)

摘要：水文气象环境条件是海上油气田开发工程设计和生产的必要需求，结合目前水文气象监测活动现状存在的问题，需要在海上油气田开发中进行水文气象监测规划和实施。有选择地在新建油气平台上设计安装水文气象监测系统可以获取海上油气田区域长期连续的水文气象观测数据和极端环境条件数据，为海上油气田开发工程设计和生产运营提供水文气象环境条件技术支持。本文提出的相关技术要求，对于海上油气田开发水文气象监测系统的规划、设计和建设具有参考意义。

关键词：海上油气田开发；水文气象监测；油气平台

1　前言

水文气象环境条件数据是海上油气田开发和生产必需具备的基础数据之一，对于指导海上工程方案、作业计划和海上安装最优设计、确保海上作业安全和环境保护是非常必要的。

中华人民共和国石油天然气行业标准 SY/T 10050—2004《环境条件和环境载荷规范》规定：作为作业和设计评估基础的经验统计数据，其所涵盖时间长度必须充分，对气象和海洋学的资料应有 20 年的记录。中国海洋石油总公司企业标准 Q/HS 3007—2003《环境条件和环境荷载指南》规定：用作评价作业和设计基础的经验、统计数据，必须包含足够长的时间段，对气象和海洋资料，应得到 20 年的记录数据。

海上油气田开发对水文气象数据的需求贯穿于全过程。随着我国海洋石油开发逐步向自然环境更加恶劣的南海深水区推进，越来越多的钻井平台和多样化的海上油气生产设施将投入到深水钻井和生产作业中，对于水文气象数据的要求变得更加重要和严格。具体体现在以下各方面：

（1）钻井船海上作业气候窗选择需要水文气象一般作业条件统计数据支持；

（2）钻井船海上钻井和维修作业，水下设施的运动、位移、应力、张力监测等需要现场实时的水文气象数据支持；

（3）多年连续现场实测数据是为海上油气田开发工程方案研究、工程结构设计、海上施工和生产提供合理可靠的水文气象环境条件设计参数的基础数据来源；

（4）海上平台拖航、导管架下水、组块吊装、浮托等运输和安装作业需要水文气象设计参数和现场实时数据的支持；

（5）海上平台日常生产运行和维修作业，包括水上、水面、水下生产维修和检测操作，吊机作业、供应船靠离、油轮装载、救生艇维护，直升机起降、破冰船破冰作业、台风撤离等，需要实时的水文气象环境条件数据；

（6）海底管道运营、维护检测和评估需要水文气象数据支持；

（7）海上平台后期改造和延寿结构评估需要水文气象数据支持；

（8）海上平台设施拆除弃置方案研究和现场作业需要水文气象数据支持；

（9）海上事故安全演习和应急(如海上溢油回收、海洋污染防治、直升机救助、船舶救助等)、调查分析和评估需要现场同步时间的水文气象数据支持；

（10）附近海域其他海上设施或部门的日常或应急需要的水文气象技术支持。

根据海上油气田开发的不同阶段特点和对水文气象数据的需求，结合目前水文气象监测活动现状，本文首先对水文气象监测的规划和实施的分类进行了介绍。为从根本上解决水文气象数据匮乏的局面，本文重点介绍了依托新建油气平台进行的水文气象监测规划和实施，对规划原则、管理和技术归口要求进行了介绍。最后从监测要素、传感器安装位置、系统运行、数据采集与传输等方面重点介绍了新建平台水文气象监测系统的设计要求。

2　水文气象监测规划与实施分类

根据海上油气田开发的不同阶段特点和对水文气象数据的需求，结合目前水文气象监测活动现状，对于水文气象监测的规划和实施可以分为以下几类：

（1）由于南海深水区域的极端环境过程，如台风、强流、孤立内波等频繁出现，深水钻井船在进行勘探井和评价井钻井作业期间，通常需要在附近海域布放浮标监测系统以提供内波预警服务和安全保障。

浮标监测系统能同时监测气象、波浪、流速剖面、温盐剖面，所有观测设备自带存储卡进行内部采集和存储，内置电池及内存需满足作业期间的连续工作要求。所有数据通过通信卫星实时传输到作业钻井船和陆地监控中心的数据服务器，以供实时监控和数据查询，并通过与数值模式的同化计算提供内波预警和预报服务。该系统监测方案一般如图1所示。

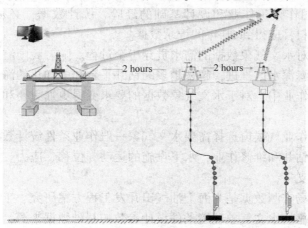

图1　钻井船浮标监测系统示意图

布放在钻井船作业海域附近的浮标监测系统不随钻井船移动，实时进行的水文气象要素监测可以获取大量的现场实测数据，通过数据分析可以为更好地认识深水油气田区域的环境特征、满足油田快速开发对环境基础资料的需求。

（2）对于新的海上油气田开发项目，特别是该海区数据稀缺或水文动力环境比较复杂，或工程方案采用 FPSO、TLP 或水下生产设施进行开发，一般为提供更加可靠的环境条件设计参数和获得有代表性范围的观测结果，在开发的前期研究阶段至少要进行为期一年的现场水文气象监测。

由于海上没有可以依托的设施，该类型的监测活动一般采用浮标和潜标的方式(图 2)。

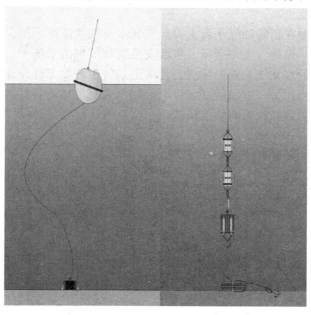

图 2　浮标和潜标监测系统示意图

（3）为验证一个海上油气田开发项目设计参数所要求进行的补充调查，对于长距离的海上登陆管线路由设计，或在前期研究阶段进行的工程勘察，通常需要同步进行多点的水文气象调查，时间可以限制在 1~2 个月，例如进行 1 个验潮或测流调查。

（4）对于项目的特殊需求，可以进行抽样调查，例如对海水温度和盐度剖面的观测、对于海底泥温的调查等。

（5）依托于海上油气平台安装水文气象监测系统进行长期观测。

根据海上油气田区域环境特征和海上油气田开发工程设计生产对水文气象环境条件的需求，可以有选择地在已建平台和新建平台上设计安装水文气象监测系统，进行长期连续的水文气象现场监测。

3　水文气象长期监测规划

总的来说，我国海上油气田开发所需的现场水文气象数据非常缺乏，依托钻井船作业或前期研究项目开展的海洋环境调查，观测成本高、风险大且观测周期短。

通过对我国已建海上平台水文气象监测系统设置的调研和统计，目前依托已建平台实施的水文气象监测活动存在观测要素单一、观测时间有限、传感器位置不尽合理、观测数据没有进行自动记录或记录不全、设备无维护而损坏或停止运行、观测不系统、实施者与管理者分散、数据管理和技术归口不统一、缺少技术和管理上的规划和统筹等诸多问题。

为从根本上解决水文气象数据匮乏的局面，需要在海上油气田开发中进行水文气象监测规划。该规划需要坚持区域统筹、经济合理的原则，基于影响海上油气田开发建设和安全生产的水文气象环境条件需求和海上油气田区域环境特征，并统筹考虑海上油气田生产和开发建设的现状、近期规划和长远发展战略，同时将重大工程所在海域、深水海域、海洋灾害易发区作为规划考虑的重点。

根据规划有选择地在新建油气平台上设计安装水文气象监测系统，并将系统纳入海上油气田开发的前期研究、设计、生产运行、生产安全管理等规范系统中，一方面可以获取海上油气田区域长期连续的水文气象观测数据，为海上油气田开发工程设计和生产运营提供水文气象环境条件技术支持；另一方面通过加强对极端水文气象环境条件的监测，可以为海上设施结构设计、安全防护和结构可靠性校核提供水文气象环境条件数据。

4　水文气象监测实施要求

对于海上油气田开发新建平台水文气象监测系统的实施，应有管理和技术的归口单位。

根据我国海上油气田开发生产的特点，在各阶段的任务委托、审查、评审、验收、生产安排上，为落实水文气象监测系统方案，需要在管理归口单位的统一组织协调下，包括油气田开发部门、生产部门、工程建设部门以及健康安全环保部门、工程设计单位、工程建设项目组、工程总包项目组等多方进行协助和支持。

技术归口单位的主要工作包括仪器设备调研、选型设计、投资估算、采办技术支持、陆地安装技术支持、陆地调试技术支持、海上调试技术支持、生产运营期间数据接收、设备维护技术支持、生产操作和应急等水文气象技术支持、数据接收处理、分析计算研究和观测研究报告编制等。

5　水文气象监测系统设计要求

水文气象监测系统是一套对于如下设备的集成(系统框图见图3)：
① 一系列水文气象传感器；
② 一个主处理单元；
③ 一个或多个显示单元；
④ 一个数据存储和记录设备；
⑤ 一个与其他海上单元系统的连接。
对于系统的设计要求，包括以下方面：

5.1　监测要素要求

监测要素主要包括风速风向、空气温湿度、大气压、空气能见度、波浪、海流、水位、海水温度、海水盐度和海底泥温等环境参数。

5.2　安装位置要求

各传感器优先考虑固定在平台上部组块、桩腿、导管架，以及海床、插入海底等安装方式，需充分考虑到以下必要性来进行慎重选择：

(1) 应设计成与平台寿命同步的持续运行，并易于日常维护和维修；

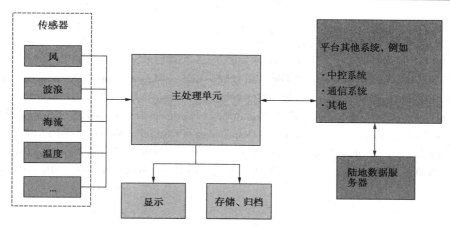

图 3　水文气象监测系统框图

（2）最大限度地减小周围结构和设备对测量数据质量的影响；

（3）确保传感器不会干扰其他海上作业；

（4）提供安全的传感器接入服务和维护访问；

（5）提供合适的电缆走线。

5.3　系统运行要求

新建平台水文气象监测系统设计寿命应与平台同步，伴随油田生产进行长期连续监测。监测系统由平台电源实时供电，包括日常的持续供电以及遭遇极端天气撤离后的应急供电，以确保对极端水文气象环境的有效监测。

水文气象监测系统应与其它控制系统（包括中控系统、通信系统等）相接口，需要来自同其它系统一致的日期和时间，且应在与其他系统接口故障时保持正常运行。

5.4　数据采集及传输要求

来自所有传感器的实时采集数据应通过合适的通讯连接方式传输至平台主处理单元，进行实时数据显示和存储备份，同时需将所有数据通过海上网络实时传输陆地数据服务器进行数据接收、质量控制及应用发布。

6　结论

本文通过对海上油气田开发对于水文气象数据需求的阐述，并结合目前水文气象监测活动现状存在的问题，提出了依托新建油气平台进行水文气象监测规划和实施的需要，并提出了规划原则、管理和技术归口要求和监测系统的设计要求。

根据规划有选择地在新建油气平台上设计安装水文气象监测系统，并将系统纳入海上油气田开发的前期研究、设计、生产运行、生产安全管理等规范系统中，一方面可以获取海上油气田区域长期连续的水文气象观测数据，为海上油气田开发工程设计和生产运营提供水文气象环境条件技术支持；另一方面通过加强对极端水文气象环境条件的监测，可以为海上设施结构设计、安全防护和结构可靠性校核提供水文气象环境条件数据。

本文提出的规划、实施和技术要求，对于今后的海上油气田开发水文气象监测系统的规划、设计和建设，对于根本上解决水文气象数据匮乏的局面具有一定的参考意义。

参 考 文 献

1　孙仲汉. 90 年代海洋自动观测仪器和平台技术发展动态. 海洋技术, 1999, 18(1).

2　A. Brown, C. Nicholas, D. Driver. Real-Time Full-Profile Current Measurements for Exploration and Production Structures in Ultra Deepwater. Paper 17439, OTC-2005.

3　R. Edwards, I. Prislin, etl. Review of 17 Real-Time, Environment, Response, andIngegrity Monitoring Systems on Floating Production Platforms in the Deep Waters of the Gulf of Mexico. Paper 17650, OTC-2005.

4　P. Kasinatha Pandian, Osalusi Emmanuel. An Overview of Recent Technologies on Wave and Current Measurement in Coastal and Marine Applications. Journal of Oceanography and Marine Science, 2010, Vol. 1 (1).

浮标双层锚系结构方案性能分析

孙丽萍　艾尚茂　王德军

（1. 船舶工程学院；2. 哈尔滨工程大学）

摘要： 海洋浮标是海上现场监测中十分重要的工具。浮标在海洋环境中主要承受海流、波浪、风的作用，浮标的设计和优化对浮标系统的运动以及其可靠性和安全性非常重要。文章阐述了浮标双层锚系系统的设计方案，采用非线性时域分析方法对浮标系统的三种设计模型进行动力响应分析，通过分析对比极限工况下不同浪向的表层浮标和水下声阵列浮体的位移、倾角、系泊系统和连接缆绳的有效张力，在满足技术设计要求和相关规范的情况下，选取最优的设计方案。

关键词： 双层锚系；浮标性能；时域分析；锚系张力

1　引言

海洋浮标具有全天候、全天时稳定可靠的收集海洋环境资料能力，并能实现数据的自动采集，自动标示和自动发送，它的多功能和长期连续探测能力，在海上现场监测手段中具有明显的优势。海洋浮标大体上可以分为漂流浮标和锚泊浮标两大类。锚泊浮标是用锚和系泊线固定在某一海区某一点上，亦称海洋环境资料浮标。它由浮体、传感器、数据处理系统、通信系统、电源、系留系统和接收系统等组成，并随着科学技术的发展不断更新。按照浮标的标体形状可分为船形、球形、圆盘形、椭圆形、柱形等几种。水下系留方式有单点系泊和多点系泊方式。浮标系统的大小、形状和材料的选择，根据系留的刚性要求和作业水深而不同。单点系泊浮标一般采用复合单锚腿系泊系统，由于它们构型简单，所以收效大，布设也容易，在浅海应用较为广泛。

2　浮标双层锚系系统方案设计

本文采用复合单锚腿系泊浮标系统，包含有表层大型浮标体、水下声阵列浮标体、锚泊系统三个组成部分，如图 1 所示。该浮标系统的布设水深为 100m，浮标和锚链系统需满足的技术指标如下：风速：不大于 60m/s；波高：不大于 20m；表层流速：不大于 3.5m/s；倾斜：不大于 35°；最大横倾角：±30°之内。

2.1　表面浮标体

表面浮标体结构采用我国成熟的 10m 海洋资料浮标壳体技术，浮标体内部设有仪器工作舱、电源舱、浮力舱室，甲板上还附设必要的系缆柱和为登标作业提供方便的扶手。桅杆上部小平台距甲板高度为 8m，安装有天线、太阳能电池板为整个浮标系统提供电力来源。表面浮标体的材料的选取，从结构成本和使用过程中维护维修方便的角度考虑。若浮标体采

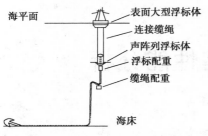

图1　浮标系统总体示意图

用全金属结构，不但标体自身重量增大，建造成本也较高。因玻璃钢具有轻质、高强、防腐、保温、绝缘、隔音、寿命长等优点，机械性能和物理性能好，宜选择玻璃钢材料作为浮标标体的结构用材。

2.2　声阵列浮标体

声阵列浮标基体由仪器仓和浮体材料组成，声学传感器安装在基体伸出的放射型梁上，组成直径为5m的圆形结构，水下声阵列浮标设计成柱形，锚系的作用力不直接作用在该浮标体上，而是作用在其两边的连接杆上。为了减小声阵列浮标和表面浮标的静拉力以及表面浮标垂荡产生的动态拉力，声阵列浮标的比重设计略大于海水比重；另外在声阵列浮标底部加配重以保证浮标稳性和提供表层浮标与声阵列浮标之间的预紧力，避免表层浮标垂荡运动幅度过大导致缆索松弛及破断。在设计中还要求浮标具有降噪减震性、足够耐压性、防腐性，水中通讯电缆具有自动识别电缆破断的功能。

2.3　浮标体连接方案设计

表面浮标体与声阵列浮标体连接方式的选择必须能有效避免两浮标体之间的连接缆索破断或过度扭转，既能加强表面浮标连接强度，又可以有效防止两浮标体之间的相对扭转运动，因此，采用无扭矩的复合缆索的连接方式。表面浮标与声阵列浮标采用以下三种连接方案(见图2)：

(1) 模型Parallel-2，表面浮标底部边缘与声阵列浮标顶部边缘以两根无扭矩缆绳平行连接；

(2) 模型Parallel-4，表面浮标底部边缘与声阵列浮标顶部边缘以四根无扭矩缆绳平行连接；

(3) 模型V-2，表面浮标底部边缘的两根无扭矩的缆绳以V形连接于声阵列浮标顶部。

图3为表面浮标与声阵列浮标之间以两根缆绳连接的受力示意图，其中 T_0 为静止状态的每根缆绳的初始拉力；θ 为表面浮标相对声阵列浮标的转角；α 为缆索与垂直线的夹角；R 为连接缆索的安装半径长度；l 为连接缆索的长度；M 为每根缆绳扭转恢复力矩的大小，于是有：

$$M\theta = T_0 l \cdot \mathrm{tg}\alpha \tag{1}$$

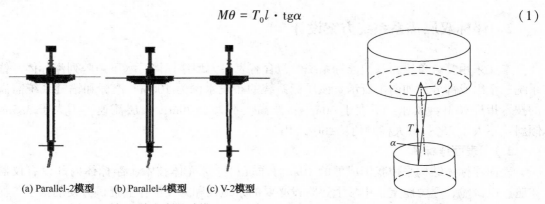

(a) Parallel-2模型　　(b) Parallel-4模型　　(c) V-2模型

图2　浮标连接方案设计模型　　　　　　图3　表面浮标与声阵列浮标之间受力示意图

而当表面浮标相对声阵列浮标的转角 θ 很小时，缆索与垂直线的夹角 α 更小，有：

$$tg\alpha \approx \alpha = \frac{\theta R}{l} \tag{2}$$

因此扭转恢复力 M 为：

$$M = T_0 R \tag{3}$$

总的恢复力矩为：

$$M_{all} = 2T_0 R = T_{all} R \tag{4}$$

当表面浮标和声阵列浮标之间的初始拉力越大，半径越大则产生的扭转恢复力矩就越大。当表面浮标垂荡运动幅度过大时，甚至会出现二者之间缆索松弛，这会丧失扭转恢复力矩。

然而由于表面浮标和声阵列浮标之间缆索强度的要求，初始拉力又不宜太大，因此根据需要合理设定缆索予给拉力。

2.4 水下锚泊系统

锚泊系统是整个浮标系统重要的组成部分，系泊系统的结构直接影响到浮标体在波浪中的运动响应。根据浮标系统的系泊方式有单点和多点系泊方式。浮标的单点系泊基本形式主要有：全锚链式、半张紧式和倒"S"式。为了避免锚链的运动对声阵列探测造成影响，和最大降低海流对浮标的作用，考虑采用聚丙烯材料缆绳和锚链复合形式的带浮力块的倒"S"式锚泊方式。

3 浮标总体性能分析

浮标系统的总体性能分析包括静力和时域动力分析。静力分析的目的是确定系统在重量、浮力、静水压力和海床反作用力下的静力平衡，为动力分析提供初始形态。动力分析的目的是在静力分析的基础上考虑风、浪、流对系统的作用，研究整个系统的运动响应，包括浮体的运动、锚系系统与浮体、海床的接触作用，分析在极限工况下的系统动力响应是否满足设计要求，从而选取最优化的设计方案。动态分析中的每一时间步长都重新计算系统的几何位置，计算过程中并充分考虑了几何非线性，包括波浪载荷和接触载荷的空间变化。

系泊线和缆绳为细长体结构，求解细长体的形态和载荷的方法很多，如悬链线法、有限元法、奇异摄动法等，本文采用集中质量法离散系泊线，把系泊线分为一系列的无质量的分段，分段用无质量弹簧代替，每一个分段的端部与一个质量节点连接。每一分段考虑线轴向和扭转特性，其他的特性(质量、重力、浮力等)都附加在节点上考虑。缆索的运动控制方程可以简化为：

$$M(x, a) + C(x, v) + K(x) = F(x, v, t) \tag{5}$$

式中，$M(x, a)$ 为系统的惯性载荷；$C(x, v)$ 为系统的阻尼载荷；$K(x)$ 为系统的刚度载荷；$F(x, v, t)$ 为外部载荷；x, v, a 分别为位移、速度和加速度矢量；t 为积分时间。

4 方案实例分析

4.1 实例计算模型

假定选取了位于水深为 $100m$ 的海域，选取极限海况作为分析的条件。系统的基本参数包括表面大型浮标体，水下声阵列浮标体，锚泊系统、环境等基本参数。具体见表1、表2

和表3。

表 1　环境参数

海　况	波高/m	周期/t	表面流速/(m/s)	风速/(m/s)
0°浪向	20	20	3.5	60
90°浪向	20	20	3.5	60

表 2　浮标体主要参数

参　量	表层浮标体	声阵列浮标
最大半径/m	10	1.2
工作水深/m	0.55	20
标准排水体积/m^3	101	13.5
质量/t	45	15
重心(浮标体局部坐标)/m	(0, 0, 1.5)	(0, 0, 0)
浮筒配重/t	20	

表 3　连接缆绳和系泊线主要参数

参　量	连接缆绳	底部缆绳 (无浮力块)	底部缆绳 (有浮力块)	底部锚链
直径/m	0.08	0.1	1	0.15
长度/m	17.5	62	20	80
单位长度质量/t	0.0051	0.0045	0.134	0.448
缆绳配重/t	20			
配重悬挂深度/m	40			
固锚点与表层浮标体的水平距离/m	80			

4.2　计算结果分析

本算例在3维非线性时域有限元程序OrcaFlex中建模分析。此软件已经广泛地使用在浮式生产平台的柔性和金属立管的总体设计,以及管线铺设,安装海洋设备,海洋系泊和放置分析等方面。计算模型见图4~图8。

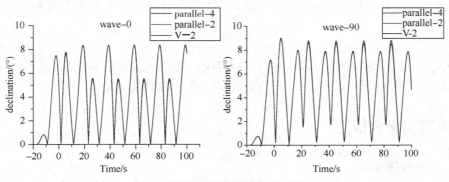

图 4　表面浮标体倾角变化曲线

根据设计要求，提取三种计算模型动力分析结果进行对比，包括上浮体的倾角/位移，下浮体的倾角/位移，锚缆的有效张力值。

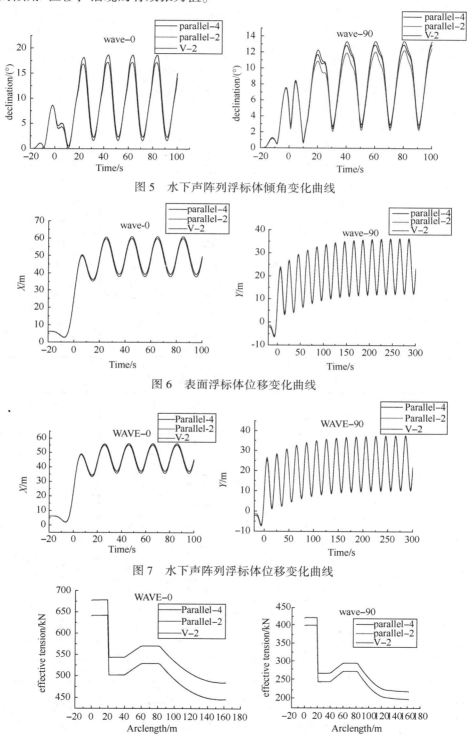

图 5　水下声阵列浮标体倾角变化曲线

图 6　表面浮标体位移变化曲线

图 7　水下声阵列浮标体位移变化曲线

图 8　系泊系统有效张力曲线对比

表 4　连接缆绳最大有效张力及安全校核

模　型	缆绳编号	工况	最大张力值/kN	最小破坏强度/kN	计算得到的安全系数	规定的安全系数	是否符合
Parallel-2	rope-1	wave-0	367.4	678.3	0.54	0.75	是
		wave-90	391.5	678.3	0.58	0.75	是
	rope-2	wave-0	375.2	678.3	0.55	0.75	是
		wave-90	497.1	678.3	0.73	0.75	是
Parallel-4	rope-1	wave-0	216.7	678.3	0.32	0.75	是
		wave-90	290.2	678.3	0.43	0.75	是
	rope-2	wave-0	174.0	678.3	0.26	0.75	是
		wave-90	229.7	678.3	0.34	0.75	是
	rope-3	wave-0	180.4	678.3	0.27	0.75	是
		wave-90	229.8	678.3	0.34	0.75	是
	rope-4	wave-0	135.4	678.3	0.20	0.75	是
		wave-90	179.9	678.3	0.27	0.75	是
V-2	rope-1	wave-0	363.9	678.3	0.54	0.75	是
		wave-90	396.4	678.3	0.58	0.75	是
	rope-2	wave-0	370.9	678.3	0.55	0.75	是
		wave-90	492.2	678.3	0.73	0.75	是

表 5　系泊系统最大有效张力及安全校核

模　型	缆绳	工况	最大张力值/kN	最小破坏载荷/kN	计算得到的安全系数	规定的安全系数	是否符合
Parallel-2	底部缆绳	wave-0	641.7	1059.90	0.61	0.75	是
		wave-90	401.5	1059.90	0.38	0.75	是
	锚链	wave-0	528.6	9864.00	0.05	0.75	是
		wave-90	275.1	9864.00	0.03	0.75	是
Parallel-4	底部缆绳	wave-0	678.1	1059.90	0.64	0.75	是
		wave-90	422.3	1059.90	0.40	0.75	是
	锚链	wave-0	570.3	9864.00	0.06	0.75	是
		wave-90	297.4	9864.00	0.03	0.75	是
V-2	底部缆绳	wave-0	641.7	1059.90	0.61	0.75	是
		wave-90	401.5	1059.90	0.38	0.75	是
	锚链	wave-0	528.6	9864.00	0.05	0.75	是
		wave-90	275.1	9864.00	0.03	0.75	是

　　说明：参考 OrcaFlex 关于系泊系统的规范，聚丙烯材料的缆绳的最小破坏载荷为 $105990 \times D^2$ kN(D 为名义直径)，锚链的最小破坏强度为 $c \cdot D^2 \times (44-80D)$ kN(c 为独立的等级常数，这里取 1.37e4)。锚泊系统的最大张力值如表 4 和表 5 所示，安全系数取 0.75。

4.3 结果分析

（1）在不同浪向条件下，连接方式对浮标系统的影响主要体现在声阵列浮标体的倾角，在三种连接方式中，四根缆绳平行连接 Parallel-4 模型引起下浮体的倾角最大，两根缆绳平行连接方式 Parallel-2 模型对水下声阵列浮体的影响最小。

（2）缆索的不同连接形式对上浮体圆盘倾角和位移变化影响不大；

（3）缆索的连接形式对下浮体声阵列浮标的影响较大，采用四根缆绳连接形式的模型较其他的形式更易受表面浮标体运动的影响，两根缆绳平行连接的方式对水下声阵列浮标的影响最小；

（4）缆绳的连接形式对系泊系统的影响很大。采用四根缆绳连接方式的系泊张力要比其他两种形式的系泊张力要大，其他两种连接方案的张力值相同；

（5）采用不同的连接形式，导致连接缆绳的轴向张力也存在很大的不同。明显地，采用四根缆绳的连接形式缆绳的轴向拉力要小很多，其他两种连接方案的张力值相同；

（6）由于倒 S 形状的多成分材料的系泊缆索，存在比重较轻的聚丙烯绳和浮力块，使得系泊缆索中的受力分析较悬链线型系泊方式更为复杂。整条缆索的有效张力曲线呈现 Z 形状，底部缆绳最大张力发生在缆绳的顶部，底部锚链最大张力发生在锚链的顶部，相对其他两个模型，Parallel-4 模型总的有效张力较大，Parallel-2 和 V-2 模型张力值一样。

5 结论

在不同浪向的极限海况条件下，浮标系统的浮标体运动性能和锚系的设计均符合技术设计要求，在保证双层锚系系统的缆索具有足够的强度条件下，考虑材料的利用率，浮标系统宜采用两根缆绳平行连接的设计方案。

参 考 文 献

1 王昭正. 国内外圆盘形浮标的发展动态——兼论浮标体与锚碇系统技术论证的有关问题[J]. 海洋工程，1987，5(4)：73~83.

2 范根发，季春群，陈家鼎，等. 海洋资料浮标的设计研究 [J]. 海洋工程，1989，7(1)：22~29.

3 袁新，王景田. 船型海洋资料浮标的设计[J]. 黄渤海海洋，2002，20(2)：118~124.

4 OrcaFlex manual，2009.

海洋石油简易固定平台冰振抑制策略研究

马春杰　张晓

(中海石油(中国)有限公司天津分公司工程建设中心)

摘要： 本文主要介绍了目前在冰区的海洋石油简易固定平台抑制冰振的策略及方法，通过锦州 9-3WHPB 平台加装 TMD 后进行数值模拟分析的工程实例，证明该冰振抑制方法是十分有效的。

关键词： 简易固定平台；冰振抑制

1　前言

对于渤海冰区油田而言，冰荷载对海上结构物的作用甚大，动冰荷载对筒型基础平台的影响还没有得到清楚的认识，这是制约我国冰区简易固定平台开发的主要因素之一，因此，我国渤海在该类平台的应用还仅限于小型辅助结构的开发。

目前开发的简易平台一般都在无冰区，完全适合冰区海况条件的尚无实例。对于渤海湾来说，很多油气田位于冰区，根据以往的设计经验，冰工况通常是渤海湾平台设计中的主要控制工况，所以应首先考虑结构的抗冰性能，再选择和开发合适的结构型式。若要将简易平台合理地应用于渤海湾，需要在概念设计阶段对结构抗冰强度、冰激振动和疲劳等技术问题做针对性的计算分析。在简易平台的结构概念上，对冰作用区的结构构造加以改进，开发设计出抗冰结构型式，以改变冰破坏模式，降低冰荷载和冰激振动。同时，对于已经投产使用的简易平台加强冬季海冰监测，利用已有的海冰管理经验，一方面保证简易平台的安全生产，另一方面为该类抗冰结构的设计提供可靠的理论依据。总之，开展这方面的研究对于开发渤海冰区边际油田具有重要意义。目前，我国海洋平台结构的设计思想仍然是传统的设计思想，即单纯增加结构刚度的方法，无法降低海洋平台的造价，这对储量较低的边际小油田尤为不经济。如何在满足预定要求的前提下，降低海洋平台的造价，仍是目前摆在研究者面前的复杂而艰巨的任务，其理论难度大、应用前景广阔。与传统的设计方法相比，振动控制设计可综合考虑结构的质量、刚度和阻尼分布，提供最佳动力性能。振动控制设计可改善海洋平台性能或者降低平台造价，从而降低开采成本，并将带来较大的经济效益。

本文结合简易平台抗冰结构的动力振动特征，提出有效振动控制策略，根据锦州 9-3WHPB 平台冰激振动特征，对适用的抑振方法进行论证。

2　振动控制方法概述和研究进展

结构振动控制技术包括被动控制，主动控制，半主动控制和混合控制四种方法。通过对土木工程中应用的成熟的减振策略的分析，海洋平台冰激振动减振的策略还是倾向于被动控制，主要分为改变振源特性、端部隔振、消能减振以及动力吸振四类。

2.1 改变振源特性

与波浪、风荷载以及地震荷载对结构的作用方式相比，冰荷载作用位置较固定，只在水线处作用于结构。此外，交变冰荷载是冰与结构相互作用过程中由于冰的破坏过程形成的，因此，冰的不同破坏形式会导致不同的冰力。基于冰荷载与结构相互作用交界面的形式，可以设置特殊装置来改变冰的破坏形式进而改变冰作用于结构上的作用力。常规导管架式海洋平台通常采用圆柱桩腿，而冰与圆柱直立结构作用通常为挤压破坏，采用附加锥面的策略使冰从挤压破坏变为弯曲破坏，从而大大降低冰作用于结构的作用力，冰作用于结构的作用力可以降低为原来的1/3，其效果是非常显著的，因此世界寒区多数海洋工程结构均采用该措施降低冰力。鉴于此，我国渤海辽东湾锦州20-2油田的多座导管架平台在九十年代初安装了固定式破冰锥体，其主要目的是降低冰力与冰激振动，但是在安装锥体以后，平台依然存在冰激振动。主要原因是在一定条件下，冰在锥体前的弯曲破碎周期会接近结构自振周期，剧烈的动力放大现象随之产生。

为了避免锥体的共振冰力发生，提出隔振锥体的概念。通过在锥体和结构桩腿之间安装弹簧系统，扰乱输入结构的冰力周期，从而避免冰激共振的发生。如图1所示。

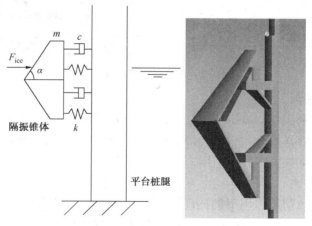

图1　隔振锥力学模型设计图

2.2 端部隔振技术

端部隔振(Top Isolation)技术是基底隔振技术的发展，其减振原理是通过在支撑构件与上部设施之间安装隔振支座，将外激励作用下引起的结构振动能量隔离，使输入能量在传递到上部设施前在隔振层消耗掉。为达到良好的减振效果，要求隔振装置必须具有高强度(承载能力)及低刚度(可产生较大变形)的力学性能。

端部隔振技术已经得到了实际工程应用，芬兰将该技术首次应用到波斯尼亚湾的抗冰灯塔，用于降低冰激振动，17年的实践证明了这一技术是非常成功的。随后，芬兰湾超过10个海洋工程结构，如航标灯、风力发电塔等都采用了端部隔振技术降低冰激振动。我国"十五"863项目中的子课题"新型平台抗冰振技术"课题组针对渤海海域冬季浮冰引起的平台振动，研制了可适用于海洋平台冰激振动减振的端部阻尼隔振系统，将端部隔振技术成功应用于锦州20-2NW平台，如图2所示，该平台于2005年11月13日正式投入使用，2005年12月至2006年2月冬季现场监测数据表明，该平台振动数据保持在控制范围内。验收专家做出如下鉴定：端部隔振技术的成功应用标志着我国新型平台抗冰振技术得到了成功应用，对渤海辽东湾冰区油气田开发具有重要意义。

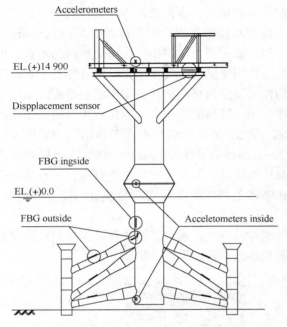

图 2　端部隔振技术应用

2.3　耗能减振技术

众多学者研究了利用耗能减振技术改善海洋平台在环境荷载作用下的振动问题，研究结果表明：渤海导管架海洋平台冰激振动幅值较小，而设置耗能减振装置需要斜撑间有较大的相对位移，因此耗能减振方案并不适用。

2.4　动力吸振技术

针对抗冰平台在冰荷载作用下的振动问题，采用调谐阻尼器(TMD)对平台进行减振控制研究，如图 3 所示，并在锦州 20-2 MUQ 平台进行了试验，得到了非常有意义的结果。

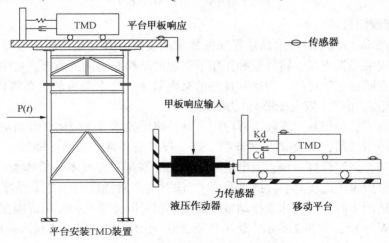

图 3　动力吸振室内实验原理图

对于设计阶段的抗冰平台，可以选用的振动抑制方式较多。对于已经建造好的平台结构，只能在已有结构形式的基础上进行改造。如锦州 9-3WHPB 导管架平台的强烈振动抑制，若在设计阶段进行端部整体隔振，会达到较好的减振效果，有效抑制结构的冰振；基于已有结构，进行针对性改造，采用动力吸振方法，分析可能的减振效果。

3 工程应用实例

TMD 是现役平台可供选择的冰振抑制策略之一，下面对锦州 9-3WHPB 平台加装 TMD 进行模拟数值分析。

3.1 动力吸振适用性原理

由于平台振动能量集中在一阶频率，并且其一阶振型为平动，为满足分析需要将其简化为单自由度模型，加装 TMD 后可简化为下图所示两自由度模型，如图 4 所示。

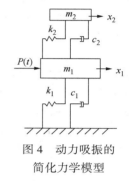

3.2 吸振模型参数选取

结合锦州 9-3WHPB 平台的动力参数，选取 TMD 系统参数；TMD 系统频率与结构频率一致，为 0.837Hz，质量取为结构等效质量的 5%，阻尼比 $\delta_2 = 0.024$。得到结构和 TMD 对应的等效参数如表 1 所示。

图 4　动力吸振的
简化力学模型

表 1　锦州 9-3WHPB 和 TMD 系统的等效参数

模型结构	等效质量/t	等效刚度/(kN/m)	等效阻尼/(kNs/m)
锦州 9-3WHPB	742	20546	156
TMD	37.15	102.73	9.73

3.3 振动效果分析

分别选用 40s 锥体随机共振冰力和直立稳态冰力验证 TMD 的减振效果，把计算结果前 20s 作为激振时间，对 20~40s 的加控前后振动的有效值进行对比，说明减振效果。

将锥体随机共振冰力时程分别输入到有控/无控的作为外载荷施加到平台-TMD 两自由度系统：可得加装 TMD 前后平台的加速度响应，如图 5 所示。

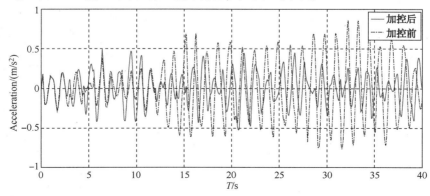

图 5　随机共振加速度响应对比图

通过分析可知，加装 TMD 后，平台随机共振加速度响应均方根值降低了 50.74%，稳态振动加速度响应均方根值降低了 93.56%。

4 结论与展望

本文结合简易平台抗冰结构的动力振动特征，提出有效振动控制策略，并针对锦州 9-3WHPB 平台的振动特征和等效参数，选用动力吸振策略进行抑振效果分析，说明了 TMD 对于该平台典型强烈振动的有效抑制效果。海洋石油简易固定平台冰振抑制方法的研究，对于提高开发储量较低的边际小油田的经济性，增强冰区海洋石油平台结构的安全性具有十分重要的意义，应用前景广阔。

参 考 文 献

1 季顺迎，岳前进，毕祥军. 辽东湾 JZ20-2 海域海冰参数的概率分布. 海洋工程，2002，20(3)：39~44.

2 Tuomo Kärnä, Qu Yan. A New Spectral Method for Modeling Dynamic Ice Actions. Proceedings of OMAE'04, 23rd International Conference on Offshore Mechanics and Arctic Engineering, 2004：8~16.

3 Tjelta T L, Hermstad J, Andenaes E. The skirt piled gulifaks platform installation. OTC6473, 1990. 453~462.

4 Byrne B W, Houlsy G T. Experimental investigations of the cyclic response of suction caissons in sand. OTC12194, 2000. 787~795.

5 Allersma H G B, Kierstein A A, Maes D. Centrifuge modeling on suction piles under cyclic and long term vertical loading. In：Jin S C, eds. Proc. 10th Inter. Offshore and Polar Engrg. Conf., Seattle, USA, 2000. California：ISOPE, 2000. 334~341.

6 岳前进，杜小振，毕祥军，等. 冰与柔性结构作用挤压破坏形成的动荷载. 工程力学，2004，21(1)：202~208.

7 API RP 2A. Recommended practice for planning, design, and constructing fixed offshore structures. API RP 2A, 19Ed. 1991.

8 Eide O, Andersen K H. Foundation engineering for gravity structures in the northern sea. Norweigen Geotechnical Institute, 1997, 200：1~47.

焊接管节点应力集中系数实验测试研究

杨冬平[1]　张洪山[1]　龙凤乐[1]　邵永波[2]　牛更奇[1]　文世鹏[1]

(1. 中国石化胜利油田分公司；2. 烟台大学土木工程学院)

摘要：焊接管节点在承受循环荷载作用时在焊趾部位会萌生裂纹，裂纹的扩展会最终导致管节点发生疲劳失效。评价管节点疲劳失效常用 S-N 曲线法，该方法是通过计算焊趾部位的热点应力幅来评估节点的疲劳寿命。在计算管节点热点应力幅时，需要用到一个参数：应力集中系数(SCF)。本文采用实验测试的方法研究了 T 型、Y 型和 K 型管节点在承受轴力作用下的 SCF，实验结果表明：沿着焊缝周围 SCF 的分布规律受节点几何参数影响，其峰值应力位置并不固定，从而表明疲劳失效有可能沿着焊缝周围的某个范围内任何位置处产生，而并非在固定位置发生疲劳失效。

关键词：焊接管节点；疲劳失效；应力集中系数；实验测试；峰值应力位置

1　前言

针对焊接管节点，目前国内外普遍采用两种方法评估其疲劳寿命：一是基于热点应力幅法(即 S-N 曲线法)；二是基于线弹性断裂力学理论，结合 Paris 公式来计算。采用 S-N 曲线法时，先根据管节点承受的疲劳载荷类型，估算其最大应力幅，然后参考有关设计手册中的 S-N 曲线(如国际上通用的管节点设计手册 CIDECT，2000)，估算出管节点在破坏前所能承受的疲劳载荷的循环次数。在计算应力幅时，需要计算焊缝处的最大应力集中系数。对管节点应力集中系数的研究，国际上已经发表过一些数值和试验结果，如 IIW(1985，1999)，Efthymiou 和 Durkin(1985)，Smedley 和 Fisher(1991)，Herion(1996)，Morgan 和 Lee(1996)，Lee 和 Morgan(1998)，Soh(1996)以及 Van Wingerde(1998)等。国内对于管节点应力集中系数的研究在 20 世纪 80 年代末展开了一些研究工作，如无锡 702 所、上海交通大学以及清华大学等，从试验和数值分析均得到了一些研究成果。但是，国内外对于管节点应力集中系数的研究工作仍然存在着一些不足之处，如：①目前对管节点应力集中系数的研究均集中在幅值的研究上，即给出了应力集中系数的大小，但未给出热点应力的位置。以前的观点认为在基本荷载作用下，管节点的热点应力基本上位于一些特殊位置，如鞍点或者冠点处。但是热点应力位置是否受几何参数影响则需要进一步研究，因为热点应力位置的变化会影响到表面裂纹的产生和扩展方式和速度，从而影响到管节点的疲劳寿命。②目前对于管节点应力集中系数的研究，对于焊缝的模拟往往是忽略的，或者给定一个恒定尺寸，这显然与实际的焊接过程不相符，而且焊缝对于应力集中系数的影响没有进行深入研究。

基于上述研究现状，本文对 T 型、Y 型和 K 型管节点在轴力作用下的应力集中系数进行了实验测试，并探讨了沿着焊缝周围热点应力的分布规律。

2　管节点应力集中系数定义及实验测试方法

在焊接管节点中，沿着焊缝不同位置应力大小也不同，但是远离相贯部位的支管中部的应力可以通过施加在支管端部的荷载唯一确定，该应力称为名义应力。以图 1 为例，一个承受平衡轴力（即一个支管承受拉力，另外一个支管承受相同大小的压力）的 K 节点，在支管中部（远离加载点和相贯部位）管内的应力均匀分布，称为名义应力（σ_n）。在相贯部位，主管和支管沿着焊缝的应力分布不均匀，在某个部位存在极值应力，称为热点应力（σ_p）。

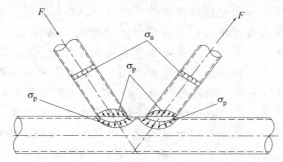

图 1　K 节点中的名义应力和热点应力

名义应力不考虑任何由几何形状或初始缺陷造成的应力集中，通常它可由外部施加的荷载与管截面尺寸按照力学原理求得。在所有有关管节点的研究中，外部荷载包括三种基本荷载：轴向荷载、面内弯曲荷载和面外弯曲荷载。虽然实际工程中管节点往往承受的是复杂荷载（即由三种基本荷载中的两者或者三者组合而成），一般轴向荷载占主导地位。以 K 节点为例，它所承受的通常是平衡轴力作用，如图 2 所示为一个典型的 K 节点承受平衡轴力作用的情况。

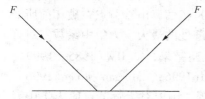

图 2　承受平衡轴力作用的 K 节点

按照基本的力学理论，对于承受轴向荷载作用的管节点，其名义应力由下列公式计算得到：

$$\sigma_n = \frac{4F}{\pi[d^2 - (d-2t)^2]} \qquad (1)$$

上述公式中，F 是作用在支管上的轴向荷载，d 是支管直径，t 是支管厚度。

焊接管节点中热点应力的定义有不同方式，如 DEN（1984）推荐的热点应力定义为：焊趾处几何应力的极值，它包含了整个钢管几何形状的影响，例如支管和主管之间的相对尺寸，但是忽略了焊缝本身导致局部应力分布的集中影响，本质上就是对大主应力。van Wingerde 等人（1998）提出了热点应力的另外一种定义，这个定义也被国际焊接机构（IIW）疲劳设计规程所采用。在这个定义中，热点应力表述为"垂直于焊趾方向上结构应力在焊趾上的外插值"，这个定义目前被很多设计者和研究者所采用。实际工程中，裂纹是在焊趾处萌生的，并沿着焊缝扩展。虽然这种裂纹是Ⅰ型，Ⅱ型和Ⅲ型裂纹的复合状态，但是Ⅰ型裂纹是占主导地位的。因此，在外力作用下，管节点中的裂纹主要是呈现张开状态，从而热点应力应该垂直于裂纹长度方向，作为主要驱动力使得裂纹张开。显然，由 DEN（1984）定义的热点应力并不垂直于裂纹长度方向，虽然它定义的应力值要大于 van Wingerde 等人（1996）

定义的应力。因而后者在本研究中用来作为热点应力取值。

如前所述，热点应力通常是通过一个称为应力集中系数（SCF）的参数来计算得到。热点应力和 SCF 之间的关系如图 1 所示，峰值点应力由下式计算得到：

$$\sigma_{HSS} = \sigma_{nominal} \times SCF \tag{2}$$

根据公式（2），如果 SCF 和名义应力计算得到，那么热点应力很容易就可以计算得到。名义应力可由公式（1）计算。

在实验方法热点应力的时候，采用的是两点或者三点外推插值法。如图 3 所示，由 $L_{r,min}$ 和 $L_{r,max}$ 定义了一个插值区域。在此区域内可以任意取两个点或者三个点，先计算这两个点或者三个点的应力值，则焊缝处的应力值可以通过两点线性插值或者三点二次插值得到。$L_{r,min}$ 和 $L_{r,max}$ 的大小由表 1 确定。表 1 中的 r_0 和 t_0 分别表示主管的半径和厚度，r_1 和 t_1 分别表示支管的半径和厚度。

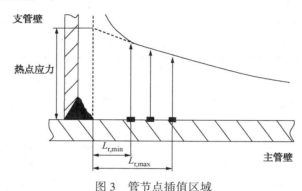

图 3　管节点插值区域

表 1　插值区域的定义

	主　管		支　管	
	鞍点	冠点	鞍点	冠点
$L_{r,min}$	$0.4t_0$		$0.4t_0$	
$L_{r,max}$	$0.09r_0$	$0.4(r_0t_0r_1t_1)^{1/4}$	$0.65(r_1t_1)^{1/2}$	

实验过程中，在管节点支管中部四分处粘贴 4 个轴向应变片，用来检测支管端部施加轴向荷载的大小，并用来计算名义应力。在相贯部位沿着垂直于焊趾方向在插值区域内贴 2 个应变片，在冠点和鞍点处除了粘贴垂直于焊趾方向的应变片外，还粘贴 2 片平行于焊趾切线方向的应变片，用来计算应力集中系数和应变集中系数之间的转换关系。

应力集中系数 SCF 和应变集中系数 SNCF 之间的转换关系可由简单的弹性力学基本理论得到，如下所示：

$$SCF = \frac{\left(1 + v\dfrac{\varepsilon_1}{\varepsilon_2}\right)SNCF}{1 - v^2}$$
$$= c \cdot SNCF \tag{3}$$

其中参数 c 为：

$$c = \frac{\left(1 + v\dfrac{\varepsilon_{//}}{\varepsilon_{\perp}}\right)}{(1 - v^2)} \tag{4}$$

参数 c 可通过平行于焊缝的应变和垂直于焊缝的应变之间的比值来确定，其值一般在 1.1~1.3 之间。通过公式(3)，应力集中系数和应变集中系数之间的关系可以确定，从而可以从试验测试得到的结果中得到应力集中系数的大小。

3　管节点应力集中系数实验测试

实验测试部分共完成了对平面 T 型、Y 型和 K 型三种类型的 12 个焊接管节点的应力集中系数(SCF)的测试工作，各个节点试件几何尺寸如表 2 所列，其中 T1~T5 为 5 个 T 型管节点，Y1~Y4 是 4 个 Y 型管节点，K1~K3 是 3 个 K 型管节点。

表 2　管节点试件尺寸

编号	主管直径/mm	支管直径/mm	主管厚度/mm	支管厚度/mm	主管长度/mm	支管长度/mm	夹角1/(°)	夹角2/(°)
T1	219	114	6	6	1950	1000	90	—
T2	273	133	6	6	1950	1000	90	—
T3	180	133	8	6	2000	400	90	—
T4	159	44.5	8	6	2000	300	90	—
Y1	219	114	8	6	2191	1000	63	—
Y2	219	114	6	6	2191	1000	63	—
Y3	219	180	6	6	2191	1000	63	—
Y4	219	114	6	6	2000	300	48	—
Y5	219	180	6	6	2620	654	48	—
K1	219	133	6	6	2191	1000	63	42
K2	219	114	6	6	2620	895	48	48
K3	219	114	8	6	2620	895	48	48

实验中首先在插值区内布置应变片，如图 4 所示，根据测试得到的插值区内的应变值，通过线性插值得到焊趾部位的应变值，即为热点应变值；再结合支管上测得的名义应变值，计算出应变集中系数 $SNCF$，然后根据公式(3)计算得到沿着焊缝周围的 SCF 分布。

实验测试得到的 T、Y 和 K 节点沿着焊缝周围的 SCF 分布如图 5 所示。在图 5 中，横坐标中 0° 是从冠点(跟点)开始的。从图 5(a)中可以发现，T 节点试件焊缝处 SCF 分布规律并不固定，T1 和 T2 试件的峰值应力位于 90° 处，即鞍点部位，而对于 T3 和 T4，峰值应力则位于 0° 或 180°，即冠点部位。这说明 T 节点在轴力作用下其峰值应力点的位置是随着几何参数而变化的。同理，从图 5(b)中可以发现，对于 Y 节点，峰值应力点也是随着几何参数的不同而发生变化的，总体变化规律是从鞍点附近向冠点部位偏移，而跟点部位始终应力最小。从图 5(c)中可以看出，对于 K 节点，其峰值应力也是位于鞍点和冠点之间，而跟点的应力最小。

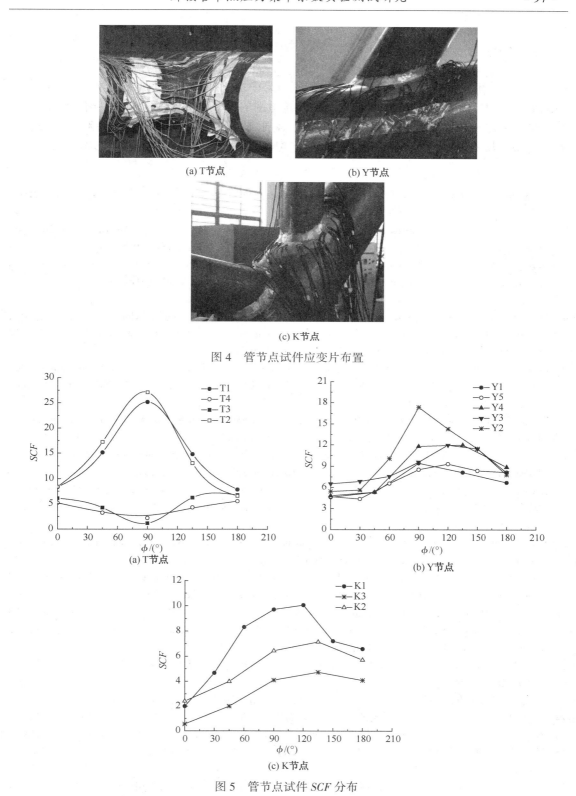

(a) T节点　　　　　(b) Y节点

(c) K节点

图 4　管节点试件应变片布置

(a) T节点

(b) Y节点

(c) K节点

图 5　管节点试件 *SCF* 分布

4　结论

对 T、Y 和 K 型管节点在轴力作用下的应力集中系数(SCF)进行了实验测试，通过实验测试结果发现：无论对于哪种管节点，其焊缝周围的 SCF 分布均受节点的几何参数影响。对于 T 型节点，几何参数对 SCF 影响很显著；对于 Y 和 K 节点，峰值应力一般位于鞍点和冠点之间。基于实验结果，说明管节点的疲劳裂纹萌生位置要受几何形状的影响。

参 考 文 献

1　Department of Energy（DEN），*Offshore Installations：Guidance on Design and Construction*，HMSO，UK，1984.

2　Efthymiou M and Durkin S. Stress Concentrations in T/Y and gap/overlap K-joints，*Proceedings Conference on Behaviour of Offshore Structures*，Delft. Elsevier Science Publishers，Amsterdam，1985，429~440.

3　Herion S，Mang F，Puthli R. Parametric Study on Multiplanar K-joints with Gap Made of Circle Hollow Sections by Means of the Finite Element method，*Proceeding of the Sixth International Offshore and polar Engineering Conference*，Los Angeles，CA，USA，1996，Vol.Ⅳ，68~73.

4　International Institute of Welding（IIW）. Recommended Fatigue Design Procedure for Hollow Section joints：Part 1-Hot Spot Stress Method for Nodal Joints，*International Institute of Welding Subcommission XV-E*，IIW Doc. XV-582-85，IIW Assembly，Strasbourg，France，1985.

5　International Institute of Welding（IIW）. Recommended Fatigue Design Procedure for Hollow Section Joints：Part 1-Hot Spot Stress Method for Nodal Joints，IIW Doc. XV-1035-99，XV-E-99-251，XIII-1804-99，Lisbon，Portugal，July，1999.

6　Lee MMK and Morgan MR. Prediction of Stress Concentration Factors in In-Plane Moment Loaded Tubular K-Joints，*Proceedings of the Eighth International Symposium on Tubular Structures*，Singapore，1998，305~314.

7　Morgan MR and Lee MMK. Prediction of Stress Concentration Factors in K-joints under Balanced Axial Loading，*Proceedings of the 7th International Symposium on Tubular Structures*，Hungary，1996，301~308.

8　Smedley P，Fisher P. Stress Concentration Factors for Simple Tubular Joints，*Proceedings of the 1st International Offshore and Polar Engineering Conference*，*International Society of Offshore and Polar Engineers*，Edinburgh，UK，1991，475~483.

9　Soh AK and Soh CK. Stress Concentration of K Tubular Joints Subjected to Basic and Combined Loadings，*Proceedings of the Institution of Civil Engineers- Structures and Buildings*，1996，19~28.

10　van Wingerde AM，Wardenier J and Packer JA. Commentary on the Draft Specification for Fatigue Design of Hollow Section Joints，*The 8th International Symposium on Tubular Structures*，Singapore，1998，117~127.

11　Zhao XL，Herion S，Packer JA，Puthli R，Sedlacek G，Wardenier J，Weynand K，van Wingerde A and Yeomans N. Design Guide for Circular and Rectangular Hollow Section Joints under Fatigue Loading. *CIDECT* Publication No.8，TUV-Verlag，Germany，2000.

12　白玉慧，陈喆，周水兴 . T 型管节点应力集中系数的数值分析 . 重庆交通大学学报(自然科学版)，2009，28(6)：998~999，1040.

13　陈团海，陈国明 . T 型焊接管节点应力集中系数数值分析 . 焊接学报，2010，31(11)：45~48.

14　韩雄刚，武秀丽 . T 型薄壁管节点应力集中系数有限元分析 . 中国海洋平台，2007，22(4)：19~22.

15　宋杨，刘微，程哲，等 . 海洋平台 T 型管节点应力集中系数研究 . 船海工程，2011，40(6)：121~124.

16　石卫华，钟新谷，余志武 . 轴向荷载作用下 K 型管节点应力集中系数研究 . 工程力学，2010，27(1)：48~52.

17　王春光，李少甫，石永久 . 焊接钢管节点热点应力集中系数参数方程的适用性研究，1999，16(6)：44~53.

浅析渤海油田开发建设瓶颈的解决思路

万军 张晓 曲兆光

(中海石油(中国)有限公司天津分公司)

摘要：总公司提出的十二·五规划中，认真总结分析中海油从成立至今30年间，实现第一次跨越的成功经验和不足。站在中海油改革发展新的历史起点，清晰阐明了我国海上油气区油气勘探开发、科研技术、产业、人才、管理面临的新机遇与挑战，确立了中海油建成国际一流能源公司，实现二次跨越的战略目标和发展方向。本文结合渤海油气区开发建设生产过程遇到的实际问题和采取应对措施，提出了一些解决思路和建议供大家商讨和参考。

关键词：陆相油藏；外挂结构；井口平台设计新思路；稠油热采；勘探开发一体化

1 概述

渤海油气区位于我国东北部，北纬 37°07′~41°00′，东经 117°33′~122°18′，平均水深18m。自北而南与我国的辽宁、河北、山东省及天津市相邻，由辽东湾、渤海湾、莱州湾、渤海中部、渤海海峡五个部分组成，具有半封闭内海特征。参见图1渤海油气区地理位置图。以第三系陆相沉积为主，储集层主要为下第三系沙河街组、东营组及上第三系馆陶组、明化镇组砂岩，其次还有沙河街组陆屑碳酸盐岩和古生界碳酸盐岩、中生界火山岩、及古潜山混合花岗岩等。

渤海水浅，海洋环境复杂，特别是冬季海冰对海上生产设施危害大。海上油气田受不同地质特征、不同开发模式、不同海洋环境以及不同时期经济大背景诸多因素影响，基本以全海式和半海半陆式为主要开发模式。全海式由生产平台、单点系泊和 FPSO 组成。如绥中36-1油田试验区和秦皇岛 32-6 油田、渤中 25-1 油田等；锦州 9-3 油田采用沉箱平台（钻井/生产沉箱平台、储油沉箱平台和系缆平台）。早期的埕北油田，采用全平台方式开发，即生产平台、生活动力平台、储油和输油工作平台；半海半陆式由井口平台、中心平台、海底管道和陆上终端组成，如绥中 36-1 油田二期，渤西油田群等。其它还有为开发边际油田应运而生的简易生产系统开发模式，如三一模式和小蜜蜂可移动式采油平台模式。

渤海海上油气田开发始于 1966 年，历经探索下海、对外合作、自主开发、千万吨规划、跨越发展五个阶段，至今已 45 年。2010 年底，经过几代渤海石油人的辛勤汗水和不断超越，渤海年产原油首次突破 $3000×10^4t$。形成了从油田勘探开发、海上工程建设、油田生产配套服务、科研、人才培养、企业管理一整套科学完整的上游油气资源勘探开发产业链，成为中国海上油气产量的最重要生产基地。

虽然渤海油气区开发取得令人瞩目成就，但同时我们也遇到老油田超期服役；在生产油田保持增产、稳产和减小递减率困难；海上重质稠油开采技术没有突破；在生产油田生产设施处理能力不足；电力供应紧张；井槽不足；环境保护法规越来越严格，污水排放等诸多问题，并且越来越突出，严重制约着渤海油田可持续发展。由于油气田开发涉及专业多，知识面广，本文针对渤海开发生产中遇到的瓶颈问题，主要从老油田扩容调整、井口平台设计思路、稠油热采、勘探开发一体化设想以及提升企业科技研发创新力等几方面切入，进行分析论述，提出一些解决问题的思路和设想供大家商讨。

图 1　渤海油气区地理位置图

2　老油田扩容调整

2.1　老油田面临挑战

渤海油气区属于陆相油藏、海洋环境特征。油藏开发难度大。海洋环境恶劣，海冰为主要控制荷载之一，海上设施安全风险大。早期主要开发的油田，埕北油田、渤中 28-1 油田、渤中 34/2-4 中日合作开发油田，自主开发的绥中 36-1 一期正处于国际经济形势不好的大背景下，油价较低，油田开发经济效益较差。特别是到了 1997~1998 年，开发绥中 36-1 二期、渤西油田群联合开发、锦州 9-3 等油田时，更遭遇到全球经济萧条，国际油价已降至每桶十几美元，油田开发非常困难。为达到开发目的，在总公司"三新三化"方针指导下，工程技术人员进行不断的优化调整，压缩开发投资。以锦州 9-3 油田开发为例，方案和设计几经调整，开发建设最终历时 8 年。随着滚动开发深入，对地质油藏认识程度不断加深，油藏储层条件比开发初期认识的更复杂。同时也获得了新发现，需要进行加密调整。但由于开始工程设施设计能力限制，很多平台已没有扩容空间，井口槽已用完，油水分离和污水处理生产设施、电站负荷、原油管输能力等已显现不足，无法实现油田综合加密调整，增产、稳产和减少递减的生产目标难以完成。现在渤海油田一些老平台已超过设计寿命周期,具体的弃置标准规范亟待完善,特别是海底管道、海底电缆和陆上终端。

2.2 生产瓶颈的突破

(1)常规原油处理流程,尤其对油水密度差不大的原油处理,一般包含自由水分离器、热化学脱水、电脱水器。其缺点是:流程复杂,停留时间较长,设备体积大。而渤海油田生产中后期产液急剧增加,油气水处理设施往往超出设计能力,已不能满足生产处理要求。如果设计为后期预留余量过大,按常规设计所需海上设施体积更大,工程投入更高,很多油田难以经济有效开发。

应对渤海复杂的油藏地质风险,解决开发中后期高含水现状和边际油田开发矛盾,需在现有油气水处理流程上,进行油气水分离关键技术的创新和改造,提高现有设施处理能力。研制小型高效的生产工艺处理设施,使其体积重量比常规更小更轻,处理范围更广、处理效率更高的装置,简化现有流程。这样可有效减少平台使用面积和结构重量,从根本上解决油田中后期液处理能力问题。中海油的工程技术人员已开始了小型原油高效脱水新技术和气浮旋流水处理新技术的研究和攻关试验,目前实验进展和试验效果良好。

(2)老油田和新油田面临供电瓶颈。渤海油田通常采用双燃料供电模式,即烧原油和天然气为海上油田供电,油田运行中后期油和气产量明显不足,而供电消耗更多的油气,直接影响油田生产运行成本。供电系统如何摆脱对原油和天然气的依赖是今后技术突破重点。建议可以从岸电和微型核电两方面进行技术攻关研究,以解决海上油田供电不足矛盾。

① 岸电技术成熟可靠,但需特别注意供电海底电缆路由尽量远离和避开航道、锚地、军事和渔业养殖等域区。并与国家和地方各级相关主管部门建立良好的沟通协调机制,确保岸电供应安全可靠。

② 微型核电技术也相对较为成熟,我们可借鉴参照核动力潜艇发电技术,将其移植到海上油田供电系统上。但该技术需特别注意海上核安全问题,需要国家和企业制定一系列的安全措施和制度,对生产人员、海洋环境可靠安全保护是其能否成功应用的关键。

(3)为保证超期运行平台安全生产,充分发掘老平台生产潜力,首先应完善形成一整套平台延寿和设施完整性管理评估系统;其次建立相应检测配套技术和专业评估队伍,对平台结构腐蚀、结构加强改造、老旧设备评估利用、海底管道进行详细评估。最后根据老平台检测分析评定结果进行延寿方案设计、海上施工、应急准备、安全环保评估,在满足国家和地方政府法律法规基础上,制定出相应的管理规范和执行程序。

(4)对平台没有扩容空间和井槽不足的老油田,渤海海上油田目前采取的创新措施有:外挂井槽、外加桩腿和外扩平台等形式来解决。这些方式应满足生产修井要求,需对原平台和新增外扩结构进行合理模拟校核分析,对原平台结构进行必要的加强。这些措施实施后效果明显,有效缓解了油田井槽不足矛盾。参见图2外挂结构示意图。

2.3 老油田弃置

渤海海上油田设计寿命基本在20~25年,20世纪80年代至90年代开发的老油田,有些已经超过或接近设计寿

图2 外挂结构示意图

命。渤海针对这些油田已经做了相应准备工作。对于已没有开发价值的老油田，根据国家环保法及相关规定，中海油编制了海上油气田设施弃置管理规定。但由于还没有真正实施海上弃置项目，弃置管理规定还需完善，实际操作性不强。随着地方经济的快速发展，也给渤海油田生产带来新问题。以前选定的海上油田配套设施用地，现在有些已被划入地方经济发展规划用地范围内，地方政府要求我们搬迁和弃置。例如渤西处理厂和锦州 20-2 处理厂。但进行弃置操作过程中，没有具体的弃置标准和规范，特别是海底管道、海底电缆和陆上终端。因政府征地并给与补偿的弃置设备和资产，如何处置也没用相关规定。尽快出台弃置相关程序和规定是当务之急。

3　井口平台设计新思路

3.1　面临挑战

渤海湾目前的大部分在生产油田普遍存在井槽预留不足的突出问题，有些油田生产几年，井口平台预留井槽已用完，没有足够空间进行钻完井作业和布置新增设备。这种矛盾已开始影响渤海在生产油田加密调整要求。

产生井槽预留不足的因素多且复杂，本人认为主要原因是渤海油藏特点、开发年代经济大环境以及开发模式决定的。渤海海上油田与周边陆地油田一样，同属陆相油藏，海上开发风险更高。由于海上投资大，风险高，海上开发模式和与陆地截然不同，海上采用高速高效开发模式，其单井控制储量一般在 $40\times10^4 m^3$ 以上，而陆地油田单井控制储量 $10\times10^4 m^3$ 左右，海上采出程度低于陆地油田。如绥中 36-1 油田开发设计 244 口井，秦皇岛 32-6 油田设计 157 口井，但比同等规模陆地油田需要上千口井要少得多。因此渤海油田油藏留出的调整加密余量空间大。

同时由于探井数量相对较少，对地层认识有局限，油田在开发过程中，存在对油藏有一个逐步认识过程，需要不断完善注采井网，提高井网控制程度，以满足在生产油田实现稳产和减缓递减目标。油藏综合调整已成为渤海在生产油田实现稳产和减缓递减目标的必要方法，因此井口槽数量需求大。

渤海从 20 世纪 80 年代至 20 世纪末这段时间，国际经济低迷，起伏波动，油价降至最低，给渤海海上油田开发带来极大困难。为节约开发成本，达到经济收益率要求，工程上做了大量优化工作，平台没有预留出更多的余量。

3.2　设计思路和措施

基于上述几个方面原因，建议在制定开发方案、设计和建造前，设计人员不仅考虑油藏专业提出的预留井槽数量，更要是从井口平台结构本身入手，综合考虑在钻井船、模块钻机或修井机作业空间范围，通过调整结构布置和合理优化结构，内部挖潜出更多的井口槽空间和平台空间，以备今后调整和加密使用。具体建议如下：

从常规井口导管架平台内部结构设计挖潜。在常规导管架平台结构总体尺寸不变情况下，优化导管架井区内外各层斜撑和空间斜撑位置布置，优化上部组块的结构布置，优化设备布置，统一考虑留出后续调整钻井隔水管和采油树空间。即导管架井区结构各水平层的斜撑和空间斜撑在平面投影位置不要与井口预留空间干涉；组块结构和设备布置也应考虑预留隔水套管位置。这种方案特点在常规井口平台主结构材料尺寸不变，重量略有增加，通过优化可多预留出一排到二排井槽空间，较适合加密调整规模和潜力不大的油田。②扩大常规井口导管架平台井口区空间。在常规井口导管架平台已预留出井槽的基础上，扩大井口区空间，留出更多的井槽空间，以满足后续调整加密要求。即扩大常规井口导管架井槽结构尺寸。这种方案特点是比常规井口平台结构结构尺寸和材料重量有所增加，可根据油藏预留出更多井槽空间。较适合有加密调整潜力的油田。③常规井口导管架平台内部优化和扩大井口区空间相结合。即上述①、②方案相结合。这种方案特点是比常规井口平台结构结构尺寸和材料质量有一定增加。适合有更大加密调整潜力的油田。

渤海总结以往海上油田开发成功经验和教训，根据油藏特点和风险，已开始尝试油田全寿命周期开发方案研究。而井口平台设计也根据实际情况，开始合理预留更多井口槽，平台井槽数从原来最多 35~40 口井到现在 70~90 口井，以满足油田后续加密调整需求。

4 稠油热采

4.1 面临挑战

渤海油田目前对于稠油采用水驱和多支倒流井的开采模式，取得了不错的开发效果和开采经验。例如埕北油田、南堡 35-2 油田、绥中 36-1 油田等。但是对于原油黏度更大的重质稠油，目前海上开采还没有好的解决办法，储量难以动用。陆地油田重质稠油一般采用蒸汽热采，技术较为成熟。但设备体积庞大，高温高压，危险性高。受海上空间等条件限制，陆地蒸汽开采模式难以适用海上开采。

4.2 思路和措施

渤海已开始采用蒸汽吞吐技术和多元热力采技术进行重质稠油的开发试验。由于这些设备属高温高压，危险性高，虽经过优化，但所占空间面积仍然较大，现有平台无法满足其设备布置。同时试验过程中出砂严重，对油管腐蚀大；热采设备运行安全性和可靠性还有待提高，这些技术难题都需要尽快解决。

为满足和实现渤海稠油开发要求，根据渤海稠油特点，从老油田和新开发油田两大方向进行攻关研究。加大科技攻关力度和投入，尽快研制出一整套安全可靠、小型轻便和高效，适合海上重质稠油开采的配套技术。

（1）老油田稠油开发，由于平台空间已不满足热采设备需求，需要平台扩容，对于空间不够一般可采用改扩建外扩甲板上和增加桩腿来增加平台空间，以满足 SAGD、蒸汽吞吐、多元热力采的要求。参见图 3 老油田热采改造示意图。

① 需要对平台生产及污水处理流程能力、电力系统、公用系统、平台强度、桩基承载力进行校核和影响分析，且校核基础数据采用最近或最新平台检测数据为基础输入数据，以保证平台各系统及结构校核可靠性。

② 由于平台空间不像陆地热采有足够空间，进行适合海上小体积高效安全可靠的高温高压热采工艺和设备设计研究是关键。

③ 对原老平台工艺、电力、公用系统、海水系统进行适应性改造，以满足热采生产要求。

（2）新稠油油田开发。稠油开发是渤海油田未来产能主力，渤海已开始采用蒸汽吞吐技术和多元热力采技术进行重质稠油的开发试验。由于这些设备属高温高压，危险性高，虽经过优化，但所占空间面积仍然较大，现有平台无法满足其设备布置要求，只能靠外部资源进行生产支持，不能形成规模化。同时试验过程中出砂严重，对油管腐蚀大。热采设备运行安全性和可靠性还亟待提高，这些技术难题都需要一步一步彻底解决才行。

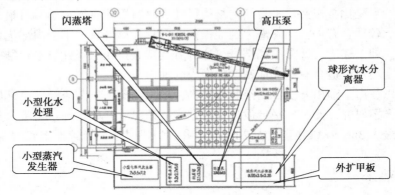

图 3　老油田热采改造示意图

①　根据油藏要求和热采要求，制订从设计、施工、生产全过程与热采相关的规范、规定和安全规则。平台布置足够空间，以满足 SAGD、蒸汽吞吐、多元热力采的要求。

②　加大科技攻关力度和投入，整合技术攻关资源和研发团队，学习引进国内外先进技术，研制出安全可靠、小型轻便和高效，适合海上重质稠油开采、外输、储运的配套新技术和设备。

③　需要考虑合理稠油热采生产时率、生产维修相关要求

④　进行稠油的外输和储存配套工艺新技术和设备研究。

渤海重质稠油储量规模潜力大，是今后渤海增储上产的主要贡献来源。如果海上热采技术能研制成功，会给渤海增产和稳产带来突破性进展，对渤海实现今后生产目标，实现总公司二次跨越战略目标具有重要意义。

5　勘探开发一体化设想

很早就有人提出勘探开发一体化思路和设想，有些已在探索和尝试。但真正执行起来遇到很多问题，极大限制了勘探开发一体化的实施和推广。分析原因首先是管理程序上的限制。由于石油资源是国家经济支柱，上报审查批准管理程序严格，使得勘探开发一体化从程序上就被分开，要在程序上执行和突破非常困难。其次，海上勘探与开发工作特点和评价体系不一样，各自执行不同的管理程序和技术标准。双方之间在执行上有很多方面需要协调。三是石油勘探开发专业理论各成体系，专业分工明确，成为跨专业人才困难，导致一体化人才缺乏。

建议：①　在勘探阶段，地质油藏、钻完井、工程、采油和经济专业人员提前介入，充分沟通各自需求，相互协调，做到各专业真正相互融合，找到平衡点。各专业背后应有强大的技术团队提供各种可能的技术解决方案，提前为开发做准备，一旦有成功发现，很快能转入开发。②　加大勘探投入，为开发提供更多的基础数据。在打勘探井时也要充分考虑开发需求，为后续开发做更多的准备，使勘探投入转化为开发投资 (例如尽可能将勘探井转化为

开发井，尽可能多的提供开发所需测试数据)，从而缩短建设周期，使投资效率和效益最大化，降低勘探开发风险。③ 建立企业培养与外部引进相结合的一体化高水平人才培养长效机制。一体化人需要有丰富专业知识和多项专业工作经验。在风险面前，深思熟虑，敢于突破各自专业限制，在技术决策上勇于担当。④ 公司在管理执行程序和政策上是给与支持，建立有效配套的勘探开发一体化管理制度和程序，使中海油勘探开发一体化投资效率和效益走在国际石油公司前列。

6 提升科技研发创新力

海洋石油是高技术、高风险、高投入的产业。渤海海洋石油发展史也是一步技术创新的历史。经过40多年的发展，有成功，也有失败。渤海走出了一条引进、集成、创新、应用和跨越式发展的高新技术发展道路。掌握了海洋勘探开发生产以及管理的关键技术和配套技术。培养了一批具有创新精神的科研和技术队伍，为渤海海洋石油技术进一步创新和发展奠定了坚实基础。

在新的历史时刻，新的发展目标，对科技研发创新又赋予了新的内涵。为提高企业科研设计创新实力，需要从以下几方面进行提升。① 强化科研设计人员一切为生产服务的意识和理念，内化于心，外化于行动。② 设计紧跟生产需求，及时反馈遇到的问题，通过设计持续改进，有效解决在生产油田生产实际中遇到的各种问题，并在以后的新项目设计中予以完善，减少以后改造工作量。例如在生产油田生产处理设施能力不足、井槽不足、稠油开采、污水处理、电站负荷能力不足等问题。③ 对设计、施工和生产过程中发生的实际问题，特别是事故，做到敢于面对，不回避，认真反思分析总结。这些都是设计工程中的经验积累，是提升科技研发创新能力的真正宝贵财富，而不是累赘。④ 紧跟国际石油科技前沿和发展方向，不断自我学习和完善。⑤ 加强完善科技研发创新管理体系、人才培养和激励机制。提高科技研发成果水平和质量。将高质量的科研创新成果真正应用在生产实践中，转化为生产力，充分发挥其应有作用，成为中海油发展的核心动力。

7 结束语

在实现中海油二次跨越战略目标，实现国际一流能源公司的过程中，我们需要认清自身的优势和劣势，还有很多方面需要提高和完善，实现二次跨越目标更是一个长期艰苦的过程，企业每一名员工任重而道远，需要我们付出加倍的努力。

参 考 文 献

1 中国油气田开发志—渤海油气区卷[M]. 北京：石油工业出版社，2011.
2 中国船级社. 海上固定平台设计与建造技术规范[M]. 北京：人们交通出版社，2005.
3 海洋石油工程设计指南编委会. 海洋石油工程平台结构设计[M]. 北京：石油工业出版社，2008.
4 旅大10-1油田和渤中34-1油田2、3井区调整改造方案，2009.
5 中国石油学会石油工程专业委员会海洋工程工作部. 海洋石油工程技术论文(第五集)[M]. 北京：中国石化出版社，2013.
6 周守为. 中国海洋石油高新技术与实践[M]. 北京：地质出版社，2005.3.

压力仪表的原理及应用

薛 滨

(中海石油(中国)有限公司天津分公司)

摘要：压力做为四大控制参数之一，其重要性是不言而喻的。而压力仪表对压力的作用就如同眼睛一般，对压力的监控起到了关键作用。在生产过程中，压力既能应响物料平衡，也影响化学反应速度，所以，压力的测量与控制，对保证生产过程正常进行，达到高产、优质、低消耗和安全是十分重要的。如果压力表不能准确的反映监控对象实际的压力，轻则不能准确对其调节控制影响生产，重则会造成重大事故。一般来说，压力仪表可分为现场指示型和变送远传型。顾名思义，现场指示型主要是安装在现场，起到单一指示作用；而远传型则可以实现信号的远传方便人员在远程监控。本对从原理、选型和使用三个方面对压力仪表经行比较全面的分析。

关键词：压力；选型；安装

1 现场指示型压力表

现场指示型压力表主要是弹性式压力计。弹性式压力计是利用各种形式的弹性元件，在被测介质压力的作用下，使弹性元件受压后产生弹性形变的原理而制成的压力仪表。下面就介绍一下弹性元件和常用的压力表。

1.1 弹性元件

典型的弹性元件主要分三种：薄膜式、单簧管式及波纹管式。从下图可以清楚的看到它们的结构(其中箭头 p 表示引压方向，其余箭头表示形变方向)。

薄膜式弹性元件如图 1 所示。

单簧管式弹性元件如图 2 所示。

波纹管式弹性元件如图 3 所示。

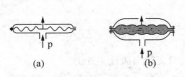

图 1 薄膜式弹性元件

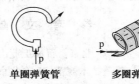

图 2 单簧管式弹性元件

图 3 波纹管式弹性元件

1.2 单簧管式压力计

一般在采油平台上多见到的压力现场指示仪表为单簧管式的压力表。它的主要特点为：结构简单、使用可靠、价格低廉、测量范围广、有足够的精度。其主要的结构和测量原理如图 4 所示。

测量原理：

弹簧管 1 是压力计的测量元件。图中所示为单圈弹簧管，它是一跟弯成 270° 圆弧的椭圆截面 e 的空心金属管。管子的自由端 B 封闭，管子的另一短股定在接头 9 上。当通入压力 p 后，由于椭圆形截面在压力的 p 作用下将趋于圆形，使弹簧管的自由 B 端产生位移，且与输入压力的大小成正比．所以只要测得点 B 的位移量，就能反映压力 p 的大小。

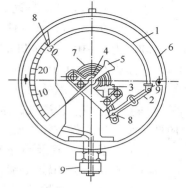

图 4　单簧管式压力计
结构和测量原理

1—弹簧管；2—拉杆；3—扇形齿轮；
4—中心齿轮；5—指针；6—面板；
7—游丝；8—调节螺钉；9—接头

1.3　变送远传型压力表

变送远传压力表在我们这里主要是指电气式的压力变送器，他将压力信号转换为电信号输出，然后从测量电信号来间接的测量压力的压力表。一般有压力传感器、测量电路和信号处理装置组成。

从图 5 可以看到传感器在整个变送过程中起到了关键作用，压力和电信号的转换主要是由它来完成的。一般的传感器可分为应变片式、压阻式、和电容式压力变送器。在这里不一一介绍，我们以应变片式压力变送器为例。应变片式压力传感器是利用电阻应变原理构成。有金属应变片和半导体应变片。它的特点是快速，非线性小，滞后小。

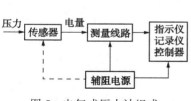

图 5　电气式压力计组成

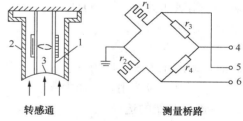

图 6　应变片压力传感器示意图

1—应变筒；2—外壳；3—密封膜片；4—输出信号；
5—恒压直流；6—电源

如图 6 所示。当压力按箭头方向作用于密封膜片时，应变筒受力而产生形变，从而引起与其连在一起的电阻产生一个微小的形变，而电阻的形变会直接影响到电阻值的变化，这样一来，测量回路中的电流就会产生相应的变化，我们通过测量电流的变化就可以间接的测量到压力了。

2　压力仪表选型

单位及标度（刻度）压力仪表一律使用法定计量单位。即帕（Pa）、千帕（kPa）和兆帕（MPa）。对于涉外设计项目，可以采用国际通用标准或相应的国家标准。

2.1　按照使用环境和测量介质的性质选择

（1）在大气腐蚀性较强、粉尘较多和易喷淋液体等环境恶劣的场合，应根据环境条件，选择合适的外壳材料及防护等级。

（2）对一般介质的测量。

①压力在 -40~40kPa 时，宜选用膜盒压力表。

②压力在 +40kPa 以上时，一般选用弹簧管压力表或波纹管压力计。

③压力在 -100~2400kPa 时，应选用压力真空表。

④压力在 -100~0kPa 时，宜选用弹簧管真空表。

（3）稀硝酸、醋酸及其它一般腐蚀性介质，应选用耐酸压力表或不锈钢膜片压力表。

（4）稀盐酸、盐酸气、重油类及其类似的具有强腐蚀性、含固体颗粒、黏稠液等介质，应选用膜片压力表或隔膜压力表。其膜片及隔膜的材质，必须根据测量介质的特性选择。

（5）结晶、结疤及高黏度等介质，应选用法兰式隔膜压力表。

（6）在机械振动较强的场合，应选用耐振压力表或船用压力表。

（7）在易燃、易爆的场合，如需电接点讯号时，应选用防爆压力控制器或防爆电接点压力表。

（8）对于测量高、中压力或腐蚀性较强的介质的压力表，宜选择壳体具有超压释放设施的压力表。

下列测量介质应选用专用压力表：

①气氨、液氨：氨压力表、真空表、压力真空表；

②氧气：氧气压力表；

③氢气：氢气压力表；

④氯气：耐氯压力表、压力真空表；

⑤乙炔：乙炔压力表；

⑥硫化氢：耐硫压力表；

⑦碱液：耐碱压力表、压力真空表；

⑧测量差压时，应选用差压压力表。

2.2　精确度等级的选择

（1）一般测量用压力表、膜盒压力表和膜片压力表，应选用 1.5 级或 2.5 级。

（2）精密测量用压力表，应选用 0.4 级、0.25 级或 0.16 级。

2.3　外型尺寸的选择

（1）在管道和设备上安装的压力表，表盘直径为 100mm 或 150mm。

（2）在仪表气动管路及其辅助设备上安装的压力表，表盘直径为小于 60mm。

（3）安装在照度较低、位置较高或示值不易观测场合的压力表，表盘直径为大于 150mm 或 200mm。

2.4　测量范围的选择

（1）测量稳定的压力时，正常操作压力值应在仪表测量范围上限值的 1/3~2/3。

（2）测量脉动压力（如：泵、压缩机和风机等出口处压力）时，正常操作压力值应在仪表测量范围上限值的 1/3~1/2。

（3）侧量高、中压力时，正常操作压力值不应超过仪表测量范围上限值的 1/2。

2.5　变送器的选择

（1）以标准信号传输时，应选用变送器。

（2）易燃、易爆场合，应选用气动变送器或防爆型电动变送器。

（3）结晶、结疤、堵塞、黏稠及腐蚀性介质，应选用法兰式变送器。与介质直接接触的材质，必须根据介质的特性选择。

（4）对于测量精确度要求高，而一般模拟仪表难以达到时，宜选用智能式变送器，其精确度优于 0.2 级以上。当测量点位置不宜接近或环境条件恶劣时，也宜选用智能式变送器。

（5）使用环境较好、测量精确度和可靠性要求不高的场合，可以选用电阻式、电感式远传压力表或霍尔压力变送器。

（6）测量微小压力(小于 500Pa)时，可选用微差压变送器。

（7）测量设备或管道差压时，应选用差压变送器。

（8）在使用环境较好、易接近的场合，可选用直接安装型变送器。

2.6 安装附件的选择(图 7)

（1）测量水蒸气和温度大于 60℃的介质时，应选用冷凝管或虹吸器。

（2）测量易液化的气体时，若取压点高于仪表，应选用分离器。

（3）测量含粉尘的气体时，应选用除尘器。

（4）测量脉动压力时，应选用阻尼器或缓冲器。

（5）在使用环境温度接近或低于测量介质的冰点或凝固点时，应采取绝热或伴热措施。

图 7 压力仪表附件示意图

3 安装使用说明

3.1 机械安装

使用被选的安装套件将变送器安装到管道上或墙面上。为了将来的检修的安全和方便，一定要加装截流阀和泄放阀。若被测的过程流体绝对不能与变送器相接触，则在变送器的管线部分必须要灌注适宜的密封隔离液。在流体易于发生较大脉动的场合，可以在安装中使用缓冲器。校验供压可使用校验三通接头或校验螺钉。信号线一般应接变送器的高端电缆接口，使电缆接头朝下，以避免在变送器罩壳内积水。变送器的低端电缆接口可被用于排放积聚在接线盒容室内的潮气。

变送器的罩壳(顶端部件)当从顶部观看时能被反时针方向旋转一整周，以便于进行调节，显示或电缆管的连接。不要将显示器以任何方向旋转超过 180°，如果旋转超过 180°，则可能损坏其连接的电缆。

变送器具有写保护功能，它可以防止外条令机构，本地显示器，和远距离通讯器向电子组件写入数据。通过移动备选显示器背后电子组件上的跨接线来设置写保护，要使写保护起作用，可先卸去显示器，再去除电子组件上的跨接线，或按标牌上所示将其置于下方的位置，然后再将显示器安装就位。

电子组件罩盖锁可作为运输保护和铅封的备选零部件。将罩盖锁钉拧入到罩壳内就可以打开罩盖。若要重新给罩盖上锁，则可以反时针将罩盖锁钉拧出，使其伸长到罩盖的齿口中以防止罩盖旋转。

为进入变送器接线盒，如果有罩盖保护锁需将其拧入到罩盖内，并从接线盒端上卸去其罩盖，注意，罩壳上有凸出字母 FIELD TERMINALS 的一端为现场接线盒一端。变送器在其现场接线盒室内具备有内部接地端，并在其电子罩壳基座上具备有外部接地端。为减少电化锈蚀，需将导线端夹持在螺钉所附垫圈及外接地螺钉上的垫圈之间。当要连接一个具有 4~20mA 输出信号的变送器时，其供电电压和回路负载电阻必须在所规定的范围内。其供电电压和负载电阻之间关系为：

$$R = 47.5(V - 11.5)$$

当要连接一台或多台变送器到一个供电电源时，可按下列步骤进行。

（1）卸去变送器现场接线盒容室一侧的罩盖。

（2）将信号线（典型为 0.5mm 或 20AWG 接线）穿过变送器的一个电缆管接口，使用双绞线可防止 4~20mA 输出和输入远程通信的电气干扰。该信号线的最大推荐长度为 1800m（6000ft）。

（3）如果使用屏蔽电缆，其屏蔽层只能在供电电源一端接地，不能将屏蔽层在变送器一端接地。切去或包裹住屏蔽层，防止它接触到金属外壳体。

（4）将不使用的电缆接口用 PG13.5 或 1/2NPT 金属管塞（或相当物）塞住。为保持仪表所规定的防爆和防粉尘燃烧性能，该管塞应至少要啮合整 5 牙螺纹。

（5）如果信号线必须接地，最好是将其直流电源负载端接地。为避免接地回路所引起的误差或可能造成回路中仪表组短路，在回路中只能有一个接地点。

（6）将供电电源和接收器回路连接到变送器的"+"和"-"接线端上。

（7）将接收器（诸如调节器，记录仪，指示表）与电源和变送器串联起来。

（8）将罩盖安装到变送器上。将罩盖拧到其 O 形圈座落到罩壳内，并继续用力拧直到罩盖金属碰到罩壳金属。如果罩盖带锁，要将其上锁。

（9）手持终端 HHT 或计算机组态器可连接到变送器和供电源之间的回路中，注意，HHT 或计算机组态器必须有一个最小 200Ω 的电阻与供电电源相隔离。

（对 HART 通讯的变送器则必须有一个最小 250Ω 的隔离电阻）。

3.2　校验

变送器，使用本地显示器可以对大多数的参数进行组态。然而，要较完整地对变送器进行组态，则可以使用手持终端 HHT，基于计算机的组态器，或 HART 通讯器。

使用本地显示器上按钮进行调零后使用备选的外调零按钮进行调零。根据变送器的电子组件类型和是否有备选的外调零机构，可对变送器在施加测量范围下限值（CAL LRV，-T 型为 ZERO）压力下调零，也可在施加零压力（CAL ATO）下调零。

LRV 压力值可被设置并储存在变送器。在执行 CAL LRV 之前，只需施加等于 LRV 值的压力即可。

CAL ATO 可方便的对带非零基测量范围的变送器进行调零。在进行 CAL ATO 调零之前，对表压力变送器必须要将其压力接口通大气，若对差压变送器则必须使其差压输入为零。不能对具有零位迁移的带远传隔离膜盒变送器在其压力接口通大气时使用 CAL ATO 调零。

–T 型电子组件的变送器可以通过 HART 通讯器进行调零。使用 HART 通讯器上的 ZERO TRIM 功能也可以提供与 CAL ATO 相同的调零。要进行这项调试需要满足下列要求：

（1）差压变送器：高（H）和低（L）压力必须相等；

（2）表压力变送器：必须通大气；

（3）绝对压力变送器：必须达到完全真空状态。

注：在没有达到完全真空状态时不能对绝对压力表进行 ZERO TRIM 操作。对绝对压力变送器进行调零的更常用的方法是将其压力口通大气进行一点校验，并要输入即时的大气压力值。

在电子罩壳内有一个外部调零的机械构件，可在不卸除电子组件容室罩盖的情况下进行调零。将调零按钮插拴松开之后，按下调零按钮就可以完成调零。反时针方向转动外调零螺钉 90°使螺钉轴槽口朝上与附近零件平面上两孔对齐，即松开调零按钮的插拴。此时，在进行调零操作之前切不可推压调零按钮。当按压时间<3s 时实现 CAL ATO，当按压时间>5s 实现 CAL LRV。

2000m 深水水下分离器承压结构强度分析

葛玖浩 李伟 陈国明 李秀美 阮彩添 张慎颜

(中国石油大学(华东)海洋油气装备与安全技术研究中心)

摘要：基于有限元模拟软件，建立 2000m 深水水下分离器精细化模型，依据 ASME Ⅷ-2 应力分类法开展针对 2000m 深水水下分离器承压结构强度研究，根据深水水下分离器危险工况构建深水水下分离器强度校核方法，并在此基础上开展手孔壁厚、接管壁厚、支座形式等细节因素对深水水下分离器强度影响因素研究，最终构建深水水下分离器强度分析和校核体系，为深水水下分离器加工制造和优化设计提供一条行之有效的方法。

关键词：水下分离器；塑性垮塌；应力分类法；数值仿真

水下生产系统是近年来发展的适合于海上中后期油田和深海油田的新开采方案。它不同于传统的重力基础的平台和浮式生产系统，特别适合超过 500m 深度的深海油田开发。它可以在水下进行原油处理，完成水下井流分离、油气液三相分离、除泥砂、污水回注等工作，降低油气田开发与生产成本，缩短油气田生产建设工时。水下分离器作为水下生产系统中的重要设备，其完成着水下生产系统的主要工序，在深海油气田开发过程中有着极其重要的作用。水下分离器工作于深海环境，承受巨大外压，其能否满足强度要求关系整个水下生产设施的安全可靠运行。因此针对深水水下分离器开展强度研究意义重大。

目前国内尚无针对深水水下分离器的相关设计校核标准，鉴于水下分离器满足压力容器范畴定义，因此可以选择压力容器相关标准开展水下分离器相关研究。进行强度分析时，对于规则结构可以采用常规公式法进行校核，但对于水下分离器由于其结构复杂仅使用常规公式法无法得到准确的校核结果，而目前主流的非火力压力容器 ASME Ⅷ-2 所包含的分析设计方法应力分类法可以通过采用数值模拟方法较精确的对复杂结构的压力容器进行强度校核。因此笔者根据 ASME Ⅷ-2 分析设计应力分类法相关标准，结合数值模拟软件 ANSYS 开展 2000m 深水水下分离器强度数值仿真研究，并在此基础上开展手孔壁厚、接管壁厚、支座形式等细节因素对深水水下分离器强度影响研究。

1 ASME Ⅷ-2 防止塑性垮塌的弹性应力分析方法

针对压力容器的强度校核，ASME Ⅷ-2 分析设计方法采用防止结构塑性垮塌的校核方法，并提供了三种分析方法即弹性应力分析方法、极限载荷法、弹塑性应力分析法。由于深水外压容器工作环境复杂承受外压巨大，本文采用较保守的弹性应力分析法对深水水下分离器进行强度校核。

弹性应力分析方法是将由承受规定载荷情况元件的弹性应力分析所得的结果进行应力分

类并与将相应的分类与相关的极限值进行比较进而来评估结构的强度。ASME Ⅷ-2 所包含的应力分类法是一种基于材料塑性失效准则的弹性应力校核方法，其假定材料应力应变为线性关系并服从胡克定律，并将得到的应力结果分为总体一次薄膜当量应力（P_M）、一次局部薄膜当量应力（P_L）、一次薄膜加一次弯曲应力（P_L+P_b），通过使用数值模拟软件可以方便的得到相关的应力当量（具体可参见 ASME Ⅷ-2 附录 5.A），为防止结构的塑性垮塌将计算得到的当量应力与它们的许用应力值进行比较来评估结构的强度，标准规定的强度条件为：

①一次总体薄膜应力≤1 倍的许用应力；

②一次局部薄膜应力≤1.5 倍许用应力；

③一次薄膜应力（总体或局部）加上一次弯曲应力≤1.5 倍许用应力。

2　深水水下分离器强度分析

目前的应力分类方法有等效线性化方法、一次结构法、弹性补偿法等，而 ASME 压力容器分析设计标准把"等效线性化方法"列入标准，同时许多商用有限元软件例如 ANSYS 等在后处理模块中都含有应力等效线性化功能，因此，采用 ANSYS 系统开展基于 ASME Ⅷ-2 应力分类法的深水水下分离器强度分析与评估。

所涉及的水下分离器设计尺寸为筒体壁厚为 85mm，长度为 7200mm，仿真模型采用高阶的 SOLID95 单元建模，采用四边形单元对该分离器模型进行网格划分，网格划分后的整体有限元模型及局部详细网格如图 1~图 3 所示。在支座底部施加全约束位移边界条件，同时由于水下分离器处于 2000m 深水中，危险工况是处于单纯外压作用下，即壳体及接管外壁施加设计压力 20MPa 的压力边界条件。

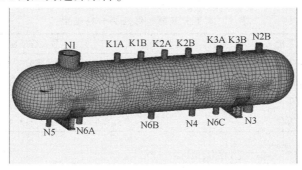

图 1　深水水下分离器有限元精细化模型

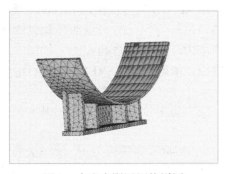

图 2　支座有限元网格详图

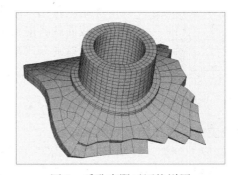

图 3　手孔有限元网格详图

1) 整体应力分析

首先采用 ANSYS 系统对水下分离器进行静力学求解以获得水下分离器应力分布情况,进而得到水下分离器危险点位置。整体应力分析结果见图 4 所示,其变形放大倍数为241.65 倍,具体数据见表 1。对于设计的水下分离器根据仿真数据易知,结构最大应力为314.41MPa,小于材料屈服强度 390MPa,同时显示危险点位于 N_3 接管处。

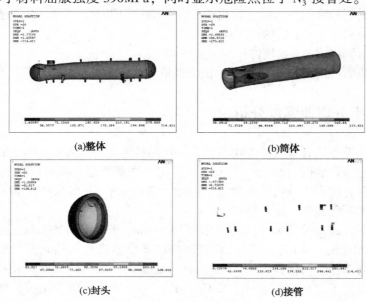

(a)整体　　　　　　　　　　　　(b)筒体

(c)封头　　　　　　　　　　　　(d)接管

图 4　等效应力云图

表 1　水下分离器整体应力分析结果

部　　位	最大等效应力/MPa
整体	314.411
筒体	173.421
封头	108.812
接管	314.411

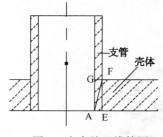

图 5　应力处理线简图

2)危险路径分析

对水下分离器最危险区域按 ASME Ⅷ-2 进行应力分类与强度评定。采用线处理法,利用 ANSYS 软件提供的 PATH 功能,将危险截面的各应力分量沿路径进行均匀化与当量线性化处理提取线性化后的薄膜应力、弯曲应力、薄膜加弯曲应力,如图 5 所示分别为 GF、AF、EF 3 个路径,依据标准 ASME Ⅷ-2 进行应力分类与强度评定。

根据仿真计算结果,应力集中位置在 N_3 接管,其中最危险的AF 路径应力线性化结果如图 6 所示。

根据应力分类计算结果可知,水下分离器的最大一次局部薄膜应力 P_L 及一次局部薄膜应力+一次弯曲应力应力 P_L+P_B 最大值都满足 ASME Ⅷ-2 要求的 1.5s(356.25MPa)限制,能够通过 ASME Ⅷ-2 应力分类法分析设计校核,详细见表 2。

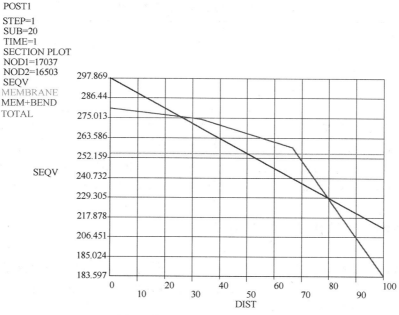

图 6　路径 AF 应力线性化结果

表 2　危险路径上各应力值

位　　置		局部薄膜应力/MPa	局部薄膜应力+弯曲应力/MPa
N3	AF	254.7	297.9
	GF	219.6	280.4
	EF	198.0	292.1

3　手孔和接管厚度对结构应力的影响

常规设计方法在进行强度校核性时没有考虑筒体上的开孔对整体强度的影响，本节将分析筒体上手孔及接管厚度对水下分离器整体强度的影响。

根据仿真数据易知，当接管厚度不变时随着手孔厚度的增大，手孔处最大 Mises 等效应力逐渐减小，而手孔焊缝、N_{2B} 孔最大 Mises 等效应力基本不变，详细见表 3。当手孔厚度不变时，随着 N_{2B} 孔厚度的增大，N_{2B} 孔处最大 Mises 等效应力逐渐减小，而手孔焊缝、手孔最大 Mises 等效应力基本不变，详见表 4。

表 3　不同手孔壁厚 TN_1 水下分离器整体应力分析结果

手孔壁厚 T_{N1}/mm	70	80	90	100
整体最大等效应力/MPa	398	397	398	398
手孔焊缝最大等效应力/MPa	398	397	398	398
手孔最大等效应力/MPa	373	338	313	288
N_{2B} 孔最大等效应力/MPa	385	385	385	385

表 4　不同 N_{2B} 孔壁厚 T_{N2} 水下分离器整体应力分析结果

N_{2B} 孔壁厚 T_{N2}/mm	30	35	40	45
整体最大等效应力/MPa	397	397	397	398
手孔焊缝最大等效应力/MPa	397	397	397	397
手孔最大等效应力/MPa	338	338	338	338
N_{2B} 孔最大等效应力/MPa	387.7	385	383	380

分析结果表明，增大手孔及接管厚度将会降低手孔及接管处应力，但对水下分离器其余部分应力基本无影响，因此在设计制造水下分离器时，当危险点出现在手孔及接管处时可以通过增大手孔和接管厚度降低危险点处应力以提高水下分离器安全性。

4　支座形式对结构应力影响分析

水下分离器较陆上压力容器相比承受着巨大外压，传统针对陆上压力容器的支撑结构能否在巨大外压下安全可靠的支撑水下分离器是值得探讨的问题，如图 7 所示为不同的支座形式对水下分离器整体应力的影响。

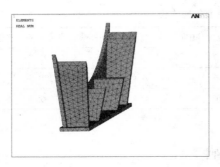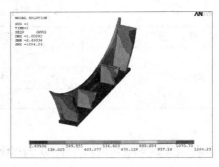

(a)倾斜

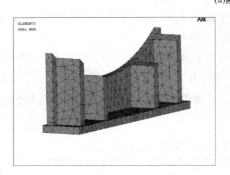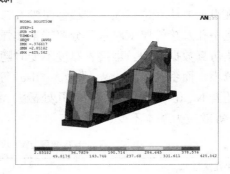

(b)竖直

图 7　支座等效应力云图

根据仿真数据易知，支座形式对支座应力结果影响很大，支座形式采用倾斜设计时，支座应力最大值明显大于支座形式采用竖直设计时的应力最大值，详细见表 5。

表5   支座形式对支座应力影响结果

形式	倾斜	竖直
整体最大等效应力/MPa	1204	425

分析结果表明，由于在深海环境中支座不仅承受着整个水下分离器的重量同时也承受着巨大外压，当支座采用倾斜支撑形式时会产生巨大应力导致支座破坏，因此在设计水下分离器支座时应优先选用竖直支撑形式。

5   结论

（1）在深入分析和调研 ASME Ⅷ-2 应力分类法相关校核标准的基础上，针对深水水下分离器危险工况建立水下分离器精细化模型，构建深水水下分离器分析与评估体系。

（2）分析手孔厚度和接管厚度对水下分离器整体应力的影响，结果表明，增大手孔及接管厚度将会降低手孔及接管处应力，但对水下分离器其余部分应力基本无影响，因此在设计制造水下分离器时，当危险点出现在手孔及接管处时可以通过增大手孔和接管厚度降低危险点处应力以提高水下分离器安全性。

（3）分析支座形式对水下分离器整体应力的影响，结果表明，由于在深海环境中支座不仅承受着整个水下分离器的重量同时也承受着巨大外压，当支座采用倾斜支撑形式时会产生巨大应力导致支座破坏，因此在设计水下分离器支座时应优先选用竖直支撑形式。

参 考 文 献

1   陈家庆. 海洋油气开发中的水下生产系统(二)——海底处理技术[J]. 石油机械，2007，35(9)：150~156.

2   高杰. 深水水下分离器结构安全性分析与评估[D]. 中国石油大学，2012.

3   李志刚，刘培林，高杰，等. 基于分析设计直接法的水下分离器结构总体塑性变形校核[J]. 中国石油大学学报(自然科学版)，2013，37(3)：137~140.

4   龚曙光. ANSYS 在应力分析设计中的应用[J]. 化工装备技术，2002，23(1)：29~33.

5   翟霄. 阀体的应力分类与强度评定[D]. 兰州理工大学，2010.

6   李建国. 压力容器分析设计的应力分类法与塑性分析法[J]. 化工设备与管道，2005，42(4)：5~9.

7   唐辉永. 圆柱壳开孔接管区应力分类方法研究[D]. 河北工业大学，2008.

8   刘培林，周美珍，李伟，等. 深水分离器结构非线性屈曲分析[J]. 石油化工设备，2013，42(2)：31~34.

9   丁艺，陈家庆. 深水海底油水分离的关键技术分析[J]. 过滤与分离，2009，19(2)：10~15.

10   ASME Boiler& Pressure Vessel Code VIII Division2，Alternative Rules-Rules for Construction of Pressure Vessels[S]. 2010.

船用高光泽度氯化橡胶防腐蚀涂料的研究

李石　段绍明　郭晓军　张其滨　张静

(中国石油集团海洋工程有限公司)

摘要：利用中、长油度醇酸树脂、环氧树脂、钛白粉、附着力促进剂及耐紫外光助剂对氯化橡胶涂料进行改性研究，提高了涂层的装饰性、耐光老化性、耐盐雾性及附着性，开发出一种适用于海洋环境使用的船舶、平台及钢构的高光氯化橡胶防腐蚀涂料。

关键词：船用；氯化橡胶；防腐蚀涂料

1　引言

海洋环境与陆上的自然条件差别条件很大，海洋环境中的紫外线、盐雾、温度和湿度、海水的温度和流速、海水中的溶解氧及盐含量、海浪的冲击、漂浮物的撞击、海洋生物、海底土壤中的细菌等都可不同程度地引起钢结构的腐蚀。船舶及海洋工程钢结构长期在这种苛刻的腐蚀环境中，使得钢结构腐蚀速率很快，在 ISO12944 定义的腐蚀等级中，海洋环境下的腐蚀定义为最高级 C5-M。低碳钢在海洋大气环境中平均腐蚀速率为 0.2mm/a，在飞溅区的最高腐蚀速率能达到 0.5mm/a。船壳漆涂装于船壳外板满载水线以上部位，受到强烈变化的海洋气候腐蚀的影响，需要具备以下特性：良好的装饰性、耐海洋大气腐蚀、耐曝晒、耐盐雾性、高附着力以及良好的柔韧性等。

氯化橡胶是由天然橡胶或合成橡胶经氯化改性后得到的橡胶衍生产品，是橡胶领域中第 1 个工业化的橡胶衍生物。由于引入了氯元素，构成了极性较大的 C—Cl 键，具有优良的耐候性、耐臭氧、耐化学介质(酸、碱、盐)性及一定的耐脂肪烃溶剂和成品油、润滑油性等，可用于制备单组份涂料，无毒、快干、施工方便，不受施工环境影响。因此它广泛地应用于船舶漆、道路标志漆、集装箱漆和海洋石油平台涂料等。

氯化橡胶能和多种树脂混溶，如醇酸、环氧酯、环氧、煤焦沥青、热塑性丙烯酸以及乙烯—醋酸乙烯共聚树脂(EVA)等，因此可以组成不同的复合体系，以改进其柔韧性、耐候、耐腐蚀性等，满足其不同需要。同时，光泽低、装饰性差、固含量低、易沾灰尘、复涂后短时间内美观度较差、对基材的附着力差等也是氯化橡胶涂料的缺点。本研究通过对氯化橡胶涂料改性研究，开发一种高光、耐候的船用氯化橡胶防腐蚀涂料。

2　实验部分

2.1　主要原料

氯化橡胶、环氧树脂850S、醇酸树脂、钛白粉、氯化石蜡、附着力促进剂、二甲苯等。

2.2 主要仪器

QUV/SPRAY 型加速耐候试验机，CCT-600 型 Q-fog 循环盐雾腐蚀试验机，MXD-B 型实验室分散搅拌砂磨多用机，QZM 型锥形磨等。

2.3 涂料制备

将等重量的氯化橡胶树脂溶解于二甲苯中，制备含量为 50% 的氯化橡胶溶液，然后向其中加入一定量的改性树脂、颜填料、助剂等，高速分散 20min 后，用锥形磨进行研磨，研磨过程中检测涂料细度至 40μm。

2.4 漆膜制备

按照 GB/T 9271—2008《色漆和清漆 标准试板》对标准试片进行处理后，按照 GB/T 1727—1992《漆膜一般制备方法》进行漆膜制备。

3 结果与讨论

3.1 氯化橡胶柔韧性和附着力的改进

黏度在 10~30mPa·s 之间的氯化橡胶适合作为涂料使用。氯化橡胶的耐光老化性能、机械性能、黏合性、耐候性等都随着氯化橡胶分子量的增大而提高，但成膜物含量、与漆用树脂的混溶性、对颜料的分散性、漆液稳定性等会随着氯化橡胶分子链的增大而降低，确定国内能稳定供应氯化橡胶的某厂家生产的黏度为 15mPa·s 的氯化橡胶（以下简称 CR15）进行改进研究。

氯化橡胶防腐涂料需有足够的柔韧性以适应钢板因气温变化而产生的伸缩，而氯化橡胶的涂膜呈脆性，要添加增塑剂来增加涂层的柔韧性，其中以氯化石蜡应用最广泛。将 CR15 溶解于相同质量的二甲苯中，制备含量为 50% 的成膜物（以下简称 50%-CR15），随后添加钛白粉 R930 以及不同比例的氯化石蜡 52 和氯化石蜡 70，制备氯化橡胶涂料，测试涂层的柔韧性和表干时间。

表 1 为氯化石蜡用量对涂层柔韧性和表干时间的影响，其中 X1 代表氯化石蜡 52，X2 代表氯化石蜡 70，(X1+X2)/% 表示二者之和占 CR15 的百分比。氯化石蜡 52 为液态，使用方便，但树脂中氯的含量比较低，形成的涂膜硬度比较低，而氯含量较高的氯化石蜡 70 形成的涂层硬度较高，所以确定氯化石蜡 52 和氯化石蜡 70 的复配体系。从表中可以看出，随着氯化石蜡总量的增大，涂层的柔韧性逐渐增加，当添加总量达到 CR15 的 20% 时，柔韧性可达 1~2 级。对于添加总量相同的氯化石蜡，将两者比例控制在 (1.5:1)~(1:1.5) 之间时，随着氯化石蜡 52 与氯化石蜡 70 的比例逐渐降低，柔韧性会稍有降低，表干时间稍有缩短。

氯化橡胶树脂用作涂料工业，对钢材的附着性差，需要在氯化橡胶里添加附着力促进剂改善其附着力性能。以 50%-CR15 为基料，氯化石蜡添加总量为 CR15 的 20%，将氯化石蜡 52 和氯化石蜡 70 的比例确定为 1:1，添加钛白粉 R930 和不同种类及比例的附着力促进剂进行实验。

表 2 为不同附着力促进剂对氯化橡胶涂层附着力的影响。从表中可以看出，随着促进剂添加量的增加，涂层的附着力逐渐提高。MP-200 添加量较大，需达到 8%~9% 时方能有明显效果，且涂层表面发黏，经济价值不大。环氧树脂 850S 达到明显效果时，涂层干燥慢，表层发黏；同时环氧树脂还可以提高氯化橡胶涂料的抗黄变性能，但其耐光老化性差，因此

环氧树脂850S添加量控制在2%以内为宜。PAP-110添加量为2.5%~3.0%时，附着力效果提升明显。

表1　氯化石蜡用量对涂层柔韧性和表干时间的影响

(X1+X2)/%	X1 : X2					
	1.5 : 1		1 : 1		1 : 1.5	
	柔韧性/mm	表干时间/min	柔韧性/mm	表干时间/min	柔韧性/mm	表干时间/min
10	3	25	3	23	3	23
15	2	38	2~3	36	2~3	35
20	1~2	42	1~2	42	2	41
25	1	72	1~2	71	1~2	68
30	1	121	1	110	1	108

表2　不同附着力促进剂对氯化橡胶涂层附着力的影响

添加量/%	促进剂 附着力/级		
	PAP-110	850S	MP-200
1.0	3~4	4~5	—
1.5	2~3	3~4	—
2.0	2~3	2	—
2.5	1~2	2	—
3.0	1~2	1(涂层黏)	—
4.0	—		3~4
5.0	—		3~4
6.0	—		2~3
7.0	—		1~2
8.0	—		1~2(涂层黏)
9.0	—		1~2(涂层黏)

　　氯化橡胶面漆(如船壳漆)中一般选用醇酸树脂对其进行改性，同时还可以提高氯化橡胶涂料的固含量、柔韧性等。醇酸树脂分为：短、中、长、超长油度。氯化橡胶的黏度越低，醇酸树脂的油度越长，则氯化橡胶与醇酸树脂两者间的混溶性就越好。中油度和长油度的醇酸树脂均可用于船舶漆。将CR15分别和中油度醇酸树脂389-37、长油度醇酸树脂389-5以(1:0.5)~(1:2)的比例混合，随后添加钛白粉R930，制备氯化橡胶涂料并测试性能。

　　表3为不同比例醇酸树脂389-37对涂层性能的影响，表4为不同比例醇酸树脂389-5对涂层性能的影响。从表中均可以看出，当CR15与醇酸树脂的比例从1:0.5提高到1:1时，涂层柔韧性为1mm，冲击强度可达50cm。附着力会随着醇酸树脂逐渐增加而呈下降趋势。醇酸树脂改性氯化橡胶，提高了涂层的柔韧性和冲击强度，但一定程度上降低了涂层的附着力。同时，醇酸树脂所占比例逐渐增加，涂层的耐盐雾性能和耐海水性都会逐渐降低，因此，醇酸树脂在氯化橡胶中的比例不宜过高。

表3 不同比例醇酸树脂389-37对涂层性能的影响

CR15:389-37	柔韧性/mm	冲击强度/cm	附着力/MPa	耐盐雾,800h起泡等级	耐盐水/60d	光老化,粉化	500h失光
1:0.5	2	40	5.26	1(S2)	完好	5级	3级
1:1	1	50	4.72	2(S3)	少量小泡	5级	3级
1:1.5	1	50	4.58	3(S4)	起泡	5级	3级
1:2	1	50	4.47	4(S4)	起泡	5级	3级
CR15:389-5	柔韧性/mm	冲击强度/cm	附着力/MPa	耐盐雾,800h起泡等级	耐盐水/60d	光老化,粉化	500h失光
1:0.5	2	40	5.45	1(S2)	完好	5级	3级
1:1	1	50	4.83	2(S3)	少量小泡	5级	3级
1:1.5	1	50	4.68	3(S4)	起泡	5级	3级
1:2	1	50	4.55	4(S4)	起泡	5级	3级

表4 不同比例醇酸树脂389-5对涂层性能的影响

CR15:389-5	柔韧性/mm	冲击强度/cm	附着力/MPa	耐盐雾,800h起泡等级	耐盐水/60d	光老化,粉化	500h失光
1:0.5	2	40	5.45	1(S2)	完好	5级	3级
1:1	1	50	4.83	2(S3)	少量小泡	5级	3级
1:1.5	1	50	4.68	3(S4)	起泡	5级	3级
1:2	1	50	4.55	4(S4)	起泡	5级	3级

氯化石蜡作为传统增塑剂,添加量需达到氯化橡胶的20%时方能有较好增塑效果,当继续加入时,涂层的硬度会降低,表干时间会明显延长,无法满足使用要求,而且,过多的氯化石蜡会存在粉化的现象,影响涂层的耐光老化性能。因此,在保证涂层附着力的前提下,加入少量氯化石蜡可以提高涂层的柔韧性。

3.2 氯化橡胶涂层光泽性的改进

由于水相法生产的氯化橡胶树脂本身光泽比较差,加入具有一定吸油值的填料后形成的涂层基本无光泽,饱和度很低。新版化工行业氯化橡胶涂料标准中规定60°光泽≥60,因此提高涂料的光泽性成为必需。以50%-CR15为基料,添加钛白粉R930以及不同种类的分散剂,制备氯化橡胶涂料并测试其干燥后的涂层光泽。

表5是分散剂种类对涂层光泽的影响。从表中可以看出,不同的分散剂对涂料具有不同的分散效果,添加了分散剂后,涂料的分层时间明显延长。合适的分散剂还可以提高氯化橡胶涂料的光泽性,Efka 4009较Troysperse 98C能赋予涂料更高的光泽性。

3.3 氯化橡胶耐光老化性能的改进

氯化橡胶涂料作为外防腐蚀涂料,需具有防腐蚀性能和良好的的耐光老化性能。

1)钛白粉的研究

钛白粉根据晶型结构的差异分为金红石型和锐钛型,金红石型钛白粉的白度、遮盖性逊于锐钛型钛白粉,但耐久性远远优于锐钛型。以50%-CR15为基料,添加不同品种的金红石型钛白粉，制备氯化橡胶涂料并测试涂层的耐光老化性能。

表5　不同 Cu_2O 含量配方的铜离子渗出率

分散剂	涂料黏度/s	60°涂层光泽	涂料分层时间/d
无	62	35~40	1
Troysperse 98C	72	56~69	7
Efka 4009	67	82~95	7

表6 为不同种类的钛白粉对涂层耐光老化性能的影响。从表中可以看出，钛白粉的种类直接影响到涂层的耐光老化性能。添加了 R595 的氯化橡胶涂层具备最好的耐光老化性能，400h 后涂层 0 级粉化、1 级失光；700h 后涂层 1 级粉化、3 级失光。添加了 R930 的氯化橡胶涂层耐光老化性最差，仅仅 100h 后涂层 2 级粉化、2 级失光；400h 后涂层 5 级粉化、3 级失光。添加了 ATR-318 的氯化橡胶涂层耐光老化性能介于 R595 和 R930 之间。

表6　不同种类的钛白粉对涂层耐光老化性能的影响

测试性能 光老化/h	R930		ATR-318		R595	
	粉化等级	失光等级	粉化等级	失光等级	粉化等级	失光等级
100	2	2	0	1	0	0
250	3	3	0	1	0	0
400	5	3	0	2	0	1
550	5	3	1	3	0	3
700	5	3	2	3	1	3
850	5	4	3	4	2	3
1300	5	4	5	4	5	3

2）耐紫外光助剂的研究

以 50%-CR15 为基料，根据表6 中的结论，选用耐光老化性能最好的钛白粉 R595，单独或复合添加不同类型的耐紫外光助剂，制备氯化橡胶涂料并测试涂层的耐光老化性能。

表7 是不同类型的耐紫外光助剂对涂层耐光老化性能的影响。99-2 和 400 是紫外光吸收剂，292 和 123 是受阻胺光稳定剂，5060 是混合型光稳定剂，因此将 5060、99-2 和 292、400 和 123 分为三组进行实验。如表7 所示，三组实验在前 700h 的效果是一致，均为 0 级粉化、1 级失光。700h 后开始出现差别，添加 400 和 123 混合物的涂层，较单独添加 5060 或添加 99-2 和 292 混合物的涂层具有更好的耐光老化性能，850h 后为 1 级粉化、2 级失光，1300h 后为 4 级粉化、2 级失光。所以，耐紫外光助剂可以进一步提高涂层的耐光老化性能。

由于表7 中的数据基于耐光老化性能最好的钛白粉 R595，没有反映出在实验前 700h 内耐紫外光助剂对涂层耐光老化性能的影响，因此选用耐光老化性最差的钛白粉 R930，研究耐紫外光助剂在光老化实验前期的作用。

表8 是耐紫外光助剂对涂层耐光老化性能的影响。在实验前 100h，耐紫外光助剂可以提高涂层的耐光老化性能，但从 250h 以后的结果来看，其对涂层的耐光老化性能的改善基本上没有效果。

表 7 不同类型的耐紫外光助剂对涂层耐光老化性能的影响

测试性能	5060		99-2+292		400+123	
光老化/h	粉化等级	失光等级	粉化等级	失光等级	粉化等级	失光等级
100	0	0	0	0	0	0
250	0	0	0	0	0	0
400	0	0	0	0	0	0
550	0	0	0	0	0	0
700	0	1	0	1	0	1
850	2	2	2	2	1	2
1300	5	3	5	3	4	2

表 8 耐紫外光助剂对涂层耐光老化性能的影响

测试性能	R930		R930+400+123	
光老化/h	粉化等级	失光等级	粉化等级	失光等级
100	2	2	1	1
250	3	3	3	2
400	5	3	3	3
550	5	3	5	3
700	5	3	5	3
850	5	4	5	3
1300	5	4	5	4

表 6、表 7、表 8 分别比较了钛白粉、耐紫外光助剂以及两者综合对涂层耐光老化性能的影响,由结果可知,在对氯化橡胶涂层耐光老化性能的改进研究中,钛白粉的种类起到了决定性的作用,耐紫外光助剂在钛白粉的基础上起到了一定的辅助作用。

另外,为了保证漆液的贮存稳定性,生产配方中必须加入稳定剂,如环氧氯丙烷等。防沉剂 SUPER 的储存稳定性好,黏度变化不大,能赋予涂料优良的触变性。

3.4 涂料整体方案

通过对成膜树脂、颜填料和助剂的研究,最终形成了 1 种氯化橡胶配方。表 9 为涂料整体方案。

表 9 涂料整体方案

原料	Z	原料	Z
50%-CR15	20~30	钛白粉 R595	26~32
醇酸树脂 389-5(55%)	9~15	Efka 4009	1.3~1.6
环氧树脂 850S	1~2	Efka 3777	0.3~0.4
氯化石蜡 52	0.5~1	BYK A530	0.3~0.4
氯化石蜡 70	0.5~1	5060	0.8~1.2
PAP-110	1.5~2.5	SUPER	0.3~0.4
环氧氯丙烷	1~2	二甲苯	20~28

表10为氯化橡胶涂层性能。氯化橡胶涂层机械性能良好。人造海水常温下浸泡60d、盐雾720h漆膜不起泡、不脱落、不生锈。经过700h的光老化实验，涂层表面无裂纹，粉化和失光等级均≤1。

表10　氯化橡胶涂层性能

试 验 项 目		Z	试 验 方 法
干燥时间	表干/min	25	GB/T 1728—1979
	实干/h	3.5	
附着力/MPa		5.6	GB/T 5210—2006
柔韧性/mm		1	GB/T 1731—1993
冲击强度/cm		50	GB/T 1732—1993
光老化/h	粉化等级≤1	700	GB/T 1766—2008
	失光等级≤1	700	
耐盐雾性/h 不起泡、不脱落、不生锈		720	GB/T 1771—2007
耐人造海水腐蚀/d 不起泡、不脱落、不生锈		60	GB/T 9274—1988

4　结论

PAP-110附着力促进剂能有效提高氯化橡胶涂料的涂层附着力；环氧树脂850S既可以提高涂层的附着力，还可以提高氯化橡胶涂料的抗黄变性能；Efka 4009具有良好的分散效果，同时能提高氯化橡胶涂料涂层的光泽性。

本研究开发了一种适用于船用的氯化橡胶防腐蚀涂料，该涂料具有良好的装饰性、耐光老化性、耐曝晒、耐盐雾性及良好的附着性。涂层性能达到：光泽度95；人造海水常温下浸泡60d，漆膜不起泡、不脱落、不生锈；盐雾720h漆膜不起泡、不脱落、不生锈；700h的光老化实验，涂层表面无裂纹，粉化和失光等级均≤1。

参 考 文 献

1　王晓，雷剑，郭年华，等. 我国船壳漆的发展概况[J]. 上海涂料，2011，49(3)：30~32.
2　刘争男，李旭东，黄宝琛，等. 氯化橡胶的研究进展[J]. 特种橡胶制品，2005，26(3)：54~57.
3　刘登良. 涂料工艺[M]. 化学工业出版社，2009：429~433.
4　佟丽萍，李健，孙亚君. 氯化橡胶及其涂料的现状与发展[J]. 涂料工业，2003，33(4)：39~42.
5　何兰珍，郭璇华，钟杰平. 我国氯化橡胶生产现状与发展趋势[J]. 中国橡胶，2002，18(21)：21~25.

大型平台群三级控制网络设计与研究

李庆涛　李小瑞　张双亮

(中国石油集团海洋工程有限公司工程设计院)

摘要： 本文以中海油垦利 10-1 大型平台群为背景，详细阐述了基于信息管理层网络、控制层网络及现场设备层网络的控制系统结构与主要特点，对自动控制系统采用的先进控制技术进行分析。

关键词： 信息管理层；控制层；现场设备层

1　垦利 10-1 平台群概述

垦利 10-1 区块位于渤海南部莱州湾，距离陆地约 50km，水深约 16m。如图 1 所示，整个工程包括一座 CEP 中心平台和两座井口平台(WHPA 和 WHPB)，设计年产能达百万吨。井口平台 WHPA 距中心平台 CEP 约 7km，两平台之间分别铺设 WHPA 至 CEP 输油管道一条、CEP 至 WHPA 注水管道一条及海底光电复合缆一条，WHPA 计划钻井 70 口。WHPA 供电主要靠 CEP 中心平台自发电，本身也有应急发电机 1 台。

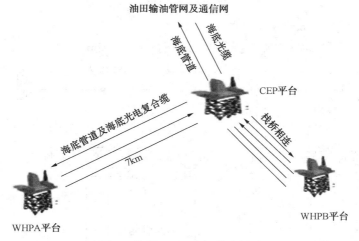

图 1　垦利 10-1 平台群示意图

WHPB 平台与 CEP 中心平台以 50m 栈桥相连，在二者之间的栈桥上有输油管线、注水管线、水源井管线及电缆、光缆。WHPB 平台计划钻井 88 口，其中水源井 3 口，用于为整个 10-1 平台群提供注水水源。WHPB 供电主要靠 CEP 中心平台发电。

CEP 中心平台具有原油处理功能，可以把 WHPA 和 WHPB 平台的多相物流处理为原油后外输。CEP 平台和 WHPA 平台各有生活楼一座，用于容纳平台作业人员。

2　垦利10-1平台群控制系统的三级网络体系

控制系统基本的结构形式有集中式和分布式。集中式控制的优点是控制直接、有效性好，便于系统分析和设计，但缺点是一旦控制中心发生故障，会导致整个系统的瘫痪；分布式控制与集中式相反，局部故障不影响全局，但缺点是全局协调运行困难。集散控制系统采用地理上分布、控制功能上分散、管理操作集中的系统结构，克服了上述两种结构的缺点。集散控制系统的设计思想是"集中管理，分散控制"。基于这种思想，先进的工业控制系统基本采用分层递阶的控制方案，它将全系统的监视和控制功能分属于不同的级别去完成，各级完成分配它的功能，并将有关信息报上一级，接受上一级管理。

如图2所示，垦利10-1平台群控制系统至上而下分为信息管理层网络、控制层网络、现场设备层网络。这种三级网络分级体系也是海上平台群控制系统比较典型的做法。三级通信网络将系统设备有机地结合成一个整体，使过程控制数据与管理信息可靠地在现场设备、DCS、PLC和人机接口之间交换传递。

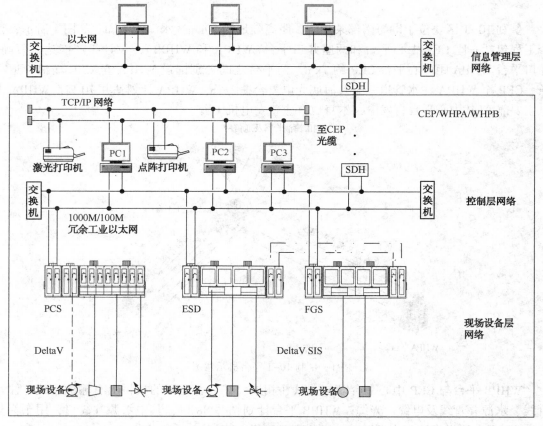

图2　垦利10-1平台群控制网络分级图

2.1　信息管理层网络

信息管理层网络设在CEP平台中控室，它管理着CEP平台、WHPA平台及WHPB平台的所有生产运行。如图3所示，各平台自身控制系统利用SDH设备通过光缆接入信息管理层网络，接受信息管理层的指导和监控。各平台实时数据传至信息管理层网络，向大型通用数据库中加载，并通过 WEB 服务器，建立基于 Internet/Web 技术的动态查询系统，实现了油田生产管理信息系统和测控自动化系统的有机结合。生产数据通过局域网发布到 WEB 上，以便于生产管理人员及时、准确地了解到平台的生产情况。

信息管理层承担着最优决策的功能，执行组织管理决策的智能，智能程度最高。

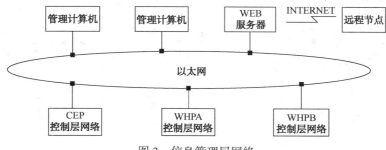

图 3　信息管理层网络

2.2　控制层网络

控制层网络位于中间一层，承上启下，向上与信息管理层网络相连，向下与现场设备层网络相连，是平台控制系统重要的组成部分。如图 4 所示，过程控制系统的控制器和安全仪表系统的控制器以及工程师站/操作员站、OPC 服务器等都连接在冗余的 1000M/100M 工业安全控制网络上。控制网络是基于 IEEE802.3 的高速以太网，为整个控制系统提供监测、控制和工厂信息管理提供高速、冗余的安全工业以太网，保证系统的高性能和安全性。控制网络的交换机为 CISCO 小型机，最多可接入 24 个网络节点。

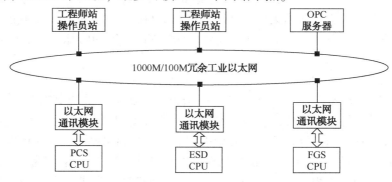

图 4　控制层网络结构

控制层网络具有快速享用网络和系统信息的能力，单点的任何故障都不至于使网络瘫痪或丢失数据，其系统管理软件可以监视控制网络的状态，并管理系统内的所有设备。

2.3　现场设备层网络

现场设备包括各种智能变送器、执行机构、数字量信号和机械设备等。这些现场设备通过某种协议连至 Delta V 或 DeltaV SIS，构成现场设备网。DeltaV 系统的现场设备网络结构示意图如图 5 所示，马达控制中心（MCC）、多相流量计（MPF）和电动球阀（MOV）、变送器和控制阀通过分别 MODBUS RS485 协议或 HART 协议连至相应模块，接入 DeltaV 现场设备网络。DeltaV SIS 系统的现场设备网络结构示意图如图 6 所示，烟热探头经过烟热探头环连至火灾盘,接入 DeltaV SIS 现场设备网络;其它信号通过 HART 协议连至逻辑控制器,接入 DeltaV SIS 现场设备网络。

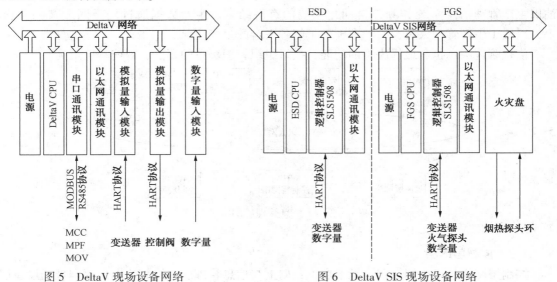

图 5　DeltaV 现场设备网络　　　　　　图 6　DeltaV SIS 现场设备网络

3　单个平台控制方案

如图 2 所示,单个的控制系统由两部分组成:过程控制系统(PCS),安全仪表控制系统(SIS),其中安全仪表控制系统又包括紧急关断系统(ESD)和火气系统(FGS)。过程控制系统和安全仪表控制系统进行适当集成,共同连接到 1000M/100M 的安全工业控制网络。在控制网络的上层是监控设备,包括 2 台工程师站/操作站和 1 台 OPC 服务器,可以实现屏幕显示和全流程显示。

3.1　过程控制系统(PCS)

PCS 采用 EMERSON 公司的 DCS 产品——DeltaV。DeltaV 系统具有稳定可靠、组建灵活、开放性好、扩展能力强等优点,在海洋石油工业中应用十分广泛。本文中 DeltaV 系统由数据服务器、工程师站、操作员站、冗余控制器、冗余通讯网络、冗余电源构成。它具有如下功能:回路 PID 调节控制、监测过程工艺和公用设施流程、启动/停止设备、开/关控制、调整设定点、画面流程显示、报警显示记录、趋势监测、数据统计、分析、打印等;完成数据存储功能,历史数据可以保存在专用的服务器上或者操作站上;并且具有不同的密码保护功能。

3.2　安全仪表控制系统(SIS)

安全仪表系统采用 EMERSON 公司的 DeltaV SIS 系统。如图 2 所示,DeltaV SIS 系统配置了两个 SIS 单元,分别应用于 ESD 系统和 FGS 系统,这 2 个 SIS 单元由光纤无缝连接在一起。每了 SIS 单元都由冗余通讯模块、冗余电源模块、冗余网络、CPU(仅具有通讯作用)、逻辑控制器 SLS1508 组成。

逻辑控制器 SLS1508 将处理器、输入和输出封装在一个单一的模块中,这个单一模块包括冗余的 CPU 和 16 个不分类型的 IO 通道,可任意作为 HART AI、AO、DI 和 DO 使用。每个逻辑控制器连续地处理和执行本控制器的安全逻辑秩序，真正的做到了分散的安全连锁控制，排除了传统安全系统中因控制器故障引起整个 SIS 系统停车的可能性。每个逻辑控制器都经过 TUV 认证，具有 SIL3 安全等级。

1）紧急关断系统（ESD）

ESD 系统为平台上的人员和设备提供保护功能。ESD 系统能够连续监测工艺过程和公用系统以及现场手动按钮，启动相应的逻辑保护功能和报警。

2）火气探测系统（FGS）

火气探测系统是平台安全控制的重要部分，对平台可能存在的危险气体泄漏进行自动检测，并能对意外的危险火源进行报警，在危险情况下，主要通过自动方式启动平台的消防灭火系统，为生产设施提供安全保障。

火气系统（FGS）由火气监控系统控制设备、火气现场探测、报警设备及其与消防系统、CO_2 系统、应急关断系统、报警系统和 HVAC 系统的接口组成。

3.3 控制系统软件

控制系统的软件包括组态软件、系统监视软件、操作员信息接口软件、系统管理显示处理软件以及历史数据库管理软件、资产管理软件、报告软件等软件。

4 结束语

集散控制是工业控制发展的趋势。三级网络体系控制系统是一种典型的集散控制系统，也是海洋平台控制系统的常用形式。本文结合 EMERSON 公司 DeltaV 系列产品，对海洋平台控制系统的三层网络体系进行了详细的介绍，充分论述了"集中管理，分散控制"的设计思想。

参 考 文 献

1 孙钦. 涠洲 12-1 平台控制网络浅析. 中国海上油气（工程），2003，15（4）：55～57.

2 李亚芬. 过程控制系统及仪表[M]. 大连：大连理工大学出版社，2006.

3 陈夕松，汪木兰. 过程控制系统[M]. 北京：科学出版社，2005.

4 赵立娟，丁鹏. 基于集散递阶管控的滩海油田测控系统. 计算机工程，2004，30（5）：170～172.

5 冯冬琴，金建祥，褚健. Ehernet 与工业控制网络[J]. 仪器仪表学报，2003，24（1）：23～26，35.

6 陈在平，岳有军. 工业控制网络与现场总线技术[M]. 北京：机械工业出版社，2006.

7 孙万卿，王国兴，王丽丽. 海洋平台采油及注水集散型控制系统设计[J]. 西南石油大学学报，2007，29（5）：86～88.

导管架平台上部组块浮托法安装分析

剧鹏鹏　刘锦昆

（中石化石油工程设计有限公司）

摘要：目前，随着海洋平台规模的不断扩大，上部组块重量也越来越大，浮托法正成为大型组块安装的最有效方法。本文以埕岛油田中心三号生产平台上部组块浮托安装为例，对浮托法的背景、实施步骤等内容进行了总结。采用 MOSES 软件对海上耦合对接过程进行数值模拟，给出了分析的具体步骤，并得出海上整体安装时上部组块与平台桩顶对接过程中关键构件桩腿缓冲单元——LMU 的受力，为海上大型组块浮托法的设计及工程应用提供了参考。

关键词：海洋平台；浮托法；耦合分析；MOSES

1　浮托法介绍

1.1　实施背景

随着海洋石油工业的发展，油气开采由浅水向深水不断迈进，海洋平台正向综合化、大型化发展，平台组块重量也随之不断增加。目前，海洋平台传统的施工安装方法为吊装法，但对于大型平台组块的安装（超过 2000t 安装重量），吊装法由于浮吊能力、工期、水深条件及费用限制，逐渐无法满足设计和施工要求，因此，浮托法日益成为大型上部组块海上安装的有效方法。

1.2　浮托法海上安装部分实施步骤

海洋平台的浮托安装法（简称浮托法）是相对于吊装法而言的，该方法采用驳船运载平台组块至安装海域，利用潮位变化并结合调载驳船吃水，实现上部组块的海上整体安装。在经过装船、拖航运输作业后，进行最关键的海上耦合对接，海上耦合对接安装主要包括三个阶段：

（1）就位阶段（Docking）：在现场施工作业及安全条件均满足的情况下，已就位的驳船在拖轮的牵引下，缓慢进入导管架槽口，期间，通过其锚泊系统对进船的方向、速度进行控制，通过横荡护舷缓冲船舶与导管架的撞击力。最终使平台上部组块正好停留于导管架的正上方，组块插尖对位于桩腿耦合装置（LMU）正上方。

（2）对接阶段（Mating）：利用驳船的调载系统和潮位变化，使驳船吃水逐渐增加，期间，保证上部组块插尖与桩腿对接缓冲单元（LMU）精确对中，继续压载，直至插尖完全进入 LMU 的接收器内，此时上部组块重量逐渐传递至导管架直至甲板支撑单元（DSU）上下分开，完成对接过程。

（3）退船阶段（Separation and Undocking）：继续压载驳船，使 DSU 上下之间形成一定间隙，在拖轮的牵引下，驳船缓慢离开导管架槽口，最终完成上部组块海上安装。

其中，对接阶段作为整个浮托过程的关键环节，对浮托关键部件如桩腿对接缓冲单元（LMU）、甲板支撑单元（DSU）的性能提出了直接要求，也对平台结构设计增加了诸多限制条件。

下面就以埕岛油田中心三号生产平台上部组块浮托安装为例，采用 MOSES 软件对浮托过程中的对接阶段进行了模拟计算，分析安装对接过程中各关键部位的受力情况，为桩腿对接缓冲单元（LMU）的设计提供参考。

2 浮托安装分析

2.1 项目介绍

中心三号平台是埕岛油田第三个集生产、动力、生活于一体的大型中心平台，位置水深12.2m。其中生产平台由6腿直立式导管架和具有三层甲板结构的上部组块构成（见图1），由于该上部组块安装重量约4500t，限于海上起吊和安装能力，所以使用驳船重任1501对上部组块的进行浮托安装，目前，该平台已于2011年成功安装就位。

2.2 上部组块对接分析

2.2.1 驳船参数和生产平台结构信息

浮托所用驳船为重任1501（图2），关键参数见表1。

图1 中心三号生产平台

图2 重任1501

表1 驳船参数

	型长/m	型宽/m	型深/m	空载排水量/t	满载排水量/t	载重量/t	空载吃水/m	满载吃水/m	压载舱数/个
重任1501	122.45	30.5	7.6	3636	18420	14679	1.5	5.96	15

上部组块由三层甲板构成，甲板层高8m，组块主结构由6根主立柱、各立面斜撑、甲板梁格和甲板构成，组块总重4150t。

导管架结构为6腿直立式导管架，平面尺寸（以 LMU 顶计）为 $46×40m^2$，浮托时最顶层水平拉撑轴线标高为基准海平面以下7m。

驳船与上部组块之间分别设置9个甲板支撑单元（DSU）分为3排，每排3个，上部组块和导管架之间设置6个桩腿对接缓冲单元（LMU），分为2排，每排3个，布置见图3。

　　　　　　　　　　　海洋石油工程技术论文(第六集)

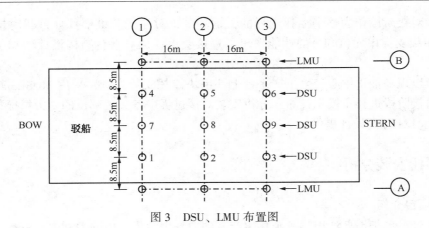

图 3　DSU、LMU 布置图

2.2.2　环境参数及工况的选取

根据作业海域环境资料，选取潮位为 1m、水深为 13.2m 时为就位水深，潮位 0m、水深 12.2m 为作业水深。选取波浪的 90°、135°、180° 三个方向(以沿船艏 0° 方向)作为对接分析的计算工况，波浪谱选取 JONSWAP 三参数谱，谱密度计算公式如下:

$$s(f) = \alpha H_s^2 T_p^4 f^{-5} \exp[-1.25(T_p f)^{-4}] \times \gamma^{\exp[-\frac{1}{2\sigma^2}(T_p f - 1)^2]} \qquad (1)$$

$$\alpha = \frac{0.062}{0.230 + 0.034\gamma - 0.185(1.9 + \gamma)} \qquad (2)$$

式中，H_s 为有义波高；T_p 为谱峰周期，$T_p = 1/f_p$，f_p 为谱峰频率；f 为波浪频率；γ 为谱形状系数，取为 1；σ 为形状系数($f > f_p$ 时，$\sigma = 0.09$；$f < f_p$ 时，$\sigma = 0.07$)。

各工况环境参数取值见表 2。

表 2　各工况环境参数

工况	浪向/(°)	H_s/m	T_p/s
ENV1	90	0.5	5
ENV2	135	0.75	5
ENV3	180	1.0	5

2.2.3　模型建立与求解

根据驳船重任 1501 型值表和分舱布置情况，使用 MOSES 软件建立驳船的湿表面模型(图 4)并进行分舱布置。将上部组块、导管架的 SACS 模型转换为 MOSES 模型文件。

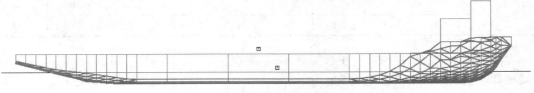

图 4　驳船湿表面模型

将上述三个模型文件导入 MOSES 程序，根据浮托安装设计文件调整模型之间的相对位置和驳船的吃水深度。将连接驳船与上部组块的甲板支撑单元(DSU)模拟为 MOSES 软件中 GSPR 连接单元的 COMPRESSION 类型。锚泊系统模拟为 GSPR 连接单元的 TENSION 类型；

将桩腿缓冲单元(LMU)模拟为 LMU 单元,图
5 显示了在对接操作前,驳船就位后的状态。

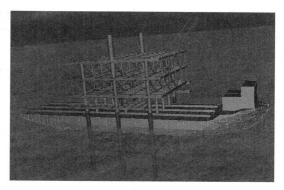

图 5   浮托就位

由于重量转移过程非常缓慢,故采用准静
态方法,即取荷载分别转移 0、50%、100%三
个阶段作为对接分析状态(在实际分析中,应
对荷载转移的阶段进行细化)。根据质量转移
情况及环境条件的变化,再次调整各个模型的
相对位置及驳船吃水,利用 MOSES 程序自动
计算驳船各个舱室的压载水变化量,并根据驳
船自身特性、所受荷载、约束情况,通过迭代
计算,调整驳船至平衡状态。

进入 MOSES 的水动力分析模块,将驳船的湿表面模型进行面元划分,计算驳船与上部
组块整体的水动力参数。

进入 MOSES 的时程分析模块,取 3600s 作为分析时长,0.05s 作为时间步长,计算各连
接单元的荷载变化情况。

2.2.4   结果与分析

通过 MOSES 软件对上部组块浮托安装进行对接分析,得到了 LMU 的受力时程曲线和对
应的统计结果值。给出 LMU 的受力统计值并进行受力分析。

表 3~表 5 给出了在不同的质量传递阶段、不同环境工况下,各 LMU 的最大受力情况。

表 3   质量传递 0 时 LMU 最大受力统计值   t

工况 编号	ENV1		ENV2		ENV3	
	垂向	水平	垂向	水平	垂向	水平
LMU1A	−207.61	130.52	−143.20	79.01	−152.01	44.97
LMU2A	−196.94	125.78	−73.71	46.68	−90.16	27.00
LMU3A	−189.94	149.82	−55.36	56.06	−29.16	27.89
LMU1B	−175.40	137.14	−142.34	54.69	−123.57	44.87
LMU2B	−182.57	151.32	−64.20	35.74	−56.13	31.77
LMU3B	−221.69	159.95	−51.49	67.55	−39.32	35.39

表 4   质量传递 50%时 LMU 最大受力统计值   t

工况 编号	ENV1		ENV2		ENV3	
	垂向	水平	垂向	水平	垂向	水平
LMU1A	−431.41	51.10	−404.15	31.44	−400.52	5.90
LMU2A	−410.35	50.09	−365.81	24.64	−366.41	5.90
LMU3A	−390.63	52.08	−367.13	31.23	−359.24	5.90
LMU1B	−435.01	51.33	−421.17	29.27	−411.11	5.77
LMU2B	−414.36	50.12	−382.16	24.47	−377.01	5.77
LMU3B	−396.42	51.87	−375.90	34.12	−369.85	5.77

表 5　质量传递 100% 时 LMU 最大受力统计值　　　　　　　　　　　t

编号 \ 工况	ENV1		ENV2		ENV3	
	垂向	水平	垂向	水平	垂向	水平
LMU1A	-797.74	65.01	-738.43	22.22	-726.99	20.41
LMU2A	-762.76	65.96	-701.25	21.35	-693.42	20.35
LMU3A	-739.39	72.80	-696.37	20.75	-699.32	20.29
LMU1B	-807.03	63.39	-754.99	21.58	-749.17	21.47
LMU2B	-778.86	65.58	-717.24	20.32	-715.47	21.25
LMU3B	-750.73	70.55	-712.77	20.01	-721.68	21.20

将各个质量传递阶段、不同方向环境荷载下的作用下的各 LMU 最大受力值描点连线，得到图 6~图 8。

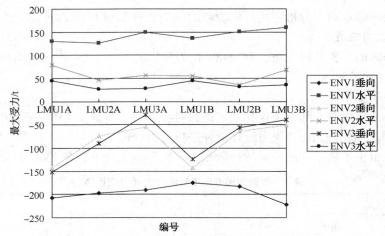

图 6　质量传递 0 时 LMU 最大受力曲线图

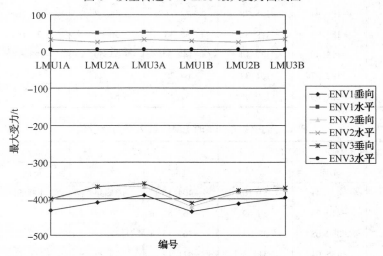

图 7　质量传递 50% 时 LMU 最大受力曲线图

根据以上结果得出主要分析结论：

(1) 从以下 LMU 最大受力图中反映出，当波浪沿横向入射时，是 LMU 的危险工况。

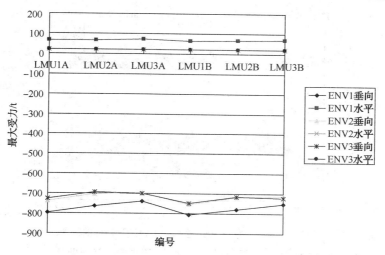

图8　质量传递100%时LMU最大受力曲线图

（2）对于垂向荷载来说，当驳船处于ENV1时，荷载传递百分比的变化并没有引起各LMU受力趋势的变化，各LMU受力均随着质量传递而稳步增加；但对于ENV2、ENV3工况来说，当质量传递0时各LMU的受力极不均匀，且位于船艏和船艉的两排LMU受力大小差别较大，这主要是由于驳船的纵摇引起，而当质量传递为50%、100%时，各LMU受力趋于均匀，这说明LMU具有明显的减震效果，并且其减震作用在质量转移0时体现在减轻驳船横摇，随质量转移增加，对纵摇抑制效果更加明显。

（3）对于水平荷载来言，对比图9～图11可知，当质量传递为50%、100%时，不同工况下LMU受到的最大水平力较质量传递0时有近100t的下降，这说明LMU对于驳船横荡、纵荡运动有明显的限制作用。

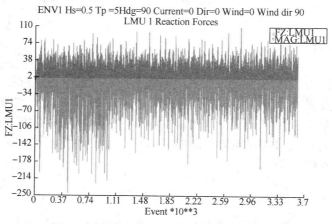

图9　质量传递0时LMU1A受力时程曲线

（4）LMU作为实施浮托安装的关键构件，其内部由钢板和橡胶构成，目的是在对接过程中起减震、降低瞬时冲击荷载的作用。图9～图11分别为质量传递0、50%、100%时LMU1A的受力时程曲线，对比可得由于导管架桩腿的限制和LMU减震器作用，其受力的变化幅度有所减小。

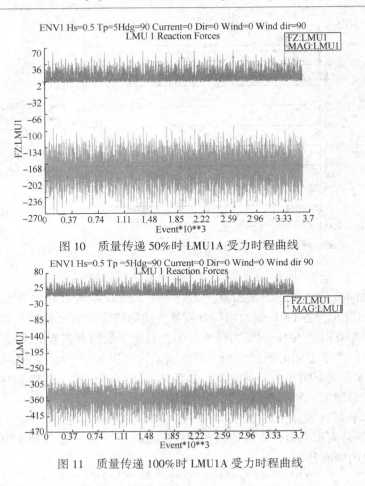

图 10　质量传递 50% 时 LMU1A 受力时程曲线

图 11　质量传递 100% 时 LMU1A 受力时程曲线

3　结语

本文描述了浮托法海上安装部分的操作步骤,针对其中的对接过程,以埕岛油田中心三号平台浮托安装为实例进行计算,详细叙述了采用 MOSES 软件进行数值分析的过程并得到结果。其结果得出海上整体安装时上部组块与平台桩顶对接过程中关键构件桩腿缓冲单元——LMU 的受力并对受力变化趋势及影响因素进行了简单分析,为海上大型组块浮托法的设计及工程应用提供了参考。

参 考 文 献

1　王树青,陈晓惠等.海洋平台浮托安装分析及其关键技术[J].中国海洋大学学报,2011,41(7):189~196.

2　范模,李达等.南海超大型组块浮托安装总体设计与关键技术[J].中国海上油气,2011,23(4):267~274.

3　荀海龙,朱晓环.万吨级组块浮托技术研究及典型专项设备设施[J].中国工程科学,2011,13(5):93~97.

无锡自抛光防污漆配方设计与性能研究

刘浩亮　张其滨　郭晓军　张静　段绍明

(中国石油集团海洋工程有限公司)

摘要：在本研究中，通过正实验设计防污漆体系，使用水解性丙烯酸树脂作为主成膜树脂，氧化亚铜和四种有机防污剂复配作为复合防污剂体系开展防污漆研究，对涂层物理机械性能和铜离子渗出率进行了测试，并在黄海进行 12 个月实海挂片试验。结果表明，当氧化亚铜用量 20%，有机防污剂的用量 15% 时，涂层具有良好的防污效果。

关键词：防污漆；铜离子渗出率；氧化亚铜；丙烯酸树脂

1　引言

自人类从事海洋活动以来，海洋生物污损问题一直是制约海洋资源开发利用的重大难题。海洋污损会引起海洋监测仪器传动机构失灵、信号失真、性能下降、使用寿命缩短等严重问题，并能明显增加船舶航行阻力，降低航速，增加燃料消耗。

采用防污涂料涂覆船底或水下设施是最佳的防污手段。防污涂料主要由树脂、防污剂、颜填料和助剂等组成，其中起决定作用的是防污剂。氧化亚铜（Cu_2O）是使用最为广泛的防污剂，其防污性可用铜离子渗出率来衡量。单独使用 Cu_2O 作为防污剂无法起到有效的防污效果，需要采用 Cu_2O 配合有机防污剂的复合防污剂添加方案。比较具有影响力的有机防污剂有美国 Arch 公司的 copper madin，汽巴公司的 Irgarol 1051 以及 speciality product 公司的 Nuocide1051 等，这些防污剂都需要与 Cu_2O 复配使用。有机防污剂种类繁多，需要进行实海测试来确定最佳的复配方案。庄立等人使用 Cu_2O 分别与三种有机防污剂复配，配制的防污漆可以起到 60d 以上的防污效果。王一英等人使用 Cu_2O 与一种有机防污剂复配，配制的无锡自抛光防污漆经过一个海生物生长旺季，具有有效的防污效果。这些方案都存在防污期效短，防污剂最佳添加方案难以掌控的问题。

对此，我们以有机防污剂与 Cu_2O 为主要防污体系，设计正交实验，通过对防污漆的物理机械性能测试、铜离子渗出性能测试以及实海挂片试验，最终确定开发出一种具有自抛光性能的防污漆。

2　实验部分

2.1　材料与设备

（1）丙烯酸树脂，改性树脂，颜填料，溶剂，助剂，防污剂，均采用市售工业级产品；

（2）铜离子渗出率测试装置，自制；

(3)原子吸收光谱仪，安捷伦；

(4)电子天平，METTLER TOLEDO；

(5)锥形磨，天津材机建筑仪器有限公司。

2.2　配方设计

首先设计五组 Cu_2O 含量不同的样品，测试其铜离子渗出性能，配方见表1。成膜树脂采用市售的一种自抛光型丙烯酸树脂与树脂；颜填料包括氧化锌和氧化铁红，其起到促进铜离子释放和提高漆膜遮盖力的作用；助剂选用防沉剂，使涂料有稳定的贮存性能。通过铜离子渗出性能测试，确定最佳的配方，使用四因素三水平正交实验方法加入四种针对不同海生物的有机防污剂[根据厂家推荐，用量不超过5%(wt)]，制备9组配方，见表2、表3，进行实海挂片试验。

表1　氧化亚铜含量不同的配方

序号	原材料/份					
	成膜树脂	改性树脂	Cu_2O	填料	助剂	溶剂
1	6.25	18.75	20	58	2	40
2	6.25	18.75	25	58	2	40
3	6.25	18.75	30	58	2	40
4	6.25	18.75	35	58	2	40
5	6.25	18.75	40	58	2	40

表2　因素水平表

水平 \ 因素	防污剂 A	防污剂 B	防污剂 C	防污剂 D
1	0	0	0	0
2	3%	3%	3%	3%
3	5%	5%	5%	5%

表3　有机防污剂添加方案

序号	防污剂 A	防污剂 B	防污剂 C	防污剂 D
1	0	0	0	0
2	0	3%	3%	3%
3	0	5%	5%	5%
4	3%	0	3%	5%
5	3%	3%	5%	0
6	3%	5%	0	3%
7	5%	0	5%	3%
8	5%	3%	0	5%
9	5%	5%	3%	0

2.3　防污性能测试

1) 物理机械性能测试

将氧化亚铜含量不同的五组配方进行基础物理机械性能测试，包括柔韧性、划圈法附着力和耐冲击性能。将五组试样分别涂刷在马口铁试片上，干膜厚度为 20μm±5μm，室温下放置48h，进行测试。

2）铜离子渗出率测试

制备测试装置：海水储存槽、测试筒、测试容器，见图1。

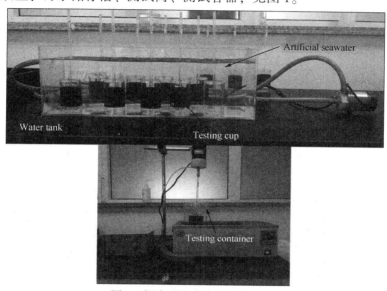

图1 铜离子渗出率测试装置图

测试方法：依据国标 GB/T 6824—2008《船底防污漆铜离子渗出率测定法》进行铜离子渗出率测试。

3）实海挂片性能测试

制备试验样板：样板为 250mm×150mm×3mm 的钢板，表面进行喷砂处理，依次涂刷防锈底漆、中间连接漆和防污漆，防污漆干膜厚度 100μm。

挂片试验：根据国标 GB/T 5370—2007《防污漆样板浅海浸泡试验方法》进行挂片试验。挂片时间2013年5月1日到2014年5月1日，地点：青岛市黄岛区连江路码头，每30d进行观测。

3 结果与讨论

3.1 基础物理机械性能

Cu_2O 含量不同的样品物理机械性能见表4，Cu_2O 含量不超过35份时，涂层的物理机械性能良好，当 Cu_2O 含量为40份时，物理机械性能开始下降。

表4 Cu_2O 含量不同的样品物理机械性能表

序号	耐冲击性能/cm	附着力/级	柔韧性/mm
1	50	1	1
2	50	1	1
3	50	1	1
4	50	1	1
5	45	1~2	1~2

3.2　铜离子渗出性能

Cu_2O 含量不同的样品铜离子渗出率见图 2，得到两个规律，浸泡初期渗出率随着浸泡时间的延长，铜离子渗出率逐渐降低，在 14d 时渗出率逐渐稳定。随着 Cu_2O 含量从 20 份增加到 35 份，铜离子渗出率明显升高，从 $8\mu g \cdot cm^{-2} \cdot d^{-1}$ 上升到 $50\mu g \cdot cm^{-2} \cdot d^{-1}$，当 Cu_2O 用量从 35 份增加到 40 份时，铜离子渗出率不再明显增加，同时考虑到 Cu_2O 添加 40 份时涂层的物理机械性能有所下降，选择 4#配方添加有机防污剂进行实海挂片试验。

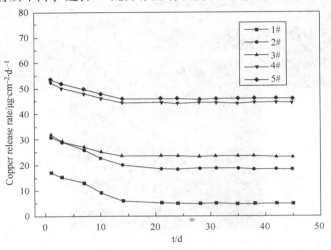

图 2　不同 Cu_2O 含量配方的铜离子渗出率

3.3　实海挂片防污性能

图 3~图 6 是防污漆实海挂片试验结果。

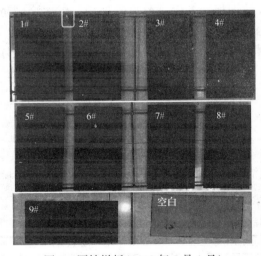

图 3　原始样板(2013 年 5 月 1 日)

图 4　挂片 2 个月(2013 年 7 月 3 日)

通过实海挂片试验结果(图 3、图 4、图 5、图 6)可以看出，经过一个海生物生长旺季，1#样品与空白样板长满了海生物，可见单独使用氧化亚铜不会起到有效的防污性能，挂片初期主要附着软体生物，随着挂片时间的延长，逐渐转变为藤壶、海蛎子等大型动物，挂片时间 2 个月时，另外 8 组防污漆均无海生物附着，挂片 4 个月和 12 个月时，除了 3#配方外，均有少量的海生物淤积,因此确定3#为最佳配方。2#配方与3#配方添加的有机防污剂种类相同,但是2#配方添加量小于3#,因此其防污效果差于3#。4#~9#配方中,防污剂B、C、D不同时存在,因此其防污性能也要差于3#配方。

图5 挂片4个月(2013年9月5日)

图6 挂片12个月(2014年5月1日)

4 结论

在本研究中,利用一种自抛光型丙烯酸树脂与改性树脂为主成膜树脂,当氧化亚铜和有机防污剂总量分别为20%(wt)和15%(wt)时,通过实海挂片试验证明开发出的防污漆具有较好防污效果。该试验研究对防污漆的研发与生产都有一定的参考意义。

参 考 文 献

1 倪春花,于良民,赵海洲 等.防污涂料及其防污性能的评价方法[J],上海涂料,2010,48(1).
2 于雪艳,王科陈,正涛防 等.污涂料中氧化亚铜的渗出速率及降解行为研究[J],涂料工业,2012,42(7).
3 陈美玲,庄立,高宏.丙烯酸锌复合防污涂料的制备与防污性能评价[J],材料工程,2008(6).
4 王一英,李昌诚,于良民 等.环境友好型无锡自抛光防污涂料的研制[J],材料导报,2012,26(4).
5 全国涂料和颜料标准化技术委员会.船底防污漆铜离子渗出率测定法[S].北京:中国标准出版社,2008.
6 全国涂料和颜料标准化技术委员会.防污漆样板浅海浸泡试验方法[S].北京:中国标准出版社,2007.

海洋平台生产区房间 HVAC 设计及通风布置

秦明　宋春

（中国石油集团海洋工程有限公司）

摘要：海洋平台与陆地建筑的 HVAC 设计，因为环境条件的不同而有较大区别。本文以某井口平台为例，介绍了典型海上采油平台生产区的 HVAC 一般设计方法，并着重就狭小空间内的风管布置进行论述。

关键词：海洋平台；HVAC 设计；通风布置

1　前言

海上平台的通风空调系统一般分为两大部分：为生活楼服务的集中通风空调系统和为生产区相关房间服务的分散式通风空调系统。海上平台生产区的 HVAC 系统设计的目的是调节房间内的空气状况，使其满足通风、温度、湿度和噪声要求，以保证设备正常运转，适宜人员工作。本文所述平台，为一座八腿井口平台，其生产区域共分为四层甲板，各层甲板上的房间共包括：油漆储藏间、工作间、储藏间、电潜泵控制间、电气仪表间、FM200 间、实验室、主开关间、中控室、应急发电机间、应急开关间、电池间、主变压器间、电潜泵变压器间、柴油消防泵间和高压配电间。这些房间采用分散式通风空调系统，其 HVAC 设计如下：

2　每个房间 HVAC 方案设计

2.1　通风量计算

对于平台生产区相关房间，通风量的大小主要取决于这几个方面：房间的体积以及换气次数要求，有人工作间的人均新鲜空气要求，以及室内设备的散热通风和燃料耗气量要求。

2.2　安全通风设计

安全通风的目的，是要通过正确选择进出风口的位置和通风方式，限定室内与室外压差，来控制有毒有害气体、粉尘的浓度，并阻止其向安全区域扩散。

房间内是封闭区域，通风方式均为机械通风。

考虑人员的安生性，有人工作且无危险性气体产生的房间需正压通风，包括：电潜泵控制间、电气仪表间、主开关间、中控室、应急发电机间、应急开关间、、高压配电间和柴油消防泵间。对于这些正压通风的房间，用机械送风自然排风方式保持正压。其中，应急发电机间和柴油消防泵间只有在人员进入维护时才需启用正压通风，故只设一台离心风机用于机械通风，其余房间需连续工作，故均需另加一台风机备用。

考虑排出室内有危险或害气体的要求，需要负压通风的房间包括：油漆储藏间、工作间、储藏间、FM200 间、实验室、高压配电间和电池间。这些房间用机械送风自然排风方式保持正压，均带备用风机。

主变压器间和电潜泵变压器间，因为发热量比较大，所以使用轴流风机，采用机械送风和机械排风的方式进行通风散热，保持微正压。

2.3 房间温湿度控制

对于有人工作的房间，需设分体空调进行温湿度调节。这些房间包括：电潜泵控制间、电气仪表间、主开关间、中控室、应急开关间、工作间和实验室。

对于室内设备有防冻要求(比如柴油防冻)，且经计算室内冬季温度无法满足要求的房间，如不设空调，需加装热风机。这些房间包括：油漆储藏间、FM200 间、应急发电机间、电池间和柴油消防泵间。

2.4 室内外压差控制

室内外压差控制是通过压差变送器测量外界与室内空气间的压力差，并使之维持在 50~70Pa，如果压差低于 25Pa，则有信号传送到火灾盘报警，由手动或自动方式来调节排风管上的电动调节阀或气动风闸的执行机构使阀门关小提高室内压力。当室内外压差达到设定值时，风闸执行机构停止不动。

2.5 空调冷热负荷计算

空调制冷量和制热量主要由空调得热量、风机热量、送风管空气温升热量、回风管空气温升热量以及新鲜空气热量等构成。

2.6 通风空调的控制系统设计

通风空调系统主要设备的监控方式选择如表 1 所示。

表 1 HVAC 主要设备监控方式选择表

方　式	风　机	热风机	防火风闸	空　调
动力	电动，部分接应急电源	电动，部分接应急电源	气动，全部接应急电源	电动，部分接应急电源
本地状态监视	有，本地面板	有，本地面板	有，本地面板	有，设备本身
本地手动控制	有，本地面板	有，本地面板	有，本地面板	有，设备本身
中控室远程监视	有	有	有	无
中控室手动控制	无	无	无	无
ESD 应急关断	有，备用风机同时启用	有	有	有

2.6.1 动力

本平台有公共气系统，所以防火风闸采用气动控制。同时，为保证应急状态下的正常通风与温湿度控制，部分房间的设备挂应急电源，包括：应急开关间的空调与风机、中控室空调与风机、蓄电池间的风机与热风机、FM200 间的风机与热风机、所有防火风闸气动执行机构的电磁阀。

2.6.2 状态监控

所有设备均需有本地状态监控和远程监视。为防误操作，所以设备都不设手动远程控制。

2.6.3 ESD 应急关断

所有设备都需设火灾盘自动控制，由火气探头收集火灾信号。探头一般布置方法：所有房间内都设火探头。所有供气风管的入口处、室内柴油机的进气口和有危险气体的房间内都要设气探头。

3　风管的选择与通风布置

风管截面积计算采用如下公式：

$F = V/(S \times 3600)$，m^2　　F—风管截面，m^2；

　　　　　　　　　　　　V—风量，m^3/h；

　　　　　　　　　　　　S—风速，m/s。

风速选择如表 2 所示。

表 2　海洋平台各种区域推荐风速

区　域	最 大 风 速	推 荐 风 速
无人区机械送/排风	15m/s	10m/s
有人区机械送/排风	8m/s	4~8m/s
自然风口	4m/s	2~4m/s

风管的截面尺寸应同时满足房间的最低通风量最高限制风速的要求。

通风布置原则包括：

- 尽量选用标准管件和标准长度的管段；
- 尽量节约空间，优先选用矩形风管，以降低与其他专业产生碰撞的可能；
- 充分考虑法兰螺栓安装、风闸控制盒维护等各种安装、操作空间；
- 合理安装进、出风管的位置，防止相邻房间之间的气流短路；
- 合理安排风管、格栅的布置，风口尽量均布。

下面以高压配电间为例，对通风布置方法进行介绍。

1）高压配电间房间尺寸为 9500mm×8000mm×4000mm。正常情况下，房间内部保持正压，以保护室内重要电气设备，同时考虑满足室内人员对新鲜空气的需求，需要一套风量为 500m³/h 的机械送风系统。

2）同时高压开关柜采用 SF6 断路器灭弧，为了防止 SF6 泄漏后的降解物质对人员和设备造成危害，该房间还需要一套应急机械排风系统，风量为 4600m³/h，当 SF6 气体探头探测到室内 SF6 浓度超过设定值时，排风机自动启动，保证在 30min 内迅速将危险气体排出到室外安全区。

3）通过计算，机械送风系统采用 4m/s 风速，计算得到风管当量直径约为 150mm，选取 120mm×150mm 的矩形风管；机械排风系统采用 8m/s 风速，计算得到风管当量直径约为 450mm，选取 290mm×580mm 的矩形风管。

4）高压配电间仅有东侧一面外墙可以用于布置风口，为了避免气流短路，两套系统各自的进、出风口应尽量远离。风管布置时，在室外要考虑避开结构的大梁和斜撑，躲开开门空间和安全通道；在室内要躲开电器设备。由于 SF6 气体密度比空气大，排风机室内风管还应靠近地面。

综合考虑以上条件，高压配电间的风管布置图如下（见图 1，图 2 和图 3）。

图 1 中的风管由北往南依次为：①机械送风管（正常工况）；②自然进风管（应急工况）；③机械排风管（应急工况）；④自然排风管（正常工况）。

机械送风管（正常工况）与机械排风管（应急工况）尽量远离，排风管出风口伸出甲板边缘。

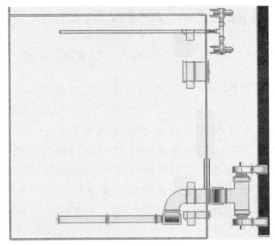

图 1　高压配电间通风布置俯视图

图 2　机械排风管通过 2 个 90 度弯头上翻躲开室外安全通道及部分电、仪托架和工艺管排

图 3　自然机械送风管通过偏心接头上翻躲开结构环板及室外安全通道

4　结语

在满足相关法律、法规、标准及规范的前提下，海上平台 HVAC 设计可以通过多种方式来实现。本文仅就相关项目的整体设计思路进行了浅显的探讨，不足之处尚请见谅。

参 考 文 献

1　王雅君，赵虹 . 海上平台暖通空调系统设计方法［S］. 2003.
2　海洋石油工程设计指南编委会 . 海洋石油工程机械与设备设计［M］. 北京：石油工业出版社，2007.

基于风量计算模型的沙特 KCROP 项目
"蓝疆号"船舶空调冷藏系统改造设计研究

黄海滨[1]　谢珅[2]　钱玲玲[1]　冯爱民[1]　魏巍[1]

(1. 海洋石油工程股份有限公司；2. 中海油田服务股份有限公司油田生产事业部)

摘要：本文论述了赴沙特阿拉伯波斯湾海域作业的全回转工程船"蓝疆号"空调冷藏系统，需要适应波斯湾高温海域所进行的适应性改造设备方案设计内容项。重点阐述了在同一环境参数下，船舶空调冷藏系统改造设计技术方案的风量计算模型和工程技术特点。通过应用风量计算模型定量分析工具，来比较分析差异性技术方案在高温海况下的船舶适应性改造设计理念、工程经济性和技术可实现性，提出了符合现状的船舶科学设计理念。

关键词：沙特海域；空调冷藏系统；适应性改造；海洋环境

1　引言

随着国家海洋石油能源规划的制定，积极发展深海海洋石油开发技术与拓展海外油田开发市场的战略方针已日渐清晰。正是依据海洋石油工业"走出去"的战略策略，海洋石油工程股份有限公司通过国际招标获得了位于沙特阿拉伯波斯湾海域的 KCROP 项目。海油工程公司在实施 KCROP 海洋工程项目期间，不仅将要面对沙特阿拉伯和科威特中立海域油田招标方制定的极为苛刻的施工作业程序方案要求，而且还要充分满足 NOBEL DENTON 及沙特阿美规范的强制性技术规定。"蓝疆号"全回转海上工程船舶赴上述海域进行施工作业，基于上述海洋工程技术要求及规范，蓝疆号船舶自有的轮机空调冷藏系统无法满足波斯湾海域的高温环境工况，所以需要进行适应沙特高温区域工况下作业的船舶改造。

2　船舶空调冷藏系统适应性改造的海洋环境设计要求

"蓝疆号"船舶实施 KCROP 项目海洋结构物海上安装施工作业的海域位于沙特阿拉伯波斯湾，此处夏天开放水域海水的最高温度可以达到 35.5℃。由于沙特阿拉伯波斯湾的海水盐度值极高，海水温度随海水深度的变化较小，波斯湾海水水深 10m 时的夏季水温高达 32℃，从 15m 变化到 25m 水深的夏季水温变化最大没有不超过 2℃。由于波斯湾作业海域的室外最高气温高达 48.2℃，年平均最高气温达到 46℃，海水温度也可达到 35.5℃，均超过了"蓝疆号"的空调冷藏系统装备设计温度极限值。沙特海域夏季的大气湿度平均为 55%，适应性改造之后应该达到可以适应 80% 的大气湿度下进行工作。为满足在波斯湾海域施工作业的需要，保证船上如发电站冷却系统、中央空调、各种泵类泵、锚机、配电柜等机电设备正常运转，船员住舱环境舒适，必须对船舶轮机系统海水空调冷藏冷却系统进行适应行改造。"蓝疆号"空调冷藏系统适应性改造设计也是为了满足海洋石油工程股份有限公司面对潜在的沙特波斯湾海域海洋工程市场的需要，增加在此海域的市场竞争力。因此相应的船舶改造要确保本船能够满足沙特施工的海洋环境条件，船舶改造设计条件变化数值和船舶改造设计条件见表1和表2。

表 1　舶改造设计条件变化数值

环 境 工 况	夏季（原设计）	夏季（改造后）
室外温度	45℃	50℃
室外相对湿度	55%	80%
室内温度	27℃	27℃
室内相对湿度	50%	50%
海水温度	32℃	35.5℃
冷却淡水温度	38℃	38℃
机舱温度	55℃	55℃

表 2　船舶改造设计条件

介　质	密度 ρ/(kg/m^3)	质量热容 C_p/(kJ/kg·K)	设计温度/℃	设计温度/℃
水	1000	4.1868	38	36
海水	1025	3.9356	35.5	32

3　船舶空调冷藏系统适应性改造数学计算模型

"蓝疆号"船舶轮机机舱总通风量为：$Q_{\text{TATAL}} = Q + Q'$，式中 Q 代表"蓝疆号"船舶做工机械设备燃油燃烧做工所需要的总空气量，Q'' 代表轮机机舱设备散热所要的空气量。"蓝疆号"船舶做工机械设备燃油燃烧做工所需要的总空气量为：$Q = Q_1 + Q_2 + Q_3$，式中 Q_1 代表主柴油机燃烧所需要的空气量，Q_2 代表蒸汽锅炉燃烧所需要的空气量，Q_3 代表启动空气压缩机及工作空压机运转所需要的空气量。主柴油机（柴油机型号为 WARTISLA W9L32，SMCR4140KW，数量为三台）、蒸汽锅炉、启动空气压缩机及工作空压机运转燃烧所需要的空气量计算模型：

$$Q_1 = (P_{DP} \times 2 \times M_1/P) \times 3600$$

$$Q_1 = (4140 \times 3 \times 0.0021/1.13) \times 3600 = 79136.3 \text{m}^3/\text{h}$$

$$Q_2 = (g \times M_2 \times n/p)$$

$$Q_2 = (316 \times 15.7 \times 2/1.13) = 8780 \text{m}^3/\text{h}$$

$$Q_3 = Q'_3 \times n_1 + Q''_3 \times n_2$$

$$Q_3 = 25 \times 30 \times 2 + 21.6 \times 10 \times 2 = 1930 \text{m}^3/\text{h}$$

$$Q = Q_1 + Q_2 + Q_3$$

$$Q = 79136.3 + 8780 + 1930 = 89846.3 \text{m}^3/\text{h}$$

轮机机舱设备所需要的空气量计算模型：

$$W_1 = 165 \times 2 = 495 \text{kW}$$

$$W_2 = 1.25 \times 0.077 \times 42200 \times 1 \times 0.65/100 \times 2 = 53 \text{kW}$$

$$W_3 = 70 + 26.25 = 96.25 \text{kW}$$

$$W = W_1 + W_2 + W_3 + W_4 + W_5 + W_6 = 1254.3 \text{kW}$$

$$Q'' = W/(p*c*t) - 0.4Q_1 - Q_2$$

$$= 1254.3/(1.13 \times 1.01 \times 9)3600 - 0.4 \times 79136.3 - 8780 = 399249.4 \text{kW}$$

$$Q_{\text{TATAL}} = Q + Q'' = 89846.3 + 399249.4 = 489.95.7 \text{m}^3/\text{h}$$

式中，P_{DP} 代表主柴油机持续使用功率 4140kW，数量为 3 台；M_1 为四冲程柴油机燃烧空气率 0.002kg/kW·s；P 代表空气密度为 1.13kg/m³，空气温度为 45℃，相对湿度为 70%，大气压力为 101.3kPa；g 代表锅炉燃油消耗量 316kg/h；M_2 燃烧 1kg 燃油所需空气量取 15.7kg；n 代表锅炉数量 2 台；Q'_3 每台启动空压机排量 25m³/h×30bar，n_1 启动空压机数量两台，Q''_3 工作空压机排量，21.6×10barm³/h，n_2 代表空压机台数两台，式中每台柴油机的散热量为 165kW，数量为 3 台；W_2 代表蒸汽锅炉的散热量；W_3 代表排气管散热量；W_4 代表启动空压机及工作空压机散热量；W_5 代表加热柜及热交换器散热量；W_6 代表电气散热量。

4　船舶空调冷藏系统适应性改造设计理论

蓝疆号"船舶空调冷藏系统适应性改造技术线路图如图 1 所示。"蓝疆号"现有的中央空调设备为压缩机冷凝机组 3 套，2 用 1 备，每套设备的制冷量为 649kW，冷却水流量为 112.8m³/h。根据现场实际情况及流体热物理换热计算可以得出冷却水进出口温差为 6.2℃，但是该数值有些偏高，结合沙特海域的环境条件，一般取值为 4~5℃之间。空调器 2 台，如果同时使用，每台空调的制冷量为 649kW，风量为 66290m³/h，送风温差可以达到 7℃。中央空调系统适应性改造的环境条件实际风量平衡后的新风比为 28%，经过实际计算可以满足设计理论计算。(室外温度 45℃，相对湿度 95%，新风比 28%；室外温度 45℃，相对湿度 55%，新风比 60%)现有的中央空调系统夏季室外环境设计条件接近中东海域环境条件，因此可以保留原风管系统，空调送风量不变，压缩机的冷凝机组采用3X50%配置形式。

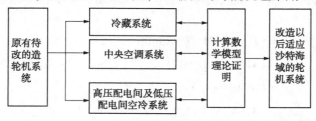

图 1　"蓝疆号"船舶空调冷藏系统适应性改造技术线路图

高压配电间及低压配电板间和集控室均为水冷，每个舱室设置 2 台，一用一备形式。现有的冷却水保持 38℃保持不变，因此各台柜式空调器的冷却量和冷却水流量均保持不变。由于上述舱室的主要热源为舱内的电气设备，同时"蓝疆号"原外界设计条件已经达到 45℃，现外界设计温度提高5℃对制冷量影响较小，因此上述舱室柜式空调器不需要进行调整。关于吊机空调包括了吊机操作间空调和吊机配电间空调两部分。现有的内部单水冷却系统图中无上述空调内容，因此判断操作间空调和配电间空调都为风冷型。"蓝疆号"原室外设计条件为45℃，根据现有的资料除7月份和8月份最高平均温度达到46℃外，其他月份最高也就45℃，曾经出现的最高温度为48.2℃，因此在大多数条件下，上述空调可以满足沙特海域的需要。

根据计算数学模型可以得出主柴油机、锅炉、空压机等设备燃烧所需要的总空气量：$Q = 89846.3 \text{m}^3/\text{h}$，机舱内各种设备散热所需要的空气量：$Q'' = 399249.4 \text{m}^3/\text{h}$，机舱总风量：$Q_{\text{TATAL}} = Q + Q'' = 89846.3 + 399249.4 = 489.95.7 \text{m}^3/\text{h}$。由于原船设置的风机为5台，最大风量为9000 $\text{m}^3/\text{h} \times 480\text{PA}$，为了适应施工海域的环境温度较高的特点，必须增加风机的送风量来满足柴油机燃烧及机舱的散热的要求。现根据计算风机的排量定为 110000~120000 m^3/h。如果风机足够大，则可以增加1台等量的风机来满足现在的要求。如果没有足够的空间来增加风机，接下来就只能更换5台新的风机来实现技术要求。根据现有的资料及计算数学模型，现选的风机风量可以达到120000 m^3/h，而不增加风机的外形尺寸，风机的电机功率会超出原穿的30kW，增加到55kW。由于本船将来施工区域的环境温度较高，及时增加了风机的排量，还要保证有足够的新风送到柴油机的增压器进口，来保证进机的最大的环境温度为46℃，而柴油机最大的运行正常温度45℃，这样即使有足够的新风（46℃）送给柴油机燃烧，柴油机能发出的功率也只有额定功率的96%；如果不能保证有足够的新风来供柴油机燃烧，那么将来柴油机的功率会变小。如果增压器的进口的风量达不到柴油机的燃烧要求，那么还要对风管做必要的改装来达到预期的效果。高低压配电柜分别放置高压配电间和低压配电板间，每个舱室设置两台柜式空调，为一用一备形式。由于室内温度湿度没有发生变化，所以不需要对其进行改装。2台船用辅助变压器均为风冷，其可以在环境温度50℃正常使用。4台绞车变压器可以在环境温度50℃正常使用。推进系统共有3台推进器变频器，淡水冷却。由于冷却水温度没有变化，所以对以上设备的正常使用没有影响。

6 结论

通过使用风量计算数学模型深入分析了赴沙特海域作业工程船"蓝疆号"船舶轮机空调冷藏系统需要改造的设备问题项，剖析了适应性改造不同技术原理和特点。根据数学模型计算结果来对改造设计方案来进行适合波斯湾海域作业的方案选择。并结合定性分析来针对其改造设计理念和经济性、技术可实现性，提出了符合现状的科学设计方式。随着海洋石油工业由浅水到深水，由近海到远海的逐渐推进，海洋工程船舶服务的海域也逐渐扩大，其中也包括了船舶本身装备建造设计参数无法满足的海域。这就需要对船舶加大适应性改造的力度和装备的能力提升力度。在进行适应性改造方案选择中，大量的研究分析工具会被广泛和频繁的使用。如何选择定量定性分析工具对方案的优劣选择也起则举足轻重的作用。适应性高温改造主要是对风量进行精确计算，为现场改造提供科学的量化依据。风量计算数学模型无疑是比较好的量化工具，这也在理论结合实际船舶改造中得到了很好的应用，以后随着信息技术的不断发展，综合性的量化工具结合的使用会越来越多和得到极为广泛的使用。

参 考 文 献

1　唐海雄. 浮式海上油田恢复期替代生产系统研究[J]. 石油天然气学报，2009：361~362.

2　陈聪. FPSO 上部组块防火分隔方式浅析[J]. 中国修船，2008(21)：63~65.

3　陈景锋，翁泽民，周程生. 喷油正时对船用柴油机 NO_x 排放率影响的试验研究 [J]. 集美大学学报：自然科学版，1999，4(3)：62~65.

4　庄重. 基于 IMO 附则 Ⅵ 的船舶柴油机 NO_x 排放研究[D]. 上海：上海海事大学，2011.

5　林金田，陈景锋. 船用柴油机有害排放控制技术[J]. 集美大学学报：自然科学报，2012(4)：112~116.

6　吴小春，锁国涛. 船舶柴油机 NO_x 后处理技术的进展[J]. 交通环保，2009(8)：43~44.

垦利 10-1 油田多井口平台总体优化布置

刘璇　贾泽林　曾晖　李敬　卢建国

（中国石油海洋工程有限公司）

摘要： 本文以目前国内海上井口数量最多的垦利 10-1WHPB 井口平台为例，针对多井口平台总体布置中遇到的难点，分析并提出总体优化布置方案，为超多井口平台的总体布置设计提供了宝贵的经验和范例。

关键词： 超多井口平台；总体优化布置方案

1　前言

随着我国海上油气开发步伐的加快，部分老油气田加大滚动开发力度，新油气田逐步实施全生命周期开发建设理念。同时，海洋工程建造场地、工程船舶等装备能力的提升，也使得大型平台甚至超大型平台的建设和实施成为可能。为提高经济效益，多井口、大型平台逐步成为发展趋势。近年来开发、投产的项目多采用带钻机模块的多井口平台型式。

总体布置设计是海洋平台设计的重要环节之一，它需要综合考虑钻修井作业和布置、各专业的布置和空间要求以及海上施工安装形式。海上平台由于平台的空间有限，总体布置方案是否合理对海上施工、生产作业、人员生命以及财产的安全至关重要。如何在满足安全生产的前提下，协调钻机模块与生产设施的总体布置，有效利用空间，成为项目节省投资的重要环节之一。

2　项目概况

垦利油田（简称 KL10-1）位于渤海湾南部的莱州湾，该油田 WHPA、WHPB 井口平台为目前国内井口数目最多的海上井口平台。垦利 10-1 油田井口平台主要包括 WHPA 和 WHPB 两个钻采平台，其井口数目如表 1 所示。

表 1　垦利 10-1 油田井口数目

名　　称	油井	注水井	水源井	开发评价井	预留井	总井口
KL10-1WHPA	29	15	—	1	25	70
KL10-1WHPB	41	21	3	—	23	88

2.1　WHPA 平台

WHPA 平台是一座包含 70 个井口槽的八腿钻采井口平台，水深 15.4m，设计产能规模原油 $87 \times 10^4 \mathrm{m}^3/\mathrm{a}$，天然气 $4200 \times 10^4 \mathrm{m}^3/\mathrm{a}$，注水 $252 \times 10^4 \mathrm{m}^3/\mathrm{a}$，设计寿命为 25 年。

WHPA 平台包括钻机 DSM 模块、钻井辅助模块、散料储存撬、公用系统、原油、水处理和注水系统、油气工艺系统以及一座能容纳 90 人的生活楼。平台所需的水源和电力都来自于 CEP 平台，水源由一条 12 寸的海底注水管线输送到 WHPA 平台，电力则由海底电缆输送到 WHPA 平台。平台油气通过一条 14 寸的海底管线输送到 CEP 平台。

2.2　WHPB 平台

WHPB 平台是一座包含 88 个井口槽的八腿钻采井口平台，水深 16.1m，设计产能规模原油 $108 \times 10^4 m^3/a$，天然气 $4800 \times 10^4 m^3/a$，注水 $300 \times 10^4 m^3/a$，设计寿命为 25 年。

WHPB 平台包括钻机 DSM 模块、散料储存撬、钻井辅助模块、注水系统、油气工艺处理系统以及开/闭排系统。WHPB 平台通过栈桥与 CEP 平台相连，平台所需的电力及公用系统均来自于 CEP，平台油气经栈桥再输送到 CEP 平台。

垦利 10-1 油田多井口平台开发工程总体布局示意图见图 1 所示。

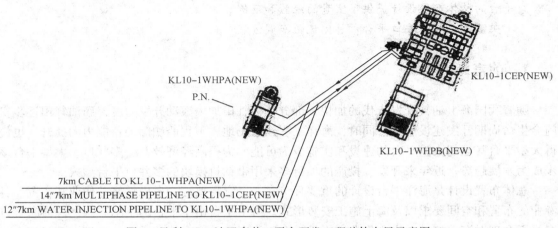

图 1　垦利 10-1 油田多井口平台开发工程总体布局示意图

本文仅结合垦利 10-1 油田 WHPB 平台总体布置特点，介绍了总体布置的原则以及 WHPB 平台总体布置中遇到的难点。同时文章还介绍了 WHPB 平台总体布置方案，为超多井口平台的总体设计提供了经验。

3　总体设计原则

总体布置是根据油田生产设施数量与使用要求、拟建海域的环境条件、施工方法及建造使用平台的经验，解决工艺布置与结构形式相配合的总体问题；设备设施布置是在总体布置的基础上，将油田开发生产所需的上部生产设备设施安全、合理经济地布置在有限的平台甲板上。海洋平台总体设计主要遵循以下原则：

(1) 满足生产作业、维修和事故处理的需要；

(2) 满足人员和设备的安全、防火、消防、逃救生的需要；

(3) 满足对环境影响降到最低的要求；

(4) 满足结构合理性的需要；

(5) 满足海上施工的需要；

(6) 以人为本，力求经济合理；

(7) 妥善处理已建工程与新建工程、临时和永久工程的衔接关系，分期建设和考虑发展的可能性；

（8）整齐大方美观：总体布置尽量做到排列整齐、高低协调、管道横平竖直，整齐美观。

4 垦利 10-1 油田多井口平台总体布置难点

4.1 平台井口数量多，井口处管线布置困难

平台井口数多达 88 口，井口周围还布置有电缆接线箱、井口控制盘等诸多设备，与井口采油树相连的原油管线、压井液管线、闭排管线、伴生气管线以及注水管线多达一百余条。为了防止管线泄漏对海域环境产生破坏，采油树周围的管线不能布置在下层甲板下方，如此多的管线和设备都必须布置在井口操作平台周围，同时管线的布置还必须保证采油树周围阀门以及各连接管线上的阀门、压力表、温度计的操作空间，井口操作平台下方空间异常紧张。

4.2 平台的尺寸和重量较大

垦利 10-1 油田井口数目较多，导致平台的甲板尺寸和重量较大。WHPB 平台的最大甲板尺寸为 65.5m×40.7m，总吊装重量约为 5100t。

5 垦利 10-1 油田多井口平台总体布置方案

5.1 总体设计思路

WHPB 平台是一个兼具钻修井功能的钻采井口平台，总体布置设钻机模块，不设生活楼、直升机专用平台。

登平台处设置了靠船件、带缆桩、登船平台、导管架登船走道及斜梯等设施以保证人员可以顺利登平台。

WHPB 平台由于甲板尺寸和重量大，如果采用整体吊装方案，安装施工难度巨大，为此我们考虑采用平台模块在陆上预制、海上东西模块分块吊装的安装方案。WHPB 平台的整体概貌如图 2 所示。

从图 2 可以看出，该平台共设置四层甲板。甲板层数是根据该平台上的设备数量及尺寸、钻机操作维修所需面积、设备操作所需空间、平台房间的数量及尺寸、管线及托架等布置所需的空间，平台所需的预留空间以及安装要求来决定的。

WHPB 平台上层甲板与中间层、中间层与下层甲板层高均为 4m，下层甲板与工作甲板层高为 5m。甲板层高主要是由该平台结构梁最大尺寸 1.5m、安全逃生通道高度要求 2.2m，设备最大高度以及房间尺寸来决定的。

同时总体设计考虑到平台重心应该尽量居中，公用设备必须考虑工艺流程以及管线连接。房间布置尽可能在同一侧以及按设备是否有油气介质需设防火墙等因素，平台上的房间均布置在甲板东侧，设备、井口区布置在甲板西侧。

5.2 垦利 10-1 油田 WHPB 平台总体布置方案

5.2.1 上层甲板总体布置

WHPB 平台上层甲板标高 EL.（+）25.5m，甲板尺寸为 65.5m×40.7m。上层甲板主要用

来布置钻井模块，甲板尺寸是由钻机模块所需的空间来决定的。钻机模块所需的淡水、饮用水均来自于 WHPB 平台，因此考虑将淡水系统布置在上层甲板。上层甲板上的设备主要有淡水罐、淡水泵、淡水过滤器、吊机。

图 2　KL10-1WHPB 平台整体概貌

WHPB 平台平台所需的柴油、化学药剂、仪表气、公用气、电力等都来自于中心平台 CEP，井口区的原油又通过栈桥输送到 CEP 平台，导致栈桥连接处管线、电仪托架众多，见图 3 所示。

从上图 3 可以看出，来自栈桥的管线、电缆托架，平台上的风机基本都要从上层甲板下方通过，上层甲板下方吊机立柱处正好是甲板空间最紧张的地方。设计初期，总体专业没能考虑到吊机立柱处管线、电仪托架的布置，在满足逃生通道 2.2m 高度、甲板层高 4m 的前提下，管线、电缆托架以及机械风机在吊机立柱处根本无法布置。在满足平台甲板层高不变的前提下，总体专业在设计后期将北侧吊机立柱向北移动了 0.7m，相应的甲板东西向补齐，甲板距 B 轴的距离由 3.5m 变成了 4.2m，同时相应的辅助结构(包括斜撑和立柱)向北移动了 0.7m，南侧吊机立柱南移 1m，相应的东西向甲板补齐，甲板距 A 轴的距离由 3.5m 变成了 4.5m，同时相应的辅助结构(包括斜撑和立柱)也向南移动了 1m。优化后的上层甲板布置图如图 4 所示。

从图 4 可以看出，经优化后吊机理出处甲板外扩，平台空间尺寸变大。同时配管、电仪专业将相应的管线走向、风机位置和电仪桥架走向进行了优化，满足了各专业的空间要求，优化后的吊机立柱处空间布置图见图 5 所示。

从图 5 可以看出，上层甲板南北两侧吊机立柱分别向外移动之后，立柱处平台空间变大，配管专业的管线主要从平台北侧经过，风机布置在管线上方，仪表专业的托架布置和少量管线在平台南侧，该布置可以满足各专业的空间要求。

图 3　栈桥处管线、电仪桥架布置图

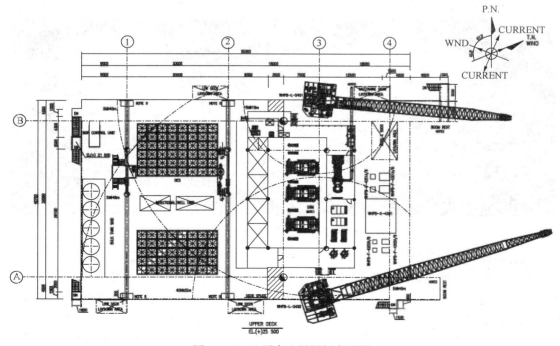

图 4　WHPB 平台上层甲板布置图

5.2.2　中层甲板及下层甲板总体布置

WHPB 平台中层甲板标高 EL.（+21.5m），甲板尺寸为 30m×40.7m。中层甲板上布置有

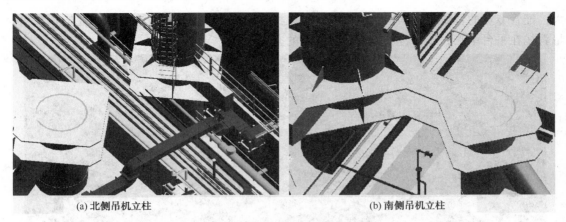

(a) 北侧吊机立柱　　　　　　　　　　　(b) 南侧吊机立柱

图 5　优化后的吊机立柱处空间布置图

ESP 转换间、FM200 房间、电池间等 7 个房间，两台旋流除砂器布置在甲板东北角。吊货区布置在甲板北侧，连接 CEP 平台和 WHPB 平台的栈桥布置在中层甲板东侧。

WHPB 平台下层甲板标高 EL.(+)17.5m，甲板尺寸为 65m×40.7m。甲板东侧布置有柴油消防泵房、应急开关间、ESP 控制间和主开关间。油气生产和处理设备均布置在该层甲板上，为了隔离危险区和非危险区，考虑在下层甲板上设置 A60 防火墙。

WHPB 平台井口槽有 88 个，井口管汇撬 4 个，注水管汇撬 2 个。井口区布置在甲板西侧，北侧井口区包括 48 个井口槽，南侧井口区包括 40 个井口槽，各个井口槽之间的间距为 2×1.8m，井口操作平台标高为 EL.(+)20m。采油树周围设备布置如图 6 所示。

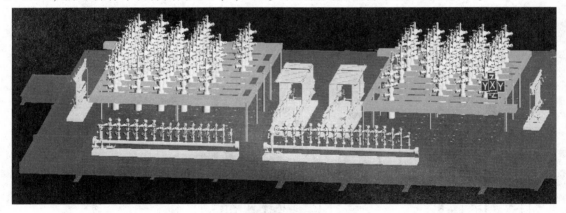

图 6　WHPB 平台采油树操作平台设备布置图

在总体设计初期没有充分考虑到采油树操作甲板下方配管专业管线走向以及采油树周围阀门操作、维修空间，采油树操作平台标高 EL.(+)19.0m，距离下层甲板 1.5m，管线布置比较困难。设计后期总体专业通过 PDMS 三维设计软件模拟井口区管线、阀门走向，将采油树操作平台层高提高了 1m。经过优化后，采油树操作平台标高 EL.(+)20.0m，操作甲板距离下层甲板高度为 2.5m，给配管专业留出了足够的管线布置空间，经优化后的井口区管线布置图如图 7 所示。

从图 7 可以看出，甲板层高提高，便于井口区阀门的操作，便于海上施工，同时也便于后期平台钻机钻完井后的管线连接。

图 7 WHPB 平台井口区管线布置图

下层甲板上的设备主要有测试分离器、多相流量计、井口控制盘、注水管汇撬、压井泵、除砂罐、集砂罐、柴油消防泵等。挡风墙布置在下层甲板的北侧。

下层甲板上布置有 3 个吊货区。一个吊货区布置在甲板北侧,其余 2 个吊货区布置在甲板南侧。下层甲板的布置如图 8 所示。

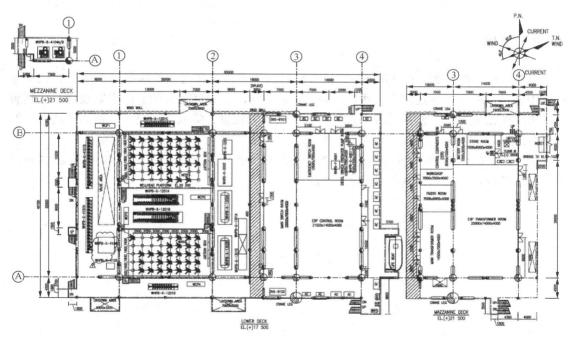

图 8 WHPB 平台中层和下层甲板布置图

5.2.3 工作甲板总体布置

工作甲板标高 EL.(+)12.5m,甲板尺寸为 20m×9m。工作甲板上的设备主要有开排罐、开排泵、开排滤器、闭排罐、闭排泵和闭排滤器等。挡风墙布置在甲板的北侧。工作甲板的布置如图 9 所示。

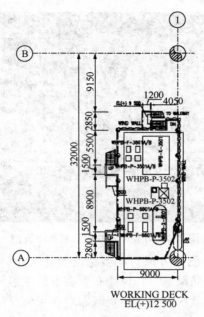

图 9　WHPB 平台工作甲板布置图

6　结论

　　垦利 10-1 油田开发工程井口平台井口数目多，平台层高低，总体布置难度大。在设计过程中通过与各相关专业结合，优选出最佳设计方案。经过优化后的总体方案设计，达到满足油田生产设施数量与使用要求，整齐美观，减少工程量，降低工程投资，提高了油田开发的经济效益。

　　垦利 10-1 油田多井口平台总体布置方案获得了业主的一致认可，为国内海上超多井口平台的总体设计提供了宝贵的经验和范例。

浅谈三维数据在导管架设计和
建造中的转换及应用

霍文星[1]　刘光铮[1]　冯涛[1]　丛岩[2]

(1. 中石化胜利油建工程有限公司；2. 胜利油田分公司设备管理处)

摘要： 在某导管架项目的实际建造过程中采用了 ANSYS 通用有限元分析软件、SACS 海洋平台结构设计与分析软件、TEKLA 结构制图软件以及 3DMAX 动画制作软件中的相互兼容接口。达到一次建模通过数据接口在不同软件中实现模型共享，节约建模时间。分别实现结构应力分析、采用规范进行结构设计、生成现场加工图纸、制作工程模拟动画这四项功能，形成一套设计作业流程，提高设计生产率，实现总承包项目参与各方数字模型共享。本文简介该流程的应用价值和推广前景。

关键词： 导管架；结构设计；三维设计；数据模型；应力分析；三维动画

随着计算机技术的发展，工程师对三维设计越来越重视，利用三维技术进行设计不仅使结构受力分析更加精确，直观显示模型受力是否合理；同时通过一系列的自动化手段(如零件编号、抽取材料列表、碰撞检查等)将复杂、繁琐的工作交由计算机来完成，提高了生产效率；更可以通过三维动画实现模拟建造，方便专家审查建造方案的可行性。但每个过程都建立模型费时费力，本文通过软件之间的数据转换实现共享数据模型，简述了设计、加工和建造过程形成完整流程的具体步骤。

1　海洋工程钢结构设计的数据转换流程

多个软件实现模型共享，在不开发数据接口的情况下，利用现有软件的接口进行转化，导出另外一个软件可以识别的数据模型。为了实现数据模型的共享，需要利用中间软件对模型进行转化。现在各类建模软件都带有相应的数据接口，软件之间合适的数据转化接口的利用能够极大的降低建模时间，提高设计效率。但要求合理的利用软件接口，在经过不断的试验和工程实践的基础上，本文总结了通过各类结构设计软件的接口实现数据模型共享的方法，形成各类软件对模型共享的结构设计流程。

海洋平台设计软件 SACS 与应力分析软件 ANSYS 软件之间的模型通过 CDB 文件实现共享，但是是单向的，都可以通过输出 DXF IGS 文件导入到动画制作软件 3DMAX 中；结构设计软件 SACS 与加工设计软件 TEKLA 之间可以通过 SDNF 文件实现模型共享，TEKLA 可以输出 DXF 面文件导入 3DMAX 中进行动画制作；应力分析软件 ANSYS 与加工设计软件 TEKLA 可以通过中间软件 SOLIDWORKS 的软件接口实现共享模型。这样通过这些格式的文件可以形成如图 1 所示结构设计系统。设计软件之间的连接需要严格的设置。现通过某中深水导管架的设计建造进行具体说明。

2 进行导管架的结构设计，建立数据模型

本文采用 SACS 进行结构设计，该软件系统用于海洋平台以及一般陆地结构工程设计的结构有限元分析设计。利用该软件建立初步导管架结构的数据模型如图 2 所示。在 SACS 中可以对该结构施加永久荷载和可变荷载，永久荷载包括设备和自重等；可变荷载包括风、浪、流、地震作用等。对结构进行受力计算。然后可以采用 API 规范对该结构进行设计校核。然后把模型导出为 DXF 格式，在这个文件中只具有模型构件的中心线，在其他软件中需要对中心线赋予截面建立模型。

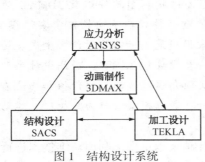

图 1　结构设计系统

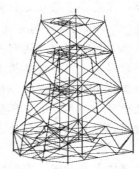

图 2　导管架 sacs 模型

3 数据模型在导管架加工设计中的应用

采用 Xsteel 软件进行加工设计，Xsteel 是芬兰 Tekla 公司开发的钢结构设计软件，该软件能够创建三维模型并能自动生成钢结构加工图和各种报表。Xsteel 自动生成的各种报表和接口文件(数控切割文件)，可以服务(或在设备直接使用)于整个工程。它创建了新方式的信息管理和实时协作。本文简单介绍该软件中在导管架加工设计中的应用。以 SACS 导出的模型为依据，在 Xsteel 中输入 DXF 文件如图 3 所示，对相同截面的部件赋予截面，经过多次导入，形成模型如图 4 所示，Xsteel 软件的操作流程如下：

3.1 添加节点

对导入的模型添加节点，节点的建立需要进行主、次零件的选择，对个别零件进行切割，在导管架中"马鞍口"的切割最多。节点添加后，利用该软件进行碰撞检查并修正。

3.2 碰撞检查

进行切割加工设计的模型精度要求高，能够直接用于现场加工和组装，零件之间既要做到紧密连接又不能有交涉的部分，该软件会自动进行碰撞检查，找出碰撞的地方供设计人员修改，直到所有碰撞问题解决。

3.3 编号

为了现场组装的方便，要对每个零件进行编号，而且要求每个零件的编号都是独一无二。该软件可以设置自动编号，相同形状的零件，具有相同的零件编号，但位置编号不同。

图 3　Xsteel 导入 SACS 模型

图 4　Xsteel 中导管架模型

3.4　出图及报表

图纸是现场真正需要的成果性文件，出图对于建模来说需要更加谨慎，零件图、构件图、布置图等图纸设置都不同，尺寸、编号、焊缝等都要表示清楚，图纸中包括料表和在布置图中的位置等信息。对于导管架可以自动出"马鞍口"相贯线图。自动出图图纸如图 5 所示。

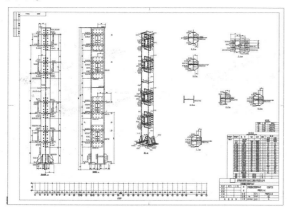

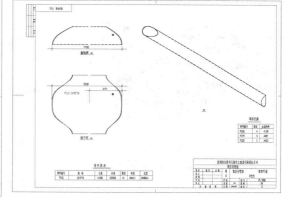

图 5　自动出图图纸

3.5　报表

通过该软件还可以自动出材料、零件、构件等报表，在报表中可以有零件编号、重量、体积、表面积（扣除叠加面积）等信息。同时可以制作模型组装顺序的施工进度横道图。

4　导管架建造安装过程中利用三维模型进行应力分析

采用 ANSYS 通用有限元分析软件，ANSYS 有限元软件包是一个多用途的有限元法计算机设计程序，可以用来求解结构、流体、电力、电磁场及碰撞等问题。因此它可应用于以下工业领域：航空航天、汽车工业、生物医学、桥梁、建筑、海洋工程、电子产品、重型机械、微机电系统、运动器械等。

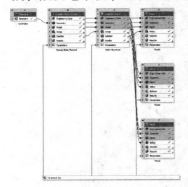

图 6 ANSYS Workbench
分析流程图

ANSYS14.0 主要包括 ANSYS Workbench Applications 和 Mechanical APDL 前者结合了 ANSYS 核心产品求解器的功能，采用项目管理工具进行工程项目流程管理，以图表流程的方式构造分析系统，并激活相关的应用程序，每个应用程序的界面是独立的，但应用数据与 Workbench 数据可以互联；后者是传统的 ANSYS 命令驱动界面分析。本文主要用到 Workbench 结构分析模块，分析流程图如图 6 所示。对导管架组装时的吊装进行分析，导管架在建造过程中，需要对大分片进行吊装，其中最大的一个分片 270t，如图 7 所示。对该分片进行分析，分析具体步骤总结为以下几点。

4.1　导入模型

在 DM 中可以导入准备分析的模型，DM 导入 DXF 文件和 x_ t 格式的 SOLIDWORKS 文件，导入的模型存在不完整、不连续的几何，不能直接使用，需要清理和修补模型，DM 提供了相关的分析工具、修补工具和修改/简化工具。对该分片进行修补并加临时支撑，如图 8 所示。

4.2　划分单元

在 Static Structural 中对结构进行网格划分，设定网格类型和单元大小，定义接触单元。划分的网格如图 9 所示。

图 7　分片组装图

图 8　吊装分片 ANSYS 模型

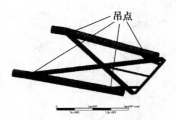

图 9　分片网格划分

4.3　施加荷载指定吊点

对该分片指定重力加速度，在吊点固定 Z 轴方向的平动。

4.4　应力分析

对该结构进行应力分析，分析完成，展开变形和应力图，应力图采用 Von Mises 应力展现。Ansys 后处理中"Von Mises Stress"习惯称 Mises 等效应力，它遵循材料力学第四强度理论(形状改变比能理论)。第四强度理论认为形状改变比能是引起材料塑性变形破坏的主要原因。钢材等塑性材料遵循第四强度理论。强度理论公式为：

$$\sigma_s = \frac{1}{\sqrt{2}}\sqrt{(\sigma_x - \sigma_y)^2 + (\sigma_y - \sigma_z)^2 + (\sigma_z - \sigma_x)^2 + 6(\tau_{xy}^2 + \tau_{yz}^2 + \tau_{zx}^2)} \qquad (1)$$

变形图、应力图分别如图 10、图 11 所示。

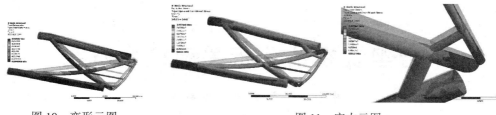

图 10　变形云图　　　　　　　　　图 11　应力云图

5　将三维数据引入动画制作过程

采用 3DMAX 软件对在加工设计中的模型做动画演示，提供专家和业主审查和提出宝贵意见。动画制作可以从上述任何一个分部中提取模型，进行动画制作，提取的格式主要是 IGS 和 DXF 格式。对场景赋材质，设置好动画路径，渲染输出动画文件，动画截图如图 12 所示。

图 12　运输过程动画截图

6　结论

从结构设计、加工设计、有限元分析到动画制作利用的都是同一个数据模型，各部分之间实现连接，形成一个设计、建造与演示流程。根据业主、承包商、专家论证会的要求可以对结构进行修改，然后在该流程中完成所有工作。对于工程总承包项目，可实现三维工程模型数据共享，节约人力资源；该技术流程的应用，能够使设计单位与施工单位合作更加紧密，更好的为建设方服务；其数据模型在 3D 打印技术日益成熟的未来可以更好地服务于建造和运营管理。

在该流程中尚存在问题需要解决，软件之间的导入需要对模型进行局部修补；需要借用第三方软件实现共享模型，并且需要编写模型接口程序。

参 考 文 献

1　迟艳芬．浅海固定式平台陆地建造技术[J]．工程建设与设计，2004，06：37~39.

2　刘杰鸣，李绂，黄维平，石湘．浅海导管架平台结构损伤诊断试验研究[J]．海洋工程，2011，04：37~42.

3　刘兵．计算机软件数据接口的应用分析[J]．计算机光盘软件与应用．2012(01).

4　张晓鹏．浅谈计算机软件数据接口的几种实现思路和应用[J]．科技情报开发与经济．2010(18).

5　贾国芳．通用数据接口装配件的设计与应用[J]．计算机工程与设计．2009(21).

6　许京荆．ANSYS 13.0 Workbench 数值模拟技术[M]．北京：中国水利水电出版社，2012：1.

平台组块在位分析关键技术研究

李冬梅　张爱霞　施昌威

(中石油集团海洋工程有限公司工程设计院)

摘要：本文以大型钻井平台组块为背景，组块除承受各专业设备荷载外，还需要承受钻机模块钻井荷载以及 DSM 钻机支持模块荷载。本文以 12000t 组块为例，详细介绍了其静力分析和地震分析的关键技术。

关键词：组块；静力分析；地震分析；反应谱

1　静力分析关键设计技术

1.1　模型

本文中分析的组块由 8 根主腿构成，主腿南北方向跨度为 32m，东西方向最大跨度为 20m。总共分四层甲板，顶层 40.7m×65m，为钻井口区和 DSM 模块区，分别承担约 2500t 的钻井口荷载和 DSM 模块荷载；中层甲板 40.7m×40m，为房间区域；下层甲板 40.7m×65m，为井口区和房间区，底层甲板 9m×20m，为工作甲板。在 SACS 中主要采用板梁单元进行模拟，并根据计算原则修正杆件的 L_y，L_z，L_b。导管架仅为组块约束条件，不进行仔细模拟和核算。图 1 为组块静力分析模型。

1.2　荷载

计算上部组块，荷载主要有自重，各专业设备荷载，钻井荷载，钻井支持荷载，活荷载，环境荷载等。

模型中组块构件自重通过 SACS–SEASTATE 程序模块生成，使用构件的横截面积和密度自动计算。未模拟部分的质量(比如栏杆，楼梯等)都是作为节点荷载或者杆件荷载输入。各专业设备荷载作为 SKID 荷载输入。活荷载作为面荷载输入模型中，加载的原则是吊货区 5kN/m²，非设备区及走道 2.5kN/m²，井口区 2.5kN/m²，房间 1.25kN/m²。钻井荷载需要根据钻井的不同井位进行加载，一般选择边缘井位和中间井位进行加载，如图 2 中圆点所示位置。钻机支持模块荷载根据实际作用位置作为点荷载输入，如图 3 所示。

作用于结构物表面上的风荷载 F 根据《海上固定平台规划、设计和建造的推荐作法——工作应力设计法》式 2.3.2-8 计算：

$$F = (\rho/2)u^2 C_s A \tag{1}$$

对下甲板以上构件和模块的风载荷，本文定义相应的受风面积和受力节点根据各个方向的受风面积，分配给相应的节点，对该部分模型构件不再重复计算其风载荷，而定义其风载荷形状系数为 1.0(图 4、图 5)。

1.3　计算结果

计算中，对于各类施加在模型中的荷载进行组合，操作工况为结构自重+设备荷载+不同井位的钻机荷载+DSM 荷载+活荷载；极端工况为结构自重+设备荷载+极端工况下的钻机荷载+极端工况下的 DSM 荷载+75%活荷载，杆件容许应力系数为 1.33。计算表明，组块的杆件应力和节点冲剪均满足规范要求。

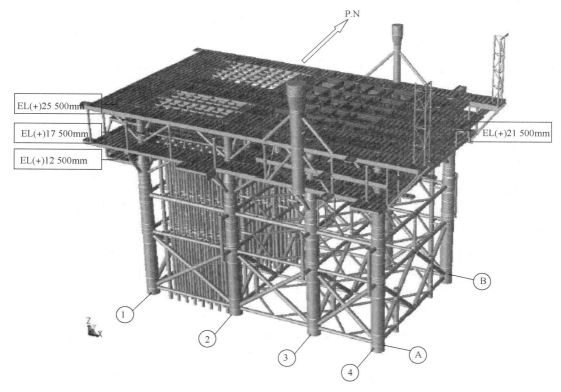

图 1　组块静力分析模型

2　地震分析关键设计技术

2.1　分析方法

地震分析采用反应谱方法。反应谱分析是一种将模态分析的结果与一个已知的谱联系起来计算模型的位移和应力的分析技术，它以单质点弹性体系在实际地震过程中的反应为基础。首先，其要求从现有的地震记录中寻找有代表意义的标准反应谱。第二，其要求了解结构的自振特性，包括周期、振型和阻尼等。第三，其要求解决各结构振型反应的求解和各个振型的组合问题。

模态分析用于确定结构的动态特性，包括结构的固有频率和振型，它是地震反应谱分析的前提。对存在 n 个自由度的系统，除了具有与自由度个数相同的 n 个固有频率外，还具有相应的固有振型样式，即振型。系统的运动方程用矩阵形式可表示为：

$$[M]\{\ddot{u}\} + [K]\{u\} = \{0\} \tag{2}$$

式中，$\{\ddot{u}\}$ 和 $\{u\}$ 分别表示加速度和位移向量，$[M]$ 表示质量矩阵，$[K]$ 表示刚度矩阵，由式（1）可得特征方程：

$$([K] - \omega^2[M])\{\phi\} = \{0\} \tag{3}$$

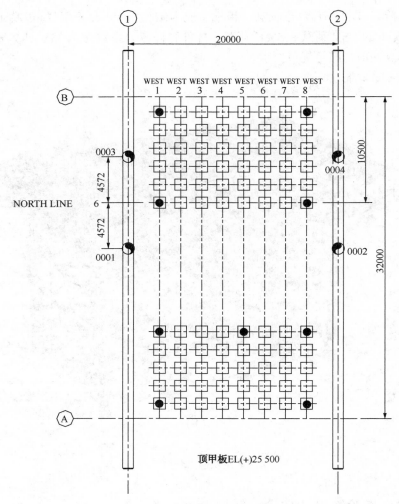

图 2　钻井荷载加载井位

相应地有 n 个特征对：固有频率 ω 和振型 $\{\phi\}=\{i=1,2,3,\cdots,n\}$，它们构成一个完备的模态集，用于描述结构的动力特性。

地震反应谱理论的核心是反应谱曲线。所谓反应谱，就是单质点系在给定地面运动作用下的最大反应随自振周期变化的曲线，它也是阻尼的函数。依据反应性质的不同，反应谱分为位移反应谱、速度反应谱和加速度反应谱。现阶段，结构设计的最基本方法是采用强度理论。对于抗震设计，要求先确定地面运动引起的作用于结构上的地震力大小，然后进行结构的强度验算和变形验算，因此加速度反应谱便成为现行的抗震设计规范中用以反映地震作用的最主要参数。根据 API RP 2A 规范，地震校核分为强度校核和韧性校核。强度要求是期望得到足够强度和刚度的平台，保证在寿命期内，在不超过合理且可能的地震水平下，结构不会发生明显的损伤。韧性要求是期望保证平台有足够的储备能力，尽管在罕见的强烈地震时，结构损伤可能发生，但须防止平台倒塌。

强度地震——API RP 2A 规定强度地震重现期通常为 200 年。

韧性地震——API RP 2A 规定韧性地震重现期通常为 2000 年，或者 2 倍强度地震。

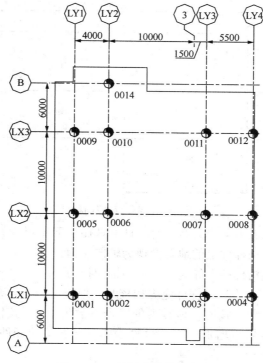

图 3 DSM 钻机支持模块荷载

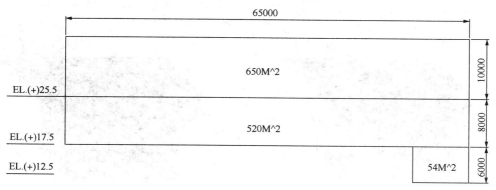

图 4 南侧和北侧风荷载面积计算

本文计算了前 30 阶的振型, 当 x、y、z 三个方向的地震作用时, 振型组合采用 CQC 方法。计算中, x、y 方向的地震反应谱比例系数取为 1.0, z 方向的比例系数取为 0.5。对三个方向上的地震振型效应, 采用 SRSS 方法进行组合, 计算中三个方向的组合系数均为 1.0。

$$S_{Ek} = \sqrt{S_x^2 + S_y^2 + S_z^2} \tag{4}$$

式中, S_x、S_y、S_z 分别为 x 向、y 向、z 向单向水平地震作用效应。

2.2 计算结果

计算中, 主结构(板和杆件)和附点水质量由 SACS 自动生成, 其它附属结构质量、设备荷载和活荷载都需转化质量形式, 参与结构的模态分析, 钻井模块和 DSM 支持模块都应取极端工况下的荷载。第一阶模态为 Y 方向的平动, 振动周期为 1.445s, 第二阶模态为 X 方向的平动, 振动周期为 1.398s, 第三阶为扭转, 振动周期为 1.141s(图 6、图 7)。由于地震

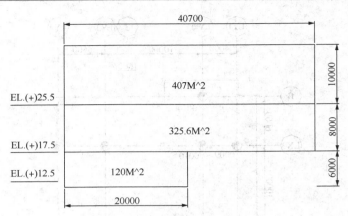

图 5　东侧和西侧风荷载面积计算

力没有方向性，所以当地震力与静力组合时，计算遵循以下原则：

（1）把所有作用在结构杆件上的地震力视为轴向压力；

（2）把所有作用在结构杆件上的地震力视为轴向拉力。

根据 API RP 2A 规范，当进行杆件应力校核时，地震力的组合系数为 1.0，容许应力可增加 70%；当进行节点冲剪校核时，地震力的组合系数为 1.0，弦杆壁的容许冲剪应力 V_{pa} 和容许节点能力 Pa 和 Ma 可以增加 70%，计算表明，导管架的杆件应力和节点冲剪均满足规范要求。

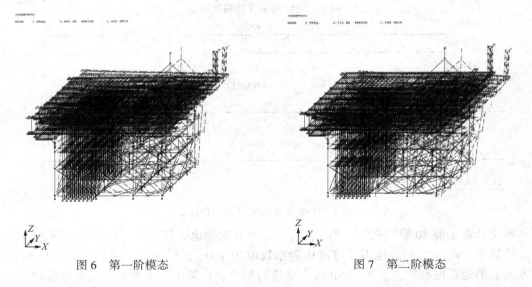

图 6　第一阶模态　　　　　　　　　　　　图 7　第二阶模态

3　小结

本文结合分析原则和分析方法，以渤海湾某平台为例，对带钻井及相应设施的组块的静力分板、地震分析等内容进行了研究，提出了设计分析中的关键设计技术，钻机荷载的加载、DSM 模型的加载、地震反应谱分析为类似的组块设计提供借鉴和参考。

参 考 文 献

1 API RECOMMENDED PRACTICE2A-WSD（RP 2A-WSD），Recommended Practice for planning，designing and Constructing Fixed Offshore Platforms-Working stress Design，December，2007.

2 American Institute of Steel Construction，Specification for Structural Steel Buildings - Allowable Stress Design and Plastic Design，2005.

3 刘喜平．结构的水平地震作用效应中和振型组合方法的选择．福建建筑，2009，130：33~342.

4 易方民，高小旺，苏经宇．建筑抗震设计规范理解与应用[M]．北京：中国建筑工业出版社，2011.2.

自升式平台在深水就位中桩腿强度分析

陈建强　王建会　李明海　张锡良　张梁

张金元　刘曰桥　邴中东　韩福彬

（中国石油集团海洋工程有限公司钻井事业部）

摘要： 自升式钻井平台靠桩腿支撑上部结构，在拖航就位过程中，桩腿具有很好的辅助作用，在渤海湾对于就位精度要求较高的导管架平台，通过单桩旋转的方式进行微调，能实现较高的就位精度。但在更深的海域，面对更复杂的海洋环境，传统就位方式是否适用，是我们面临的新问题，本文使用有限元软件 ANSYS 建立自升式平台模型，根据设计工况和环境载荷进行有限元分析计算，校核桩腿的强度，从而对平台在不同海域就位方式的选择进行指导。

关键词： 平台精就位；单桩旋转；有限元分析；环境载荷；桩腿强度校核

1　引言

目前海上自升式平台进行导管架施工作业非常普遍，该作业方式对平台的就位要求较高，比如在科麦奇 WGPA 导管架平台，为实现井位全覆盖，就位精度要求纵向距离 1m、误差小于 0.3m，横向误差小于 0.3m。对于自升式钻井平台就位导管架，通常采用抛锚和船舶辅助就位的方式。然而中油海 5/6/7/8 平台都没配备锚装置，中油海 9/10 配备了锚机，但锚链承载力和锚的抓地力较小，无法满足就位要求。为实现较高的就位精度，常采用平台桩腿辅助就位的方式，即在就位导管架时通过定住一个桩腿，再通过拖轮施加转动力矩对平台进行旋转微调以达到精度要求。该就位方式在渤海湾得到广泛应用。

2　问题

在渤海湾，钻井平台作业海域水深往往都在 30m 以内，在大港、曹妃甸、胜利等作业海域水深只有十几米。随着公司市场不断扩大，逐步走向更深水域，中油海 9 平台、10 平台已进入波斯湾海域作业，作业水深都在 60~70m，而且都需要导管架精就位，因此，在浅海传统的就位方式在较深的海域是否适用，是我们面临的新问题。下面我们对平台在就位过程中所受的载荷进行分析。

3　载荷分析

海洋石油结构物的主要特点是承受海洋环境所带给的载荷，这些作用在结构物上的外力可分为作用力和反作用力。要研究自升式平台在就位过程中桩腿的强度问题，必须要正确解决海洋环境载荷的计算问题，下面就平台所承受的环境载荷主要有风载荷、海流、波浪载荷，以及桩腿与海底土壤的作用载荷进行分析。

3.1 风载荷计算

风载荷可以分为两部分，即沿着风速方向的水平风载荷和垂直于风速方向的升力。根据船级社的规定，在自升式平台风载荷的计算中，只考虑水平风载荷。水平风载荷的大小主要和风压、平台结构的受风面积、结构物的高度和形状有关。风力按下式计算：

$$F = C_{\text{h}} C_{\text{s}} S P \tag{1}$$

式中，风压 p 为 $0.613 \times 10^{-3} V^2$，kPa；V 为设计风速，m/s；S 为受风杆件的正投影面积，m^2；C_{h} 为暴露在风中杆件的高度系数；C_{s} 为暴露在风中杆件的形状系数。

对风载荷，先将受风杆件在不同风向的投影面积、形状系数、高度系数、风压值、风力作用高度等计算出来，然后求得不同风向的风力和它对桩腿下端的力矩。对于有对称性的平台，在 0°~180° 之间取若干个风向角计算风载荷。

3.2 海流力计算

海流力是作用在海洋石油结构物上的一种流动阻力，这种阻力是由于运动的水所产生的定长流动阻力，由于海流可近似看作一种稳定的平面流动，因此海流与圆柱形结构物的相互作用可用平面流与铅直圆柱载荷公式来表示。

$$f_{\text{c}} = \frac{1}{2} C_{\text{D}} \cdot \rho_{\text{w}} D v_{\text{cmax}}^2 \tag{2}$$

式中，f_{c} 为圆柱形桩单位长度上的海流载荷；D 为阻力系数；v_{cmax} 为海流的最大可能速度；ρ_{w} 为海水的密度，kg/m^3；D 为圆柱形桩直径。

3.3 波浪力计算

对于相对尺度较小的细长柱体的波浪载荷计算（$D/L \leqslant 0.2$，D 为构件截面的特征尺寸，L 为波长），在工程设计中广泛采用 Morison 方程：

$$f_{\text{wy}} = \frac{1}{2} C_{\text{D}} \rho_{\text{w}} D \left(u - \frac{\partial y}{\partial t} \right) \left| \left(u - \frac{\partial y}{\partial t} \right) \right| + C_{\text{M}} \cdot \rho_{\text{w}} \frac{\pi D^2}{4} \left(\frac{\partial u}{\partial t} - \frac{\partial^2 y}{\partial t^2} \right) \tag{3}$$

式中，f_{wy} 为垂直作用于管柱上的单位长度的波浪力，kN/m；ρ_{w} 为海水的密度，kg/m^3；D 为管柱直径，m；u 为管柱轴线处水质点的水平方向速度，m/s；C_{D} 为阻力系数，取值为 0.6~1.2；C_{M} 为惯性力系数，取值为 1.3~2.0。

该算式是 Morison 等人于 1950 年在模型试验的基础上经过大量计算提出的计算垂直于海底的刚性柱体上的波浪载荷公式。该理论假定柱体的存在对波浪运动无显著影响，认为波浪对柱体的作用主要是黏滞效应和附加质量效应。此公式主要把作用在垂直柱体上的力分成两项：一项是与流体加速度成正比的惯性力项，一项是与流体速度平方成正比的曳力项。

用 Morison 方程计算相应的波浪力，关键在于选定一种适宜的波浪理论和相应的拖曳力系数和惯性力系数。目前 ABS、DNV 等海洋平台入级规定普遍使用 Stokes 波浪理论或流函数理论进行海洋结构物有关强度校核和结构设计。本文采用 Stokes 五阶波浪理论进行计算。各波浪理论适用范围如图 1 所示。

3.4 桩土相互作用

当一桩腿入泥后，在外力作用下，一部分外力由桩身承担，另一部分通过桩传递给土体，促使桩周土体发生相应的变形而产生抗力。

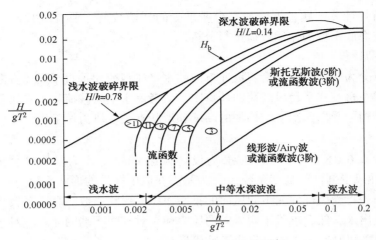

图 1　各种波浪理论的适用范围

对于桩土相互作用，通常采用 P-Y 曲线法计算。P-Y 曲线法就是在水平力的作用下，泥面以下深度 X 处的土反力 P 与该点桩的挠度 Y 之间的关系曲线。它综合反映了桩周土的非线性、桩的刚度和外荷作用性质等特点。对于本文只考虑软黏土中的 P-Y 曲线：

泥面以下深度为 x 处的桩侧极限土抗力 P_u 值按下式确定：

$$P_u = 3C_u + \gamma x + J\frac{xC_u}{D} \qquad (0 \leqslant x \leqslant x_R) \tag{4}$$

$$P_u = 9C_u \qquad (x > x_R) \tag{5}$$

其中，x_R 为极限水平承载力的转折点深度，$x_R = \dfrac{6D}{\dfrac{\gamma D}{C_u}+J}$

式中，D 为桩径；γ 为土体有效容重，MN/m³；C_u 为原状土不排水抗剪强度，kPa；J 为无因次常数，其值在 0.25~0.5 之间，土较硬取小值。

P-Y 曲线如图 2 所示，软黏土的 P-Y 曲线分为三个部分，分别由一条曲线和三条直线组成。其中 OCDEF 段为短期静荷载作用下的 P-Y 曲线，当 $0<y/y_c<8$ 时，其公式如下：

$$\frac{P}{P_u} = 0.5\left(\frac{y}{y_c}\right)^{\frac{1}{3}} \tag{6}$$

当 $y/y_c \geqslant 8$ 时，$P = P_u$，式中 y_c 是达到极限土抗力之半时的位移值。其计算公式为：$y_c = 2.5\varepsilon_0 D$。式中 ε_0 是原状土不排水试验，在 1/2 最大应力时出现的应变。

4　有限元单元选择

本文需要解决的是平台受力时桩腿的变形和应力问题，根据桩腿杆件的特点选择三维空间管单元 PIPE59，而对于船体结构则采用三维空间板壳单元 SHELL43 进行分析。

4.1　PIPE59 单元

PIPE59 单元是一种可承受拉、压、弯作用，并且能够模拟海洋波浪和水流的单轴单元。单元的每个节点有六个自由度，即沿 X，Y，Z 方向的线位移及绕 X，Y，Z 轴的角位移。除了本单元的单元力包括水动力和浮力效应，单元质量包括附连水质量和内部水质量，PIPE59 还可以退化为仅考虑轴向变形的缆索单元。PIPE59 单元的横截面是圆管形的，通过指定外径与壁厚确定其几何尺寸。其支持线性与非线性材料，同时也支持大位移与大变形，还支持动力分析，可进行海洋环境载荷作用下的结构线性、非线性静力与结构线性、非线性动力分析。PIPE59 单元模型见图 3。

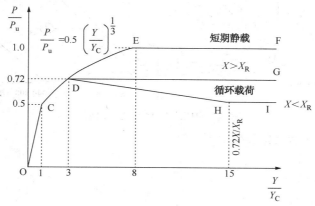

图 2　软黏土的 P–Y 曲线

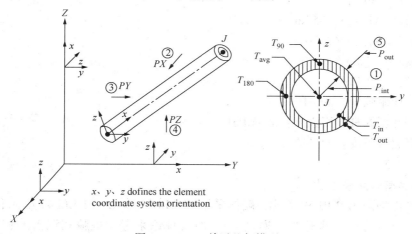

图 3　PIPE59 单元几何模型

4.2　SHELL43 单元

建立自升式平台三维有限元计算模型时，船体结构采用 SHELL43 壳单元，该单元适合模拟线性、弯曲及适当厚度的壳体结构，具有塑性、蠕变、应力刚化、大变形和大应变的特性。单元中每个节点具有六个自由度：沿 X、Y 和 Z 方向的平动自由度以及绕 X、Y 和 Z 轴的转动自由度。平面内两个方向的形状变化都是线性的。

5　平台静力分析有限元模型的建立

本文以中油海 10 平台作为算例，考虑船体与桩腿之间的连接关系，以及桩土之间的相互作用，分析平台三维有限元模型(图 4)。

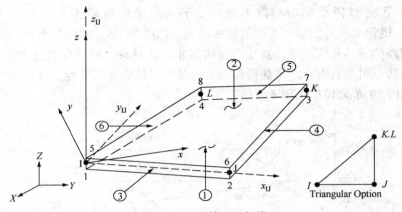

图 4　SHELL43 单元几何模型

5.1　中油海 10 平台具体参数如下

船长：54.864m；

船宽：53.340m；

型深：7.620m；

桩腿长：124.39m；

桩腿间长(纵向)：35.052m；

桩腿间长(横向)：36.576m；

桩靴高度：4.572m；

桩靴直径：12.040m；

桩腿弦杆屈服强度：690MPa；

水平撑杆和斜撑杆屈服强度：359MPa；

跨距撑管屈服强度：241MPa；

泊松比：0.3。

5.2　平台有限元模型图

所有的管件均采用 PIPE59 单元，船体采用 SHELL43 单元，SHELL43 单元和 PIPE59 单元通过公用节点的方式实现连接，通过 $P-Y$ 曲线理论来考虑桩腿和泥土的相互作用，用 COMBIN39 单元来模拟这种相互作用，如图 5 所示。

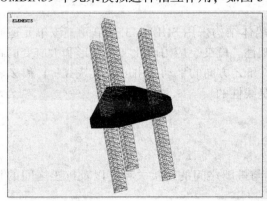
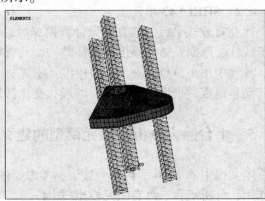

图 5　平台有限元模型图

6　平台三维静力有限元分析

6.1　环境载荷参数

水深 65m；

波高 1.83m，周期 7s；

表面流速 0.5m/s，底部流速 0.25m/s，中间流速 0.375m/s；

平台吃水 4.15m；

风速 10m/s，风阻力为 80kN；

海底土质参数如表 1 所示：

表 1　SPD22 井位设计土质参数

层　号	深度/m		土质类型	有效容重/（kN/m³）	不排水抗剪强度/kPa	
	层顶	层底			层顶	层底
1A	0	7	黏土	6	2/6	6/12
1B	7	11	黏土	6.1	6/10	12/17
2	11	15	黏土	6.7	10/15	17/30

6.2　载荷施加

考虑平台就位时可能受到的最大载荷，假设风浪流的方向一致，左后桩桩靴入泥，并以该支点进行顺时针旋转。拖轮在右后舷施加外力，校核拖力在 10T，20T，40T 时的桩腿强度，如图 6 所示。

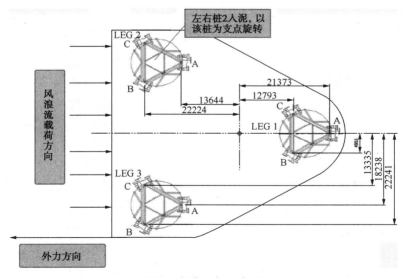

图 6　载荷施加示意图

6.3　载荷引起的位移与应力

外力为 10T、20T 和 40T 时的整体位移云图及桩腿应力云图如图 7、图 8 和图 9 所示。

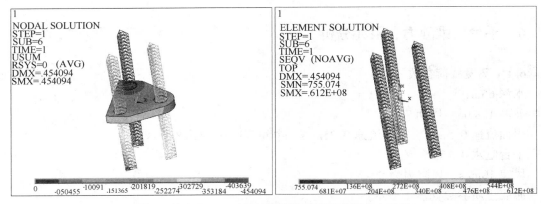

图 7　外力为 10T 时的整体位移云图及桩腿应力云图

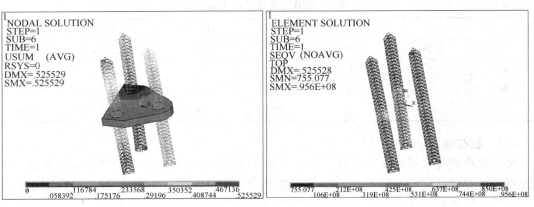

图 8　外力为 20T 时的整体位移云图及桩腿应力云图

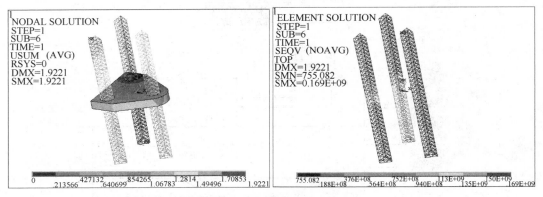

图 9　外力为 40T 时的整体位移云图及桩腿应力云图

6.4　桩腿强度校核

各管件在不同外力下所受最大应力如表 2 所示。

按照 CCS 规范，安全系数取 1.25，则许用应力 $[\sigma]$ 表达式如下：

$$[\sigma] = \frac{\sigma_{\text{s}}}{1.25} \tag{7}$$

桩腿弦杆许用应力为：552MPa；水平撑杆和斜撑杆许用应力为：287.2MPa；跨距撑管许用应力为：192.8MPa。可得知，当外力为 40T 时，最大应力已超过其许用应力，因此存在破坏的风险。

表 2   各管件所受最大应力

外力/T	最大应力/MPa		
	弦管	水平/斜撑管	跨距撑管
10	45	31.7	78.4
20	79.5	57.7	142.3
40	131.5	90.5	216

7   结论与建议

（1）本文以中油海 10 平台为模型，通过考虑海洋环境载荷以及桩土的相互作用，运用有限元分析方法，对平台在 65m 水深海域就位过程中的桩腿进行强度校核，得出传统的单桩旋转就位方式在深水中存在破坏风险，因此该作业方式不适宜在深水中进行推广；

（2）针对深水作业，应形成一套相对成熟的平台就位作业程序，同时对平台的就位设备进行升级和完善。建议目前在波斯湾海域作业的中油海 9、10 平台配备适合的锚和锚链，这样更有利于平台在该海域作业；

（3）虽然单桩旋转的就位方式在渤海湾得到广泛应用，但并未得到船级社的认可，因此该就位方式的适用性还有待更进一步研究，尤其是对针对该方式对桩腿疲劳损坏和使用寿命上的影响。

（4）随着公司市场不断扩大，作业海域更加复杂、更加多样化，在浅水作业中一些传统的作业经验不可盲目地在深水中推广，在使用前需进行深入的研究探讨，以确保平台作业的安全性。

参 考 文 献

1　杨进，刘书杰，姜伟. ANSYS 在海洋石油工程中的应用. 北京：石油工业出版社，2010.02.
2　赵晶瑞. 自升式平台风暴自存状态桩腿动静强度分析. 天津：天津大学，2007.
3　中国船级社. 海上移动平台入级与建造规范. 北京：人民交通出版社，2005.

天然气海底管道压缩机组选型研究

刘永　秦明　王晓勇

(中国石油集团海洋工程有限公司工程设计院)

摘要：结合天然气海底长输管道项目选型工作实践，确立了适用于海底管道运行变输量、高压比的大功率压缩机组选型配置方案，对压缩机组的逐年运行工况进行了研究，并采用定量的方法分析确定了压缩机组备用方案，以保证管道的稳定运行。

关键词：天然气；海底管道；压缩机组；选型

1　综述

天然气海底管道是天然气长输管道的重要组成类型，通常由首站(压气站)、下海点、海底管线、登陆点、末站等构成。由于海底管道自身的特点，一般无法在管道中途设置增压站，天然气输送所需的压力完全来自首站(压气站)。因此，压气站站内天然气压缩机等关键设备合理选型和优化配置对整个管道系统的投资和日后安全经济运行起着重要的作用。

目前，国际国内比较典型的天然气长输海底管道工程有：从俄罗斯经波罗的海到德国的北溪(Nord-Stream)海底管道工程，从卡塔尔北方油气田到阿联酋和阿曼的海豚(Dolphin)天然气海底管道工程，以及国内的西气东输二线工程香港支线工程等，各工程的主要参数见下表1。

表1　典型天然气海底管道工程主要参数

项　　目	北溪(Nord-Stream)	海豚(Dolphin)	西二线香港支线
总长度/km	1224	364	20
管径/in	48	48	—
年输量/BCM	55(双线)	33	—
压缩机组	52MW×6台+27MW×2台	52MW×6台	—
建成时间	2012	2006	2012

上述各海底管道工程的首站均为压气站，站内主要设备包括燃驱或电驱天然气压缩机组、空冷器、过滤分离设备、清管设备及其它工艺设备等。

本项目属于典型海底天然气长输管道工程，设置有首站和末站各一座，其中首站为压气站，管道中途不设站。上游来气经压缩机增压进入海底管道，长距离输送后登陆并进入末站进行处理和计量，最终输送至用户处。本项目的逐年输量变化范围较大，初始年输量仅为最大年输量的1/3左右；且具有较高的压比，压缩机组选型和设计成为了站场设计中的重点难点。

2 压缩机组选型研究

天然气管道的压缩机组由压缩机和驱动设备组成，是压气站工艺流程的最核心设备，直接为管道天然气增压以提供天然气输送的动力。压缩机组的能耗占据整个压气站能耗的绝大部分，因此压缩机组选型工作中的容量、运行可靠性直接决定了海底管道可靠性和经济性等因素。

压缩机组选型的主要控制因素包括输量、进出口压力、配套设施情况、动力来源、站场高程和环境温度、设备配套和维修保养等。结合工程实际，本项目重点考虑了变输量、高压比对压缩机组选型的影响。

2.1 压缩机输量

本工程项目作为大型的天然气长输工程，需要满足较大的气体输量要求。同时，在投产和运行过程中，天然气的输量又存在较大幅度的变化，最大输量和最小输量间的差值可达3倍以上。这一特殊情况成为压缩机选型设计工作和管道安全稳定运行的设计难点。海底管道工程输量及压比参数见表2。

表 2 海底管道工程输量及压比参数

阶 段	输量/ (10^4 Nm³/d)	压缩机入口 温度/℃	压缩机入口 压力/MPa	压缩机出口 压力/MPa	压 比
初期	1200	25	5.0	8.5	1.7
中期	2500	25	5.0	10.8	2.2
后期	3000	25	5.0	12.1	2.4
设计输量	3600	25	5.0	12.8	2.6

天然气管道压缩机主要有离心式压缩机和往复式压缩机两种类型，其中离心式压缩机具有单机排量大、重量轻、结构简单的特点，其性能可满足较大天然气输量的要求。因此，本项目初步选型采用离心式压缩机组。

离心式压缩机在与管网联合工作时，若流量减小到某一流量 Q_{min}，压缩机与管网就会出现大幅度的低频率气流扰动、机组振动剧增的现象，称为喘振。喘振现象会严重破坏机组和管道的稳定运行，可导致机组和管道的破坏性事故。离心式压缩机组运行时不允许出现喘振现象。常见的避免因短时间输量下降而发生喘振的方法包括在管网中设置防空阀或在压缩机进出口间设置旁通管路。由于本项目需长时间工作在较小输量条件下，上述方法会导致严重天然气和能源浪费，并不适合采用。

为此，在本项目选型设计工作中，综合考虑了设置多台机组、分散单台机组天然气输送量的技术方案，通过不同工作阶段不同数量机组的启停，确保了各机组均能工作在合适的工作包线内。压缩机组工作数量设置如表3所示。

结合厂家给出的压缩机工作曲线，上述流量范围可保证压缩机组的稳定运行，避免喘振现象的发生。

2.2 驱动机功率折减

现阶段，天然气长输管道大功率压缩机主要采用燃气轮机和变频电机驱动，驱动机的能源消耗构成了压气站最主要的运行费用。优化采用驱动机选型，可有效节约压气站运行费用，极大地提高管道运行的经济效益。

表 3 压缩机组工作数量设置

阶 段	总输量/ (10⁴Nm³/d)	工作压缩机/ 台数	备用压缩机/ 台数	单台压缩机 流量/(10⁴Nm³/d)
初期	1200	1	1	1200
中期	2500	2	1	1250
后期	3000	3	1	1000
设计输量	3600	3	1	1200

燃气轮机驱动压缩机的方案或变频电机驱动压缩机的方案在技术上均可以满足本天然气海底管道压气站工程的天然气输送工况要求。由于本天然气海底管道压气站工程位于某大型长输管道工程的末端，为节约压气站内对天然气的消耗、将更多的天然气输往最终用户，因此最终确定了电驱离心式压缩机组的选型方案。经比选，该方案的现值最低，且对天然气的消耗最小，有效降低了成本，提升经济效益。

根据输量和压比进行计算，压缩机组所需要的轴功率见表4。

表 4 各阶段压缩机组功率计算

阶 段	压缩机组 台数/ 工作/备用	压缩机组 总功率/MW	单台压缩机组 功率/MW
初期	1/1	10.8	10.8
中期	2/1	31	15.5
后期	3/1	45.6	15.2
设计输量	3/1	54.6	18.2

由于压缩机组需要全年工作，因此压缩机组在各个温度工况下均需要保持稳定的功率输出能力。作为动力源的燃气轮机和变频电机在夏季高温条件下均存在一定的功率下降，即夏季功率折减。其ISO功率往往不能真实反应其功率输出能力，需要对驱动机的折减进行计算校核。

$$夏季功率折减因数 = \frac{P_{输出}}{P_{ISO}} \tag{1}$$

式中，$P_{输出}$为压缩机组驱动机所能输出的实际最大功率，MW；$P_{入站}$为压缩机组驱动机的ISO功率，MW。

本天然气海底管道压气站工程位于夏热冬暖地区，夏季室外平均最高温度36℃；夏季室外月平均湿球温度27.6℃。最终确定的夏季功率折减因数为0.95。

3 压缩机组备用方案研究

为尽量减少因压缩机故障原因造成的管道不可用天数，综合考虑减少停输损失和降低建设经济成本等因素，本天然气海底管道压气站工程对压缩机组的备用方案进行了研究。

3.1 站场备用方案选择

正常工作机组失效时，常规的备用方案包括机组备用和功率备用两种。

国内天然气长输管道压缩机组最常用的备用方式是机组备用。结合本天然气海底管道的运行工况，并考虑在单台压缩机故障时保证不停输，确定本工程压气站备用方案为设置 1 台完整热备机组，正常工作机组失效时切换启动备用机组，以提高管道运行的可靠性。经计算，在达到最大输量时，本天然气海底管道压气站的压缩机组采用 3 用 1 备的方案，可满足逐年输量增长的要求。

3.2 站场不可用率计算

直接应用相关文献研究成果，通过压缩机组不可用率对站场进行计算：

$$P(x) = \frac{n!}{x!\ (n-x)!} P^x\ (1-P)^{(n-x)} \tag{2}$$

式中，$P(x)$ 为压气站有 x 台压缩机组不可用的概率；N 为该压气站的压缩机组数量；P 为压缩机组不可用率，根据管道运行单位的统计数据得出。

对于本压气站工程 3 用 1 备的压缩机备用方案，在最大输量工况下，只有两台以上（含两台）压缩机失效会对管道的正常运行产生影响。若压缩机组可用率取 95.78%，可计算得出压缩机失效导致的不可用率为 $P(2) = 0.0098$，则该压气站可用率为 99.02%。计算可得，本天然气海底管道压气站工程的全年不可用天数约为 3.6d，满足规范中设计年工作天数的要求。

4 结束语

在某天然气海底管道压气站工程选型设计工作实践中，通过对压缩机、驱动机和相应机组备用方案的研究，形成了完整的选型原则，明确了适用于本压气站工程的压缩机组选型原则和技术方案，确定了工程关键设备的类型和参数，为本工程的下一步具体实施奠定了基础。

参 考 文 献

1 Nord-Stream AG. Nord Stream Portovaya Landfall Facility. Nord-Stream Issue，2012，Issue 24.

2 刊物通讯员．西气东输二线香港支线建成通气．煤气与热力，2013，33(2)：B07.

3 唐善华等．关于西气东输管道压缩机站的优化布置及机组配置的探讨[J]．石油工程建设，2003(1)：12~14.

4 中国石油天然气总公司．GB 50251—2003．输气管道工程设计规范[S]．北京：中华人民共和国建设部，2003.

5 海洋石油工程设计指南编委会．海洋石油工程设计指南[M]．北京：石油工业出版社，2007.

6 李广群，孙立刚，等．天然气长输管道压缩机站设计新技术[J]．油气储运，2012.31(12)：884~886，894.

钢管桩施工中的拒锤安全性分析

王保计

（中石化石油工程设计有限公司）

摘要：在导管架平台打桩过程中，由于施工条件或土壤特性突变等因素的影响会出现拒锤现象。拒锤时桩锤的动能基本全被钢桩本身吸收，需对桩身的安全性进行分析。在软件中建立桩的分析模型，对拒锤时桩的受力状况进行模拟，得出桩的应力分布及变形曲线。结果表明 ANSYS/LS-DYNA 能很好的计算出桩拒锤时桩的应力分布，为工程优化设计提供依据。

关键词：钢管桩；ANSYS/LS-DYNA；打桩；拒锤；应力分布

导管架平台依靠桩基础来支撑上部甲板结构及生活生产设施。导管架平台一般采用开口钢桩，这些桩通过冲击锤打入海底。桩的适当安装对海洋平台的寿命和性能是至关重要的，要求每根桩都要打到或接近设计的深度而不至于破坏。在打桩过程中，随着打入深度的增加及土壤条件的不断变化，当桩打入一定持力层而未到达设计贯入深度时，土壤特性的突变有可能使桩贯入 152mm 而锤击数超过 800 次从而产生拒锤现象。此外，海上打桩施工作业经常受天气条件、接桩焊接、船只调度或者打桩锤更换等原因的影响，造成桩不能一次性贯入到设计深度。这种施工中的停锤少则几个小时多则几天或者几周的时间，长时间的停锤必然引起土体固结，必然造成继续打桩的困难或者拒锤的产生。当施工过程中拒锤时，桩锤的锤击能量基本全被钢桩本身吸收。由于锤击能量较大，需对桩身的安全性进行分析。

1 关于 LS-DYNA

LS-DYNA 是军用和民用相结合的通用结构分析非线性有限元软件，是以显式为主、隐式为辅的通用非线性动力分析有限元程序，能够模拟真实世界的各种复杂问题，特别适合求解各种二维、三维结构的非线性动力冲击问题。ANSYS/LS-DYNA 将显式有限元程序 LS-DYNA 和 ANSYS 程序强大的前后处理结合起来。用 LS-DYNA 的显式算法能快速求解瞬时大变形动力学、大变形和多重非线性准静态问题以及复杂的接触碰撞问题。

冲击问题是一类特殊的动力学问题。海洋平台打桩过程中是利用桩锤的冲击克服土壤对桩的阻力，使桩端沉到预定的设计深度或达到地基持力层。可见，打桩问题为典型的冲击问题。钢管桩在打桩过程中发生拒锤现象时容易发生纵向压曲而破损，利用 LS-DYNA 的动力分析功能可以进行模拟拒锤时桩端、桩身及桩顶具体的应力分布状况。

2 分析模型假设

打桩过程中，发生拒锤时桩体在锤击作用下进尺较小，平均每锤击进尺小于 0.2mm，桩侧的土体发生扰动，桩侧阻力较小。对模型简化分析假设如下：（1）由于土体扰动，将拒锤时桩侧阻力作用忽略；（2）桩端的桩土作用假设为刚性接触，在打桩过程中拒锤发生时，桩锤动能被桩体吸收，桩头没有进尺。

3　LS-DYNA 计算

与一般的 CAE 辅助分析程序操作过程相似，ANSYSY/LS-DYNA 的显式动力分析过程包括前处理、求解以及后处理三个基本操作环节。

3.1　前处理

在前处理器中，定义 LS-DYNA 显式分析单元，从而激活一个 LS-DYNA 显式分析。分析所选模型为埕岛油田某平台预打加固桩，桩长 54.3m，壁厚为 24mm、28mm、30mm 的变壁厚开口钢管桩（图 2）。

根据几何参数在 ANSYS 中建立分析模型（图 3），对模型划分单元网格，定义载荷数组，即载荷-时间变量数组。为模拟计算在打桩拒锤时的最不利条件，将模型下部单元约束。

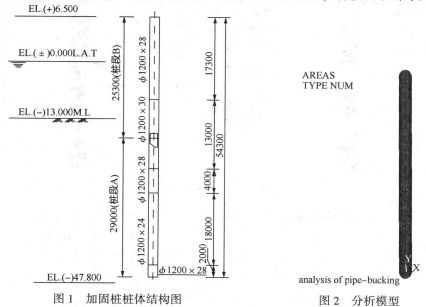

图 1　加固桩桩体结构图　　　　　　图 2　分析模型

3.2　分析选项设置及求解

在 LS-DYNA 中设置求解时间，将结果输出文件的类型设置为 ANSYS and LS-DYNA。设置壳单元厚度方向积分点输出个数，将能量控制选项中的所有选项打开。设置完成指定分析的结束时间和各种求解控制参数，形成 LS-DYNA 计算程序的数据输入文件，递交 LS-DYNA 求解器进行计算。

3.3　计算分析

通过 LS-PREPOST 后处理程序读入计算结果文件，在窗口中设置 4 个视图，分别显示变形、竖向速度、竖向变形和桩体应力分布（图 3）。在程序中选择所关注的节点进行分析，沿桩体竖向方向每隔 0.5m 选择一个节点，显示各个节点的速度变化曲线和竖向变形曲线及应力变化曲线等。根据所选节点，分析距离桩顶和桩端不同的节点的应力和变形情况（图

4),对不同节点进行校核。校核后如不满足设计要求,在命令流中更改桩段壁厚,再次进行计算,直到得出合理的设计壁厚。在该工程分析中,打桩拒锤发生时对桩身影响最大的点发生在距离桩顶0.91m的地方。多次更改钢管桩壁厚计算,结果显示将桩顶壁厚改为28mm更合理、更经济,符合施工安全要求。计算结果同时显示在桩底的节点应力和变形也较大,在设计中将桩底下端2~3m处的壁厚加大。

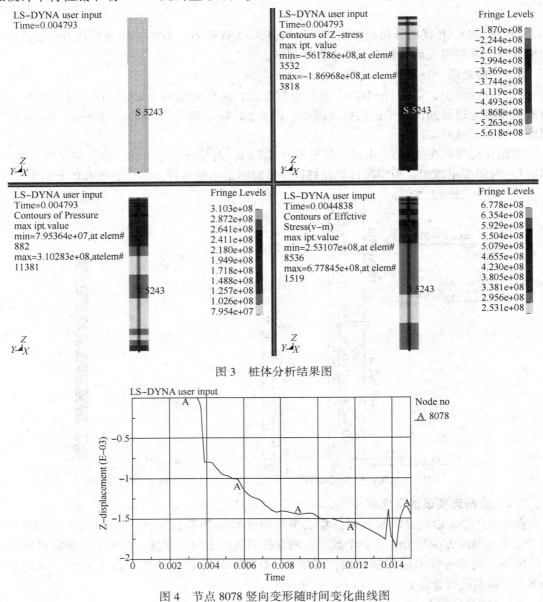

图3　桩体分析结果图

图4　节点8078竖向变形随时间变化曲线图

4　结束语

在工程设计中可以利用ANSYS/LS-DYNA软件对桩体进行动力冲击分析,模拟打桩拒锤时桩体的变形、应力结果，来确定安全、合理的桩体设计，为优化工程设计提供依据。

参 考 文 献

1 罗传信，等.海洋桩基平台.天津：天津大学出版社，1988.
2 苏宏阳，等.基础工程施工手册.北京：中国计划出版社，1996.
3 王靖涛.桩基应力波检测理论及工程应用.北京：地震出版社，1999.
4 商跃进.有限元原理与 ANSYS 应用指南.北京：清华大学出版社.
5 John O. Hallquist. LS-DYNA Theoretical Manual. Livermore Software Technology Corporation，1998.

海洋平台七氟丙烷灭火系统设计与应用探讨

阎贵文

（中国石油集团海洋工程有限公司工程设计院）

摘要： 海洋平台的电气、仪表系统具有控制生产和实时监测的功能，它对于正常生产起着决定作用，因此保护好电气、仪表系统是保证安全生产的关键。本文针对某海洋平台，结合电气类火灾的特点及采办维修等因素，最终采用七氟丙烷（FM200）作为灭火介质，利用高压全淹没系统保护电气系统。文章通过描述工程项目特点、FM200 性质、系统的组成和设计要求，详细阐述了海洋平台 FM200 灭火系统设计计算、系统选型及注意事项。

关键词： 海洋平台；电气仪表系统；七氟丙烷；FM200；高压全淹没系统

1 概述

海洋平台生产系统高度自动化，平台上电气、仪表控制系统具有控制生产和实时监测的功能，对于平台的正常生产起着重要作用，因此对于电气、仪表自控制设备房间的保护尤为重要。电气、仪表自控设备房间不适合采用具有导电功能的消防水灭火系统进行保护，而具有优良电气绝缘性能的气体灭火剂，成为电气类火灾最主要的灭火介质。在常用的气体灭火介质中七氟丙烷以灭火释放时间短、不会威胁人身及设备安全、符合环境要求等特点，成为当今国内外海洋平台保护电气类火灾的首选灭火介质。

2 气体灭火系统选择

目前，国内电气房间的保护，主要采用二氧化碳（CO_2）、"烟烙尽"（IG541）及七氟丙烷（FM200）三种灭火剂。灭火剂的优缺点比较见表 1。

表 1 灭火剂优缺点对比表

	CO_2	IG541	FM200
优点	1. 化学上呈中性、无腐蚀的气体，不导电的特性 2. 适应深位火灾 3. 输送距离长 4. 造价低	1. 最低可观察不良影响水平（LOAEL）为 52%，安全系数高 2. 输送距离长	1. 灭火设计浓度低不会威胁人身安全 2. FM200 释放时对设备无安全顾虑 3. 灭火原理为抑制燃烧连锁反应，同时采用物理和化学灭火方式 4. 释放时间短 5. 环境友好

续表

CO$_2$	IG541	FM200
1. 浓度大于20%时可致人死亡 2. CO$_2$采用窒息、降低氧浓度方式灭火，常用于无人在场所 3. CO$_2$属于高压系统，且急速冷却，对设备及精密仪器造成极大伤害 4. 释放时间长	1. 国内目前无厂家获得国内外船级社的认可，采办与维护困难 2. 灭火通过窒息效果 3. 释放时间长	1. 输送距离短 2. 灭火高温条件下会裂解产生一些HF酸，事实上在火警侦测系统感知火灾后在十秒内释放灭火，HF产生量非常少，在安全范围内

缺点（左侧列标）

经过三种灭火剂的对比，CO$_2$灭火系统优势在于造价较低；在无人工作区域应用性较好；但是系统释放急速冷却，对设备及精密仪器造成极大伤害。IG541灭火系统释放时间长影响灭火效果，并且采办与维护困难。

FM200灭火系统相对优势在于应用范围广；不会对人身安全造成威胁、对设备安全，无伤害；工作压力低、环境友好。最终根据有人驻守平台的实际情况，选择技术成熟的FM200灭火系统为电气房间灭火。

3 FM200系统分类

FM200系统可以根据防护区的特征及应用方式、系统结构、贮压等级划分类别。具体分类见表2。

表2 FM200系统分类列表

系 统 分 类		特　　点	适 应 范 围
按防护区的特征及应用方式分	全淹没灭火系统	保护空间内所有物体	封闭空间
	局部应用灭火系统	保护具体的物体	不需封闭空间的非深位火灾
按系统结构特点分	组合分配系统	保护多个防护区	多个封闭空间
	单元独立系统	保护一个防护区	单个封闭空间
按贮压等级分	一级	2.5MPaG	近距离输送
	二级	4.2MPaG	远距离输送
	三级	5.6MPaG	远距离输送

4 FM200设计要求

4.1 设计原则

总结规范 GB 50370—2005 和 NFPA2001，FM200设计原则如下：

（1）规范中规定组合分配灭火系统FM200灭火剂的用量由单个保护区域所需的最大用量确定。

（2）两个或两个以上的防护区采用组合分配系统时，一个组合分配系统所保护的防护区不应超过 8 个。

（3）灭火系统的储存装置 72h 内不能重新充装恢复工作的，应按系统原储存量的 100%设置备用量。

（4）通讯机房和电子计算机房等防护区，灭火设计浓度宜采用 8%。油浸变压器室、带油开关的配电室和自备发电机房等防护区，灭火设计浓度宜采用 9%。

（5）在通讯机房和电子计算机房等防护区，设计喷放时间不应大于 8s；在其它防护区，设计喷放时间不应大于 10s。

（6）管网的管道内容积（V_p），不应大于流经该管网的七氟丙烷储存量体积（V_w）的 80%，且管网布置宜设计为均衡系统。

（7）防护区实际应用的浓度（C_a）不应大于灭火设计浓度（C_d）的 1.1 倍。

（8）喷头工作压力（P_C）大于等于过程中点时储存容器内压力的一半（$P_m/2$），即 $P_C \geq P_m/2$ MPaA。

（9）单位容积的充装量及喷头工作压力符合表 3 规定。

表 3　充装量及喷头工作压力参数表

储 存 容 量	单位容积的充装量/（kg/m³）	喷头工作压力 P_C/（MPaA）
一级增压储存容器	≤1120	≥0.6
二级增压焊接结构储存容器	≤950	≥0.7
二级增压无缝结构储存容器	≤1120	≥0.7
三级增压储存容器	≤1080	≥0.8

4.2　FM200 用量计算

4.2.1　FM200 灭火剂设计用量

$$W = K \times V/(0.1269 + 0.000513T) \times [C/(100 - C)]$$

式中　W——设计用量，kg；

　　　C——灭火设计浓度，%；

　　　V——防护区的净容积，m³；

　　　K——海拔高度修正系数；

　　　T——防护区最低环境温度，℃。

以上计算公式主要参考 GB50370。

4.2.2　FM200 储存量

FM200 释放时，有一部分 FM200 灭火剂残留在储瓶与管道中，残留量的多少与系统大小有关，在计算中，FM200 储存量通常在设计用量的基础上增加容器内和管道内的灭火器剩余量：

$$W_0 = W + \Delta W_1 + \Delta W_2$$

式中　W_0——系统储存量，kg；

　　　ΔW_1——储存容器内的灭火剂剩余量，kg；

　　　ΔW_2——管道内的灭火剂剩余量，kg。

5 海洋平台实例

渤海某海洋平台设计理念为有人驻守平台，距离海岸约20NM。平台上有电气和仪表模块，其功能包括电潜泵在内的各类生产及配套系统配电，并对生产全过程进行实时监测和控制，对于平台的正常运行起着决定性作用。为此选择一套安全可靠的气体保护系统尤为关键。需要FM200系统保护的电气房间共8个，主要包括电潜泵变压器间、电潜泵控制间、主开关间、主变压器间、应急开关间、电池间、中控间、柴油消防泵间。

鉴于本平台所有电气、仪表自控设备房间均属于封闭空间且房间数量较多，本着节约投资、便于管理、保证系统喷嘴入口压力及系统安全的要求，确定本项目采用二级增压压力4.2MPaG FM200全淹式组合分配灭火系统。

FM200灭火系统中电潜泵变压器间、电潜泵控制间、主开关间、主变压器间、应急开关间及中控间灭火设计浓度宜采用8%，喷放时间8s；柴油消防泵间和电池间灭火设计浓度宜采用9%，喷放时间10s。

FM200气体灭火系统的喷头工作压力的计算结果，应符合二级增压储存容器的系统焊接结构储存容器单位容积的充装量$\leqslant 950kg/m^3$，$P_C \geqslant 0.7MPaA$，$P_C - P_m/2 \geqslant 0MPaA$。

在设计计算过程中，参考某厂家的储瓶规格（70L、90L、120L、150L），通过调整每瓶填充量、管径及充装量，使各项参数满足规范要求，将相同储瓶规格和充装量的保护房间放置在同一瓶组中。

本平台将8个房间分成3套FM200灭火系统进行保护，瓶组1 FM200灭火剂用量为14瓶，储瓶规格为120L/75kg，充装量$625kg/m^3$，保护电潜泵变压器间、电潜泵控制间及主开关间。瓶组2 FM200灭火剂用量为4瓶，储瓶规格为120L/77kg，充装量$642kg/m^3$，保护主变压器间、中控间及电池间。瓶组3 FM200灭火剂用量为14瓶，储瓶规格为90L/54kg，充装量$600kg/m^3$，保护应急开关间和柴油消防泵间。由于平台离岸约20NM，灭火系统的储存装置72h内不能重新充装恢复工作，分别考虑考虑100%备用量。各房间的计算结果见表4。

表4 电气房间FM200用量计算表

系统	保护房间	体积/m^3	设计质量/kg	实际质量/kg	每瓶填充量/kg	瓶体积/L	瓶数	C_a/C_d	V_p/V_w	P_C/MPa	$P_C - P_m/2$/MPa
瓶组1	电潜泵变压器间	1400	999.75	1008	75	120	14	1.008	0.604	1.205	0.042
	电潜泵控制间	1204	808.68	864	75	120	12	1.068	0.571	1.300	0.119
	主开关间	896	568.04	576	75	120	8	1.014	0.590	1.500	0.330
瓶组2	主变压器间	406	289.93	296	77	120	4	1.021	0.511	1.423	0.238
	中控间	224	142.01	148	77	120	2	1.042	0.485	1.725	0.526
	电池间	84	68.22	74	77	120	1	1.085	0.776	1.878	0.818
瓶组3	柴油消防泵	329	251.33	255	54	90	5	1.015	0.356	1.424	0.081
	应急开关间	294	186.39	204	54	90	4	1.094	0.345	1.590	0.240

6　结论及注意事项

随着海上油气开发及电气化程度的增加，海洋平台作为一种经济实用的采油方式已经得到了广泛的应用。从海洋平台的特点来看，FM200灭火系统设计时需要注意以下几方面：

（1）FM200灭火系统是海洋平台安全系统的重要组成部分，当被保护电气房间内发生火灾时，可在火灾初期得到控制及时灭火，从而保证生产设施的安全。在有巡检、维修等人员作业时，系统控制必须处于手动状态，保证人员的安全。

（2）为保证FM200灭火系统能够达到预期效果，必须通过限制泄漏或者补充泄漏的FM200来达到维持设计浓度的目的。

（3）FM200燃烧产生HF刺激性气味，为了提醒人员及时撤离火灾现场，阻止人员进入气体释放区域，声光报警信号应能在其所在保护区任何位置及相邻区域均能看见和听到。

（4）FM200灭火系统输送距离较短，所以前期规划FM200储瓶间时应该将房间放置于被保护房间的中间位置，方便后期管网计算。

（5）分组设计时，应该尽量将靠近FM200储瓶间的被保护房间放置于一组FM200系统中，这样可以减少管网布置的费用。

（6）分组计算时，应将相同储瓶规格和充装量的保护房间放置在同一瓶组中，并尽量减少分组数，控制在2~3个为宜。

（7）设计计算过程中，若C_a/C_d不满足规范1.1的要求，通过充装量调整计算。

（8）设计计算过程中，若P_C及$P_C-P_m/2$不满足规范要求，首先调整管网管径，管径失效后调整充装量计算，直到满足要求。

（9）瓶组的充装量大小影响系统灭火剂的有效利用率，充装量不宜过大建议应控制在600kg/m³左右。

参　考　文　献

1　中华人民共和国建设部，国家质量技术监督检验检疫总局. GB 50370—2005，气体灭火系统设计规范. 中国计划出版社. 2006.
2　NFPA2001，Standard on Clean Agent Fire Extinguishing Systems. National Fire Protection Association. 2012.
3　中华人民共和国国家经济贸易委员会. 海上固定平台安全规则. 中国船级社，2000.

设计总包模式在海洋工程建设项目中的应用

罗晓健　孙金亮

（中国石油集团海洋工程有限公司工程设计院）

摘要：EPC 总承包模式是目前工程项目运用广泛的运作模式，它有着提高项目效益、权责分明、减少工程风险等特点。中油海工程设计院以冀东油田两个海上直升机平台建造项目依托，开展了海洋工程设计 EPC 总承包业务。本文从项目运作过程论述了设计总承包模式在海工建设项目中的应用，为设计总承包管理提供了思路和方法。

关键词：设计院；EPC；总承包；海洋工程

1　概述

EPC 工程总承包是英文 Engineering（设计）、Procurement（采购）、Construction（施工）的缩写。指工程总承包企业按照合同约定，承担工程项目的设计、采购、施工、试运行等工程项目实施的全过程，并对工程的质量、安全、工期、造价全面负责的承包模式。EPC 总承包的管理模式是我国工程建设项目组织实施改革，提高工程建设管理水平，保证工程质量和投资效益，规范建筑市场秩序的重要措施。近年来，为适应市场机制的发展，工程总承包，尤其是依托设计的 EPC 工程总承包模式，因其可充分发挥设计主导作用，在设计、采购、施工进度上合理交叉，既有利于缩短工期，又能有效的对项目全过程的质量、费用和进度进行综合控制，已成为工程总承包的重要模式。

2012 年中油海公司对设计院提出开展设计总包项目要求，设计院积极响应公司号召，努力开拓设计总包市场。2013 年设计院以冀东油田 NP1-3D/NP4-2D 两个直升机平台为依托，开展设计总包业务，取得了良好的效果。2012 年 12 月 31 日，设计院与冀东油田公司签订 NP1-3D 直升机平台总包合同。合同内容包括图纸设计，设备材料采购、安装、调试及取得平台运营许可证书。该工程于 2013 年 3 月 12 日开工建设，6 月中旬建造完成，7 月 19 日项目通过了业主、民航局及直升机公司的联合验收，11 月 5 日直升机平台获得民航局批准并正式运行。NP4-2D 直升机平台总包合同于 2013 年 9 月签订，10 月 31 日正式开工建造，目前已平台主体工程建设已完成，预计 5 月份将完成全部工程建设。冀东直升机平台总包项目的顺利实施为设计院开展设计总包项目提供了管理思路。

2　设计总包管理程序

作为首个设计总包项目，设计院高度重视，认真组织整个项目的设计、采办及建造等工作，成立了 EPC 项目组，设置了设计项目组、设备采办组、施工管理组、质量安全组、经济管理组等多个项目管理小组，组织机构见图1。EPC项目组根据项目运行程序及特点，制定了项目总包管理思路、项目总体计划、施工方案等多项项目控制措施。项目管理中最为重要的是人员管理，为了规范项目人员行为，编制了项目机构与职责、文件和会议、设计和服务、质量和安全、合同和采办、分包商管理规定和项目文件要求等几个方面三十余项管理办法及规定。为保障项目顺利实施，施工阶段设计院派驻5人管理小组常驻冀东油田南堡人工岛进行现场施工质量、安全、环保、成本、进度管理，及时协调项目组与业主、监理的工作关系，并对分包商实施管理，确保了项目廉洁高效运行。

2.1 设计管理

设计成果与项目投资、工程质量、技术水平、生产成本等有着密切的关系，直接影响建设项目投产后的经济效益、环境效益和社会效益。对整个项目来说，设计有着基础性、先导性和决定性作用，是科技成果转化为现实生产力的关键环节，项目组必须给予高度重视。

设计是工程建设项目的龙头，项目质量、进度、成本等控制需从设计开始。项目设计管理通常采用矩阵管理的方式。项目专业设计负责人是设计矩阵管理的交叉点。具体落实到各专业设计负责人的工作任务，既是项目设计经理管理的目标，也是专业设计室所负责人管理的目标。项目专业负责人要接受所属设计室所和项目设计经理双重领导。在设计标准、技术方案、工作程序和质量方面认真听取设计室所的规定和指导；在项目任务范围、进度、费用等方面严格服从项目经理和设计经理的安排及领导。设计过程中，专业技术人员提田作业区沟通，了解直升机平台所在人工岛长期规划及钻井计划，选择最优设计方案，最大限度减少直升机平台对岛内规划和钻井作业的影响，并将关键设计提前征得民航局同意。良好的设计不仅是项目质量的保证，同样为直升机平台降落许可证书办理做好铺垫。

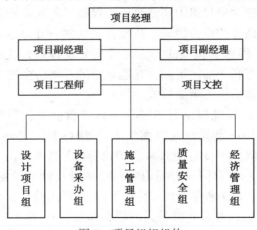

图1 项目组织机构

2.2 商务管理

建设工程项目管理工作目的是围绕着如何圆满地完成合同而展开。合同管理离不开商务的沟通和谈判，商务管理是合同管理的补充与扩展。商务管理可通过策略、技巧等手段去解决合同以外的问题。项目运作以合同管理为主，商务管理为辅。合同管理以及商务管理的成功与否，直接决定着项目的成败，决定着设计院与业主及分包商各方共赢的合同目标能否实现。

设计院第一次组织工程总包项目，经验较少。为避免报价漏项与偏差，项目组认真组织相关人员进行设备调研及施工询价，精细编制工程投资概算报告，确保了工程总造价的准确性和合理性。设计院与业主及分包商签订的合同均为固定总价合同。为规范合同管理工作，避免因订立和履行合同不当造成的损失，维护公司的合法权益，项目合同管理实行合同承办部门负责制度、评审会签制度、项目经理审批制度、合同备案制度等。为了保证合同履约质量，项目组严格按照公司规定认真审核分包商资质及施工能力，合理选择分包商。设计院作为技术输出单位，抵御合同风险的能力较小，项目组应认真策划，多次对合同条款进行审核，巧利用合同条款及分包管理规定，合理规避合同风险，减免工程变更费用。

2.3 采购管理

采购管理是项目执过程中的重要工作，它能否经济有效地进行，不仅影响着项目成本，而且还关系着项目的预期效益能否充分发挥。有效管理项目采购过程、采购行为，实现采购管理的规范化、程序化，可确保按照项目的质量和要求获取可靠的设备供应。直升机平台项目设备型号多、数量少、单价低，因此设备采购全部由分包商完成，合同界面少，方便管理。为了规范分包商设备采购行为，使设备采购过程有效可控，项目组设置了设备采办组，制定了设备采购流程，对采购重要环节进行控制，保障了设备采购质量，设备采购流程简见图2。分包招标前，设计人员针对不同设备编制了详细的请购书，并遵循公平、公开、公正的原则建立了设备供应商目录。设备采购时，设备采购组多次赴冀东前线对分包商进行设备采购技术交底及技术澄清，并监督分包商按照设备供应商目录进行采购，确保所采设备符合设计要求。为了使设备供应符合现场建造进度要求，项目组积极与分包商沟通，制定合理的设备采购计划，并建立设备供货跟踪表，最大限度的保证了设备供货周期与施工进度相符。设备及材料到货后，项目组及时组织专业人员进行验货，杜绝了不合格品进场的可能性。设备采办组成员均选自设计项目组，熟悉专业要求，现场施工时，设备采办组成员常驻现场，指导分包商完成设备安装及调试工作，大大提高了施工效率与施工质量。

2.4 进度管理

项目能否在预定的时间内完成，直接关系到其经济效益的发挥。对总承包项目的进度进行有效的管理，使其达到预期的目标，是项目管理的主要任务之一。总承包项目的进度管理主要是通过进度计划编制、实施和控制来达到项目进度要求。项目组根据业主要求，结合分包商施工能力，综合考虑设备供货周期等因素制定了项目总体运行计划、设备采购计划、施工计划等。项目施工前，根据施工流程及施工方案认真做好技术准备、物资准备、劳动组织准备、施工现场准备、施工场外准备等工作，保证项目高效、连续运行。在项目实施过程中施行进度跟踪、监督制度，实时检查项目实际进展情况，并与项目进度计划相互比较，及时发现偏差，分析偏差原因和对后续工作及项目进度计划目标的影响，找出解决办法，采取有效的措施，确保项目进度计划得以实现。

2.5 施工管理

施工管理是EPC管理的核心，是实施HSE、质量、工期、投资及合同控制和管理的基础。施工管理涉及到项目分包管理、组织协调、计划控制、资源调配、员工管理、质量控制、HSE控制等诸多因素。NP1-3D直升机平台项目存在技术复杂、质量安全要求高，设备材料规格型号各不统一、专业要求多、施工条件差、交叉作业多、作业风险高、远离陆地、交通极为不便等诸多难点。为了保障项目施工顺利实施，项目组严格管理、精细运作、科学筹划、认真组织项目的施工管理及过程控制。

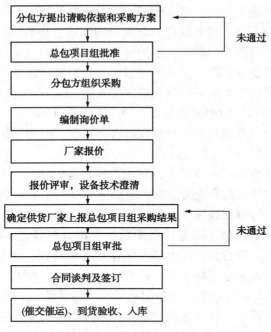

图 2　采购管理流程

1) 技术管理

通常建设项目技术控制的主要任务为正确贯彻执行国家、行业技术标准规范；充分理解设计思路，科学地组织各项技术工作；确立正常的生产技术秩序，文明施工，以技术保障工程质量安全；努力提高技术工作的经济效果，使技术与项目经济效益有机地结合。鉴于本工程项目施工难度大、风险高等特点，项目组制定了图纸会审制度、施工日志制度、施工记录制度、技术交底制度、班前班后会议制度、材料验收制度、工程验收制度等多项技术管理规定，确保施工管理人员和建造方充分理解设计思路，熟悉规范标准要求，保证工程质量。同时施工管理组详细了解和分析了建设工程特点、进度要求，摸清施工的客观条件，认真编制了施工组织设计，制定了合理的施工方案，建立了详细的施工流程。同时根据施工流程及关键工序制定了多个专项施工方案，充分及时地从技术、物资、人力和组织等方面为工程创造一切必要的条件，保证了施工过程连续、均衡地进行。

2) 质量管理

质量管理是工程总承包项目管理工作的一项重要内容。质量管理应按照策划、实施、检查、处置的循环方式进行系统运作。为保证达到项目工程质量目标，项目组遵循公司质量体系文件及总包管理规定，结合项目施工特点编制施工组织设计、检验试验计划(ITP)、施工安装程序、设备调试程序等技术指导文件。施工质量管理由 EPC 项目组统一领导，质量安全组监督、检查，施工管理组与分包方具体实施，在项目实施过程中全面落实质量责任制，坚持关键工序研究制度、施工方案交底制度、巡回检查制度、验收档案管理制度、例会制度等,, 以制度保质量。

3) HSE 管理

HSE 管理是工程总承包项目的重要环节，HSE 控制成功与否直接关系到项目的经济效益和社会效益。工程总承包项目应确立"以人为本，健康至上"的理念，本着"安全第一，预防为主"的原则，追求"无事故、无伤害、无损失、无污染"的目标，最大限度地保障作业过程中的人身健康安全，企业财产不受损失及环境资源不受破坏。本项目 HSE 管理由 EPC 项目组统一领导，质量安全组监督，施工管理组贯彻执行。项目实施过程中建立了健全的 HSE 管理体系，做好风险因素识别，加强日常安全检查，确保项目安全运行。

3 设计总包的优势

设计总承包项目直接面向业主，界面清晰、方便管理，减少了单位之间的推诿、扯皮；设计总包有利于统筹安排设计、采办、施工进度计划，确保项目建设如期完成，有利于提高项目综合效益。

以设计院为依托，进行项目总承包便于市场跟踪，可及时将设计项目转化为总承包项目，有助于提高公司综合效益。设计总承包可充分发挥设计在项目建设中的主导作用，有利于整体方案的不断优化，持续提升总承包方的设计、采购、施工综合能力。

项目实施过程中，一套班子、一个队伍，沟通顺畅，可更好的贯彻设计理念，有利于施工问题解决。设计中提前考虑施工的关键工序及难点，有利于风险因素的辨识、消减及其控制措施制定，保证施工安全。项目管理人员精通设计业务、熟悉施工流程、理解规范要求，有利于项目建设质量控制。

4 结语

以设计院为依托的 EPC 工程总承包模式，可充分发挥设计主导作用，在设计、采购、施工进度上合理交叉，既有利于缩短工期，又能有效的对项目全过程的质量、费用和进度进行综合控制，这将成为工程总承包的主要模式之一。同时为了保障项目高效运行，项目管理人员应加强项目管理及施工建造各方面业务知识能力的积累。

参 考 文 献

1 刘佳，董宏英，卢葭，等 . 大型设计院开展 EPC 和 PMC 业务对比及优点优势分析 . 广东建材，2008.
2 中华人民共和国建设部 . GB／T 50326—2006 建筑项目管理规范[S]. 中国建筑工业出版社，2006.

双平台间消防水系统协同支持设计研究

安明泉

（中国石油集团海洋工程有限公司工程设计院）

摘要：在满足消防需求的前提下，为实现经济合理的设计目标，使用栈桥连接的双平台间适宜采用消防水系统协同支持的方式进行优化设计，两个平台上的消防水主管网通过栈桥上的管线相互连通为一个整体系统，结合火灾报警系统实现自动控制。

关键词：平台；消防水系统；协同支持

位于我国渤海南部莱州湾的某海上油田，平均水深约 16m。该油田包括 1 座 8 腿中心平台（CEP），2 座 8 腿井口平台（WHPA、WHPB），1 条油气水混输管线，1 条进气管线和 1 条注水管线等设施。其中 CEP 与 WHPB 通过栈桥连接。本文将简要介绍 CEP 与 WHPB 两平台的总体布置，在此基础上着重分析如何进行双平台间协同支持的消防水系统设计。

1　概况

平台的总体布置决定了火区划分的面积和相对位置，直接影响消防水系统的设计。

CEP 平台分为上层、中层和下层，甲板尺寸约为 60m×60m，平台上设置了发电系统、加热系统、生产水处理与注水设施、油气处理设施和 120 人生活楼，并且通过 50m 的栈桥与 WHPB 平台相互连接。

WHPB 平台分为上层、下层和工作甲板层，甲板尺寸约为 65m×40m，平台上设置了井口区、钻机模块、注水设施油气处理设施和开闭排系统。

2　消防水系统设计依据和原则

消防水系统是海上平台最有效、使用最广泛的消防方式，用于处置 A 类火灾以及油气设施产生的 B 类、C 类火灾，保护范围包括平台上的工艺设备和装置、存储设施、泵区、管道、井口区等区域[1]。

海上平台消防系统设计主要依据以下标准规范：

（1）《固定平台安全规则》；

（2）SY 5747—2008《浅（滩）海钢质固定平台安全规则》；

（3）CCS《浅海固定平台建造与检验规范（2004）》；

（4）NFPA 20Standard for the installation of stationary pumps for fire protection；

（5）NFPA 15Standard for water spray fixed systems for fire protection。

消防水系统设计的原则之一是只考虑单个火区着火,不考虑事故叠加,取所有火区中消防水量最大的一个火区确定平台的喷淋水量。火区是指由物理或距离进行分隔,火灾不能从一个地方蔓延到另一个地方的区域。限于平台面积,一般平台上的火区均由物理分隔进行划分,如钢质甲板或墙壁、防火墙、防爆墙等。

消防水系统设计的另一个原则是以防护冷却为设计目的。平台生产工艺设计了完整的隔离和泄放系统,在火灾情况下,着火区域燃料将被迅速隔离和泄放。为了控制住火势,对同一个火区内的其它设备喷淋降温,防止火势扩大,为进一步采取其他消防措施创造条件或者等待可燃物质耗尽。

3 消防水系统设计

在满足消防需求的前提下,为实现经济合理的设计目标,CEP 平台和 WHPB 平台不考虑常规消防方案,即在每个平台上都设置一套独立的消防水系统,而是采用双平台间消防水系统协同支持的方式进行优化设计。两个平台上分别设置开式自动喷水灭火系统,两个消防水主管网通过栈桥上的管线相互连通为一个整体系统,见图 1 和图 2。

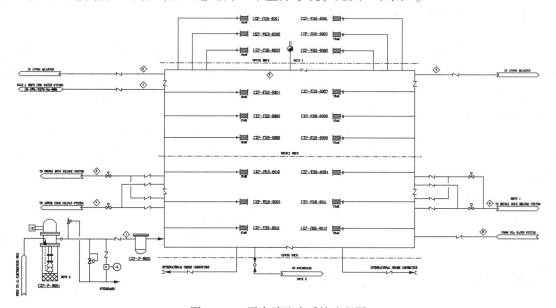

图 1 CEP 平台消防水系统流程图

该消防水系统由 2 台相同的柴油消防泵供水,布置在 CEP 平台上的消防泵为主消防泵,WHPB 平台上的消防泵为备用消防泵。每个平台上的消防水主管网为环形管网,在管网上设置一定数量的隔离阀,保证某段管道损坏时,被隔离的软管站等消防水接口不超过 5 个。CEP 平台上主管网由来自海水系统的海水泵稳压,维持压力在 550 kPaG 以满足消防水软管站初期的工作压力需求。CEP 平台根据防火分区的划分由 4 个单独的雨淋阀控制,WHPB 平台由 2 个单独的雨淋阀分别控制下层甲板和工作甲板的消防保护。

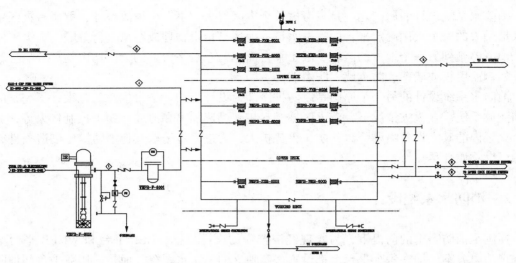

图 2　WHPB 平台消防水系统流程图

4　消防水系统自动启动原理

消防水系统可以自动启动。火灾探测报警系统接收到火灾报警之后，自动开启位于 CEP 平台的主消防泵和火灾所在平台对应火区的雨淋阀。在 CEP 平台主消防泵出口管线、两平台主管网上均设置压力传感器，主消防泵启动 20 s 后，泵出口处的消防水压力仍然不能达到 400kPaG，将自动开启备用消防泵。

在没有火灾报警的通常状况下，当主环网内的压力下降到 550kPaG 时，由海水泵担当的稳压泵开启，向管网内补充海水，以维持湿式消防系统的压力，管网内的压力达到 700kPaG 时，稳压泵停止工作。如果稳压泵开启之后，主管网内的压力不升反降到 400kPaG 时，系统自动开启主消防泵以保证系统压力。

CEP 平台主管网上设置的压力传感器，可以自动控制消防水系统，WHPB 平台主管网上设置的压力传感器提供压力示警，相关状态会显示在中控室，根据情况采取相应的手动操作程序。

CEP 与 WHPB 平台间消防水系统组成及设计参数见表 1。

表 1　CEP 与 WHPB 平台间消防水系统组成及设计参数

序号	名　称	数　量	设 计 参 数	作　　用
1	柴油消防泵	2 台	额定排量为 1500m³/h，额定扬程为 1200kPaG	CEP 平台柴油消防泵为主泵，WHPB 平台柴油消防泵为备泵，为整个平台提供消防水
2	稳压泵	1 台	由海水泵担当	当消防主管网压力下降到低于 550kPaG 时，注入海水维持系统压力。当主管网压力达到 700kPaG 时，停止工作
3	雨淋阀	6 个	尺寸为 6 ~ 12in，设计压力为 1900kPaG	某个火区着火时，开启对应的雨淋阀

续表

序号	名　称	数　量	设计参数	作　用
4	开式喷头	1240 个	入口压力为 350kPaG，额定流量为 45.3L/min	均匀地将消防水喷向设备表面
5	消防水管道		<3in：90Cu/10Ni，≥3in：碳钢材质内衬聚乙烯，设计压力为 1.8MPa	输送消防水
6	压力传感器		主泵出口设定点 400kPaG，主管网设定点 400~700kPaG	监测消防管网的压力对系统实现自动控制
7	国际通岸接头	4 套		如果平台的消防水源失效，救援船的消防水系统可以通过该接头与平台消防水系统连接通过救援船的消防泵进行灭火

5　结语

海上平台消防水系统的设计受到总体布置、动力源选择、结构等多个因素的影响，应当在技术性能满足规范要求的情况下，根据各平台的具体情况进行优化设计，以达到预防为主、经济合理的目的。

以较短距离的栈桥进行连接的两个平台之间，适宜使用协同支持的方式进行消防水系统设计，两个消防水主管网通过栈桥上的管线相互连通为一个整体系统，每个平台上各设置一台柴油消防泵，两个主管网上均设置压力传感器，与火灾报警系统共同控制消防水系统启动。

参 考 文 献

1　石油和化工工程设计工作手册编委会 . 海上油气田工程设计 . 山东：中国石油大学出版社，2010.
2　李艳华，吴磊，祝皎琳，等 . 荔湾 3-1 中心平台消防系统设计 . 工业用水与废水 .2013，44（5），74~77.

中深水导管架平台裙桩套筒有限元分析

高 文

（中石化石油工程设计有限公司）

摘要：本文以某110m水深海域导管架平台为例，用ANSYS软件建立了水下裙桩套筒的有限元分析模型，给出了裙桩套筒疲劳的有限元分析方法，得到了较为准确的计算结果。

关键词：裙桩套筒；疲劳分析；ANSYS；深水导管架

1 引言

中深水导管架式海洋平台的所有载荷均由桩腿来承担，平台结构的整体强度及运行年限主要取决于桩腿的承载能力和疲劳寿命，而裙桩套筒是联系桩与腿的关键构件，因此在整个平台设计过程中对裙桩套筒进行准确的强度及疲劳分析就显得尤为重要。

目前主要的海洋工程结构分析软件SACS可以对梁系和管系结构给出十分精确的强度和疲劳分析结果，但对于像裙桩套筒这种比较复杂的板系结构，分析时不能考虑应力集中的影响，从而不能给出较为准确的强度分析结果及疲劳分析时所需的热点应力。本文以某一深水导管架平台为例，利用ANSYS有限元软件对裙桩套筒进行强度分析并和规范相结合计算出SACS软件进行板件疲劳分析时所需的热点应力，从而精确的计算裙桩套筒的疲劳寿命。

2 裙桩套筒特征参数

本文所分析导管架为四腿八裙桩结构，每个裙桩套筒主要由一个主腿、两个套筒、两个连接套筒和主腿的抗剪板及上下YOKE板组成，其几何尺寸和力学性能参数分别见图1和表1。

3 有限元模型的建立

3.1 模型的建立

根据第2节所示的基本参数用ANSYS建立裙桩套筒的分析模型，在建模时将裙桩套筒从整个导管架中分离出来，因分析所关心的构件为抗剪板和上下YOKE板，所以在满足圣维南原理的基础上在远离关心区域将相关弦杆或撑杆截开，本文选择的截开位置在弦杆或撑杆距导管架腿中心2.5m处；套筒以下桩的长度取6倍的桩径。

利用ANSYS单元库中的壳单元SHELL93建立抗剪板、上下YOKE板、导管架腿、套筒以及与导管架腿相连的撑杆或弦杆模型，管单元PIPE16建立桩模型。所建模型如图2所示，网格划分如图3所示。因为模型较大，为了使计算准确高效，且方便后续的数据处理，在网格划分时将分析所关心的抗剪板和上下 YOKE 板的网格划分的相对较密，其中抗剪板为 t×t，YOKE 板为 0.1m，其余构件的网格相对较疏。

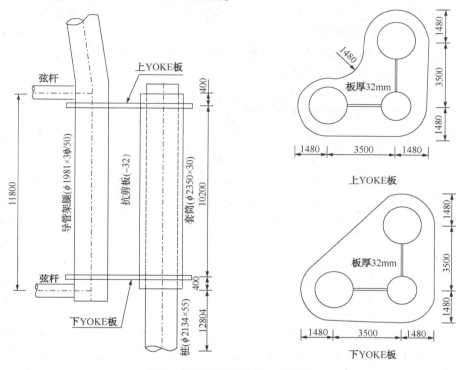

图 1　裙桩套筒结构尺寸示意图

表 1　裙桩套筒力学性能参数

E_s/Pa	泊松比	材料密度/（kg/m³）	钢　级	屈服强度/MPa
2.07X10¹¹	0.3	7850	DH36	355

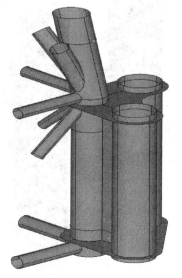

图 2　裙桩套筒分析模型

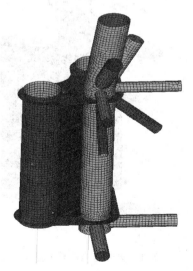

图 3　裙桩套筒模型网格划分

3.2 边界条件的施加

从 SACS 中提取截开处节点的内力,作为边界条件加到 ANSYS 模型边界上。加力时将杆件端部所有节点耦合至一中心节点,形成一个刚性区域,内力只需加至此节点即可,中心节点由质量单元 MASS21 来模拟。在 SACS 中,每个节点共有六个相对杆件局部坐标系的内力分量,因此加力时需要将中心节点的坐标系转化为与 SACS 局部坐标相对应。各节点的内力如表 2 所示,荷载的施加如图 4 所示。

表 2　各撑杆内力

杆件编号	F_X/kN	F_Y/kN	F_Z/kN	M_X/(kN·m)	M_Y/(kN·m)	M_Z/(kN·m)
1	49.54	6.14	−11787.8	−541.29	−52.67	−39.2
2	−25.93	6.1	−5253.26	110.1	−39.18	71.48
3	−33.74	1.59	−265.31	−85.72	−32.81	2.87
4	−3.16	0.05	811.87	−8.52	−12.05	−12.17
5	−63.37	34.12	−49.07	170.04	−22.29	−19.42
6	−27.8	5.41	−2990.09	88.98	50.87	63.1
7	−10.57	2.29	−1014.89	55.97	−30.33	−11.43
8	−2.39	−7.02	252.5	16.33	−8.51	−11.68
9	−62.36	−22.85	264.78	163.1	−107.58	11.43

沿长度方向用多个耦合刚性域耦合套筒与桩,以此来模拟砂浆的纽带作用。耦合刚性域的数目需权衡考虑,越多越能准确的模拟套筒与桩之间的连接但同时也需更多的计算机内存和计算时间。套筒与桩的耦合如图 5 所示。

在 6 倍桩径处将桩端进行固定约束。

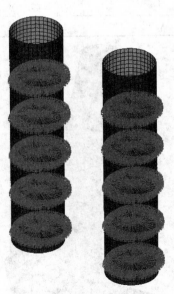

图 4　裙桩套筒荷载的施加　　　　　　　图 5　套筒与桩间的耦合

4 计算结果分析

4.1 强度计算结果

在上述边界条件下对裙桩套筒进行有限元分析，由计算得出最大的 Mises 应力为 265MPa，出现在抗剪板与上 YOKE 板及套筒的交叉点处。计算所关心的抗剪板和 YOKE 板的 Mises 应力云图如图 6 和图 7 所示。由图 6 可得，除了发生应力集中的交点处及其附近的应力较大外其余地方的应力均较小，因此在设计时，为了提高材料的使用效率，抗剪板两端可选取较厚的板，中间部分可选取较薄的板。

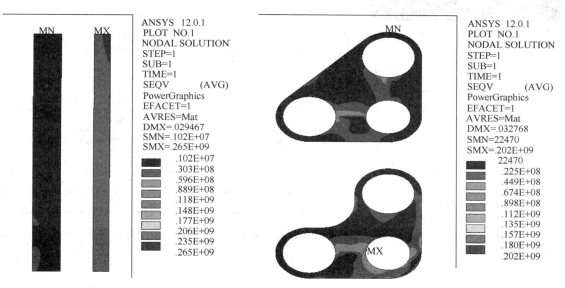

图 6　抗剪板 Mises 应力云图　　　　　　图 7　YOKE 板 Mises 应力云图

4.2 疲劳分析结果

由 4.1 节强度分析可知，抗剪板最大的有效应力出现在抗剪板的交点处，此处也是应力集中最为严重的地方，即热点的位置，如图 8 所示。

由于热点区域的应力通常均较为复杂，因此需要制定一定的规则来得到热点应力，焊缝的切口应力通常已经包含在所选择的 S-N 曲线中，而热点应力是通过对结构中特定点的应力进行线性外插得到，所选择的插值点应在切口应力的影响范围之外同时又离热点足够近以得到准确的应力梯度。

通常的做法是在热点处沿水平和垂直两个方向取应力路径，提取离热点最近的三个单元中间节点的有效应力进行二阶多项式拟合，由拟合的二阶多项式得到离热点 $1/2t$ 和 $3/2t$ 位置处的应力，然后线性插值得到所求热点的应力，如图 9 所示。

按以上的方法得到水平和垂直两个方向的热点应力分别为 272.5MPa 和 331.5MPa，保守考虑热点应力取较大值 331.5MPa，计算过程见表 3。

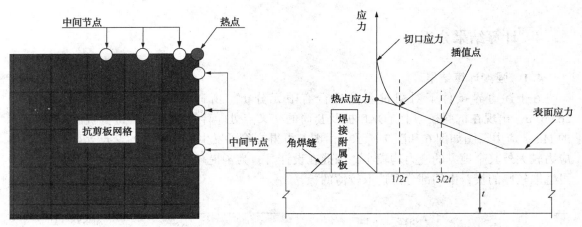

图 8 热点和中间节点位置示意图   图 9 热点应力计算方法示意图

表 3 热点应力计算结果

方　向	水　平			垂　直		
距热点距离/cm	1.9	5.7	9.7	1.9	5.3	10.2
应力/MPa	219	112	103	246	93	62
拟合二阶多项式	$y = 3.3215x^2 - 53.401x + 308.47$			$y = 4.6595x^2 - 78.548x + 378.42$		
插值点应力/MPa	$1/2t$		$3/2t$	$1/2t$		$3/2t$
	219		112	246		93
热点应力/MPa	272.5			331.5		

　　得到抗剪板较为准确的热点应力后，可以利用 SACS 软件进行不同工况下抗剪板的疲劳寿命分析。

5　结论

　　(1) 用有限元软件 ANSYS 进行热点应力的计算并和 SACS 软件相结合进行裙桩套筒疲劳寿命的分析方法可以弥补 SACS 软件对复杂的板系结构强度分析不够准确的不足，且计算结果准确可信。

　　(2) 在具体设计时，为了提高材料的使用率，抗剪板两端可选取较厚的板，中间部分可选取较薄的板。

参 考 文 献

1　姚卫星. 结构疲劳寿命分析. 国防工业出版社，2003.
2　王佳. ANSYS 工程分析进阶实例. 北京：中国水利水电出版社，2006.

海上固定平台工作间舾装设计

王 顺

(中国石油集团海洋工程有限公司)

摘要：本文介绍了海上固定平台工作间舾装设计的主要内容，详细阐述了平台工作间舾装设计流程及关键点，为海洋平台工作间舾装设计提供一定的参考。

关键词：海上固定平台；工作间；舾装

1 概述

海上固定平台工作间给平台操作人员提供安全的工作场所并放置公共设施内不可露天摆放的仪器、设备等，主要包括电气设备间、机械设备间、仪讯设备间、安全设备间等，各房间尺寸由相关专业根据设备布置情况进行确定，然后提交给总体专业进行平面布置。舾装专业需要在总体布置的基础上进行设计，且设计过程中需要考虑各房间功能、内部设备布置等。

工作间舾装设计主要包括防火等级划分、防火保温布置、门窗布置、地板敷料布置等。

2 防火等级划分

工作间舾装设计中，防火等级划分是最重要也是需要最早完成的工作。防火等级划分主要依据《海上固定平台安全规则》(以下简称《安全规则》)进行。《安全规则》中定义了11类处所，规定了分隔相邻处所的隔壁和甲板的防火等级。但是，《安全规则》中对各工作间的处所分类规定并不明确，因此，进行防火等级划分前关键工作时明确各房间的处所分类。

结合《安全规则》和工程经验，表1给出了固定平台主要工作间的处所分类推荐做法。依据此分类表，对照《安全规则》很容易确定防火等级。

表1 海上固定平台工作间处所分类推荐做法

序号	工作间	处所分类	备注
1	主配电间	7类	
2	应急配电间	1类和7类	
3	高压配电间	7类(无应急配电)/1类和7类(有应急配电)	咨询电气专业
4	电潜泵控制间	7类	
5	电潜泵变压器间	7类	
6	主变压器间	7类	
7	电池间	1类和8类	

序号	工作间	处所分类	备　注
8	电仪间	9 类	
9	主发电机间	6 类(≥375kW)/ 7 类(≤375kW)	咨询机械专业
10	应急发电机间	1 类和 6 类(≥375kW)/ 1 类和 7 类(≤375kW)	咨询机械专业
11	电消防泵间	1 类	
12	柴油消防泵间	1 类和 6 类(≥375kW)/ 1 类和 7 类(≤375kW)	咨询机械专业
13	机修间	9 类	
14	储藏间	9 类	
15	油漆储藏间	8 类和 9 类	
16	中控间	1 类	
17	仪表设备间	1 类(中控间性质)/ 7 类(无中控功能)	咨询仪表专业
18	CO_2/FM200 间	1 类	
19	实验室	根据危险区划分图,危险区则为 8 类,不是则为 9 类	咨询安全专业
20	休息间、办公室	3 类	

除了《安全规则》中表 13.2-1 和表 13.2-2 中规定的隔壁和甲板的防火等级外,还应特殊考虑的防火等级有:

(1) CO_2/FM200 间与其提供灭火服务的房间相邻,隔壁或甲板应达到 A60 级。

(2) 应急电和主电相邻,隔壁或甲板应达到 A60 级。《浅海固定平台规范》中要求"应急电源间及消防泵间与其他机器处所相邻则至少应隔热至 A-60 级标准",但在目前设计中并未严格执行,可在今后设计中参考使用。

3　防火保温布置

防火绝缘布置就是根据防火等级划分,在相应隔壁或甲板上连续铺设防火绝缘材料,依靠绝缘材料的防火性能对左右/上下相邻的处所进行防火分隔,达到相应的防火等级。目前用于海上固定平台工作间防火分隔的材料主要是陶瓷棉。对于平台工作间,有防火要求的隔壁或甲板一般不低于 A-0 级,《安全规则》中规定的防火等级主要包括 A-0 级、A-15 级和 A-60 级。而为了应对具有更高温度的碳氢化合物火灾,防火等级需要达到 H-60 级。对于 A-0 级分隔,5mm 厚钢板就能达到该等级,而对于更高等级的防火分隔,就需借助绝缘材料。一般设计中,(20+20)mm 的陶瓷棉(密度≤170kg/m³)适用于 A-15 级和 A-60 级分隔,H-60 级则需要使用更厚、性能更好的陶瓷棉材料。

保温绝缘布置就是在房间相应的隔壁或甲板上铺设保温材料,降低传热,维持室内温度在合理的范围内。保温可分为全保温和半保温,需要按照暖通专业对各房间的设计温度范围和空调、热风机配置确定。对于配置空调的房间,需要设置全保温,对于配置热风机的房间,设置半保温即可,对于对温度敏感的电池间,虽然不配置空调,但也应设置全保温,对于上部即为开敞甲板的房间,不论该房间是否需要保温,其顶部也需要进行全保温。固定平台常用保温材料为岩棉(密度≤128kg/m³),导热系数不大于 0.036W/(m·K)。对于全保温隔壁或甲板，岩棉厚度为（50+30）mm，半保温只使用50mm岩棉。对于既有防火又有保温要求的隔壁或甲板，全保温需要（20+20）mm陶瓷棉再加上50mm岩棉，也可全部使用80mm陶瓷棉，（20+20）mm陶瓷棉满足半保温要求。

常用绝缘材料形式为包玻璃布的棉毯，通过碰钉和垫片固定安装。典型安装图见图1。

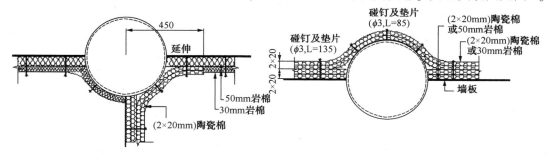

图1　绝缘材料典型安装图

绝缘材料铺设时，级别较高的隔壁或甲板相交于级别较低的隔壁或甲板时，较高级别的绝缘材料应向低级别延伸450mm，绝缘材料绕结构立柱或斜撑仅需部分绝缘材料绕过即可。

绝缘材料铺设完成后，为了保护绝缘材料，同时为了满足隔音、装饰等要求，需要在绝缘材料外部安装衬板、天花板或镀锌钢板（1mm厚），暴露于室外的绝缘材料需要安装不锈钢板（0.75mm厚）。衬板和天花板一般为30mm厚复合岩棉板。对于人员操作的各种控制间，通常需要安装衬板；对于噪音较大的发电机间需安装吸音板；对于其他铺设有绝缘材料的设备房间，绝缘材料外部安装镀锌铁皮。需要注意的是，按照国标制造的复合岩棉板，高度不超过3m（设计中常选用2.7m），而工作间层高超过3m，衬板就不能达到房间顶部，这样衬板以上部分还需要安装镀锌铁皮。对于房顶绝缘，除了中控室、实验室、休息室、办公室等少数房间外需要安装天花板外，其余房间顶部绝缘材料外一般安装镀锌铁皮。天花板的安装位置，对于中控制应满足仪表专业最小净高的要求，对于其他房间可根据衬板高度确定；房顶镀锌铁皮通常安装于房顶标高以下500mm。表2给出了工作间保温绝缘常用做法。

表2　海上固定平台工作间绝缘推荐做法

序号	工 作 间	保温形式	衬　板	吸音板	天 花 板
1	主配电间	全保温	√		
2	应急配电间	全保温	√		
3	高压配电间	全保温	√		
4	电潜泵控制间	全保温	√		
5	电潜泵变压器间	不保温			
6	主变压器间	不保温			
7	电池间	全保温			
8	电仪间	全保温	√		
9	主发电机间	半保温		√	
10	应急发电机间	半保温		√	
11	电消防泵间	半保温			

续表

序号	工作间	保温形式	衬板	吸音板	天花板
12	柴油消防泵间	半保温			
13	机修间	全保温			
14	储藏间	不保温			
15	油漆储藏间	半保温			
16	中控间	全保温	√		√
17	仪表设备间	全保温	√		√
18	CO_2/FM200 间	半保温			
19	实验室	全保温	√		√
20	休息间、办公室	全保温	√		√

　　舱壁绝缘完成后,由于墙厚影响室内空间和设备布置,因此设计中需要合理考虑绝缘层厚度。一般而言,整体墙厚应考虑结构墙皮厚度、绝缘材料厚度、衬板厚度,还应考虑衬板或镀锌铁皮内与绝缘材料之间足够的空隙(50mm 左右)。对于结构斜撑所在的舱壁,墙厚需要在考虑斜撑所占厚度的基础上再考虑舾装厚度,舱壁整体厚度可能很厚,占据较大室内面积。因此,在总体设计中应尽量避免房间舱壁和甲板主轴重合,因为主轴上通常会有大量结构斜撑。

　　对于全保温房间,由于房间内外温差,可能造成房间外部钢围壁内表面产生凝结水,为了防止凝结水流入房间内部,需要在绝缘材料和衬板(或镀锌铁皮)之间焊接拦水扁钢(F−6×100mm)。

4　门窗布置

4.1　门

　　工作间的门应向外开,其尺寸、数量、位置应满足逃生安全和相关专业的要求。舾装专业在相关专业提供开门要求的基础上进行门的布置,设计过程中应注意开门与所在墙壁结构立柱、斜撑的碰撞。门的精确定位需要参见结构专业房间墙皮图。

　　按照相关标准和安全原理要求,门孔净高至少应达到 2050mm,净宽 800mm。目前设计中,工作间的外门净通孔尺寸一般为:单门 1000mm×2100mm,双门 2000mm×2100mm;内门宽度可适当选用较小的规格,如 850mm×2100mm。结构开孔需要在净通孔的基础上考虑门框,高度和宽度上各加 100mm,还需考虑门坎高度、用于门框安装的结构方钢等。图 2 为结构典型门洞图。

　　门的防火等级至少应达到所在隔壁的防火等级要求,由钢质或等效材料制成。对于工作间外门,为了满足长期暴露于海洋腐蚀环境的要求,目前通常选用 316L 不锈钢材质。所有外门应为风雨密。

　　工作间的门为自闭式,都应配置闭门器。为了便于通行、搬运等,某些门还应设置门碰,目前设计中对于所有双开门都应设置门碰,此外对于储藏间、油漆储藏间等需要经常搬运货物的房间门也应设置门碰。所有的门都应有配套的门锁和铭牌。

为了满足挡水要求，门应设置门坎，门坎高度一般不超过250mm，对于外门还应设置门楣，门楣由角钢弯曲焊接而成。

如无特殊要求，所有开门角度应达到180°，但是在180°情况下如与外部结构、风管、托架等发生碰撞，可对开门角度进行限制，通常可限定在110°。

4.2 窗

设备间一般不需设置窗户，但是对于作为休息间、办公室的房间，可根据需要设置窗户。房间的窗户通常为常闭式钢质固定矩形窗，其防火等级至少应达到所在隔壁的防火等级。

对于平台上设置的挡风墙，舾装专业需要设置相应的内开式挡风窗。挡风窗的数量和准确定位应根据结构专业挡风墙结构图进行确定。

窗户的通孔下边缘一般要求距甲板约1200mm，外部窗户应为风雨密。

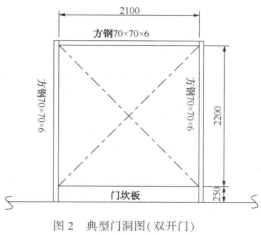

图2　典型门洞图（双开门）

5　地板敷料布置

房间地面应根据不同房间的功能进行设置。

电气设备房间（开关间、变压器间、控制间等）、实验室、休息间等需要铺设防火绝缘橡胶地板，具体做法为在15mm厚轻质乳胶水泥甲板敷料上铺设6mm后防火绝缘橡胶，地板绝缘等级需要根据房间电气设备电压等级确定，高压需达到35kV绝缘，中低压12kV绝缘。对于设置衬板的房间，橡胶地板与衬板交接处还应设置踢脚板。典型图见图3。

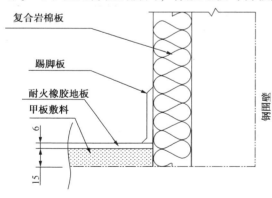

图3　典型地板敷料图

电池间由于存在电池酸液泄漏风险，因此需要铺设耐酸的黑橡胶地板，具体做法为在40mm厚水泥砂浆上铺设6mm厚黑橡胶地板，为了锚固水泥砂浆，敷设前需在钢甲板上焊接金属卡箍，相邻卡箍距离约300mm，敷料敷设及卡箍示意图见图4。

对于中控室、仪表设备间等，电缆托架一般在地面设置，这些房间就需要铺设可拆式防静电提升地板，通常为铝质。提升高度300~500mm，根据仪讯专业要求确定。若提升高度达到400~500mm，进门后需要设置一定区域较低的地板作为踏步，通常高度为250mm。该进门踏步区域宽度，对于单门（1000mm×2100mm）为1200mm，双门（2000mm×2100mm）为2400mm，向房间内延伸距离应在该处墙厚的基础上至少加700mm。典型安装示意图见图5。

对于机械设备间、消防设备间、储藏间等，房间地面为裸钢板涂敷防腐涂料即可。

平台主要工作间地板布置方案推荐做法见表3。

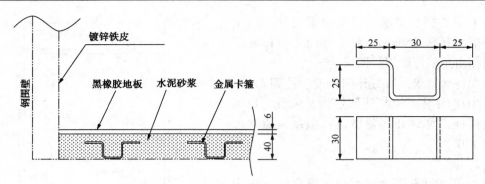

图 4　电池间地板敷料敷设及卡箍示意图

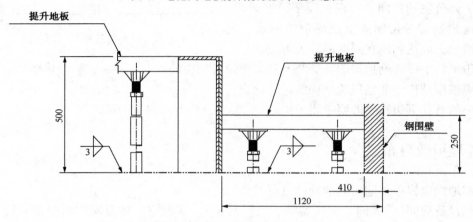

图 5　提升地板安装典型示意图

表 3　海上固定平台工作间地板布置推荐做法

序号	工 作 间	防火绝缘橡胶地板	黑橡胶地板	提升地板	裸钢板
1	主配电间	√			
2	应急配电间	√			
3	高压配电间	√			
4	电潜泵控制间	√			
5	电潜泵变压器间	√			
6	主变压器间	√			
7	电池间		√		
8	电仪间	√			
9	主发电机间				√
10	应急发电机间				√
11	电消防泵间				√
12	柴油消防泵间				√
13	机修间				√
14	储藏间				√
15	油漆储藏间				√

序号	工 作 间	防火绝缘橡胶地板	黑橡胶地板	提升地板	裸钢板
16	中控间			√	
17	仪表设备间			√	
18	CO_2/FM200 间				√
19	实验室	√			
20	休息间、办公室	√			

6 结语

海上固定平台工作间舾装设计主要是为各专业设备间提供配套服务，设计过程中与各专业接口较多。目前用于指导舾装设计的标准中的要求较为模糊，很多方面需要依据设计和工程应用经验确定。本文只是系统总结之前项目的推荐做法及经验，而舾装设计需要在今后的逐步积累中不断优化。

月东 A 平台导管架抗冰锥体数值分析

王大忠

(中石化石油工程设计有限公司)

摘要：冰荷载是渤海重冰区导管架平台的主要危害，通过在导管架腿上设置抗冰锥体，可大大降低冰对平台的危害。本文简要介绍了月东 A 平台导管架抗冰锥体结构设计及数值分析，对抗冰锥体的实践设计进行指导。

关键词：抗冰锥体；导管架平台；数值分析

1 引言

海洋平台由于所处的环境十分恶劣，经常遭受风、浪、流、冰、地震等环境载荷的联合作用。对于中高纬度地区的海洋平台来说，海冰载荷是平台设计的重要控制载荷。海冰的巨大推力及冰激导致的振动往往给海洋平台造成很大危害，甚至导致整个平台的倒塌。1964年冬，美国阿拉斯加库克湾中的两座采油平台，在剧烈的冰作用下倒塌；1969 年 3 月 8 日，我国渤海石油公司建造在渤海西部的老二号钻井平台，在特大海冰作用下结构破坏，最终被推翻。可见，海冰对海洋平台是一个极大的威胁。

月东区块开发工程 A 平台扩建项目由 A 人工岛、A1 平台、A2 平台组成，项目位于辽东湾，属于冰情比较严重的海域，鉴于此，在该项目导管架平台上设置了抗冰锥体，以降低海冰对平台的危害，并对抗冰锥体进行了强度分析。

2 抗冰锥体结构设计

2.1 结构型式选择

抗冰锥体可分为三种类型，分别为正锥体、倒锥体、正—倒锥体，见图 1。在总锥高 h 相同的条件下，正锥体或倒锥体都会因锥底直径(图 1a，b 中的 $D4$)远大于正-倒锥交界面的直径(图 1c 中的 $D2$)而招致较大的冰力和波浪力，从而使其应用范围受到限制。因此，海洋石油平台导管架腿上通常采用正-倒锥组合体结构型式，因为它适用的潮差比正锥体或倒锥体更大。因此，该项目中选用正-倒锥组合体结构型式。

2.2 结构设计

A1 平台位于人工岛东北方向 50m 处，A2 平台位于 A1 平台东北方向 30m 处，人工岛、A1 平台和 A2 平台的连线与主流向方向一致。考虑到在涨潮时人工岛对浮冰的阻挡作用，在 A1 平台和 A2 平台的 B1、B2 桩腿上(远离人工岛侧)安装抗冰锥体，抗冰锥体布置见图 2。

锥体设计有效高度 4m，锥面与水平面的夹角为 60°，采用正倒锥组合方式。A1 平台锥体的最大直径 3940mm，A2 平台锥体的最大直径 3954mm。锥体由厚度为 22mm 的 D36 钢板焊制而成。锥体内部设有 12 道加强肋。A1 平台抗冰锥体结构尺寸见图 3，A2 平台抗冰锥体结构尺寸见图 4。

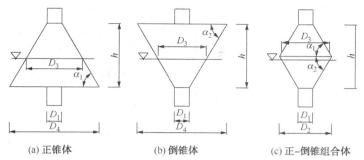

(a) 正锥体   (b) 倒锥体   (c) 正-倒锥组合体

图 1　几种常见的锥体类型

D_1—锥顶直径；D_2—正-侧锥交界面直径；D_3—水线面直径；D_4—锥底直径；

α_1—正锥角；α_2—倒锥角

图 2　抗冰锥体布置图

3　抗冰锥体数值分析

对设计的 A1 平台与 A2 平台的抗冰锥体进行有限元强度分析，使用 ANSYS 软件作为分析工具。分析了锥体在极端静冰荷载作用下，不同工况的锥体强度。

3.1　锥体上的静冰力

冰力幅值借用 Hirayama-Obara 冰力计算模型，该模型是根据现场试验的冰力数据进行修正得到的，其表达式为：

$$F = B\sigma_{\mathrm{f}}h^2\left(\frac{D}{L_{\mathrm{c}}}\right)^{0.34} \tag{1}$$

其中，$L_{\mathrm{c}} = \left[\dfrac{Eh^3}{12\rho_{\mathrm{w}}(1-\nu^2)}\right]^{0.25}$ 为海冰特征断裂长度；$\sigma_{\mathrm{f}} = 0.7\mathrm{MPa}$ 为海冰弯曲强度；$E = 500\mathrm{MPa}$ 为海冰弹性模量；$\nu = 0.3$ 为海冰泊松比；$\rho_{\mathrm{w}} = 1.025\mathrm{t/m^3}$ 为海水密度；$g = 9.8\mathrm{m/s^2}$ 为重力加速度；$B = 3.7$ 为系数；D 为海冰作用处锥体的直径；h 为海冰厚度。

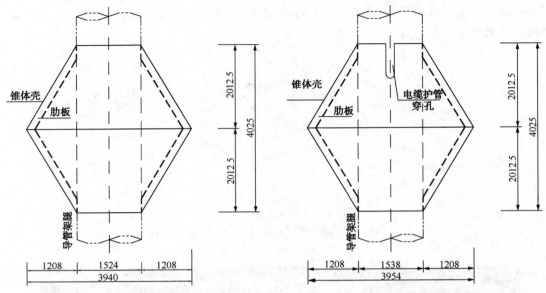

图 3　A1 平台抗冰锥体结构图　　　　图 4　A2 平台抗冰锥体结构图

由于 A1 平台锥体是对称结构，锥体的响应对冰的作用方向并不敏感。计算了具有代表性的 0°和 15°方向来冰，多种潮位情况下的锥体响应，计算时采用的冰厚是 0.5m。

A2 平台的 B2 桩腿由于有电缆护管穿过锥体，需要在锥体上开出豁口，使锥体的整体性被破坏。计算了具有代表性的 −15°(正对豁口)、0°和 15°方向来冰，对每种来冰方向都计算了多种潮位情况下的锥体响应，计算时采用的冰厚是 0.5m。

计算冰力结果见表 1。

表 1　月东 A 平台计算冰力

计算工况名称	潮位/m	计算冰力/kN	
		A1 平台	A2 平台
Case1	−1.6	478.0	484.0
Case2	−1.4	500.0	500.0
Case3	−1.2	520.0	516.0
Case4	−1.0	532.0	532.0
Case5	−0.8	544.0	544.0
Case6	−0.6	561.0	561.0
Case7	−0.4	577.0	574.0
Case8	−0.2	586.0	586.0
Case9	0.0	586.0	586.0
Case10	0.2	586.0	586.0
Case11	0.4	577.0	577.0
Case12	0.6	561.0	561.0
Case13	0.8	544.0	544.0
Case14	1.0	532.0	532.0
Case15	1.2	520.0	516.0
Case16	1.4	500.0	500.0

3.2 锥体计算模型

基于 ANSYS 10.0 软件，建立固定锥体有限元模型，如图5~图8所示。

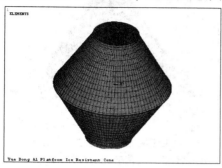

图 5 A1 平台锥体模型

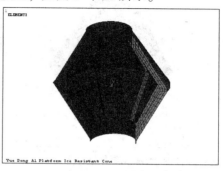

图 6 A1 平台锥体模型剖视

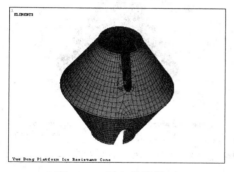

图 7 A2 平台锥体模型

图 8 A2 平台锥体局部剖视

3.3 锥体强度计算结果

A1 及 A2 平台抗冰锥体强度计算分析结果见表2。

表 2 月东 A1 及 A2 平台抗冰锥体强度计算结果

计算工况	A1 平台锥体强度/MPa		A2 平台锥体强度/MPa		
	0°	15°	0°	−15°	15°
Case1	33.0	36.0	91.0	86.0	83.0
Case2	28.0	29.0	64.0	61.0	57.0
Case3	34.0	36.0	147.0	166.0	119.0
Case4	33.0	36.0	224.0	240.0	183.0
Case5	33.0	36.0	200.0	213.0	162.0
Case6	26.0	28.0	31.0	29.0	33.0
Case7	36.0	38.0	35.0	37.0	38.0
Case8	14.0	14.0	18.0	15.0	20.0
Case9	13.0	13.0	17.0	15.0	19.0
Case10	14.0	14.0	18.0	19.0	19.0
Case11	36.0	39.0	49.0	53.0	39.0
Case12	26.0	28.0	33.0	25.0	35.0
Case13	33.0	36.0	173.0	185.0	140.0
Case14	33.0	36.0	202.0	215.0	165.0
Case15	33.0	36.0	169.0	192.0	140.0
Case16	28.0	29.0	61.0	61.0	55.0

抗冰锥体最大工况应力云图见图9~图13。

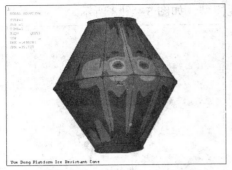

图9　A1平台锥体应力分布图(0° case 11)

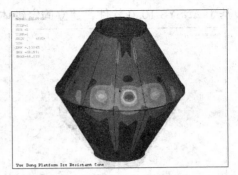

图10　A1平台锥体应力分布图(15° case 11)

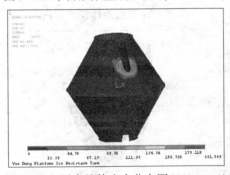

图11　A2平台锥体应力分布图(0° case 4)

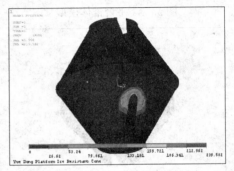

图12　A2平台锥体应力分布图(-15° case 4)

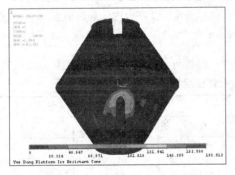

图13　A2平台锥体应力分布图
(15° case 4)

4　结论及建议

(1) 分析表明,在极端冰荷载下,A2平台B2桩腿的锥体应力最大,可达到240MPa。选用的钢材为D36,其屈服强度为355MPa,因此在极端冰荷载下,锥体的强度分析安全系数可以满足规范要求。

(2) 对比A1平台及A2平台抗冰锥体应力分析结果也可以看出,在锥壳板上开孔后对其强度的削弱比较显著,建议设计中尽量保持其完整性,在不可避免开孔的情况下,锥体设计应具有足够的强度储备。

(3) 平台应注意对破冰锥体上的海生物和渔网等缠绕物进行清理,保持破冰锥体外表的光洁,避免出现冰堵塞。

参　考　文　献

1　史庆增,彭忠.冰力作用下锥体的合理结构形式及在柱体上设计锥体的合理性探讨[J].中国海上油气,2005,17(5).

2　武文华,于佰杰,岳前进,等.JZ20-2NW平台抗冰性能的有限元分析.中国海洋平台[J],2007(06-0025-04):1001~4500.

文昌 8-3 油田 WHPB 平台修井机结构设计

仰满荣[1]   **安振武**[2]

（中海油渤海石油管理局；中海油能源发展油田建设工程分公司）

摘要：文昌 8-3 油田 WHPB 平台修井机预计完成后期修井及在支持船支持的条件下进行调整井作业，本文以文昌 8-3 油田 WHPB 平台修井机基本设计以及详细设计项目为基础，从工程实际角度出发，简要介绍了修井机结构设计方案及结构整体强度校核的方法与过程。

关键词：修井机；结构设计；结构强度；SACS；X-STEEL

1 概述

1.1 项目概述

文昌 8-3 油田位于南海珠江口盆地西部海域，距离海南文昌市约 150km 处，油田所在海域水深约 113m。文昌 8-3 WHPB 平台井槽数为 8 个，井槽排列 2×4，井口间距为：2.286m×2.286m，预留 5 个井槽以满足后期钻调整井的要求。其设计年限为 20 年。图 1 为文昌 8-3 WHPB 平台井槽布置图。

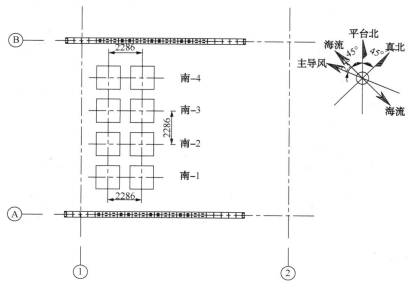

图 1　文昌 8-3 WHPB 平台井槽布置图

根据可行性研究报告结论，修井机具方案推荐在 WEN8-3 油田东块新建一台修井机进行后期修井及在支持船支持的条件下进行调整井作业，该修井机提升系统按照 225t 级标准配置，其余配套设备按照 HXJ180 修井机标准配置。

图 2　文昌 8-3 WHPB
平台修井机

1.2　结构概述

文昌 8-3 油田 WHPB 平台修井机(图 2)结构按照 API、CCS 规范、我国石油行业和中国海洋石油总公司企业标准等设计,在总体设计方案、动力配置、底座系统、绞车传动系统等方面借鉴了渤海及南海多个油气田平台的经验,并结合文昌油田的实际情况加以改进。主要有下移动底座、钻台面以及井架三个主要组成部分。下移动底座通过 4 个基座坐落在平台组块上甲板滑轨上,钻台面通过 6 个基座坐落在下移动底座的滑道梁上,修井机整体沿平台东西方向滑移,钻台面沿下底座滑轨南北方向滑动,可实现对平台的每一口井的修井作业。

修井机主要技术参数如表 1 所示。

表 1　文昌 8-3 WHPB 平台修井机主要技术指标

设计修井深度	7500m(3½in 钻杆)
设计钻井深度	3200m(5in 钻杆)
最大钩载	2250kN
泥浆泵功率	800hp
井架有效高度	35m
绞车装机功率	750kW
设计最大抗风能力	操作工况:45.3m/s 拖航工况:52.5m/s 极端工况:65.1m/s
平台组块顶层甲板 地震响应加速度	平台东/西方向:±0.113g 平台南/北方向:±0.105g 平台垂向:±0.133g
钻台面积×高度	200m²×7.5m
下移动底座主跨度×总宽度	12m×8.02m
下移动底座滑轨轨距	4.5m
甲板滑轨轨距	12m
修井机基座就位高程	EL.(+)31.250
修井机操作工况垂向静荷载	约 7700kN
修井机极端工况垂向静荷载	约 7500kN

2　结构设计

通过对平台修井机的作业要求、设备布置、重量控制等进行系统分析,结构设计时分别建立修井机下移动底座、钻台面及井架结构模型,对模型进行吊装、在位等工况的校核,(本文不对井架进行单独强度校核,取相似结构对井架进行模拟,通过调整井架钢结构的密度来模拟井架结构的全部重量)。再根据不同的井位和工况,对分析模型进行荷载组合,对井架、下移动底座、钻台面进行整体分析校核。

2.1　下移动底座

下移动底座模型如图 3 所示,南北向 2 根主梁采用组合 H 型钢 PG1000X400X19X32,主梁上方采用组合 T 型材 T250X500 作为钻台面滑轨,副梁采用热轧 H 型钢 H588X300X12X20 及 H400X200X8X13,焊接成主框架结构,主立柱采用组合 H 型钢 PG1000X400X19X32PG700X400X25X32 对主体结构进行支撑。下移动底座共设 4 个底座,靠两部爬行器的推动,可沿平台东/西方向滑移。

2.2　钻台面

钻台面模型如图 4 所示,南北向 2 根主梁采用组合型钢 PG1300X350X19X32,其间根据立根盒、转盘、绞车、柴油发动机等设备撬座,焊接副梁,形成主框架结构,主框架东西两侧设悬伸甲板,其上布置机修间、值班室、储能器、管汇撬等房间及设备,其东侧设置有走道和司钻房,四周设有挡风墙,南则设挡雨棚,底部设有接污盒。钻台面通过 6 个基座坐落在下移动底座滑轨上,通过两部爬行器推动,可沿下移动底座南/北方向滑移。

　　　　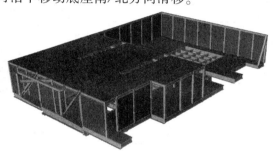

图 3　下移动底座模型　　　　　　　　　图 4　钻台面模型

3　结构整体分析

本项目修井机及组块都在湛江合众建造场地建造,修井机下移动底座及钻台面将分别在码头吊装,在组块上就位后随组块一同拖航,在海上随组块进行整体吊装就位。根据实际情况,按照 API、AISC 规范要求,对修井机进行在位、地震、拖航以及吊装等工况的整体分析。

3.1　设计荷载

各工况中涉及到的荷载有:

(1)结构荷载:修井机钢结构的自重荷载由计算程序 SACS 自动计算生成。接污盒、BOP 悬吊梁、钻台铺板等附属结构重由手工计算后,作为点荷载、线荷载或面荷载施加到结构模型上,其他未模拟的附件在结构模型中按 20% 余量进行考虑。

井架的结构自重由计算程序 SACS 自动计算生成。通过加大井架钢结构的密度来模拟井架结构和设备的全部重量具体如表 2 所示。

(2)设备荷载:包括机械、配管等各专业设备荷载(表 3)。

(3)修井作业荷载:包括转盘荷载、大钩荷载和立根荷载(表 4)。

(4)活荷载:室内地板、屋顶、走道和楼梯活荷载按照 2.5kN/m^2 的面荷载计算。

表2　结构重量

编号	荷载名称	质量/kN
1	钻台面主体结构重	560.89
2	钻台面附属结构重	149.03
3	下移动底座主体结构重	473.60
4	下移动底座附属结构重	37.00
5	井架自重	400.00
合计		1620.52

说明：井架自重包括井架结构和设备的全部重量。

表3　修井机设备重量列表

编号	荷载名称		干重/kN	操作重-干重/kN
1	机械设备	钻台面机械设备质量	938.20	—
2		下移动底座机械设备质量	82.00	—
3	配管	钻台面配管质量	75.20	7.52
4		下移动底座配管质量	51.20	5.12
5	舾装	钻台面舾装质量	60.76	—
6		下移动底座舾装质量	67.00	—
7	电/仪	钻台面电仪质量	54.00	—
8		下移动底座电仪质量	22.00	—
9	安全/通信/暖通	钻台面质量	25.59	—
		下移动底座质量	3.90	—
合计			1379.85	12.64

说明：上述设备荷载(包括干重、湿重)均为净重，机械设备质量中不包括立根重量和井架质量。

表4　修井作业荷载

荷载名称	荷载/kN
转盘荷载	2250
大钩荷载	2250
立根荷载	1350

（5）环境荷载：主要是风荷载和地震加速度，都由业主方提供。风荷载根据 API RP 2A (21st)中的相关规定计算，分为操作工况和极端风暴工况并考虑(0°、45°、90°、135°、180°、225°、270°和315°)八个方向，作用在立根上面的风荷载50%施加在钻台面，50%施加立根区。

3.2　结构计算

本设计采用海洋工程有限元计算软件 SACS 对修井机进行结构整体计算分析。

（1）静力分析：文昌8-3WHPB平台修井机的静力分析包括修井机在操作工况和极端风暴工况下结构强度的校核。修井机钻台面相对于下移动底座有4个不同的位置。因此对于井架直立工况和井架放倒工况，需要分别建立4个独立的修井机模型来校核修井机的结构强度。

采用重现期为100年的环境荷载作为极端风暴工况荷载，重现期为1年的环境荷载作为操作工况荷载，极端风暴工况下，许用应力提高1/3。如图5及图6所示钻台面位于南-1井位时修井机结构模型。

（2）地震分析：在修机寿命期内，也可能会受到地震荷载的作用，所以也要进行修井机的抗震设计，本设计中采用准静力方法来分析地震工况，分析中所采用的地震加速度由业主提供，根据分析得到修井机在地震工况中的惯性力，同时还考虑了修井机重量荷载、修井荷载、活荷载，不考虑风荷载。地震分析的计算模型和边界条件与静力分析相一致。修井机钻台面相对于下移动底座有4个不同的位置。因此需要建立4个独立的修井机模型来校核修井机的结构强度。

（3）拖航分析：运输拖航工况中，修井机按照与组块整体拖航的方案进行计算，拖行驳船采用"梦娜公主"号。考虑船舶运动产生的惯性荷载之外，还需考虑修井机重量荷载以及运输条件下的风荷载，计算驳船运动惯性荷载时以驳船浮心作为横摇和纵摇的中心。风荷载采用10年重现期，3s阵风风荷载作为拖航工况的环境荷载施加在结构模型(图7)上。在拖航工况下，许用应力可提高1/3。

（4）吊装分析：吊装工况中，除了考虑修井机的重量荷载之外，还应考虑吊装过程中的动力影响，用动力放大系数来表示，根据 API 规定，在码头吊装情况下，下移动底

ISOMETRIC

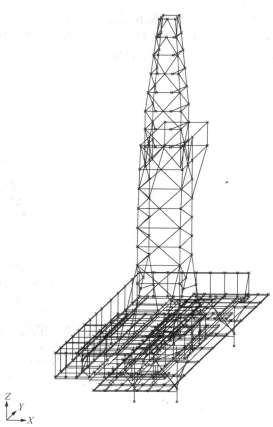

图5 钻台面位于南-1井位时修井机结构模型(井架直立)

ISOMETRIC

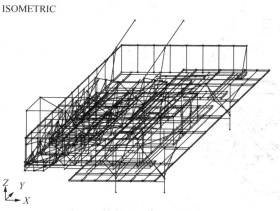

图6 钻台面位于南-1井位时修井机结构模型(井架放倒)

ISOMETRIC

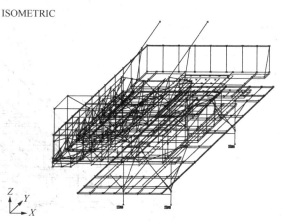

图7 修井机拖航结构模型

座、钻台面的吊装分析采用了 1.15 和 1.50 倍动力系数进行校核。在设计吊点高度时，按照规范要求，吊绳与水平面的最小夹角应大于 60°。

吊装工况中，修井机吊装分析的结构模型分为下移动底座(图8)和钻台面(图9)两部分分别模拟；每个模型设置 3 个弹簧作为边界条件，并添加了 1 个吊钩和 4 根吊绳的吊装附件，假定吊钩位于整体吊装重心的正上方，边界条件为固支(111111)。

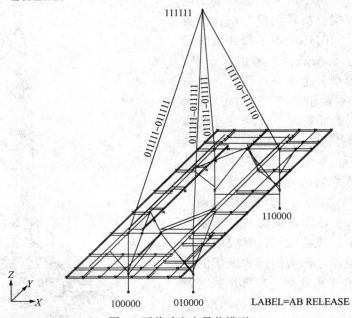

图 8　下移动底座吊装模型

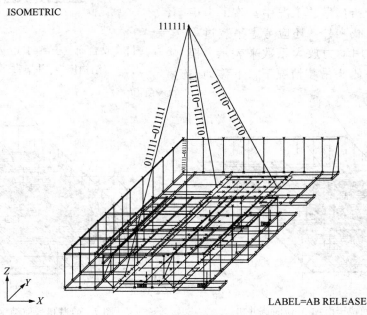

图 9　钻台面吊装模型

结构设计结果满足了各种工况下强度和刚度要求，各工况构件最大名义应力比见表5。

表 5 修井机结构主要构件最大名义应力比

序号	结构构件型号	最大 UC	控制工况
1	PG1300X350X19X32	0.51	吊装
2	PG1000X400X19X32	0.58	在位
3	PG700X400X25X32	0.67	在位
4	H588X300X12X20	0.71	地震
5	H400X200X8X13	0.97	在位

4 质量控制

质量是修井机结构设计的主要控制因素，为了对修井机质量进行有效控制，本项目在运行过程中加入了质量控制曲线，以跟踪项目运行过程中不同阶段不同工况下质量变化情况，图 10 所示为文昌 8-3 油田 WHPB 平台修井机在位工况干重控制曲线。从 ODP 到基设再到详细设计，随着设计的逐步优化，修井机的质量整体成下滑趋势，且不超过 ODP 质量。

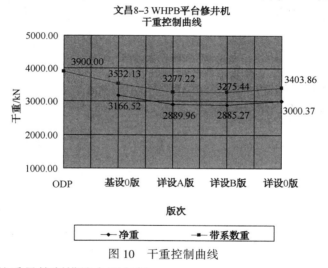

图 10 干重控制曲线

结构设计采用的质量控制措施主要包括：

（1）根据修井机总体布置要求，对修井机的结构形式进行合理地优化。尽量使杆件在各种受力状态下都能发挥较大的作用，结构尽量对称。

（2）对主体结构的选材，为减轻结构质量，尽量少选用单重较大的宽翼缘 H 型钢，在适当的位置应尽量减小构件的规格。但关键部位，如吊耳，基座，大型设备及主要节点要保留足够余量。

（3）利用 X-STEEL 三维软件对修井机建立精确的结构模型，模型尽量做到准确、完整，以准确的控制结构质量。

（4）在有效控制结构质量的同时，严格控制各专业尤其是机械专业的质量。

（5）与其他修井机质量进行对比，借鉴优秀的结构设计方法，对本修井机结构形式进行再优化。

5　结论

文昌 8-3 油田 WHPB 修井机结构设计满足各种工况下强度和刚度要求,并且对结构进行了优化,对结构质量进行了有效控制,节约钢材约 40t,同时具有以下特点:

(1)经过优化设计,有效控制结构自重,合理确定构件的形式,使其得到充分利用,修井机最终结构总用钢量约为 190t,只占修井机总重的 55.8%,其中下移动底座、钻台面、井架分别占总用钢量的 44%、32% 和 23%。

(2)钻台面面积较大,作业方便。下底座灵活使用可折叠式活动小平台作为临时走道,解决了下底座空间狭小的问题。

(3)项目运行过程中,加入质量控制曲线,以跟踪项目运行过程中不同阶段不同工况下质量变化情况,对各个专业的质量进行了很好地控制,使整个项目在运行过程中质量整体成下滑趋势,且不超过 ODP 质量要求。

(4)结构设计使用钢结构设计软件 XSTEEL 对结构整体及局部进行模拟,避免减少了结构的干涉、局部开孔、应力集中、维修空间狭小等问题。

(5)修井机在码头吊装就位,随组块进行整体海上吊装,节省了海上安装的时间和费用。

参 考 文 献

1　中国船级社. 钻井装置发证指南[S]. 人民交通出版社,2006.
2　中国海洋石油总公司企业标准. Q/HS 2007.3—2002 海上石油平台修井机(第 3 部分):井架和移动底座[S]. 2002.
3　徐田甜,穆顷,王宁. 乐东 15-1 气田平台钻修井机结构设计. 船舶,2007(5):18~25.

月东油田 A 人工岛燃料系统优化设计

段晓珍

（中石化石油工程设计有限公司）

摘要： 本文结合月东油田 A 平台前期拉油生产，后期海底管线输送的工艺特点，对海上平台燃料处理工艺进行优化设计，优化后的燃料处理工艺更适用于空间狭小的海上平台，适应不同开采期、产量及参数变化的需要，充分考虑了能源的综合利用，有效的避免了能源浪费。

关键词： 海上平台；拉油生产；燃料系统；节能

1 概述

月东油田位于渤海辽东湾北端的浅海地区，距离辽宁省盘锦市约 40km。月东油田地理位置见图 1。

月东油田由 A、B、C、D 四座人工岛组成，各岛之间相距约 1~2km，根据总体开发进度，安排 A 岛先期开发投产。A 岛共由 A 人工岛、A1 生活动力平台、A2 储罐平台三座平台组成（统称 A 平台）。A 人工岛上共布置 35 口油井，1 口水源井，以及油气处理设备。A 平台所产原油前期采用船拉油的方式，油井产出液储存在原油储罐中由油轮定期拉走，后期待 B 人工岛（中心岛）及海底管线投产后，A 平台产出的油气通过海底管线混合输送至 B 岛，在 B 人工岛进行油气分离后，含水原油通过 B 岛登陆管线输送至岸上处理。

图 1 月东油田地理位置图

月东油田 A 平台的油井均采用蒸汽吞吐的开发方式，且该平台产出的原油为高黏原油，需加热降黏后外输，平台需要大量的燃料提供热源。结合 A 平台初期及后期原油输送方式的不同以及本项目工艺系统的特点，A 平台的燃料来源共设计有三种：天然气、原油和柴油。柴油系统主要用于应急发电机等；正常情况下注蒸气锅炉和热煤炉的燃料为原油或天然气，应急情况下使用柴油做燃料，以确保生产。

2 主要燃料用户

月东油田 A 平台燃料系统的主要用户为：热煤炉、注蒸汽锅炉、应急发电机。

2.1　热煤炉

热煤炉主要热负荷见表1。

表1　热煤炉主要热负荷表

用 户 名 称	负荷/kW
生产换热器	1490
计量换热器	65
三相生产分离器	120
建筑物	380
2000m³ 原油储罐	180
各种工艺设备	100
合计	2335

根据规范[1]加热炉宜选用2台以保证在低负荷运行时其中一台能保证正常生产,因此选用2台2000kW热煤炉。

2.2　注蒸汽锅炉

注蒸汽锅炉主要设计参数见表2。

表2　注蒸气锅炉主要设计参数表

额定蒸发量/(t/h)	22.5
额定蒸气压力/MPa	17.2(表压)
蒸气温度/℃	353
蒸汽干度/%	80
额定热效率/%	85
功率/kW	21000

注蒸汽锅炉为最大的燃料用户,功率为21000kW。

2.3　应急发电机

应急发电机主要设计参数见表3。

表3　应急发电机主要设计参数表

系统频率/Hz	50
系统电压/kV	0.4
额定转速/(r/min)	1500
额定功率/kW	630

3　燃料系统设计

3.1　燃料选择

3.1.1　海底管线投产前

前期,海底管线投产前,平台采用拉油生产,含水原油由油轮定期拉运至岸上处理,天然气通过火炬放空。此时尚不需要注蒸汽吞吐采油,因此热煤炉为燃料的主要用户。

经计算，天然气的消耗量为 305Nm³/h(0.73×10⁴Nm³/d)，根据产能预测指标，此时伴生气产量为 0.76×10⁴Nm³/d。为了充分利用能源，此时热煤炉考虑使用伴生气做燃料。

应急发电机作为保障海洋平台安全生产的应急电源，对发电机本身及其燃料要求比较高，根据设计经验，一般均选用柴油作为燃料。

3.1.2 海底管线投产后

海底管线建成投产后，A 岛产出的原油及伴生气通过海底管线混合输送至 B 人工岛统一处理。此时油井需要注蒸气吞吐采油，注蒸气锅炉为主要燃料用户。

伴生气产量及伴生气消耗量见表 4。

表 4 伴生气产量及伴生气消耗量表

热煤炉用气量/(10⁴Nm³/d)	0.73
注蒸气锅炉用气量/(10⁴Nm³/d)	6.52
总用气量/(10⁴Nm³/d)	7.25
伴生气产量/(10⁴Nm³/d)	3.36~0.48

从上表可以看出，热煤炉及注蒸汽锅炉的总用气量为 $7.25×10^4$ Nm³/d，根据产能预测指标伴生气的最大量为 $3.36×10^4$ Nm³/d，不能满足燃料用户的需求，因此考虑使用低含水原油为热煤炉及注蒸汽锅炉提供燃料。

经计算，热煤炉及注蒸汽锅炉的燃料油消耗量为 850kg/h($2.04×10^4$ kg/d)。

应急发电机选用柴油作为燃料。

3.2 燃料系统设计及优化措施

3.2.1 燃料气系统

1. 燃料气系统设计

A 平台井口产出液经换热器加热后，进入两相生产分离器，其中含水原油由油轮定期拉走，伴生气经气体洗涤器、过滤分离器等设备处理合格后为热煤炉供气，多余部分通过火炬放空。具体流程见图 2。

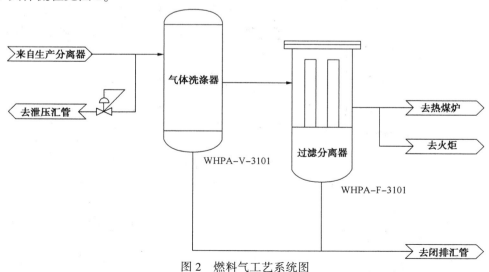

图 2 燃料气工艺系统图

燃料气工艺系统主要设备见表 5。

表 5 燃料气系统主要设备表

主要参数	气体洗涤器	过滤分离器
尺寸/mm	φ400×2430	φ400×2138
设计压力/MPa	0.7	1.0
设计温度/℃	100	120

2. 燃料气系统主要优化措施

(1)充分考虑了能源的综合利用。海底管线投产前，A 平台采用船拉油的生产方式，天然气通过火炬放空。此时，从两相分离器中引伴生气为热煤炉供气，充分利用了能源，有效地减少了对环境的污染，节省运行费用约 28 万元/年。

(2)可以同时满足不同生产时期的需要。拉油生产时，燃料气处理系统可以满足为热煤炉提供燃料、火炬放空的生产需要。海底管线投产后，当海底管线检修或因其他原因停输时，该系统可以满足本平台天然气放空的需要。

3.2.2 燃料油系统

1. 燃料油系统设计

海底管线投产后，A 平台井口产出液经换热器加热后，利用井口压力，混合输送至附近的中心平台集中处理；少部分井口产出液进入分离器内，在分离器分离后，作为燃料使用，分离器内的高含水原油经底水泵增压后，通过海底管线外输。具体流程见图 3。

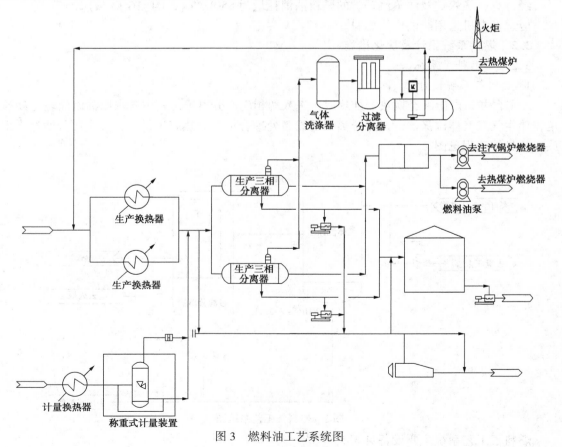

图 3 燃料油工艺系统图

燃料油工艺系统主要设备见表6。

表6 燃料油系统主要设备表

主要设备	主要设计参数	
燃料油箱	设计压力/MPa	常压
	设计温度/℃	100
	尺寸/(m×m×m)	4.0×4.0×4.5
注汽锅炉燃料油输送泵	流量/(m³/h)	5
	扬程/MPa	2.5
热煤炉燃料油输送泵	流量/(m³/h)	1.5
	扬程/MPa	1.6

2. 燃料油系统主要优化措施

（1）充分利用平台已有设备，节省平台空间，减少一次投资。本项目设计时，将拉油生产时的一台生产分离器结构进行优化，兼做燃料油分离器，在分离器内取低含水原油作为平台燃料油，有效的节省了平台空间，减少一次投资。

（2）优化设备结构，节省能源。为了使油水更好的分离，在分离器油层设置热煤油加热盘管，仅加热顶部原油，使油水充分分离，以保证燃料油的含水要求。采用仅加热油层的方法，节省运行费用约16.5万元/年。

（3）针对燃料油需求波动较大的特点，合理设计燃料油箱尺寸，提高系统的稳定性和可靠性。设计中充分考虑注蒸气锅炉用油量较大，且运行模式为间歇运行的特点，合理选择燃料油箱的尺寸，缓解了系统对燃料油分离器的依赖程度，有效的提高燃料油处理系统的稳定性及可靠性。

3.2.3 柴油系统

1. 柴油系统设计

应急发电机为柴油的主要用户，当应急情况下，热煤炉及注蒸气锅炉使用柴油为燃料，柴油的供给方式为供应船定期供给。具体流程见图4。

柴油工艺系统主要设备见表7。

表7 柴油系统主要设备表

主要设备	主要设计参数	
柴油箱	设计压力/MPa	常压
	设计温度/℃	60
	尺寸/(m×m×m)	4.5×3.0×4.5
柴油输送泵	流量/(m³/h)	10
	扬程/MPa	1.6
柴油凝结过滤器	设计压力/MPa	1.6
	设计温度/℃	55
	尺寸/mm	φ500×1550

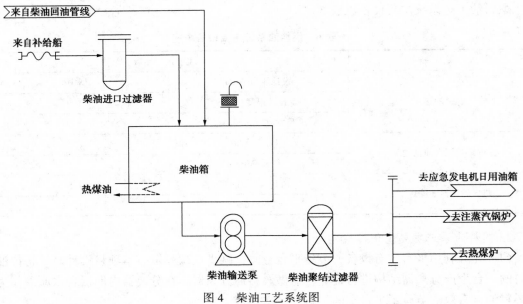

图 4 柴油工艺系统图

2. 柴油系统主要优化措施

有效提高了燃料系统的可靠性。柴油作为注蒸气锅炉和热煤炉的备用燃料，有效的提高了燃料系统的可靠性，充分的保障了平台的生产运行。

4 结论

针对月东油田 A 平台前期拉油生产，后期海底管线输送的工艺特点，在设计中充分考虑了能量的综合利用和节能措施，优化工艺流程，设备选型适应不同开采期、产量及参数变化的需要，有效的避免能源了浪费。经约两年的实际生产运行验证，该燃料系统设计合理，系统运行稳定、可靠，满足海上平台安全生产、生活的需要。

管道焊缝表面裂纹缺陷
ACFM 数值仿真分析

姜永胜　李伟　陈国明　贾廷亮　屈萌

(中国石油大学(华东)海洋油气装备与安全技术研究中心)

摘要: 管道服役环境恶劣,相接处焊缝表面裂纹缺陷检测受形状结构、材料连续性因素影响较大。针对以上问题,本文重点围绕新式 ACFM 焊缝检测探头展开研究,借助 ANSYS 电磁场分析模块,建立不同类型管道 ACFM 检测模型,仿真采用运动探头检测方式,探头沿着缺陷表面移动,提取焊缝表面检测探头中央处 B_x、B_z 磁场值,绘制 B_x 和 B_z 随缺陷畸变规律曲线,对比分析材料属性、结构形状等对于提取缺陷信号灵敏度、检测结果准确度影响。结果表明:ACFM 检测方法能够检测出对接管道、T 形管道焊缝表面缺陷以及不同材料类型管道焊缝表面裂纹缺陷,且具有较高检测精度和灵敏度。

关键词: ACFM;管道焊缝;表面裂纹缺陷;ANSYS 仿真;数值分析

目前,管道运输广泛应用于石油、化工等工业领域,管道相接处焊缝往往由于本身结构特点、恶劣服役环境、内部波动压力以及振动等因素产生交变应力及锈蚀,进而可能衍变成裂纹缺陷。常用管道焊缝裂纹表面缺陷检测技术主要有涡流检测、渗透检测、磁粉检测、漏磁检测等,以上方法各自有优点,但由于在检测精度、灵敏度、接触性、便携性、效率等方面存在不足,无法得到广泛应用。交流电磁场检测技术(ACFM, Alternating Current Field Measurement),是新兴无损检测技术,利用工件表面电流遇到缺陷时产生磁场畸变信号,得到缺陷信号。随着未来我国船舶工程、海洋工程、石油化学工程不断发展,ACFM 凭借其非接触、无损坏、检测快、无需标定、量化精度高等优势逐渐应用开来。

1　ACFM 管道焊缝检测原理

ACFM 检测管道焊缝原理为:在交流电激励下,激励探头产生的均匀变化磁场在待测工件表面产生均匀电流。当进入缺陷区域,电流从缺陷两侧和底部绕过,对缺陷表面磁场造成干扰。缺陷底部绕过的电流对 X 方向磁场产生扰动,电流线在缺陷两侧位置最密集,B_x 升至波峰,电流线在缺陷中央位置最稀疏,B_x 跌至波谷。缺陷两侧绕过的电流对 Z 方向磁场产生影响,缺陷两侧电流线密集位置 B_z 达到正负峰值,缺陷中央位置,电流线稀疏,对 B_z 影响很小,原理图如图 1 所示。

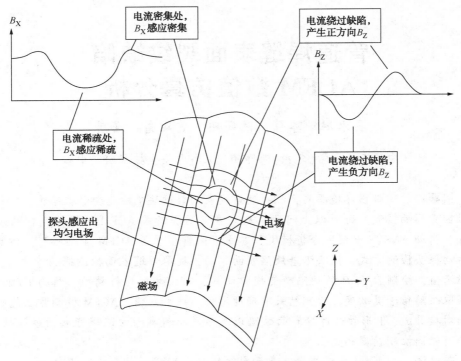

图 1　ACFM 管道焊缝检测原理图

2　管道焊缝缺陷 ACFM 检测动态仿真模型

　　基于 ACFM 管道焊缝检测原理，借助 ANSYS 电磁分析模块，考虑焊缝与母材之间边界效应影响，结合管道焊缝检测特点，采用谐性凌边单元分析方法，建立 U 型管道焊缝 ACFM 移动检测模型精确模型，如图 2 所示，模型主要包括激励探头、激励线圈、待测管道、待测焊缝、焊缝缺陷。其中，管道材料为 Q235，直径 158mm，壁厚 16mm。焊缝采用 J422 焊条加工，缺陷位于弧顶，深度 4mm，宽度 1mm，跨度 32mm。U 形磁性采用高导磁性锰锌铁氧体材料制作，线圈采用直径 0.05mm 细铜丝缠绕制作，激励频率为 6000Hz。

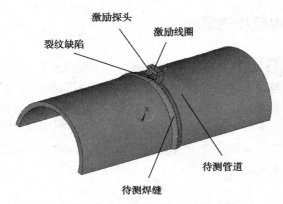

图 2　对接管道焊缝缺陷 ACFM 检测模型

为精确模拟真实检测现场，仿真采用运动探头检测方式，探头沿着管道焊缝表面从 $-35°$ 移动到 $35°$，每移动 $2°$ 提取焊缝表面检测探头中央位置 B_X 和 B_Z 信号特征值，借助制图软件，分别绘制 B_X 和 B_Z 随缺陷畸变规律曲线，最大限度降低磁芯管角涡电流以及探头之间不均匀磁场区域对表面磁场变化的影响，更加真实模拟实际检测过程。模型如图 2、图 3 所示。

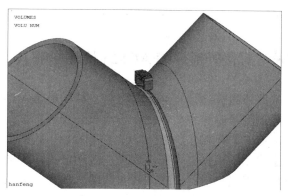

图 3　T 形管道焊缝缺陷 ACFM 检测模型

3　对接管道表面缺陷 ACFM 检测数值仿真结果分析

对接管道焊缝表面缺陷检测 B_X、B_Z 分布曲线如图 4 所示，由图看出，曲线分布规律满足 ACFM 检测原理，ACFM 可以检测出对接管道表面缺陷，对接管道焊缝表面焊缝检测灵敏度见表 1。

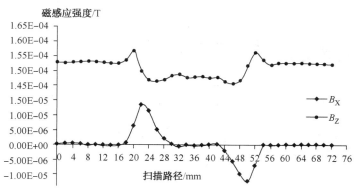

图 4　对接管道表面缺陷 ACFM 检测 B_X、B_Z 分布曲线

分析提取特征值信号时，引入信号灵敏度概念，灵敏度 S_X、S_Z 公式如下所示：

$$S_X = \Delta B_X / B_{X0}$$
$$S_Z = \Delta B_Z / B_{Z0}$$

（1）

其中，ΔB_X、ΔB_Z 表示 B_X、B_Z 信号最大畸变值，B_{X0}、B_{Z0} 表示无缺陷时，B_X、B_Z 磁感应强度。

另引入准确度 η，当 $\Delta X > X_{总}$ 时，$\eta = 1 - \Delta X / X_{总}$；当 $\Delta X < X_{总}$ 时，$\eta = \Delta X / X_{总}$。其中，ΔX 表示检测结果曲线 B_X 中得到的缺陷长度，$X_{总}$ 表示工件真实缺陷长度。计算仿真结果可得

$\eta = 87.5\%$，基本满足检测需求。

表 1　对接管道焊缝表面焊缝检测灵敏度

磁感应分量	无缺陷时强感应强度/T	分量最大畸变值	灵敏度
B_X	1.53E−4	1E−4	0.67
B_Z	1E−6	2.8E−5	28

4　焊缝材料差异对对接管道焊缝 ACFM 检测影响

　　焊接管道过程中，根据管道焊缝大小、运输物料、结构形状、环境要求、焊接方式等因素选择不同型号焊条。焊条型号差异主要体现在构成成分及含量方面，这对焊缝区域电阻率和导磁率产生直接影响。ACFM 检测时，由于焊缝与母材电阻率和磁导率的差异，对电流和磁场正常分布和传导产生扰动。根据电磁感应原理，扰动电流和磁场将会对畸变信号的提取产生干扰。综合分析母材与焊缝材料，根据两者参数的三种大小关系，两两组合，借助 AN-SYS 电磁模块建立九种模型仿真，仿真采用运动探头仿真检测方式，提取焊缝表面检测探头中央磁场值，绘制 B_X 和 B_Z 随缺陷的畸变规律曲线。结果如图 5 所示，B_X 曲线图中，2 号、5 号、9 号曲线纵坐标低于其他曲线，即母材电阻率大于磁芯使 B_X 信号强度减弱，但曲线变化规律仍符合 ACFM 检测原理，ACFM 仍能检测到缺陷。B_Z 曲线图显示，9 条曲线相差较小，变化规律全部符合 ACFM 原理。运动仿真实验证明：ACFM 检测焊缝表面裂纹缺陷过程中，焊缝与母材材料参数差异对于 ACFM 检测结果影响不大。

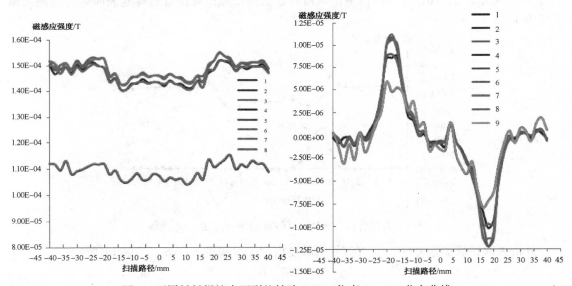

图 5　不同材料焊缝表面裂纹缺陷 ACFM 仿真 B_X、B_Z 分布曲线

1—母材磁导率>磁芯，电阻率=磁芯；2—母材磁导率>磁芯，电阻率>磁芯；3—母材磁导率>磁芯，电阻率<磁芯；
4—母材磁导率=磁芯，电阻率=磁芯；5—母材磁导率=磁芯，电阻率>磁芯；6—母材磁导率=磁芯，电阻率<磁芯；
7—母材磁导率<磁芯，电阻率<磁芯；8—母材磁导率<磁芯，电阻率=磁芯；9—母材磁导率<磁芯，电阻率>磁芯

5　T 型管道焊缝表面裂纹缺陷 ACFM 仿真

T 型管道相接处，管道呈 90°相互垂直，ACFM 检测 T 形管道焊缝表面缺陷时，管道形状结构变化导致表面电流分布状况不规则，探头进入缺陷区域后，在缺陷不同位置，激励产生的扰动磁场也不尽相同。借助 ANSYS 电磁学模块，建立 T 形焊接管道焊缝模型。工件由两个相互垂直的管道组成，直径 158mm，管道相交处覆盖焊缝，焊缝深度 6mm，缺陷位于焊缝中央，长度 20m，宽度 2mm，深度 4mm。仿真采用运动探头检测方式，探头沿着焊缝表面中央弧线移动，从 −20mm 出移动到 20mm 处，每次移动提取焊缝表面检测探头中央处 B_X、B_Z 磁场值，绘制 B_X 和 B_Z 随缺陷的畸变规律曲线，如图 6 所示。从图中看出，随着探头的移动，B_X、B_Z 曲线会出现或多或少的波动，主要原因是管道形状变化引起磁场分布变化，进而对 B_X、B_Z 曲线产生扰动，但曲线变化规律仍符合 ACFM 检测原理，ACFM 仍能检测到缺陷。计算仿真结果可得 $\eta = 82.5\%$，基本满足检测要求。

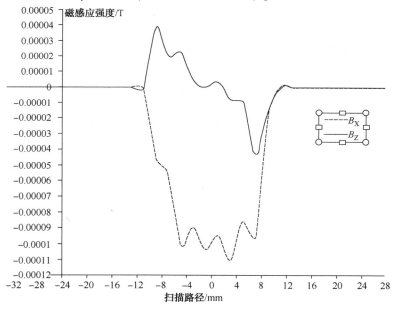

图 6　T 型管道焊缝表面裂纹检测 B_X、B_Z 曲线

6　结论

针对管道焊缝表面缺陷检测特点，采用新式 U 形 ACFM 检测探头，借助 ANSYS 软件建模，进行运动式仿真研究，将提取点磁场强度绘制 B_X、B_Z 曲线，有效模拟对接和 T 形管道实际检测工况。仿真结果表明，检测结果符合 ACFM 原理，建立的 ACFM 检测模型具有较高的检测精度和灵敏度，能够为探头优化以及缺陷量化等提供必要支持。

参 考 文 献

1　任吉林，林俊明．电磁无损检测[M]．北京：科学出版社，2008.

2　顾国华，张飞猛，李毅，等．基于涡流探伤的油（气）管裂纹检测研究与实现［J］电子测量技术，2011，34（4）：103~105.

3　陈鹏，韩德来，蔡强富，等．电磁超声检测技术的研究进展［J］．国外电子测量技术，2012，31（10）：18~21.

4　李伟，陈国明．交流电磁场缺陷检测系统建模与仿真［J］．系统仿真学报，2009，21（20）：6344~6346.

5　赵玉丰，朱荣新，杨宾峰，等．基于交变磁场测量技术的裂纹缺陷定量检测仿真分析与实验研究［J］．测试技术学报，2009，23（6）：550~556.

6　陈棣湘，潘孟春，罗飞路．基于频率扫描技术的裂纹深度检测方法研究［J］．仪器仪表学报，2007，28（4）：12~14.

7　李伟，陈国明．U 型 ACFM 激励探头仿真研究［J］．系统仿真学报，2007.19（14）：3133~3134.

8　李伟，陈国明．ACFM 虚拟仪器实验平台开发与测试［J］．实验技术与管理，2009，26（10）：73~78.

9　冷建成，赵瑞金，周国强等．ACFM 技术及其在钻修机械平台无损检测中的应用［J］．无损检测，2013，35（5）：47~51.

10　李伟．基于交流电磁场的缺陷智能可视化检测技术研究［D］．东营：中国石油大学，2007.

海洋平台电气房间空调系统设计研究

张定国　刘淑艳　岳巧　文科　刘立静

（海洋石油工程股份有限公司）

摘要： 在海洋石油开发过程中，距离海岸线较远的海洋石油区块，单个钻采平台所承担的生产井数量正在逐渐增加，与此相配套的生产区电气房间中的设备数量和散热量都有明显的增长。本文针对典型的高散热量电潜泵控制间，研究分析了分体空调与集中空调两种设计方案，从能量消耗、制冷效果、布置安装难易程度等多个角度比较了电潜泵控制间空调系统设计的特点，探讨了该类电气房间更为合理的空调系统设计思路。

关键词： 电气房间；空调系统；海洋平台；电潜泵控制间

海洋平台上生产区房间的空调系统一般为分体空调，因为以往多数情况下这些房间的散热量较小，采用分体空调就能满足要求。但随着钻井平台井口数量及各类大型工艺处理设备的使用，某些电气房间的散热量急剧增加，而分体空调受到单机功率和经济性的限制，以及数量多、布置困难等因素的影响，已经很难适合房间的布置要求。随着集中空调技术的不断进步，集中空调所具有的制冷总量大，风管布置灵活，空气热交换流场更为合理等特点在海洋平台应用中体现出了较大的优势。例如对于电潜泵控制间，其中电气盘柜众多且散热量大，采用集中空调方案能够更好的实现电气房间内部各类盘柜的合理布置，同时满足制冷量和空气流场的合理要求，为节省平台空间及安装操作等工作也提供了便利。

1　常规分体空调设计

1.1　分体空调的设计

目前已经投产的国内近海钻探和生产平台上，生产区各类房间基本都采用分体空调的设计方案。由于不同平台生产区房间的位置和实际空间大小根据实际作业需求和总体布置方案有较大差异，因此分体空调设计过程中，最终各个房间选择的空调制冷能力、风量、风压等参数差别很大。一般遵循的原则是首先满足该房间的温度控制要求，其总的热负荷主要包括设备散热量、房间墙壁渗透热、灯具和人体显热等。其次需要在有限的空间内，配合室内电气或仪控设备的布置形式，设计出均匀高效的制冷空气流场，保障送风和回风的顺畅。在此基础上，进一步优化设计方案以达到机组数量少、单机尺寸小（占用空间少）、耗电量省等目标。为保障夏季高温工况下的使用，一般都设有备用机组。而在空间允许的情况下，往往适当增加机组数量，降低单机功率，以便根据实际情况调节开启的空调数量，避免能耗浪费。

1.2　分体空调的布置安装

采用分体空调方案需要结合平台各类房间、设备、通道以及安全区的划分情况来进行合理的布置，其布置包括室内机与室外机两部分。

室内机的布置原则是尽可能相对散热设备均匀布置，提供通畅的冷热气流交换流场，不产生小的局部循环(造成局部过冷)和无法达到的制冷死角(造成局部过热)。接下来需要根据机组的冷凝水和制冷剂管线的接入端位置(空调的左/右式)来确定空调机组两侧应当留出的接管空间(一般为300~600mm)。有时也需要根据房间内电气盘柜的散热面、高度、对湿度的要求等情况来调整布置位置。

室外机的布置则必须结合平台总体布置方案，满足安全通道宽度、平台危险区划分、有效利用甲板面积、室外机组自身散热冷却等方面的诸多要求。同时还必须结合室内机组的定位来考虑制冷剂管线的实际连接长度，一般不宜超过15m。另外在布置中还应当把结构立柱、斜撑、楼梯、护栏、各层甲板的结构梁等因素考虑在内，以免给实际现场安装带来困难。其它细节例如要给室外机检修留足空间，室外机冷却风扇的排风不宜吹向人员走动频繁的区域，也不宜吹向耐热性较差的设备，冷凝水排放口应当接近甲板地漏等，都是为了方便实际操作而需要在布置安装中给予充分重视的。

2　电气房间集中空调设计研究

2.1　集中空调设计研究

随着船用集中空调技术的发展和平台生产区房间形式的多样化，在平台生产区房间HVAC系统设计已经开始出现小型船用集中空调的方案。在机组选型时应当注意：风冷机组相对尺寸较大，而水冷机组一般需要平台提供冷却海水。具体采用何种类型的机组，需要根据平台海水供应情况、海水管线材质选择、平台可用空间大小等因素来进行选择。集中空调风管的布置和尺寸会受到房间高度及房顶结构梁的限制，还应当结合空调系统需要提供的制冷总负荷、机组消耗的电功率、机组总的质量以及安装、调试、维修复杂程度和综合成本等诸多因素来确定集中空调的选型方案。

表1　电潜泵控制间分体空调与集中空调方案对比

描　　述	分　体　空　调	海水冷却中央空调机组
制冷量	27kW/台	220kW
循环风量	7500m³/h/台	18000m³/h
电负荷	30kW/台，共390kW	265kW
台数	室内机16台(12用4备) 室外机16台(12用4备)	3台AHU/CCU橇(2用1备)
受平台结构的影响	机组布置分散，受平台结构影响较大	受结构影响小，但需要局部加强
设备总布置与质量	室内机、室外机台数众多，合理布置较困难，总质量较大	室内无机组，室外布置位置集中，总占地面积小，总质量较轻
风道、管线布置	制冷剂管线约30m，冷凝水管线约15m，管线较长，制冷效果受影响	AHU与CCU之间管线连接方便；增加了风道和海水管线系统，管线部分工作量增加

续表

描　　述	分　体　空　调	海水冷却中央空调机组
施工工期	图纸量大，设计周期长，施工简单，工作总量大，误差率高	图纸量少且简单，施工较复杂
现场调试	现场调试简单	现场调试简单
运行	效果好	效果好
操作维修	操作简便，总维护量大	操作简便，总维护量小
能耗	相对较高	相对较低
系统维护	单机维护简单	单机维护较复杂
房间尺寸	机组多，房间尺寸大	无室内机组，房间尺寸小
可行性	技术可行，但设备总量大，布置困难（尤其是室外机），且相关图纸等工作繁杂	技术可行，但需要海水泵供应，对材质管线要求较高

2.2　电潜泵控制间集中空调方案设计对比

在南海油田某项目中，由于平台空间的限制和电潜泵控制间很大的散热量，同时也考虑到各个房间布置位置的合理调整，采用了小型集中空调的方案替代传统的分体空调方案（为每个空调房间配备若干台单独的风冷式分体空调）。在项目的设计阶段对选用分体空调和海水冷却式的集中空调进行了详细的方案对比。分体空调方案中室外机与室内机采用常规的一对一形式，集中空调方案采用三台小型海水冷却式集中空调，详细对比见表1。

从表1中的对比可以看出，选用小型集中空调替代传统的分体空调方案，一方面能够很好的克服电潜泵控制间房间内部空间紧张的问题，从而减小房间的尺寸。另一方面可以有效的降低总用电负荷，起到节能减排的效果。在此基础上，采用小型集中空调还可以减少大量的图纸工作，即可以节省大量人工时也可以降低现场施工的误差率。

2.3　集中空调方案需要注意的几个问题

在海洋平台生产区能否应用集中空调需要根据平台的具体情况确定，与传统的分体空调方案相比较，其优势也是相对的。另外，集中空调的应用过程中还需要注意以下几个问题：

（1）风管尺寸较大，需要合理调整房间高度，结合平台结构的实际情况合理布置风管，降低施工难度和风管中的阻力损失；

（2）大风速机组可能噪声大，需要另外增加消音装置以达到室内噪声等级要求；

（3）集中空调冷却塔和管路系统的卫生问题需要特别关注；

（4）海洋盐雾环境对集中空调各部件材质的要求较高；

（5）有效的利用冬季室外新风，可以更好的降低空调能耗。

3　结论

空调系统技术进步为海洋石油平台空调系统的方案优化设计提供了有力支持，通过创新性的空调系统设计，可以有效的降低空调机组的能量消耗，为其他设备争取更多的配电负荷。同时改进空调系统的设计与布置，还可以优化设计阶段的工作量，例如大量减少图纸数量和复杂程度，从而一方面缩短设计工期，另一方面降低因图纸而出现的现场施工、安装误差，还能够更好的与房间布置和结构设计相结合，更有效的利用甲板空间，有利于平台的总体布置。

　　总的来说，海洋平台空调系统作为辅助系统，可以通过利用先进设备和创新理念为节约成本和节能减排作出一定的贡献。

参 考 文 献

1　邢秀强，贾立华. 海洋石油平台空调系统的探讨[J]. 海洋工程，2008. 4.
2　甄敏钢，侯辰光. 海洋平台空调房间正压通风设计[J]. 石油和化工设备，2011. 10.
3　杨树. 平台蓄电池间的空调环境设计[J]. 机电设备，2013. 4.

海洋平台配电系统谐波危害及治理

廖强　韩雁凌　王志梅

(海洋石油工程(青岛)有限公司)

摘要：谐波污染已成为影响海洋平台电力系统安全稳定运行的主要因素之一。谐波会影响系统中的电能质量，产生附加的谐波损耗，降低发电、输电及用电设备的效率，对谐波污染进行有效的治理，对于保证电力系统正常的经济运行具有重要的意义。本文介绍了海洋平台电力系统中常见的谐波污染源种类，分析了谐波污染的危害，并对谐波治理方法进行了总结。

关键词：海洋平台；谐波；电网

1　海洋平台谐波危害介绍

在海洋平台电气系统中，一些重要的泵类(原油外输泵、油水循环泵、电潜泵等)VFD变频启动装置、钻机模块如泥浆泵、顶驱、绞车等VFD变频调速装置、UPS不间断电源等非线性负载产生大量的高次谐波，如果不加以治理，将造成严重的危害。下面对平台上这些谐波污染源做下简单说明。

(1)海洋平台电力系统主要负荷是电动机。谐波可使旋转电机附加损耗增加，出力降低，绝缘老化加快。谐波电流与基波磁场间的相互作用引起的振荡力矩，严重时能使发电机产生机械共振。当谐波电流在三相感应电动机内产生的附加旋转磁场与基波旋转磁场相反时，将降低电动机的效率，使电动机过热。在直流电机中，谐波除附加发热外，还会引换向恶化和噪声。整个谐波引起的损耗为：

$$\sum P_n = 3 \frac{R_1}{(2\pi f_1 L_1)^2} \times \sum U_n^2 / n^{3/2}$$

式中，R_1为工频电阻；f_1为基波电源频率；L_1为定、转子的有效泄漏电感之和最小值；U_n为n次谐波电压均方根有效值。

(2)谐波电流流入变压器时，将因集肤效应和邻近效应，在变压器绕组中引起附加无能耗。谐波电压可使变压器的磁滞及涡流损耗增加。3次谐波及其倍数的谐波在变压器三角形接法的绕组中形成的环流会使变压器绕组过热。此外谐波还会使变压器的噪声增大，使作用于绝缘材料中的电场强度增大，从而缩短变压器的使用寿命。

(3)平台的导航设备和采用微电脑及其他电子元件控制的自动控制系统包含了大量数字电路部件。它们都要求可靠和稳定的工作，特别是导航设备。数字电路所用逻辑元件都有各自的阀电平和与之相对应的干扰信号容限，如果谐波的干扰超过其容限，就可能破坏触发器和存储器保存的信息，排除干扰后，它仍会在系统内部的存储器件里留下痕迹，系统也不会再恢复到原来的工作状态。即使含有微处理器的系统里程序没遭到破坏，若总线受到干扰，也会有程序失控的危险，使系统进入预想不到的状态，甚至陷入意外停机状态。因此高次谐波对导航电子设备的危害是严重的。

（4）高次谐波电流流过串联电抗器时，会在串联电抗器上形成过高的电压降，使电抗器的匝间绝缘受损。

（5）谐波电流流过输电线(包括电缆)时，输电线的电阻会因集肤效应而增大，从而加大了线路的损耗。谐波电压的存在可能使导线的对地电压和相间电压增大，使线路的绝缘受到影响，或使线路的电晕问题变得严重起来。

因此，研究和分析谐波产生的原因、危害和抑制谐波的措施具有重要的实际意义。

2　海洋平台谐波的治理方法

由于谐波的危害．对其进行治理以保证电力系统的正常运行就显得尤为重要了。谐波的治理可以从两个大的方面着手：①减少谐波源内部的谐波分量；②对谐波源进行合理配置，并在电网中装设滤波器吸收谐波电流。

目前我国低压电网采用的滤波补偿装置，按机理分有两大类；一类是有源滤波，另一类称无源滤波。

1）有源滤波装置

有源滤波是对谐波在时域上进行处理的方法，实际上它是一个谐波发生器，产生的波形可以与非线性负荷谐波波形相同。有源滤波装置响应速度快，对电网参数变化不敏感，理论上可以滤除任何次数的谐波，滤波效果好。其性能是无源滤波装置无法比拟的。但有源滤波装置成本高，结构复杂，且单机容量还不能做的很大(日本单机电流做到几百安培)而这些问题的解决具有相当大的难度。在我国现实情况下，大量推广使用有源滤波装置还有很大困难。

2）无源滤波装置

无源滤波补偿装置是根据非线性负荷的谐波情况，由并联电容器、电抗器和电阻器经适当参数组合而成若干滤波支路与谐波源并联运行，这些支路在谐波情况下，分别呈现很低的阻抗，将谐波电流短路，对工频而言则均为容性阻抗，起无功功率补偿作用，无源滤波实际上是对谐波在频域上进行处理的一种方法。无源滤波补偿装置最大缺点是对电网参数变化十分敏感，对滤波支路以外次数的谐波滤除作用很小，但由于结构简单、容易实现、容量可以很大、成本低廉，况且目前大部分非线性负荷的谐波以特征谐波为主，所以在我国目前条件下，无源滤波补偿装置是用户愿意接受，有推广前景的产品。

3　谐波治理方案比较和确定

具体情况应该具体分析。进行谐波抑制同时，不应与系统发生谐振造成谐波放大，致使系统不稳以至于崩溃，通常采取无源滤波或有源滤波措施，无源滤波无功补偿和谐波滤除无法同时兼顾，特别是高功率因数、大谐波电流的条件下，谐波滤除率就的大打折扣，甚至不能滤波；滤波特性依赖于电网系统的短路阻抗，当电网阻抗值大时滤除率高，否则，反之；滤波器容易与系统形成谐振回路，在某一特定谐波次数上产生谐波放大甚至谐振，造成系统不稳以至于崩溃；大多数的情况下不可能对所有的特征谐波装设调谐支路，因此不能完全滤除特征谐波和非特征谐波；当谐波频率低于最低调谐频率时，阻抗特性变坏；无源器件体积较大，如电容和空心电抗器，需要较大的安装空间；如果采用铁心电抗器则易于出现铁心饱和、电抗器发热、噪声大等问题；当补偿对象谐波电流过大时，容易发生过 载现象。

相对于无源滤波，有源滤波实现了动态补偿，可对频率和大小都变化的谐波以及变化的无功功率需求进行补偿，对补偿对象的变化有极快的响应；可同时对谐波和无功功率进行补偿，且补偿无功功率的大小可做到连续调节；补偿无功功率时不需贮能元件，补偿谐波时所需贮能元件容量也不大；即使补偿对象谐波电流过大，有源滤波器也不会发生过载，并能正常发挥补偿作用；不受电网短路阻抗的影响，不会和系统电网发生谐振；能跟踪电网频率的变化，故补偿性能不受电网频率变化的影响；既可对一个谐波和无功源单独补偿，也可对多个谐波和无功源集中补偿。

结合无源滤波和有源滤波特点，在如下工况中选择有源滤波方案。

（1）当系统功率因素较高时（如中频炉、变频器等谐波源负载），为 达滤除效果及不造成对系统过补时；

（2）当系统阻抗变化较大或处于多种并网方式运行时，为避免多种不同阻抗的系统与滤波装置谐振时；

（3）当负载为多种谐波源负载共网运行时，其特征谐波量及次数不一，最好选用有源方式滤波；

（4）当对电网质量要求较高，对谐波滤除率要求高的场合（如精密加工、数据中心、国防军工）。

4 结论

近年来变频器因为其驱动电动机系统节能明显、调节方便等特点在海洋平台电力系统中得以越来越多的应用，但同时因为它非线性的工作方式产生的高次谐波给海洋平台电网系统带来了一定的影响，对其他电气设备造成损害，其危害已不可忽视，因此带来了海洋平台电力系统谐波分析的必要性和谐波治理的紧迫性，在实际的谐波治理过程中，应因地制宜选择合适的谐波治理方案。

参 考 文 献

1 GeorgeJWakileh. 电力系统谐波—基本原理、分析方法和滤波器设计[M]. 北京：机械工业出版社 .
2 吴忠智，吴加林 . 变频器应用手册[M]. 机械工业出版社，1999.
3 编委会 . 海洋石油工程电气、仪控、通信设计[M]. 石油工业出版社，2007.

考虑群桩效应的导管架基础分析技术研究

田凯　李冬梅　张爱霞

(中国石油集团海洋工程有限公司工程设计院)

摘要：在分析深水导管架平台群桩基础时，桩-土-桩之间的相互影响不可忽略。本文总结了对群桩在荷载作用下的性状进行分析的方法。并采用修正 Poulos 法进行编程计算，得到根据群桩效应修正的 $P-Y$ 曲线。在 SACS 中以此基础进行计算。将得到的节点位移做为边界条件进行有限元分析。这种方法可以较为有效的对导管架群桩基础进行校核。

关键词：群桩效应；修正的 Poulos 法；$P-Y$ 曲线；有限元分析

1　前言

随着深水导管架海洋平台的发展，平台自重不断增大，对平台抗风浪能力的要求更高。单桩基础已经不能满足承载能力的要求。因此深水导管架海洋平台通常采用群桩基础，采用由几根单桩组成的群桩共同支撑平台的上部结构，如图 1 所示。

由于需要考虑桩土及上部结构的共同作用，影响群桩基础受载分析的因素众多，包括土体的性质、桩间距、桩长与桩径、桩的布置方式等。因此相比单桩基础的设计，群桩分析更为复杂，几乎不可能进行直接设计。

2　群桩分析方法总结

目前对导管架平台群桩基础的分析主要包括两方面：①竖向荷载作用下的群桩效应分析，即竖向荷载作用下群桩相互作用产生的附加沉降以及对群桩竖向承载力的分析；②水平荷载作用下的群桩效应分析，即在群桩中心距小于 8 倍桩径，桩的入泥深度小于 10 倍桩径的情况下，分析桩头位移和水平承载力的变化。

在竖向荷载作用下，群桩沉降和变形性状是桩、上部结构和地基土之间相互作用的综合结果。其主要由以下三部分组成：桩本身弹性压缩量、桩身摩擦阻力向下传递引起桩端下部土体的压缩量和桩端荷载引起的桩端下土体压缩量。目前，计算群桩桩顶沉降的方法主要有荷载传递法、弹性理论法、有限元法和等代墩基法等。上述方法一般是针对陆地上的群桩基础提出的，并且各有其局限性。目前尚没有把这些方法应用于导管架海洋平台受竖向荷载时群桩的沉降分析。API 规范建议在计算竖向荷载作用下导管架平台群桩沉降时，利用载荷传递方法，根据群桩效应的 $t-z$ 曲线和 $q-z$ 曲线计算群桩沉降。

群桩的竖向承载力是评价群桩稳定性的重要因素，国内外对群桩的承载力作出了较多的研究。其中以单桩极限承载力为依据，根据群桩效率系数计算群桩极限承载力，是一种应用

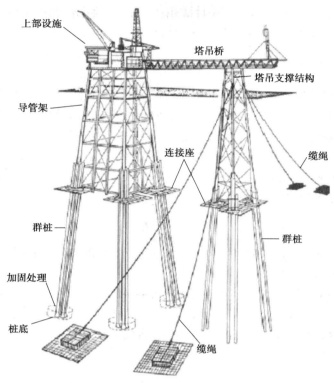

上部设施
塔吊桥
塔吊支撑结构
导管架
连接座
缆绳
群桩
群桩
加固处理
桩底
缆绳

图 1 深水群桩基础导管架平台

较多的方法。其群桩极限承载力 P_u 计算式为式(1)。

$$P_u = \eta \times n \times Q \tag{1}$$

式中，η 为群桩效率系数；n 为群桩中的桩数；Q 为单桩极限承载力。

在水平荷载作用下，当群桩中相邻两桩的桩间距小于临界桩间距时，各单桩将通过桩间土的相互作用产生群桩效应，从而导致群桩中的单桩在相同桩头水平荷载作用下的位移大于孤立单桩桩头位移，且由于作用于群桩桩头荷载方向的差异，群桩中各单桩分担的荷载也不相同。目前，分析水平荷载作用下群桩相互作用的方法主要有：群桩效率法、弹性理论影响系数法、修正的 Poulos 方法、p 乘子折减法和有限元法。

由于弹性理论法不能考虑土的非线性和成层性对桩土相互作用的影响，因此使用的较少。修正的 Poulos 方法针对群桩效应修正单桩 $p\text{-}y$ 曲线，计算简单，可以反映土体塑性变形和桩土相互作用的影响，目前已经广泛应用于海洋平台的群桩相互作用分析。

3 修正的 Poulos 法

由于土实际是弹塑性体，特别是桩的水平位移较大时，土体会产生塑性变形，因而实际情况与弹性分析的结果有较大差异。为考虑土体的非线性变形影响。J. A. Focht 和 K. J. Koch 以 Poulos 的弹性分析法为基础，结合单桩的 $P\text{-}Y$ 曲线法，提出了用位移增大系数 K 乘以单桩 $P\text{-}Y$ 曲线中的位移 Y 来考虑群桩效应。具体的计算步骤如下：

（1）对单桩用 $P\text{-}Y$ 曲线法来分析，获得桩头位移。

（2）用 Poulos 的相互影响参数曲线计算由于临近桩的存在而产生的附加位移，加上单桩位移，从而获得群桩位移，其计算公式如式（2）所示。

$$\rho_k = \bar{\rho}_F \Big(\sum_{j=1, \; j \neq k}^{m} H_j \alpha_{kj}^F + R H_k \Big) \tag{2}$$

式中，ρ_k 为第 k 根桩的位移；$\bar{\rho}_F$ 为使用弹性理论计算得到的，单桩在单位水平荷载作用下的单位位移；H_j 为桩 j 上的横向荷载；α_{kj}^F 为依据弹性理论确定的固定桩头群桩相互作用系数；R 为相对刚度系数，且 $R = y_s / \rho$，这里的 y_s 为群桩平均桩头水平荷载作用下，依据 P–Y 曲线法计算出的桩头水平位移，ρ 为平均桩头水平荷载作用下利用弹性理论方法计算出的桩头水平位移；H_k 为桩 k 上的横向荷载；m 为群桩中桩的个数；

（3）如果作用在群桩上的总荷载为 H_G，那么

$$H_G = \sum_{j=1}^{m} H_j \tag{3}$$

对群桩中的每一根桩进行同样的分析，可建立一组平衡方程组，联立求解 $n+1$ 个方程，可得各桩所受荷载和群桩位移。

（4）将单桩的 P–Y 曲线中的 Y 值乘以系数 K——2，3，4，5 等，可得一组新的 P–Y 曲线。在给定荷载下，利用修正后 P–Y 曲线计算所得的桩头位移与群桩位移相等时，所对应的修正系数 K 就是所求的 K。这样，用单桩 P–Y 曲线中 Y 值乘以系数 K，就考虑了群桩效应的影响。

4　群桩基础有限元分析

根据修正 Poulos 法的原理进行编程计算，可以得到在给定荷载条件下的群桩桩头位移及修正 P–Y 曲线。本文选取某导管架典型群桩基础作为算例进行分析。桩的相关参数如下：直径 2350mm，壁厚 50mm，桩长 12.5m，弹性模量取 $2.1 \times 10^7 \text{kN/m}^2$。

在 SACS 中以修正后的 P–Y 曲线作为桩土约束条件，计算得到导管架模型中连接群桩各杆件的位移及荷载，如表 1 所示。

表 1　从 SACS 中提取的节点位移

Joint	COND	DEFL(X)	DEFL(Y)	DEFL(Z)	ROT(X)	ROT(Y)	ROT(Z)
PA01	E16	−3.1931	−3.1221	−2.6696	0.0023	−0.0026	0.0003
PB01	E16	−3.5462	−3.2185	−3.154	0.0021	−0.0025	−0.0001
PC01	E16	−3.3874	−2.8878	−2.8676	0.0023	−0.0025	−0.0004
PA04	E16	−5.5758	−4.7912	−2.8082	0.0005	−0.0012	0.0003
PB04	E16	−5.5061	−4.8075	−3.2973	0.0006	−0.0008	−0.0001
PC04	E16	−5.51	−4.8804	−3.0274	0.0009	−0.001	−0.0004
P901	E16	−3.6364	−3.3518	−2.7016	0.0011	−0.0012	−0.0006

在实际工程中，导管架群桩基础一般带有 Yoke 板和剪切板等结构，几何结构复杂，对其结构强度进行分析可采用有限元法。在 ABAQUS 中建立典型群桩结构模型，如图 2 所示。边界条件如图 3 所示。

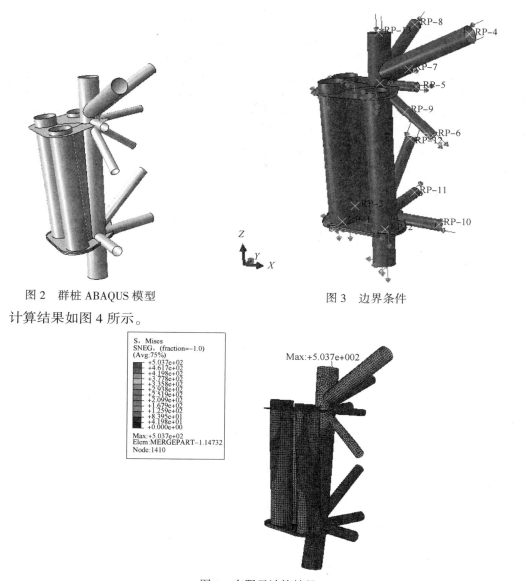

图 2　群桩 ABAQUS 模型　　　　　　图 3　边界条件

计算结果如图 4 所示。

图 4　有限元计算结果

　　应力集中区域主要出现在两根弦杆相交的地方。但是这个地方面积相对较小，应力集中主要是由几何突变造成的。几何不连续导致壳单元计算结果偏大，因此此处结果是可以忽略的。

5　结论

　　在对群桩结构的分析中，修正 Poulos 法考虑了土的非线性特性，既可用于小位移，也可用于较大位移情况的求解。文中使用修正 Poulos 法编程求解考虑群桩效应的修正 $P-Y$ 曲线，结合 SACS 和 ABAQUS 对群桩结构进行强度校核。这种方法考虑了群桩复杂几何结构和桩土非线性相互作用的影响，可用于多层地基的分析计算，计算结果较为准确，能够满足工程设计的要求。

参 考 文 献

1　American Petroleum Institute：Recommended Practice for Planning, Designing and Constructing Fixed Offshore Platform s. API Recommended Practice 2A(RP2A), Nineteenth Edition, August 1991.

2　Poulos H G. An approach for the analysis of offshore pile groups[C]. Numerical Methods in Offshore Piling, Conference, 1979, London, United Kingdom. 1980.

3　J. A. Focht Jr and Kenneth J. Koch. Rational Analysis of the Lateral Performance of OffshorePile Groups. Offshore Technology Conferenc：Dallas, Texas. 1973.

地震与波浪作用下的砂土海床液化评估

刘海超

(中石化胜利石油工程有限公司钻井工艺研究院)

摘要：砂土海床在地震和波浪作用下存在发生液化风险，从而造成海上结构物倾覆、沉没。本文探讨了波浪作用下的海底土液化机理及影响因数，总结了液化判别方法，提出了地震和波浪作用下的海床液化评估方法，并提出了海洋结构物坐底规避海床液化应采取的必要措施。

关键词：沙土海床；液化；判别方法；波浪作用；地震

在振动的作用下饱和的疏松粉、细砂土体有颗粒移动和变密的趋势，其应力承受将由砂土骨架转向水，但由于粉、细砂土的渗透性不良，导致孔隙水压力急剧上升。当其达到原土体承受的全部压力时，土中有效正应力降至零，砂土颗粒不再传递应力，颗粒之间互不接触而是悬浮在水中，土体的抗剪强度变为零，并具备液体特性。该状态称为土体液化，即土体完全丧失强度和承载能力。松砂、饱和及振动是产生液化的必要条件。

坐底海洋结构物的地基基础若为饱和砂土，地震造成的振动会导致土体结构中的孔隙水压力上升，形成残余水压力，进而引起液化。波浪对海床或结构可产生周期的波压力，再加上结构物的自重，海底承受周期性变化的上覆压力，亦有可能导致其液化。一旦砂土海床液化，结构物将沉没或倾覆，造成人员伤亡和经济损失。因此，研究坐底结构的海床液化问题至关重要。

1　砂土海床液化影响因素

室内实验与现场观察表明，级配均匀的砂土更容易液化。不均匀系数大于 10 的砂土一般不易液化，而在级配均匀的砂土中，细砂、粉砂比粗砂、砾质土和少黏性土更容易液化。砂土的相对密度 D_r 或孔隙比 e 是影响液化的基本因素。对于同一种砂土来说，相对密度越高，液化的敏感性越小，液化的可能性越低。由于砂土的相对密度与标准贯入击数 N63.5 有着良好的相关关系，在现场可以通过标准贯入试验获得 N63.5，以此估计相对密度，进而初步判断液化的可能性。

国内资料证实，在地震作用下，初始限制压力的大小影响砂土层液化可能性的大小。我国海城地震考察报告指出，在上覆压力大于 100kPa 的地区海底砂土没有发生液化现象，而在上覆压力小于 50kPa 的地区却普遍发生了液化现象。

地震时海底泥面加速度是影响砂土液化可能性的另一个重要因素，也是判别砂土液化情况的重要参数。振动的持续时间是影响液化的重要因素之一。如果地震时间较短，可能不会发生液化，因为在土层的振动作用下，孔隙水压力增长需要一定时间才能达到最大值，此外土体内的液化范围也随时间的延长而增长。当土层有良好的排水条件时，由振动引起的孔隙水压力能够不断地消散。若饱和砂层被包围在不透水黏土层之中，呈透镜体埋藏，其受到振动之后极易液化。

2　砂土液化判别方法

2.1　经验判别法

GB 50011—2010《建筑抗震设计规范》、GB 50287—1999《水利水电工程地质勘察规范》和 SY/T 4101—1995《滩海岩土工程勘察技术规范》中均有关于砂土液化的规定，但是针对海床液化的专门性规范尚未出台，一般按照上述规范判别。

GB 50011—2010《建筑抗震设计规范》按照初步判断外加标准贯入试验判别法进行评估。当地质年代为第四纪更新世(Q_3)及其以前时，地震烈度为 7、8 度时可判为不液化；粉土的黏粒(粒径小于 0.005mm 的颗粒)含量百分率，7 度、8 度和 9 度分别不小于 10%、13% 和 16% 时，可判为不液化土。浅埋天然地基结构，当上覆非液化土层厚度和地下水位深度符合下列条件时，可以不考虑液化的影响。

$$d_u > d_0 + d_b - 2 \tag{1}$$

式中，d_u 为上覆盖非液化土层厚度(计算时宜将淤泥和淤泥质土层扣除)m；d_0 为液化土特征深度，m；d_b 为基础埋置深度(不超过 2m 时应采用 2m)，m。

初步判别饱和砂土、粉土需要采取进一步地液化判别时，采用标准贯入试验法判别地面以下 20m 范围内土的液化，若饱和土标准贯入锤击数(未经杆长修正)小于或等于液化判别标准贯入锤击数临界值时，可判为液化土。地面以下 20m 范围内液化判别标准贯入锤击数临界值计算公式如下。

$$N_{cr} = N_0 \beta [\ln(0.6d_s + 1.5) - 0.1d_w] \sqrt{3/\rho_c} \tag{2}$$

式中，N_{cr} 为液化判别标准贯入锤击数临界值；N_0 为液化判别标准贯入锤击数基准值；β 为调整系数(设计地震第 1 组取 0.80，第 2 组取 0.95，第 3 组取 1.05)；d_s 为饱和土标准灌入点深度，m；d_w 为地下水位，m；ρ_c 为黏粒含量百分率(小于 3 或为砂土时，采用 3)。

对于存在液化的砂土层、粉土层的地基，需要探明各液化土层的深度和厚度。每个钻孔的液化指数按下式计算，然后根据表 1 综合划分地基的液化等级。

$$I_{le} = \sum_{i=1}^{n} \left[1 - \frac{N_i}{N_{cri}} \right] d_i W_i \tag{3}$$

式中，I_{le} 为液化指数；n 为在判别深度范围内每个钻孔标准贯入试验点的总数；N_i、N_{cri} 分别为 i 点标准贯入锤击数的实测值和临界值(实测值大于临界值时取临界值)；d_i 为 i 点代表的土层厚度(可采用与该标准贯入试验点相邻的上、下标准贯入试验点深度差的一半，下界不深于液化深度)m；W_i 为 i 土层单位土层厚度的层位影响权函数值(i 层中点深度小于 5m 时，$W_i = 10m^{-1}$；i 层中点深度等于 20m 时，$W_i = 0m^{-1}$；i 层中点深度在 5~20m 时，按线性内插法取值)。液化等级与液化指数的对应关系见表 1。

经验判别方法操作性强，在工程中广泛应用，但缺乏试验经验和理论依据。

2.2　剪应力对比判别法

剪应力对比法是比较动载荷下土中的剪应力 τ_c 和土体抗液化剪应力 τ_d，其比经验方法更准确。目前，抗液化剪应力 τ_d 多采用振动单剪实验或振动三轴实验确定。

表 1 液化等级与液化指数对应关系表

液化等级	轻 微	中 等	严 重
液化指数 I_{le}	$0<I_{le}\leqslant6$	$6<I_{le}\leqslant18$	$I_{le}>18$

在振动单剪实验中，性质相同的数个试样在相同固结压力下固结，并分别施加不同压力幅值的动载荷使土样液化，得到试样液化时相应的额定剪应力和循环次数。以动剪应力与固结应力的比值为纵坐标，动剪应力循环次数的对数 $\lg N$ 为横坐标，绘出试验结果曲线。在动剪应力比 τ_d/σ_0（亦称抗液化剪应力比）与动剪应力循环作用次数 N 的关系曲线上，按对应于一定地震震级的等效循环作用次数 $\overline{N}$，取相应的抗液化剪应力比，进而求出动剪应力 τ_d，即土体的抗液化剪应力。

振动三轴砂土液化实验可以记录动剪应力、轴向动应变、孔隙水压力随时间变化的曲线。按土样中孔隙水压力达到侧向固结压力或土样变形达到一定数值时的条件，确定初始液化点。将一组性质相同的试样以同一固结压力固结，并施加不同应力幅值的动载荷，各试样达到液化时的动荷载循环作用次数相同。整理实验结果，得到动剪应力和固结应力的比值 τ'_d/σ_0 与动剪应力循环作用次数的关系曲线。在该曲线上，按照对应于一定地震震级的等效循环作用次数，取相应的抗液化剪应力比 $(\tau'_d/\sigma_0)_{\overline{N}}$，进而求出抗液化剪应力 τ'_d。

由于实验仪器本身存在局限性，实验条件与实际情况亦存在一定的差异，实际应用时需要对实验结果进行修正。

$$\frac{\tau_d}{\sigma'} = C_r \left(\frac{\tau'_d}{\sigma_0}\right) \overline{N} \tag{4}$$

整理得

$$\tau_d = C_r \sigma' \left(\frac{\tau'_d}{\sigma_0}\right)_{\overline{N}} \frac{D_r}{D'_r} \tag{5}$$

式中，τ_d 为现场条件下的抗液化剪应力，kPa；σ' 为土层的有效上覆压力，kPa；C_r 为校正系数，对应初始液化的循环次数；τ'_d 为动剪应力，kPa；σ_0 为固结应力，kPa；D_r 为现场砂土的相对密度，g/cm³；D'_r 为实验砂土试样的相对密度，g/cm³。

剪应力对比法的理论依据较为完善，缺点是需要对土样进行室内实验，若取样、运输和实验过程中对土样扰动较大，可能导致较大的误差。此外，目前学术研究领域关于地震液化研究较认可的实验方法有振动台实验和离心机实验，其实验结果常作为理论分析和数值计算结果的对比依据。但是两种实验的性能和参数需要根据比尺与原位状态相匹配。

2.3 理论分析模型法

为了研究砂土液化机理，国内外学者提出了大量的理论分析模型，其中最为经典和广泛应用的是 Seed 孔压应力模型，除此还有 Matin-Finn-Seed 孔压应变模型、Ishihara 等孔压有效应力路径模型、Finn 等孔压内时模型和谢定义等孔压瞬态极限平衡模型。上述模型均针对陆地土体提出，没有考虑海底土受上覆水体作用，土体围压增大但有效应力不变的特殊情况。

2.4 数值分析法

在土壤液化分析方法中，总应力法和有效应力有限元分析法考虑土壤液化影响因素比较全面。其综合考虑了地震过程中孔隙水压力的发展、消散及正应力/剪应力/循环次数对孔隙水压力的影响,同时基于 Biot 两相混合理论,考虑了土体中土骨架的动态响应与土中孔隙水渗流固结之间的相互耦合作用,并借助现有的有限元软件对土体进行动力响应。该方法的本质在于如何正确建立弹塑性动力本构模型,更好地揭示土体的性质。

3 海底土液化评估

3.1 波浪荷载作用下

应用剪应力对比判别法,将土层抗液化剪应力 τ_d 与波浪荷载振动剪应力 τ_c 进行对比,即可分析波浪荷载作用下的土层液化可能性。如果 $\tau_d \leqslant \tau_c$,土层可能发生液化;若 $\tau_d > \tau_c$,则不会发生液化。波浪荷载作用下土层的抗液化强度 τ_d 计算公式为

$$\tau_d = C_k C_p C_r \left(\frac{\sigma dc}{2\sigma a} \right)_N \sigma'_v \tag{6}$$

式中,C_k 为考虑波浪荷载特点及残余孔压影响下的修正系数,$C_k = 0.85$;C_p 为考虑主应力偏转影响的修正系数,$C_p = 0.7$;C_r 为试验应力状态修正系数,$C_r = 0.6$;$\left(\frac{\sigma dc}{2\sigma a} \right)_N$ 为与一定破坏振次对应的抗液化剪应力比;σ'_v 为液化土层上覆有效压力,kPa。

根据弹性理论和波浪理论,受谐振波荷载作用时的水平海底土层中的振动剪应力按下式计算。

$$\tau_c = \frac{1}{2} \sqrt{(1 - K_0)^2 \sigma_z^2} \tag{7}$$

其中,

$$\sigma_z = K_C P_0 + \gamma_w z \tag{8}$$

$$P_0 = \frac{1}{A} C_V \frac{\gamma H l_2}{k} \frac{chkl_3}{chkd} \sin \frac{1}{2} kl_1 + \frac{G}{A} \tag{9}$$

$$k = 2\pi/L \tag{10}$$

式中,K_0 为压力系数;σ_z 为土中一点铅直方向的应力,kPa;K_C 为均布铅直矩形载荷面角点下的应力分布系数(通过角点法计算);P_0 为沉垫对海床基地附加压力幅值,kN;γ_w 为土的浮容重,kN/m³;z 为层深度,m;A 为沉垫底面积,m²;C_V 为体垂向绕射系数,$C_V = 2.7$;γ 为土层饱和容重,kN/m³;H 为波高,m;l_1、l_2、l_3 分别为沉垫沿波向长度、沉垫宽度和高度,m;k 为波数;d 为水深,m;G 为平台在海水中的重力,单位;L 为波长。

3.2 地震作用下

评估地震作用下的海底土液化的可能性,先计算出地震剪应力 τ_c,然后与实验得到的抗液化剪应力 τ_d 进行对比。由于地震期间土层中任取一点处的土体单元承受的地震剪应力随时间呈周期性不规则地变化,其与室内液化实验等幅值剪应力进行对比时,可将其简化成一种等效的、有一定循环作用次数的均匀剪应力,简称等效循环均匀剪应力 $\bar{\tau}_c$(指作用在砂土上的动剪应力形式及循环作用次数可以不同,但达到液化(或破坏)时的效果相等)。在确定等效均匀剪应力 $\bar{\tau}_c$ 的同时确定对应的循环作用的次数或称等效循环次数 $\bar{N}$ 才能够达到等效的目的。等效均匀剪应力计算公式为

$$\bar{\tau}_c = 0.65\tau_{max} = 0.65d_z\gamma z \frac{a_{max}}{g} \tag{11}$$

式中，τ_{max} 为最大地震剪应力，kPa；γ 为土层饱和容重，kN/m^3；d_z 为该层对应水深，m；z 为层深度，m；a_{max} 为地震最大加速度，m/s^2；g 为重力加速度，$g = 9.8m/s^2$。

4 结论与建议

（1）海洋平台坐底时必须进行详实的地质勘察，根据地质条件参照规范初步判定是否需要进行砂土液化评估。

（2）进行液化评估时，宜首先进行现场标准贯入试验，然后进行剪应力对比，以此确定海底砂土液化的可能性。平台作业海域的地震设防烈度和波浪条件是剪应力对比的重要参数。

（3）若砂土存在液化的可能，建议采取的措施：作业海区避开液化区域；沉垫坐底时，对地基进行振动压密；增加沉垫底面排水孔，改善土体排水条件；增压覆盖，在液化区域抛填一定厚度的土石，加压土层在3m以上时，其下方的砂层较难液化。

（4）目前学术界对于砂土液化的研究多侧重于建立弹塑性动力本构模型和数值分析方法，其成果尚未正式应用于工程实践。期待大量科研成果对工程应用提供更多指导。

参 考 文 献

1 牛志伟，李同春，李宏恩．基于广义塑性理论的土体液化分析方法[J]．水力发电学报，2012，31（1）：99~107．

2 樊敦秋．海底土液化评价及预警系统研究[J]．装备制造技术，2013，3：16~18．

3 李空军，吴如军，陈明亮，等．锚杆静压桩托换技术在工程应用中的若干问题研究[A]．第五届全国FRP学术交流会论文集[C]．广州：中国土木工程学会，2007：393~396．

4 刘利艳，潘健．土层软化与液化效应的现场测试结果分析[A]．第15届全国结构工程学术会议论文集[C]．杭州：中国土木工程学会，2011：159~164．

5 赵明华，刘建华，刘代全，等．碎石桩复合地基承载力分析[J]．公路，2003，1：21~24．

6 陈继平，赖庆球，刘敬辉．液化判别标准对抗液化剪应力影响的试验研究[J]．路基工程，2006，6：68~69．

7 李培振，崔圣龙，吕西林，等．液化地基自由场振动台试验的土性参数识别[J]．同济大学学报（自然科学版），2010，6：791~797．

8 汪明武，TOBITA T，IAI S．倾斜液化场地桩基地震响应离心机试验研究[J]．岩石力学与工程学报，2009，10：2012~2017．

9 李志刚，袁志林，段梦兰，等．导管架平台桩-土相互作用试验系统研制及应用[J]．岩土力学，2012，12：3834~3839．

火花直读光谱测定不锈钢中氮元素含量的测量不确定度评定

李剑[1]　戴忠[2]　韩玉楠[1]

(海洋石油工程股份有限公司检验公司；中海石油有限公司天津分公司)

摘要：对直读光谱仪分析法测定不锈钢中氮元素的不确定度的来源进行分析，并对氮元素含量测定结果的不确定度进行评定，通过举例计算并推导出测量结果不确定度的具体数值。

关键词：不确定度；火花直读光谱；不锈钢；氮元素含量

氮元素作为有害元素对钢产品的质量和性能影响很大，长期以来氮氧分析仪一直是分析氮元素含量的重要手段。但该方法取样环节繁琐，分析周期长，成本高。近年来，火花直读光谱分析因其精度高、检出限低、分析迅速，在冶金、地质、机械、化工等领域都有极其广泛的用途，特别是在钢铁及有色金属的冶炼控制中具有极其重要的地位。而测量结果的准确度如何判断呢？JJF1059—1999《测量不确定度的评定与表示》明确指出以不确定度作为量的准确程度的判定标准。不确定度愈小，水平愈高，其使用价值也就愈高；不确定度愈大，测量结果的质量愈低，其使用价值也愈低。而不同正确性、准确性的测量和检验的成本是完全不同的。因此，对测量不确定度进行正确评价，将不确定度知识服务于生产实践，是社会发展的现实需求。控制影响不确定度的主要因素，减少测量不确定度，保证分析结果的准确性。

该方法也适合不锈钢中其他元素测量不确定度的评定。

1　实验部分

1.1　实验仪器

SPECTROLAB M10 火花直读光谱仪(德国斯派克公司)，氩气净化器，数控车床。

1.2　实验条件

环境温度为 25℃±2℃，相对湿度 40%~70%，氩气压力为 0.7MPa，氩气纯度不低于 99.999%。

1.3　实验方法

1.3.1　试样的制备

用车床将试件加工成厚度大于 3mm，直径大于 16mm 的平面，表面切割抛光平整光洁，确保无物理缺陷、油污及锈迹。

1.3.2　试样的检测

分析前，先用一块废弃样品激发 2~5 次，确认仪器处于最佳工作状态。选择相应的分析程序并对仪器进行类型标准化，在测试样不同位置激发分析 3 次取平均值作为一次分析结果。试样第一次测量后要再次用车床将其端面车平，进行下一次测量。

1.3.3　建立数学模型

火花直读光谱分析中，试样通过高压火花放电激发生成原子或离子蒸气，蒸气中的原子或离子激发后产生的特征光谱，从入射狭缝到色散系统光栅，经过分光色散成各光谱波段，根据每个元素发射的波长，通过光电倍增管测出每条谱线的强度。元素的谱线强度与该元素在试样中浓度的相互关系，可用赛伯—罗马金公式来表示：

$$I = AC^b \tag{1}$$

从而可以通过测定光谱强度测定样品中各元素的含量。计算机自动采集待测元素的光谱强度，在校准曲线上查出该元素的含量，并直接读出。故数学模型为：

$$w = w_0 \tag{2}$$

式（1）中，I 是谱线强度；C 是分析元素的浓度；A 是与试样的蒸发、激发过程和试样组成有关的一个参数；常数 b 的大小则与谱线的自吸收有关。式（2）中 w 为试样中氮的质量分数；w_0 为仪器显示的试样中氮的质量分数。

2　不确定度来源及评定

2.1　不确定度的来源

基于分析方法、检测设备工作原理和以往的工作经验，火花直读光谱仪测定 N 含量的不确定度来源主要包括：

（1）测量结果重复性的不确定度 $U_{rel,A}$；

（2）工作曲线的拟合时引起的不确定度 $U_{rel,B1}$；

（3）类型标准化用标准物质标准值的不确定度 $U_{rel,B2}$；

（4）被测样品基体不一致引起的不确定度 $U_{rel,B3}$；

（5）被测试样表面的粗糙度、平整度 $U_{rel,B4}$；

（6）环境的温度、湿度的变化及仪器所需氩气流量 $U_{rel,B5}$。

2.2　不确定度分量的评定

2.2.1　测量结果重复性的相对标准不确定度 $U_{rel,A}$ 的评定

平行测定分析样品 10 次，结果见表 1。

重复性试验引入的标准不确定度：

$$U_A = s/\sqrt{n} = \frac{0.0014}{\sqrt{10}} = 4.42 \times 10^{-4}$$

重复性试验相对标准不确定度为：

$$U_{rel,A} = \frac{4.42 \times 10^{-4}}{0.181} = 0.0024$$

2.2.2　工作曲线的拟合时引起的相对标准不确定度 $U_{rel,B1}$

该仪器的各元素工作曲线是由生产厂商的专业工程师，采用国际认可的标准物质经过回

归拟合制备的，所有元素均消除了其他元素的干扰，有着非常好的回归拟合工作曲线。由于日常工作分析所用的工作曲线均是设备在交付用户前由厂商制备的。在此基础上，由分析曲线拟合引起的不确定度可不予考虑。

表1　10次重复测量结果

序号	测定值 $w/\%$	平均值 $\overline{w}/\%$	标准偏差 S
1	0.182		
2	0.180		
3	0.183		
4	0.179		
5	0.181	0.181	0.0014
6	0.182		
7	0.180		
8	0.182		
9	0.181		
10	0.179		

2.2.3　类型标准化用标准物质标准值的相对标准不确定度 $U_{\mathrm{rel,B2}}$

本实验采用 GSB 03-2028-1—2006 作为类型标样，证书提供的氮元素标准值为 0.185，定值标准不确定度为 $U_{\mathrm{B2}}=0.003$ 故标准物质标准值的相对不确定度为：

$$U_{\mathrm{rel,B2}} = \frac{0.003}{0.185} = 0.0162$$

2.2.4　被测样品基体不一致引起的相对标准不确定度 $U_{\mathrm{rel,B3}}$

直读光谱仪测定不锈钢中的各元素的含量是以基体铁作为内标，要求被测样品和类型标样中的铁量基本一致，二者之间的差异将影响到测量结果的不确定度。通常要求样品与类型标样间的铁量相差不大于1%（由经验得出含量每相差1%就将带来0.3的误差），按均匀分布，铁量差异引起的标准不确定度为：

$$U_{\mathrm{B3}} = \frac{0.3}{\sqrt{3}} = 0.18$$

假定铁的平均浓度为95%，

$$U_{\mathrm{rel,B3}} = 0.18/95 = 0.0019$$

2.2.5　被测试样表面的粗糙度、平整度引起的相对标准不确定度 $U_{\mathrm{rel,B4}}$

光谱分析测量时，只是测量燃烧物质中的各中元素的量，试样的平整度影响的只是燃烧物质的多少，固对测量结果基本上没有影响，所以试样表面的粗糙度、平整度的影响忽略不计。

2.2.6　环境的温度、湿度的变化及仪器所需氩气流量引起的相对标准不确定度 $U_{\mathrm{rel,B5}}$

实验中所用的氩气经过氩气净化器净化，纯度相同，所以氩气纯度对测量结果基本没有影响。

检测环境的不确定度已包括在测量重复性的不确定度中，不再评定。

3　合成不确定度的评定

以各分量的相对不确定度的方和根计算合成相对不确定度

$$U_{rel} = \sqrt{U_{rel,A}^2 + U_{rel,B2}^2 + U_{rel,B3}^2}$$
$$= \sqrt{0.0024^2 + 0.0162^2 + 0.0019^2}$$
$$= 0.0164$$

4　扩展不确定度评定

取 95% 置信水平，包含因子 $k=2$，则
$$U = 0.0164 \times 2 = 0.0328$$

5　结果表示

通过火花直读光谱仪测量，不锈钢中氮的分析结果为
$$w_N = (0.181 \pm 0.033)\%，k = 2$$

6　结论

采用火花直读光谱法测定不锈钢中氮元素的含量，其质量分数为(0.181±0.033)%，通过对氮含量测量结果不确定度的评定，可知测量结果不确定度有多个分量组成，这些分量基本上涵盖了测量过程中系统效应和随机效应对测量结果的影响。不确定度的评定对准确地分析钢材料中各元素含量，避免分析过程中存在的不利影响因素具有一定的借鉴意义，从而提高分析测试结果的质量。

参 考 文 献

1　中华人民共和国国家计量技术规范．测量不确定度评定与表示[S]．北京：中国计量出版社，2000．
2　中国实验室国家认可委员会．化学分析中不确定度的评估指南[M]．北京：中国计量出版社，2002．
3　成分分析中的数理统计及不确定度评定概要．测量不确定度评定与表示[S]．北京：中国质检出版社，中国标准出版社，2012．

保温材料浸出液对 A3 钢的腐蚀行为研究

蒋林林[1,2]　韩文礼[1,2]　张红磊[1,2]

(1. 中国石油集团工程技术研究院；
2. CNPC 石油管工程重点实验室–涂层材料与保温结构研究室)

摘要：保温层进水，会造成层下金属的腐蚀，对玻璃棉、二氧化硅气凝胶保温毡、141b 体系和全水体系聚氨酯泡沫塑料浸出液和去离子水的 pH 值、电导率、离子浓度进行了测试，并采用静态挂片法研究了上述浸出液对 A3 钢的腐蚀行为。实验结果表明，玻璃棉浸出液呈弱碱性，电导率是其中最大的，浸出液中含有 Ca^{2+}、SO_4^{2-}、CO_3^{2-} 和 Cl^-，对 A3 钢的腐蚀率最小，但表现为局部腐蚀，危害性最大。二氧化硅气凝胶保温毡浸出液呈酸性，未检出 Ca^{2+}、SO_4^{2-}、CO_3^{2-}，对 A3 钢的腐蚀表现为均匀腐蚀，腐蚀率低于去离子水对 A3 钢的腐蚀率。141b 体系聚氨酯泡沫塑料浸出液呈弱碱性，全水体系聚氨酯泡沫塑料浸出液呈酸性，两种浸出液中均未检出 SO_4^{2-}、CO_3^{2-}，对 A3 钢的腐蚀均表现为均匀腐蚀，前者的电导率、Mg^{2+}、Ca^{2+}、Cl^- 浓度以及对 A3 钢的腐蚀率略低于后者。

关键词：保温材料；浸出液；A3 钢；腐蚀行为；研究

一般认为，在保证选材正确的前提下，防水是保温工程的关键，保温材料一旦进水，不但起不到保温作用，还会导致保温层下金属的腐蚀，也就是常说的保温层下腐蚀。保温层下腐蚀(Corrosion Under Insulation，CUI)是指发生在施加了保温层材料的管道或设备外表面上的一种腐蚀现象。水分渗入保温材料中导致基底环境变潮是 CUI 发生的开始。本文对玻璃棉、二氧化硅气凝胶保温毡、141b 体系聚氨酯泡沫塑料、全水体系聚氨酯泡沫塑料浸出液的 pH 值、电导率、各种离子浓度进行了测试，并采用静态挂片法对上述浸出液对 A3 钢标准片的腐蚀行为进行了研究，旨在为保温材料的选择和保温层下的腐蚀控制提供参考。

1　实验

1.1　实验材料
玻璃棉、二氧化硅气凝胶保温毡、141b 体系聚氨酯泡沫塑料、全水体系聚氨酯泡沫塑料、去离子水、A3 钢标准片。

1.2　实验仪器
瑞士梅特勒—托利多公司 S20P 酸度计和 S30 电导率仪、HACH DREL 2800 便携式分光分度计、日本奥利巴斯 LEXT 4000 全自动三维激光形貌仪等。

1.3　依据的标准
GB/T 15451—2006《工业循环冷却水总碱及酚酞碱度的测定》；

GB/T 15453—2008《工业循环冷却水和锅炉用水中氯离子的测定》；

GB/T 18175—2000《水处理缓蚀性能的测定 旋转挂片法》。

1.4 试验过程及条件

（1）将 10g 保温材料浸入 500mL 去离子水中，在 80℃下密闭静置浸泡 1d，滤除不溶物，得到保温材料浸出液。

（2）对浸出液中的离子成分和浓度进行测试。

（3）将 A3 钢标准试片放入 1800mL 浸出液中，在室温下静置浸泡 60d，计算腐蚀速率并对 A3 钢的微观形貌进行表征。

2 实验结果及分析

2.1 保温材料浸出液 pH 值、电导率、离子浓度测试结果及分析

4 种保温材料 80℃浸泡 1d 所得浸出液、去离子水的 pH 值、电导率、离子浓度测试结果见表 1。

表 1 保温材料浸出液的 pH 值、电导率、离子浓度测试结果

项目 浸出液名称	pH 值	电导率/ （μs/cm）	Mg^{2+}/ （mg/L）	Ca^{2+}/ （mg/L）	SO_4^{2-}/ （mg/L）	CO_3^{2-}/ （mg/L）	Cl^-/ （mg/L）
去离子水	7.901	2.46	0.0576	0.368	0	0.00	0.888
玻璃棉	8.968	699.12	0.6600	0.128	51	36.18	3.990
二氧化硅气凝胶保温毡	6.393	15.69	0.0624	–	0	0.00	0.888
141b 体系聚氨酯泡沫塑料	7.950	17.04	0.0696	0.444	0	0.00	0.888
全水体系聚氨酯泡沫塑料	5.504	20.50	0.0984	0.472	0	0.00	1.184

pH 值在 7~8 之间为 A3 钢的钝化区。在酸性环境中，由于作为强的阴极去极化剂的 H^+ 的存在，腐蚀加重。当溶液的 pH 值升高，溶液呈碱性时，CO_3^{2-} 和 OH^- 与溶液中的 Ca^{2+}、Mg^{2+} 等金属离子形成附着性很差的沉淀，这些沉淀不但没有起到保护金属的作用，反而增大了阴极去极化剂的反应面积，加速了碳钢在阳极的溶解，腐蚀加剧。从表 1 中可以看出，玻璃棉浸出液呈碱性，二氧化硅气凝胶保温毡和全水体系聚氨酯泡沫塑料浸出液偏酸性，当溶液中含有 Ca^{2+}、Mg^{2+} 等金属离子时，上述 3 种保温材料的浸出液对 A3 钢的腐蚀性较大；141b 体系聚氨酯泡沫塑料浸出液的 pH 处在 A3 钢的钝化区，对其腐蚀性较小。

电导率和浸出液的腐蚀性有一定的关系。电导率越大，金属表面产生宏观腐蚀的一般几率较大，点蚀也较容易集中于个别区域。从表 1 数据可知玻璃棉浸出液的电导率最大，高达 699.12μs/cm。二氧化硅气凝胶保温毡浸出液、141b 体系和全水体系聚氨酯泡沫塑料浸出液的电导率比较接近，分别为 15.69、17.04、20.50μs/cm，远小于玻璃棉浸出液的电导率。从浸出液电导率和腐蚀性的关系来看，玻璃棉浸出液易引起局部腐蚀。

Mg^{2+} 在碱性环境中，当浓度较小时，易形成附着性很差的沉淀，加剧腐蚀；当浓度较大时，生成的沉淀膜完整性好，可抑制腐蚀。从表 1 数据可知，玻璃棉浸出液 Mg^{2+} 浓度为 0.6600mg/L，其他三种材料浸出液中 Mg^{2+} 浓度均小于 0.1mg/L。四种材料浸出液中 Mg^{2+} 浓度都很小，其中玻璃棉浸出液呈碱性，Mg^{2+} 对玻璃棉浸出液腐蚀性的影响最大。

Ca^{2+} 与 Mg^{2+} 对腐蚀性影响的作用原理相似。当溶液不含可使 Ca^{2+} 沉淀的阴离子时，Ca^{2+} 对碳钢的腐蚀影响不大。当在碱性环境下存在可使 Ca^{2+} 生成沉淀的阴离子时，沉积在金属表面的 CaCO3 微粒可能成为点蚀源而诱发点蚀和局部腐蚀，当溶液中 Ca^{2+} 的浓度较大时，沉积的 $CaCO_3$ 膜完整度好，可抑制腐蚀。从表 1 可知，玻璃棉浸出液中 Ca^{2+} 浓度为 0.128mg/L，二氧化硅气凝胶保温毡浸出液中未检出 Ca^{2+}，141b 体系和全水体系聚氨酯泡沫塑料浸出液中 Ca^{2+} 浓度接近，分别为 0.444、0.472mg/L。玻璃棉浸出液呈碱性，但 Ca^{2+} 浓度相对较少，易引起点蚀和局部腐蚀。

SO_4^{2-} 对碳钢的点蚀也有一定的影响，当其浓度较低时，其与 Cl^- 的竞争吸附作用可能导致局部 Cl^- 浓度过高，加速点蚀的发生；但当 SO_4^{2-} 浓度升高到一定程度时，Cl^- 已无法再大量富集在某一局部，这时 Cl^- 就起到了抑制点蚀的作用。玻璃棉浸出液中 SO_4^{2-} 浓度为 51mg/L，其他 3 种材料浸出液中未检出 SO_4^{2-}，因此玻璃棉浸出液更易引起碳钢的孔蚀。

CO_3^{2-} 对腐蚀性的影响与 Ca^{2+} 对腐蚀性的影响原理相关，两者对腐蚀的影响取决于溶液的 pH 值和两者的浓度。CO_3^{2-} 与碳钢阳极溶解的金属离子（主要是 Fe^{2+}、Fe^{3+}）形成 $FeCO_3$、$Fe_2(CO_3)_3$ 沉积膜，阻碍阳极反应的进一步进行。从表 1 数据可知，4 种保温材料浸出液中，只有玻璃棉浸出液检出 CO_3^{2-}，浓度为 36.18mg/L。

Cl^- 是引起材料发生孔蚀最敏感的阴离子，大多数环境下材料的孔蚀都与它有关。Cl^- 可破坏 A3 碳钢表面腐蚀生成的钝化膜，从而使得碳钢表面始终处于活化状态。此外，碳钢活化表面还可与氯离子形成氯化物，而氯化物属于强酸弱碱盐，易水解生成氢离子，从而导致腐蚀表面 pH 降低，进一步促进了碳钢腐蚀的发生。从表 1 数据可知，玻璃棉浸出液中 Cl^- 浓度为 3.990mg/L，是四种材料浸出液中浓度最大的，其次是全水体系聚氨酯泡沫塑料浸出液。与去离子水中 Cl^- 浓度相比，141b 体系聚氨酯泡沫塑料和二氧化硅气凝胶保温毡浸出液中 Cl^- 浓度为 0。由此可以推断，玻璃棉浸出液对 A3 钢的腐蚀表现为局部腐蚀。

2.2　挂片实验结果及分析

参照 GBT 18175—2000《水处理缓蚀性能的测定 旋转挂片法》的试验方法对试片进行处理，在酸洗溶液中浸泡 3~5min 取出，迅速用自来水冲洗后，立即浸入氢氧化钠溶液中约 30s，取出，用蒸馏水冲洗，用滤纸擦拭并吸干，在无水乙醇中浸泡约 3min，置干净滤纸上，用滤纸吸干，置于干燥器中 4h 以上，称量（精确到 0.002g）。同时做试片的酸洗空白试验。计算不同浸泡液的腐蚀速率，计算结果见表 2。

表 2　不同浸出液对 A3 钢标准片的腐蚀速率（×10^{-4}mm/a）

浸出液种类	去离子水	玻璃棉	二氧化硅气凝胶保温毡	141b 体系聚氨酯泡沫塑料	全水体系聚氨酯泡沫塑料
腐蚀速率	3.49	0.564	2.83	3.63	3.79

从表 2 数据可以看出，玻璃棉和二氧化硅气凝胶保温毡浸出液对 A3 钢标准片的腐蚀速率均低于去离子水对 A3 钢标准片的腐蚀速率，玻璃棉浸出液对 A3 钢标准片的腐蚀速率最小，全水体系聚氨酯泡沫浸出液对 A3 钢标准片的腐蚀速率最大。

2.3　浸泡后 A3 钢标准片的微观形貌

采用日本奥利巴斯 LEXT 4000 全自动三维激光形貌仪对浸泡后试片的微观形貌进行表

征。试片局部放大倍数为 100 倍，其中图 2(b)放大倍数为 200 倍。

去离子水浸泡试片的微观形貌如图 1 所示，（a）为浸泡后试片的整体形貌，（b）、（c）、（d）为局部照片。从图 1(a)可以看出，去离子水对 A3 钢标准片的腐蚀表现为均匀腐蚀，挂线覆盖处(c)及边缘部位(d)腐蚀不明显。

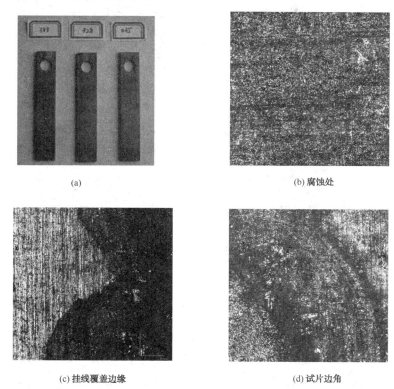

(a)

(b) 腐蚀处

(c) 挂线覆盖边缘

(d) 试片边角

图 1　去离子水浸泡后试片的微观形貌

玻璃棉浸出液浸泡试片的微观形貌如图 2 所示，（a）为浸泡后试片的整体形貌，（b）、（c）、（d）为局部照片。从图 2 可以看出，玻璃棉浸出液对 A3 钢标准片的腐蚀表现为局部腐蚀，挂线处及靠近挂线端腐蚀明显，其余部位腐蚀不明显。

二氧化硅气凝胶保温毡浸出液浸泡试片的微观形貌如图 3 所示，（a）为浸泡后试片的整体形貌，（b）、（c）、（d）为局部照片。从图 3(a)可以看出，二氧化硅气凝胶保温毡浸出液对 A3 钢标准片的腐蚀表现为均匀腐蚀，挂线覆盖处(c)、（d）腐蚀不明显。

141b 体系聚氨酯泡沫塑料浸出液浸泡试片的微观形貌如图 4 所示，（a）为浸泡后试片的整体形貌，（b）、（c）、（d）为局部照片。从图 4 可以看出，141b 体系聚氨酯泡沫浸出液对 A3 钢标准片的腐蚀表现为均匀腐蚀，挂线覆盖处、挂片上部、边缘腐蚀不明显。

全水体系聚氨酯泡沫塑料浸出液的微观形貌如图 5 所示，（a）为浸泡后试片的整体形貌，（b）、（c）、（d）为局部照片。从图 5 可以看出，全水体系聚氨酯泡沫塑料浸出液对 A3 钢标准片的腐蚀表现为均匀腐蚀，挂片上部一侧腐蚀不明显。

从图 5 可以看出，全水体系聚氨酯泡沫塑料浸出液对 A3 钢标准片的腐蚀表现为均匀腐蚀，挂片上部一侧腐蚀不明显。

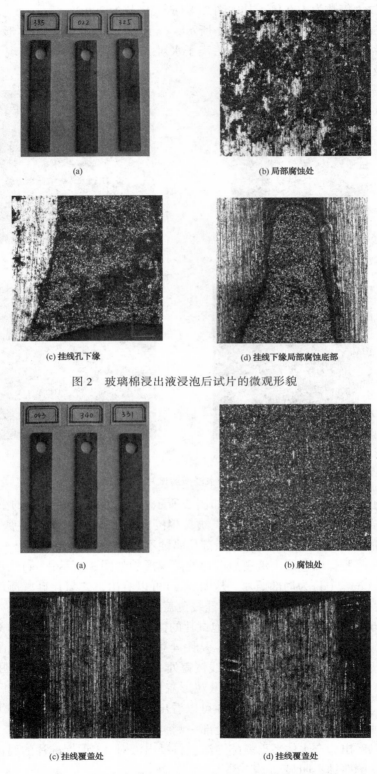

图 2　玻璃棉浸出液浸泡后试片的微观形貌

图 3　二氧化硅气凝胶保温毡浸出液浸泡后试片的微观形貌

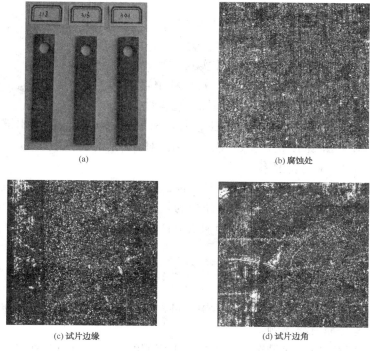

(a)

(b) 腐蚀处

(c) 试片边缘

(d) 试片边角

图 4　141b 体系聚氨酯泡沫塑料浸出液浸泡后试片的微观形貌

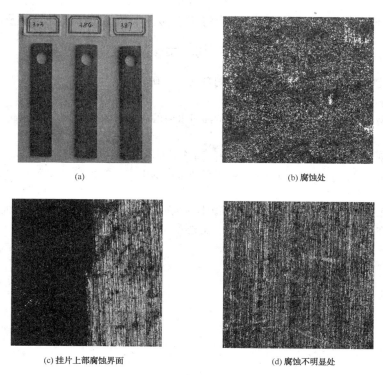

(a)

(b) 腐蚀处

(c) 挂片上部腐蚀界面

(d) 腐蚀不明显处

图 5　全水体系聚氨酯泡沫塑料浸出液浸泡后试片的微观形貌

3 结论及建议

通过保温材料浸出液测试和静态挂片实验,得出以下结论:

玻璃棉浸出液呈碱性,电导率较大,浸出液中含有 Ca^{2+}、CO_3^{2-}、SO_4^{2-} 和 Cl^-,对 A3 钢标准片的腐蚀速率最小,但表现为局部腐蚀,危害性较大。

二氧化硅气凝胶保温毡浸出液呈酸性,电导率为 20.50μs/cm,浸出液中未检出 SO_4^{2-}、CO_3^{2-},与去离子水中 Cl^- 浓度相比,Cl^- 浓度为 0,对 A3 钢的腐蚀表现为均匀腐蚀,腐蚀速率低于去离子水对 A3 钢的腐蚀率。

141b 体系聚氨酯泡沫塑料浸出液呈弱碱性,全水体系聚氨酯泡沫塑料浸出液呈酸性。两者浸出液中均未检出 SO_4^{2-}、CO_3^{2-},腐蚀行为均表现为均匀腐蚀。前者的电导率、Mg^{2+}、Ca^{2+}、Cl^- 浓度以及对 A3 钢标准片的腐蚀速率略低于后者。

减少保温层下腐蚀的几点建议:

(1)避免保温层进水是减少保温层下腐蚀的前提条件,保温工程必须做好防水密封工作。

(2)保温层下的金属本体不宜裸露使用,进行保温之前应进行防腐处理,避免保温层进水之后,浸出液与金属直接接触。

(3)选用保温材料时,尽量选用疏水或吸水率低的材料,使用有机泡沫材料时要采取防止其破碎的措施。

(4)对于地上保温工程,定期检查保温工程易进水的部位,发现问题及时处理。

参 考 文 献

1 姜莹洁,巩建鸣,唐建群.保温层下金属材料腐蚀的研究现状[J].腐蚀科学与防护技术,2011,23(5):381~386.
2 谢志海,李莉,降晓艳,等.A3 碳钢在模拟油田水中的腐蚀行为研究[J].应用化工,2010,39(9):1293~1299.
3 翁永基.钢制管道在受潮保温材料中的腐蚀[J].金属材料,1989,7~13.
4 许立铭,罗逸,董泽华,等.钙离子对碳钢在油田污水中腐蚀的影响[J].油田化学,1996,13(2):161~164.
5 安洋.不锈钢及碳钢在工业循环冷却水中腐蚀性为的研究[硕士论文]:天津大学,2010.
6 姜涛.碳钢在碱性溶液中孔蚀电化学研究[硕士论文]:北京化工大学,2000.

复合酚醛树脂低温调剖堵水剂研究

张贵清   刘婧丹   王宇宾

（中国石油集团工程技术研究院）

摘要：研制了一种低温（40~80℃）调剖堵水剂，该剂由聚合物，复合酚醛树脂交联剂及交联助剂组成。考察了聚合物浓度，交联剂组分及浓度，交联助剂浓度等因素对凝胶成胶性能的影响。同时考察了凝胶对填砂模型的封堵效果。结果表明该体系聚合物为浓度范围 0.2%~0.4%，交联剂使用浓度范围 0.15%~0.3%，交联助剂使用浓度范围 0.05%~0.3%，填砂模型实验表明该凝胶体系可有效封堵高渗透层，提高采收率显著。

关键词：调剖堵水剂；复合酚醛树脂；填砂模型；采收率

1 引言

油田开发到中后期，通过注水补充地层能量是我国大部分油田所采用的主要措施。由于油层存在着非均质性，会出现水在油层中的"突进"和"窜流"现象，严重地影响着油田的开发效果。为了提高注水效果和油田的最终采收率，需要及时的采取堵水调剖技术措施。聚合物类凝胶是目前油田应用较多的化学调剖剂，其原理是聚合物与交联剂通过化学键交联所形成的三维网络结构进而封堵高渗透层（段），已达到增油控水的目的。我国大部分油田为低温油田，油藏温度范围 40~80℃，所用化学调剖堵水剂常见的有铬凝胶，柠檬酸铝凝胶，酚醛树脂凝胶等。由于三价铬盐与聚丙烯酰胺反应很快，在现场施工中不易控制，而将六价铬还原成三价铬，虽然可以减慢交联反应速度，但六价铬毒性大，越来越多的油田由于环保原因不再使用该体系。柠檬酸铝凝胶成胶强度低，为弱凝胶，不适用于大规模调剖作业。酚醛树脂凝胶虽然成胶强度较好，反应时间可控，但由于酚醛树脂交联剂液体状态极易被氧化，保质期较短，应用也受到了限制。本文自助研制的复合酚醛树脂凝胶体系，不但成胶后强度好，反应时间可控，而且交联剂为固体，易于保存，不易变质，极大地提高了应用范围，具有很好的应用推广价值。

2 实验材料及仪器

2.1 主要原料

聚丙烯酰胺：分子量 $(1.6~1.8) \times 10^7$，水解度 20%~25%，市售工业品。交联剂：自制。助交联剂：自制。

2.2　实验仪器

恒温干燥箱，Unb400，德国 Menmert 公司；电子天平，BSA323S，赛多利斯科学仪器（北京）有限公司；流变仪，RS6000，德国 HAKKE 公司；高温高压岩心实验仪，海安石油科研仪器有限公司。

2.3　实验方法

将聚合物 HPAM、交联剂、助交联剂按一定比例配制成均匀的溶液，分装于磨口广口瓶中，置于一定温度下的恒温干燥箱中，每隔一段时间取出观察成胶情况，记录成胶时间，并用德国 HAKKE 公司流变仪 RS6000 在实验温度、剪切速率 $1.5s^{-1}$ 下测定凝胶黏度。

长砂管封堵实验是将配制好的凝胶基液泵入一定渗透率的填砂模型中，在实验温度下候凝一定时间，水驱测试其封堵效果。平行双管模型是将两个渗透率极差较大的填砂模型并联，水测渗透率后，分别泵入模拟油至饱和，再水驱至出水率大于 99%，然后参照长砂管封堵实验，注入凝胶基液，待实验温度下胶凝后，测定提高采收率。

3　实验结果与分析

3.1　聚合物浓度对成胶性能的影响

配制聚合物浓度（本文所提及的浓度除特别说明外，均指质量浓度）分别为 0.05%、0.1%、0.2%、0.3%、0.4%、0.5%、0.6%，复合酚醛交联剂浓度为 0.2%，交联助剂浓度为 0.1% 的交联体系，将其置于 50℃ 烘箱中观察期成胶时间。结果如图 1 所示。由图可知，不同聚合物浓度的交联体系成胶时间相差不明显，这是因为虽然聚合物浓度的增加使得交联体系中可反应基团数目增多，但是相比较体系中交联剂的物质的量，聚合物的可交联基团是相对过剩的，反应速率取决于交联剂的加量。

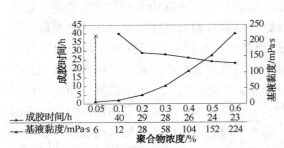 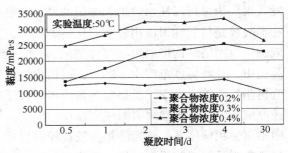

图 1　聚合物浓度对基液黏度与成胶时间的影响　　　　图 2　聚合物浓度随成胶时间的变化

测定上述交联体系成胶后 12h、1d、2d、3d、4d 及 30d 的黏度，实验结果如图 2 所示。由图可知，不同聚合物浓度的交联体系成胶时间相差不明显；聚合物浓度越大，凝胶强度越大。这是因为随着聚合物浓度的增加使得交联体系中可反应基团数目增多，交联剂反应的就越充分，交联密度相对较高。且由于聚合物分子的物理缠绕作用使得凝胶形成复杂三维网络结构，聚合物分子数量越多，凝胶强度也越高。聚合物浓度 ≤0.05% 时不能形成凝胶，聚合物浓度为 0.1% 时成胶强度能成胶但强度很低，而当聚合物浓度大于等于 0.5% 时基液黏度过高，成本增加，故聚合物的最佳浓度使用范围为 0.2%~0.4%。

3.2　交联剂对成胶性能的影响

配制聚合物浓度为 0.3%，交联助剂浓度为 0.1%，复合酚醛交联剂浓度为分别为

0.15%、0.2%、0.25%、0.3%及0.35%的交联体系，将其置于40℃烘箱中观察期成胶时间并测定凝胶成胶后的黏度，结果如图3、图4所示。由图可知，随着交联剂浓度越大，成胶时间越短，形成的凝胶强度越大。这是因为交联剂的浓度越大，与聚合物可反应基团接触的几率就越大，成胶时间就短。而交联剂的浓度最终又决定交联体系的交联密度，交联剂浓度越大，交联密度就越大，凝胶的黏度就越高。但交联剂质量浓度对其稳定性也有影响，过高的质量浓度会导致凝胶脱水，这主要是交联度过高导致凝胶水溶性变差。所以交联剂的加量不宜过高，使用浓度范围为0.15%~0.3%。

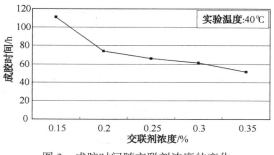

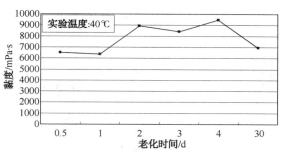

图3　成胶时间随交联剂浓度的变化　　　　　　图4　凝胶强度随老化时间的变化

3.3　交联助剂对成胶性能的影响

配制聚合物浓度为0.3%，复合酚醛交联剂浓度为0.2%，交联助剂浓度为分别为0.05%、0.1%、0.2%、0.3%的交联体系，将其置于50℃烘箱中观察期成胶时间，结果如图5所示。由图可知，随交联助剂浓度的增加，成胶时间先变长，再变短，再变长。这是因为本文所选用的交联助剂为多元有机酸，其作用是通过调节交联体系的pH值来改变反应条件。当交联助剂的浓度较小时，复合树脂交联剂分子间的反应较弱，形成的小分子酚醛树脂量较少，因此与聚合物的交联反应也就越慢。而当交联助剂的浓度较大时，聚合物的流体力学半径减小，分子呈蜷曲状态，与交联剂的交联点变少，成胶时间变长。

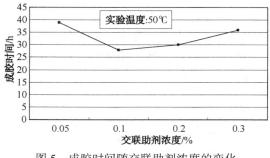

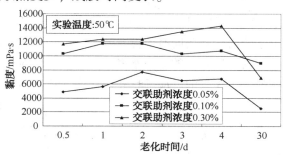

图5　成胶时间随交联助剂浓度的变化　　　　　图6　凝胶强度随老化时间的变化

图6为凝胶强度随老化时间的变化曲线。由图可知，凝胶交联体系刚成胶时黏度较低，3d后黏度趋于稳定。0.3%交联助剂浓度的配方成胶后强度最高，0.05%交联助剂浓度的配方成胶后强度最低，0.1%交联助剂浓度的配方成胶后强度居中。导致这种结果的原因可能是因为低交联剂浓度时，体系的交联剂分子间的反应不充分，从而使得交联剂与聚合物未充分交联，凝胶成胶后的强度低；而当高交联助剂浓度时，交联剂分子间发生过交联反应，形成分子量较大的酚醛树脂，虽然能与聚合物发生反应且成胶初期表现出良好的强度，但因为有效交联密度较低，使得凝胶在后期的强度损失较为严重，具体表现为脱水变脆。所以交联

助剂最佳使用浓度范围为 0.05%~0.3%。

3.4 温度对成胶性能的影响

配制聚合物浓度为 0.3%，复合酚醛交联剂浓度为 0.2%，交联助剂浓度为 0.1%的交联体系，将其分别置于 40℃、50℃、60℃、70℃、80℃烘箱中观察期成胶时间并测定 60℃凝胶成胶后的黏度，结果如图7、图8所示。由图7可知，凝胶成胶时间随温度的升高而变短。这是因为温度越高，交联剂分子和聚合物上可反应基团的接触几率增大，反应所耗时间便越短。

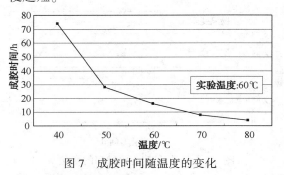

图 7　成胶时间随温度的变化

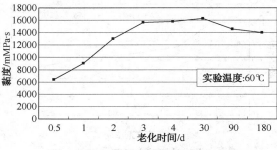

图 8　凝胶强度随老化时间的变化

图8为60℃凝胶强度随老化时间的变化曲线，由图可知，凝胶交联体系成胶初期黏度较低，3d后黏度基本趋于稳定。凝胶在实验温度老化180d后，其黏度保留率仍大于80%，说明该交联体系具有良好的稳定性。

3.5 交联剂组分对成胶性能的影响

通过调节复合酚醛树脂交联剂中酚醛含量的比例，来改变其与聚合物的成胶性能。配制0.3%聚合物，0.2%不同酚醛比交联剂，交联助剂浓度0.1%的交联剂体系，放置于60℃烘箱中观察期成胶时间、72h黏度及180d黏度保留率，结果如表1所示。

由表1可知，醛类所占比例越大，交联体系的成胶时间越短，成胶72h后的黏度越低。这个结果可能是因为甲醛水解生成高活性的甲撑二醇，甲撑二醇与苯酚发生缩合反应生成羟甲基苯酚，与此同时甲撑二醇与聚丙烯酰胺中的酰胺基发生羟甲基化反应，之后羟甲基苯酚与聚丙烯酰胺上的羟甲基发生脱水缩合反应生成网络结构的凝胶。即交联剂中的醛类所占比例越大，体系的反应活性相对越大，成胶时间变越短。

表 1　交联剂组分对成胶性能的影响

酚醛摩尔比	成胶时间	72h 黏度/mPa·s	180d 黏度保留率/%
1:1	68	18564	78.5
1:2	52	15680	81.7
1:3	39	13457	85.1
1:4	34	11864	74.5
1:5	23	9521	71.3
1:6	16	8561	68.5

而凝胶强度则主要取决于含有苯环结构的酚类，凝胶中苯环含量越高，其强度也相应增高。而凝胶中酚类的含量太高却使得凝胶的水溶性变差，从而在长时间老化后，凝胶脱水变

脆。因此酚醛比为 3∶1 时凝胶的综合性能最好，180d 黏度保留率大于 80%。

3.6 助交联剂种类优化研究

表 2　交联助剂对凝胶成胶性能影响

HPAM 浓度 Wt/%	交联剂浓度 Wt/%	交联助剂浓度 Wt/%	温度/℃	凝胶时间/h
0.30	0.20	0	50	不凝胶
		0.05		39
		0.10		28
		0.20		30
		0.30		36

交联助剂主要是通过调节交联体系 pH 值来控制交联反应的反应速率和反应活性。复合酚醛树脂交联剂和聚合物的交联反应需在酸性环境进行。由于盐酸、硫酸属于强酸，不宜操作，且易对注水管线造成腐蚀，本课题选取有机酸 A、机酸 B 和机酸 C 作为交联助剂的考察对象。由于有机酸 A 具有一定毒性，机酸 B 具有刺激性气味，故选用无毒无害的、酸性相对温和的机酸 C 做为交联助剂。

表 2 为不同交联助剂浓度对凝胶成胶性能的影响，由表可知，随交联助剂浓度的增加，成胶时间先变长，再变短，再变长。这是因为当交联助剂的浓度较小时，复合树脂交联剂分子间的反应较弱，形成的小分子酚醛树脂量较少，因此与聚合物的交联反应也就越慢。而当交联助剂的浓度较大时，聚合物的流体力学半径减小，分子呈蜷曲状态，与交联剂的交联点变少，成胶时间变长。体系中不加交联助剂时，聚合物和交联剂不能交联生成凝胶。这是因为复合酚醛树脂交联剂在低温时只有在酸性条件下才能生成小分子树脂，进而与聚合物交联生成凝胶。

3.7 长砂管封堵实验

将 0.3% 聚合物 +0.2% 树脂酚醛交联剂 +0.1% 多元酸交联助剂配制的交联聚合物体系 0.5Vp 的交联体系注入 50cm 长渗透率为 1700μm² 的填充砂管中，并在 50℃ 下候凝 5d 后，用水驱替填充砂管，砂管内的压力变化如图 9 所示。

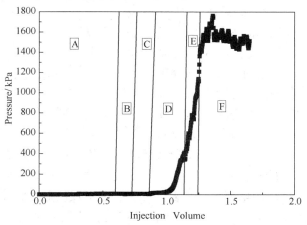

图 9　不同聚合物浓度的注入压力曲线

A—水驱；B—聚合物驱；C—水驱；D—交联聚合物；E—水驱；F—水驱

　　由如图 9 可知复合酚醛树脂交联体系成胶后具有良好的封堵性能。凝胶成胶后的水驱压力远远高于水测渗透率时的压力，说明交联剂和聚合物在砂砾空隙(或裂缝中)中能够很好的成胶，从而使得填充砂管的渗透率大幅度降低。

3.8　平行双管封堵实验

　　采用平行双管模型驱油实验装置研究交联聚合物体系形成凝胶前后水驱的驱油和调剖性能。实验中所用的填砂管长度 30cm。实验过程采用水驱，再注交联聚合物体系，待其形成凝胶后再水驱。将填砂管抽真空后饱和水测砂管孔隙体积和孔隙度，之后通过驱替装置水测渗透率，饱和油，制造束缚水，然后进行水驱油，记录压力、采出液量、采出油量。0.3%聚合物+0.2%树脂酚醛交联剂+0.1%多元酸交联助剂配制的交联聚合物体系，50℃下侯凝 5d 再进行后续水驱，计算分流率及采收率提高值，结果如表 3 所示。

表 3　凝胶体系双管驱油实验结果

填砂管号		1#	2#
水测渗透率/D		0.17	1.3
孔隙度/%		40.7	42.3
注入段塞/V_p		1.0	
原始含油饱和度/%		60.3	55
水驱驱油效率/%	单管	0	35.1
	双管	17.5	
总驱油效率/%	单管	16.3	35.1
	双管	26.4	
凝胶体系提高采收率/%		8.9	

　　由表 3 可以看出，高低渗双管模型水驱时驱油效率明显不同。水驱时双管总驱油效率为 17.5%，此时由于高渗管与低渗管渗透率相差较大，注入的水几乎全部转入高渗管，将高渗管中的油驱出，高渗管采收率达到 35.1%，而低渗管由于没有水进入，几乎没有油被驱出。水驱结束后，转注 1.0V_p 交联聚合物体系并在 50℃下侯凝 5d，形成凝胶后再进行后续水驱，结果发现，后续水都进入低渗管，而高渗管中则没有水进入，低渗管水驱采收率达到 16.3%。注入的交联聚合物

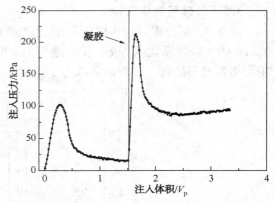

图 10　平行双管驱替实验压力与注入体积的关系

体系优先进入高渗砂管，在高渗管中形成凝胶后将高渗管中的大孔道封堵，双管模型再水驱时，注入水优先进入低渗砂管，驱替第一次水驱未波及到的含剩余油或残余油地带。后续水驱过程，双管驱油效率提高的幅度主要来自低渗砂管。形成凝胶后，水驱过程压力升高(图 10)，凝胶对高渗管产生封堵，后续注入液转向低渗管，达到液流改向作用，将低渗砂管中的残余油驱替出来。

　　上述实验结果表明，聚合物凝胶对于非均质油藏具有一定的调剖效果，注入的交联聚合

物体系优先进入阻力较小的高渗层，形成凝胶后起到封堵作用，迫使后续注入水进入中低渗透层，改善水的波及效率，扩大波及体积，从而将低渗层的部分原油驱出。

4 结论

（1）通过实验最终确定了 HPAM、复合酚醛交联剂、多元有机酸交联助剂组成的低温（40~60℃）调剖体系。

（2）聚合物的使用浓度范围 0.2%~0.4%，交联剂使用浓度范围 0.15%~0.3%，交联助剂使用浓度范围 0.05%~0.3%，基液黏度低，易注入。

（3）该调剖体系成胶时间在较宽范围内连续可调整，成胶后凝胶强度高，稳定时间大于等于 180d。

（4）填充砂管实验表明该调剖体系可有效封堵高渗透层，提高采收率显著。

参 考 文 献

1 田士章，王永志，严万洪 . 堵水调剖剂堵水机理与性能评价［J］. 辽宁化工，2007，36（1）：45~47.
2 刘敏，李宇乡 . 非水解聚丙烯酰胺/乙酸酸铬凝胶堵剂研究［J］. 油田化学，1988，15（3）：253~256.

表面活性剂清洁压裂液体系研究

赵文娜　王宇宾　郝志伟　徐鸿志　刘静丹　王雪莹

（中国石油集团工程技术研究院钻采工艺研究所）

摘要：根据清洁压裂液作用原理，研制优选合适的黏弹性表面活性剂，配套的反离子盐类，形成了清洁压裂液体系。体系具有易破胶、无残渣、地层伤害小等性能优点，尤其适用于低渗、特低渗储层压裂改造施工，具有良好的推广应用前景。

关键词：清洁压裂液；黏弹性表面活性剂；无残渣；低伤害；低渗

压裂作为油气藏增产增注的主要措施已得到迅速发展和广泛应用，压裂液是压裂技术的重要组成部分，是决定压裂成败的关键之一。目前国内普遍使用的水基压裂液，主要为胍胶体系，而对于低渗、特低渗储层，由于胍胶的分子量大，破胶不完全，破胶后残渣含量高，难以通过小孔孔喉，导致返排困难，对低渗储层伤害严重，从而导致压裂效果变差。因此，针对低渗、特低渗储层，需要一种满足破胶容易、残渣含量低、对地层伤害小的压裂液体系。

1　清洁压裂液

1.1　清洁压裂液作用机理

清洁压裂液是一种黏弹性表面活性剂分子，这种压裂液依靠特殊合成的小分子量增稠物，在一定量盐溶液介质条件下，使黏弹性表面活性剂分子聚集，形成以长链疏水基团为内核，亲水基团向外伸入溶液的球型胶束；当黏弹性表面活性剂的浓度继续增加，表面活性剂胶束占有的空间变小，胶束之间的排斥作用增加，此时球形胶束开始变形，合并成为占有空间更小的线状或棒状胶束；棒状胶束会进一步合并，变成更长的棒状或蠕状胶束，这些胶束由于疏水作用会自动纠缠一起，形成空间交联网络结构，此时溶液体系具有良好的黏弹性和高剪切黏度，并具有良好的悬砂效果；随着表面活性剂浓度不断增加，交联网络状胶束还可以变为海绵状网络结构(图1)。该胶束能有效输送支撑剂，遇地层水后胶束又会变成小球形胶束，达到破胶的效果。

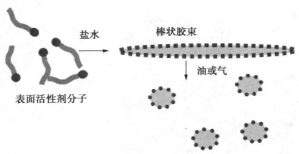

盐水　棒状胶束

表面活性剂分子

油或气

图1　清洁压裂液作用原理

1.2 清洁压裂液优点

清洁压裂液具有破胶彻底、无残渣、对地层无伤害等特点。清洁压裂液只需在黏弹性表面活性剂中添加助表面活性剂和盐水混配即可，配制简单可靠，易于操作和控制；而水基压裂液需要聚合物加大量的添加剂，要求很好的搅拌和长期沉淀，配制复杂，时间长。清洁压裂液依靠流体的黏弹性结构来输送支撑剂，而水基压裂液是通过黏度来输送支撑剂，这样就降低了所需的黏度，不会因高速剪切造成剪切降解，造成携砂效果的降低。对于低渗透地层，水力压裂的目的是产生长的高导流的裂缝。冻胶压裂液黏度高，会导致缝高过大，从而限制了裂缝长度发展。VES压裂液靠流体的弹性与结构（不是黏度）携带支撑剂，因此清洁压裂液可以在较低的黏度下保证施工成功，有利于获得更好的裂缝几何形态，降低缝高，提高缝长。

2 清洁压裂液配方研制及体系性能研究

2.1 表面活性剂研制优选

当地层水的pH值在（6.5~7.5）范围内，砂岩表面带负电。由于地层岩石表面的电负性，阳离子表面活性剂易于在地层中发生吸附和沉淀。表面活性物质在岩石表面上的吸附，形成的吸附层将会加重静润湿滞后的程度，油膜附着在孔道表面上越牢固，移动就越困难。表面活性物质在岩石表面上的吸附还可以使岩石的润湿性发生变化，甚至润湿反转，它对岩石润湿性的影响比极性物质的影响还要大，砂岩颗粒（主要是硅酸盐）的原始性质是亲水的，但砂岩表面常常由于表面活性物质的吸附而发生润湿反转，变成亲油性，将降低油相渗透率。为此研制优选阴离子表面活性剂。

经过对几种阴离子表面活性剂优选评价，确定了一种增黏能力好的GC-521L。对其增黏能力进行评价，结果见表1。可以看出，GC-521L具有良好的增黏能力，加量为2.0%~2.5%时，其形成体系后黏度即可达到130~180mPa·s。

表1 GC-521L表活剂增黏能力

表活剂加量/%	2.0	2.5	3.0	3.5	4.0
清洁压裂液黏度/mPa·s	130	180	52	74	260

2.2 配套盐类研制优选

当黏弹性表面活性剂浓度超过临界值（CMC）时，表面活性剂疏水基长链伸入水相，使黏弹性表面活性剂分子聚集，形成以长链疏水基团为内核，表面活性剂亲水端静电斥力较大，通常需要加入合适的反离子来抑制其静电斥力，促使蠕虫状胶束的形成。实验证明，NaCl、KCl水溶液能够提供K、Na离子充当反离子，与亲水端通过库仑力相互作用，将表面活性剂分子束缚在一起，使得胶束获得一定的稳定性，但是胶体的稳定程度与KCl、NaCl盐水的浓度有关。

但综合氯化钾是重要的无机防膨剂，水基压裂液中加入2%的氯化钾可以暂时控制黏土膨胀，当氯化钾加量为5.0%时，防膨率可达83.4%，且KCl与GC-521L体系耐温性优于NaCl体系，因此优选KCl作为配套盐类。

2.3 阻垢剂的优选

通过考察 EDTA、ATMP、EDTMPS、EDTMPA 等常用阻垢剂与表活剂 GC-521L 体系配伍性及综合成本因素，最终优选成本低、体系配伍性好的 EDTA 作为阻垢剂。EDTA 能和碱金属、稀土元素和过渡金属等形成稳定的水溶性络合物。

通过考察不同加量 EDTA 对清洁压裂液体系黏度影响，结果见表 2，随着 EDTA 浓度的增加，压裂液体系视黏度增加，加量增至 0.3%以后，继续增加稳定剂的量，体系视黏度变化不大，且视黏度有减小的趋势，确定其最优加量为 0.2%~0.25%

表 2　EDTA 浓度对压裂液体系黏度的影响

EDTA 阻垢剂加量/%	0.15	0.2	0.25	0.3	0.35	0.4	0.45
视黏度/mPa·s	46	53	59	63	60	61	61

注：连续搅拌 30min，剪切速率 170s^{-1}，温度 70℃

2.4 pH 调节剂的选择

原油中的石油酸如脂肪酸、环烷酸、胶质酸和沥青质酸等均可以与碱反应，生成相应的石油酸盐，即羧酸盐类阴离子表面活性剂。亲水性和亲油性比较平衡的石油酸盐可以降低油水界面张力至 $1×10^{-2}$mN·m^{-1}以下，有利于提高压裂液的返排能力。

用 ZetasizerZS 激光纳米粒度及 Zeta 电位测定仪测定清水岩屑溶液在不同 pH 值下的带电性。实验结果如表 3 所示，pH 越高 Zeta 电位的绝对值越大，由此可知，碱性环境还可提高砂岩表面的负电性。所以在耐高温清洁压裂液体系的中，我们加入一定量的 KOH，使溶液的 pH 值大于 11，使砂岩表面的电负性进一步增加，降低了清洁压裂液在砂岩表面的吸附量和对储层的伤害。

表 3　清水岩屑溶液带电性测试

pH 值	Zeta 电位/mV	pH 值	Zeta 电位/mV
6	-15.6	11	-26.8
8~9	-16.5	12	-27.9

2.5 清洁压裂液体系配方

最终形成的清洁压裂液体系配方：2.2%~2.5%GC-521L+3%~5%KCl+0.2%~0.25%EDTA+0.5%~0.6%KOH；该体系能满足 90℃条件下现场使用要求。清洁压裂液体系配置工艺简单，对水质要求也与胍胶一样，不需增加额外设备和成本，具有良好的实用性。

3 清洁压裂液配方研制及体系性能研究

3.1 耐温耐剪切性能

根据行业标准《SY/T 6376—2008 压裂液通用技术条件》中 4.4 章节中对其耐温耐剪切能力的要求，在指定温度下，剪切一定时间后，表观黏度≥20mPa·s 即为合格。该体系在 70~100℃，170s^{-1}条件下，剪切 90min，黏度仍>50mPa·s，满足现场使用要求。

3.2 破胶性能

清洁压裂液的破胶可以通过与原油接触或通过地层水、淡水稀释方法破胶。70℃破胶实验结果如图2、图3及表4、表5、表6所示。实验结果表明，清洁压裂液与原油接触容易破胶，最多2.5h均可破胶，而通过地层水及自来水稀释破胶，只需较多体积的地层水及自来水，1h即可破胶。清洁压裂液与地层水配伍性好，体系未出现沉淀。清洁压裂液与淡水混合也容易破胶。

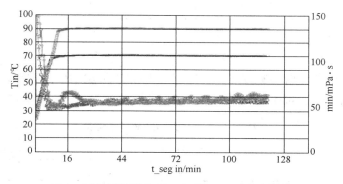

图2　清洁压裂液体系70℃及90℃下流变性能

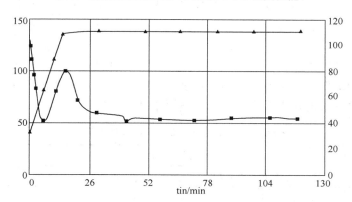

图3　清洁压裂液体系100℃下流变性能

表4　清洁压裂液体系与原油接触破胶性能

清洁压裂液与原油体积比	破胶时间/h	破胶液黏度/mPa·s
10∶1	2.5	4.0
10∶2	2.0	4.2
10∶3	1.3	4.4
10∶4	0.9	3.6

表5　地层水(标准盐水模拟地层水)稀释清洁压裂液破胶性能

压裂液与地层水体积比	破胶时间/h	破胶液视黏度/mPa·s
1∶1	1	11
1∶1.5	1	11
1∶2	1	10
1∶2.5	1	5
1∶3	1	5

表 6　自来水稀释清洁压裂液破胶性能

压裂液与地层水体积比	破胶时间/h	破胶液视黏度/mPa·s
1 : 1	1	36
1 : 3	1	21
1 : 5	1	5

3.3　地层伤害性能

1）残渣含量

压裂液在地层中破胶后，破胶液会对地层及支撑充填层造成不同程度的伤害，主要取决于其残渣含量和返排率。对压裂液体系破胶后残渣含量进行实验，见表 7。

表 7　压裂液体系破胶液残渣含量

液体体系	胍胶体系	清洁压裂液体系
残渣含量/(mg/L)	350	0

由于该体系中没有水不溶物，且破胶彻底，因此几乎无残渣，从而对地层渗透率伤害能起到良好的保证作用。

2）岩心渗透率伤害

对研制的压裂液体系进行了岩心流动实验，考察其对岩心的伤害程度。结果见表 8，可以看出，清洁压裂液对岩心渗透率的伤害程度在 10%左右，而胍胶的伤害程度为 30%左右。证明清洁压裂液对储层的伤害程度较低，更适用于低渗、特低渗储层改造。

表 8　压裂液对岩心渗透率伤害评价实验

压裂液	煤油渗透率/mD		伤害率/%
	伤害前渗透率 $K1$	伤害前渗透率 $K2$	
清洁压裂液 1#	0.663	0.585	11.8
清洁压裂液 2#	0.534	0.483	9.6
清洁压裂液 3#	0.711	0.645	9.3
胍胶 1#	7.02	4.90	30.2
胍胶 2#	3.56	2.32	34.8

3.4　悬浮携砂性能

对压裂液静态悬浮能力的大小，通常用支撑剂颗粒在压裂液中的自由沉降速度来表示，最佳单颗粒沉降速度<0.08mm/s、允许沉降速度 0.8~0.08mm/s。陶粒在清洁压裂液中沉降实验结果，如表 9 所示，耐高温清洁压裂液的沉降速度在 0.01~0.15mm/s 之间，可以有效携砂。

表 9　陶粒在表面活性剂清洁压裂液中的沉降速度

压裂液类型	实验温度/℃	沉降速度/(mm/s)
清洁压裂液	40	0.01
	50	0.025
	60	0.15

同时考察室温下，清洁压裂液对 20/40 目陶粒，25%砂比的携砂情况，如图 4 所示，该压裂液室温下放置 1h，支撑剂几乎无明显沉降，表明清洁压裂液携砂性能非常好。

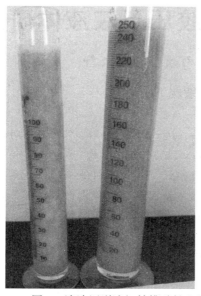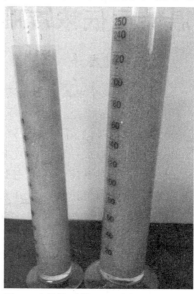

图 4　清洁压裂液初始携砂性和放置 1h 后的携砂性（左图为初始）

4　结论

（1）根据清洁压裂液作用机理研究，对黏弹表面活性剂、配套反离子盐类等研制优选，形成了表面活性剂清洁压裂液体系配方，耐温达到 100℃。

（2）清洁压裂液具有耐温耐剪切性能好、无残渣、对地层伤害小、悬浮携砂性能好等性能优点。

（3）研制的清洁压裂液体系配置简单、性能优良，填补了公司在该项技术上的空白，尤其适用于低渗、特低渗储层压裂改造施工，具有良好的市场推广前景。

参 考 文 献

1　张保平，等译．油藏增产措施（第三版）．石油工业出版社．北京，2002.
2　罗平亚，郭拥军，等，一种新型压裂液［J］．石油与天然气地质，2007，28（4）：511～515.
3　温颖萍，张惠文．表面活性剂对聚丙烯酸溶液黏度的影响．日用化学工业，1999，（5）：11～13.
4　刘通义．新型抗高温清洁压裂液研究［D］．西南石油大学博士论文，2005.

高温储层低浓度胍胶压裂液液体研究

郝志伟　徐鸿志　刘婧丹　赵文娜

（中国石油集团工程技术研究院）

摘要：本文针对高温（120~150℃）储层，通过对胍胶稠化剂优选、耐高温交联剂及配套添加剂研制，形成一套低浓度胍胶压裂液体系，该体系具有耐温耐剪切能力强、残渣含量低、地层伤害小等显著优点，保证常规压裂液携砂性能的同时，降低了压裂液成本。形成的低浓度胍胶压裂液体系因其胍胶稠化剂分散溶胀快，可用于现场连续混配压裂，并适用于低渗、超低渗高温储层的压裂措施改造，具有广阔的市场应用前景。

关键词：低浓度；耐高温交联剂；残渣低；低成本

1　引言

随着海洋石油勘探开发规模的不断扩大，中海油渤海油田、中石油（冀东、辽河、大港）、中石化胜利等油田都在逐年增大渤海湾油田区块的勘探力度。在目前已经完钻的探井中，如大港滨海区块、冀东油田 NP403×1 区块，都具有相当部分井井深达 3000m 以上，井温达 140℃ 以上，且都存在孔隙度低、渗透率差、自然产能低等特点。胍胶压裂液因其良好的增黏携砂、可自然降解等性能，成为应用最广泛的压裂液体系。在胍胶压裂液用于该类高温储层压裂改造时，为了应对储层温度高的问题时，油田甲方常采用加大胍胶使用浓度来提高压裂液体系耐温耐剪切性能，以满足现场高砂比携砂的要求。这样不仅带来压裂液破胶不易彻底、残渣含量高、易造成渗透率伤害等问题，还会带来压裂成本的增加。低浓度胍胶压裂液作为一种新型压裂液体系，其胍胶使用浓度低，压裂施工后破胶液残渣含量低，储层伤害小，利于保护储层、保证措施改造效果。

2　常规胍胶压裂液作用机理

常规胍胶压裂液是以羟丙基胍胶为稠化剂、有机硼为交联剂，配套其他添加剂充分混合形成的一种可挑挂的冻胶压裂液，该压裂液可高效完成压裂过程中造缝、携砂等作用。交联过程中，羟丙基胍胶稠化剂中含有的顺式羟基与有机硼交联剂中含有的硼酸根离子交联形成三维网状结构。

常规交联剂以硼酸盐为主要成分，复配其他增溶剂、延迟剂成分，其交联机理目前常认为包括如下几个步骤：①硼酸盐在水中形成硼酸盐离子；②硼酸盐离子与顺式二羟基形成 1:1 型配合物；③1:1 型配合物再与顺式二羟基形成 2:1 型配合物。形成的 2:1 型配合物具有三维网状结构，可使液体黏度大幅度升高(图1)。

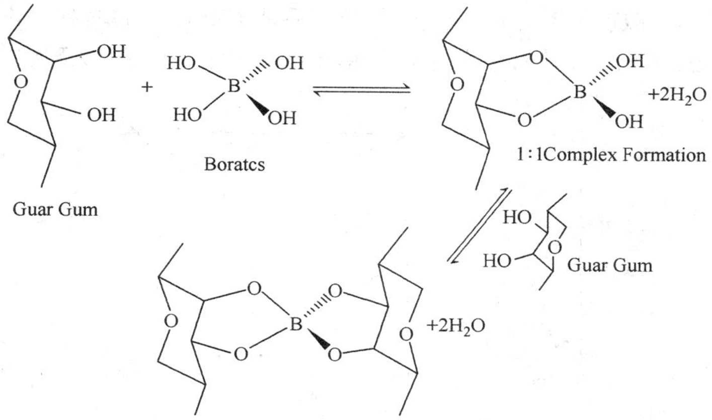

图 1   常规硼交联剂交联示意图

3   低浓度胍胶压裂液主体配方研究

常规胍胶压裂液体系中使用的稠化剂主要为羟丙基胍胶，后期经过生产工艺不断改进、完善，获得了多种胍胶衍生物产品，受其生产工艺、加工环节的影响，不同种类的胍胶衍生物在水不溶物含量、增黏能力方面不尽相同。常规胍胶压裂液有机硼交联剂受耐温性能局限，仅能适用于140℃以下温度储层，当储层温度超过140℃后，其携砂能力将显著下降，无法满足现场施工要求。锆盐作为交联剂，能够提供更高温度的耐受能力，可使交联后冻胶具有良好的耐温性能，其缺点就是耐剪切性能差。室内尝试将硼、锆有机结合，研究形成低浓度胍胶耐高温交联剂。

3.1   胍胶稠化剂优选

对胍胶的改性，在不溶物含量、增黏能力方面都有了较大改善。分别对常用的胍胶、羟丙基胍胶、超级胍胶、羧甲基羟丙基胍胶等在水不溶物含量、表观黏度等性能方面进行了评价研究(胍胶及衍生物样品为昆山公司产品)。

评价结果如表1所示。

表 1   胍胶及改性胍胶优选结果

序号	名　称	项　目			备　注
		外　观	水不溶物含量/%	黏度/mPa·s	
1	胍胶原粉	淡黄色粉末	7.45	125	
2	羟丙基胍胶(一级)	淡黄色粉末	3.44	112	
3	羟丙基胍胶(二级)	淡黄色粉末	6.48	115	
4	超级胍胶	淡黄色粉末	1.76	118	
5	羧甲基羟丙基胍胶	淡黄色粉末	0.45	120	

从如上实验数据分析，羧甲基羟丙基胍胶在水不溶物含量、增黏能力等方面都具有明显优势。优选羧甲基羟丙基胍胶作为低浓度胍胶稠化剂。并考察了0.4%羧甲基羟丙基胍胶在水中

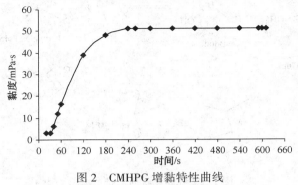

的增黏规律。由图2可看出，CMHPG加入水溶液的前40s，溶液黏度很小，几乎不增黏，利于胍胶粉体在水中均匀分散、不易形成"鱼眼"；分散后能非常迅速的增黏，4min就达到最大黏度(51mPa·s)。说明CMHPG能够极大的节省现场配液时间，提高现场配制效率。

图 2　CMHPG 增黏特性曲线

3.2　耐高温交联剂研制优选

低浓度胍胶耐高温交联剂的研制，室内尝试了如下两种方法：

第一，降低胍胶(HPG)使用浓度，提高交联剂浓度/加量。

对于常规胍胶(HPG)压裂液，降低胍胶(HPG)使用浓度(实际使用量为0.35%)，使用过量交联剂。实验发现，交联后冻胶逐渐分离成浓缩胶与水。分析其原因：过量的硼酸盐离子抢夺顺式羟基，造成交联形成的三维网状结构分子间力过大，使得束缚于网状结构中的稳态水分子被剥离，形成自由水，出现过交联。此时稳定的冻胶结构被破坏，冻胶分离为高浓缩胶与水。现场施工过程中，该情况易造成砂堵，同时，高浓缩胶难以破胶，降低地层渗透率。

第二、降低胍胶使用浓度，提高基液 pH 值。

室内评价了向低浓度胍胶基液(实际使用浓度为0.3%)中加入较多量的 NaOH，再加入交联剂后的液体的耐温耐剪切能力。对于该液体进行了 100℃、170s^{-1} 条件下的耐温耐剪切能力测试，发现配制得到的液体剪切90min后，其黏度仍能维持在70mPa·s左右。但室温条件下，基液加入交联剂后，搅拌得到的冻胶非常脆，无法形成可挑挂的冻胶，不能满足现场施工高砂比携砂性能要求。

上述实验结果表明：应用于低浓度胍胶的耐高温交联剂，仅通过调整常规有机硼交联剂加量以及 pH 环境来提高其耐高温性能是不可行的。

室内通过向常规有机硼交联剂中引入锆盐、再加入不同的大分子链螯合剂及 pH 值调节剂，研制出交联剂 A、交联剂 B、交联剂 C、交联剂 D、交联剂 E、交联剂 F 六种交联剂。以羧甲基羟丙基胍胶溶液为基液，对其配伍性进行评价，结果如下表2。最终优选交联剂 B 为耐高温交联剂产品，记为 GC-506L。

表 2　低浓度胍胶交联剂研制优选

序号	交联剂样品	交联情况	结　　论
1	交联剂 A	交联形成冻胶	可交联，交联程度较弱，不能挑挂
2	交联剂 B	交联形成冻胶	可交联，能挑挂
3	交联剂 C	基液黏度变小	不配伍

续表

序号	交联剂样品	交联情况	结　论
4	交联剂 D	基液黏度不变	不能交联
5	交联剂 E	基液黏度变小	不配伍
6	交联剂 F	基液黏度不变	不能交联

3.3　主体配方形成

以优选得到的羧甲基羟丙基胍胶为稠化剂，以 GC-506L 为交联剂，分别进行了 120℃、150℃下低浓度胍胶压裂液体系主体配方优选（图 3、图 4）。通过考察体系配方耐温耐剪切性能，优化稠化剂及交联剂加量。

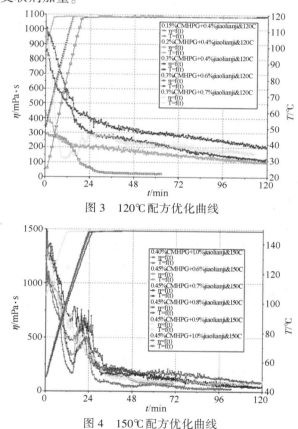

图 3　120℃配方优化曲线

图 4　150℃配方优化曲线

从低浓度胍胶压裂液配方优化曲线中可以看出：

（1）120℃、170s⁻¹条件下，胍胶浓度为 0.2%、交联剂加量为 0.4%时冻胶初始黏度为 460mPa·s，剪切 120min 后，其黏度仍可维持在 100mPa·s 左右，满足行业标准要求。

（2）150℃、170s⁻¹条件下，胍胶浓度为 0.40%，交联剂加量为 1.0%时，虽然冻胶初始黏度为>1000mPa·s，但在剪切 120min 后，其黏度仅有 40mPa·s 左右。通过调整稠化剂加量至 0.45%，交联剂也逐步提高到 1.0%，形成冻胶的耐温耐剪切能力也逐步提高至 65mPa·s（满足>50mPa·s 的要求）。

最终确定 120℃主体配方为 0.2%CMHPG+0.4%GC-506L。150℃主体配方为 0.45%CM-

HPG+1.0%GC-506L。而常规胍胶压裂液体系，120℃配方，胍胶使用量一般为0.4%左右；150℃配方，胍胶使用量达到了0.6%及以上（并配合温度稳定剂）。低浓度胍胶压裂液稠化剂使用量明显低于常规胍胶使用浓度。

4　低浓度胍胶压裂液配套添加剂研制优选

4.1　助排剂研制优选

目前常见助排剂产品，多数都是氟碳类表面活性剂及一种或多种碳氢类表面活性剂的复配物。出于压裂液体系的配伍性考虑，本研究采用非离子类型表面活性剂，利用氟碳表面活性剂降表面张力性能、碳氢类表面活性剂产品的降界面张力性能及表活剂间的协同效应，研制出表活剂复配物 A、B、C、D、E、F 六种助排剂样品。用表界面张力测定仪（德国 KRUSS）对其表界面张力进行评价。评价结果如表3所示。

表3　助排剂研制优选

序号	配方类型	表面张力/（mN/m）	界面张力/（mN/m）	结　论
1	表活剂复配物 A	34.2	1.7	
2	表活剂复配物 B	38.1	2.2	
3	表活剂复配物 C	28.2	1.0	
4	表活剂复配物 D	22.4	0.8	满足要求
5	表活剂复配物 E	23.1	0.2	满足要求
6	表活剂复配物 F	30.0	1.4	

从实验数据看，表活剂复配物 D 表面张力为 22.4mN/m，界面张力为 0.8mN/m；表面活性剂复配物 E 表面张力为 23.1mN/m，界面张力为 0.2mN/m，均满足指标要求。表活剂复配物 D、E 作为助排剂备选样品。

因研制得到的助排剂主要成分均为非离子类型，表活剂复配物 D、E 与低浓度胍胶压裂液基液室温下混合均匀后，均无沉淀、不分层，加入交联剂均可实现交联，说明两种助排剂样品与基液配伍性良好；进一步评价了该两种样品高温（120℃）配伍性，评价结果如图5所示。

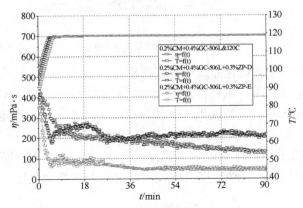

图5　助排剂 D、E 高温（120℃）配伍性评价

从图5曲线可以看出，表面活性剂复配物E加入后，液体黏度降低，说明该样品与体系不配伍；而体系中加入表活剂复配物D后，其高温条件下的流变性与空白体系（未加入助排剂）流变性能相当，说明表活剂复配物D与体系配伍性良好。

确定表活剂复配物D为助排剂产品，记为GC-505L。

4.2　黏土稳定剂研制

常规砂岩储层中都含有一定量的黏土矿物，在压裂过程中碰到水或水基物质会产生膨胀堵塞喉道，降低地层渗透率。目前常见黏土稳定剂主要有如下几种：

（1）无机盐、无机碱类，如 KCl、NH_4Cl、$CaCl_2$、$AlCl_3$、KOH 等。其优点是价格低廉，使用方法简单，防膨效果较好；缺点是防膨有效期短，对抑制微粒运移效果较差。

（2）无机聚合物类，如羟基铝、氯氧化锆等。其优点是价格较低且有效期较普通无机盐长；缺点是不适合于碳酸盐岩地层，且仅能在弱酸条件下使用。

（3）阳离子表面活性剂类，如二甲基苄基铵盐、烷基吡啶、三甲基烷基铵盐。其优点是吸附作用强，可抗水冲洗；缺点是具有润湿反转作用，会使地层由亲水性转变成亲油性，降低油气层的渗透率。

（4）有机阳离子聚合物类。该类稳定剂与前三类相比其主要特点是适用范围广，稳定效果好，有效时间长，既能抑制黏土的水化膨胀又能控制微粒的分散运移，且抗酸、碱、油、水的冲洗能力都较强。有机阳离子聚合物的种类较多，按其所含阳离子的不同又可分为聚季铵盐、聚季磷盐和聚叔硫盐三类。其中聚季铵盐类是国内外近年来的重点研究对象，也是目前最有发展前途的一类稳定剂。

室内将有机阳离子聚合物盐与无机盐进行复配合成，研制出黏稳剂 A、黏稳剂 B、黏稳剂 C、黏稳剂 D、黏稳剂 E 五种黏土稳定剂产品，并对其不同加量下（0.3%、0.5%、0.8%、1.0%、1.2%、1.5%、1.8%、2.0%、…）的黏土防膨效果进行了评价（评价用土：阳原钠膨润土；实验介质：自制蒸馏水；离心机：湖南湘智破乳比对评价仪）。

评价结果如图6所示。

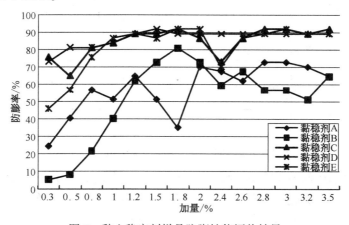

图6　黏土稳定剂样品防膨性能评价结果

从实验结果看，研制的黏土稳定剂随加量的逐渐增加，其黏土防膨效果越来越好。但是，当黏土稳定剂的加量大于2.0%后，仅有黏稳剂D的防膨效果基本上保持不变。其他几个样品（黏稳剂 A、黏稳剂 B、黏稳剂 C、黏稳剂 E）在2.4%加量时均存在一个减小情况；

加量增加到2.6%时，其防膨效果又增加到与2.0%基本相同的效果（表4）。

表4　室温下黏土稳定剂防膨性能评价

序　号	黏土稳定剂/1.0%	黏土体积数/mL	防膨率/%	备　注
1	黏稳剂 A	2.4	51.4	膨润土在水和煤油中膨胀体积分别为：4.3mL、0.6mL
2	黏稳剂 B	2.8	40.5	
3	黏稳剂 C	1.2	83.8	
4	黏稳剂 D	1.2	83.8	
5	黏稳剂 E	1.1	86.5	

优选黏稳剂 C、黏稳剂 D、黏稳剂 E 三个样品作为备选样品。对优选出的黏稳剂 C、黏稳剂 D、黏稳剂 E 三个样品进行了高温条件下黏土防膨性能评价（实验仪器：海通达造高温高压页岩膨胀仪；实验用滤纸：中速定量滤纸）。受仪器限制及安全性考虑，仅开展了120℃条件下的防膨性能评价。

评价结果如表5所示。

表5　120℃下黏土稳定剂防膨性能评价（1.0%加量）

序　号	黏土稳定剂/1.0%	黏土膨胀量/mm	防膨率/%	备　注
1	黏稳剂 C	2.9	65.0	膨润土在水及煤油中膨胀体积分别为：6.8mm、0.8mm
2	黏稳剂 D	2.5	71.7	
3	黏稳剂 E	5.2	26.7	

实验结果图如图7所示。

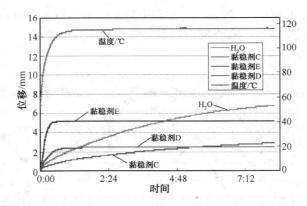

图7　120℃下黏土稳定剂膨胀量测定

将研制得到的黏稳剂 D 与低浓度胍胶压裂液进行了室温条件下配伍性考察，黏稳剂 D 与基液混合均匀后，无沉淀、不分层，加入交联剂后可实现交联。说明室温条件下配伍性良好；同时进行了高温（120℃）配伍性评价，实验结果如图8所示。

从图8中曲线不难看出，黏稳剂 D 加入后，体系黏度降低趋势与空白液体（未加黏稳剂 D）黏度降低趋势基本保持一致。120℃条件下剪切90min后黏度均能维持在100mPa·s左右，说明黏稳剂 D 与低浓度胍胶体系配伍性良好。

确定黏稳剂 D 为黏土稳定剂产品，记为 GC-503L。

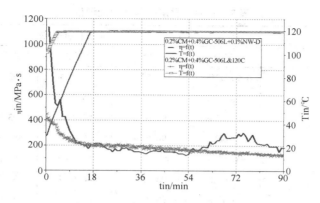

图8　黏稳剂 D 高温(120℃)配伍性

4.3　低浓度胍胶压裂液配套杀菌剂研制

胍胶等植物胶作为目前压裂液主要增稠剂，因其含有的半乳甘露聚糖分子容易被腐生菌、霉菌、酵母菌等微生物在酶的作用下水解，引起甙键断裂，导致分子链降解。降解后的胍胶将失去增稠能力。常规抑制或杀死微生物的药剂有：重金属盐类化合物、有机化合物、氧化剂以及阳离子表面活性剂四种。金属盐类化合物因含有重金属离子，在实际使用过程中，容易引起对压裂施工人员以及后期液灌处理人员身体伤害；常用有机化合物为醛类，其中以甲醛应用最为广泛，甲醛有强烈刺激性气味，极易引起眼部流泪，细菌抑制有效率低。因大多数醛类物质都对人产生不愉快感，一般不高浓度使用，仅作为杀菌剂的一个组分少量使用；氧化剂类药剂大部分属于强氧化剂，容易引起对压裂施工人员以及后期液灌处理人员身体伤害。在现场配液过程对配液人员操作要求高；表面活性剂类，主要包括如 1427、1227(新洁尔灭)等。新洁尔灭可吸附于菌体的细胞膜表面，使细胞膜损伤，在高度稀释时能强烈抑制细菌的生长，浓度高时有杀菌作用，同时该类药剂具有使用环境友好的优点。

以阳离子表面活性剂为主要成分，合成出杀菌剂 A、杀菌剂 B、杀菌剂 C、杀菌剂 D 四种杀菌剂，其性能指标，如表6所示。

表6　杀菌剂性能指标

序　号	成　分	外　观	pH 值	备　注
1	杀菌剂 A	淡黄色	8	
2	杀菌剂 B	无色透明	4~5	
3	杀菌剂 C	无色透明	5	
4	杀菌剂 D	无色透明	7	

对合成的四种杀菌剂杀菌性能进行了评价。实验条件为：0.6%CMHPG，取五份置于 500mL 烧杯中。其中一份不加杀菌剂作为空白试样；其他四份分别按 0.1%加量加入杀菌剂 A、杀菌剂 B、杀菌剂 C、杀菌剂 D 杀菌剂样品。测定样品溶液在 35℃ 水浴中静置 1d、2d、3d、…后的表观黏度。测量以六速旋转黏度计(海通达)为测试设备，读取 100rpm 的读数，以此确定杀菌剂的黏度保持率。

表 7　杀菌剂黏度保持率性能评价

序号	35℃水浴静置时间/d	黏度保持率/%				
		空白	杀菌剂 A	杀菌剂 B	杀菌剂 C	杀菌剂 D
1	1	93.33%	96.67%	95.00%	93.33%	96.67%
2	2	83.33%	96.67%	95.00%	93.33%	93.33%
3	3	63.33%	96.67%	93.33%	93.33%	90.00%
4	4	0.00%	96.67%	90.00%	83.33%	83.33%
5	5	0.00%	96.67%	90.00%	83.33%	83.33%
6	11	0.00%	93.33%	46.67%	80.00%	80.00%
7	16	0.00%	93.33%	46.67%	80.00%	80.00%
8	17	0.00%	93.33%	30.00%	73.33%	71.67%

从表 7 中实验数据可以看出：

（1）未加杀菌剂样品的胍胶溶液 35℃ 条件下静置 3d 黏度仅剩余初始黏度的 63.00%；静置到第四天其黏度已经接近于清水。合成的杀菌剂 A、杀菌剂 B、杀菌剂 C 三种杀菌剂样品同条件下静置 3d 黏度仍然能保持 90% 左右；静置 4d 也能保持在 80% 左右，满足现场配液要求。

（2）从第 11 天开始，杀菌剂 A、杀菌剂 B、杀菌剂 C 黏度保持率有了较大差别。主要是杀菌剂 B 黏度保持率降低较多，从 90% 降低到 50% 左右。

（3）杀菌剂 A 水溶液静置 17d，黏度保持率仍能保持在 93.33%，且其水溶液为 8，呈碱性，较适合胍胶胍胶压裂液环境。

确定杀菌剂 A 为进一步评价的杀菌剂样品。将研制得到的杀菌剂 A 与低浓度胍胶压裂液基液进行室温条件下配伍性考察，与基液混合均匀后，无沉淀、不分层，加入交联剂后可实现交联。说明室温条件下杀菌剂 A 与低浓度胍胶基液配伍性良好；同时进行了高温（120℃）配伍性评价，实验结果如图 9 所示。

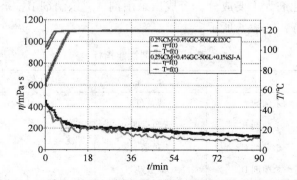

图 9　杀菌剂 A 高温(120℃)配伍性评价

从图 9 中曲线不难看出，加入杀菌剂 A 后，体系黏度与空白液体(未加杀菌剂 A)黏度降低趋势基本保持一致。剪切过程中黏度略低于空白液体黏度，但 120℃ 条件下剪切 90min 后黏度仍然能维持在 100mPa·s 以上，说明杀菌剂 A 与低浓度胍胶体系配伍性，确定杀菌剂 A 为杀菌剂产品。记为 GC-502L。

5　低浓度胍胶体系室内评价研究

在前期低浓度胍胶压裂液主剂及添加剂的研究基础之上，最终形成的低浓度胍胶压裂液体系配方：

120℃配方：0.2%CMHPG+0.4%GC-506L+1.0%GC-503L+0.3%GC-505L+0.1%GC-502L

150℃配方：0.45%CMHPG+1.0%GC-506L+1.0%GC-503L+0.3%GC-505L+0.1%GC-502L

5.1　体系耐温耐剪切性能

压裂液体系性能评价中，耐温耐剪切性能是首先要考察的性能，该性能直接影响压裂施工能否顺利进行。石油行业标准《SY/T 6376—2008 压裂液通用技术条件》中要求压裂液在储层温度下、施工时间内最终黏度要≥50mPa·s，室内按120℃、150℃配方分别配制了低浓度胍胶压裂液冻胶，进行了耐温耐剪切性能评价实验。

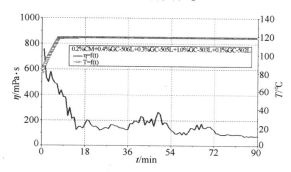

图 10　低浓度胍胶压裂液 120℃配方流变性考察

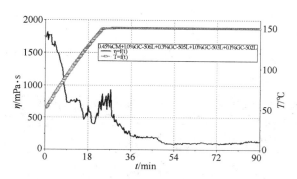

图 11　低浓度胍胶压裂液 150℃配方流变性考察

从图 10、图 11 曲线可以看出：

120℃配方体系在 170s^{-1}，剪切 90min 后，黏度仍然能保持在 100mPa·s 左右，指标满足行标 SY/T 6376—2008 要求；

150℃配方体系在 170s^{-1}，剪切 90min 后，黏度基本上能保持在 80mPa·s 左右，指标满足行标 SY/T 6376—2008 要求。

5.2　残渣含量测定

残渣含量是衡量压裂液破胶性能好坏的指标(表8)。残渣含量越低，对储层和裂缝倒流能力的伤害越小。对低浓度胍胶压裂液残渣含量进行评价，仅有 285ppm，而常规胍胶压裂液因其胍胶使用浓度较高，残渣含量一般为 450~500ppm。低浓度胍胶压裂液残渣含量明显低于常规胍胶压裂液。

表 8　残渣含量评价

序　号	压裂液体系	残渣含量/ppm	指标要求
1	常规胍胶	450~500	行标要求≤500ppm
2	低浓度胍胶	285	

5.3　高温滤失性能评价

滤失效果直接影响压裂液的造缝性能，良好的滤失效果可有效保证压裂过程中的造缝充分，并能实现携砂液顺利将支撑剂携带进缝内，最终形成高导流能力通道。对低浓度胍胶压裂液滤失效果进行了评价，并与常规胍胶压裂液滤失性能进行了对比。

实验数据如表 9 所示。

表 9　累积滤失量评价数据

时间/min	0	1	4	9	16	25	36
累积滤失量/mL	12.0	13.5	19.0	26.0	35.0	43.5	53.0

表 10　滤失系数评价结果

序　号	压裂液体系	滤失系数，$C3$	滤失速率，V_c
1	常规胍胶	$0.93×10^{-3}$	$1.71×10^{-4}$
2	低浓度胍胶	$1.57×10^{-3}$	$2.62×10^{-4}$

从实验数据看(表 10)，低浓度胍胶压裂液滤失系数、滤失速率较常规胍胶压裂液偏高，主要是胍胶使用浓度低、形成滤饼的物质减少所致。该体系应用于低渗、超低渗储层、致密页岩气储层压裂改造时，因其具有一定程度的造壁性(图 12)，滤失不明显；当该体系用于高渗储层时，为改善该体系滤失性能，不影响液体造缝性能，应考虑前置液阶段添加粉陶段塞或者加入油溶性暂堵材料作为降滤失剂。

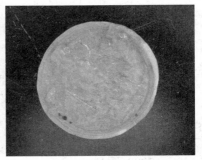

图 12　滤饼对比(左：常规胍胶滤饼，右：低浓度胍胶滤饼)

5.4　破胶性能评价

对低浓度胍胶体系不同破胶剂加量下破胶性能进行了评价。评价结果可用于指导现场破胶剂加入程序，保证施工顺利进行的同时，最大程度的减少储层伤害。从评价结果看(表 11)，0.07%APS 加量下 1h 即可实现破胶，且破胶液表面张力 25.84mN/m，界面张力仅

0.42mN/m，表观黏度为 2.0mPa·s；0.005%APS 破胶也仅需 6h，表界面张力及破胶液表观黏度也满足行标 SY/T 6376—2008 要求。

表 11　低浓度胍胶破胶性能评价表

序　号	APS 加量/%	破胶时间/h	表面张力/（mN/m）	界面张力/（mN/m）	表观黏度/（mPa·s）
1	0.005	6	26.52	0.82	3.5
2	0.01	5	24.46	0.52	3.0
3	0.03	3	25.65	0.64	2.8
4	0.05	2	25.71	0.70	3.0
5	0.07	1	25.84	0.42	2.0

5.5　岩心伤害性能

考察研制的低浓度胍胶压裂液对岩心的伤害程度，进行了岩心渗透率伤害实验。由表 12 可以看出，低浓度胍胶压裂液对岩心渗透率的伤害程度低于 15%，而常规胍胶压裂液伤害程度为 30% 左右。证明低浓度胍胶压裂液对储层的二次伤害小，利于保护储层。

表 12　压裂液对岩心渗透率伤害评价实验

破胶液	岩心规格（$D \times L$）/cm	注入排量/（mL/min）	过滤煤油渗透率/μm^2 伤害前 K_1	伤害后 K_2	伤害率/%
低浓度胍胶破胶液	2.532×4.286	1	0.6782	0.5778	14.80
	2.516×4.887	3	16.9221	14.6816	13.24
常规胍胶破胶液	2.556×4.493	1	0.8242	0.5644	31.52
	2.546×4.882	3	20.7782	14.8044	28.75

6　结论

（1）低浓度胍胶压裂液体系优选羧甲基羟丙基胍胶为稠化剂，基液配制简单、速度快、效率高，适用于现场连续混配压裂；

（2）通过对耐高温交联剂以及助排剂、黏土稳定剂等其他配套添加剂的研制优选，最终形成一套低浓度胍胶压裂液体系，该体系 120℃、150℃ 配方胍胶使用量分别为 0.2%、0.45%，低于常规胍胶压裂液的 0.4%、0.6%，具有成本低的优点；

（3）研究形成的低浓度胍胶压裂液体系，具有耐温耐剪切能力优良、残渣含量低、岩心伤害小等系列特点，适用于低渗、超低渗储层及致密页岩气储层的压裂措施改造，具有广阔的市场应用前景。

参　考　文　献

1　张保平，等译．油藏增产措施（第三版）．石油工业出版社．北京，2002.

2　王佳，等．压裂液用硼交联剂作用机理分析，精细石油化工进展，2009，10（8）：23～26.

X65 海洋管道的全尺寸疲劳性能研究

胡艳华[1,2]　唐德渝[1,2]　方忌涛[1,2]　牛虎理[1,2]

（1. 中国石油集团工程技术研究院；2. 中国石油集团海洋工程重点试验室）

摘要：本文针对 X65 海洋管道，综合考虑焊接残余应力、应力集中、焊接初始缺陷、管道内部压力停输及内部介质波动等多因素影响，国内首次开展了管道四点弯曲+内压联合的全尺寸疲劳试验研究。通过管道全尺寸疲劳性能试验，得到不同规格管道在不同应力幅下的疲劳循环次数，并依据国际通用的标准规范 BS7608 与 DNVC203 对全尺寸疲劳试验结果进行了量化的评定分析。该研究不仅有利于积累海洋管道全尺寸疲劳性能数据，且可为海洋管道后续的全尺寸疲劳寿命评价及服役期间的安全运行周期提供定量依据。

关键词：海洋管道；焊接接头；全尺寸疲劳试验；疲劳性能

1　概述

随着海洋石油开发力度的加大，未来几年将需铺设大量的海洋管道。随着工程规模的不断增加，技术要求的不断提高，海洋管道在服役期间的安全性也就成为其设计、铺设、运营过程中需要特别关注的问题。在引发海洋管道事故的诸多因素中，疲劳损伤是导致海洋管道失效的主要原因。海洋管道的疲劳损伤往往是由管道中存在的各种交变应力引起的。交变应力使管道内部和表面的缺陷发生扩展，最终造成管道的疲劳断裂，迫使供油供气中断，产生严重后果。

因此，为了保障海洋管道的安全稳定运行，需对其疲劳性能进行分析研究。目前，国内外海洋管道疲劳研究工作发展很快，也取得了很多研究成果。在疲劳计算与抗疲劳设计方面，已形成了名义应力疲劳设计法、局部应力应变分析法、损伤容限设计法以及疲劳可靠性设计等方法。但由于疲劳设计只能近似估算管道的疲劳寿命，工程应用中多采用疲劳试验方法来评定管道的疲劳寿命。

过去，管道疲劳试验方法一般采用小尺寸疲劳试验分析方法。该方法在试验过程中忽略了尺寸效应、且试样加工过程中释放了焊接残余应力与应力集中的影响，导致试验结果偏高，实际应用中需对其结果进行适当调整与修正。在国外，重点海洋工程的业主均要求提交管道全尺寸试验数据用于其寿命预测与安全性评价，并逐渐成为行业的共识。鉴于此，本文针对 X65 海洋管道，国内首次开展了管道四点弯曲+内压联合的全尺寸疲劳试验研究，为其疲劳寿命评价及服役期间的安全运行提供参考依据。

2　海洋管道的结构特点

海洋管道焊接结构的主要特点在于焊接接头处同时存在焊接残余应力、各种焊接缺陷以及应力集中现象。已有试验证明，疲劳裂纹的发生与扩展的控制因素并非传统认为的应力比与最大应力，而是应力幅，即 $\Delta\sigma = \sigma_{\max} - \sigma_{\min}$。不同的焊接结构，其焊接接头处残余应力和应力集中系数不同，故每种结构下应力幅与破坏循环次数的关系不尽相同。同样大小的应力幅作用在不同的焊接结构，其能经受的应力循环次数不一样，也就是疲劳寿命不一样。由于焊接结构还存在初始焊接缺陷，易发展形成疲劳裂纹，成为海洋管道疲劳失效的主要原因。因此，在海洋管道的全尺寸疲劳试验中，需重点关注焊接残余应力、应力集中系数以及管道服役运行期间由于管道内部压力停输、试压以及输送介质波动对管道疲劳寿命的影响。

3　海洋管道全尺寸疲劳试验设备的提出与设计

　　截止目前，国内对海洋管道进行疲劳分析试验时，主要以小尺寸疲劳试样试验结果为基础进行评估，缺乏全尺寸疲劳试验技术及相关设备；而国外已经开始了全尺寸疲劳试验技术的研究，也配备了相应的全尺寸疲劳试验机。通过对国外管道全尺寸疲劳试验设备的调研分析，不难发现：国外管道全尺寸疲劳试验机已采用卧式结构为主，其目的主要是为了增加疲劳试验机的系统行程，更好满足全尺寸试样的试验要求。鉴于此，将疲劳试验机设计为卧式结构，系统主要由机械系统、液压系统、冷却系统、控制系统四部分组成（如图 1 所示）。由于海洋管道在海流和波浪力的作用下，管内往往会产生较大的垂直张力，该张力极易造成管道焊接接头的疲劳破坏，出现疲劳失效现象；此外，管内还需承受由输送油、气或水由于压力波动所引起的交变应力。故机械系统主要包括可施加循环弯曲载荷以及内压载荷的伺服作动器，控制系统则需对试验过程中的数据进行实时存储与读写。另外，考虑到试验周期较长，设备还需具备较好的实时监测与在线自动稳幅、限位保护与自保护等功能。

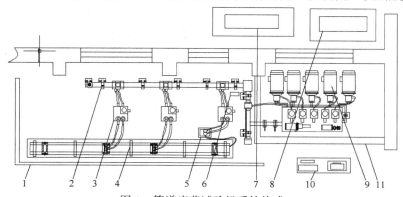

图 1　管道疲劳试验机系统构成

1—防护围板；2—油源硬管路；3—液压子站；4—主机单元；5—内压加载单元；
6—油源电控柜；7—冷却塔；8—水箱；9—500L 油源；10—系统控制单元；11—隔音墙

4　海洋管道全尺寸疲劳试验技术研究

4.1　全尺寸疲劳试件制备

管道全尺寸疲劳试验采用国产 X65SSAW 焊管，规格分别为 $\phi108mm\times16mm$、$\phi323.9mm\times16mm$，其化学成分和力学性能如表 1 和表 2 所示。

表 1　化学成分

钢种	C	Mn	P	S	Nb	V	Ti
X65	<0.26	<1.4	0.04	0.05	0.005	0.005	0.005

表 2　力学性能

屈服强度 σ_s/MPa	抗拉强度 σ_b/MPa	伸长率 δ/%
>448	>530	30.7

全尺寸疲劳试验的管道全长为 12m。试验采用四点弯曲+内压静态疲劳加载方式，试验过程中为了消除封头效应对试验结果的影响，两端采用焊接堵头封堵。在一端堵头上制作进水口，出水口与进水口共用同一根软管。在另一端距离管道端部不远处钻一小孔，并焊上阀门，用于排出管道内部的空气。

X65 管道全尺寸疲劳试验接头形式为环焊缝对接接头，焊接方法采用 STT 打底+自保护药芯焊丝半自动焊填充、盖面，坡口型式为图 2 所示的双 V 型复合坡口。由于下开口较大，打底过程便于焊工观察熔池，易于控制焊接质量，同时由于上开口角度变小，可降低焊接填充量，提高焊接速度。焊接过程中，管道预热温度为 100~200℃，具体的焊接参数如表 3 所示。

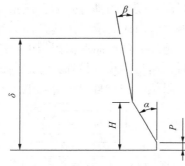

符号/单位	说明	参考范围
α/°	下坡口角度	25~30
β/°	上坡口角度	8~10
H/mm	变坡口拐点距内壁的高度	9±0.2
P/mm	钝边	1.5~1.8
b/mm	对口间隙	1.5~3.5
δ/mm	管壁厚	管壁厚

图 2　坡口示意图

表 3　焊接工艺参数

焊接方法	填充材料	尺寸/mm	极性	焊接方向	焊接电流/A	焊接电压/A	送丝速度/(mm/min)	焊接速度/(mm/min)	气体流量/(L/min)
STT	JM-58	1.2	DCEP	下向	55/380	19	120~150	68~114	18~22
半自动	E81T8-G	2.0	DCEN	下向	160~225	19	3000~5000	68~114	—

4.2　全尺寸疲劳试件的裂纹预制

在海洋管道的加工预制过程中，会造成裂纹或裂纹式的缺陷。在管道的服役过程中，由于疲劳、蠕变、腐蚀等各种原因，管道内部也极易出现裂纹。随着海洋管道服役周期的延长，裂纹不断生长，造成结构承载能力和刚度的下降，成为管道安全运行的隐患。一般来说，海洋管道内出现裂纹后，并不会立即引起断裂，而是有一段稳定扩展期，即裂纹扩展寿命。仅当裂纹扩展到临界尺寸后，断裂才会发生。因此，试验过程中，为了克服了管道全尺寸疲劳试验机加载频率过低、试验周期过长的缺陷，可根据试验周期需要针对性地在试验管道焊接接头处预制疲劳裂纹缺陷。后续对其进行疲劳寿命评价时，可在忽略管道早期的疲劳裂纹萌生寿命条件下，基于小尺寸疲劳试验得到的疲劳裂纹扩展速率与断裂韧性，定量评价管道的剩余疲劳寿命。

对于管道表面的疲劳裂纹，其显著特点就是裂纹前沿的裂纹扩展速率各不相同，且裂纹前沿最深点处裂纹扩展速率最高。裂纹前沿各点扩展速率的差异化及不规则性，使得裂纹扩展过程中的裂纹形状也具有不确定性。在 ASMEXI 以及 BSIPD6493 标准中规定，表面裂纹扩展前沿形状可按近似半椭圆形状模拟。Newman 和 Lin 等人分别采用双自由度法和多自由度法对不同形状因子的表面裂纹前沿扩展规律进行了研究。结果表明，疲劳裂纹贯穿前，其表面裂纹形状一般用半椭圆来描述。疲劳裂纹贯穿后，其表面裂纹前沿可以用椭圆的一部分来近似代替。随着裂纹的扩展，其表面裂纹前沿逐渐过渡到用直线来代替。对于海洋管道，大多数超标缺陷都是浅长型缺陷。无论在拉伸还是弯曲条件下，浅长型裂纹的扩展主要是以深度方向为主，裂纹长度方向的变化极小。因此，研究裂纹沿壁厚方向的扩展比裂纹沿管体轴向的扩展更有意义。

另外，管线运行时，泄漏也是一种重要的管道破坏形式，所以很多研究者以表面裂纹扩展成为穿透裂纹作为疲劳寿命试验结束的判据，即以管道壁厚作为裂纹最深处的深度。由此只需获得表面裂纹最深处的裂纹尖端应力强度因子，就可计算出管道在给定疲劳条件下的疲劳寿命。本试验中，为了模拟含缺陷管道的疲劳断裂过程，同时保证样管道疲劳失效断裂的指定性，可根据试验周期需要，在试验管道的中部焊缝处预制出环向或轴向的外表面半椭圆形裂纹缺陷。其中，对于内压加载的管道试样，在其中部焊缝处预制出轴向外表面半椭圆形裂纹缺陷。对于弯曲加载的管道试样，在其中部焊缝处预制出环向的外表面半椭圆形裂纹缺陷。而对于四点弯曲与内压静态联合加载的管道试样，其疲劳裂纹预制方式按弯曲加载试样对待。

4.3 全尺寸疲劳试验的载荷施加

全尺寸疲劳试验采用恒幅加载方式。试验前先小载荷加载预制裂纹，随后加大载荷进行疲劳试验。对于弯曲加载，可根据试验需求输入加载波形与应力比，弯曲加载的最大载荷可达到 1000kN。四点弯曲加载时，要求两个作动器同步动作(即相位角为 0°)，且保证管道中间环焊缝处于系统最大弯矩段内。对于内压加载，可根据需要选取波形与应力比，由此模拟实际管线内部的介质停输以及内部输送介质的压力波动。本文所述的 X65 海洋管道其全尺寸疲劳试验采用四点弯曲与内压联合加载的研究方式。四点弯曲加载时横向载荷通过两个相同的加载装置加载在距离端部等距离的两点，加载载荷在试样的中间截面即环焊缝处引起最大弯矩。内压加载采用与管道端部连接的液压子站施加，加载载荷在管道圆周截面内引起相同数值的周期应力。

4.4 全尺寸疲劳试件的应力应变测试及裂纹监测

本试验中，应力应变测试采用 XH5861(32 通道)全程控动态采集系统。考虑到管道受力的对称性，应变片分别粘贴在管道的 9 点钟和 12 点钟位置。全部采用单臂的贴片方式进行应力应变测试。两枚应变片分别沿着平行焊缝方向和垂直焊缝方向粘贴。

试验前，通过在焊缝附近粘贴应变片，将采集到的试验数据与疲劳试验机的加载输入值进行对比，若吻合较好则表明焊缝部位采集到的应力应变变化数值较为准确，由此可为整个试验过程采集测试的精度提供参考依据。另外，试验过程中可通过在试样焊趾附近及裂纹尖端附近粘贴多枚应变片测试裂纹附近应力应变的变化来判断裂纹的扩展，在重复载荷作用下裂纹变长变宽。此时裂纹尖端的应力应变也逐渐增大，即曲线的振幅增大，从而推断、检测裂纹的扩展。随着疲劳试验的进行，裂纹逐渐扩展到管道的内表面，管道内部压力瞬间释放，且伴随内部输送介质的外流，此时可定义为贯穿厚度裂纹的出现及失效。

5　海洋管道全尺寸疲劳试验结果及分析

本试验样本为 8 组国产 X65SSAW 焊管，规格分别为 φ323.9×16×8000mm(1#、2#、3#、4#、5#、6#钢管)与 φ108×16×8000mm(7#、8#钢管)。试验加载波形为正弦波，加载频率为0.5Hz，外部加载应力幅值为 0~200MPa，内部压力为 0~20MPa。每组全尺寸疲劳试验结束后，均对试验结果及数据进行了分析处理，并依据国际通用的标准规范 BS7608 与 DNVC203进行了最终的疲劳性能评定与对比分析(如图 3 所示)。

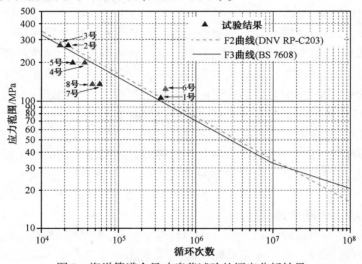

图 3　海洋管道全尺寸疲劳试验的评定分析结果

综合分析图 3 及图 4，可以发现管道全尺寸疲劳试验中，管道疲劳失效形式可归为三类：管道失效位置未知；管道失效位置为母材；管道失效位置为焊接接头。结合现场的管道失效示意图，可得到如下结论：

(1) 对于失效位置未知的管道：该情况下，X65 海洋焊接接头的疲劳循环次数已达到标准评定要求，出于时间考虑，停止试验，评定时该种情况认定为：管道的疲劳寿命满足要求。

(2) 对于失效位置为母材的管道：

① 一般而言，疲劳裂纹在管道与夹具的接触区(母材)萌生，先贯穿壁厚，然后沿着管道的周向扩展。

② 造成疲劳失效的原因在于：钢管外表面与夹具内表面的接触间隙过小，且由于夹具内表面的粗糙度较高，导致该处存在应力集中现象，成为系统最薄弱区域；夹具内表面打磨后可消除应力集中现象。

③ 当应力幅值过高时，母材的 S-N 曲线与焊接接头的 S-N 曲线基本吻合。若母材受制造缺陷等因素影响，会造成该应力范围内母材处的疲劳强度低于焊接接头，导致母材先开裂。

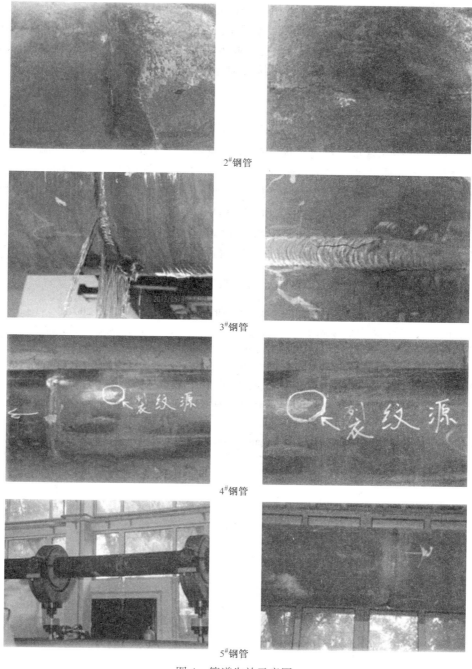

图 4 管道失效示意图

（3）对于失效位置为焊接接头的管道：

① 一般而言，裂纹在焊接接头及焊趾处萌生，先贯穿壁厚然后沿着管道周向扩展，最后造成失效。

② 焊接接头焊趾部位沿熔合线处，易存在微观咬边或夹杂物造成的不连续性区域，会导致该尖锐缺陷成为疲劳裂纹初始萌发源。因此，焊接过程中形成的微观咬边，对焊接接头

的疲劳强度影响较大，焊接过程中应严格控制此类缺陷。

③ 对于焊接接头预制裂纹管道而言，此预制裂纹的存在，会引起管道中裂纹尖端局部应力的升高，如此管道疲劳断裂会发生在指定的预制裂纹处，可评定为管道的指定失效。此类管道，研究其断裂过程与断裂判据，更接近工程实际情况。

6　结论

本文针对 X65 海洋管道，综合考虑焊接残余应力、应力集中、焊接初始缺陷、管道内部压力停输及内部介质波动等多因素影响，国内首次开展了管道四点弯曲+内压联合的全尺寸疲劳试验研究。通过管道全尺寸疲劳试验，得到不同规格管道在不同应力幅下的疲劳循环次数，并依据国际通用的标准规范 BS7608 与 DNVC203 对全尺寸疲劳试验结果进行了量化的评定分析。因此，该研究不仅有利于积累海洋管道全尺寸疲劳性能数据，且可为海洋管道后续的全尺寸疲劳寿命评价及服役期间的安全运行周期提供定量依据。

参 考 文 献

1　方华灿. 油气长输管道的安全可靠性分析. 第一版. 北京：石油工业出版社，2002.
2　方华灿，陈国明. 冰区海上结构物的可靠性分析. 第一版. 北京：石油工业出版社，2000.
3　姚卫星. 结构疲劳寿命分析. 第一版. 北京：国防工业出版社，2003.
4　张淑茳，史冬岩. 海洋结构的疲劳与断裂. 第一版. 哈尔滨：哈尔滨工程大学出版社，2004.
5　潘际炎. 焊接结构疲劳—国内外疲劳试验研究现状[J]. 中国铁道科学，1983，(1)：73~84.
6　Newman J C, Rajui S. An empirical stress—intensity factor equation for the surface crack, Engineering Fracture M echanics, 1981, 15(1~2)：185~192.
7　Lin X B, Smith R A. Numerical analysis of fatigue growth of external surface cracks in pressurized cylinders, Int. Journal of Pressure Vessels and Piping, 1997, (71)：293~30.

基于液压同步顶升的大型结构物称重技术研究

刘明珠[1,2] 张光华[3] 龙斌[1,2] 唐德渝[1,2]

(1. 中国石油集团工程技术研究院；2. 中国石油天然气集团公司海洋工程重点实验室；
3. 中国石油海洋公司海工事业部)

摘要：本文介绍了基于液压同步顶升的大型结构物称重系统。该系统利用液压同步顶升对结构物进行升降，通过位移传感器在升降过程中进行多点同步控制，最终实现大型结构物重量及重心的测量。文中以液压同步顶升技术为研究对象，依据自动称重的过程对液压同步顶升系统进行了设计，并针对其进行了数字建模与分析。最终通过实验验证了系统的可靠性，并得到了结构物的重量及重心数据。

关键词：液压系统；同步顶升；称重

1. 引言

随着油田生产开发的需要，海洋结构物的功能和复杂程度越来越高，重量也越来越大，甚至达到上万吨。这些大型结构物往往存在柔度大、重量分布不均匀以及支撑点跨距较大等特点，对海上施工提出了很高的要求。海洋石油平台的安装设计是海上工程的一个重要组成部分，海洋结构物的重量和重心分布是结构物海上安装的重要控制参数，准确的重量和重心位置对选择浮吊和吊索起决定性作用。由于平台制造过程中焊接材料和撬块的局部修改和临时结构等因素的影响，结构物的最终重量与设计重量往往相差较大，给吊装的安全性带来严重隐患。为了保证工程安全实施，确保平台的重量小于浮吊的极限载荷，最大限度的发挥浮吊能力，很有必要在平台预制完毕后对其进行称重，确定结构物的准确的重量和重心，从而实现安全吊装。因此，对大型结构物称重技术的研究有着重要的实践意义和工程价值。

现行的大型结构物称重技术主要可以分为两大类，一类是利用大吨位的弹性元件，通过测量弹性元件应力应变的方法，该法测量精度较高，但是由于应变传感器易受温度、湿度和电磁干扰等因素影响，传感器长期测量的稳定性和精确度都受到较大影响，特别是由于大型结构物的支撑点较难选择，不宜采用细长类敏感元件，影响其总体测量精度。另一类方法是通过液压构件，通过压力传感器测量管路油压，从而实现高精度的重量测量。该方法测量时间短、精度高，但需要一套同步顶升系统。目前，新加坡、南韩、美国等制造厂都广泛应用液压千斤顶结合传感器的测量方法。

2 称重技术基本原理

大型结构物称重技术是利用位移传感器检测每一个桩腿的顶升高度，通过压力传感器检测每一个千斤顶的承力状况,采用电磁阀控制千斤顶的进出油流量,用先进的数据总线技术,将压力传感器、位移传感器、状态设置开关、油泵换向阀和油管超高压电磁阀等设备进行网络监控,实现称重过程中对大型结构物同步顶升、下降和调平的计算机自动控制、监测与报警,实现称重过程的自动控制。

液压同步顶升称重系统是利用液压千斤顶将结构物同步顶升一定距离,此时结构物的全部重量由千斤顶的来支撑,通过测量各千斤顶液压缸的压力,乘以全部液压缸的工作面积即可得到结构物的重量,再根据各个千斤顶支撑点的坐标位置,即可得到大型结构物的重心位置坐标参数。

重量计算公式:

$$W_j = P_j \times S_j \tag{1}$$

$$W_i = \sum_{j=1}^{m} W_j \tag{2}$$

$$W_T = \sum_{i=1}^{n} W_i \tag{3}$$

重心计算公式:

$$X_T = \frac{\sum_{i=1}^{n} W_i X_i}{W_T} \tag{4}$$

$$Y_T = \frac{\sum_{i=1}^{n} W_i Y_i}{W_T} \tag{5}$$

式中,j 为千斤顶的编号;m 为每个支撑点的千斤顶数量;i 为支撑点的编号;n 为支撑点的总数;W_j 为第 j 个千斤顶承受的重量;P_j 为第 j 个千斤顶的油压;S_j 为第 j 个千斤顶的液压缸有效面积;W_i 为第 i 个支撑点承受的重量;W_T 为结构物的重量;X_i、Y_i 为结构物桩腿相对于坐标系的位置参数;X_T、Y_T 为结构物相对于坐标系的重心位置参数。

3　液压同步顶升系统设计

3.1　液压同步顶升系统的总体方案

液压同步顶升系统原理如图1所示,系统由液压泵、液压千斤顶、电磁阀、流量阀和其他液压附件组成。根据液压泵的供油能力和液压千斤顶升降速度的要求,采用"一泵四顶"的总体方案。为了保证升降过程中结构物的平稳运动,必须严格控制协调液压千斤顶的水平,采用位移传感器同步测量每个千斤顶的位置,通过流量阀和电磁阀对千斤顶的位移和速度进行控制,使其保持同步运动。

液压同步顶升系统的主要功能是通过控制液压千斤顶的升降,实现对大型结构物的同步顶升,完成结构物的称重,并在称重过程结束后将结构物下降至原位置。其工作原理为:当三位四通电磁阀处于左工位时,液压油经流量阀、二位二通电磁阀和液控单向阀进入液压缸的无杆腔,然后经回油路回到油箱,实现结构物的顶升。在顶升过程中,通过位移传感器同步测量各液压缸活塞杆的位移量,并将其反馈到计算机上,计算机通过对各位移量的比较得到一个偏差信号，通过该信号对流量阀和二位二通电磁阀进行调节实现对各液压缸顶升速度和位移量的调节，保证各液压缸的同步顶升；当液压缸将结构物顶升至一定高度时，控制三位四通阀回到中位，实现液压泵的卸荷，同时由于液控单向阀良好的密封性能起到了保压的功能，使得液压缸能够保持当前状态，以便实现系统对结构物的自动称重过程；当称重过程完成后，控制三位四通阀回至右工位，实现各液压缸的同步下降，将结构物放回至原位置。

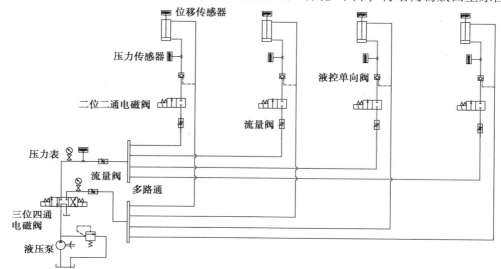

图 1　液压同步顶升系统原理图

液压同步顶升系统采用流量调节阀、二位二通电磁阀和液控单向阀来控制系统的同步顶升，一旦出现油管破裂或突然断电等危险情况，液控单向阀可以立即关闭，确保各液压缸中的压力，防止液压缸下滑造成对结构物的破坏；同时采用了双作用液压缸，提高了系统的可靠性和测量精度；液压泵的出口处安装了溢流阀，当系统压力大于或等于溢流阀调定压力时开启溢流，对系统起到了过载保护的作用，提高了整个液压系统的可靠性和安全性。

3.2　液压同步顶升系统的数学建模

液压缸受力模型如图 2 所示，假设管道动态特性、磨擦等忽略不计，对液压同步顶升系统进行数学建模。根据液体流量连续性原则，液压缸负载流量与活塞运动速度、液体压缩量和液压缸泄漏量有关，可得出流量连续性方程为：

$$Q = A_t \frac{dX_t}{dt} + \frac{V_t}{K} \frac{dp_f}{dt} + C_s p_f \tag{6}$$

$$v = \frac{dX_t}{dt} \tag{7}$$

式中：A_t 为液压缸活塞的面积；X_t 为液压缸活塞杆的位移；K 为液压油的体积弹性模量；V_t 为液压缸的总体容积；p_f 为液压缸活塞两侧的压力差；C_s 为泄漏系数；v 为活塞杆的运动速度。

式（6）中，等号右边第一项 $A_t \dfrac{dX_t}{dt}$ 是活塞杆运动所需的流量，第二项 $\dfrac{V_t}{K} \dfrac{dp_f}{dt}$ 是因液压油被压缩所引起的体积变化率，第三项 $C_s p_f$ 是液压油的泄漏量。

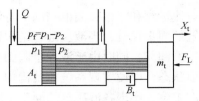

图 2　液压缸受力模型图

将液压缸的负载看成是由活塞与负载折算到活塞上的总质量所引起的惯性力、液压缸活塞与负载运动的黏性阻尼所引起的阻尼力和外干扰力所组成的，则液压缸的负载力平衡方程为

$$A_t p_f = m_t \frac{\mathrm{d}^2 X_t}{\mathrm{d}t^2} + B_t \frac{\mathrm{d}X_t}{\mathrm{d}t} + F_L \tag{8}$$

式中，m_t 为活塞与负载折算到活塞上的总质量；B_t 为黏性阻尼系数；F_L 为负载力。

假设初始条件为零，将式(6)和(8)作拉氏变换并整理后得：

$$Q(s) = A_t(s)X_t(s) + \left(C_s + \frac{V_t}{K}s\right)p_f(s) \tag{9}$$

$$A_t p_f(s) = (m_t s^2 + B_t s)X_t(s) + F_L(s) \tag{10}$$

由上述公式可以得到液压系统的方框图，如图 3 所示。根据液压系统的方框图，并结合上述公式可以得到：

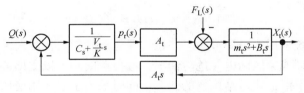

图 3　液压系统方框图

$$X_t(s) = \frac{A_t Q(s) - \left(C_s + \frac{V_t}{K}s\right)F_L(s)}{\left[\frac{V_t}{K}m_t s^2 + \left(C_s m_t + \frac{V_t}{K}B_t\right)s + (A_t^2 + C_s B_t)\right]s} = \frac{1}{1 + \frac{C_s B_t}{A_t^2}} \frac{\frac{Q(s)}{A_t} - \frac{1}{A_t^2}\left(C_s + \frac{V_t}{K}s\right)F_L(s)}{\left(\frac{s^2}{w_n^2} + \frac{2\xi}{w_n}s + 1\right)s} \tag{11}$$

$$v(s) = \frac{A_t Q(s) - \left(C_s + \frac{V_t}{K}s\right)F_L(s)}{\frac{V_t}{K}m_t s^2 + \left(C_s m_t + \frac{V_t}{K}B_t\right)s + (A_t^2 + C_s B_t)} = \frac{1}{1 + \frac{C_s B_t}{A_t^2}} \frac{\frac{Q(s)}{A_t} - \frac{1}{A_t^2}\left(C_s + \frac{V_t}{K}s\right)F_L(s)}{\left(\frac{s^2}{w_n^2} + \frac{2\xi}{w_n}s + 1\right)} \tag{12}$$

由于 $(C_s B_t / A_t^2) \ll 1$，所以式(11)和式(12)可以简化为：

$$X_t(s) = \frac{\frac{Q(s)}{A_t} - \frac{1}{A_t^2}\left(C_s + \frac{V_t}{K}s\right)F_L(s)}{\left(\frac{s^2}{w_n^2} + \frac{2\xi}{w_n}s + 1\right)s} \tag{13}$$

$$v(s) = \frac{\dfrac{Q(s)}{A_{t}} - \dfrac{1}{A_{t}^{2}}\left(C_{s} + \dfrac{V_{t}}{K}s\right)F_{L}(s)}{\left(\dfrac{s^{2}}{w_{n}^{2}} + \dfrac{2\xi}{w_{n}}s + 1\right)} \tag{14}$$

式中，w_{n} 为液玉系统的无阻尼固有频率，$w_{n} = \sqrt{\dfrac{KA_{t}^{2}}{m_{t}V_{t}}}$；$\xi$ 为液压系统的阻尼比，$\xi = \dfrac{1}{2w_{n}}$

$\dfrac{KC_{s}m_{t} + V_{t}B_{t}}{m_{t}V_{t}}$。

式(13)和(14)表明，液压缸的同步运动受到每个支路的输入流量 Q 和外负载力 F_{L} 的影响，如果每个支路的输入流量相等或其误差越小，则同步精度就会越高。在液压同步顶升系统中，采用了"一泵四顶"的方案，每个液压千斤顶及各种电磁阀等元件的几何参数都相同，所以能够保证它们的输出量相等，即保证进入到每个支路的流量相等。当由于外负载力和系统内泄漏等因素造成液压千斤顶运动不同步时，控制系统就可以根据反馈信号，动态地补偿输入流量较少的支路，从而实现液压千斤顶的同步顶升运动。

4 多点同步控制系统设计

4.1 多点同步控制系统的总体方案

在结构物升降过程中，要保证结构物的同步升降和液压缸的压力不超过极限载荷。控制同步顶升时采用位移优先算法，以采集到的位移传感器信号为判据，再辅以压力传感器的信号来控制液压缸的压力以实现同步升降。在实际同步升降过程中，以位移优先算法来控制结构物的同步升降，压力传感器的引入一方面是为了测量各个支点的压力值，计算结构件重量和重心，另一方面也是为了控制各液压缸的压力，使其不超过极限载荷，以保证系统的安全。其中，控制系统原理如图 4 所示，系统由上位机、下位机和现场元件通过 MPI 和 Profibus-DP 等工业控制网络构成。

上位机采用西门子 HMI 软件 WinCC，其主要用来检测各个液压缸的受力参数以及各个顶升点的高度，初始化控制柜内部连接设置，设定升降过程报警参数，设定顶升点、油泵、电磁阀、压力传感器、位移传感器连接关系，进行单回路测量和控制测试，记录顶升过程数据，计算各个顶升点的质量和总质量，计算重心。上位机连接打印机，打印输出报告。下位机是自动同步顶升控制系统的核心，CPU 采用西门子 S7-300 系列的 S7-317-2DP，主要用来采集各个液压缸的当前压力值以及各个顶升点的当前位移值，通过计算模型进行计算，输出控制信号，控制油泵电磁阀和油缸电磁阀的动作，实现对多支撑点的结构物的同步顶升控制。

由于大型结构物跨距往往较大，系统以 RS485 为底层物理接口，构成一台主机多个子站组成的系统，系统的连接如图 5 所示。为了提高系统的可靠性，对各支点的位移偏差信号和压力信号进行设定，系统在顶升、下降过程中，通过软件可设定不同的极限值，其中位移的极限值为 250mm，压力极限值为 70MPa，系统通过数学模型在用户设定的范围内进行自动调整和报警。如果用户设定的许可不满足控制要求，系统将自动停机并切换到手动状态。

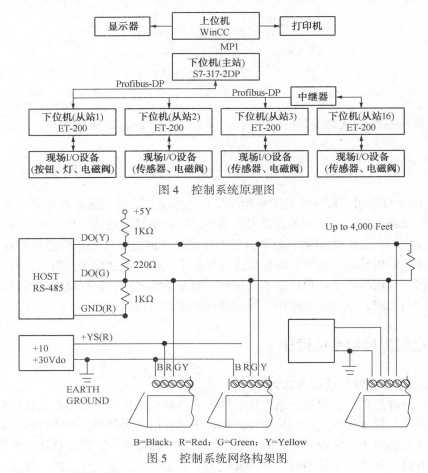

图 4 控制系统原理图

B=Black；R=Red；G=Green；Y=Yellow

图 5 控制系统网络构架图

4.2 多点同步控制系统的数据采集

大型结构物称重技术是利用位移传感器检测每个桩腿的顶升高度，通过压力传感器检测每个液压缸的受力状况，采用电磁阀控制液压缸进油流量，采用数据总线技术，对压力传感器、位移传感器、状态设置开关、油换向阀和油管超高压电磁阀等设备进行网络监控，实现称重过程中对大型结构物同步顶升、下降和调平的 PLC 自动监控。

数据采集是自动称重系统的核心部分之一。该部分实现各液压缸压力、顶升高度等数据的采集，通过计算机显示并完成相应的运算。传感器输出的信号是模拟量。其中，位移传感器选用美国 UNIASURE 公司的 P420-20 拉线式位移传感器，测量范围是 0~250mm，精度不低于 0.25%；输出为 4~20mA 电流信号，航空插头输出接头；重复精度 0.02%FS，操作温度 -25~60℃。压力传感器选用英国 DRUCK 公司 PTX 系列应变式压力传感器。PTX600 压力传感器的压力范围是 0~70MPa，精度不低于 0.1%FS，稳定性达 0.1%FS/年，有较强的抗机械冲击、抗振动、抗电压冲击能力。

5 实验

根据实验的原始数据，可以知道结构物的设计重量超过 110t，各个千斤顶之间的跨距为

3m。实验采用了"一泵四顶"的液压同步顶升方案，系统现场布置如图6所示。根据结构物的质量分布和液压千斤顶的安全性要求，共选用了四个100t规格的液压千斤顶，高压油泵与各千斤顶之间采用高压软管连接。压力传感器是一个管状物体，通过螺纹连接固定在液压系统的进油管上。位移传感器的底座固定在液压千斤顶的底座表面，另一端固定在结构物的底座上。位移传感器的底座是磁性材料，千斤顶和结构物底座都是钢结构，因此位移传感器与底座通过磁力连接。在完成了现场所有的管路、线路连接后，进行了现场实验。实验数据如表1所示。

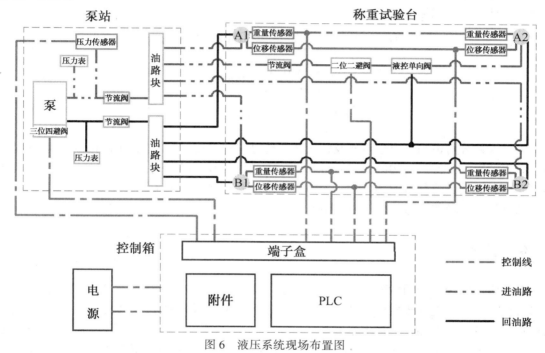

图6 液压系统现场布置图

表1 实验数据

实验次数	千斤顶编号	质量值/t
1	A1	15.2841336584
1	A2	51.3961825863
1	B1	12.6462327528
1	B2	37.4369175991
2	A1	15.2841336584
2	A2	51.3961825863
2	B1	12.6462327528
2	B2	37.4369175991
3	A1	15.2841336584
3	A2	51.3961825863
3	B1	12.6462327528
3	B2	37.4369175991

根据上述实验数据，对系统的质量 G 和重心 (X, Y) 进行计算，可以得到：

$$G = 15.3 + 51.4 + 12.6 + 37.4 = 116.7(t)$$

$$\begin{cases} X = \dfrac{15.3 \times 2200 + 51.4 \times 2800 + 12.6 \times 2200 + 37.4 \times 2800}{116.7} = 2656.6(mm) \\ Y = \dfrac{15.3 \times 1400 + 51.4 \times 2400 + 12.6 \times 1400 + 37.4 \times 2400}{116.7} = 2160.9(mm) \end{cases}$$

最后计算得到的结构物的质量为 116.7t，重心坐标（2656.6mm，2160.9mm）。质量及重心的测量计算值与理论值的误差计算为：

$$\delta G = \frac{116.70 - 116.02}{116.02} \times 100\% = 0.59\%$$

$$\begin{cases} \delta X = \dfrac{2670 - 2656.6}{2670} \times 100\% = 0.50\% \\ \delta Y = \dfrac{2170 - 2160.9}{2170} \times 100\% = 0.42\% \end{cases}$$

以上误差分析说明：由于台架及结构物制造过程中焊接材料和撬块的局部修改和临时结构等因素的影响，使结构物的最终质量与设计质量往往有一定偏差，从而得出在大型结构物预制完毕后对其进行称重的必要性。同时，实验结果验证了称重系统实验室模拟装置的准确性，满足设计要求的称重精度小于 1%FS。

6　结论

基于液压同步顶升的大型结构物称重系统以液压千斤顶为承载部件，通过位移传感器在升降过程中进行多点同步控制，利用液压同步顶升系统对结构物进行升降，最终实现对大型结构物重量及重心的测量，称重精度小于 1%FS。通过对称重技术基本原理的分析，进一步简化了称重系统的结构。对液压同步顶升系统进行了设计，并针对其进行了数字建模与分析。实验结果表明该系统具有稳定性好、安全性强、集成度高、测量精度高等特点。

参 考 文 献

1　韦宝成，刘思源，宫长胜．大型结构物多点同步顶升称重控制技术研究．机床与液压．2008，36（8）：294.

2　卢腾镞．大型结构物自动称重系统的研究与开发．天津大学硕士学位论文．2001：10~19.

3　Bidini G. Mariani F. Simulation of Hydraulic Power Plant Transients using Neural Networks，Proceedings of the Institution of Mechanical Engineers，Part A：Journal of Power and Energy，Vo211，No. 5，1997：393~398.

4　张志龙，章青．多点同步顶升的大型结构件称重技术．起重运输机械．2007，1（1）：28.

5　T. Yan，W. Yan，Y. Dong，etc. Marine fouling of offshore installations in the northern Beibu Gulf of China. International Biodeterioration & Biodegradation，Vol58，No. 2，2006：99~105.

6　徐连江．液压吊装器载荷试验系统研究．天津大学硕士学位论文．2007：29~60.

7　A Shukla，D F Thompson. Bifurcation stability of servo-hydraulic systems. Proceedings of the American Control Conference. Arlington，2001：3943~3948.

海底管道焊接接头全尺寸与小尺寸疲劳对比试验

方志涛　　唐德渝　　胡艳华　　牛虎理

(中国石油集团工程技术研究院；中国石油集团海洋工程重点实验室)

摘要：本文针对海底油气管道的疲劳问题，利用自行研制的管道全尺寸疲劳试验机，首次采用 X65 管线钢对接接头试件进行了四点弯曲全尺寸疲劳试验，并采用小尺寸试件做了对比试验，将实验结果与 BS7608、DNVC203 标准中给出的目标 S-N 曲线做了比较。结果表明，全尺寸焊接接头的疲劳强度明显低于小尺寸焊接接头，小尺寸接头由于没有考虑残余应力、尺寸效应的影响将给出偏于危险的结果。焊趾部位和焊根附近几何非连续处是整个焊接接头的薄弱环节。

关键词：全尺寸疲劳；焊接接头；X65 管线钢；S-N 曲线；焊趾

疲劳损伤是导致海洋管道失效的主要原因，疲劳断裂往往是由管道中存在的各种交变应力引起的。海洋管道承受波浪、海流、风及冰载荷的作用，各种因素均会产生交变应力。其中，焊接接头是整个结构的薄弱环节，焊接缺陷在交变应力作用下会扩展致使管线发生泄漏甚至断裂，从而造成极大地经济损失和重大的海洋环境污染事故。并且疲劳断裂往往是突然发生的，没有预先征兆，一旦发生会带来灾难性后果。

鉴于管道疲劳断裂的巨大危害性，研究其疲劳性能对评定海底输油、输气管线的安全性和使用寿命具有重要意义。以往海洋管道疲劳寿命的评估，一般都采用小尺寸试件进行试验分析，但研究表明，在设计中采用小试样数据为依据，其结果偏差较大。全尺寸疲劳试验可更真实反映管道中裂纹扩展的实际情况，为其疲劳寿命分析与预测提供真实可靠的决策依据。因此，近年来，部分国外公司已开始要求提供全尺寸疲劳试验数据作为设计和施工的依据。挪威、美国和巴西等国已设计研制出不同形式的管道全尺寸疲劳试验系统，在实际应用中取得了良好的效果。由于海底管道焊接接头全尺寸疲劳试验耗时长、费用高昂，且受设备等条件的限制，国内在这方面的研究工作还很少，可以利用的数据和资料非常有限。为此，我们在充分考虑海洋管道服役的具体情况，并借鉴国外的先进经验与技术，在国内首次自行设计研制了海洋管道全尺寸疲劳试验机，为今后开展相关的疲劳评定，寿命预测等方面的研究提供重要的基础条件。

本文首次采用 X65 管道环焊缝全尺寸焊接接头进行了四点弯曲疲劳试验，对管线钢全尺寸焊接接头疲劳性能进行了分析。对海底管道疲劳规律的认识，一方面可用于管道的抗疲劳设计与评价，同时可为在役管道疲劳寿命的预测和检测周期的确定提供依据。

1　试验方法

1.1　试件制备

全尺寸疲劳试验采用国产 X65SSAW 焊管，管子直径为 $\phi323.9mm$ 和 $\phi108mm$ 两种。

X65 钢的化学成分和力学性能分别如表 1 和表 2 所示。

　　管道试件焊接接头形式采用对接接头。环焊缝位于整个管段正中间位置。采用 SMAW 打底、GMAW 填充盖面,下向焊方法进行焊接。焊前测量记录了焊缝两侧邻近区域的外径和壁厚,焊后测量了焊缝宽度和错变量,在圆周方向每隔 45°测量一次,共测量了 8 个位置。疲劳实验前,对环焊缝进行了 100%射线探伤和超声波探伤。

　　为了消除封头效应对试验结果的影响,试验管长均为 8m,两端采用焊接堵头封堵,在一端堵头上制作进水口,出水口与进水口共用同一根软管。在另一端距离管子端部不远处钻一小孔,并焊上阀门,用于排出管子内部的空气。管道全尺寸试件的几何形状与尺寸如图 1 所示,小尺寸焊接接头试件形状及尺寸如图 2 所示。

表 1　X65 钢的化学成分/%

钢材种类	C	Mn	P	S	Nb	V	Ti
X65	<0.26	<1.4	0.04	0.05	0.005	0.005	0.005

表 2　X65 钢材料力学性能

屈服强度 σ_s/MPa	抗拉强度 σ_s/MPa	伸长率 δ/%
486.9(>448)	572.4(>530)	30.7

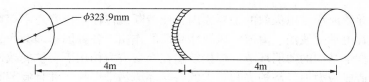

图 1　管道焊接接头全尺寸试件形状及尺寸

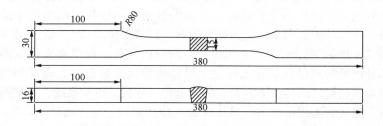

图 2　小尺寸焊接接头试件形状及尺寸

1.2　应力计算

1.2.1　弯曲应力的计算

　　管子在四点弯曲受力的情况下,可以简化成简支梁。本实验中两个外力 F 大小相等,同步变化,两个作动器及两端的支座对称于管子试样的中间截面。简支梁上的两个外力 F 对称地作用于梁的纵向对称面内。其计算简图、受力简图和弯矩图分别表示于图 3 中。从图中可以看出,在 AC 和 DB 两段内,梁横截面上既有弯矩又有剪力,因而既有正应力又有切应力,属于横力弯曲(剪切弯曲)的情况。在 CD 段内,梁横截面上剪力等于 0,只有正应力而无切应力,属于纯弯曲的情况。

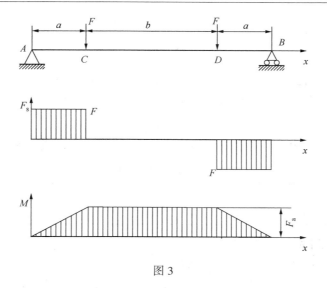

图 3

纯弯曲时正应力的计算公式：

$$\sigma = \frac{M \cdot \bar{y}}{I_z} \qquad (1)$$

以中性层为界，梁在凸出的一侧受拉，σ 为拉应力；凹入的一侧受压，σ 为压应力。y 为一点到中性轴的距离。I_z 是横截面对 Z 轴的惯性矩，对于管道试样 $I_z = \pi(d_2^4 - d_1^4)/64$，$d_2$ 是管道的外径，d_1 是内径。

由公式（1），最大正应力 σ_{max} 发生于弯矩最大的界面上，且离中性轴最远处。于是

$$\sigma_{max} = \frac{M_{max} \bar{y}_{max}}{I_z} \qquad (2)$$

此时，$M_{max} = F_a$，$\bar{y}_{max} = \dfrac{d_2}{2}$，最大应力发生于两个作动器之间（CD）管道外表面。

1.2.2 内压载荷计算

管道壁厚与半径相比是一个微小的量，可以认为应力沿壁厚是均匀分布的。管段几何形状和荷载都对称于轴线，所以壁内各点的应力和变形也应该对称于轴线。由于我们只研究包括环焊缝的中间区域，且管段两端的封头区域弯曲试验中不受力，尽管应力和变形比较复杂，这里不予考虑，认为内压加载过程中应力和变形沿轴线无变化。试验中管道只有内压而无外压，设 p_1 为管子所受的内压力，由材料力学可计算出管壁的应力计算公式：

$$\sigma_\theta = \frac{p_1 d}{2t} \qquad (3)$$

式中，d 为管道的内直径，t 为壁厚。

1.2.3 应力集中

应力集中系数计算公式如下：

$$SCF = 1 + 2.6\frac{e}{T_1}\left(\frac{1}{1 + 0.7\left(\dfrac{T_2}{T_1}\right)1.4}\right) \tag{4}$$

式中,SCF 为应力集中系数,e 为错变量,T_1 为最小管壁厚度,T_2 为最大管壁厚度。利用前面测量的相关数据,按照公式(4)可以计算出焊接接头的应力集中系数。则管子应力 σ_h 为:

$$\sigma_h = SCF \cdot \sigma_n \tag{5}$$

式中,σ_n 为接头处名义应力。各个管件焊接接头应力集中系数计算结果如表3所示。

表3 焊接接头应力集中系数

管件编号	1	2	3	4	5	6	7	8	9	10
SCF	1.09	1.07	1.10	1.06	1.05	1.08	1.11	1.05	1.04	1.03

1.3 疲劳性能测试方法

试验在自制的全尺寸实物疲劳试验系统上进行,该试验系统主要由主机(含3个作动器)、液压站及子站和管路、冷却系统、多通道控制器系统(含计算机及相应的软件)、操作台、配电柜及动态应变采集系统组成。

管试样加载方式采用四点弯曲+内压静态。四点弯曲加载时载荷通过两个相同的作动器加载在距离端部等距离的两点,在试样的中间截面即环焊缝处引起最大弯矩。四点弯曲加载实验波形选取正弦波,两个作动器同步动作(即相位角为0°);加载应力比 $R = -1$,载荷均值、幅值如表3所示;两个作动器之间距离为2m,加载跨距为2.5m。在以上试验条件下,全尺寸疲劳试验系统疲劳加载频率为0.7Hz。试验在室温下进行。内压加载压力为定值0.4MPa(市政自来水压力值),此时整个管子的截面承受相同数值的应力。管道四点弯曲加载如图4所示。

图4 管道四点弯曲加载

疲劳试验同时进行应力应变数据的采集处理。考虑到管子受力的对称性,应变片分别粘贴在管道的9点钟和12点钟位置。应变片粘贴在远离焊缝的管壁位置以避免焊缝几何形状等应力集中影响,应变片分别沿着平行焊缝方向和垂直焊缝方向粘贴。同时通过全尺寸疲劳试验机输送入四路实时信号(两路负荷信号和两路位移信号)到应变仪,分别是一号作动器的负荷和位移信号,二号作动器的负荷和位移信号。在本实验中这四路信号都为正弦曲线。通过上述连接,可以进行应变实测值和设备加载值的对比,更准确的进行焊接接头附近的应力应变分析。

疲劳试验过程由控制系统进行全程监控，疲劳循环次数由控制软件自动记录，实验过程中的平均负荷、载荷幅值、频率等信息自动记录到结果文件上。

疲劳试验一直进行到贯穿厚度裂纹的出现，此时定义为试样发生失效。由于试验时管道内部充满水，故裂纹贯穿壁厚后将有水流出，管道发生泄漏，以此检测试样失效。试样断裂后，标记裂纹位置，将试样从试验机上卸下。

2　试验结果

全尺寸疲劳试验共进行 8 个 ϕ323.9mm 管子，2 个 ϕ108mm 管子，全尺寸试件的疲劳试验结果见表 3；对应小尺寸试件的疲劳试验结果见表 4 和表 5。

表 3　全尺寸焊接接头疲劳试验结果

序号	管径 ϕ/mm	平均载荷 F_m/kN	载荷幅值 F_a/kN	应力范围/MPa	循环次数/N	断裂位置
1	ϕ323.9×11.7	0	18.3	115.3	352145	未断
2	ϕ323.9×11.7	0	21.4	132.7	404660	未断
3	ϕ323.9×11.7	0	34.2	217.8	36310	母材
4	ϕ323.9×18	0	49.6	209.9	25416	焊接接头
5	ϕ323.9×16	0	51.1	236.0	316662	未断
6	ϕ323.9×11.7	0	46.7	291.6	17500	焊接接头
7	ϕ323.9×11.7	0	46.7	299.7	22248	母材
8	ϕ323.9×16	0	68.1	314.0	139559	焊接接头
9	ϕ108×16	0	2.8	156.0	195842	焊接接头
10	ϕ108×16	0	5	278.1	51535	未断

表 4　小尺寸焊接接头试件疲劳试验结果（$R=0.1$）

序　号	应力范围/MPa	循环次数/N	断裂位置
1	120	10.180470E6	未断
2	125	3.620382E6	未断
3	130	3.982278E6	焊趾
4	140	1.010205E6	圆滑过渡部位母材
5	150	3.562947E6	根部焊趾
6	160	0.912523E6	根部焊趾
7	160	1.559250E6	圆滑过渡部位母材
8	170	1.435731E6	卡头母材
9	170	1.108606E6	焊趾

表 5　小尺寸焊接接头试件疲劳试验结果（$R=0.5$）

序　号	应力范围/MPa	循环次数/N	断裂位置
1	100	2.323226E6	未断
2	110	3.193815E6	未断
3	120	2.177280E6	未断

序　　号	应力范围/MPa	循环次数/N	断裂位置
4	125	11.247024E6	未断
5	130	0.865453E6	焊趾
6	135	0.573819E6	焊趾
7	140	1.265489E6	焊趾
8	160	0.305388E6	焊趾
9	170	0.411164E6	焊趾
10	180	0.424716E6	焊趾

3　分析讨论

将全尺寸疲劳试验结果与小尺寸实验结果均列于双对数坐标中，同时在图中绘制出BS7608 标准中给出的管道对接接头疲劳级别的 E 曲线、F2 曲线，以及 DNVC203 标准中给出的管道对接接头疲劳级别的 C1 曲线、F2 曲线和 W3 曲线。BS7608 和 DNVC203 中的 S-N 曲线方程为：

$$(\Delta\sigma)^{m} \cdot N = C \tag{6}$$

式中，m，C 为材料常数，N 为应力循环次数，$\Delta\sigma$ 为应力范围。通过比较疲劳寿命是否达到给定的疲劳目标曲线，可以判断焊接接头是否满足设计的疲劳性能要求。疲劳试验结果对比情况如图 5 所示。

对比图中相应全尺寸焊接接头和小尺寸焊接接头的实验数据点，可以明显看出，全尺寸焊接接头的疲劳强度明显低于小尺寸焊接接头，全尺寸试件的疲劳寿命在相同应力水平下，远低于小尺寸试件；而在相同的疲劳寿命下，小尺寸试件的疲劳强度均高于全尺寸试件。小尺寸接头由于没有考虑残余应力、尺寸效应的影响将给出偏于危险的结果。将实验结果与BS7608、DNVC203 标准中给出的目标 S-N 曲线进行比较，结果表明，所有接头的疲劳实验数据点均高于 DNVC203W3 曲线，除了一个试样外，所有数据点均位于 DNVC203F3 曲线之上，但只有两个疲劳实验结果高于 BS7608F2 曲线，绝大部分全尺寸疲劳实验结果分布在BS7608E 曲线和 DNVC203C1 曲线之下。但部分小尺寸试件疲劳试验结果高于 BS7608E 曲线和 DNVC203C1 曲线。说明施焊的全尺寸焊接接头的疲劳性能仅满足于 DNVC203W3 曲线的要求，全尺寸焊接接头的疲劳性能基本满足 DNVC203F3 曲线的要求(只有一个位于该曲线以下)。但施焊的全尺寸焊接接头的疲劳性能不能满足相对要求较高的 BS7608F2 曲线的要求。

另外，国际焊接协会(IIW)规定采用应力比 $R = 0.5$ 进行小尺寸焊接接头疲劳试验来模拟焊接残余应力的影响，从图 5 中小尺寸试验数据可以看出，$R = 0.5$ 接头疲劳强度明显低于 $R = 0.1$ 接头的疲劳强度，但仍然与全尺寸焊接接头的试验结果偏差较大，说明采用 $R = 0.5$ 进行试验也不能完全模拟全尺寸接头的实际情况，也表明了进行全尺寸焊接接头疲劳试验的必要性。

由试验可以看出，无论全尺寸焊接接头试样还是小尺寸焊接接头试样，大部分都断于焊趾处，原因是由于在接头焊趾部位沿溶合线存在有微观咬边或夹杂物造成的不连续性区域，该尖锐缺陷是疲劳裂纹开始的地方，相当于裂纹已经形成，断裂将由此处发生，可见焊趾是整个焊接接头的薄弱部位。另外从疲劳裂纹形貌及断口可以看出，有一个试样的疲劳裂纹起始于管子内表面焊根边缘几何非连续处，可见焊根处未焊透等缺陷造成的几何非连续性也是疲劳裂纹易于萌生的部位。并且裂纹产生后，都是先贯穿壁厚，然后沿着管子的周向扩展。

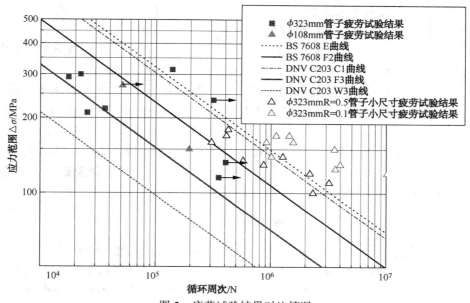

图5　疲劳试验结果对比情况

接头的应力集中和焊接残余应力是影响焊接接头疲劳性能的重要因素。焊缝的应力集中程度与其形状参数(几何因素)密切相关。制造普通焊接结构时，一般采用熔化焊接的方法，多数情况下需要一定的填充金属，故在接头部位留有余高、凹坑及各种焊接缺陷，造成严重的应力集中。同时还产生一定数值的焊接残余拉应力。大多数情况下，残余拉应力对焊接结构疲劳强度的影响是不利的。大量研究表明，在焊趾部位距离表面 0.5mm 左右处一般存在熔渣等缺陷，该缺陷较尖锐，相当于疲劳裂纹提前萌生。接头在应力集中、焊趾熔渣缺陷及焊接残余拉应力的联合作用下，导致疲劳强度严重降低。本文的全尺寸焊接接头实验结果也与上述结论相符。

焊后采取有效的方法，修善接头的几何外形，降低余高造成的应力集中并消除焊趾表面的缺陷，调节焊接残余应力场，消除其消极影响，使之朝有利于疲劳强度提高的方向转变，显然能够大幅度地改善焊接接头及结构的疲劳强度。可以预知，这种方法对于全尺寸试件同样是有效的。值得注意的是，焊接缺陷的存在不可避免地降低焊接接头的疲劳强度。结构内部通过焊接质量的严格控制可以有效遏制这些缺陷的产生。设计合理、接头焊接质量良好且经适当处理过的承受低应力动载的焊接结构，焊接接头将不再是薄弱环节。

随着我国海洋油气资源开发力度的加大，对实际海底管道进行焊接接头全尺寸疲劳试验显得极为迫切。以该设备为基础，开展海底管道焊接接头全尺寸疲劳试验研究，建立一套完善的试验方法及操作、评价规范，为海底管道设计、制造、维修和结构承载提供决策依据。这对于海底管道的安全运行及寿命评价具有重要的现实意义和广阔的应用前景。

4　结论

（1）首次利用自行研制的管道全尺寸疲劳试验机，对 X65 管线钢对接接头试件进行了四点弯曲全尺寸疲劳试验。结果表明，全尺寸焊接接头的疲劳强度明显低于小尺寸焊接接头，小尺寸接头由于没有考虑残余应力、尺寸效应的影响将给出偏于危险的结果。

（2）施焊的全尺寸焊接接头的疲劳性能仅满足于 DNVC203W3 曲线的要求，全尺寸焊接接头的疲劳性能基本满足 DNVC203F3 曲线的要求（只有一个位于该曲线以下）。施焊的全尺寸焊接接头的疲劳性能不能满足相对要求较高的 BS7608F2 曲线的要求。

（3）大部分焊接接头断于焊趾和焊根附近几何非连续处，裂纹产生后都是先贯穿壁厚，然后沿着管子的周向扩展。焊趾和焊根附近几何非连续性造成的应力集中部位是整个焊接接头的薄弱环节。

（4）疲劳试验结果说明该大型管道全尺寸疲劳实验机能够较好地模拟海洋管道服役过程中的载荷状况，可用于进一步开展海底管道焊接接头全尺寸疲劳性能测试，为海底管道设计、制造、维修和寿命预测提供真实可靠决策依据。

参 考 文 献

1　方华灿. 油气长输管道的安全可靠性分析. 第一版. 北京：石油工业出版社，2002.

2　李云龙，庄传晶，冯耀荣. 油气输送管道疲劳寿命分析及预测[J]. 油气储运，2004，23（12）：41~43.

3　Fatigue performance of pre-strained pipes with girth weld defects：Full-scale experiments and analyses. International Journal of Fatigue 30（2008）767~778.

4　Techniques to characterize fatigue behavior of full size drill pipes. International Journal of Fatigue 26（2004）575~584.

5　Fatigue strength for pipes with allowable flaws and design curve. International Journal of Pressure Vessels and Piping 79（2002）37~44.

6　柳锦铭，张玉凤，王东坡，霍立兴，X65 管线钢对接接头的疲劳性能，焊接学报，第 25 卷第 5 期，2004 年 10 月，56~59.

7　唐德渝，方总涛，胡艳华，等. 海洋管道全尺寸疲劳试验机的研制[J]，石油工程建设，2013，39（3）：20~25.

8　BRITISH STANDARD BS 7608：1993，Fatigue design and assessment of steel structures[S].

9　DNV-RP-C203，FATIGUE DESIGN OF OFFSHORE STEEL STRUCTURES[S]，APRIL 2010.

10　霍立兴. 焊接结构的断裂行为及评定[M]，北京：机械工业出版社，2000，154~176.

导管架 T 型接头自动焊多轴控制系统设计

王克宽[1,2]　曹振平[3]　龙斌[1,2]　唐德渝[1,2]　刘明珠[1,2]

(1. 中国石油集团工程技术研究院；2. 中国石油天然气集团公司海洋工程重点实验室；
3. 中国石油海洋公司海工事业部)

摘要：本文根据 T 型接头全位置自动焊的需要，建立了 T 型接头空间马鞍形轨迹数学模型，设计了多维、多自由度驱动执行系统。控制系统以执行机构的运动学分析为基础，以工控机为控制核心，以 VC++语言为控制语言，采用分布式控制的方式，实现 T 型接头焊接多轴执行系统的复杂运动。

关键词：T 型接头；多轴控制；马鞍形轨迹；控制系统

海洋油气资源开发的发展，必然推进平台及其主要构筑物导管架建造规模的大型化，大型化建造技术要求提高钢管强度级别、加大直径并增加壁厚，导致 T 型接头焊接的难度和工作量增加，同时对其焊接质量提出更高要求。在自动焊技术高度发展的今天，导管架 T 型接头的自动焊已经成为海洋石油开发快速增长的迫切的需求，而多轴控制技术是 T 型接头焊接的关键技术。

本文通过对 T 型接头运动空间轨迹的研究，建立其数学模型，在此基础上设计了导管架 T 型接头多轴自动焊控制系统，实现 T 型接头的高效自动焊接。

1 运动系统分析

1.1 运动空间轨迹分析

钢结构中的 T 型节点结合线是一条相贯线。相贯线是一条空间曲线，在实际节点中还处于不同的角度位置，如图 1 所示。对自动焊来说，其焊枪的移动轨迹较复杂。它涉及多维、多自由度的控制问题，也涉及不同焊接位置变化的焊接工艺问题。

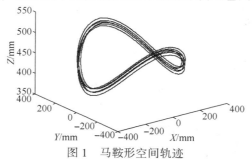

图 1　马鞍形空间轨迹

由于海洋平台建造中采用的管道壁厚较厚，在焊接过程中需要采用多层多道焊，因此系统要完成焊接动作，枪头沿马鞍形空间曲线运动是一个空间多自由度的运动。要实现多自由度的运动就需要多轴驱动，并用机构去实现各个分解的动作。如图 2 所示，马鞍形轨迹分解后的动作包括：沿立管圆周方向的环向运动，沿立管轴线悬臂杆的往复运动，干伸长控制运动，枪头与焊缝的角度控制。

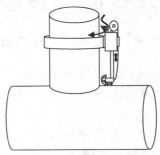

图 2　运动系统分析图

1.2　运动轨迹数学模型的建立

　　T 型接头研究的对象是两圆柱正交，其相贯线为典型的马鞍型曲线。首先要将两正交圆柱的交线分为大量离散点，每两个点之间以直线插补，为保证拟合的焊缝曲线与实际焊缝相吻合，采取计算两点之间连线到焊缝高度的最大值，使其不大于设定值的办法来进行曲线的划分，进而计算出编程点的位置以及其他特征信息。

　　对于两正交圆柱，建立工件模型示意如图 3 所示，其中 XYZ 为参考坐标系；相贯线上任一点的特征坐标系如图 3 所示。

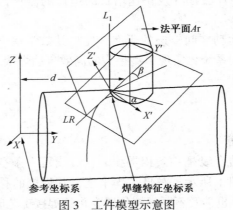

图 3　工件模型示意图

垂直方向圆柱的方程为：

$$(Y - d)^2 + X^2 = r^2 \tag{1}$$

水平方向圆柱的方程为：

$$Z^2 + X^2 = R^2 \tag{2}$$

两圆柱交线为：

$$\begin{cases} (Y - d)^2 + X^2 = R^2 (Z > 0) \\ Z^2 + X^2 = R^2 \end{cases} \tag{3}$$

　　在这里，定义垂直于 X 轴且经过点 (X_0, Y_0, Z_0) 的平面为法平面 Ar；定义法平面 Ar 与垂直圆柱的交线在点 (X_0, Y_0, Z_0) 的切线为 Lr；定义法平面 Ar 与水平圆柱的交线在点 $(X_0,$

Y_0，Z_0）的切线为 LR。可以得出，交线上任意一点（X_0，Y_0，Z_0）的切线方程为：

$$\frac{X - X_0}{\begin{vmatrix} 2(Y_0 - d) & 0 \\ 0 & 2Z_0 \end{vmatrix}} = \frac{Y - Y_0}{\begin{vmatrix} 0 & 2X_0 \\ 2Z_0 & 2X_0 \end{vmatrix}} = \frac{Z - Z_0}{\begin{vmatrix} 2X_0 & 2(Y_0 - d) \\ 2X_0 & 0 \end{vmatrix}} \tag{4}$$

法平面 Ar 与垂直圆柱的交线为：

$$\begin{cases} (Y - d)^2 + X^2 = r^2 \\ Z_0(Y - d)(X - X_0) + X_0 Z_0(Y - Y_0) + X_0(Y_0 - d)(Z - Z_0) = 0 \end{cases} \tag{5}$$

可得切线 Lr 的方向投影矢量为：

$$X_0(Y_0 - d)^2 - X_0^2(Y_0 - d)，\ X_0^2 Z_0 + (Y_0 - d)^2 Z_0 \tag{6}$$

平面 Ar 与水平圆柱的交线为：

$$\begin{cases} Z^2 + X^2 = R^2 \\ Z_0(Y - d)(X - X_0) + X_0 Z_0(Y - Y_0) + X_0(Y_0 - d)(Z - Z_0) = 0 \end{cases} \tag{7}$$

可得切线 LR 的方向投影矢量为：

$$\begin{aligned} & [X_0(Y_0 - d)^2 A - Z_0^2 X_0 B] - [Z_0^2(Y_0 - d)B + X_0^2(Y_0 - d)(A + B)]_m \\ & + [Z_0 X_0^2 A + Z_0^2(Y_0 - d)A + Z_0^2 X_0 B]_n = 0 \end{aligned} \tag{8}$$

式中

$$A = \sqrt{X_0^2 Z_0^2 + (Y_0 - d)^2(Z_0^2 + X_0^2)^2 + X_0^4 Z_0^2}$$

$$B = \sqrt{X_0^2(Y_0 - d)^4 + X_0^4(Y_0 - d)^2 + [Z_0 - X_0^2 + Z_0(Y_0 - d)^2]^2}$$

所以直线 Lz 的方程为：

$$\begin{cases} -Z_0(Y_0 - d) + X_0 Z_0 m + X_0(Y_0 - d)_n = 0 \\ [X_0(Y_0 - d)^2 A - Z_0^2 X_0 B] - [Z_0^2(Y_0 - d)B + X_0^2(Y_0 - d)(A + B)]_m \\ + [Z_0 X_0^2 A + Z_0^2(Y_0 - d)A + Z_0^2 X_0 B]_n = 0 \end{cases} \tag{9}$$

综上可得空间曲线任一点的焊缝特征坐标系与基准坐标系之间的齐次变换矩阵为：

$$R = \begin{vmatrix} r(1,1) & r(2,1) & r(3,1) & X_0 \\ r(1,2) & r(2,2) & r(3,2) & Y_0 \\ r(1,3) & r(2,3) & r(3,3) & Z_0 \\ 0 & 0 & 0 & 1 \end{vmatrix} \tag{10}$$

由此即建立了 T 型接头焊接轨迹的数学模型，根据数学模型，选择合适的控制方法，并进行控制系统的设计。

2　控制系统硬件设计

作为用于 T 型接头自动焊的施工设备，由于实现的马鞍形空间轨迹的焊接，控制对象多、数据运算量大，因此对系统的要求，首先要考虑到系统运算速度；另外其工作的环境条件比较恶劣，其施工进度控制严格、设备的现场维护较困难，还要考虑可靠性和耐用性。

2.1　控制方式的选择

由于导管架自动焊机要求的控制精度比较高，控制系统比较复杂，针对导管架自动焊机的控制特点，采用控制系统的分布式、开放性、模块化控制思想。对于多自由度机器人的计算机控制，存在集中控制和分布式两种方式，导管架自动焊机的控制包括各运动输入本身的控制和运动输入之间的协同控制，需要大量的计算资源，用单一的控制器来完成显然不现实，因此，控制系统必须是基于多个自主控制器的分布式协同控制系统结构。

2.2　控制系统逻辑结构设计

根据导管架自动焊机控制系统的设计思想以及导管架自动焊机控制策略实施的方便性和计算时间等问题，导管架自动焊机控制系统的逻辑结构如图4所示。

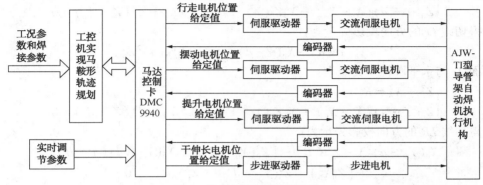

图4　控制系统的逻辑结构

在系统中采用了 GALILDMC9940 运动控制卡，通过在计算机上利用高级语言编程实现对运动系统的控制。运动控制器接口板输出的电机驱动信号直接传送给驱动元件，驱动元件根据输入的信号和细分参数的设置产生电机的控制电压，驱动电机旋转，把电机的高速低转矩运动转换为自动焊机关节需要的低速运动，增加电机的负载能力。

2.3　控制系统硬件结构设计

在输入工况参数和焊接参数以后，焊机控制系统首先通过运算得到期望轨迹，然后通过轨迹规划，把期望的运动轨迹转换为驱动关节的广义位置坐标。机器人控制系统通过检测编码器的反馈信号，并与给定目标位置相比较，根据两者间的误差不断产生控制作用，使焊机关节的实际位置运动到期望位置。轨迹规划和控制在上位机上由软件实现，控制输出由运动控制卡和驱动器完成，最终由电机执行。控制系统硬件结构如图5所示。

为了能实时确定自动焊机关节的运动状况，自动焊机各支路的驱动电机的输出轴上安装了编码器。编码器的输出信号连接到运动控制卡接口板的编码器输入端，在编程时可以通过接口函数实时读取编码器的输入信号，及时获得自动焊机关节运动过程中的实际位置。

3　控制系统软件设计

3.1　分布式控制系统设计

导管架自动焊机控制系统是基于 Microsoft Visual Studio 2008. Net 框架编写完成，程序代码采用托管处理，稳定可靠。导管架自动焊机采用了自适应原理编程，控制系统可以实现对工况参数、焊接参数的输入操作，并对现有的合理的系统配置文件进行系统参数载入操作。软件有两种显示模式，即状态参数显示模式与状态显示模式，导管架自动焊机控制系统还支持焊接中断操作，当出现焊接故障时可随时中断焊接过程，并进行中断位置示教记录与示教再现。针对焊接实际特点进行了各种可能情况的模拟与设置。

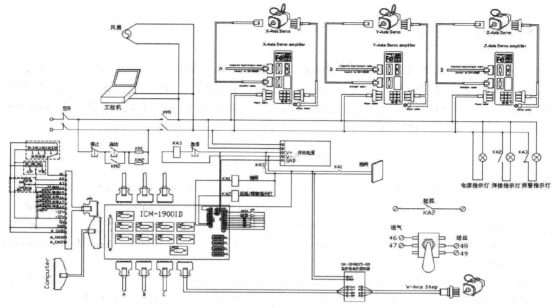

图 5　控制系统硬件原理图

3.2　控制流程设计

鉴于以上的控制功能与总体设计思想的需要，设计了自动焊机控制系统的软件流程图，如图 6 所示。首先利用轨迹规划生成焊接轨迹，然后采用设计的控制策略使焊枪跟踪焊接轨迹，将复杂的焊缝跟踪问题转化为电机的伺服控制问题。

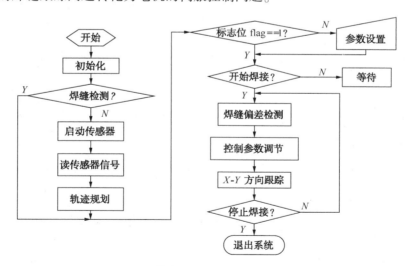

图 6　控制系统软件设计流程图

在实际焊接过程中，大电流引起的强电磁干扰会引起轨迹跟踪的偏差，从而导致跟踪不准或者焊枪不受控制的现象。针对较大的电磁干扰进行变参式控制系统设计，一方面利用参数的有针对性变化，可以削弱突然增大的阶跃式干扰信号，同时又可以将一定频率的干扰信号完全滤除；另一方面，在全位置焊接中变化的运动控制参数，能够是系统更加准确迅速地适应负载和速度的随机改变。

4　结论

本文以导管架 T 型接头分布式控制技术为基础，对 T 型接头空间运动轨迹进行分析，建立了焊接轨迹的数学模型，实现了多轴运动系统的自动控制。经验证，该控制系统能够实现导管架 T 型接头自动焊运动机构的精准控制，控制精度误差小于 1%，满足实际焊接对控制系统的要求。同时，该项技术可用于导管架 K 型、Y 型节点的自动焊接。

参 考 文 献

1　CAE awarded contract to build AW139 helicopter simulator for AgustaWestland［EB］. http：//www. skycontrol. net/flight-simulators/cae-awarded-contract-to-build-aw139-helicopter-simulator-for-agustawestland/.

2　V E Gough，S. G. Whitehall. Universal type test machine［C］. Proc. 9th Int. Tech. Congress FISITA，1962：117~137.

3　SWeikerta，WKnapp. R - test，anewdeviceforaccuracymeasurementsonfiveaxismachinetools［J］. Annalsofthe CIRP 2004，53：429~432.

4　郑阿奇 . VisualC++使用教程，第二版 . 北京：清华大学出版社 . 2003. 8.

5　陈朋超、闫政，等 . PAW2000 管道全位置自动焊机的研制与应用 . 管道科学研究论文选集（1999~2003），石油工业出版社，2003.

5　韩赞东，等 . 管道全位置焊接参数控制系统 . 焊接学报，2003；24(5)：1~3，9.

6　蒋淑英 . 基于 PMAC 的管道全位置焊机自动控制系统 . 电焊机，2002；32(9)：25~27.

双焊炬自动焊焊接接头 CTOD 断裂韧性试验研究

牛虎理[1,2]　毛静丽[3]　方忠涛[1,2]　王虎[3]

(1. 中国石油集团工程技术研究院；2. 中国石油集团海洋工程重点实验室；
3. 天津大港油田集团工程建设有限责任公)

摘要：根据 BS7448 断裂韧度试验标准，分别对海洋管线用 X65 钢双焊炬自动焊焊接接头自然冷却和喷淋冷却的低温(5℃)裂纹尖端张开位移(CTOD)进行了测试。取尺寸为 $B×2B$(B 为试样厚度)、缺口方向为 NP 的试样进行三点弯曲试验，然后由所得到的焊缝和热影响区(HAZ)的 $P–V$ 曲线来计算 CTOD 值，并对比自然空冷和喷淋冷却的焊接接头 CTOD 值，结果表明焊后喷淋对 CTOD 值没有显著影响。该试验结果为焊接方法、焊接规范参数和喷淋工艺参数的选择提供了重要依据。

关键词：裂纹尖端张开位移(CTOD)；断裂韧度；焊接接头；喷淋

海底管道通常采用铺管船法进行施工，对铺设速度要求较高，因而对焊接流水作业线的速度要求也较高，国内外逐步采用双焊炬自动焊技术。焊接完成后，要求短时间内即进行探伤、补口等作业，但是焊后焊接接头处于高温状态，无法进行探伤工序的操作，故需要快速降温，需增加特殊的喷淋工艺环节，以使焊接接头迅速降温达到超声探伤的要求。另外，由于管道服役温度通常较低，焊接过程常常使焊接接头的组织性能劣化及产生缺陷，使焊接缺陷处成为整个压力管道中最薄弱的部位，易产生裂纹起裂、扩展甚至失稳断裂，对此类管线的焊接质量要求很高。因此，有必要对焊接接头的低温韧性进行研究。

大量试验研究表明，CTOD(Crack Tip Opening Displacement 裂纹尖端张开位移)断裂韧度是评价钢材及焊接接头抗脆断特性的重要参量。与传统的夏比 V 型缺口冲击韧性比较，CTOD 更能有效准确地评价钢材的抗脆断能力。通过 CTOD 试验不仅可以进行材料韧度选择，还可以为评定结构的安全可靠性提供试验依据。目前在国内管线钢的设计、建造领域，尚未见到有关双焊炬自动焊焊接接头韧性方面的文献报道。本文针对双焊炬自动焊焊接接头 CTOD 断裂韧性开展试验研究具有重要意义。

1　试验概述

国际上由英国焊接研究所提出的测试断裂韧度 KIC、CTOD(δ) 和 JIC 的统一试验标准 BS7448，受到国际焊接学会的重视并予以推广应用。目前已被国际标准局(ISO)采纳，编号为 ISO/TC164/SC4-N400。其中 BS7448：1991-Part I《确定金属材料 KIC、临界 CTOD 和 J

积分的方法》与 BS7448：1997-PartⅡ《确定焊缝 KIC、临界 CTOD 和 J 积分的方法》试验标准已在工程界得到了普遍采用。本文依据该试验标准，对 X65 钢双焊炬自动焊焊接接头的焊缝和热影响区进行低温特征 CTOD 的测试。

为确保 CTOD 试验结果的可靠性，要求试验结果不但要满足国际上通行的英国 BS7448 标准，而且要符合挪威船级社 DNV-OS-C401 标准的相关规定。

2　试样制备

试验所用材料为 X65 管线钢，开 U 型坡口，5G 位置焊接，焊接方法为双焊炬自动焊下向焊打底、填充、盖面。焊接采用两台 FroniusTPS3200 对称施焊，层间温度控制在 200℃ 以下，制备带预制疲劳裂纹的三点弯曲(TPB)标准试样。

2.1　截取试样

根据试样尺寸为 $B×2B$，B 为试样厚度(mm)，缺口方向为 NP 的要求，在线切割机上从外径为 610mm、壁厚为 22.2mm 的管材上截取，然后对试样进行分组编号登记。CTOD 试样的位置如图 1 所示。试样应当定向，使其长度平行于管道轴线而且宽度位于圆周方向；因此，裂缝尖端线位于厚度方向。试样厚度应等于管壁厚度。与管壁有关的 CTOD 试样的机加工如图 2 所示。

图 1　CTOD 试样的位置

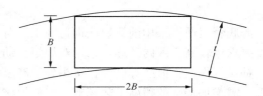

图 2　与管壁有关的 CTOD 试样的机加工

2.2　机械加工缺口

确定缺口位置，参照英国 BS7448 标准标记切割加工线，并且要求保证切割线所在平面与试样切割面的垂直角度为 90°±5°。焊缝试件划在焊缝金属区的正中间位置(WCL)；对 HAZ 试件，由于采用 U 型坡口、多层焊接，加上实际接头熔合线的不规则性，要保证疲劳裂纹尖端距熔合线的距离不超过 0.5mm 非常困难。经分析，最优的方案是过 $B/2$ 线与熔合线交点划线。在线切割机上用 0.08mm 的钼丝加工机械缺口。

在确定缺口位置时，须采用金相腐蚀剂显现出焊缝轮廓，以保证预制裂纹尖端分别位于焊缝金属和热影响区对应的位置。焊缝及热影响区试件的缺口位置分别如图 3 及图 4 所示。

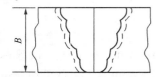

图 3　焊缝金属试样缺口位置

图 4　热影响区试样缺口位置

2.3 预制疲劳裂纹

采用高频疲劳试验机在室温下预制疲劳裂纹。在预制疲劳裂纹过程中，应随时观测、监控疲劳裂纹的扩展长度与方向，应控制裂纹不要扩展太快，在最后的 1.3mm 内，可以适当增大疲劳载荷比，以避免使试件表面裂纹扩展量大于试样内部扩展量太多。同时应保证最终的预制疲劳裂纹和线切割长度之和在 $0.45 \sim 0.70W$（焊缝和 HAZ）范围内，W 为试样宽度（mm）。未喷淋试样最终尺寸见表 1，喷淋处理后试样最终尺寸见表 2。

表 1 试样尺寸（5℃）

试样编号	试样厚度 B/mm	试样宽 W/mm	跨距 S/mm	初始裂纹长度 a_0/mm
1-H1	19.25	38.26		21.12
1-H2	19.24	38.36		19.54
1-H3	19.19	38.39	152	19.88
1-W1	19.24	38.27		19.21
1-W2	19.10	38.19		19.94
1-W3	19.30	38.30		20.05

表 2 试样尺寸（5℃）

试样编号	试样厚度 B/mm	试样宽 W/mm	跨距 S/mm	初始裂纹长度 a_0/mm
1-H4	19.09	37.85		20.37
1-H5	19.12	38.22		19.27
1-H6	19.09	38.25	152	19.52
1-W4	19.01	38.49		19.97
1-W5	19.06	38.04		19.94
1-W6	19.08	38.38		20.19

3 试验程序

试验在 1000kN 电液伺服万能试验机上完成，试验程序遵循 BS7448 标准规定，试验自动进行数据的采集与记录。

3.1 试验步骤

（1）用游标卡尺精确测量每个试件的 B、W 和 Z（刀口厚度），测量精度为 0.02mm。

（2）试验时先将试件浸在有珍珠岩填充物夹层的冷却槽中进行冷却，槽内盛有干冰、酒精低温介质。待温度达到 5℃后进行保温，每个试件均保温 20min 以上。试验过程当中低温介质液面超过试件上表面 2~3mm，并用温度计进行温度监控测量，温度变化控制在 ±2℃。

（3）采用一次加载方式直到试样失稳破坏，加载速率控制在 0.5~1.0mm/min 范围内，并同时记录试样载荷-位移（P-V）曲线。

（4）试样失稳破坏后，从低温箱中取出，对断口进行烘干处理后在试验机上快速压断试样。从断裂试样上取下断口用工具显微镜测量试件的裂纹长度，具体方法为：沿试件厚度方向取 9 个测试位置分别测量，其中最外侧的两个点位于距试件表面 1%B 处。然后在这两个

点之间等间距的取 7 个测试位置。采用下式计算平均裂纹深度

$$a_i = \frac{1}{8}\left(\frac{a_1 + a_9}{2} + \sum_{i=2}^{8} a_i\right)$$

（5）数据处理：根据 $P\text{-}V$ 曲线上的最大载荷值 $F(\mathrm{N})$ 得对应最大载荷时的塑性张开位移 $V_\mathrm{P}(\mathrm{mm})$；CTOD 的计算公式为

$$\delta = \left[\frac{FS}{BW^{1.5}} \times f\left(\frac{a_0}{W}\right)\right]^2 \frac{(1 - \nu^2)}{2\sigma_s E} + \frac{0.4(W - a_0)V_p}{0.4W + 0.6a_0 + z}$$

式中，弹性模量 $E = 2.1 \times 10^5 \mathrm{MPa}$，泊松比 $\gamma = 0.3$；B 为试样厚度，mm，W 为试样宽度，mm，$z = 2\mathrm{mm}$ 为刀口厚度，mm；S 为三点弯曲时的试样的跨度，mm；V_p 为 $P\text{-}V$ 曲线上对应最大载荷时的夹式引伸计塑性张开位移，mm；当计算 HAZ 的 CTOD 时，裂纹尖端处材料的屈服强度 σ_{ys} 取母材和焊缝金属中较大 σ_{ys}；其中焊缝的屈服强度 $\sigma_{ys} = 535\mathrm{MPa}$，热影响区的屈服强度 $\sigma_{ys} = 535\mathrm{MPa}$；$f(a_0/W)$ 为试样几何形状尺寸，计算公式为：

$$f\left(\frac{a_0}{W}\right) = \frac{3\left(\frac{a_0}{W}\right)^{0.5}\left[1.99 - \left(\frac{a_0}{W}\right)\left(1 - \frac{a_0}{W}\right)\left(2.15 - \frac{3.93a_0}{W} + \frac{2.7a_0}{W}\right)\right]}{2\left(1 + \frac{2a_0}{W}\right)\left(1 - \frac{a_0}{W}\right)^{1.5}}$$

3.2 有效性判别

BS7448 标准对焊接接头断裂韧度试样有效性规定，要求如下：①试样平均裂纹深度 $a_0 = 0.45 \sim 0.70W$，机械缺口宽度最大为 $0.065W$；②在断口上测量初始裂纹深度 a_0 时，要求任意两个裂纹深度的差值均不大于 $20\%a_0$；③在断口上预制疲劳裂纹的最小值应不小于 $1.3\mathrm{mm}$ 和 $2.5\%W$ 两者中的较大值；④预制疲劳裂纹扩展方向与垂直试样长度方向的夹角应不大于 $10°$；⑤对于热影响区试件，还需对断口晶粒进行金相分析，从而确定裂纹尖端在粗晶区的试验结果才为有效；⑥当出现 "pop-in"（突跃）现象时，由载荷下降导致的位移增加小于 1% 时可忽略不计，大于 1% 而小于 5% 时，进行断口金相分析以确定裂纹起裂的有效区域，大于 5% 时确定为裂纹起裂，并以此时载荷计算 CTOD 值。

4　试验结果及讨论

典型的载荷—位移曲线如图 5 所示。

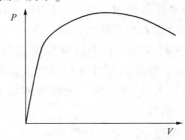

图 5　典型的载荷—位移曲线

5℃温度下焊缝金属和热影响区的 CTOD 计算结果分别如表 3 及表 4 所示。

表3 5℃下未喷淋试样断裂韧度结果

	试样编号	CTOD/mm	试件有效性判定
HAZ	H1	1.7637	有效
	H2	1.5054	有效
	H3	1.9970	有效
焊缝	W1	1.0438	有效
	W2	0.7418	有效
	W3	0.8178	有效

表4 5℃下喷淋试样断裂韧度结果

	试样编号	CTOD/mm	试件有效性判定
HAZ	H4	1.6302	有效
	H5	1.5705	有效
	H6	1.2341	有效
焊缝	W4	0.8472	有效
	W5	0.2008	有效
	W6	0.5860	有效

典型试样的宏观断口形状如图6所示。

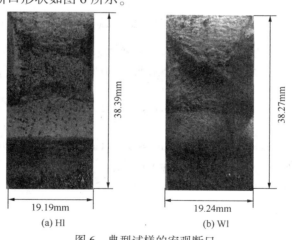

(a) H1   (b) W1

图6 典型试样的宏观断口

由试验结果可知，试验中的12件试样都获得很好的裂纹前缘形状，全部试样裂纹前缘任意两个裂纹深度的差值都小于 $20\%a_0$，a/W 均小于 0.7，完全符合 BS7448 标准的规定，全为有效试件。按照国际通用的海洋结构物建造和试验规范 DNV-OS-C401 的规定，若三个有效试样的 CTOD 值都不小于 0.15mm 为合格。则由表3及表4可知，无论喷淋还是未喷淋试样，三个有效 HAZ 试样的 CTOD 值都大于 0.15mm，故符合规范要求；三个有效焊缝试样的 CTOD 值都大于 0.15mm，因此三个焊缝试样也都符合规范要求。同时，对比自然空冷和喷淋冷却的焊接接头 CTOD 值，结果表明焊后喷淋对 CTOD 值没有显著影响。

试验结果表明：X65 钢双焊炬自动焊焊接接头的 CTOD 值较大，断口呈现韧性断裂。这表明焊接接头具有良好的低温韧性，能较好地满足海洋管线服役性能的要求，选用的焊接方法和工艺可用于海底管线的建造施工。

海底管线焊接的关键之一是保证焊接接头有足够的低温韧性。为了控制其韧性，必须合理地设计焊接工艺，严格控制焊接热输入，以获得具有良好韧性组织的焊缝。用 CTOD 试验评价焊接接头韧性，效果良好，CTOD 试验可以指导焊接材料、母材的选择及焊接工艺的制订，为结构安全可靠性的评定提供试验依据。总之，应用 CTOD 试验评价焊接接头的韧度具有重要的工程实用价值。

5　结论

(1) X65 钢双焊炬自动焊焊接接头的 CTOD 值较大，断口呈现韧性断裂。选用的焊接方法和工艺可用于海底管线的建造施工。

(2) 焊后喷淋冷却对 CTOD 值没有显著影响。从总体上看，热影响区的 CTOD 值一般大于焊缝金属区的值，即热影响区的低温断裂韧性要好于焊缝，因此焊缝是结构最薄弱的部位。

(3) 应用英国 BS7448 断裂韧度试验标准，对 X65 钢双焊炬自动焊焊接接头焊缝和 HAZ 的 CTOD 断裂韧性进行了试验研究，该试验结果为焊接方法和焊接规范参数的选择提供了重要依据。

参 考 文 献

1　霍立兴，焊接结构的断裂行为及评定[M]，北京：机械工业出版社，2000.46~77.
2　邓彩艳，张玉凤，霍立兴，等，X65 管线钢焊接接头 CTOD 断裂韧度，焊接学报[J]，24(3)，2003，6，13~16.
3　BS 7448：Part 1：1991，Fracture mechanics toughness tests. Part 1. Method for determination of KIC, critical CTOD and critical J values of metallic materials[S].
4　BS 7448：Part 2：1997，Fracture mechanics toughness tests. Part 1. Method for determination of KIC, critical CTOD and critical J values of welds in metallic materials[S].
5　DNV-OS-C401，Fabrication and testing of offshore structures[S]，2001.

基于 LabVIEW 摆动式电弧焊缝跟踪技术研究

马新军[1,2]　龙斌[1,2]　唐德渝[1,2]　王克宽[1,2]　刘明珠[1,2]

（1. 中国石油集团工程技术研究院；2. 中国石油天然气集团公司海洋工程重点实验室）

摘要：基于 APW-2 自动焊系统，设计出焊接参数采集和处理系统；并采用 LabVIEW 图形化编程语言实现了焊接参数的采集、滤波、显示和存储；最后，提出电流局部积分法，显著提高了摆动电弧传感器的精度。

关键词：电弧传感；LabVIEW；焊缝；跟踪

1　前言

自动化焊接设备是提高焊接质量，提高生产率，节省人力的重要手段。实现焊接过程的自动化关键是研制一套高效率的焊缝跟踪系统。所谓焊缝跟踪系统，就是焊枪沿焊缝自动导向，使电弧中心实时的自动瞄准焊缝中心，也称为自动对中，是实现电弧焊接自动化的重要环节。焊缝跟踪系统由三部分组成：传感器、控制系统、执行机构。焊缝跟踪系统中传感器是最重要的组成部分，目前国内外对焊缝跟踪系统的研究也都是基于传感器的选择方面。主要包括：电子式传感器、光学式传感器、电弧式传感器和电磁感应式传感器。

其中电弧式传感器最具研究价值和应用前景。电弧传感器主要分为摆动式跟踪、旋转式跟踪和前后式跟踪三种形式，摆动式跟踪传感器应用最为广泛。

本文以摆动式跟踪传感器为研究对象，针对传统摆动式电弧传感器精度太低的问题，通过对摆动式电弧跟踪关键技术进行理论和实验分析，最终，通过局部积分法，并结合基于 LabVIEW 数据采集处理系统，设计出一种性能稳定，精度较高的摆动式电弧传感器。

2　电弧传感器基本工作原理

在使用等速送丝配合恒压或缓降外特性的焊接电源时，由于电弧的自调节作用，弧长的变化可以引起电弧参数的变化，从而获取电弧扫描时焊枪高度的变化，并根据焊炬与焊缝的几何关系推导出焊炬与焊缝的相对位置等被传感量。电弧传感器的基本原理就是利用焊炬高度的变化而引起的焊接电流参数变化来探测焊枪相对焊缝的高度和左右偏差的。图 1 说明了焊枪导电嘴与工件表面距离变化引起焊接参数变化的过程。在整个变化过程中主要有两个状态过程，即调节过程的动态变化和新的稳定点建立后的静态变化。静态变化的原因是由于电弧的自调节特性，动态变化是由于焊丝的熔化速度受到限制。当电弧沿着焊缝的垂直方向扫描时，焊接电流将随着扫描引起的焊枪高度的变化而变化，从而获得焊缝坡口信息，达到传感的目的。当扫描速度较小时，电弧在坡口的任意位置都会达到平衡，即始终处于变化量较小的静态变化中；当扫描速度较大时，在坡口的某些位置不能及时达到平衡，即处于变化量较大的动态变化中。图1为摆动式电弧跟踪传感器工作过程中，理论电流变化过程。

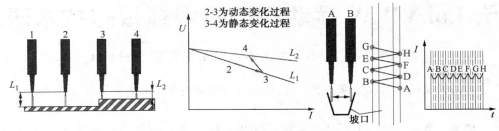

图1　摆动式电弧跟踪传感器工作过程

3　传感信号的处理

3.1　电弧信号积分差值法的工作原理

本电弧传感器主要是针对梯形坡口工作进行焊缝跟踪的，通常采用积分差值法来判断焊枪的移动方向和偏移量。图2为焊枪摆动时位于坡口中心和偏向两侧时的理想电流波形。积分差值法的工作原理为：以控制系统设定的摆动中心为基准，对左、右摆动时间内的电流分别进行离散积分，将两个积分面积进行比较，便可得到焊枪摆动中心相对于焊缝坡口中心的偏移方向的和偏移量的大小。这样一来，即使焊接过程中可能出现尖峰干扰，也已经分摊到整个左摆或右摆周期，使其影响大大减小，同时又可以不必考虑焊接电流脉冲的变化，从而有效地保证了判断的可靠性。

图2　焊枪偏移时，焊接电流变化曲线

3.2　基于APW-2自动焊机焊接参数采集和处理系统

为了对摆动电弧跟踪传感器性能测试，基于APW-2自动焊系统，设计出焊接参数采集和处理系统。APW-2是中国石油集团工程技术研究院研发的自动焊系统，适用于管道根焊、热焊、填充焊和盖面焊接。焊接过程中，摆动幅度、摆动频率、焊接速度、电流、电压以及气体配比均可调节。此外，由于该自动焊接系统中焊枪位置通过PLC控制伺服电机调节，所以可以方便从PLC控制器中提取出焊接过程中焊枪的精确位置，这对研究焊枪位置和电流信号之间的关系具有重要意义。实验中设计的焊接参数采集系统如图3所示。该自动焊接系统主要由弧焊系统(包括焊机、焊枪和保护气)，小车控制系统和数据采集系统组成。选用研华公司USB4716数据采集卡，16位分辨率模拟输入，采样速率高达200kS/s，8路DI，8路DO，2路AO和1路32位计数器。焊接电流和电压通过放置在焊机里的高精度电流传感器和电压传感器获得。焊枪位置信号，通过PLC以串口通信的方式发送到PC中。数据采集卡采集到的焊接信号也通过PC显示和存储。PC中的数据采集程序采用LabVIEW软件进行编辑。

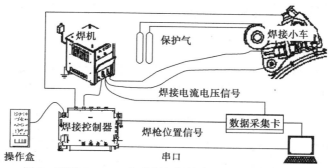

图 3　基于 PWM-2 自动焊机焊接参数采集和处理系统

3.3　Lab VIEW 数据采集和处理程序

Lab VIEW 是以图形化编程语言和集成开发环境为标志的虚拟仪器技术。采用虚拟仪器技术构建测试仪器，具有开发效率高，可维护性强，测试精度、稳定性和可靠性等能够得到充分保证，具有很高的性能价格比。在 LabVIEW2010 虚拟仪器开发平台上，对应摆动电弧传感焊炬的特性，编程设计了摆动电弧跟踪控制监测系统，系统软件采用分层事件驱动方式，通过用户在前面板对数据流进行干预实现操作控制。系统包括电弧传感焊接电参数监测控制、扫描跟踪焊炬的速度控制、焊接位置等。LabVIEW 提供了对多种数据采集产品的软件支持，因此很容易实现数据采集功能。通过 LabVIEW 数据 USB 数据采集模块和串口数据采集模块，分别采集数据采集卡中电流电压信号和 PLC 中焊炬位置信号。由于焊接过程中，对焊接电流和电压信号干扰较多，因此，本实验中，通过从 LabVIEW 编程软件滤波器模块中选择中值滤波器对电压和电流信号进行滤波处理。试验中的 LabVIEW 数据采集界面和采集到的电流信号如图 4 所示。

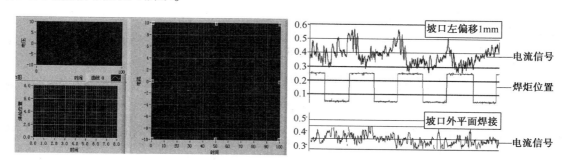

图 4　数据采集界面和采集到的电流信号

图 4 左右部分分别为焊炬在坡口左偏移 1mm 时电流信号以及坡口外平面焊接时电流信号。图 4 中焊炬信号为高电位时，表示焊炬向右摆动；当焊炬信号为低电位时，表示焊炬向左摆动。如图 4 所示，当焊炬左偏时，焊炬摆到最左端(图中红线上升沿)时，电流明显增大。这说明以上理论部分的正确性。但是，由图中可知，无论是坡口内焊接还是坡口外平面焊接，电流信号波动都较大。主要原因如下：

（1）实验系统的参数调节难以确定。电源特性，电弧气氛，规范工艺，扫描频率和范围等参数都有一定波动。

（2）坡口融化和铁水的影响，熔滴过渡影响以及电弧飞溅影响。

以上干扰因素造成的信号波动单纯的通过滤波不可能完全去除，所以只能通过改进信号处理方式加以改善。

3.4 电流局部积分法

当焊炬在坡口外平面焊接时，因 3.3 中指出的干扰因素导致的焊炬中心位置左右两边的积分偏差（由于在平面焊接，所以误差不受坡口形状影响）可以表示为：

$$E_1 = K \times X$$

式中，X 表示焊炬中心位置左侧（或右侧）积分距离。K 为单位距离偏差期望值。由该式可知，当焊炬摆幅越大，积分距离 X 越大，干扰因素产生偏差 E 的可能性越大。

当不考虑干扰因素对电流信号产生的影响时，由坡口形状和焊炬偏移导致的积分偏差可以表示为：

$$E_2 = SL - SR = L - R$$

式中，如图 5 所示，SL 为焊炬中心位置左边电流积分值，SR 为焊炬中心位置左边电流积分值；L 为左侧坡口变化区间电流积分，R 为右侧与 L 对称部分电流积分值。

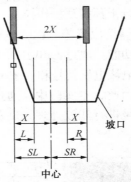

图 5 电流积分位置示意图

根据 3.1，传统积分方法得到积分偏差为：

$$E = E_1 + E_2 = K \times X + L - R$$

如果左右积分区间仅选择，L 和 R 区间，可以得到，干扰因素导致的焊炬中心位置左右两边的积分偏差变为：

$$E_1 = K \times a$$

式中，a 为积分区间 L 或 R 的宽度。

则
$$E = K \times a + L - R$$

显然，这种局部积分方法得到的偏差结果，更能突出实际焊炬偏移因素。因此，该方法在理论上具有更高的灵敏度。

4 传感器性能测试

为了验证局部积分法的正确性，可以通过实验与传统积分方法做对比。实验中依然采用 3.2 提出的 PWM-2 自动焊机焊接参数采集和处理系统，实验坡口为梯形坡口，扫描频率为

5Hz，二氧化碳和氩气气体配比为 1∶5，设定焊接电压为 40V，焊接电流为 220A，焊丝直径为 1mm。通过实验，最终确定局部积分区间为整个摆幅的 0～25% 部分和 75%～100% 部分。实验结果如图 6 所示。

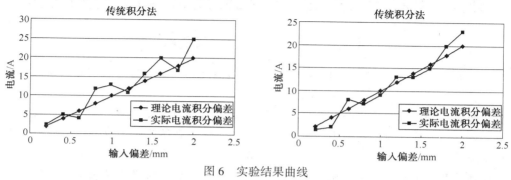

图 6　实验结果曲线

如图 6 所示，局部积分法得到的获得更高的传感精度。验证了理论的正确性。

5　结论

本文基于 APW-2 自动焊系统，设计出焊接参数采集和处理系统；并采用 LabVIEW 图形化编程语言实现了焊接参数的采集、滤波和显示；最后，提出电流局部积分法，显著提高了摆动电弧传感器的精度。以上工作都是电弧跟踪技术的研究的基础工作，对于电弧跟踪技术的发展具有重要意义。

参　考　文　献

1　陈强，解云龙，廖宝剑，等 . 机械系统的微机控制[M]. 北京：清华大学出版社，1998.

2　邓焱，王磊，傅琦，等 .LabVIEW7.1 测试技术与仪器应用[M]. 北京：机械工业出版社，2004.

3　潘际銮 . 现代弧焊控制[M]. 北京：机械工业出版社，2000.

4　杨乐平，李海涛，赵勇，等 .LabVIEW 高级程序设计[M]. 北京：清华大学出版社，2003.

5　O. Mihalache, R. Grimberg, E. Radu, A. Savin, Finite element numerical simulation for eddy current transducer with orthogonal coils, Sens. Actuators A：Phys. 59 (1997) 213～218.

6　J. -H. Shin, J. -W. Kim, A study of a dual-electromagnetic sensor for automatic weld seam tracking, J. KWS 18 (4) (2000) 483～488.

海洋天然气水合物开采技术与前景展望

曹文冉[1,2]　叶松滨[1,2]　刘振纹[1,2]

(1. 中国石油集团工程技术研究院；2. 中国石油天然气集团海洋工程重点实验室)

摘要： 海洋天然气水合物分布广泛、资源丰富而且清洁高效，是 21 世纪最理想、最具商业开发前景的新型战略能源。本文介绍了海洋天然气水合物的形成机理和显著特点，梳理了海洋天然气水合物的开采技术和发展方向，总结了全球天然气水合物的开发现状和发展前景，同时针对我国天然气水合物研究现状提出了确定勘探开发区域、设立全国协调机构、加强国际交流合作等建议。

关键词： 天然气水合物；开采技术；发展前景

1　引言

天然气水合物因其外观类似冰雪而且遇火可以燃烧，所以俗称"可燃冰"。它是在一定外界环境作用下，由天然气与水分子在高压和低温条件下合成的一种固态结晶物质，其主要成分为甲烷。据初步估算，全球天然气水合物总资源量约为 $2.1 \times 10^{16} m^3$，是煤、石油和天然气资源总量的 2 倍，足够人类使用千年以上，因此，天然气水合物作为一种绿色高效的新能源，很可能成为 21 世纪最具商业开发前景的战略资源。

天然气水合物主要分布在海洋沉积物和陆地永久冻土带中，其中 99% 存在于海底，范围从 300~500m 的浅水区直至 4000m 以上的深水区，分布面积高达 $4 \times 10^7 km^2$，约占地球海洋总面积的 1/4。截止 2011 年，全球已累计发现 116 处天然气水合物矿区，其中我国东海和南海海域资源总量约为 $6.84 \times 10^{13} m^3$。如果得到规模开采，不仅能够缓解我国能源供应日益紧缺的局面，而且可以为经济社会可持续发展提供强有力的支撑。

本文从海洋天然气水合物的形成机理出发，概括了海洋天然气水合物的显著特点，梳理了海洋天然气水合物的开采技术，总结了全球天然气水合物的发展前景，同时针对我国天然气水合物研究现状提出了确定勘探开发区域、设立全国协调机构、加强国际交流合作等建议。

2　海洋天然气水合物基本特点

海洋生物和微生物死后沉入海底，经过细菌分解成为甲烷、乙烷等可燃气体进入海底的沉积岩，在一定条件下与水结合就可能形成天然气水合物，一般要满足 3 个基本条件：

(1) 温度不能太高：通常在 0~10℃时生成，超过 20℃便会分解；

(2) 压力要足够大：0℃时 30 个大气压以上方可生成；

（3）地下要有气源：海底的有机物沉淀经过生物转化要产生充足的气源。

海洋天然气水合物有以下几个显著特点：

1）分布区域广泛

海洋天然气水合物在自然界广泛分布于岛屿斜坡地带、大陆边缘隆起处、极地大陆架以及深水海洋盆地（图1）。目前，全球已累计发现116处潜在的天然气水合物矿区（图1），其中78处在海洋中，主要分布在大西洋的墨西哥湾、加勒比海、南美东部陆缘、非洲西部陆缘和美国东海岸外的布莱克海台等，西太平洋的白令海、鄂霍茨克海、日本海、我国东海和南海、苏拉威西海和新西兰北部海域等，东太平洋的中美洲海槽、美国加州外海和秘鲁海槽等，印度洋的阿曼海湾，南极的罗斯海和威德尔海，北极的巴伦支海和波弗特海，以及大陆内的黑海和里海等。

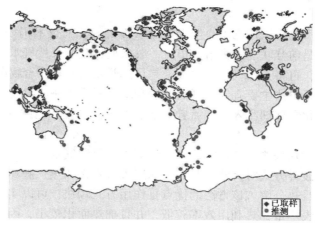

图1　全球海洋天然气水合物资源分布情况

2）资源总量丰富

据专家估计，全球天然气水合物资源总量可达 $2.1×10^{16} m^3$，其碳含量已经超过所有已探明化石燃料碳含量总和的2倍，其中海洋储量约占99%，分布面积达 $4×10^7 km^2$，占地球海洋总面积的1/4。由于天然气水合物具有非渗透性，常常可以作为其下层游离天然气的封盖层，因此实际天然气蕴藏量可能会更大。据美国水合物能源国际2011年评价，全球砂岩中较高饱和度水合物地质储量中值为 $1.23×10^{15} m^3$。粗略估算，我国天然气水合物资源总量约为 $8.4×10^{13} m^3$，其中南海海域、东海海域分别约为 $6.5×10^{13} m^3$ 和 $3.4×10^{12} m^3$。

3）使用清洁高效

天然气水合物的成分与常规天然气十分相近，但更为清洁纯净，燃烧后几乎不会产生任何有害物质和废弃物。开采时只需将固体的天然气水合物升温减压就可释放出大量的甲烷气体，在标准状况下，1单位体积的天然气水合物分解最多可产生164单位体积的甲烷气体，为普通天然气的2~5倍。

4）生态影响巨大

尽管天然气水合物在资源方面十分重要，但是如果不能有效控制其开发利用，就可能产生一系列环境问题。首先，天然气水合物中富含甲烷，大致是大气中甲烷总量的3000倍，而甲烷的温室效应比二氧化碳强21倍，如果开采不慎使大量甲烷进入大气，必然会进一步加速全球变暖进程；其次，天然气水合物常以固态胶结物形式赋存于岩石孔隙中，一旦分解将会产生大量的水,从而释放岩层孔隙空间,降低海底岩石强度,使地层固结性变差,引发滑坡、地震、海啸等地质灾害;最后,如果开采失控使大量天然气释放到海洋中,不仅会造成海水汽化,引发海水动荡和气流负压卷吸作用,还会导致生物礁退化,生物群落萎缩,破坏海洋生态平衡。

作为煤、石油、天然气等常规能源的替代品,天然气水合物很可能成为 21 世纪最理想、最具商业开发前景的海洋新型能源。但是,天然气水合物明显具有双重性,既具有巨大的资源价值,也具有严重的环境隐患。因此,天然气水合物的开采既是海洋工程的一个巨大挑战,也是海洋环境影响评价的研究重点。

3　海洋天然气水合物开采方法

尽管全球天然气水合物储量巨大,但天然气水合物的开采技术仍处于探索和实验阶段,唯一的工业开采案例是前苏联麦索雅哈气田。一般来说,改变天然气水合物稳定存在的温度及压力,造成其分解,再将天然气采至地面,是目前开发天然气水合物的主要方式。

天然气水合物开采方法主要有传统开采方法和新型开采方法两大类,前者包括热激发开采法、减压开采法和化学试剂注入法,后者包括水力压裂法、CO_2 置换法和固体开采法。

1) 热激发开采法

热激发开采法简称热采法,是研究最多、最深入的天然气水合物开采方法。它是通过注热、火驱、电磁、微波等方式对天然气水合物储层进行直接加热,破坏储层的温度平衡,从而促使天然气水合物受热分解。该方法的优点是作用方式较快,可以实现连续注热;不足之处是加热过程中热损失严重,热利用效率较低,并且加热面积较小,因此尚需在实际应用过程中进一步完善。

2) 减压开采法

减压开采法是目前认为最为经济有效的天然气水合物开采方法。它是通过降低天然气水合物储层压力促使其快速分解的开采方法,减压途径主要有两种:一是采用低密度泥浆钻井达到减压目的,二是通过泵出天然气水合物层下方的游离气或其他流体来降低储层压力。该方法具有成本低、间断激发等优点,适用于天然气水合物的大面积快速开采;但它也有一定的局限性,要求天然气水合物矿藏必须处于温度和压力平衡边界附近。

3) 化学试剂注入法

化学试剂注入法是将某些化学试剂(如甲醇、乙醇、乙二醇、氯化钙等)注入到天然气水合物储层中,打破矿藏的相平衡条件,促使天然气水合物分解。前苏联麦索雅哈气田曾在开采初期向两口井底部层段注入甲醇使得产量增加了 6 倍。尽管该方法可以降低成本投入,但是化学试剂不可避免会对储层产生伤害,可能会对当地生态环境造成破坏。因此,这种方法应用的范围比较有限,目前对其投入的研究已经很少。

4) 水力压裂法

水力压裂法是利用温度相对较高的海水由高压泵通过注入井注入天然气水合物储层,在加热储层的同时使其产生人工裂缝,为分解气体提供运移通道,然后通过气—水分离器将流出的气、水两相流体分离,将气体加工后直接输出。该方法可以通过人工控制增加储层裂隙,促进储层压力降低,同时温热海水提供分解所需热量,普遍认为这种方法是一种强化的综合热采法与减压法的新开采方法。

5）CO_2置换法

CO_2置换法是向天然气水合物储层内注入CO_2气体，由于CO_2水合物的生成条件比CH_4水合物的压力要低而温度略高，导致储层压力下降、温度上升，从而有效保证储层稳定并使天然气水合物分解反应持续下去。康菲和卑尔根大学实验研究表明：CO_2能够替换水合物结晶中的CH_4，置换率高达70%，而且置换过程中没有观测到自由水的出现。因此，CO_2置换法日益受到政府部门和石油业界的青睐。

6）固体开采法

固体开采法是通过开采装置直接采集海底固态天然气水合物，然后将采集到的固态天然气水合物集合到某个区域进行控制性分解。该方法首先通过开采装置将天然气水合物原地粉碎分解为气、液、固三相混合物，形成混合泥浆，然后将这种混合泥浆通过竖直管道输送到作业船或生产平台进行处理，最终将水合物彻底分解并获取天然气。

目前，减压法和CO_2置换法是最具发展前景的开采方法，也是室内研究和重大现场试验的重点。2008年，加拿大、美国、日本等先后在麦肯齐三角洲地区进行了水合物联合开采实验，证明了减压法开采效率更高、成本更低；2012年，美国能源部、日本国家油气金属公司及康菲石油公司共同在阿拉斯加北坡应用CO_2置换法结合减压法对水合物进行了成功开采；2013年3月12日，日本同样采用减压法从爱知县和三重县近海海域地层蕴藏的水合物中成功分离出了天然气。

尽管如此，由于天然气水合物开发是一个系统工程，涉及地质钻探、地球物理、地球化学、流体动力学、热力学等众多学科，加之受钻井技术、开采成本、环境风险等方面的影响，因此全球迄今尚未实现规模化的商业开采。

4 海洋天然气水合物前景展望

自1810年英国科学家戴维首次在实验室发现天然气水合物以来，国际上对天然气水合物的研究大致经历了实验研究（1810~1934年）、管道堵塞与防治研究（1934~1969年）、资源调查研究（1969~2002年）和试验开采（2002年至今）4个阶段。目前已有30多个国家和地区相继制定了天然气水合物研究计划，并开展了一系列调查研究和钻探试采，如美国、俄罗斯、日本、加拿大、巴西、秘鲁、刚果、印度、巴基斯坦、德国、韩国、新西兰等，其中美国和日本一直处于国际先进水平。

4.1 美国

美国是开展海洋天然气水合物研究最早的国家，目前处于世界领先地位。从20世纪60年代开始，美国先后主持和组织实施了深海钻探计划、国际大洋钻探项目和大洋钻探计划，其确定的识别海洋天然气水合物的地震标志——似海底反射层（BSR）被广泛应用。1981年陆续投入800万美元制定了天然气水合物10年研究计划。1998年，美国参议院能源委员会通过了"天然气水合物研究与资源开发计划"，把天然气水合物资源作为国家发展的战略能源列入长远计划，每年投入2000万美元，要求2015年实现商业性开采。2005年以来，美国先后在墨西哥湾海域实施了多次钻探研究，证明了砂层水合物具备开采潜力（图2）。2013年美国能源部又启动了新的水合物研究项目。

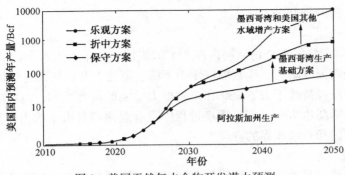

图 2　美国天然气水合物开发潜力预测

　　根据美国国家石油委员会的预测，2050 年前实现墨西哥湾海洋天然气水合物的大规模开发，同时具备大西洋和太平洋大陆架等海域的开发潜力，年产量有望达到 2.83×10¹¹m³。

4.2　日本

　　日本对天然气水合物的开发和利用高度重视，早在 1995 年就成立了天然气水合物开发促进委员会，先后启动了"天然气水合物研究及开发推进初步计划"和"开发利用天然气水合物"国家计划，计划投入 6 亿美元。1998 年，与加拿大和美国合作，在麦肯齐三角洲马利克地区实施了世界首个陆上冻土区水合物钻探工程。2000 年，又制定了 21 世纪天然气水合物研究开采计划(MH21)(图 3)，分三个阶段逐步实施，计划 2018 年实现大规模商业性生产。根据该计划，日本在 2002 年和 2008 年与加拿大两度合作对马利克地区进行了水合物试采，累计产气约 1.3×10⁴m³，同时在卡斯卡迪海域钻获了实物样品；2012 年 2 月 15 日，日本首次在本国近海进行水合物试采，次年 3 月 12 日利用"地球号"探测船从爱知县渥美半岛附近约 1000 米的海底钻入 330m，成功从水合物中分离出甲烷气体。

图 3　日本近海地区 BSR 显示分布及试采区域

　　作为世界上首个掌握海底可燃冰采掘技术的国家，日本近海海域天然气水合物分布极其广泛，蕴藏量足够其使用 100 年，仅爱知县试采海域的储量就可供使用 10 年以上。

4.3　中国

　　与国外相比，我国在天然气水合物方面的室内研究和海陆调查起步较晚，不过在天然气水合物勘探研究过程中，下列事件是具有代表性的：1990 年，中科院开展人工合成天然气水合物实验，取得成功；1997 年，完成了国内首个天然气水合物课题《西太平洋气体水合物找矿前景与方法调研》研究，认为东海和南海具备水合物的成藏条件和找矿前景；1998年，国家863计划820主题设立了《海底气体水合物资源勘查的关键技术》课题，同年正式加入大洋钻探计划，并于次年首次在南海北部陆坡区和西沙海槽识别出BSR分布区；2004年，在南海北部发现了世界上规模最大的水合物碳酸盐岩区–九龙甲烷礁（总面积约430km^2），并采集到了海底浅表层的水合物样品；2007年5月，在南海神狐海域首次成功钻获水合物实物样品，我国也因此成为继美国、日本、印度之后第4个获取实物样品的国家；2009年，首次在青海祁连山南缘取得了天然气水合物样品，成为继加拿大、美国之后第3个通过国家级钻探计划发现陆上可燃冰的国家。2010年，制定了天然气水合物开发发展战略，按照资源勘查（2011～2020年）、开发试生产（2020～2030年）和商业性生产（2030～2050年）三个阶段，循序渐进推进水合物勘探研究工作（图4）。

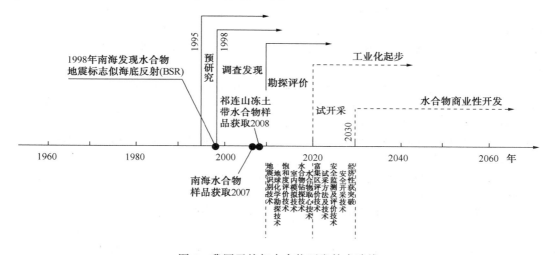

图4　我国天然气水合物开发技术路线

2013年9月，我国在广东珠江口盆地东部海域首次钻获高纯度新类型天然气水合物样品，赋存于水深600～1100m的海底以下220m内的矿层中。通过实施23口钻探井，控制天然气水合物分布面积55km^2，控制储量可达$1.5×10^{11}m^3$，相当于特大型常规天然气规模。这是我国天然气水合物开发领域的又一次重大突破，标志着我国成功跻身全球天然气水合物研究开发前列。

5　结束语

本文介绍了海洋天然气水合物的形成机理和显著特点，梳理了海洋天然气水合物的开采技术和发展方向，总结了全球天然气水合物的开发现状和发展前景。通过国内外技术对比分析，得到如下启示与建议：

1）确定勘探开发区域，适时推进试验开采

迄今为止，我国对水合物成藏动力学、成藏体系、沉积层岩石物理等方面的研究仍不深入，不妨确定勘探开发试验区，重点开展共性技术研究和现场试验开采，摸清资源潜力，做好资源评价，为下一步规模开发做好储备。

2）设立全国协调机构，搭建统一研究平台

目前，国内从事天然气水合物的科研院所众多，不可避免会重复研究，可以效仿美国、日本等做法，设立国家层面的天然气水合物协调机构，搭建统一研究平台，明确牵头组织部门和重点企业，制定整体发展规划，并落实相关责任和监管。

3）加强国际交流合作，形成自主知识产权

在天然气水合物勘探开发方面，美国、加拿大、俄罗斯、日本等已经具有比较成功的试采经验，我们可以加强与这些发达国家、国际科研机构及石油公司的交流合作，引进消化吸收国外相对成熟的技术，逐步形成具有自主知识产权的成套工艺。

参 考 文 献

1 刘鑫，潘振，王荧光，等．天然气水合物勘探和开采方法研究进展[J]．当代化工，2013，42(7)：958~960.

2 梁永兴，曾溅辉，郭依群，等．神狐钻探区天然气水合物成藏地质条件分析[J]．现代地质，2013，27(2)：425~434.

3 潘一，杨双春．天然气水合物研究进展[J]．当代化工，2012，41(4)：401~404.

4 Milkov A. V., Global Estimates of Hydrate-bound Gas in Marine Sediments：how much is really out there [J]. Earth-Science Reviews, 2004, 66: 183~197.

5 Kvenvoden K. A. Methane Hydrate-A Major Reservoir of Carbon in the Shallow Geosphere [J]. Chemical Geology, 1988, 71(1): 45~51.

6 宋广喜，雷怀玉，王柏苍，等．国内外天然气水合物发展现状与思考[J]．国际石油经济，2013，11：69~76.

7 张洪涛，张海启，祝有海．中国天然气水合物调查研究现状及其进展[J]．中国地质，2007，34(6)：953~961.

8 Ray Boswell. Working Document of the NPC Global Oil & Gas Study. Topic Paper #24 Hydrates, 2007.

9 张焕芝，何艳青，孙乃达，等．天然气水合物开采技术及前景展望[J]．石油科技论坛，2013，32(6)：15~19.

10 徐文世，于兴河，刘妮娜，等．天然气水合物开发前景和环境问题[J]．天然气地球科学，2005，16(5)：680~683.

11 许红，黄君权，夏斌，等．最新国际天然气水合物研究现状与资源潜力评估(上)[J]．天然气工业，2005，25(5)：21~25.

12 许红，黄君权，夏斌，等．最新国际天然气水合物研究现状与资源潜力评估(下)[J]．天然气工业，2005，25(6)：18~23.

13 吴必豪，张光学，祝有海，等．中国近海天然气水合物的研究进展[J]．地学前缘，2003，10(1)：177~188.

14 徐兴恩，蒋季洪，白树强，等．天然气水合物形成机理与开采方式[J]．天然气技术，2010，4(1)：63~65.

15 金庆焕，张光学，杨木壮，等．天然气水合物资源概论[M]．北京：科学出版社，2006.

16 姚伯初．南海天然气水合物的形成条件和分布特征[J]．海洋石油，2007，27(1)：1~10.

17 Johnson A H. GlobalResource Potential of Gas Hydrate [J]. AAPG Annual Convention and Exhibition, Houston, Texas, USA, April 10-13, 2011.

18 张永勤．国外天然气水合物勘探现状及我国水合物勘探进展[J]．探矿工程，2010，37(10)：1~8.

19 张金川，张杰．天然气水合物的资源与环境意义[J]．中国能源，2001，(11)：28~30.

20　戚学贵，陈则韶．天然气水合物研究进展[J]．自然杂志，2004，23(2)：81．

21　方银霞，金翔龙，黎明碧．天然气水合物的勘探与开发技术[J]．中国海洋平台，2002，17(2)：11～15．

22　李淑霞，陈月明，杜庆军．天然气水合物开采方法及数值模拟研究评述[J]．中国石油大学学报(自然科学版)，2006，30(3)：146～150．

23　赵建忠，石定贤．天然气水合物开采方法研究[J]．矿业研究与开发，2007，27(3)：32～34．

24　张玉祯，樊栓狮，冯自平，等．天然气水合物开采模拟研究进展[J]．化工学报，2003，54：121～124．

25　杜冰鑫，陈冀嵋，钱文博，等．天然气水合物勘探与开采进展[J]．天然气勘探与开发，2010，33(3)：26～29．

26　孙建业，业渝光，刘昌岭，等．天然气水合物新开采方法研究进展[J]．海洋地质动态，2008，24(11)：24～31．

27　李栋梁，樊栓狮．天然气水合物资源开采方法研究[J]．化工学报，2003，54：108～112．

28　史斗，郑军卫．世界天然气水合物研究开发现状和前景[J]．地球科学进展，1999，14(4)：330～339．

29　龙学渊，袁宗明，倪杰．国外天然气水合物研究进展及我国的对策建议[J]．勘探地球物理进展，2006，29(3)：170～177．

30　张文亮，贺艳梅，孙豫红．天然气水合物研究历史及发展趋势[J]．断块油气田，2005，12(2)：8～10．

31　Cruise Report：The Gulf of Mexico Gas Hydrate Joint Industry Project [OL]．

32　Ruppel C.，Boswell R.，Jones E. Scientific Results from Gulf of Mexico Gas Hydrates Joint Industry Project Leg 1 Drilling：Introduction and Overview [J]．Marine and Petroleum Geology，2008，25(9)：819～829．

33　Boswell R.，Colleftt，Mcconnell D.，etc. Joint Industry Project Leg II Discovers Rich Gas Hydrate Accumulations in Sand Reservoirs in the Gulf of Mexico [J]．Fire in the Ice，2009，9(3)：1～5．

34　USGS. Assessment of Gas Hydrate Resources on the North Slope，Alaska，2008[OL]．

35　金庆焕，杨胜雄．我国天然气水合物资源调查现状与发展[C]．北京：第二届"中国工程院/国家能源局能源论坛"论文集：1105～1111．

36　Moridis G. J.，Collett T. S.，Dallimore S. R.，etc. Analysis and Interpretation of the Thermal Test of Gas Hydrate Dissociation in the JAPEX/INOC/GSC et al. Mallik 5L-38 Gas Hydrate Production Research Well [R]．Geological Survey of Canada，Bulletin 585，2005．

37　Koji Yamamoto，Scott Dallimore. Aurora-JOGMEC-NRCan Mallik 2006-2008 Gas Hydrate Research Project Progress[J]．Fire in the Ice，2008，8(3)：1～5．

38　张懿，张树林，薛保山．天然气水合物勘探研究进展及存在的主要问题[J]．中国地球物理，2013：965～966．

39　刘玉山，吴必豪．大陆天然气水合物的资源开发与环境研究刍议[J]．矿床地质，2011，30(4)：711～724．

深水高压舱实验技术研究

姚志广[1,2]　秦延龙[1,2]　赵开龙[1,2]　徐爽[1,2]

(1. 中国石油集团工程技术研究院;

2. 中国石油天然气集团海洋工程重点实验室)

摘要：随着深水条件下的海洋资源开发活动增加，越来越多的水下设备将出现。利用深水高压舱进行水下设备投产前的结构检测成为确保水下设备安全的有效手段之一。本文针对该类实验，进行了实验方法总结，并通过三类典型的实验实例学习，详细描述了深水高压环境下海工结构物的检测实验流程和方案，以期为今后同类实验提供参考。

关键词：深水高压舱；模型设计；承压实验

1 前言

由于海洋环境的复杂性，在进行海洋资源开发过程中所使用的水下设备在工作中将承受着自重、外部静水压力、内外温度差异引起的热膨胀力等诸多载荷，对其结构设计、制造材料、加工工艺等方面均提出了较大挑战。

为确保在海底(尤其是深海)工作的仪器设备和生产设施都是安全的，需要在其投入使用前进行大量实验研究和检测评价工作，为此世界上一些国家都着手建立了规模宏大的深海环境实验室(见图1、图2)，为潜艇结构舱段、各类潜器、水下生产设施、探测仪器等新型深海装备进行耐压结构考核、水密性试验、设备调试等测试服务。

图 1　英国海事实验室高压舱　　　　　图 2　中国石油集团工程技术研究院高压舱

常见的高压条件下检测实验包括海工结构物承压强度检验、疲劳实验、水密性检验等。不同的海工结构物根据其功能类型，所需的测试方法也大不相同。目前除像水下生产系统等少数设备有了 API 规范定义实验方法外，尚没有详细的实验方法进行测试指导，本文通过总结中国石油集团海洋工程重点实验室近年来从事的各类实验研究，进行了深水高压舱实验技术归类分析，为后续的实验提供一些参考。

2 典型深水高压舱实验流程

2.1 典型深水高压舱实验流程图

图3给出了典型的深水高压舱实验流程，除特殊实验需求外，整体实验流程基本一样，其中由于实验条件的限制(主要指高压舱的实验体积)，在实验模型设计上需给予重点考虑。

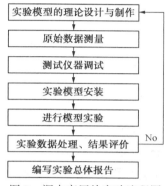

图 3 深水高压舱实验流程图

2.2 实验模型设计

2.2.1 实验原型设计

原型测试最能直接反应出结构的真实状态，在深水高压舱实验中可以针对影响结构物使用的关键部件进行测试，将一件大型的海工结构物进行分段划分，划分出可以进行原型测试的各个独立单元。以水下挖沟机为例，它的组成包括主机框架、撬板、管线输送系统、液压马达和犁头等，但影响其在深水中使用安全的部件主要为液压马达的承压能力以及马达上面的各类阀门的水密性。在这类情况下，可以采用分段划分技术，分别进行液压马达的原型测试、液压马达与控制系统连接部件的原型水密性测试等，根据分段测试的结果进行水下挖沟机整体的工作适用水深判断(图4、图5)。

图 4 某深水水下挖沟机照片

图 5 水下液压马达照片

2.2.2 缩尺实验模型设计

海工结构物还有一类主要依靠结构本身的抗压和密封能力，给内部的控制和测试设备提供一个干燥的常压环境，对于该类模型则需要进行结构的整体缩尺模型测试，根据测试结果进行结构的设计合理性评价。以某水下潜器为例，它的耐压壳体在深海环境中承受巨大的海水压力，耐压壳体强度和承载力虽可以通过计算和设计规则来设计达到，但计算和设计都存在一定的近似性，因此需进行模型实验验证。该类潜器属于典型的自密封结构，由于其尺寸较大，考虑到实验用的深水高压舱容积，按照相似关系，进行缩尺模型设计。

结构缩比模型要模拟原型结构必须符合相似理论的三个定理，由于承压测试主要涉及结构各校核点的应力计算、局部稳定性计算等，所涉及的主要物理量可写成如下的通用物理方程：

$$\phi(p, E, \sigma, R, t, I, A) = 0 \tag{1}$$

式中　　p ——静水外压力；

　　　　E ——材料弹性模量；

　　　　σ ——应力；

　　　　R ——圆柱壳半径；

　　　　t ——圆柱壳板度；

　　　　A ——肋骨剖面面积；

　　　　I ——计及带板的肋骨剖面惯性矩。

采用量纲分析中的 π 定理进行模型和实船的相似变换，即通过各物理量的量纲齐次性原理进行转换。在结构静强度实验中，不计时间 T 量纲，仅选长度和力的量纲作为基本物理量减为方便。因此选择 t 和 σ 两个相互独立的参数作为基本物理量。对于 n 个参数、k 个基本量的物理方程可改写为含 $(n-k)$ 个独立 π 数（无量纲相似判据）的方程。这样方程式(1)可改写成 5 个 π 数方程

$$\varphi(\pi_1, \pi_2, \pi_3, \pi_4, \pi_5) = 0 \tag{2}$$

即

$$
\begin{cases}
\pi_1 = \dfrac{p}{t^{x_1}\sigma^{y_1}} \sim \dfrac{[FL^{-2}]}{[L]^{x_1}[FL^{-2}]^{y_1}} = \dfrac{[F]^{1-y_1}}{[L]^{x_1-2y_1+2}} \\[2mm]
\pi_2 = \dfrac{E}{t^{x_2}\sigma^{y_2}} \sim \dfrac{[FL^{-2}]}{[L]^{x_2}[FL^{-2}]^{y_2}} = \dfrac{[F]^{1-y_2}}{[L]^{x_2-2y_2+2}} \\[2mm]
\pi_3 = \dfrac{R}{t^{x_3}\sigma^{y_3}} \sim \dfrac{[L]}{[L]^{x_3}[FL^{-2}]^{y_3}} = \dfrac{[F]^{-y_3}}{[L]^{x_3-2y_3-1}} \\[2mm]
\pi_4 = \dfrac{A}{t^{x_4}\sigma^{y_4}} \sim \dfrac{[L]^2}{[L]^{x_4}[FL^{-2}]^{y_4}} = \dfrac{[F]^{-y_4}}{[L]^{x_4-2y_4-2}} \\[2mm]
\pi_5 = \dfrac{I}{t^{x_5}\sigma^{y_5}} \sim \dfrac{[L]^4}{[L]^{x_5}[FL^{-2}]^{y_5}} = \dfrac{[F]^{-y_5}}{[L]^{x_5-2y_5-4}}
\end{cases} \tag{3}
$$

由于数是无量纲数，对应上式右边各幂指数应为零，于是

$$x_1 = 0, \ y_1 = 1, \ x_2 = 0, \ y_2 = 1, \ x_3 = 1, \ y_3 = 0, \ x_4 = 2, \ y_4 = 0, \ x_5 = 4, \ y_5 = 0$$

从而得到各 π 数的最终表达式

$$\pi_1 = \frac{p}{\sigma}, \ \pi_2 = \frac{E}{\sigma}, \ \pi_3 = \frac{R}{t}, \ \pi_4 = \frac{A}{t^2}, \ \pi_5 = \frac{I}{t^4} \tag{4}$$

设下角标"1"代表模型的量，下角标"2"代表实船的量，根据模型和实船的相似条件是对应 π 数相等，则

$$\frac{p_1}{\sigma_1} = \frac{p_2}{\sigma_2}, \quad \frac{E_1}{\sigma_1} = \frac{E_2}{\sigma_2}, \quad \frac{R_1}{t_1} = \frac{R_2}{t_2}, \quad \frac{A_1}{t_1^2} = \frac{A_2}{t_2^2}, \quad \frac{I_1}{t_1^4} = \frac{I_2}{t_1^4} \tag{5}$$

设模型与实船尺度比例（相似系数）为 λ，则 $t_1 = t_2/\lambda$。由 π_3、π_4、π_5 的关系式可得与实船几何相似的模型主尺度、肋骨剖面面积和剖面模数，即：

量值		比例关系	
长度	L	$L_1 = L_2/\lambda$	
面积	F	$F_1 = F_2/\lambda^2$	(6)
剖面模数	W	$W_1 = W_2/\lambda^3$	
惯性矩	I	$I_1 = I_2/\lambda^4$	

根据相似的唯一性条件，模型和实船必须是单值条件相似，且从它导出的相似判据的数值相等，这是相似的充分和必要条件。按照上述的模型比尺进行模型的设计加工，所得到的测试结果可以直接反应到原型的结构状态（图6）。

图6 1∶3的水下潜器模型

2.2.3 分段实验模型设计

除上述的海工结构外，还有一类结构，其长度较长，无法进行缩尺设计，以海底管道为例，在铺设和运行过程中将面临压溃和屈曲的风险，为进行海管校核需进行分段实验测试。截取其中一段管体，两端通过加装封头进行密封，进行承压测试（图7）。

影响海底管道使用安全的主要为环向应力，但分段模型中两端加装了封头，进而带来了轴向应力的变化，以及封头本身变形对管道的结构影响。同时由于焊接的影响，在接头附近管道的环向应力也会产生影响，为此在进行模型实验前需利用有限元工具进行封头设计、管体有效测量段划分、封头应力影响分析等。

图7 某服役在1500m水深的海底油气混输管道模型照片

3　深水高压舱实验方法分类

3.1　承压实验

承压实验主要针对长期服役在深水条件的海工结构物，进行投入使用前的承压强度检测，以确保其服役的安全可靠。目前国际上尚无统一实验标准，一般按业主要求进行，加压方式分手动和自动两种，通过向高压舱内加注增压介质完成。

其中针对大型结构物的承压实验可以利用缩尺、分段模型、原型的组合方式进行大型海工结构物的承压测试实验，进而能够解决利用高压舱进行大型结构测试的尺寸限制难题。

3.2　疲劳实验

疲劳实验主要针对频繁在水下作业的海工结构物，进行由于水深变化引起外压变化进而引起的结构疲劳评估。目前的主要实验方法有：将模型连接到舱室的密封板上来承受内部循环压力，利用舱室防疲劳损伤的优势，产生了预期的外部循环受压载荷；保持外压恒定，通过给模型内部的反复加、卸载，实现模型的外压交变载荷变化。

在进行疲劳实验之前，利用数值计算工具分析重点疲劳部位的方法，可以有效简化疲劳实验工作量。

3.3　水密性测试

水密性测试主要针对一些水下阀门在深水环境下的可靠性进行检测测试，国际上尚无统一标准，一般参考承压实验方法或按业主要求进行水密性检测实验。可以通过实验前后模型内部进水情况对比进行水密性测试评估。

4　典型实验实例

4.1　承压实验实例

本次实验以图 7 所示的海底管道为例，进行承压强度检测，同时进行封头对模型影响的验证。模型实验测量主要是进行静态应变—应力测量，其测点布置主要分布在影响边界区（即距离封头 50mm 处）、两倍边界区（即距离封头 100mm 处）和管段中间部分，共粘贴 8 片双向应变片，分别测轴向和周向应变变化，代号为 SGC1 的含义为 1 号环向向应变片，SGA1 的含义为 1 号轴向应变片，以此类推。其中 1 号和 2 号应变片在距离端部 5cm 处，3 号和 4 号应变片在距离端部 10cm 处，5 号、6 号、7 号和 8 号应变片在管段中间部分。粘贴方案和测量方案如图 8 所示。

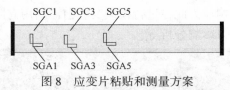

图8　应变片粘贴和测量方案

当实验压力加载到 15MPa 后进行应力测量。为验证封头的影响范围，将 1 号应变片测量值和 5 号应变片测量值做直接对比，对比结果如图 9 所示，对比结果发现整体趋势一致，但数值有较大差别，其中环向差别较小，轴向差别较大，可以明显看到封头的影响。将 3 号应变片测量值和 5 号应变片测量值做直接对比，对比结果如图 10 所示，对比结果显示吻合较好，即在距端部 10cm 处时，封头的影响已经可以忽略。同时可以看到轴向和周向的应力远小于材料的许用应力，表明该海管满足 1500m 水深使用要求。

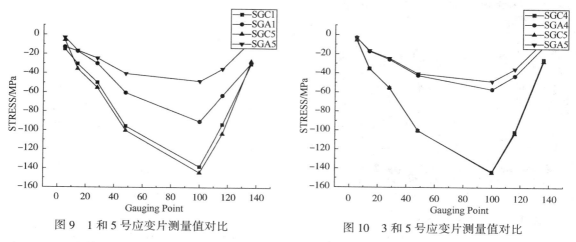

图 9　1 和 5 号应变片测量值对比　　　　　图 10　3 和 5 号应变片测量值对比

4.2　疲劳实验实例

本次实验主要是针对活动在 400m 水深附近的某取样设备进行疲劳实验研究，用以检测其使用安全性。实验模型最大处内径 400mm，最小处内径 300mm，模型直线段长度 482mm，模型过渡段沿轴线方向长度 60mm，壳板厚度 8mm。同时安装了矩形加强肋骨，两端采用板厚为 10mm 的船用高强度钢钢板作为封头，每个封头上采用纵横交错的三根槽钢作为加强筋。实验模型如图 11 所示。

图 11　取样设备模型

本次实验采用应变片等对结构模型的低周疲劳损伤进行在线监测，根据压力—时间曲线的形状，可以判断结构模型是否因裂纹贯穿发生泄漏。实验方案加压程序如下：

$$0 \rightarrow 1.0 \rightarrow 2.5 \rightarrow 4.0 \rightarrow 2.5 \rightarrow 1.0 \rightarrow 2.5 \rightarrow 4.0 \rightarrow 2.5 \rightarrow 1.0 \rightarrow \cdots\cdots$$

共计 500 次循环，其中每阶段稳压 3min，进行应变测量。实验压力变化曲线和模型应变变化曲线如图 12、图 13 所示。

本次实验中按照取样设备疲劳寿命进行实验，当循环加载次数达到结构模型的设计值

500 次时，根据图 13 的应变变化曲线分析可知，此时模型表面应变未发生塑性变化，线性程度较好，初步判断模型设计满足要求。

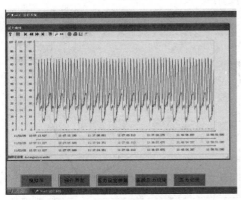

图 12　实验压力变化曲线

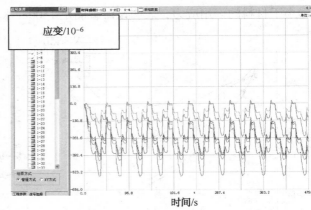

图 13　模型应变变化曲线

4.3　水密性实验实例

本实验以图 5 所示的水下挖沟机液压马达原型为测试模型，其最大直径 620mm，长 955mm，净重量为 290kg，主要测试在 250m 水深条件下的马达的承压能力、上面阀门的水密性能力等。实验加载介质为自来水，实验过程中使用水下摄像系统对模型在高压下的状态进行监测，利用压力传感器和压力表进行实验压力测量，通过电脑屏幕显示，如图 14、图 15 所示。

图 14　模型实验测量监测工具

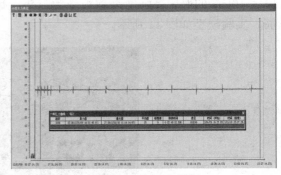

图 15　筒内压力监测

实验经过 24h 保压测试后结束，通过实验模型变形检测进行承压能力评价，对实验加载介质进行取样分析进行水密性检测，实验结果证明该水下液压马达的结构承压强度以及水密性均满足 250m 水深作业要求。

5　小结

本文着眼于未来我国深水油气开发中的仪器设备安全问题，开展了海工结构物在深水高压环境下的检测实验技术研究。通过开展典型的承压实验、疲劳实验、水密性实验研究，建立了深水高压环境下的海工结构物强度检测实验方法，能指导模拟深水高压环境下的海洋工程结构物承压、密封以及疲劳强度等多方面检测评价。

　　由于在深水中服役的海工结构物一般体积和重量均较大，在进行实验测试时需重点开展模型设计，进而利用实验室高压舱有限的体积来完成各类大型设备的模型测试。本文提出了原型、缩尺和分段模型的设计方法和准则。当结构物由多种不同结构型式的器件连接而成，可以开展分段划分，对关键部件采用原型测试，能提高测试结果的可靠度；当海工结构物进行缩尺测试时，除考虑本文中提到的相似定理外，还需要考虑边界约束条件、加工过程中的初始缺陷条件等，目前尚无有效手段消除此类误差影响。

参 考 文 献

1　梁超，潜器耐压壳体结构可靠性分析，哈尔滨工程大学硕士学位论文，2008.
2　崔广心. 相似理论与模型试验[M]，北京：中国矿业大学出版社，1990.
3　姚志广. 深水高压舱设计研究[C]，海洋石油工程技术论文（第三集），北京：中国石化出版社，2011.
4　API SPEC 17D—1996. Specification for Subsea Wellhead and Christmas Tree Equipment.

深水油气田开发方案与概念选择方法研究

冯士明　刘振纹　赵静

（中国石油集团工程技术研究院）

摘要：深水油气田开发方案的制定和概念选择是项目开发工作的前提，同时又是一个受多种因素制约和复杂的选择和决策过程。本文介绍了国外对深水油气田开发阶段的划分及其涵义、深水油气开发方案制定过程中多种影响因素的分析和选择原则、以及开发方案的技术经济要求等内容。目的是了解和掌握国外深水油气田开发的经验和做法，合理选取深水油气开发方案和平台装备，降低工程造价和实现安全作业，从而为我国未来南海油气田的开发提供借鉴和参考。

关键词：深水开发方案；概念选择；浮式平台水下生产系统；海工开发模式

1 引言

影响深水油气田开发方案的因素是极为复杂和广泛的。近 20 年来，向深海进军已成为发达国家海洋开发研究的重点。国外深水油田开发方案和概念设计的主导因素一直都是经济因素，一般认为在经济和技术方面主导深水油气田开发方案的主要因素至少包括以下内容：

（1）使深水井数减至最少，从而尽可能降低钻井装备的费用（CAPEX），是否有可能利用浮式生产系统（FPS）进行钻井？

（2）使开采量最大，获得最佳生产剖面（使早期产量最高，缩短生产期限）；

（3）使投资和操作费用降至最小。如最少的修井作业费用（OPEX），这些油井是否可利用 FPS 平台进行维护？

（4）是否可能利用临近的浮式平台进行油气生产？或利用海底管道进行油气输送？

（5）尽可能地降低浮式生产平台（船）的建造费用，是否需要优化所设计的浮式平台？

（6）最小的海上施工时间和费用；

（7）油气田所处海域的气象、海况及海床地质等条件的一般性和特殊性如何？

（8）所选择的系统方案适应于未来油气发现的灵活性，是否适应于可能采用的早期生产系统（EPS）？对先期的投资是否有负面风险的影响？

（9）缩短油气田发现到开发的时间，简化界面，以便尽早实现油田第一桶油的生产；

（10）立管系统是否满足所考虑的深水平台的要求？

（11）油气输送保障的管理（油品的热性能及提高油井生产率的措施）；

（12）考虑外部因素和注意作业安全和环境保护；

（13）吸取以往的经验和教训，特别是类似条件的油气田开发经验和各项基准对照。

这些因素中有些方面在某些条件下是相互对立的或相互排斥的，此时作业公司的工程经验和评价会对这些方面的取舍产生影响。当然，有时外部影响也可能起着重要的作用，例如：国际石油价格变化，金融危机或大的自然灾害发生等等。总之，制约或影响开发方案和概念选择的因素可能是来自经济、技术、政治、公司偏好、投资、油气藏特征、油气品质、地理条件、环境要求、以及市场或安全等等许多相关方面。在此前提下，以效益为中心的深水油气田开发评价模式成为开发方案决策的主要依据。基于技术经济学的考虑，从项目开始到结束，每一个决策过程都需要用一系列决策树、基准对照和（或）流程图来分析，并且要考虑全局的要求。

目前在世界上呈主流态势的深水浮式平台、水下生产系统（干式或湿式采油树）及立管系统所形成的开发方案，每一项概念选择都可以适用以上某些主导因素，但不能全部满足。经济分析的主要目的，是依据油田开发的方针和原则，在确保获得最高的油田最终采收率的前提下，选择节省投资、经济效益好的开发设计方案。以开发方案的设计过程为例，其方针和基本原理是：在不考虑其他内部或外部制约条件下，最大限度地降低技术和经济上的风险，使得油气田在整个生命周期内都能经济有效地开发，如取得最大的净现值（NPV）、最大的内部收益率和最短的投资回收期等。

2　国外深水油气田开发阶段的划分及涵义

国外一般将深水油气开发项目划分为五个关键阶段，这些阶段由"域门"（Gate）进行分隔，当由一个阶段进入下一个阶段时，必须要经过这些"域门"来进行把关。五个关键阶段简述如下：

1）评价（Apprise）阶段

经济性评价：目的是确定海上油气发现的经济价值和技术能力，并判断开发项目是否满足各项经济参数要求，如投资回收率、净现值（NPV）、现金流、油气产出剖面、油气田寿命等。只有满足了经济性评价才可能通过评价阶段和选择阶段之间的域门。

技术性评价：包括全面的油气藏特征评价，如油藏压力、温度、化学组成、地质模型、储量估算和油气田所处的水深条件，以及现有技术和装备是否能够满足等因素。

该阶段还需评价：主业公司或下游炼化产业对所生产油气的工艺处理能力、产品的市场定位（国内市场或出口）、项目的总体开发进度决策、以及项目预算是否控制在±40%以内的精确程度等因素。

2）选择阶段（Select 或 Pre-FEED 阶段）

目的是选择如何把海上油气发现开采出来而涉及到的诸多基本单元，从而决策油气田开发将要采用的基本设施单元。例如，是采用海底回接方式？还是采用浮式生产平台？或者是采用这二种方式的结合？以及选择广泛意义上的油气工艺处理要求，外输方式等等。

虽然在该阶段还不能具体确定油田开发各个基本单元的布局细节，然而，开发项目的进度和预算应在此阶段进一步"滚动"更新，直至项目预算的精确度控制达到误差在±20%以内。在选择阶段进入下一阶段（即决策阶段）之前，还要求对油气田的经济性和技术工艺再次进行评价，并明确其他需要进一步评价的关键内容。

在选择阶段的后期，要明确项目开发是采用全部水下系统，还是基于水面平台设施，或者采用这二者的结合。并且要对选择采用的系统和设施有全面的了解，例如：海底的油气井是以链状布局还是围绕在管汇的周围？水面的浮式平台将采用 SPAR 还是 FPSO 等。

在选择阶段可能会形成多个开发方案，如何继续选择则需要综合诸多因素进一步决策。例如在一个全海底开发的方案中，可以选用不同的水下主要设施，采取不同的钻井计划等，这些将在下面的决策阶段进一步分析考虑。

3）决策(Define)阶段

又被称为 FEED(前端工程设计)阶段。旨在决策选择阶段所定义的油田开发方案的更多细节。以采用水下生产系统为例，该阶段要具体确定海底装置的布局、管道和脐带缆的路线、管汇形式和构造等内容。

水面平台设施的决策是指选择浮式平台的种类(如 SPAR、Semi-FPS、TLP、FPSO 等)及其尺度规划和布局。为满足工艺处理、生活服务和居住模块等功能要求的平台总体尺寸和重量估算将在这阶段确定。该阶段要完成浮式平台初步的生产布置和结构设计图纸。在前面选择阶段所确定的各个选项仍然都要在此阶段进行全面的评价并最终确定。

在决策阶段的末期，深水油气田的开发方案要完成约 90% 工作量的决策，包括全盘的清晰开发方案及少量待定的细节问题。成本和进度计划要达到 ±10% 的精确度控制。虽然在技术上尚有一些小的细节需要试验或深入考虑，但在由此阶段通过域门进入下面的执行阶段的之前，仍然要对项目的经济性和技术可行性进行第三次评价。

从经济上和技术上哪一种深水平台类型更可行，除涉及到目标海域的复杂环境条件以外，还与油藏储量、油品特点、开采年限、离岸距离、平台建造条件、海上施工装备条件和作业能力、项目时间要求等有直接关系，需要进一步做前端工程设计(FEED)及项目的可行性研究。因为选用的平台形式涉及到众多问题，如投资、平台建造与安装、水下井口形式、干式或湿式采油树的选择，油气处理、输送问题等等。确定了这些问题，才能最终确定油田的开发方案。

4）执行(Execute)阶段

这一阶段就是把所有的工作按计划付诸实施。该阶段将要细化各种水下和(或)水面设施、装备、规格和模块等的布置，详细的工程图纸和计算、下料等。另外，各种装备及部件的采办、建造、组装和调试，海上及海底装置的安装、建造施工也在该阶段进行。总而言之，在上阶段还处于书面报告形式的规划方案此时都将转化为真正的、有形的海上生产设施。

5）运营(Operate)阶段

本阶段在所有阶段中持续的时间最长，这是将已建成和调试成功的海上设施投入实际运营，实现成功的石油天然气生产。

3　深水油气开发方案的影响因素分析

以往的经验表明：深水油气开发方案的制定需要考虑许多因素，诸如：油藏规模、油品性质、钻/完井方式、井口数量、开采速度、采油方式(干式或湿式开采)、原油外输(外运)方式、油气田所处水深、海洋环境条件、工程地质、现有可依托设施情况、离岸距离、施工建造和海上安装能力、地方法规、经济指标等等。美国《Offshore》期刊曾在近两年内二次对深水开发方案与概念选择进行了总结归类，涉及的内容包括各种浮式平台的特点及优势、平台建造安装、油藏规模、采油树类型、立管形式、水下回接、油气外输方式、环境条件以及实际应用等情况，并形成矩阵式表格(见表1)。很直观地展示了一个极为复杂和受多种因素影响的方案与概念选择框架，其中确定浮式生产系统和(或)水下生产系统的形式是整个深水油气生产的关键。限于篇幅，以下试就深水油气开发方案的主要影响因素作一简述：

(1)在目前可供选择的四种深水平台中(Semi-FPS、Spar、FPSO、TLP)，经济上和技术上哪一种更可行，需要进行详细的可行性研究分析。水深限制了海上平台的选用，各种深水平台都有其适合的经济水深。例如一般认为当水深超过1500m时，TLP平台的造价成本就会急剧上升，经济性不具备优势，此时Spar与Semi-FPS平台将是较好的选择。但因Spar平台的专利费用昂贵，故在深水海域的移植性不高，如目前在亚太海域仅有一座投入应用，在西非海域中未见有应用实例，而是大多采用FPSO来开发。

(2)海域的环境条件决定浮式平台类型的选用。恶劣的环境会引起浮式平台的运动响应过大，因此深水、超深水油气田开发的平台更适合于环境比较好的海域。西非深水海域环境温和，对深水浮式平台的选择无明显的限制。另外，随着水深的增加，海底温度逐渐降低，不仅对水下生产设备的抗压材料、内部结构和安装提出巨大的挑战，同时对采用海底管道外输油井产出流的流动保障问题，也面临着严峻的考验。

(3)油田储层特性的预测为确定总体方案目标奠定了基础。油藏的分布情况及规模大小，直接决定了水下井口的数目及布局。如果油藏分布集中，规模较大，则需要较多的井口数目，此时可采用Semi-FPS或TLP平台与FPSO联合开发，使得钻采与生产处理分开，发挥各自的优势，提高油气生产效果。例如在西非的KizombaA区块油田。如果油藏分布较为散，规模较小，例如边际油田，则一般可采用FPSO与水下井口回接的方式来开发，配以水下处理系统将会极大增加边际油田的采收率，如西非的Pazflor油田等。

(4)离岸距离将会影响深水油气田外输方式的选择，即选择穿梭油轮或海底管道。在实际的工程中，深水油气田的外输方式要首先依托当地海域的基础设施来选择。如果当地海域的管网发达，基础设施健全，多采用海底管道来运输，例如墨西哥湾。反之，则多数采用穿梭油轮来输送原油，例如西非海域。同时，要考虑油藏规模和离岸距离对外输方式的影响。当离岸距离较近，油藏规模不大，则常采用海底管线油气外输的方式；离岸距离较远，油藏规模较大，多数采用穿梭油轮来外输。原油外输方式的选择，最终应根据总体的经济性指标来决定。

(5)修井作业的要求影响开发方案的选择。如果深水油气田的修井要求很高，则多趋向可以选用干式采油树的浮式平台，如TLP、Spar平台，但同时还要根据水深、油藏等因素来实际分析选择。设备应依据储量和井数设计适合于水下开发的方案，同时还要适合海面的需要。

(6)政策法规也会影响开发模式的选择。操作者要根据各海域当地政府的相关法规要求，对深水油气田进行开发模式的选择，例如美国2001年曾明令禁止FPSO的使用，主要原因是美国在墨西哥湾的近岸海域已经形成了发达的海底管网设施，这也是此生产储油装置在墨西哥湾发展缓慢的一个重要因素。直到2012年，由巴西国际石油公司担任作业者的某深水区块，才有了在墨西哥湾第一艘FPSO的应用。

总之，目前深水油气开发方案的制定基本上主要是围绕水面浮式平台、水下生产系统和外输方式等的设计和选择展开的，从中找出最优的开发组合模式，实现深水油气田的投入与

表 1　深水油田开发概念与方案选择矩阵

深水油田开发概念与方案选择矩阵	应用的成熟程度	主要功能			对载荷敏感程度	平台安装		油藏规模		采油树类型		在位应用			环境条件			立管			外输方式			
		采油生产	深水钻井	油气储存		甲板与海况匹配性	甲板与建造匹配性	小面积	大面积	湿树	干树	邻近设施	远程控制	系泊	平静海域	台风海域	恶劣海况	钢悬链管	柔性管	顶张立管	原油管道	穿梭油轮	气体管道	气体回注
固定式平台(>300m)	△	△	△			△		△	△		△	△		△	△	△	#	△	#		△	#	△	△
顺应塔式平台	△	△	△			△		△	△		△	△		△	△	#	#	△	#		△	#	△	#
FDPSOs	△	△	#	△		#	△	#	#	△	#	#	#	#	△	#	#	#	△	#		△	△	△
FPSOs—扩展式系泊	△	△	△	△	△	#	#	△	△	△	△	△	△	△	△	△	#	△	△	#	△	△	△	△
FPSOs—回转塔系泊	△	△	△	△	△	#	#	△	△	△	△	#	△	△	#	△	#	△	△	#	△	△	△	△
FPSOs—非常规系泊	△	△	#	△	#	#	#	#	#	#	#	#	#	#	#	#	#	#	△	#	#	#	#	#
传统型 TLP 平台	△	△	△			△	#	△	△	△	△	△	#	△	△	#	#	△	△	△	△	△	△	#
受专利限制的 TLP 平台	△	△	△		△	#	#	△	△	△	△	△	#	#	#	#	#	△	△	△	△	△	△	#
Spar 平台—干树	△	△	△			△	△	#	#	#	#	#	#	#	#	△	△	△	#	#	△	#	△	#
Spar 平台—湿树	#	△	#			#	#	△	#	△	#	△	#	#	#	#	#	△	△	#	△	#	△	#
Semi-FPUs—传统型	△	△	#		#	#	#	△	#	△	#	#	#	#	#	#	#	△	#	#	#	#	#	#
Semi-FPUs—深吃水湿树	#	#	#		#	#	#	#	#	#	#	#	#	#	#	#	#	#	#	#	#	#	#	#
Semi-FPUs—深吃水干树	#	#	#		#	#	#	#	#	#	#	#	#	#	#	#	#	#	#	#	#	#	#	#
水下回接	△								#	△	△	△	#	#	△	△	△							

注："△"符号表示该项功能目前虽然尚未获得实际应用，但概念或理论上可行；"#"表示该项功能已在油田获得成功应用。

产出最佳的工程方案。但深水及超深水海域油气开采面临的是深水水深和高压低温环境及由此带来的船体系统、钻井系统、水下生产系统、系泊系统、海底管线、立管系统及流动保障设施等一系列技术难题。我国南海夏季台风频繁，冬季季风影响，具有强风大浪环境特征，因此在南海的深水开发工程方案中，应选择适合其海域特点及工程需要的浮式钻采平台。

4 结语

效益优先原则及优化方案编制是深水油气田开发方案形成过程中的主线。需要加强和注重项目的前期研究，编制总体开发方案（ODP）和注重风险评价，做到方案最优。海洋石油工业具有投资大、技术难度高、环境影响复杂，属于多学科、多专业、多单位、高风险的作业体系。深水油气勘探开发工程也一项技术创新工程，因此，油气田建设首先要考虑经济效益。深水油气开发项目以全油田和油田开发全过程的经济高效开发为切入点，以实现油田最大效益为目标。

开发建设海上油气田所需投资及经济效益，受到许多因素的制约。由于海上装备建造、水下设施的安装、完井和生产操作费用很高，要求海上生产建设和设施选择尽量实用、开发井数少，单井产能高，生产期短，能够尽快回收投资并获得利润。

了解和掌握国外深水油气开发技术的新进展十分重要。西方发达国家在深水油气田开发方面积累的经验做法，很值得我们学习和借鉴。同时需要领会：在开发方案和概念选择过程中，经济和技术评价是一个综合性、多专业的渐进滚动、分段完善、不断更新而最终选择和决策的过程。

参 考 文 献

1 海洋石油工程设计指南编委会编著.海洋石油工程深水油气田开发技术，石油工业出版社，2011.4.
2 方华灿.对我国深海油田开发工程中几个问题的浅见，中国海洋平台，2006，21(4).
3 周守为，等.中国海洋石油高新技术与实践，地质出版社，2005.3.
4 Subrata K. Chakrabarti. Handbook of Offshore Engineering[M]. Elsevier, 2005.
5 曹惠芬.世界深水油气钻采装备的发展趋势及我国现状.中国造船，2005(46).
6 喻西崇，等.国外深水气田开发工程模式探讨.中国海洋平台，2009，24(3).
7 冯士明，国外半潜式深水平台新概念设计.石油工程建设，2009，2.
8 谢梅波，赵金洲，王永清.海上油气田开发工程技术和管理.石油工业出版社，2005.
9 冯士明，秦延龙.南海环境条件及油田开发关系研究.第14届中国海洋(岸)工程学术讨论会论文集，海洋出版社，2009.7，235.

南海大型 FPSO 面临的挑战与思考

范　模

（中海油研究总院）

摘要：本论文总结了 20 多年来南海 FPSO 应用的成功经验与不足，归纳了今后南海 300~400m 水深以内使用 FPSO 的主要技术特征。同时也提出了南海广大海域应用 FPSO 所面临深水、台风海况和高腐蚀等严重技术挑战；并在 FPSO 船型、单点选型、吨位大小、岛礁利用等方面提供了如何应对的初步思考，本论文以总结过去并提出未来问题形式，面向广大读者以求得广开思路，共同探索南海 FPSO 的技术开发。

关键词：南海；FPSO；成功与不足；挑战与思考

1　概况

浮式生产储油装置（FPSO）问世于 20 世纪 70 年代中期，它是一艘旧油轮改建而成，1989 年澳大利亚成为世界上第一艘新建 FPSO 的拥有者，20 世纪 90 年代 FPSO 得到大规模发展。目前全世界已有 140 多艘 FPSO 服役，它们主要分布在北海、巴西沿海、西非沿海、澳大利亚海域和中国渤海与南海；吨位从 0.5~40×10⁴t 不等；作业水深 15~2500m；高峰年产油为 37~1300×10⁴m³，20 世纪末 FPSO 基本以油轮改建方案为，现在多以新建为主，目前全世界改建方案约占 67%，新建方案约占 33%。FPSO 由于具有海域适应性强、经济性好、可靠性高和可重复利用等特点，已被国际石油界广泛地用于海上油气开发，并得到大力发展。目前已有不同类型、不同性质 FPSO 出现，如 FDPSO、FLPG 和圆型 FPSO 等，国际石油界正攻克技术更大、投资更大的 FLNG。

自 1989 年 7 月"渤海友谊号"浮式生产储油装置（FPSO）投产之后，中国海油进入了以 FPSO 为主要设施的海上石油开发阶段，20 年间国内海域共有 16 艘 FPSO 投入生产，目前仍有 14 艘 FPSO 服役，它们在海洋石油开发中发挥了重要作用。1990 年在南海惠州油田投产了"南海发现"FPSO，它标志着南海开始了以 FPSO 为生产处理中心的油气生产作业，南海作业高峰共有 9 艘 FPSO 在产，目前在产 FPSO 有 7 艘，见表 1。目前南海在产 FPSO 吨位从 10×10⁴t 级至 25×10⁴t 不等，总吨位为 106×10⁴t，作业水深从 90~310m 不等，它们支持着年产量（100~450）×10⁴t 的油气生产。

20 多年来，FPSO 为我国海洋石油开发发挥了不可替代的作用。随着油气资源不断地向深远海发展，且恶劣环境条件不断出现，中国海油面临着严峻挑战，我们需要总结成功经验与改进不足，以解决深水与南沙油气资源开发，从战略层面提出思考，并期望得到解决。

2　南海 FPSO 的成功经验与不足的改进

2.1　成功经验

20 多年来，中海油在南海已经形成从设计、建造、操作与维护方面的成功经验：采用 FPSO 与井口平台或水下井口的相配合的油田开发模式；发挥 FPSO 集输中心作用；旧油轮改装方案与新建方案并举；既有 FPSO，又有 FSO（南海盛开）；选用 10 万~25 万载重吨级 FPSO，配以耐波性能优良的船形浮体；采用内转塔式单点系泊系统，可采用可解脱式系泊与永久系泊两类；采用串靠尾输的卸油方式；生活楼布置于尾部；采用了台风期间 FPSO 停产撤人的生产作业原则；老旧 FPSO 采用每 5 年坞修一次的维护保养方式，而新建 FPSO 头 10 年采用不进坞检修等。

表 1　中国海油南海现役 FPSO 汇总

序号	油田名称	海域	FPSO 名称	载重量/t	水深/m	新建或改建	投产期
1	惠州 21-1	南海	南海发现	255000	115	改建	1990.9
2	陆丰 13-1	南海	南海盛开	121000	146	改建	1993.11
3	流花 11-1	南海	南海胜利	144000	310	改建	1996.3
4	文昌 13-1/13-2	南海	南海奋进	151692	117	新建	2002.7
5	番禺 4-2/5-1	南海	海洋石油 111	150000	105	新建	2003.7
6	西江 23-1	南海	海洋石油 115	117506	90	新建	2008.6
7	新文昌油田群	南海	海洋石油 116	117509	125	新建	2008.7

2.2　不足的改进

南海 FPSO 经多年实践，也反映了一些问题，希望在新建 FPSO 上得到改进与优化。比较突出问题为：单点系泊系统的断缆事故、系泊缆配重块丢失等，如 2006 年 5 月受"珍珠"台风影响，"南海胜利"号 FPSO 的 10 根系泊缆中有 6 根缆损坏，停产约 14 月，2007 年 7 月临时复产，2008 年全面复产，由于断缆部位多数位于浮筒附近的系泊钢缆，该部位钢缆疲劳问题应予以关注；其他单点系泊缆上也常发生断丝、配重脱落等问题。南海老旧 FPSO 寿命已成为问题，某些船体寿命已达 38~39 年，为油田安全生产敲响警钟。

根据十多年的实践，我们将成功经验予以固化，在系泊可靠性、油气处理、设计年限与环境重现期等方面上做了调整，以满足长期使用要求，今后南海新建 FPSO 可参考如下技术特征设计：

（1）FPSO 载重吨位为 10×10^4t（DWT）级，或 15×10^4t（DWT）级；

（2）最大年处理量（300~500）$\times10^4$m³；

（3）作业水深 80~400m；

（4）500 年一遇设计环境条件（主要针对：稳性、单点受力轴承、锚桩、旋转接头等）；船体总纵强度、局部结构强度采用 100 年一遇设计环境条件；

（5）主船体结构、单点受力轴承、旋转接头等为 30 年设计年限；

（6）主船体前 15 年为不进坞维护；

（7）火炬和内转塔单点位于船首，串靠卸油装置与住舱区位于船尾，舯部布置生产甲板；

（8）主船体为耐波形设计，非自航，船体为双壳形式，生产甲板距离主甲板为 4.5m；

（9）10 万吨级 FPSO 上部设施重 8000t~$1×10^4$t，15 万吨级 FPSO 为（1.2~1.5）×10^4t；

（10）工艺处理舱布置于储油舱中央；

（11）储油舱与工艺处理舱采用深井泵，FPSO 上不设独立的货油泵舱；

（12）$10×10^4$t 级 FPSO 配以（4~6）×10^4t 级穿梭油轮，$15×10^4$t 级 FPSO 配以（6~10）×10^4t 级穿梭油轮；

（13）穿梭油轮采用尾串靠系泊方式，供应船旁靠舯后右舷；

（14）FPSO 定员 100 人，救生艇配备标准高于运输油轮，每舷为定员的 1.5 倍；

（15）采用台风期间不解脱式的内转塔单点系泊系统；

（16）系泊缆为 3 ×4 分组，且为锚链与钢缆的组合缆，吸力锚或桩锚；

（17）井流立管为柔性立管，口径为 12in。

3　南海 FPSO 应用所面临的挑战与思考

3.1　台风问题与区域划分

南海海域总面积约为达 $210×10^4$km^2，占我国海域 $300×10^4$km^2 的 2/3 多，平均水深为 1212m，最大水深 5559m。南海、英国北海与墨西哥湾是世界上公认的三大恶劣海域，它们主要特点都是浪大流急，南海台风主要集中于 6~9 月，年均台风次数 4~6。近年来记录显示南海台风次数呈下降趋势，但台风强度不断增大趋势，强台风与超强台风时有出现。

由于南海南北长约 2000km，东西宽 1000km，呈长条形区域，台风路径主要出现于菲律宾与台湾岛之间的巴氏海峡；涠洲湾因有海南岛阻挡，台风强度有所下降；南沙海域遭遇台风几律较少，多为热带风暴。因此将南海海域划分为若干区域，见图 1。

在 A 区中，由于台风强度大且次数多，FPSO 宜采用船形浮体加内转塔式单点系泊系统，20 多年的实践证明该技术方案是成功的。在 B 区，由于水深浅仅 40~60m，不宜选用内转塔或外转塔式单点系泊系统；在 C 区，因风浪小，上浪情况不易出现，环境力总体水平低，FPSO 船体形式可以有多种选择，如船形、八角形、半潜式等形式，定位系统可考虑单点式或多点式。

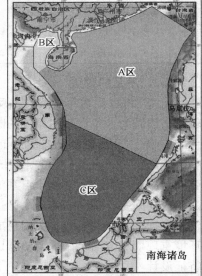

图 1　南海不同台风强度区域

3.2　深水挑战与应对措施

南海海域水深基本可分为三部分：0~300m 大陆架，300~1500m 大陆架向深水过渡的海域，及 2000~5500m 的深水海域，其中 2000~5500m 水深海域约占 1/3。从 1990 年惠州油田开发以来，20 多年间中海油一直在 300m 水深之内作业，2013 年的荔湾 3-1 气田水深已经达到 1500m。

南海深水海域应用 FPSO 或 FLNG 关键在于定位系泊系统，由于南海海况恶劣，单点系泊装置仍然是主要的定位系泊装备。当水深在 300m 以内珠江口附近，单点系泊系统有解脱式与永久式两种，300m 水深以内这些技术方案均可行。解脱式与永久式单点设施，除有无解脱功能之外，从部件上看主要区别是有无浮筒，解脱式单点装置有一个为系泊缆与立管提供浮力的浮筒，而永久式单点装置则没有。当 FPSO 由 100m 水深移到 1500m 海域时，其系泊缆与立管悬挂重量将由 300~400t 上升为 2500~3000t，此时再采用可解脱式单点设施，需有一个很大浮力的浮筒，单点系泊设施将难以设计。当水深继续增加后，系泊缆与立管悬挂重量还要重，可解脱式单点设施就不可行。因此，深水海域 FPSO 应考虑使用不解脱式单点系泊系统，目前西非和巴西深水海域的 FPSO 均采用不解脱式系泊系统。

3.3　FPSO 吨位与环境条件关系

FPSO 吨位大小与油田生产规模有密切关系，环境条件也是重要因素，南海北部的恶劣海区尤其突出。如图 2 所示，在珠江口海域使用小型 FPSO 时，应额外关注上浪问题，模型试验与海上实践表明，珠江口海域不宜使用小于 10×10^4t 级 FPSO。

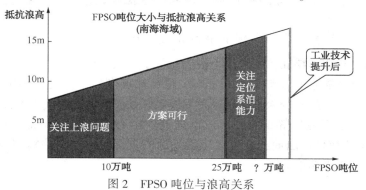

图 2　FPSO 吨位与浪高关系

当 FPSO 太大时候，浮体质量大时，由于环境条件恶劣而使系泊力非常大，受目前工业产品能力限制，如锚链、钢缆、锚机与受力主轴承等制约因素，不宜将 FPSO 吨位设计过大，否则会造成无法采购相关产品。当然随着新材料不断出现，若干年之后系泊能力会得到提高，但现阶段应考虑当前产品能力。因此，海况恶劣海域存在最大吨位限制，前期规划论证时应予以重视。

表 2　世界主要海域 FPSO 分布

地　　区	百年一遇有效波高/m	FPSO 总数	数量($25\sim40$)×10^4t	比例/%	数量($10\sim20$)×10^4t	比例/%
南中国海(珠江口)	13~15	7	1	14	6	86
英国北海	14~16.5	21	0	0	14	67
巴西	8.0	31	20	65	2	6
西非	2.7~6.0	38	21	55	6	16

从国内外 FPSO 统计数据上也说明了上述结论，巴西与西非海域环境条件良好，其 $(25\sim40) \times 10^4$t 级 FPSO 约占总数的 55%~65%，10~20 万吨级 FPSO 仅占 6%~16%，见表 2。在北海绝大部分 FPSO 为 $(10\sim20) \times 10^4$t 级，没有大于 25×10^4t 级 FPSO。在我国南海 7 艘 FPSO 中，6 艘为 $(10\sim15) \times 10^4$t 级，1 艘为 25×10^4t 级。

3.4　岛礁地形地貌利用的思考

南海油气资源开发中即将面临更南面的海域，如西沙和南沙等，这些海域有天然珊瑚岛礁，某些岛礁还具有潟湖的地形地貌特征，其环礁面积有几十至上百平方公里，潟湖水域面积十几至几十平方公里，潟湖水深约十几米至几十米；岛礁四周为珊瑚礁形成的环礁，环礁外水深达 1000~2000m，见图 3。据不完全统计南沙群岛海域有大大小小明岛礁和暗岛礁 200 多个，西沙和东沙群岛也有相当数量的明暗岛礁。

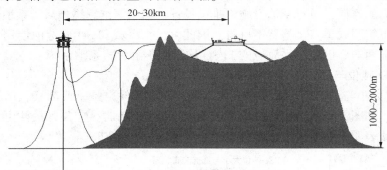

图 3　南海潟湖地貌特征

环礁内潟湖具有如下特征：水深浅、浪流非常小、没有内波。初步分析可以将 FPSO 放置于潟湖内，可避开深水和大浪的不利影响，也可在珊瑚岛礁上建设固定平台、自升式平台、油库等石油生产设施，变深水油气开发为浅水开发。还可以油气生产设施等设置于潟湖内，与深水平台或水下井口等组合，形成以岛礁为中心半径 20~30km 开发区域，可覆盖 1200~2800km² 面积海域。因此，开发岛礁附近油气资源，不妨关注潟湖与岛礁充分利用，可能会给我们带来事半功倍的效果。

4　结束语

20 多年的操作实践，中海油已积累一定的南海 FPSO 实践经验，既有成功经验，也有不少问题，这需要大家冷静思考，为今后 FPSO 提供更好的借鉴。同时还需要我们面向更为宽广的南海海域，结合已有认识，充分借鉴国内外成功经验，提早进行有针对性研究，储备一定开发技术，以满足我们向更南海域要油气资源的需求，望大家共同努力。

参 考 文 献

1　《海洋石油工程设计指南》编委会．海洋石油工程 FPSO 与单点系泊系统设计．北京，石油工业出版，2007.

2　"Recommended Practice for Planning, Designing, and Constructing Floating Production Systems" API Recommended Practice 2FPS First Edition, March 2001.

3　Christopher N. Mahoney and Chad Supan of Wood Group Mustang. 2013 Worldwide Survey of Floating Production, Storage and Offloading (FPSO) Units. Offshore, 2013.

平台建造安装

FPSO 油轮限位施工工艺

冷 志

(海洋石油工程股份有限公司安装公司)

摘要： 在海底管线的施工作业中，常常会遇到施工作业项需要在 FPSO 油轮干涉区域进行，主要涉及到新建管线穿越、起始铺设、终止铺设、立管膨胀弯安装、挖沟、水泥压块安放等作业，这时就需要先对油轮进行必要的限位，然后主作业船才能进入区域施工，而如何高效安全的对 FPSO 油轮进行限位，这是摆在项目施工人员面前的一项挑战。本文以渤中 28-2S 油田海管施工项目为依托，简述海管铺设期间对长青号、友谊号 FPSO 进行的油轮限位基本操作方法，以期对今后的类似工程能提供相关借鉴经验。

关键词： 海底管道 FPSO；限位；操作方法

1 前言

随着海洋石油工业的不断发展，越来越多的大型海上浮式生产储油轮 FPSO(FLOATING PRODUCTION，STORAGE AND OFFLOADING UNIT) 应用在海上，其四周连接着海底管道，形成了以 FPSO 为中心的复杂的海上工艺处理系统。随着油田储量的不断增加和 FPSO 处理能力的不断增强，许多新开发的油田需要将开采出来的油气继续通过新建管道输运到已经存在的 FPSO 上进行处理，但是 FPSO 的存在给新管线的海上施工带来了很大的干涉影响，鉴于此，我们有必要就各种施工作业情况下对 FPSO 油轮的限位方案进行研究，并保证储油轮及单点系泊系统在限位操作期间的安全性，以满足实际施工的需要。

2 FPSO 油轮限位工程实例

2.1 工程概况

渤中 28-2S 油田位于渤海南部海域，西北距天津市塘沽区约 188km，东南距山东省龙口市约 93km。友谊号 FPSO 距 28-2SCEP 平台约 15km，长青号 FPSO 距 28-2SCEP 平台约 1.5km，该海域水深约为 21m. 此次油轮限位共涉及到 3 条管线，分别是：2 条从 28-2SCEP 平台到长青号 1.5km 的管线和 1 条从 28-2SCEP 平台到友谊号 13km 管线，需要在 3 条管线的起始或是终止铺设、挖沟、立管安装期间、水泥压块安装等对 FPSO 进行限位操作。如图 1 所示。

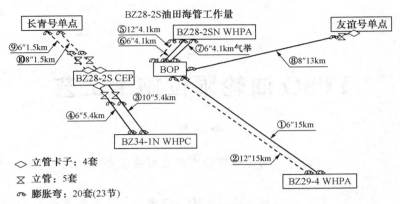

图 1　油田布置图

2.1.1　长青号、友谊号油轮参数(表 1)

表 1　长青号、友谊号主尺度

项　目	数　值	项　目	数　值
总长度(Length Overall)/m	215.6	设计吃水(Mean Draft)/m	10.5
水线长(Length waterline)/m	210.0	排水量(Displacement)/t	66826.4
型宽(Breadth Moulded)/m	31.0	载重量(Deadweight)/t	50712
型深(Depth Moulded)/m	17.6	方形系数 C_b	0.951

2.1.2　单点系泊系统简介

储油轮以单点系泊的方式固定在工作海域内。固定装置为一导管架式系泊塔,与油轮上的刚架通过软刚臂(YOKE)、系泊腿(MOORING LEG)连接。其中系泊腿两端采用万向接头,软刚臂另一端与系泊塔轴承相连,使得油轮可以绕系泊塔进行转动,如图 2 所示。

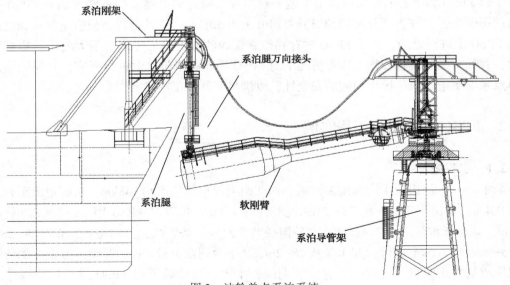

图 2　油轮单点系泊系统

2.2 FPSO 油轮限位操作方法

2.2.1 油轮限位区域设计

在进行油轮限位方案前，首先需要根据现场实际情况及主作业船的条件，结合铺管施工作业的工序进行合理的一步步的锚位设计，然后根据设计的锚位，确定 FPSO 必须被限定的区域。例如：图3 即为主作业船终止铺设时油轮限位期间的锚位设计图。

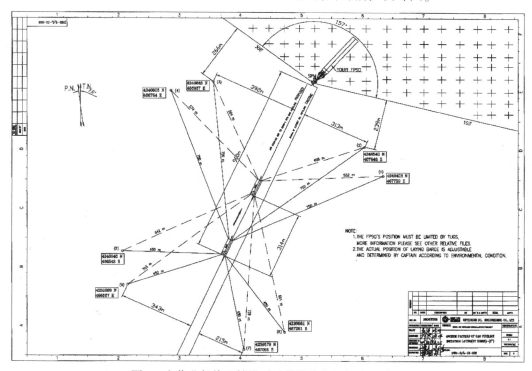

图3　主作业船终止铺设时油轮限位期间锚位设计图

铺管船在接近 FPSO 油轮时，船尾在距弃管点 900m 位置时，储油轮限位范围在黑线以上阴影范围内，具体位置见图3，即储油轮艏向角为−54°～103°。

2.2.2 限位计算

根据设计的锚位图，结合现场的海况环境条件，对油轮进行限位期间的相关计算，以确定以下几项内容：

（1）友谊号油轮在不同装载状态和拖轮布置方案下的水动力响应分析；

（2）单点系泊系统所受荷载和强度校核；

（3）最优的拖轮布置方案，包括拖轮的数量、位置及缆绳尺寸参数的确定。

海上风浪流的方向和大小随时可能变化，而拖轮的位置和拖力也必须随着 FPSO 上外力的变化而随时调整，才能保证将 FPSO 限制在指定位置。

2.2.3 限位实际操作

当在正常操作工况下，两艘 8000p 拖轮分别定位于 FPSO 两侧，与 FPSO 横向夹角30°，靠调整拖轮的拖力维持 FPSO 的位置，如图4所示，当风从左舷吹来，FPSO 偏移接近限位区域边界时，迎风的拖轮发力，将 FPSO 拖回区域范围内，此时背风的拖轮应配合迎风拖轮的行动，使得与其相连的拖缆保持松弛状态；反之，当风从右舷吹来，同理。此时，万一迎风拖轮发生故障包括拖带缆绳破断等，背风向的拖轮可以作为备用拖轮转到 FPSO 迎风侧代替原迎风拖轮继续工作。

当遭遇极限海况时，如图 5 所示，迎风的拖轮应调整自己的位置，使拖缆和 FPSO 横向的夹角减小（至 18°）；另一侧的拖轮应及时调整位置至同一侧，使两艘拖轮的拖缆保持在 20°以上夹角。当风浪减小时，两艘拖轮再按顺序回到原来位置。此时两艘拖轮均处于工作状态，为防止某条拖轮突发故障造成限位失败的情况出现，建议极限工况时增加一艘 6000p 以上拖轮作为备用。

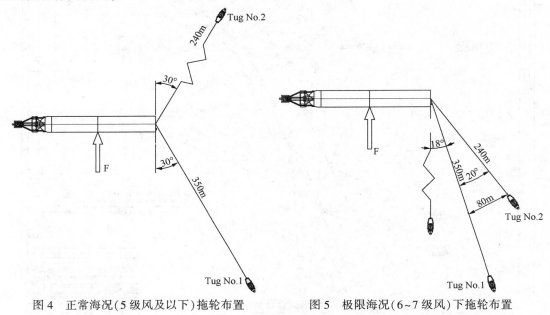

图 4　正常海况(5 级风及以下)拖轮布置　　　　图 5　极限海况(6~7 级风)下拖轮布置

3　FPSO 油轮限位期间的主要风险分析

由于施工需要对储油轮进行长时间的限位，并且储油轮的受力情况与风向、风力以及潮流的流向、流速等综合因素都有直接关系，因此，限位期间要选择有利于施工的天气以及海况条件，科学组织施工，尽量减少施工作业时间，这将有利于降低作业风险、规避风险，保证安全施工。

储油轮限位期间存在的风险主要如下：

（1）海上天气变化大，实际天气与预报天气可能有偏差，因此可能导致储油轮限位期间遇到预料之外的不利天气的影响而使储油轮失去控制。

（2）拖轮拖带储油轮时，相互间的配合问题。

（3）拖轮性能的可靠程度。在拖带期间拖轮要有稳定的工作性能。否则就容易失去对储油轮的控制而导致危险情况发生。

（4）拖带储油轮所用托缆的质量问题。

针对以上的风险分析，需要采取以下一系列具体措施来规避风险。具体措施如下：

（1）在储油轮限位期间，业主应建立完善的组织机构以及应急指挥系统，明确分工，成立专门的储油轮限位指挥小组,并且与我方主作业船之间保持通讯畅通,随时相互通报作业情况。

(2)为最大限度的减少潮流对储油轮的影响,应尽可能的使储油轮和实际潮流保持较小的夹角,这样可以使拖轮、拖缆在使用上留有较大的安全系数,从而减少施工风险。

(3)建议设立现场公共频道(建议 67 频道),有专人 24h 守听。

(4)天气预测要满足施工期间的天气要求(连续有 3 个工作日的好天气)。

(5)建议配备性能较好的拖轮,最好有尾侧推的拖轮,因为有尾侧推的拖轮自身可以克服潮流的作用,随时保持良好的方位,同时可以在拖带储油轮过程中保证设计拖拉角度。现场同时保留 3 条 8000p 以上的拖轮,其中一条拖轮用于应急处理。

(6)尽量缩短主作业船在储油轮旋转区域内的作业时间

4 总结

本文介绍简单介绍了 FPSO 油轮限位的基本操作方法及主要风险分析,油轮限位操作在渤中 28-2 油田的成功应用具有重要意义,它为今后类似工程的实施提供了技术支持和宝贵的经验。

参 考 文 献

刘建波. 穿梭油轮串系 FPSO 的操作方法及注意事项. 航海技术,2009,增刊:20~22.

海洋工程结构钢大厚度板-25℃断裂韧性研究与应用

王志坚

（中国石油集团海洋工程公司）

摘要： 依据 BS7448 断裂韧度试验标准（ISO/TC164/SC4-N400）和 DNV-OS-C401，低温下（-25℃）裂纹尖端张开位移（CTOD）试验被用于测试采用埋弧焊、埋弧焊加药芯焊二种焊接工艺所获得的海洋结构 80mm 厚 E36 板对接接头焊缝金属和热影响区的断裂韧度。本文探讨了-25℃低温服役条件下保证海洋结构大厚板焊接接头低温断裂韧性的焊接材料的选择原则，免除焊后热处理，为海洋平台厚板焊接施工建造提供科学依据。

关键词： 焊接接头；裂纹尖端张开位移（CTOD）；断裂韧度

1 序言

由于海洋石油平台工作在复杂的环境下，加之其结构复杂，因此该类结构导致出现各种危险情况的可能性较高，而如何充分保证海洋石油平台在运行过程的安全性是设计和制造部门高度重视的问题。然而，随着钢板厚度增加，其断裂韧度可能不断降低，特别是经过焊接之后，这种大厚度钢板焊缝及热影响区部位很容易产生脆化。另一方面，在焊接大厚度钢板时，由于焊接效率的问题，目前通常采用埋弧焊和气体保护药芯焊等高效的焊接方法和较大的焊接工艺参数以缩短建造周期。焊接接头热输入量增加会导致焊接接头的韧性进一步恶化。

因此，为了确保大厚度钢板制造平台的抗脆断能力，一般在设计时需考虑采用焊后消应处理的方法改善焊接接头部位的抗断性能。然而，焊后消应热处理并不一定能够改善焊接接头的断裂韧性。

一般情况下，对于使用允许焊后热处理的焊材，焊后消应热处理可能会改善埋弧焊接头焊缝的韧性；而对气体保护药芯接头焊缝部位冲击韧性和断裂韧性是有害的可能性更大，而焊后热处理对热影响区断裂韧性的作用规律可能恰恰相反。

大量施工经验表明：进行接头焊后消应热处理，不仅设备投入多、施工条件恶劣、能源消耗量大、劳动强度高、工期过长，而且厚板焊接接头经过焊后热处理后有可能产生二次缺陷，同时需要进行二次无损检测，从而导致海洋工程结构的建造成本和周期大幅增加。因此，如何选择焊接方法、材料及工艺是一个关键，在保证所建造海洋结构断裂韧性的前提下，可以免除厚板的焊后热处理，使海洋平台的建造成本和周期大幅下降。欧标（EN 系列)、LR、DNV 等制定的相应海洋平台建造规范中都有较为明确的规定。然而,对于大厚度钢板,能够免除焊后热处理的前提是它的焊接接头不经过消应热处理就有足够的抗脆断性能。因此,如何合理准确地评价这种海洋平台用钢焊接接头的低温韧性是问题的关键。

大量试验研究表明,对海洋平台广泛使用的中、高强度低合金钢而言,与传统的夏比 V 形缺口试验冲击韧度比较,裂纹尖端张开位移(CTOD)值更能有效准确地评价钢材的抗脆断能力。依据 EN、LR、DNV 的相应平台建造规范的规定,如果焊接部位(包括焊缝和热影响区)有足够的 CTOD 值,构件厚度一定范围内小于或等于试验厚度时就可免除焊后热处理。

实践表明:焊接接头断裂韧性高低往往取决于是否正确选材以及焊接工艺制定是否科学。

有鉴于此,针对厚板焊接接头低温韧性的影响因素开展研究,特别是某些关键化学元素如 Ni,在低温下如何影响焊缝断裂韧性的行为进行深入研究,总结出一套保证低温焊接接头断裂韧性的焊材选择原则和焊接工艺制定方法,为海洋平台厚板焊接施工提供科学依据的意义极为重大。

目前国内纬度最高的油田在渤海湾地区,渤海由于纬度高,所以有冰期,冬季有气象记录的最低温度为-25℃,因此渤海地区海洋结构通常的最低设计温度为-25℃左右,海洋工程结构钢板一般采用船用钢板 GB 712—2011 标准下的 E36,其力学性能和经济价值均得到认可。渤海湾的水深平均在 20~40m,随着建造的海洋结构重量不断增大,使用的板厚也不断增加,已达到 80mm。

本文通过 JZ9-3 项目 80mm E36 材料焊缝的低温断裂韧性研究,通过对焊接工艺的优化设计,满足了该项目设计温度-25℃环境条件下的低温断裂韧性要求,免除了大于 50mm 板焊后热处理的工作,并总结出了一套低温韧性的选材原则。

2　焊接工艺方法选择

JZ9-3 导管架建造项目最大板厚为 80mm,CTOD 试验温度为-25℃,CTOD 值不小于 0.15mm,根据项目建造工期要求进行焊接工艺的选择。

2.1　E36-Z35 钢板性能

E36 属于船用钢板,按照 GB 712—2011,E36-Z35 标准制造,具有优良的低温冲击韧性和焊接性能,JZ9-3 项目 80mm 板采用湘钢的 E36 钢板,其化学成分如表 1 所示,力学性能如表 2 所示。

表 1　E36-Z35 钢板的化学成分(质量分数/%)

C	Si	Mn	P	S	Al	Cr
0.11	0.36	1.52	0.01	0	0.04	0.05
Nb	V	Ti	Mo	Ni	Cu	B
0.04	0.054	0.012	0	0.18	0.13	0.0001

表 2　E36-Z35 钢板的力学性能

屈服强度 Y.S./MPa	抗拉强度 T.S./MPa	断后延伸率 E.L./%	冲击功 Ave/J(-40℃)
402	536	32	274

　　钢板的碳当量 $C_{eq}=0.4$，小于 0.45；焊接裂纹敏感系数 $PCM=0.22$，小于 0.24，其焊接性能良好。

2.2　焊接工艺设计原则

　　在海洋工程结构中厚板通常用于导管架节点和上部组块的最大受力点位置，海洋工程结构的建造既要保证焊接接头性能，又要采用焊接效率高的焊接方法，根据上述原则导管架的节点一般采用埋弧焊或埋弧焊+药芯焊的焊接方法，组块一般采用药芯焊的焊接方法。根据海洋工程结构的特点，我们设计了两种焊接工艺，即双面埋弧焊，双面药芯焊和双面埋弧焊加药芯焊，具体所涉及的焊接工艺方法类型如表 3 所示。

表 3　焊接工艺方法

序号	焊接方法	坡口形式	焊接材料	焊接位置
1	埋弧焊(SAW)	K 型	碳素钢焊材、低合金钢焊材	1G
2	埋弧焊(SAW)+药芯焊(FCAW)	K 型	碳素钢焊材、低合金钢焊材	1G(埋弧焊)、2G(药芯焊)

　　根据项目技术规格书得要求进行 80mm 厚板的焊接工艺评定试验，试验的坡口形式为 K 型，具体焊接工艺如图 1 所示：

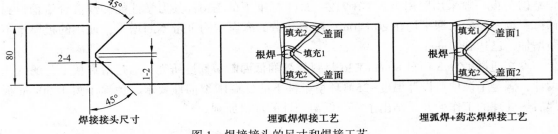

图 1　焊接接头的尺寸和焊接工艺

　　因为埋弧焊和药芯焊在 2~4mm 的间隙下不推荐进行根焊，所以这两种焊接工艺均采用 GMAW(STT)+FCAW 进行根焊和热焊，埋弧焊工艺采用双面埋弧焊完成两侧坡口的焊接；埋弧焊+药芯焊的焊接工艺是一侧坡口采用 FCAW 完成，另一侧坡口用埋弧焊完成焊接，这两种焊接工艺均是一侧坡口焊接完成再焊接另一侧坡口。

　　焊接热输入对焊缝力学性能有一定的影响，埋弧焊焊接热输入较大，需要控制最大热输入，因此控制埋弧焊的热输入量不超过 3.3kJ/mm，药芯焊采用 CO_2 气体保护，而且焊接时采用横焊(2G)位置，焊接速度快，需要控制焊接热输入不能过小，因此控制热输入不能小于 0.9kJ/mm，降低气体保护药芯焊冷却速度，提高焊缝韧性。

3　基于常规力学性能焊材初选

　　根据焊接方法需要确定焊接材料，每种工艺方法根据冲击韧性可以选择的焊接材料从含合金元素和强度级别方面看大致可以分为两类，一类为碳素钢焊材，最大屈服强度一般不超过 70Psi(420MPa)，另一类为低合金钢焊材，最低屈服强度一般为 70Psi(420MPa)。焊接 E36-Z35 母材从理论上(根据冲击韧性)可以选择上述两类焊材，其冲击韧性均能够满足 -40℃，但低温断裂韧性就不一定能达到要求，低温断裂韧性与焊材中合金元素的含量有密切的关系，影响程度较冲击韧性更复杂。

　　本文首先对不同级别的药芯焊丝和埋弧焊丝和焊剂的化学成分和机械性能进行比较，针对不同工艺方法(气保护药芯焊和埋弧自动焊)初步筛选出可供选择的焊材。碳素钢药芯焊丝初选 GFL-71Ni；合金钢药芯焊丝选择 GFR-81K2。碳素钢埋弧焊丝和焊剂选择了 LA-71/880M 和 Ni1K/8500 两个组合，化学成分和常规力学性能分别见表4、表5、表6和表7。

表4　药芯焊丝化学成分(质量分数/%)

焊材名称	C	Si	Mn	P	S	Cr	Mo	Ni	Cu	V
GFL-71Ni	0.04	0.41	1.16	0.008	0.005	0.02	0.01	0.37	0.01	0.01
GFR-81K2	0.035	0.3	1.32	0.011	0.007	0.02	0.01	1.45	0.01	0.01

表5　药芯焊丝常规力学性能

焊材名称	屈服强度/ MPa	抗拉强度/ MPa	断后延伸率/ %	冲击功(-40℃) Ave/J
GFL-71Ni	485	560	27	116
GFR-81K2	555	620	24	94

表6　埋弧焊丝/焊剂化学成分(质量分数/%)

焊材名称	焊材级别	C	Si	Mn	P	S	Cr	Ti	Ni	Cu	B	Mo
LA-71/880M	AWS A5.17 EM14K	0.11	0.5	1.14	0.006	0.005	/	0.08	/	0.13	0.0005	/
		0.077	0.45	1.02	0.009	0.004	/	0.019	/	0.111	/	/
Ni1K/8500	AWS A5.23 ENiK-Ni1	0.09	0.51	1.15	0.008	0.007	0.01	/	1.11	0.11	/	0.005
		0.08	0.41	1.05	0.009	0.005	0.017	/	0.89	0.08	/	0.008

表7　埋弧焊丝/焊剂常规力学性能

焊材名称	焊材级别	屈服强度 $Y.S./MPa$	抗拉强度 $T.S./MPa$	延伸率 $E.L./\%$	冲击功 /℃	冲击功 Ave/J	CTOD试验 焊接位置	CTOD试验 /℃	CTOD试验 CTOD/mm
LA-71/880M	AWS A5.17 EM14K	466	563	29	-51	200	1G	/	/
Ni1K/8500	AWS A5.23 ENiK-Ni1	495	565	29	-60	219	1G	/	/

4　合金钢焊材焊接工艺制定

　　根据研究最终确定采用合金钢焊接材料，针对两种焊接工艺方法制定的焊接工艺参数如表8及表9所示。

表8　埋弧焊接工艺

道/层号	焊接方法	填充金属 牌号	填充金属 直径/mm	焊接参数 $Amps$ 电流/A	焊接参数 $Volts$ 电压/V	速度/ (mm/min)	热输入量/(kJ/mm) 最小	热输入量/(kJ/mm) 最大
填充	SAW	Ni1	4.0	500~620	30~34	380~500	1.8	3.3
盖面	SAW	Ni1	4.0	500~600	32~36	400~500	1.9	3.2

表9　药芯焊工艺

道/层号	焊接方法	填充金属		焊接参数		速度	热输入量/(kJ/mm)	
		牌号	直径/mm	Amps 电流/A	Volts 电压/V	/(mm/min)	最小	最大
填充、盖面	FCAW	GFR-81K2	1.2	180~200	23~25	290~310	0.9	1.0

5　CTOD 试验结果与分析

首先在 0℃针对药芯焊丝 GFL-71Ni 开展 CTOD 试验，试验结果如表10所示。从表10可以看出：药芯焊丝 GFL-71Ni 为碳素钢焊丝，Ni 含量只有 0.37%，。虽然低温冲击韧性能够满足-40℃的要求，但 CTOD 值不高。

关于-25℃药芯焊丝 CTOD 试验，我们参考了中海油和中石油海洋公司前期针对 GFR-81K2 药芯焊丝，在-5℃、-10℃和-20℃3个温度所开展的 CTOD 试验获得的结果，其试验结果也如表10所示。

表10　前期药芯焊丝 CTOD 试验结果

焊材名称	试验温度/℃	试 验 结 果			有效性判定结果
GFL-71Ni	0	0.7225	0.7265	0.7882	有效
GFR-81K2	-5	0.8109	0.5481	0.6517	有效
	-10	0.6412	1.3651	1.848	有效
	-20	0.2127	0.531	0.9678	有效

由表10可见：GFR-81K2 为低合金钢药芯焊丝，熔敷金属 Ni 的含量在 1.45%，CTOD 值在-5℃，-10℃和-20℃的温度下变化不大，预计在-25℃时也不会低于 0.15 的值，适合开展-25℃药芯焊丝 CTOD 试验。由于3个温度 CTOD 试验所使用的焊接工艺分别由中海油海工和中油海两家公司开发，试验温度在15℃变化范围内波动，CTOD 值变化不大，且并不是温度最高的 CTOD 试验结果最好，推断是由于焊接工艺有所不同造成的，也就是说焊接工艺对断裂韧性高低影响不大，因此为了获得更好的-25℃药芯焊丝 CTOD 试验结果，我们反复将 GFR-81K2 焊接工艺 GFR-81K2 进行优化，工艺参数如表8所示。使用优化后的 GFR-81K2 焊接工艺与埋弧焊共同制备 80mm 厚焊接接头试样，在-25℃试验温度下进行 CTOD 试验，试验结果见表11。从表11试验结果可以看出：经过工艺优化之后，-25℃试验温度下 GFR-81K2 的 CTOD 试验结果非常理想，没有影响埋弧焊的性能，优于前期国内各单位所取得的-5~-20℃试验温度下 GFR-81K2 的 CTOD 试验结果。可见：焊接工艺的优劣对焊缝区域的断裂性能有着重大要影响。

表11　CTOD(-25℃)试验结果

焊接工艺	缺口位置	试件编号	CTOD/mm	有效性判定结果
埋弧焊 (ENi1k/8500)	焊　　缝	2013-01-W1	1.8637	有效
		2013-01-W2	1.3710	有效
		2013-01-W3	1.2408	有效

续表

焊接工艺	缺口位置	试件编号	CTOD/mm	有效性判定结果
埋弧焊(ENi1k/8500)+ 药芯焊(GFR-81K2)	焊 缝	2013-02-W1	1.4746	有效
		2013-02-W2	0.7664	有效
		2013-02-W3	1.5757	有效

当然,对比表10和表11中GFR-81K2和GFL-71Ni的CTOD试验结果还可以看出,合金钢焊丝的断裂韧性明显优于碳素钢焊丝。这可能主要是因为合金钢药芯焊丝Ni含量较高所致,因为从表4可以看出,除Ni元素之外,其他合金元素基本含量相差不大。

为了对比碳素钢焊材类型与合金钢焊材类型焊缝断裂韧性的优劣,本文将前期中海油所做LA-71(焊丝)/880M(焊剂)组合,使用80mm厚度E36钢板在-15℃试验温度下所获取的焊缝中心部位CTOD试验结果列入表12中。

表12 CTOD(-15℃)试验结果

焊接工艺	缺口位置	试件编号	CTOD/mm	有效性判定结果
埋弧焊 (LA-71/880M)	焊 缝	W1	0.0798	有效
		W2	0.0953	有效
		W3	0.3001	有效

本文采用埋弧焊丝和焊剂组合Ni1K/8500制备80mm厚的CTOD试样。采用表8所列焊接工艺焊接的焊缝金属试样在-25℃温度下开展了CTOD试验,结果如表11所示。

对比表11和表12的CTOD试验结果可以看出:含1%Ni的合金钢焊丝Ni1K和8500焊剂组合所形成焊缝(表6所示)的断裂韧性(在-25℃,3个CTOD数值最低1.2408)远高于碳素钢焊材类型LA-71(焊丝)/880M(焊剂)组合(在-15℃,3个CTOD数值最高值为0.3,最低值为0.0798)。

为分析二者断裂韧性值相差悬殊的原因,将典型CTOD试样在疲劳裂纹尖端附近焊缝区域焊缝金相组织列入图2~图7中。

图2　埋弧焊丝和焊剂组合Ni1K/8500焊缝柱状晶区域低倍金相照片

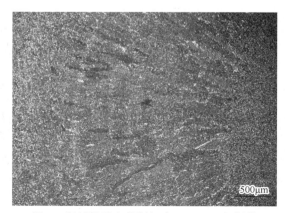

图3　埋弧焊丝和焊剂组合Ni1K/8500焊缝柱状晶区域高倍金相照片

图4 埋弧焊丝和焊剂组合 LA-71/880M 焊缝
柱状晶区域低倍金相照片

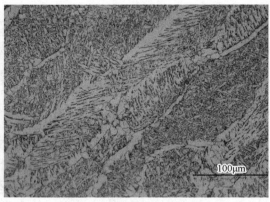

图5 埋弧焊丝和焊剂组合 LA-71/880M 焊缝
柱状晶区域高倍金相照片

图6 LA-71/880M 埋弧焊缝多道焊层间
热影响区高倍金相照片

图7 Ni1K/8500 埋弧焊缝多道焊层间
热影响区高倍金相照片

值得说明的是，本文所列全部试样都获得很好的裂纹前缘形状，完全符合 BS7448 Part Ⅱ标准的规定。全部试样裂纹前缘任意两个裂纹深度的差值都小于 $0.1a_0$，而且 a/W 均小于 0.7，因此，全部均为有效试件。

由图2和图4可见，焊缝金属约70%面积属于柱状晶，也有30%面积属于多道多层焊层间热影响区。图6和图7分别是 LA-71/880M 和 Ni1K/8500 两种焊丝和焊剂组合焊缝金属的层间热影响区组织。

由图6和7可见，层间热影响区组织很细小，约20μm，分布非常均匀，基本以铁素体为主，也含少量珠光体，可见该区域断裂韧性一定很好。因此，断裂韧性薄弱区域一定为柱状晶区域，柱状晶区域含量越高，则焊缝金属断裂韧性越差。

然而，断裂韧性相对较差的柱状晶区域，其微观结构的不同对其本身区域断裂韧性影响巨大。

经典焊接冶金学理论表明：在焊缝金属柱状晶区域，先共析铁素体（GBF）和侧板条铁素体（FSP）沿原始柱状晶境界析出，相变温度较高，成分纯净，屈服强度很低，为整个柱状晶区脆弱区域。如果先共析铁素体（GBF）和侧板条铁素体（FSP）含量较高，且比较连续，则大大降低接头断裂韧性，使整个焊缝区域韧脆转变温度上升。

从图2~图5对比可知：埋弧焊丝和焊剂组合LA-71/880M焊缝柱状晶区域的先共析铁素体（GBF）和侧板条铁素体（FSP）非常发达；而埋弧焊丝和焊剂组合Ni1K/8500焊缝柱状晶区域的先共析铁素体（GBF）含量极低，侧板条铁素体（FSP）含量近乎为0。在埋弧焊丝和焊剂组合Ni1K/8500焊缝柱状晶区域，先共析铁素体（GBF）和侧板条铁素体（FSP）被基本抑制，除少量原始柱状晶境界存在不连续的20μm左右的先共析铁素体（GBF）之外，柱状晶内几乎完全是细晶铁素体（FGF）。

显然，焊缝柱状晶区呈现如此特征金相微观组织结构是焊缝金属存在一定数量扩大奥氏体温度区间的化学元素所致。即将奥氏体向铁素体开始转变温度大大向低温方向推进，使得先共析铁素体（GBF）和侧板条铁素体（FSP）被基本抑制，相变温度落入细晶铁素体（FGF）的温度区间，致使焊缝区域断裂韧性得到巨大提升。

这主要是合金钢焊丝Ni含量较高所致，因为从表6可以看出，除Ni元素之外，其他合金元素基本含量相差不大。可见，Ni元素含量对焊缝金属断裂韧性影响非常大。

当然，我们也可以从中推断出如下焊材及焊接工艺优化评价或选择方法：

（1）首先通过观察焊缝金属柱状晶含量，通过调整焊接工艺参数，在合理的工艺窗口范围获得尽量少的柱状晶。

（2）通过选择恰当的合金体系焊材，获得先共析铁素体（GBF）和侧板条铁素体（FSP）被基本抑制的焊缝金属，且使柱状晶区域内组织结构为针状铁素体（AF）或细晶铁素体（FGF）。

6 结论

（1）在CTOD试验中，两种含Ni合金钢焊材均较碳素钢的焊缝金属CTOD值高，证明了Ni元素能够有效的提高焊缝低温断裂韧性。

（2）焊缝金属柱状晶区域含量及微观结构特征是控制其低温断裂韧性的关键因素之一。

（3）焊接工艺参数优劣对焊缝金属低温断裂韧性高低也产生很重要的影响。

（4）通过选择恰当的合金体系焊材，获得先共析铁素体（GBF）和侧板条铁素体（FSP）被基本抑制的焊缝金属，且使柱状晶区域内组织结构为针状铁素体（AF）或细晶铁素体（FGF）。

参 考 文 献

1 虞维明，周岳银，陈秀妹.海洋平台的建造与维修[M].海洋出版社，北京：1992.
2 孔祥鼎，夏炳仁.海洋平台建造工艺[M].北京：人民交通出版社，1993.
3 霍立兴，焊接结构的断裂行为及评定[M].北京：机械工业出版社，2000.
4 BS 7448：1991, fracture mechanics toughness tests. Part 1. Method for determination of KIC, critical CTOD and critical J values of metallic materials[S].
5 BS 7448：1991, facture mechanics toughness test. Part 2. Method for determination of KIC, critical CTOD and critical J values of welds in metallic materials[S].
6 DNV-OS-C401 Fabrication and Testing of Offshore Structures, 2001[S].

SVG 首次应用于海上油气田电网

吴锋　昝智海　宁有智

(中海石油(中国)有限公司湛江分公司)

摘要：本文针对油田群的滚动开发，电力负荷不断增加，为保障新开发油田 WZ6-9/6-10/11-2 的供电以及未来生产调整的电力需求，作为 WZ6-9/6-10/11-2 项目的配套工程，涠西南油田群电网扩容优化项目通过在 WZIT 增加 2 台 6000kW 燃气透平发电机组实现电网的扩容，同时对电网的运行进行优化，采用 SVG 型动态无功补偿装置提高电网运行的稳定性和可靠性。

关键词：无功潮流分析；静止同步补偿器 SVG；稳定系统电压

STATCOM(Static Synchronous Compensator)，即静止同步补偿器，又称作 SVG(Static Var Generator)，即静止无功发生器，就是专指由自换相的电力半导体桥式变流器来进行动态无功补偿的装置。STATCOM 是迄今为止性能最优越的静止无功补偿设备，其基本原理就是将自换相桥式电路通过电抗器或者直接并联在电网上，适当地调节桥式电路交流侧输出电压的相位和幅值或者直接控制其交流侧电流，就可以使该电路吸收或者发出满足要求的无功电流，实现动态无功补偿的目的。

2008 年 12 月，涠西南油田群电力组网工程投产，该电网通过 35kV 海底复合电缆实现了涠洲终端(WZIT)、WZ12-1 平台、WZ11-1N 平台和 WZ11-1 平台之间的电力联网(如图 1 所示)，联网工程提高了油田群各平台/终端的供电可靠性，有效地促进了边际油田开发。随着油田群内的滚动开发，电力负荷不断增加，为保障新开发油田 WZ6-9/6-10/11-2 的供电以及未来生产调整的电力需求，作为 WZ6-9/6-10/11-2 项目的配套工程，涠西南油田群电网扩容优化项目通过在 WZIT 增加两台 6000kW 燃气透平发电机组实现电网的扩容，同时对电网的运行进行优化，提高电网运行的稳定性和可靠性。而无功潮流优化是本项目的重要优化措施之一。经计算分析，在 WZ11-1N 平台增加一套技术先进的静止无功功率发生器(SVG)可以实现对电网无功潮流的优化。

1　电压稳定控制策略

1.1　SVG 的电压稳定控制

一般情况下 SVG 的输出无功根据系统电压的变化采用斜线控制，在电网暂态过程阶段迅速发出无功(响应速度<20ms)，以维持电网的稳定。

在控制上，SVG 与传统 SVG 的区别在于：在 SVG 中，由外闭环调节器输出的控制信号用作 SVG 等效电纳的参考值 Bref，以此信号来控制 SVG 调节到所需的等效电纳；而在传统 SVG 中，外闭环调节器输出的控制信号则被视为补偿器应产生的无功电流(或无功功率)的参考值。

正是在如何由无功电流(或无功功率)参考值调节 SVG 真正产生所需的无功电流(或无功功率)这个环节上,形成了 SVG 多种多样的具体控制方法,而这与传统 SVC 所采用的触发角移相控制原理是完全不同的。

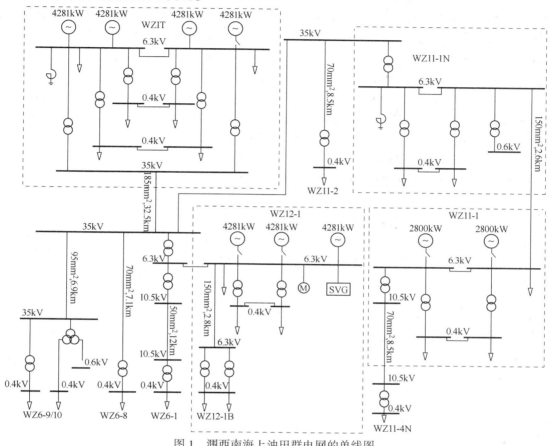

图 1　涠西南海上油田群电网的单线图

目前 SVG 的控制主要从控制策略和外闭环反馈控制量和调节器的选取两方面考虑,但无论是哪一方面都要根据补偿器要实现的功能和应用的场合来决定。由于日负荷的变动和电网其他因素的影响,系统电压会发生一定的波动,SVG 可以根据按系统无功电压要求,快速释放或吸收无功功率,提供动态的无功支撑,使得系统电压维持在一定范围内。为达到稳定电压的目的,一般采用 PI 控制器来保证电压控制的动态品质和稳态精度。

SVG 电压-电流特性,如图 2 所示。可以看出,当电网电压下降,补偿器的电压——电流特性向下调整时,SVG 可以调整其变流器交流侧电压的幅值和相位,以使其所能提供的最大无功电流 I_{Lmax} 和 I_{Cmax} 维持不变,仅受其电力半导体器件的电流容量限制。而对传统的 SVC,由于其所能提供的最大电流分别受其并联电抗器和并联电容器的阻抗特性限制,因而随着电压的降低而减小。因此 SVG 的运行范围比传统的 SVC 大,传统 SVC 的运行范围是向下收缩

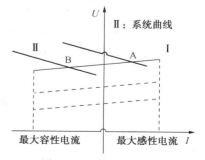

图 2　U-I 特性曲线

的三角形区域，而本实用新型 SVG 的运行范围是上下等宽的近似矩形的区域。这是 SVG 优越于传统 SVC 的一大特点。

电压调节器的作用过程为：将测量得到的控制变量与参考值相比较，然后输入到控制器的传递函数，控制器根据 SVG 的 U-I 特性曲线得到所需无功电流值，然后通过对 SVG 的电流闭环控制，使得 SVG 发出(吸收)的电流等于给定无功电流值。这样 SVG 的工作状态将随系统情况的变化而进行变化，当电压高时，输出更多的感性无功(如 A 点)，当电压比较低时，输出更多的容性无功(如 B 点)，从而使系统电压稳定在一定范围之内。

SVG 控制的线性范围是 SVG 端电压随 SVG 电流作线性变化的控制区域，其中电流或无功功率可以在整个容性到感性的区域内变化。

实际的无功补偿装置一般不设计成具有水平的电压—电流特性，而是设计成具有一定斜率的特性(如图 1 所示)。这样设计具有以下几个优点：

(1) 达到几乎相同的控制目标可以大大减小 SVG 的额定无功功率；

(2) 防止 SVG 过于频繁达到无功功率限制值；

(3) 多个并联无功补偿器的无功输出功率容易分配；

V-I 特性曲线中的斜率即调差率，其被定义为在补偿器的线性控制区域内，电压幅值增量与电流幅值增量之比值，因此斜率 KSL 可由下式给出：

$$K_{SL} = \frac{\Delta V}{\Delta I}(\Omega)$$

式中　ΔV——电压幅值增量，V；

　　　ΔI——电流幅值增量，A。

斜率的标幺值为：

$$K_{SL} = \frac{\Delta V/V_r}{\Delta I/I_r}(p.u.)$$

式中　V_r 和 I_r——SVG 电压和电流的额定值。

当 $\Delta I = I_r$ 时，

$$K_{SL} = \frac{\Delta V(在 I_r 或者 Q_r 时)}{V}(p.u.) = \frac{\Delta V(在 I_r 或者 Q_r 时)}{V}100\%$$

式中　Q_r—— SVG 的额定无功功率。

因此，斜率还可以定义为当 SVG 输出最大无功功率时，引起的电压变化占额定电压的百分比，这个最大无功功率值是最大感性无功功率和最大容性无功功率中较大的一个，因为通常 SVG 的额定无功功率对应较大的那个无功功率值。通常斜率保持在 1%~10% 的范围内，典型值为 3%~5%。通常，在 V-I 特性曲线中加入一个特定的斜率是必要的。

在实际应用中一般采用电流反馈来实现这个斜率，从而得到电压调节器的控制框图，如图 3 所示。

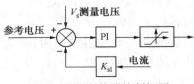

图 3　电压调节器控制框图

1.2 参考电流计算

参考电流计算部分包括电压相位检测、直流电压控制、电流幅值设定、幅值相位合成四个环节，如图4所示。

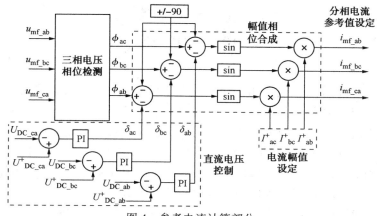

图 4   参考电流计算部分

相位检测模块主要功能是快速准确检测出三相电压的相位。同时，系统电压平衡或不平衡时，相位检测模块算法还应该快速分离出正、负序分量。

直流电压控制模块由三个 PI 调节器组成，分别对三相直流电压进行反馈调节，其输出则作为相移角加到系统电压相位上。在链式 SVG 中，相移角 δ 是最关键的控制量，SVG 输出不同大小的无功功率时，随着电流大小的变化装置的损耗功率也在发生变化，只有通过改变 δ 调节系统向 SVG 注入有功功率的大小，才能重新达到有功功率的平衡，保持直流电压恒定，因此选择直流电压恒定作为相移角的调节目标是合适的。

电流幅值设定模块的功能是根据上层控制器设定的无功参考值计算三相变流器需要输出电流的幅值。为了使该控制方法同时适用于系统电压平衡和不平衡的条件，三相电流幅值应满足：

$$\frac{I_{ab}}{V_{ab}} = \frac{I_{bc}}{V_{bc}} = \frac{I_{ca}}{V_{ca}}$$

V_{ab}，V_{bc}，V_{ca} 分别是三相系统电压的幅值。另一方面，应使 STATCOM 输出总无功等于参考值 Q^*，综合上述两方面的要求可以按照下式计算三相参考电流的幅值：

$$I_{ab} = 2V_{ab}Q^* / (V_{ab}^2 + V_{bc}^2 + V_{ca}^2)$$

$$I_{bc} = 2V_{bc}Q^* / (V_{ab}^2 + V_{bc}^2 + V_{ca}^2)$$

$$I_{ca} = 2V_{ca}Q^* / (V_{ab}^2 + V_{bc}^2 + V_{ca}^2)$$

幅值相位合成模块将设定的电流幅值和相位组合成一个正弦交流量，作为 SVG 输出电流需要跟踪的参考值。电流参考值的相位包含三部分：系统电压的相位角 $\omega t + \varphi$，由相位检测模块检测得到；表征系统向装置注入有功功率大小的相移角 δ，由直流电压控制模块产生；电流领先/滞后系统电压的相位角 ±π/2，根据系统吸发无功的需要决定，发无功时电流需领先电压 π/2，吸无功则落后 π/2。

1.3 低电压及过电压控制

在系统严重低电压的瞬间（例如发生故障时），本 SVG 中的控制逻辑将把 SVG 闭锁。如果在这样的情况下 SVG 继续工作，电压调整器将动作，那么 SVG 将产生极大的容性输出，这样就会在故障清除的瞬间产生极大的过电压。图 5 显示了低电压策略的模型框图。其中，V_{meas} 表示高压侧 SVG 母线电压标幺值，UV_{min} 和 UV_{max} 分别表示低电压的上限和下限。

图 5　低电压策略

假设在发生三相故障时，当三相整流电压低于门槛电压 UV_{min}(通常是 0.6p. u.)，以下的动作将被禁止：①电压调整器失效；②电纳调整器被禁止。

当电压回升到第二个定值点 UV_{max}(通常是 0.69p. u.，比第一定值点 U 高)，经过一段预先设定的延时(大约 30ms)，钳制也被取消。再经过一段预先设定的延时(大约 170ms)，电纳调整器恢复工作。低电压策略一般设计主要保证在三相故障时能够有效工作，而不是在单相接地故障期间。这两种故障的差别通过选择门槛电压来完成。

如果电压高，控制系统将向系统发出感性无功功率，同时控制附近并联电容器组切除或并联电抗器组投入，使电压保持在接近并小于 1p. u. 的状态。如果电压持续高于 1.15p. u.，SVG 将在 1s 后发出跳闸信号。

简单来说，既是当系统电压高于允许值，而 SVG 输出已经达到感性无功输出极限，则检测站内电容器开关状态，如果有在线的电容器组，则切除其中一组电容器，如果切除后系统电压仍过高，则继续切除在线电容器，直到系统电压稳定在允许范围内或电容器全部切除为止。同时，如果系统电压偏低(系统运行在稳态条件下)，而 SVG 输出已经达到容性无功输出极限，则检测站内电容器开关状态，如果有未在线的电容器组，则控制系统发出合闸命令，将该电容器组投入，如果投入后系统电压仍低于设定值，则继续投入未在线电容器组，直到系统电压稳定在允许范围内或站内电容器全部投入。

为了保障系统安全性，同时不影响站内电容器组的寿命，电容器组在退出后，12h 内不再接收合闸命令。

2　电压稳定控制效果

基于以上电压稳定控制策略，SVG 设备运行于位于涠西南油田群电网变电站的电压稳定控制波形如图 6(欲将系统电压保持在 6.3kV 稳定运行)。

通过对 SVG 的电流闭环控制，以恒定电压为目标，对系统大负载启动，提供动态无功支撑，自动调节无功输出，达到稳定电压的目的。

3　结论

本文提出一种基于静止同步补偿器 SVG 的电压稳定方法，主要从控制策略和外闭环反馈控制量和调节器的选取进行了论述分析，通过对 SVG 的电流闭环控制，使 SVG 输出状态随系统实际情况变化而变化，达到稳定系统电压的目的。

从经计算分析，在 WZ11-1N 平台增加一套技术先进的静止无功功率发生器(SVG)可以

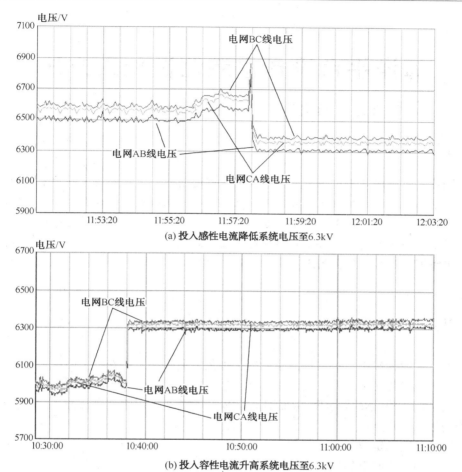

(a) 投入感性电流降低系统电压至6.3kV

(b) 投入容性电流升高系统电压至6.3kV

图 6　SVG 运行于刀尔登变电站的电压波形

实现对电网提供动态无功支撑、恒定电压,从而提高电网运行的稳定性和可靠性。

静态无功补偿装置(SVG)作为改善电能质量的一项关键技术,在日本、美国、德国等发达国家已经得到高度重视和日益广泛的应用,在国内的负荷侧如冶金、煤矿等,发电侧如风电、光伏发电等也正在大批量的应用。随着海上石油、风电等行业的快速发展,凭借无功输出不受制于电网电压的补偿特性,SVG 在海上平台也得到了广泛应用。

参 考 文 献

1　袁佳歆,陈柏超,万黎.利用配电网静止无功补偿器改善电网电能质量的方法[J].电网技术,2004,28(19):81~84

2　王立杰.STATCOM 控制方法及 PWM 策略的研究[D].江苏大学,2007

3　粟时平,李圣怡.静止无功发生器在高压电力系统中的应用[J].高电压技术,2001,27(2):52~54

4　刘元清.配电网 STATCOM 控制策略分析与装置研究[D],河海大学,2007

5　栗春,姜齐荣,王仲鸿.STATCOM 电压控制系统性能分析[J].中国电机工程学报;2000.

海洋平台设备吊装侧进施工方法

程涛[1] 魏成革[2] 张秋华[2] 郑晓娟[1] 岳巧[1]

(1. 海洋石油工程股份有限公司；2. 海洋石油工程(珠海)有限公司)

摘要：针对海洋平台施工中的设备吊装侧进问题，本文介绍了一种常见的施工方法。依据平台的结构特点，首先用吊机将设备一端吊放于平台上，后用倒链牵引至预定位置，最后采用千斤顶将设备落于平台甲板上。实践证明，这种施工方法安全、高效，施工难度小，可以取得良好的经济效益。

关键词：设备吊装；侧进；牵引；施工方法

1 引言

海洋平台一般为多层甲板结构，建造施工工艺上通常都是在安装上层甲板之前，将下层甲板的设备预先安装完毕。但在实际建造施工过程中，常常会由于各种因素导致在设备安装之前，上层甲板结构已安装完毕，从而使设备安装时需要采用侧进吊装方法就位，其具体实施主要需满足如下几点：

(1) 设备参数及定位位置；

(2) 平台侧进线路上的结构物情况；

(3) 施工现场情况；

(4) 所用吊机及吊索具参数。

海洋平台设备按照设备特性可分为动设备和静设备，具体细分为容器类、泵类、压缩机、原动机、锅炉、换热器、吊机及其他设备。本文以海洋平台上常见的泵类设备中的注水泵为例，说明吊装侧进的施工方法。

2 施工方案

2.1 侧进吊装概述

设备的外形尺寸及其他参数如表1所示：

表1 注水泵设备参数

设备名称	外形尺寸/m($L{\times}W{\times}H$)	干重/t	定位位置
注水泵	7.4×1.8×2.5	20	WELLBAY DECK

设备安装于平台上的井口甲板上，距地面18m，设备在甲板上位置如图1所示。吊装及吊机参数见表2。

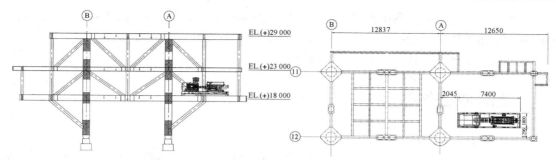

图 1　设备在甲板位置示意图

表 2　吊装参数

钢丝绳、卸扣、紧张器及钩头等重量/t	0.5	
吊装撑杆质量/t	0.3	
动态放大系数	1.1	
吊重/t	22.88	
吊机参数		
最大起质量/t	100	20
主扒杆/m	32	20
回转半径/m	9.5	5.8
吊车分配起质量/t	10.36	12.52
负荷利用率(Usage rate of lifting capacity)/%	10.36	62.6

根据设备各项参数，初步选用 1 台 100T 吊机进行吊装，示意图如图 2 所示。

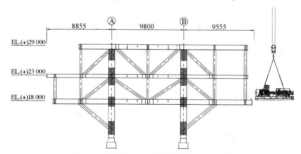

图 2　采用 1 台吊机吊装示意图

但经吊装模拟，发现当设备前端落到甲板上后，由于前面的索具仍在承受设备重，无法摘钩。最后经多种方案比对后，决定采用 2 台吊机配合侧进，根据施工现场现有吊机情况，决定采用 1 台 20t 汽车吊和 1 台 100t 履带吊车配合进行。20t 吊车吊住设备前端的 2 个吊耳，100t 吊机吊住设备后端的 2 个吊耳，前后各使用 1 个撑杆。当设备前端落到甲板上预先放置好的滚杠上后，20t 吊机摘钩，撤离，然后采用倒链拖拉设备使其大部分进到甲板后，100t 吊机摘钩。采用倒链继续拖拉设备，到位后利用千斤顶和辅助支座将设备支起，滚杠抽出，设备就位。

2.2　侧进吊装施工顺序

拖车运送注水泵至施工现场→20t 及 100t 吊机就位，挂好吊索具→2 台吊机同时动作，将设备吊起→设备前端落到甲板并稳定后，挂好倒链→20t 吊机摘钩，倒链牵引设备进到甲板内→100t 吊机摘钩→倒链继续牵引设备至预定位置→安装千斤顶支座→利用千斤顶顶起设备后，抽出滚杠→设备落至甲板上，就位完成。

3　吊装侧进施工方法

3.1　侧进吊装准备

在注水泵设备安装之前，不要安装影响吊装的结构物，如果在侧进线路上有影响吊装的脚手架，必须拆除，要确保侧进吊装线路通畅。

甲板边缘的挡水扁铁高度为 100mm，所以需要准备 ϕ120mm 滚杠约 12 根。

根据平台结构特点，倒链锚定点可以借助于平台内的结构梁，但由于设备上方没有合适的支撑着力点，施工中决定采用千斤顶将设备顶起后抽出滚杠，现场需要制作 4 个千斤顶支座，并在设备拖拉到位后安装在设备底座 4 个吊点位置处。

倒链需要 2 个，每个的规格不小于 20t。

吊索具选用如图 3 所示。

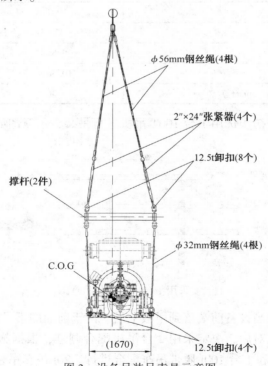

图 3　设备吊装吊索具示意图

另外，还需要准备 2 条软绳索(安全工作载荷 10t)，用于系在注水泵底橇上调整设备吊装中及落到甲板后的方位。

3.2　侧进吊装施工步骤

（1）用拖车将注水泵运送至施工场地，卸车后放置于枕木上，使设备处于适宜吊装的正确方位。

（2）20t 及 100t 吊机就位并调整好姿势，挂好吊索具。

（3）在注水泵底橇上系好导向绳索，2 台吊机同时起吊，设备平稳吊起并向组块侧移动。吊起过程中用导向绳索实时控制设备姿势，并保证设备平稳。设备起吊示意图如图 4 所示。

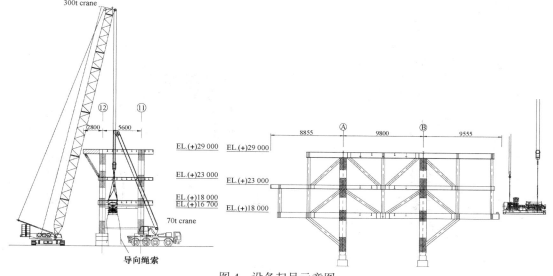

图 4　设备起吊示意图

（4）将滚杠放置于甲板上，设备前端平稳地吊放到甲板边缘的滚杠上后，挂好倒链，牵引设备进入到甲板内。设备侧进示意图如图 5 所示。

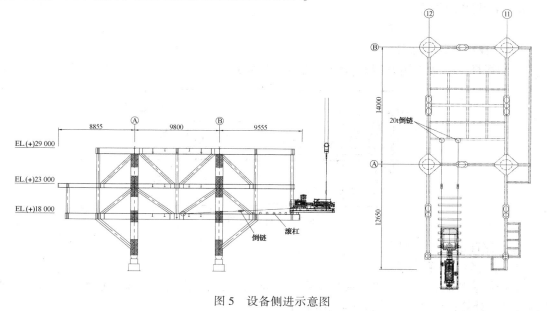

图 5　设备侧进示意图

（5）20t 吊机摘钩，倒链继续牵引注水泵，待设备橇体大部分进入到甲板内后，100t 吊机摘钩。

（6）倒链牵引注水泵至定位位置后，将千斤顶支座安装于底橇上后，用千斤顶将注水泵顶起，抽出滚杠。千斤顶顶升示意图如图 6 所示。

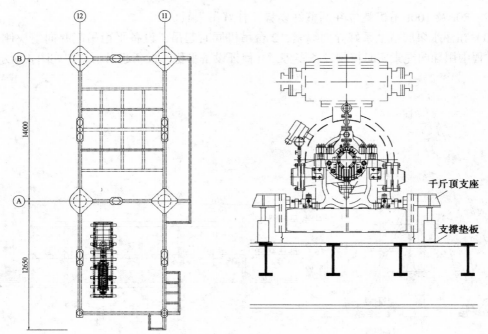

图6 千斤顶顶升示意图

(7)设备落至甲板,去除千斤顶支座,就位完成。

4 设计及校核

4.1 撑杆设计及校核

(1)撑杆的主梁采用方钢管,结构图如图7所示。

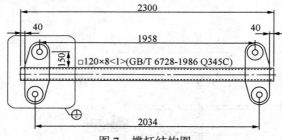

图7 撑杆结构图

(2)撑杆校核计算如下:

① 确定绳扣垂直高度 h。

根据吊装要求,绳扣和水平夹角不得小于 60°,校核最大受力情况,设绳扣和水平面夹角为 60°,计算得绳扣垂直高度 $h = 1696\text{mm}$。

② 确定吊点承重。

垂直方向:$G_{垂直} = 10\text{t} = 10000\text{kg} \times 9.8 = 98000\text{N}$

斜拉方向:$G_{斜拉} = 10\text{t}/\sin 60° = 113161\text{N}$

水平方向:$G_{水平} = 10\text{t}/\tan 60° = 56580\text{N}$

③ 吊耳校核。

吊耳材料为 D36，屈服强度为 356MPa。取吊耳安全系数为 3，动载系数为 2，则等效安全系数为 6。

许用应力 $\delta'_y = 355MPa/6 = 59.16MPa$

吊耳厚度 $PL = 20mm$，吊耳内径 $D = 50mm$

最小截面积 $A_1 = 200 \times 30 + 2 \times (160 \times 10) - 50 \times (30 + 2 \times 10) = 6700mm^2 = 0.0067 \ m^2$

取许用抗剪应力为屈服极限的 0.4 倍，则 D36 材料的抗拉应力 $\delta = 59.16 \times 0.4 = 23.7MPa$

$\delta_1 = 113161/0.0067 = 16.89MPa < 23.7MPa$

根部截面积 $A_2 = (130 + 100) \times 32 = 7360mm^2 = 0.00736 \ m^2$

取许用正应力为屈服极限的 0.6 倍，则

$\delta_2 = 98000/0.00736 = 13.32MPa < 0.6 \times 59.16MPa = 35.5MPa$

④ 撑杆校核。

撑杆属于细长杆的稳定性问题，根据欧拉公式：

$$P_{cr} = \frac{\pi^2 EI}{(2l)^2} \qquad (1)$$

得

$$I = \frac{4P_{cr}l^2}{\pi^2 E} \qquad (2)$$

根据撑杆受力示意图，水平方向 $G_{水平} = 20t/\tan 60° = 20000 \times 9.8/\tan 60° = 1131610N$

取安全系数 $K = 3$，则：

临界载荷 $P_{cr} = KG_{水平} = 339480N$

$I = \dfrac{4P_{cr}l^2}{\pi^2 E} = (4 \times 339480 \times 2.3^2)/(3.142^2 \times 196 \times 10^9) = 7183396.8/1.935 \times 10^{12} = 3.71 \times 10^{-6}$ m$^4 = 371cm^4$

对于方钢管口 120×8，惯性钜为 696.637cm^4。

$I = 371cm^4 < 696.637cm^4$，故稳定性满足要求。

4.2 千斤顶选用及校核

千斤顶选用 TYZF50/160 型号的同步千斤顶，其起重量为 50t，取设计储备安全系数 $[K] = 1.5$，选用 4 个该型号千斤顶，则起重能力为：

$$P = (4 \times 10 \times 10 \times 3.14/4) \times 400kg/cm^2 = 125.6t$$

式中，10cm 为千斤顶油缸直径，400kg/cm^2 为油泵机最大压力。

$K = 125.6/22 = 5.7 > [K] = 1.5$，满足要求。

式中，22t 为静载荷与动载荷的合计。

千斤顶的有效行程必须能保证设备被顶起滚杠被抽出后，设备能下落到甲板上，根据千斤顶选型表格及设备的空间位置限制，千斤顶有效行程选用 160mm。

4.3 千斤顶支座设计与校核

千斤顶支座根据设备橇体底座尺寸、千斤顶规格、设备重量等进行确定，设计示意图如图 8 所示。

千斤顶底座采用 ANSYS 软件进行受力分析及校核，结果如图 9 所示。

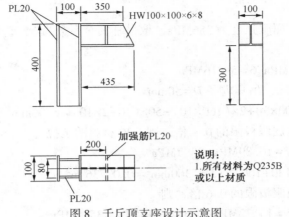

图 8　千斤顶支座设计示意图

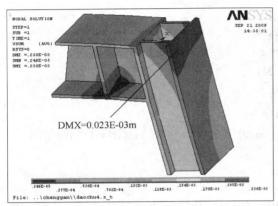

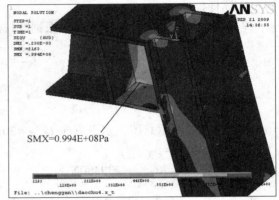

图 9　千斤顶支座 ANSYS 分析图

结果显示，支架上所受的最大的应力值为 0.994E+08Pa，取安全系数为 1.5，则：

$$\delta' = (0.994E+08) \times 1.5 = 1.491E+08Pa = 0.149E+09Pa$$

$\delta' < \delta_y = 0.235E+09Pa$，结构强度满足要求。

参 考 文 献

1　樊兆馥. 机械设备安装工程手册[M]. 北京：冶金工业出版社，2004.

2　粘桂莲，王家君. 石化装置大型设备安装工程的液压顶升技术[J]. 石油工程建设，2000，4：37～39.

ANSYS 在单点模块安全运输中的应用

许南 李文民 谢维维 周昕达 刘顺庆

(海洋石油工程股份有限公司)

摘要： 本文采用有限元 ANSYS 软件对 PL19-3 SYMS 模块在运输载荷工况下进行结构强度安全分析，克服了海洋工程专业软件 SACS 的建模弱点，得出了不同载荷组合工况的 Von mises 应力，结果表明在运输过程中 SYMS 组块结构具有足够的安全强度，满足规范要求。

关键词： 安全运输载荷工况；SYMS；组块；有限元方法

1 概况

我国的渤海地区有丰富的油藏资源，如 PL19-3 为储量 6×10^8 t 油田，其所处水深较浅，采用储油设备为 FPSO，由于其具有移动灵活、适应性强、储油量大、投产快、可重复用等特点，已成为最常用的海上油田开发手段。FPSO 主要由船体、油气生产处理模块和系泊系统三部分组成。且船体在任意方向波浪流等环境载荷作用下可以绕单点 360° 旋转，并且能抵御 100 年一遇的环境载荷工况要求。

PL19-3FPSO 采用 SYMS 系泊系统，单点上部组块重达 2800 多吨，建造结束，需要装船运输，运输过程中的安全可通过对运输船的配载、稳性计算以及运动分析计算校核来保证，确保被运输结构物在复杂的载荷组合工况下不被破坏。以往在进行海洋结构物运输时采用海洋工程专业软件 SACS 进行分析，得出结构物的位移、名义应力、冲剪应力等参数，确保这些参数满足规范要求。PL19-3 SYMS 组块是由大量的梁、板组合而成的不规则的复杂结构。由于 SACS 软件只能将结构模拟为细长杆件单元，对于板单元的模拟效果不是很好，因此如果按照传统方法采用 SACS 软件分析，有部分结构就无法模拟，从而不能合理的模拟出结构的力学模型，同时，使 SYMS 组块部分结构满足不了在运输载荷工况下的规范要求，这与实际情况也是不相符的。因此利用通用有限元软件 ANSYS 进行了 PL19-3 单点 SYMS 组块运输载荷工况下结构强度安全分析，由于 ANSYS 软件中含有 180 多种单元，几乎能满足所有工程的模拟要求，并能对梁板结构进行很好的耦合，因此，利用 ANSYS 软件更能合理有效的对 PL19-3 SYMS 组块进行运输载荷工况下结构强度安全分析。

2 运输载荷工况

采用滨海 308 船(载重量 15000t)运输 PL19-3 SYMS 组块、YOKE1 和 YOKE2，由赤湾胜宝旺场地运输到 PL19-3 油田现场，在运输过程中船舶受到风、波浪和海流的共同作用，将产生六个自由度的运动,即横摇、纵摇、首摇、升沉、纵荡和横荡,在随机载荷作用下这种运动将是一种六自由度的耦合运动(图1、图2)。此时船体上部的结构物将随驳船一起运动,运动时惯性力将会作用在 SYMS 组块结构上,此时 SYMS 组块结构必需承受住惯性力的作用,否则 SYMS 组块局部结构在过载的工况下将受到破坏。

根据 DNV 规范运输工况取值:当驳船 $L \geq 76m$ 且 $B \geq 23m$ 时,运动周期为 10s、横摇为 20°、纵倾为 12.5°、升沉加速度为 $1.96m/s^2$。

考虑到 ANSYS 软件加载不像 SACS 能自动加载,因此把载荷分为 3 种基本的载荷工况:

(1)结构物本身的自重产生的载荷,沿坐标系 Z 轴方向,即 LS1;

(2)横向载荷,由于船体最大横摇和最大横荡产生,得出横向加速度为 0.342g,由于横摇最大角度为 20°,于是角加速度为 $7.90rad/s^2$(20°×4×3.142/100),转动角加速度为 $0.1378rad/s^2$,即 LS2;

(3)纵向载荷,由于船体最大纵摇和最大纵荡产生,得出纵向加速度为 0.216g,转动加速度为 $0.0861rad/s^2$,即 LS3。

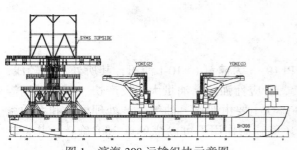

图1　滨海 308 运输组块示意图

图2　滨海 308 运输组块示意图

由于运动是一种耦合的运动,因此需要对它们进行工况组合,升沉、横摇和纵荡等进行最不利工况的组合(表1),组合后的工况分别为 LS07~LS14,根据组合的工况情况分别将这些载荷工况施加到有限元模型中,结构的屈服应力(σ_s)为 345MPa,许用应力(0.8σ_s)为 276MPa,由式(1)得出结构受力后的 UC 值。组块结构的实际应力采用 Von mises 应力,此应力为综合应力,表达式为式(2)。

$$UC = \frac{actual\ stress}{allowable\ stress} \tag{1}$$

$$\sigma_e = \sqrt{{\sigma_1}^2 + {\sigma_2}^2 + {\sigma_3}^2 - (\sigma_1\sigma_2 + \sigma_2\sigma_3 + \sigma_3\sigma_1)} \tag{2}$$

表1　载荷工况组合

载荷工况	工况组合	LS01	LS02	LS03
LS07	+升沉+横摇	+1.20	+1.0	—
LS08	+升沉−横摇	+1.20	−1.0	—
LS09	+升沉+纵摇	+1.20	—	+1.0
LS10	+升沉−纵摇	+1.20	—	−1.0
LS11	−升沉+横摇	+0.8	+1.0	—
LS12	−升沉−横摇	+0.8	−1.0	—

续表

载荷工况	工况组合	LS01	LS02	LS03
LS13	−升沉+纵摇	+0.8	—	+1.0
LS14	−升沉−纵摇	+0.8	—	−1.0

3 单点组块有限元模型

3.1 有限元模型特性

根据有限元基本理论选取合适单元建立了 PL19-3 SYMS 组块有限元模型(组块模型如图 3 所示),在建模过程中梁结构采用 BEAM4 单元,管状结构采用 PIPE16 单元,薄板采用 SHELL63 单元。在进行组块建立模型时,其组成构件分为主要构件和次要构件。

主要构件包括主要支撑结构、各层面上的板、平台吊机和软管通道板等,它们对组块的整体结构起到主要作用,影响整体变形和整体应力场的分布,在进行组块结构强度分析时都必须按照真实形状和空间位置进行模拟。此外,由于一些梁板组合结构在载荷分布时板也能分担一部分载荷,且利用 ANSYS 软件分析时,BEAM4 单元和 SHELL63 单元有相同的自由度,能很好的耦合,不需要建立约束方程,非常方便建模。

次要构件只是起到局部作用,如设备及其框架、节点处加强板、吊耳板等,它们不影响结构的整体强度、变形,而且有限元在计算中认为焊接连接处的强度是足够的,故在强度计算中对这些构件作适当的取舍,减少计算量,也是偏于安全角度考虑的,它们只是提供重量,以质点的形式加到相应的坐标位置上。

3.2 模型坐标系选择

为了便于描述各构件在船体和整个结构中的位置、各计算工况下结构的变形和应力分布情况以及约束和加载条件,建立有限元模型前应首先选取模型的总体坐标系。在稳性分析中得出了结构物的摇心位置,因此选摇心作为总体坐标的原点,便于施加角加速度等载荷,X 正方向沿船长方向且指向船艏,Y 正方向指向右舷,Z 正方向从船底指向甲板,如图 4 所示。

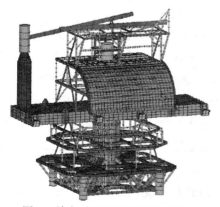

图 3 单点 SYMS 组块有限元模型

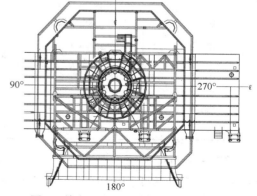

图 4 单点 SYMS 组块模型整体坐标系

3.3 模型约束条件

根据实际情况,在所建模型主腿底部节点施加 X、Y 和 Z 三方向约束,其线位移全为 0,

转角 R_x、R_y 和 R_z 自由。

4　结语

SYMS 组块在运输载荷工况(LS07~LS14)下,单元 Von mises 应力最大值为 284.835MPa,发生在载荷工况 LS07,即发生横摇时(见图5),但当运载驳船纵摇时,即在组合工况 LS09 时(见图6),最大单元 Von mises 应力值为 278.645MPa。在组合工况 LS12 时得出最小单元 Von mises 应力值为 211.0MPa。其各个工况最大单元 Von mises 应力值如表2所示。在 LS07 和 LS09 工况时它们的 UC 值分别为 1.032 和 1.009 均大于1,发生在节点连接处。但此时超过许用应力部分面积极小,节点部位建模时忽略掉了防止应力集中的圆滑过渡的小构件,且显示应力时采用单元应力,因此可以忽略掉应力过大部分。

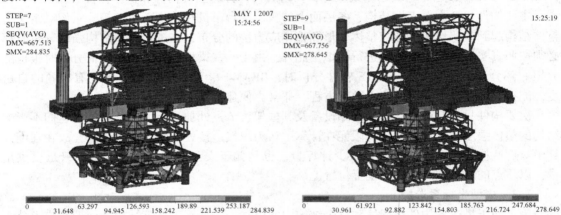

图5　LS07 工况组块 Von mises 应力分布图　　　图6　LS09 工况组块 Von mises 应力分布图

表2　载荷工况(LS07~LS14)下最大单元应力值表

载荷工况	最大应力(Von Mises)	允许应力	使用系数
7	284.8 N/mm²	276 N/mm²(0.8 * yield)	1.032 *
8	242.3 N/mm²	276 N/mm²(0.8 * yield)	0.878
9	278.6 N/mm²	276 N/mm²(0.8 * yield)	1.009 *
10	224.4 N/mm²	276 N/mm²(0.8 * yield)	0.813
11	241.3 N/mm²	276 N/mm²(0.8 * yield)	0.874
12	211.0N/mm²	276 N/mm²(0.8 * yield)	0.764
13	235.1 N/mm²	276 N/mm²(0.8 * yield)	0.852
14	207.3 N/mm²	276 N/mm²(0.8 * yield)	0.751

通过以上分析得出:

(1)计算结果表明,PL19-3 单点 SYMS 组块在运输载荷工况(LS07~LS14)下具有足够的强度,满足规范要求。

(2)ANSYS 软件能很好的处理梁板结构耦合问题,得出比较合理的应力分析结果。

(3)在建模过程中,结构上一些小的构件没有计入,实际上这些小构件能很好的将载荷传递到其他结构上，避免应力集中发生，实际应力是低于此计算值的，所以结构是安全的。

（4）在结构运输安全分析中为得出更精确的结果应选择合理的波浪谱，在频域和时域内分析，并进一步进行疲劳和概率分析，值得今后作进一步考虑。

参 考 文 献

1 秦立成. 导管架海洋平台碰撞动力分析. 中国海上油气 2008，20(6).

2 于文太，秦立成. 大型导管架下水中蓝疆号起重船系泊计算分析. 中国水运，2010(6).

3 谢维维，秦立成. 荔湾 3-1 导管架平台运输运输工况运动响应监测分析，中国水运，2013(4).

4 秦立成 动力载荷作用下的导管架海洋平台优化研究. 天津石油学会会议论文，2008.12.

5 秦立成. 巨型垂直轴风机塔筒安装载荷计算与强度分析. 风机技术，2013(4).

6 李欣，杨建民等. FPSO 软刚臂单点系泊系统动力分析. 中国造船. 北京：2005 年度海洋工程学术会议.

7 陈小弟. 我国浮式生产储油船(FPSO)的开发现状，船舶，2003，2(1).

8 范菊，陈小红等. 转塔式系泊储油轮的动力分析. 上海交通大学学报，2000，34(1)：152~156.

9 张波，盛和太. ANSYS 有限元数值分析原理与工程应用. 北京：清华大学出版社，2005.

10 翟钢军. 基于可靠度的导管架海洋平台结构优化设计研究. 中国海洋平台，2005，20(1).

平台组块施工分析关键技术研究

施昌威　张爱霞　李冬梅　郭学龙

(中石油集团海洋工程有限公司工程设计院)

摘要：平台组块为海洋油气上部设施的组合，涉及各类专业，一般质量大、荷载复杂。由于海上复杂的环境条件，对组块的安装提出了严峻的挑战。准确合理的施工分析，是平台组块安装的重要保证。本文重点对组块装船、拖航和吊装关键技术进行了研究，并给出算例。

关键词：组块；装船；拖航；吊装；荷载

1　引言

海洋是我国能源产业发展的战略重点，随着海洋油气勘探开发从浅海、半浅海向深海延伸，风、浪、流等环境工况更为恶劣，对平台组块安装的要求更高。准确合理的施工分析，是平台组块安装的重要保证。海上平台的安装通常包括装船、拖航和吊装等步骤，本文对此关键技术进行了研究，并以渤海湾某平台为例，进行说明。

2　组块装船关键设计技术

2.1　装船分析的基本原则

组块在完成场地的建造施工后，通常从制造场地通过滑道滑移装船，为保证该过程的结构安全，需进行装船分析，确保组块满足规范设计要求。

通常组块用四个滑靴进行装船，组块的滑移装船分为两组先后滑上船，装船过程是利用船上的绞车拖拉设置在组块下部的两个滑靴进行装船。

根据分析的需要，可预先设定支撑在其所在水平面上下的偏移位移不得超过一定数值，如25mm。分析的过程应注意拖拉组块时的受力情况以及拖拉动组块的过程中出现悬空(即滑靴与滑道之间出现拉力)的情况。另外，分析过程中要考虑滑移装船组块由于其中一个滑靴失效而出现三点支撑的情况。

2.2　分析方法

装船计算分析模型可以通过修改在位分析模型得到。删除在位分析模型中所有与在位分析有关的荷载工况、隔水导管，上部结构以及任何海上后安装的附属设施，通过计算程序把修改后的在位分析模型节点坐标旋转和平移到装船位置就可得到组块装船分析模型。

在计算分析中，组块下面的每一个支撑(滑靴)仅模拟成提供垂直方向支撑的杆件，滑靴本身在分析中不被模拟。如果需要模拟结构与滑靴顶部之间的偏心，可加上刚性单元。为了防止超静定，在组块末端要加柔性弹簧。

主要荷载如下：

1）结构自重

结构的自重是通过对生成的计算模型重量乘一个系数以及通过增加节点荷载和杆件荷载来模拟重量得到的。如果有必要，可以通过在组块末端加相等但方向相反的荷载来调整重心位置。

2）滑靴/滑道摩擦力

滑靴与滑道之间的滑动摩擦力效果可以通过在组块与滑靴的连接点加单位荷载模拟得到。

尽管拖拉组块的过程会有加速度，但分析过程中并不直接分析拖拉组块过程中发生的较复杂的加速度情况，而是关心对滑靴施加了包含拖拉力的组块受力情况。

3）不均匀装船方法

为了模拟不均匀装船方法，在程序分析过程中对组块的每个支撑点上施加了一定的位移，如25mm，作为单位垂直位移。

为了模拟滑靴支撑完全失效情况，可以对单位垂直位移乘以适当的系数得到。组块装船分析算例如图1~图4所示，图1为组块装船分析模型，图2为边界条件，图3为拖拉荷载施加，图4为计算应力云图。

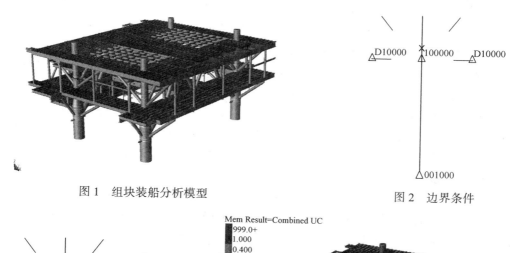

图1　组块装船分析模型

图2　边界条件

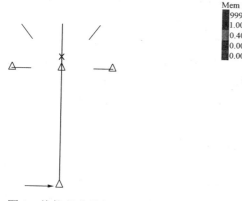

图3　拖拉荷载施加

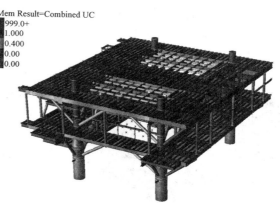

图4　计算应力云图

3 组块拖航关键设计技术

3.1 拖航分析的基本原则

组块在拖航过程中可能遇到的各种环境荷载，要求保证组块具有足够的强度。在拖航中施加在组块上的荷载应考虑它的所有组件的重量。这些重量将同环境导致的惯性荷载一起施加在组块上，该惯性荷载是驳船和组块在设计海况下响应的结果。运动和加速度将从船舶运动分析中获得。

静力分析将被用来确定构件和节点的应力校核，同时确定固定荷载以设计装船固定构件。在该阶段，根据安装承包商可能提供驳船数据，进行平台/驳船/装船固定系统的整体结构分析。

3.2 分析方法

拖航分析是一个三维梁有限元分析。应用载荷是在运输过程中的结构自重和船受到的横向、斜向和纵向的风力。组块和管状固定构件以及节点的承载能力需要进行评估以满足 API RP 2A 的要求。

1）结构模型

结构分析模型包括整个组块结构，从最新版的设计图中可以得到构件的特性，坐标系的原点位可以根据实际的情况确定。

2）结构拖航坐标定义

坐标按照 SACS TOW 系统的默认值定义：

X 坐标沿驳船的横向（从左舷到右舷为正）

Y 坐标沿驳船的纵向（船尾到船头为正）

Z 坐标垂直于驳船（从驳船到组块为正）

坐标系统不同于在位模型，目的是简化组块参考运动中心的单位荷载的生成。必要的情况下拖航模型的质心将被调整，以适应船舶运动模型的需要。

3）滑靴和装船固定

组块在驳船上的垂直约束由四个滑靴和它们的支撑提供。水平约束由支撑在组块水平框架支撑上的横向支撑提供。连接组块腿和驳船纵梁的纵向约束提供组块的纵向制动。详细的装船固定构件的布置将在项目的后期进行。

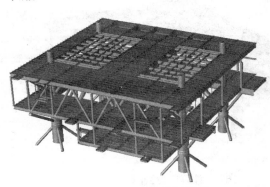

图 5　组块拖航分析模型

4）约束

驳船上组块模型将被位于纵梁和横向梁的交叉点的弹簧支撑。弹簧构件的轴向刚度等于驳船水线区域的静水刚度。每个弹簧将分配一个与参与面积成正比的刚度。

将装船固定构件连接到驳船上的虚拟构件在驳船末端的两个水平方向约束，而在垂直方向自由。

组块拖航分析算例如图 5~图 8 所示，图 5 为组块装船分析模型，图 6 为边界条件，图 7 为计算应力云图。

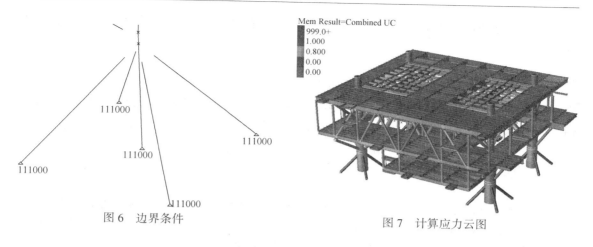

图 6   边界条件

图 7   计算应力云图

4   组块吊装关键设计技术

4.1   吊装分析的基本原则

组块将由指定的驳船运输到安装地点。到达安装地点后，驳船被压舱到安装吃水深度，并通过交叉缆系泊到浮吊的尾部。吊装过程分析描述是从组块静止放在驳船上和吊钩吃力时起，直到组块完全吊起，未放到海里之前悬在空中的过程(图 8)。

图 8   组块吊装分析模型

4.2   分析方法

组块结构在自重作用下从吊点悬起的一个三维有限元分析。自重荷载乘以系数以包括组块的倾斜、重心的偏移和摇摆，并且要包括浮吊运动和组块从驳船吊离时重新接触驳船引起的动力荷载余量。

主要荷载如下：

1) 组块自重

组块由模型生成的构件自重以及附加的节点和构件荷载组成。模型生成重量包括组块腿和主要结构框架的重量，附加重量包括阳极块和其他附件的重量。通过在组块的末端施加同向和反向的力以调整组块的重心位置。分析模型的精度要保证调节重心用的附加载荷很小，并且不会影响整个组块的荷载分布。索具的自重通过在吊索和吊装架构件的密度上乘以适当的系数。

2）动力放大系数和冲击力

在荷载组合阶段动力放大系数要乘以上限重量。

驳船和组块之间的单位接触载荷将作为基本载荷工况进行分析，对结构整体采用1.35倍荷载系数进行计算，对吊点连接的主要杆件，按照2.0倍荷载系数校核。

5　小结

本文结合分析原则和分析方法，以渤海湾某平台为例，对组块的装船、拖航、吊装等内容进行了研究，提出了设计分析中的关键设计技术，包括：结构的模拟、荷载的施加、边界条件的设置、结果文件的规范校核等内容，为类似的组块设计提供借鉴和参考。

参 考 文 献

1　API RECOMMENDED PRACTICE 2A-WSD(RP 2A-WSD)。Recommended Practice for planning，designing and Constructing Fixed Offshore Platforms － Working stress Design。December，2007.

2　American Institute of Steel Construction。Specification for Structural Steel Buildings － Allowable Stress Design and Plastic Design. 2005.

固定式导管架平台调平方法综述

袁玉杰　胡春红　董志亮　荆潇　文科

（海洋石油工程股份有限公司）

摘要：固定平台的安装需要控制安装精度，由于后期平台生产功能需要，一般对导管架的水平度要求较高，这就衍生出多种固定式导管架平台调平方式。本文从深水导管架平台和浅水导管架平台着手，介绍了常用的固定式导管架平台调平方式，有助于相关设计人员更好的了解导管架安装要求，并在设计过程中加以考虑。

关键词：导管架平台；水平度；调平；打桩顺序

1　概述

导管架安装完成后，组块会与其对接，同时组块上相应的输送立管、泵护管、沉箱、电缆护管等结构也要与导管架上相应设施进行对接。为保证对接过程顺利，保障后续油气田开发过程中各种设施功能需求，导管架安装时一般对其定位位置、方向、水平度等都有严格的精度要求。

导管架位置和平台方位一般借助于布置在浮吊或者其他平台上的定位系统进行测量，常用的测量系统包括高精度差分 DGPS，电罗经，全站仪以及导航定位软件。相对来说，导管架安装水平度受海底地貌影响较大，同时打桩和充水顺序也会影响到导管架的水平度，控制起来相对困难。

本文介绍了固定式导管架平台的安装水平度精度要求，同时按照深水导管架和浅水导管架两种形式，分别叙述了常用的调平方式及其局限性。

2　导管架安装精度要求

平台安装过程中，安装承包商需要对导管架安装精度负责，导管架安装精度要求一般包括以下几个方面：

（1）导管架平台安装方位与设计方位偏差不应超过 2.5°；

（2）导管架参考点定位应该在设计位置 3m 半径范围之内；

（3）导管架顶部每个方向的水平度均不应超过 5‰；

（4）导管架顶部中心点标高与设计标高偏差不应超过 ±0.3m。

导管架安装完成后，安装承包商需要向业主提供一份完整的导管架安装定位报告，其中至少应包括平台的标高、安装方位、水平度等信息。同时，业主也有权利在导管架安装完成后对导管架的安装精度组织独立的调查和测量。

本文主要分为两个部分，分别对浅水导管架平台安装调平方法和深水导管架安装调平方法进行了介绍。

3　浅水导管架安装调平方案

浅水导管架水深一般不超过 40m，经常采用直立建造方案，竖直拖拉装船，拖航过程中在驳船上竖直放置，导管架重量一般不超过 2000t，在导管架顶部水平层布置有吊装吊点，采用直立吊装下水方案进行安装。

安装前，应预先安排 ROV 或者潜水员对海底进行探摸，检查海床是否有障碍物影响平台安装，是否有海管或者海缆存在影响抛锚作业，平台场址是否有钻井船桩腿脚印存在。如果场址海床水平度较差，影响平台就位水平度，应采用抛沙袋等方案处理地基，尽可能保证平台场址海床平整。

3.1　利用吊点调整导管架安装水平度

浅水导管架的吊点用于平台吊装，设计能力较强，可以兼做调平吊点使用。由于平台水深较浅，一般采用管中桩的基础形式，但受制于浮吊起吊高度和钢桩自身强度，钢桩一般分为 2~3 段安装。

平台吊装下水后，如果发现导管架水平度不满足要求，仍可以按预先施工顺序将第一节桩贯入预计深度，此时，利用浮吊将标高较低的主腿提起，调整导管架水平度至满足要求，采用筋板将导管架主腿和第一节钢桩进行临时焊接固定，继续贯入其他腿钢桩，直至完成安装作业。该方法广泛用于浅水导管架安装调平，效果较好。

3.2　优化插打桩顺序调整导管架水平度

导管架就位后，如果水平度不满足规范要求，也可以采用优化调整插打桩顺序来保证导管架安装水平度。

以四腿导管架为例，导管架座底后，如果 A1 腿较其他三腿标高较高，可以改变施工顺序，首先插打 A1 腿钢桩，即首先对标高较高的桩腿进行插打桩作业，调整导管架安装水平度，但该方法调整幅度有限，较难控制。

4　深水导管架安装调平方案

相对浅水导管架，深水导管架有其自身特点，水深一般超过 80m，通常采用水平建造、拖拉装船方案，根据导管架重量和驳船浮吊的能力，下水方式分为吊装和滑移两种，导管架扶正方式包括自扶正或者吊机辅助扶正两种。

相对浅水导管架，深水导管架调平方案较多，下面将分别介绍各种调平方案。

4.1　采用调平器进行导管架调平

深水导管架一般采用裙桩布置，桩的设计需要满足强度和承载力要求，每个角上可以采用两桩、三桩或四桩方案，其中一根桩为主桩，主桩套筒上布置有卡桩器和调平环。卡桩器主要用于灌浆之前临时固定导管架，并配合调平器完成导管架调平作业。调平环位于卡桩器上方，通用的尺寸为 φ3502mm×100mm，高度为 625mm，满足荷兰 IHC 公司 3000t 内外夹持式调平器要求，形式如图 1 所示。

此类调平器的特点是调平力依靠接触摩擦力，调平力可达 3000t，可调钢桩的直径范围较大，最大垂向调平距离 1.2m。工作原理类似于内外夹持器的工作原理，上部夹头向内夹持将钢桩夹住，下部夹头向外夹持将套筒调平环胀住，收缩中间油缸以产生钢桩与套筒(套筒与导管架相连)之间的相对运动，实现调平。中间油缸的数量和大小可依据调平力的大小和调平范围来进行设计和选择。

深水导管架在完成座底就位和主桩打桩作业后，如果此时水平度不满足要求，可以通过调平器进行调平作业。

（1）起重船将调平器吊起，在 ROV 协助下，下放至带卡桩器钢桩顶部；

（2）继续下放，直到调平器上部夹头向内夹持住钢桩，调平器下部夹头向外夹持将裙桩套筒调平环胀住；

（3）根据预先测量好的调平高度，收缩中间油缸以产生钢桩和套筒之间的相对运动，实现调平。

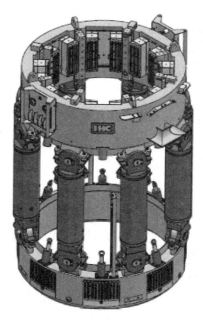

图 1　内外夹持式调平器

调平器广泛应用于深水导管架调平作业，其优点为调平效果好，一般均可满足设计水平度要求。但其也有一定缺陷：

（1）调平器主要依靠液压系统，所以调平能力有限，对于重量较大的导管架并不适用；

（2）调平器对钢桩直径有一定的适应范围，如果直径不满足调平器使用要求，需要通过钢桩变径等方案进行解决。

（3）调平器本身费用昂贵，同时需要动力站、浮吊、ROV 配合，增加海上安装天数，所以调平费用较高。

4.2　采用不同标高的防沉板实现导管架安装水平精度

深水导管架设计过程中，结合平台场址小范围的水深图(0.5m×0.5m)，可以对导管架外围四角的防沉板采用不同标高，使导管架防沉板适应海底地貌，从而满足导管架安装水平度要求。

为方便调整防沉板标高,防沉板建议采用下挂式。即导管架最下水平层高出海床泥面2m左右,防沉板位于泥面,与最下水平层主结构通过竖直的短节连接。采用此种形式的防沉板有以下好处:

(1)由于深水导管架多采用水平建造,下挂式防沉板的绝大多数焊接工作量可以在地面完成,然后整体吊装与导管架最下水平层组对焊接,由于连接只有竖直短节,高空工作量较少,可以大大提高生产效率。

(2)在导管架安装前,安装承包商一般会再次安排平台场址的海底地貌调查,由于下挂式防沉板容易组对,此时还可以根据最新的水深调查结果对防沉板标高进行调整,最大限度的保证导管架安装水平度精度要求。

4.3 优化打桩顺序,实现导管架水平度要求

与浅水导管架类似,深水导管架也可以采用优先插打标高较高桩腿附近的套筒钢桩,但相对调平器调平方案来说,其调整幅度有限,并且过程控制较难。

4.4 改变充水顺序,调整导管架水平度

深水导管架一般在主腿内布置有压载水舱,通过对其充水可以实现导管架的扶正座底,继续充水到导管架所有压载水舱充满,此时导管架具备一定的座底重量以实现其座底稳定性要求。

因此,如果导管架扶正座底后发现导管架某一桩腿标高较高,可以优先对其内部压载水舱充水,对导管架水平度进行调整。此方法操作简单,改变的仅仅是施工顺序,但相对于其他调平方法,其调平效果有限。

5 结语

本文按照深水导管架和浅水导管架的两种不同形式,分别叙述了各自可以采用的调平方法,同时对各种调平方法的优缺点进行了说明。在设计过程中,设计者需要结合具体项目情况和安装机具能力,选择适合的调平方法,并对导管架安装方案和调平方案进行细化,保证现场调平作业可以顺利实施。同时,安装承包商也需根据导管架海上实际安装情况,采用适合的方法进行导管架调平作业,实现平台功能需求。

参 考 文 献

1 API RP 2A – WSD 21st Edition. Recommended Practice for Planning, Designing and Constructing fixed Offshore Platforms– Working Stress Design 21st . 2007.

2 侯金林 . 导管架调平与灌浆系统 . 中国海上油气,北京,2000,12(4):20~22.

海洋石油工程不锈钢橇块焊接变形控制

赵崇卫[1]　崔群[1]　傅延波[1]　杨谦[1]　王柄懿[1]

张念涛[1]　王智博[2]　张杰[1]　宋洁[1]

(1. 海洋石油工程股份有限公司；2. 首钢技术研究院)

摘要：由于奥氏体不锈钢传热系数小，线膨胀系数大，焊后容易产生比较大的变形。本文以荔湾 3-1 橇块项目中软化水储罐橇块为例，介绍了水冷焊接工艺等一系列控制不锈钢焊接变形的方法。

关键词：不锈钢橇块；焊接变形；水冷焊接工艺

目前我国海洋石油事业迅猛发展，随着中国海洋石油总公司进入而立之年，海洋石油的勘探开发已经由浅水领域向着深水迈进。"海洋石油 981"半潜式钻井平台和"海洋石油 201"深水铺管起重船的交付使用标志着我国深水油气资源已经进入实质性开发阶段，与此同时海洋石油工程行业也遇到了前所未有的机遇和挑战。橇块装备因其具有高附加值，有利于缩短海洋平台的建造周期和便于安装维修等优点已经成为海洋石油工程行业的重要发展方向。

海洋工程橇块是海洋平台上具有独立功能的单元，根据海上油气田的整体开发方案结合海洋平台的详细设计规划，以压力容器或压缩机等成套设备为主体，配有独立的橇座和高集成度的管线和电器仪表，结构紧凑吊装方便，在海洋平台上与其他管线仪表连接调试后，共同形成一个系统使其能够满足海上施工作业人员的生活以及油气处理输送的要求，属于海洋工程高端装备产品。在成橇过程中容器的制造是耗时最长质量要求最高的一个环节，容器质量的好坏是影响海洋平台上不同橇块之间能否顺利链接，油气处理输送是否畅通的重要因素。

1　软化水储罐橇块焊接变形控制

海洋石油工程股份有限公司特种设备公司设计制造最多的海洋平台橇块是圆形橇块和方形橇块，其中圆形橇块通常为中低压容器橇块，如闭排罐橇块、热介质膨胀罐橇块、密封器存储罐橇块等。方形橇块通常为常压容器橇块，如储水罐橇块、柴油罐橇块、热介质排放罐橇块等。制造橇内容器常用材料有 Q345R，S31603 等。其中材料为 Q345R 的压力容器橇块生产周期较短，焊接变形较易控制，而材料为 S31603 的压力容器橇块生产周期长，焊接变形较大。

我国南海首个深水油气田项目南海深水天然气工程荔湾 3-1 项目中软化水储罐橇块本体使用的材料为奥氏体不锈钢 S31603，此橇块为方形橇块。由于奥氏体不锈钢传热系数小，线膨胀系数大，焊后容易产生比较大的变形，所以在制造这两个橇块过程中采取了一系列措施来控制焊接变形，现介绍如下。

焊接成形后的软化水储罐橇块如图 1 所示，此橇块本体的基本制造工艺流程为：下料→

底座的组对焊接→侧板、顶板的拼版焊接→侧板与底座的组对焊接→顶板的焊接→接管和人孔的装配焊接。

软化水储罐橇块本体使用的材料为奥氏体不锈钢 S31603，侧板厚度均为 12mm，在侧板的组对焊接过程中焊接变形较大。焊接变形是由于焊接时的局部不均匀热输入。热输入通过材料因素，制造因素和结构因素所构成的内拘束度和外拘束度影响热源周围的金属运动，最终形成焊接应力和变形。影响焊接应力和变形的因素主要有两个方面：第一个方面是焊缝及其附近不均匀加热的范围和程度也就是产生热变形的范围和程度；第二个方面是焊件本身的刚度以及受到周围拘束的程度，也就是阻止焊缝及其附近加热所产生热变形的程度。两方面作用的结果决定了焊缝附近压缩塑性变形区的大小和分布。也决定了残余应力与残余变形的大小。

根据影响焊接应力和变形的因素，施工过程中采取的控制方法有如下几种：

1）适当的焊接方法

采用钨极氩弧焊，采用小电流、短弧、多道焊，严格控制层间温度，然后再焊下一层，以减少焊接接头在高温敏化区停留的时间，不致形成贫 Cr 区。

2）水冷焊接工艺

通常在对奥氏体不锈钢施焊时，大都采用在自然条件下的空冷焊接工艺。在此项目中首次采用水冷焊接工艺，在施焊时用湿抹布擦拭焊缝进行冷却。由于奥氏体不锈钢热导率小、热膨胀系数大及焊接热循环等因素的影响，难免使焊接接头金属晶粒粗大和 Cr 的碳化物在晶界析出，并产生较大的焊接残余应力，使得焊缝有裂纹倾向，在设备运行时受到介质等外界条件的作用下，焊缝及热影响区金属有较大的晶间腐蚀和应力腐蚀开裂倾向。采用水冷焊接工艺，其强制冷却的结果使得熔池热度大幅度降低，焊道温度迅速通过 450~850℃敏化温度区，消除晶间腐蚀，焊接接头受热范围明显减小，道间温度得到很好的控制，还可提高焊接效率，图 2 所示为正在进行中的水冷焊接工艺。

图 1　软化水储罐橇块

图 2　水冷焊接工艺

3）刚性固定

在拼板和立片的焊接过程中均采用了刚性固定的方法，拼板时在钢板上放置合适的配重进行焊接，如图 3 所示，立片后除在底板上放置合适的配重外，罐的内部搭接井字架作为支撑，底板的四周使用螺栓与底座刚性固定来控制变形，如图 4 所示。

图 3　拼板焊接时放置配重

图 4　螺栓进行刚性固定

4）科学的焊接顺序

采取分段退焊的方法，如图 5 所示。分段退焊可以缩小焊接区与结构整体之间的温差，从而减少变形。同时由于头尾相接的焊接顺序，前一段焊缝刚冷却下来，后一段焊缝的热量就会给前一段一部分，使其得到一次退火的机会，同时减小了前后的温差，因而消除应力、减少变形。由多名焊工均布对称施焊，这样可以防止由于不对称受热引起偏心力而引起变形。

由内向外依次进行焊接。两板相焊，焊缝会产生横向收缩和纵向收缩，因为内部是封闭部位，外部属于自由端，由内向外可使焊缝自由收缩。反之若先焊外部，自由端被固定，再焊内部时焊缝的收缩会受到限制，产生较大的应力和变形。

2　拼板焊后纵向收缩数据

尽管采取了多种措施来控制焊接变形，但并不能从根本上消除变形。图 6 所示为焊后的侧板，侧板均产生了不同程度的收缩，在施工过程中对收缩数据进行了收集。图 7 和图 8 分别显示了侧板焊接前后的数据。

图 5　分段焊接

图 6　焊接后的侧板

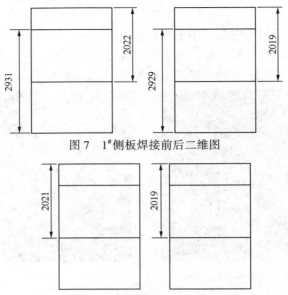

图 7　1#侧板焊接前后二维图

图 8　2#侧板焊接前后二维图

从表 1 可以看出不同焊缝的焊后收缩数据。

表 1　不同焊缝的收缩数据

序 号	1	2	3
焊接前/mm	2931	2022	2021
焊接后/mm	2922	2019	2019
收缩量/mm	2	3	2

由以上分析可知，对于厚度为 12mm，焊缝长度为 2000mm 的奥氏体不锈钢板材，焊接后纵向收缩为 2~3mm。所以在下料时可预留出 2mm 的焊接余量。

3　结束语

本文以南海深水天然气工程荔湾 3-1 橇块项目中软化水储罐橇块制造过程中的焊接变形控制为例，介绍了不锈钢橇块焊接变形的控制方法，并收集了拼版焊接后的收缩数据，水冷焊接工艺的应用是一个新的尝试，这些经验为以后的橇块设计和制造提供了良好的借鉴作用。

参 考 文 献

1　恩德鹏. 浅谈焊接变形及其控制方法. 同煤科技，大同，2010(2)：23~25.
2　袁有轩. 薄板焊接变形控制工艺. 金属加工(热加工)，2011(8)：65~66.

国产短路电流限制器 FCL 在海上油气田的应用

昝智海[1]　吴锋[2]　陈清林[3]

(1. 中海石油(中国)有限公司湛江分公司；2. 中海石油(中国)有限公司湛江分公司；

3. 陕西蓝河电气工程有限公司)

摘要： 本文以涠西南海上油田群电网扩容工程为实例，分析了导致超标短路电流的应对策略，并着重阐述了基于爆破切割技术限流器的基本原理、典型结构、国内外状况，提出了依托国产限流器解决超标短路电流的优选方案，为完善海上油田群联网技术做出了有益的尝试。

关键词： 短路电流限制器；海上油田；联网

海上油田群电网是为油气生产提供动力的重要基础设施，它通常是由布置在陆上的终端、海上平台上的发电站和/或配电站通过海缆联接构成的发、输、配用一体化电力网络。目前我国的海上油田群电网与陆上大型电网尚无联系，处于独立运行状态。相对而言，海上油田群电网规模较小，包括数台单机容量不大(2~15MW)的燃气轮发电机，电气联系相对薄弱，对负荷冲击比较敏感。但由于生产流程的特殊性，海上油田负载的单机容量较大，如注水泵等电机，单机容量超过 1 MW。这些大型电机直接启动时，会吸收大量的无功功率(额定功率的 3~7 倍)，会导致母线电压急剧下降，可能造成一系列的不利后果，如：①电机启动缓慢、同母线或附近的负荷因低电压而脱扣、燃气轮发电机因无功功率急剧增长而过载跳闸。②单独供电的油气田平台一旦机组出现故障，将导致本平台失去部分或全部负荷，影响平台的正常生产，供电可靠性不高。

因此，为充分利用涠洲油田群各平台的现有电源装机及低压配电设备，提高各平台的供电可靠性及运行经济性，解决本平台电源检修或事故退出运行时的供电问题，有效节省油田开发、生产成本，2008 年中海石油(中国)有限公司湛江分公司对涠洲油田群进行了组网。自 2008 年运行以来，该油田群组网运行稳定，在安全生产、节能减排、降本增效方面发挥了重要的作用。然而组网以及扩容也带来了新的技术问题：由于系统短路容量激增，前期投入运行的开关设备短路开断能力可能已不能满足安全运行要求，需要重新校核系统各点的短路电流值，并针对短路电流超标的局部节点采取必要的限流措施。

1 涠西南油田群电网概况

目前涠西南油田群共有 8 个平台/终端，已分别通过 6.3kV、10.5kV 和 35kV 电压等级形成联网，其中 WZIT(涠洲终端)、WZ6-8 平台、和 WZ11-1N 平台通过 35kV 电缆与 WZ12-1A 平台相联，电网均为单幅射式接线。WZIT 平台、WZ11-1 平台及 WZ12-1 平台有装机容量分别为 4×4281kW，2×6000kW(新建)、2×2834kW、3×4281kW。

根据系统资料，涠洲终端 WZIT 平台增加两台 6000kW 透平发电机，通过新增 2 台 35kV 和 6.3kV 升压变压器接至 35kV 母线。2 台发电机投产提高了电网的供电质量，同时也对前期投入设备抗短路能力提出了新的要求。电网系统接线单线图见图 1。

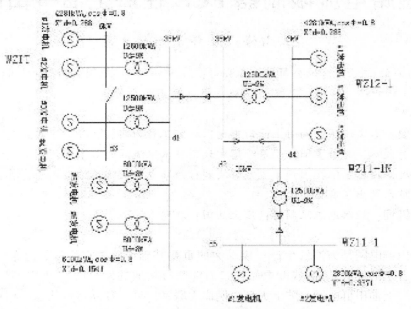

图 1　涠洲油田群电力系统图

根据提供的原始数据，系统的阻抗图见图 2。

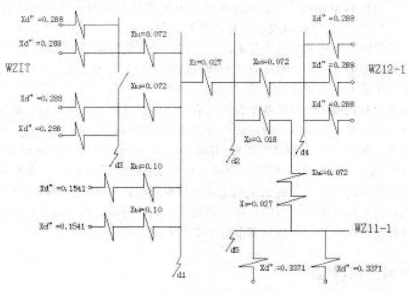

图 2　涠洲油田群电力系统阻抗图

根据电网的运行状况和配套的管理系统，35kV 和 6.3kV 系统各母线应该采用并列运行方式，热稳定校验断路器的全开断时间为 1s，依次计算各短路点的短路电流如表 1 所示。

表 1 各短路点的短路电流

短路点位置	I_{z0}/kA	$I_{z0.5}$/kA	I_{z1}/kA	I_{ch}/kA	设备抗短路情况
d1	4.378	3.43	2.4678	11.77	$I_{sh}=63$，$I_H=25(4s)$
d2	4.038	3.13	2.2778	10.86	$I_{sh}=63$，$I_H=25(4s)$
d3	25.15	20.54	17.9	67.65	$I_{sh}=80$，$I_H=31.5(4s)$（部分设备开断容量 20kA）
d4	19.53	16.24	16.01	52.54	$I_{sh}=80$，$I_H=31.5(4s)$
d5	6.12	5.85	5.21	16.46	$I_{sh}=80$，$I_H=31.5(4s)$

注：I_{z0} 短路电路 0s 周期分量有效值；$I_{z0.5}$ 短路电路 0.5s 周期分量有效值；I_{z1} 短路电路 1s 周期分量有效值；I_{ch} 短路冲击电流；I_{sh} 设备允许极限峰值电流；I_H 允许热稳定电流值。

计算结果表明，除 d3 点（WZIT 终端 6.3kV 母线处）短路电流接近 26kA，造成前期开关设备额定短路开断能力（20kA）无法满足系统并列运行要求外，其余短路点的短路电流均低于开关设备的额定短路开断能力（20kA），可以满足系统扩容后的安全运行要求。因此，必须采取有效措施限制 d3 点的短路电流。

2 涠洲终端（WZIT）

WZIT 终端是涠西南油田群重要的集天然气发电、产品储运、油汽原料加工及在紧急情况下对海上生产平台监控的多功能处理平台。该终端电网系统扩容，增加 2 台 6000kW 的燃气发电机，导致终端 6.3kV 侧前期开关设备额定短路开断能力不足，鉴于 6.3kV 母线负荷密度大，不宜长时间停电改造和大规模更换低压侧不满足额定短路开断能力的开关设备，为满足扩容后电气设备的安全运行，必须采用措施降低 6.3kV 系统的短路电流。在工程实践中，有可能采取的降低短路电流的措施及其优缺点如表 2 所示。

表 2 降低系统短路电流的具体措施

序号	降低短路电流的措施	优 点	缺 点
1	6.3kV 两段母线分列运行	可有效控制系统短路电流，前期投入开关设备无需更换，传统手段	降低系统运行的灵活性和稳定性，不利于保证供电质量及供电安全
2	6.3kV 两段母线间加装限流电抗器	传统手段，技术成熟，免维护	空间不允许，电抗器自身存在高能耗，会扩大冲击性负荷对系统的影响
3	6.3kV 两段母线间加装短路电流限制器	可在系统故障时快速限流开断，有效控制了馈线的故障电流水平；改造范围小，施工周期短；新技术	主导电体及熔断器为一次性器件，不可重复使用

从表 2 中可以看出，最经济有效且具备工程适用性的限流措施是：在 6.3kV 母联加装短路电流限制器 FCL。

目前国际上已有基于超导技术的限流器，基于电力电子技术的限流器和基于爆破切割技术的限流器，但真正进入工业实用阶段的只有基于爆破切割技术的短路电流限制器。这也是本改造工程选用基于爆破切割技术的短路电流限制器的原因。加装 FCL 的原理接线见图 3。

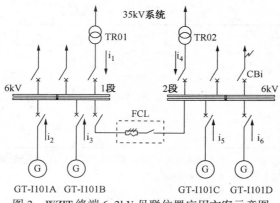

图 3　WZIT 终端 6.3kV 母联位置应用方案示意图

图 3 中，1 段母线提供的总短路电流 i_{z1} 由电网通过变压器 TR01 提供的短路电流 i_1 及发电机 GT–I101A、GT–I101B 提供的短路电流 i_2 和 i_3 构成，即 $i_{z1}=i_1+i_2+i_3$；2 段母线提供的总短路电流 i_{z2} 由电网通过变压器 TR02 提供的短路电流 i_4 及发电机 GT–I101C、GT–I101D 提供的短路电流 i_5 和 i_6 构成，即 $i_{z2}=i_4+i_5+i_6$。1 段母线与 2 段母线并列后若馈线发生短路，则短路电流由联网前的 i_{z1} 或 i_{z2} 变为联网后的 $i_{z1}+i_{z2}$，此电流大于馈线断路器的开断能力。在母联断路器回路串联 FCL，馈线故障时 FCL 可在馈线断路器还未作出响应时将母联回路在 10ms 内快速切断，从而保证馈线断路器可以安全开断故障电流 i_{z1} 或 i_{z2}。实际结构上采用短路电流限制器 FCL+隔离开关组柜的方案应用于图 3 的母联位置，便于 FCL 的运行维护工作可以在两段母线带电情况下实施。FCL 的动作判据为电流及电流变化率，两者同时超过预先设定的动作门槛则 FCL 动作。本工程中电流判据 $i=5\mathrm{kA}$，电路变化率判据 $\mathrm{d}i/\mathrm{d}t=9\mathrm{kA}$（4A/us），FCL 动作时同时联动母联断路器分闸，避免了 6.3kV 母联回路采用 FCL 后可能出现的非全相运行。

3　基于爆破切割技术 FCL 基本原理、典型结构、国内外状况及涠洲项目的最终选型

3.1　基本原理

图 4 中，设备主导电回路由基于爆破切割技术的快速隔离器及特种高压限流熔断器并联构成。由于前者电阻为微欧级，后者电阻为毫欧级，故正常运行情况下母线电流几乎全部流过快速隔离器。电流传感器将主回路电流信号提供给电子控制器，电子控制器对电流信号进行变换、分析并判断此电流是否超过其动作整定值，若超过则电子控制器将立即向快速隔离器发出点火脉冲信号，快速隔离器在 200μs 内爆破断开，同时主回路电流转移到特种高压限流熔断器中，熔断器在 5ms 附近完成限流开断。

3.2　典型结构

3.2.1　典型结构之一：传感器和电子控制器处于高电位区

如图 5 所示，专用电流传感器一般采用罗果夫斯基线圈，和分相配套的电子控制器一起处于高电位区，爆破装置的触发点火系统集成在电子控制器内，点火脉冲因传输环节少、传输距离短从而具有很高的效率。电子控制器通过低压信号箱及绝缘子式高压隔离变压器供

电，低压信号箱同时也是 FCL 的工作状态显示设备。这类 FCL 的结构简练(图4)，安装方式灵活，适于集成、分散、户内及户外使用。这类 FCL 对电子控制器的抗电磁干扰能力、耐候能力及耐高温性能要求很高。电子控制器由于每相配置一套，所以可靠性比较高(图5)。

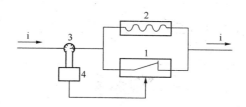

图 4　FCL 产品原理图

1—快速隔离器；2—特种高压限流熔断器；3—电流传感器；4—电子控制器

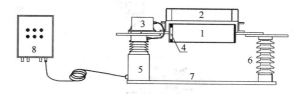

图 5　基于爆破切割技术的 FCL 典型构成之一

1—快速隔离器(基于爆破切割技术)；2—专用高压限流熔断器；3—电子控制器(高压侧)；
4—专用电流传感器(内置于快速隔离器中)；5—高压隔离变压器；
6—支柱绝缘子；7—底座；8—低压信号控制箱

3.2.2　典型结构之二：传感器和电子控制器处于低电位区

如图6所示，专用电流传感器一般采用罗果夫斯基线圈，经过绝缘浇注处理将二次输出线引到低压区域；所有电子控制系统也处于低压区域，工作环境较好。这类 FCL 需要配置专用高耦合性能的高压隔离型脉冲变压器，用来传输强电流点火脉冲信号至高电位区域。点火脉冲因传输环节多、传输距离远从而损失了效率。因为一套电子控制器控制三相产品，要求电子控制器具有更高的可靠性，否则可能导致整套 FCL 失效。另外这类 FCL 由于部件多，一般适宜组柜户内安装、不适于分散布置及户外安装。

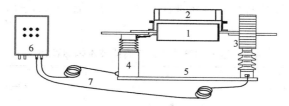

图 6　基于爆破切割技术的短路电流限制器的典型构成之二

1—快速隔离器(基于爆破切割技术)；2—专用高压限流熔断器；3—专用电流传感器；
4—专用高压脉冲变压器；5—底座；6—电子控制器；7—连接电缆

3.2.3　快速隔离器的结构

目前采用爆破技术制造的快速隔离器导电体型式分为平板式、管式及活塞撞击式三种，具体比较见表3。

表3　三种快速隔离器导电体特点

导电体型式		结构示意图	特　点
平板式	爆破前形态	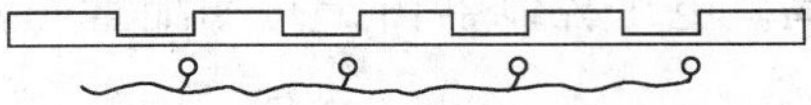	导爆索驱动，工艺结构简单，易形成完整额定电流序列，断口形态容易控制，易达到更大的额定电流
	爆破后形态		
管式	爆破前形态		炸药柱驱动，工艺结构复杂，断口形态不易控制，不易形成完整的额定电流序列，单体不易达到大的额定电流
	爆破后形态	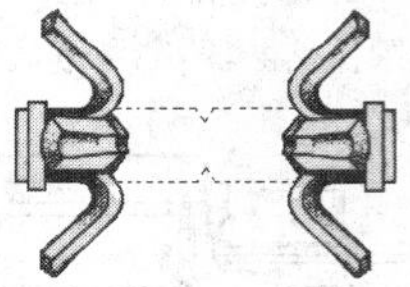	
活塞撞击式	爆破前形态	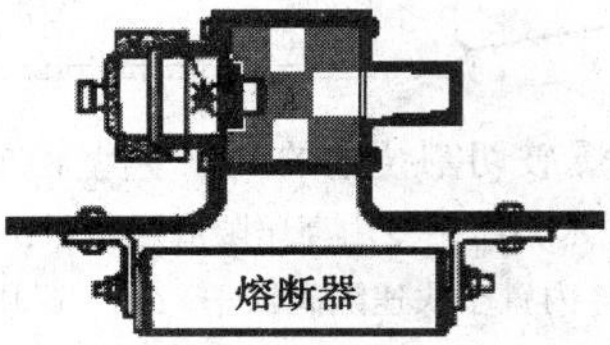	炸药芯驱动，工艺结构复杂，断口形态不易控制，不易形成完整的额定电流序列
	爆破后形态	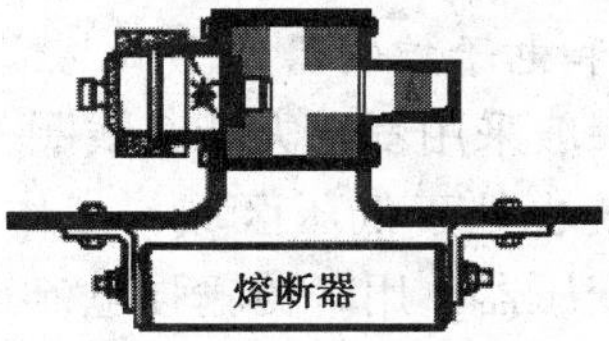	

3.3　国内外状况

国外代表性产品主要有 ABB 公司的 Is-Limiter、美国 G&W 公司的 Clip 和法国 FERRAZ 公司的 Pyro-Breaker，国内也有部分企业生产及应用。它们的主要技术指标及技术特点见表4。

表4　国外代表性快速隔离器技术指标和特点

产品型号及主要技术参数	外观结构图	主要技术特点
德国 ABB 公司的 Is-Limiter 额定电流：≤4000A 额定电压：0.75~36kV 额定短路开断电流：140kA，210kA 判据设置：电流及电流变化率		隔离器导电体为管式结构，传感器外置，电子控制器在低压侧，采用高压脉冲变压器触发，额定电流较小时可更换部件采用插拔结构，适合于户内组柜安装，有手车式配置

续表

产品型号及主要技术参数	外观结构图	主要技术特点
美国 G&W 公司的 Clip 额定电流：≤3000A 额定电压：2.8~38kV 额定短路开断电流：40kA~120kA 判据设置：电流		隔离器导电体为平板式结构，传感器外置，电子控制器由高压部分和低压部分构成，高压部分采用高压隔离变压器供电，适合于户内或户外分散安装或户内组柜安装
法国 Ferraz 公司的 Pyro-Breaker 额定电流：4000A 额定电压：2.5~24kV 额定短路开断电流：100kA 判据设置：电流及电流变化率		隔离器导电体为活塞式结构，传感器外置，电子控制器位于低压侧，采用高压脉冲变压器触发，适合于户内组柜安装
国产 额定电流：630~6300A 额定电压：7.2~40.5kV 额定短路开断电流：80kA/36kA 判据设置：电流及电流变化率		隔离器导电体为平板式结构，传感器内置，电子控制器由高压部分和低压部分构成，高压部分采用高压隔离变压器供电，适合于户内或户外分散安装或户内组柜安装

　　备注：国内产品的额定电压及额定短路开断电流以所进行的型式试验为准，额定短路开断电流受试验室容量的限制只能作到 80kA/10kV 或 36kA/40.5kV。国外产品参数摘自其说明书。

3.4　涠洲项目最终选型

　　根据上节所述可以看到，国产限流器在技术参数方面已经达到国际先进水平，而且已经广泛投应用于电力系统和冶金、石化等用户系统。在涠洲油田群扩容技改项目中，设备最终的选型是采用国产系列短路电流限制器。考虑其多年的工程运行状况，其技术性能及产品可靠性可以满足海洋油气田安全并网的要求。

　　（1）快速隔离器及熔断器全密封，使命敏感元件不受外界环境影响，噪声小；

　　（2）快速隔离器主导电体采用多薄弱环节矩形母排，容易形成完整的电流和电压序列。单只额定电流可达 6300A，大电流时不需要多个隔离器并联，有利于提高产品可靠性；

　　（3）所有参数的产品均为单熔断器配置，不需要多个熔断器并联就能完成大电流开断；

　　（4）产品分相控制，开断短路电流时具有冗余性，可靠性高；

　　（5）两相短路时，仅速断两相而不是三相齐动，减少不必要的设备浪费；

　　（6）控制器与高压等电位，简化了罗果夫斯基线圈式电流传感器的绝缘结构，可以内置于隔离器中，而且不需要脉冲变压器，提高了点火触发效率。

4　结束语

(1) 在母联位置串联限流器以限制超标的短路电流，作为一种实用的技术改造手段，在优化负荷分配，提高供电质量，增强电网运行的安全性、可靠性及灵活性的同时，避免大规模更换前期装配的小容量开关设备，节约了大量基建投资。此技术方案具有改造范围小，停电周期短等优点，符合我国海洋油田电网联网改造的基本要求。

(2) 国产短路电流限制器技术性能指标达到甚至超过了国外同类产品，已成功应用于涠洲油田群电网的联网工程，并取得了良好经济效益和安全效益。产品的开断部件采用全密封结构，开断过程无碳化气体外泄，完全满足海上平台严峻的气候及苛刻环境条件，产品投入运行近一年时间，状态良好，达到了预期安全联网目的。

(3) 基于爆破切割技术的限流器在涠西南油田群扩容并网项目中的的成功使用，为完善海上油田群联网技术做出了有益的尝试。

参 考 文 献

1　李品德. 高压故障电流限制器. 高压电器技术信息，2011，6(7)：29~33.
2　李品德. 电力系统故障电流限制器的应用和研究现状[J]. 高压电器，2000，3(36)：31~36.

海洋结构物称重环板优化设计

张彬　卢桂兰　鲁华伟　郭涛　赵晓亮　张妍

（海洋石油工程股份有限公司）

摘要：伴随着海洋结构物重量越来越大，称重工作显得尤为重要。本文提出一种扇形环板称重新工艺，既满足了称重要求，又避免了上部结构与滑靴之间重复固定，实现了节能降耗的效果。通过有限元分析扇形环板称重方案是可行的。并结合有限元分析和现场施工工艺，设计出不同荷载作用下，扇形环板称重的结构参数，为以后工程项目提供了一定的借鉴和指导作用。结合分析结果可行性、工作量以及形成了不同荷载作用下结构参数的标准化等特点，建议海洋结构物在滑靴不能满足称重时，优先选用扇形环板称重方案。

关键词：海洋结构物；称重方案；扇形环板；滑靴；标准化

1　引言

伴随着海上油气田生产开发的日益多样性，对于海洋结构物包括组块、深水导管架等其功能和复杂程度越来越高，其重量也越来越大，甚至达到上万吨。这些庞大的结构物往往有着柔度大，重量分布不均匀以及支承点跨距较大等特点。这些对于海上施工提出了很高的技术要求。大型海洋结构物在建造过程中，不同因素的产生造成结构物的重心和重量分布很难控制。而海洋结构物的正确重量参数及重心位置对于海上浮吊和吊索选取、海上吊装施工起决定性作用。

为了提高海上吊装安全性和科学性，因此在海洋结构物预制完成后对重量参数和重心位置进行准确测量十分必要。海洋结构物重量测量的传统方法是采用液压千斤顶设备称取滑靴或者焊接在脚鞋上的环板完成。在滑靴结构满足称重的情况下，优先选用。而在不满足的情况下时，选用环板称重会带来很大的工作量：切除建造时固定马排，称重完成后再次焊接固定马排以备牵引装船。基于项目经费及现场施工需求，本文重点提出滑靴称重不允许的情况下的一种扇形环板称重新工艺，既满足了称重要求，又避免了上部结构与滑靴之间重复固定，实现了节能降耗的效果[2]。

2　基本原理

2.1　工程概况

以一个 $\phi 1829mm \times 45mm$ 最大支反力为600t，脚鞋高度为1050mm，采用4个250t千斤顶称重的柱腿为例。

传统环板做法：两层环板，环板间放置加强筋板。

建造前期，焊接马排固定脚鞋和立柱。建造完成后，本着不在立柱上焊接环板完成称重的原则，称重时选用在脚鞋上焊接称重环板。称重前，要先把建造时固定马排切除。称重后，为满足组块牵引上船，重新焊接马排固定脚鞋和立柱，详图见图1、图2。

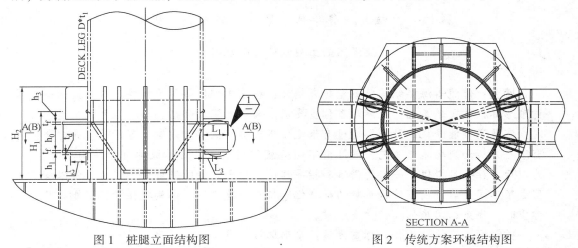

图 1　桩腿立面结构图　　　　　　　图 2　传统方案环板结构图

优点：称重时整个脚鞋一起受力，整体稳定性好。

缺点：耗费大量的板材，焊材，以及人力(焊接、切除、打磨、再次焊接)，进行了两次马排下料及焊接工作。

扇形环板做法：两层扇形环板，环板间放置加强筋板。

建造前，合理设计脚鞋高度，以此满足称重扇形环板焊接在脚鞋上。建造时，按照要求立柱与脚鞋通过马排连接，马排不需与滑靴焊接，脚鞋只与滑靴间施以小型筋板临时固定。在称重区域的相邻马排间焊接两层扇形环板，扇形环板与相邻马排焊接，扇形环板间焊接插入筋板。称重时将小型筋板切除即可，在称重区域摆放千斤顶，以完成称重。称重后将马排底端与滑靴焊接固定，扇形环板及插入筋板可不切除，海洋结构物满足固定要求，可直接牵引装船。详图见图3、图4。

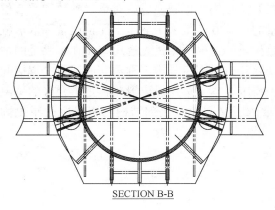

图 3　扇形方案环板结构图

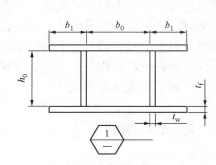

图 4　插入板结构图

优点：节约材料，节省人力。不用全部重复固定，只需将千斤顶操作空间内切除的马排恢复，减少了切除量及焊接量，实现了节能降耗的效果。

由桩腿立面结构图设计出脚鞋高度 H_2 应满足：$H_2 \geq h_1+h_0+2\times tf+h_3$（$h_3$ 一般取 100 ~ 150mm）。

2.2 整体强度计算

（1）构造要求：

$$b_0/tf \leq 1.12(E/Fy)0.5=27（\text{AISC 表 B4.1b 17}）\tag{1}$$

$$b_1/tf \leq 0.38(E/Fy)0.5=9（\text{AISC 表 B4.1b 11}）\tag{2}$$

$$h_0/tw \leq 2.42(E/Fy)0.5=59（\text{AISC 表 B4.1b 19}）\tag{3}$$

（2）强度校核：

校核悬臂梁的剪切和弯曲强度，计算方法参见 AISC F7。

2.3 腹板、筋板局部计算

1）板屈曲

构造要求：

$$s<h_0, \quad s/tw \leq 42(235/Fy)0.5=34（\text{参见 DNV-RP-C201 Table 3-1}）\tag{4}$$

$$b_1/ts \leq 14(235/Fy)0.5=11（\text{参见 DNV-RP-C201}）\tag{5}$$

式中　s——筋板间距；

　　　ts——插筋板的厚度。

计算方法参见 DNV NO.30.1 SECTION 3.3。

其中 C 值：腹板 table 3.1：case a；筋板 table 3.2：case 6（满足以上构造要求不需计算板屈曲）

2）柱状屈曲

中间部位按箱形断面计算：

$$b_0/ts_1 \leq 1.40(E/Fy)0.5=34（\text{AISC 表 B4.1a 6}）\tag{6}$$

式中　ts_1——中间隔板厚。

两边按 T 形断面计算：

$$se/tw \leq 2\times0.56(E/Fy)0.5=27（\text{AISC 表 B4.1a 8}）\tag{7}$$

$$b_1/ts \leq 0.45(E/Fy)0.5=11（\text{AISC 表 B4.1a 3}）\tag{8}$$

式中　se——T 形断面翼缘有效宽度；$se \leq s$；

　　　b_1——劲板宽；

　　　ts——劲板厚。

计算及荷载选取参见表格第5、第6项，及 AISC E3。

3）局部挤压

计算方法参见 AISC J10.2。

3 有限元分析

3.1 建立模型

根据结构图1、图2，采用 ANSYS 有限元软件对结构进行强度校核。材质为 GB 712—

2000D36，$Fy=35.5\text{kN/cm}^2$，弹性模量为2.1e5MPa，泊松比为0.3。有限元模型采用Solid45单元，单元采用自由网格划分。有限元模型的边界条件设置为 X、Y、Z 三个方向的平动约束。结构有限元模型边界条件及施加荷载如图5、图6。

图5　传统环板有限元模型

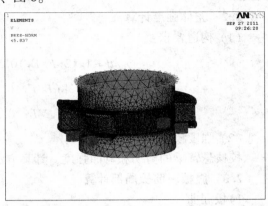

图6　扇形环板有限元模型

3.2　分析结果

通过有限元分析，计算出不同荷载作用下扇形环板与传统环板的最大 Von-Mises 应力值。

依据有限元结果分析及结合现场施工工艺，设计出不同荷载作用下的扇形环板的结构参数及形式，见表1。

表1　不同荷载作用下的扇形环板的结构参数及最大 Von-Mises 应力值

桩腿支反力 F_N/t		尺寸/mm														σ_{VM}/MPa
			D	t1	L1	L2	L3	H1	H2	h1	h0	b0	b1	tf	tw	td	
$F_N<300$	千斤顶/(T/个)	扇形环板	1524	32	400	250	150	900	1300	432	286	100	75	32	32	32	220.1
	250	2	传统环板															221.6
$300 \leq F_N<600$	千斤顶/(T/个)	扇形环板	1829	45	400	250	150	1050	1500	432	420	100	75	38	32	32	210.6
	250	4	传统环板															174.8
$600 \leq F_N<900$	千斤顶/(T/个)	扇形环板	1829	45	400	250	150	1050	1500	432	420	100	75	42	38	32	230.6
	250	6	传统环板															234.1
$900 \leq F_N \leq 1200$	千斤顶/(T/个)	扇形环板	1829	45	400	250	150	1050	1500	438	450	100	75	42	38	38	306.0
	250	8	传统环板															264.8

注：符号含义见结构图1、图4标注，桩腿支反力未考虑任何不确定因素。

以本文工况为例，传统环板与扇形环板称重结构方案详细工作量见表2。

表2　两种方案工作量表

方案 \ 工作量	板材/kg	焊道/m	打磨/工时	焊接/工时
传统环板	14063.9	53.5	45	90
扇形环板	5351.4	32.8	15	33.75
相差	8712.4	20.7	30	56.25
	61.9%	38.7%	66.7%	62.5%

4　总结

（1）通过有限元分析得出，扇形环板称重方案是可行的。

（2）结合现场施工工艺，设计出不同荷载作用下，扇形环板称重的结构参数，并通过有限元分析进行了强度校核。分析结果为扇形环板与传统环板方案 Von-Mises 应力值相差最大为 17.02%。这为以后工程项目提供了一定的借鉴和指导作用。

（3）依据本文的工况，统计出两种方案工作量相差明显，最小相差 38.7%，最大为 66.7%。

（4）结合分析结果，方案可行性、工作量相差大，以及不同荷载作用下结构参数的标准化等特点，建议海洋结构物在滑靴不能满足称重时，优先选用扇形环板称重方案。

参　考　文　献

1　白秉仁，章青．提高大型结构物称重系统可靠性与安全性研究［M］．石油工业技术监督，2005，11：39~41．

2　李长锁，李凡．大型组块重量转移技术及其在南堡35-2油田建设工程中的应用［M］．中国海上油气，2007，19（1）：65~67．

3　Specification for Structural Steel Buildings—Allowable Stress Design and Plastic Design［S］. American Institute of Steel Construction, Inc. 2005.

海上平台油气水分离技术与新型静电聚结脱水技术发展前景浅谈

程琳[1] 沈彬[2]

(1. 中海石油(中国)有限公司天津分公司;2. 中海石油(中国)有限公司天津分公司)

摘要:本文简单的阐述了油气水三相分离的基本方法和静电聚结脱水技术的基本原理,分析对比了新型静电聚结脱水器较普通电脱水器的技术优势,通过对渤中34-1油田即将投入使用的工程样机的实用性分析,新型静电聚结脱水技术在未来边际油田及油田后期开采的使用中前景广阔。

关键词:海上平台;油气水分离;静电聚结

1 概述

近些年,随着海上油气田开发的继续,部分海上油气田已步入开发后期阶段,一些边际油气田也被陆续开发,相应的原油含水高等问题也都凸显出来,如锦州20-2气田部分油气井采出液含水率已高达90%以上,再加上深度开采过程中用来提高采收率的相关采油助剂的大量使用,使得很多油田采出液油水乳化非常严重,这将导致原油处理工艺系统失效,从而造成外输原油含水偏高,同时也为保护海洋环境带来了风险。因此,油气水分离器的选用及新型脱水技术的应用就变的至关重要。

2 油气水分离的基本方法

流体组分的物理差别主要表现在密度、颗粒大小和黏度三个方面,这些差别也会受到流速、温度等的影响。根据这些影响因素,油、气、水分离的基本方法主要有三种。

2.1 重力分离

重力分离是利用流体组分的密度差,较重的液滴从较轻的流体连续相中沉降分离出来。对于连续相是层流状态的沉降速度可以按斯托克斯定律计算:

$$W = d^2 g(\rho_W - \rho_L)/18\mu$$

式中　W——油滴或水滴沉降速度,m/s;

d——油滴或水滴的直径,m;

ρ_W,ρ_L——重、轻组分密度,kg/m³;

μ——连续相的黏度,Pa·s。

2.2 离心分离

当一个两相流改变运动方向时,密度大的更趋于保持直线运动方向,结果就和容器壁碰撞，使其与密度小的流体分开。气体分液罐的入口一般根据此原理设计，使气体切线进入，离心分离；离心油水分离机也是据此原理设计。如果离心分离的流态是层流，也可以使用斯托克斯定律计算其分离速度。因此，增加进口流速，离心力产生的加速度加大，分离效果就越好。

2.3　碰撞和聚结分离

流体如果在正常流道内碰到障碍物，其夹带的液滴就会碰撞附着在障碍物上，被分离出来，然后再与其他颗粒聚结从连续相中分离出来，这个过程即是碰撞和聚结分离。其中，分离器中的填料根据其放在气、液相位置的不同而选用亲油型或亲水型材料来提高碰撞和聚结分离的效果。

3　静电聚结脱水的机理

电脱水的过程也就是乳化原油在高压电场力（交、直流电场）的作用下经过破乳、聚结、沉降，使原油与水分离的过程。其基本原理是破坏乳化液油水界面膜的稳定性，使其破裂，促进水颗粒聚结成大水滴，借助油水密度差将水从原油中沉降下来。电脱水器聚结段的有电栅极可诱导水滴间偶极子的吸引，从而增加它们足够大的相互碰撞机会而达到聚结的目的。具体机理是将原油乳状液置于高压直流或交流电场中，由于电场对水滴的作用，使水滴发生变形并产生静电力。水滴变形可削弱乳化膜的机械强度，静电力可使水滴的运动速度增大，动能增大，促进水滴碰撞，而碰撞时其动能和静电力位能便能够克服乳化膜的障碍而彼此聚结成粒径较大的水滴，在原油中沉降分离出来。

水滴在电场中聚结主要有三种方式，即电泳聚结、偶极聚结和振荡聚结。

4　新型静电聚结脱水器的发展

基于对适当湍流反而能够促进水颗粒碰撞、聚结等问题的全面认识，西方发达国家的研究人员打破数十年来常规电脱水器结构设计中的惯性思维模式，率先提出了将水颗粒静电聚结长大与水颗粒重力沉降两个过程分开、予以先后实施的原油脱水方案，从而使得静电聚结破乳设备紧凑化、高效化，这就是所谓的新型静电聚结原油脱水技术。

新型静电聚结脱水器是一种很好的将静电聚结脱水技术与三相分离器相结合的设备，该设备较普通的电脱水器有如下几个优点：

（1）能够适应于高含水量的要求，提高设备运行的稳定性。新型静电聚结脱水器采用绝缘电极，这类材料具有较高的介电常数，包覆在金属电极表面，可以处理高含水原油乳化液，避免电极板间电流过大，造成短路；

（2）实现高效分离。由于采用绝缘材料可以直接用于高含水工况，因此可以通过电场合理布置，在油水分离一级分离器内实现油水高效分离，减少了设备的级数和设备个数，降低占平台面积；

（3）节能环保。对于重质劣质乳化液，常规电脱水罐内乳化层厚，后排水含油高，新型静电聚结技术可以有效的降低乳化层的高度，降低排水含油，减少污水处理的费用及环保压力。

5　渤中 34-1 静电聚结脱水器技术方案

目前在建的渤中 34-1 WHPD 平台投产初期接收和处理已建 CEPA 平台的高含水产液,
具备应用该技术的基础条件。根据渤中 34-1 油田原油的性质以及油田井液含气、水、油的
情况,同时受现场空间的限制,该静电聚结脱水器的处理量:最大液处理量为 60m³/h,气
体处理量为 3000Sm³/h。处理液体的含水率满足 30%~90% 范围内变化。渤中 34-1 静电聚
结脱水器为橇装式设备,由上部气液分离罐和下部油水分离罐组成。上部气液分离罐尺寸为
φ1100×3000(T/T),下部油水分离罐尺寸为 φ1600×5000(T/T)。渤中 34-1 静电聚结脱水器
技术方案 P&ID 如图 1 所示。

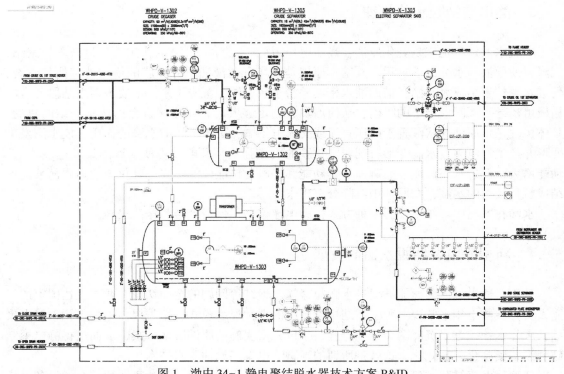

图 1　渤中 34-1 静电聚结脱水器技术方案 P&ID

从 BZ34-1CEPA 接口或一级加热器接口来的原料油,经过减压阀,压力下降至 350kPa,
温度为 60~80℃,进入静电聚结器的上部气液分离罐中进行气液分离,分离出来的天然气进
入一级分离器燃料气出口处理。而分离气后的液体进入下部油水分离罐中,经过沉降分离、
静电场聚结分离等过程,净化的原油从罐体顶部流出进入二级分离器去进一步处理,沉降出
来的含油污水从罐底部流出进入斜板除油器进行除油处理。

静电聚结器上部气液分离罐的气液界面由气液界面检测仪进行检测,由净化油出口调节
阀进行控制,当界面升高时,净化油出口调节阀开度增加,当界面降低时,净化油出口调节
阀开度减小。下部油水分离罐的油水界面由油水界面检测仪进行检测,由含油污水出口调节
阀进行调节,当油水界面升高时,含油污水出口调节阀开度增加,当油水界面降低时,含油
污水出口调节阀开度减小。静电聚结器在上部设有压力变送器检测运行压力,压力的控制由

气体出口调节阀进行控制,当压力增加时,气体出口调节阀开度增加,当压力降低时,气体出口调节阀开度减小。

经过静电聚结脱水器处理后可达到如下技术指标:

(1)装置脱后原油含水<20%;

(2)排水含油量≯1000ppm。

6 结论与建议

本文参考了国内外的紧凑型静电聚结脱水技术,探讨了静电聚结脱水技术的原理,并分析了渤中 34-1 油田 WHPD 平台工程样机的技术方案。随着海上油气田的产液的日趋衰减及边际油田的开发,能够处理高含水原油的新型静电聚结脱水器在海上采油平台的使用将日趋广泛,该技术在海洋石油开采过程中的工业化应用将为达到海上平台"减重瘦身"效果,更高效、更经济推动海油"二次跨越"做出巨大贡献,但其在实际生产运行中的处理效果还有待在日后的生产使用中验证,同时该种类设备随着处理能力的加大,其处理功效也仍需考证,该静电聚结脱水技术的工业化进程还需日后完善。

参 考 文 献

1 海洋石油工程设计指南编写组编.海洋石油工程设计指南[M].北京:石油工业出版社,2007

2 陈家庆,常俊英,王晓轩,等.原油脱水用紧凑型静电预聚结技术.石油机械,2008,36(12)

3 余秀娟,彭松梓,崔新安,等.高含水乳化液静电聚结脱水研究.石油化工腐蚀与防护,2012

4 冯叔初,郭揆常,王学敏.油气集输.北京:石油大学出版社,1988

浅析牛腿式 LNG 管廊称重结构

刘立范　程文平　李国杰　瞿桂淼　王玲

(海洋石油工程(青岛)有限公司)

摘要：随着液化天然气(LNG)的推广和应用，扩大 LNG 的利用已经成为了国际趋势，LNG 的建造项目也越来越多，成为我国发展的重点。以完工 LNG 管廊项目 GORGON 为例，分析 LNG 模块与传统组块导管架在称重条件方面的差异，根据 LNG 模块的自身特点，创新性采用牛腿式称重结构，并配合建造称重两用垫墩，完成称重作业。最后通过分析与计算验证该称重结构的可行性。

关键词：LNG 管廊；牛腿式称重结构；分析计算

1 引言

LNG 的建造项目逐渐进入海洋工程领域，现在国内很多的海工建造场地都开始承包 LNG 建造项目。GORGON 项目是海油工程(青岛)公司第一个液化天然气(LNG)模块化工厂建造项目，也是首次将模块化建造用于 LNG 工厂建造的工程项目，将采用模块化建造、现场组装的方式，为位于澳大利亚西北 Barrow Island 的 Gorgon 气田天然气液化工厂提供超过 165 个工艺模块。本次的创新就是以 GORGON 项目为载体。

2 LNG 管廊的特点

LNG 管廊有模块小，规律性明显的特点，以 GORGON 项目为例，模块从几十到一千吨不等，但是模块设计的基础是基本一致的，基本上分为图 1 两种类型，其中类型一多出现在陆地终端，类型二多出现于海岸线上，这些模块的吨位虽然很小，但是多是狭长型，多立柱，多支撑的结构形式，多模块化建造在建造工艺特别是在工装设计和装船两个方面与传统的大型模块导管架的建造有着很大的区别，也让我们面临这很大的挑战。

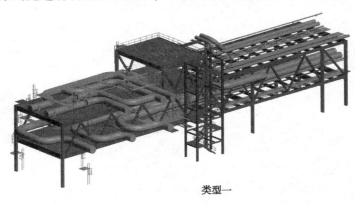

类型一

类型二
图 1　模块类型图

3　与传统称重方式的区别

传统的导管架组块具有吨位大，支撑少，支反力大的特点，所以会根据支反力报告单独来设计每个立柱下面的垫墩，为了尽量减少称重对结构的影响，一般采用在垫墩上加称重腿靴的方式来进行称重(如图 2 所示)。由于是针对每个立柱单独设计，对于传统的组块导管架来说，这样的称重方式非常的合适，既能够保证安全，又不会浪费太多的材料。

可是对于 LNG 管廊的称重来说这种方式却有很大的缺陷。首先，LNG 管廊的立柱非常多，称重腿靴相当于半个垫墩，全部用腿靴，会造成材料的巨大浪费，其次，LNG 管廊大多都是用 SPMT 小车装船，对垫墩的高度有限制，腿靴的存在会降低垫墩的高度，这样不利于垫墩力的分散，地基承载力不满足要求，最后，称重腿靴如果太小，模块就会不稳定，容易产生安全事故。

综上所述，传统的称重方式已经不适用于 LNG 管廊，需要重新思考，突破传统的称重方式。

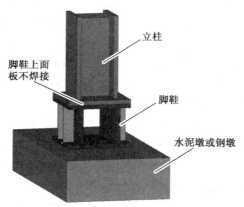

图 2　垫墩+腿靴的称重方式

4　称重垫墩创新设计

模块的立柱是由 H 型钢加上垫板组成，如图 3 所示。通过分析立柱形式，只能通过增加附属结构使立柱产生一个千斤顶支点，创新使用牛腿式称重结构，如图 4 所示。

图 3　模块典型立柱图

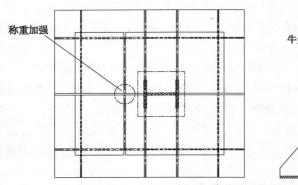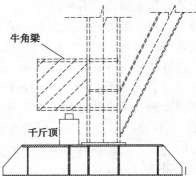

图 4　建造称重两用垫墩

为满足新的称重方式，对原本的建造垫墩进行改造，创新设计出建造称重的两用垫墩，即垫墩不仅需要满足建造的需要，同样要满足称重的设计基础。即在放置称重千斤顶处进行局部加强，满足千斤顶的承重要求。

千斤顶：需要考虑项目配备千斤顶的规格，千斤顶的承受能力，安全系数不小于 1.5，承载范围为 20%~80%。不同型号的千斤顶高度不同，需要根据千斤顶的高度来确定垫墩称重区域的高度或者牛角的高度(牛角后焊情况)。

SPMT 装船空间对垫墩设计的要求：单列 SPMT 的宽度为 2430mm，两侧预留 300mm 即可。SPMT 进入模块底部时，要求底部预留 1350mm 的空间，此时的高度调节余量 400mm。

地基承载力要求无论是建造工况还是称重工况都要满足压力小于 40t/m^2。

根据上面的条件和原本的建造垫墩，设计新垫墩如图 4 所示。

牛腿式承重方式相对于传统承重方式有着很大的优势：结构形式简单，易于安装和拆除，方便千斤顶的安装和移除。

5　可行性计算

利用有限元软件 ANSYS 对称重工况下立柱和牛角梁进行强度分析。取立柱的一部分建模，立柱顶端约束，在布置千斤顶处施加载荷。计算结果为：变形为 3.2mm，如图 5 所示；

von stress 最大为 225MPa，如图 6 所示。牛腿梁的材质为 Q345B 或以上，所以 von stress 应小于 0.8 倍的屈服极限，即 276MPa。根据以上条件，牛腿梁满足 LNG 管廊称重的变形和强度要求。

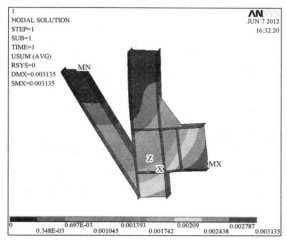

图 5　变形云图

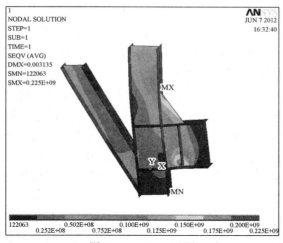

图 6　von stress 云图

6　总结和展望

LNG 的建造项目逐渐在中国的各个海工建造场地如火如荼进行，虽然跟传统海洋平台有不同，在建造过程中，需要有新的灵感与创新以适应特殊工作环境。称重垫墩的创新设计只是亮点之一，希望能为中国海洋平台场地的 LNG 模块化建造提供借鉴。

平台之间气流场分布规律研究

谢茂林

(中海油天津分公司工程建设中心)

摘要： 在渤海、南海等平台较多的地区，平台之间气流场的相互影响会导致停机坪上出现气流漩涡，漩涡的存在会影响飞机的起降。本文创建了两个平台模型，采用流体计算软件 x-flow 计算新建平台对原有平台的影响并进行分析，然后在新建平台增设挡风墙，试图对原有平台停机坪上方气流场产生有利影响。将新建平台上有挡风墙和无挡风墙两种情况进行对比分析并得出相关结论。

关键词： 平台；气流场；停机坪；挡风板

1 引言

在气流流经障碍物之后，气流的速度和方向都会发生变化，并会产生大量尺度不一的涡流，形成复杂流场。对于海上平台附近的气流场，除了通常存在的大气紊流以外，还会受到平台尺寸巨大、外形结构复杂，以及海浪运动等因素的影响，使得气流流过平台建筑时，在其周围会产生复杂的气流流动，在各种风况条件下会出现下冲流、侧冲流、涡旋乃至变化的尾流等效应与现象。实船试验时要在平台若干个典型位置用专用测量仪器测出逆风状态下不同航速、航向时的气流参数，而使用商用软件 x-flow 可以节约大量的时间和财务成本。

海上平台作业的人员输送以及平台出现事故现场的急救，目前大多靠直升机来完成。直升机在靠近平台降落或起飞的过程中遇到的主要环境影响因素包括环境气流如风等流过整个平台，在平台周边形成的湍流流动流场，以及平台上层高大设备后形成的尾涡流场，这两种流场同时存在，相互作用，对直升机起飞或下降过程中的平衡和操稳性能会产生很大影响，有时甚至会危及飞行安全。因此对流经海上平台的绕流流场以及该流场对直升机起降平台附近流场的影响开展研究，对保障直升机起降的安全性以及飞行员的生命安全具有重要意义。

2 数值模拟原理与方法

2.1 格子控制方程

LGA（Lattice Gas Automata）是一种解决气动特征规律的简单模型。其主要思想是，颗粒离散地移动在 D 维晶格内以一个预定的方向和速度 c_i，$i = 0,1,2,\cdots$，在离散的时间上 $t = 0,1,2,\cdots$ 运动。

由 Hardy，Pazzis 和 Pomeau 等人推出的最简单的 HPP 模型则是颗粒在一个二维平面晶格内以四个方向移动（图 1）。T 时刻晶格元素的状态根据晶格被占领的数量 $n_i(r,t)$ 由下式给出，其中 $i=0$，1，2，…即 $n_i=1$ 存在和 $n_i=0$ 不存在的方向移动的颗粒 i。

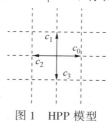

图 1　HPP 模型

支配粒子的系统方程演变如下：

$$n_i(r + c_i\Delta t, \ t + \Delta t) = n_i(r, \ t) + \Omega_i(n_1, \ \cdots, \ n_b) \tag{1}$$

其中，Ω_i 是碰撞算子，对于每个原有状态 $(n_1, \ \cdots, \ n_b)$ 计算出碰撞后的状态 $(n_1^C, \ \cdots, \ n_b^C)$，这其中也涉及质量，线性动量和能量；$r$ 表示某一位置上的粒子，c_i 表示该粒子对应的速度。

从统计学角度来看，一个由大量粒子所构成的系统就相当于宏观系统。这个宏观系统的密度和线性动量方程为：

$$\rho = \frac{1}{b}\sum_{i=1}^{b} n_i, \ \rho v = \frac{1}{b}\sum_{i=1}^{b} n_i c_i \tag{2}$$

2.2　玻尔兹曼输运方程

玻尔兹曼输运方程如下：

$$f_i(r + c_i\Delta t, \ t + \Delta t) = f_i(r, \ t) + \Omega_i^B(f_i, \ \cdots, \ f_b) \tag{3}$$

式中，f_i 是 i 方向上碰撞算子 Ω_i^B 的分布函数。

将方程（3）通过 Chapman-Enskog 展开就可以得到可压缩流动的 N-S 方程。通过 Chapman-Enskog 展开可以使得 LGA 模型能用来揭示低马赫数下的流体力学宏观行为。

2.3　格子玻尔兹曼方法

LGA 模型使用离散的数据来表示分子的状态，格子玻尔兹曼方法（LBM）使用真实变量的统计分布函数，保留了构建的质量，动量和能量守恒。

从中可以得出，如果碰撞算子在 Bhatnagar-Gross-Krook（BGK）下近似简化，得到的结果体现的也是低马赫数下的流体特性。这个算子的定义如下：

$$\Omega_i^{BGK} = \frac{1}{\tau}(f_i^{eq} - f_i) \tag{4}$$

式中，f_i^{eq} 是局部平衡函数，τ 是松弛时间特性参数（与宏观黏性相关）。

平衡分布函数通常采用如下表达式：

$$f_i^{eq}(r, \ t) = t_i\rho\left[1 + \frac{c_{i\alpha}v_\alpha}{c_s^2} + \frac{v_\alpha v_\beta}{2c_s^2}\left(\frac{v_{i\alpha}v_i\beta}{c_s^2} - \delta_{\alpha\beta}\right)\right] \tag{5}$$

式中，c_s 是声速，v 是宏观速度，δ 是 Kronecker 增量，t_i 是建立维持空间各项同性。

3　物理模型及计算条件

3.1　平台物理模型

模型的坐标原点是底面平面，基座的圆心点。在进行模型建立时，把对流场影响不大的部件进行了合理、适当地简化[如图2(a)为原有平台，图2(b)为新平台]。对新平台模型进行了修改：在平台北侧和西侧增加了几堵3m高的挡风墙。物理模型如图3所示。

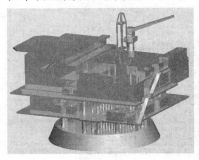 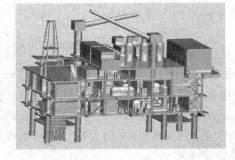

(a) 原有平台模型　　　　　　　　　　　(b) 新平台模型

图2　平台物理模型

3.2　计算区域及边界条件

新老平台的空间相对位置如图4所示。初始风速14m/s，湍流模型选用大涡模拟，采用矩形体风洞模型，水面设为壁面，其余5个面为自由边界，总粒子数均控制在450万左右。只有原有平台的计算区域是长宽各300m高度200m的区域，远场粒子尺寸6m，近壁面处为0.375m；两平台同时存在的计算区域400m长，300m宽，200m高区域，远场粒子尺寸8m，近壁面0.5m。

图3　新平台B修改后模型　　　　　图4　原有平台与新平台相对位置示意图

4　计算结果分析

4.1　新平台无挡风墙对原有平台气流场影响的计算结果分析

取 $X_2 = 10.326m$ 截面、$Y = 20m$ 和 $Z = 10.326m$ 三个截面速度云图和涡量云图如图5和图6所示：

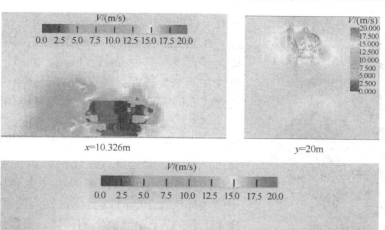

x=10.326m　　　　　　　　　　　　　y=20m

z=10.326m

图 5　各截面速度分布云图

x=10.326m　　　　　　　　　　　　　y=20m

z=10.326

图 6　各截面涡量分布云图

　　从速度云图中可以看出在原有平台附近有比较厚的边界层，其中停机坪上方受到新平台影响比较大，有较厚的边界层。xy 平面图中可以看到新平台的尾流场已经影响到了原有平台的流场分布。从涡量云图中可以看到原有平台的侧面漩涡比较多，新平台产生的尾涡会对

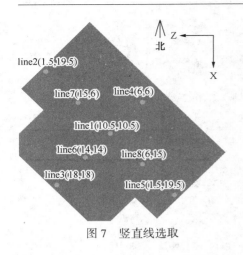

图 7　竖直线选取

原有平台的停机坪产生影响。

在原有平台上方选取八条直线，均沿着 Y 轴方向，即为竖直线，其中 line1、line2、line5、line7、line8 五条线在同一个平面，另有 line1、line3、line4、line6 四条直线在同一平面上，所选直线坐标如图 7 所示。

图 8、图 9 横坐标是竖直高度，在图中横坐标 28.5m 处为停机坪所在平面高度，纵坐标为气流速度，通过对速度沿所选直线变化的分析，发现所有曲线变化趋势相同，发现在距离停机坪上高度 171.5m(图 8 中横坐标位置 200m)以上位置气流速度保持在 14m/s，在 171.5m 以下是气流影响区域。根据影响区域的变化情况，可以将影响区域分为剧烈影响区、稳定影响区两个区域，其中剧烈影响区为从停机坪平面所在平面到停机坪上面 35m 处，速度变化范围是随着竖直高度增高而增大，以 line2 为例，速度从 8m/s 以一个大的斜率迅速增大至 15m/s，速度增长率为 87.5%，可见该区域速度变化迅速，通过对该区域所选速度沿竖直线变化对比，可以找到 line2 和 line5 分别在该区域变化最为剧烈与最为缓慢并达到最大值，然后观察 line2 和 line5 所在位置，可以发现 line2 所选位置在所选点中属于停机坪前缘位置，而 line5 所选位置在所选点中属于停机坪后缘位置，从而说明在停机坪前缘的位置对气流影响更加敏感；在稳定影响区中，距停机坪所在平面高度 35m 处到 171.5m 处，速度保持在 14.5m/s 左右，在距停机坪所在平面高度 160m 处到 171.5m 处，速度又逐渐减小到 14m/s。

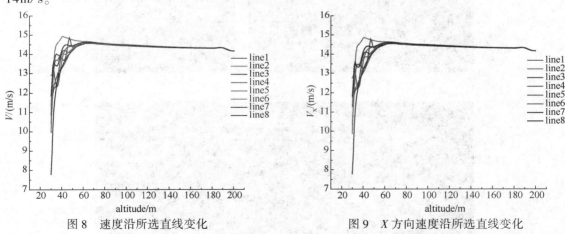

图 8　速度沿所选直线变化　　　　　　　图 9　X 方向速度沿所选直线变化

通过对 X 方向速度沿所选直线变化的分析，发现所有曲线变化趋势一致，将 X 方向速度沿所选直线变化情况与前文速度沿所选直线变化情况对比发现变化趋势完全一样，这主要是因为 X 方向速度是来流速度，速度主要分量沿 X 方向。

通过对 Y 方向速度沿所选直线变化情况分析，发现所有曲线变化趋势相同，Y 方向速度是一个上洗气流，然后速度减小至成为下洗气流，之后速度逐渐加大到下洗气流峰值，之后速度减小，后趋于稳定 0m/s。Y 方向速度最低值所处位置为在距离停机坪所在平面高度 11.5m(图 10 中横坐标为 40m)处，同时得到随着 line3、line5、line6、line8、line1、line7、 line2、line4 位置变化 Y 方向速度最低点由 line3 的 $-3.2m/s$，逐渐变化到 line4 的 $-1m/s$，然后通过对所选直线的坐标位置对比可以发现 Y 方向速度最低点位置出现趋势是停机坪越靠近前缘位置速度最小值也就越小(全部所选直线速度的最小值取得的峰值 $-1m/s$)，越后缘速度最小值越大(全部所选直线速度的最小值取得的峰值 $-3.2m/s$)。在距离停机坪所在平面高度 $11.5m$(图 10 中横坐标为 $40m$)以下范围为剧烈影响区，在距离停机坪所在平面高度 $11.5m$(图 10 中横坐标为 $40m$)以上范围到距离停机坪上高度 $171.5m$(图 10 中横坐标位置 $200m$)区域为稳定影响区。剧烈影响区中 Y 方向速度剧烈改变，以 line2 为例，在停机坪表面处 Y 方向速度为 $0.5m/s$，而在 Y 方向速度最低点却达到了 $-1m/s$。在稳定影响区中，Y 方向速度一直保持下洗气流方向，速度值都由最小值随着斜率(斜率为正)逐渐减小的变化而逐渐增长到 $-0.25m/s$，最后趋于稳定。

通过对 Z 方向速度沿所选直线变化情况分析，发现所有曲线的变化趋势一致，方向速度是一个左向气流(向东气流)或者右向气流，然后速度减小至成为右向气流(向西气流)或者左向气流，之后速度逐渐加大到右向峰值，之后速度减小，后趋于稳定 0。得到曲线在 Z 方向速度最大值所处位置为在距离停机坪所在平面高度 $11.5m$(图 11 中横坐标为 $40m$)处，除 line3 的速度最大值为 $3.75m/s$ 其余位置的速度最大值均约为 $1.25m/s$。在距离停机坪所在平面高度 $11.5m$(图 11 中横坐标为 $40m$)以下范围为剧烈影响区，在距离停机坪所在平面高度 $11.5m$(图 11 中横坐标为 $40m$)以上范围到距离停机坪上高度 $171.5m$(图 11 中横坐标位置 $200m$)区域为稳定影响区。剧烈影响区中 Z 方向速度先发生剧烈，以 line2 为例，在停机坪表面处 Z 方向速度为 $-2.0m/s$，而在 Z 方向速度最高点却达到了 $1.25m/s$。在稳定影响区中，Z 方向速度一直保持正方向，速度值都由最大值随着斜率(斜率为负)逐渐增大的变化而逐渐减小到 $0m/s$，最后趋于稳定。

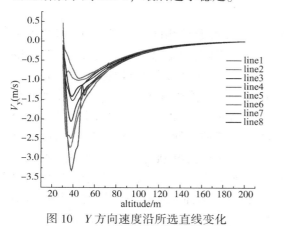

图 10　Y 方向速度沿所选直线变化

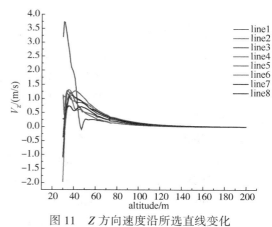

图 11　Z 方向速度沿所选直线变化

4.2　新平台有挡风墙对原有平台气流场影响的计算结果分析

由于考虑新平台会对原有平台的气流场产生减弱的作用，对停机坪飞机的起降产生有利的作用，对新平台进行改造，增设挡风板，并计算在新平台有挡风板的情况下新平台对原有平台的气流场的影响。计算工况与无挡风墙工况相同。

4.2.1　速度云图分布

在新平台加设挡风板的情况下，取 $X = 10.326m$ 截面、$Y = 20m$ 和 $Z = 10.326m$ 三个截面速度云如图 12 所示。

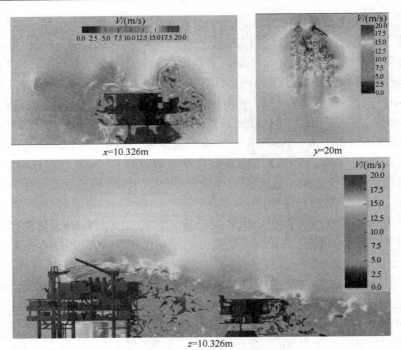

图 12　各截面速度分布云图

　　从图 12 中的速度场可以明显看出,与没有挡风墙相比新平台对原有平台的影响更为明显,yz 平面平台附近的低速区面积更大,xz 平面减速更加明显。xy 平面可以观察到原有平台完全处于新平台的尾流中,对原有平台的停机坪产生更好的影响。

4.2.2　速度分析

　　通过对速度沿所选直线变化的分析,发现所有曲线变化趋势相同,发现在距离停机坪上高度 121.5m(图 13 中横坐标位置 150m)以上位置气流速度保持在 14m/s 左右,在 121.5m 以下是气流影响区域。根据影响区域的变化情况,可以将影响区域分为剧烈影响区、稳定影响区两个区域,其中剧烈影响区为从停机坪平面所在平面到停机坪上面 35m 处,速度变化范围是随着竖直高度增高而增大,以 line3 为例,速度从 7.5m/s 以一个大的斜率迅速增大至 17.5m/s,速度增长率为 133.3%,可见该区域速度变化迅速,通过对该区域所选速度沿竖直线变化对比,可以找到 line2 和 line5 分别在该区域变化最为剧烈与最为缓慢并达到最大值,然后观察 line2 和 line5 所在位置,可以发现 line2 所选位置在所选点中属于停机坪前缘位置,而 line5 所选位置在所选点中属于停机坪后缘位置,从而说明在停机坪前缘的位置对气流影响更加敏感;在稳定影响区中,距停机坪所在平面高度 35m 处到 121.5m 处,速度保持在 14.5m/s 左右,在距停机坪所在平面高度 100m 处到 121.5m 处,速度又逐渐减小到 14.2m/s。

　　通过对 Y 方向速度沿所选直线变化情况分析,发现所有曲线变化趋势各不相同,在距离平台 20m(海拔 48.5m)高度以下的区域,由于受到乱流影响,速度分布极不规则,从下洗气流 4.2m/s 到上洗气流 2.3m/s(图 14)。在距离平台 20m 至 80m 高度范围,由于受到 CEPD 尾部涡的影响,气流逐渐从 1m/s 的下洗气流趋于 0。在距平台高度 80m(海拔 108.5m)以上的范围变得平稳最后趋于稳定。

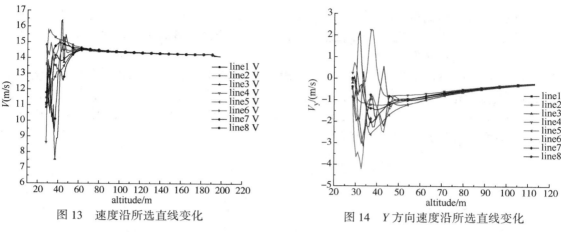

图 13　速度沿所选直线变化　　　　　图 14　Y方向速度沿所选直线变化

4.3　新平台有无挡风墙对原有平台停机坪上方影响分析

为了新平台有无挡风墙对原有平台的影响进行对比，从上述直线中选出 line1 和 line2 进行有无挡风墙的对比分析。

4.3.1　对 line 1 进行速度分析

以 line1 在 x 方向为例。在两种工况下，风速变化趋势均有一定波动。在无挡风墙的情况下可以看出速度变化缓和，速度随高度上升无明显波动（图15）。增设挡风墙之后在停机坪上方 5~10 处速度阶跃明显（从 12.8m/s 突然下降到 10.9m/s），X 方向的速度峰值依然在 15m/s 以下。

以 line1 在 V_y 方向上为例。无挡风墙工况情况下，风速变化趋势为先下降再上升并逐渐平缓的过程，下洗气流最高为 1.7m/s。增设挡风墙之后，Y 方向气流速度随高度变化是在距平台 5m 高度先有一个 2.2m/s 的上升气流，随后突变为 2.1m/s 的下洗气流（图 16）。之后的趋势与上一种工况相近。

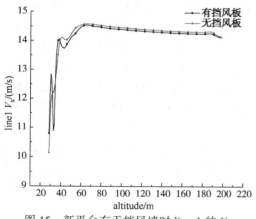

图 15　新平台有无挡风墙时 line 1 的 V_x
沿竖直高度变化

图 16　新平台有无挡风墙时 line 1 的 V_y
沿竖直高度变化

4.3.2　对 line2 进行速度分析

以 line 2 在 V_x 方向上为例。在有挡风墙的情况下，在停机坪表面上方 5m 处出现速度峰值，风速由 11.2m/s 迅速增加到 15.8m/s。在停机坪 5m 以上高度风速逐渐由 15.8m/s 逐渐降低，最终在距平台高度30m时与无挡风墙工况一致，逐渐趋于14m/s。在考虑到CEPD停机坪作用的情况下，在停机坪表面至其上方11.5m处，风速由12.5m/s增加至15m/s，变化趋势比在有挡风墙的情况下更加平缓(图17)。

以line2在V_y方向上为例。两种工况情况下，风速变化均经历由上升气流变为下洗气流的过程，且变化迅速；在下洗气流阶段中，风速大小总体呈现先增大后减小，并且在该过程中出现小幅度波动，最后趋于0的变化趋势。在无挡风墙情况下在距平台15m处速度最高为1m/s。增设挡风墙之后下洗气流的风速增加到1.5m/s，之后都逐渐趋于0(图18)。

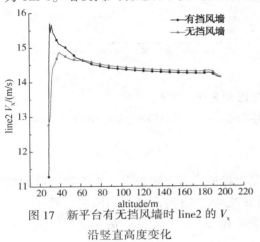

图17　新平台有无挡风墙时line2的V_x
沿竖直高度变化

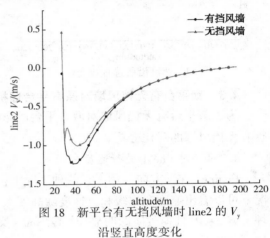

图18　新平台有无挡风墙时line2的V_y
沿竖直高度变化

5　结论

通过上述计算分析可以初步得到以下结论：

(1) 在新平台无挡风墙情况下，在正北风向的条件下，风首先会吹过新平台，由于新平台结构具有通透性特征，所以部分气流通过新平台吹向原有平台，因此风速在受到阻碍后风速降低明显；形象比喻的话，相当于给老平台加了一个透风的帘子，能够减缓来流风速；除去透过新平台内部吹过的流量，其余气流绕过新平台向原有平台吹去。这部分气流绕流得到加速，在前进过程中会与透过新平台内部吹过的流量混合，形成一个新平台后的乱流区域。但是由于两个平台的间距较长，该乱流区域对停机坪的影响不大。总体上对直升机起降有利。

(2) 新平台在增设挡风墙后，由于挡风墙并没有完全挡住平台内部气流通路，平台依然具有通透性特征；但是通过的气流流量减小，速度增加；同时更多的气流绕过新平台流向原有平台，在新平台的背风区形成了较大的速度、压力差，致使气流变化剧烈，涡尺度、作用范围变大，即新平台背风乱流区域范围和强度的增加；

(3) 在新平台增设挡风墙之后，新平台背风乱流区域范围和强度的增加，比无挡风墙时对直升机停机坪产生的影响要剧烈，速度变化较无挡风墙时剧烈，部分速度峰值增加，局部气流产生震荡。

总而言之，在北风情况下，有新平台对原有平台停机坪的气流场有稳定作用；无挡风墙情况比有挡风墙的情况稳定作用更明显。

参 考 文 献

1 张亮，李云波. 流体力学. 哈尔滨工程大学，2006，1：121～139.

2 顾蕴松，明晓. 舰船飞行甲板真实流场特性试验研究. 航空学报，2001，22(6).

3 洪伟宏，姜治芳，王涛. 上层建筑形式及布局对舰船空气流场的影响. 中国舰船研究，2009，4(2).

4 陆超，姜治芳，王涛. 两种飞行甲板形式的舰船空气流场特性比较. 中国舰船设计中心船舶科学技术，2009，31(7).

5 邵开文，马运义. 舰船技术与设计概论[M]. 国防工业出版社，2005，1：552～567.

6 POLSKY S A, A computational study of unsteady ship air-wake[C]//AIAA 2002～1022.

7 LEE D Y. Simulating and control of a helicopter operating in a ship airwake[D]. A Thesis in Aerospace Engineering，2005.

8 POLSKY, SUSAN A, BRUNER C W. Time-accurate computational simulations of an LHA ship airwake[C]// 18th AIAA Applied Aerodynamics Conference，AIAA2000～4126.

9 杨一栋. 直升机飞行控制[M]. 北京：国防工业出版社，2007.

水下基盘式井口平台施工方法探讨

王金义　张伟勇

（中石化胜利油建工程有限公司）

摘要：目前在胜利油田施工的海洋平台分为导管架式井口平台和水下基盘式井口平台两种。水下基盘式井口平台主要有水下基盘、上部组块、隔水管组成。由于水下基盘式井口平台具有结构简单、材料耗量少、工程成本低等诸多优点，因此在海洋平台的施工中得到了广泛的应用。本文以CB25GA井口平台为例，介绍水下基盘式井口平台的施工特点，其中重点讨论了该种平台的特殊构件预制施工以及在海上平台安装时的重点工序。

关键词：水下基盘；平台；导向装置；吊耳；海上安装

1 结构简介及施工流程

水下基盘式井口平台结构主要有水下基盘、上部组块、隔水管组成。目前广泛采用的水下基盘式井口平台有6井式、9井式、12井式水下基盘。水下基盘主要结构由1根水上主引导管、多根水下引导管及中间水平撑管组成，其中主引导管套定位桩来进行基盘定位，其他引导管用来引导隔水管的打桩施工，而各导管之间撑管则起到连接支撑作用。上部组块一般采用帽式结构，由立柱、水平撑、斜撑、梁格和甲板组成。该种井口平台的结构较导管架式平台简单，而且基盘和上部组块吊重一般都不大，施工成本较低，海上施工时的安全性也较导管架式高。例如在施工的CB25GA井口平台中，水下基盘吊重约130t，上部组块吊重约52t，其吊装方案简便易行。该种平台的施工流程为：平台委托预制加工件的一次预制→一次预制件拉运→一次预制件的预防腐→水下基盘、上部组块的陆上预制→水下基盘、上部组块、隔水管的防腐→水下基盘、上部组块、隔水管装船→浮吊就位→定位桩打桩→水下基盘吊装就位→隔水管打桩、接桩→上部组块吊装就位、焊接→基盘环缝灌浆。

2 陆地预制重点工序施工

2.1 水下基盘主结构陆地预制

为满足水下基盘装船及防沉板的安装需求，基盘的预制需要在一个拖排上进行卧式组装，并需要在拖排上合适尺寸处焊接两根型钢作为基盘的支撑。在CB25GA平台工程中，两层水平撑的距离为5m，考虑到焊接的操作方便和两滑道的间隔距离，选取在拖排上间隔7.5m焊接两根H600型钢做支撑把基盘导管支撑起来。如图1、图2所示。

整个水下基盘卧式组对，先组对A立面，A立面组对完后再依次组对A立面与B立面间撑管，B 立面组对完后再依次向上组对 C 立面。然后进行防沉板、灌浆管线和阳极块等附件安装，最后进行除锈防腐。

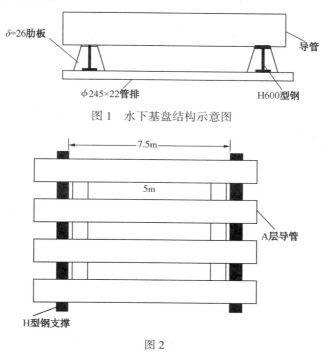

图 1　水下基盘结构示意图

图 2

2.2　导向装置的安装

在水下基盘施工过程中，由于用于引导隔水管打桩的导管顶位于水面以下，打桩时无法进行插桩工作，因此需要在水下基盘主引导管上安装导向装置，选择在距主导管管顶 1m 位置处焊接插桩用的导向装置，这样就可以直接在水面以上进行插桩工作。另外在导向装置上搭设架板后还可以用来兼做海上施工操作平台。注意导向装置安装时必须保证各个导向圈与各个导管的同轴度。在 CB25GA 井口平台工程中，该导向装置是由 8 个导向圈与连接支撑 HN200 型钢组成，其中导向圈直径与水下引导管直径一致，其实物图如图 3 所示，结构示意图如图 4、图 5 所示。

图 3　导向装置实物图

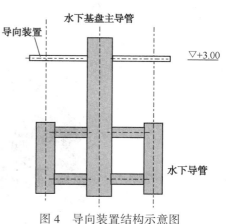

图 4　导向装置结构示意图

该导向装置的安装解决了水下基盘无法进行插桩的难题，减少了海上工作时间，同时由于可以用来兼做施工操作平台，避免了额外焊接架板的工作量，节约了成本。

2.3　吊耳安装

由于水下基盘的主导管管顶与其余导管管顶距离相差较大，而其重心点位于主导管附近，因此在原设计吊装时设计了吊装辅助结构。其设计结构及辅助结构如图6所示。

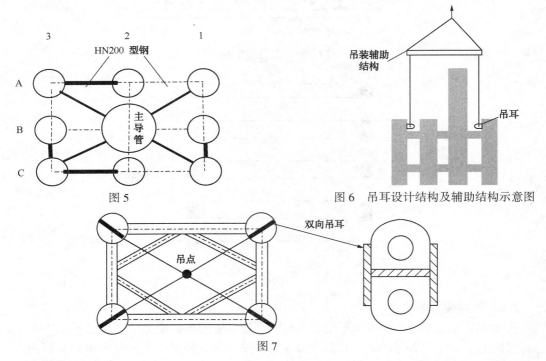

图5　　　　　　　　　　　　　图6　吊耳设计结构及辅助结构示意图

该种设计在基盘四角导管上各设有一个吊耳，而且水面以上的吊装辅助结构也在四角顶端设有双向吊耳，大大增加了额外工作量，同时由于基盘上的四个吊点都在水下，基盘就位后需由潜水员下水去解钢丝绳和卸扣，也增加了施工时间和施工费用(图7)。为了节省施工时间、降低成本，并针对水下基盘结构的特殊性，选择两个吊点，布置在主引导管顶上，每个吊耳上焊接一块环形板进行加强。在CB25GA平台工程中，吊耳的位置如图8所示。

图8　吊耳位置图

这样首先要保证的是吊耳强度满足需求，再次就是保证两个吊耳的重心点位于整个水下基盘的重心上，这样才能保证水下基盘的水平度。因此首先要计算出主引导管承受的弯曲应力(基盘翻身时)和轴向拉应力，并进行强度校核，计算吊耳的强度是否能满足要求。由《海上固定平台入级与建造规范》规定，只有在当满足应力 $\sigma \leqslant [\sigma] = 0.6\sigma_s$ 时才能满足强度要求，其中$[\sigma]$为许用应力，σ_s为钢板屈服强度。再次就是确定重心的位置，保证吊点的中心通过基盘的重心，这可以需要通过调节吊装索具的长度来调平，也就是通过调节两个吊耳的高度差来实现。

在 CB25GA 中，其吊耳位置及基盘重心相对位置如图 9 所示。

施工时选择的吊索为两根 14m 长的 $\phi 90$mm 钢丝绳，其高度差计算示意图如图 10 所示。

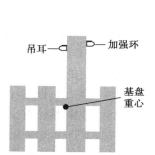

图 9　吊耳位置及基盘重心相对位置图

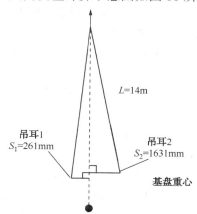

图 10　两吊耳高度差计算示意图

计算公式为：
$$H = (L^2 - S_1) - (L^2 - S_2) = 96\text{mm}$$

得出两个吊点的高度之差为 96mm，即把左边的吊耳焊接位置比右边的下移 96mm 就能达到吊平的要求。在海上实际施工时，可能存在计算误差，可用浮吊辅钩挂水平撑予以调节。通过施工，该种吊耳方案吊装时基盘无明显倾斜，主引导管能够较容易地套进定位桩。

2.4　水下基盘装船

水下基盘的装船方案有两种，一是滑移装船，另一种是吊装。两种方案中，吊装较为直接、简便，但其方案的确定则由基盘的结构、质量等诸多因素决定。在此以 CB25GA 为例，由于基盘吊重约 130t，并根据其主导管长达 19m 的结构特殊性，因此选用两台 150t 履带吊吊装到同升 8 号驳船上即可。但在装船前必须确定合适的吊装绳索、吊装方案及吊装安全计算。

3　海上安装重点工序施工

3.1　施工流程图

海底探摸→拖航→浮吊就位→打定位桩→水下基盘就位→打桩、接桩→上部组块安装→楔块安装→灌浆。

3.2　浮吊就位及定位桩的施工

浮吊就位抛锚前对抛锚点用侧扫声纳结合磁力仪进行探测，探测海底电缆及海管分布情况，进行锚点定位，确定锚点 100m 范围内无障碍，标出锚点坐标。实际抛锚时由物探公司确定坐标点，进行定点抛锚，保证浮吊就位到指定位置。浮吊就位后，进行水下基盘的定位桩施工。定位桩施工时利用 GPS 定位技术对定位桩的位置进行定位，允许误差≤2.5m。在打桩过程中用磁力线坠和经纬仪进行检测，以保证桩管入水的垂直度。

3.3　水下基盘海上就位吊装

根据水下基盘的外型尺寸、重量及海况海貌等参数，选择浮吊在距离基盘就位点 50m 处就位，定位桩打到设计入泥深度后运输基盘的驳船停靠在浮吊船舷旁，然后悬挂吊装绳索利用浮吊的主辅钩配合把基盘先翻身直立，翻身后即可吊起水下基盘套定位桩就位，水下基盘就位后进行井口隔水管的打桩施工，水下基盘在入水接触海底后，由于受海底平整度、水流及吊装平衡度等诸多因素的影响，水下基盘的就位水平度较难控制，在施工过程中主要采用以下两点点措施予以调节：

（1）基盘接触海底后，将基盘反复起落，靠基盘重力将海底淤泥压平，从而达到保证基盘水平的目的。

（2）在基盘入泥水平稳定后，在定位桩四个方位上焊接楔块，防止基盘发生倾斜。

3.4　上部组块施工

井口抗冰隔水管打到设计入泥深度后，开始调桩。根据设计上部组块的中心间距调整隔水管的间距，利用千斤顶或倒链尽可能把隔水管间距调整到与上部组块一致。根据设计高程委托物探公司测量出相对于黄海平均海平面的标高，计算出上部组块与隔水管的对接位置也就是切桩点的位置。切桩点确定以后利用水准仪测量、划线，然后切割。隔水管切割完成，浮吊吊起上部组块与隔水管对接，对接完成后即可焊接，然后探伤、防腐，最后进行楔块的安装和灌浆。

4　结论

（1）采用定型拖排卧式法预制水下基盘，拖排可重复利用节约施工成本，减少高空作业量，缩短了施工工期。

（2）增设水上导向装置，降低了海上插桩作业难度，缩短了海上施工时间。

（3）改变吊装结构，取消了制作辅助吊具这一工序，使得吊耳的数量由水下 4 个和水上 8 个，改为仅用水上 2 个，大大节约了成本。

（4）水下基盘较导管架简约，降低了施工成本，也增加了海上施工安全系数。

锦州 9-3 油田导管架抗冰锥陆地安装比较

马陈勇　李翠涛

（中国石油集团海洋工程有限公司）

摘要：锦州 9-3 油田主体区调整工程为在该油田新建一座八腿中心处理平台 CEPD 和一座四腿井口平台 WHPC，水深约 6.5~10.5m。由于 CEPD 导管架的上部组块采用浮托法安装，WHPC 导管架的上部组块采用吊装法安装，从而导致该两种导管架抗冰锥的陆地安装方式不同。本文详细介绍了各种安装方法的技术方案和施工过程，对各自的优缺点进行了对比，为今后类似导管架抗冰锥在安装方案选择方面提供了可供借鉴的方法，积累了经验。

关键词：导管架(Jacket)；抗冰锥(Ice crack structure)；陆地预制(Fabrication)；空间安装(Erection)

1　引言

锦州 9-3 油田主体区调整工程为在该油田新建一座八腿中心处理平台 CEPD 和一座四腿井口平台 WHPC，水深约 6.5~10.5m。CEPD 导管架主体重 2150t，8 根钢桩重量为 3400t，隔水套管 800t，抗冰锥体 100t；WHPC 导管架主体质量为 730t，4 根钢桩质量为 850t，隔水套管 750t，抗冰锥体为 50t。我方的工作范围为 CEPD 及 WHPC 导管架(包括附属构件等)施工设计、采办、建造、协助装船固定工作，施工工期 120d。

由于详细图纸不完备，而抗冰锥的内部结构复杂，如 CEPD 导管架 8 个抗冰锥零件种类多达 60 多种，特别穿立管和电缆护管的大小 U 型管套，同时零件数量特别多，且施工过程复杂，组对安装和焊接工作量非常大，为减少空间作业和结构变形，要考虑最大程度的在地面完成预装配，并采用分段退焊、对称施焊等焊接工艺多方面进行控制。同时，要确定合理的零件安装顺序避免隐蔽位置无法作业及方便施工操作。因此抗冰锥的制造安装成为制约项目按期完工的关键工作，为此，公司专门针对抗冰锥预制安装进行讨论，并结合图纸、工期等现实情况，制定安装工艺。本文将详细介绍各种安装方法的技术方案和施工过程，并对各自的优缺点进行比较。

2　抗冰锥建造方案的选定

CEPD 导管架平台上部组块采用浮托法安装，基础分为两个 4 腿导管架 CEPD 1-2 和 CEPD 3-4，中间 40m 用辅助框架连接，在海上安装完成后，拆除连接框架，为上部组块的浮托法安装时船舶的进出留出位置。因此导管腿 A1、B1、A4、B4 上的抗冰锥在陆地全部安装完成，导管腿 A2、B2、A3、B3 上抗冰锥会对进船造成影响，其立柱空白处的抗冰锥进行陆地安装，阴影部分在陆地试装完成后卸下，组块浮拖安装完成后进行海上安装。如图 1 所示。WHPC 导管架抗冰锥在陆地全部安装完成。

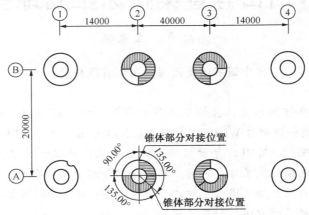

图 1　CEPD 导管架抗冰锥安装方式示意图

CEPD 导管架抗冰锥图纸到达较晚，为满足导管架立片节点工期要求，采用陆地预制、空间整体组装的方式，海上安装部分采用地面整体预制、空间整体试装和空间散件组装、地面整体焊接的方式。WHPC 导管架抗冰锥施工时图纸已完备，且有 CEPD 导管架抗冰锥的施工经验，因此采用了最大化地面预制安装，部分空间安装。安装方式对比如表 1 所示。

表 1　抗冰锥安装方式

	CEPD 导管架抗冰锥		WHPC 导管架抗冰锥
陆地安装部分	地面预制，空间整体组装		最大化地面预制安装，部分空间安装
海上安装部分	地面整体预制、空间整体试装	空间散件组装、地面整体焊接	

3　陆地安装部分的抗冰锥安装

地面预制、空间整体组装的施工顺序如图 2 为施工流程图：

（1）采用先安装下部锥体，再安装上部锥体的施工顺序。安装前在锥体弧板上开设人孔，便于后期施工人员进入锥体密闭空间施工。在预制过程中下部锥体已通过 360° 整体组对，并且以 180° 为分界线分为 2 部分预制焊接完成；将 2 块预制完成部分分别吊装进行空间安装，然后进行锥体预留拼接缝的焊接及筋板与主导管腿的焊接；

（2）下锥体质检、探伤合格后，将已经预制好的中间环板与管圈(管圈已与中间环板整体预制)进行空间安装，并与下锥体进行组对焊接；完成下锥体筋板与中间环板的焊接后，进行焊接检验，最后封补人孔；

（3）安装上部抗冰锥时，同样先将预制好的锥体开人孔。然后将 2 块锥体预制件安装并焊接，焊接工作完成并经探伤合格后，封补人孔；

（4）主导管腿 A2、B2、A3、B3 上需陆地安装的抗冰锥：即导管架内侧 90° 范围内抗冰锥，安装完成后在锥体两侧用筋板封堵焊接，形成封闭空间，防止海上安装部分的抗冰锥未安装前经历海冰期，对锥体产生破坏。

立片时状态　　　　　散件安装　　　　　抗冰锥安装完成后状态　　　　抗冰锥安装过程模型图

图 2　地面预制、空间整体组装抗冰锥施工流程

最大化地面预制安装，部分空间安装的施工顺序如下（流程图如图 3 所示）：

导管架分片在车间预制过程中进行抗冰锥的地面安装，综合考虑运输和吊装能力限制，安装锥体上部抗冰锥，最大化车间安装工作量，从车间转运至现场后，对分片进行垫高，安装剩余部分，同时进行附件安装及电缆护管、立管穿管的开孔，将空间施工工作量减到最小。

车间安装抗冰锥　　车间安装完成，吊装、运输　　场地安装抗冰锥　　　立片前抗冰锥状态

图 3　最大化地面预制安装，部分空间安装抗冰锥施工流程

4　海上安装部分的抗冰锥安装

地面整体预制、空间整体试装施工顺序如下（图 4 为施工流程图）：

（1）将其锥体按照 135°分为两部分，将固定包板、中间环板与管圈、锥体等进行组合预制，即：以 135°为一个预制范围，将上下两部分锥体和固定包板以及中间环板、管圈、筋板等预制成一个组合体。

（2）将组合预制完成的两个组合体进行整体试安装；

（3）试安装完成并达到要求后进行拆除，并完成后续的焊接工作。

散件地面组装　　　　　地面组装、预焊接完成　　　　　整体试装

图 4　地面整体预制、空间整体试装施工流程

该安装方式主要难点为：尺寸放样能否精确，弧板角度能否控制在偏差范围内，135°圆弧板的焊后变形量能否满足最终合拢等。

空间散件组装、地面整体焊接施工顺序如下：

（1）导管腿上空间安装、固定135°圆弧板，确保紧密贴合桩腿；

（2）安装预制完成的上、下锥体和中间环板和管圈，图5为空间试组装完成后状态；

（3）局部加强焊接完成后卸下，进行地面焊接。

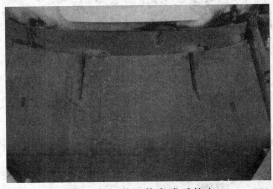

图5　空间试组装完成后状态

5　各种安装方案对比

各种方案在技术和施工上的差异主要集中在施工功效、施工难点、作业风险等方面，对比情况如表2所示。

表2　抗冰锥各种安装方式对比

安装方式		功　效	施工优缺点及作业风险
陆地安装部分	地面预制，空间整体组装	工期：13d 空间吊装次数：6次/个	①脚手架作业量大，空间安装过程中需重复搭拆，影响其他作业活动的开展，制约整体工期 ②分片立片时对吊车的限制较少，对分片立片影响较小 ③抗冰锥图纸的出图时间有更大的零活性 ④高空作业、密闭空间作业、交叉作业、脚手架作业等风险高，需做好控制
	最大化地面预制安装，部分空间安装	工期：8d 空间吊装次数：0次/个	①组对在地面完成，减少高空组对工作量，分片立片是对吊车能力要求较高，适合小型导管架建造 ②前期需完成抗冰锥的预制、安装，准备时间较长，使立片时间相对靠后 ③需结合场地运输能力制作运输拖架 ④脚手架工作量大幅减少，为其他作业活动让出操作空间 ⑤精度控制相对较难 ⑥人员易于操作，不受高空限制，大型设备的投入时间相对较少 ⑦高空作业、密闭空间作业、交叉作业、脚手架作业等安全风险较少

续表

安装方式		功　效	施工优缺点及作业风险
海上安装部分	地面整体预制、空间整体试装	工期：4d 空间吊装次数：2 次/个	①对放样精确性，弧板角度控制，135°圆弧板的焊后变形控制等要求较高 ②高空作业、密闭空间作业、交叉作业、脚手架作业等安全风险较少
	空间散件组装、地面整体焊接	工期：7d 空间吊装次数：6 次/个	①精度控制，变形控制相对较容易 ②高空作业、交叉作业、脚手架作业等安全风险较高，需做好控制

6　结束语

　　锦州 9-3 导管架抗冰锥陆地安装，通过结合图纸、材料和业主的工期要求，不断调整、优化安装方案，使质量要求和工期要求达到了预期目标，并得到了业主的认可。通过比较可以看出上述四种方案在技术和施工上都是切实可行的，在实际施工中，需结合具体的情况进行分析。在图纸、材料具备条件的情况下，结合自身的场地设备能力，建议尽量采用最大化地面预制安装抗冰锥的方式，虽然立片时间相对较晚，但后续工作量较少，安全作业风险较低，对最终工期的确保是有利的。对于海上安装部分的抗冰锥，建议采用地面整体预制、空间整体试装的方式，但需做好变形控制和放样等工法的研究，确保最终的安装精度。同时在施工中要进一步做好安全风险的防控，比如多开人孔、安装通风设备，为施工人员在有限空间内作业时空气流通和安全施工提供保障。

　　本文通过对抗冰锥陆地安装方案的分析比较，总结了在施工过程中的经验及做法，为今后此类工程建设积累了经验。

PLC 控制系统应用的抗干扰问题

何社锋

(中海石油中国有限公司天津分公司)

摘要：本文分析了电磁干扰及其对 PLC 控制系统干扰的机制，指出在工程应用时必须综合考虑控制系统的抗干扰性能，并结合工程提出了几种有效的抗干扰措施。

关键词：PLC；电磁干扰；干扰措施

1 前言

随着科学技术的发展，PLC 在工业控制中的应用越来越广泛。PLC 控制系统的可靠性直接影响到工业企业的安全生产和经济运行，系统的抗干扰能力是关系到整个系统可靠运行的关键。自动化系统中所使用的各种类型 PLC，有的是集中安装在控制室，有的是安装在生产现场和各电机设备上，它们大多处在强电电路和强电设备所形成的恶劣电磁环境中。要提高 PLC 控制系统可靠性，一方面要求 PLC 生产厂家提高设备的抗干扰能力；另一方面，要求在工程设计、安装施工和使用维护中引起高度重视，多方配合才能完善解决问题，有效地增强系统的抗干扰性能。

2 电磁干扰源及对系统的干扰

2.1 干扰源及干扰一般分类

影响 PLC 控制系统的干扰源与一般影响工业控制设备的干扰源一样，大都产生在电流或电压剧烈变化的部位，这些电荷剧烈移动的部位就是噪声源，即干扰源。

干扰类型通常按干扰产生的原因、噪声干扰模式和噪声的波形性质的不同划分。其中：按噪声产生的原因不同，分为放电噪声、浪涌噪声、高频振荡噪声等；按噪声的波形、性质不同，分为持续噪声、偶发噪声等；按噪声干扰模式不同，分为共模干扰和差模干扰。共模干扰和差模干扰是一种比较常用的分类方法。共模干扰是信号对地的电位差，主要由电网串入、地电位差及空间电磁辐射在信号线上感应的共态(同方向)电压迭加所形成。共模电压有时较大，特别是采用隔离性能差的配电器供电室，变送器输出信号的共模电压普遍较高，有的可高达 130V 以上。共模电压通过不对称电路可转换成差模电压，直接影响测控信号，造成元器件损坏(这就是一些系统 I/O 模件损坏率较高的主要原因)，这种共模干扰可为直流、也可为交流。差模干扰是指作用于信号两极间的干扰电压，主要由空间电磁场在信号间耦合感应及由不平衡电路转换共模干扰所形成的电压，这种干扰直接叠加在信号上，影响测量与控制精度。

2.2 PLC 控制系统中电磁干扰的主要来源

2.2.1 来自空间的辐射干扰

空间的辐射电磁场（EMI）主要是由电力网络、电气设备的暂态过程、雷电、无线电广播、电视、雷达、高频感应加热设备等产生的，通常称为辐射干扰，其分布极为复杂。若 PLC 系统置于所射频场内，就会收到辐射干扰，其影响主要通过两条路径：一是直接对 PLC 内部的辐射，由电路感应产生干扰；一是对 PLC 通信网络的辐射，由通信线路的感应引入干扰。辐射干扰与现场设备布置及设备所产生的电磁场大小，特别是频率有关，一般通过设置屏蔽电缆和 PLC 局部屏蔽及高压泄放元件进行保护。

2.2.2 来自系统外引线的干扰

主要通过电源和信号线引入，通常称为传导干扰。这种干扰在我国工业现场较严重。

1) 来自电源的干扰

实践证明，因电源引入的干扰造成 PLC 控制系统故障的情况很多。

PLC 系统的正常供电电源均由电网供电。由于电网覆盖范围广，它将受到所有空间电磁干扰而在线路上感应电压和电路。尤其是电网内部的变化，开关操作浪涌、大型电力设备起停、交直流传动装置引起的谐波、电网短路暂态冲击等，都通过输电线路传到电源旁边。PLC 电源通常采用隔离电源，但其机构及制造工艺因素使其隔离性并不理想。实际上，由于分布参数特别是分布电容的存在，绝对隔离是不可能的。

2) 来自信号线引入的干扰

与 PLC 控制系统连接的各类信号传输线，除了传输有效的各类信息之外，总会有外部干扰信号侵入。此干扰主要有两种途径：一是通过变送器供电电源或共用信号仪表的供电电源串入的电网干扰，这往往被忽视；二是信号线受空间电磁辐射感应的干扰，即信号线上的外部感应干扰，这是很严重的。由信号引入干扰会引起 I/O 信号工作异常和测量精度大大降低，严重时将引起元器件损伤。对于隔离性能差的系统，还将导致信号间互相干扰，引起共地系统总线回流，造成逻辑数据变化、误动和死机。PLC 控制系统因信号引入干扰造成 I/O 模件损坏数相当严重，由此引起系统故障的情况也很多。

3) 来自接地系统混乱时的干扰

接地是提高电子设备电磁兼容性（EMC）的有效手段之一。正确的接地，既能抑制电磁干扰的影响，又能抑制设备向外发出干扰；而错误的接地，反而会引入严重的干扰信号，使 PLC 系统将无法正常工作。PLC 控制系统的地线包括系统地、屏蔽地、交流地和保护地等。接地系统混乱对 PLC 系统的干扰主要是各个接地点电位分布不均，不同接地点间存在地电位差，引起地环路电流，影响系统正常工作。例如电缆屏蔽层必须一点接地，如果电缆屏蔽层两端 A、B 都接地，就存在地电位差，有电流流过屏蔽层，当发生异常状态如雷击时，地线电流将更大。

此外，屏蔽层、接地线和大地有可能构成闭合环路，在变化磁场的作用下，屏蔽层内有会出现感应电流，通过屏蔽层与芯线之间的耦合，干扰信号回路。若系统地与其他接地处理混乱，所产生的地环流就可能在地线上产生不等电位分布，影响 PLC 内逻辑电路和模拟电路的正常工作。PLC 工作的逻辑电压干扰容限较低，逻辑地电位的分布干扰容易影响 PLC 的逻辑运算和数据存贮，造成数据混乱、程序跑飞或死机。模拟地电位的分布将导致测量精度下降，引起对信号测控的严重失真和误动作。

2.2.3　来自 PLC 系统内部的干扰

主要由系统内部元器件及电路间的相互电磁辐射产生，如逻辑电路相互辐射及其对模拟电路的影响，模拟地与逻辑地的相互影响及元器件间的相互不匹配使用等。这都属于 PLC 制造厂对系统内部进行电磁兼容设计的内容，比较复杂，作为应用部门是无法改变，可不必过多考虑，但要选择具有较多应用实绩或经过考验的系统。

3　PLC 控制系统工程应用的抗干扰设计

为了保证系统在工业电磁环境中免受或减少内外电磁干扰，必须从设计阶段开始便采取三个方面抑制措施：抑制干扰源；切断或衰减电磁干扰的传播途径；提高装置和系统的抗干扰能力。这三点就是抑制电磁干扰的基本原则。PLC 控制系统的抗干扰是一个系统工程，要求制造单位设计生产出具有较强抗干扰能力的产品，且有赖于使用部门在工程设计、安装施工和运行维护中予以全面考虑，并结合具有情况进行综合设计，才能保证系统的电磁兼容性和运行可靠性。进行具体工程的抗干扰设计时，应主要以下两个方面。

3.1　设备选型

在选择设备时，首先要选择有较高抗干扰能力的产品，其包括了电磁兼容性(EMC)，尤其是抗外部干扰能力，如采用浮地技术、隔离性能好的 PLC 系统；其次还应了解生产厂给出的抗干扰指标，如共模拟制比、差模拟制比、耐压能力、允许在多大电场强度和多高频率的磁场强度环境中工作；另外是靠考查其在类似工作中的应用实绩。在选择国外进口产品要注意：我国是采用 220V 高内阻电网制式，而欧美地区是 110V 低内阻电网。由于我国电网内阻大，零点电位漂移大，地电位变化大，工业企业现场的电磁干扰至少要比欧美地区高 4 倍以上，对系统抗干扰性能要求更高，在国外能正常工作的 PLC 产品在国内工业就不一定能可靠运行，这就要在采用国外产品时，按我国的标准(GB/T 13926)合理选择。

3.2　综合抗干扰设计

主要考虑来自系统外部的几种如果抑制措施。主要内容包括：对 PLC 系统及外引线进行屏蔽以防空间辐射电磁干扰；对外引线进行隔离、滤波，特别是原理动力电缆，分层布置，以防通过外引线引入传导电磁干扰；正确设计接地点和接地装置，完善接地系统。另外还必须利用软件手段，进一步提高系统的安全可靠性。

4　主要抗干扰措施

4.1　采用性能优良的电源，抑制电网引入的干扰

在 PLC 控制系统中，电源占有极重要的地位。电网干扰串入 PLC 控制系统主要通过 PLC 系统的供电电源(如 CPU 电源、I/O 电源等)、变送器供电电源和与 PLC 系统具有直接电气连接的仪表供电电源等耦合进入的。现在，对于 PLC 系统供电的电源，一般都采用隔离性能较好电源，而对于变送器供电的电源和 PLC 系统有直接电气连接的仪表的供电电源，

并没受到足够的重视，虽然采取了一定的隔离措施，但普遍还不够，主要是使用的隔离变压器分布参数大，抑制干扰能力差，经电源耦合而串入共模干扰、差模干扰。所以，对于变送器和共用信号仪表供电应选择分布电容小、抑制带大（如采用多次隔离和屏蔽及漏感技术）的配电器，以减少 PLC 系统的干扰。此外，位保证电网馈点不中断，可采用在线式不间断供电电源(UPS)供电，提高供电的安全可靠性。并且 UPS 还具有较强的干扰隔离性能，是一种 PLC 控制系统的理想电源。

4.2　电缆选择的敷设

为了减少动力电缆辐射电磁干扰，尤其是变频装置馈电电缆。笔者在某工程中，采用了铜带铠装屏蔽电力电缆，从而降低了动力线生产的电磁干扰，该工程投产后取得了满意的效果。不同类型的信号分别由不同电缆传输，信号电缆应按传输信号种类分层敷设，严禁用同一电缆的不同导线同时传送动力电源和信号，避免信号线与动力电缆靠近平行敷设，以减少电磁干扰。

4.3　硬件滤波及软件抗如果措施

信号在接入计算机前，在信号线与地间并接电容，以减少共模干扰；在信号两极间加装滤波器可减少差模干扰。由于电磁干扰的复杂性，要根本消除迎接干扰影响是不可能的，因此在 PLC 控制系统的软件设计和组态时，还应在软件方面进行抗干扰处理，进一步提高系统的可靠性。常用的一些措施：数字滤波和工频整形采样，可有效消除周期性干扰；定时校正参考点电位，并采用动态零点，可有效防止电位漂移；采用信息冗余技术，设计相应的软件标志位；采用间接跳转，设置软件陷阱等提高软件结构可靠性。

4.4　正确选择接地点，完善接地系统

接地的目的通常有两个，其一为了安全，其二是为了抑制干扰。完善的接地系统是 PLC 控制系统抗电磁干扰的重要措施之一。系统接地方式有：浮地方式、直接接地方式和电容接地三种方式。对 PLC 控制系统而言，它属高速低电平控制装置，应采用直接接地方式。由于信号电缆分布电容和输入装置滤波等的影响，装置之间的信号交换频率一般都低于 1MHz，所以 PLC 控制系统接地线采用一点接地和串联一点接地方式。集中布置的 PLC 系统适于并联一点接地方式，各装置的柜体中心接地点以单独的接地线引向接地极。如果装置间距较大，应采用串联一点接地方式。用一根大截面铜母线（或绝缘电缆）连接各装置的柜体中心接地点，然后将接地母线直接连接接地极。接地线采用截面大于 $22mm^2$ 的铜导线，总母线使用截面大于 $60mm^2$ 的铜排。接地极的接地电阻小于 2Ω，接地极最好埋在距建筑物 $10\sim15m$ 远处，而且 PLC 系统接地点必须与强电设备接地点相距 10m 以上。

信号源接地时，屏蔽层应在信号侧接地；不接地时，应在 PLC 侧接地；信号线中间有接头时，屏蔽层应牢固连接并进行绝缘处理，一定要避免多点接地；多个测点信号的屏蔽双绞线与多芯对绞总屏电缆连接时，各屏蔽层应相互连接好，并经绝缘处理。选择适当的接地处单点接点。

5　结束语

PLC 控制系统中的干扰是一个十分复杂的问题，因此在抗干扰设计中应综合考虑各方

面的因素，合理有效地抑制抗干扰，对有些干扰情况还需做具体分析，采取对症下药的方法，才能够使 PLC 控制系统正常工作。

参 考 文 献

1　齐从谦. PLC 技术及应用[M]. 北京：机械工业出版社.

2　PLC 之家. PLC 系统中的主要干扰源. http://www.plc100.com/jichu/ganraoyuanfenxi.htm.

3　李建兴. 可编程逻辑控制器应用技术[M]. 北京：机械工业出版社，2004

PDMS 二次开发技术及其在海洋工程 HVAC 建模中的应用

宋春[1]　秦明[2]　王童[1]　王芳辉[1]

(1. 中国石油集团海洋工程有限公司海工事业部；2. 中国石油集团海洋工程有限公司工程设计院)

摘要：本文对 PDMS 的二次开发工具 PML 做了简要介绍，并结合海洋工程 HVAC 建模实例，就 PDMS 二次开发的方法展开论述，对于需要进行 PDMS 客户化开发以提高建模效率的人员有一定的参考意义。

关键词：PDMS；二次开发；PML；HVAC 建模

1　前言

在海洋工程的设计过程中，越来越多的设计单位选择 PDMS 作为三维建模工具，其方便而强大的专业功能毋庸置疑。由于软件适用面较广，其针对每个行业的功能就会相对弱些。PDMS 是一个比较容易二次开发的平台，它自带 PML 开发工具，可以解释执行 PML 宏语言编写的程序。所以有必要对 PDMS 进行二次开发，增加专业特色的功能，使设计人员更有效地提高设计质量和加快设计进度，缩短设计周期。

2　PML 概述

PML(Programmable Macro Language)，即可编程宏语言。

LISP 语言可用于 CAD 的二次开发。同样地，PML 是由 AVEVA 公司创造的专门用于开发 PDMS 等产品的语言，共包括 PML1 和 PML2 两部分。

PML1 是最初的 PML 版本，只能算是脚本语言。PML1 的程序源文件以 ASCII 编码格式保存，内容包括对模型进行操作的各种宏命令，对宏命令进行控制的判断、循环等控制语句、错误处理语句等。

而 PML2 则是基于 PML1，并实现了面向对象的性，已经有高级语言的特点。它有很多内置对象类型，用户也可以定义自己的对象类型。

3　PML 作为 PDMS 二次开发手段的优缺点

AVEVA 公司共为 PDMS 提供了三种二次开发的手段：DAR(Data Access Routines)、C# 和 PML。DAR 和 C# 主要用于对 PDMS 的数据库进行操作。

　　PML 属于解释型语言。与其他高级语言相比，不支持继承的概念，且简化了用户界面(GUI)的开发，所以相对简单。又由于 PML 同样是由 PDMS 的开发公司推出的产品，与 PDMS 无缝连接，所以针对性强。而且 PDMS 软件功能实现部分的 PML 源代码已对用户开放，所以可以通过对程序源代码文件的操作，方便地对软件功能进行添加和修改。

　　PML 的缺点：不能够进行可视化开发，在人机界面开发及开发调试方面存在诸多不方便性。

　　总体而言，如果不涉及 PDMS 与外部数据库的交互，应用 PML 编程工具是进行 PDMS 二次开发的最佳选择。

4　HVAC 建模方法

　　下面以某海上生产平台项目设计过程为例，对 HVAC 系统建模工作做简要说明。

　　在本项目中，HVAC 设计所面对的对象是每层甲板相对独立的工作间，选择分散式空调系统，每个房间的通风和空调系统相对独立。这一特点决定了，每个房间都可视作一个单独的 HVAC 系统，所以我们建模时可以以房间为基本单位对 HVAC 系统进行区分。HVAC 建模步骤如下：

　　(1) 每层甲板建一个 SITE，每个房间建一个 ZONE，层次结构如图 1 所示。

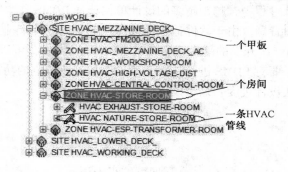

图 1　HVAC 系统建模结构

　　(2) 根据通风系统流程图，在每个 ZONE 下，也就是房间里面建 HVAC 管线。

　　每个房间都会有最基本的一条机械通风管路(图 1 中的"HVAC EXHAUST-STORE-ROOM")，一条自然通风管路(图 1 中的"HVAC NATURE-STORE-ROOM")。个别房间会有更多通风管路。如果这个房间需要对温湿度进行调节，那么还会有空调管路。每条管路建一个 HVAC，并将风机、风闸、风管等元件建入 HVAC 管路下的 BRAN 分支中。

　　(3) 检查 HVAC 系统与其他专业的碰撞情况，并采取移动风管系统位置、添加弯头避让、截短风管长度、修改风管截面宽高比等措施进行合理避让。

5　PDMS 二次开发方法

　　对 PDMS 软件的 HVAC 模块进行二次开发的一般步骤，总结如下(图 2)：

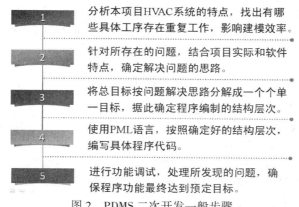

1　分析本项目HVAC系统的特点，找出有哪些具体工序存在重复工作，影响建模效率。

2　针对所存在的问题，结合项目实际和软件特点，确定解决问题的思路。

3　将总目标按问题解决思路分解成一个个单一目标，据此确定程序编制的结构层次。

4　使用PML语言，按照确定好的结构层次，编写具体程序代码。

5　进行功能调试，处理所发现的问题，确保程序功能最终达到预定目标。

图 2　PDMS 二次开发一般步骤

5.1　二次开发具体目标的确定

进行二次开发的目的，是将大量的重复工作以编程的方式实现自动化，以提高工作效率，加快工作进度。在项目设计建模阶段，我们所遇到的重复工作内容总结有如下几项：

（1）需要反复使用甲板名、房间名对每个层次 SITE、ZONE、HVAC 进行命名；

（2）HVAC 管线无法以一条管线为单位整体创建；

（3）沿复杂路径布置风管时，建模效率低下；

（4）HVAC 管线无法以一条管线为单位整体修改。

5.2　二次开发工作解决问题的思路

对于上述第（1）项问题，可以根据项目命名规则，按照 SITE/ZONE/HVAC 的层次自动命名。

对于上述第（2）项问题，因为在海洋工程 HVAC 建模中，其管线的布置形式单一，选择性小，所以可以用几个典型管路系统的模板代表大部分布置形式，以实现用参数化建模方法创建模型。

上述第（3）项问题，对于不同行业领域内的 HVAC 建模工作，都带有一定的普遍性。因为 PDMS 的强项是压力管道建模，AVEVA 公司有很大一部分精力都投入到管道建模的功能开发之中。所以相应地，HVAC 建模的功能就差了很多。同样是布管问题，进行流体管道布管时，就有一种快速布管功能。在快速布管模式下，只要用鼠标拖动相应的辅助手柄，就能快速完成有多次转向的布管工作。而进行 HVAC 布管时，就没有这种功能。对于这种情况，我们的解决办法是，编制程序，借用流体管道的快速布管功能，确定 HVAC 的布管路由，然后再将快速布管中生成的流体管道管件替换成相应的 HVAC 管件，从而达到间接使用快速布管功能的目的。

对于上述第（4）项问题，我们只要编程，将同一个分支管路中所有元件的尺寸和位置做相应调整即可。

5.3　程序结构与编制

以 HVAC 参数化建模程序的编制为例，其结构层次如图 3 所示：

根据结构层次，由下到上依次编制相关参数计算、模型创建、定位和定向、自动命名等功能函数，每个函数对应创建一个文件，并将它们放入 PDMS 指定的目录中，函数文件列表如图 4 所示，共计三十二个函数文件。还需创建用于人机交互的 3 个窗体文件（图 5）。另需创建一个风机参数对象文件(图5)。上述文件中的大部分,可以在今后拓展 HVAC 其他相关功能时重复利用。最后,修改 PDMS 的源代码宏文件 inhumanrcomp 和 mshapelist,以将新功能的选项添加到系统菜单中。

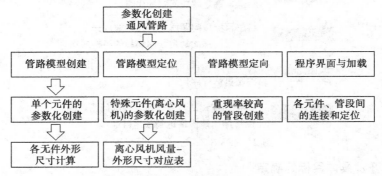

图3　HVAC 参数化建模程序——结构层次

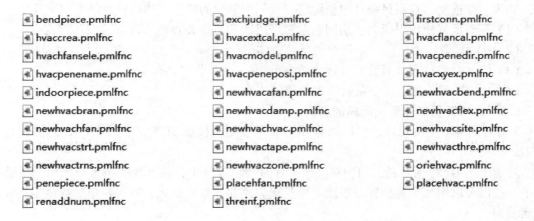

图4　HVAC 参数化建模程序——函数文件列表

hfandime.pmlobj	5 KB　PMLOBJ 文件	2014-2-25 23:34
hvachvacfrm.pmlfrm	6 KB　PMLFRM 文件	2014-3-6 21:32
hvacsitefrm.pmlfrm	2 KB　PMLFRM 文件	2014-2-26 2:05
hvaczonefrm.pmlfrm	2 KB　PMLFRM 文件	2014-2-26 21:57

图5　HVAC 参数化建模程序——对象文件和窗体文件列表

6　PML 开发成果应用

6.1　运行 HVAC 的参数化建模程序

(1)从主菜单中调出 HVAC 的创建工具栏,在其中的 Categories 下拉列表中多出了一个名为"Auto standard HVAC"的选项(图6)。

(2)在设计目录中选中元件 WORLD,然后在下拉列表中选中"Auto standard HVAC",此时程序判断出当前位置是在 WORLD,所以自动调出 WORLD 下面一层元件 SITE 的创建对话框(图7)。

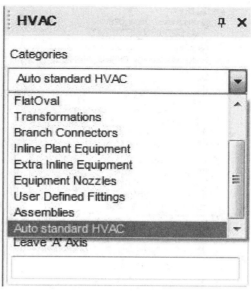

图 6　HVAC 创建工具栏

图 7　SITE 创建对话框

（3）对话框中输入"NEW"，点"OK"，则创建了一个按本项目所设定的规则命名的 SITE，并弹出 ZONE 创建对话框（图 8）。

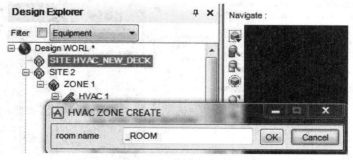

图 8　ZONE 创建对话框

（4）在对话框中输入"MY"，点"OK"，则创建了一个按本项目所设定的规则命名的 ZONE，并弹出 HVAC 创建对话框（图 9）。

（5）假设要创建的 HVAC 系统参数为：机械排风系统，风管截面尺寸 100mm×200mm，离心风机（风量 1000m³/h）一用一备，穿舱件长度 400mm 并伸出外墙 100mm，定位方式为关键点定位，风管从房间外向里伸入的方向为西，则需将对话框中各参数设置为如图 10 所示，最后点击"Apply"。此时 PDMS 会等待用户用鼠标点选三维模型中的关键点，以将穿舱件定位在该处。

（6）点击墙上的开孔中心，则一条机械排风管线建造完成（图 11）。

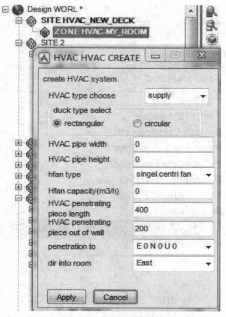

图 9　HVAC 创建对话框

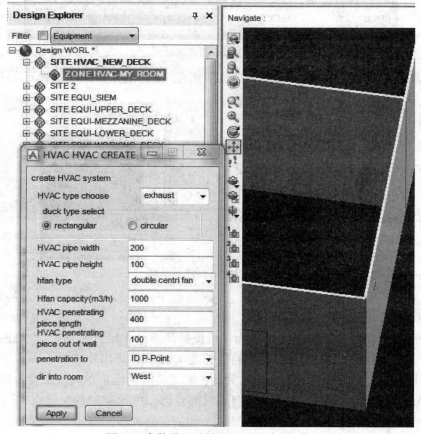

图 10　参数设置后的 HVAC 创建对话框

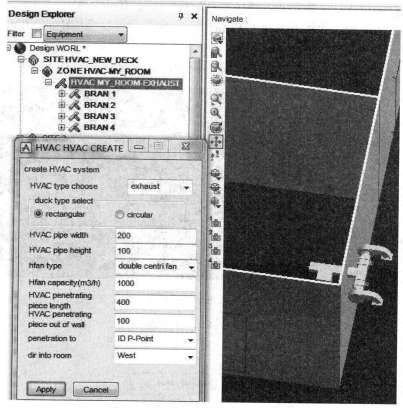

图 11　机械排风系统管线创建完成

6.2　运行 HVAC 的快速布管程序

（1）创建 HVAC 系统下的管线分支，分支的宽和高分别为 150mm 和 120mm，设定好分支头尾的位置。点击"Model Edit"按键以开启快速布管模式，点击代表管线分支的虚线，显示出快速布管手柄(图 12)。

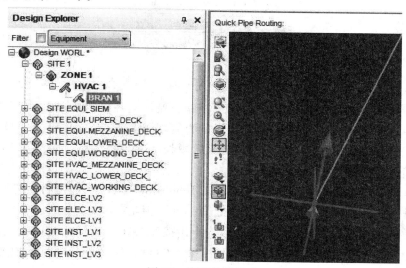

图 12　快速布管模式

（2）用鼠标拖拽手柄，先向北，后向东，最后向上布管（图13）。此时，布管路径上的转折点处实际出现三个压力管道的弯头 ELBOW，分别与设计目录树中的 ELBO1，ELBO2 和 ELBO3 相对应。

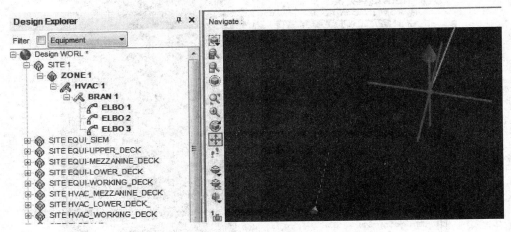

图 13　利用快速布管功能设定路径

（3）从主菜单中调出 HVAC 的创建工具栏，在其最下方，新增了五个按钮（图14）。

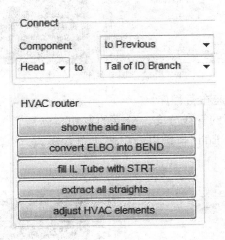

图 14　新增 HVAC 快速布管功能按钮

（4）点击按钮"convert ELBO into BEND"按钮，则所有压力管道的弯头都变成了 HVAC 管道弯头（图15）。此时，弯头之间显示出来的直管段不是实体，而是弯头的延伸管线。在这种状态下，移动弯头的位置，显示出来的直管段长度也随之改变，所以可以方便地对管线路径进行调整。

（5）管线调整完成之后，点击按钮"fill IL Tube with STRT"，即可将直管段填充为实体（图16）。这样做的好处是，所有相邻元件之间都可以相互定位。

（6）以后如需再对管线进行调整，可以先点击按钮"extract all straights"，将所有直管段删掉。调整结束后，再点击按钮"fill IL Tube with STRT"，按新的长度重新填充直管段，即可很方便地完成对管线路径的调整工作。

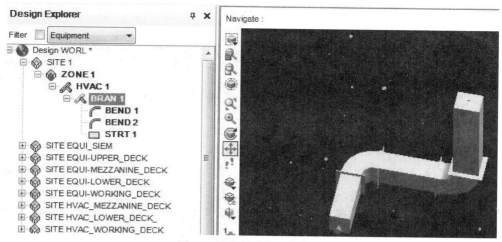

图 15　沿布管路径添加弯头

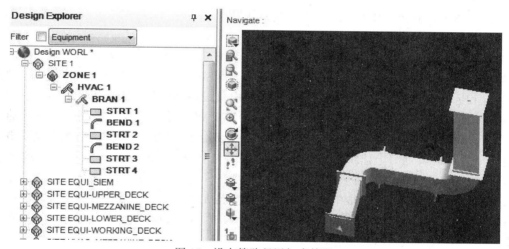

图 16　沿布管路径添加直管段

7　二次开发的效果和应用前景

　　HVAC 建模辅助程序的成功开发,不但在一定程度上弥补了 PDMS 系统在 HVAC 建模方面的功能缺陷,加强了 HVAC 模块的系统功能,而且对减轻设计人员的工作量,提高设计质量,缩短项目设计周期起到了一定的作用。更进一步可以减少设计人力成本,缩短建造周期,在一定程度上可以产生社会和经济方面的双重效益,具有一定的实用价值。

参 考 文 献

1　PDMS Software Customization Guide 12.0,2009,AVEVA.

2　宁建江,陆茂华,吴锋文 . AVEVA Marine 船舶设计软件的二次开发[J]. 广东造船,2010(05):31~33.

海洋石油平台电缆故障分析及故障点测量

王彦辉　魏跃桥　庞汉宠　李珊珊　蔡哲　刘继颖

（海洋石油工程股份有限公司）

摘要：本文介绍了石油平台常用电缆的性质特点，以及常用电力电缆故障产生的原因、产生的故障类型，常出现的故障类型包括开路故障(断线故障)、低阻故障(接地或短路)和高阻故障(闪络性故障)三种类型，针对以上三种类型的故障介绍了几种故障的测量方法，主要包括电阻电桥法、低压脉冲测量法、脉冲电压取样法、脉冲电流法。

关键词：电力电缆；故障类型；故障测量

海上石油平台上的电力系统分为一次和二次系统。一次系统的主要包括发电、配电、变电、输电和用电设备。二次系统主要是由监视测量仪表、控制及信号元件、继电保护装置、自动装置和远动装置组成。而电缆就是连接这些电气设备和装置的重要组成部分，它担负着输送电能的重要任务，并将电源、配电装置、变压器和用电设备等连接成一个完整的有机体。海上平台的电缆主要包括输送电能的动力电缆和传输各种信号的控制电缆。动力电缆又包括：平台(或者其他海上建筑物)内部的动力电缆与平台之间进行电力输送的海底电缆。

正是由于电缆在海上采油平台中起着如此重要的角色，在海洋的恶劣环境中，对于判别电缆出现的种种故障以及探测故障方法的研究就显得尤为的重要，尽快查找电缆故障以及找出故障发生的原因，不仅能降低对平台上电气设备的损伤，也为电缆及其他电力设备在今后的技术进步当中提供了有效的数据。

1　电力电缆故障诊断技术的发展历程

电力电缆故障诊断技术的发展经历了一系列的更迭变化，主要包括三个阶段：第一阶段是由于当时的技术原因，主要依赖于技术人员的个人经验来判断故障；随着科技的进步，传感系统等技术的发展使得电缆故障诊断技术进入了第二个阶段，并且在维修工程和可靠性工程中得到了广泛的应用；进入到 20 世纪 80 年代，计算机技术的发展、人工智能的不断进步，故障诊断技术进入了第三个发展阶段，也就是智能化阶段。

2　电缆的构成及特性

2.1　动力电缆的构成

由于海上环境条件较为恶劣，对于所使用的电缆要求较高，常用的电缆为船舶电缆，船用电缆分为动力电缆和控制电缆。

动力电缆的结构主要有导体、导体屏蔽、绝缘、绝缘屏蔽、金属屏蔽、线芯标志、填充、包带、内护套、铠装、外护套，如图1所示。

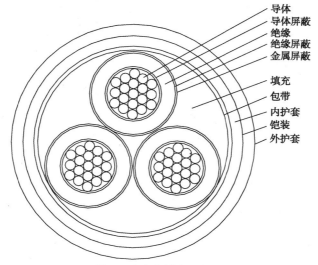

图1　动力电缆主要构成

船用动力电缆对各部分的要求如下：

① 导体：镀锡退火软铜线绞合而成圆形；

② 导体屏蔽：挤出内半导电料；

③ 绝缘：XLPE 绝缘；

④ 绝缘屏蔽：挤出外半导电料(②③④三层共挤)；

⑤ 金属屏蔽：软铜带重叠绕包；

⑥ 线芯标志：以色带红、黄、兰标识；

⑦ 填充：低烟无卤填充料；

⑧ 包带：采用无卤阻燃带绕包；

⑨ 内护套：为无卤低烟热塑型聚烯烃护套料；

⑩ 铠装：镀锌钢丝编织；

⑪ 包带：采用无卤阻燃带绕包；

⑫ 外护套：为低烟无卤热塑型聚烯烃护套料。

2.2　控制电缆的构成

控制电缆主要结构有导体、绝缘、总屏蔽层、内衬护套、外编织金属层、外护套，如图2所示。

船用控制电缆对各部分的要求如下：

① 导体：镀锡圆铜导体；

② 绝缘：交联聚乙烯；

③ 总屏蔽层：铝塑复合带+引流线；

④ 内衬层：低烟无卤聚烯烃护套；

⑤ 铠装：镀锡铜丝编织；

⑥ 外护套：低烟无卤交联聚烯烃护套。

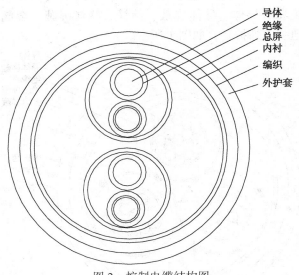

图 2　控制电缆结构图

2. 3　电缆特性

鉴于海上平台上工作环境的特殊性, 对电缆有着特殊的要求包括电缆的滞燃性、耐火性、低卤、低烟、低毒等性能:

① 滞然性。是指不易着火或者着火后能够自动熄灭, 不延燃或者使延燃局限在一定范围内, 火区不进一步扩大。

② 耐火性。是指在失火期间或失火之后能还能够保证线路的完整性。

③ 低卤性。含有氧化物的电缆燃烧时散发出的卤元素气体量要符合 IEC60754-1 的要求;。海上油气田开发工程设施上的电缆对放出的卤元素气体量的要求是 800℃时 Hcl<5%, 1000℃时 Hcl<8%。

④ 低烟性。在燃烧时产生的烟应少, 按照 ASTM-E662 中的规定, 烟指数为 200~400, 其数值应越小越好;

⑤ 低毒性。含硫和氮或者含有氟聚合化物的电缆在燃烧时会分解并释放出腐蚀性分解物, 这种有毒物质的含量应符合要求;

3　电缆故障的原因及类型

3. 1　电缆故障的原因:

电缆故障产生的原因是多种多样的, 大致分为以下几种类型:

(1)电缆质量存在隐患。主要是电缆的绝缘质量差, 有制造缺陷, 在运行一段时间后就会发生由此产生的各种故障。

(2)机械损伤。由于电缆在敷设过程中不小心将电缆划过坚硬的钢结构, 割破电缆外皮, 或者在运输的过程中不小心将外皮割破, 破坏绝缘层;或者在电缆敷设完毕后, 在进行其他施工时(如焊接、安装设备等), 不小心将火花飞溅到电缆上, 造成绝缘皮的破损。以上这些在施工过程中经常碰到的问题, 如果电缆外皮绝缘层破坏不是很明显, 在进行检查时没有被发现, 但经过常年累月海上潮气及腐蚀性气体的侵袭, 就会最终导致铠装、护套被破坏，直至电缆电气特性被破坏。

（3）绝缘受潮　绝缘受潮后引起的故障。造成电缆受潮的主要原因有：

因接头盒或终端盒结构不密封或安装不良而导致进水；进入设备的密封件密封等级不能满足要求或者密封件的密封效果不良好，而导致潮气或者海水的进入。

（4）自然力造成的损坏。主要包括：中间接头、终端头受自然拉力和内部绝缘胶膨胀的作用所造成的电缆护套的裂损。因电缆自然涨缩形成的过大拉力，拉断中间接头或导体以及终端头护套因受力而破损等。

（5）强磁场的电腐蚀的作用。电缆在强磁场环境的影响下，会收到电腐蚀的损伤，造成绝缘的破坏。

（6）化学腐蚀。电缆具有化学腐蚀的作用的环境中，经过常年的腐蚀，电缆外皮会受到化学腐蚀而破损。

（7）过负荷。电缆由于过负荷运行，电缆温度升高，导致电缆的薄弱出会被击穿。

（8）过电压。电缆由于过电压的运行，会将电缆的薄弱处击穿，破坏到绝缘。

（9）电缆老化。由于电缆本身制造、敷设过程中不可避免的存在着的缺陷，在运行过程中受到电、热、化学、环境等因素的影响，电缆都会发生不同程度的老化。不同的老化程度引起的老化过程及形态也不同，以交联聚乙烯电缆为例列举如表1所示。

表1　绝缘老化原因及表现形态

	老化原因	老化形态
电效应	运行电压、直流分量、过电压、过负荷	局部放电老化、水树枝老化、电树枝老化
热效应	温度异常、冷热循环	热老化、热-机械老化
化学效应	化学腐蚀、油浸泡	化学腐蚀、化学树枝
机械效应	机械冲击、挤压、外伤	机械损伤、变形
生物效应	动物啃咬、微生物腐蚀	成孔、短路

3.2　电缆故障的类型

电力电缆的故障可分为开路故障(断线故障)、低阻故障(接地或短路)和高阻故障(闪络性故障)三种类型：

（1）低电阻故障：是指电缆故障点处的绝缘电阻下降到该电缆的特性阻抗，其至直流电阻为零的一种故障，也称为短路故障。

（2）高电阻故障：是指电缆相间或相对地的故障电阻较大，则称为高阻故障，其中闪络性故障是电缆故障点处的绝缘电阻值极大，当给定电压升高到一定值时，泄露电流会急速增大的故障。

（3）开路故障：是指电缆相间绝缘电阻或者相对地的绝缘电阻能够达到要求的标准值，但工作电压不能传到终端，或传输到终端但负载能力较差，这类故障就称为开路故障。

4　电缆故障点测量方法

电缆故障的测量方法包括电阻电桥法、低压脉冲测量法、脉冲电压取样法、脉冲电流法等。

4.1　测量电阻电桥法

这种方法使用较早，它的主要优点就是方便，基本原理如下：

如图 3 所示，测量时将电缆的故障相与非故障相在一端短接，另外一端连接到电桥的两个测量臂。这时，调节可调电阻 R_2 将 CD 中间的电流测量计调至平衡，即使得 CD 之间电位差为零。等效电路如图 4 所示，图中 R_1 为已知测量电阻，R_2 为可调电阻箱，R_3、R_4 分别为电缆故障相和非故障相的电阻。此时，根据电桥平衡原理：

$$\frac{R_3}{R_4} = \frac{R_1}{R_2} \tag{1}$$

R_1、R_2 为已知电阻，设：$R_1/R_2 = K$，则 $R_3/R_4 = K$，由于电缆直流电阻与长度成正比，设电缆导体电阻率 R_0，$L_{全长}$ 代表电缆全长，L_X、L_0 分别为电缆故障点到测量端及末端的距离，则 R_2 可用 $(L_{全长}+L_0)R_0$ 代替，根据式(1)推出：

$$L_{全长} + L_0 = K L_X$$

而

$$L_0 = L_{全长} - L_X$$

所以

$$L_X = \frac{2L_{全长}}{K + 1} \tag{2}$$

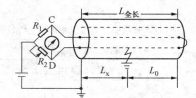

图 3　测量电阻电桥法电原理图

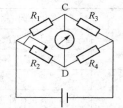

图 4　测量电阻电桥法等效电路图

4.2　低压脉冲法

低压脉冲法是利用均匀传输线中波传播与反射的原理。将被测电缆看做是一条均匀传输线，它在每一点上的特性阻抗均是相等的，当从电缆一端发射低压脉冲时，由于故障点的特性阻抗发生了变化，电磁波传播到该点时就发生反射现象，反射电压 U_e 与入射电压 U_i 满足关系式

$$U_e = \frac{Z - Z_c}{Z + Z_c}U_i = \beta U_i \tag{3}$$

式中，Z_c 为电缆的特性阻抗；Z 为电缆故障点的等效波阻抗。对于低阻故障，若故障点对地电阻为 R，则该点的等效波阻抗 $Z = R // Z_c$。对于开路故障，若故障电阻为 R，则该点的等效阻抗 $Z = R + Z_e$。

由上述分析可见，当 $-1 < \beta < 0$ 时，低阻抗点的反射波与入射波极性相反。R 越小，$|\beta|$ 越大，$|U_e|$ 越大；当 $R = 0$ 为短路故障时，$\beta = -1$，$U_e = -U_i$，这时候的电磁波在短路故障点发生全反射；当 $0 < \beta < 1$ 时，低阻抗点的反射波与入射波极性相同。R 越大，$|\beta|$ 越大，$|U_e|$ 越大；当 $R = \infty$ 处于电缆断线故障，$\beta = +1$，$U_e = U_i$，电磁波在断线故障点处发生全反射。

4.3 脉冲电压取样法

脉冲电压取样法是在 20 世纪 70 年代发展起来的一种能够测试电缆高阻性和闪络性故障的方法(图5),在高压的作用下电缆故障点被击穿,通过测量电压脉冲在观察点处与故障点之间往返一次的时间来测量故障点的距离。它的一个重要优点是不需要再将电缆故障点烧穿,而是可以采用故障时击穿产生的瞬间信号来测试,但是这种方法也存在一些缺点,主要包括:

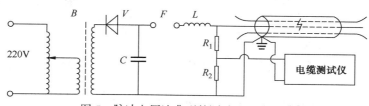

图 5 脉冲电压法典型的测试原理接线图

(1)安全性差,这种方法是采用电容电阻分压器来测量电压脉冲信号,测量仪器和高压回路之前存在耦合,这种易有高压信号串入,进而造成测量仪器的损坏;

(2)增加了接线的复杂性,因为这种方法,使得测量线路里的电容相对于脉冲信号处于短路状态,进而需要串入一个可以产生电压信号的电阻或电感;

(3)在故障放电时,在分压器处观察的耦合电压波形变化不明显。

4.4 脉冲电流法

电缆出现高阻性与闪络性故障时,故障点处的电阻值一般较大,低压脉冲信号在故障点处的反射情况不能明显的观察到,因此就不能采用低压脉冲反射法来测量故障点的距离。脉冲电流法是采用高压将电缆故障点击穿的方法,并通过仪器观察并记录下故障点击穿时产生的信号波,通过信号波在测量点与故障点之间往返一趟的时间来计算故障点的距离。

如图 6 所示,在储能电容 C 接到电缆接地的电缆外皮上,并将线性电流耦合器 L 置于其旁边。设时间 t_2 与 t_1 时的电流分别为 i_2 与 i_1,t_1 小于 t_2 但接近 t_2,根据电磁感应定律线圈的输出电压为:

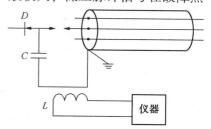

图 6 线性电流耦合器测量原理图

$$V = K(i_2 - i_1)/(t_2 - t_1) = K\Delta i/\Delta t \tag{4}$$

其中参数 K 是一取决于线圈匝数、形状及与地线相对位置的常数,电流变化量:

$$\Delta i = i_2 - i_1$$

时间变化量:

$$\Delta t = t_2 - t_1$$

从公式(4)看出,线性电流耦合器线圈的输出电压正比于地线电流的变化率,而与地线中电流本身并不是正比的关系。

由图 7 和图 8 可以看出,当地线中的电流开始上升时,线性电流耦合器输出的是一个相对较尖的脉冲,而当地线中的电流趋于稳定后,耦合器输出为零。因此,当击穿故障点产生的电流脉冲到达后，线性电流耦合器会随之输出一个脉冲信号，因此在线性电流耦合器处观察是否有脉冲信号，从而判断是否有电流脉冲。

图7　地线中的电流波形　　　　　　　　　图8　线性电流耦合器的输出

脉冲电流分直流高压闪络测试法和冲击高压闪络测试法两种：

1）直流高压闪络测试法

这种方法主要用于处理在故障点处电阻很高，当把电压升高到一定值时就会产生闪络击穿的故障。

如图9所示，T_1为用于调压的调压器，T_2高压变压器，C为储能电容器，L为电流耦合器。

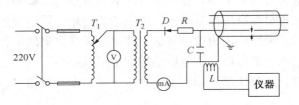

图9　直接闪络法接线图

储能电容C对高频信号脉冲呈短路状态，在故障点击穿产生的电压、电流脉冲到达后，产生电流信号。实际测试中，应尽可能选择容量较大的电容，这有助于使故障点能够充分放电，进而得到比较规范的电流波形，容易识别和判断。

2）冲击高压闪络测试法

主要用于故障点的电阻不是很高时，因泄漏电流较大，电压几乎全都落在了高压试验设备的内阻上，而电缆上的电压很小，故障点处不能形成闪络的故障。但是由于直接闪络法波形相对简单，容易获得较准确的结果，应尽量使用直接闪络法测试。

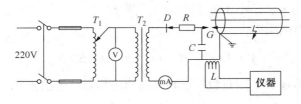

图10　冲击高压闪络法接线图

如图10所示，冲击高压闪络法的接线方法基本同于直接闪络法，但是冲击高压闪络法不同于直接闪络法的地方是，在储能电容C与电缆之间串如一球形间隙G，首先，通过调节调压升压器对电容C充电，当电容C上电压足够高时，球形间隙G击穿，电容C对电缆放电，这一过程相当于把直流电源电压突然加到电缆上去。一般线性电流耦合器L的正面标有放置方向，应将电流耦合器按标示的方向放置，否则，输出的波形极有可能会不正确。

5 总结

在工程上判断若要判断电缆的故障位置，首先是要判断出电缆故障的性质，在确定了电缆故障性质后，采用相应的判别方法结合探测仪器进行测量，探测出故障点的位置。由于电缆故障及敷设情况比较复杂且多样化，在工程实施过程中还是要实际工况为准进行处理。

滩浅海固定平台模块化施工探讨

摘要：CB4E 采修一体化平台是油田实施的海洋工程"四化"示范区项目，从项目建设方案论证阶段就主动与设计院和局相关部门联系沟通，了解项目信息，按照模块化建设的思路和要求进行规划和部署，对施工人员和施工装备配置、预制场地建设、模块化预制等方面进行了详细安排，并开展了模块定型和加工设计工作。通过三维建模分析结构形式，根据现有场地，由主到次，从下到上，由里及外，分层分片，进行模块化预制组对安装，加大预制安装深度，减少了高空作业及海上作业工作量，加快了施工进度，提高了施工质量。

关键词：浅滩海；固定式平台；一体化平台；预制；三维建模；模块化施工

1 工程概况

CB4E 平台是一座 40 井式的采修一体化平台，采用井口平台与生产、修井平台集中布置的方式。CB4E 平台包括 2 个 20 井式井口平台，30 口油井及 10 口注水井，其中 25 口油井属于埕岛油田西北区，5 口油井属于埕北 601 井区。

CB4E 平台分两层设置，顶层为修井作业甲板，底层是生产甲板，底层下还建有工作甲板。

顶层甲板布置有修井机模块、修井设备、油管堆场、生活楼、空压机房，配有定员为 25 人的救生艇 2 艘，设有 10t 吊机 2 台。

底层甲板分为生产区及设备区。设备区布置有消防泵和配电室；生产区包括注聚设备区、油气工艺设备区。

底层甲板下侧建有工作甲板，布置有开、闭式排放罐及开、闭排泵。

井口平台主要布置采油树和工艺管线，两侧设有防火墙与主体平台进行分隔。

1.1 平台结构

CB4E 采修一体化平台上部组块共分 2 层，底层甲板和顶层甲板。组块由 6 根立柱、甲板、梁格和斜撑组成。底层平台梁顶标高为 11.0m，主尺寸为 24.0m×24.0m，顶层平台梁顶标高为 18.2m，主尺寸为 24.0m×24.0m。上部组块主梁采用焊接 H 型钢 H1200，次梁采用焊接 H 型钢 H700 和 H400，其余采用热轧 H 型钢 HN300 等。甲板之上满铺 8mm 厚钢板。底层甲板下设开排甲板和电缆检修通道。

底层甲板上设层间设备房，共分 2 层，主尺寸为 24.0m×6.5m，一层房间高度为 3.7m，二层房间高度为 3.5m，主结构采用焊接 H 型钢 H300，和热轧 H 型钢 HN300、HM200 组成。

顶层甲板上设空压机房 1 座，共 1 层，主尺寸为 5.0m×3.5m×3.3m(长 ×宽×高)，主结构采用热轧 H 型钢 HN200。空压机房为独立结构,安装时通过海上吊装就位。

顶层甲板上设置三层生活楼 1 座,生活楼供 35 人使用,主尺寸为 20.6m×11.0m,一层房间高度为 3.3m,二层房间高度为 3.3m,三层房间高度为 2.6m,主结构采用焊接 H 型钢 H300、H300A 和热轧 H 型钢 HM300、HW200 组成。生活楼为独立结构,安装时通过吊装就位,生活楼设计吊重 300t。

2 模块化建设实施方案

2.1 模块分解原则

(1)最大限度减少现场安装工作,加大预制深度。

(2)考虑预留焊口的施焊位置,便于现场焊接、探伤。

(3)考虑设备、材料偏差对预制质量的影响。

(4)考虑组装、运输的方便,同时注意防止变形。

(5)穿墙、甲板管道及平台下挂管不进行模块预制,依据管段图进行分管段预制,管段预制完成后进行现场组焊。

根据预制模块原则,本工程结构模块 51 种,共计 284 个;工艺配管模块 4 种,共计 4 个。

2.2 预制场地

1)钢板卷管及焊接 H 型钢预制场地

钢板卷管预制场地设在金属结构厂下料车间及制造 1 车间,焊接 H 型钢的预制场地设在华大实业预制场。

2)现场预制场地

为方便模块倒运、组装及平台装船,将模块预制场地选择在东营港油建海工基地一号码头。

2.3 模块预制人员配备

组织成立工艺模块预制机组 2 个,结构模块预制机组 9 个,平台附件模块预制机组 2 个进行预制。

2.4 模块划分

本工程共划分为 55 种模块,合计 288 个。其中结构模块 51 种(其中平台 A、B 侧翼平台模块需海内安装),合计 284 个;工艺配管模块 4 种(两个工艺管汇模块需海内安装),合计 4 个。

2.5 模块预制安装方案

自 1993 年至今,胜利油田海洋工程板块通过 20 年风雨磨砺,现已形成较为完善、成型的预制施工方案。

平台所有可预制的结构模块、工艺模块、工艺管段等均在预制完成后,进行现场组装。消除了平台梁格不能上下同时施工等对施工进度的影响,提高了施工效率及精确度,缩短了施工周期。

模块从钢材(管材)下料、坡口加工、组对、分片(分段)组装、整体组装、现场安装等几方面进行工序分解,每个作业人员按工位只负责其中的一道工序,并按照作业规范进行操作,以提高每道工序的作业质量,从而提高平台陆地预制的整体工效和工程质量。

CB4E 采修一体化平台上部组块总体施工顺序为：

（1）钢板卷管、焊接 H 型钢的预制，滑道、滑靴的安装；

（2）平台立面、底层梁格、开排甲板、层间设备房、顶层梁格模块的预制、组装；

（3）生活楼各层梁格模块预制、组装；生活楼及平台附件模块预制、安装；

（4）各工艺模块、管段预制，泵区模块安装，井口工艺汇管模块待出海后安装；

（5）平台其他结构、工艺安装，平台结构、工艺防腐处理；

（6）平台、生活楼海上就位，井口工艺海上安装，吊机及其他结构工艺海上安装，A/B 侧翼海上安装。

2.6　模块组装

平台立柱、梁格、生活楼梁格及层间设备房模块均采用两台 150t 履带吊进行现场的组装工作，其他模块采用 30t、50t 汽车吊及 10t、20t 卡车进行现场的倒运及组装工作。平台及生活楼海上运输用浮驳为德浮 1 号及胜建 301，海上吊装采用德瀛号浮吊，其他结构及工艺模块（如 A/B 侧翼、工艺汇管等）采用海盛九浮吊进行海上安装。

3　结论

平台所有可预制的结构模块、工艺模块、工艺管段等均在预制完成后，进行现场组装。消除了平台梁格不能上下同时施工等问题，对施工进度的影响，提高了施工效率及精确度，缩短了施工周期。

模块从钢材（管材）下料、坡口加工、组对、分片（分段）组装、整体组装、现场安装等几方面进行工序分解，作业人员按工位只负责其中的一道工序，并按照作业规范进行操作，以提高每道工序的作业质量，从而提高平台陆地预制的整体工效和工程质量。

施工过程中存在问题及不足：①设备及物料不能及时到货，影响施工进度；②现场施工场地制约，影响模块预制进度；③到货设备与设计尺寸不符，影响安装进度；④设计应根据侧翼平台分体吊装对井口相应管线进行优化设计。

双效溴化锂机组在某终端和 CEP 平台废热回收中的应用研究

路平　刘春雨

(中海油能源发展股份有限公司油田建设工程公司工程设计研发中心)

摘要：根据某终端和 CEP 平台废热现状及其所需能耗分析，采用双效溴化锂机组对废热烟气进行回收利用，满足终端和 CEP 平台的夏季制冷和冬季供暖需求。结果表明，采用双效溴化锂机组节约电能和原油消耗效果显著，2 年即可回收成本；同时可提高热介质锅炉和燃气轮机的燃烧效率，降低排烟温度，减少废热烟气的热污染和能源浪费，达到节能减排的目的，具有良好的经济效益和社会效益。

关键词：双效溴化锂机组；废热回收；夏季制冷；冬季供暖；节能减排

1　引言

废热是在一定经济技术条件下，在能源利用设备中没有被利用的能源。它包括高温废气余热、冷却介质余热、废汽废水余热、高温产品和炉渣余热、化学反应余热等。在工业废热中，烟气废热的节能潜力巨大，是发展国民经济、舒缓能源压力的重要资源之一。在废热回收技术中，双效溴化锂机组以废热烟气为驱动热源，不仅节约电量，而且能够减少温室气体排放和余热对环境的热污染。

针对某终端和 CEP 平台废热现状及其所需能耗，采用双效溴化锂机组对废热烟气进行回收利用，满足终端和 CEP 平台的夏季制冷和冬季供暖需求，既能节约电能和原油消耗，又能减少 CO_2 和高温废气的排放，消除安全隐患，降低环境污染，达到节能减排的目的。

2　双效溴化锂机组的原理及特点

2.1　工作原理

双效溴化锂机组是由高压发生器、低压发生器、冷凝器、蒸发器、吸收器和两台热交换器构成的串联流程，以溴化锂为吸收剂，以水为制冷剂，使水在低压下蒸发吸热进行制冷。其工作原理如图 1 所示，机组制冷时，从吸收器出来的稀溶液经低温、高温热交换器后，进入高压发生器。溶液在高压发生器内受热浓缩，产生的蒸汽在低压发生器中放出潜热，凝结成冷剂水，与低压发生器产生的蒸汽一起进入冷凝器，被管内的冷却水冷却，形成冷剂水。冷剂水经节流后进入蒸发器，将蒸发器中管内水冷却成冷水输送至用户，然后冷剂水进入吸收器。另一方面，从高压发生器排出的溶液流经高温热交换器后进入低压发生器，在低压发生器内经进一步加热浓缩成浓溶液。再经低温热交换器降温后进入吸收器。吸收过程中的热量由吸收器中的管簇内的冷却水带走,从而保持吸收过程的连续进行。机组供暖时,高压发生器中的溶液被高温烟气加热,产生高温水蒸汽,水蒸汽进入热水器放出潜热后返回高压发生器。热水器中管内水被加热,制得供暖用温水输送至用户。

2.2　技术特点

双效溴化锂机组能够同时或单独实现制冷、供暖、卫生热水三种功能。具有占地面积小、噪声、振动小、负压运行、无安全隐患,可靠性高、寿命长、热能利用率高,设备年运转期长,节约电量、经济性好等优点,并具有完善的自动控制和安全保护系统,结构紧凑,操作简单。

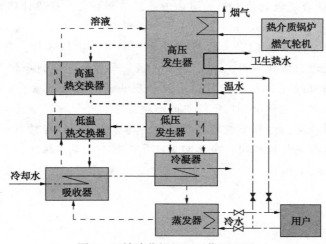

图 1　双效溴化锂机组工作原理图

3　双效溴化锂机组废热回收利用方案

3.1　终端

终端现有三台热介质炉,两用一备,单台功率为 9000kW,单台锅炉烟气排量为 6000~7000Nm³/h,烟气温度为 200~305℃。终端燃烧排放的火炬气量为 208~333Nm³/h。

终端目前老厂区的冬季供暖采用两台蒸汽锅炉,一用一备,单台蒸汽量为 2t/h,燃料为原油,老厂区供暖负荷为 1165kW;新厂区的夏季制冷和冬季供暖采用中央空调,新厂区制冷/供暖负荷为 530/460kW。

结合终端现有情况,同时考虑到对安全生产和实际工况的影响,综合利用热介质锅炉的废热烟气和火炬气,采用双效溴化锂机组提供夏季制冷和冬季供暖,其设计参数如表 1 所示,工艺流程如图 2 所示。经计算,夏季废热烟气的排量即可满足 530kW 的制冷需求,冬季需补充燃烧 100Nm³/h 的火炬气,即可满足 1625kW 的供暖需求。

表 1　终端双效溴化锂机组设计参数

设计参数	单　　位	设计值
排烟温度(加溴化锂机组前)	℃	250
排烟温度(加溴化锂机组后)	℃	120

续表

设计参数		单　位	设计值
夏季制冷	热水进/出口温度	℃	95，85
	冷却水进/出口温度	℃	32，37.5
	冷水进/出口温度	℃	12，7
	制冷量	kW	530
冬季供暖	热水进/出口温度	℃	90，60
	温水进/出口温度	℃	75，50
	供暖量	kW	1625

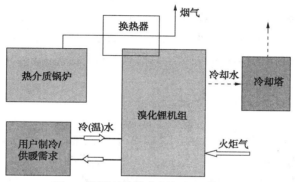

图 2　终端双效溴化锂机组工艺流程

3.2　CEP 平台

CEP 平台现有燃气轮机 4 台，其中 A/B/C 三台安装有废热回收装置，D 机暂无废热利用装置。燃气轮机 D 机满载排烟温度为 480℃，排烟流量为 150t/h。

CEP 平台生活楼现有三台中央空调，两用一备，单台功率 145kW，现有分体空调功率共 66kW；夏季制冷/冬季供暖负荷均为 356kW。

根据 CEP 平台的制冷/供暖需求、平台空间等实际情况，考虑到对安全生产和实际工况的影响，采用高温烟气双效溴化锂机组对燃气轮机 D 机进行废热回收。双效溴化锂机组分为主机部分和辅机部分，配套设施有高温烟气系统、冷却水系统和淡水系统等，工艺流程如图 3 所示。经计算，双效溴化锂机组所需烟气流量为 10t/h，即可以满足 CEP 平台夏季制冷和冬季供暖各 356kW 的负荷需求。冷却水介质为海水，流量 190m³/h，平台现有海水提升泵能够满足溴化锂机组和其他用户的需求。

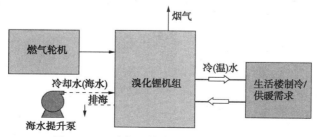

图 3　CEP 平台双效溴化锂机组工艺流程

4　经济效益和社会效益

4.1　经济效益

经计算，采用双效溴化锂机组为终端和 CEP 平台提供夏季制冷和冬季供暖的总投资为 1453.2 万元。设备投入使用后，每年可节约电费 625 万元，节约原油成本 148 万元，2 年即可回收成本，经济效益非常可观。

4.2　社会效益

双效溴化锂机组以热介质锅炉和燃气轮机的废热烟气为驱动能源，提供夏季制冷和冬季供暖，可节省电量和原油消耗。经计算，采用双效溴化锂机组，终端可减少 CO_2 排放 5875t，CEP 平台可减少 CO_2 排放 4290t，共减少 CO_2 排放 10165t，减排量非常可观。同时可提高热介质锅炉和燃气轮机的燃烧效率，降低排烟温度，减少废热烟气的热污染，消除安全隐患，有利于人员的身体健康和周围居民的安全，具有良好的社会效益。

5　结论

采用双效溴化锂机组，能够满足终端和 CEP 平台夏季制冷和冬季供暖的需求，节省电能的消耗和原油的燃烧耗费，降低热介质锅炉和燃气轮机的排烟温度，大大减少 CO_2 排放量和废热烟气对环境的热污染，达到节能减排的目的，并获得良好的经济效益和社会效益。

参 考 文 献

1　吕东，陆惠忠，钱美荣．企业锅炉烟气的余热利用[J]．上海节能，2013，(7)：44~48.
2　谢沂峥．浅析燃气直燃型溴化锂吸收式制冷机在深圳的应用[J]．暖通空调 HV&AC，2002，32(4)：96~97.
3　李平阳．溴化锂制冷技术在低温热回收利用中的应用[J]．中外能源，2010，15(2)：96~99.
4　胡慧莉，石程名，岑瑞津，等．吸收式制冷机的新型节能循环设计研究[J]．制冷与空调，2007，7(1)：46~49.
5　吴小华，曹晓林，晏刚，等．双效直燃型溴化锂吸收式冷热水机组及其经济性分析[J]．制冷与空调，2003，3(1)：48~51.
6　石磊明，杨蒙，刘蓉，等．燃气直燃型吸收式机组的应用及经济性分析[J]．煤气与热力，2011，31(9)：5~8.
7　乔思怀，高金华，李振华．直燃型溴化锂吸收式制冷机的应用[J]．燃料与化工，2005，36(1)：48，49.

应用在水下油气田生产的挠性管安装方法

李刚[1]　尹汉军[1]　姜瑛[1]　胡茂宏[2]

(1. 海洋石油工程股份有限公司；2. 南海深水天然气开发项目组)

摘要： 相对于金属管道，在水下油气田的开发和应用中，挠性管机械性能良好，安装程序简单，并且可以重复利用。在某些情况下，应用挠性管比金属管道更为经济。挠性管安装主要应用 Reel-lay 的方法连续铺设，无需海上焊接作业（相对于金属管道 S-lay 和 J-lay 铺管），对恶劣天气的敏感度很小，节约工期和铺设成本。本文针对深水静态海底管道，详述了挠性管的立式铺设方法，以供广大工程人员学习和借鉴。

关键词： 水下油气田；海底管道；挠性管；安装

1　引言

目前全球范围内水下油气田的开发规模不断扩大，通过海底管道将水下油气资源回输到陆地是主要的外输方式。海底管道主要包括刚性的金属管道和挠性管。与刚性管结构不同，挠性管是复合结构，成分既有金属材料，也有高分子材料。不同工程应用的挠性管结构会有差别，但主要包括金属互锁层、压力铠装层、拉伸铠装层和外部保护层，如图 1 所示，必要时还可以添加保温层。挠性管在静态海管和动态立管中的应用非常广泛，可选内径从 2~4in，服役寿命根据材料的差异从 20~40 年不等。挠性管的应用可分为两类：静态挠性管和动态挠性管。静态挠性管主要应用于静态海管和立管，管道终端设备无相对运动；动态挠性管应用于有相对运动的两点之间的部分。比如一个海洋浮式生产设备或是终端设备连接到另一个海洋浮式生产设备、固定结构或是固定基座上。本文仅针对静态海管的安装方法进行论述。

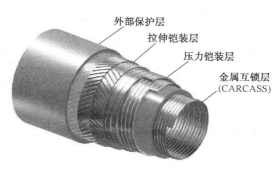

外部保护层
拉伸铠装层
压力铠装层
金属互锁层
(CARCASS)

图 1　挠性管内部结构

静态海管的安装方法有两种：卧式铺设和立式铺设。前者主要应用在浅水，需要较大的甲板空间来存放管道和布置设备，遇到水深较深的情况，需要加强拱形导向结构(chute)和其他支撑结构来满足大的张紧力要求，如图2所示。卧式铺设需要的设备相对简单，其张紧器为卧式结构，一般只配备两个轨道(track)，相对于立式铺设的张紧器，其张紧力有限，不适用于深水铺设；立式铺设主要应用在深水领域，铺设过程需要维持很高的张紧力，在深水铺管过程中，有时需要两个张紧器同时作业。立式铺设的核心设备是垂直铺管系统(VLS-Vertical Laying System)，如图3所示。立式铺设的优势主要包括：铺设过程对甲板面积的要求不大；附件(限弯器，连接器等)的装配空间充足，且便于操作；挠性管可以进行矫直等。本文仅针对挠性管的立式铺设方法进行论述。

图2　挠性管卧式铺设

图3　挠性管立式铺设

2　安装设备

立式铺设方法是深水油气田挠性管安装的主要方式，在北海，巴西和西非海域有着广泛的应用。其安装速度快，VLS系统实现了深水作业，装配作业空间良好，便于人员操作。立式铺设方法需要在安装船舶上布置一些特定的设备来实现。其中，最主要的设备包括承载装置，VLS和张紧器，其主要功能列举如下：

2.1　承载装置

承载装置主要包括Reel和Carousel，两种设备都适用于装载挠性管和脐带缆。Reel是立式设备，轴线沿水平方向，其外径系列有8.6m，9.2m和11.4m，单个11.4m的Reel一次性可装载300t管道。一般Reel是在陆地装载管道，然后吊装到安装船舶或运输船(图4)。Carousel是卧式设备，轴线沿垂直方向，尺寸要比Reel大很多，装载能力更强，直径为25m的Carousel一次性可装载2800t管道。由于Carousel尺寸大，重量重，不方便吊装，大多是固定在安装船舶上的，可以安装在甲板下，也可以安装在甲板上部。挠性管在陆地预制完毕，一次性缠绕到船舶的Carousel上(图5)。由于Reel的承载能力有限，在铺设长距离挠性管时，不同Reel上的管道需要中间连接，不仅增加了海上作业时间，还增加了断点，成为海管的薄弱环节。而Carousel可以实现海管的一次性装载和铺设，无需中间连接，避免断点的产生。所以，在招投标过程中，关于海管铺设过程可否出现连接点的规定对成本有着很大影响，一定要注意。

图 4　Reel

图 5　Carousel

2.2　垂直铺管系统(VLS)

VLS 是立式铺管的核心设备,它使挠性管的深水铺设成为可能。其结构主要包括顶部的吊机,顶部的拱形滑到,A/R 绞车和滑轮,张紧器(四轨道,通常配备两个张紧器),和顶部与底部的工作站。垂直铺管系统结构紧凑,节省甲板空间,其工作站的空间大,方便装配作业。图 6 为 VLS 的整体结构图。

2.3　张紧器

张紧器的主要作用是加持管道,并能在海管铺设过程中提供持续张紧力,以均匀的速度铺设和回收管道。张紧器是铺设刚性管道和挠性管的关键设备,由于在铺设海管或者安装在线设备时转换张力的需求,通常它和 A/R 绞车配合使用。一般卧式张紧器配备两个轨道;立式张紧器配备四个轨道(图 7),因此可以提供较大的张紧力。其依靠张紧器的履带板(Tensioner Pad)与管道之间的摩擦力来提供张紧力,履带板是"V"字形结构,每块板与管道是两点接触,板的张角一般为 145°或 160°,如图 7 所示。张紧器是 VLS 的关键组成部分,一般 VLS 配备上、下两个张紧器。

图 6　垂直铺管系统(VLS)

图 7　立式张紧器

3　安装方法

按照工程惯例,挠性管首先铺设的一端称为第一端(1st End),最后铺设的一端称为第二端(2nd End)。为了论述的全面性,本文假设与挠性管第一端连接的水下结构物或者接收设施还没有安装到位，第一端暂时放在泥面，后期进行连接；与挠性管第二端连接的水下结构物(如水下管汇)已经安装到位，第二端下放到泥面时可以进行连接和测试作业。

另外，挠性管的水下连接有两种方式：水平连接和垂直连接。水平连接由 ROV 将挠性管端部的水平连接器拖到水下设施的接收端(Hub)，然后通过控制连接工具来实现连接器与 Hub 的自动连接(图8)；垂直连接与水平连接相似，也是通过 ROV 来控制操作工具来实现连接功能(图9)，水平连接器与垂直连接器的结构形式与连接操作有差异，具体选择哪种连接方式与水深，成本，业主习惯等因素有关。

图8　挠性管水平连接

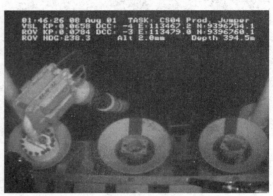
图9　挠性管垂直连接

3.1　前期准备工作

在正式铺管前，需要对海管路由进行调查，确保铺设路径满足要求。如果预知在铺设路由上已经存在其他海底管道或者电缆等，需要进行交叉点的保护，提前放置混凝土袋，或者其他支撑结构。应用 Reel 或者 Carousel 将挠性管全部装载到安装船。VLS 系统，张紧器等关键设备调试完毕，预测合适的气候窗(能够确保挠性管连续铺设的日期)，船舶驶入预定铺设地点，准备铺管。

3.2　挠性管第一端下放(1ˢᵗ End Laying)

由于挠性管第一端要暂时放在泥面，所以需要提前安装配重块(Clump Weight)在海底临时固定管道第一端(图11)。配重块的安装与其他水下设备的安装方法相同，不再赘述。

图10　挠性管第一端通过滑道

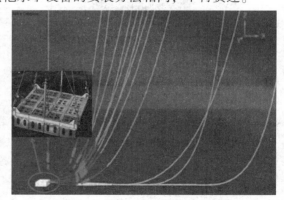
图11　挠性管第一端到达泥面

首先，布置吊机的钢丝绳，使其通过 VLS 顶部的拱形滑道，并与 A/R 绞车引线连接。垂直提升钢丝绳，使绞车引线通过张紧器和拱形滑道，最后下放到工作甲板。同时，将挠性管第一端从 Reel 或 Carousel 上拆卸到甲板并连接锁具。将引线与挠性管第一端连接，并在挠性管端部组件后面安装限弯器(图15)，以防止管道在安装或者服役过程中由于过度弯曲而破坏。利用吊机牵引第一端通过拱形滑到(图10)，然后将载荷由吊机转移到 A/R 绞车，当第一端到达上部张紧器的顶部时，释放吊机的钢丝绳。由绞车提供动力，使第一端垂直通过上部张紧器，关闭张紧器，并提供挠性管适当的张紧力，使其通过下部张紧器，将 A/R 绞车的引线从第一端卸下。如果一个张紧器提供的张紧力不能满足管道铺设要求，可将下部张紧器关闭，张紧力由两个张紧器共同提供。当第一端到达 VLS 底部的工作站时，将连接器与端部连接，如图15所示。连接器的作用是使挠性管与水下设施连接，使油气顺利输送到处理设施，分为水平连接器和垂直连接器(图8，图9)。

然后由张紧器提供动力，下放挠性管第一端入水，直到其距离泥面10m高度停止下放。应用 ROV 将第一端与提前安装到位的配重块导线连接，船舶沿海管路由向前航行一段距离，使挠性管着泥，然后停止铺设，调整船舶参数，准备正常铺设(Normal Laying)，如图11所示。

3.3　挠性管正常铺设(Normal Laying)

正常铺设即第一端着泥后直到第二端铺设前的匀速铺设阶段，相比 S-Lay 和 J-Lay 铺设金属管道，挠性管的铺设速度要快得多，每天能铺设10km以上，所以其对恶劣天气的敏感性很小。

正因为其铺管速度快，所以在正常铺设时，要求动力定位(DP)操作师，Reel(Carousel)操作员，安装协调员以及安装经理等要保持紧密的沟通，及时处理各种意外情况，以确保铺管过程连续，顺利进行。同时，ROV 要在海底实时监控管道的着泥点(TDP-Touch Down Point)，确保海管安全到达泥面。同时，在 Reel(Carousel)处要配置人员对挠性管的传输进行实时监控，以免管道过度弯曲或造成外部擦伤，如图12所示。如果管道承载装置为多个 Reel，则在铺设过程中需要停船，进行两个 Reel 上挠性管的连接作业(Mid-line Connection)。图13显示了连接现场，首先将第一个 Reel 上的挠性管第二端垂直悬挂固定在甲板上，然后利用连接工具将第二个 Reel 上的挠性管第一端与其连接，测试合格后继续进行铺管作业。

图12　实时监控挠性管的释放

图13　挠性管中间连接(Mid-line Connection)

3.4　挠性管第二端下放(2nd End Laying)

当铺设进行到挠性管末端时，需要停船和进行吊装机具的连接。首先利用钢丝绳将挠性管端部组件(End-Fitting)与吊机卡环连接，然后将甲板上的拉伸绞车(holdback winch)钢丝绳连接到挠性管第二端的端面。端部组件的重量由吊机承担，拉伸绞车负责沿拱形滑道的切线方向提供持续的反向拉伸力，并起到导向的作用，如图 14 所示。吊机及拉伸绞车连接好后，在挠性管端部组件后面安装限弯器，如图 15 所示。安装完毕后继续下放挠性管，使第二端安全通过 VLS 顶部的拱形滑道(图 14)。当第二端通过拱形滑道并处于垂直状态时，停止下放，并在 VLS 的上部工作站卸下拉伸绞车的钢丝绳和其他锁具，利用张紧器和吊机继续下放挠性管，直到合适的位置，在第二端端部连接 A/R 绞车并收紧钢丝绳，产生张力，然后卸下吊机钢丝绳及其锁具，打开张紧器。此时，张力由张紧器转换到 A/R 绞车，来维持悬挂部分挠性管的悬链线。继续下放挠性管，使其第二端的端部组件顺利通过张紧器(图 14)，并到达 VLS 底部的工作站，将连接器安装在挠性管第二端，如图 15 所示。

图 14　挠性管第二端通过张紧器

连接器安装并测试完毕后，连接 A/R 绞车，并下放挠性管第二端入水，直到第二端到达水下管汇上部，大概距离泥面 30m 的高度。下放吊机钢丝绳及其锁具入水，由 ROV 将吊机锁具连接到挠性管端部的连接器，卸下 A/R 绞车锁具并回收。此时，由吊机辅助进行连接器的连接。

首先，调整船舶及吊机位置，使得连接器处于管汇目标 Hub 的正上方(图 16)，慢慢下放连接器。当连接器接近 Hub 时，由 ROV 卸下 Hub 上的压力帽，并最终将连接器放在 Hub 上，然后由 ROV 插入液压工具进行控制，连接器与 Hub 进行自动连接和密封。完成连接后，ROV 进行泄露测试，直到测试结果满足要求。

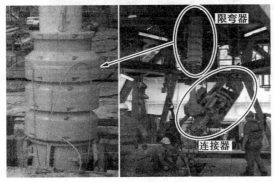

图 15　限弯器及连接器的安装

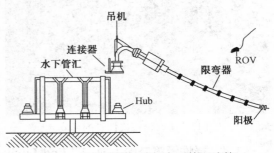

图 16　挠性管第二端与水下管汇连接

通常，在海底管道铺设完毕后，还要进行完工调查（As-built Survey），由 ROV 辅助进行，对海底管道的真实路由和水下结构物的实际位置进行确认和记录，并最终形成报告。

4 结束语

随着全球范围内水下油气田开发规模的不断扩大，挠性管凭借其良好的机械性能，铺设速度快，可以重复利用等优势，得到了越来越广泛的应用。在某些情况下，应用挠性管比金属管道更为经济。目前，内径为 9in 的挠性管在 3000m 超深水范围的应用已经得到验证，而且 3500m 水深的应用正在试验和测试中，这使得挠性管在超深水范围内的广泛使用成为可能。我国的深水油气田开发刚刚起步，在中国南海海域已经有一些在建或者投产的深水项目，挠性管作为外输海管在南海海域也有应用，但国内关于深水条件下挠性海管铺设方法的文献并不多。为适应深水油气田发展趋势的需要，本文针对深水静态海底管道，详述了挠性管的立式铺设方法，并对挠性管承载装置，垂直铺管系统（VLS）以及张紧器等关键设备进行介绍，以供广大工程人员学习和借鉴。

参 考 文 献

1 谢彬，胡茂宏，等．深水工程手册［M］．北京：中国海洋石油总公司．2010.

2 R. J. R. Mandeville，P. Eng，L. Turpin. Flexible pipe design for a high temperature/highly insulated production flowline for the North Amethyst project in the North Atlantic［C］. OTC-20518，Houston，USA，2010.

3 Fabrice B，Philippe S，Antoine F H. Qualification testing of flexible pipes for 3000m water depth［C］. OTC-21490，Houston，USA，2011.

浅谈海上平台火气探测设备的选择及布置

于光金　宋永强　段成旭　李小毛　李胜利

(海洋石油工程(青岛)有限公司)

摘要：火气探测设备是海上平台火气系统的重要组成部分，是保证人身安全和油气生产的重要一环，本文对火气探测设备的类型及性能进行分析，并根据在海上平台的使用经验对探测器的选择及布置进行总结。

关键词：火气探测设备；类型；选择；布置

1　引言

海上石油设施由于设置大量的油气生产设备、电气设备，一旦起火，火势猛、蔓延快，而且由于受海上自然条件的限制，救援困难。为了达到安全生产的目的，海上油气平台通常都会使用火气探测设备对平台各个区域进行火灾和气体泄漏的检测，同时将所检测到的信息传送到火气控制系统，并通过系统逻辑做出相应处理，启动相应的报警、消防及关断系统，因此火气探测设备的选择和布置至关重要。

2　火气探测设备的类型及性能分析

通常海上常用的火气探测器包括火探测器、气体探测器。火探测器可以根据可燃物质的分类、燃烧的不同阶段以及对火灾的探测原理又分为烟探测器、热探测器(包括易熔塞回路)和火焰探测器；气体探测器可以分为可燃气体探测器、有毒气体探测器(如硫化氢气体)，另外还应用一些报警设备如手动报警站等。

2.1　烟探测器

根据探测的不同原理，可以分为电离烟探测器和光电烟探测器。

2.1.1　电离烟探测器

电离探测器能够探测出可见和不可见的燃烧颗粒存在，对不可见的燃烧颗粒则更灵敏，对于高能量的(明火的)火灾能够提供更快的反应。由于能在火灾的初始阶段较快的探测到火灾，因此海上油气工程多采用电离烟探测器。

2.1.2　光电烟探测器

光电烟探测器通常用在发生火灾会产生大量可见燃烧颗粒的地方。光电探测器的结构可分为点测式和光束式。点测式将全部的元件包容在一个小装置内；光束式是由一个光源和一个光电管所组成。光源和光电管分别装在保护区域靠近天花板的两端。光电探测器对较低能量火灾所产生的烟反应较快，因为此类火灾会产生大量较大的烟颗粒。

2.2　热探测器

热探测器有两种类型，定温型和温升速率型（温差型），另外也可根据实际需要进行组合。

2.2.1　定温型热探测器

定温探测器在其内部的探测元件达到标定温度时将产生报警动作，通常探测元件采用双金属片、圆盘或易熔金属链。双金属元件在常温下，可以恢复到原正常位置，并重新使用，然而，易熔金属链不能重新使用，在每次报警后，必须把易熔金属链探测元件或整个易熔型探测器更换。定温型探测器报警时，所处的环境温度通常要高于它的标定温度，当它处于一个快速增强的火灾下时，它的温度滞后报警会更大，为此又有温升速率型热探测器以弥补这种缺点。

2.2.2　温升速率型探测器

温升速率型比定温型反应要灵敏一些，因为在温升速率型探测器的操作中热滞后不是一个主要影响因素。它的缺点是在一个缓慢增强的火灾下可能失误。为了克服这一缺点，可将温升速率式同定温式结合起来变为组合式热探测器。

2.2.3　组合式热探测器

通常，组合式热探测器由探测温升速率元件和探测定温元件两部分组成。它结合了这两者探测原理，不管是对快速温度变化，还是缓慢升高温度变化，都能正确探测到。因此海上工程常采用这种热探测器以提高探测的稳定性和正确性。

2.3　火焰探测器

火焰探测器是视线性装置，当这种装置暴露在火灾发出的辐射能辐射下时将作出反应。因为辐射能是以光速传播的，所以火焰探测器有快速反应动作的能力。根据对探测火灾辐射能波长的不同可以分为紫外线探测器、红外线探测器、紫外/红外探测器和三频红外线火焰探测器。

2.3.1　紫外线探测器

紫外线探测器是火焰探测器中最常用的一种，通常情况下，它的设计可以排除来自日光的辐射或由人工光源带来的误报警，它的一个缺点是也能对 X 射线、弧焊作业及闪电作出反应，另一个缺点是烟能滤除紫外线辐射能，烟会将感应器遮蔽。

2.3.2　红外线探测器

红外线探测器也是快速动作型的探测器，由于红外线探测器会对许多热源（特别是日光辐射的干扰）作出反应，即使装配有复杂的识别装置，也容易发生误报警，另外它也受高湿度的影响，因此红外线探测器在海上的应用具有局限性。

2.3.3　紫外/红外线探测器

紫外/红外线探测器是同时具有能探测紫外线和红外线感应元件的探测器，只有当这两部分元件都产生报警时，探测器才确认有火灾发生，并将信号送到火灾系统。它的设计弥补了单独采用紫外线或红外线探测器的缺陷，在海上油气田应用的比较广泛。

2.3.4　三频红外线探测器

三频红外线探测器是采用三频探测技术将红外线调整在一个狭长的波段，排除了太阳光和海浪的影响，也不会产生由于电弧焊和黑体辐射源引起的误报警，并且还具有自诊断功能，能够监测透镜的状态，还能自动调整灵敏度从而平衡光线在传播中的衰减。这种新型探测器的优点是有很高的灵敏性和很好的稳定性，但缺点是价格比较高。

2.4　可燃气体探测器

可燃气体探测器根据探测原理来分有很多种，例如半导体传感器，化学电池传感器，激光探测传感器，触媒传感器和光学式传感器（红外线传感器和光干涉传感器）。海上平台常用的是红外线传感器，它分为点式和收发式。收发式与点式的不同在于，它有一对传感元件，其中一个为红外线发射源，另一个为接收器，分开布置在探测区域的两端，通过测定接收器接收到的红外线辐射源的能量来进行报警动作。由于收发式探测器易受外界设备的阻挡，通常只用于大面积的区域分割边界。

2.5　手动火灾报警站

手动火灾报警站主要应用在海上油气生产设施上。手动报警站可以制造成电动型的、气动型的报警控制，如果手动报警站为电动报警控制，则需符合海上油气工程通用规格书的技术要求。电动控制报警系统可以提供更快的反应并能直接地连续报警和关断系统设备。

3　火气探测设备的选择及布置

3.1　火气探测器的选择

在何种场所选择何种探测器应取决于所保护对象的功能是什么，可燃物燃烧时的特点是什么，现场有何特殊情况。但有很多设计者在选择探测器类型时都会出现低级错误：如厨房、锅炉房等场所设计了烟探测器，这些都是属于经常有烟或蒸汽滞留的地方，烟探测器容易造成误报火警；还有的设计人根本不考虑探测器的工作环境，如在冷库内设计的探测器内极易形成水汽，造成系统回路短路；还有在超过 12m 的顶部设计烟探测器，已经是起不到作用了，既浪费工程投资，又增大了施工难度，得不偿失。

对于火气探测器的选择应符合以下几个原则：

（1）选型应针对海上石油设施的类别，适应海上环境和不同危险区的需要；

（2）对火灾初期有阻燃过程，即有大量的烟产生只有少量的热产生，很少甚至没有火焰辐射的火灾，应选用烟探测器；

（3）对有大量烟和热产生，蔓延速度快且有火焰辐射的火灾，应选用烟、热、火焰探测器或其组合；

（4）火焰辐射强烈，但仅有少量烟和热产生的火灾，应选用火焰探测器；

（5）对于情况复杂或火灾形成的特点不可预测的火灾，应进行模拟试验，然后根据试验结果选择适宜的探测器；

（6）探测器应有防止外部的干扰作用可能引起误报的措施。

3.2　火气探测器的布置

火灾探测区域一般以独立的舱室（房间）划分，探测区域内的每个舱室（房间）内至少应设置一只探测器。在敞开或封闭的楼梯间、井口区、油气处理区、原油储存区、机械区等场所都应单独划分探测区域，设置相应探测器。探测器的布置应避开靠近横梁和通风管道的位置或气流影响探测器性能的其他位置，或有可能产生冲击或物理性损坏的位置。位于顶部的探测器与舱（房间）壁的距离至少为 0.5m，探测器周围 0.5m 内不应有遮挡物，宜水平安装，如必须倾斜安装时，倾斜角不应大于 45°，探测器的保护面积和最大安装间距需要参照产品的性能要求。

通常，火气探测器的布置应遵循下面的原则：

（1）参考探测器厂家的有关探测器的性能参数和对布置的要求；

（2）参考 NFPA72 标准的要求；

（3）根据海上设施的具体特点和需要，结合有关法规和厂家要求经济、合理、有效的布置。

针对不同的探测器，又有不同的要求，具体如下：

3.2.1　烟探测器

用于探测燃烧产生的烟粒子，一般置于起居处所内的梯道、走廊、逃身通道、控制室、服务处所，对于危险区域要使用本安型的感烟探头。烟探测器的布置原理如下：

（1）首先考虑生产厂家的探测器性能参数要求以及对布置数量的最低要求。

（2）烟探测器不应布置在通常存在有较大量燃烧颗粒的处所，例如吸烟室。如果一定要在这些场所安装烟探测器，应将烟探测器的灵敏度调低。

（3）烟探测器不应布置在气源扩散处附近，例如 HVAC 系统的供气管道。因为空气的流动会降低进入烟探测器电离室的浓度，影响探测器的灵敏度。烟探测器应布置在空气回流管道附近，因为较低的空气流速可使烟被吸向此处的烟探测器。

（4）烟探测器应布置在能被保护且不受雨、雹、雪等沾染物影响的场所。

（5）烟探测器若布置在有灰尘的场所时，应对其加上滤网以防止误报警并延长使用寿命。

（6）按常规要求，生活区和值班房都应布置烟探测器。

（7）对于房间内烟探测器的布置，可以参考 NFPA72 中相应的具体要求。

3.2.2　热探测器

一般热探测器用于火灾发展迅速、热量大和有较大灰尘的处所，如配电室。对于容易引发爆炸的危险区域须使用防爆型探头。热探测器的布置和选用通常要考虑如下原则：

（1）首先考虑生产厂家的探测器性能参数要求，以及对布置数量的最低要求。

（2）要考虑将定温型和温升速率型组合在一起应用。

（3）温升速率型的热探测器不应布置在加热器、经常开关的门以及其他经常存在温度急剧变化的场所附近。例如厨房内应使用定温型的热探测器。

（4）对于布置在房间内的热探测器，可以参考 NFPA72 中具体的规定。

3.2.3　火焰探测器

火焰探头安装高度一般在 3.5m 左右。在控制室和电气设备间一般安装烟、热探头而不安装火焰探头，但在容易发生火灾的房间内应该安装一定数量的火焰探头。例如柴油消防泵间、应急发电机间均安装有火焰探头。

3.2.4　可燃气体探测器

可燃气体探测器通常根据所探测气体的密度不同分为轻/重可燃气体探测器，轻可燃气体探测器安装在距甲板面 3.5m 左右的高度，主要探测密度小于空气的可燃气体；重可燃气体探测器安装在距甲板面 30~40cm 的高度，主要探测密度大于空气的可燃气体。

3.2.5　手动火灾报警按钮

手动火灾报警按钮应有防止无意中按动的防护措施，按钮应遍及服务处所和控制站，每个通道出口应装一个手动火灾报警按钮。在每一层甲板的走廊内,报警按钮应便于到达,并使走廊任何部分与报警按钮的距离不大于20m,在机器处所、井口、油气处理区、原油贮存区、输油终端以及其他认为必要的地点也应设手动火灾报警按钮。爆炸性气体环境应根据危险区的类型选择相应的防爆手动火灾报警按钮。

4　结束语

火气探测设备是火气系统的重要组成部分,对海上平台人员及生产的安全起着重要的作用。在设计时需要我们了解熟悉相关规范,了解最新的信息,使火气探测设备的选择和布置更合理、更经济,从而确保人员的安全和生产的顺利进行。

参 考 文 献

1　赵帅.海上采油平台可燃气体探测技术[J].中国海洋平台,2000,15(6):27~30.
2　滩海石油工程安全规则(SY 5747—1995).北京:石油工业出版社,1999.
3　火灾自动报警系统设计规范(GB 50116—98).中华人民共和国国家规范,北京:中国计划出版杜,1999.
4　浅海固定平台建造与检验规范,中国船级社,北京:交通电子音像出版社.2004.
5　海洋石油工程设计指南编委会.海洋石油工程设计指南[M].北京:石油工业出版社,2007.6.

PDMS 软件独具特色的 WRT 体系及其在设备建模中的应用

宋春[1]　秦明[2]　王童[1]　王芳辉[1]

(1. 中国石油集团海洋工程有限公司海工事业部；2. 中国石油集团海洋工程有限公司工程设计院)

摘要：本文对三维建模软件 PDMS 中独特的 WRT(相对定位)体系做了详细介绍，并结合海洋平台设计项目中的设备建模实例，就如何用好 WRT 体系以提高建模质量和效率，提供一些经验，以供同业者借鉴与探讨。

关键词：PDMS；WRT；相对定位；设备建模

1　前言

PDMS(plant design management system)是英国 AVEVA 公司开发的一款三维工厂设计管理系统软件，可广泛应用于电力、化工及海洋工程等大型建造行业。与其他同类三维设计软件比较，其最重要的特点在于，PDMS 是以数据库(包括：系统数据库、元件数据库、设计数据库、特性数据库、用户定义属性数据库、二维图数据库、价格数据库)为核心的设计软件。这些层次合理、功能完备的数据库，正是 PDMS 软件的优势所在。而 PDMS 中的 WRT 体系，则正是与数据库结构相一致的定位方法体系。

2　WRT 的概念和由来

WRT(with respect to)，即相对定位，是目标相对于 PDMS 中设计数据库某一层次的相对定位。因此，有必要对设计数据库做一下简要介绍。

设计数据库，即在进行三维建模时所建立的模型存储数据库。它是采用呈树状且层次分明的"金字塔"式的结构来建立和管理的。以设备设计数据库为例，其结构层次见图 1。

图 1　设备设计数据库结构

在图 1 中，WORLD 是数据库结构的最顶层，包含整个项目。SITE 是对整个项目的总体划分，相当于项目的中的不同区域。ZONE 是数据管理元件，相当于工程项目中的不同区域内的不同专业。EQUIPMENT 是设备本身。SUBEQUIPMENT 是 EQUIPMENT 的子设备，用于复杂设备建模时，对模型进行分块制作。PRIMITIVE 是组成设备的基本几何体。NAGATIVE 是负实体，用于在基本几何体上开洞。所有这些层次模型，统称为元件（ELEMENT）。

在设备模型中，每个层次的元件都拥有自己的坐标系统，也就是拥有自己的坐标原点和朝向。正是这一特点，导致 PDMS 中所有元件的坐标系统，实际上也构成了一个与设计数据库结构完全一致的坐标系统数据库。

数据的结构化和独立性，是数据库的两个重要特征。因为 PDMS 的坐标系统拥有数据库的这些特点，所以在对同一层次元件下的所有元件进行定位时，坐标系统的结构化保证了需要定位的元件集合选择的方便性和准确性，而坐标系统的独立性则大大减少了需要修改的元件坐标数量。

坐标系统因数据库化而带来便捷的同时，各坐标系统的关系也变得复杂了。为了表示并处理各坐标之间的相对关系，WRT 的表示方法应运而生。

当我们创建或修改一个元件的位置或朝向时，我们既可以用它相对于 WORLD，即整个项目的坐标系统定位，也可以用它相对于其他任何元件的坐标系统进行定位。默认情况下，元件都是相对于它的上一级元件的坐标系统进行定位的。

3　设备建模的一般流程

在海洋工程项目中，PDMS 设备建模一般分为以下几步：

（1）创建模型中的 SITE、ZONE 等各个层次结构；

（2）根据总体布置图，分别对每个设备进行大体定位；

（3）按照设备厂家资料进行建模工作；

（4）每当设备厂家资料更新时，对照新版的厂家资料修改模型；

（5）检查设备与其他专业是否有碰撞，并根据碰撞情况调整位置；

（6）对设备进行精确定位，并出具设备布置图。

4　设备建模过程中相对定位的应用

WRT 的运用，实际包含三个方面：

一是确定模型的各个层次结构如何划分。因为模型的层次即各元件坐标系统的层次结构，所以规划一个层次一致，结构合理的建模方案，能使其后的定位工作事半功倍。

二是确定每个模型的坐标系统，即确定元件的坐标原点和坐标 X、Y、Z 三轴的朝向。一个与思维习惯和实际应用相一致的坐标系统，将为其后的建模、修改工作带来极大的方便。

三是创建和修改元件时，决定所要修改元件的层次，以及用于定位的参照坐标系的选择。前两方面的设定合理与否，可于此处体现。

下面，我们将以某海上生产平台项目中的撬装压力容器"测试分离器"为例，介绍一下

WRT 的实际运用。

4.1 模型层次结构划分

模型层次结构的划分，需综合考虑项目特点、设备特点、专业划分、PDMS 软件设定、建模习惯等多方面因素而定。所有设备的层次结构都需保持一致，以便于其后的各种查找、修改、维护工作。

编号为 WHPA-X-1302A 的测试分离器，其所在层次结构如图 2 所示：

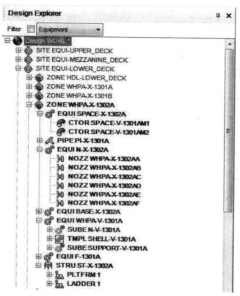

图 2　海上生产平台项目设备建模结构

我们是这样划分层次的：

1）单台设备及其以上的层次

第一层次：将整个项目，作为一个 WORLD（如图 2 中的"Design WORL *"）。

第二层次：作为一个海洋平台项目，按甲板高度分层建造是它的重要特点，所以每层甲板上的设备，作为一个 SITE（如图 2 中的"SITE EQUI-LOWER_ DECK"）。

第三层次：由于项目中的设备多为撬装，且设备模型常常包含设备、管线、结构等多个专业，所以将每个单体或撬装设备，作为一个 ZONE（如图 2 中的"ZONE WHPA-X-1302A"）。

2）单台设备以下的层次

第四层次：设备本体作为 EQUIPMENT（如图 2 中的"EQUI WHPA-V-1301A"）。撬外管嘴和底座都属于撬体而不属于设备，而且管线专业需要与撬外管嘴相连，所以它们都单独作为 EQUIPMENT（如图 2 中的"EQUI N-X-1302A"和"EQUI BASE-X-1302A"）。操作空间在透明度设置、碰撞检查设置等方面与实体设备不同，为便于修改，单独作为 EQUIPMENT（如图 2 中的"EQUI SPACE-V-1301A"）。设备管线与操作平台、栏杆、梯子在 PDMS 软件中分别属于管线和结构专业，所以需分别设为 PIPE 和 STRUCTURE（如图 2 中的"PIPE PI-X-1301A"和"STRU ST-X-1301A"）。

第五层次：设备壳体、设备底座、设备管嘴分别作为设备本体下的 SUBEQUIPMENT（如图 2 中的"TMPL SHELL-V-1301A"、"SUBE SUPPORT-V-1301A"和"SUBE N-V-

1301A")，这是由于 PDMS 软件所自带的模板设备是这样划分的。同样地，对于管线分支、平台、栏杆和梯子，PDMS 中都已给出成熟的内部结构层次。

作为种类广泛的基本体，PRIMITIVE 可建在第四层的 EQUIPMENT 或第五层的 SUB-EQUIPMENT 之下(如图 2 中的"CTOR SPACE-V-1301AM1"和"NOZZ WHPA-X-1302AA")。管线、结构等专业的更基本的元件，其建造层次位置在 PDMS 软件中也有相应的规定。

4.2 各层次元件坐标系的确定

元件坐标系的确定，需要考虑项目中各设备的坐标位置特点、元件所在层次结构、设备厂家资料中的坐标系设定和元件类别。

确定元件的坐标系，就是分别确定元件坐标系的原点相对于上一层元件坐标系的坐标和 X、Y、Z 轴的方向。下面将按由高到低的层次顺序，依次介绍每类元件坐标系的设置方法。

1) 确定 WORLD 的坐标系

在本项目中，由于 3D 建模没有对整个平台进行定位的要求，所以将 WORLD 的坐标原点位置设定为 X 0mm Y 0mm Z 0mm(即沿 X、Y、Z 三个轴的方向相对于绝对坐标分别为 0mm)，坐标方向为默认设置，即 X 轴由西指向东，Y 轴由南指向北，Z 轴由下指向上。

2) 确定 SITE 的坐标系

在分层建造的项目中，设备位置的一大特点是，每一层设备的底面高度相同。所以在本项目中，确定 SITE 的坐标系时，坐标方向为默认设置，坐标原点的高度与所在层甲板上表面的高度一致；在水平方向，则定位在横轴与纵轴的交叉点上。如图 3 所示，名为"EQUI-LOWER_ DECK"的 SITE，坐标原点在高度方向上与 LOWER DECK 平齐，即 EL(+)18500；水平方向则设在 B 轴与 4 轴的交叉点上。

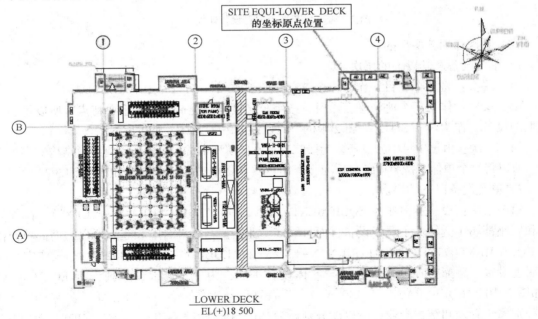

图 3　ZONE EQUI-LOWER_ DECK 的坐标原点在总体定位图中的位置

3) 确定 ZONE 的坐标系

整体移动和旋转 CAD 版的总体布置图，使 SITE 设定的坐标原点在平面上与 CAD 的(0,

0）点坐标重合，SITE 的 X、Y 轴方向与 CAD 的 X、Y 轴方向一致。

现在我们以设备的左上角顶点为基点，进行设备定位。在总体布置图中查询所要创建设备的该点坐标（如图 4 所示）为 $X=-350004$ $Y=-208949$ $Z=0$，ZONE 的坐标原点则同样设置为 $X-350004$mm，$Y-208949$mm，$Z-0$mm，坐标方向则与厂家设备图纸中的坐标方向相一致。

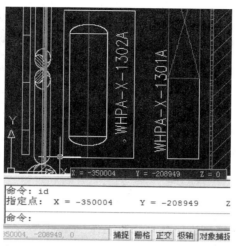

图 4　在总体布置图中查询编号为 WHPA–X–1302A 的设备定位点坐标

4）确定 EQUI 的坐标系

以撬外管嘴"EQUI N–X–1302A"为例。首先，按照厂家资料（见图 5）中给出的设备总体尺寸 7300×3400×4455 创建用于定位的长方体，并整体移动 EQUI，使长方体的下表面左上角定位于 ZONE 的坐标原点，然后即可将用于辅助定位的长方体删掉。

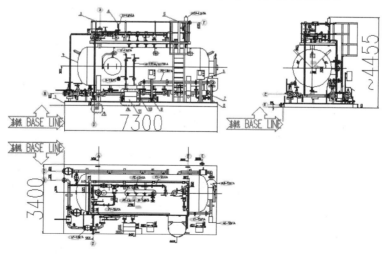

图 5　编号为 WHPA–X–1302A 的设备厂家资料

5）确定 PRIMITIVE 的坐标系

PRIMITIVE 的坐标系固结在其自身的中心 P0 点上，所以确定 PRIMITIVE 的坐标系，其实就是对 PRIMITIVE 的定位。仍以撬外管嘴 EQUI 中的每个管嘴为例，通过第 4）步的设定，撬外管嘴 EQUI 的坐标系已与厂家资料图纸中的坐标系重合。所以，这里可以直接读取厂家资料中每个管嘴的坐标位置和朝向，输入模型中，而不需进行换算。

测试分离器最终建成效果如图6所示：

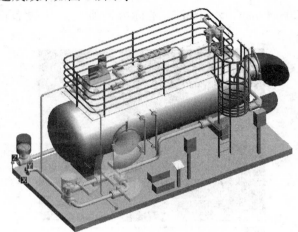

图 6　测试分离器建模完成效果图

4.3　利用 WRT 对 3D 模型进行各种修改工作

1）正确选择所要修改元件的层次

当需要整体移动或旋转某层甲板上的所有设备时，只需对相应 SITE 进行修改。

当需要整体移动或旋转某个成撬设备时，只需对相应 ZONE 进行修改。

当需要整体移动或旋转成撬设备中某个设备时，只需对相应 EQUIMENT 进行修改。

当需要整体移动或旋转某个子设备时，只需对相应 SUBEQUIMENT 进行修改。

2）正确选择所要修改元件的相对坐标系

以测试分离器的厂家资料更新时所面临的情况为例：

当撬外管嘴 F 的坐标由 E 1035 N 5751 U 4110 变为 E 1035 N 5935 U 4110 时，在元件目录中选中管嘴 F，然后在命令行中输入修改后的新坐标"POSITION E 1035 N 5935 U 4110WRT EQUI"，即可更新管嘴位置。命令的含义为，将管嘴 F 在 EQUI 的坐标系中的位置坐标设定为，从 EQUI 的原点向东 1035mm，向北 5935mm，向上 4110mm。此处的 EQUI 是管嘴 F 的上一级，所以命令中的"WRT EQUI"可以省略。

由于撬外管嘴 F 的坐标位置已变，所以与管嘴相连的管线分支终止点也应相应改变。在元件目录中选中对应的管线分支 BRAN，然后在命令行中输入"TPOSITION X 0Y 0Z 0WRT /WHPA-X-1302AF"，即可更新管线分支的终止点位置。命令的含义为，将管线分支 BRAN 终止点的位置坐标设定为，管嘴 F 原点的位置。

5　正确运用相对定位方法对建模效率和精确度的影响

正确运用相对定位方法建模，能够显著提高建模效率和精确度，这种优势主要源自以下几个方面：

因为将所有同层设备作为一个 SITE 创建在相应高度，所以再创建每个成撬或单体设备

ZONE 时，就不必设置高度方向的坐标，提高了建模效率，降低了出错概率。

因为成撬或单体设备 ZONE 的平面坐标与总体布置图的坐标相对应，所以总体布置图中的坐标值可以直接输入模型中而不需换算，提高了建模效率，降低了出错概率，为总体布置图更新后的模型修改提供了方便。

因为需要精确定位的撬外管嘴坐标与厂家资料中的坐标相一致，所以厂家资料中标注的坐标值可以直接输入模型中而不需换算，提高了建模效率，降低了出错概率，为厂家资料更新后的模型修改提供了方便。

6 结语

PDMS 软件的功能十分强大，只有正确合理地运用它，才能将其优势完全发挥出来。本人仅就其中一点抛砖引玉，作经验之谈。今后尚需与同业者一起进一步学习研究，交流进步，以使 PDMS 软件在工程设计领域发挥更加重要的作用。

参 考 文 献

1 PDMS Software Customization Guide 12.0，2009，AVEVA.
2 矫玲玲 . 以 PDMS 软件为核心的数据库体系在海洋工程中的应用 . 中国造船 [J]，2007（B11）：515~517.
3 李武，姚珺 . 数据库原理及应用 [M]. 哈尔滨：哈尔滨工程大学出版社，2010：3~4.

爆破片在海洋石油平台中的分析及应用

郭玺　郑庆涛　王芳辉

(中国石油集团海洋工程有限公司海工事业部)

摘要：爆破片是防止压力设备发生超压破坏的重要安全装置，通常应用于紧急泄压处，本文结合渤海湾垦利 10-1 WHPA 井口平台火炬系统爆破片的选型，对比各类爆破片的优缺点，并结合工艺参数加以计算和阐述，为海洋石油平台爆破片的选型设计提供参考。

关键词：海洋石油平台；爆破片；选型设计

爆破片通常应用在重要压力容器及泄压系统中，在压力达到其设定值时能够紧急泄压，有效的保护压力容器及泄压系统的其他设备，爆破片破裂及时释放系统压力，有效保护系统设备，为系统的安全生产提供有力的保障。

1　爆破片装置的组成

爆破片装置通常由爆破片、支持器、支撑器、背压托架、加强环、密封膜及附件等组成。爆破片，是因超压而迅速动作的压力敏感元件，用以密封压力，起到控制爆破压力的作用，也是爆破片装置中最关键部件，可以是均匀厚度的，也可以是带缝的或刻槽的；夹持器，在爆破片装置中，具有设计给定的泄放口径，用以固定爆破片的位置，保证爆破片准确动作的配合件；支撑器，用机械方式或焊接固定反拱脱落型爆破片位置，保证爆破片准确动作的环圈；背压托架，在组合式爆破片中压力敏感元件因出现背压差发生意外破坏而设置的拱型托架，该类托架需要与压力敏感元件配合，拱面开孔。置于正拱型爆破片凹面的背压托架，在出现背压差时，防止爆破片凸面受压失稳。当系统压力出现真空时，此托架称为真空托架。置于反拱型爆破片凸面的背压托架，在出现背压差时，防止爆破片凹面受压破坏；加强环，在符合爆破片中，与压力敏感元件边缘紧密结合，起增强边缘刚度作用的环圈；密封膜，在复合型爆破片中，对压力敏感元件起密封作用的薄膜。

2　爆破片的材料要求

2.1　爆破片的选材

爆破片主要由介质的工作温度、腐蚀特性所决定。爆破片材料必须能在操作温度下稳定的工作，不同材料适用的最高温度见表 1。同时必须考虑爆破片材料对工艺介质的耐腐性，一般情况下介质的温度升高其腐蚀性也加强。同一爆破片在不同温度下的爆破压力不同，在选择爆破片时应从温度和压力两个方面综合考虑。

表1　爆破片不同材料的最高工作温度

材　料	最高工作温度/℃	材料	最高工作温度/℃
铜	121	不锈钢	483
铝	121	银	121
Inconel	538	氯丁橡胶	100
Hastelloy	538	Teflon FEP	232
Monel	427	Teflon PEFE	260
镍	399		

2.2　爆破片的衬里和涂层

爆破片的衬里安装在金属爆破片和介质之间，防止爆破片被介质腐蚀。常用的衬里材料有Teflon、镍、不锈钢、银、金或铂。涂层也常用来保护爆破片，防止爆破片被工艺介质腐蚀。爆破片加上涂层后，少量增加了爆破压力，可能也会影响爆破压力与温度的关系。爆破片涂层的最高允许工作温度如表2所示。

表2　爆破片涂层的最高工作温度

涂　层	Teflon，FEP	PTFE	氯丁橡胶
温度/℃	232	260	100

3　各类爆破片的对比

（1）正拱型爆破片可用衬里防腐，如图1所示。

优点：设计简单；价格便宜；适用于液体或气体。

缺点：操作压力小于或等于70%爆破压力；一般不适用于真空或背压；不适用于压力波动的场合；爆破时有碎片产生。

（2）带真空托架的正拱型爆破片，可用衬里防腐，如图2所示。

优点：适用于液体或气体；可与背压托架合用；适用于波动的压力；

缺点：操作压力和爆破压力的比值小于或等于70%；爆破时可能有碎片产生。

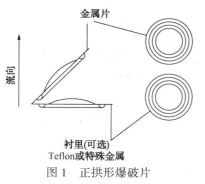

图1　正拱形爆破片　　　　　　图2　带真空托架的正拱形爆破片

（3）正拱型带刻槽的爆破片，如图3所示。

优点：操作压力可提高到85%爆破压力；爆破时不产生碎片；适用于液体或气体。

缺点：在真空或高背压时有可能需要真空托架。

（4）反拱型爆破片，用衬里来防止爆破片被工艺介质腐蚀，如图4所示。

优点：可设计成较低的爆破压力；永不需要真空托架；操作压力可提高到90%爆破压力；有极佳的承受压力波动或周期变化能力；爆破片爆破时不产生碎片。

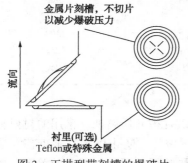

图3　正拱型带刻槽的爆破片

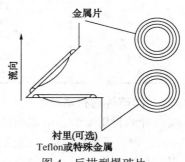

图4　反拱型爆破片

缺点：为使爆破片在定压时失稳而破裂，反拱型爆破片必须配有刀片或刀环；刀片必须保持锋利；爆破片上游必须有一定量气体，而不是液体，否则爆破压力即会升高。

图5　反拱型带刻槽爆破片

（5）反拱型带刻槽爆破片，如图5所示。

优点：不需要真空托架；操作压力可提高到90%爆破压力；有极佳的承受压力波动或周期变化的能力；爆破片爆破时不产生碎片；不需要刀片。

缺点：爆破压力比带刀片的高。

（6）石墨爆破片，如图6所示。

石墨爆破片适用于工艺介质具有很强的腐蚀性，而其他材料无法满足防腐蚀的要求，另外可以允许爆破片破裂时有石墨碎片的场合。最大爆破压力为2.1MPa，装在标准法兰和垫片之间。材料：石墨浸渍改性酚醛树脂。也可有 Teflon 包覆或钢铠装的。

优点：石墨有极佳的防腐特性，可满足大部分液体和气体的防腐要求。

缺点：石墨片破裂时可能对其他系统和工艺介质产生污染；无温度保护时，最高工作温度为149℃

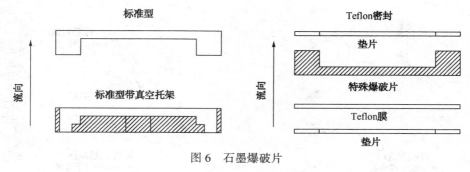

图6　石墨爆破片

4　爆破片需要的排放面积的计算

（1）排放气体或蒸汽时：

$$W = 146A(P/105+1)\sqrt{M/T} \tag{1}$$

式中 W——排放量，kg/h；

　　　　A——爆破片的有效通过面积，cm^2；

　　　　P——爆破片定压，PaG；

　　　　T——排出气体的绝对温度，K；

　　　　M——气体分子量，被排出气体为混合物时，其分子量为平均分子量。

（2）排放介质为水蒸气时：

$$W = 40(1.03\,P/105+1)AC \tag{2}$$

式中 W——排放量，kg/h；

　　　　A——爆破片的有效通过面积，cm^2；

　　　　P——爆破片定压，Pa；

　　　　C——过热蒸汽修正系数。

（3）排放介质为液体时：

$$W = 3491A\sqrt{(P_1-P_2)/10^5\,GK_p} \tag{3}$$

式中 W——排放量，kg/h；

　　　　A——爆破片的有效通过面积，cm^2；

　　　　P_1——定压，PaG；

　　　　P_2——背压，PaG；

　　　　G——液体相对密度；

　　　　K_p——积聚压力修正系数，如图7所示。

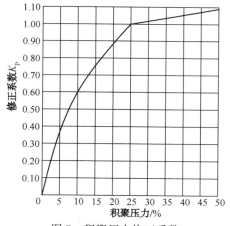

图7　积聚压力修正系数

（4）爆破片面积计算：

此爆破片排放的为气体，故用(1)式来计算爆破片的面积，即由(1)式得：

$$A = W / \left[146(P/105+1)\sqrt{M/T}\, \right] \tag{4}$$

式中参数与(1)式中参数相同。

5　爆破片在海洋石油平台中的应用

中海油在渤海湾新建垦利 10-1WHPA 井口平台，鉴于对火炬系统闭排罐体的保护考虑，在闭排罐放空管线阻火器的旁路上安装爆破片。该爆破片工艺环境为：介质为气体，工作温度 38~85℃，压力稳定(不是脉动的)。根据工艺参数，确定选用反拱型爆破片，材质为316SS，不添加涂层；此爆破片法兰夹持安装，留有两片爆破片备用。同时，设计当达到爆破片设定压力时，爆破片破裂同时将状态信号传入中控系统，实现爆破片状态的远程监测。如图 8 所示。

通过工艺参数可查得气体排放量 W 为 7050kg/h，设定压力 P 为 20K PaG，排出气体的绝对温度 T 为 327K，排出气体的混合分子量 M 为 26.84，可求出爆破片的面积 A 为 140cm^2，即可算得爆破片直径为 5.2in，由于选用的爆破片尺寸应与管道公称直径对应，其面积等于或大于计算得到的排放面积。爆破片组合装置包含结构件(如刀片或真空架)，它将减少爆破片排放时的有效面积，因此爆破片的直径按净排放面积计算，所以爆破片的直径应选择为 6in。

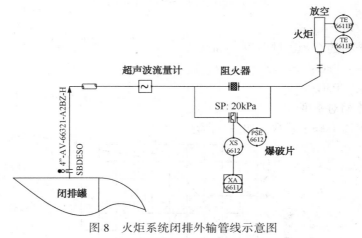

图 8　火炬系统闭排外输管线示意图

6　结语

爆破片是一种泄压元件，在生产过程中通过紧急泄压，有效地保护压力容器及泄压系统的其他设备，为系统的安全生产提供有力的保障，本文通过对爆破片的选材与计算为爆破片的选型提供了依据。

参 考 文 献

1　陆德民，张震基，黄步余. 石油化工自动控制设计手册[M]. 北京：化学工业出版社，2001.
2　李志义，喻健良. 爆破片技术及应用[M]. 北京：化学工业出版社，2006.

浅谈海洋平台照明系统

廖强　韩雁凌　袁家银　王志梅　杨富广

(海洋石油工程(青岛)有限公司)

摘要：照明系统是平台电力系统的分支之一，直接关系到到平台安全生产及工作人员的生活质量。本文简要介绍了海洋平台照明系统，着重分析了平台灯具选型、系统供电要求，并对照明系统的故障排查方法做了简要介绍。

关键词：海洋平台；照明系统

1　引言

由于海洋平台工作环境和条件的特殊性，平台照明系统与陆地照明系统无论在种类、供电方式、维护周期等方面都有明显的区别。正确设计、使用和维护平台照明系统对保证平台正常安全生产和人员生命安全有着十分重要的意义。

2　海洋平台照明系统介绍

海洋平台照明系统是平台电力系统的一个重要组成部分，主要分为正常照明、应急照明和临时应急照明。正常照明由正常电源提供，应急、临时应急照明由正常电源兼应急电源提供。

正常照明系统是海洋平台的主要照明系统，分布于生活区、生产工艺区、动力区等平台的角角落落。应急照明系统由应急照明变压器供电，而应急照明变压器的电源来自应急汇流排。主发电机工作时向应急照明系统供电，主发电机停止工作时，应急发电机启动后，可继续向应急照明系统供电。在应急照明系统中，又分为应急照明和临时应急照明。应急照明用于不重要场所以外的所有场所，临时应急照明是为逃生所设计的，它被用于过道，楼梯等处。临时应急灯自带有充电器、蓄电池和逆变器，平时蓄电池处于浮充状态，当主发电机和应急发电机均停止供电时，该蓄电池经逆变器供电，提供必要的照明。

3　平台照明灯具的种类及其特点

平台照明灯具按光源类型，可分为白炽灯、荧光灯、金属卤化物灯、高压钠灯几种。白炽灯用于不经常使用的场所，照度要求不高的场所和要求快速启动的场所。荧光灯用于照度要求较高，色彩也要求较高等因素的场所，如：配电间、中控房、办公室及平台甲板的局部照明等。高压钠灯的选用，主要考虑其光源效率极高(相当于白炽灯的10倍)，将其用在井口顶甲板及平台的靠船面等场所。金属卤化物灯用在层高较大的场所。

照明光源的选择要考虑到光源的光效、显色性、寿命、启动及再启动时间等特性指标，以及周围环境对光源要求等。近年来，气体放电光源(钠灯、荧光灯、金属卤化物灯等)因其光效高、耗电少、寿命长、不锈蚀等优点，已经取代传统白炽灯等照明光源，已经被广泛应用于城市道路、高速公路、机场、广场、工矿业等场所照明。

海洋平台是海洋油气资源开发的基础性设施，是海上生产作业和生活的基地。由于海洋平台空间狭小，各种生产设备布置的空间极为紧凑，生产和作业人员集中，在照明光源的选用上应以安全、高效、经济为原则。

首先是安全，海洋平台在油气开采和油气处理过程中，会产生大量易燃、易爆气体，特别是在人员和设备如此集中的场所，如何防止照明灯具事故性爆炸的发生已经成为十分重要的课题。由于照明灯具在启动或工作时，会产生电火花或形成炽热的表面，一旦遇到易爆炸性气体，就会导致爆炸，直接危及整个平台生产及生产、作业人员的生命安全。因此，在照明灯具的选择上必须满足防护、防爆要求。

布置在危险区域的灯具必须防爆，室外灯具的防护等级要求达到 IP56，室内无舾装要求 IP44，室内有舾装要求 IP23 等。由于电池间会产生氢气，所以在选择灯具及其他电器设备时，应考虑防爆要求为 Ex "d" Ⅱ CT4，平台其他防爆区域应为 Ex "d" Ⅱ BT4。

其次是高效、经济，尽可能选择光效高、寿命长、耗能低的光源。

为确保海洋平台油气生产的安全，目前平台甲板照明设备广泛采用防爆高压钠灯和荧光灯，荧光灯作为辅助光源。照明方式采用一般照明和混合照明方式，对特定区域为满足作业要求，采用局部照明方式以提高作业区域照度，以满足施工人员视觉需求。但是，作为气体放电光源，高压钠灯和荧光灯同时也存在一些不足：

(1) 光能利用效率低，光源发出的光线必须经过灯具一次反射或二次反射，光能有效利用率仅为 40%~60%，而其余能量转化成热能而白白消耗掉了，灯具表面温度较高；

(2) 由于海洋平台所处的环境恶劣，海上大风加上平台上各种设备在运转过程中所产生的振动。灯丝在炽热的工作环境下强度很低，振动会大大缩短灯泡的使用寿命，造成灯丝断裂、灯泡松动，严重时将与灯座脱离；

(3) 高压钠灯光线中含有大量的红外线和紫外线辐射，显色指数较低($R_a = 20 \sim 30$)，色温一般在 1900~2000K；

(4) 灯具含有大量的汞、钠等有害金属元素，损坏后无法全部回收，对环境造成污染。

4　平台照明系统的供电要求

通常，照明电源都是由配电板经照明分电箱分路供给的，整个平台的灯经过多少分电箱供电、分电箱设在何处、照明分路怎样组合等，都要遵循以下基本规则：

首先是照明分路：

(1) 每一照明分路必须有过载和短路保护；照明分电箱每一容量大于 16A 的最后分路的供电灯点应不超过 1 个；每一容量小于或等于 16A 的最后分路的供电灯点数根据供电电压的不同应分别为 50V 及 50V 以下电路不超过 10 点，51~120V 电路不超过 14 点，121~250V 电路不超过 24 点；对直接用灯泡或灯管组成的嵌入式反光照明，只要电流不超过

10A，则灯点可不受限制。

（2）照明最后分路不得给电力、电热设备供电，但小型厨房设备，如咖啡壶、面包片烧烤器、冰箱等可除外。如果有小型厨房设备则必须由独立分路供电，不是与照明灯点混为一路。对于数量不多于 10 只且总的电流定额不超过 16A 的小型电热器可共同接至 1 个独立的电热最后分路上。

（3）重要房间、处所，如走道、出入口、梯道、公共场所及旅客超过 16 人的客舱等处照明，至少应由两个最后分路供电，其中一路不能供电时，另一路仍能保持上述处所必要的照明，两个分路的灯点以交错布置为好。

（4）每一防火区至少需有两路独立照明馈电，其中一路可为应急照明。

（5）在考虑灯点的连接时，每一照明分路的灯点应相对集中，线路不要拉得太长，同一分路尽量不穿过二层甲板。

（6）为保证照明网络的安全接地，许多灯具和开关本身已带接地极，因此在考虑连接电缆时，应包括接地线芯。

其次是分电箱：

实际在考虑照明分路连接的同时，早已有分电箱划分的初步概念。因为照明分路是通过分电箱组合的。首先，每一照明分电箱最多不超过 12 路，线路设计时，要适当留有 1 路至 2 路作备用。其次，交流分电箱为考虑三相平衡，电源通常为三相进线，分路单相出线，因此在考虑分路组合时，应力求做到三相平衡。

照明是全平台性设备，照明网络几乎遍布全平台每一个角落。为使各照明灯具能正常发光，必须保证供电电源的电压，保证照明线路的电压降不得超过规定范围，照明线路（除电源馈线外）的电压为 110V、220V 时选用电缆截面 $1mm^2$；照明线路（除电源馈线外）的电压 24V 时选用电缆截面 $2.5mm^2$。显然，线路负载过大、电缆过长可能使其电压降越过限度，从而影响照明质量。

5 平台照明系统的故障排查

由于受海上气候影响，照明系统一般故障多发，如何正确快速的排查故障显得越来越重要。其常见故障一般分为三类：短路故障、接地故障和断路故障。

1）短路故障

照明系统的短路故障往往是线路受潮或绝缘受损造成的。这种故障的常见现象是：一通电，空气开关就跳开或熔断丝烧断。检查时，应先切断电源，将万用表置 R×1K 挡，把两测量表棒置在线路两端（这时，因线路有短路，万用表指针指零）；然后，将各并联支路开关逐个断开予以排除。当断开某一路开关．万用表电阻指示值明显增大时，说明该支路存在短路故障。

2）接地故障

照明系统接地故障引起的原因一般是由于电缆线老化破损碰地或灯头接线处线路碰壳引起。照明系统的接地故障，一般可用 500V 兆欧表进行检查（小应急照明系统的接地故障，可使用 100V 兆欧表检查）。

照明线路的绝缘电阻值应大于 0.5MΩ。当兆欧表测得的绝缘电阻值小于 0.5MΩ 或零，则说明线路受潮或绝缘老化导致对地绝缘电阻降低或对地短路。接线故障点的检查可采用"对分法"检查。将故障线路故障分为前后两段．测量各自的绝缘电阻，找出有接地故障的那一段，再进行"对分检查"，把故障点的查找范围逐渐缩小。

3）断路故障

照明系统的断路故障表现在线路不通，灯泡不亮。其原因太多是线路被机械损伤，由于振动而造成的接线桩头处松脱，灯具开关接触不好或损坏。故障点的查找可采用"通电法"或"断电法"。

"通电法"检查时，可将万用表置于量程高于被测值的电压挡。应一头固定在供电端．另一头逐步向灯具端移动，正常时有电压，移到某处发现电压消失，即是断路发生之处。

"断路法"检查时，分断电源开关，把万用表置 R×1K 或 Rx10K 挡，如被测电路或灯具两端电阻值为无穷大，则可判断该段线路或灯具处有断路故障。

6　结论

由于海洋平台长期生活在恶劣的海洋环境中，照明系统的设计和灯具的选型非常重要，并且可靠稳定的照明系统是平台的正常运行的前提，这就要求我们对照明系统的计算、选型和安装进行细致的工作，进而保证平台工作人员能安全高效的工作，并尽可能的考虑美观和舒适，给他们创造一个良好的生活环境。同时也要求平台工作人员掌握照明系统的一般诊断方法，及时发现故障点，并进行更换维修，保证平台照明能够正常运行。

参 考 文 献

1　编委会．海洋石油工程电气、仪控、通信设计[M]．北京：石油工业出版社，2007.
2　编委会．船舶设计实用手册(电气分册)[M]．北京：石油工业出版社，2002.
3　于永源．电力系统分析(第二版)[M]．北京：中国电力出版社，2004.

海洋石油平台测控系统应用分析

王芳辉　郑庆涛　郭玺

（中国石油集团海洋工程公司海工事业部）

摘要： 海洋石油平台测控系统不但对保证海洋石油平台及其人员的安全和保障正常生产起着极其重要的作用，而且对施工、调试、工期有很大的影响。在海洋石油技术的发展过程中，由于不同平台工艺要求各异、工程实施时自控技术水平和设计思路不同，采用了多种控制方案。随着计算机网络技术的发展和各种微处理器智能仪表的出现，测控系统的构成更为灵活，本文对海洋石油平台测控系统方案进行分析讨论，以期获得对不同方案优缺点的进一步认识。

关键词： 海洋石油平台；测控系统；控制方案

海洋石油平台测控系统是海洋油气田平台开发重要的环节之一。海洋石油平台由于环境条件、生产管理方式以及海上工程施工与陆地油田要求都比较苛刻，所以海洋石油平台测控系统技术水平都比陆地油田设计水平要求高。目前，国内外油田海洋石油平台测控系统涉及到：可编程控制器 PC（Programmable Controller）、集散式控制系统 DCS（Distributed Control System）、数据采集与监控系统 SCADA（Supervisory Control And Date Acquisition）系统，此外，还有现场总线系统 FCS（Field Control System）。

1　可编程控制器

可编程逻辑控制器 PLC 系统是在继电器逻辑控制基础发展起来的，数字量逻辑控制是它的主导优势，它为顺序逻辑控制和连锁保护提供了有效的手段，可编程控制器 PC 是可编程逻辑控制器 PLC 功能发展的延伸。随着计算机技术、自动化技术、网络通讯技术的发展，可编程逻辑控制器 PLC 增加了模拟量采集、数字运算、数据的传送处理、参数回路控制、及通讯功能等功能，发展成当代的 PLC，也就是可编程控制器 PC（Programmable Controller）。PLC 运算速度快，便于安装、性价比高，而且抗干扰、可靠度高，能适应海洋恶劣的工作环境，经常被应用于海洋石油平台测控系统中。当代，为了使 PLC 广泛的应用在各个设备和生产过程的自动化控制中，各个 PLC 根据面向控制规模（逻辑输入、输出的点数）不同，分为小型、中型和大型 PLC。

对于小型 PLC 经常适合于海洋平台现场撬块单体设备的就地控制和参数调节。如：外输泵组、三相分离器、加热炉、压缩机撬块、加药撬块等主要撬块内部的顺序逻辑控制及参数回路控制。对于这种撬块设备在出海前在陆地完成全面的的撬块测控调试。待撬块在海洋石油平台就位后，通过一两根通讯电缆把撬块自动化系统接入中央控制系统，完成中央控制系统对撬块设备参数的采集及控制。

对于中、大型的 PLC 系统不但具有逻辑控制、参数采集、回路调节功能，而且具有网络通信功能。PLC 可以与第三方人机界面组成监督控制系统，利用多选择性通信手段，可以构成多层次、多样式的组合式控制方案。控制方案具体表现为集中式控制、分布式 CPU 控制、远程 I/O 控制三种方式。

1.1　集中式控制方式

集中式控制系统是用 1 套 PLC 系统控制整个场域或者设备区的设备对象。集中式是指该 I/O 位于处理器附近或是和处理器在相同的柜里。用电线把现场设备接回到 I/O，并且电线可以十分长。我国在海洋石油平台开发初期，自动化设计技术不成熟，海洋石油平台测控系统基本照搬陆地油田站场的测控方式。大多采用集中式结构实现对整个平台设备参数测控。如：胜利埕岛油田中心 1 号平台，选用高端的 Rockwell AB 公司 Logix5550 可编程控制器作为过程控制系统的下位机核心控制器，选用西门子摩尔 Quardlog PLC 完成安全仪表系统的测控功能。PCS 和 SIS 系统控制采用 Ethernet 协议，通过工控交换机接入 Honywell 的 Plantscape 上位机服务器。PCS 和 SIS 系统现场仪表线缆分别接到中心平台中控室不同控制器机柜内。

采用这种集中式结构控制方式，其特点是可编程 PC 控制器及 I/O 模块集中于中控室内，便于模块硬件方面的管理。缺点是现场仪表线缆全部进入中控室内，电缆繁多，不但铺线、查线难度大，布线成本高，而且会导致电磁干扰。另外，当某一个控制对象添加或者更改程序时，必须停止整个控制器运行，影响海洋石油平台油气生产。

系统运行验证，这种大型集中式的 PLC 测控系统不但投资大，而且工程施工、管理都不方便，已不适用于规模日益扩大的海洋石油平台测控系统的需要。现在对于这种测控方式，在新开发的规模比较小的海洋采油卫星平台或者平台参数比较多的撬块系统采用。

1.2　分布式 CPU 控制方式

大型、中型的 PLC，通过特殊的通讯模块实现 PLC 之间的通信联网功能。可以通过总线的互连实现不同设备区域多台 PLC 的网络互连，从而实现对整个工艺流程的分布式 CPU 控制的方式。如：胜利埕岛油田中心 2 号平台：采用 DH+网络连线将分布在平台不同平台层角落的污水处理测控系统(由 Rockwell 公司 ControlLogix 系统组成)、三相分离器测控系统(由 AB 公司 SLC500 系列控制器系统)、加药撬块测控系统(由 AB 公司 SLC500 系统组成)集中连接到带有 DH+卡工业计算机 PC 上，实现对海洋中心平台整个集输工艺的集中测控。

采用分布式 CPU 方式分布在海洋平台的不同区域，由于各控制对象都有自己的专属控制器，当某台停运时，不影响其他工艺区块的控制器运行。虽然这种分布式 CPU 方式，从系统维护、运转及增加控制对象上比集中式控制方式灵活的多。但是 PLC 与 PLC 之间只是一种松散的连接方式，没有真正达到协调一致控制，同时，多个 PLC 控制器提高了整套测控系统的价格。

1.3　远程 I/O 控制方式

远程 I/O 测控方式采用 PLC 控制器加远程 I/O 的系统架构，PLC 核心控制器和本地的 I/O 机架位于生活动力平台生活楼中控室中央控制机柜，现场信号全部接入就近的远程 I/O 控制盘，电气部分参数进位于电气控制室的远程 I/O 机柜，PLC 与远程 I/O 间用远程 I/O 网络连接。

这样的系统架构可在保障系统安全性的前提下，最大限度减少电缆及施工工作量。同时，提高了系统的可靠性和抗干扰能力。远程 I/O 总线介质一般采用同轴电缆或者加采用光纤加光纤中继器拓展，不同型号的 PLC 产品所能驱动的 I/O 总线长度不同，因此有时控制器能满足控制要求，但由于控制器驱动 I/O 总线长度不同，被迫选用其他型号控制器。这样产品选择空间受限制，这种方式也经常会被设计方排斥。总之，随着发展，在海洋石油平台上，这种测控方式会有很大的使用倾向的。

2　DCS 系统

DCS 是集控制技术、计算机技术、网络通信技术和图形显示技术于一体的测控系统。DCS 集散控制系统是在模拟仪表控制系统的基础上发展起来的，发展初期功能以模拟量控制回路调节为主，随后增加了逻辑顺序控制功能。DCS 的主要特点是操作管理集中、控制功能分散。DCS 系统功能强大，不但拥有全局统一的数据库，而且集成多种复杂的控制算法与一体，可以完成复杂参数回路的控制。

它一般有上位机和若干下位机组成，上位机与下位机可以通过总线可以实现多种网络拓扑结构的连接。上位机由操作员站和工程师站组成。下位机由现场控制站组成。现场控制站一般都自带控制器主要实现设备周围仪表信号的接收及控制，实现数据集中存储、数据上传与接收，对各自生产区域进行过程实时控制。

自带控制器，分担了整个 DCS 系统的数据采集和控制功能。这样避免了其中一个站点（下位机）掉线或者失效造成整个 DCS 系统的失效，提高了系统可靠性。DCS 比较适合于工艺系统复杂、生产控制连续而又复杂的场合。在海洋油气生产中，DCS 经常在工艺集输集中、模拟量参数及回路控制多的复杂海洋平台应用。如：中海油惠州 21-1A 平台，采用日本横河电机公司 Yokogawa Centum CS3000 集散控制系统；此外还有渤中 28-1 平台，崖城 13-1 平台都采用成型的 DCS 系统、南堡 NP1-29 平台采用 DeltaV 集散控制系统。

3　SCADA 系统

SCADA 系统是在遥感、遥测、遥控、遥信技术基础上，以计算机系统为主的生产过程控制与调度自动化系统，它广泛在点多、面广、线长的油气集输工艺过程中采用。海洋石油中心平台一般采用 SCADA 系统实现对周围卫星平台的数据监控。一般海洋中心平台 SCADA 系统由位于中心平台中控室的主站 Host 和在卫星平台的远程终端单元 RTU（Remote Terminal Unit）系统组成，主站与各个远程终端单元 RTU 之间通过有线或无线方式实现远距离通讯。如：胜利飞雁滩油田 KD-481 中心平台 SCADA 系统，由 KD-471 中心平台控制中心和 KD-43A、KD-43B、KD43C、KD47 卫星平台 3 个远程终端单元 RTU（可编程控制器 PC）组成，控制中心 KD-471 站点与各个 RTU 通过 MDS 无线数传电台通道完成对卫星平台生产参数的采集与监控。

4　FCS 系统

FCS 是在继 DCS 之后的新一代控制系统，是智能仪表与计算机测控系统实现双向串行、数字式、两线制及多点通信的多支路通讯技术。它的出现，促进了可编程控制器、DCS 等其他计算机测控系统的功能不断更新，图 1 为现场总线控制系统示意图。

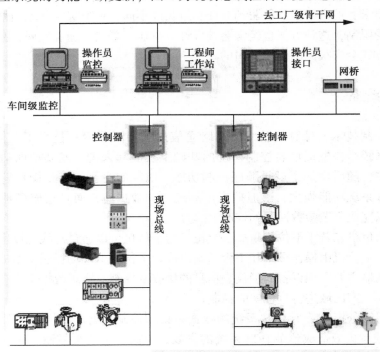

图 1　现场总线控制系统示意图

　　FCS 的主要特点有：①FCS 采用标准的一种类型总线，其总线协议只要确定，相关仪表设备及关键技术也就被确定。②FCS 彻底打破了传统的测控系统，是完全分布式总线网络的计算机测控系统，每一个现场仪表都是 FCS 系统的一个网络节点；每个节点都是一个智能仪表，它不再是普通的变送或执行器，同时担负着数据采集、控制、诊断及通信，有一个属于自己的地址与其他节点仪表区分。所有的节点通过 FCS 总线与 PC 机相连接，实现对所有节点数据的上传及监视。③FCS 不但不低于 DCS 的测控性能，而且能节约大量的电缆连接，方便系统的施工及维护。针对 FCS 这些优点，很多工控企业开发了多种 FCS 产品。但是不同企业出于商业利益保护，封闭自己产品 FCS 协议，造成产品之间因标准不同而无法兼容。同时 FCS 仪表因为品种单一而价格高昂，给设计选择、维护带了不便，严重制约了 FCS 的应用。海洋石油平台在国外已有使用绝对的 FCS 系统产品，如 WordFIP 系统、DeviceNet 系统。使用效果还有待检验。

5　海洋石油平台测控发展趋势

　　过去 DCS 和 PLC 主要通过被控对象的特点(过程控制和逻辑控制)来进行划分。但是，第四代的 DCS 已经将这种划分模糊化了。几乎所有的第四代 DCS 都包容了过程控制、逻辑控制和批处理控制，实现混合控制，图 2 为混合式的测控系统结构示意图。
　　DCS 的集成性则体现在两个方面：功能的集成和产品的集成。过去的 DCS 厂商基本上是以自主开发为主，提供的系统也是自己的系统。当今的 DCS 厂商更强调的系统集成性和方案能力，DCS 中除保留传统 DCS 所实现的过程控制功能之外，还集成了 PLC（可编程逻辑控制器）、RTU（采集发送器）、FCS、各种多回路调节器、各种智能采集或控制单元等。此外，各 DCS 厂商不再把开发组态软件或制造各种硬件单元视为核心技术，而是纷纷把 DCS 的各个组成部分采用第三方集成方式或 OEM 方式。例如，多数 DCS 厂商自己不再开发组态软件平台，而转入采用兄弟公司（如 Foxboro 用 Wonderware 软件为基础）的通用组态软件平台，或其他公司提供的软件平台（Emerson 用 Intellution 的软件平台做基础）。此外，许多 DCS 厂家甚至 I/O 组件也采用 OEM 方式 Foxboro 采用 Eurothem 的 I/O 模块，横河的 R3 采用富士电机的 Processio 作为 I/O 单元基础，Honeywell 公司的 PKS 系统则采用 Rockwell 公司的 PLC 单元作为现场控制站。

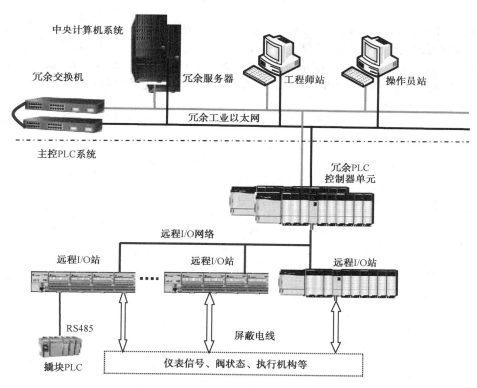

图 2　混合式的测控系统结构示意图

　　根据海洋石油平台的规模、平台设备的布局、业主对项目的战略方针和海洋特殊的安全要求，PLC、DCS、FCS 三种计算机测控系统利用各自优势，在海洋平台测控系统中都有广泛的应用涉及。DCS、PLC 系统利用 FCS 网络的优势相互渗透、相互补充，给测控系统的发展提供了更大的应用空间。采用可编程控制器与 DCS 系统组合的混合控制系统 HCS（Hybrid Control System）组合的方式，既吸取传统 DCS 系统"分散控制、集中管理"的设计精髓，可以很好的处理完成过程控制；又保留了可编程控制器 PC 顺序逻辑控制的优势，适用于数字量控制、顺序控制及回路控制的场合，可以以最低的成本实现工艺设备参数的测控。这种混合控制系统顺应当代计算机测控系统发展潮流。目前，新建造的大型海洋平台，已经有 DCS 与 PLC 组合式的混合控制系统的案例，如天时集团月东 A 区块综合测控系统，选用的是

RSviewSE 作为上位机软件和 Rockwell ABControlLogix1756 PLC 加远程 I/O 单元分布式的构架。

6　总结

根据海洋石油平台的规模、平台设备的布局、业主对项目的战略方针和平台特殊的安全要求，测控系统设计应利用 PLC、DCS、FCS 各自优势，本在投资小、性能可靠、施工方便、维护方便的原则，充分利用各个系统的结合，来满足海洋平台油气工艺生产监控的需要。

参 考 文 献

1　黄允凯，谈英姿. 深入浅出 NetLinx 网络构架[M] 北京：机械工业出版社，2003.
2　陈文煜 基于容错以太网的过程控制系统[J]. 石油化工自动化，2007，5：439~440.
3　王素珍，卢燕. 石油平台水处理 DCS 系统研究[J]. 微计算机信息 2007，23(9)：78~80.
4　毛宝瑚，郑金吾，刘敬彪. 油气田自动化[M]. 山东：石油大学出版社，2005：5~10.

海洋石油平台 FM200 消防系统设计及调试

张宏彬　谢永春　韩雁凌　范春垒　张永伟

(海洋石油工程(青岛)有限公司)

摘要: 在海洋石油平台生产中, FM200 系统对平台的安全生产起着至关重要的作用。本文以中国海洋石油总公司所属的丽水 36-1 平台为例, 在工程实践的基础上, 针对海洋石油平台 FM200 消防系统的组成、设计要点和调试方法进行了介绍。

关键词: 海洋石油平台; FM200; 组成; 设计; 调试

海洋石油平台一般远离陆地, 平台空间有限, 设备布置紧凑, 平台上 MCC 室、中控室、主发电机房、应急发电机房等电气设备房间密集排布, 还有许多工作人员在平台上工作和生活, 如果没有严格的电气安全防范措施, 发生事故造成的损失无法估量。因此, 为防范电气火灾, 必须有一套电气火灾消防系统用来确保海洋石油平台电气控制和电站系统安全运行, 并能在发生危险时及时扑灭初期火灾, 以免发生更大的事故。本文以中国海洋石油总公司所属的丽水 36-1 平台为例, 介绍了海洋石油平台上所用的电气消防系统——FM200 系统的组成、设计要点和调试方法。

1　FM200 系统组成

丽水气田采用的 FM200 是一套集成的高自动化消防系统, 它与火气系统、通风系统按照一定的逻辑关系连接, 通过房间内火气探头检测到的火灾信号传递给火灾盘, 火灾盘发出指令关闭房间内防火风闸和风机, 释放区声光报警, 延迟 30s 后启动 FM200 系统, 向释放区释放七氟丙烷, 从而实现各电气房间的灭火操作。

FM200 系统一般包括 4 个子系统: 火灾报警现场控制系统、氮气控制系统、FM200 集输系统、其他系统。

火灾报警现场控制系统包括火灾报警控制器、电池启动器、选择阀、电池阀、压力开关。火灾报警现场控制器是 FM200 系统的现场控制中心, 控制器上有控制方式选择锁, 当将其置于"自动"位置时, 灭火控制器处于自动控制状态。将主备转换开关旋至主用(备用)状态, 当感温探测器和感烟探测器均动作后, 确认火灾, 在 0~30s 的延时时间后, 灭火控制器发出灭火指令给控制管路上相应的电池阀和主(或备用)控制瓶的电池启动器, 电池启动器动作后刺破控制瓶上的容器阀密封膜片, 释放出控制气体分别打开选择阀和主(或备用) FM200 瓶组的容器阀, 释放气体流经总管汇, 使总管汇的压力开关和直露压力开关动作, 气体灭火控制器接收到放气信号, 同时 FM200 系统状态通过火灾控制器反馈火气盘。电气手动灭火操作是将控制方式拨至"手动"位置, 按下灭火控制器手动按钮即可。另外在电气控制系统不能启动时可以机械手动灭火操作，扳动选择阀手柄打开选择阀，取出容器阀保险销，按下气启动器手柄，开启容器阀释放七氟丙烷。

氮气控制系统包括氮气瓶组和氮气控制管线。氮气控制系统在接受火灾现场控制器灭火指令后，打开电磁阀，启动气体打开容器阀，释放灭火剂，实施灭火。

FM200集输系统包括储气瓶组、容器阀、单向阀、安全阀高压软管和喷头。由氮气控制系统打开容器阀后，沿集流管、单项阀，通过选择阀向火灾区域释放。

其他系统包括安全阀和放空管汇，其中安全阀安装在集流管上，对集流管起过压保护作用，压力设置7MPa，过压介质通过放空管汇释放到安全区域。

2　FM200灭火系统的设计

根据GB 50370—2005《气体灭火系统设计规范》（以下简称《规范》）和建设单位提供的设计数据，一般采用全淹没式灭火设计。确定防护区的容积、灭火设计浓度、灭火剂设计用量、灭火剂喷放时间、浸泡时间、灭火剂瓶组和管网设计。

2.1　确定防护区容积

以电池间为例，净容积 $V = 5.5 \times 4 \times 4 = 88 m^3$。

2.2　确定灭火设计浓度

依据《规范》规定，电池间七氟丙烷的灭火剂设计浓度取 $C = 9\%$。

2.3　确定灭火剂设计用量

$$W = K \times V \times C_1 / [S(100 - C_1)]$$

式中　W——灭火剂使用量，kg；

　　　C_1——灭火剂设计浓度；

　　　S——灭火剂过热蒸气在101kPa大气压和防护区最低环境温度下的质量体积，m^3/kg；

　　　V——防护区净容积；

　　　K——海拔高度修正系数，按照《规范》附录B的规定取值，$K = 1$；

　　　$S = 0.1269 + 0.000513 \times T = 0.1269 + 0.000513 \times 0.6 = 0.1272 (m^3/kg)$，其中 T 取值0.6℃。

所以，　　　　$W = 1 \times 88 \times 9\% / [0.1272 \times (100-9)\%] = 68 (m^3/kg)$

2.4　设计灭火剂喷放时间和浸渍时间

依据《规范》规定，电池间喷放时间 $t = 10s$，灭火浸渍时间 $T = 10s$。

2.5　灭火剂储瓶数量

W_0灭火剂储存量 = W灭火剂设计用量 + ΔW_1储存容器内灭火剂剩余量 + ΔW_2管道内灭火剂剩余量

所以，电池间FM200系统选用120L的储气瓶主用1只，每瓶灭火剂储存量取73kg，备用1只。

2.6　主干管平均设计流量

$$Q_w = W/t = 68/10 = 6.8 kg/s$$

式中　Q_w——主干管平均设计流量，kg/s；

t——灭火剂喷放时间，s。

2.7 管网管道通径

以管道平均设计流量，依据《规范》：

当 $6.0kg/s<Q>160.0kg/s$ 时，$D=(8\sim16)\sqrt{Q}$；

所以 D 计算 $=(8\sim16)\sqrt{Q}=21\sim41mm$，取 D 实际 $=40mm$。

2.8 计算充装率

管网内剩余量 $=0$（依据《规范》，均衡管网系统不需要剩余量）；

填充率：采用 120L 钢瓶，$\eta=W/V_b=73/0.12=608kg/m^3$。

2.9 计算管网管道内容积

电池间：$V_p=(\pi/4)\times D^2\times L=(\pi/4)\times40^2\times10^{-6}\times40.5=0.051m^3$。

2.10 选用储瓶压力

依据《规范》附录 C 规定，选用 $P_0=4.3MPa$（绝对压力）。

2.11 计算全部储瓶气相总容积

储瓶气相总容积：

$$V_0=n\times V_b\times(1-\eta/\gamma)=1\times0.12\times(1-0.608/1407)=0.068m^3$$

式中　η——充装量，kg/m^3；

　　　γ——七氟丙烷液体密度，kg/m^3，20℃时为 $1407kg/m^3$。

2.12 计算"过程中点"储瓶内压力

$P_m=P_0V_0/(V_0+W/(2\times\gamma)+Vp)(4.3\times0.068)/(0.068+73/(2\times1407)+0.026)=2.44MPa$

2.13 计算喷头工作压力

管段阻力损失（采用镀锌钢管）公式：

$$\Delta P=5.75\times10^5\times Q^2\times L/(1.74+2\times\log(D/0.12))^2\times D^5)$$

$$=5.75\times10^5\times6.8^2\times L/(1.74+2\times\log(40/0.12))^2\times40^5)=0.2284MPa$$

高程压头计算公式：$P_h=10^{-6}\times\gamma\times H\times g=10^{-6}\times1407\times2.5\times9.8=0.0345MPa$

喷头工作压力计算公式：$P_c=P_m-(\sum\Delta P\pm P_h)=2.44-(0.2284+0.0345)=2.1771MPa$

式中　ΔP——计算管段阻力损失；

　　　$Q=Q_w$——管段设计流量，kg/s；

　　　L——管段计算长度，m，为计算管段中延程长度与局部损失当量长度之和；

　　　D——管道直径，mm；

　　　P_c——喷头工作压力，MPa（绝对压力）；

　　　P_h——高程压头，MPa；

　　　H——过程中点时，喷头高度相对储存容器内液面的位差，m。

2.14 验算设计计算结果

依据《规范》规定，应满足下列条件：

$P_c\geq0.7MPa$；$P_c\geq P_m/2$，所以，电池间灭火系统喷头工作压力满足要求。

3　FM200 系统调试方案

3.1　调试作业安全分析

由于调试用氮气管汇操作压力达到 1MPa 以上，因此调试过程存在高压泄露甚至爆炸危险。

采取的安全措施：调试前对 FM200 系统实验区域进行隔离，避免非调试人员进入调试现场。调试前拆掉至瓶头阀的氮气驱动软管的连接，避免造成误开。调试前对氮气驱动管线的所有接头进行紧固，避免由于紧固不好且承受高压导致接头处漏气甚至开裂伤人。

3.2　调试条件检查

(1) 检查与七氟丙烷系统调试相关设备：七氟丙烷撬、HVAC 系统、手动释放抑制按钮、声光报警装置等调试完毕并能正常使用；

(2) 将仪表气连接七氟丙烷释放主回路，模拟七氟丙烷释放；

(3) 关闭原氮气瓶(驱动气)出口阀，拆除阀后出口管线，将拆下的出口管线与临时氮气瓶连接。

(4) 对喷头下的设备做好防护；

(5) 在中控系统中将

3.3　外观检查

(1) 检查系统内相关设备名牌清晰正确，仪表、按钮、阀门、管线等是否按图纸安装完好；

(2) 检查各房间喷头、烟探头、热探头、声光报警装置型号和安装位置是否与图纸相符；

(3) 检查灭火系统各部件是否有碰撞、腐蚀、划痕等损伤；

(4) 检查各保护区灭火剂量是否与设计相符；

(5) 检查阀门、电磁阀、压力开关等安装位置是否与图纸相符；

(6) 检查七氟丙烷泄放管线是否符合相关图纸及安全规范。

3.4　功能测试

3.4.1　自动控制功能测试

(1) 将主、备瓶选择开关置于主瓶位置；

(2) 将火灾盘控制方式选择"自动"方式；

(3) 选择某一七氟丙烷保护房间，按照火气逻辑模拟探头进行测试。探头报警后，确认火灾盘上的信号是否正确；确认在七氟丙烷释放的延迟时间内，防火风闸和风机已关闭；释放区声光报警持续报警；

(4) 确认时间延迟 30s 后，相应的电磁阀动作。确认对应区域释放(仪表气)正确；

(5) 确认主瓶开启 5s 后，备瓶启动(由于未达到设计的释放压力，因此备瓶启动)；

(6) 按下复位/确认按钮，确认系统恢复正常；

(7) 将主、备开关置于备瓶位置，重复步骤(3)~(6)；

(8) 其他保护区域的调试重复步骤(3)~(7)。

3.4.2　手动控制功能测试

（1）将主、备瓶选择开关置于主瓶位置；

（2）将火灾盘控制方式选择"手动"方式；

（3）按照 3.4.1 步骤（3）~（8）进行手动方式调试。

3.4.3　现场手动控制功能测试

（1）将主、备瓶选择开关置于主瓶位置；

（2）按下某七氟丙烷保护房间门外安装的手动按钮，确认火灾盘上的信号是否正确；确认在七氟丙烷释放的延迟时间内，防火风闸和风机已关闭；释放区声光报警持续报警

（3）确认时间延迟 30s 后，相应的电磁阀动作。确认对应区域释放（仪表气）正确；

（4）确认主瓶开启 5s 后，备瓶启动（由于未达到设计的释放压力，因此备瓶启动）；

（5）报警后 30s 内，按下此房间的抑制按钮，确认七氟丙烷系统释放无效；

（6）按下复位/确认按钮，确认系统恢复正常；

（7）将主、备开关置于备瓶位置，重复步骤（2）~（6）；

（8）其他保护区域的调试重复步骤（2）~（7）。

3.5　试验后工作

（1）确认对调试设备进行状态恢复；

（2）拆除临时氮气和仪表气管线，恢复正式管线；

（3）拆除临时氮气瓶；

（4）拆除警戒带，移出安全牌，清理调试现场。

4　结束

　　本文对丽水 36-1 平台 FM200 消防系统的组成、设计和调试进行了介绍，虽然不同的海洋石油平台所采用的 FM200 消防系统组成结构略有不同，但 FM200 消防系统的控制原理都是相通的，因此本文介绍的内容具有较大的适用性。掌握海洋石油平台 FM200 消防系统的设计原理及调试方法不仅对工程设计、调试人员很有必要，而且对于平台操作人员也很有裨益，只有操作人员充分熟悉了解这些知识，才能让 FM20 消防系统更好的发挥作用，确保海洋石油平台的生产活动能够安全进行。

参 考 文 献

海洋石油工程设计指南编委会 . 海洋石油工程设计指南 [M] . 北京：石油工业出版社 . 2007.

浅海采油平台导管架调平技术

卢明　王允

（中石化胜利油建工程有限公司）

　　摘要：本文介绍了埕岛油田常见的导管基型固定平台的导管架的形式及作用，结合埕岛中心 3 号平台导管架的施工，对导管架海内安装常用的调平方法进行了讨论。

　　关键词：导管架；调平

1　前言

　　胜利海上埕岛油田（图 1）位于渤海湾南部的浅海和极浅海海域，平均水深 4～17m。该地区含油气构造路海连片，油源条件充足，有多种类型的圈闭和多套油气储集层，有良好的储盖组合，是我国油气资源富集地之一，勘探和开发前景十分广阔。埕岛油田海上石油开采主要采用浅海固定式导管架平台，具有成本低，见效快，安装易的显著特点。埕岛油田地处渤海湾南部，黄河入海口，泥沙冲刷淤积现象严重，经水动力的分选作用，呈不规则的带状和斑块状分布。致使导管架海上安装时的水平度调节工作显得尤其重要。

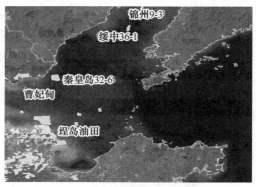

图 1　埕岛油田位置

2　导管架简介

　　在介绍导管架水平度调节方法之前先对导管架进行简单的论述，从而表明水平度调节的重要性。

2.1　导管架的结构形式

导管型桩基固定平台是国内外制造与使用最多的一种形式，它包括上部结构和基础结构。

上部结构分为甲板、梁、立柱或桁架，主要作用是为海上钻、采提供必需的场地以及布置工作人员的生活设施等，提供充足的甲板面积，保证钻井或采油作业能顺利进行。

下部结构分为导管架和钢桩。导管架型平台是由钢管桩通过导管架固定于海底的结构物，导管架本身具有足够的刚性，以保证平台结构的整体性，从而提高了平台抵抗自然载荷的能力。

导管架是海洋石油平台中传递载荷的主要部件，其主体是钢质桁架结构，是海洋石油平台的固定基础。

2.2 导管架的作用

导管架是由若干竖向立柱(圆钢管)和横向、斜向连接钢管焊接结成的空间框架结构，它主要具备以下作用：

(1)为平台的海上施工提供条件：在导管架的竖向圆管(导管或桩套筒)内打桩，大大减少了在海上施工时单桩定位等操作上的困难。

(2)把各单位联成一个整体：打桩完毕后，桩和圆管之间的环向内用水泥浆固结，这样再通过导管架的空间结构，将各单桩连成一体，加强了平台工作的整体性，且使平台的各种载荷能均匀的传递到各桩上。

(3)可安装泊船设备，供交通联络、船舶停靠。

(4)可安装电缆护管及电缆，供通讯、动力。

(5)可安装梯子、走道、登船桥等，供工作、维护时通过。

(6)在导管架上架设临时性的工作平台，以加快施工进度和保证施工过程中的安全。

3 导管架调平方法

3.1 锁桩法调节水平

以埕岛中心三号平台为例：

(1)中心三号平台海底地质条件：

通过地质钻探表明，中心三号平台场址100m以浅土层可分为19层，粒状土及黏性土交替出露。同时通过标准贯入试验及动态三轴试验对平台场址20m以浅的粒状土液化可能性进行评判，结果表明，在7度及8度地震作用下，中心三号平台浅层粉砂及粉土不发生液化。中心三号海底地质及桩基计算参数表见附表1。

(2)调平方法程序：

海洋石油导管架，存在两次调平的程序，放置导管架后的初调平，打桩完成后的二次调平。但其初调平要求相对低一些，以150mm控制，二次调平则以工艺要求控制。一般水平度误差要求为任何两点之间跨距的0.5%以内。

① 导管架下水后，首先要用水平仪进行导管架水平度测量

② 当导管架的水平度在允许误差范围内时，可直接插桩、打桩，最后进行调平。

③ 当导管架的水平度超过允许误差不大时，一般四腿导管架水平误差在150mm以内可直接进行打桩作业。打桩时要先打高点桩。

④ 当导管架的水平度超过允许误差很大时，一般四腿导管架水平误差超过150mm，四

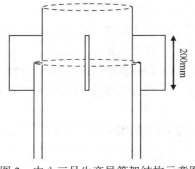

图2　中心三号生产导管架结构示意图

根桩插桩完后，先将导管架低点吊起调平，提到 +50mm，并用筋板将桩和导管进行临时固定。后可进行其他的打桩作业。先解锁第一根桩的临时固定，将其打入，并进行加固。后依次解锁打桩，同时临时加固。最后打最低点的桩，打完后再进行测量调平，加固。

（3）有关锁桩时临时筋板的校核计算：

中心三号生产导管架（图2）自重1000t，设每个桩腿需有 $F(N)$ 的支撑力用于锁桩（最大受力状况，即除了水的浮力外，其余的支撑力由临时筋板提供）。

$$6 \times F = G - \rho g v \quad (v = 295 m^3)$$

$$F = 1.175 \times 10^6 N$$

临时筋板为 D36，200mm×20mm 钢板，许用应力为 355MPa

$$\tau = \frac{f}{s} < [\tau]$$

筋板长 200mm，但主要由与桩管焊接部分受力，即 $s = 100 \times 20$

$$\frac{f}{100 \times 20} < 355$$

$$f < 7.1 \times 10^5 N$$

同时 $n \times f > F$

除了通过锁桩方法调节外，可将高的点压低，用千斤顶，在打完桩后，在桩上焊上支撑点，通过千斤顶压力来实现将高点压低。也可以通过插桩顺序的调节，进行导管架调平。先插高点桩。

3.2　填砂袋法调节水平

填砂袋调平一般适用于导管架就位前期探摸时发现不规则大型深坑，用填砂袋将海床填平。

该方法必须提前对海床进行探摸，并且海床有明显的不规则深坑。导管架就位前将砂袋投放到指定位置，后再次进行探摸查看地层情况，确保平整。

3.3　深海调平方法

IHC 内外夹持式调平器的特点是采用夹持方式实现导管架套筒与桩的链接。调平力是接触摩擦力或抗剪力。此类调平器的调平力可达 3000t，可调导管桩的直径范围 72~102in，工作不受导管桩高度的限制，可在水下 200m 处工作，最大调平距离 1200mm，进口油压 40MPa。

内外夹持式调平器的工作特点是调平器的上、下圈采用夹持原理将导管架与导管桩连接。上圈机构类似于内夹持器利用夹爪夹住导管桩，下圈机构类似于外夹持器利用夹爪胀住套筒，最后收缩中间的提升液压缸以产生导管桩与套筒（套筒与导管架固连）之间的相对运动，达到调整导管架水平的目的。提升液压缸的数目和大小可依据工作载荷的大小和调平范围来进行设计和选择。

调平器总体由机械系统、液压系统和控制系统三部分构成。机械系统主要由上部夹持机构、中部提升机构、下部夹持机构；液压系统由液压动力源、提升液压缸组、上下对中液压缸组、上下夹持液压缸组组成；控制系统系统由船上的控制柜发出指令，通过各组电磁阀动作来控制各组油缸的动作及进行液压实时检测,以便进行合理的安全保护。

1)上部夹持机构

调平器上部夹持机构包括上部楔形夹持机构和对中机构。楔形夹持机构采用液压缸驱动楔块夹爪结构抱紧导管桩,此机构将驱动力有效放大成导管桩的夹紧力,有利于减小液压缸的尺寸。对中机构主要构件为液压缸,上部对中机构采用将对中液压缸安装在上圈基体上,活塞杆向内伸出,使上部夹持机构与导管桩对中。

2)中部提升机构

调平器中部提升机构主要构件为 8 个尺寸较大的提升液压缸,提供调平时所需的提升力。液压缸的数量可以根据提升能力增减,液压缸的行程即设计要求的最大调平距离 1200mm。

3)下部夹持机构

调平器下部夹持机构与上部模块原理基本相同,包括下部楔形夹持机构和对中机构。下部楔形夹持机构仍采用液压缸驱动楔块夹爪结构,向外胀紧套筒。下部对中机构主要构件仍是液压缸,与上部模块不同的是,此处的液压缸活塞与下圈基体固定,对中时缸筒向外推出,实现下部夹持机构与套筒的对中。

4 结论

随着胜利油田海洋油气田大力开发,海洋平台工程日益增多,本文论述的导管架海内施工调平方法对桩基式固定采油平台有着指导性意义。结合近几年埕岛油田导管架平台的施工,实践证明,采用上述方法,可有效的保证管架的水平度。当然,由于海内施工受自热条件影响很大,因此,要根据现场条件选择最适当的调平方法。

附表 1

中心三号平台-生产平台 2　桩基计算参数表

层号	岩土名称	分层深度/m	有效重度/(kN/m³)	不排水抗剪强度	桩土摩擦角	承载力系数 N_a	地基反力系数 K	轴向应变 $\varepsilon50$	单位面积侧摩阻力/kPa	单位面积桩端阻力/kPa
1	松散—中密的粉土	0	9.2		15	8	5430		48	1900
		3	9.2		15	8	5430		48	1900
2-1	淤泥质土	3	7.3	8				0.04	6	54
		6.2	7.3	8				0.04	6	54
2-2	软塑的粉质黏土	6.2	8.6	20				0.02	20	180
		12.2	8.6	20				0.02	20	180
3	中密的粉砂	12.2	9.9		20	12	5430		67	2900
		15.8	9.9		50	12	5430		67	2900
4	可塑的粉质黏土	15.8	10	40				0.007	40	360
		17.1	10	40				0.007	40	360
5	中密—密实的细砂	17.1	10.2		25	20	10860		81	4800
		19.6	10.2		25	20	10860		81	4800
6	可塑的粉质黏土	19.6	9.5	50				0.007	50	450
		22.4	9.5	50				0.007	50	450
7	中密—密实的粉砂	22.4	10.8		25	20	10860		81	4800
		25.8	10.8		25	20	10860		81	4800
8-1	可—硬塑的粉质黏土	25.8	9.9	50				0.007	50	450
		30.2	9.9	50				0.007	50	450
8-2	可—硬塑的黏土	30.2	10	50				0.007	50	450
		36.4	10	50				0.007	50	450
9	密实的细砂	36.4	10		30	40	21720		96	9600
		38.8	10		30	40	21720		96	9600

续表

层号	岩土名称	分层深度/m	有效重度/(kN/m³)	不排水抗剪强度	桩土摩擦角	承载力系数 N_a	地基反力系数 K	轴向应变 $\varepsilon 50$	单位面积侧摩阻力/kPa	单位面积桩端阻力/kPa
10	硬塑的黏土	38.8	10.1	60				0.005	60	540
		45.5	10.1	60				0.005	60	540
11	密实的粉砂	45.5	10.3		30	40	21720		96	9600
		55.3	10.3		30	40	21720		96	9600
12	硬塑的粉质黏土	55.3	10.2	60				0.005	60	540
		56.8	10.2	60				0.005	60	540
13	密实的粉砂	56.8	9.4		30	40	21720		96	9600
		59.7	9.4		30	40	21720		96	9600
14	硬塑的黏土	59.7	10.4	70				0.005	70	630
		64	10.4	70				0.005	70	630
15	密实的粉砂	64	9.8		30	40	21720		96	9600
		67	9.8		30	40	21720		96	9600
16	硬塑的黏土	67	9.8	80				0.005	80	720
		78.8	9.8	80				0.005	80	720
17	密实的中细砂	78.8	10.9		30	40	21720		96	9600
		85	10.9		30	40	21720		96	9600
18	硬塑的粉质黏土	85	9.7	90				0.005	90	810
		93	9.7	90				0.005	90	810
19	密实的粉砂	93	10.2		30	40	21720		96	9600
		105.2	10.2		30	40	21720		96	9600

胜利 CB20A 平台整体动力检测

刘海超

（中石化胜利石油工程有限公司钻井工艺研究院）

摘要： 针对在役海上导管架平台非损伤安全检测的特殊要求，提出了基于桩基振动测试的浅海导管架平台安全评估的整体动力检测方法，针对 CB20A 平台确定了检测方案。检测结果显示，平台的低阶振动模态得到很好的分离与识别，获得的平台基础测试数据为未来的进一步巡检测试建立了良好的对比基准。

关键词： 导管架平台；振动响应；无损检测；检测方法；现场测试

在役海上导管架平台非损伤安全检测要求特殊，提出了基于桩基振动测试的浅海导管架平台安全整体动力检测方案。本方案采用多点分布式无线传感器系统的设计理念，结合近年来传感器、电子信息、数据传输及信号处理等领域的新技术和新进展，使用自主研发的便携式平台振动采集系统，对浅海导管架平台在自然环境激励或人工激励条件下的平台桩基振动情况进行定期的精确测量，经过处理和分析不同时期的测量结果，确定平台多阶模态参数随时间的变化趋势，进而对复杂环境荷载条件下的海上导管架平台的复杂结构做出安全评价与诊断。本测试的目的主要是在人工激励条件下测量浅海平台桩基振动情况，以此分析目标平台的振动模态，确立目前状态下平台基础测试方法并获得测量数据，为未来的平台巡检测试建立对比基准。

1 平台整体动力检测技术

海洋导管架平台可以看作是由刚度、质量、阻尼矩阵组成的力学系统，平台结构一旦出现弱化或损伤，其对应系统的频响函数、模态参数等会随之改变。该变化可视为平台结构出现损伤的间接信号。基于振动测试的海洋平台无损检测技术是指通过测量海洋平台在环境激励下的振动响应，分析待测结构的多阶固有频率及模态，对比历史记录，研究并建立固有频率或模态的变化与结构的刚度、疲劳、嵌固点强度等涉及平台整体安全关键要素的对应关系，从而诊断与识别海洋平台的健康与损伤状况。目前，该类技术在桥梁检测等领域已得到广泛应用，代表了未来大型工程结构非侵入式无损检测与诊断的发展趋势

传统的振动检测系统采用模拟拾振器与系统中心采集站分离的集中采集与控制工作模式，其缺点是传感器布线困难、系统扩展能力弱、中心站可靠性要求严格、施工成本高，不太适合在高湿、高腐蚀、极端温度等恶劣环境下的海洋平台使用。对此，胜利钻井工艺研究自主研发了便携式平台振动采集系统（图1）。该系统采用基于无线传感器网络技术的海洋平台多点空间振型同步采集方案，将智能传感器和无线网络的理念引入海洋平台结构安全振动检测中，以数字化的智能振动检测单元代替传统的模拟拾振器，以分布式无线自组织传感器

网络替代测点与主机之间的连接电缆，实现了海洋平台空间整体复杂振型同步精确遥测，提高了系统冗余度和可靠性，简化了现场施工程序，增强了系统的环境耐受能力。

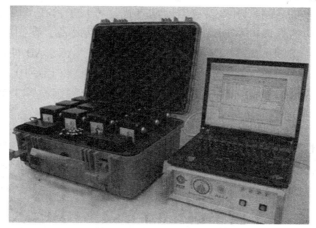

图 1　便携式平台振动采集系统

测点设备由电池供电，可连续工作 48 h 以上。主控站点采用平台动力供电或大容量电池供电，工作时间可达一周以上。整套设备具有体积小、重量轻、环境耐受力强、自持工作时间长、现场布设方便灵活等特点。

2　平台整体动力测试方案

2.1　振源设置

便携式平台振动采集系统通过测量浅海导管架平台桩基振动情况，进而分析平台多阶模态参数随时间的变化趋势。检测采用的振动源可来自于自然环境激励或人工激励：①典型的天气过程（南方台风天气或北方冰荷载）；②船拉或船撞；③人工锤击。针对测试平台的实际工况，确定采用第②种方式产生振动源。

2.2　测量流程

（1）在平台上按照布设方案安装测试设备。

（2）利用小型作业渔船轻触平台，使其产生振动激励。每次触击持续 15min。

（3）平台振动采集系统连续测试和采集平台振动激励。系统可以采集的参数包括：每个测点的全段数据合成幅度、$X/Y/Z$ 方向的振动时程曲线及其局部放大曲线、$X/Y/Z$ 方向 25 个 35s 分段数据的时程曲线及其频域特征。

（4）回收设备并撤离平台。整个测量过程持续 3 h（包括海上乘船时间），一般在 1 个工作日内完成设备安装和平台测试。

2.3　设备安装

本文主要介绍平台振动加速度的测量，根据实际需要，选用加速度传感器作为信号敏感元件。测量过程中，要求平台钢结构不能受到破坏且传感器与钢结构必须紧密连接，故采用环氧树脂胶将便携式平台振动采集系统固接在平台底板待检位置，固接位置的表面需要清洁，但不需要清除底漆。每个测点布设时间约 5~10min，全部测点可在 1~2h 布设完毕。环氧树脂胶完全胶结的时间视环境温度的差别而有所不同，一般在 0.5~2.0h。经过优选的测量点位固定不变,以便于后续巡检时的快速安装定位及巡检结果的直接对比。

　　便携式平台振动采集系统的主机采用外接电池供电,直接置于带有护栏的走道上,以方便测试。测点设备与主机之间采用无线数据传输方式。考察平台在平面内的振动情况,需要测量每个桩腿两个方向的振动的数据。例如布设 10 台测点设备,在图 2 所示的主桩腿 C 布置 1 台(ED-08),在主桩腿 A 布置 2 台(ED-05,ED-07),AC、AB 桩腿之间的横撑上各布置 1 台(ED-06,ED-01),与 A 桩腿连接的横撑上各安装 1 台(ED-10,ED-02),在底层甲板与栈桥连接处布置 3 台(ED-03,ED-04,ED-09)。每个测点设置 3 个采集通道,分别对应测点设备的 X、Y、Z 通道的传感器敏感方向。

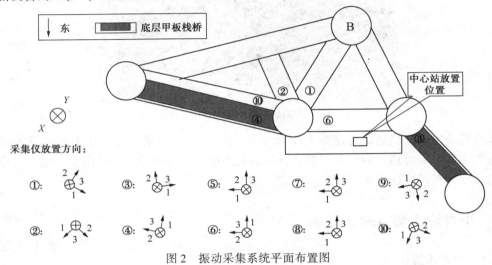

图 2　振动采集系统平面布置图

3　平台整体动力测试结果及分析

　　本次测试目标平台为 CB20A 平台,该平台为三腿支撑导管架平台,通过栈桥与井口平台相连。测试当天风速 3.5m/s,波高 0.5m。表层流速 0.24m/s,环境条件对测试结果影响相对较小,可忽略不计。

　　正常海况下,环境激励产生的平台振动非常微弱,合成幅度在 0.5mg 左右,基本无法满足测试分析的需要,而依靠小型作业渔船激励产生的平台振动合成幅度达到 5~10mg,可以满足测试分析的需要。实际检测时,为了降低信号中的高频干扰,设置低通滤波器的截止频率为 5Hz。

3.1　平台振动合成幅度

　　1 号、2 号测点设备记录的船只激励产生的平台振动合成幅度见图 3、图 4。由图中可以看出,在 250s 左右,平台合成振动幅度存在较大峰值,随后衰减震荡;两个测点的波形峰值形成时间完全一致,峰值幅度有所相同。说明不同测位的平台结构刚度对振动幅值有明显的影响,在平台不同测位进行检测十分必要。其他测点的测试结果与其类似,不再一一赘述。

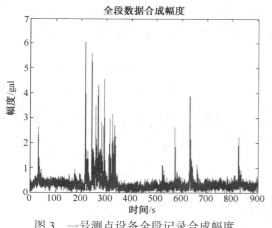

图 3　一号测点设备全段记录合成幅度

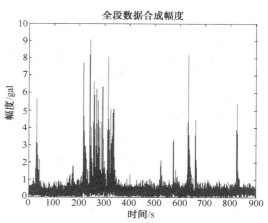

图 4　二号测点设备全段记录合成幅度

3.2　振动时程及其频域特征

　　根据各测点的布置位置和对测试数据分析结果，1、2、6、10 号测点振动时程及其频域特征基本相同，因此仅对 1 号测点数据分析进行说明；4、6 号测点测点振动时程及其频域特征基本相同，因此仅对 6 号测点数据分析进行说明；5、7、8 号测点对其安装位置处单桩的振动特性反映最为明显，受此影响对平台整体的振动特性反映相对较弱，因此不作为此次分析的重点。本次将 1、3、9、6 测点的测试结果作为此次检测主要的分析对象。

3.2.1　1 号测振单元

　　1 号测振单元两次振动测试典型段的振动时程及频域特征曲线见图 5。可以看出，1.1 Hz 和 1.35 Hz 处存在明显的能量成分，对应了平台的低阶振动模态。受平台振动幅度的限制，更高阶的模态淹没在噪声中，难以有效识别。

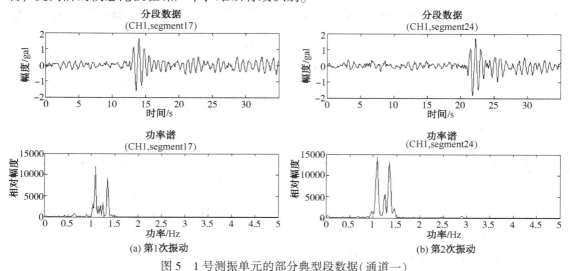

图 5　1 号测振单元的部分典型段数据(通道一)

3.2.2　3 号测振单元

　　3 号测振单元两次振动测试典型段的振动时程及频域特征曲线见图 6。由图中可见，不同时间段的频域分布比较杂乱，规律性很差。其原因是测量设备置于栈桥与平台相接的一端，受待测平台、栈桥及栈桥对端一个单桩支撑的共同作用，耦合振动情况突出。说明在该测位有助于确定某些特殊能量成分的来源。

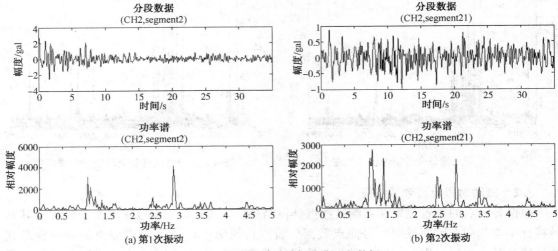

图6　3号测振单元的部分典型段数据

3.2.3　9号测振单元

9号测振单元两次振动测试典型段的振动时程及频域特征曲线见图7。由图中可见，点受单桩腿支撑及栈桥的影响，本测点1.05 Hz和2.85 Hz处存在较为明显的能量成分。这也解释了3号测点设备数据中对应成分的来源。

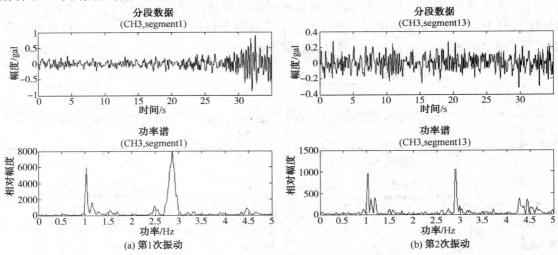

图7　9号测振单元的部分典型段数据

3.2.4　6号测振单元

6号测振单元两次振动测试典型段的振动时程及频域特征曲线见图8。由图中可以看出，与3号和9号测点类似，该测点在2.85 Hz处也出现能量成分。附近的1、2、5、10等测点设备采集的数据中均无此现象，其原因需要做进一步的分析。

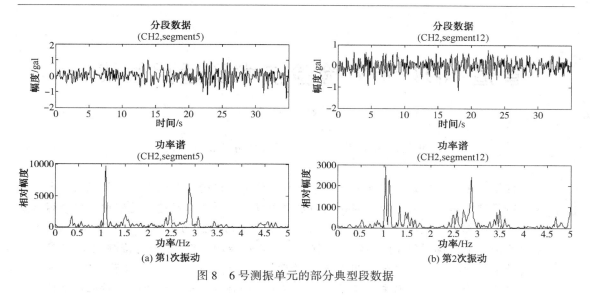

图 8　6 号测振单元的部分典型段数据

4　结论

（1）利用小型作业渔船轻触平台产生振动响应满足平台安全要求和平台振动模态分析，其可行性和可操作性较强。

（2）平台的低阶振动模态得到很好的分离与识别，获得的平台基础测试数据为未来的进一步巡检测试建立了良好的对比基准。

（3）平台整体动力测试方案不是通过建立复杂的平台有限元模型及利用各种复杂的模态识别方法识别尽可能高阶的振动模态，它强调采用方法简单、重复性好、操作性强的定期巡检对导管架平台整体安全状况做出早期评价乃至预警，进而达到识别局部损伤的目的。

（4）便携式平台振动采集系统具有体积小、重量轻、灵敏度高、环境耐受力强、自持工作时间长、现场布设方便灵活等特点，满足小型导管架平台快速振动巡检的应用要求。

（5）本文介绍的测试方案具有成本低、安全可靠、重复性好、操作简单快捷、不需外部附加条件等优点，适用于较大规模的浅海小型导管架平台群的安全巡检，普及推广价值较大。

参 考 文 献

1　张谦. 含局部损伤导管架平台结构强度分析［D］. 青岛：中国海洋大学，2010.

2　王乐，杨智春，谭光辉，等. 基于固有频率向量的结构损伤检测实验研究［J］. 机械强度，2008，30（6）：897～902.

3　白羽. 梁、板、网架结构损伤诊断研究［D］. 昆明：昆明理工大学，2008.

4　王素丽，高洁. VB 开发环境下的微振动检测系统研制［J］. 研究与开发，2012，31（6）：59～62.

管道 NDT 无损检验技术及适用性浅析

张红志

(中国石油集团海洋工程有限公司工程设计院)

摘要：无损检测是一门综合性科学技术，依据目前的工业技术，无损探伤技术是检验管道、压力容器焊缝内部缺陷的主要手段。在管道工程建造过程中，焊口焊接后，不能都采用破坏性的方式进行检测，需要采用相应的无损检测方法来进行，主要方法有射线检测(RT)、超声检测(UT)、磁粉检测(MT)和渗透检测(PT)。目前建造项目中检验公司广泛采用 X 射线检验、γ 射线检验、超声波检验、PT 着色检验这几种检验手段，本文将根据这些检测手段的特点分析其适用性，对比各个检测方法的优缺点，希望对配管设计及现场施工管理人员有所帮助。

关键词：海洋石油；管道；无损检验

1 前言

随着我国石油、化工工业半个世纪的发展，特别是改革开放以来近 20 年来的迅猛发展，我国已建的管道达到数百万公里，各种生产设施内管道密布，特别是随着在役时间的不断增加，许多管道接近了其设计寿命，近年来已经陆续发生管道重大泄漏引发的污染、甚至爆炸事故。压力管道的安全不容忽视，在石油、化工项目建造过程中，管道的无损探伤检验对于消除焊接缺陷、控制管道施工质量发挥着十分关键的作用，目前各检验公司在管道焊缝探伤检验工作中通常采用以下几种检验手段：X 射线检验、γ 射线检验、超声波 UT 检验、PT 着色检验等，本文将探讨各种检测手段的优缺点，分析其适和应用的场合。但笔者仅是从配管检验工作手段的有效性方面去考虑，简要的分析一下各种检验手段的优缺点，对于一些影响不是很密切的性能，此处不再进行对比分析。

2 常用无损探伤检验方法及优缺点

在管道工程中，管道焊缝的焊接过程中，常存在以下缺陷：气孔、夹渣、未焊透、咬边、烧穿、裂纹等缺陷。这些焊接缺陷的产生往往与焊接操作者焊接技能、焊接作业时的周遍环境(风、雨、空气湿度等环境因素)以及焊工的工作状态(如连续疲劳作业等)有关，也与焊接消耗材料的质量有关。当然焊接缺陷不可能完全杜绝，这些缺陷的存在，对管道投入使用后的安全生产带来致命的影响，小则发生介质泄漏，造成停产维修，甚至发生火灾，大则发生爆炸或者污染事故。正是基于这一实际情况，显示了无损探伤检验工作的高度重要性，通过无损探伤技术，可以探测出管道焊缝内部的这些缺陷，并指导焊工完成返修作业，消除焊接缺陷，无损探伤检验是提高工程施工质量，确保生产设施安全运行的可靠手段。

2.1　X 射线检测

在工程项目中，利用射线对物质的穿透能力，采用射线探伤技术，对容器或者管道焊缝中的夹渣、气孔、未焊透、焊漏和烧穿等缺陷进行内部缺陷检查。射线检测最主要的应用是探测焊口内部的宏观几何缺陷（探伤），如裂纹、未融合、夹渣、气孔等。X 射线是目前管道射线检验中应用最普遍的检测方法，在海洋石油、炼油工程、石油化工、化工行业的建造项目中得到普遍应用。X 射线检测采用 X 射线探伤仪，需要提供电源。

X 射线检测具有实时成像直观的特点，照相底片可以长时间的保存备查，可追溯性好；对薄壁工件无损探伤灵敏度较高；对体积状缺陷敏感，缺陷分布真实，尺寸测量精确；对工件表面光洁度没有严格要求；材料晶粒度对检测结果影响不大，可以适用于各种材料内部缺陷检测。所以在压力容器、压力管道的焊接质量检验中得到广泛应用。

但 X 射线检测也有后面这些缺点：对面状缺陷不敏感；射线对人体有害；射线照相法底片评定周期较长；对厚壁工件检测灵敏度低。另外对于小口径管道也检测困难。

管道焊缝的检验通常情况下采用 X 射线检测，只有当管道四周空间狭窄，X 射线光机无法进入狭窄空间时，才选用 γ 射线检测。另外 X 射线检测不适用于承插焊接的小口径管道焊缝的质量检验。另外对于在役管道的检验，X 射线检测方法也不可行。在安全性方面，X 射线检测要明显优与 γ 射线检测，X 光机射线发出的 X 射线有单向照射的特点，对检测人员人身防护要求低。

2.2　γ 射线检测

γ 射线检测是采用 γ 源作为射线放射源，γ 射线探伤机采用机械手摇式，不需要提供电源，现场操作方便。γ 射线探伤适合检测较厚试件。在正常的条件下，γ 射线检测可以和 X 射线检测结合使用。γ 射线检测不需要电源，更适合在野外、无电源、水下和高空使用。不容易发生电器故障，也可以用于高电压、高温、强磁场场所。可以远距离操作，使照射头探进 X 射线类探伤机 X 光管不能伸进去的场合。检测的厚度范围要大于 X 射线检测。重量轻、体积小，使用非常方便。缺点是 γ 射线采用放射源，呈现 360° 空间立体照射，穿透力超强，对开展射线检测作业人员的人身防护要求比较高。另外目前在陆地石油、化工项目中，采用 γ 射线要报业主批准，需要走审批程序。在海洋石油项目中，各油田作业方对于 γ 源的管理也很严格。如果施工单位或检验单位计划采用 γ 射线检测，将 γ 源带上平台，必须提供书面申请，并获得业主批准。可见目前无论是陆地还是海上项目，对 γ 射线检测都有严格的限制措施。另外近年来，陆地一些石油化工项目中屡次发生放射源丢失，引发重大放射污染事故，造成公众恐慌。所以只有在 X 射线检测不适合应用的场合才使用 γ 射线进行探伤检验。笔者曾在现场与探伤检测人员一起开展过 γ 射线检测，从他们这些专业检测人员在操作 γ 射线检测的谨慎程度来看，也可以看出他们对该检测手段危险性的重视。但只要严格执行相关安全管理规定，γ 射线检测并不是那么可怕。γ 源的管理是关键，一定要杜绝放射源的丢失现象，以往曾多次发生过 γ 源丢失或被盗现象，国家对 γ 源的管理有严格的规定。

2.3　超声波检验

超声波检测的基本原理是基于超声波在工件中的传播特性，如声波在通过材料时能量会损失，在遇到声阻抗不同的两种介质分界面时会发生反射等。近年来，随着超声波检验技术的进步以及工程需要，超声波检测的应用越来越广泛频，相关技术发展越来越快。这主要是工程的实际需要，例如在海底管道的建设工程中，由于海第管道铺设连续性要求，焊接完的焊口马上进行检验，当场出结果，然后海管就放入海底。如果采用射线检测，时间至少需要2~3h，则海第管道施工根本无法开展。目前海管工程施工中焊缝均采用超声波检验，检验方便快捷。另外超声波检测经济成本低，时间快捷，再加上该检测技术可靠性的逐渐提高，超声波检测越来越得到工程公司的青睐。

超声波检测仪器尺寸小、重量轻，便于携带；操作安全性好，对人体无伤害，操作简便快捷，马上可以出结果。成本低，不涉及照相底片，成本大大降低。当管道内有介质时，超声波检测仍然可以使用，可以实现不停产检测。这几个优点是射线检测无法比拟的。

但与 X 射线、γ 射线探伤比较，超声波检验无底片归档，一旦出现事故，可追溯性差。另外采用超声波检测时，对检验人员操作技能以及缺陷判定的能力要求非常高，否则会无法发现管道焊缝内部的焊接缺陷，给管道质量和安全生产带来隐患。但近年来超声波检测技术发展越来越快，应用越来越普及，可靠性越来越高，广泛应用于海底管道焊缝检验。相信随着技术的逐渐发展，其有逐步替代射线检测的发展趋势。目前在人工岛建设项目中，超声波常与 X 射线结合使用，以超声波检验为主，以降低成本。

2.4　PT 着色检验

PT 着色检验主要应用在小口径承插焊接焊口，例如小尺寸管道的承插焊接焊口，以及大口径管道上开分支时的管座处。PT 着色检验对焊口表面清洁度要求比较高，在使用前要用铁丝刷清理焊缝表面的铁锈和其他杂质，然后喷涂清洗试剂，过几分钟后再喷涂红色渗透剂，如果焊缝表面有焊接裂纹剂将深入焊缝内部，最后喷涂白色显影剂，如果有裂纹，则在白色试剂上会有清晰的裂纹红线。基于该工作机理，PT 着色检验只适用于发现管道焊口表面的裂纹缺陷，对于焊口内部深处的裂纹，PT 着色检验将无能为力。另外 PT 着色渗透检验也无法提供照相底片，也没有可追溯性。

2.5　MT 磁粉检验

MT 磁粉检验通常应用在压力容器的无损探伤检验中，主要是利用焊缝内部焊接缺陷对磁场的影响来判定缺陷的类型和位置，但该技术在压力管道的检验中很少采用，这里不再详细说明。

3　结束语

通过以上分析对比，我们可以发现各类检测手段的优点、缺点及适用场合，我们只有了解各种检测技术的优点和缺点，在工程设计以及施工过程中，才能针对性的选择技术可靠、经济可行的检测手段，优质高效率的完成检验任务。必要时要针对被检测工件的特点，可以组合选择检测手段，不一定要只选择某一种检测手段。我们要根据待检验工件的特点，选择几种检测手段组合开展检测，以杜绝焊接缺陷被遗漏的可能性。如果焊缝内的缺陷无法被发现，而投入生产使用，将对后期安全生产带来巨大的危害，甚至引发大规模的污染事故，成为影响恶劣的公共事件。各检验公司要在无损检测设备配置、维护、检验人员培训等方面下功夫，提高设备的可靠性，同时提高检测人员操作技能，特别是对缺点的评估判定能力。

海洋石油配管压力试验相关技术要求

张红志

(中国石油集团海洋工程有限公司工程设计院)

摘要：在海洋石油平台上，密集布置有大量的管道，这些管道安装焊接完成后，在投入使用之前需要进行压力试验，本文将根据近年来管道压力试验中遇到的常见问题，深入讨论海洋石油平台上的管道系统压力试验的相关细节及技术要求，希望对相关行业人员日后开展压力试验有所帮助。

关键词：海洋石油；配管；压力试验

1 前言

从 1998 年至今，本人先后参与了数十个陆地炼油厂、石油化工厂、海洋石油平台的设计、建造工作，在部分项目中直接负责管道系统的压力试验工作，在其他项目中也负责相关技术问题的澄清工作，积累了大量关于水压试验的经验。在这 10 多年里，也接到了大量的咨询电话，咨询压力试验的具体细节，结合这些常见问题，本文将针对海洋石油平台上管道系统的压力试验进行深入讨论。本文所讨论问题适用于安装在海上石油平台上的管道系统的压力试验，不适用于人工岛项目，人工岛项目执行相应的国家或行业标准。本论文所述观点也不适用于海底管道、动力管道等。对于在设计文件中明确执行特定标准的管道，其压力试验请依据其明确执行的标准规范进行。

2 压力试验的定义和分类：

2.1 压力试验的定义

压力试验也称强度试验，是指为了检验管道系统力学性能、整体强度、完整性而进行的压力试验，检验管道系统上安装的阀门、管件、法兰以及焊缝、螺纹连接口的强度和密封性。压力试验包括气压试验(Pneumatic Test)和水压试验(Hydrostatic Test)。由于试验压力大于管道系统的设计压力，严格意义上说压力试验为破坏性试验，试验的持续时间不能太长。

项目实践中许多人经常混淆气压试验(Pneumatic Test)和泄漏性试验(俗称气密试验)(Sensitive leak Test)的概念，确实相关外文标准以及国内标准中对气压试验和气密试验的描述比较模糊，不易分辨。其实气压试验与气密试验就试验压力、试验范围和试验目的而言，有本质的区别。气密试验是作业方在生产设施投产前夕，采用气体对整个工艺流程(包括管道、设备、容器、仪表等)进行法兰密封面、阀门密封面、螺纹连接口、以及仪表等特殊件进行泄漏检查，以避免整个装置投入生产后产生泄漏现象。由于气压试验或水压试验时在设备口加了盲板,并拆除了仪表类设施,试验后恢复,这些恢复处就是潜在的泄漏点,气密试验则可以解决这个问题。

压力试验在工程项目中是一个非常关键的环节,是在投产前对新建或改造管道系统进行的最后一道质量检验环节,结合压力试验前夕进行的管道系统完成性检查,核实管道与工艺图纸是否一致、管道安装是否有仪表或阀门遗漏、管道的支撑是否有遗漏、管道的无损探伤检验是否完成、管道的安装是否存在问题(如垫片是否遗漏、带流向的阀门以及其他特殊件流向是否与工艺要求一致)等,经过高质量的压力试验检验后,可以杜绝管道在投入生产后发生跑、冒、漏的事故,保障生产设施正常生产,具有十分关键的意义,所以施工单位应高度重视管道的压力试验工作。

2.2 气压试验(Pneumatic Test)和水压试验的选择

气压试验:对于海洋石油行业,有个不成文规定,气体介质的管道优先(尽量)选择气压试验。考虑到气压试验的危险性,在陆地石化、化工项目中,则按照 GB50235 工业金属管道工程施工规范,对于气压试验压力>0.6MPa 时,应尽量不选用气压试验,否则应报建设单位主管部门批准。但对于海洋石油项目,则没有该规定,笔者曾与 DNV 驻现场检验人员沟通过,其认为对于气体介质的管道,考虑到气体的渗透性远大于液体介质,经常发生液压试验合格后的气体管道投入生产后发生气体介质泄漏现象,这确实存在这一问题。但气压试验危险性远高于水压试验,试验前应做好安全措施、在试验压力>0.6MPa 时必须履行正常的申请批准程序。

水压试验:压力试验应优选水压试验,但如果管道对干燥度(如平台上的干气系统)有敏感要求的管道系统,应禁止采用水压试验。另外对于电气仪表设备房间,进行水压试验时要做好预防措施,避免水介质意外泄漏,损坏电气仪表设备。

3　压力试验前的准备工作

压力试验前,应检查管道安装的完整性,管道应依据工艺 P&I 图进行细致检查,无遗漏项,同时管道的焊缝 NDT 检验完毕,支吊架安装完整。油漆保温工作不得在压力试验前开展。

管道与设备(容器、设备、转动机械设备等)隔离,管道上的仪表类设施应拆除,以避免试验时杂质铁锈堵塞精密的仪表,对于管道系统上临时加置的隔离盲板,应填写跟踪记录,试验后拆除恢复。

对于大口径气体管道,当采用水压试验时,特殊情况下应考虑增加临时支撑,避免产生失稳现象。

完成试压泵、临时连接管线的连接,临时管道应采用与管道同等级管道。系统上设置的压力表不得少于 2 个,压力表精度不得低于 1.6 级,压力表量程应该被测最大试验压力的 1.5~2 倍。

参与试压的人员,在压力试验前,应依据设计提供的试压流程包,对待试验管道进行系统的检查,一定要熟悉流程,了解试验过程存在的困难或问题。遇到问题发生时,方便及时反应。一定要避免将不该参与试验的元件参与试验或试验压力错误,这将是严重的质量事故。

试验区域附近应设置安全警示设置，避免无关人员进入。

4 压力试验的注意事项：

4.1 试验压力

压力试验优先选用水压试验，试验压力为设计压力的 1.5 倍。当管道的设计温度高于试验温度时，应按照下列公式计算，确定试验压力：

$$P_T = 1.5P[\sigma]_T/[\sigma]' \tag{1}$$

式中　　P_T——试验压力（表压），MPa；

　　　　P——设计压力（表压），MPa；

　　$[\sigma]_T$——试验温度下，管材的许用应力，MPa；

　　$[\sigma]'$——试验温度下，管材的许用应力，MPa。

应校核管道在试验压力条件下的应力，当试验压力在试验温度下产生超过屈服强度的应力时，应将试验压力降至不超过屈服强度时的最大压力。

对于气压试验，试验压力取设计压力的 1.15 倍。

4.2 注意事项：

当设计未规定水压试验时液体介质的温度时，对于非合金钢和低合金钢的管道系统，其温度不得低于 5℃；对于合金钢的管道系统，其温度不得低于 15℃，且应高于相应金属材料的脆性转变温度。奥氏体不锈钢管道采用水压试验时，水中氯离子含量每升不得超过 25 毫克（25mg/L），如果管道材质不是奥氏体不锈钢，但管道系统内一同试压的设备的材质为奥氏体不锈钢时，试验所采用的水，其水质也应符合这一要求。

5 压力试验的持续时间

压力试验压力高于设计压力，其本身属于破坏性试验，所以试验的持续时间应不要超过规定时间。压力试验的持续时间通常是外界咨询的关键问题。ASME B31.3 PROCESS PIPING 标准中未明确规定试验的持续时间。GB 50235 工业金属管道工程施工规范中规定，水压试验时压力应逐渐缓慢升压，待达到试验压力后稳压 10min，检查无泄漏后，降压到设计压力，稳压 30min，对管道系统进行检查，如果未发现泄漏现象，压力表指针无压降，管道系统无变形为合格。对于气压试验，考虑到需要采用发泡剂检验耗时较长，则无 30min 时间的限制，但稳压时间应尽量控制在 30min。

压力试验合格后，为保证管道系统内的清洁，应利用试验介质进行吹扫或冲洗（FLUSHING）。当管道系统与大型容器、储罐一起试压时，最后排放试验介质时，一定要打开放空口，避免大型容器、储罐被抽瘪变形，其他项目出现过类似问题，一旦出现该问题，将属于严重事故。

压力试验中如果发现明显泄漏或压力降，应查找记录问题，将压力泄放后进行维修施工，严禁带压堵漏作业。

最后将管道系统恢复，安装仪表类设备，依据盲板安装记录，拆除临时安置的盲板。在安装仪表类设备以及拆除盲板恢复过程中，由于这些法兰口不再参与试压，有成为潜在泄漏点的可能，所以安装垫片、把紧螺栓时一定要按照正常的程序严格执行，例如垫片居中放置、螺栓对中把紧等。

　　压力试验后，管道上不得再进行任何动火焊接施工，如果后期有设计变更需要对管道部分部位重新焊接等类似改造，压力试验应重新进行。

　　压力试验后，应结合系统冲洗、吹扫，采用压缩空气将管道中的积水吹扫干净，特别是秋冬季施工，某项目在秋季水压试验时，没有将管道内积水排除干净，海洋平台拖到海上后，在冬季天气温度突然降低，导致管道内积水完全结冰，水结冰后体积膨胀，一些阀门被胀裂，为后期生产带来很大隐患。

6　结束语

　　管道系统的压力试验，涉及管道投入生产以后的安全可靠性，对油田的安全生产影响重大。依据相关规范标准、规范管道压力试验，将压力试验工作做好，对油田的安全生产将产生积极的保障作用。

参 考 文 献

　　海洋石油工程设计指南编委会. 海洋石油工程设计概论与工艺设计，海洋石油工程设计指南第一册，北京：石油工业出版社，2007.

海底管道

国内长输变径海管全程通球
清管技术研究及应用

彭泽煊

(中海石油(中国)有限公司湛江分公司)

摘要：本文介绍了国内长输变径海管全程通球清管技术研究及首次成功应用。文中主要阐述了文昌油田群开发项目2条长输变径海管全程通球清管遇到的难题、制定出解决问题的技术方案和措施、变径通球清管的创新成果。

关键词：变径海管；变径清管球；清管；首次应用

1 引言

文昌油田群开发项目有2条变径海管，即文昌15-1A井口平台至海洋石油116储油轮单点(约37km)和文昌14-3A井口平台至海洋石油116储油轮单点(约28km)。这两条海管从平台至PLEM的海管内管管径都是10in(10in/14in双层管)，紧接着从PLEM至海洋石油116储油轮单点的软管管内径都为12in长度250m(见表2)。这2条变径海管比较长，属于长输海管。根据中海油油气田投产前的验收规范要求，海管全程通球是开发工程机械完工的标志，也是海管投入使用的依据，油气田在投产前需要对每一条海管进行全程通球清管。因此进行长输变径海管全程通球清管成为项目要解决的一个问题。

等径海管通球清管在中国海油系统已有比较成熟技术和经验，而变径通球清管技术应用在海油还是首次，没有经验可借鉴，因此，清管作业成为一个难题。

2 技术分析

在变径海管通球前我们分析研究了不等径海管的组成、通球的关键点和可能存在的问题。经分析，变径海管通球清管要解决如下主要问题：①选择既适宜于钢管又适宜于软管、不损伤软管的清管器(球)；②设计合适于发球阀内腔长度尺寸并适宜PLEM弯管头的清管器(球)；③设计可以于在不同管径海管通球的清管器(球)；④研究把变径清管器(球)置入小管径发球阀的方法；⑤为保证变径海管通球顺利，研究降低通球过程变径部分存在卡球风险措施。

2.1 变径海管系统

文昌油田群开发项目2条变径海管为：文昌15-1A井口平台至文昌单点PLEM原油混输海底管线(10in/14in双层管，约37km)；文昌14-3A井口平台至文昌单点PLEM海底原油混输海底管线(10in/14in 双层管，约 28km)。两条管系统相同，都为平台清管阀(10in)→平台立管(10in/14in)→平台侧膨胀弯(10in)→海底管线直管段(10in/14in)→单点侧膨胀弯(10in)→水下管汇(PLEM(10in))→柔性立管(12in)→单点系泊装置(12in)→FPSO 清管球接收器(12in)。图 1 所示为文昌 14-3A 井口平台至 FPSO 通球清管流程图。

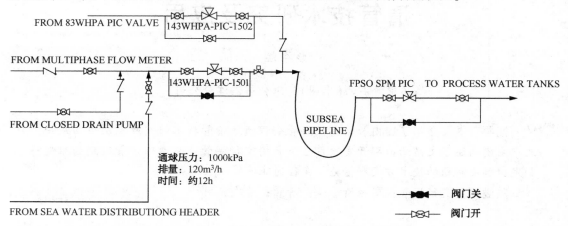

图 1　文昌 14-3A 井口平台至 FPSO 通球清管流程图

2.2　清管器(球)的选择分析

为了解决长输变径海管的通球清管难题，选择的清管球(器)必须满足在长距离的较小管径运行、密封部件耐磨又有足够的弹性，并能在较大管径张开且不会伤害软管。即清管球在通过长距离 10in 管径后，经受磨损，到达 12in 管径软管时还有足够的盈余及弹性继续通球。

从结构、性能以及适用场合，对当时国内外常用的清管球(器)产品，包括橡胶清管球、泡沫清管器、直板清管器、皮碗清管器等系列进行对比分析。考虑优先选择直板清管器，直板清管器的主要分为支撑板(导向板)和密封板，其形状为圆盘，支撑板主体为钢制骨架，密封板为耐油耐磨的氯丁橡胶，相对管道内径有一定的过盈量，可以为多层结构，具有良好的密封性与耐磨性。直板清管器最大的长处是可以双向运动，其清除管道杂物的本领较强，在管道投产前期最好用直板清管器，一旦发生堵塞等情况，可进行反吹解堵。随着海底管道清管技术的研究与实践，直板清管器，在一定程度上存在局部管径变化管道也能进行正常的清管作业，这就拓宽了清管技术在变径海管的应用范围和使用。

2.3　清管器的设计

2.3.1　清管器的长度及形式

确定采用直板清管器对文昌油田群变径海管实行清管后，在调查直板清管器过程中，发现国内有多家生产直板清管器，但无生产变径清管器经验、没有供货业绩；而国外有一些厂家可以生产变径清管球，但他们清管球按已有的标准进行生产，不适用文昌的变径海管系统。为此，我们综合考虑平台的清管发球阀有效空腔长度(325mm)和海管内管径、膨胀弯弯头弯曲半径、PLEM 的管内径与弯曲半径(只有 1.5D)、以及软管和 FPSO 的管径和弯头的弯曲半径等因素，确定清管器的设计长度为 310mm；为了实现变径并且在不同管径密封，采用蝶片重叠方式(变径清管器结构见图 2)。通过与国外公司进行合作的形式，由公司制造、并提供符合我们需要的变径清管器(图 3 为变径清管器实物图)。

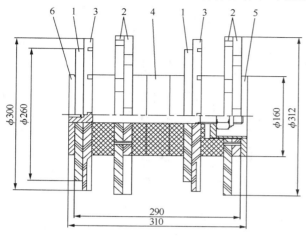

图 2　变径直板清管器图(设计)

1—1 号密封片 10in;2—2 号密封片 12in(蝶片花瓣状型);
3—导向片(开槽);4—间隔环;5—法兰;6—主体

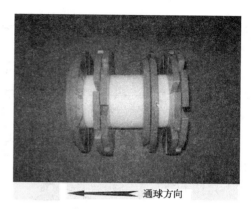

图 3　变径直板清管器图(实物)

2.3.2　变径清管器组件功能

① 1 号密封片 10in:在清 10in 管段时,起到主要密封作用。

② 2 号密封片 12in(蝶片花瓣状型):在清 12in 管段时,起到主要密封作用。密封片外形特点:每片开有径向扇形口,当该密封片在 10in 管里时,能弯曲变形成 10in 的皮碗状,不会有皱褶出现。双片相连错位组合,以阻止介质由扇形口通过,起到隔离前后介质,以达到密封效果。

③ 导向片(开槽):起到正确放置清管器、引导清管器向前推进作用。

④ 间隔环:调整和固定密封片间距。

⑤ 法兰:紧固清管组件。

⑥ 主体:组装固定整个清管组件。

2.3.3　变径清管器工作原理

清管器密封片的外沿与管道内壁弹性密封,以管输介质产生的压差为动力,推动清管器沿管道运行。依靠清管器自身所具有的刮削、冲刷作用来清除管道内的结垢或沉积物。

变径清管器工作特性:

当在清 10in 管段时,主要是以 1 号密封片为主,2 号密封片弯曲密封为辅进行密封清管。当清过 10in 管段后,继续清 12in 管段时,2 号密封片由弯曲状态回弹,边缘与管壁弹性接触进行密封达到清管密封要求。

2.4　变径清管球装入清管阀的问题

根据生产流程,正常的通管要求从平台往 FPSO 方向进行,清管球装入在平台的清管阀内,然后往 FPSO 方向发射出去,FPSO 收球筒接收。通球清管流程如下:平台清管阀→平台立管→平台侧膨胀弯→海底管线直管段→单点侧膨胀弯→水下管汇(PLEM)→柔性立管→单点系泊装置→FPSO 清管球接收器。

变径清管球最大密封片的直径为 12in,而清管发球阀(图 4 和图 5)内径为 10in,按常规的方法是装不进去。如何将大直径清管球装入小直径的清管阀内，是必须解决的问题。

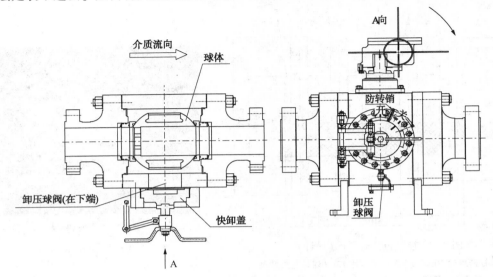

图 4　清管(发球)阀

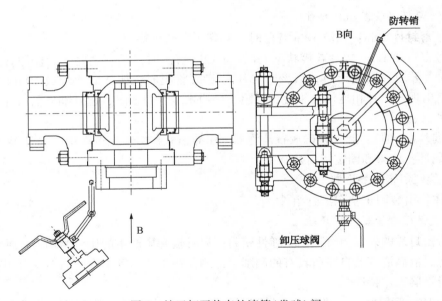

图 5　处于打开状态的清管(发球)阀

3　变径海管通球的实施

3.1　装球准备

考虑了两种把变径清管球放入平台清管阀方案。其中一种方案(图 6)比较简单，不需要动火作业，只需要按照准备好必要的工具就可以操作，该方案准备的材料如下：

(1)3t 倒链　　　　　　　　　　2个；

（2）150mm 宽槽钢或工字钢   长 1500mm；

（3）直径 120mm 的钢管或木头   长 500mm 及 250mm 各一段；

（4）钢丝绳或吊带   长 1500mm   4 条。

按图 6 所示安装支架。

图 6 变径清管器装球图

3.2 装球工序

3.2.1 打开清管阀

（1）顺时针旋转手动装置手轮，使手动装置的指针应指向"关"；

（2）打开卸压球阀卸压；

（3）完全卸压后，拔出防转销；

（4）逆时针旋转快卸盖的手柄，使快卸盖上的箭头指向"开"，拉出快卸盖。

3.2.2 装入清管球（注意清管球装入方向）

（1）在清管阀装球口背面找两个能够平行钢丝绳或吊带的固定点，绑上钢丝绳或吊带并带上 3 吨倒链；

（2）把钢丝绳或吊带挂在 150mm 宽槽钢或工字钢的两段，并带在 3 吨倒链上；

（3）清管球对准清管阀装球口入口并用直径 120mm 的钢管或木头顶着，用 150mm 宽长 1500mm 槽钢或工字钢垂直压着直径 120mm 的钢管，清管球、钢管成一直线；

（4）扶着槽钢或工字钢，使清管球、钢管成一直线，同时平衡拉倒链；

（5）两边同时拉倒链，使球逐步进入清管阀内；

（6）更换直径 120mm 的钢管或木头长 500mm，操作方法按照（3）、（4）、（5）；

（7）一边往清管阀装清管球，一边检查清管球进入的位置，直到清管球完全进入清管阀内；

（8）检查清管球是否完全装进清管阀，检查清管球是否有破损。

3.3 发球操作

（1）推入快卸盖，顺时针旋转手柄，使快卸盖上的箭头指向"关"；

（2）插入防转销；

（3）关闭卸压球阀；

（4）逆时针旋转手动装置手轮，使手动装置的指示箭头指向"开"；

（5）发射清管球(图7)。

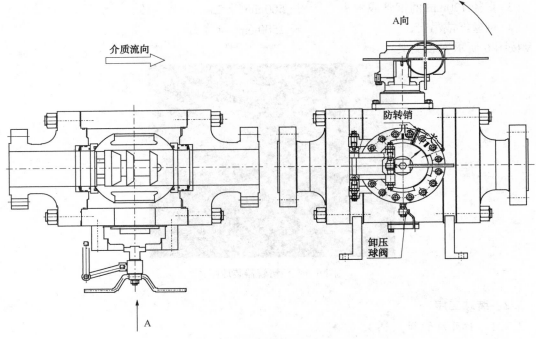

图7　装入变径清管器的发球阀示意图

3.4　接收球操作

（1）按照接收步骤在 FPSO 油轮上的收球筒接收清管球。

（2）在 FPSO 油轮收球操作时，将筒内压力完全卸压，打开快开盲板取球。

3.5　清管球运行驱动方式

采用常规的清管球驱动方式。来自海水提升泵的海水，经泥浆置换泵增压后，注入海管，驱动清管球前行。因海底管线是新管线，管线阻力小，清管球前后控制压差只要约 $200 \sim 500 kPa$。根据清管球离开清管阀的时间估算清管球到达 FPSO 储油轮的时间，提前做好收球准备。

$$清管球运行估算时间：T = \frac{管道容积(m^3)}{排量(m^3/d)} \times 24h$$

3.6　通球主要技术参数

通球主要技术参数见表1。

表1　通球主要技术参数

清管参数		
型　号	15-1A 平台~PLEM	14-3A 平台~PLEM
清管压力/kPa	1000	1000
清管泵流量/(m³/h)	150	147
清管速度/(m/s)	0.86	0.85

4　总结

4.1　变径海管清管球

（1）清管球密封片设置先进，采取 10in 和 12in 密封片的组合，达到清理变径管的要求。

（2）密封片（12in）制作成开有径向扇形口，能弯曲变形成 10in 的皮碗状，不会产生皱褶现象，防止在通 10in 管时不均匀磨损。

（3）双密封片（12in）相连错位组合，以阻止介质由扇形口通过，起到隔离前后介质，以满足密封片的密封作用。

（4）与国外常规变径清管器长度（550mm）相比，其长度短只有 310mm。相对于 12in 管来说，清管器管长度与管径比只有 1:1（正常长度为 1:1.1 至 1:1.5）。

（5）密封片有足够的强度、耐磨性和弹性，密封片（12in）在经过长距离的 10in 管接触摩擦后，到达 12in 管时，还能回弹变为 12in 清理 12in 的软管。

4.2　海洋石油长输变径海管全程通球清管

（1）实现了长距离变径海管的全程通球清管。从文昌 15-1A 井口平台至海洋石油 116 储油轮单点 PLEM 距离约 37km，文昌 14-3A 井口平台至海洋石油 116 储油轮单点 PLEM 距离约 28km。

（2）实现了清管顺序由从小径到大径（先清 10in 管再清 12in 管）。而一般变径通球是从大径到小径。

（3）实现了国内不同直径、不同管材用变径球通球的清管。从文昌 15-1A 井口平台至海洋石油 116 储油轮单点（约 37km）PLEM 和文昌 14-3A 井口平台至海洋石油 116 储油轮单点（约 28km）PLEM。海管内管管径都是为 10in 金属管，而从 PLEM 到海洋石油 116 船为 12in 软管（柔性管）。

5　思考与建议

（1）在清管作业中，要根据管段特点严格控制清管器的速度，尤其是在管道末端（单点）管道弯头处及变径部分，应提高清管器后压，克服摩擦阻力。

（2）尽管成功地实现了的变径海管通球清管的管道弯头处最小弯曲半径为 1.5D 的清管通球，但在管线设计中，应注意管道上弯头弯曲半径不能过小（一般要求 ≥3D），否则容易造成清管卡球。

（3）清管球（器）的选择除了要考虑其的强度、弹力、耐磨性，其次考虑其能在不同管径中收缩自如，还要考虑管道上弯头弯曲半径以及清管阀的有效长度等。

（4）在设计和施工中，应注意等径旁通口设有档球隔栅条，并应保持隔栅条与主管道内径平整，海管内径顺直，以免清管器在旁通处受阻，减少清管球卡在管内的可能性。

（5）必须选择和使用合适的质量可靠的清管球（器）。本项目与新加坡一家清管器生产厂合作并使用由该公司生产的直板型变径清管器，成功地实现了国内首次变径海管的清管作业。

（6）变径海管会造成平台清管阀装球困难，通球仍然有一定风险，设计时应尽量避免应用变径海管。

参 考 文 献

1　刘凯，马丽敏，邹德福，等. 清管器应用技术的发展[J]. 管道技术与设备，2007(5).
2　金朝文. 输气管道清管球速度控制[J]. 天然气与石油，2009(1).
3　刘　凯，马丽敏，邹德福，等. 清管器应用技术的发展. 管道技术与设备，2007(5).
4　宋宏. 谈谈我国清管技术的现状与发展[J]. 石油工程建设；1984(3).

水下生产系统生产管线清管研究

段瑞溪　张伟

(中国石油海洋工程公司工程设计院)

摘要：水下生产系统广泛用于深水油气田与边际小型油气田的开发，一般有较长的立管，清管是水下生产系统生产管线流动保障的重要措施。首先分析了单管清管与环路清管两种清管方式的特点，水下发球器的形式与发球步骤。其次研究了清管过程中可能出现的问题与应对方法，即清管液塞进入立管后引发的静压过高、液塞排出过快、清管器速度过大的三个问题，一次清除固体沉积物过多可能导致管道堵塞的问题。然后总结了三种清管器追踪方法的原理与特点。最后针对清管过程安全，就清管形式、清管器选择、清管周期以及清管器追踪提出建议。

关键词：水下生产系统；清管；立管；清管器跟踪

1　引言

水下生产系统安装在海床上，收集油井产物并通过生产管线输送到水面平台或者 FPSO，广泛用于深水油气田、边际小型油气田的开发。简单的水下生产系统一般包括海底采油(气)树、海底油(气)管线、注水(气)管线、化学药剂注入管线、管汇、水下发球器、控制管线等设施。复杂的水下生产系统还包括水下分离、增压、砂处理以及采出水回注等设备。在水下生产系统管道流动保障措施中，清管是一种常用且有效的方法，可以清除管壁上的沉积物，降低管道运行压差，减缓管道腐蚀。

2　清管方式

水下生产系统管道的清管方式有两种，单管清管与环路清管。单管清管使用安装在管道末端的水下发球器发送清管器，在水面设施上接收清除的沉积物与清管器。环路清管用两条管道连接成环路，在水面设施上发球发送清管器、接收清管器与清除的沉积物。

2.1　单管清管

该方式只有一条管道，发球筒安装在管道末端，清管器平时储藏在发球筒中，依靠 ROV(水下机器人)装填，发送时使用远程控制或者 ROV 协助。清管器从发球筒进入管道的过程一般使用专门的发球介质推动，以防止发球后发球筒中滞留的流体造成堵塞，影响下次发球。发球介质可以使用甲醇、海水、氮气等流体，若井口产物不产生堵塞也可以直接使用。进入管道以后，清管器将完全依靠后部的井口产物推动。水下发球器一般要求储存多个清管器，以减少 ROV 装填清管器的频率，发球器长度一般要求能够满足智能清管器发送需

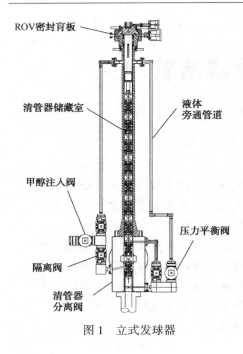

ROV密封肓板

清管器储藏室

液体旁通管道

甲醇注入阀

压力平衡阀

隔离阀

清管器分离阀

图 1　立式发球器

要。根据发球器的形式,可以分为立式与卧式两种,本文以 Serrano 气田使用的立式发球器(图 1)为例介绍立式发球器与发球步骤。

Serrano 气田位于墨西哥湾,水深约 870m,立式发球器主要由清管器储藏室、流体旁通管道、压力平衡阀、清管器分离阀、甲醇注入阀等组成。清管器储藏室可储存 9 个清管器,清管器之间用弹性材料连接组成一个整体。发球过程(图 2)共分为四步:

(1)清管器分离阀关闭,压力平衡阀打开,发球介质进入清管器储藏室,清管器后部与分离阀前的压力达到平衡;

(2)分离阀打开,清管器在自身重力的作用下运动到分离阀,最下端两清管器间的连接材料与阀杆平齐;

(3)阀杆动作,切断连接材料,最下端清管器进入分离阀;

(4)分离阀关闭,在清管器后部注入甲醇加压,分离阀内清管器发出。

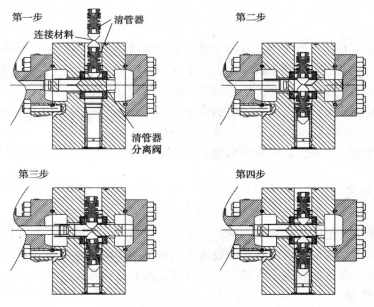

第一步　　　　　　清管器

连接材料

清管器分离阀

第二步

第三步

第四步

图 2　立式发球器发球步骤

卧式发球器(图 3)是在每个清管器的后部安装有旁通管道,发球时,打开清管器后部的旁通管道,便可以发出对应位置的清管器。

单管清管方法结构简单,清管过程对生产影响较小。但在装填清管器时需要使用 ROV,增加了工作的复杂程度和成本。不发球时清管器是浸泡在贮藏室内流体中,要求清管器有比较好的耐老化能力。在清管过程中，一旦由于清除的沉积物过多导致清管器卡堵在管道中，解堵难度比较大。该方法适用于清管不频繁、沉积物不多、清管过程不易发生卡球的管道，以及无法与其他管道组成清管环路的情况。

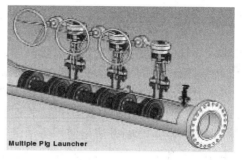

图3　卧式发球器

2.2　环路清管

清管环路使用两条管道连接成环路(图4)，收发球设施均在水面上。组成环路的管道可以是两条生产管线，也可能是注水，注气管线，管径可能相同也可能不同。如挪威 NORNE 气田与 HEIDRUN 气田，水深380m，两个气田通过10in 立管与16in 海底管线连接成清管环路。墨西哥湾的 MORPETH 油田，水深509m，有三口生产井，各井使用单独的4in 生产管线连接采油树与 TLP，相邻的两条生产管线形成清管环路。

如果是两条生产管线连接成的环路，清管时需要水面提供清管动力，发球管线内流体反方向流动，生产的流体可以改走另一条管道。若单管的输送能力不能满足需要，则需要降低井的产量，对正常生产带来影响，当清管器到达另一管道后，管道可以恢复正常生产状态。如果是注入管道与生产管线组成的环路，则清管器可以通过注入管线进入海底，对生产无影响。若环路中两条管道内径不同，则必须使用变径清管器。

图4　生产管线与注水管线组成的清管环路

环路清管方法简单，可靠性高，清管时发生卡球事故可以通过反推的方式消除事故。但需要至少两根管道，若环路中两条管道的直径不同，则需要使用变径清管器，但这种清管器清除固体沉积物能力较弱。

3　清管过程需注意的问题

水下生产系统中的碳钢管道，对清管器的材料没有特殊要求。立管多为柔性结构，采用不锈钢螺旋焊接或者采用多层管道。若清管器上安装有钢刷、金属刮刀等碳钢部件，则可能会刮伤柔性管，并可能在管道内壁遗留碳钢碎屑，造成管道电位腐蚀，影响立管的整体安全。因此柔性管清管时清管器上不能安装钢刷、金属刮刀等部件。

水下生产系统管道一般有较长的立管，管内为气液两相时清管过程中立管中会形成很长的清管液塞，带来三个问题：

(1)立管液塞带来的静压会造成立管底部的压力比较高，容易导致水合物生成；

（2）液塞速度过快，导致水面设施不能及时处理；

（3）当清管器运动到立管顶部时，清管液塞基本排出，管道中静压降至很低的值，清管器后部气体膨胀，清管器会以较高速度撞击管件与收球设施，影响管道安全。

对第（1）个问题，可以通过增加水合物抑制剂避免水合物生成。第（2）和第（3）个问题实质上是清管器速度控制问题，使用常规无旁通清管器时，可以通过降低清管器上游的压力或者提高清管器下游压力降低清管速度，但是这两种方法会对正常生产造成影响。

不影响生产的方法是使用旁通清管器，通过人为在清管器上制造旁通，清管器后部的气体经旁通孔流过清管器，减小清管器前部液塞中持液率，进而降低立管后底部的静压，同时减小了清管器前后压差，降低了清管器速度与液塞排出速度，可以缓解立管中清管液塞导致的三个问题。旁通有两种，一种是旁通孔径固定的旁通，旁通大小与清管器前后的压差无关；另一种是旁通孔径可变的旁通，可以根据清管器前后的压差自动改变孔径大小，实现速度的控制。使用旁通清管器清管是缓解清管液塞问题的较好方法。

对于有固体沉积物的管道，主要的问题是一次清除的沉积物过多，清管器前沉积物塞摩擦力超过清管器后流体可提供的动力，导致管道堵塞。避免堵塞可采用的方法有三种，一是增大清管频率，减少每次清管作业清除的沉积物量；二是采用循序渐进的清管方案，先使用清除能力弱的清管器清除少量沉积物，然后逐渐加大清管器的清除能力，保证每次都清除少量的沉积物；三是使用旁通型清管器，旁通流体带走清除的沉积物，避免过多的沉积物在清管器前积累。这三种方法中，增大清管频率最为安全，对于实际的油气田，投产初期根据每次清管情况调整清管频率并最终确定合适的频率。

4　清管器追踪

在清管过程中，需要对清管器进行跟踪，以确定清管器的位置，发生卡球事故后，需要确定卡球位置，以采取解堵措施。常用的海底管道清管器跟踪方法有三种：超声波法、电磁法、放射性同位素法。

超声波方法是在清管器上安装超声波发射器，接收装置安装在船或者 ROV 上，发射器向外发射超声波脉冲，接收器接收到信号后可以计算出清管器的位置，从而实现清管器的定位与追踪。超声波发射单元要与液体接触才能将超声波发送至管道外，因此必须保证发射器周围充满液体。超声波在经过不同物体界面时，会发生衰减，柔性管由多层管道组成，超声波衰减严重，超声波法难以用于柔性管。这种方法廉价、探测范围广，可达到 2km，可以使用船舶或者 ROV 检测，但不可用于气体管线、多层管道以及埋地管道。

电磁方法是清管器上安装电磁信号发生器产生磁场，磁场穿透管壁并在管道周围形成磁场，探测器进入到磁场中，将会产生感应电压，根据感应电压可以确定清管器的位置。由于清管器的中心钢轴会屏蔽电磁信号，电磁信号发生器必须安装时必须在钢轴外部。这种方法价格廉价、可以检测气、液管道以及多层管道，但检测范围小，一般为 5~6m，检测时需要 ROV 辅助作业。

放射性同位素法是在清管器上安装放射性同位素源，通过革式计数器监测辐射源的位置。放射源安装在清管器上的容器中，一旦容器脱落，放射源将滞留在管道中，后果将会很严重。为此一般使用半衰期小于 24h 的同位素，衰减速度很快，即使发生脱落的事故，以避免很严重的后果。这种方法需要有相应资质的人员安装以及拆卸放射源，比较耗费时间。这种方法清管器上不需要安装电子元件，可以用于气、液以及多层管道，后勤管理比较困难，检测范围小，一般为 10m 左右，需要 ROV 辅助作业。

超声波法在水深不大时，可以使用船舶跟踪，不需要使用 ROV，但不能用于多层管道。放射性同位素法与电磁方法均需要使用 ROV，均可用于单层管道与多层管道，但放射性同位素法需要使用放射源，对安全要求较高。在实际管道清管过程中，作业者可以综合考虑管道特点、设备与船舶条件、追踪成本等选择最优的追踪方法。

5 结论与建议

为保证清管过程安全，对水下生产系统管道设计、清管器选择、清管过程控制、清管器追踪方法、油气田清管制度提出一些建议：

（1）水下生产系统在设计时应尽量选用环路清管的方法，组成环路的管道直径尽量相同；

（2）清管器应选用通过能力好，卡球后易消除事故的清管器；

（3）为保障清管安全，可使用旁通清管器控制立管中清管液塞长度、液塞排出速度、清管器速度，清管器前固体沉积物塞的长度；

（4）清管过程中，清管器追踪可使用适用管道种类多、较安全的电磁方法；

（5）建议油气田建立清管制度，从管线投产开始，在具备清管条件后即开始清管作业，逐渐摸索出适合本油气田管道的清管频率，制定出安全的清管方案。

参 考 文 献

1 James R. Hale. Remotely operated diverless subsea pig launcher. OTC 13254
2 Stephane. Pigging operation of single production lines in deepwater fields. OTC19941
3 Lochte，Timothy L. Dean. Morpeth subsea production system. OTC 10858
4 Andy McAra. Pig tracking-a review of existing technology. Pigging Products and Services Association. 2002

某闲置海管投用前的腐蚀评估研究

郎一鸣[1,2]　贾宏伟[1]　许文兵[1]　瞿明增[1,3]　孙焱[1]　初旭洋[1,3]

(1. 中海石油(中国)有限公司上海分公司；2. 海洋石油工程股份有限公司；
3. 中石化上海海洋油气分公司)

摘要：本文通过全面查阅某已建闲置老海管的设计和安装完工文件以及现场实地调研并取样封存液，广泛收集海管基础数据和实测资料，并根据现场封存液状态进行海管内腐蚀模拟实验研究和腐蚀电化学测试分析；针对实际存在的海管封存状态和海管不同区域，采用腐蚀理论计算和分析评估海管腐蚀程度和风险，为管道恢复使用的安全性和可行性提供建议。

关键词：海管；封存液；腐蚀模拟；电化学测试；腐蚀理论；腐蚀风险；可行性

1　前言

某闲置老海管于 2005 年 11 月施工完成后未投产使用，于 2006 年 4 月~5 月以过滤加药处理过的海水为封存液加压封存，预计该海管将于 2014 年 9 月投入使用。由于该海管在恢复使用前处于长期的封存状态，存在封存液溶解氧、固相颗粒沉积和微生物等因素引起的管道内壁腐蚀风险。海管内壁在封存过程中发生的腐蚀会降低海管内壁腐蚀裕量。如果腐蚀减薄量或局部腐蚀较为严重，将直接影响管道完整性和后续使用安全。因此，必须对该老海管内腐蚀状况和内腐蚀风险进行评估，为管道恢复使用的安全性和可行性提供建议。

本文主要通过以下四个方面的研究工作对海管内腐蚀程度和风险进行综合评估：①对设计文件和完工文件进行全面查阅和现场实地调研，广泛收集海管基础信息和数据；②在平台现场取封存液并测量配管壁厚，对封存液进行水质分析；③针对实际封存液状态进行海管内腐蚀模拟实验研究和腐蚀电化学测试分析；④针对实际可能存在的海管封存状态和海管不同区域，采用腐蚀理论计算和分析评估海管腐蚀程度和风险，为后续该老海管恢复使用提供理论基础。

2　老海管腐蚀基础资料收集、整理和分析

根据海管设计和完工资料数据可得到海管的整体路由处于水深 94~107m 之间，路由长度 24.456m，坡度相对平缓，海管内不易造成沉积物的局部大量堆积。海管在施工完成之后，封存有经过过滤处理的海水，于加压期间注入，其中添加浓度为 700ppm 的 MT650(缓

蚀剂、除氧剂和杀菌剂）和浓度为 40ppm 的荧光染料。平台水平配管段管口进行常规保养，每年打开数次。该闲置老海管的完工基础数据如表 1 所示。

表 1 老海管结构基础数据

配管及立管结构基础数据			
路由	平台水平段	平台弯管段	平台垂直段	海底弯管段
长度	约16m	—	约100m	—
壁厚	14.3mm			
外径	323.9mm			
内径	295.3mm			
内壁腐蚀裕量	3mm			
海管平管结构数据			
路由/km	0~0.500	0.500~22.118	22.118~22.618	
壁厚	10.3mm	9.5mm	10.3mm	
外径	323.9mm			
内径	303.3mm	304.9mm	303.3mm	
累计长度	24.456km			
防腐层	三层 PE，2.5mm，950kg/m³ 或沥青漆，5mm，1300kg/m³			
混凝土	40mm，2400kg/m³			
连接区	热收缩套管，填充剂：沥青胶黏剂，2100kg/m³			
内壁腐蚀裕量	3mm			
设计使用寿命	25 年			

3 海管内部封存水化学成分检测、腐蚀模拟实验和电化学检测

3.1 封存水化学成分分析及腐蚀模拟实验

采用密封除氧装置于 2012 年 12 月 12 日从平台现场取封存水介质。从平台配管垂直段距离配管水平段以下约 2m 处抽取封存水介质 40L，用于室内化学成分检测、腐蚀模拟实验、电化学测试及细菌活性测试等。图 1 为平台配管垂直段取液位置示意图。

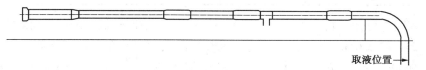

取液位置

图 1 平台现场配管垂直段密封取液位置示意图

对封存水介质进行化学成分检测，其中金属离子检测仪器为 IRIS Intrepid II XSP 电感耦合等离子体发射光谱仪，无机阴离子检测仪器为 ICS-2000 离子色谱仪，其余指标均按照《碎屑岩油藏注水水质指标及分析方法 SY/T 5329-2012》执行，结果如表 2 所示：

表2　封存水介质成分及化学分析

封存水介质成分			
成　分	浓度/(mg/L)	成　分	浓度/(mg/L)
Ca^{2+}	341	Cl^-	18700
K^+	267	SO_4^{2-}	2220
Mg^{2+}	1120	NO_3^-	<0.04
Na^+	8900	$CO_3^{2-}+HCO_3^-$	560.5
Fe^{2+}	0.01~0.09		
其他化学分析			
pH	8.44	溶氧量	3.02ppm
固相颗粒	86.97mg/L	电导率	40.6ms/cm
有机质	0.66%		

由成分分析结果可知,封存水成分与海水接近。现场取得的封存水介质较为清澈,封存水中的腐蚀产物 Fe^{2+} 与空气接触易被氧化成 Fe^{3+} ,而 Fe^{3+} 在碱性环境下极难溶于水介质(当水介质处于 pH=8.44、25℃ 的环境中时, Fe^{3+} 最大溶解度仅为 $1.02×10^{-16}$ mg/L),生成红褐色沉淀 $Fe(OH)_3$ 。

针对封存海管母材、直焊缝部分进行模拟现场实际情况的封存水封闭环境浸泡腐蚀模拟实验,同时考虑到实际海管存在环焊缝,进行了相近的 X60 钢环焊缝的腐蚀模拟实验。实验后期按照《DNV 海底管线规范—2000》工艺规范对 X60 海管进行焊接,对其环焊缝部分进行模拟实际环境的封存水封闭环境的腐蚀模拟实验。

含氧封存水介质封闭环境腐蚀模拟实验数据及腐蚀速率如表 3 和图 2 所示。

表3　海管母材–直焊缝–环焊缝封存水介质封闭环境腐蚀实验数据

		原始	7d	14d	21d
平均腐蚀速率/ (mm/a)	海管母材	—	0.0164	0.0182	0.0121
	海管直焊缝	—	0.0122	0.0170	0.0115
	X60 环焊缝	—	0.0158	0.0162	0.0106
pH		8.44	7.42	6.43	6.32
溶氧量/ppm		3.02	0.71	0.62	0.57
Fe^{2+}/(mg/L)		0.09	1.30	1.23	2.02

从表 2 和图 2 可知,封存水介质封闭环境的腐蚀速率比较低(由 7d、14d 的 0.018mm/a 左右下降到 21d 的 0.01mm/a 左右)。这说明海管在该封存水介质环境下腐蚀主要受氧含量的影响,封存水介质封闭环境下的溶氧量由原始封存介质的 3.02ppm 下降到 21d 的 0.57ppm,而氧含量 0.5~0.7ppm 之间,腐蚀很难进行,这时氧在水中的扩散较慢,仅有少量氧参与腐蚀过程。

3.2　电化学测试

海管母材、直焊缝、环焊缝填充金属区和环焊缝热影响区的电化学试样在封存水介质封闭环境体系的极化曲线测量结果如图 3 所示,电化学参数拟合结果见表 4。由于阴极极化曲线受氧扩散控制，在封闭环境体系中溶氧量极小，三种材质在封存水介质封闭环境体系腐蚀程度有了明显的减小，自腐蚀电流密度在 $3.50 \sim 4.83 \mu A/cm^2$，由此计算得到腐蚀速率 $0.0411 \sim 0.0567 mm/a$。通过自腐蚀电流密度和自腐蚀电位对比结果与前两种体系结果一致。环焊缝热影响区的腐蚀速率（$0.0349 mm/a$）最低，自腐蚀电位与三种材质更接近。

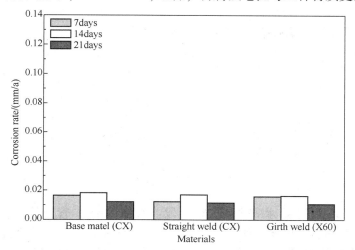

图 2　海管母材—直焊缝—环焊缝封存水介质封闭环境腐蚀速率

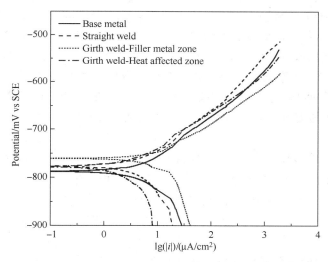

图 3　封存水介质封闭环境的极化曲线

表 4　封存水介质封闭环境电化学实验数据

测试条件	Rp/Ω · cm²	Ecorr/mV vs. SCE	icorr/（μA/cm²）	腐蚀速率/（mm/a）
母材封存水封闭	2119	−788	3.50	0.0411
直焊缝封存水封闭	2049	−776	3.58	0.0420
环焊缝填充金属区　封存水封闭	2030	−761	4.83	0.0567
环焊缝热影响区　封存水封闭	2703	−777	2.97	0.0349

4　海管封存期间内腐蚀评估区域划分

根据配管与海管腐蚀情况不同，分四个区域进行分析，具体管道结构如图 4 所示。

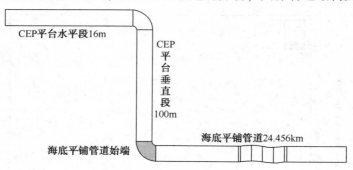

图 4　海管管道结构示意图

（1）1 区——平台配管水平段加弯管段：长约 16m，管道外径 323.9mm，内径 295.3mm，壁厚 14.3mm。与其他管道相连，每年打开保养数次，是整个配管及海管氧气的进入端，也是整个评估配管区和海管区中溶氧量最高的区域。1 区存在顶部空气与底部封存液气液两相介质共存状态。夏季管内最高温度 30℃，冬季管内最低温度 9℃。

（2）2 区——平台配管垂直段加底部弯管段：高约 100m，管道外径 323.9mm，内径 295.3mm，壁厚 14.3mm。配管垂直段海管溶氧量与温度均呈现梯度下降，离配管入口距离越远，封存液内溶氧量低。其中配管垂直段顶端与配管水平段的弯管相连，溶氧量最高，夏季管内最高温度 30℃，冬季管内最低温度 9℃。底端弯管段与海底平铺海管相连，溶氧量低，夏季管内最高温度 25℃，冬季管内最低温度 13℃。低端弯管段环境与海底平铺海管相似，但平台配管垂直段腐蚀产物易沉积于此，若有氧气来源且拐角较大，易造成缝隙腐蚀和堵塞。

（3）海底平铺海管：长 24.456km，管道外径 323.9mm，始末两端 500m 内径 303.3mm，壁厚 10.3mm，其余部分内径 304.9mm，壁厚 9.5mm。由于平台端氧气难以扩散到海底平铺海管，溶氧量低，且氧含量仅由配管入口处氧扩散补充，腐蚀减薄量小。夏季管内最高温度 25℃，冬季管内最低温度 13℃。沿整个海底路由，管道没有较大起伏，不存在局部区域的大量沉积物堆积。

4.1　海管封存期间溶解氧消耗估计腐蚀减薄

由腐蚀基本原理和海管内腐蚀实验结果可知，海管的腐蚀减薄量(特别是海底平铺海管的腐蚀减薄量)仅与原始封存水介质中的氧含量有关，氧消耗完则均匀腐蚀基本停止，溶氧量与均匀腐蚀减薄量呈正比关系。封存过程中注入水的最大溶氧量在 5~10ppm 之间。

腐蚀电极反应：

$$Fe \longrightarrow Fe^{2+} + 2e \tag{1}$$

$$O_2 + 2H_2O + 4e \longrightarrow 4OH^- \tag{2}$$

$$Fe^{2+} + 2OH^- \longrightarrow Fe(OH)_2 \tag{3}$$

在封存水介质完全充满配管和海管状态下，分别计算海底平铺海管、平台配管水平段

(1 区)和垂直段(2 区)均匀腐蚀减薄量,下面以 1 区平台配管段计算为例:

4.1.1 平台配管水平段均匀腐蚀减薄量计算

海管内封存水介质体积:

海管内部半径 147.65mm,长 16m

$$V = \pi r^2 \cdot L = 3.1415926 \times 0.14765^2 \times 16 = 1.09581 \text{ m}^3$$

海管内氧含量:

取最苛刻条件溶氧量 10ppm,海管内最大氧含量:

$$M_{O_2} = V \cdot C_{O_2} = 1.09581 \times 10 = 10.9581 \text{g}$$

消耗钢的质量 ΔM_{steel} 和体积 ΔV_{steel}

$$\Delta M_{steel} = \frac{M_{O_2}}{Z_{O_2}} \times 2 \times A_{Fe} = \frac{10.9581}{32} \times 2 \times 56 = 38.35335 \text{g}$$

$$\Delta V_{Steel} = \frac{M_{steel}}{\rho_{steel}} = \frac{38.35335}{7.85} \times 10^{-6} = 4.88578 \times 10^{-6} \text{m}^3$$

海管减薄量 Δr:

$$\Delta V = (\pi (r + \Delta r)^2 - \pi r^2) \cdot L$$

则海管减薄量:

$$\Delta r = \left(\frac{\frac{\Delta V}{L} + \pi r^2}{\pi} \right)^{\frac{1}{2}} - r = \left(\frac{\frac{4.88578 \times 10^{-6} \times 10^9}{16 \times 10^3} + 3.1415926 \times 147.65^2}{3.1415926} \right)^{\frac{1}{2}} - 147.65$$

$$= 3.2916 \times 10^{-4} \text{mm}$$

同理可以算出 2 区平台立管直管段为 3.2916×10⁻⁴和平铺海管 3.3986×10⁻⁴,由上述数据分析可知,海管均匀腐蚀减薄量仅为 3.29~3.40×10⁻⁴mm,相对腐蚀裕量 3mm,可以忽略不计。即使没有缓蚀剂和除氧剂,保证海管处于完全密封状态,没有氧进入封存介质中,则不会增加均匀腐蚀的减薄量。由于只有平台配管水平段可能有空气进入,而氧难以扩散进入海底 100m 以下的海底平铺海管,且注入水介质原始溶氧量不高于 10ppm,所以海底平铺海管的均匀腐蚀减薄量应低于 3.40×10⁻⁴mm,可视为剩余腐蚀裕量仍为 3mm。

4.1.2 配管水平段和垂直段上部腐蚀风险分析与评估

平台配管水平段和垂直段上部管道由于处于海平面附近,若管道密封性不好或与其他管道相连可能进入空气,则平台附近海管内部类似海洋腐蚀环境,根据文献[7],在海管封存 7 年条件下,结合现场管壁测厚数据(封存 7 年)可知,海管内壁壁厚减薄量范围为 0.37~1.26mm;海管封存 8 年条件下,腐蚀减薄量为 0.43~1.44mm;如果海管继续封存到 9 年条件下,腐蚀减薄量为 0.48~1.62mm。

设定管道长期处于敞口状态,计算空气中氧向封存水介质的扩散深度。

根据菲克第二定律,扩散使得浓度随时间变化。

$$\frac{\partial c}{\partial t} = D \frac{\partial^2 c}{\partial^2 x}$$

在一维情况下(x 轴)扩散,设时间为 t,初始点位于 $x=0$ 的边界上,该点浓度值为 n(0),则扩散情况为:

$$n(x,\ t) = n(0)erfc\left(\frac{x}{2\sqrt{Dt}}\right)$$

其中 $erfc$ 为互补误差函数。长度 $2\sqrt{Dt}$ 为扩散长度，用于量度浓度在 x 方向在时间 t 后传播的深度。

对于氧气在水中的扩散系数 $D = 1.95 \times 10^{-9}\ \mathrm{m^2/s}$

时间 t 为 7 年，换算成秒 $t = 2.20752 \times 10^8 \mathrm{s}$

所以扩散长度 $2\sqrt{Dt} = 1.312\mathrm{m}$

互补误差函数在泰勒级数展开后的首两项，可被用作该函数的快捷近似：

$$n(x,\ t) = n(0)\left(1 - 2\left(\frac{x}{2\sqrt{Dt\pi}}\right)\right)$$

令 $n(x,\ t) = 0$

计算得到：$x = 1.163\mathrm{m}$

考虑时间的精确度、扩散系数的浮动及保养程序可能造成的液面高度变化，空气中氧 7 年向封存水介质的扩散深度约为 $1.10 \sim 1.20\mathrm{m}$，在此范围内海管内壁壁厚减薄量的范围为 $0.37 \sim 1.26\mathrm{mm}$。

通过同样的计算可以得到其他封存年限与氧扩散深度关系，如表 5 所示。

表 5　海管封存年限与氧扩散深度关系

封存年限/年	氧扩散深度/m	封存年限/年	氧扩散深度/m
7	1.163	8.5	1.281
7.5	1.204	9	1.319
8	1.243		

由表 5 可知，封存 8 年条件下，氧将沿配管垂直段向下扩散约 1.25m，该段范围内海管均匀减薄量在 $0.43 \sim 1.44\mathrm{mm}$ 之间；同样封存 9 年条件下，氧将沿配管垂直段向下扩散约 1.32m，该段范围内海管均匀减薄量在 $0.48 \sim 1.62\mathrm{mm}$ 之间。

5　结语

通过上述各方面的研究工作，对该老海管内腐蚀综合分析可知：

(1) 在海管配管至海底海管段的整个评估范围内腐蚀类型为氧腐蚀。

(2) 在封存液环境中海管配管和海底平铺海管的直焊缝、环焊缝和母材之间的电偶腐蚀程度小，配管和海管出现局部腐蚀的风险低。

(3) 海管配管入口端至垂直段上部 2m 范围内为腐蚀严重区。

(4) 海管配管垂直段上端 2m 以下至海管水平段，受氧含量扩散速率限制腐蚀减薄量极低，剩余腐蚀裕量仍为 3mm，预测其使用年限为 14 年。

(5) 在海管投产之前，建议对海管配管入口端至垂直段上部 2m 范围腐蚀严重区域重点进行剩余壁厚测量，并且在投产使用后对该区域重点进行腐蚀监检测并采取一定的腐蚀防护措施以保证该区域安全运行。

参 考 文 献

1 DNV-OS-F101 海底管线系统规范[S]. 挪威：挪威船级社出版社，2000.

2 SY/T 5329—2012 碎屑岩油藏注水水质指标及分析方法[S]. 北京：石油工业出版社，2012.

3 GB/T 14643.5—2009 工业循环冷却水中菌藻的测定方法[S]. 北京：中国标准出版社，2009.

4 NACE SP0206—2006 Internal Corrosion Direct Assessment Methodology for Pipelines Carrying Normally Natural Gas[S].

5 国家自然科学基金重大项目：材料自然环境腐蚀"八五"数据汇编，1996.

6 NACE SP0208—2008 Internal Corrosion Direct Assessment Methodology for Liquid Petroleum Pipelines[S].

7 黄建中，左禹. 材料的耐蚀性和腐蚀数据[M]. 北京：化学工业出版社，2003.

在役海底管道的合于使用评价方法

陈海龙

（中国船级社海工审图中心）

摘要：我国没能建立起完善的海底管道全生命周期管理体系，直接影响到经济发展和环境保护等方面。目前，在对海底管道依靠企业自觉维护且没有强制发证要求的情况下，为确保管道营运安全，可依据中国船级社的《在役海底管道发证检验指南》对海底管道(特别是油气输送管道)进行合于使用评价。本文对海底管道的合于使用评价方法进行了着重介绍。

关键词：关海底管道全生命周期管理体系；营运安全；《在役海底管道发证检验指南》；合于使用评价方法

1 引言

我国海底管道的铺设因海洋工程发展缓慢装备与技术相对落后而起步较晚。1973 年我国首次在山东黄岛采用浮游法铺设了三条 500m 从系泊装置至岸上的海底输油管道，又于 1985 年渤海石油海上工程公司在埕北油田也采用浮游法成功地铺设了 1.6km 钻采平台之间的海底输油管道。我国海洋工程技术向国外不断学习和进步，从 20 世纪 90 年代开始迅猛发展，截止 2013 年，我国已建海底管道约 6000km，源源不断地输送海上油气资源，为国家经济发展提供动力，为能源战略提供保障。

众所周知，海洋工程具有高投入、高风险、高回报的"三高"特点，投运的海底管道尤其如此。我国海底管道数量和种类繁多，有单层、双层等多种结构型式，其分布范围遍布中国各个海域，地理条件、海况环境复杂多变，有部分海底管道投产年限已经临近乃至超过原设计寿命，运行状况不佳；然而，我国海底管道的完整性管理体系发展却相对落后于海洋工程技术发展状况，没能建立起完善的海底管道全生命周期的管理体系。我们了解到，有些管道甚至自投产后未进行任何清管、通球等基本的维护活动，甚至有些新建海底管道，也未能建立对应完善的运行维护计划。在这样的情况下，前文所述的海洋工程的高风险问题就凸显出来。2010 年 5 月墨西哥湾漏油事件对经济损失和生态灾难大家有目共睹，而我国目前开发的油气资源多为浅水、近岸海域，生态环境非常脆弱，大部分的油气资源运输都是通过海底管道完成，一旦出现油气输送中断、油气泄露等事件，直接影响到经济发展和环境保护。可以说，我们对营运海底管道的不断索取和仅追求红利的时代已经止步，需要偿还先前欠下的部分"债务"。

目前，我国还没出台对在役海底管道的强制发证要求，而相关的国际标准也没有明确要求，海底管道的投运管理，都是靠企业的自觉维护，在企业利润至上的模式下，就会出现海管安全运行管理的诸多问题。为此，中国船级社在这方面在积极探索，并于 2013 年 5 月颁布了《在役海底管道发证检验指南》，首次规定了在役海管的发证要求，要求对在役海管（特别是油气输送管道）进行合于使用评价，确保管道的营运安全。该《指南》定义了合于使用评价：即指海底管道在全面检查后进行的相关评价，包括应力计算，对危害海底管道结构完整性的缺陷进行剩余强度评估与超标缺陷安全评定，对危害海底管道安全的主要潜在危险因素进行管道剩余寿命预测、以及在一定条件下开展材料适用性评价。

2 海底管道合于使用评价的方法

2.1 管道泄露、失效模式事件概况

我们先了解下由海底管道各种缺陷引起的管道泄漏或失效事件情况。目前我国还没有具体的对于海底管道营运中报告的相关事件、泄漏记录及失效事件的统计资料。下述统计情况是源于 PARLOC 2001，有关北海和墨西哥湾统计 1971～2001 年的状况，可以作为我们分析的参考资料如图 1：

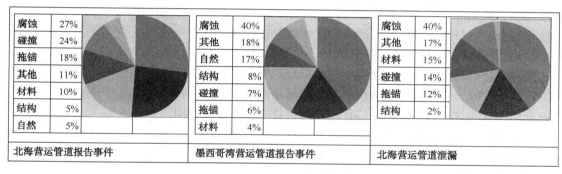

图 1   有关北海和墨西哥湾海底管道泄漏和报告事件的统计

从上述统计资料可以知道，北海和墨西哥湾海底管道主要失效模式是内部和外部腐蚀。此外，墨西哥湾管道拖锚和碰撞损坏不是主要因素，可能是因为其埋设的缘故。在北海海管失效事件中，30% 都源于管道附件、法兰等，其中 7% 引起了泄漏；而在墨西哥湾由管道附件、法兰和阀门引起的失效事件为 10%。

2.2 管道的全面检查

在进行管道合于使用评价之前，需要对管道进行全面检查，通过全面检查，获得管道相关状态信息，进行合于使用评价。

全面检查的方法有内检测、耐压（压力）试验、直接检测和直接评价等多种方式。

1）内检测

对具备内检测条件的海底管道，可采用管道内检测器对管道内外腐蚀状况、几何形状进行检测。通过直接检测获得相关管道包含缺陷等状态资料。

2）压力试验

对不具备内检测条件的海底管道，可以采用耐压（压力）试验的方法进行全面检查。压力试验是传统的验证管道完整性的方法，若管道能够承受规定的水压试验，即证明管道完整性满足管道继续营运条件，合于使用。

3）直接检测

综合海底管道所处环境条件、检测周期和成本等因素考虑，一般较少采用直接检测（比如开挖法等）的方法，但当发现管道有严重的内腐蚀缺陷，或者以内腐蚀、应力腐蚀、外腐蚀为主要失效模式时，可以进行直接检测判断其内外腐蚀情况。通过直接检测获得相关管道包含缺陷等状态资料。

4）直接评价

些海底管道不具备采用内检测、耐压试验或直接检测等方法时，可接受直接评价的方法进行全面检查。值得注意的是，直接评价的方法一般原则上不应用于下列管道：

（1）新建的油气海底管道；

（2）富含 CO_2，H_2S 等介质且可能成为主要失效原因的海底管道；

（3）其他风险较大的海底管道。

直接评价的内容至少包括：评价腐蚀速度、判定腐蚀位置、评价腐蚀控制措施、制定腐蚀监管措施以及再次评价计划。通过直接评价可以判定管道是否合于使用。

直接评价时，一般获取的数据都非常有限，例如通过腐蚀挂片等方法计算出管道的平均腐蚀速率，从而推算管道的剩余寿命。这种方法评价的结果的可信度比较低，因此在进行合于使用评价时，最好仍采用原设计规范对管道进行校核，并适当放大一些安全裕度为宜。

2. 3　管道缺陷的评估方法的选取

通过直接检测或者内检测获得了包含缺陷（内外腐蚀缺陷、几何形状缺陷等）的状态资料后。管道失效，一般可以视为由于管道缺陷导致壁厚减薄或者局部应力水平超限引起，下文就介绍如何对这些管道缺陷进行评估，确定管道是否合于使用。

海底管道缺陷评估有多种方法，业界比较认可的有 ASME B31G，DNV-RP-F101 和 API 579-1/ASME FFS-1 中所述的方法，下面做简要介绍：

1）ASME B31G 确定腐蚀管线剩余强度

用户可选择进行 0 级、1 级、2 级或 3 级分析，取决于用以评估的有用数据的数量和质量，并取决于分析改进所需的进度。0 级评估将在现场进行，不需要进行详细的计算。1 级评估是简单的计算，依靠对最大深度和金属损失的轴向范围的单个测量进行分析。2 级评估比 1 级更为详细，可以更精确地估算出失效的压力。3 级评估时一个特定缺陷的详细分析，对载荷、边界条件、材料性能和失效的判断有充分理由。一般而言，选择 1 级或者 2 级评估就基本能够满足工程实际。

（1）1 级评估过程为：

① 从适当记录或管道的直接测量，确定管道直径和公称壁厚。

② 清洁腐蚀管道表面至裸金属。

③ 测量腐蚀区域的最大深度 d 和腐蚀区域纵向范围 L。

④ 从适当的记录，确定适用的管道材料特性。

⑤ 选择评估方法和计算判断的失效应力 S_F。

⑥ 定义可接受的安全系数 S_F。

⑦ 比较 S_F 与 $S_F \times S_0$。

⑧ 确定该缺陷是否可以接受。（S_0 是工作压力时的环向应力），其中，

$$Z = L^2/Dt，（D 指管道外径，t 指管道壁厚）\tag{1}$$

$$M = \begin{cases} (1+0.6275z-0.003375z^2)^{1/2} & z \leq 50 \\ 0.032z+3.3 & z>50 \end{cases} \quad (2)$$

$$S_{\text{flow}} = 1.1 \times SMYS \quad (3)$$

$$S_F = S_{\text{flow}} \left[\frac{1-0.85(d/t)}{1-0.85(d/t)/M} \right] \quad (4)$$

（2）2 级评估过程为：

使用众所周知的有效面积的方法或有时施工 RSTRENG 方法进行 2 级评估。2 级评估宜使用 1 级评估说描述的类似步骤进行评估，除有效面积的方法，一般都需要在整个腐蚀区域进行腐蚀深度或剩余壁厚多次测量。有效面积的方法表示如下：

$$S_F = S_{\text{flow}} \left[\frac{1-(A/A_o)}{1-(0.A/A_o)/M} \right] \quad (5)$$

有效面积法，局部金属损失所有可能的组合 A，相对于原始材料 A_o，用迭代法进行计算。他要求输入详细的纵向分布或金属损失外形。测量区可布置成一个格栅模型，或可遵循通过的金属损失的最深区域的一个通道。对腐蚀的外形的定义通过 n 个锈蚀深度测量，包括整个公称壁厚的每个点，为审查局部金属损失的全部可能组合相对于圆周剩余材料，要求 $n!/2(n-2)!$ 次的迭代。应给出最低计算失效应力局部方案结果。由于迭代的性质，为使用有效面积方法进行评估，使用计算机算法程序或其他方式是一种实际需要。

2）DNV-RP-F101 确定腐蚀管道许用压力

该标准中，不同的缺陷及管道受力情况分别进行分析：

（1）单个管道腐蚀缺陷的评估：

单个腐蚀缺陷至少满足如下条件：

① 任意相邻两个缺陷，在沿周长方向的角度间隔 $\phi > 360\sqrt{t/D}$；

② 或者，任意相邻两个缺陷在轴向的间距 $s > 2\sqrt{Dt}$。

a. 单个轴向腐蚀缺陷，承受内部压力。

许用腐蚀管道压力：

$$P_{\text{corr}} = \gamma_m \frac{2tf_{tt}}{D-t} \frac{(1-\gamma_d(d/t)^*)}{\left(1-\frac{1-\gamma_d(d/t)^*}{Q}\right)} \quad (6)$$

其中，

$$Q = \sqrt{1+0.31\left(\frac{1}{\sqrt{Dt}}\right)^2} \quad (7)$$

$$(d/t)^* = (d/t)_{\text{means}} + \varepsilon_d StD[d/t] \quad (8)$$

若，则 $\gamma_d(d/t)^* \geq 1$，则 $P_{\text{corr}} = 0$；

γ_d 指腐蚀深度的分项安全系数；

测量的缺陷深度不能超过管道壁厚的 85%。

b. 单个轴向腐蚀缺陷，承受内部压力和轴向压应力。

此方法仅适用于单个缺陷。

第一步，确定轴向应力：

$$\sigma_A = \frac{F_x}{\pi(D-t)t} \quad (9)$$

$$\sigma_{\rm B} = \frac{4M_{\rm y}}{\pi(D-t)^2 t} \tag{10}$$

组合名义轴向应力： $\qquad\qquad \sigma_{\rm L} = \sigma_{\rm A} + \sigma_{\rm B} \tag{11}$

第二步，若组合名义轴向应力为压应力，计算许用腐蚀管道压力，包括对轴向压应力影响的修正：

$$P_{\rm corr,comp} = \gamma_{\rm m} \frac{2tf_{\rm u}}{D-t} \frac{(1-\gamma_{\rm d}(d/t^*))}{\left(1-\dfrac{1\gamma_{\rm d}(d/t)^*}{Q}\right)} H_2 \tag{12}$$

其中，

$$H_1 = \frac{1+\dfrac{\sigma_{\rm L}}{\xi f_{\rm u} A_{\rm f}}\dfrac{1}{}}{1-\dfrac{\gamma_{\rm m}}{2\xi A_{\rm r}}\dfrac{(1-\gamma_{\rm d}(d/t)^*)}{\left(1-\dfrac{1-\gamma_{\rm d}(d/t)^*}{Q}\right)}} \tag{13}$$

$$A_{\rm r} = 1-\frac{d}{t}\theta \tag{14}$$

$P_{\rm corr,comp}$ 不应大于 $P_{\rm corr}$。

c. 单个环向腐蚀缺陷，承受内部压力和轴向压应力。

当缺陷的轴向长度超过 $1.5t$ 且为全周长的缺陷时，此方法不再适用。

第一步，确定轴向应力，与上同，不累述。

第二步，若组合名义轴向应力为压应力，计算许用腐蚀管道压力，包括对轴向压应力影响的修正：

$$P_{\rm corr,circ} = \min\left(\gamma_{\rm mc}\frac{2tf_{\rm u}}{D-t}\frac{1+\dfrac{\sigma_{\rm L1}}{\xi f_{\rm u} A_{\rm r}}}{1-\dfrac{\gamma_{\rm m}}{2\xi A_{\rm r}}\dfrac{1}{}}, \ \gamma_{\rm mc}\frac{2tf_{\rm u}}{D-t}\right) \tag{15}$$

其中，

$$A_{\rm r} = 1-\frac{d}{t}\theta \tag{16}$$

$$A_{\rm r} = 1-\frac{d}{t}\theta \tag{17}$$

$P_{\rm corr,circ}$ 不应大于 $P_{\rm mao}$。

管道轴向应力(拉或压)不应超过 $\eta f_{\rm y}$。纵向应力应包括所有载荷的影响，包括内压力影响。

$$|\sigma_{\rm L-nom}| = \eta f_{\rm y}(1-(d/t)) \tag{18}$$

此外，该标准中也介绍了用应力法对单个缺陷进行评估的方法，与上述方法雷同，也不再累述。

（2）多个管道腐蚀缺陷的评估：

在实际的管道检查测量过程中，会遇到有多个缺陷同时存在的缺陷区域。这时，需要将缺陷区域沿周长方向划分成若干区域，将每个区域的缺陷全部投影到轴线上进行等效长度处理，如图2：

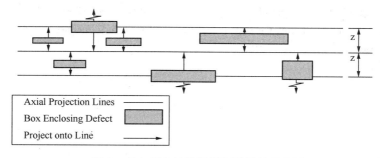

图2　多个环向缺陷投影到轴线的示意图

然后局部金属损失的全部可能组合进行审查。对每种组合进行等效长度和深度计算后，采用与单个管道腐蚀缺陷的评估类似的方法进行评价，确定管道的许用压力及是否合于使用。

2.4　海底管道的合于使用评价方法的注意问题

在进行海底管道合于使用评价，选取评价方法时，应充分考虑如下事宜：

（1）任何情况下，对海底管道选用其原设计标准进行评价，均是可以接受的；

（2）合于使用评价时，应充分结合管道的外部检查结果进行整体评价；

（3）合于使用评价时，应充分考虑海底管道的实际情况；

一般情况，海底管道主要承受内压载荷，其轴向载荷（拉压弯）的贡献不大时，可以任选 ASME B31G 或者 RP-F101 的评价方法；但对于部分海底管道，当其轴向载荷（拉压弯）的贡献成为主要因素时，例如：高温海底管道引起的轴向温度压应力，管道悬跨引起的较大弯矩载荷而产生的拉压应力等条件下，则宜选用 RP-F101 对应方法。

对于某一缺陷，若知道其为环向或者纵向缺陷时，宜采用 RP-F101 的方法进行评价。

（4）合于使用评价的结果，应至少包含管道是否合于使用，是否需要降压、降温等措施，剩余寿命预测，及下次评价的周期等信息；

（5）其他情况，比如管道外部腐蚀成为主导因素或者管道出现多多处裂纹缺陷等，则需要对管道的结构型式、材料可行性、以及输送介质物流特性进行分析，做出是否合于使用的评价。

3　结论

本文简述我国没能建立起完善的海底管道全生命周期管理体系，海底管道仅依靠企业自觉维护且没有强制发证要求的现实情况下，开展对在役海底管道（特别是油气输送管道）的合于使用评价，满足了在役海底管道营运安全的迫切需要。

文中也着重介绍了多种对在役海底管道的全面检查方法、合于使用评价方法及相关注意事项，为合于使用评价机构和人员提供了评估参考，具有积极的现实指导意义。

参 考 文 献

1 "PARLOC 2001：The update of loss of containment data for offshore pipelines"，5th edition，Mott MacDonald Ltd(2003).

2 DNV-RP-F116，Integrity Management of Submarine Pipeline Systems，Oct，2009.

3 ASME B31G，Manual for Determining the Remaining Strength of Corroded Pipelines，2009.

4 DNV-RP-F101，Corroded Pipelines，2010.

浅谈硬土质海底管道挖沟技术

高天宝　迟艳芬　钱孟祥　李强　冯波　刘鹏

（中石化胜利油建工程有限公司）

摘要： 挖沟机是海底管道建设的重要施工工具。国内目前绝大部分海管挖沟工况水深低于100m，土壤剪切力强度低于40kPa，这种工况下海管挖沟技术已趋于成熟。随着国内外油气资源利用的迅速发展，海管路由周围的硬土质（40kPa以上，最高达到200kPa）给施工带来了较大的难题，本文重点探讨硬质土海底管道挖沟机的研发，寻求突破硬质土海底管道施工技术与装备的关键技术。在多年海底管道挖沟技术研究及施工经验的基础上，介绍一种复合作用成沟海底管道挖沟机。

关键词： 海洋石油；海底管道；硬质土壤；挖沟机；装置

1　引言

中国石化胜利油田分公司在渤海湾的埕岛海上区块，是我国第一个大型滩浅海油田，地处黄河入海口，经过近20年的勘探开发，目前年产油量达到$275×10^4$t，该海域海底主要为黄河泥沙淤积软土，但由于修筑海堤的原因，近年来发现原来浅水的软土层全部被海水剥离，剥离深度最大接近10m，使得海区水深加大，底部硬质土壤大面积裸露，导致原先已经敷设的海底管道和新建的海底管道稳定在硬质土壤上成为大概率事件。目前该海区海底土壤硬度多为80~100kPa，一些地区达到220kPa以上，由于土质较硬，采用水力喷射式挖沟机呈现挖沟能力不足，需要多遍挖沟才能达到海底管道挖沟埋深要求。本文针对该情况，研发了复合作用成沟海底管道挖沟机。

2　工作原理

采用GPS将施工母船定位于施工点，然后由母船上的吊装部分将挖沟机吊入水中，借助安装在挖沟机前视声纳和后视声纳，将挖沟机就位于管道上方。就位完成后，采用护管器两侧上方的高压水切削装置，将管道两侧的土壤进行切割，然后利用中等压力的射水将切割的土壤进行射流冲击粉碎，其后以大流量的低压水将粉碎的土壤液化，最后利用气化设备降低液化土壤的容重，让其沿着排泥管道排到沟外。

3　挖沟机设计

3.1　钢管框架式结构设计

根据滩浅海海床土质特点，为了保证挖沟机有足够的强度和质量，整机的设计为钢管式框架结构，结构简单，可产生一定的正浮力，有利于减轻设备的水下质量，挖沟机框架上安装有护管器，海底管道施工时，保护铺设好的管线；声纳系统、土壤切割装置、粉碎土壤的离心泵，液化土壤的轴流泵等都安装在挖沟机框架上。

3.2　挖沟机土壤切割装置

为满足高强度土壤切割，设计了专门用于土壤切削的土壤切割系统。其由动力装置、高压水泵，自动过滤装置，加压水箱，输送软管，喷射器组成。动力装置、高压水泵、自动过滤装置、加压水箱组成功能撬块、安装在甲板。工作时动力装置驱动高压水泵产生高压水，软管将高压水送到水下挖沟机上的两个喷射器上，通过喷射器上的喷嘴，转化为具有较高动能的射水，将土壤切割。

3.3　水下土壤粉碎装置

为满足高强度土壤粉碎，同时满足水下高含砂条件下运行可靠，使用寿命长，便于维护保养的要求，设计了液压驱动离心泵。该液压驱动离心泵由离心泵泵头，传动装置，联轴器，高速液压马达等组成。其中泵头中的叶轮、泵壳均采用高耐磨材料，密封处理，使得在高含砂条件下，过流支撑元件工作可靠，工作寿命达 4000h 以上，远远大于一般泥泵 2500h 的技术指标。传动装置用于传递扭矩和承受轴向力，同时对马达起保护作用，装置内采用两个背对背安装锥滚子轴承，用于克服双向轴向力，一个向心球轴承用于克服向心力。

3.4　水下土壤液化装置

为满足高强度土壤液化，需要流量较大水，同时满足水下高含砂条件下运行可靠，使用寿命长，便于维护保养的要求，设计了液压驱动轴流泵。该液压驱动轴流泵由泵头，传动装置，联轴器，低速大扭矩液压马达、压力补偿器组成。

3.5　水下液化土壤排除装置

为满足将高强度液化土壤排除沟外的要求，设计了土壤排除装置。在排泥装置的水下部分来至甲板的压缩空气在水下装置中将液化的土壤容重降低，沿排泥管排除沟外。

3.6　监控系统

对于水下挖沟机工作状态设计数据采集与监测系统，进行挖沟过程中的实时数据采集。该系统由两部分组成：前后剖面声纳部分、监控系统。

1）剖面声纳的技术特性及其适用性

当管道裸露于海床时，采用前视声纳和剖面声纳相结合的方法，通过声纳检测安装于工作母船上的声纳浮漂，将挖沟机中心与母船的距离方位传给计算机，可按照施工要求达到管道的设计位置。挖沟作业时，通过剖面声纳监视器可直接观看沟形。

彩色图像声纳是一种用于水下探测的小型多功能高分辨率图像声纳，主要用于水中悬浮物体和海底凸出底面物体的探测以及作业过程中的避撞，具有体积小，重量轻，低磁性，耐腐蚀，图文清晰易懂，操作方便等优点。声纳主要由水下分机(即声纳头)、声纳信号处理机组成，适于安装在各种潜器及平台上工作，是水下施工及目标探测之得力助手。声纳信号处理机通过高速串行口与电脑连接通信，声纳处理机专用的声纳控制、显示软件(SUSP)运行在基于 WindowsXP 操作系统的计算机上，实现对声纳的操作。所有的数据都存储到主机中，可随时抽查某段时间或某段管沟的挖沟情况。声纳信号处理机通过水密电缆与声纳头连接，声纳信号处理机接收 PC 机的命令，控制声纳头转动、发射、接收等操作，并完成声纳数据的采集，将采集的数据通过 RS232 串行口发送给 PC 机，再由 PC 机中安装的专用声纳处理软件进行图像处理、显示、记录等。随机附带的 USB-232 通信转换电缆及一根通信电缆延长线连接计算机与声纳信号处理机，通过中控室的监视器可以直接看到挖沟的轨迹和管沟的形状。

2）监控系统

监控系统包括组态软件和数据采集部分。组态软件（SCADA）研发：该软件由 I/O 模块、数据计算处理模块、实时数据库、系统程序配置模块、人机界面软件 HMI、数据管理模块、历史数据库、Excel 工作表构成。通过操作控制台上的按钮，可监控到挖沟机的工作状态。主要对挖沟机的姿态，以及水下泵组工作状态进行监测，挖沟机牵引力进行监测。姿态监测主要是为了保证施工时挖沟机处于正确的姿态，避免挖沟机脱离管道，泵组监测是为了实时掌握水下泵组的工作状态，泵组工作异常时，及时发现，拉力监测的目的是避免过大拉力对管道或挖沟机产生不利影响。以上数据的采集对于挖沟施工安全和施工质量起到了重要保障作用。

3.7　大功率撬装液压动力单元

为满足水下土壤粉碎装置和水下土壤液化装置动力的需求，为这两个装置设计了液压动力单元，该动力单元由发动机组、油箱、冷却器、液压泵、分动箱等组成，可自动控制的液压动力单元，全密封的液压管路安全、可靠，避免了采用电气系统水下连接因密封泄漏发生断路、短路等危险故障的可能。撬装式设计，为施工提供了简单、便捷的方式。

3.8　大功率撬装高压水动力单元

为满足水下土壤切割装置动力的需求，设计了水动力单元，该动力单元由电动机组、水箱、自动过滤器、柱塞泵等组成，水动力单元采用撬装式设计，采用的自动过滤装置和陶瓷柱塞泵，使泵组使用寿命达到 7000h，为在泥砂含量较高的黄河入海口海域可靠、较长使用寿命施工提供了有利保障。

4　海管挖沟技术指标

（1）挖沟深度（最大）：3m；

（2）适应管道口径（最大）：1300mm；

（3）适应工作水深（最大）：60m；

（4）挖沟速度：60~300m/h；

（5）挖沟机总质量：空气中 52t、水中 43.6t；

（6）挖沟机长×宽×高：9.4×9.2×4.6m。

5　结论

（1）采用两对超高压射水装置对管道两侧进行切割，然后高压水冲击和大流量泵冲刷，突破了传统施工工艺，对不同土壤适应能力差的缺点，增强了对中高强度土壤适应性，有效地提高挖沟效率，工艺先进。

（2）可靠的水下土壤切割、粉碎、液化输送装置有力地保证了工艺措施的实施。

（3）水动力单元和液压动力单元为土壤切割、粉碎、液化输送装置提供了可靠地动力。

（4）数据采集和监测系统，实现了实时可视化、动态化。为及时了解水下装置的工作状态创造了条件

（5）撬装化、工具包化设计，易于装配和功能的转化，满足了不同工况的需求，可提高施工效率，降低施工成本。

参 考 文 献

1　朱龙根．简明机械零件设计手册(第二版)[M]．北京：机械工业出版社，2005
2　秦曾煌．电工学-电子技术(第五版)[M]．北京：高等教育出版社，2004
3　朱龙根．机械系统设计(第二版)[M]．北京：机械工业出版社，2002
4　纪名刚．机械设计(第七版)[M]．北京：高等教育出版社，2005
5　陈尧明．液压与气压传动许福玲．第三版[M]．北京：机械工业出版社 2007.5.
6　马振福．液压与气动传动[M]．北京：机械工业出版社，2004.1.
7　成大先．机械设计手册[M]．北京：化学工业出版，2004.
8　陈启松．液压传动与控制手册[M]．上海：上海科学技术出版社，2006.

海缆伴随管道铺设工艺的可行性研究

李士涛　李爱波　李鹏　前德门　商涛

摘要： 某些特殊特性或路由与海管设计为同路的纤细型海缆，要求在进行铺管的同时，将海缆敷设在管道上，以达到降低操作成本和借助管道母体的保护增加其自身抗伤害能力的目的。此种海缆的铺设不能简单的将海缆铺设和海管铺设工艺相叠加，由于海缆和海管的特性存在很大的差异，施工工艺会产生相互的干涉甚至造成海缆的损伤，须采取有效的保护措施，以规避施工过程中存在的质量风险。本文主要介绍通过采用保护性的手段进行海缆伴随海管铺设的方法，并讨论该方法的可操作性和局限性。

关键词： 海缆；海底管线；伴随敷缆法

1 引言

1.1 海缆伴随海管铺设类别

海上油田开发工程中的海缆类型众多，包括控制脐带缆、电缆、光缆、及安防缆等。某些情况下设计要求海缆与海管沿相同的路由一体式铺设，如下述情形：

（1）为降低开采成本，部分油田会在主平台周围安装一些微型无人的井口生产平台，通过海底光缆实现中心平台远程控制，这些光缆多为与管道绑缚一体式设计，在铺管船铺管的同时，将光缆绑缚在管道上；

（2）含蜡量高的油田开发工程，海底管道为特殊的隔温保温的设计，以避免临时关断期间热源中断、降温到析界点形成水合物蜡栓塞，影响油田的恢复生产。保温设计有多种，其中手段之一是采用电伴热的模式，即对管道钢体实施电加热，在管道上敷设一条用于导电、与管道钢体形成电流回路的 DEH 海缆（直接电加热，见图 1）；

1.2 伴随铺设工艺的特点

虽然外观上海缆路由与海管路由都有相似的几何形状，铺缆工艺与铺管工艺也大同小异，但是如果在使用伴随海管铺缆的方式，则完全是一套全新的、不同于常规海缆铺设的工艺。

首先，海缆与海管登陆平台的方式不同，海管是通过法兰膨胀弯螺栓将平管与立管连接一体，而海缆则是穿过 J 形管直接登上平台，铺管船的起始船位是针对海管的平管铺设设计，不能

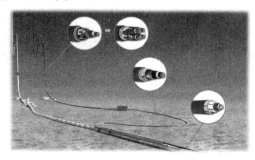

图 1　DEH（直接电加热）海缆

满足 J 形管穿管的船位要求，因此，伴随铺管船铺缆，船位不当时如何将海缆抽拉上平台是需解决的问题；

其二，海缆比较单薄脆弱，在伴随海管下水过程中，如何防止海缆被海管、托管架挤压，确保海缆的安全下水也是伴随海管铺缆方案需解决的问题；

其三，平管铺设期间，中途可以弃管再回收对接，而海缆原则上中途不允许切缆再对接，因此在铺设过程中，应急情况下弃管时如何处理船上剩余的海缆也是需解决探讨的问题。

针对上述问题，下文介绍海缆伴随海管铺缆方法，并简单论证其可操作性。

2　海缆伴随海管铺设方案

与常规铺缆方案相比，伴随式铺缆也分为准备工作、起始端 J 形管穿管、正常铺设、结束端 J 形管穿管。

2.1　准备工作

在铺管船上安装铺缆作业线，海缆滚筒容器/滚筒驱动系统安装在不影响铺管作业的位置，其捆绑作业站设在张紧器之后，从海缆容器到捆绑作业站搭建一条海缆行走路径，包括滚轮托架、转弯器，确保海缆运行无障碍。

将海缆头从海缆容器送到捆绑作业站位置。

2.2　伴随海管敷缆方法的起始端 J 形管穿管抽头

伴随海管铺缆方法针对海管铺设起始船位不能满足海缆抽拉要求的问题，可采用分阶段进行穿管作业，即对海缆登陆平台段临时保护后，将海缆暂时弃置水中，铺管船继续铺海管、海缆同时铺设，后由潜水支持船(膨胀弯连接船)来完成海缆的穿管工作，起始端穿管的施工步骤如下：

(1)铺管船按照海管的起始船位就位。当铺管船进入正常铺管阶段，海管与海缆的捆绑点运行到捆绑作业站位置，暂停走船铺管。

(2)将经过计算满足登陆长度的海缆采用绑浮袋或浮球的方式在工作艇的协助下释放至水中(漂浮状态的海缆具有柔性/可朔性，常规工况环境荷载不会对海缆造成损伤，见图 2)，海缆头临时固定至导管架上。

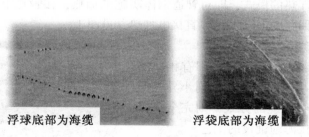

浮球底部为海缆　　　　浮袋底部为海缆

图 2　浮袋/浮球漂浮的海缆

(3)铺缆与铺管同时作业，施工人员将海缆捆绑在海管上，并监视跟踪海缆捆绑固定点安全入水。

（4）当铺管船离开平台一定安全距离之后，潜水支持船靠近平台就位，完成海缆的J形管穿管作业。利用卷扬机抽拉海缆，潜水员水下喇叭口附近拆除即将进入J形管的浮袋/浮球，直至海缆抽拉到位。随后，潜水员携载水下声学USBL定位系统沿着海缆爬行调查海缆的位置，确认海缆位置在设计的路径上，拆除所有剩余在海缆上的浮袋/浮球，结束首端J形管穿管作业。

2.3 海缆伴随海管正常铺设

伴随海管式敷缆的海缆下水到安全着床也是此工艺的关键点。第一、海缆随海管下水不能简单地视作专业铺缆船的下水过程，独自滑过满足海缆安装半径要求的弧形海缆槽，而是二者一同滑过托管架的托辊下水，如不采取保护性措施或者仅采取简单的捆绑手段，运行过程中海缆可能与海管发生绞缠或发生侧向位移，受到海管与托辊的挤压而导致受损；第二、常规的海管铺设工艺为"S-LAY"，海管从船上下水到着床，形状为上弯段、下弯段"S"形，海缆捆绑固定到海管上，需留出一定的前后蠕动余量，防止轴向刚度远低于海管的海缆伸缩芯缆损伤。因此，为确保海缆的完好性，海缆伴随海管的形式必须进行特殊的设计。

为保护海缆的安全，采用支座（PPE分体式马鞍形垫块）将海缆固定到海管顶部的12点位。马鞍形PPE垫块须依据所铺管径、缆径进行专门的模具设计和加工，见图3。打包带、打包工具为常规机具，见图4：

图3　马鞍形PPE垫块

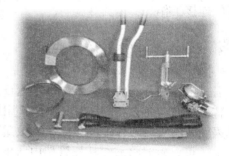

图4　打包工具

起始端海缆临时放置水中之后，铺管船进入正常铺管/铺缆作业，铺管、铺缆两条作业线分别将海管、海缆送至张紧器后的捆绑作业站，铺缆人员利用专门加工的垫块将海缆、海管捆绑一体，见图5。

图6为海缆海管绑扎一体的安全下水过程，海缆与托管架上的托辊不发生接触。

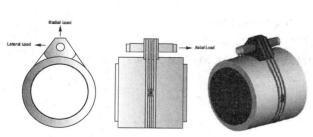

图5　海缆、海管捆绑下水

图6　海缆随海管下水

2.4　应急弃管时的弃缆方案

铺管过程中如遇到弃管的情况,海缆有两种处理措施。一是与弃管相似,切断海缆,密封海缆端头,海缆头固定到海管上,随海管一同弃置海床,待恢复海管铺设时加装一个应急接头。二是弃管前,首先由铺管船吊机将海缆容器放置在水中距海管侧向约 10 米的海床上,密封容器上的海缆头,在海缆上自绑扎结束点始绑浮一段长度等于工作水深长度的浮袋/或浮球,作为海缆下水及在水中的可塑性长度。后转为铺管船弃管操作程序。

原则上,海缆铺设应是一项连续性的操作过程,中途不允许发生弃缆、切缆、再对接的事件。所以,伴随海管的铺缆方式最适宜于在赤道无风带海域、基本不受大风影响的半封闭的海湾、湖泊、以及具备抵御风浪能力强的大型铺管船条件下实施。

2.5　结束端弃缆、海缆穿管登陆平台

当铺管结束端弃管之前,首先结束海缆在海管上的捆绑作业。当最后一个捆绑点已经到达海缆捆绑作业站时,暂停走船,类似于伴随海管铺缆的起始端操作,将设计长度的海缆绑上浮袋/或浮球弃置水中,切断多余海缆,密封海缆端头,将海缆头系挂在终端平台上,漂浮在水中的海缆处于可塑性状态,在潜水支持船潜水员的协助下,拆除海缆的浮球/浮袋,将海缆穿过 J 形管拉上平台。

海缆位置后调查,利用水下声学定位系统将海缆定位在拟定的海缆路径上,避免影响膨胀弯的连接工作。

3　伴随式铺缆可行性分析

通过上述对伴随海管的敷缆方案论证,在铺管船进行铺管的同时,通过某些保护性的手段,特殊的敷缆工艺(采用 PPE 垫块,用钢质绑带将海缆牢牢地固定到海管上,起始端和结束端采用实施分阶段作业的策略,有效避开铺管船位不适于 J 型管的穿管作业;中途遇到应急工况,可以暂时将海缆从托管架内取出,利用铺管船的吊机连同容器整体暂时弃置海床,或者采用加装应急接头的方案)使得伴随式敷缆方案具有可操作性。

但是,此套方案受铺缆船甲板空间的制约,海缆滚筒容器和海缆作业线应不影响到铺管作业;其次原则上此种方案最适宜于赤道无风带海区、以及半封闭的海湾、湖泊,这些区域不存在恶劣的海况,基本不涉及中途临时弃管的事件,否则弃缆回收操作程序复杂,稍有不慎会损伤海缆。

参　考　文　献

1　API 171 INSTALLATION GUIDELINES FOR SUBSEA UMBILICALS(S)
2　Trelleborg Offshore Cable Clamping, Banding & Piggyback Clamps Catalogue(N)
3　OFFSHORE STANDARD DNV-OS-F101 SUBMARINE PIPELINE SYSTEM 2000(S)

近岸登陆段海底管道拖拉法铺设技术研究

郭学龙　　于莉　　胡知辉

（中国石油集团海洋工程有限公司工程设计院）

摘要：近岸段海底管道是海底管道由海底过渡到陆上的关键部分，通常采用拖拉法铺设。本文对近岸段海底管道拖拉法铺设施工过程中的拖拉、挖沟及埋设作业技术及所用装备进行了全面的研究总结。

关键词：海底管道；近岸登陆段；挖沟埋设；挖沟设备

1　概述

随着海上油气开发的不断发展，越来越多的海底管道需从海底登陆并接入陆上终端。海底管道的近岸登陆段位置水深浅、海况与地质条件复杂，给管道铺设施工带来很大的困难。拖拉法广泛应用于近岸段浅水区域的管道铺设施工，本文深入研究了拖拉法施工过程中的拖拉方法、挖沟和埋设方法以及相应的施工设备，对于工程实施具有一定的指导意义。

2　近岸段海底管道拖拉法铺设

由于近岸段水深较浅，铺管船无法开展直接铺管作业，因此多采取拖拉法铺设。根据不同的施工方式，拖拉法可进行如下分类：

根据管道拖拉方向的不同，可分为海上拖拉和陆上拖拉两种：

海上拖拉即在岸上建造场地内对钢管进行组对、焊接、检验和节点处理，然后利用拖船或系泊的铺管船上的绞车将管道沿管道路由拖拉入海，可采取着底拖拉或绑扎浮筒漂浮拖拉。该方法在陆上完成管段的预制，施工方法简单，铺管安装就位快，经济性好，工程中广泛采用(图1、图2)。

图1　陆上管道预制

图2　管道拖拉下水

　　陆上拖拉即将铺管船系泊于海上的预定位置，利用铺管船完成钢管组对、焊接、检验和节点处理，再用陆上的大型拖拉绞车通过拖缆将管道沿着管道路由拖拉上岸，可采取着底拖拉或绑扎浮筒漂浮拖拉(图3、图4)。该方法能够充分利用铺管船上的设备，对陆上建造场地的面积和设备要求少，技术成熟，经济性好。

图3　铺管船管道焊接作业线　　　　　　　　图4　陆上拖拉设备

　　根据拖拉时管道位置不同，可将拖拉法分为以下三种：浮拖法(Surface Tow)、离底拖法(Off Bottom Tow)、底拖法(Bottom Tow)，这三种拖拉方法的优缺点对比如表1：

表1　拖拉法优缺点对比表

拖拉方法	方案描述	优　点	缺　点
浮拖法	管道下水前安装浮筒，使其漂浮在水面上，然后用大马力拖轮牵引拖行，为保证横向稳定性，需设尾牵引拖轮。到指定位置后逐渐释放浮筒，管道沉入水底。特殊情况下也可在管道侧面设置辅助侧拖轮	牵引力小，不受水深影响，浮力控制简单	受波浪、海流、水面交通影响大，对天气条件要求高，仅适于海况条件好区域，拖拉长度有限
离底拖法	利用浮筒和拖链调节浮力，使管道悬浮于海床以上一定高度，由一艘主拖轮和一艘小牵引轮牵引前进。到达指定地点后，由潜水员协助释放浮筒，管道沉入预定位置	牵引力小，受环境条件、水上交通影响小	受海底地形影响大，浮力控制复杂，拖拉长度有限，潜水作业多
底拖法	根据海底勘测资料确定最佳拖管航线。管道整体与海底接触，再由大马力拖轮拖拉至指定位置，一般用于海底平坦的海域	施工简单，潜水作业少，环境影响小，恶劣天气下弃管容易	拖拉阻力大，受海底地形影响大，管道防腐涂层易破损，拖拉长度有限

3　挖沟作业及挖沟设备

3.1　挖沟作业

　　为确保近岸登陆段海底管道的稳定性和生产期间的安全，海底管道除设防腐配重层外，一般还采取挖沟埋设的方法。管道的埋设可分为预挖沟埋设和后挖沟埋设两种方法。

预挖沟埋设即在管道铺设前先将沟挖好，然后将管道铺设到沟里的方法。预挖沟多用于较浅水域的短距离管线，如过河管线、近岸登陆段部分等。对于特殊的海床，如地形凹凸不平，岩石质海底等也多采用预挖沟法。

后挖沟埋设则是先将管道铺好，然后再沿管线进行挖沟，管道逐渐沉入沟内的作业方法。一般在较深的水域很难将管道准确铺设到预挖好的沟内，故多采用后挖沟方法。浅水滩涂位置的海底管道，如铺设后能够保证位置稳定性，也可采取后挖沟铺设。

3.2 挖沟设备

预挖沟的设备主要有挖泥船、反铲挖泥船、两栖挖掘机、水下多用途挖掘机、挖沟犁等，后挖沟法的设备有冲吸式水下挖沟机、绞吸式水下挖沟机和挖沟犁等。现将各种挖沟设备介绍如下，便于实际工程根据具体情况选用：

1）挖泥船

挖泥船多用于港口、航道的疏浚、清淤等施工作业，在海底管道的铺设过程中，可用挖泥船进行预挖沟作业及海底地形的平整作业。挖泥船主要有耙吸式、绞吸式、抓斗式等类型（图5、图6）。耙吸式挖泥船可以挖掘砂质土、黏土以及含有小卵石的涂层，由于耙管长耙头挖掘范围大，因此可在较深水域进行作业，如 DJN 公司的耙吸式挖泥船可在水深100m作业，但是断面精度控制低，多用于开阔水域通航疏浚。绞吸式挖泥船适用于挖掘各类土壤，但其挖掘深度有限，最大挖深仅为 25~30m，不过能够精确的控制挖掘轮廓是绞吸式挖泥船的一大优势。抓斗式挖泥船基本不受水深限制，且不受水下杂质、石块的影响，但由于非连续性挖泥，容易产生深点和浅点，挖掘的平整度较差。

图5　耙吸式挖泥船　　　　　　　　　图6　抓斗式挖泥船

2）反铲挖泥船

反铲挖泥船是一种将全回转液压反铲挖掘机固定安装在非自航驳船上的机器，主要用于浅水区挖掘疏浚。为保证作业时驳船的位置稳定，作业时通过定位桩定位。挖掘机的吊杆手臂一般非常长，可延伸到挖泥船的前方并延伸到水下，铲斗朝着船的方向运动，可将水下泥沙碎石等沉淀物挖掘出来，对于重黏土、软石、爆破后石渣、含石头的沙土等都具有良好的适用性，广泛用于浅水航道清理、疏浚、挖石等作业。目前 Van Oord 公司的 Backacter 1100S 系列的反铲挖泥船其铲斗的容积可达 40m³，最大挖掘水深达 26m，如图7所示。

3）水陆两栖挖掘机

水陆两栖挖掘机与陆上挖掘机的性能基本相同，但具有较高的底座来防止水进入到控制室内，有的底座还能够根据水深情况进行升降。通过更换不同类型的吊臂工具，可以实现浅水区域疏浚挖掘、岩石破碎清理、海底管道填埋、挖沟等工作。如图 8 所示，GEOOCEAN 公司的 MAX 系列的两栖挖掘机，其最大工作水深能够达到 8m。

图 7　反铲挖泥船

图 8　水陆两栖挖掘机

4）挖沟犁

挖沟犁采用机械挖掘的方式，由大马力拖轮牵引或者自行驱动，沿着前进方向将土翻到两侧并形成沟（图 9）。挖沟犁可在各种土壤环境中精确控制沟的断面形式，对海况的适应程度和作业效率高，作业费用低。挖沟犁可用于管线铺设前的预挖沟，也可在管线铺设的同时进行挖沟，还可以进行后挖沟作业。

5）射流挖沟机

射流挖沟机主要包括喷水框架、防沉滑靴、大功率水泵、泥浆泵、空压机和浮力调节浮筒等组成（图 10）。作业时用吊车将其吊放下水骑在管道上，使管道位于喷水框架两侧喷嘴中间。高压水、气的作用或者配合机械绞刀的搅拌使得管道下方土壤破坏，由泥浆泵将冲下的泥土吸走排出，管道随即沉入沟中，挖沟机可通过母船牵引或自行驱动前进，挖沟速度快，可适用于各种土质类型，但是不能在含有较多砾石、块石等杂质的土壤环境下工作。

图 9　挖沟犁

图 10　射流挖沟机

4　近岸段海底管道埋设

管道铺设完成后，一般采取人工回填埋管。人工回填埋管需要根据环境地质条件、管道的设计寿命以及近岸段管道本身的保护情况，选取适当的回填材料，抛填到管道的上方，起到安全保护的作用。

1）回填方法

自然土回填可用抓斗挖泥船将预挖沟时挖出的土回填到管沟，有的大型挖沟犁可在挖沟的同时，将后方管道掩埋。

工程回填一般采取驳船直接倾倒砂料与石块的"倾倒法"，或使用大型漏斗和导管等石料回填装置的驳船进行回填的"导管法"。倾倒法回填速度快，但是回填质量不高。导管法需要专用的回填船舶，施工成本高但是回填质量高。

2）回填材料粒径级配

从管道防腐的角度考虑，与管道直接接触的表层回填材料最好使用洁净的砂料，后逐层回填碎石和石块，以起到保护作用。施工中一般将回填材料分成几层，粒径从下向上依次增大，并充分考虑每层的粒径级配比例，使得层与层之间形成稳定的反向倒滤层。通常将回填分为三层，紧靠管道的一层为沙土，中层为石子，表层为块石，总回填深度相当于预挖沟的深度。

3）回填质量检测

近岸段海底管道回填埋设质量的检测主要采取海上水砣、标杆测量法和水深仪测量法，评价回填埋设好坏的指标，主要是考查回填过程中回填土料散失量的多少、沟槽回填均匀程度和回填埋设工效等指标。在条件允许的情况下，优先选用导管回填法以提高回填质量。

5 总结

采用拖拉法进行近岸段海底管道铺设作业，应根据设计要求、具体的环境、地质条件以及施工设备资源的情况，综合进行技术经济分析后选取恰当的施工方法。

参 考 文 献

1 赵冬岩．海底油气管道工程［M］．沈阳：沈阳出版社，2007．

2 党学博，龚顺风，等．海底管道铺设技术研究进展［J］．中国海洋平台．2010.10(25)：5～9．

3 刘志刚，李庆，等．登陆海底管道近岸段施工方法研究［J］中国造船．2009.11(50)：669～676．

4 张若瑜．滩海水域铺管底拖管道施工技术研究［D］．天津大学．2006．

5 姜进方．登陆海底管道近岸段预挖沟［J］．中国海上油气（工程）．1996.2(8)：7～14．

6 高伟．国内外疏浚挖泥设备的对比与分析［J］．中国港湾建设．2009.4(2)：63～67．

7 赵明宇．海底犁式挖沟机的设计研究及稳定性分析［D］．哈尔滨工程大学．2011

8 李文涛，葛彤．挖沟机相关技术进展［J］．船海工程．2010.8(39)：146～150．

9 姜进方．登陆海底管道近岸段埋设［J］．中国海上油气（工程）．1996.6(8)：14～17．

10 赵冬岩，王琮，等．社会环境因素对海底管道埋设深度的影响［J］．中国海上油气．2010.8(22)：275～280．

海底管道泄漏快速封堵技术研究

王天英[1]　刘锦昆[1]　李超芹[2]

(1 中石化石油工程设计有限公司；2 青岛科技大学)

摘要：为适应海底管道因穿孔、裂口或管道弯曲等原因造成泄漏后停产状态下的快速封堵，减少海底管道泄漏，保护海洋环境，并满足清管以及管道维修更换的应急处理要求，开展了海底管道泄漏柔性自黏式气囊封堵技术研究，研制了具有自主知识产权的自黏式快速封堵气囊，并进行了实验室模拟实验和海上现场试验，试验结果表明，该产品具有承压和保压能力强、施工时间短、操作简便、安全可靠等优点，能实现海底管道多种泄漏形态的快速封堵要求，具有广阔的工程推广应用前景。

关键词：海底管道；泄漏；快速封堵；橡胶；复合材料

1　引言

海底油气管道被喻为海上油气田的主动脉和生命线，其安全、可靠运行是海上油气田生产的根本保证。导致海底管道泄漏的原因有很多，如腐蚀，管道横截面上波浪诱发的冲蚀作用，管道附近的施工作业，沉积物的下滑移动等。致漏原因不同，管道的泄漏形态也往往不同。

海底管道一旦发生泄漏，由于海上条件的限制，修复需要一定的周期，在此期间，即使关闭管道两端的阀门，由于管内压力，仍有大量原油溢出。因此，在管道正式修复前，应采取有效措施，对泄漏部位进行快速临时封堵，以减少泄漏造成的海洋环境污染，并为随后的清管扫线和正式修复提供条件。

针对各种管道泄漏形态，国内外开发了多种封堵技术，如卡箍封堵技术、钢带拉紧技术、快速捆扎技术、注剂式密封技术及管内封堵器等。这些堵漏技术对陆上管道的堵漏具有较好的适应性，但用于水下施工却较为困难，而且对不同泄漏形态的适应性有限，对于因管道弯曲造成的裂口封堵尤为困难。为此，本文开展海底管道泄漏柔性自黏式气囊封堵技术研究，开发用于海底管道堵漏的复合材料产品及水下施工技术，实现海底管道因穿孔、裂口或管道弯曲等原因造成泄漏后停产状态下的快速封堵，减少原油泄漏，保护海洋环境，并满足清管以及管道维修更换的应急处理要求。

2　自黏式快速封堵气囊设计方案

2.1　自黏式快速封堵气囊设计原理

自黏式快速封堵气囊主要利用橡胶复合材料(由密封层、充气层和包覆层组成)对管道泄漏处进行软包覆，通过包覆材料充气膨胀，对泄漏部位实施密封堵漏。堵漏施工时，自黏式快速封堵气囊的密封层一侧与管道表面接触，由管壁向外分别为密封层、充气层和包覆层（见图1）。气囊包覆管道后，通过气嘴对充气层充气，充气层的压力作用于密封层，使橡胶发生弹性形变，对泄漏处形成紧密挤压，从而实现对泄漏处的封堵。

密封层靠近管壁一侧的表面设计半圆形格子状分布的突起条纹，在充气层的压力下，半圆形突起发生压缩变形，产生更大的密封力，同时，突起条纹对管道的不平整表面具有更好的适应性。

充气层是实施封堵的关键部分。充气层为具有中空结构的橡胶材料，并设置有充气气嘴，气嘴与中空的腔体相通，充气层两端设有搭接结构。为使充气层能够承受足够压力并避免向外层自由膨胀，从而使压力有效传递给密封层，设计充气层内层为纯橡胶而外层为加强结构。充气层气嘴结构采用侧面直接硫化气嘴方式，承压好，便于快速连接充气。

包覆层采用水中自黏性增强橡胶及包覆材料，进一步阻止充气层充气膨胀时向外膨胀。包覆层具有水中自黏型，而无需额外的固定措施，经多层缠绕压实，可阻止充气层充气后可能发生的解脱，因此，施工方便，对各种形态的水下管道泄漏具有很强的适应性，可满足管道漏洞、裂口以及因管道弯曲造成的破损等多种泄露形态的封堵。

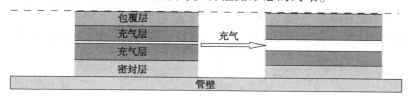

图1　自黏式快速封堵气囊术原理示意图

2.2　自黏式快速封堵气囊材料研究

根据海底管道的水下工作环境，包括耐水性、耐油性、耐穿刺性，以及承压和密封性的要求，开发了气囊结构各部分的橡胶复合材料，使之满足海管水下工作环境和所承受的压力、黏性要求，并对海底管道漏洞、裂口以及因管道弯曲造成的破损等破坏情况的封堵具有良好的适应性。通过对充气压力、橡胶黏弹性和泄漏压力等进行计算，确定了气囊结构的厚度、硬度和弹性，以及充气结构的复合形式与强度等技术指标。材料的具体制备方法和原料配比详见文献[4]。密封层、充气层和包覆层等三层橡胶材料分别成型后，通过黏合剂黏附在一起而形成该气囊产品。

2.2.1　密封层材料

设计密封层橡胶具有水中膨胀性，其膨胀倍率200%~300%，在水下施工时，当密封层被充气层和包覆层包覆固定时，密封层橡胶可吸收管道表面的水或从端面吸收水，体积逐渐膨胀，实现密封压力的增加，并可有效对管道表面的坑洼进行填补。密封层橡胶还具有良好的耐油和耐海水性能，橡胶硬度在邵氏45°左右，压缩永久变形小，在充气层压力下，能够与管壁贴合紧密，具有良好的密封性能。密封层橡胶材料技术指标详见表1。

表 1　密封层橡胶材料的技术指标

性　　能	单位	技术指标	备　　注
硬度	邵氏 A	45	
拉伸强度	MPa	9.70	
断裂伸长率	%	460	
撕裂强度	kN/m	42	
压缩永久变形	%	18.5	B 型试样
拉伸强度变化率	%	+6	
伸长率变化率	%	+4	
耐油性　体积变化率	%	+2	1#标准油，40℃，70h
硬度变化	度	−2	

2.2.2　充气层材料

充气层橡胶材料具有良好的成型性能以及与骨架材料良好的贴合性能，强度高，气密性好。充气层内层采用低硬度纯胶，具有较高的强度和伸长率，能保证充气压力自由向密封层传递。充气层外层采用加强橡胶材料，以承受足够的压力。

为了确保充气层材料的保压性能，对材料的透气性进行了测试。14d 的测试结果表明，试验过程中，气体压力略有下降。从 0.500MPa 的初始压力下降至 0.490MPa，压力下降 0.01MPa，下降率为 2%，说明所制备的密封层材料具有良好的密封性能(见图 2)。

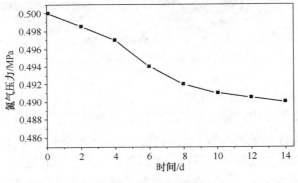

图 2　充气层材料的气密性测试

2.2.3　包覆层材料

包覆层为硬度较低、强度较高、具有水中自黏性的橡胶。包覆时，包覆层可自行黏结在一起，方便海上施工，实现快速封堵。项目开发了一种夹布的水下自黏性橡胶，其特征是不仅具有极高的强度，而且遇到水时会产生较高黏性，使两层或多层包覆层完全黏合在一起，层间剥离强度超过 2kN/m，完全能够承受密封 0.30MPa 的密封压力。根据包覆层材料的功能要求，设计了包覆层的两段材料：第一段为水中自黏性橡胶包覆层，用于阻隔沿周向的泄漏；第二段为尼龙黏扣带，其主要作用是加强包覆层的包覆力，防止气囊膨胀而造成的气囊解脱。

2.3　快速封堵气囊结构设计

在分析气囊各层结构所需满足的性能，研究气囊的密封结构、充气结构和自黏包覆结构的物理机械性能与复合组装形式的基础上，根据气囊的功能和施工要求，设计了多种方案，并进行了试制，最终确定了性能较优的整体气囊方案。整体气囊设计方案如图 3 所示。

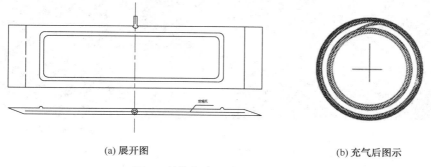

(a) 展开图   (b) 充气后图示

图 3　整体气囊设计方案示意图

密封层、充气层、包覆层具有不同种类的橡胶材料和不同形状的结构形式，如密封层具有水中膨胀性，充气层是双层结构，包覆层是夹布结构而且材料具有水中自黏性。因此，开发合适的封堵气囊充气结构的成型工艺和成型模具，保障充气压力向密封结构有效传递，是气囊材料成型的重要因素。为此，进行了封堵气囊的模具开发与气囊成型，设计了加工气囊的复合成型模具，完成了气囊的一次成型工艺开发。快速封堵橡胶材料的成型工艺流程见图 4。最终成型的气囊产品如图 5 所示。

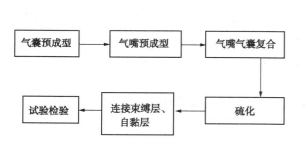

图 4　快速封堵橡胶材料的成型工艺流程图

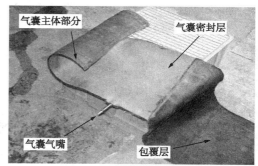

图 5　快速封堵气囊成型产品

3　海底管道泄漏快速封堵试验研究

为了确定气囊够承受的最大密封压力，进行不同泄漏形态的管道泄漏封堵模拟实验；为了检验气囊的快速封堵性能，并完善海上快速封堵施工工艺，进行海底管道海上快速封堵试验。

3.1　管道泄漏封堵实验室模拟实验

为了保证实验结果的有效性，设计了具有两种不同泄漏点的 2 根试验管段，外径分别为 100mm 和 200mm，长度均为 1000m。为了模拟海底管道的不同破坏情况，在一根管段的表面加工不同形状的开孔，对另一根管段表面进行凹陷处理并在凹陷的底部开孔(见图 6)。将管道的两端封堵，一端焊接气嘴，以便在模拟试验时，充入空气或液体。

(a) 开孔　　　　　　　　　　　　　　　(b) 在凹陷处带有不规则开孔

图 6　试验管段泄漏点形态图示

　　首先对气囊的保压能力进行实验评价。如图 7(a)所示，在 3min 内对包覆试验管段的气囊充压至 0.35MPa，拔掉充气气管，观察气囊内的压力，发现在拔掉充气气管的 10min 时间内，气囊内压力出现了较快的下降，然后逐渐趋于平稳；12h 后，压力保持在 0.32MPa 左右[见图 7(b)]。分析认为，起初的 10min 内压力下降迅速，主要是因为对橡胶材料充气的过程中，材料产生运动并有一定的延展量，而且，由于橡胶材料的自身物理属性，气囊膨胀初始阶段，橡胶材料的松弛量较大，导致压力下降较快。待气囊各部分均充分膨胀，移动到平衡位置，压力则保持恒定，不再下降。为了改进充气初始压力下降的情况，进行了补压实验，即在充压后 5~10min 内启动充气阀门，将压力补充至 0.35MPa。如图 7(c)所示，补压后，气囊压力下降很小。

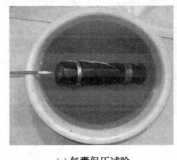 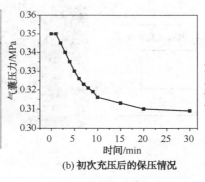 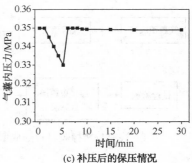

(a) 气囊保压试验　　　　　(b) 初次充压后的保压情况　　　　　(c) 补压后的保压情况

图 7　气囊的保压能力测试

3.2　海底管道海上快速封堵试验

　　2013 年 4 月 18 日~4 月 19 日，在中石化胜利油田海洋采油厂工程公司码头，进行了海底管道的海上快速封堵试验，以检验气囊对试验管道的封堵能力，完善潜水员水下快速封堵的施工工艺。

3.2.1　试验器材

　　试验管道外径为 200mm、长度为 12m。如图 8 所示，设计了 2 种管道开孔模式，以模拟真实管道不同的泄漏情况。其一是宽度为 5~10mm，长度为 100~120mm 的不规则长条形开口；其二是最大宽度为 50mm，长度为 120mm 的不规则开口。其他器材包括：快速封堵橡胶气囊 2 套；空气压缩机 1 台(用于气囊充气)；精密压力表 1 只；带快速接头的 30m 输气管道 1 根。

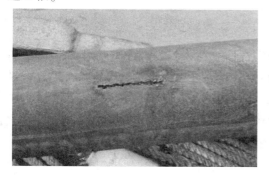

图 8　试验管道开孔模式

3.2.2　试验过程

先将装有压力表和注水阀门的管道两端封堵，利用吊车放入 4m 深的水下，再通过注水阀向管道内部注入一定压力的水，然后进行快速封堵的施工过程(图 9)。试验步骤为：

(1) 潜水员下水确认管道开孔位置；

(2) 船上人员将气囊放入水中，潜水员将气囊缠绕包覆在试验管道的泄漏处；

(3) 潜水员将为气囊充气的气管与气囊的气嘴连接。连接结束后，潜水员返回船上；

(4) 利用空气压缩机通过连接气囊的气管充气至 0.35MPa，对管道泄漏点进行封堵；

(5) 向试验管道内注入水，水压为 0.3MPa 时，停止注水；

(6) 观测连接气囊压力表和试验管道压力表的变化情况。

图 9　海上快速封堵试验现场图示

3.2.3　试验结果

1) 快速封堵气囊的水下施工情况

潜水员 3 次下潜施工的情况表明，潜水员可以顺利完成快速封堵气囊的水下施工作业，包括泄漏点的确定、气囊的包覆以及包覆层的缠绕工作，而且施工效果能够满足充气密封的要求。整个施工过程仅耗时 8min 左右。

2) 对泄漏点的封堵情况

现场试验结果表明，快速封堵气囊能够对两种不同形式的泄漏点起到良好的封堵作用。当气囊内压力为 0.35MPa 时，对内压为 0.30MPa 的管道进行了有效的快速密封止漏。

4　结语

本文在分析海上油田海底管道泄露案例特点的基础上，研制了具有我国自主知识产权的应用于中浅海油气管道泄漏点修复的自黏式快速封堵气囊。采用内胀式封堵技术，提出了封堵装置的结构组成和总体设计方案。叙述了装置总体结构，并通过实验室模拟实验和海上试验，检验了气囊的快速封堵性能，完善了海上快速封堵施工工艺。理论分析与试验研究表明，所设计的封堵装置能够满足不小于 25m 的水深且管内压力为 0.5MPa、直径为 80～600mm 的多种泄露形态的海底管道快速封堵要求。本研究为装置的工程推广应用打下了坚实的基础。

参 考 文 献

1　田政，陈长风，杜文燕，等. 海底管道完整性评估及修复技术[J]. 石油工程建设，2005，31(3)：40～43.

2　江锦，马洪新，秦立成. 几种典型海底管道修复技术[C]. 第十五届中国海洋(岸)工程学术讨论会论文集，2006：405～410.

3　中石化石油工程设计有限公司，中石化安全工程研究院. 中石化科研课题"海上油田溢油处置技术研究"结题报告[R]. 青岛，2012.

斜拉跨越技术在海底管道交叉铺设中的应用

霍文星[1]　戚焕彬[1]　耿立国[1]　丛岩[2]

(1. 中石化胜利油建工程有限公司，2. 胜利油田分公司设备管理处)

摘要：本文介绍了采用斜拉支撑方式固定浅海海底管道，在海底开挖沟槽，以便使即将铺设的其他管道从其下部穿越的施工技术。对处于浅海海底的管道进行斜拉设计，在管道底部开挖沟槽后，管道总跨距为40m，主要影响因素有管道自重、管内介质重量、海浪作用等，采用CSiBridge计算软件进行计算。本文对该施工措施的斜拉管道设计进行简单介绍。

关键词：斜拉管道；浮拖法；波浪荷载

随着海底国内基础设施建设的发展，海底管道的铺设日益复杂，海底管道缺乏前期规划，各类用途管道之间的铺设没有相互考虑相互空间关系，新近铺设管道需要跨越或者穿越已有管道，给现场施工带来困难，尤其在海底地质情况差，潮差大的海域进行此类铺设，质量安全要求高。在铺设施工过程中对已有管线的保护十分重要，本文主要介绍在类似铺设情况下的施工技术。新铺设的输气管道需要穿越已有给水管道，该给水管道是一座20万人的县城的唯一给水管道，在施工过程中对该管线的保护至关重要。给水管线埋设于海底，穿越过程中需要挖空给水管道下部，开挖后在波浪和水流冲击作用下会出现悬跨，从而使海底给水管道发生涡激振动、疲劳或悬空长度过大导致断裂，发生重大施工安全事故。本文介绍了海底管道采用斜拉支撑方式对管道进行保护。对该斜拉方法的适用性进行了量化设计分析。

1　工程概况

某海底管道总长约4.3km，管线采用单层管混凝土配重层形式，管道规格 ϕ457mm×14.3mmL450MO/X65MO 直缝埋弧焊钢管(SAWL)。

输气管道在ZP7+300附近需要穿越一给水管道，该管道为一座20万人的县城的唯一给水管线，管径为 ϕ1020mm×14mm，材质Q345B，管顶埋深0.7~1.5m，设计压力等级为0.45MPa，3PE防腐，砂袋镇压墩，沿管道轴线间距10m设一处。输气管道铺设过程中需要从给水管道下方穿越，采用对给水管道进行斜拉式悬挂，然后开挖。开挖完成后跨度为40m。输气管道通过浮拖法从给水管道下部穿过。如图1所示。

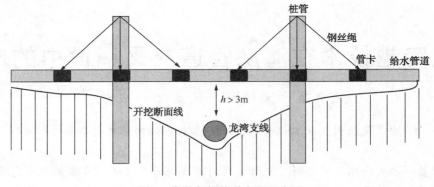

图 1　穿越斜拉管道布置示意图

2　斜拉管道设计

2.1　计算模型

斜拉整体受力分析采用"CSiBridge 15.2"程序进行。给水管线采用双锁面双塔斜拉体系，8.5m+23m+8.5m 对称布跨，采用固结体系，塔高都为 4m，塔高 H 与主跨之比为 0.174 满足斜拉桥设计细则规定的 1/4~1/6 的规定，采用 H 型塔，边跨与主跨之比为 0.37 满足 0.33~0.50 的规定，外索的水平倾角最小为 25.2°大于 22°的规定，管道上斜拉索的标注索距为 4.25m，索塔上的斜拉索索距为 1m。

在本计算中，给水管道考虑 40m 跨度的悬空，在两端各留 6.7m，中间跨度为 26.6m，采用 4 根 Q235 预制钢管桩，每边两根桩，桩采用 ϕ610mm×6mm 钢管，钢管桩入泥 20m，采用 20 根钢丝绳，钢丝绳选用直径为 34.5mm 的 6×37 钢丝绳，钢丝公称抗拉强度为 1700MPa，破断拉力为 621.6kN。受力分析时，桩与土交界面假设为固定端，给水管道两端假设为可以上下移动，但不可以转动的定向支座。

管道截面：1020mm×14mm，考虑腐蚀余量 3mm，管道计算模型采用 1020mm×8mm 的管建模，1020mm×3mm 的钢管重量等效为恒载加载到管线上，在钢管外壁加管卡，钢丝绳通过管卡连接到管上，管卡之间通过型钢焊接，防止由于索水平分力与管发生相对滑动，同时为了防止涨潮时管发生漂动，采用型钢把给水管上的管卡与桩焊接固定。计算模型如图 2、图 3、图 4 所示。

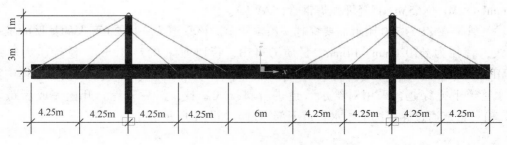

图 2　计算模型平面布置图

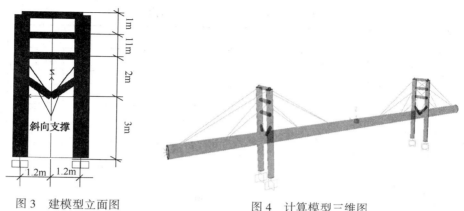

图 3　建模型立面图　　　　　　　图 4　计算模型三维图

2.2　作用荷载

管道恒载考虑管道自重和充满水的水自重的和，可变荷载考虑作用在桩露出地面部分及管道的波浪荷载，波浪荷载参数根据设计基础说明书采用。

施工临时构筑物，安全等级为三级，安全系数 1.0。给水管充满水重为 8.17kN/m，管道腐蚀余量自重为 0.75kN/m，波浪荷载作用：选用表 SE 向 1 年一遇波浪及 1 年一遇高潮位，波浪高度取 0.92m，周期取 8.5s，水深取用 5.8m，泥面深度考虑开挖取用 −5.5m。临时建筑，不考虑地震作用。由于波浪荷载考虑横向作用，没有考虑风荷载。

考虑了两种工况：第一种工况考虑特殊情况，管道由于落潮，露出水面，不受浮力作用，只考虑自重作用，1.35 倍的(自重+水重)；第二种工况考虑给水管始终处于水中，受水浮力作用，给水管道充满水时，自重与波浪荷载的组合，1.2 倍的自重+1.4 倍的波浪荷载。

2.3　计算结果

采用 CSiBridge 15.2 专业桥梁计算软件对，该斜拉结构进行计算分析得出如表 1、表 2，标签示意如图 5 所示。

根据以上表中数据，斜拉给水管线的最大应力出现在跨中截面在自重和水重作用下最大应力为 43.7MPa，在考虑波浪荷载作用下由于浮力作用，最大应力为 5.6MPa，满足《海底管道系统规范》规定，两侧塔所用钢管可以采用软件自带的《钢结构设计规范》进行校核。

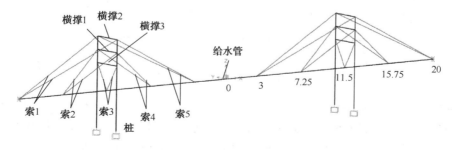

图 5　标签示意图

表 1　受 1.35 倍(自重+水重)作用时结构受力分析

	桩	给水管						索					横撑			支座反力	
		0m 处	3m	7.25m	11.5m	15.75m	20.0m	1	2	3	4	5	1	2	3	桩与泥面处	
轴力/kN	-168.4	107.9	33.6	-59.0	-59.0	8.1	8.1	44.0	40.8	66.8	56.7	40.9	-11.9	-23.1	-32.5	$F_x=-10$	$M_x=0$
弯矩/ kN·m	57.2	251.3	185.0	6.4	-164.8	-116.2	-137.7	6×37 钢丝绳，直径为 34.5mm，抗拉强度为 1700MPa，破断拉力为 621.6kN，安全系数取 6；单根钢丝绳破断拉力 65kN。钢丝绳计算书附录 3					N/A	N/A	N/A	$F_y=0$	$M_y=-57.8$
剪力/ kN	10.0	0	44.0	73.6	71.8	20.2	36.5						N/A	N/A	N/A	$F_z=168.6$	$M_z=0$
最大应力/ MPa	-29.7	43.7						N/A					2.38	3.8	4.9	桩基计算书附录 2	

表 2　受 1.2 倍(自重+水重)+1.4 倍波浪荷载作用结构受力分析

	桩	给水管						索					横撑			支座反力	
		0m 处	3m	7.25m	11.5m	15.75m	20.0m	1	2	3	4	5	1	2	3	桩与泥面处	
轴力/kN	-20	17.42	4.29	-8.74	-8.73	-8.73	0.39	39.6	38.0	7.5	59.0	38.5	1.2	0.7	0	$F_x=1.3$	$M_x=14.2$
弯矩/ kN·m	14.2	17.0	8.4	1.6	4.9	-14.8	-34.6	6×37 钢丝绳，直径为 34.5mm，抗拉强度为 1700MPa，破断拉力为 621.6kN，安全系数取 6；单根钢丝绳破断拉力 65kN。钢丝绳计算书附录 3					N/A	N/A	N/A	$F_y=-4.6$	$M_y=-6.7$
剪力/ kN	4.6	0	5.7	5.6	3.3	8.7	8.7						N/A	N/A	N/A	$F_z=-22.7$	$M_z=-0.5$
最大应力/ MPa	6.5	3.6	2.4	0.4	1.4	2.7	5.4	N/A					4.4	5.3	6.8	桩基计算书附录 2	

　　在自重作用下，结构变形图如图 6 所示，管道在图中位置最大竖向位移为 10.8mm，钢索一直处于受拉状态，两端还连接到处于泥面以下的管道上，所以发生向上移动，但没有转动，模型比较符合结构实际受力状态。由于篇幅的原因本文对钢索和桩基设计不做介绍。

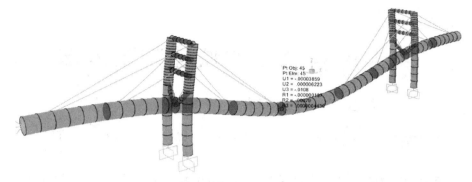

图 6　管道变形示意图

3　结论

对已有浅海管道进行斜拉支撑设计，以使输气管道从其下部穿过，这种方法是可行的；采用桥梁结构专用软件 CSiBridge 对管道进行斜拉计算，可以考虑海浪作用，对结构水平移动进行量化计算，使施工措施更加可靠。该方法使施工过程更加简单，而且节约费用。由于海底地质差，所以对桩的要求比较高。为了更好的模拟管道实际受力状态，可以设计弹簧支座模拟管道在土中类似弹性地基梁的受力状态。

参　考　文　献

1　金伟良，张恩勇，邵剑文，等．海底管道失效原因分析及其对策[J]．科技通报．2004(06)．
2　刘杰鸣．海管结构国产钢材应用研究[J]．中国海上油气．工程．2001(01)．
3　洪建国．大跨度斜拉管道自振分析[A]．全国索结构学术交流会论文集[C]．1991．
4　詹侃，陆仁华．海底管道在铺设过程中的二维静态分析[J]．海洋工程．1991(04)．
5　李玉成，陈兵，Marchal JLJ，Rigo Ph. D．波浪作用下海底管线的物理模型实验研究[J]．海洋通报．1996，15(5)：68~73．
6　Sarpkaya. T，In-line and Transverse Forces on Cylinder Near a Wall in Oseillatory Flow atHigh Reynolds Number. J. Ship Researeh. 1977，21(4)：200~216．

深水海管试压的快速判定方法

戴忠[1]　李剑[2]　梁超[2]　李良龙[2]　周昕达[2]

(1. 中海石油(中国)有限公司天津分公司；2. 海洋石油工程股份有限公司)

摘要： 由于南海夏季海水表层与海底温差较大，管内的试压介质需与海底环境完成热量交换才可以进入规范要求的保压状态，而对于保温管道的稳压则需要更长的时间，对海上安装时间与人员投入造成了很大影响。本文结合我南海某油田新建管道的试压工程实例，给出了一种新的快速试压验收方法，成功解决了稳压过程中管内外海水热量交换对试压过程的干扰，大大缩短了试压需要的时间，减少了海上资源的投入。对于深水工程尤其基于水下设施开发的海底管道试压有借鉴意义，对工程成本的控制更为显著。

关键词： 海管试压；热交换；双层保温管；压降曲线

1　引言

随着我国对深海领域石油的开采力度加大，尤其是最近几年对南海石油的勘探与开采，在南海海域铺设的海管量越来越多。南海油气田由于水深基本在100m以上，为了保证输油安全，避免漏油，基本上都采用双层管(pipe-in-pipe)，即管中管的结构，两层海管之间填充保温岩棉，以此来降低在深海低温环境下油气长距离输送过程中的油气温度损失率，避免发生凝析，保证油气在管道中的流动性。

这样的海管设计在降低长输油气的温度损失方面确实起到了很好的作用，但由于南海海管的铺设水深基本都在100m以上，清管试压用的海水都是从海面表层提升上来的，海表水与海底水会有一定的温差，一般是海表水比海底水高，并随季节而变化，参考南海部分水域水温统计表(表1)。注入海管的试压水在海底会与外界发生热量交换，温度逐步下降到与外界温度一致，导致压力随着一起下降。按照DNV-OS-F101规范要求，海管试压通过的要求是：在24h内，海管中的压力变化不超出试验压力的±0.2%。由于双层管的良好保温性会使海管内的水温与海底水温的热交换过程很慢，往往需要10d左右的时间，这将给整个项目带来很大的成本增加。

表1　南海部分油田海水月平均温度统计表

南海乐东油田海域(水深范围93~106m)海水月平均温度统计值/℃											
月份	1月	2月	3月	4月	5月	6月	7月	8月	9月	10月	11月	12月
表层	24.2	22.9	23.7	25.8	27.9	29.1	29.2	28.6	28.6	27.5	26.6	25.5

续表

南海乐东油田海域(水深范围93~106m)海水月平均温度统计值/℃												
底层	23.9	22.3	22.1	22.0	21.6	21.7	20.3	19.5	21.1	24.9	25.9	24.9

南海陆丰油田海域(水深范围132~146m)海水月平均温度统计值/℃												
月份	1月	2月	3月	4月	5月	6月	7月	8月	9月	10月	11月	12月
表层	22.0	22.5	23.6	24.5	26.4	28.2	29.4	28.9	28.3	27.1	25.0	23.6
底层	18.5	18.7	20.9	19.6	18.1	18.1	18.9	18.4	18.7	21.9	22.9	20.1

本文的目的就是探讨一种快速的海管试压判定新方法,节约大量船天和费用,有很大的推广价值。

2 方法介绍

海管试压时试压水被封闭在固定的容器内,体积是固定的。而海表水比海底水温度要高,通过增压泵打到海底后会与外界发生热交换,试压水温度逐步降低到与外界一致。压强也会随温度的下降而下降,呈正相关关系。本课题的目的是找到密闭容器中液体压强随温度和时间的变化关系,做出"压强(P)-温度(T)"、"温度(T)-时间($time$)"的变化曲线,进而推导出"压强(P)-时间($time$)"的理论变化曲线,与实际测量到的变化曲线进行对比,如曲线基本吻合,没有奇异点,则证明该密闭容器没有泄漏。

2.1 保温海底管道温降的工艺模拟

2.1.1 "压强(P)-温度(T)"变化关系

在海底管道的水压试验过程中,温度对压强的影响可按公式(1)计算:

$$P = \frac{(B-3A)}{\dfrac{OD(1-y^2)}{Et}} + C \tag{1}$$

式中 P——温度变化1.0℃时压力产生的变化,bar;

C——水的可压缩型因子;

B——水的体积膨胀系数;

A——钢(管材)的体积膨胀系数1.116×10⁻⁵;

t——管道的壁厚,m;

y——钢的泊松比(0.3);

E——钢的弹性模量2.07×10⁶。

2.1.2 "温度(T)-时间($time$)"变化关系

海管内海水温度随时间变化情况可根据如下计算公式(2)进行预测:

$$T_t = T_e + (T_s - T_e)\exp\left[\frac{-4584\pi Dkt}{C_o\rho_o d_o^2 + \sum C_i\rho_i(d_{oi}^2 - d_{ii}^2)}\right] \tag{2}$$

式中 T_t——停输 t 小时后管内介质温度,℃;

T_e——管道外界的环境温度,℃;

T_s——开始停输时管内介质温度,即试压起始温度,℃;

D——管道保温层外径,m;

d_o——钢管内径,m;

d_{oi}——各层管外径,m;

d_{ii}——各层管内径,m;

k——管道总传热系数,W/(m²×℃);

t——停输时间,h;

C_i——钢材及保温材料的导热性能参数,J/(kg×℃);

ρ_i——钢材及保温材料的密度,kg/m³;

C_o——管内介质导热性能参数,J/(kg×℃);

ρ_o——管内介质密度,kg/m³。

具体分析可采用商业软件"PIPEFLO"进行模拟。

2.1.3　模拟"压强(P)—时间($time$)"的理论变化曲线

通过"压强(P)—温度(T)"、"温度(T)—时间($time$)"这两个公式,就能模拟出"压强(P)—时间($time$)"的理论曲线。

用此理论曲线与实际测得的压强(P)对时间($time$)的曲线进行对比,如果两条曲线基本吻合,没有奇异点,即可证明管线没有发生泄漏。

2.2　新方法的理论基础

新方法的关键是"压强(P)—温度(T)"变化函数关系,它的理论原理可解释为:

海管试压时,海管内充满了试压水,几乎没有空气,这时可近似为在密闭的体积固定的容器中。随着试压压力的逐步增大,试压水被挤压,分子间距缩小,分子运动加剧。随着热交换过程,海管内试压水温度逐步降低,根据分子运动理论,其实质是水分子运动速率逐步降低。而随着水分子运动速率逐步降低,水的压力也就会降低。

以上是水的"压强(P)—温度(T)"变化关系的理论基础,为此引入了"水的可压缩型因子(C)"和"水的体积膨胀系数(B)",这两个系数可从相关工具书中查询。

3　工程实例

本方法在南海陆丰油田某海管项目中进行了应用,现简介如下:

区域水深107~132m,试压开始注入海水温度30℃(表面海水实测温度),流量160m3/h,海底水温18.4℃(按海域海底8月最小温度选取);通过模拟计算出在开始试压后管内流体温度的变化情况。计算温降曲线如图1所示。

以此分析管内介质经300h后完成与外界海水的热交换,也就是说海管的稳压时间要超过12d,这对于该项目的工程投入与投产计划造成了巨大影响,在此期间现场人员还需做好应对台风迫近的准备。

3.1　根据"压强(P)—时间($time$)"关系公式模拟压降曲线与现场压降记录比较

海管注水持续了13h,在这13h内进入海管的水也与外界发生了温度交换,根据图1模拟的温降曲线13h后温度应变为28℃。此后进入保压过程,试验压力是最大工作压力的1.115倍,即7MPa×1.115=8.085MPa。

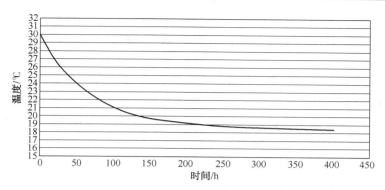

图1 工艺模拟海底管道内海水的温降曲线

通过4次稳压，可以看出随着温度差值日趋减小，工艺反推压降数值逐步逼近现场的实际数据，且趋于重合(图2~图5)。

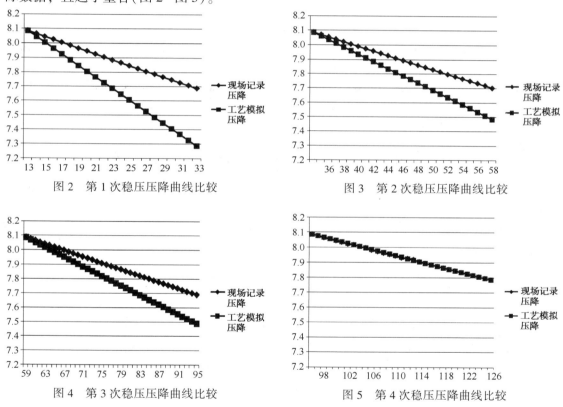

图2 第1次稳压压降曲线比较

图3 第2次稳压压降曲线比较

图4 第3次稳压压降曲线比较

图5 第4次稳压压降曲线比较

前3次稳压过程中，之所以工艺模拟压降曲线的压力下降比现场记录更快，是因为选取的海底水温18.4℃(按该海域海底8月最小温度选取)是有统计以来最低水温，而现场海底水温应该比这个数值要高。随着海管内试压介质与外部海水的温差逐渐减小，工艺反推压降数值逐步逼近现场的实际数据，且趋于重合，整条曲线未出现明显奇异点。

在压力观测过程中定时对海面以上部分设备管线进行检查，亦未发现泄漏情况。据此验收认可该新建海管满足系统试压要求，并与2011年9月20日正式投产。

4　新试压验收方法在南海深水油田的应用前景

近些年，我国南海开发力度逐步加大，油田水深已迈入 300~1500m 的范围，尤其对于水深 150m 以上区块分散的油田，倾向于采用水下系统开发的模式，传统的固定式平台将逐步被替代，油田内水下井口间连接海底管道的系统试压设施将布置于施工船上，如发生管内外温差对于稳压过程的干扰，施工船舶将持续停留在现场，引起上千万元的额外海上施工费用增加。

本试压方法利用函数和计算机来模拟推导出"压强(P)—时间($time$)"的理论变化曲线，与实际测量到的压强随时间的变化曲线进行对比，进而来判断管线是否有泄漏点。此方法只需对管线内压降进行 100h 左右的连续跟踪，即可得出结论。相比原来要等待十余天的热交换时间才能稳定保压来讲，是十分节约船天和费用的，值得大力推广。

参 考 文 献

1　Dr. Boyun Guo, Dr. Shanhong Song, Jacob Chacko et al. Offshore Pipelines. Linacre House, Jordan Hill, Oxford OX2 8DP, UK, Elsevier Inc., 2005.

2　Mikael W. Braestrup, Jan Bohl Andersen, Lars Wahl Andersen et al. Design and Installation of Marine Pipelines. 9600 Garsington Road, Oxford OX4 2DQ, UK, Blackwell Science Ltd., 2005.

3　谢锐生(Jui Sheng Hsieg)(U.S.A), 关德相, 等译. 热力学原理[M]. 北京：人民教育出版社, 1980：12.

4　王俊越, 张玮, 里佐威. 水体膨胀系数随温度变化的测定. 物理实验, 1999(3)：6~7.

水下生产管线中水合物、蜡堵塞清除技术

段瑞溪　　张伟

（中国石油海洋工程公司工程设计院）

摘要：水下生产系统中流体多处于低温、高压状态，生产管线中可能会出现蜡、水合物堵塞事故，及时清除堵塞对保障管道的生产很有必要。首先分析了两种常用的蜡塞清除技术，局部加热方法与连续油管方法的原理和在实际油田的应用。其次分析了水合物堵塞清除的技术，加热方法与降压方法的原理，实际应用以及需要注意的问题。然后分析了水合物、蜡联合堵塞清除技术的原理与方法。最后对实际管道中堵塞消除方法选择提出建议。

关键词：水下生产系统；蜡；水合物；堵塞

1　前言

在水下生产系统生产管线中，水合物与蜡是最主要的沉积物。在温度较低时，含蜡原油中的蜡将析出并沉积在管壁上，在正常生产条件下，蜡一般不能完全堵塞管道，但在清管作业时，清除下的蜡在清管器前形成蜡塞，当蜡塞与管壁间摩擦力超过清管器后部流体所提供的驱动力时，清管器与蜡塞将滞留在管道中形成堵塞。在流体组成与管道热力条件满足水合物生成条件时（如水合物抑制剂浓度不足、关井），水合物会迅速生成、聚集，导致管道堵塞。管道中有水合物生成且管壁上有蜡沉积时，水合物在管道中随流体运动，可能将管壁上的蜡刮下，造成水合物与蜡联合堵塞管道的事故。堵塞会导致停产，甚至整条管道中原油胶凝，应及时清除。对于有电加热、伴热的生产管线，有水合物生成时，可以通过提高管道温度消除水合物，但蜡塞很难融化。本文分析了水下生产系统中无加热、无伴热生产管线中蜡、水合物堵塞清除技术。

2　蜡堵塞清除方法

蜡堵塞消除有局部加热方法，连续油管（Coiled Tubing，简称 CT）方法。局部加热方法为加热发生堵塞的部位，融化蜡塞，在清管器后加压将蜡塞推出。CT 方法为使用连续油管进入管道，向蜡塞处注入溶剂或者加热物质溶解或者融化蜡塞，最终用清管器将蜡塞推出。

2.1　局部加热方法

目前报道的局部加热方法多使用氮气生成系统（Nitrogen Generating System，简称 NGS）方法，NGS 使用两种含氮盐混合后产生大量的热量，原理为：

$$NaNO_2 + NH_4Cl \longrightarrow N_2 + NaCl + H_2O \quad H = -312.5kJ/mol \tag{1}$$

该反应会放出大量的热而且反应产物为水、盐与氮气，对环境无污染。

NGS 使用有两种方法，一种是向管道中注入 NGS/乳状液，另一种是在堵塞部位外部直接加热。NGS/乳状液是向氮盐溶液中加入有机溶液，形成乳状液，以延迟化学反应，保证在蜡塞处进行加热，蜡可以溶解在有机溶液中，实现蜡的清除。堵塞部位直接加热的方法是在堵塞点加装套管(图1)，向套管中注入 NGS，发热融化蜡塞，反应产物直接排海。这种方法需要准确定位堵塞位置，并需要船舶、水下机器人辅助，实施比较复杂。

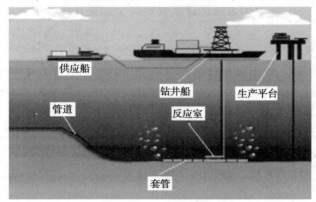

图1　NGS 在管道外部直接加热

NGS 方法在巴西 Campos 盆地海上油气田应用广泛。巴西 Barracuda 油田水深大约为1000m，一条生产管线由于清管时清除的蜡过多，蜡与清管器同时堵塞管道。通过压力脉冲方法定位，确定堵塞位置距离平台1100m，向管道中注入 NGS/乳状液消除堵塞(图2)。首先向管道中注入活性剂，再注入 NGS/乳状液，两者先后自然沉降到堵塞处，NGS 与活性剂反应发热，融化蜡塞。反应生成的氮气将融化后的蜡分散在油相中，几天后，成功融化了部分蜡塞，剩余的蜡塞在油井产物的推动下进入 FPSO。

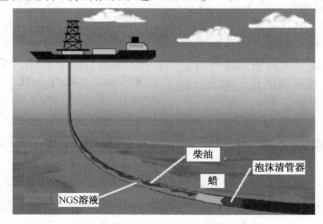

图2　NGS 乳状液在管道内部加热

2.2　CT 方法

CT 最早用于井筒冲砂，现已广泛应用于清除生产管线中清管导致的蜡塞，作业步骤一般为：

（1）CT 由平台上从管道出口进入并延伸，直到 CT 所受的力达到所能承受的极限，此时 CT 到达堵塞处；

（2）泵入溶蜡液体替换管道中原有液体；

（3）保持管道的出口封闭，继续向管道中泵入液体，直到达到管道承压极限，促使溶蜡液体渗入蜡塞，当压力下降到一定水平后，继续泵入，如此反复几次；

（4）进行溶剂循环，将溶解的蜡排出管道；

（5）在清管器后部加压，直到达到管道的承压极限；

（6）循环步骤（3）、（4），直到清管器重新恢复运动。

除向管道中注入溶蜡液体以外，还可以注入 NGS/乳状液。根据需要，连续油管上还可以增加钻头，以提高效果。巴西 Campos 盆某油田，水深 900m，使用泡沫清管器清除管道中沉积的蜡时发生了清管器与蜡堵塞。利用 CT 到达堵塞段后，向堵塞处注入 NGS，然后 CT 撤离。利用气举管线在堵塞后部加压，在 NGS 注入几小时后，蜡块松动，管道中的清管器，蜡块以及 NGS 反应剩下的液体被冲到 FPSO 上。

CT 前进过程中钻头可能对管道有一定的损害，而且管道形式有一定的限制，而且其能达到的长度也有限，而且需要平台上有一定的空间放置设备。在实验管道上（1998 年）的结果表明 CT 作业可以达到 8km，可以满足部分水下管道的需要。随着技术的发展，CT 作业距离将更长，适用的水深将更深，可以预见 CT 技术在未来管道堵塞消除中将有重要作用，G. Noe. R. F（2008）建议在巴西 Roncador 油田（水深 1500～1900m）新区块开发设计时，平台上预留放置 CT 设备的空间。

3　水合物堵塞清除

水合物生成后不能使用清管的方法清除，这是由于水合物生成速度快，会在较短时间内堵塞管道。而且清管过程中流动扰动加大，清管器前后可能有节流降温，导致新的水合物生成，而且清管器还可能将黏在管壁上的水合物推起，造成堵塞。水合物堵塞管道后，目前常用的解堵方法有加热、降压方法，其中降压方法使用最多。

3.1　局部加热方法

通过局部加热，使水合物温度高于系统压力下的水—水合物—气三相平衡温度分解。NGS 系统除用于融化管道中蜡以外，还可以用于分解管道以及阀中的水合物，但是 $1m^3$ 水合物融化大约会释放 $170m^3$ 的天然气，在融化过程中必须控制加热速度，以防止天然气迅速释放造成管道压力急剧升高，威胁管道安全。

3.2　降压方法

在管道中形成水合物后，一般使用降压的方法消除。降压的原理是将管道中的压力降低到水合物生成压力以下，使水合物自然融化，甚至有管道在降压时将管道的出口压力降低到大气压。降压的过程中水合物的分解有 4 种方式：

（1）前部分解：水合物堵塞整个管道截面，堵塞段有很少或无压力传播；

（2）轴向分解：水合物段有轴向破裂；

（3）径向分解：管壁接触面上水合物疏松；

（4）径向-轴向分解：水合物轴向破裂以及接触管壁处疏松。

　　水合物融化为吸热过程，分解出的游离水可能会形成冰，因此降压过程要缓慢，避免水合物分解过快造成温度急剧下降带来冰堵。降压有两种方法，一端降压与两端降压。如果有两条管道可以形成环路，可以采用在两端降压的方式，使水合物塞两端同时融化，这种方法水合物分解较快。如果只有一条管道，则在管道出口降压，水合物塞只有一端融化。

　　在降压过程中，段塞前后压差大于水合物与管壁的结合力时，水合物会发生运动，如果压差较大，段塞可能获得较高的速度，可能撞击甚至损坏管道。采用一端降压时，这种情况容易出现。采用两端降压时，如只有一个段塞，水合物段塞两侧压力相等，可避免水合物运动。但实际上，水合物段塞可能有几段，各段之间封存天然气形成气包。在降压过程中，由于气包压力较大，可能会推动水合物段塞运动。1997 年 1 月和 2 月，美国 Wyoming 一条 4" 天然气管道中进行了多次水合物堵塞以及降压消除的试验，一次试验中得到的水合物段塞长约 6.4m，重约 50kg，安装在管道上的测速仪监测到水合物塞最大速度约为 69m/s，速度非常大。因此降压消除水合物时，一定要控制降压的速度，缓慢降压，避免事故，并尽量采取两端降压的方式。

4　蜡与水合物联合堵塞清除

　　对水合物与蜡联合堵塞管道的事故，除采用本文前面介绍的方法外，还可以使用微环控压力脉冲法消除。微环空压力脉冲方法是先向堵塞点两端的管道中注满液体，然后通过改变管道两端的压力，减小蜡塞与管壁之间的结合力，具体方法有降压—增压循环与持续加压两种：

　　(1) 降压—增压循环，降压时管道内径缩小，管壁压缩蜡塞使其直径减小。然后缓慢加压，扩大管道的直径，而蜡塞直径不变，蜡塞与管道内壁之间形成微小的环形空隙。蜡塞前后的柴油进入该空隙，将蜡块与管壁剥离。经过多次压力循环，蜡塞从管壁全部剥离。

　　(2) 持续加压，在蜡塞前后持续施加较大压差，在长时间压差的作用下，蜡塞的边缘发生蠕变，与管壁间的黏接被破坏，结合力减小，压力一直持续到蜡塞恢复运动。

　　下面以某油田水下生产系统清除蜡堵实践介绍这种方法的具体方法。该油田有两条生产管线连接到 FPSO，管径为 8in，水下管汇处水深约 230m，FPSO 水深约 140m。管道未进行过清管，其中一条生产管线发生水合物与蜡联合堵塞的事故，其解堵步骤为：

　　① 联接气举管线与生产管线，从 FPSO 向气举管线与生产管线中注入 3bbl 甘醇以加速水合物融化，然后向气举管线与生产管线注入柴油，将管道静置几小时后放空其中的天然气，重复注入、放空，直到无明显气体排出为止。此时，堵塞处的水合物完全消除，蜡塞前后管线均充满液体。

　　② 在 FPSO 上向生产管道中注入柴油，逐渐加压，以建立足够的背压，防止疏通过程中有固体以高速度排出到 FPSO 上。

　　③ 向气举管线中缓慢注入柴油，提高管汇处的压力，直到蜡块开始运动或者达到管道所能承受的最大压力。

　　④ 在气举管线入口的压力降低至生产管线背压，说明蜡块前后的流体开始连通，使用井产物将已经没有危险的蜡块推到 FPSO。

　　这种方法可以有效的利用平台上现有的设备，不需要增加新的设备，但管道循环施加压力可能会造成管道疲劳，带来安全隐患。

5　结语

当管道蜡堵可以采用局部加热与 CT 方法，水合物堵塞可以采用局部加热方法与降压方法，水合物与蜡联合堵塞时，可以使用微环空压力脉冲方法。基于对堵塞消除技术的分析，对实际油气田管道解堵操作提出一些建议：

（1）堵塞位置定位要精确；

（2）解堵时要综合考虑堵塞的类型、位置、水面设施状况、各种方法的解堵成本，以制定最佳的方案；

（3）虽然管道中蜡与水合物堵塞可以清除，但堵塞将导致停产，且解堵成本较高，最好的方法是做好预防工作，避免堵塞事故发生。

参 考 文 献

1　C. N. Khalil. Thermochemical Process To Remove Paraffin Deposits in Subsea Production Lines. OTC 7575.

2　K. Minami. Ensuring Flow and Production in Deepwater Environments. OTC 11035.

3　M. T. Rebel. Flowline Insulation Thermal Requirements for Deepwater Subsea Pipelines. SPE 28481.

4　Benton F. Baugh. Extended Reach Pipeline Blockage. OTC 8675.

5　G. Noe. R. F. Challenges of Flow Assurance in the Roncador Field. OTC19291.

6　Yousif, M. H. , Dunayevsky, V. A. Hydrate Plug Decomposition：Measurements and Modeling. SPE30641.

7　Gregory J. Hatton. Deepwater Natural Gas Pipeline Hydrate Blockage Caused by a Seawater Leak Test. OTC 14013.

8　Sam Kashou. GOM Export Gas Pipeline, Hydrate Plug Detection and Removal. OTC 16691.

9　J. J. Xiao. Predicting Hydrate Plug Movement During Subsea Flowline Depressurization Operations. OTC8728.

10　D. J. Bilyeu. Clearing Hydrate and Wax Blockages in a Subsea Flowline. OTC 17572.

海底原油管道加降凝剂输送技术研究

张拼　王立洋　王慧琴

(中国石油海洋工程公司工程设计院)

摘要：我国所产原油80％以上为含蜡原油，其凝点高、含蜡量高。在含蜡原油中加入降凝剂，可以改善其低温条件流动性，提高原油管道输送流动安全性。由于海底管道埋在海底，环境温度低，传热系数大，并且不适宜建设中间加热站。因此，加降凝剂输送含蜡原油就成了解决海底输油管道原油低温流动性能差、保障海底管道输送安全性的关键方法。本文就降凝剂的发展概况、作用原理、分类及其在海底管道应用的现状及特点进行了简要概述。

关键词：降凝剂；海底管道

1 前言

原油的分类有很多种。从管路输送的角度，按照流动特性分类，大致可分为轻质低黏原油、易凝原油以及高黏重质原油。易凝原油是含蜡量较高的原油，常称"含蜡原油"；高黏重质原油就是密度较大、胶质沥青质含量较高的原油，常称"稠油"。这两种原油又统称为"易凝高黏原油"，它们在常温下的流动较差，常需要采用加热或化学添加剂等方法改善其流动性才能在管路中输送。我国所产原油80％以上为含蜡原油。原油的高凝点、高黏度，也给管道的安全运行造成隐患，故也要采取相应的安全保障措施。为了使原油管道安全、经济地运行，可以从设计、运行管理多方面采取措施。采用合适的降凝减阻输送工艺是重要的措施，加降凝剂输送就是目前常用的有效方法。

2 降凝剂作用机理

含蜡原油的组成特点是蜡含量高，这使其具有高凝点特性。温度较高时，蜡处于溶解状态，原油呈现牛顿流体流变性质；随着温度降低，蜡逐渐结晶析出，原油黏度随之增大，并转变为非牛顿流体。当蜡晶达到2％~3％时，蜡晶便可形成三维网络结构，导致原油整体失去流动性，同时黏度急剧增大，并表现出屈服应力、触变性、黏弹性、以及剪切历史和热历史依赖性等复杂的流变性质。所以含蜡原油管道输送的主要矛盾是其较高的凝点。原油降凝剂分子能够通过与蜡的相互作用来改善原油中蜡晶的形状和结构，从宏观上降低含蜡原油的凝点、改善其低温流动性。

石油中 C_{16} 以上烷烃多以溶解状态存在于石油中，当温度降低到一定程度时，此类烷烃析出结晶，结晶进一步结合成三维网状结构，并把低倾点的油包在其中，因此只要能够阻止蜡晶的三维网状结构的产生就可以改善流动的性能。降凝剂的作用是改变蜡晶的尺寸和形状，阻止蜡晶形成三维空间网络结构，从而增强原油的流动性。

关于降凝剂是如何改变蜡晶形态和结构的，不同学者有不同点的看法在当前比较公认的有晶核作用、吸附作用、共晶作用。

1）晶核作用

原油降凝剂在高于原油析蜡温度下结晶析出，它起着晶核作用而成为蜡晶发育的中心，使原油中的小蜡晶增多，从而不易产生大的蜡团。

2）吸附作用

原油降凝剂吸附在已经析出的蜡晶晶核活动中心上，从而能改变蜡结晶的取向，减弱蜡晶间黏附作用。

3）共晶作用

降凝剂在析蜡点下与蜡共同析出，从而改变蜡的结晶行为和取向性，并减弱蜡晶继续发育的趋向，蜡分子在降凝剂分子中烷基链上结晶。当降凝剂分子中的碳链与蜡中碳链相等时，降凝效果最好。

3 原油降凝剂发展概况及分类

降凝技术最早始于1931年，Davis用氯化石蜡和萘通过Fride-craft缩合反应，合成了人类最早应用的降凝剂，即帕拉弗洛（Paraflow）。这种降凝剂主要用在润滑油中，至今仍在广泛应用。自Davis发现Paraflow后，1936年商品名为山驼普尔（Santopow）的降凝剂问世了，它是氯化石蜡和酚的缩合物。

从20世纪50年代起，人们一方面继续开发新型降凝剂，另一方面采用共混及共聚等手段对已有降凝剂进行改性，如乙烯-醋酸乙烯酯共聚物和苯乙烯-马来酸酐共聚物。1967年改进原油流动性的原油降凝剂开始有文献报道。从此人们对降凝剂的研究从馏分油扩大到了原油。

从20世纪80年代以来，随着原油输送方法的增多以及人们对低硫高蜡原油需求的逐渐增加，对降凝剂的要求越来越高。世界上一些主要公司不再着重于合成或开发新型降凝剂，而是对某些原有的产品进行了复配或改性，以扩大对原油的适应面，使之能适用于各种成品油及各种高蜡原油。

含蜡原油降凝剂是高分子聚合物。对含蜡原油有降凝作用的化学剂主要有以下四类：

1）乙烯-醋酸乙烯酯共聚物（EVA）及其改性物

对此类降凝剂的研究较多，其专利和文献也较多，EVA降凝剂是应用范围最广使用效果最好的。

2）降凝剂聚（甲基）丙烯酸酯共聚物

由于属于梳状聚合物，具有较好的抗剪切性能，因而日益受到人们的重视。

3）马来酸酐共聚物

由于马来酸酐有可与许多单体形成1∶1（质量比）共聚物的倾向，同时由于其能与烷基醇以及胺反应（醇化或胺化），因而马来酸酐与不同单体共聚能得到许多有效的降凝剂。如苯乙烯与马来酸酐的共聚物等。

4）含氮聚合物

主要是聚胺类或者是烷基胺与含有马来酸富马酸共聚物作用得到的化合物，这类化合物的降凝剂不仅降凝的效果好，同时在石油中稳定性也极好。

我国对降凝剂的研究与生产起步较晚，1984年才开始见诸于文献。近些年来降凝剂的研究取得了较大的进展，表1列入了我国降凝剂研究的情况。

表1　我国的原油降凝剂种类

年　份	研制单位	主要成分
1994	浙江大学-石油管道研究院	EVA
1995	大庆石油学院	PSOA
1996	江汉石油学院	PVMO
1997	河北工学院	H89-2
1998	抚顺石油学院	MAOC
1998	石油勘探开发研究院	WHO

4　海底管道降凝剂应用概况及特点

由于原油降凝剂在陆上管道的成功应用，到了20世纪70年代，随着海上油田开发的进程的不断加快，降凝剂也开始应用于海底输油管道，以下是几条较有代表性的采用降凝剂的管道。

（1）荷兰北海海底管道。该管道输送的北海原油的凝点为24℃，在添加2000ppm的降凝剂后，原油凝点降至0℃，降凝效果显著。

（2）印度孟买高海场—乌兰海底管道。该管道全长约203km，管道直径760mm，输送的孟买高海场原油凝固点为30~36℃。在加入200ppm的降凝剂后，凝点降为21℃。该管道曾在海底温度为20~24℃的情况下，停输9天后顺利再启动。

（3）英国北海Beatrice油田海底管道。该管道总长近90km，管道内径为381mm。管输原油倾点为27℃，在井口加剂2000ppm后，倾点降至6℃，减少了管壁的蜡沉积。

降凝剂的加入，降低了海上平台通过海底管道外输原油的起始温度，避免了平台建设过多的加热装置，节省了海上平台的操作空间。以此同时，加入降凝剂后，使得海管中原油的低温流动性变好，管道允许停输时间延长，管道停输再启动压力减小，保障了海管中原油的流动安全性。并且由于原油凝点降低，在管道投产时可以采用冷投油的方式，即在投产时不进行海管预热。

5　小结

根据文中所述降凝剂作用机理和应用概况，我们在进行设计工作中，需要全面考虑上述因素。由于降凝剂对原油的降凝作用受到降凝剂加入溶度、处理温度、温降速率、剪切作用等诸多因素的影响。因此在海底管道设计过程中，如何选取合适的降凝剂、加入适当的浓度、合适的处理温度，加药位置，这些都需要结合实验室降凝剂配伍实验结果和海上平台现场条件，最终选取一个在技术、操作、安全及经济性上最可行的一个方案作为设计方案。这就需要设计人员在设计过程中，要及时和现场及业主沟通，在满足操作方和业主要求的条件下，设计出一个最可行的方案。

参　考　文　献

1　杨筱蘅.输油管道设计与管理[M].第二版.东营：中国石油大学出版社，2006：120.
2　张劲军.易凝高黏原油管输技术及其发展[J].中国工程科学，2002，4(6)：71~76.
3　张巧风.原油降凝剂研究概况[J].延安职业技术学院学报，2010，24(5)：55~56.
4　宋昭峥.高蜡原油降凝剂发展概况[J].石油大学学报(自然科学版)，2001，25(6)：15~24.
5　张帆.降凝剂在海上含蜡原油管道中的应用[J].中国海上油气(工程)，2001，13(6)：34~36.
6　夏志.加剂输送技术在锦州20-2油气田海管的应用[J].中国造船，2007，48：647.

浅谈 TOFD 技术在海工领域的应用及检验要点

李军　刘健　张青义

(中国船级社青岛分社)

摘要：TOFD 技术是当前国内较为新颖的无损检测技术。本文重点介绍该技术在海工领域的应用状况以及应用过程中存在的问题。期望通过介绍使大家对该技术在海工领域的使用状况有个初步的了解，以便为今后的使用提供帮助和参考，并希望以此达到相互交流的目的。

关键词：TOFD 技术；海工领域；应用；检验要点

1　背景

随着海洋工程项目设计和建造规模的日益增大，现场遇到的新问题、用到的新技术和新工艺越来越多。本文所提到的 TOFD 技术就是一个正在逐渐被用于海工领域的新技术和新工艺。目前 TOFD 技术在国内特种设备、核电和电力等领域已获得成功的应用，并制订和颁布有相应的国家标准和行业标准，但该技术在海洋工程领域的应用尚有局限。

海工项目常用的无损检测技术有射线检测(RT)、超声波检测(UT)、磁粉检测(MT)和渗透检验(PT)，对海底管道还增加了自动超声波检测方法(AUT)。TOFT 技术目前在海工领域的应用还不广泛，受其技术特点的影响，主要以如下方式替代常规超声波检测(UT)、射线检测(RT)和自动超声波检测方法(AUT)：①作为主要检测工艺，但需要其他检测技术辅助；②进行非正式的自检工作；③作为其他检测工艺的辅助等。其被采纳的主要理由：①数据能够较好的保留并能够随时审查；②检出率高，可弥补其他常规检测方法的缺陷和不足；③方便快捷等。

目前该技术在海工领域还未得到广泛应用和全面推广，但考虑到其新颖性以及其突出的特点和广泛的应用前景，本文希望通过介绍让大家对该技术有个初步的了解，以便为其进一步在海工领域的推广和使用提供参考，并希望达到相互间交流的目的。

2　工艺介绍

2.1　定义及原理

TOFD 技术(英文缩写)，中文全称超声衍射时差技术，英文全称 Time Of Flight Diffraction Technique。该技术是通过超声波衍射现象计算特殊衍射波之间的时间差进行定位及定量的无损检测技术。超声波入射到缺陷时，与缺陷端部相互作用，在缺陷的两端除普通的反射波外还会产生衍射波，TOFD 原理如图 1 所示。

检测过程中超声波在较大角度范围发射衍射波，从而发现缺陷的存在，通过信号传播时间差可以计算出缺陷的自身高度和缺陷深度，缺陷尺寸根据衍射信号的传播时间而非幅度来测量。这与传统的超声波完全不同，传统超声波主要依靠从缺陷上反射的能量的大小来判断缺陷，与缺陷走向有关。

2.2　设备配置

主要有：①超声设备和显示；②超声探头（发射探头／接收探头／相向对置／各一个）；③扫查装置（包括探头夹持装置和编码器），见图 2。

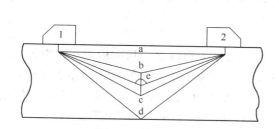

图 1　TOFD 原理　　　　　　　　　图 2　设备配置

1—发射探头；2—接收探头；a—侧向波；
b—上端波；c—下端波；d—底面回波；e—中夹角

2.3　适用材料

TOFD 技术适用于超声波衰减、散射较小的材料。如低碳钢和低合金钢材料和焊缝、细晶奥氏体钢和铝材等；对粗晶材料和有严重各向异性的材料，如铸铁、奥氏体焊缝和高镍合金，则需作附加验证和数据处理。

2.4　适用对象

主要为：①全焊透结构形式的对接焊缝，包括结构焊缝、工艺焊缝及海底管道焊缝等。②工件厚度不小于 12mm，不大于 400mm（厚度不包括焊缝余高；焊缝两侧母材厚度不同时，取较薄侧厚度值）。

2.5　优缺点

2.5.1　优点

（1）TOFD 技术缺陷检出能力强，缺陷定位精度高，节省设备的制造时间、安全，检测数据可以用图片形式永久保存；

（2）与常规的脉冲回声检测技术相比，TOFD 在缺陷检测方面与缺陷的方向无关；

（3）同射线相比，TOFD 可以检测出与检测表面不相垂直的缺陷和裂纹；

（4）可以精确的确定缺陷的高度；

（5）在安全上，相对 RT，不需要隔离防护，可以在不中断工艺生产的情况下进行检测，节约设备制造时间；

（6）可以在线得到检测结果，并且可以将结果用数字信号型式永久保存在光盘或其他存储介质中，以便于以后在役检验进行对比分析；

（7）可以在线应用相关的工程评定标准对缺陷进行评定，仅将按标准评定的缺陷进行挖补修复，避免了无用的破坏焊缝整体性的修补现象；

（8）检测速度快，对于板厚超过25mm的材料，成本比RT少的多；

（9）易于搬运，可以在方便的任何地方进行检测；

（10）可以在产品制造期间进行检测，可以节约大量的时间和修复成本；

（11）检出率高于常规超声波UT。

2.5.2　缺点

（1）板对接或管对接焊缝的两边必须有能够安放用于TOFD检测的发射和接收探头的位置；

（2）入射表面附近存在盲区(在2~10mm不等)；

（3）需要另外一个轴向运动来判定缺陷位于焊缝的哪一边；

（4）根部的缺陷易被内壁信号所掩盖。

2.6　执行标准

我国颁布的相应国家标准：①GB/T 23902—2009《无损检测　超声检测　超声衍射声时技术检测和评价方法》；②NBT 47013. 10—2010(JBT 4730. 10—2010)承压设备无损检测　第10部分：衍射时差法超声检测。AWS D1. 1/1. 1M第6. 36条写到："先进的超声系统包括、但不限于多探头、多通道系统，自动检验、飞行时间衍射(TOFD)和相控阵系统。"。

国际标准有：①《ISO 10863：2011 Non-destructive testing of welds-Ultrasonic testing Use of time-of-flight diffraction technique(TOFD)》；②《ISO 15626：Non-destructive testing of welds-time-of-flight diffractiontechnique(TOFD)-Acceptance levels》。

3　应用状况

3.1　使用项目

目前海洋工程项目使用TOFD检测技术主要在如下方面：①海底管道，如埕岛油田海底管道铺设项目、中化泉州海底管道项目、中海油荔湾3-1深水项目立管等。胜利埕岛油田海底管道在海上铺管过程中对内管的对接焊缝采用100%（TOFD+UT）/套管采用100%UT；中化泉州海底管道项目中已将其作为主要检测工艺正式用到海管的对接焊缝；②工艺管线，如中海油荔湾3-1深水项目、绥中36-1项目、陆丰7-2项目等，主要作为其他检测工艺的辅助应用于工艺管线的对接焊缝；③钢结构预制，如一些金属结构制造厂，主要作为自检工具应用于结构焊缝的检查。中海油荔湾3-1深水项目结构焊缝前期计划采用TOFD技术取代超声波检测(UT)，前期进行了充分的讨论，但现场最终未被正式采用。

3.2　现场对比实验

以中海油荔湾3-1深水项目为例。从2011年4月26日至2011年4月29日，无损检验技术人员对该项目现场卷制的60节纵缝进行了TOFD技术和UT技术的对比试验，从实验结果可以看出，TOFD检测技术的检出率要远远高于UT技术，特别是对于气孔和夹渣等点状缺陷的检出，TOFD技术检测出的记录性缺陷较高，而超声波检测技术的记录性缺陷要少的多，因为当其UT波幅低于50%DAC，在常规超声检测技术中是不需要记录的。检查60道焊口返修3道，合格率为95%，对于返修的缺陷，其TOFD技术和常规UT技术的检测结果是一致的。

3.3　使用范围

对于结构焊缝，因设备受限，目前海工领域的 TOFD 设备主要覆盖 50mm 及以下厚度，对 50mm 以上焊缝将需要购置新设备。对于工艺管线和海底管道，目前主要覆盖直径 6 英寸及以上，壁厚 12.7mm 及以上、50mm 及以下厚度。

3.4　存在问题

该技术目前在海工建设领域的应用主要处在焊缝初次扫查和其他辅助性阶段，这与其目前发展状态、普及程度和自身缺陷等因素有关。现简要介绍如下问题，以作了解。

（1）验收标准问题：目前 TOFD 检测技术在海洋钢结构领域没有验收标准，现场主要采取 TOFD 技术和 UT 技术相结合，并有 MT 等检测手段作为补充。即对焊缝先进行 TOFD 检测，对 TOFD 技术发现的缺陷再采用 UT 技术进行验收。采取这种方式，实际是按照 UT 的标准进行验收。

（2）横向缺陷问题：由于横向缺陷在纵向方向上没有长度，导致 TOFD 技术对横向缺陷在长度方向上检出比较困难，需要检测人员具备一定的技术和经验。对于横向缺陷的检测，目前主要采用常规的 UT 扫查技术作为补充手段。

（3）上下表面盲区问题：入射表面附近存在盲区，范围在 2～10mm 不等。为具体确定和量化上表面盲区，无损检验人员在标准 TOFD 试块和实际焊件上共进行了两组实验。实验表明，在不同的项目中，TOFD 检测技术盲区的大小与工艺设置相关，可以达到 2mm。同时 MT 检测技术的灵敏度可以达到 2mm。因此大家建议采用 TOFD 技术加 MT 技术完成焊缝上表面的覆盖，或利用新的多通道的 TOFD 检测设备加上 PE 技术覆盖焊缝的上下表面的盲区。

4　检验要点

该技术在现场使用过程中，作为现场验船师要重点关注以下几点：

4.1　资质

从事 TOFD 法检测焊缝的人员应至少符合 GB/T 9445 或等效标准的要求，此外还需通过根据被检产品等级和书面实施细则进行 TOFD 法检测的附加培训和考试。使用的仪器应具有产品质量合格证书或制造厂家出具的合格文件。

4.2　检测工艺

至少应包括以下内容：①被检工件情况；②检测设备；③检测准备：包括确定检测区域、探头选取和设置；④表面盲区及其补充检测方法；⑤横向缺陷的补充检测方法（如必要时）；⑥检测系统的设置和校准；⑦检测；⑧数据分析和解释；⑨缺陷评定和验收。

4.3　现场检测

4.3.1　检测设备的校准

使用前，需采用对比试块对检测设备进行检测校准，具体要求执行指定的相关标准或批准的程序文件。

4.3.2　检测工艺的验证

使用前，需采用模拟试块对检测工艺进行验证试验，具体要求执行指定的相关标准或批准的程序文件。

4.3.3　检测区域的确定

检测区域高度为工件厚度；宽度为焊缝两侧热影响区各加上 10mm 或实际测量的热影响区（取较大者）；如未知实际热影响区域，当工件厚度不大于 200mm 时，宽度应为焊缝本身，再加上焊缝熔合线两侧各 25mm 或板厚（取小值）的范围。

4.3.4　探头的选取和设置

探头选取包括探头型式和参数的选择，现场一般选取宽角度纵波斜探头，对于每一组探头对的两个探头，其标称频率、声束角度和晶片直径应相同。当工件厚度不大于 50mm 时，可采用一组探头检测；当工件厚度大于 50mm 时，应在厚度方向上分成若干区域采用不同设置的探头进行检测。具体要求详见相关规范标准要求。

4.3.5　扫查方式的选择

扫查方式一般为非平行扫查、偏置非平行扫查和平行扫查。

非平行扫查、偏置非平行扫查主要用于初始扫查，用于缺陷的快速探测以及缺陷尺寸的测定；平行扫查一般针对已发现的缺陷进行，可精确确定缺陷尺寸，并为缺陷定性提供更多信息。

4.3.6　扫查面的准备

探头移动区域应清除焊接飞溅、铁屑、油垢和杂质，一般应进行打磨。检测表面应平整，表面越光滑平整，定量结果越精确。一般要求机加工表面 $Ra = 6.3\mu m$，喷砂表面为 $12.5\mu m$，探头与接触面的间隙不大于 0.5mm。

检测前应在工件扫查面上予以标记，标记内容至少包括扫查起始点和扫查方向；如安装导向装置，应保证导向装置与拟扫查路径的对准误差不超过探头中心间距的 10%。

保留余高的焊缝应对表面咬边、较大的隆起和凹陷进行修磨；要求去除余高的焊缝，应打磨至与母材平齐；对于平行扫查，一般要求去除余高。

4.3.7　母材检测

采用直探头进行检测，保证母材中没有影响检测的缺陷存在。

4.3.8　耦合剂

实际检测采用的耦合剂应与检测系统设置和校准时的耦合剂相同；耦合介质应与被检材料匹配。常用的有：含附加剂（润湿剂、防冻剂及防腐剂等）的水、浆糊、机油、润滑剂和含水纤维糊剂等。

4.3.9　温度

检测校准和实际检测间的温差应控制在 20℃ 之内。采用常规探头和耦合剂时，工件表面的温度为 0~50℃。

4.4　检测报告签署

检测报告应至少包括以下内容：①委托单位；②检测标准；③被检工件：名称、编号、规格、材质、坡口型式、焊接方法和热处理状况；④检测设备：仪器型号及编号、扫查装置、试块、耦合剂；⑤检测条件：检测工艺编号、探头编号、检测系统设置和校准数值、扫查方式、温度；⑥检测示意图：检测部位、区域及缺陷位置及分布；⑦检测数据：缺陷位置及尺寸、质量级别及缺陷影像；⑧检测结论；⑨检测人员及责任人员签字；⑩检测日期。

5 结论

新技术和新工艺的合理推广和使用将会对项目进度和质量起到重要的推动和矛盾化解作用。作为现场验船师，积极关注新技术和新工艺在本领域的应用，将对我们日常的工作起到较好的参考和帮助作用。期望本文能够对大家了解技术提供帮助。

（说明：本文编写得到中国船级社总部技术研发中心宋波和白杨同事的指导，特别感谢！）

利用有限元法分析管道腐蚀
缺陷尺寸与漏磁场的关系

高 慧

(胜利石油工程有限公司钻井工艺研究院)

摘要： 针对油气管道腐蚀缺陷定量分析精度很难提高的现状，通过有限元仿真分析方法，研究了腐蚀缺陷尺寸与漏磁场分布之间的关系，给出了缺陷深度、宽度、长度对漏磁信号特征的影响规律，为提高管道缺陷量化分析精度提供了理论依据。

关键词： 管道；漏磁检测；腐蚀缺陷尺寸；漏磁场；有限元

1 引言

应用漏磁检测技术对油气管道腐蚀缺陷进行内检测，是目前常用的检测方法之一。当管壁中存在腐蚀缺陷时，磁通会泄漏到管壁表面，形成漏磁通。传感器采集到的漏磁场信号的特征与缺陷外形密切相关，但是形状并不相同，如图 1 所示。从图中可以看到，漏磁场在周向的延伸呈椭圆形，而不是圆形，因此无法直接从漏磁场信号的外形判断缺陷的外形参数。

本文以轴向磁化作为研究对象，通过有限元仿真分析，得出缺陷漏磁场特征参数与外形尺寸之间关系，实现对油气管道腐蚀缺陷的定量分析，为业主了解和维护管道腐蚀状况提供参考。

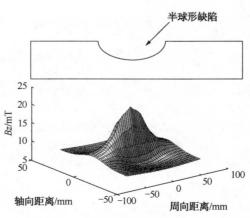

图 1 漏磁场分布与缺陷的关系图

2 建立有限元仿真模型

运用 Opera-3D 软件对油气管道腐蚀缺陷漏磁场进行有限元仿真实验。实际管道与检测器的三维模型中，外侧圆柱筒为实际测量管道，在管道内部均匀分布有六套检测模块，每一套模块都是由永磁体与上下背铁组成。检测模块轴向截面如图2所示。

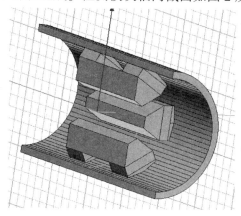

图2 检测模块轴向截面

3 缺陷尺寸与漏磁场的关系

缺陷仿真参数包括：管径为457mm，管壁厚度为14.6mm（下面用 P 代表管壁厚度）；牵拉速度为1m/s；传感器位于管道内表面提离值4mm处。

3.1 缺陷深度与漏磁场的关系

当缺陷宽度/长度比为1/3，缺陷长度、宽度不变（分别为 $9P$ 和 $3P$）的情况下，改变缺陷深度（$0.2P$，$0.3P$，$0.4P$，$0.5P$，$0.6P$，$0.7P$，$0.8P$，$0.9P$）。观察漏磁场与缺陷深度的关系，得到的漏磁场原始信号波形如图3所示。

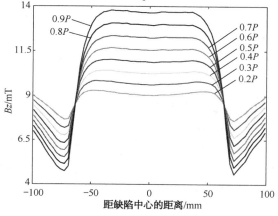

图3 不同深度缺陷的漏磁场信号
（宽长比＝1/3）

在缺陷宽度/长度比为 1(均为 3P)时，步骤同上，观察漏磁场峰谷值与缺陷深度的关系，如图 4 所示。

由此可知漏磁场峰谷值与缺陷深度的数据关系曲线，如图 5 所示。

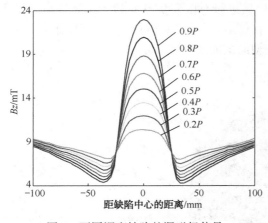 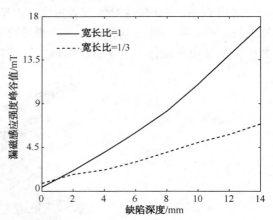

图 4　不同深度缺陷的漏磁场信号　　　　　　图 5　不同宽长比下缺陷深度与漏磁场的关系曲线
(宽长比 = 1)

由仿真结果可见，漏磁场峰谷值与缺陷深度之间呈明显的二次关系，漏磁场的峰谷值越大，表示缺陷深度越深，同时还需要用缺陷的宽度与长度之比与宽度等参数进行一定的修正。

3.2　缺陷长度与漏磁场的关系

取缺陷宽度为 11.68mm；深度为 2.92mm(20% 壁厚)；缺陷长度分别为 3P、4P、5P、6P、7P、8P、9P 和 10P。观察漏磁场与缺陷长度的关系，得到的漏磁场原始信号波形如图 6 所示。

漏磁场跨度与缺陷长度的原始数据曲线和一次拟合曲线如图 7 所示。

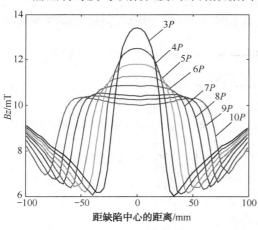 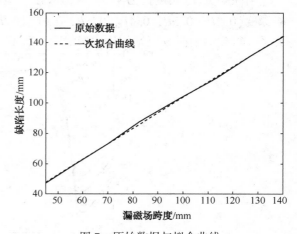

图 6　不同长度缺陷的漏磁场信号　　　　　　　图 7　原始数据与拟合曲线

由仿真结果可见，在缺陷其他外形尺寸不变、仅改变缺陷长度的情况下，缺陷长度越大，缺陷漏磁场跨度越大，而漏磁场幅值则随着缺陷长度的增加而变小，漏磁场跨度与缺陷长度呈明显的线性关系。漏磁场的跨度越大，表示缺陷长度越大。

由图 7 可看出，由于缺陷长度对漏磁场幅值的影响，如果采取统一的阈值，会出现深度较浅、长度较长的缺陷的漏磁场跨度与深度较深、长度较短的漏磁场跨度相同的情况。

3.3　缺陷宽度与漏磁场的关系

取缺陷长度为 43.8mm、缺陷深度为 2.92mm（20%壁厚），缺陷宽度分别为 3P，4P，5P，6P，7P，8P，9P，10P；传感器位于管道内表面提离值 4mm 处。观察漏磁场与缺陷宽度的关系，得到的漏磁场周向信号原始波形如图 8 所示。

漏磁场周向宽度与缺陷宽度的原始数据曲线和二次拟合曲线如图 9 所示，其中横轴表示漏磁场周向宽度，纵轴表示缺陷宽度。

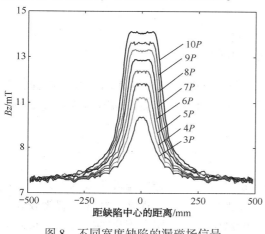

图 8　不同宽度缺陷的漏磁场信号

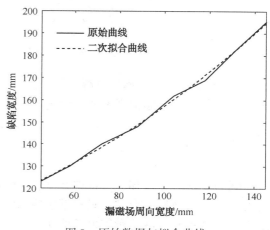

图 9　原始数据与拟合曲线

由图 9 可看出，缺陷宽度与漏磁场的周向峰谷值有关。在不改变漏磁场周向峰谷值的情况下（通过保持宽长比不变和调节缺陷深度来实现），缺陷宽度与漏磁场周向信号的关系如图 10 所示。

漏磁场周向宽度与缺陷宽度的原始数据曲线和一次拟合曲线如图 11 所示。

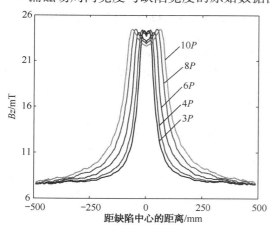

图 10　峰谷值不变时不同宽度缺陷的漏磁场周向信号

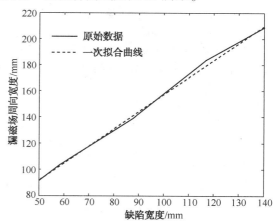

图 11　原始曲线与拟合曲线

综合不同漏磁场幅值时的曲线，可以得到图 12。

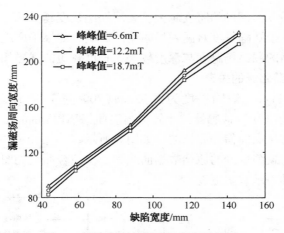

图 12　缺陷宽度与漏磁场宽度的关系

由图 12 可知，在漏磁场峰谷值一定的情况下，缺陷宽度和漏磁场周向宽度基本保持线性关系；但是在缺陷宽度不变的情况下，如果漏磁场峰谷值增大，漏磁场周向宽度会变小。

4　结论

通过上文分析可知，只根据漏磁感应强度判断缺陷深度，将会出现较明显的误差，还应考虑到缺陷长宽比的影响；只根据漏磁场幅值评估腐蚀管道的危险程度，往往会忽视较长的缺陷，而这些较长缺陷对管道的威胁明显高于较短的缺陷；在采用沿管道轴向磁化的检测方式时，宽度越小、长度越长的缺陷所产生的漏磁场越不明显，不易被检出；反之，宽度越大、长度越小的缺陷的漏磁场较为明显；同时，对于宽度小的缺陷，其所覆盖的漏磁场的传感器个数较少，所以检测精度降低。

参 考 文 献

1　张士华，初新杰，孙永泰，等．海底管线缺陷内检测技术现状与发展趋势研究[J]．装备制造技术，2011，(09)：142~144.
2　蒋奇．管道缺陷漏磁检测量化技术及其应用研究[D]．天津：天津大学，2003.
3　孙永泰．管道裂纹缺陷漏磁场的有限元仿真[J]．测控技术，2012，(09)：96~98.

通球除垢技术在海底输油管线上应用

（中石化胜利分公司海洋采油厂）

摘要： 海底输油管线服役一定年限后，管内结垢、集泥。对于短、具备排污及污液处理的条件可以采油化学清洗法。但由于海况、排污流程等条件限制，使得通球除垢应用广泛。垢的性质分析、合理选择清管球的结构，采用递进式通球是较好的选择。通球前编制完善的方案，通球中及时分析、判断过球情况，根据球的损伤情况决定下一次清管球尺寸，最终达到除垢彻底。

关键词： 海底管线；清管；除垢；通球

1 工艺概况

渤海湾埕岛油田中心一至海三站 DN450 输送含油污水。ϕ457 管线全长为 9011m，管内容积 1257m³。2002 年 10 月 2 日投产，先后输气、输油，2006 年进行摘卡维修。2007 年内管检测，从海三发球清管，发生卡堵现象，利用中心一号水将球反打到海三站。

2006 年 11 月 29 日，采用声纳侧扫及管线水下探摸检测，显示出两条明显连续的距离较长的裸露海管，A 段长约 350m，距中心一号约 3800m；B 段长约 253m，距中心一号约 2900m；A 段有清晰的锚痕。2007 年 2 月初，荷兰贺阔公司用高密度密封球首次通球，在距离陆上发球端约 5722m（距离中心一号 3105m）的地方存在阻碍物或管道缩径；位于距离海三站发球端 8145m 处，顶部有凹陷或缺陷，缩径最少为 62mm，缩径在 15%~25% 之间；另一处在距离海三站发球端 8617m 处，顶部凹陷缩径为 10%，最小 45mm（表 1）。

表 1 中心二号至中心一号至海三站管线概况

管线名称	完工长度	内管尺寸+外管尺寸	材质	保温形式	设计(压力/MPa)/输量/(方/天)	投产日期
中心一号至海三站海底管线（修复工程）	共 9011m，8097m 海底+914m 陆上	ϕ457mm×14.3mm+ϕ559mm×12.7mm	X56	内管夹克 25mm。外管加强级防腐。海底埋深 1.5m	5.0/21600	2002 年 10 月投产 2002~2005 年输伴生气 2005~2011 年输含水油

为响应国家节能减排政策，拟将陆地上含油污水输送到海上进行回注，同时提高整个埕岛油田的油气集输能力。2011 年改管线改为输含油污水，输水排量 380m³/h，起点、终点

压差 0.8MPa；理论上压差为 0.8MPa，排量应该为 620m³/h。排量减少原因是经过多年运行，结垢严重，垢层胶结使管线输送压差增大、流量减小，为达到除油除垢恢复生产目的对该管线进行清洗。

2　管线除垢工艺选择

2.1　管线内垢样分析

垢样含油 5.8%、碳酸盐 72%、硅酸盐 13%、其他成分 9.2%，外观松散，垢固体中碳酸钙占 90%、碳酸镁占 5%。施工现场看，末端基本不结垢，海底管线及起点管线结垢严重。

2.2　管线清洗方式选择

管线清洗有物理法(通球法)、化学法(酸洗或者化学药剂清洗)。

2.2.1　管线物理法清洗

海底管道的运行过程中，为了提高管道的输送效率，减小内壁的腐蚀以及分离出不同的油品，常常需要进行清管作业。通球清洗优点：

（1）清洗管径范围大($DN50 \sim 3000mm$)，清洗管线长(一次可通过数十公里，比化学清洗的一次距离 6~7km 要长)。

（2）不腐蚀金属本体，清洗产物对环境无污染。清洗产物为垢、油泥、砂混合物，垢与废水混合污共 600m³/次。

（3）清洗施工过程效率高。球行走速度 2~3km/h。

（4）清洗均匀，但不彻底。对于管线结蜡、结焦的情况清洗效果更好。

（5）不停产清洗。待清管线不停输，仅在发球、收球极短的时间内停输(一次 30min 左右)。两次通球时间间隔可以根据海况、生产情况灵活掌握。

（6）定期清扫，可以使管线处于持久清洁状态，从而减少腐蚀，延长管线的使用寿命，提高管道的输送能力，提高经济效益。

通球清洗缺点：

（1）管线结垢不均，易卡阻。陆地上常用方法是检测卡堵位置，割开管线；加大压差；反冲洗等方式。海上清洗解卡的难度大。

（2）清除的垢易堵塞弯头、排污管。要求末端排污管径足够大。

（3）需设清管装置。站间流程适合球通过。此条管线通球装置完好。

以上缺点，在老 457 管线清洗中充分暴露，但都能及时处理，并总结了一套成熟的预防、应急措施。

化学法清洗，管线内注入化学药剂，溶解管壁内垢。

化学法清洗优点：

（1）卡堵可能性小。

（2）反应除垢彻底、均匀。

（3）施工简单。物理法清洗需要加收发球筒，施工复杂。

化学法清洗缺点：

（1）大量酸的废液处理难度大。需要从平台注入酸液，反应浸泡，在末端海三站接收污液，产生的污液量大（约 3000m³）。化学药剂的配制、浸泡、排污的时机对清洗施工队伍提出更高的要求。

（2）需要停产。施工时间长。化学清洗停输的时间约 72h。平台腾出 30000m³ 库存或者停井，这是无法做到的。

（3）管线及管线仪器仪表的腐蚀。通过控制酸液配方、加缓蚀剂、施工过程控制，一定程度上减轻腐蚀。

2.2.2 方案选择

管线状况、停产时间及优缺点分析，清管方案选用物理法，即通球清管。

3 通球法球类型选择

国内外采用的清管设备主要是清管器。

按照结构形式分：皮碗型清管器、泡沫塑料清管器、清管球。

1）皮碗型清管器

结构：在皮碗型清管器。皮碗清管器由一个刚性骨架和前后两节或者多节皮碗组成。

特性：它在管内运行时，保持固定的方向，所以能够携带各种检测仪器和装置，制成测径清管器、隔离清管器、带刷清管器、双向清管器。清管器的皮碗形状是决定清管器性能的一个重要因素，皮碗的形状必须与各类清管器的用途适应。

皮碗清管器可制成清管刷式或者带刮刀的清管器，用于投产初期清管作业或者清除管道内的沉积物或者结构物。

用途：清管（清液体、垢、胶质等管壁附着的软物及硬物）、测径、内部状况检测、隔离。

2）泡沫塑料清管器

结构：内部为塑料制品+表面涂聚氨酯外壳。是一种经济的清管工具。塑料制品+表面涂聚氨酯外壳+螺纹布置的钢丝刷，可除垢。

特性：与刚性清管器比较，它有很好的变形能力和弹性。在压力作用下，它可与管壁形成良好的密封，能够顺利通过各种弯头、阀门和管道变形段。它不会对管道造成损伤，尤其适用于清扫带有内壁涂层的管道。

用途：内部变形状况定性判断；扫内壁涂层；清管（清液体、垢、胶质等管壁附着的软物及硬物）。

3）清管球

结构：清管球是一内部充满液体介质的橡胶质球壳。

特性：清管球的变形能力最好，可在管道内作任意方向转动，但很容易越过块状物体的障碍，通过管道变形段。受力均匀时球滑动，不均衡时滚动，因此表面磨损小。

主要用途：清除管道内积液和分隔介质，清除块状物体的效果差，不能除垢、除胶质物。以前应用多，目前少。不能携带检测仪器，也不能作为他们的牵引工具。

任何清管器都要求具有可靠的通过性能（通过弯头、三通和管道变形的能力）、足够的机械强度（不易破碎）和良好的清管效果（根据用途、形状而定）。对于本工程清管效果反应在管道除垢能力上。各种结构的清管器除垢性能比较如表 2 所示。

表 2　各种结构的清管器除垢性能比较

种类	结构特点	优点(适应垢类型、费用、除垢效果)	缺　点	用　途	性能比较
皮碗型清管器	皮碗清管器由一个刚性骨架和前后两节或者多节皮碗组成，钢架上带刷除垢	除垢能力最强，能除硬质垢。卡住后能加压、通第二个球等不损伤解卡。可加信号设备	费用最高。专门的收发球装置	清管、隔离、检测(测径、内部状况检测)	通过性能：较差机械强度：最好除垢效果：最好用途多少：最多
泡沫塑料清管器	内部塑料+表面涂聚氨酯外壳+螺纹布置的钢丝刷	除垢能力一般，但能除松散的垢。与刚性清管器比较，它有很好的变形能力和弹性。良好的密封。与皮碗型比较费用仅为一半。卡住后可采取加压、通第二个球等解卡。可加信号设备	一定的压力下破碎。专门的收发球装置	检测内部变形状况定性判断；扫内壁涂层；清管	通过性能：一般机械强度：一般除垢效果：一般用途多少：一般
清管球	清管球是一内部充满液体介质的橡胶质球壳	清管球的变形能力最好，容易越过块状物体的障碍，通过变形段。受力均匀时球滑动，不均衡时滚动，因此表面磨损小。对收发球装置要求低，费用最低	清除块状物体的效果差，无法清垢等。不能携带检测仪器，也不能作为他们的牵引工具。卡主后处理难度大。无法加信号设备	清除管道内积液和分隔介质	通过性能：最好机械强度：最差清管效果：较差用途多少：最少

图 1　清管球外观

此海底管线除垢作业中最大的风险是卡球后解堵的风险。若球卡在海底管道无法取出，采取隔开管道时施工费用将达到通球费用的 10 倍以上。因此球的通过性能限制了皮碗球的选择，最后选择泡沫塑料清管器，但又保留除垢性能，加强机械性能。与厂家结合，在泡沫塑料清管器做了专门设计：保留泡沫本体，增加泡沫密度，从而增加整个球的质量；同时增加聚氨酯外壳强度与厚道，保证一定的机械强度；在钢丝刷的设计上，增加密度与长度，同时钢丝刷呈螺纹布置，在管道运动中以螺旋式前进，从而增加除垢效果。图 1 为清管球外观，编织袋内为垢，其清垢 2m³。

4　清洗实施

清管器机械清洗系统由清管器、发射与接收装置、监测仪器所组成，主要依靠背压(水、气、油等介质)，作为动力推动清管器在管线内向前移动，刮削管壁污垢，将堆积在管线内的污垢及杂物推出管外。

4.1 管线清洗施工前准备工作

（1）现场勘察。如管线情况：类型、规格（内径）及长度，管线有无变径、是否为标准弯头，最大承压能力，管线的精确走向，管道输送障碍等。清洗前全面掌握并加以处理，要查清管线走向和弯头位置，以便清洗时全程定位跟踪。发射端及接收端位置的选择。施工人员、机具、材料进出路线的确定。排污位置的确定。

（2）污垢调查、化验。

（3）发射端及接收端的安装改造。利用管线上原先安装好的发射和接受装置，检查其是否灵活好用。因管线末端在陆地，已有流程，发球时有足够的水源，因此选末端为发球端。排污在中心一号，用油轮接收污液。后来实施中发现，海况、油轮容积及台班极大地限制了施工的进行，后来改为海上发送、陆地上接受。将污液导入陆地站库，极大地推进了通球工作的进行。

（4）选择清管器系列。

本管线曾经受到伤害，根据污垢松散的特点，为将卡球的几率控制到最低，采用递进通球：先选易过的泡沫球，检测通过能力；再选清管球清管；球的直径由小到大，根据球的损伤情况选择球的直径。逐次清管球的外径见表3。

4.2 通球实施

通球步骤如下：

收、发系统试压→投放试验检测球→清管器清洗。

通球操作：

导通流程→发球端放球→污水外输推球→收球端收球。

在弯头处、海管登陆点、立管处设置探测仪检测检测球是否通过。

记录通球中排量、压力及水质变化。通球中压差保持 0.7~0.9MPa，与正常排量下运行压差持平。约4h球到收球端。若压力上升、压差上升 0.2MPa 以上、排量下降 100m³/h 且排量下降到恒定值波动小，则球在运行中可能有卡组现象。需要增大排量、增大压差、反向打水等解堵。

探球到达终点后，接收组观察探球是否完整。

若球没有达到终点，则无法发清管球。则分析原因，设法回收探球。

根据上一次通球除垢情况，合理决定下一个除垢球的直径大小，进行第二次（φ340 或者 φ360，变形量 30%）、第三次（φ380 或者 φ400，变形量 30%）、第四次（φ420 或者 φ428，，变形量 30%）除垢，直到无大量污垢排出，管线除垢干净管壁出现本体。

从 2012 年 7 月 25 日开始，到 9 月 26 日结束，共发 7 个球，球内径从 340~420mm。第一个为探测球。其余为除垢球。

通球如下：

（1）1~4 球从陆地发，海上收；受海上排污船限制，5~7 球从海上发，陆地收。

（2）1~5 球变形，说明管壁缩径。6、7 球不变形，说明垢几乎被刮下。

（3）逐次通球，垢量增加，总共收集到的垢约 2m³；最终垢内壁除垢彻底，见图1。

（4）通球过程中采取多种措施判断球是否到终点，准确性越来越高。球的半径越大，通过速度越来越快。通球过程中逐一排除了卡堵现象，并采取了预防措施。

（5）与2006年11月荷兰贺阔公司卡球比较，本次在通球过程中没有卡球现象，仅在海三进站因流程、污垢等原因导致的卡堵。2006年卡球原因可能是：管线部分变形，当时变形部位结垢严重，通过量小；球的选择没有考虑到管线内部结垢、变形等情况；垢分布看，中心一端结垢严重，从海三站发球，通球过程中垢增加，球逐渐被垢卡住。当然管线部分变形可能性仍不能排除，但目前有效直径明显大于通球前。

通球描述见统计表3。

表3 海三站到中心一号457管线通球统计表

序号	设备名称	规格型号	数量	发球地点、时间	收球地点、时间	球到末端时间不大于(不含准备、处理卡球时间)	收球及垢状况(管线总容积约1250m³)
1	探测球	φ340	1只	海三站，2012年7月25日14：45	中心一号，7月25日19：38	4h53min	球头凹坑，球身无垢划痕
2	除垢球	φ360	1只	海三站，2012年8月7日10：00	中心一号，8月7日14：55	4h55min	球身2～3处撕裂、除垢钢钉带2处撕裂
3	除垢球	φ380	1只	海三站，2012年8月8日10：00	中心一号，8月8日13：55	3h55min	微小变形，通过直径明显变大，撕裂轻，划痕大
4	除垢球	φ400	1只	海三站，2012年8月8日16：00	中心一号，8月8日19：58	4h	严重破损，球身划痕多，除垢效果明显增加
5	除垢球	φ400	1只	中心一号，2012年9月11日10：50	海三站，9月11日15：30	4h40min	球到海三站450与610管线连接三通处，走水1162m³。球损伤严重，变形严重；垢多，开始有片垢，约0.06m³
6	除垢球	φ418	1只	中心一号，2012年9月14日9：45	海三站，9月14日12：51	3h6min	走水1162m³。球损伤严重，堵在收球筒挡球三通处，无变形。垢堵住筒排污阀，垢约0.085m³，有块垢。

续表

序号	设备名称	规格型号	数量	发球地点、时间	收球地点、时间	球到末端时间不大于（不含准备、处理卡球时间）	收球及垢状况（管线总容积约1250m³）
7	除垢球	$\phi422$	1只	中心一号，2012年9月26日10：30	海三站，9月26日13：30	3小时	走水1236m³，球完好。取垢13袋715kg，1.82m³，粉末状为主，有块垢。垢多堵住收球筒，球卡在阀门前无法进入收球筒
8	除垢球	$\phi426$	2只	变形量30%			七次通球后垢已除尽，未实施
9	除垢球	$\phi428$	2只	变形量30%			七次通球后垢已除尽，未实施

4 通球效果分析

与通球前输水能力比较：

通球前海三外输压力1.2MPa，压差0.8MPa时，排量380m³/h（约9200m³/d）。

7次通球后，海三站开一台泵外输压力1.08MPa，中心一号压力0.7MPa，海三站到中心一压差0.38MPa时，排量575m³/h（13800m³/d，设计排量12000m³/d），说明管线当量直径变大，输水能力提高4600m³/d，达到13800m³/d。

管道压差由0.8MPa下降到0.2MPa，日节电2870kW·h，年节电104×10⁴kW·h，年节约输送费69万元。

本次通球后输水能力达到13800m³/d，压力下降，效果十分明显，清除了内壁油、垢，提高了管线输送能力，为海底管线维护提供了有益的探索。

5 存在问题

本次通球取得明显的经济和社会效益，一定时期内保持了管线畅通，但仍存在以下问题：

通球流程不完善。原设计通球流程从海上到陆地，海上库存受限、排污泄压管线偏细，使得通球只能由海上发送，通球时海三站只能停输污水。海三站收球筒前DN450的球阀内漏，每次泄压送球只能采取停输方式，并未做到不停产通球。

平台上干扰信号强，检测仪器受干扰大，易误判，须采取多种方法判断球是否到达。发球、推球、判断球是否到达等各环节必须认真考虑，事前计划周密，隐患分析透彻，预防措施周全，应对问题冷静，这要求现场必须紧密配合，共同处理。

通球除垢制度化，定期实现海上集输大干线的清洗；同时长距离、大口径集输管线建议设置通球装置，优化通球流程。

6 结论

海底管线通球可行。根据垢的性质合理选择清管球的结构，采用递进式通球是较好的选择。通球前编制完善的方案，包括收发球流程准备、垢的性质分析、通球应急预案编制、收发球操作等。通球中及时分析、判断过球情况，根据球的损伤情况决定下一次清管球尺寸，最终达到除垢彻底。

海底管道多相流蜡沉积研究进展及方向

白成玉　王立洋　张伟

（中国石油集团海洋工程有限公司）

摘要：开发海上油气资源，尤其是深海油气资源，是未来发展的趋势。海底管道流动保障是海上生产系统安全运行的前提，而多相流蜡沉积是海底管道流动保障的核心问题之一。本文总结了目前国内外多相流蜡沉积的研究方法和取得的主要研究成果，介绍了海底管道多相流防蜡或清蜡方法，重点详述了防蜡新技术，包括冷流输送技术和电加热管中管技术。提出了多相流蜡沉积未来的4个研究方向：蜡沉积机理研究、高压条件下蜡沉积研究、中型和大型环道下蜡沉积研究、蜡沉积物性质研究，并提出了研究思路，供研究人员和工程技术人员参考。

关键词：海底管道；多相流；蜡沉积；新技术；研究方向

全球海洋油气资源丰富，海洋石油资源量约占全球石油资源总量的34%。近年来，全球获得重大勘探发现的油气田中，50%来自海洋，尤其是来自深水区。我国海上油气资源主要分布在渤海、黄海、东海和南海，预测的石油储量达$250×10^8$t。大力开发海上油气田是未来发展的趋势，但也面临一些技术难题，如海底管道流动保障。

油田采出液一般含有油、气和水，海底管道处于多相流动状态。如果原油为含蜡原油（我国所产原油80%为含蜡油），管输过程中可能发生蜡沉积，给管道安全运行带来潜在风险。蜡沉积是海底管道流动保障的核心问题之一，特别是对于深水管道，由于海水温度低，蜡沉积问题更突出。蜡沉积造成管道流通面积减小，甚至堵塞管道。修复管道需投入巨资（据统计修复水深400m的海底管道，费用高达100万美元/英里），有时整条管道被迫废弃。因此，有必要研究海底管道多相流蜡沉积问题，为海底管道的设计和运行提供技术支持。

1　多相流蜡沉积研究现状

多相流蜡沉积是目前国内外研究的热点和难点，仍处于起步阶段。目前关于油−水和油−气两相流蜡沉积开展了一些研究，而关于油−气−水三相流蜡沉积的研究未见报道。

1.1　研究方法

目前国内外主要通过实验，研究多相流蜡沉积。采用的实验装置与单相流蜡沉积实验装置基本相同，主要为冷指和环道，见图1。与冷指实验装置相比，环道内流体的流动更接近实际管道，被广泛采用。

虽然冷指和环道实验装置不同，但基本原理相同。二者均通过调节水浴的温度，使冷指表面或环道沉积段内壁的温度低于原油析蜡点，促使蜡沉积的发生。改变油温、含水率、流

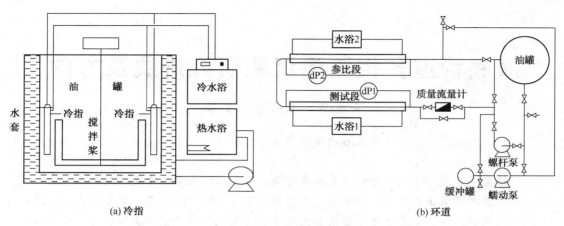

(a) 冷指　　　　　　　　　　　　　(b) 环道

图 1　冷指和环道实验装置

速、流型等实验条件，测定不同条件下的蜡沉积情况(如厚度、组成)，研究各因素对蜡沉积的影响。

蜡沉积物厚度的测量方法主要包括压降法、能量平衡法、直接测量法和液体置换-液位检测法，测量原理见文献。蜡沉积物表面主要采用内表面检查仪和肉眼观察。采用差示扫描量热法(DSC)测试蜡沉积物的蜡含量。用高温气体色谱仪(HTGC)测试蜡沉积物的组成。

1.2　研究成果

目前国内外对多相流蜡沉积的研究主要针对油-水和油-气两相流，并取得了一些初步的研究成果，这些成果有助于认识多相流蜡沉积。然而，关于多相流蜡沉积的机理尚不清楚，仍有待进一步的研究。

油-气两相流蜡沉积研究报道较少。Tulsa 大学研究了管道水平和垂直条件下，流型对蜡沉积物厚度和硬度(定性观察)的影响。研究表明，管道水平时，与分层流条件下形成的沉积物相比，间歇流条件下形成的蜡沉积物厚度较小，但沉积物的硬度较大；管道垂直时，泡状流、间歇流和环状流条件下，沉积物的厚度和硬度近似相同(液相折算速度大于 1m/s)。石油大学研究了管道水平条件下，气相折算速度对蜡沉积物厚度的影响，但未研究其对蜡沉积物硬度的影响。研究表明，气相折算速度对蜡沉积层厚度的影响与流型有关。分层流时，随气相折算速度的增大，蜡沉积物的厚度增大；段塞流时，与之相反。

油-水两相流蜡沉积的研究报道较多，主要研究了含水率和流型对蜡沉积物厚度和沉积物组成的影响，但未形成一致的观点。有些研究表明，蜡沉积物的厚度随含水率增加而单调减小，而有些研究表明，沉积物厚度随含水率的变化不满足单调关系。许多研究未观察沉积物是否含水，而有研究结果表明，蜡沉积物中含水。随着含水率的增加，沉积物的蜡含量先增加，后基本保持不变。此外，Anosike 的结果表明，蜡沉积规律与流型有关。

建立多相流蜡沉积模型，计算管道沿线蜡沉积物厚度分布，有利于合理设计海底管道和制定清蜡方案。目前多相流蜡沉积模型的建立方法是以单相流蜡沉积模型为基础，改变模型参数。虽然建立了油-气和油-水了两相流条件下的蜡沉积模型，但模型适用范围较窄。

2 海底管道多相流蜡沉积抑制新技术

解决蜡沉积问题的思路包括两个方面，一方面是抑制蜡沉积物的形成，另一方面是对已形成的蜡沉积物进行清除。目前国内外比较成熟的防蜡或清蜡技术包括保温、直接电加热、蜡沉积抑制剂、管中管和机械清蜡，这些技术已广泛应用于现场。随着技术的不断发展，近年来出现了新的防蜡技术，主要包括冷流输送技术和电加热管中管技术。

2.1 冷流输送技术

冷流输送抑制蜡沉积的原理是：降低管内流体的温度，使其与环境温度相同，根本上消除蜡沉积发生的动力；温度降低导致蜡分子结晶变为固相蜡颗粒，大幅降低了蜡分子的浓度，从而显著抑制了蜡沉积发生的可能。降低流体温度的方法很多，如换热法、闪蒸冷却法、油或溶剂注入法等，详见文献。

该项技术最大的优点是能彻底解决海底管道的蜡沉积问题，除此之外，还可降低管道建设投资和简化海底管道。然而，这项技术仍处于实验室研究阶段，未进行工业应用试验，主要原因是流体降温会产生一些附带问题，如黏度增加。针对降温导致的问题，提出了将这项技术与其余水下新技术(如水下分离、水下增压)相结合的解决方案。

2.2 电加热管中管技术

电加热管中管技术是近年来发展的一种新技术，已成功应用于现场生产。电加热管中管的结构见图2，主要由管中管、加热电缆、绝缘层、扶正器和光纤组成。整套系统还包括水下连接设备、水上电源和控制设备等。

通过加热管道，使管道内壁温度高于原油析蜡点，从根本上防止了蜡沉积物的形成。同时，该技术可提高管道运行安全，如计划或非计划停输后，可加热流体，延长停输时间；管道再启动时，加热流体，降低管道再启动失效风险。对于蜡沉积问题严重的海底管道，电加热管中管技术优势会突显。

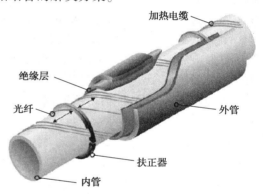

图2 电加热管中管结构

3 多相流蜡沉积未来研究方向和研究思路

海底管道蜡沉积解决方案的制定应根据实际情况，综合考虑原油性质、安全、技术和经济等因素。深入研究多相流蜡沉积，可为防蜡或清蜡方案的制定提供技术支撑。本文提出了未来蜡沉积研究的4个方向和研究思路。

1) 多相流蜡沉积机理研究

目前，对油—水和油—气两相流蜡沉积进行了实验研究，成果主要是对实验现象的总结，关于多相流蜡沉积的机理尚不清楚。下一步除开展蜡沉积实验研究外，应重视多相流蜡沉积机理的研究。可借鉴单相流蜡沉积的研究思路，从传热和传质的角度，分析多相流蜡沉积物的形成过程。在此基础上，建立多相流蜡沉积模型，从而为海上管道设计和安全运行提供技术支持。

2)高压条件下多相流蜡沉积研究

压力对蜡沉积影响的研究报道很少,仅有 Hamouda 研究了单相流条件下,压力对蜡沉积层厚度和蜡含量的影响。压力对多相流蜡沉积的影响应更显著,因为压力影响气体在原油中的溶解度,改变原油的性质(如蜡的溶解度)。目前国内外的研究均为常压或近似常压条件,然而,海底管道在较高压力下运行。因此,有必要开展高压条件下,多相流蜡沉积规律研究,为建立完善的蜡沉积模型提供依据。

3)中型和大型环道下蜡沉积研究

目前国内外主要采用室内小型环道(内径小于 7cm),开展多相流蜡沉积研究。现场海底管道的管径一般较大。管径影响径向温度分布和流速分布,进而对蜡沉积产生影响。因此,小型环道所得结果不能直接应用于现场海底管道。通过开展中型和大型环道下多相流蜡沉积研究,实现室内环道到现场管道的逐级放大,进而为海底管道清蜡方案的制定提供参考。

4)蜡沉积物性质研究

目前已研究了单相流蜡沉积物的性质和组成对沉积物抗剪切强度的影响,而未见多相流蜡沉积物性质的研究报道。了解蜡沉积的性质,尤其是抗剪切强度,有助于合理制定海底管道的清蜡方案,防止清管器清蜡过程中发生卡堵事故。

笔者认为多相流蜡沉积物性质的研究思路为:一是研究各因素对蜡沉积物组成和抗剪切强度的影响;二是研究现场海底管道蜡沉积物的性质;三是基于前两部分的研究成果,提出用室内制备的胶凝油代替海底管道蜡沉积物(保持原始结构的沉积物较难获得),间接确定海底管道蜡沉积物抗剪切强度的方法。

4　结束语

目前国内外针对油—水和油—气两相流蜡沉积,开展了实验研究,并取得了初步的研究成果。关于油—气—水三相流蜡沉积的研究未见报道。以单相流蜡沉积模型为基础,建立了油—水和油—气两相流蜡沉积模型,但模型的适用范围较窄,不能用于海底管道多相流蜡沉积的计算。要实现海底管道多相流蜡沉积的预测,仍需突破很多关键技术难题。

未来除继续开展多相流蜡沉积实验研究外,应重视多相流蜡沉积机理研究、高压条件下蜡沉积规律研究、中型及大型环道下蜡沉积研究和蜡沉积物性质研究。基于上述研究,最终建立较完善的多相流蜡沉积模型,实现对海底管道蜡沉积厚度和沉积物性质的预测。从而为海底管道的设计和安全运行,及清蜡或防蜡技术的选择提供技术支持。

参 考 文 献

1　潘继平,张大伟,岳来群. 全球海洋油气勘探开发状况与发展趋势[J]. 国土资源情报,2006,(7):1~4.

2　李军,袁伶俐. 全球海洋资源开发现状和趋势综述[J]. 国土资源情报,2013,(7):13~16.

3　马延德. 浮式生产储油船(FPSO)设计建造研究[D]. 大连:大连理工大学,2006.

4　DOE. University of Tulsa embark on wax-deposition study[J]. Oil & Gas Journal,2001,99(4):56.

5　王鹏宇,姚海元,宫敬,等. 油包水型乳状液蜡沉积冷指实验研究[J]. 中国海上油气,2014,26(1):

114～117.

6　黄启玉，吴海浩，张劲军. 新疆原油蜡沉积规律研究[J]. 油气储运，2000，19(1)：29～32.

7　Matzain A. Multiphase flow paraffin deposition modeling[D]. USA：University of Tulsa，1999.

8　Hernandez O C. Investigation of single－phase paraffin deposition characteristics[D]. USA：University of Tulsa，2002.

9　Matzain A，Apte M S，Zhang H Q，et al. Investigation of paraffin deposition during multiphase flow in pipelines and wellbores[J]. J. Energy Resour. Technol.，2002，124 (3)：180～186.

10　Kilincer N. Multiphase paraffin deposition behavior of a Garden Banks condensate[J]. ME Project，University of Tulsa，2003.

11　Anosike C F. Effect of flow patterns on oil－water flow paraffin deposition in horizontal pipes[D]. USA：University of Tulsa，2007.

12　Léoffé J M，Claudy P，Kok M V，et al. Crude oils：characterization of waxes precipitated on cooling by d. s. c. and thermomicroscopy[J]. Fuel，1995，74，810～817.

13　Coto B，Coutinho J A，Martos C，et al. Assessment and improvement of n－paraffin distribution obtained by HTGC to predict accurately crude oil cold properties[J]. Energy & Fuels，2011，25 (3)：1153～1160.

14　Gong J，Zhang Y，Liao L，et al. Wax deposition in the oil/gas two－phase flow for a horizontal pipe[J]. Energy & Fuels，2011，25 (4)：1624～1632.

15　张宇，于达，邓涛，等. 气液两相间歇流流型下的蜡沉积规律[J]. 油气储运，2013，32(4)：381～384.

16　Gao C. Investigation of long term paraffin deposition behavior for South Pelto oil[D]. USA：University of Tulsa，2003.

17　Couto G. Investigation of two－phase oil－water paraffin deposition[D]. USA：University of Tulsa，2004.

18　Bruno A. Paraffin deposition of crude oil and water dispersions under flowing conditions[D]. USA：University of Tulsa，2006.

19　Zhang Y，Gong J，Wu H. An experimental study on wax deposition of water in waxy crude oil emulsions[J]. Pet. Sci. Technol.，2010，28 (16)：1653～1664.

20　张宇，于达，王鹏宇，等. W/O 型乳状液蜡沉积影响因素[J]. 油气储运，2013，32(1)：31～35.

21　张宇，于达，王鹏宇，等. 分散相粒径对油水乳状液蜡沉积的影响[J]. 油气储运，2013，32 (2)：152～156.

22　Panacharoensawad E. Wax deposition under two－phase oil－water flowing conditions[D]. USA：University of Tulsa，2012.

23　Hoffmann R，Amundsen L，Huang Z，et al. Wax deposition in stratified oil/water flow[J]. Energy & Fuels，2012，26 (6)：3416～3423.

24　Majeed A，Bringedal B，Overa S. Model calculates wax deposition forNorth Sea oils[J]. Oil & Gas Journal，1990，88(25)：63～69.

25　Svendsen J A. Mathematical modeling of wax deposition in oil pipeline systems[J]. AIChE Journal，1993，39 (8)：1377～1388.

26　Singh P. Gel deposition on cold surffaces[D]. USA：University of Michigan，2000.

27　Venkatesan R. The deposition and rheology of organic gels[D]. USA：University of Michigan，2004.

28　Mehrotra A K，Bhat N V. Deposition from "Waxy" mixtures under turbulent flow in pipelines：inclusion of a viscoplastic deformation model for deposit aging[J]. Energy & Fuels，2010，24(4)：2240～2248.

29　Apte M S，Matzain A，Zhang H Q，et al. Investigation of paraffin deposition during multiphase flow in pipelines and wellbores[J]. J. Energy Resour. Technol.，2001，123 (2)：150～157.

30　Huang Z，Senra M，Kapoor R，et al. Wax deposition modeling of oil/water stratified channel flow[J]. AIChE

J. , 2011, 57 (4): 841~851.

31　Margarone M, Bennardo A, Busto C, et al. Waxy oil pipeline transportation through cold flow technology: rheological and pressure drop analyses[J]. Energy & Fuels, 2013, 27(4): 1809~1816.

32　Merino-Garcia D, Correra S. Cold flow: a review of a technology to avoid wax deposition [J]. Petroleum Science and Technology, 2008, 26(4): 446~459.

33　Denniel S, Hall S, De-Naurois H, et al. Mechanical and thermal qualification of an electrically heated pipe in pipe (EH-PIP) and application to subsea field development[C]. Proceedings of the International Conference on Offshore Mechanics and Arctic Engineering-OMAE, Shanghai, 2010: 375~385.

34　Hamouda A A, Viken B K. Wax deposition mechanism under high-pressure and in presence of light hydrocarbons [C]. Proceeding of 1993 SPE International Symposium on Oilfield Chemistry, New Orleans, 1993: 385~396.

35　Bai Chengyu, Zhang Jinjun. Thermal, macroscopic and microscopic characteristics of wax deposits in field pipelines[J]. Energy & Fuels, 2013, 27(2): 752~759.

36　Bai Chengyu, Zhang Jinjun. Effect of carbon number distribution of wax on the yield stress of waxy oil gels[J]. Ind. Eng. Chem. Res. , 2013, 52(7): 2732~2739.

I-CMS 管理系统在管道设计中的应用

何小超　赵亚宁　李伟　徐欣港

(海洋石油工程(青岛)有限公司)

摘要：I-CMS 系统包括了材料控制，焊点控制，预制状态监控，试压包控制，现场变更等一系列管理功能的建造管理系统。本文从材料管理方面介绍了 I-CMS 系统的主要操作步骤，并分析总结了该系统在材料管理方面的卓越性能。

关键词：I-CMS；管道设计；材料管理

1　I-CMS 管理系统介绍

I-CMS 系统是日本 JGC 公司开发的一个建造管理系统，其包括了材料控制，焊点控制，预制状态监控，试压包控制，现场变更等一系列管理功能，如图 1 所示。

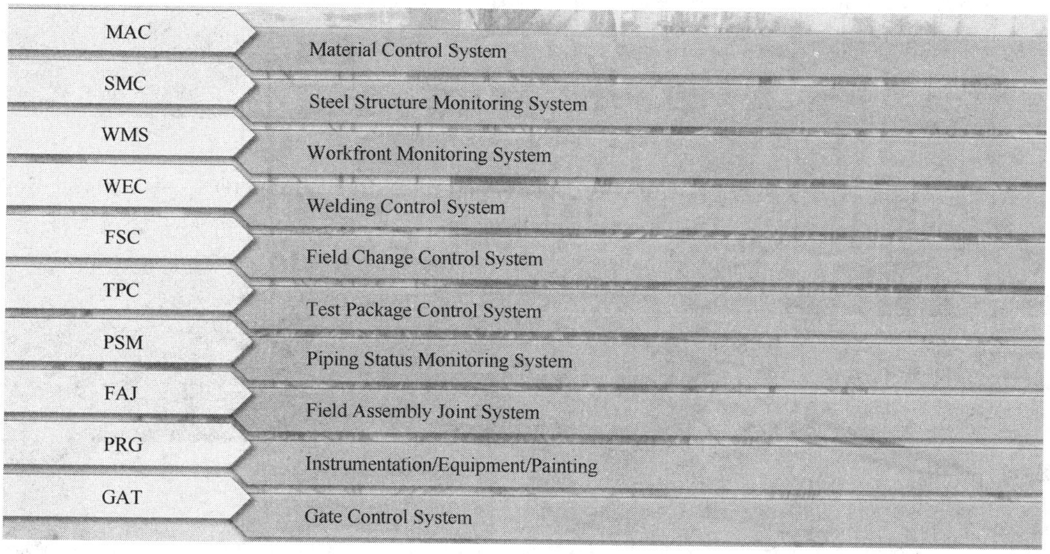

MAC	Material Control System
SMC	Steel Structure Monitoring System
WMS	Workfront Monitoring System
WEC	Welding Control System
FSC	Field Change Control System
TPC	Test Package Control System
PSM	Piping Status Monitoring System
FAJ	Field Assembly Joint System
PRG	Instrumentation/Equipment/Painting
GAT	Gate Control System

图 1　I-CMS 管理系统功能介绍

本文结合其在 ICHTHYS 和 PIP3 上面的应用情况，主要介绍其在材料管理方面的优越性能，对于材料监管主要使用的是 MAC 和 WEC 这两部分。MAC 是材料控制模块，当整根单管上所有材料都 AC 的情况下，才可以发施工料单(MRS)，这一过程很好的控制了材料的利用率，使施工料单更细化、更准确、更容易追踪施工状态。缺点是一根单管中包含管线、管件和法兰等，由于这些材料的到货周期不同，有可能影响施工料单的下发，进而影响现场施工的进度。WEC 是焊点控制模块，通过 WEC 这一板块可以很便捷的对焊点进行增加、删除、修改等。

2　MAC 模块的主要操作步骤

（1）在 I-CMS 系统界面中，输入项目名称和密码，点击 Login 进入 I-CMS 系统，如图 2 所示。

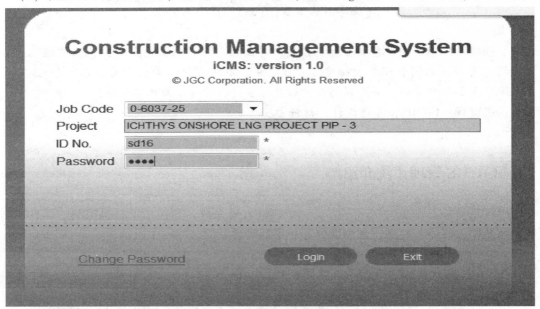

图 2　I-CMS 系统界面

（2）进入系统后，依次点击 MAC---DATAENTRY---RESERVATION---Material Reservation Sheet Entry（MRS），在 Store Location 中选择 piping，点击 Select 进入，如图 3 所示。

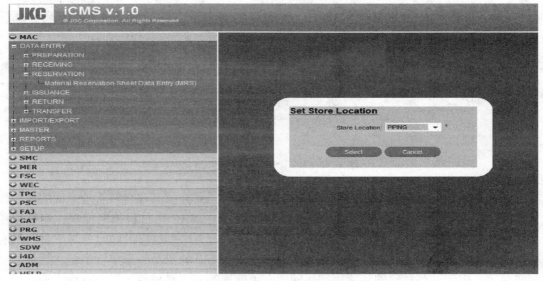

图 3　MAC 模块界面

（3）进入 MAC 模块后，在 Subcon 中选择项目名称（比如 PIP3），在 Spool Dwg No 中输入图纸号，点击 Search，这时就可以出来这张图纸上所有材料状态信息，后面的 Status（状态）是 AC 的材料可以下发，点击 Reserved 选中，状态是 AF/NPO 的不能下发。点击 EDIT MRS NO，在 MRS NO. 中选择 MRS-PIP3-00000，点击 Search，系统会显示刚才选中要发的材料，依次点击 Print All---Generate，系统会自动生成一个新的 MRS 序号，在点击 Print Details，系统会自动生成 PDF 版的 MRS（施工料单），点击 Export Details，系统会自动生成 excel 格式的 MRS（施工料单），MRS 的生成过程如图 4 所示。

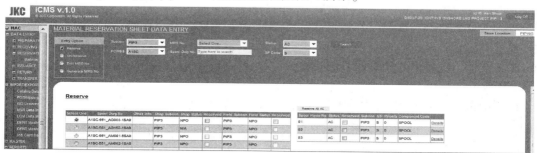

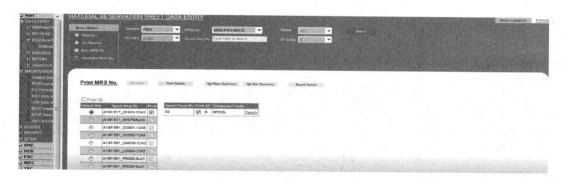

图 4　MRS（施工料单）的生成过程

（4）Reserve option 中为系统默认可发的物料，我们只要选中将要下发的物料便可以将它制作成为料单，但是也可以通过 Un-Reserve 将前面选中的材料，返回到系统中，待发或者不发，如图 5 所示。

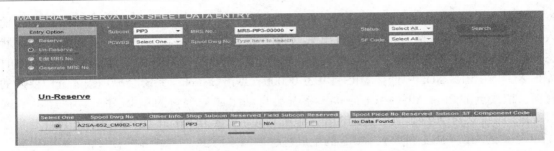

图 5　Un-Reserve 操作界面

3　WEC 模块的主要操作步骤

由于图纸升版，需要对焊点信息进行添加、删除等操作，这些是在 WEC 模块中实现的。

3.1　添加焊点

进入 I-CMS 系统后，选择 WEC 模块，依次点击 DATA Entry——Joint Data Maintenance and DWR Entry——Joint Date Maintenance，在 Spool Dwg No 输入图纸号，在 Weld status 下，选择 Weld and Not Yet Welded，点击 search，找到一个相似的焊点信息，点击 copy，进而添加新的焊点，点击 Add、Save 即可。如图 6 所示。

图 6　添加焊点界面

3.2　删除焊点

进入 I-CMS 系统后，选择 WEC 模块，依次点击 DATA Entry——Joint Data Maintenance and DWR Entry——Joint Date Maintenance，在 Spool Dwg No 输入图纸号，在 Weld status 下，选择 Weld and Not Yet Welded，点击 search，找到要删除的焊点，点击 CANCEL FLAG，最后保存即可。如图 7 所示。

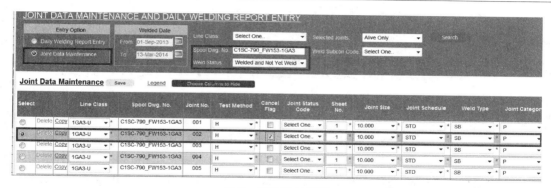

图7　删除焊点界面

4　总结

传统管道加工设计材料的发放依据来源于图纸材料表，统计需投入大量的人力，且容易出错。而使用 I-CMS 系统进行材料发放的的数据来源是 SPOOLGEN 软件出图时产生的数据报表，准确性和工作效率都大幅度提高。对比两种工作方式，I-CMS 主要具有以下优点：

（1）改变了文件信息传递方式，利用信息化共享平台实现多部门数据共享，避免了数据传送过程中所产生的时间长，过程繁琐等不利影响，通过系统预定材料可以使各部门提前准备，合理安排计划，确保不影响施工，提高工作效率。

（2）可以根据项目设定的优先性以单管为单位实现材料数据自动和图纸匹配，合理优化建造进度和材料利用率，实现高效的材料控制管理，对材料进行精细化管理，从而充分优化了预制建造流程。

（3）可通过数据共享查询材料短缺、偏差和损坏等影响施工问题，识别问题环节，提前采取补救措施，保障施工持续进行，有效控制项目进展。

（4）实时显示整条管线或系统的完成状态。精准地确定工作状态，有效控制项目进展。

海底管道裸露悬空综合防治技术研究

季文峰

(中石化石油工程设计有限公司)

摘要：由于浅海海域人类活动不断增加、海洋环境条件发生变化等原因，海底管道的悬空及裸露正在成为一种常见现象，给管道安全运行带来较大的隐患及风险。本文结合海底管道的运行及路由海域状况，从事先预防，事后治理两个角度出发，提出海底管道裸露及悬空综合防治技术，为海底管道的安全防护提供参考。

关键词：海底管道；海洋环境；悬空；裸露；事先预防；事后治理

1 概述

海底油气管道是海上油气开发中油气传输的重要方式，是海洋油气生产系统中一个不可缺少的重要组成部分。由于海底管道所处的海洋动力环境非常恶劣，而抛锚、拖网等不确定因素也均可造成海底管道的损伤，因此工程中常采用埋设的方法降低管道的运营风险。当海底管道路由经过地质断层、沙波等不良地质条件海床或管道所处海域发生海底冲刷、液化等不良地质现象时，会造成海底管道的裸露及悬空，给管道运行带来安全隐患。

本文从减弱甚至消除造成管道不正常状态发生的因素(事先预防)以及消除管道危险状态(事后治理)两个角度出发，探讨了海底管道悬空裸露综合防治技术，并对海底管道安全运行提出了一些措施建议。

2 减弱甚至消除造成管道悬空及裸露发生的因素—事先预防

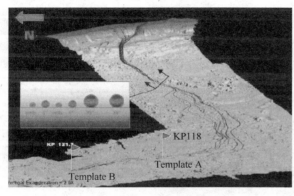

图1 通过路由选择规避不良地质条件

减弱甚至消除造成管道不正常状态发生的因素，在管道敷设前就要考虑海洋环境条件及地质因素的影响，采取相应做法避免甚至消除这些因素对管道安全的影响。该方法为事先预防措施，能够从根本上消除管道发生裸露悬空的可能性，为管道安全运行提供最大保障。主要包括以下方法。

2.1 合理选择路由，规避不良地质条件及其他因素影响

路由选择必须满足总体规划及使用要

求，管道路径力求平直，距离最短，尽量避免管道出现曲线段(图1)，在以上原则的前提下，还应特别关注以下影响因素：①不平坦海底条件(凸起、凹洼、海底面突变等)；②不稳定海床(冲刷、沉积、液化、滑坡等)；③航道、船舶运输、抛锚区的影响；④渔业活动、预期的海洋开发计划；⑤海底障碍物(海底沉船、已建海底构筑物、海底管道、海底电缆)；⑥特殊的海洋环境条件(不稳定海流)；⑦地震活动；⑧海底管道登陆点条件；⑨施工方案的可行性影响等。

在满足总体规划和使用要求前提下，如在路由选择阶段充分考虑了上述因素影响，基本可以避免海底管道发生悬空及裸露现象。

然而，往往由于总体规划和使用条件的原因，导致管道路由选择受到限制，而无法避免上述因素的影响，则应该考虑本文后述方法的综合应用，以克服不良因素给管道带来的安全隐患。

2.2　加大管道埋深，避免冲刷等因素造成管道的裸露及悬空

目前管道的埋深主要考虑人类海洋活动(拖网捕鱼、船舶航行、锚击、落物等因素)及海域冲刷的影响。但此处的海域冲刷主要是根据历史数据得出的海床演变过程，由于从长远来看，海床处于一种较为稳定的形态，因而得出的海域冲刷结果往往对管道的埋设没有太大影响。而目前面临的问题是，浅海海域人类活动不断增加、造成了临近海域海洋环境条件的较大变化，从而使海床在短时间内产生较大冲刷。而整体冲刷造成的管道裸露及悬空往往会引起海底管道的局部冲刷，从而导致管道产生悬空或悬空扩展。以册镇海底管道为例(图2)，管道在2003年铺设时使用的调查报告显示该处海域处于冲淤平衡状态，管道施工完成后一直到2007年全线处于埋设状态。但由于管道附近海域于2005年后实施了大量围垦，造成了该海域环境条件发生变化，海床发生冲刷。管道2008年出现裸露状况，截止到2012年底，管道全线裸露50%以上。根据海域调查及冲淤分析结果显示，管道路由海域海床最大冲刷深度达到2m以上。从下图可以看出，由于围垦影响，管道路由区域海流流速明显增加，从而导致了海床冲刷。

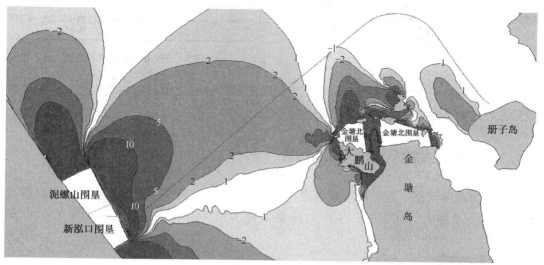

图2　册镇海底管道周边围垦对周边海域流速影响

可以看出，在进行海底管道设计时，还应考虑未来周边围垦及人类活动对海底管道的影响。对于重要管道，可采用数模及物模分析的方法，预测管道路由海域可能发生的冲刷，合理选择管道的埋深。保证海床发生冲刷后，管道仍处于埋设状态，不发生裸露及悬空现象。

2.3 利用新技术，实现管道的自埋

20 世纪 80 年代以来，关于海管自埋现象的实验研究和理论分析工作得到深入开展，形成了阻流板(Spoiler)技术。所谓的"阻流板"是一种安装在管道顶部的倒 T 形结构物(图 3)，其直立的背鳍结构可以改变管道周围的流场，从而使管道达到自埋效果。

SPOILER 是否发挥作用取决于海床冲蚀和水流状况。与净管(未安装 SPOILER 的管道)相比，管道安装 SPOILER 后能够改变管道周围的水流方式和压力，加快管道下方的水速，易在管道周围水速较低的情况下，促使海水冲蚀海床快速形成浅沟，不仅容易在垂直方向上受海水冲蚀形成浅沟，而且还易于沿管道横向形成浅沟。此外，SPOILER 引起的水流变化会增加拉力、惯性和水压的稳定性，减少拉力系数的分散，防止旋涡的干扰，当管道接触到海床时，会减小海床对其下沉的阻力，当管道埋入海床时，会增加其向下的拉力。管道安装 SPOILER 后的自然埋入过程见图 4。

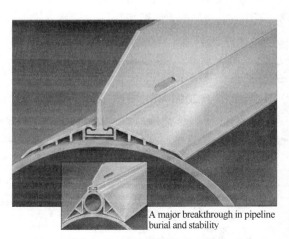

图 3 SPOILER 结构示意图

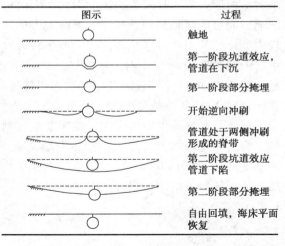

图 4 SPOILER 工作示意图

国内在涌—沪—宁管道杭州湾海底管道铺设工程中开始应用自适应埋管技术。管道铺设完成后，经过潜水检验，达到了预期的设计埋深。

3 消除管道危险状态—事后治理

消除管道危险状态，是一种事后治理技术，当管道发生裸露及悬空现象后，根据管道及周围海洋环境条件的具体情况，采取对应的治理措施，消除管道悬空裸露带来的不安全因素。

1) 水下支撑法

为了防止水下管道悬空段在水流作用下产生的涡激振动，引起管道断裂，在悬空段设置支承支架，以减小横向和纵向振动幅度。根据缩短管道悬空长度的思路，该方法可沿悬空管

道设水下短桩或其他支撑结构进行支撑。

2）抛填砂袋法

该方法在悬空管道及其周围一定范围内（主要指立管周围明显的海底冲刷坑）抛填砂袋，砂袋重量以能满足在施工海域海床上的稳定性为准。在抛填砂袋的过程中要由潜水员对砂袋进行整理，保证悬空管道底部填满砂袋。以此达到消除管道悬空的目的。

3）柔性覆盖层法

在管道上铺设柔性覆盖层，可采用 FS（Foreshore）浆垫覆盖层及混凝土连锁块覆盖层两种结构形式。

FS（Foreshore）浆垫覆盖层。FS 浆垫是一种拉力强、稳定性高及滤水性好的多重聚脂纤维双层纺织垫，耐酸、耐碱、耐冲刷、耐老化且不受有机溶剂和有机物腐蚀。可铺设于水上、水下，是目前世界上防洪、防堤、防止水土流失和抢险的先进技术。

混凝土连锁块覆盖层，混凝土连锁块覆盖层是由小的混凝土预制块串接而成的网状结构，可以使水滤出但有效阻止砂粒被携带走，提高覆盖层抗冲刷的能力，又不至于给海底管线带来损坏。广泛应用于人工岛、海堤、河堤等水工构筑物防冲刷。

4）仿生水草法

海底仿生防冲刷保护系统，是基于海洋仿生学原理而开发研制的一种海底防冲刷的高新技术措施。当海底水流流经仿生海草时，由于受到仿生海草的柔性黏滞阻尼作用，流速得以降低，减缓了水流对海床的冲刷作用；同时，由于流速的降低和仿生海草的阻碍，促使水流中夹带的泥沙在重力作用下不断地沉积，逐渐形成一个被仿生海生物加强了的海底沙洲，从而控制了海底管道附近海床冲刷的形成，达到最终的埋管目的。

5）抛填碎石法

具体做法是以管道为中心线，在左右两侧一定范围内抛填碎石及块石。碎石相对于淤泥质海床或砂袋具有良好的防冲刷、防撞击能力。如管道所处海区属于人为活动密集区，船舶往来频繁，从保护海底管道的安全的角度来考虑，需要防护的不只是自然条件下的悬空海底管道涡激震动，疲劳破坏等，还要考虑船舶抛锚后的锚缆拖曳、抛锚过程中的锚击，意外的钢管等落物的撞击等因素影响，则抛石防护为较为合适的管道防治方式。

6）再次挖沟埋设法

沿着管道路由，对悬空及裸露管段再次进行挖沟埋设，使管道重新埋入泥面以下。挖沟埋设一般需要按照带压挖沟和停产挖沟两种情况分别进行分析论证。

选择挖沟埋设前提是保证管道在挖沟过程及挖沟完成后的完整性和安全性不受破坏。在施工前首先应对每条管道进行路由勘察，确认每条管道的实际运行状态，并根据每条管道的具体情况进行挖沟分析，保证管道的应力在规范许可范围内，并有详细施工措施保证施工安全。挖沟施工应严格按照计算分析文件及施工程序文件要求进行，确保管道在施工过程中的安全。

4 管道安全运行建议措施

4.1 定期检测评估

海底管道的安全运行应该建立在投产后海底管道实际现状与原设计相符的条件下，但由于人类活动增加、周边海域环境条件改变及实际工程的复杂多样，投产运行以后的海底管道实际状态与设计条件往往存在较大的不同，因此应对海底管道的运行状态进行定期检测，并在此基础上对管线安全性进行评估，根据评估结果确认相应的应对措施。

海底管道在位状态的检测应包括下面几部分：

（1）海底管道的实际路由探测。应对海底管道的路由进行探测，并绘制准确的海底管道实际路由图，以便确认海底管道是否存在横向位移等现象，并可给海上作业、船舶运行、后续海上平台管道建设等提供准确的海底管道、电缆路由数据。

（2）海底管道在海底的埋设状态探测。

应定期对海底管道的埋设状态进行检测，以便及时发现海底管道的裸露及悬空，对危及管线运行的裸露及悬空现象应及时制定对策。

（3）海底管道本体检测。本体检测主要目的是检测管道的腐蚀状态、管道在施工和使用中可能遇到的意外损伤、存在的各种缺陷、立管的外腐蚀状态等。这些数据是管道安全评估的重要参数。

4.2　根据检测评估结果，有针对性的对管道进行综合治理

通过对检测结果进行评估分析，对照现行的安全标准及管道相关设计参数(临界悬跨长度等)，明确管道存在的薄弱环节和隐患。根据不安全因素严重程度及管道生产运行的要求，有针对性的对管道的隐患进行治理。

本文提到的治理技术，在实施及治理效果方面均有其各自特点，其适用的范围也有所区别。在进行管道悬空及裸露防治时，必须从治理的可靠性、治理彻底程度以及治理成本等多方面综合考虑，结合海底管道的悬空长度、高度、裸露情况、未来建设活动和管道周边情况等因素，采用最适合本地区的管道裸露悬空防治技术，才能达到最佳效果。

4.3　海底管道事故应急处置技术

加强海底管道溢油监测，开发管道泄漏应急处置技术，包括泄漏量数值模拟、泄漏扩散数值模拟及防扩散应急处置技术、泄油回收技术、泄漏应急处置方案优化等，一旦发生管道泄漏事故，能及时发现并准确做出应急处置，将事故影响降低到最小。

4.4　建立管道完整性信息数据库

对海底管道建立完整性信息数据库，同时加大对管道施工过程、海区船舶运行的监管，并将管道运行数据、监管过程中发现的问题及处理情况及时记录并补充到管道数据库中，以便为海底管道的检测、评估、维修加固和应急处理提供完整可靠的基础数据。

参 考 文 献

1　[美]摩赛尼 A. H. 海底管道设计分析方法[M]. 北京：海洋出版社，1984.

2　谷凡，周晶，黄承逵等. 海底管道局部冲刷机理研究综述[J]. 海洋通报，2009，28(5)：113~120.

3　HULSBERGEN C H. Spoilers for stimulated self-Burialof submarine pipelines[C]. Offshore Technology Conference, Houston, 1986. 441~444.

4　王利金，刘锦昆. 埕岛油田海底管道冲刷悬空机理及对策[J]. 油气储运，2004，23(1)：44~48.

5　刘锦昆，闫相祯. 埕岛油田海底管道建设安全问题的思考. 石油工程建设，2009，增刊-0083-05：83~87.

中深水海底管道施工装备技术探讨

王允　迟艳芬　魏中格　耿立国

（中石化胜利油建工程有限公司）

摘要：随着中国海洋石油天然气工业的发展，越来越多的油气资源在水深约100~300m的深水区被勘探和发现。本文介绍了中深水海底管道施工流程，总结了海底管道铺设的各种方法及配套的关键技术装备，并对各种海底管道铺设方法进行了技术总结；同时本文还介绍了海底管道铺设过程中常用的焊接工艺装备，对中深水海底管道膨胀弯现场安装技术及装备进行了总结。通过本文的总结，希望对今后的中深水海底管道施工提供帮助。

关键词：中深水；海底管道；施工；装备

1　引言

近年来，深海开发中的油气勘探和生产活动大大增加，与几年前相比水深增加了几倍。海洋工业正在更深的海域中建造生产系统，更多地采用新技术并较大程度地发展现有技术，这是世界上海洋石油天然气工业发展的总趋势。随着我国对东海、南海海底油气资源的不断开发，考虑到技术可行性和经济因素，中深水开发的挑战需要创新的思想和观念、先进的装备、施工方法、新型材料和焊接技术等。

目前，美国、巴西、挪威、意大利等国在深水海底管道安装技术及装备方面都处于世界先进水平。我国安装能力远低于国际先进水平，可以说中深水海底管道安装技术还处于起步阶段。我国与国外中深水技术的差距已很明显，研究国外的成功经验对我国开发南海石油资源的战略发展有一定的借鉴价值。

300m 以内的中深水海底管道施工借鉴了滩浅海施工方法与经验，工艺流程与滩浅海不尽相同，如张紧器和托管架的控制技术、膨胀弯的安装技术、清管试压技术、焊接技术等等。总之需要更可靠的施工装备和更成熟的技术来提供支持。中深水海底管道施工流程大致如图 1 所示。

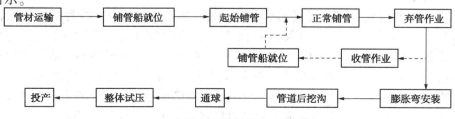

图 1　中深水海底管道施工流程图

2　海底管道的铺设

2.1　常用的铺设方法

海洋管道铺设是通过专用安装浮式装置进行的，最常用的海洋安装方法包括：

1）S型铺设

该方法是最常用的铺管方法，采用S形铺设法时，管道在下海输送过程中在托管架的支撑下自然弯曲成S形曲线。这种铺设方法一般需要安排一艘或者多艘起抛锚拖轮来支持铺管作业。在开始作业前，需要将1个锚定位在海床上，然后将锚缆引过托管架并系到第1根管子的端部。管道下海过程中的张紧力和管线变形必须有监控，防止应力应变超过管线设计允许值。S形铺设时管道可分2个区域：一段为拱弯区，是从船甲板上的张紧装置开始，沿托管架向下延伸到管道开始脱离托管架支撑的抬升点为止的一段区域；另一段为垂弯区，是从拐点到海床着地点的一段区域。管道在垂弯区的曲率通过沿生产线放置的张紧器产生的张力来控制，管道在拱弯区的曲率和弯曲应力则一般依靠合适的滑道支撑和托管架的曲率来控制。S形铺设的典型铺设速度一般为1~3.5km/d。S形铺管示意图如图2所示。

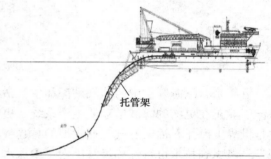

托管架

图2　S形铺管示意图

2）J形铺设

J形铺设法是从20世纪80年代以来为了适应铺管水深的不断增加而发展起来的一种铺管法。通过J式托管架上的张紧器，将管线几乎是垂直于铺管船的方式送入海中。这种铺管法实质上是张力铺管法中的一种，在铺设过程中借助于调节托管架的倾角和管道承受的张力来改善管道的受力状态，达到安全作业的目的。到目前为止，J形铺设法主要有2种形式：一种是钻井船J形铺设法；另一种是带斜形滑道的J形铺设法。典型的J形铺设速度一般为1.0~1.5km/d。J形铺管示意图如图3所示。

3）卷筒铺设

卷筒铺设是20世纪末开始发展起来的一种新型的铺管方法口。这种铺管方法将管道在陆地预制场地上预先绕在一个巨大的卷筒上，然后把管线送到海上进行铺设施工。其99.5%的焊接工作可以在陆地完成，铺管效率高，费用低，作业风险小，适用于深水区域的各种管线铺设。这种铺管法需要的主要设备包括陆地接长预制场地、卷管滚筒、管道矫直器、铺管船和其他常规施工机具设备等。第1代的卷筒型铺管船的卷筒为水平放置，机动性不强，第2代卷筒型铺管船则改为垂直放置的卷筒，一次可以铺设几千米甚至数十千米的管道。典型的卷管铺设速度为1km/h。卷筒铺管示意图如图4所示。

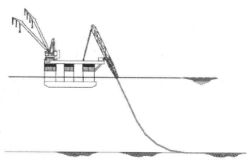

图 3　J 形铺管示意图

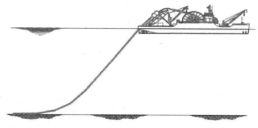

图 4　卷筒铺管示意图

4）其他铺设方法

Carousel lay 和垂直铺管法与卷筒铺管法相似，管线展开后经过一个矫直机构入水。Car-
ousel lay 的入水方式与 S 形铺管相似，管线矫直后经托管架入水。垂直铺管的入水方式与卷
筒铺管相似，但矫直机构是垂直的，且管线是通过铺管船中部的月池（moon-pool）入水的。
示意图如图 5、图 6 所示。

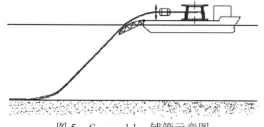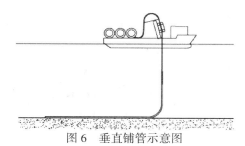

图 5　Carousel lay 铺管示意图　　　　　　　　　图 6　垂直铺管示意图

2.2　铺管船关键装备

1）铺管船作业线系统

铺管船的作业线系统是铺管船的核心，是铺管船性能的体现。在铺管过程中，作业线系
统将海管从铺管船的储管区输送到焊接组对区，最终将组对完的管线输送到托管架辊轮上并
沉入海底，在此过程中作业线系统既是输送作业线也是施工的载体。作业线系统在一定程度
上决定了整条铺管船的铺管速度和铺管能力。

铺管船作业线系统主要包括辅助运管作业线、横向移管储存装置、下管装置、三维对口
辊道装置、主作业线支撑辊道和组合辊道等组成，驱动方式主要有液压马达和电动机驱动两
种形式。图 7~图 13 是典型的作业线辊道系统示意图：

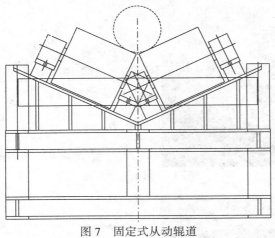

图 7　固定式从动辊道

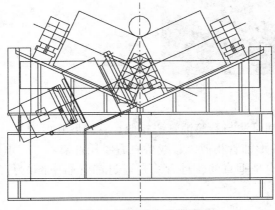

图 8　固定式主动辊道

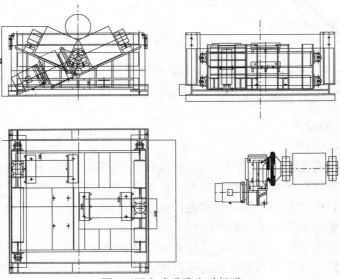

图 9　固定式升降主动辊道

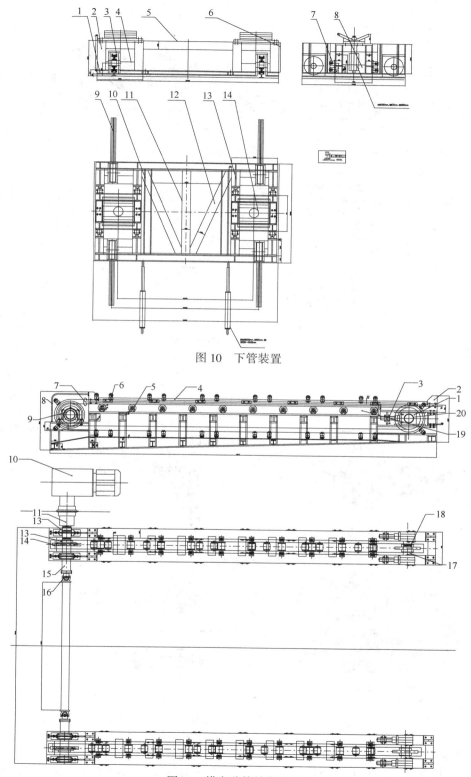

图 10　下管装置

图 11　横向移管储存装置

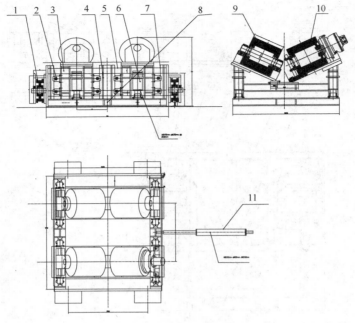

图 12 三维对口辊道装置

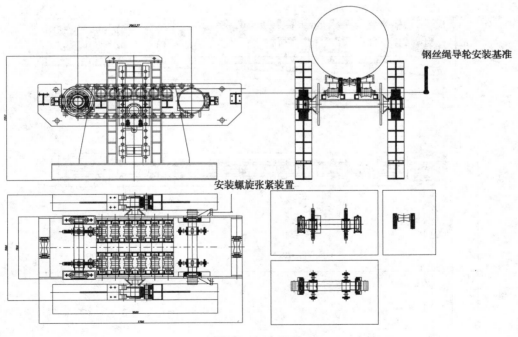

图 13 组合辊道

2）张紧器

张紧器铺管船上的核心装备之一，张紧力的大小对管线铺设深度有直接影响，张紧器张紧系统实现管线恒张力控制。在铺设过程中，管道受自重、浪、流的影响，承受较大的弯曲应力，且弯曲应力不断变化。为了使管道弯曲应力小于材料的屈服极限，确保管道不被破坏，用张紧器进行送管并实时调整管道的张紧力，使管道的张力基本恒定不变，始终保持在允许的范围内。

张紧器主要分为线型张紧器和软管型张紧器两种类型，动力源有液压驱动和电动机驱动两种形式。线型张紧器的张紧力为水平方向的，主要用于进行 S 形的管道铺设，在进行深水管道铺设作业的时候，它还具有自动张紧的功能；软管型张紧器主要用于进行柔性管道的铺设。图 14 是典型的张紧器形式图。

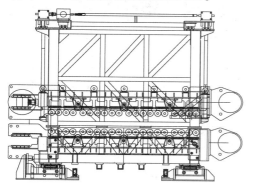

图 14　常用的铺管船张紧器

3）托管架

铺管船托管架安装在铺管船铺管作业线最后端，相当于船体的延伸。铺管作业时通过调整托管架角度，控制管道脱离船体的曲率，使铺设的管道在许用应力范围内呈 S 型安全铺设至海底。从而确保管道不会由于过度弯曲而产生屈服或者断裂，这在中深水及深水的情况下尤为重要。

目前常用的托管架有斜拉索吊装式和浮式两种。由于斜拉索吊装式结构简单，已经被广泛使用，托管架主要包括主体机构、变幅机构、辊轮机构、控制系统四大部分。图 15 是托管架及其支撑辊道示意图。

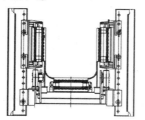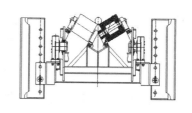

图 15　托管架及其支撑辊道

4）A/R 绞车

A/R 绞车又称收放绞车，是铺管作业中对管线进行控制的关键设备，它具有控制、动力一体化的功能，能够非常稳定地进行负载转换，弃管时保证管线较平缓地下水，收管时保证管线安全的牵引到铺管船托管架上。它的工作是和张紧器配合使用，可以通过控制系统的控制面板进行设置，与张紧器之间的力量转换是全自动进行的。图16是A/R绞车及收、弃管图。

图16　A/R绞车及收、弃管图

2.3　铺管工艺流程

中深水海底管道铺设过程中，同样存在铺管船就位、起始铺管、正常铺管以及收管和弃管作业等方面的工作。

（1）以具有10个定位锚的胜利902铺管船为例，在拖轮的配合下，首先到达预定施工海域进行铺管船的就位作业，图17是典型的抛锚就位图。

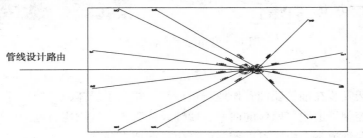

管线设计路由

图17　典型的抛锚就位图

（2）起始铺管作业：

铺管船就位到预定位置后，首先管道末端焊接牵引头，铺管船焊接作业线连续焊接海底海底管道直到托管架尾部，然后牵引头与路由延长线上1000m处的固定锚相连。

（3）正常铺管作业：

以胜利902铺管船为例，正常铺管作业与滩浅海正常铺管作业基本相同，作业流程图见图19。

（4）弃管作业：

铺管船完成铺管后需要进行弃管作业，或者恶劣天气来临前48h也要进行弃管作业，弃管流程如图18所示。

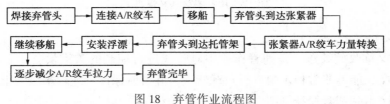

图18　弃管作业流程图

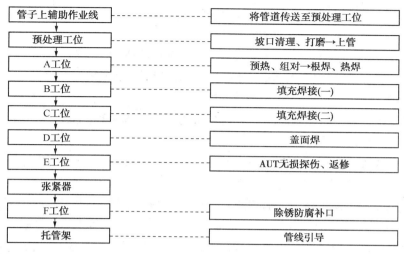

图 19 正常铺管作业流程图

（5）收管作业：

弃管后需要重新铺管作业时，铺管船在 DGPS 指引下就位到海底管道路由线上，进行收管作业，收管流程如图 20 所示。

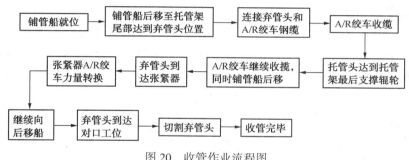

图 20 收管作业流程图

3 海底管道的焊接

采用铺管船法进行海底管道的铺设，要求在焊接过程中焊接速度要尽可能的快而且质量高。从而尽可能提高铺设速度最大限度地缩短海上工期，以减少工程总投入，缩短油气田开发周期。

管线焊接的施工方式经历了手工电弧下向焊工艺、半自动焊工艺和全自动焊工艺三个发展阶段，20 世纪 70 年代以后，GMAW 自动焊在管道施工中的应用发展很快，已经逐步成为目前主流的管线铺设焊接方法。法国 SeriMax 和美国 CRC-Evans 是海底管线安装自动焊接设备的 2 家主要供应商。

3.1 碳钢管的焊接

主要的焊接方法有：

① STT 打底+自保护药芯焊丝半自动焊填充、盖面。

② 手工焊打底+自保护药芯焊丝半自动焊填充、盖面。

③ 手工焊打底+手工焊填充、盖面。

④ 全位置自动焊，如法国 SeriMax 公司生产的 SATURNAX 05 双焊炬全位置自动焊接设备、美国 CRC-Evans 公司生产的多头气体保护管道自动焊接设备。

1）焊条电弧焊

焊条电弧焊操作灵活，适应性强，其焊条分为纤维素焊条和低氢焊条，焊接方法包括上向焊和下向焊。

（1）焊条电弧焊上向焊特点为管口组对间隙较大，焊接过程中采用熄弧操作法完成，每道焊层厚度较大，主要用于海上连头焊接。

（2）焊条电弧焊下向焊特点为管口组对间隙小，焊接过程采用大电流、高焊速，速度可达 20~50cm/min，相对于上向焊提高了焊接效率。下向焊一般采用多层焊接，适合于流水作业，焊接效率较高。此外，由于每道焊层厚度较薄，通过后面焊层对前面焊层的热处理作用可提高环焊接头的韧性，主要用于管道预制焊接。该焊接方法适用于管道工程，可提高焊接施工速度，能保证焊接质量，而且焊工容易掌握，操作灵活，适应性强。目前很多铺管船在海底管道工程施工仍然应用此焊接工艺。但对于大口径、厚壁钢管的焊接，劳动强度较高，焊接效率较低。

2）半自动焊接工艺

半自动焊是焊工手持半自动焊枪施焊，由送丝机构连续送丝的一种焊接方式。由于在焊接过程中连续送丝，节省了更换焊条等辅助工作时间，熔敷速度高，同时减少了焊接接头及焊接收弧、引弧产生的焊接缺陷，提高了焊接合格率，降低了焊接工人的劳动强度。

该焊接工艺中焊条电弧焊打底增加了人为的智能控制，克服了管口椭圆度偏差较大的问题，提高了焊口的合格率，半自动焊的填充、盖面提高了焊接速度，降低了操作者的劳动强度，在保证合格率的情况下提高了效率。同时降低了成本，创造了良好的经济效益和社会效益，是滩海海底管道建设中十分优越的焊接工艺。比如从 20 世纪 90 年末期开始，我国引进了 STT 表面涨力焊封底，自保护药芯焊填充和盖面的半自动焊接工艺。STT 表面涨力焊是美国林肯公司 20 世纪 90 年代最新技术，STT 表面涨力根焊是基于短路液桥表面张力过渡理论的熔化极 CO_2 气体保护焊工艺，具有操作灵活，焊接速度快、背面成型好、焊道光滑等特点，非常适合管道的封底焊接；自保护药芯焊具有熔敷效率高、全位置成形好、环境适应能力强、焊工易于掌握等特点，是目前管道施工中一种很重要的焊接方法。其焊接效率是手工电弧焊下向焊工艺的 2 倍。

3）全位置自动焊接工艺

随着海底管道建设用钢管强度等级的提高，管径和壁厚的增大，施工条件恶劣，在海底管线铺设过程中开始向自动化、系统化方向发展。我国 100m 及以上水深铺管船现有胜利902 铺管船（最大水深 100m）、蓝疆铺管船（最大水深 150m）、HYSY201 铺管船（最大水深 3000m）、HYSY202 铺管船（最大水深 300m）、中石油管道局 CPP601 铺管船（最大水深 150m）5 艘，其中 4 艘配备了 SeriMax 公司生产的 SATURNAX 05 双焊炬全位置自动焊接设备，只有 CPP601 配备了 CRC-Evans 公司生产的多头气体保护管道自动焊接设备。

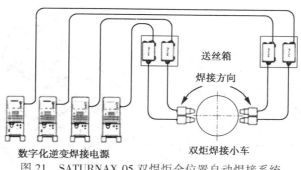

图 21　SATURNAX 05 双焊炬全位置自动焊接系统

以胜利 902 铺管船引进的法国 Seri-Max 公司生产的 SATURNAX 05 双焊炬全位置自动焊接设备(图 21)为例，该自动焊接设备是用精确控制各焊接位置的焊接工艺参数，即送丝速度、焊接速度、摆动幅度、摆动速度、两侧停留时间等参数。焊接工艺参数由计算机设置好后输入机头控制系统，实现了程序控制，保证了高精确度及稳定性。第一站进行根焊，双焊机头、双丝焊工艺，两侧同时焊接。只要参数设定准确、焊工操作得当，可焊接出优质的根焊道。焊接时其中一个机头先从 12 点位置起弧向下焊接，另外一个机头与之有一个时间差，从相同位置开始向下焊接。后几个焊接站采用相同的操作方法，但起弧位置要与前一站错开，以避免未熔合等缺陷的产生。第二站进行热焊道焊接，第三站进行填充焊道焊接，第四站进行盖面焊道焊接。

3.2　碳钢不锈钢复合管的焊接

由于东海和南海的天然气中富含湿 CO_2 和 Cl^- 离子，介质腐蚀性较强，常规碳铜管线所需腐蚀裕量过大等原因，自 2011 年我国在崖城 13-4 复合海底管线 22.5km 得以成功应用，管材规格为 $\phi219\times(14.3+3)$，材质 X65 和 S316L，复合海底管线管端结构图如图 22 所示。

图 22　复合海底管线管端结构图

西安向阳航天材料股份有限公司是国内第一家研制、生产、销售双金属复合管企业，复合管道是通过爆炸焊方法或其他方法制造。在复合管端部内壁堆焊 50mm 长 INCONEL 625 合金复层，在端部形成了材质为 X65+TNCONEL 625 材质的局部区域冶金复合管，通过内镗机加工工序对管端内壁校圆保证其管端内壁的圆度。堆焊一般由管材厂家完成，其焊接工艺为先手工封焊一道后自动 MIG 分两层堆焊。目前东海黄岩气田开发项目和南海番禺油气田项目均有类似的海底管道。

对于复合管道在铺管船上的焊接，则采用最新的 TIP TIG 焊接技术。TIP TIG 焊接设备是进口奥地利的全自动焊机，焊丝为进口 Arcos625，双金属复合管焊接的两大关键点：一是保证焊缝耐腐蚀合金层的连续性，二是保证焊缝接头的力学强度。复合管焊接时可选用与内衬复层耐蚀合金相兼容的合金焊丝单金属或选用混合金属焊接工艺。为控制焊材成本，一般选用混合金属的焊接工艺，即打底焊和第二道焊丝选用耐蚀合金焊丝，第三道及之后的填充焊和盖面焊选用强度高干基材的碳钢焊丝。这样既能满足内材复层耐蚀性能的要求，又满足了基层碳钢管的力学强度要求。图 23 为 TIP TIG 焊接系统工作原理图和焊枪图。

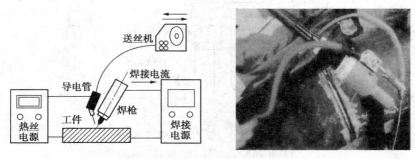

图 23　TIP TIG 焊接系统工作原理图和焊枪图

TIP TIG 焊接分为全自动、半自动和手工三种工艺，表 1 是三种焊接工艺的优劣势对比。

表 1　三种焊接工艺的优劣势对比

焊接方法	优　势	劣　势
全自动 TIG	设备自动化程度高，焊接质量均匀、稳定，人为因素小，焊接效率高，窄间隙坡口	焊接设备要求高、坡口精度要求高，设备辅助时间长，使用范围小，主要适合大口径管道
半自动 TIG	中小口径焊接效率高，质量稳定，易操作，结合了传统 TIG 和 MIG 焊的特点，窄坡口，热输入量低，自动送丝，坡口精度容忍度大	受焊工操作技能影响大，对大口径管道效率低
手工 TIG	管线口径适用范围广，设备要求低，坡口精度容忍度大	效率低，热输入量大，焊接质量波动大，操作要求高

4　海底管道膨胀弯的安装

随着海洋石油开发的不断深入，将在更广阔和更深的海域开发油气资源。随着海水深度的增加，常规空气潜水作业已经不能满足海洋工程开发的需要，而饱和潜水技术由于作业水深较深，持续作业时间长的特点在海洋开发领域被广泛采用。

对于中深水海底管道，平台立管在陆地安装预制在导管架上，膨胀弯也同时在陆地制作。导管架就位完成后，经膨胀弯与海底管道用水下法兰连接，采用水下饱和潜水作业安装。

饱和潜水作业需要专用的饱和潜水船，上海打捞局的聚力号和深潜号均为带有动力定位的饱和潜水支持船，配套有补偿吊机和饱和潜水专业装备。特别是深潜号已经在我国东海海域完成了多项膨胀弯的安装工作。图 24 为膨胀弯安装流程图。

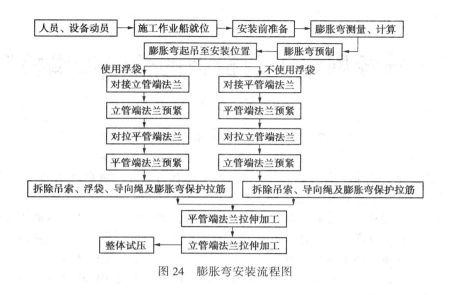

图 24　膨胀弯安装流程图

5　结束语

随着海洋油气资源的不断开发，海底管线铺设逐渐已经逐步从滩浅海转移到中深水开发，甚至 500m 以上的深水区和 1500m 以上的超深水区，我国目前超过 100m 水深的铺管船仅 5 艘，与国外知名的 Allseas、Allseas、Subsea 等公司相比装备数量和先进程度以及水下安装技术、经验都有很大的差距。

为加快推进我国东海、南海深水油气田的开发进程，必须借鉴国外先进的海底管道施工技术，对于满足我国深水油气田开发工程的需要，形成具有自主知识产权的深水海底管道安装技术，支持我国海洋油气资源的战略发展有一定的指导意义。

基于神经网络识别模型的管道泄漏检测

王军   徐振振

(中国石油集团海洋工程有限公司海工事业部)

摘要：为了快速、准确地从含有噪声的管道压力信号中提取真实的泄漏信号，应用神经网络技术，建立管道压力信号识别系统。以管道的调阀、停泵和泄漏三类压力信号为研究对象，分析提取各类信号的特征，建立基于 BP 神经网络的管道压力信号的识别与分类。利用奇异值分解对管道压力信号进行降噪处理，提取了样本极差、样本方差、样本中值、样本首末点的差值以及样本最大斜率 5 个特征作为管道压力信号的识别和分类特征。将归一化后的特征向量作为 BP 神经网络的输入来训练识别模型，实现对各类管道信号的识别和分类。

关键词：模式识别；奇异值降噪；特征提取；归一化；BP 神经网络

目前，管道运输在国民经济的发展中发挥着越来越重要的作用，然而，由于运行时间延长，管壁受到冲刷腐蚀、人为破坏等原因，管道泄漏事故频频发生。输油管道的泄漏不仅造成环境污染、资源浪费，危害工农业生产和人民生活；更重要的是，石油产品易燃、易爆，甚至可能具有较强的腐蚀性，泄漏的石油产品直接威胁输油管道、设施的安全运行，容易造成更大的间接损失和恶性事故。因此，在经济发展中，确保管道安全可靠的运行有着迫切的需求。建立一套快速、准确的管道压力识别系统，提醒员工按照预案提前应对，将能有效的降低管道泄露造成的损失。

1　神经网络的数学模型

神经网络的全称是人工神经网络，一种模仿动物神经网络行为特征，进行分布式并行信息处理的数学模型。这种网络依靠系统的复杂程度，通过调整内部节点之间相互连接的关系，达到处理信息的目的。虽然单个神经节点的结构简单，功能有限，但大量的神经节点构成的网络能解决多种复杂的模式识别问题，被广泛应用于工程领域的模糊评价。

BP 神经网络是一种具有三层或三层以上的按误差逆传播训练的多层神经网络，每一层都有若干个神经元组成，如图 1 所示，它的左、右各层之间各个神经元实现全连接，即左层的每一个神经元与右层的每个神经元都有连接，而上下各神经元之间无连接。数学上已经证明，

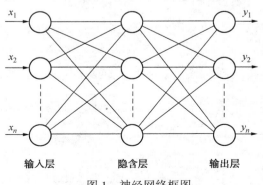

图 1　神经网络框图

BP 神经网络能够以任意精度逼近任意非线性连续函数。如果因子和结果之间存在着数学关系，即使不知道函数结构，也能应用神经网络仿真这个函数的行为。

三层 BP 神经网络学习训练过程如图 2 所示。

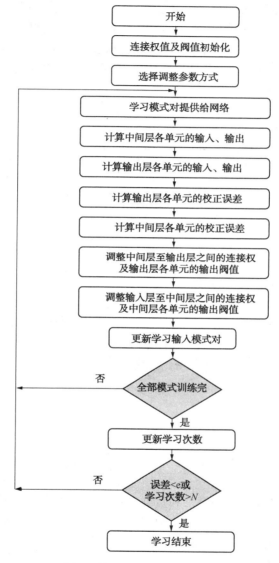

图 2　神经网络学习训练过程

2　管道压力信号预处理

本文研究的是利用 BP 神经网络对管道各种压力信号进行识别和分类。但是，由于埋地管道的管径和材质，以及不同的埋设条件下管道压力信号具有不同的时、频特征，而且管道压力信号的特征容易受到不同工况条件下噪声的干扰。所以，要在不同工况下可靠地识别各种管道压力信号，首先要提高压力信号的信噪比，然后再准确地提取压力信号的本质特征，最后进行归一化处理并利用 BP 神经网络实现对管道压力信号的识别和分类。这个过程我们称之为管道压力信号的预处理。

压力预处理由三个方面组成。第一，管道压力信号降噪。管道压力信号的降噪方法有很多种。本文采用奇异值降噪（SVD）方法对采集到的管道压力信号进行降噪，得到消除噪声后的压力信号（图3）。第二，对降噪后的管道压力信号进行特征提取，以用于 BP 神经网络的训练。第三，对提取的管道压力信号特征进行归一化处理，并组成特征向量作为 BP 神经网络的输入。

2.1　管道压力信号降噪

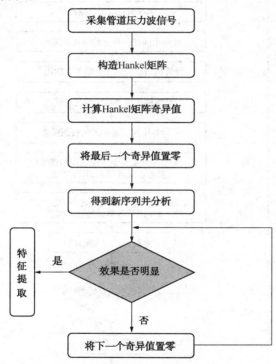

图 3　管道压力信号 SVD 降噪原理图

本节采集的压力信号有正常、停泵和负载变化三类，来自东临复线—东营站泵 P204—泵入口。采集时间为 5min，采集点数为 1200，采样频率为 4Hz。降噪前的管道压力信号如图 4 所示，降噪后的压力波形图，如图 5 所示。

2.2　管道压力信号特征提取

由于埋地管道的管径和材质，以及不同的埋设条件，管道压力信号具有不同的时、频特征，管道压力信号的特征不仅要受到不同工况条件下噪声的干扰，而且还在管道中散射和反射，另外，传感器的非线性误差，变送器模数转换的量化误差都会影响管道压力信号的特征。要提高 BP 神经网络的识别效率和准确度，特征提取是非常关键的。本节将对本文所提取的特征做一个简要说明。

1）压力信号的采集

本节采集的压力信号包括调阀、停泵和泄漏三种，同样来自东临复线—东营站泵

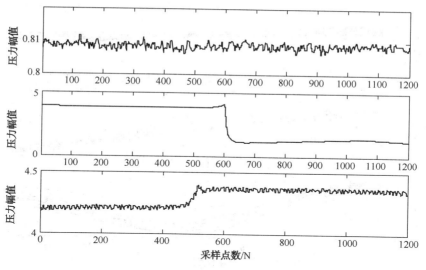

图 4　降噪前管道压力波形图

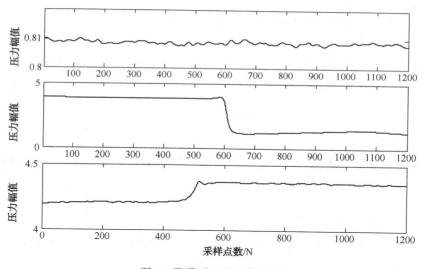

图 5　降噪后压力波信号图

P204—泵入口，采样频率同样为 4Hz，不过采样点数为 20。进行降噪后的压力波形图见图 6。

2）压力信号的特征提取

根据调阀、停泵和泄漏三种管道压力信号的特点和差别，本文提取压力信号的样本极差、样本方差、样本中值、样本首末点的差值以及样本最大斜率作为 BP 神经网络的识别特征。

① 样本极差和样本方差：

样本极差：$R = X_{max} - X_{min}$

样本方差：$S = \sqrt{S^2} = \sqrt{\dfrac{1}{n-1} \sum\limits_{i=1}^{n} (X_i - \bar{X}_i)^2}$

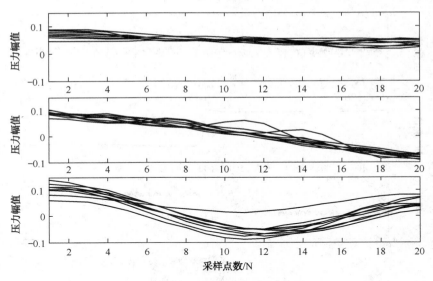

图 6　调阀、停泵、泄漏压力波形图

其中，$X_{\max}$ 和 $X_{\min}$ 分别是样本数据中的最大值和最小值。

② 样本中值：

本文所研究的一组样本数据包含 20 个采样点，所以样本中值就是第 10 个采样点压力数据和第 11 个压力数据的平均值，用 M 表示。即：

$$M = \frac{x_{10} + x_{11}}{2}$$

③ 样本首末点差值：

样本首末点的差值是指最后一个采样点压力数据与第一个采样点压力数据的差值，用 α 表示。

$$\alpha = x_{20} - x_1$$

④ 样本最大斜率：

一组样本数据中后两个压力数据和减去前两个压力数据和的最大值我们定义为样本最大斜率，用 Y 表示。

$$Y = \max((x_{i+3} + x_{i+2}) - (x_{i+1} + x_i)), \quad (i = 1, 2, \cdots, 17)$$

2.3　特征向量的归一化处理

将 BP 神经网络应用于压力管道的信号识别中，网络的输入向量各参量一般是从压力信号的时频域提取的具有不同的量纲和较大数值差别的特征值，根据网络的特点，它们若直接输入网络，则由于加权通过累加器后变得异常巨大，从而使网络难以收敛。因此有必要对网络的输入向量进行归一化处理。

本文采用线性函数转换的方法对提取的管道压力特征进行归一化处理。假设特征输入向量为 $X = [x_1, x_2, \cdots, x_d]$，输出向量为 $Y = [y_1, y_2, \cdots, y_d]$，$x_{\max}$、$x_{\min}$ 分别为输入向量 X 的最大值和最小值，则其归一化的过程可用下式表示：

$$y_i = \frac{x_i - x_{\min}}{x_{\max} - x_{\min}}$$

3 基于 BP 神经网络的实测管道压力信号识别

本文针对调阀、停泵、泄漏三类情况，各采集9组数据作为试验总样本(共27组)，每组数据为20点，即20维。同种工况的管道压力波形不完全一致，从各类中分别取5组典型数据作为训练样本，编号为 TR$_{ij}$(i 表示类别号，依次取值为1、2、3，j 表示其在类别中的序号，依次取值为1、2、3、4、5)，并设计以上三类样本对应的理想输出向量为：$[1, 0, 0]^T$、$[0, 1, 0]^T$、$[0, 0, 1]^T$。训练样本集的管道压力波形图见图7。

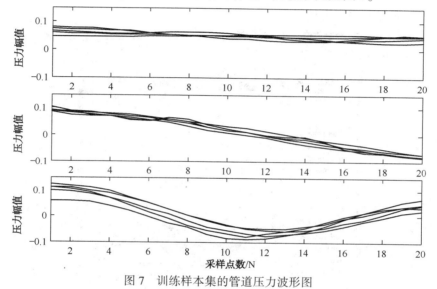

图7　训练样本集的管道压力波形图

对每类样本中剩余的4个压力信号作为测试样本并编号为 TS$_{ij}$(i 表示类别号，依次取值1、2、3，j 表示其在类中的序号，依次取值为1、2、3、4)。测试样本集的管道压力波形图见图8。

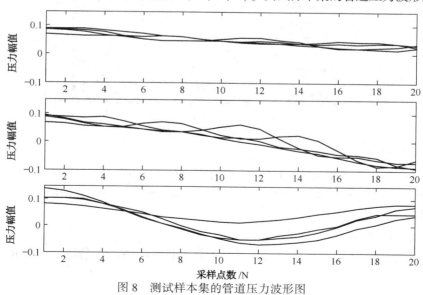

图8　测试样本集的管道压力波形图

3.1　BP 神经网络的建立

本系统采用数学计算能力好的 Matlab 语言开发。选择单隐层的 BP 神经网络。建立单隐层的 BP 神经网络后，不断调整各层的传递函数和节点个数，多次训练，找到训练效果最好的网络结构。最终确定的结构如下：该神经网络的结构形式见图 9，激活函数选择 S 形，学习函数选择权重和偏置的梯度下降函数（learngd）以及它的加强版带动量的权重和偏置的梯度下降函数（learngdm），训练函数选择"trainlm"方式。神经网络的第 1 层为输入层，神经节点 5 个，对应选取的 5 个影响因素：样本极差、样本方差、样本中值、样本首末点差值和样本最大斜率；第 2 层为隐藏层，神经节点 9 个；采用"tansig"传递函数，第 3 层为输出层，神经节点 3 个，对应三类压力信号。

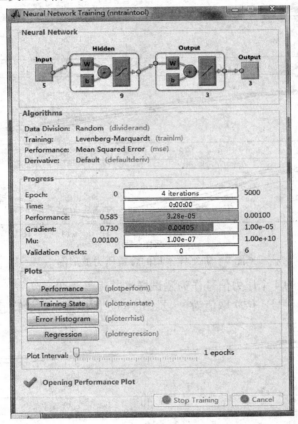

图 9　神经网络结构形式

3.2　BP 神经网络的训练

本神经网络训练曲线图见图 10，从图中我们可以看出 BP 神经网络在经过 4 次训练之后即达到了我们所设定的训练误差以下，这说明整个训练过程还是比较快的。

3.3　管道压力信号的识别

3.3.1　训练样本的识别

对于上面列出的 15 组典型管道运行信号的样本得到的输出结果如表 1 所示。

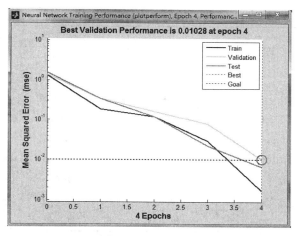

图 10　训练误差图

表 1　训练样本集的识别结果

训练样本	输出节点 1	输出节点 2	输出节点 3	理想输出
调阀	1.0192	−0.0469	0.0253	[1　0　0]
调阀	0.9892	0.0131	0.0427	[1　0　0]
调阀	1.0361	−0.0513	0.0386	[1　0　0]
调阀	1.0245	−0.0284	0.0238	[1　0　0]
调阀	1.0271	−0.0322	0.0322	[1　0　0]
停泵	0.0672	0.9773	−0.0148	[0　1　0]
停泵	0.0989	0.9082	−0.0058	[0　1　0]
停泵	0.0722	0.9622	−0.0185	[0　1　0]
停泵	0.0461	1.0175	−0.0316	[0　1　0]
停泵	0.0031	1.0421	−0.0500	[0　1　0]
泄漏	0.0257	−0.0025	0.9779	[0　0　1]
泄漏	−0.0052	0.0642	0.9410	[0　0　1]
泄漏	−0.0058	0.0884	0.9168	[0　0　1]
泄漏	0.0512	0.0239	0.9317	[0　0　1]
泄漏	0.0551	0.0402	0.9201	[0　0　1]

3.3.2　测试样本集的识别

对剩余的 12 组数据作为测试样本进行测试，测试结果如表 2 所示。

表 2　测试样本集的识别结果

测试样本	输出节点 1	输出节点 2	输出节点 3	理想输出
调阀	1.0109	−0.0073	0.0655	[1　0　0]
调阀	0.9645	0.0539	0.0554	[1　0　0]
调阀	0.9820	0.0385	0.0478	[1　0　0]

续表

测试样本	输出节点 1	输出节点 2	输出节点 3	理想输出
调阀	0.9505	−0.0347	0.0695	[1 0 0]
停泵	0.0394	1.0199	−0.0496	[0 1 0]
停泵	0.0591	0.9804	−0.0265	[0 1 0]
停泵	0.2060	0.8052	−0.0150	[0 1 0]
停泵	0.0678	0.9381	−0.0038	[0 1 0]
泄漏	0.9505	−0.0347	0.0695	[0 0 1]
泄漏	0.0111	0.0369	0.9543	[0 0 1]
泄漏	0.0608	−0.0239	0.9647	[0 0 1]
泄漏	−0.0166	0.1335	0.8905	[0 0 1]

比较理想值与测试结果可以看出，最后识别结果较为准确，只有将一个泄漏样本识别为调阀，识别准确率达到了 0.91667。因为本文只选取了 12 个测试样本，随着样本数的增加识别准确率将进一步提高。因此，可以证明 BP 神经网络对管道压力信号识别的可行性和有效性。

4　系统应用及结论

将训练好的神经网络用"SAVE"指令保存成 mat 格式的文件，以后识别管道压力信号时无需再次训练，采用"LOAD"指令，读取 mat 文件，将在内存中重建训练好的网络。将实时检测到的管道压力信号输入到神经网络中，根据输出结果就可以判断管道是否发生了泄露。

采用神经网络实现管道泄露检测效率高、成本低。神经网络的实质是把历史经验教训转化成可重用的模型，但在初期投入使用时，因为经验数据少，神经网络的预测精度受到了限制。随着管道压力信号数据的增多，增加训练样本的数量，对神经网络重新训练，以提高神经网络的识别精度。

参 考 文 献

1　上少军. 模糊综合评价方法在高层建筑防火安全评价的应用[J]. 中国安全生产科学技术, 2012, 8(8)：167~170.

2　Hecht-Nielson R. Theory of the Back-Propagation Neural Network[A]. IJCNN[C]. Washington DC, 1989, I：583~604.

3　王明达, 张来斌, 梁伟, 等. 基于奇异值特征的管道压力波识别方法[J]. 石油机械, 2009, (12)：68~71.

4　高晓勤. 特大火灾定量与定性风险管理技术应用讨论[J]. 中国安全生产科学技术, 2006, 2(6)：108~110.

混凝土连锁排在海底管道
悬空防护中的研究与应用

孟庆飞　陈同彦

（中石化石油工程设计有限公司）

摘要： 本文在海底管道冲刷悬空机理和数值模拟分析的基础上，对混凝土连锁排在海底管道水平段悬空防护中的适应性进行研究，研究结果表明，带有土工布的混凝土连锁排可以对裸露和连续悬跨海底管线提供有效防护，适合于大面积的裸露管线和连续悬跨海底管线的安全防护，该研究成果经过了物理模型试验的验证，并在中石化册镇海底输油管线悬空段防护中得到了应用，达到了预期的防护效果。

关键词： 海底管道；冲刷悬空；混凝土连锁排；土工布

1　引言

海底管道悬空防护是海底管道研究的热点之一。其防护措施主要包括抛填砂石、水下支撑桩和柔性覆盖层等多种方法，但这些防护措施各有利弊：水下支撑桩控制管线悬空长度有限，仿生水草虽能有效促淤，但造价高防护范围较小，不适用于治理大面积裸露等类型的隐患。混凝土连锁排技术与传统的抛石相比，具有整体性好、适应床面变形能力强、易于机械化施工和施工质量控制等优点。本文在海底管道冲刷悬空机理和数值模拟分析的基础上，对混凝土连锁排在海底管道水平段悬空防护中的适应性进行研究。

2　海底管道冲刷悬空机理

根据海洋冲刷动力学原理分析，海底管道悬空形成原因有两种，一是海洋结构物的存在打破了原有水下流场的平衡，形成局部流速梯度集中区，并构成对海底的强剪切作用；二是海洋结构物的存在改变了水流的运动方向，使之产生绕流和局部旋涡，加速了海底的冲刷作用。

对于海底管道水平段而言，冲刷悬空的形成有以下四个阶段：

（1）海流经过裸露于海床的局部管段时，一部分水流冲击管线，另一部分水流从管线上部绕行，冲击水流的动能在管线表面转化为压能。由于裸露管段的阻挡作用，水流在经过管段顶部时速度加快；海床摩阻作用则使近底水流流速减慢，因而近底处管线表面的压能最小。

（2）在管线迎流面上，垂向的压差将在管线上游侧产生顺时针旋转的横轴驻留旋涡；在水流与裸露管段下游一侧分离时，管线表面的摩擦力使自由剪切层最内层运动速度比与自由流相接触的最外层运动速度慢，于是自由剪切层倾于卷曲并最终发展成为顺时针旋转的横轴尾流旋涡(lee-wake vortex)。涡旋引发海床的冲刷；随着海床的冲刷，裸露管段增加，从而增大涡旋，进一步加剧海床冲刷(图1)。

（3）随着管段底海床的冲刷，管段下部出现水流通道，即出现小范围、较浅悬空段，水流通道的出现形成管段迎流侧和顺流侧压力差，使管段下部出现水流"管涌"现象，加速海床冲刷(图2)。

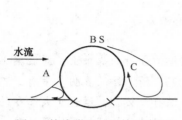

图1　管线附近的涡旋示意图

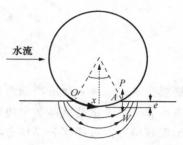

图2　管线下部渗流及其上举力

（4）随着管线附近局部冲刷的发展，管线下方冲刷坑越来越大，管线将出现悬空现象。对于管线的跨中区域而言，将在驻留旋涡、尾流旋涡及管线下方高速冲刷水流作用下继续进行 2D 冲刷；在悬跨管线两端的跨肩附近，迎流面水流将受到跨肩(即悬跨管线的两端支撑土体)和跨肩处管线的阻碍，海床表面的水流边界层卷曲，进而在管线迎流面产生沿管线轴线并向跨肩方向发展的螺旋形旋涡，从而使管线悬跨段不断延长，形成 3D 冲刷。当管道下部冲蚀坑增加至一定规模，海床冲刷达到平衡，冲蚀坑不再增大，管道形成一定的悬空状态(图3)。

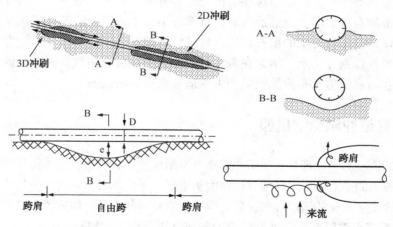

图3　管线冲刷及肩跨附近的 3D 冲刷

3　混凝土连锁排的数值模拟

连锁块在浪流的作用下，主要受到水流的拖曳力、上下表面压差导致的上举力、块体的重力、绳索拉力等，如图4所示。排体内部连锁块四周收到联接绳的约束，块体之间相互掩护，拖拽力减小，基本可以忽略，因此不会发生滚动失稳，仅有可能发生漂浮失稳。边缘连锁块在水流前方无任何掩护，每个排体的三侧同时收到连接绳的作用，比较容易发生滚动失稳。

3.1　连锁排 CFD 模型

混凝土连锁排的 CFD 模拟采用 GAMBIT 和 FLUENT 结合进行。GAMBIT 具有面向 CFD 分析的高质量的前处理器，其主要功能包括几何建模和网格生成。

首先利用 GMBIT 进行混凝土连锁排数值模型的建立、网格划分，并指定模型计算区域，然后将输出文件导入 FLUENT 中进行求解，分析过程如图 5 所示。

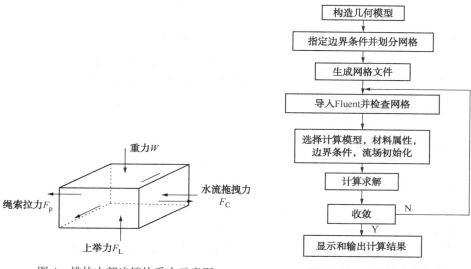

图 4　排体内部连锁块受力示意图　　　　　图 5　Fluent 软件应用流程

模型中对混凝土连锁排进行简化，建立混凝土块体 3×3 的排体，结合其实际参数值，单个块体参数确定为 0.4m×0.4m×0.12m，块体之间的联接绳直径 14mm，块体间距为 0.1m；计算区域为 6.4m×6.4m×1.0m。模型如图 6 所示。

计算网格采用四面体网格，各物理量在混凝土排体附近有较大梯度，故对混凝土排体的网格进行加密，网格密度由排体位置向外至计算区域边界逐渐稀疏，连锁块网格长度 4mm，计算区域边界网格长度 0.16m(图 7)。

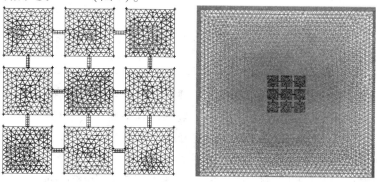

图 6　混凝土连锁排模型的网格划分

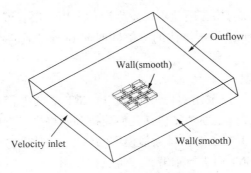

图 7　连锁排模型边界条件

进口面采用速度入口 Velocity-inlet，初始速度给定位 1m/s；出口面采用自由出口 Outflow；由于连锁排在水下，这里考虑重力场的作用，上表面为自由表面，这里采用"刚盖假定"，即对水表面采用对称边界条件；海床采用不可滑移的边界条件，即 Wall 类型；两个侧面采用对称边界条件；本文采用 SIMPLE 算法，对控制方程离散后得到的代数方程的求解。

3.2　连锁排失稳影响因素

水流流经混凝土块连锁排，由于块体上下表面压力不同，会对块体产生上举力，可能导致悬浮失稳。

1）块体厚度对连锁排的影响

本文研究的是长、宽均为 0.4m，厚度不同的混凝土块在水流中的稳定性。选取中间单个块体进行研究。假定水流流速为 1m/s，不同厚度混凝土块的浮重和上举力分别如表 1 所示。

表 1　不同厚度连锁排的稳定性

厚度/m	模拟值		
	上举力/N	重力/N	结　果
0.12	318.946	470.4	不会悬浮
0.08	277.9718	318.946	不会悬浮
0.07	266.3898	277.9718	不会悬浮
0.068	268.1024	266.3898	发生悬浮

从表 1 数据可以看出，随着连锁块厚度的减小，连锁块的重力减小，连锁块所受的总压力差也随之减小，但减小的幅度较重力要小，最终达到平衡，发生悬浮失稳。根据前面的理论分析可知，连锁排发生失稳的最小厚度为 0.068m。

2）海流流速对连锁排的影响

不同的海流流速对联排的影响不同。取单个连锁块为 0.4m×0.4m×0.12m，水流速度分别为 1m/s、1.5m/s、2m/s、2.5m/s 和 3m/s 时的稳定性，结果如表 2 所示：

表2　不同流速下连锁块的稳定性

速度/(m/s)	模拟值		
	上举力/N	重力/N	结　果
1	210.753	470.4	不会悬浮
1.5	258.167	470.4	不会悬浮
2	309.1088	470.4	不会悬浮
2.5	380.4096	470.4	不会悬浮
3	475.523	470.4	发生悬浮

从表2可以看出，当连锁块厚度不变时，随着速度增加总压了值增加，当速度达到3m/s时，上举力超过重力，连锁块将发生悬浮失稳。

3.3　连锁排抗冲刷机理

图8和图9为连锁排海底底面处的水流的动压分布图和速度矢量图。动压是由流体运动产生的，其大小与流速的大小正相关。速度矢量图则可以反应出水质点流速的方向，二者结合大体可以反映出连锁排所在海底底面的流场分布。

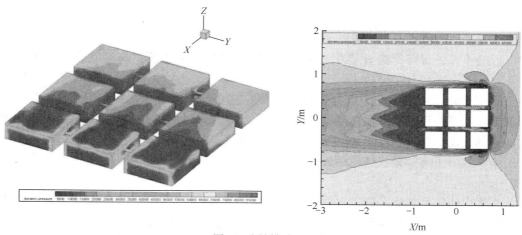

图8　连锁排动压分布图

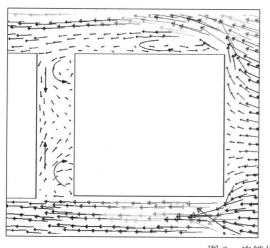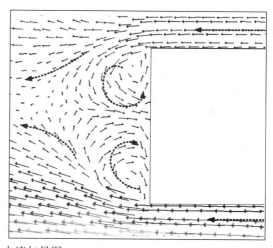

图9　连锁排处水流矢量图

由图 8 可以看出，连锁排排首迎水面和排尾背水面处的动压较小，因为联排对水流的阻挡导致流速减小，并在排尾处形成尾流涡旋；

对于连锁排的底面，由于块体之间的相互掩护和联排的覆盖，使得该处流速降低，动压较小；

而连锁排排首的两侧水流发生绕流，水质点速度增加，动态压力的较大。

混凝土块纵向(水流方向)间隙入口处，形成狭长的水流通道，水流速度增加，达 42% 左右，动压较大。

而水流在混凝土连锁块的横向(垂直于水流方向)间隙中，由于连锁块对水流的阻挡作用，水流流速减小，仅为原水流速度的 30% 左右，并发生局部尾流涡旋；

综上，联排的可以使覆盖区域流速减小，减少水流的冲刷；但排块之间间隙处流速较大，或有涡旋的存在，导致冲刷加速；因此宜在联排下增加一层土工布以减小冲刷。在排首处静压较大，宜增加块重或采用流线型设计，防止排块的滚动失稳。

4　结论

综上本文的研究内容，可以得到如下结论：

(1)混凝土连锁排可使覆盖区域流速减小，可以对裸露和连续悬跨海底管线提供有效防护。

(2)排块之间间隙处流速较大，或有涡旋的存在，导致局部冲刷加速，因此宜在联排下增加一层土工布以减小冲刷；在连锁排排首处静压较大，宜增加块重或采用流线型设计，防止排块的滚动失稳。

(3)本文给出了连锁排块体悬浮失稳时的临界尺寸和临界流速，可为工程实际提供指导性意见。

(4)在本次研究和优化基础上设计的混凝土连锁排防护技术已经在册镇海底管道悬空防护工程中得到应用，经过检测覆盖的土工布连锁排达到了预期的防护效果。

(5)埕岛油田特殊的地理位置及海底地质条件，海底管线裸露悬空现象普遍，成为威胁海底管线安全运行的最主要隐患。本文研究的带有土工布的混凝土连锁排防护技术可以对裸露和连续悬跨海底管线提供有效防护，且投资小，施工方便，适合于大面积的裸露管线和连续悬跨海底管线的安全防护。

参 考 文 献

1　邵兵. 埕岛油田海底管线平管段安全防护技术研究[D]. 中国石油大学(华东)，2012.

2　吴苏舒，张玮，李国臣. 波浪作用下混凝土连锁排稳定厚度[J]. 中国港湾建设，2006，(3)：5~8.

3　李荣，赵鸣伟. 长江护岸工程南京河段的技术设计与施工实践[J]. 水利水电技术，2010，41(1)：40~42.

4　李士清，拾兵，初新杰. 海底石油管线防护技术研究[J]. 中国海洋平台，2005.20(3)：49~52.

5　谷凡，周晶，黄承逵，李林普. 海底管线局部冲刷机理研究综述[J]. 海洋通报，2009.28(5)：110~120.

6　吴苏舒，张玮，袁和平. 不同部位护底混凝土连锁排稳定特性研究[J]. 水运工程，2008，(11)：53~57.

海底石油管线检测的 PAUT 技术应用

彭伟[1]　杨啸[2]　王玉伟[3]

(1. 海洋石油工程股份有限公司检验公司；2. 海洋石油工程
(珠海)有限公司，海洋石油工程股份有限公司建造公司)

摘要：本文着重将手工相控阵检测技术引入到海底石油管线检测的应用中，针对海管特定的壁厚和坡口型式提出了全新的 PAUT 检测参数设置，并在 ESBTOOL 模拟仿真软件中进行了声束模拟，确保焊缝两侧的相控阵探头发出的超声波能够覆盖整道焊缝。全自动超声波技术(AUT)已是世界上一项成熟的检验技术，而 AUT 校准试块是 AUT 检验正确的重要保障。为了进一步验证在海上海管检测由于海上温度和湿度变化的可靠性，特在海上应用 PAUT 技术对 AUT 校准试块上人工缺陷的检验实验。实验结果表明，PAUT 技术检出率为 100%，测长定量准确率高，能够成功运用于海管铺设的检测中。

关键词：手工相控阵；全自动超声波；测长；缺陷检出率

1　相控阵技术概述

相控阵超声波检测起源于医学超声，有关超声检测的各方面研究历史背景在 Dr. Woo 的网站有详细的介绍，本文概述引用了其中内容。单探头多晶片的概念由来已久，早在 1959 年，Tom Brown 在 kelvin 和 Hughes 申请了一项环形动态聚焦探头的专利，但这专利不是基于相控阵技术。直到 20 世纪 60 年代后期，超声脉冲相位时序电路才公开发表。1968 年 1 月 C Somer 在《Ultrasonic》的杂志上发表了一篇有关超声医学诊断中的电子扇形扫查的文章。据推测，由于应用在潜艇作战上，所以相控阵原理应该是更早的被认知了。但作为军用技术对外保密。大约在同一时期，英国伯明翰大学的 DG Tucker 也发表了类似的研究成果。

相控阵系统的原始模型是每激发一个脉冲都需要使用所有的晶片。通过对处于发射和接收模式下的晶片之间采用不同的时间延迟，可以控制波束的偏转方向。随着电子学的深入研究，时基电路在不断改进。1976 年 Thurstone 和 von Ramm 在杜克大学公布了一种更高级的电子控制阵列。这个阵列产生了十种不同的接收聚焦法则。在接收模式下将先前开发的波束偏转和动态聚焦进行了合成。这对相控阵历史是一次重大的设计创新。到 2000 年年底，西门子公司更是在相控阵技术的基础上开发了三维成像系统。该公司制作的三维扫描仪，采用了常规超声换能器生成图像，这图像是一个二维图像通过软件执行一秒钟 1000 亿次计算而得来的。这种三维成像系统能够成功应用在医学上用于辨识婴儿出生前的模样。

2　相控阵技术基本原理

超声波相控阵技术是对传统的单晶片超声检测的特殊应用。严格来说，它的思想来源于"惠更斯理论"。"惠更斯原理"的定义为：行进的波阵面上任一点都可看作是新的次波源，因此，如果知道了任意时刻一个波阵面得位置，就可以绘出下一时刻波阵面的位置。波阵面是由很多晶片激发的小波阵面叠加而成。但事实上仍需考虑主波的波阵面，以便使用其他超声处理手段，如仍在单晶片超声系统中考虑近场区计算、焦点计算和发散性那样计算。

对相控阵探头，对具有相同伸展形变的压电材料施加相同的电压。但探头面不是一个单一的晶片，而是由多个小晶片组成。所有晶片由相同类型的连接导线连接，并且所用晶片安装到同一背衬之上。当所有晶片被相同电压激发，所有晶片以一致的形变伸展，其效果等同于激励同一尺寸的单一晶片。图1示意了多晶片结构的相控阵探头，多个晶片在同一时刻由施加电压进行激发，由于晶片的尺寸小，每一个独立的晶片发射出超声波，形成自己曲面型的波阵面，但当所有晶片在同一时刻被激发，其效果是形成了一个大的波阵面，这个波阵面得尺寸和特性与和该相控阵探头多个晶片合并形成的尺寸相同的单晶片探头所发出的波阵面相同。

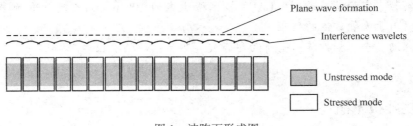

图 1　波阵面形成图

这一等效概念的实际效果可以以光弹可视化的方法验证。图2一系列曝光显示了同时激发相邻晶片所成波阵面得效果。

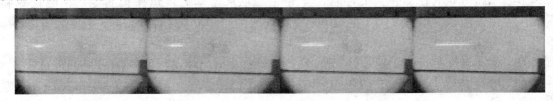

图 2　光弹可视法

从左到右显示的晶片数依次增加，数量分别为：5，10，20，25。每一成像为从玻璃表面15mm深处获得（探头直接放在玻璃上），从图像上可以看到在探头和压缩波阵面之间的剪切衍射弧发出弱一些的子波。

2.1　相控阵波束发射接收原理

使用相控阵探头的波形湖控制（发射）：声束的产生原理是惠更斯原理，引入适当的电子延时发射时产生波束角度（图3）。

使用相控阵探头的波形控制（接收）：在接收期间引入适当的电子延时，延时法则在同相和有用信号累加后产生另人满意的信号（图4）。

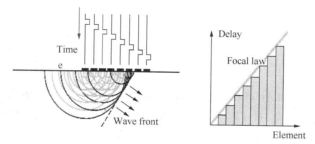

图 3　相控阵探头发射示意图

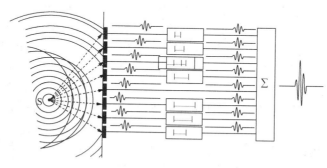

图 4　相控阵探头接收示意图

2.2　相控阵扫查方式

相控阵的聚焦法则可十分复杂，可以几个组合在一起使用完成电子扫描，电子扫描选项有：线性扫描、扇形扫描和动态深度聚焦如图 5 所示。

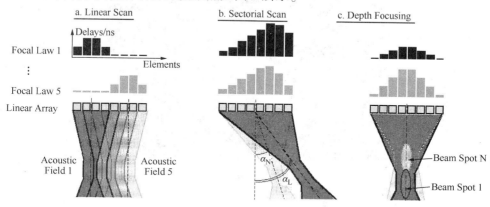

图 5　相控阵的扫查方式

线性扫查：即阵列重复使用相同的聚焦法则。

扇形扫查：即采用了相同的晶元，但聚集法则发生变化。

动态深度聚焦：发射器和接收器的聚焦法则都可以发生改变，可优化在特定深度方向上的聚集。

把这些扫查方式与自动扫查器相结合的方法，就可以通过在指定的路径上移动相控阵探头，对被检测工件的整个体积进行检测。

3　实验条件

3.1　实验材料和设备

为了进一步验证 PAUT 在海底石油管道的检测中是否能达到与全自动超声波相等或差不多的检测能力，特选定海上 AUT 检测石油管道焊缝专门加工使用的 AUT 校准试块来进行手动 PAUT 检测，如手动 PAUT 能够发现 AUT 校准试块上的所有缺陷，则证明手动 PAUT 技术能够成功应用于海上海管铺设期间对海管焊缝的检测。

本次实验采用的手动 PAUT 设备是 OLYMPUS 公司的 Omniscan MX　16：128，其自带软件为 MXI-2.0R5。探头为 10L16PA 探头一对，楔块为 SA00-N60S-IHC 可注水楔块一对，以防在检测过程中由于耦合不好导致数据丢失。PAUT 校准试块采用的 VI 试块，也即国内的船形试块。做 TCG 曲线只要选择三个以上不同深度的平底孔即可，并且 TCG 曲线至少覆盖海管焊缝壁厚的 2.2 倍。编码器采用的是欧宁公司生产的分辨率为 23.5 的 leepipe ms-05 型号编码器。耦合剂选用水，另外在配备一台能够运行 Tomoview version 2.7R9 软件或更高版本软件的笔记本电脑。

本次试验检测所用试块管径为 12in，壁厚为 12.7，模拟 V 型坡口的材料为 API 5L X65 的 AUT 校准试块。设计了沿校准试块圆周方向上，下游对称各 8 个缺陷，中间位置再加一个通槽共 17 个人工缺陷，实物图如图 6 所示。具体人工缺陷的位置，深度和长度如表 1 所示：

图 6　实验装置图

表 1　AUT 校准试块人工缺陷表

缺陷编号	缺陷类型	起始位置/mm	长度/mm	深度/mm
1	根部槽	0	15	11.7
2	填充区 1 平底孔	25	N/A	10
3	填充区 2 平底孔	40	N/A	7
4	填充区 3 平底孔	55	N/A	4
5	填充区 4 平底孔	70	N/A	1.4
6	体积通道 1 平底孔	85	N/A	8

续表

缺陷编号	缺陷类型	起始位置/mm	长度/mm	深度/mm
7	体积通道 2 平底孔	100	N/A	4
8	盖帽槽	125	15	N/A
9	通槽	195	5	N/A
10	盖帽槽	255	15	N/A
11	体积通道 2 平底孔	295	N/A	4
12	体积通道 1 平底孔	310	N/A	8
13	填充区 4 平底孔	325	N/A	1.4
14	填充区 3 平底孔	340	N/A	4
15	填充区 2 平底孔	355	N/A	7
16	填充区 1 平底孔	370	N/A	10
17	根部槽	380	15	11.7

注：1~8 号为试块设计的上游人工缺陷，10~17 为试块设计的下游人工缺陷。

3.2 实验装置和方法

采用焊缝双侧两 PA 探头非平行扫查技术，扫查角度设置为 400~700。当在校准试块校准好声速，楔块延迟，灵敏度后，再做好深度至少大于 2.2 倍板厚的 TCG 曲线。在笔记本上使用 ESBTOOL 软件模拟调整 OMINISCAN 设置参数确保 PAUT 角度范围能够完全覆盖整道焊缝及其热影响区。根据模拟计算出来的步进偏移，在每道焊口上画好行走参考线，并使两 PAUT 探头中心恰好位于焊缝中心线上，手动扫查焊缝一周。通过网线把扫查数据传输到笔记本电脑上，在 TOMOVIEW 软件上分别打开 SKEW90 和 SKEW 270 焊缝两侧 PA 探头的 A SCAN，S SCAN，SIDE B SCAN 三视图，并做适当的平滑处理。最后在 SIDE B 视图上拖动数据参考指针结合双侧的三视图的图像变化对 AUT 校准试块的人工缺陷进行判别分析，得到最后的检测结果(表 2)。

表 2 AUT 校准试块人工缺陷表

缺陷编号	缺陷类型	是否检出	起始位置/mm			长度/mm			深度/mm		
			实际	PAUT 结果	误差	实际	PAUT 结果	误差	实际	PAUT 结果	误差
1	根部槽	√	0	0	0	15	16	1	11.7	11	0.7
2	填充区 1 平底孔	√	25	28	3	N/A			10	9	1
3	填充区 2 平底孔	√	40	43	3	N/A			7	8	1
4	填充区 3 平底孔	√	55	56	1	N/A			4	3	1
5	填充区 4 平底孔	√	70	73	3	N/A			1.4	1.8	0.4
6	体积通道 1 平底孔	√	85	87	2	N/A			8	6	2
7	体积通道 2 平底孔	√	100	101	1	N/A			4	3	1
8	盖帽槽	√	125	135	10	15	16	1	N/A		
9	通槽	√	195	205	10	5	7	2	N/A		
10	盖帽槽	√	255	270	15	15	17	2	N/A		

续表

缺陷编号	缺陷类型	是否检出	起始位置/mm			长度/mm			深度/mm		
			实际	PAUT结果	误差	实际	PAUT结果	误差	实际	PAUT结果	误差
11	体积通道2平底孔	√	295	305	10	N/A			4	4	0
12	体积通道1平底孔	√	310	320	10	N/A			8	7	1
13	填充区4平底孔	√	325	340	15	N/A			1.4	2	0.6
14	填充区3平底孔	√	340	358	18	N/A			4	4	0
15	填充区2平底孔	√	355	374	19	N/A			7	7	0
16	填充区1平底孔	√	370	390	20	N/A			10	9.0	0.2
17	根部槽	√	380	400	20	15	17	2	11.7	11.5	0.2

注：盖帽槽和通槽无深度，平底孔长度很小，本次试验未进行检测对比。

4　实验结果与分析

　　从手动 PAUT 检测出来的结果与 AUT 校准试块实际人工缺陷数据对比不难发现：手动 PAUT 对试块上所有的 17 个缺陷的检出率为 100%。从表中可看出：PAUT 测出的人工缺陷的起始位置平均误差 9.4mm，槽长度平均误差 1.5mm，深度平均误差 0.7mm。长度和深度误差都很小，稍有不足之处就是人工缺陷位置误差偏大，大概为 1cm。这很有可能是由于编码器校准不是百分百精确，导致在扫查过程中，编码器记录的行程长度稍有点误差，但是就海上海底石油管道焊接检验来说，这微小的缺陷的起始误差可忽略不计，完全能够满足应用于海上海管铺设项目中的要求。为进一步说明本次实验的真实可靠性，手动 PAUT 双侧扫查的三视图如图 7 所示，由于各扫查图数据量庞大，各个人工缺陷的缺陷图本文暂不列出。

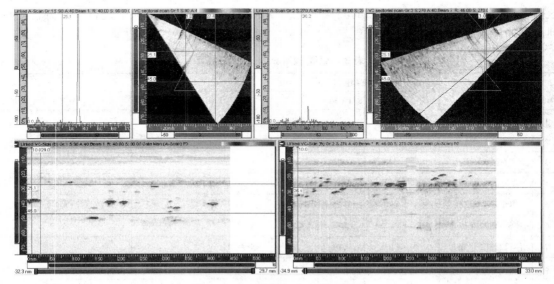

图 7　PAUT 焊缝扫查双侧三视图

5　结论

随着计算机技术的高速发展，海底石油管道焊接的无损检测方法也是日新月异，层出不穷。自从本世纪初，海洋石油工程公司引入全自动超声波技术对海管进行检验以来，该无损检测技术一直是公司的核心技术，各项目的检出率和精确度都得到了世界范围内的业界认可，是一项可以信赖，可大力发展的新技术。

全自动超声波技术在检验海底管道之前都要使用 AUT 校准试块来进行校准，如能发现试块上的所有人工缺陷，则说明在检测管道之前已经调好检测灵敏度和其他系统设置，之后才能得到正确的检验结果。本文正是基于 AUT 是一项国内外成功应用于海底管道检验的先进技术，才提出了以手动相控阵技术来检验 AUT 的校准试块，从而验证手动 PAUT 是否能达到和 AUT 一致的检出结果。

为充分说明这项技术能够成功应用在海底管道焊缝的无损检测，本文所有的实验数据都是在海上海管铺设施工期间采集得来，综合考虑了海上温度及湿度的变化而引起 PAUT 技术中声速等因素的变化。实验数据表明，手动相控阵技术对 AUT 校准试块的各人工缺陷的检测率达到 100%，测长和测深的精度很高。相信手动 PAUT 应用在海底石油管道焊缝的检测已为期不远，而我国海洋石油管道检测技术也即将绽放一朵新的奇葩。

S型铺管船法的铺管分析研究

张恩铭

(中油辽河工程有限公司)

摘要: 目前国内外有多种海底管道的铺设方法, 其中S型铺管船法由于具有铺设成本低、铺设速度快、管道焊接焊缝质量高等优点, 成为目前最为常用、最重要的海底管道铺设方法。本文针对此铺管法进行分析研究, 采用工程中常用的铺管计算分析软件OFFPIPE进行模拟铺管系统, 完成海底管道的铺设分析, 为海底管道铺设的现场施工提供技术支持。

关键词: S型铺管船法; OFFPIPE; 受力分析

1 引言

随着各国海洋油气资源战略的实施, 从陆上走向海洋是今后较长时期内的发展趋势。在海洋石油开采过程中, 管道输送油气由于具有连续、安全、输量大的特点, 而且不需要另设常规运输设备和装卸设备, 不占用航道, 因此海底管道在海洋石油天然气的运输方面起着越来越重要的作用。

S型铺管船法是最为常用、最重要的海底管道铺设方法, S型铺管船法适用于浅近海管线以及深水区的小管径管线的铺设, 一般需要在船尾部增加一个很长的圆弧形托管架, 管道在张紧器拉力、重力和托管架的支撑作用下自然的弯曲成"S"形曲线。工程中通常采用铺管计算分析软件OFFPIPE进行铺设过程的的力学分析。本次研究的主要内容为使用OFFPIPE软件模拟S型铺管船法铺管系统的计算模型, 完成静态及动态铺管分析, 为海底管道铺设的现场施工提供技术支持, 保证铺设后管道能够正常安全使用。

2 海管铺设分析

2.1 铺管系统模型

OFFPIPE软件采用非线性有限元法建立铺管系统模型。用相互连接的各有限梁单元系统来模拟管线, 用特定的单元模拟铺管船和托管架, 并且可以定义铺管船和托管架的支撑位置及类型。支撑被考虑成线弹性、无摩擦的点支架, 其中滚轮支撑类型为管道向下位移被约束, 张紧器支撑类型为管道向上和向下位移均被约束, 并且在该处施加轴向拉力。海床被模拟为一系列的弹性、带摩擦性的地基, 用双线性、弹性摩擦土单元模拟。有限元模型如图1所示。

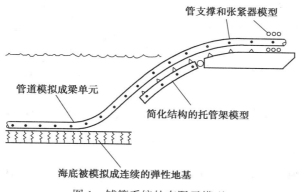

图 1 铺管系统的有限元模型

2.2 设计荷载及结果校核

2.2.1 设计荷载

海管铺设期间管道系统考虑的设计荷载主要为功能荷载和环境荷载，功能荷载包括管道自身重量、浮力、外部静水压力、海床的反作用力以及铺管船张紧器的张力等。环境荷载是指由于波浪、海流等所产生作用于管道系统上的荷载。

2.2.2 分析结果校核

采用铺管船法铺管时，管道从甲板至海底之间的悬空长度较大，会在管壁产生较大应力，水深加大时尤为明显，为了保证管道铺设后安全使用，必须对铺设过程中管道受力情况进行校核，通常按照 DNV81 规范中的公式进行校核：

$$\sigma = \sqrt{\left(\frac{N}{A} + \frac{0.85M}{W}\right)^2 + \sigma_y^2 - \left(\frac{N}{A} + \frac{0.85M}{W}\right)\sigma_y} \leqslant \eta\sigma_F$$

式中 N——轴力；

A——钢管横截面积；

M——弯矩；

W——钢管截面模量；

σ_y——环向应力；

σ_F——钢管屈服强度；

η——使用系数。具体取值如下：

① 对于不考虑任何环境荷载的情况下，$\eta = 0.72$，用于静态分析校核；

② 对于考虑极限环境荷载的情况下，$\eta = 0.96$，用于动态分析校核。

2.3 静态铺管分析

管道的静力分析采用非线性、大挠度梁理论建立管道的基本微分方程，利用数值积分方法通过 Newton-Raphson 迭代法求解。采用非线性有限元法建立铺管系统模型，在不考虑环境荷载，仅考虑功能荷载的荷载工况下进行分析计算，输入给定的管道参数、铺管船参数、支撑位置、张紧器张力、水深等数据，计算输出各节点坐标、内力、应力、应变和支撑反力等结果。

静态铺管分析未考虑波浪、海流以及铺管船本身的运动对铺管过程的影响，为了更好地接近工程实际，弥补静态分析的不足，所以进一步研究环境荷载作用下的动态铺管分析。

2.4　动态铺管分析

管道的动态运动响应可以用偏微分方程组来表示，方程组中的独立变量为时间及空间坐标 X、Y、Z，采用非线性有限元法对方程组进行空间离散化后，转化成为只包含时间导数的非线性系统的常微分方程组，输入时间参数对微分方程组用数值积分方法迭代求解。

动态铺管分析是在静态分析的基础上，引入波浪、海流以及铺管船的运动等荷载，进行分析计算输出管道内力、应力。

2.4.1　波浪

波浪主要分为规则波和不规则波，作用在管道及托管架的波浪、海流荷载按莫里森(Morison)方程计算。

(1) 规则波是指具有单一波高和波周期的波浪，一般用于简化计算，其表达式如下：

$$Wave = \frac{H}{2}\cos(\omega T + \phi)$$

式中　　ω——波浪的圆频率($\omega = 2\pi / T$)；

T——波浪周期；

H——波高；

ϕ——初始相位角。

(2) 不规则波采用波浪谱描述，波浪谱是对海洋波浪长期观测的数据进行统计分析，建立波浪能量谱密度的经验公式，代表了不规则波浪的能量相对于波浪频率的分布，常用的波浪谱有 Jonswap 谱、Pierson-Moskowitz 谱以及 ITTC 谱等。

由于波浪是窄带随机过程，波浪谱中频率很小和频率很大的组成波提供的能量很小，能量主要由一狭窄频率带内的组成波提供，所以波浪谱可以近似地离散成为在一定频率范围内一系列具有不同波高、波周期、初始相位角的组成波，各个组成波的频率是随机生成的，组成波为线性波并且运动方向相同，其表达式如下：

$$Wave = \sum_j (\frac{H_j}{2}\cos(\omega_j t + \phi_j))$$

式中　　ω_j——第 j 个组成波的圆频率($\omega = 2\pi / T_j$)；

T_j——第 j 个组成波的波浪周期；

H_j——第 j 个组成波的波高；

ϕ_j——第 j 个组成波的初始相位角。

2.4.2　船舶的运动响应

在波浪中的铺管船像刚体一样可以产生 6 个自由度的运动：纵荡、垂荡、横荡、横摇、纵摇、平摇。根据波浪、船舶的运动中心及响应幅值因子，可以模拟铺管船在波浪作用下的运动响应。响应幅值因子(RAO-Response Amplitude Operator)是指在波浪作用下船舶的运动响应幅值及相位角，其本质是一个由波浪激励到船体运动的传递函数，可以通过船舶的水池模型实验来获得具体数据。

(1) 船舶对规则波的运动响应，其表达式如下：

$$Motion_i = R_i \frac{H}{2}\cos(\omega \cdot T + \phi_i)$$

式中　R_i——在频率 ω 的波浪作用时船舶第 i 个运动的响应幅值；

　　　　ϕ_i——在频率 ω 的波浪作用时船舶第 i 个运动的相位角。

（2）船舶对不规则波的运动响应：船舶对所有组成波作用下的运动响应的线性叠加，其表达式如下：

$$Motion_i = \sum_j \left(R_{ij} \frac{H_j}{2} \cos(\omega_j t + \phi_{ij} + \phi_j) \right)$$

式中　R_{ij}——在频率为 ω_j 的第 j 个组成波作用时船舶第 i 个运动的响应幅值；

　　　　ϕ_{ij}——在频率为 ω_j 的第 j 个组成波作用时船舶第 i 个运动的相位角。

3　计算实例

以下是对月东油田海底输油管道铺设过程进行的实例计算。

3.1　计算参数

表 1、表 2 和表 3 分别为管道参数、铺管船参数和环境参数。

表 1　管道参数

管道名称	外径/mm	壁厚/mm	保温层厚度/mm	保温层密度/ (kg/m³)	防腐层厚度/ mm	防腐层密度/ (kg/m³)
内管	406.4	19.1	40	65	—	—
外管	559.0	15.9	—	—	3	1200

表 2　铺管船参数

船长/m	船宽/m	型深/m	作业吃水/m	张紧器张力/t	滚轮承载力/t	托管架型式
75.5	24.6	4.0	2.5	50	25	固定式

表 3　环境参数

设计水深/m	有效波高/m	谱峰周期/s	表层流速/(m/s)	中层流速/(m/s)	底层流速/(m/s)
11.8	2.5	7.2	1.86	1.63	1.47

3.2　分析结果

（1）静态分析结果如表 4 所示。

表 4　静态分析计算结果

管道名称	张力/T	管道应力/MPa					下弯段最大 应力/MPa	容许应力/MPa
		R1	R2	R3	R4	R5		
外管	25	9.22	46.75	175.20	226.07	221.72	178.42	322.56

（2）动态分析结果如表5所示。

表5　动态分析计算结果

管道名称	波浪、海流方向	管道应力/MPa					下弯段最大应力/MPa	容许应力/MPa
		R1	R2	R3	R4	R5		
外管	0°	30.55	70.92	195.76	290.27	417.60	337.84	430.08
	90°	32.84	72.66	201.62	285.26	415.68	256.27	430.08
	180°	31.53	72.69	195.09	290.43	427.07	316.99	430.08

4　结束语

近些年，国内海底管道的正在大量铺设，并且在由浅海向深海发展，复杂的海洋环境对海底管道铺设的安全性及精确性要求更高，所以需要对 S 型铺管船法进行深入研究。本文通过对 OFFPIPE 软件的原理及应用分析，结合铺管时管道受力情况、波浪以及船舶运动响应理论，建立模型完成 S 型铺管船法管道的静态以及动态铺管分析，在以后的工程中可应用所得的研究成果，来验证其适用性。

参 考 文 献

1　DnV. Rules for Submarine Pipeline System，1981.
2　曾晓辉，柳春图，邢静忠．海底管道铺设的力学分析．力学与实践，2002，24(2)：19~21.

SPOOLGEN 在海洋工程管道设计中的运用

何小超　赵亚宁　徐欣港　李伟

(海洋石油工程(青岛)有限公司)

摘要：SPOOLGEN 是一款三维图辅助设计软件，在管道设计中得到了广泛应用。它的主要功能是生成管道预制施工图纸及其相关的数据。本文介绍了该软件的主要操作步骤，总结了在项目运行过程中的使用特点。

关键词：SPOOLGEN；海洋工程；管道

由于 SPOOLGEN 软件卓越的图纸生成和数据管理功能，在国际上广泛应用并得到国际建造行业一致认可。SPOOLGEN 软件的首次运用是在海洋石油工程股份有限公司的曹妃甸二期井口平台 WHPE 项目以及文昌导管架项目的管线加工设计中。如今，该软件又成功应用在青岛公司的 ICHTHYS 及 PIP-3 项目中的管线加工设计，SPOOLGEN 软件在海洋石油工程中的运用正在慢慢走向成熟。

1　SPOOLEN 软件的工作流程

SPOOLGEN 软件是鹰图公司(Intergraph)开发的管道加工设计软件，是目前国际上主流的管道加工设计软件。该软件以详细设计提供的管道系统中间数据文件 IDF/PCF 为输入，工作流程进如图 1 所示。

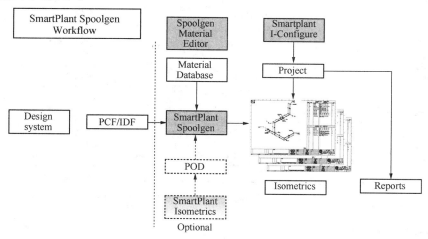

图 1　SPOOLEN 工作流程图

2　SPOOLEN 软件在管道加工设计中的主要操作

2.1　前期工作

安装 SPOOLGEN 软件并导入许可编号后，软件便可以使用了。之后运用 I-Configure 模块导入项目，它可以随意导入不同的项目模板，满足不同项目的定制需求。I-Configure 界面如图 2 所示，图 3 为使用 I-Configure 导入数据后得到的文件包。

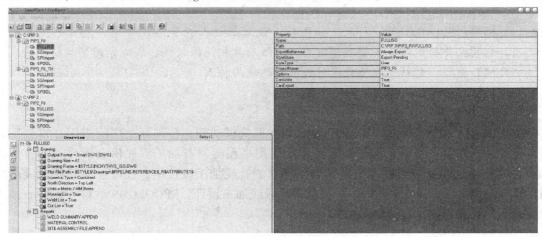

图 2　I-Configure 界面

名称	大小	类型	修改日期
Data		文件夹	2014-3-9 10:13
FULLISO		文件夹	2014-3-9 10:13
Imports		文件夹	2014-3-9 10:13
Inputs		文件夹	2014-3-9 10:13
Pipelines		文件夹	2014-3-9 10:13
Pipes		文件夹	2014-3-9 10:13
SGImport		文件夹	2014-3-9 10:13
SPIImport		文件夹	2014-3-9 10:13
SPOOL		文件夹	2014-3-9 10:13
IchthysLNG_PJ_Data	3 KB	XML 文档	2013-4-7 8:09
IchthysLNG_PJ_weihong_2_Data	3 KB	XML 文档	2013-4-3 15:38
PIP3_PJ_Data	3 KB	XML 文档	2013-4-3 15:38
ProjectData	260 KB	XML 文档	2013-1-16 13:10
ProjectMaterialData	1 KB	XML 文档	2008-8-13 8:22
ProjectMaterialManager	2 KB	XML 文档	2013-4-7 8:09
ProjectMaterialManager.bck	2 KB	BCK 文件	2013-4-3 15:38
ProjectPipeline	13 KB	XML 文档	2013-4-7 8:09
ProjectPipeline.bck	13 KB	BCK 文件	2013-4-3 15:38
WorkFlow	1,794 KB	Microsoft Access Da...	2014-3-6 14:46

图 3　使用 I-Configure 导入数据后得到的文件包

2.2　生成图纸、数据

将 IDF 文件导入 SPOOLGEN 软件，运用软件的工具栏按照默认规则对图纸进行加工设计(添加现场/预制焊点、支架焊点等)，然后批量生产施工图纸。另外，可以通过浏览功能可检查加工设计添加的焊点位置是否合理，模拟出现场的真实状态，在管线预制前就把存在的问题避免了，无需等到安装后才发现，减少了现场的修改量。

图 4 为 ICHTHYS PIP3 项目加设运用 SPOOLGEN 生成的预制施工图纸。

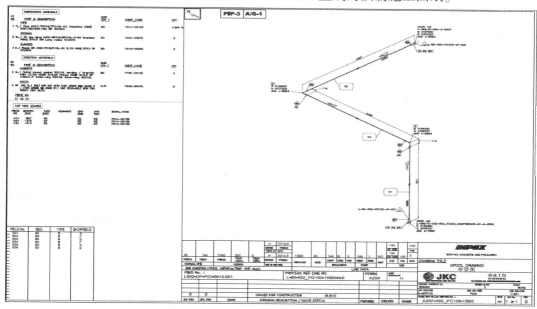

图 4　SPOOLGEN 生成的 ISO 图

SPOOLGEN 在生成图纸的同时，会伴随生成三个数据文件，如图 5 所示。

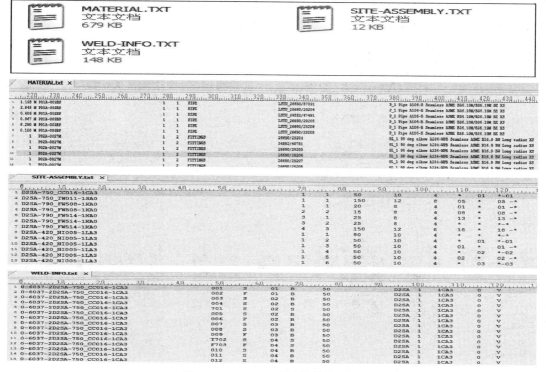

图 5　SPOOLGEN 生成的数据文件

　　MATERIAL 文件是图纸中材料数据的汇总,所有管道、法兰、弯头以及设备的材质、图纸号、单管号、预制材料以及现场的区分都会呈现在这个文件中;

　　SITE-ASSEMBLY 文件是指现场安装的材料信息,比如法兰螺栓垫片等材料;

　　WELD-INFO 文件是指图纸上所有焊点信息的汇总。

　　除了以上的图纸和数据,SPOOLGEN 软件还可以生成 IDF 记忆性文件 POD 文件和 PCF 文件,POD 文件为 IDF 文件的记忆文件,如果发现图纸焊点出现错误,可以将 POD 利用导入 IDF 同样的方法导入到 SPOOLGEN 中打开,这样就能在之前做过的图纸基础上进行编辑,极大的提高了工作效率。

2.3　数据检查管理

　　图纸数据生成以后,可能存在的错误有缺失单管号、缺少支架焊点、单管号冗杂、支架焊点位置错误等问题。这时利用数据检查程序(SPOOLGEN DATA MANAGEMENT)对已生成的数据进行检查修改,图 6 显示了数据检查程序界面。检查结果会形成 Excel 报告,明确指

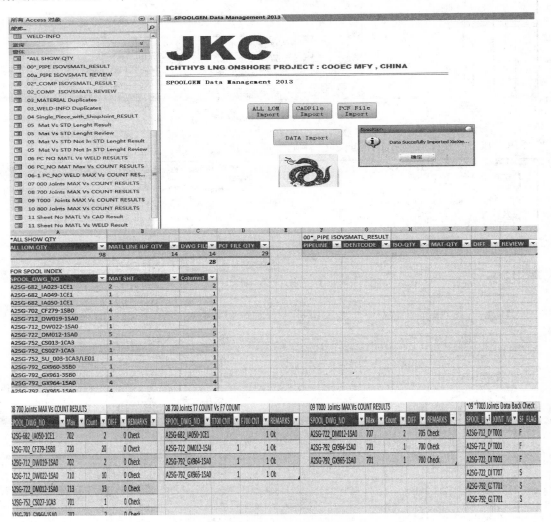

图 6　数据检测程序界面和检测报告

出问题所在，便于快速准确查找原因和修改。这使得配管工程师不用再去费时费力的进行数据对比，提高效率的同时优化了图纸的质量。

3 SPOOLGEN 软件在配管专业加工设计中的特点

以往项目的加工设计基本采用纯人工处理方式，效率低、重复工作、且出错率高。首先要在三维图上进行编页码、然后编制焊口号和单管号、手工统计配管工作量，这种工作方式造成的结果往往是工作效率低下，且容易出现错误，数据跟图纸不对应。而 SPOOLGEN 将图纸和数据系统化、智能化，在生成图纸的同时，就可以自动生成图纸材料信息，准确率和效率都提高很多倍。在管理上，由于 SPOOLGEN 的强大兼容性和数据处理功能。图纸和数据在储存，升版，更新和替换方面变得更加有条理。

但是，在具体操作中也暴露出一些问题，例如工程师对软件不熟悉，尤其是后台定制，出现问题后无法自主解决问题，需求助厂家，势必对项目的进度产生一定的影响。

4 总结

SPOOLEGN 软件在该项目中的成功应用，首先它提高了加工设计的工作质量和效率，使加工设计水平有了显著提高，使加工设计工作与国际先进水平进行了接轨；其次，它使施工更合理、更直观。

下一步，仍需要更加进一步挖掘软件的功能，提高软件的后台定能能力，实现与其他设计软件数据的共享，配合焊接、防腐等专业提取所需数据，极大的提高海洋工程设计工作的效率和质量。

参 考 文 献

易建英 . SpoolGen 及辅助软件在海洋工程管道设计中的首次应用 . 数字石油和化工，2007，9，49~51.

深水高温高压海底管线预屈曲设计研究

张宗峰　孟庆飞

(中石化石油工程设计有限公司)

摘要：深水高温高压海底管线设计中最大的挑战在于解决热荷载作用下高轴向力引起的屈曲失稳及由此引发的失效问题。本文结合实际工程，分析了深水高温高压管线三种预屈曲技术，即，蛇行铺设技术、分布浮力技术和垂向扰动技术。采用理论分析和有限元数值模拟方法，选取了安哥拉深水海底管线典型管段进行了计算，分析了海底管线垂向扰动技术关键参数的选取，得到一些定性的结论，为深水高温高压海底管道的屈曲设计提供参考。

关键词：高温高压管线；预屈曲；有效轴力；垂向扰动技术；枕木

1　引言

海底管道可能出现的失效形式主要有强度失效、稳定性失效、疲劳和断裂四个方面。对深水高温高压海底管线来说，设计中最大的挑战在于解决热荷载作用下高轴向力引起的屈曲失稳及由此引发的失效问题。海底管道的屈曲，从局部来看，属于薄壁壳体，可能出现局部失稳屈曲。从整体来看，管道属于杆件，可能出现整体失稳屈曲，即欧拉失稳。当海底管线输送流体温度超过80℃，流体压力接近或超过10MPa时，载荷在管道内引发较大轴向力是不可避免的，温度引起的管道轴向力既不允许也很难通过管道轴向伸缩来释放，为了解决高轴向力释放的问题，Hobbs和白勇等做了大量的研究，深水高温高压管道的抗屈曲设计理念分两类：一是直接避免屈曲的发生，另一个是限制管道屈曲发生的幅度。前者一般通过降低管道热荷载、增加管道抗弯刚度或增加管道约束力实现；后者则通过允许管道在一定范围内发生屈曲，将管道的位移及应力应变控制在允许范围内。目前高温管道抗屈曲措施主要有：①输送介质经热交换器预冷后再进入海底管道，降低管道的热荷载；②采用双层管或管束增加管道的抗弯刚度；③通过安装过程中的牵引或者使用前的预热屈曲在管道中产生预拉力；④屈曲初始化技术，如蛇行铺设技术，垂向扰动技术，分布浮力技术等。工程上的成功应用证明了海底管道屈曲研究的价值，同时新的高温管道项目也对屈曲研究提出了更高的要求，本文结合西非深海海底管线实际工程研究了预屈曲技术应用，并通过数值模拟重点研究了垂向扰动技术中枕木高度、设置距离等参数对管道整体屈曲形态的影响。

2　预屈曲技术

海底管道在高温高压荷载下可能发生屈曲破坏，在海底管道运行过程中曾出现了一些管道严重屈曲甚至破坏的案例，如巴西 Petrobras 炼厂稠油管道、北海 Rolf A/Gorm E 油气混输管道、英国 Erksine 高温高压管道的屈曲破坏等。其中巴西和北海的管道事故是由于设计阶段没有考虑到潜在的屈曲风险，Erksine 的管道事故是由于管道的抗屈曲措施不到位，尽管管道铺设成蛇形，但高温引发的侧向屈曲未能全部发生在设计的位置上，管道设计中采用的海底土壤参数不合理，低估了后屈曲过程的管道应变，最终导致管道屈曲损坏。

　　管道的自然属性是通过屈曲来释放管壁中的高轴向力，而由此引发的屈曲具有不同的结果，一些是可以接受的，而另一些则是灾难性的。如果能够控制管道屈曲发生的程度和形态，而利用那些可以接受的屈曲来释放管道中的轴向力，即改强行抑制屈曲为控制利用屈曲，是解决高温输送问题的最有效途径。事实上，若采用侧向屈曲作为高温输送的解决方案，有两个最为关键的问题需要解决：一是如何控制预屈曲发生的位置，另一个是如何控制预屈曲发生的形态及所引起的应力集中。

2.1　预屈曲研究目标

　　图1给出了某条发生侧向屈曲的海底管道的声纳图像，对于非埋设管道来说，类似的侧向屈曲事实上经常发生，而且一般只会导致较小的应变，并不会产生破坏性的后果。

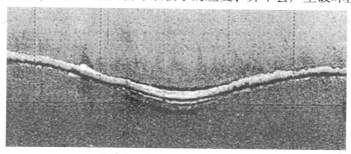

图1　侧向屈曲声纳图像

　　管道上的长波长、小幅度侧向屈曲实际上是可以接受的，由此产生了利用可接受的侧向屈曲释放高温轴向力避免剧烈破坏性屈曲发生的设计解决方案。若想实现上述目标，必须满足以下要求：

　　（1）界定预屈曲（侧向）的可接受范围，就一条具体的管道而言也就是需要明确什么样的侧向屈曲是可以接受的，可以用于释放热荷载引发轴力；

　　（2）在管道路由的什么位置上及如何获得预屈曲（侧向），管道正式运营后，在热荷载作用下，屈曲能否保持稳定，不发生贯通或者模态上的跃迁；

　　（3）如何分析热荷载作用下的管道后屈曲行为，及如何准确分析出预屈曲解决方案的实施效果。

2.2　屈曲初始化技术

　　屈曲初始化技术首先要求能够控制管道中侧向屈曲的发生位置和程度，其中对屈曲程度的控制需要在详细分析的基础上通过选择合适的方法来实现，而管道中侧向屈曲发生位置的选定更需要有具体的铺设施工技术支持才能实现。因此预屈曲解决方案通常需要一个具体的屈曲初始化技术提供支持，目前有三种技术，即，蛇行铺设技术、分布浮力技术和垂向扰动技术：

（1）蛇行铺设技术(Snake-lay)，如图 2 所示。

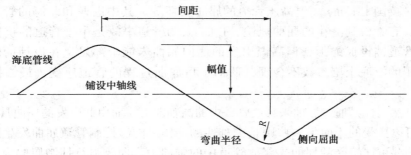

图 2　典型蛇行铺设技术示意图

蛇行铺设技术得到了较多的工程应用，蛇形铺设方案关键参数一般包括铺设间距，半径和幅值。半径和幅值可以结合管径，实际的路由情况和铺管船安装能力等条件确定，一般情况下取半径为 1500m，幅值为 100m。铺设间距对屈曲后的反应影响很大，也是蛇形铺设方案的关键，需要首先确定海管发生屈曲的临界有效轴力，判断海管是否会发生屈曲，再通过比较临界有效轴力和沿管线有效轴力分布，确定可能发生屈曲的长度范围，即蛇形铺设长度范围，最后通过计算最大允许锚固点长度确定最大允许蛇形铺设间距，得到布置方案。

（2）分布浮力技术(Distributed buoyancy)，如图 3 所示。

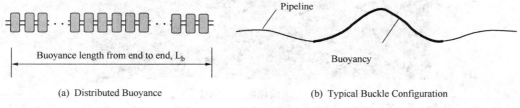

(a) Distributed Buoyance　　　　　　(b) Typical Buckle Configuration

图 3　典型分布浮力技术示意图

分布浮力技术通过减轻浮筒位置处的管道重量及减少管道与海床的接触面积而诱发屈曲，技术的优点在于施工比较方便，在铺管船上进行绑扎浮筒作业，质量可以得到较好的保证，且不需要侧向移动铺管船，无须增加额外作业，费用较低，但管线下放过程中形态不容易控制，且该技术在近期刚刚得以应用，暂无实际应用效果反馈。垂向扰动技术(Vertical upset)，详见第 3 节。

3　垂向扰动技术应用研究

3.1　方案设计

垂向扰动技术是预屈曲初始化技术中的一种，即在预先在海底管道路由上放置大直径管状枕木支撑(一个 single sleeper 或一对 dual sleeper)，通常直径 1m 左右，如图 4 所示，其中，H 为枕木垂向高度(对双枕木来说，取两个枕木之间的高度)，L 为管线侧向位移，为管线变形长度(即管线悬空长度)，a 为双枕木间隔。管状支撑放置在管线的特定位置，管线在垂向上产生初始变形，并大大降低管土相互作用的不确定性，这种初始形态会显著降低管线在此处的临界屈曲载荷，当管道中因温度荷载产生的有效轴力超过临界屈曲载荷时，管线在指定支撑点位置会发生预定的整体屈曲变形，从而达到释放轴向压力的作用。

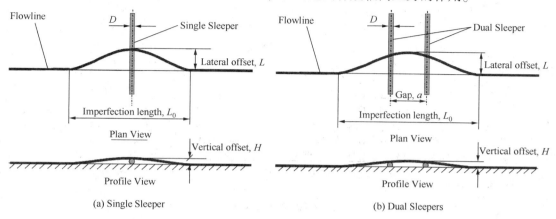

图 4　枕木垂向支撑示意图

　　支撑必须在管道铺设之前安装在预定的精确位置上，设计中采用有限元法模拟后屈曲的变形，弯矩和应变。英国石油公司首先在墨西哥湾的 King 项目中采用了单枕木垂向扰动技术，巴西石油公司在巴西近海 PDET 项目中在开始阶段的设计中采用了单枕木的设计方案，但是由于涡激振动无法满足疲劳的计算要求，故首次采用了双枕木垂向扰动技术，管状枕木支撑直径 1m，长度约 30m。

　　海底管线在荷载作用下会发生整体屈曲，设计时确定管道的临界屈曲载荷尤为重要。通常，对采用了垂向扰动技术的管线而言，临界屈曲载荷取决于几个方面：①管线刚度；②管线的变形初始形态；③管线水下重量和侧向约束条件(管土之间的摩擦作用，管道与支撑之间的摩擦作用)；④支撑高度。为了研究各个关键参数对管道临界屈曲载荷的影响，采用有限元分析的方法，对支撑高度、初始形态、支撑间距等各个参数进行分析。

3.2　数值模拟

　　本文基于安哥拉 18 区块 GTP 油田海底管线实际工程，位于水深 1150~1500m 的水域，水下井口通过南北两条管线与 FPSO 相连，采出液输送到 FPSO 上进行处理后外输。油田总体布置如图 5 所示，位于西非大西洋东岸，距离陆地约 150 公里，管线最高操作温度 88℃，设计压力 20MPa，采用了单枕木垂向扰动技术来释放热载荷产生的高轴力，本文选取了南部管线 LPS1 段管线为例，即管线入口从 FPS2(KP6.0) 开始，管线末端到 RB(KP13.4) 为止，总长度 7.4km，管线上设置两处枕木分别在 BIPS1 和 BIPS2 段，对其进行数值模拟，以期进一步探索垂向干扰预屈曲技术的工程应用。

　　1）计算模型

　　计算分析都采用 ABAQUS 有限元软件，管道模拟采用 Pipe31 单元。在枕木左右各 200m 范围内单元划分长度设置为 0.5m，管线其他段单元划分长度设置为 5m。LPS1 管线全长建模，长度 7400m，包括两处独立的枕木支撑(位置在 BIPS1，BIPS2)。假设枕木与管线在平面上垂直正交。

　　基本参数如表 1 所示，

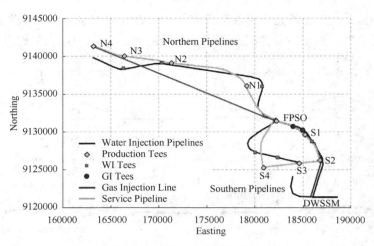

图 5　GTP 油田总体布置图

表 1　基本参数表

参　数	数　值
管线外径/m	0.457
钢质管体密度/(kg/m³)	7850
钢材等级	X60
最大屈服强度/MPa	415
最大拉伸屈服强度/MPa	520
杨氏模量	$2.10×10^5$
泊松比	0.3

2) 荷载

考虑了温度循环荷载作用及管道内输送介质密度变化的影响, 如表 2 所示, 外部水压力始终维持在 13.7MPa。

表 2　荷载工况表

序号	工　况	温度变化范围/℃	内压/MPa	管道介质密度/(kg/m³)	循环次数
1	投产工况	4~72	7.2	280	2
2	设计停输重启工况 1	4~88	4	450	3
3	设计停输重启工况 2	4~88	4	795	3

3) 边界条件

管线两端的边界条件模拟为一段自由, 一端约束, 管线入口端部允许轴向自由移动, 管线出口端允许轴向正向自由的移动, 但轴向负向运动用锚链限制, 锚链限制管道移动, 采用弹簧模拟, 锚链弹簧能够提供的最大拉力是 1MN(轴向伸长 0.12m)。计算中考虑管土相互作用, 根据软黏土土壤数据采用轴向摩擦力系数 0.4, 侧向静摩擦力系数 0.9 和侧向动摩擦系数 0.7。

3.3　结果分析

1）枕木高度，H

枕木高度对管道的临界屈曲载荷的影响如图6所示，包括单枕木形式和双枕木形式。由图可以看出，管线的初始屈曲载荷随着枕木高度的增加而减小，随着管线壁厚的增加而增大（管线刚度随壁厚增加而增大）。同时引入了弹性敷设于泥面上的海底管线（半径1500m）的临界屈曲载荷，土壤的侧向摩擦力是决定临界屈曲载荷大小的关键因素。对比可知，枕木支撑下的管线临界屈曲载荷要远远小于坐底管线的临界屈曲载荷，从而确保屈曲从枕木设置位置开始。

但需要指出的是枕木支撑高度越高，管线悬跨长度越长，悬空段由于环境载荷或操作载荷（如段塞流）引起的振动可能引发管道的疲劳问题，需要做进一步的分析校核。

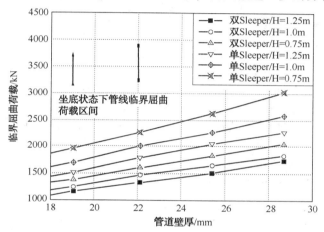

图6　枕木支撑下管线初始屈曲载荷与壁厚关系曲线

2）管线侧向位移，L

管线侧向位移是指管线偏离原管线轴线的距离，随着管线侧向位移的增加，管线临界屈曲载荷明显降低，换句话说，更易发生屈曲变形，但管线侧向位移的大小与管线铺设技术有关，通常在现有的铺管条件下，仅能实现比较小的侧向位移，如图7所示。

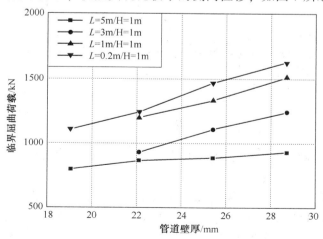

图7　枕木支撑下管线临界屈曲载荷与侧向位移关系曲线

3）双枕木间隔，a

枕木之间的间隔a，特指双枕木形式，如图8所示，随着间隔a的增加，管线临界屈曲载荷逐渐降低，但如果间隔a距离过大会导致涡激振动和应力、应变等问题。

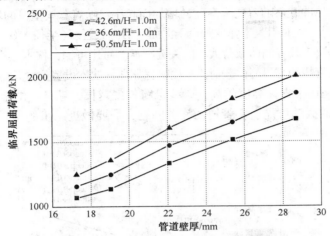

图8　双枕木支撑下支撑间隔与初始屈曲载荷关系曲线

4）枕木设置间距

海底管线枕木设置间距如图9所示，在设计阶段，根据管线整体模拟确定合适的设置间距。

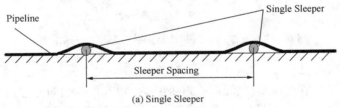

(a) Single Sleeper

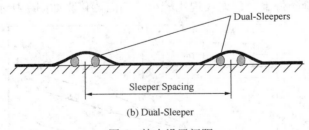

(b) Dual-Sleeper

图9　枕木设置间距

对于高温高压管线来说，而枕木设置间距很大程度上影响到管线的整体在位状态。枕木设置间距应符合最小间距和最大间距要求。

对最小间距要求，主要是防止相邻枕木引发的管道屈曲变形重叠，如果设置间距过小，由于枕木的设置，相邻枕木之间的管道发生的屈曲变形无法达到预定位置，从而对管道在预定位置的应力应变产生不确定性影响。为了防止这种情况的发生，一种解决措施是加大间距，另一种措施就是通过增加管道的重量或在枕木之间管道的上增加覆盖物，从而达到增加临界屈曲载荷数值的目的。

对最大间距的要求而言，主要是为了实现管道在预定的位置发生预定的变形，如果间距过大，则无法控制在两个枕木之间的管道的变形，也就无法达到预屈曲变形控制的目的，最大间距应小于临界屈曲长度。

总之，枕木设置间距应满足以下要求：①总体屈曲变形必须保证出现在预定的位置（枕木设置位置）；②管道在预定位置或者其他危险位置的最大屈曲应力应小于材料屈服强度；③管道在预定位置或者其他危险位置的应力幅值和疲劳破坏必须满足疲劳设计要求。

3.5 管线实际状态

图10为GTP油田管线投产后的实际在位状态，图中横向的为枕木，纵向屈曲的为管线在投产运行后的状态，从图中可以看出，管线按照预定设计实现了初始变形，达到了预屈曲设计的要求。值得指出的是，管线在后期巡检中发现了在枕木附近管道发生垂向振动的现象，另文详细分析。

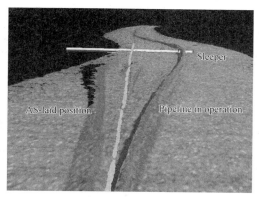

图10　管线在位状态调查

4　小结

深水高温高压管线预屈曲技术包括三种，即，蛇行铺设技术、分布浮力技术和垂向扰动技术。本文基于安哥拉18区块GTP油田海底管线实际工程，采用数值模拟的方法对垂向扰动技术关键参数的选取进行了研究，发现管线的初始屈曲载荷随着枕木高度和管线侧向位移的增加而减小，随着管线壁厚的增加而增大。管线在枕木处的悬跨段越长，由于环境载荷或操作载荷（如段塞流）引起的振动越可能引发管道的疲劳问题，需要做进一步的分析，对双枕木结构，随着两个枕木之间间隔增加，管线临界屈曲载荷逐渐降低，而对整条管线而言，枕木间距的设置需满足最小间距和最大间距的要求。

参 考 文 献

1　Hobbs, R. E., 1984, In-service Buckling of Heated Pipelines, Journal of Transportation Engineering, vol. 110, No. 2, pp. 175~189.

2　Hobbs, R. E., and Liang, F., 1989, Thermal Buckling of Pipelines Closed to Restraints, International Conference on Offshore Mechanics and Arctic Engineering, vol. 5, pp. 121~127.

3　Bai, Q. , Qi, X. , and Brunner, M. , (2009), "Global Buckle Control with Dual Sleepers in HP/HT Pipelines", OTC 19888.

4　Bai, Y. , Nielsen, J. Y. and Damsleth, P. (1999). 'Simulations of Ratcheting of HP/HT Flowlines", Proc 9th Int. Offshore and PolarEng. Conf, Brest, France.

5　Vaz M. A. and Patel M. H. , 1999. Lateral buckling of bundled pipe systems, Marine Structure, vol. 12, pp. 21~40.

6　庄苗, 张帆, 岑松, 等. Abaqus 非线性有限元分析与实例[M]. 北京: 科学出版社, 2005.

7　刘 润, 闫澍旺. 温度应力下海底管线屈曲分析方法的改进[J]. 天津大学学报, 2005, 38(2): 124~128.

8　赵冬岩. 海底管道稳定性分析综述[J]. 中国海上油气(工程), 1998, (10)5: 1~3

9　宋儒鑫. 深水开发中的海底管道和海洋立管[J]. 中国造船, 2002, 43(S): 238~251.

铁磁性管道远场涡流检测技术研究

姜辉　周光华　粟慧燕　李庆永

(中国石油集团海洋工程有限公司钻井事业部)

摘要：远场涡流检测对于应力腐蚀裂纹具有较好的检测能力，而且在无需磁化的条件下具有较深的穿透深度，同时对内外壁缺陷具有相同的检测灵敏度，因此十分适合铁磁性油气长输管道裂纹缺陷的无损检测。本文基于远场涡流检测技术的优势，对铁磁性管道远场涡流检测技术展开研究。首先，在远场涡流检测原理和数值分析技术基础上，利用 ANSYS 电磁分析技术，建立铁磁性管道远场涡流检测数值仿真模型，分析和提取感应磁场在管道内分布规律，并利用实验室远场涡流检测系统对真实管道人工裂纹进行测试研究，对实验结果和仿真结果进行对比分析。结果表明，铁磁性管道缺陷远侧涡流检测仿真模型所得磁场分布规律与真实管道裂纹缺陷检测实验结果一致，满足远场涡流检测原理，能够较好的判定和识别铁磁性管道缺陷，推动油气管道无损检测技术装备的发展，具有良好的学术价值和经济应用前景。

关键词：远场涡流检测；管道缺陷；数值建模；实验测试

1　引言

在石油和天然气等领域中，铁磁性管道由于可靠性高、成本低廉而被广泛应用，其大多埋设于地下，长期服役在恶劣的环境中服役，受输送介质、环境腐蚀及自然灾害的影响，管道外壁较易出现腐蚀、疲劳、断裂以及其他形式的结构缺陷，轻者危及油气管道的正常工作，重者发生严重的油气泄漏、爆炸事故，直接危害人民生命财产安全，故对其进行全面检测已是当务之急。

目前应用在管道无损检测中的方法主要有超声检测法、射线检测法、红外热成像检测、电磁超声检测法、漏磁检测法等。超声检测法具有很高的精度，但需要耦合剂，且对探头的安装和前期的清洁工作要求较高，因此在油气管道中的应用受到限制；电磁超声检测不需要耦合剂，但是其探头功率较大，实用性不强；射线法需要放射源，有污染；红外热成像检测具有远距离、非接触、高精度等优点，但由于一般管道表面状态不佳，为达到理想的热成像效果，需要检测前对管子表面进行大面积的清洁处理；漏磁检测方法具有工艺简单，不需要耦合剂和其他辅助材料的优点，容易实现自动化，但其缺陷定位精度相对低，很难准确判别缺陷位置。

远场涡流检测技术对于应力腐蚀裂纹具有较好的检测能力，而且在无需磁化的条件下具有较深的穿透深度，同时对内外壁缺陷具有相同的检测灵敏度，因此十分适合于铁磁性管道裂纹缺陷的无损检测。本文结合远场涡流检测技术的优势，重点围绕铁磁性管道缺陷远场涡流检测技术展开研究，首先在远场涡流检测原理和数值分析技术基础上，利用 ANSYS 电磁分析模块，建立三维铁磁性管道缺陷远场涡流检测数值仿真分析模型，分析和提取磁场在管道内的分布规律和变化曲线，并利用实验室 EEC-35RFT 智能全数字多频远场涡流检测仪对真实管道人工裂纹进行实验研究，相关研究将提高铁磁性油气运输管道的安全作业水平，推动油气管道无损检测技术装备的发展。

2　管道缺陷远场涡流检测仿真分析

2.1　远场涡流检测的基本原理

远场涡流(Remote Field Eddy Current 或简称 RFEC)检测技术是基于一种特殊的物理现象——远场涡流效应而发展起来的一种关于管道的无损检测技术。它除了具有一般涡流检测的优点以外，对铁磁性导电管的内外壁缺损具有相同的灵敏度，一个探头能同时检测凹坑、壁纹和壁厚变薄等缺陷，而且提离效应很小。

检测时，激励线圈中通以低频交流电，由于电磁感应效应，激励线圈附近区域管壁中产生周向涡流。由涡流产生的感应磁场穿透管壁，沿管子轴向传播，随传播距离的增大，感应磁场强度幅值减小，相位滞后。感应磁场传播路径依次分为直接耦合区、过渡区和远场区，最终在远场区再次穿透管壁后被检测线圈所接收，并在检测线圈中产生感应电动势，如图 1 所示。

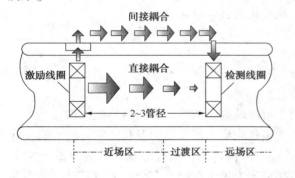
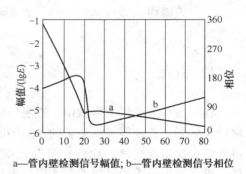

a—管内壁检测信号幅值；b—管内壁检测信号相位

图 1　远场涡流检测机理示意图

检测线圈中所产生的感应电动势与激励线圈中激励电流间的相位差 $\Delta\theta$ 正比于管壁厚度。当管壁存在凹坑或腐蚀减薄等缺陷时，管壁厚度减小，此时，相位差 $\Delta\theta$ 减小，而检测线圈中感应电动势幅值增大。涡流检测系统采集检测信号，并通过处理分析相位差 $\Delta\theta$ 及感应电动势幅值的变化，即可得出待检管件管壁厚度减薄和缺陷状况的基本信息。

2.2　管道远场涡流检测数值模型

ANSYS 电磁分析模块能够有效地对电磁场分布进行数值分析，本部分在远场涡流检测原理基础上，采用电磁场谐性凌边元(Edge)分析方法，建立管道缺陷远场涡流检测数值仿真模型，模型如图 2 所示。模型建立描述如下：被检测试件是一段内径为 14mm，外径18mm，长 180mm 的铁磁性钢管，线圈是铜制线圈，内径 7mm，外径 13mm，长 20mm，管内除了线圈皆充满空气，管外设置了两层圆柱形空气，内层空气直径为 40mm，外层空气的直径是 80mm，在外层空气的边缘，磁场已经很弱，认为模型外面已经没有磁场，因此加载边界条件时将所有的外表面上的磁场矢量设为 0，并设置铁管上一点为电压参考点，即其电压值设为 0。

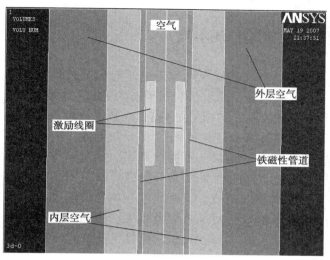

图 2   管道缺陷远场涡流检测局部细化模型图

2.3   管道缺陷远场涡流仿真分析

本文主要对周向和轴向缺陷进行仿真分析，它们的尺寸大小为：周向槽缺陷长 3mm，宽 1.8mm，深 1mm；轴向槽缺陷长 5.5mm，宽 1mm，深 1mm(两种缺陷的体积是相同的)。相对磁导率 μr 为 129.5；铜制线圈相对磁导率为 1，所加的电流密度为 $5.5\times10^6 A/m^2$，初始相位角为 0，激励频率为 60Hz。加载边界条件后进行运算求解，得到仿真结果如图 3 所示：蓝线(实线)为周向槽缺陷的相位、幅值曲线，红线(虚线)为轴向槽缺陷的相位、幅值曲线；从幅值图和相位图中可以看出：周向槽缺陷的幅值和相位的变化都比轴向槽缺陷的变化大。比较轴向槽缺陷和周向槽缺陷的仿真结果，可以看出，相同体积的周向槽缺陷的幅值和相位明显比轴向槽缺陷的大，这是因为远场涡流检测信号主要由管壁内的轴向磁场的相位所决

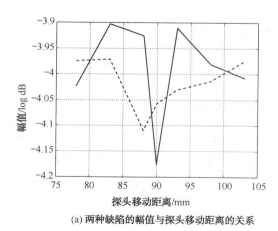

(a) 两种缺陷的幅值与探头移动距离的关系

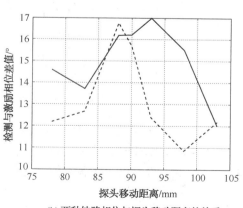

(b) 两种缺陷相位与探头移动距离的关系

图 3   相位差和幅值在经过缺陷时的变化曲线

定、所以，周向槽缺陷更加能影响磁场传播，而使检测线圈接收到的信号有明显得变化；相反，轴向槽对轴向磁场的影响较小，因此相位和幅值变化不大，检测曲线形状的不同反映了不同缺陷的特征，这就为缺陷的定量重构提供了理论依据。

3　铁磁性管道真实缺陷检测实验

为了进一步分析远场涡流检测技术对管道的实际检测效果，设计人工管道缺陷远场涡流检测实验进行测试，采用爱德森电子公司生产的 EEC-35RFT 智能全数字多频远场涡流检测仪，其工作原理如图 4 所示。EEC-35RFT 双频涡流检测仪是由电脑控制的，由石英晶体产生频率，通过倍频器形成倍频可调的波形发生器。从而它可以产生激励所需要的正弦波。按实际检测的需要选择两个不同的频率，经过功率放大器放大后，同时送达检测探头的激励线圈。通过不同的检测线圈可获得几种不同的涡流信号，然后分别进入不同的通道。经前置放大、相敏检波、平衡滤波、相位旋转和可调增益放大器。由计算机控制根据需要将几种涡流信号两两送入混合单元，两通道信号经混合单元实时矢量运算处理后进入数据采集单元，由 A/D 接口送入计算机系统。计算机系统完成仪器的管理、控制、计算和图形显示。

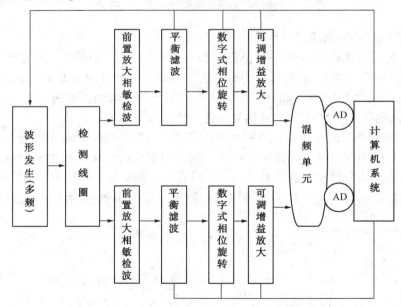

图 4　EEC-35RFT 多频远场涡流仪结构框图

EEC-35RFT 对管道裂纹测试结果如图 5 所示，从图中我们可以看出，当远场涡流检测探头移动到铁磁性管道缺陷裂纹处时，检测线圈所检测到的涡流信号的水平分量及其垂直分量都发生了相应的变化，在涡流信号的阻抗平面图上显示有倒"8"字形的曲线，与远场涡流检测原理特征相符。

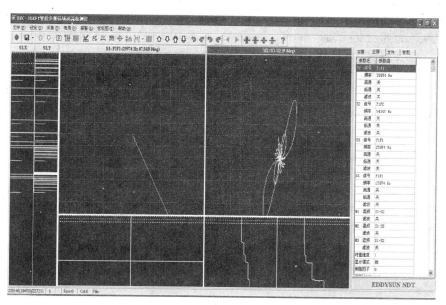

图 5   EEC-35RFT 系统实测所得磁感应强度曲线

4   结论

本文结合远场涡流检测技术原理和数值分析技术，围绕铁磁性管道远场涡流检测技术展开系统研究，首先建立了 3 维铁磁性管道缺陷远场涡流检测数值模型，对相同体积的周向槽缺陷和轴向槽缺陷进行了仿真分析，分别对其相位和幅值的进行提取和对比分析，仿真结果表明，在探头经过时检测曲线不同，检测曲线形状的不同反映了不同缺陷的特征，同时并利用实验室远场涡流检测系统对真实管道人工裂纹进行测试研究，在涡流信号的阻抗平面图上显示有倒"8"字形的曲线。对比仿真分析与实验测试结果发现，仿真分析与实验结果相吻合，符合远场涡流检测原理。本文的研究成果将有利提高铁磁性油气运输管道的安全作业水平，推动油气管道无损检测技术装备的发展。

参 考 文 献

1   庾莉萍 . 我国油气管道运营安全管理存在的问题及保障措施［J］. 焊管，2006，29（2）：64~67.

2   杨筱蘅 . 油气管道安全工程［M］. 北京：中国石化出版社，2005.

3   任吉林，林俊明 . 电磁无损检测［M］. 北京：科学出版社，2008.

4   吴德会，黄松岭，赵伟，等 . 油气管道裂纹远场涡流检测的仿真分析［J］. 中国机械工程，2009，12（20）：1450~1454.

5   H. Fukutomi, T. Takagi, M. Nishikawa. Remote field eddy current technique applied to non-magnetic steam generator tubes. NDT & E International，Volume 34，Issue 1，January 2001，17~23.

6   徐小杰 . 铁磁性管道中轴向裂纹的远场涡流检测技术研究 . 长沙：国防科技大学，2007.

7   杨宾峰，张辉，赵玉丰，等 . 基于新型脉冲涡流传感器的裂纹缺陷定量检测技术［J］. 空军工程大学学报：自然科学版，2011，12（1）：73~77.

8　Declan Robinson. Identification and sizing of defects in metallic pipes by remote field eddy current inspection. Tunnelling and Underground Space Technology, Volume 13, Supplement 2, 1998, Pages 17－27Li Wei, Chen Guoming, Zhang Chuanrong, Liu Tao. Simulation Analysis and Experiment Study of Defect Detection Underwater by ACFM Probe. China Ocean Engineering, 2013, 27(2): 277~282.

9　Wei Li, Guoming Chen, Xiaokang Yin, ect. Modeling and simulation of crack detection for underwater structures using an ACFM method. THE 39TH ANNUAL REVIEW OF PROGRESS IN QUANTITATIVE NONDE-STRUCTIVE EVALUATION, 15－20 July 2012, Denver, Colorado, USA. (32): 436~440.

滩浅海海底管线密集海域工程船抛锚

刘 洋

（中石化胜利油建工程有限公司）

摘要： 胜利埕岛油田位于渤海湾南部的极浅海域，水深4~16m，自1993年正式开发至今已有十多年的历史，建成了以中心一号、二号平台为中心的埕岛主体区域海上生产系统，以及以埕北30A为中心的埕岛油田东部区块海上生产系统。本文以CB22F采修一体化平台建设工程上部组块海上吊装就位为例，浅谈浅滩海海底管线密集海域工程船抛锚问题。

关键词： 浅滩海；埕岛海域；海底管线；抛锚

1 工程简介

CB22F修采一体化平台建设工程结构部分包括下部基础、上部组块、层间设备房、顶层设备房、生活模块、井口平台。CB22F平台就位坐标为（A-13井）：$X=4235860$ $Y=20658100$。

上部组块：

CB22F修采一体化平台上部组块共分两层，底层甲板和顶层甲板。组块由6根立柱、甲板、梁格和斜撑组成。底层平台梁顶标高为11.0m，主尺寸为24.0m×24.0m，顶层平台梁顶标高为18.2m，主尺寸为24.0m×24.0m。上部组块主梁采用焊接H型钢H1200，次梁采用焊接H型钢H700和H400，其余采用热轧H型钢HN300等。立柱采用$\phi1400\times38$钢管，在立柱与主梁交点处管节点加强，分别采用$\phi1400\times50$钢管，两层主甲板间斜撑采用$\phi600\times19$和$\phi500\times19$钢管，竖向撑杆采用$\phi450\times16$无缝钢管，甲板之上满铺8mm厚钢板。

底层甲板下设开排甲板和电缆检修通道。开排甲板标高+8.0mm，主梁采用焊接H型钢H350，次梁采用热轧焊接H型钢HN300，通过立柱与斜撑与平台连接，型号均为$\phi219\times12$钢管。电缆检修通道标高+9.5m，主结构由热轧H型钢HN200组成，通过立柱$\phi89\times9$与平台连接。平台称重后为1250t。

2 施工工区简介

CB22F采修一体化平台建设在埕岛中心三号平台群附近。位于渤海湾南部的浅海和极浅海海域。CB22F采修一体化平台在中心三号平台东偏南约1.3km（0.7Nm），中心二号西偏北约2km（1.08Nm），中心一号西北约2.8km（1.5Nm），距岸约10.5km（5.67Nm），东营港距中心三号平台航程约为33km（17.8Nm）。CB22F采修一体化平台周围分布平台有：CB11F、CB11K、CB22A、CB22B、CB22C、CB22D、CB25B、CB26等八座平台，距最近平台 CB11F 约 0.6km。地质坡度趋势为西南东北向坡度约为 1：2800。从中心三平台到 CB22F 平台已敷设的海底管线：油管线 1 条，水管线 1 条。平台具体坐标为东经 118°48′21.30″，北纬 38°14′27.40″；平台北方位为北偏东 45°。平均水深(黄海平均海平面)为 12.2m，平台所在海区为规则半日潮流类型，海流运动形式均为往复流，流向为东北西南流向，最大流速为 120cm/s。海床表明为砂质粉土。

3 抛锚实施方案

通过地质、海域流向、潮汐变化及平台管线布置情况的分析，此次吊装抛锚难度高，受气象、流向影响较大，同时由于结构吨位较重，缩小了抛锚吊装起重船选择范围，根据现有具有施工能力的船舶仅有华西5000及德瀛号两艘工程船选择，根据船舶性能、施工配合熟练度及施工经验等综合考虑最终确定工程船舶采用交通部烟台打捞局德瀛号1700t全回转非自航工程船。

吊装尺寸校核：

吊装高度的校核：过渡段顶高度 7.5m+平台高度 11.2m+吊具高度 35m＝53.7m<浮吊吊高 72.5m。

吊装半径的校核：

吊装最大距离为平台中心线至边缘尺寸 15.5m+浮吊中心线至边缘尺寸 22.5m＝38m，查吊装曲线表浮吊作业半径45m时，吊臂角度为65°，吊重为1280t可知满足吊装的要求。

因德瀛号工程船为非自航船舶，需拖轮配合拖航至施工工区，拖航拖轮选择胜利291、胜利281、胜利251、胜利231、德港号配合。

3.1 拖航前的准备

拖航环境：风力≥5 级，浪高≥0.5m，雾天、雨天、禁止拖航。

3.2 拖航安全措施

(1) 严格遵守胜利石油管理局关于坏天情况下施工船舶提前 8h 避风的规定；

(2) 认真学习并严格遵守公司重特大事故应急预案(2011 版)中的海滩应急预案、突发公共卫生事件应急预案、施工事故应急预案等(包括但不限于以上内容)的规定和要求，做好防范措施；

(3) 按照《海上拖航指南》(中国船级社，1997)的相关规定，拖船、被拖船舶配备相应的拖曳设备(见指南第五章描述，第 24 页)，并做好指南中规定的其他防护措施；

(4) 提前 72h 收集气象信息。气象及海况预报主要依据海洋采油厂环境预报站、EDC埋岛西中心平台气象及环境预报和北辰气象站提供的数据，并结合埋岛海区各中心平台的实时监控数据，综合判断是否具备连续海上施工的条件(导管架就位和第一批次钢桩插桩最少需连续72h 的良好气象)。

(5) 特殊天气过程、特殊情况要及时预报。对于大风、台风警报及特殊情况要特别注意，船上应按时接收天气传真。对于上述的天气预报，要按时送交海上作业总指挥及作业船船长。若突然遭遇恶劣天气，主拖拖轮船长应根据其专业性判断，采取正确的应对措施，并及时向公司调度报告。

(6) 德瀛号应配备应急拖缆(漂浮缆)，在发生断缆等紧急情况时可以迅速应急。

(7) 浮吊、各驳船的配合船舶在拖航过程中要开启和使用各种助航仪器(如雷达、AIS、

GPS、测深仪、磁罗经、电罗经、VHF 等)定位，并注意基 GPS 的风流压差估算与航向修正，防止由于风流作用使船偏离航线。

（8）拖航过程中，主拖轮及守护船等配合船舶应加强值班，观察被拖船的偏荡情况和拖缆的受力磨损情况，发现异常及时报告值班驾驶员和船长，并采取有效措施。

（9）严格遵守国际海上避碰规则，正确显示号灯、号型，夜间要采取有效措施照亮拖缆，防止小船穿越拖轮与被拖船之间。

（10）拖船和被拖船(或其守护船)用固定频道保持联系并保证通讯畅通，每半小时双方要相互联系通报情况。

（11）拖航过程中发生紧急情况，危及人员生命财产安全时，拖航负责人应采取相应措施控制事态的发展，立即向公司生产管理部门汇报现场情况并按相关要求执行，适时启动应急反应程序。

（12）由 Q/HSE 部门制定详细的海上拖航应急预案，并经过审核批准。

（13）除以上内容外，组织相关人员认真学习并遵守中国海难救助打捞总公司关于印发《拖航须知》的函(发文号：(83)救业字 46 号)中的相关内容。

3.3　应急避风、抗风港的选择

由于此次拖航航程较短且航程较短，回胜利油建海工码头能满足应急避风、抗风的要求。为保证衔接施工，工区部分区域和坝南区域可满足浮吊、拖轮等的避风、抗风要求。

工区两处可供拖轮、浮吊临时抛锚待命的区域为：

CB244 平台以南，CB11K 平台以西，EDC 埕岛西中心平台以北范围的水域，即 38°13.6071′N，118°45.93015′E 为原点半径 450m 范围；

CB26 平台以北，CB245 平台东北，CB1F 平台以西和 CB4A 平台以南范围的水域，即 38°15.04599′N，118°47.17211′E 为原点半径 450m 范围；

东营港坝南区域可供部分不具备原地抗大风条件的拖轮和配合船舶避，即 38°5.85119′N，119°1.11381′E 为原点半径 800m 范围或回码头靠泊。

3.4　通讯与联络

拖航通讯：

胜利 231 与德港号守护船：　　　 VHF11 频道；

胜利 291、胜利 281 与德瀛号浮吊：　　　 VHF11 频道；

船上通讯：中/高频无线电装置 JSS-800　甚高频无线电话 JHS-32A；

陆地通讯：与业主及前线工作组、医疗救护机构保持通讯畅通。

3.5　抛锚方案

由海图可以看出，CB22F 采修一体化平台位于中心三号、CB22D、CB22B、CB25B、CB22A、CB11F 六座平台连成的环形区域中心，距各平台及管线距离非常近，距最近的 CB11F 平台仅 614m，施工区域狭隘增加了施工难度；平台吊装前中心三至 CB22F 平台油管线及注水管线已铺设完，且在工区贯穿铺设完成中心三号平台至中心二号平台油管线及注水管线，造成抛锚船舶无法抛出船舶航行锚，大大增加了抛锚难度；船舶横流就位，承流面积增大，增加了抛锚难度，对船舶性能也是一项考验；施工工区导管架两侧有胜利八号及胜利九号钻井平台作业，加大了抛锚就位难度；德瀛号船长 115m，配合抛锚就位的胜利 281、胜利 291 船长 96m 左右，在平台密集工区狭隘海域配合抛锚十分困难。通过多次方案讨论现场勘察，最终确定抛锚就位方案。

抛锚就位示意图如图 1 所示。

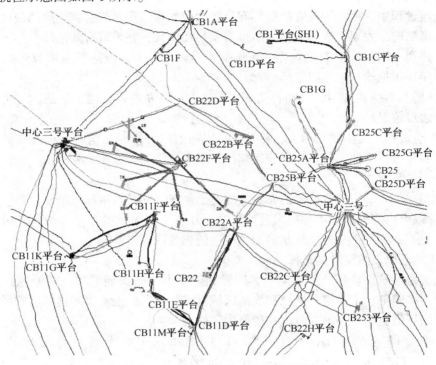

图 1　CB22F 采修一体化平台德瀛号抛锚图

船舶抛锚就位顺序：德瀛号浮吊就位→德浮 1 号驳船就位

浮吊就位方案：德瀛号浮吊由胜利 291、胜利 281 拖轮配合长拖拖航至 CB22F 附近无海底管线区域，德瀛号抛航行锚，胜利 291 长拖改为绑拖，等待平流前 2h 开始抛锚就位工作，且此时流向为落潮流。德瀛号起航行锚，由胜利 281 守护，依据设计锚点通过 GPS 定位胜利 291 绑拖运动至 8#锚点位置德瀛号自行将 8#锚抛出，胜利 291 绑拖德瀛号继续向平台方向运动，距 CB22F 平台 200m 时，德瀛号 8#锚带力，尝试 8#锚是否吃力，吃力则继续向平台方向运动，如没有抓地力需返回起锚重新抛锚。距平台 100m 时，胜利 291 侧推稳住船身，抛锚艇带交叉缆至平台靠船构件，带好缆绳后，德瀛号绞锚，8#锚及两根尼龙缆吃力，稳住船身，胜利 291 拖轮解绑，抛送 6#锚，同时胜利 281 抛送 1#锚，抛出后将 6#、1#锚绞锚吃力，胜利 281 再将 5#、7#锚抛出，胜利 291 将 2#锚抛出完成抛锚工作。德浮 1 号驳船就位方案：德瀛号浮吊就位完成后，德浮 1 号驳船由胜利 251 拖轮拖航至施工区域，并带缆在德瀛号浮吊左舷上，靠船时德瀛号松 2#、6#锚缆，让船舶进入。由于是顶流靠船，船舶承流面积大，需多艘船舶配合靠船，胜利 251 拖轮绑拖德浮 1 号，胜利 231 全回转拖轮及德港号全回转拖轮进行调驳侧顶工作，根据浮吊的吊装曲线，为满足吊装要求就位时尽量保证平台的中心线与浮吊吊机底座中心在一条直线上，如位置不合适，可通过德瀛号锚机对靠船缆绳绞缆调节。德浮 1 号完成靠船后，配合船舶解绑撤出，在施工附近进行守护。

配合船舶撤出施工区域后，德瀛号绑带德浮 1 号绞交叉缆及 1#、2#锚，松 5#、6#、7#、8#锚缆，运动至 CB22F 导管架靠船构件 12m 处进行平台吊装作业。德瀛号完成此次抛锚就位作业。

埕海油田海底管道保护方法实践与探索

李健　董月洲　吕菲　靳嵩　杨振良

（大港油田滩海开发公司）

摘要：近年来，随着滩海石油开发的迅猛发展，海底管道建设日益增多。在使用过程中，海底管道承受波浪、海流、地震、海啸等复杂环境载荷作用，容易导致损伤累积而使管道泄漏或断裂，造成巨大的经济损失，对海洋环境造成难以估量的损害，因此有必要对投入使用的海底管道进行保护。本文结合大港埕海油田海底管道使用情况，从人防、物防、技防三个方面进行了实践与探索。

关键词：浅滩海；海底管道保护

1　大港埕海油田海底管道概况

目前，大港埕海油田已建成投入使用的海底管道有三条，累计约 13.4km，其中赵东平台至埕海 1-1 人工岛海底输油、输气管道各 4.7km，埕海 1-1 人工岛原油外输海底管道 4km。海底管道线路走向如图 1 所示。

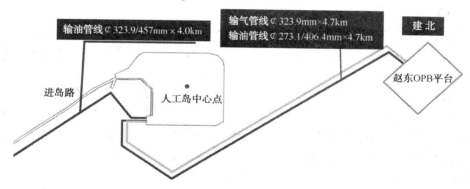

图 1　大港埕海油田海底管道线路走向

1.1　地理位置

大港埕海油田海底管道地理位置位于河北省黄骅市季家堡村东的滩浅海海域，海图 1.0m 水深线以内，该海域西侧为河北省防潮海堤。管线总体垂直海岸线东偏北方向。

1.2　工况条件

该地区海底平坦，坡度平缓；水浅，潮差大，风暴潮频繁，无全天通行航道；海床表层为厚 3~4m 蠕动流塑性淤泥，其下淤泥厚，承载力低，稳定性差，回淤严重；冬季气温低，有浮冰和冰坝，冰情严重。

1.3　管道参数

管道参数如表 1 所示。

表 1　管道参数

序　号	1	2	3
管线名称	赵东平台—埕海 1-1 人工岛输油管道	赵东平台—埕海 1-1 人工岛输气管线	埕海 1-1 人工岛原油外输管道
管线规格	内管 $\phi273.1\times12.7$mm 外管 406.4×15.9mm	$\phi323.9\times12.7$mm 水泥配重层 $\delta=40$mm	内管 $\phi323.9\times12.7$mm 外管 457×14.3mm
管线长度	4.7km	4.7km	4.0km
设计输量	121 万吨/年	68×10^4m³/d	193 万吨/年
目前输量	100 万吨/年	16×10^4m³/d	112.5 万吨/年
设计温度	70℃	70℃	70℃
运行温度	60℃	45℃	60℃
设计压力	4.0MPa	4.0MPa	4.0MPa
运行压力	0.65MPa	0.91MPa	0.5MPa

2　人防

2.1　人员组织

为确保大港埕海油田海底管道平稳、畅通运行，能够有效处理异常突发事件，设置滩海开发公司海底管道安全运行组织机构，由安全运行领导小组、安全运行办公室和安全运行值班室组成。

安全运行领导小组由滩海开发公司主管安全、生产的副经理，主管安全、生产的经理助理，各科室及基层单位主要负责人组成，是海底管道安全运行管理工作的最高领导机构。

安全运行办公室是安全运行领导小组的工作和办事机构，负责指导海底管道安全运行体系建设，应急状态下主要承担应急值守、组织与协调应急资源、跟踪现场处置进展、做好信息传达等工作。海底管道安全运行办公室设在生产运行科。

安全运行值班室设在生产运行科调度室，值班员由生产运行科调度室人员担任。安全运行值班室 24 小时值班电话：022-25912391、022-25916714。

2.2　完善制度

为规范明确管理职责，本着指导实践、便于操作的原则建立健全了各项管理制度。目前，公司涉及海底管道运行管理的制度有 11 项，包括《海底管道生产运行管理办法》《海底管道巡护管理办法》《海底管道通球管理规定》《海底管道检测制度》《海底管道阴极保护维护制度》《海底管道防腐与检测制度》《海底管道在线监测管理》《海底管道油气交接管理规定》《海底管道应急处置办法》《海底管道安全运行管理评价办法》。

3　物防

3.1　加强设计，从源头保证管道安全

1）海底管道管体结构

壁厚设计上充分考虑了腐蚀余量；输油管线采用复壁保温管的形式，减少了热力损耗，同时外管对工艺内管起到了保护作用；输气管线采用了单层水泥配重管结构形式，保证了海底管线的稳定性；登陆的输油输气管线与立管连接以及弯管与管线的连接均采用锚固件连接，减少了管线膨胀。

2）海底管道两端埋设措施

考虑到人工岛和赵东平台附近船只及重型吊装设备等活动的影响，对海底管线泥面以下采取三层保护形式，第一层为柔软的砂层厚 1m，第二层为灌浆碎石袋层厚 1m，第三层为自然回填层厚 1~2.1m。

3）海底管道两端立管保护措施

在立管处综合考虑波浪、海流、海冰以及地震等因素的影响，采取了 4 项保护措施。

一是油、气管线立管都采用复壁管形式，套管壁厚 15.9mm；二是在飞溅区，包覆保护半瓦，半瓦壁厚 15.9mm；三是采用了固定管卡和导向管卡固定立管；四是在立管外围设置防撞设施，在赵东平台立管外围打设了六棵防撞桩，在埕海 1-1 人工岛立管外围设置了防撞围埝，起到了很好的防护作用。

4）海底管线平直段防上浮、漂移措施

为防止海底管线施工后因冲刷等原因引起管线上浮漂移等问题，海底油、气管线采用加压砂袋的方式固定管线，以确保管线投运后的安全运行。输油、输气管线敷设完成后，输气管线每隔 10m 压一个 2t 重的大砂包；输油管线每隔 10m 压一个 1.6t 重大砂包。为保证砂袋可以有效的压在管线上，需将若干个 50kg 砂袋装在一个大砂包内，压砂包时将砂包重心落在管线上。

3.2　落实管道保护法，明确管道标识

1）滩涂管道安装特制钢管桩进行标识

滩涂管道采用长 12m 的 φ159mm×6mm 镀锌钢管进行标识，钢管桩间距 50m，插入泥面以下 8~9m，内部充填混凝土，外层涂刷红白相间的环氧反光漆。

2）较深水域管道安装航标灯进行标识

沿管线路由，在重要拐点处设置航标灯 10 座对管道进行标识。航标灯按照《中国海区水上助航标志》的相关要求，灯光为黄色，节奏为莫尔斯信号"C"。

3.3　管道应急

1）完善了应急体系和应急网络建设

针对海底管道运行、海上油气开发可能出现的应急事件，构建了覆盖公司、二级单位、基层队的三级应急网络，组建了滩海生产应急综合抢险队，负责海底管道运行、滩海生产的应急抢险工作，同时编制完善了《突发事件总体应急预案》和海底管道运行管理专项应急预案。编制了《大港油田埕海一区生产溢油应急计划》《大港油田海上区域性溢油应急计划》进一步完善了海上溢油应急体系。

2）加强了海上应急物资储备

管道投入使用以来，先后购置了水陆两栖应急车、应急抢险指挥车、收油机、围油栏、耦合式高压堵漏夹具等应急物资，修建了应急物资储备库，实现埕海油田范围内应急物资的及时调配，有效提升了海上应急保障能力。

3）强化应急演练与评价

近年来，先后配合油田公司开展一级应急演练 3 次，组织二级应急演练 12 次、三级应急演练 108 次。演练内容覆盖了海管泄漏、消防灭火、海面溢油回收、人员救护、应急逃生等内容。在反复演练的同时，对各类预案进行了综合评价，进一步完善各类应急预案，使应急预案更加科学有效。

4）加强与外部救援机构的沟通联系

先后与沧州海警支队、黄骅水产局签订了《海底管道巡视船舶服务合同》，与中海油工程维修公司签订了《海管抢修应急支撑协议》和《海管泄漏抢修工作舱储存协议》。与中石油海上应急响应中心、天津市与河北省地方消防、海事等外部救援机构，就事故和异常气候的预警及应急救援响应达成了救援协议，提高了海上应急联动响应能力。

3.4　管道溢油抢修防护措施

对管道溢油的抢修防护分滩涂管道和较深水域管道两段进行。

1）滩涂管道

滩涂管道采用"棋格"围埝方法进行处理。依托进海路将滩涂管道区域分成较小的"棋格"，"棋格"之间用围埝进行分隔，管道溢油被限定在某个"棋格"内，既可降低污染面积也便于抢修。

2）较深水域管道

较深水域管道采用干式舱进行抢修。干式舱由基盘和舱体两部分组成，基盘作为基础提供承载力，舱体作为海管抢修的工作舱，为水下作业提供干式环境，两者用立柱和套筒连接。干式舱总重约 145t，其中基盘约 100t，舱体约 45t；舱体长 3m，宽 3m，高 12.5m。

4　技防

4.1　次声波预警系统和紧急关断系统

输油管线安装了次声波泄漏监测报警定位系统和紧急关断系统。预警系统通过人机界面显示输油管线工艺过程参数，实现声光报警、文字显示泄漏时间和泄漏点距首站的距离，并在地图上标出实际泄漏位置；ESD 实现管线进出口的紧急关断，可以及时有效地发现和处理管线泄漏事件。

4.2　光纤预警系统

利用海底通讯光纤作为分布式传感器，长距离连续实时监测油气管道沿线的海床振动情况，包括油气管道附近船舶施工、油气管道人为破坏、打孔盗油等，分析判断可能威胁海底管道安全的破坏事件，及时报警，起到事前安全预警的作用，并能够对事件进行精确的定位。

4.3　雷达与望远镜

溢油雷达监视系统安装在埕海 1-1 人工岛，分别在埕海 1-1 人工岛、保卫科、生产调度室三处建立了监控终端。可对以埕海 1-1 人工岛为中心 10km 范围内的海域进行自动、实时监控。当海面上有溢油情况发生时，溢油雷达可以及时发现，确定溢油带的位置，同时发出警报，并可以推算事故现场的水流方向、流速等重要信息，从而预测油膜的运动趋势，有效指导船舶溢油回收操作定位。

高倍巡视望远镜安装在埋海 1-1 人工岛，便于每天对海底管道进行巡视，也是恶劣天气下较为实用的巡视手段。

4.4 阴极保护

赵东平台至埋海 1-1 岛海底输油管道和输气管道均采用镯式牺牲阳极保护，输油管线牺牲阳极对复壁管的外管进行保护。

埋海 1-1 岛滩涂输油管道采用镯式铝阳极加以保护，共计 22 支。

4.5 海底管道检测

1）海底管道埋深探测

采用测深仪、高频旁扫声纳系统和管线剖面仪，结合 GPS 和全站仪对海底管道附近水深、地形地貌、管道位置和埋深进行测量，及时发现管沟回淤程度、管道埋深变化、管道出露和悬空现象，以及附近船舶活动痕迹变化、有无对管道安全有影响的水下障碍物等情况。

2）管道腐蚀挂片监测

为了掌握管道的内腐蚀情况，根据油田生产情况，定期对投运的海底管道进行腐蚀挂片的悬挂与分析化验，监测评价管道内壁腐蚀速率，指导管道的生产运行和维护。

3）管道漏磁内检测

使用永久磁铁能够产生一个强磁场并平行于圆周方向作用于管壁内。磁力线在钢管的管壁内通过。当管线出现缺陷、变形等不规则的情况时，磁力线会偏离原路径，并且漏磁现象会在管壁有金属损失、管壁处有另外的铁磁性材料或管壁铁性改变的情况下出现。传感器能检测到漏出的磁场，将定量的信号储存下来并分析处理。

4）管道超声波旋转式内检测

检测器中心部位有一个水平放置的超声波传感器，传感器沿着平行于管壁的方向发射声波，声波沿着平行于管壁的方向前进直至被一个 45° 的旋转镜面反射后，垂直穿透管壁。声波碰到管线外表面后会按照原路径反射回传感器。处理器能记住按一个声波的发射和接收全过程的时间，这个时间能够转换成距离来检测管壁厚度。声波反射镜面每秒旋转 2 周，在管道周向上可以采集近 700~800 个测量值，检测器每米可以采集 28000 个测量值。

5 建议

虽然滩浅海海底管道安全保护方法日趋成熟，但是大港海底管道投运时间短，管理经验较少，海底管道安全管理处于起步阶段，还有待进一步加强。大港自营区滩浅海海底管道安全保护管理的发展还需要从以下两个方面深入：

（1）建立完整的管道数据信息系统，建设数字化管道。建设数字化管道是管道管理的重要手段，结合地理信息技术、档案上线管理系统进行二次开发，把管道建设、生产运行、风险分析、安全评价、检测与维护等信息集成，实现管道管理的数字化和平台化。

（2）继续发展新技术，实现管道检测的便捷性和经济性。目前的管道内检测技术较为复杂，管道内检测还是以国外引进为主，高精度检测费用很高，应加强检测设备研究，检测设备国产化、小型化和经济性。

西气东输二线海管现场补口施工质量控制

杨耀辉[1,2]* 韩文礼[1,2] 张彦军[1,2] 徐忠革[1,2] 张红磊[1,2]

(1. 中国石油集团工程技术研究院;

2. 中国石油集团石油管工程重点实验室-涂层材料与保温结构研究室)

摘要:西气东输二线深港支线采用铺管船法进行海管的铺设施工。补口是铺管船法海管铺设施工的一个重要环节,补口质量关系到海管的整体防腐质量,因此加强对补口质量的控制至关重要。通过对材料、设备、施工人员及施工过程有效的控制和管理,保证补口施工的质量,从而提高海底管道整体的防腐质量及使用寿命。

关键词:海管;防腐;补口;质量控制

西气东输二线深港支线海底管道全长 19.6km,管径 813mm,设计寿命 30 年,采用铺管船法进行海底管线的铺设施工。外防腐层采用三层 PE 加混凝土配重,采用牺牲阳极进行保护。海底管线采用底漆-热熔胶-热缩带补口,填充材料采用开孔型高密度聚氨酯泡沫,具体结构如图 1 所示。补口施工的主要流程如图 2 所示。

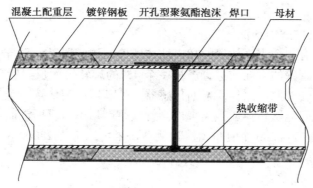

图 1　海底管道补口结构示意图

海底输气管道投资高,施工难度大,如果补口施工质量得不到保证,就会在缺陷处引发严重的腐蚀,甚至会造成巨大的经济损失和严重的海洋环境污染。因此,需要加强对施工环境、施工材料、施工设备、施工人员及施工过程有效的控制和管理,保证补口质量,从而提高海底管道的整体防腐质量及使用寿命。

1　施工环境

补口施工前,使用温湿度计对外界环境温度和空气湿度进行检测,并作记录。施工过程

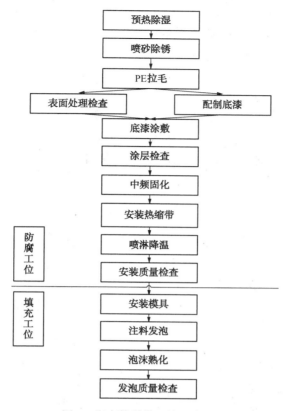

图 2　海底管道补口施工流程图

中应确保如下环境条件：

（1）环境湿度不应超过 90%；

（2）须有充足的光线；

（3）钢管表面温度至少为露点以上 3℃；

（4）不得暴露在雨，雪，大风等气候条件下作业。

2　施工材料

海底管道补口施工材料主要有热缩带、配套底漆、开孔型高密度聚氨酯泡沫等。底漆和收缩带要有出厂合格证、性能检测报告、第三方检验报告、详细的施工说明等相关材料方能验收入库。由于各厂家的底漆与热熔胶反应机理不完全一样，对固化时间、涂刷温度有不同要求，所以底漆应与热收缩套匹配，底漆与热收缩套材料必须由同一供应商提供。开孔型高密度聚氨酯泡沫的所有成份对人体是无害的，应有合格证明、使用说明、检测报告、第三方检验报告等相关材料。

3　施工设备

在海底管道补口施工过程中，用到的主要设备有喷砂机、中频加热设备、发泡设备等。

这些设备的相关参数应能满足现场补口施工的技术要求。在设备运到补口现场后，厂商应派技术人员进行设备的安装及调试，确保设备在现场补口施工条件下能正常运行。

4　施工人员

为了保证补口施工顺利进行，施工前应根据现场所用补口材料对施工人员进行有针对性的培训，掌握产品特性和相关参数，确保每个施工人员都通过考试并持证上岗。另外，加强施工人员的责任心也至关重要，没有责任心，即使掌握了补口施工要领，也会违反操作规程，产生随意施工，留下质量和安全隐患。

5　施工过程

5.1　预热除湿

用中频加热设备对管口进行预热，在预热时要保证管口预热均匀。预热后需用用接触式测温仪测管口上、中、下三个部位的温度，保证温度在 60～70℃ 之间，若温度低于 60℃，则需要重新加热。

5.2　喷砂除锈

钢管表面使用自动喷砂设备进行喷砂除锈，然后使用干燥去油的压缩气体清洁吹扫整个节点区域表面。处理后需对钢管表面的除锈等级和清洁度、盐分进行检测。处理过的钢管表面必须达到 ISO 8501-1 规定 Sa2.5 级，喷砂后如钢管表面有阴影存在，阴影部分面积不得超过喷砂钢管面积的 5%。钢管表面清洁度测试方法按照 ISO 8502-3 中的要求，清洁度等级不得低于 2 级。根据 ISO 8502-2 或 ISO 8502-06 检测标准对钢管表面进行盐分检测，验收标准为不得超过 $20mgNaCl/m^2$。如果表面处理结果不合格，要及时检查更换钢砂，重新进行喷砂处理。

5.3　焊口加热

使用接触式测温仪检测钢管表面温度，若钢管表面温度低于 60℃，再次使用中频加热设备将钢管加热到 60～70℃。

5.4　涂覆底漆

将混合均匀的底漆涂覆到除锈后的钢管表面，使用涂覆工具将底漆均匀涂抹在钢管表面。涂覆时应尽量保持厚度均匀，避免出现漏涂和流挂。在底漆未干之前使用湿膜测厚规对底漆厚度进行检测，检测点为钢管周向 3 点、6 点、9 点、12 点位和轴向的左中右点位，环氧底漆涂层厚度不得小于 200μm。

5.5　底漆强制固化

在涂刷环氧底漆并检测湿膜厚度完成后，使用中频加热设备对底漆进行加热强制固化，加热时间设定为 240s。使用接触式测温仪检测钢管表面温度，若钢管表面温度低于 135℃，再次使用中频加热装置将钢管加热到 135～150℃。如果出现主管线 3PE 外表面温度偏低的情况，可以使用烤把对 3PE 外表面进行加热，使主管线 3PE 外表面温度达到 135～150℃。

5.6 安装热缩带

中频加热完毕后,马上把热缩带安放在涂敷节点中间位置,热收缩带的搭接位置应该为易操作位置(一般为管道的 2 点或 10 点位置)。在热缩带整体加热收缩前,小火加热热缩带下搭接处的背衬,用辊轮反复滚压该处,使背衬牢固粘贴在钢管表面。小火加热热缩带上搭接处的粘胶剂层,直到粘胶剂开始发亮熔融,然后将封端片紧紧的压在热缩带的搭接部位。用小火轻轻加热封端片的表面,并用辊轮反复滚压搭接处使其自然紧密的粘贴。

用中火从热缩带的中间开始绕圈加热。当热缩带的中间部分紧贴钢管表面后,左右晃动烤把将加热区域逐渐向两端扩展。在热缩带与钢管节点轮廓完全紧贴后。用中等火焰进行后期加热使热缩带边缘自然溢胶[3]。

安装完成后,用清水强制冷却后须进行热所带安装质量检查。热缩带与钢管表面应完全贴附,无明显气泡;胶粘剂应均匀溢出,而非赶压溢出。热收缩带与主管线防腐层的搭接宽度应大于 50mm。对管体环向的 3 点、6 点、9 点和 12 点位置进行厚度测量,各点测试结果均应大于 2.5mm。按照 NACE RP0274 标准对热缩带安装系统进行 25kV 电火花检漏,无漏点为合格。

5.8 发泡材料填充

首先在接头两侧的水泥配重层端部安装橡胶密封条,然后用镀锌钢板环绕在接头处形成环形空腔,并用打包带绑扎,在镀锌钢板与水泥配重层重合的部分捆扎钢带并收紧。利用发泡机注射泡沫料,注料量根据环境温度在 24~35kg 范围内调整。泡沫料注入后,使用橡胶板将注射孔盖住并用绑扎带固定,防止泡沫成型时从注射孔大量溢出。泡沫完全成型后,使用橡皮锤轻轻敲击填充区域各处,如有空洞声音,需要在空洞区域的临时模具上开孔并进行手工发泡修补。每 50 道口,需要进行一次泡沫密度的检测,看密度是否在 $160~222kg/m^3$ 之间,如果密度低于 $160kg/m^3$,应立刻停止泡沫填充施工并排查原因,直至问题解决后方可继续进行泡沫填充。

6 安全、环境保护和健康管理措施

在海管补口施工过程中,首先保证操作人员的安全及海洋环境不受污染。因此,补口施工人员必须戴好口罩等必要的劳动保护用具,在操作设备的过程中要严格按照操作规程进行,并安排好人员进行全过程的监控,防止出现意外事故。在施工时产生的固体废弃物要及时回收,不得随便丢弃到海里。

7 结语

海底管道现场补口是制约整个海底输气管道质量的重要因素,只要补口材料、设备、施工人员及各工序得到有效控制,补口施工完全按照相关标准规范、操作规程和设计文件来进行操作,补口质量就能得到保证。从补口现场施工来看,其补口安装系统的性能都远远超过了标准 DNV-RP-F102[4]、ISO21809-3[5] 及深港支线海底管道接头涂层和填充材料技术规格书的技术要求。

参　考　文　献

1　王学国，马金凤. 长输管道现场防腐补口质量控制[J]. 防腐保温技术，2005，13(4)：29～31.

2　吴淑贞，马金濮. 管道防腐补口技术的进展及施工要求[J]. 腐蚀防护，2010，13(3)：39～42.

3　王放，刘金霞，张其滨，赫连建峰. 管道防腐热收缩带补口的问题研究及对策[J]. 防腐保温技术，2010，18(3)：48～50.

4　DNV-RP-F102-2010, pipeline field joint coating and field repair of linepipe coating[S].

5　ISO21809-3-2008, petroleum and natural gas industries-external coatings for buried or submerged pipelines used in pipeline transportation systems-part 3: field joint coatings[S].

高压舱试样以缺陷等效弯矩载荷的数值模拟研究

曹先凡　姚志广　刘振纹

(中国石油集团工程技术研究院)

摘要：深海管道的铺设工况为其控制工况，尤其垂弯段管道受到弯矩和静水压力的联合作用，易于发生局部屈曲破坏，采用高压舱检验管道在弯矩和静水压力联合作用下的抗局部屈曲性能具有重要的工程意义。深水管道的厚度较大，在高压舱内难以施加满足要求的弯矩，为了解决该问题，可在试样上合理地制造缺陷等效弯矩作用。通过有限元软件 ABAQUS 数值分析得到了缺陷和弯矩的等效关系：首先，模拟出弯矩作用下完整试样的局部屈曲过程，给出局部屈曲对应的静水压力临界值；然后，通过数值模拟给出含缺陷试样局部屈曲对应的静水压力临界值，得到缺陷尺寸和静水压力临界值之间的关系；最后利用静水压力临界值相同和差值方法得到与弯矩作用等效的缺陷尺寸。以上研究结果为高压舱校核深海管道在联合载荷作用下的抗局部屈曲性能奠定了基础，拓宽了高压舱的试验范围。

关键词：高压舱实验；深水管道；数值模拟；ABAQUS；弯矩等效；缺陷

1　引言

随着中国海洋石油开发逐步向深海发展，作为油气输送主要手段的海底管道面临着新的挑战：深海管道受到较大静水压力，尤其在铺设阶段管道垂弯段受到较大的弯矩作用，在两者联合作用下，管道易于产生局部屈曲破坏。"深海高压油气输运高强厚壁管材关键技术研究"课题(课题编号：2013AA09A219)是国家 863 重大项目"深水油气勘探开发关键技术与装备"的课题之一，中国石油集团工程技术研究院是该课题的主要参与单位，其中一个主要的研究内容就是利用高压舱设备检验高强(X80 钢)厚壁管道在弯矩和高静水压作用下的抗局部屈曲性能。当前，利用高压舱模拟大管径小径厚比管道在弯矩和静水压力作用下的局部屈曲是一世界难题，主要原因是难以对试样施加满足要求的弯矩载荷。根据静水压力承载能力等效思想，在试样上合理制造缺陷可以用于等效弯矩作用。本文通过有限元软件 ABAQUS 数值模拟得到缺陷和弯矩的等效关系：首先，模拟试样出弯矩作用下的局部屈曲过程，给出其局部屈曲对应的静水压力临界值；然后通过数值模拟给出含缺陷试样局部屈曲对应的静水压力临界值，得到缺陷尺寸和静水压力临界值之间的关系；最后利用差值方法得到三组试样与弯矩作用等效的缺陷尺寸。

试样所受弯矩的选取主要考虑深水管道铺设时垂弯段对强度的要求，根据 DNV OS

F101，垂弯段的应力不应超过屈曲强度的 0.72 倍，本文选取了管道最大应力为屈服强度的 0.7 倍，根据 X80 钢的力学性能和试样尺寸推导出所受弯矩载荷。

三组试样的尺寸和弯矩见表 1。

表 1　三组试样的尺寸和所受弯矩

试　样	长度/mm	外径/mm	壁厚/mm	弯矩/MN·m
1	2000	533.4	15.88	1.26
2	1500	533.4	25.4	1.91
3	2000	765.2	31.8	5.01

2　弯矩作用下试样局部屈曲的数值模拟

首先针对试样 1 采用 ABAQUS 建立数值模型，两端采用刚体固定，试样尺寸和所加弯矩见表 1，图 1 给出了数值模型示意图。采用实体单元离散模型，为了满足精度要求在径向划分 5 个单元；为了提高效率，在环向和轴向单元的尺寸较大，见图 2。试样外表面和轴向施加均布载荷模拟静水压力。图 3 为试样局部屈曲时的应力图，图 4 为静水压力和载荷步的关系，可见，静水压力增至 28.52MPa 时突然下降，说明此时管道出现了局部屈曲。

图 1　弯矩作用试样的数值模型

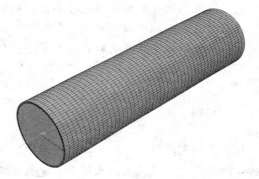

图 2　弯矩作用试样的离散模型

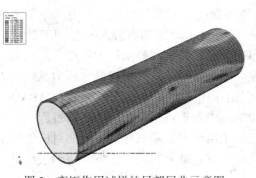

图 3　弯矩作用试样的局部屈曲示意图

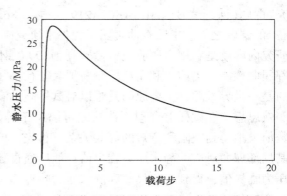

图 4　弯矩作用试样的静水压力-载荷步示意图

针对试样 2 和试样 3 分别模拟局部屈曲过程，得知静水压力临界值分别为 53.28MPa，46.20MPa。表 2 给出了三组试样的模拟结果。

表 2　弯矩作用下试样局部屈曲对应的静水压力临界值

试　样	静水压力临界值/MPa
1	28.52
2	53.28
3	46.20

3　含缺陷试样局部屈曲的数值模拟

在试样 1 制造关于中间横截面对称的缺陷。图 5 为数值模型，缺陷轴向长度 200mm，环向长度 100mm，首先选取缺陷深度为 3mm。单元离散模型见图 6，其中缺陷部分采用了单元加密。图 7 和图 8 为模拟结果，可知试样局部屈曲对应的静水压力临界值为 29.72MPa。缺陷轴向和环向尺寸不变，深度分别取 4mm 和 5mm，其结果分别为 27.80MPa 和 25.61MPa。计算结果见表 3。

含缺陷试样 2 和试样 3 的计算结果分别见表 4 和表 5。

图 5　含缺陷试样的数值模型

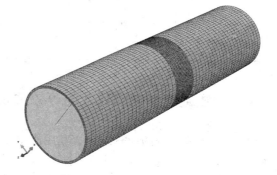

图 6　含缺陷试样的离散模型

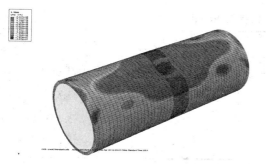

图 7　含缺陷试样的局部屈曲示意图

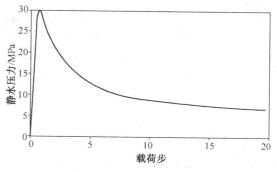

图 8　含缺陷试样的静水压力-载荷步示意图

表 3　缺陷尺寸和静水压力临界值之间的关系(试样 1)

缺陷尺寸/mm			静水压力临界值/MPa
轴　向	环向	径向	
200	100	3	29.72
200	100	4	27.80
200	100	5	25.61

表 4　缺陷尺寸和静水压力临界值之间的关系(试样 2)

缺陷尺寸/mm			静水压力临界值/MPa
轴　向	环向	径向	
200	100	5	54.48
200	100	6.7	51.05
200	100	10	44.45

表 5　缺陷尺寸和静水压力临界值之间的关系(试样 3)

缺陷尺寸/mm			静水压力临界值/MPa
轴　向	环向	径向	
200	143	6	48.36
200	143	8	45.96
200	143	10	43.50

4　弯矩载荷和缺陷尺寸的等效关系

　　结合以上两部分的计算结果，利用静水压力承载力相同和差值计算给出了三组试样等效弯矩的缺陷尺寸，见表 6。对于试样 1 其意义为：缺陷轴向长度 200mm，环向长度 100mm，径向深度 3.7mm，且缺陷关于中间横截面对称时，试样 1 的静水压力承载力和受到弯矩大小为 28.52MN·m 作用时的静水压力承载力相同。对于其他试样亦是如此。

表 6　与试样所受弯矩等效的缺陷

试　样	等效弯矩/MN·m	缺陷尺寸		
		轴向长度/mm	环向长度/mm	径向深度/mm
1	28.52	200	100	3.7
2	53.28	200	100	5.8
3	46.20	200	143	7.8

　　注：缺陷关于中间横截面对称，如图 5 所示。

5 结论

由于高压舱难以校核试样在弯矩和静水压力作用下的抗局部屈曲性能，采用了在试样上制造缺陷等效弯矩的思路。利用数值模拟方法建立缺陷尺寸和弯矩的等效关系：首先利用 ABAQUS 模拟弯矩作用下完整试样的局部屈曲过程，确定试样局部屈曲对应的静水压力临界值，然后给出含缺陷试样局部屈曲对应的静水压力临界值，最后建立了缺陷尺寸和弯矩关系，根据静水压力临界值相同确定了和弯矩等效的缺陷尺寸。以上研究结果为高压舱校核深海管道在联合载荷作用下的抗局部屈曲性能奠定了基础，拓宽了高压舱的试验范围。

多波束测深系统在海管路由勘察中的应用

赵开龙[1,2]　王世澎[1,2]　徐爽[1,2]　刘振纹[1,2]

(1. 中国石油集团工程技术研究院；2. 中国石油集团海洋工程重点实验室)

摘要： 海底管线是海上油气田生产设施的重要组成部分，在海洋油气工业中发挥着重要的作用，为了制定科学合理的管线路由，海底管线施工前需获取高精度的海底地形。多波束测深系统是目前应用最为广泛的一项测量海底地形的技术。本文介绍了多波束组成及利用多波束测深系统对海底地形测量的主要测量流程、系统偏差校正及数据处理过程。

关键词： 海底地形；多波束测深系统；偏差校正

1　引言

随着经济的发展，陆地资源已经不能满足需要，人们开始向海洋进军。随着我国海洋油气开发特别是深水油气勘探开发的日益活跃，作为油气田开发生产重要组成部分的海底管线也越来越多。海底管线路由设计、管沟开挖、埋设及后期运营维护中，均需要对路由海域的海底地形进行勘测，以便制定科学合理的路由、评价管沟开挖及埋设质量、检测管道悬空情况，评估运营风险，确保管道安全运行。

多波束测深系统是目前应用最为广泛的一项测量海底地形的技术，具有高效率、高精度、高分辨率的特点，在人类认识和开发海洋中扮演着越来越重要的角色。多波束测深系统分为浅水多波束测深系统和深水多波束测深系统。浅水系统深度量程为 3~400m，深水系统量程可达 10~11000m，覆盖范围可达 2.5~7.4 倍水深。精度为 $(2~10cm) \times (0.2\% ~ 0.5\%)$ 深度。多波束采用三维可视化的方法进行目标判断，在 3D GIS 系统中可以直接提取目标物的平面位置和高度，还能够从不同的角度进行观察，便于掌握目标物的形状特征，能够直观地反映细微的地形起伏所导致的坡度和坡向变化。

2　多波束测深系统组成

多波束测深系统是利用安装于船底或拖体上的声基阵向与航向垂直的海底发射超宽声束，接收海底反向散射信号，经过模拟/数字信号处理，形成多个波束，同时获得几十个甚至上百个海底条带上采样点的水深数据，与现场采集的导航定位及姿态数据相结合，能够精确地、快速地测量出沿航线方向一定宽度内水下目标的大小、形状和高低变化，从而可以比较可靠的描绘出海底地形地貌的精细特征。

多波束的辅助参数主要有船位、船姿和潮汐三大类。一般情况下，船位通过 GPS 确定，船姿多采用姿态传感器测定，潮位通过验潮仪确定（见图1）。系统参数主要有：经纬度、船速、横摇偏角、纵摇偏角、航偏角、升沉等。由于船体姿态（纵摇、横摇、升沉）和航向的变化，使船体坐标系统对于大地参考坐标系统发生相对旋转和平移，从而影响多波束测深系统的深度和定位精度，因此，多波束测深系统必须进行姿态和定位数据的补偿和修正。另外，在以上几项参数测定前，还需要作声速剖面（SVP）校正。

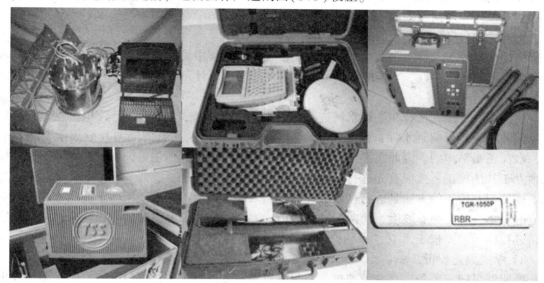

图1　多波束测深系统主要设备

3　海底地形测量流程

3.1　多波束测量设备安装

图2为多波束测量设备布置示意图。开始测量前，按照图3所示相对位置在测量船上安装多波束测深系统各设备。

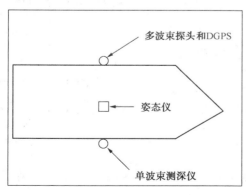

图2　测量设备布置示意图

图3　换能器安装

3.2　多波束系统偏差校正

多波束测深系统各传感器坐标系的对应坐标轴应当相互平行，但由于安装偏差的存在，这点很难保证。电罗经和姿态传感器的安装偏差可通过静态测定进行测定或校正，但多波束探头的安装偏差很难进行这样的静态测定。如果不对系统安装偏差进行有效处理，将极大影响多波束测深系统的测量质量。为此，根据多波束测深系统的特点，设计了横摇偏差校正、纵摇偏差校正和艏向偏差校正等偏差校正方法。

1) 横摇偏差校正

横摇偏差校正是针对多波束系统的换能器在安装过程中可能存在的横向角度误差而引入的一种校正方法(图4)。当换能器横向安装角度与理论设计角存在偏差时，海底地形将受到严重弯曲。

横摇偏差校正宜选择在平坦水域进行，因为在平坦水域，航向偏差只影响到水深点位；纵摇偏差尽管还影响到水深，但是对各水深点是等幅度的。在航向偏差和纵摇偏差的影响下，水深还是平坦的。因此在平坦海底进行横摇校正不会受其他偏差的影响，即横摇偏差校正独立于其他校正，故应首先进行。

横摇偏差校正的方法是进行往返测线的数据采集，换能器同舷波束两个测线方向的坡度差值的1/2为海底固有坡度，而两坡度的均值为换能器安装偏差引起的海底畸变，并以此坡度角进行横摇偏差校正。

2) 纵摇偏差校正

换能器纵向安装角度存在偏差也会引起测点沿航迹前后发生位移(图5)。纵摇偏差校正宜选择在水深有明显变化的水域进行，如有一定坡度的斜坡(航向垂直于斜坡)。测定也采用同测线往返测量的方式，通过比较同水深点航向上的点位变化，确定纵摇偏差。采用同测线往返测量的方式时，航向偏差使多波束探头扇面偏转一角度，如无纵摇和横摇的影响，在同一船位处，两平行，将测得相同的水深。因此，采用同测线往返测量可突出纵摇偏差的影响，宜在艏摇偏差前进行测定。

3) 艏摇偏差校正

艏摇偏差校正也宜选择在水深有明显变化的水域进行，有明显的目标点更佳(图6)。测定采用两平行测线同向测量的方式，通过比较重叠带内同水深点(目标点)航向上的点位变化，确定艏向偏差。

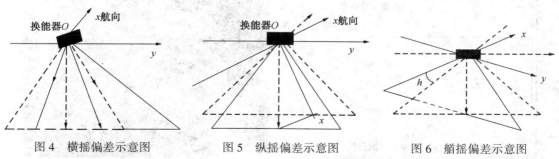

图4　横摇偏差示意图　　　　图5　纵摇偏差示意图　　　　图6　艏摇偏差示意图

除了进行上述几项偏差校正外，对于采用 GPS 等设备定位的，还应先进行定位时延测定。

3.3　多波束测线布设

多波束测线应沿测区主体地形走向(即水深等值线走向)平行布设,测线间距应能保证相邻测幅有一定的相互重叠,测幅间重叠度应根据任务要求进行规定。多波束测量期间要根据实际水深情况和相互重叠的程度合理调整测线间距,以避免扫测盲区,或不必要的过量重叠。在测区要布设至少1条跨越整个测区、与大多数测线方向垂直的检查测线。

3.4　多波束数据处理

多波束数据处理分为:预处理、成图处理、图像处理三个过程。

1)预处理

预处理是对所有多波束测量数据进行初步的整理,剔除野值、插值、平滑,主要包括数据格式转换与读取、声速剖面数据处理、定位数据处理、潮位数据处理、姿态数据处理、深度数据处理、数据合并等,其目的是减小误差,提高数据的可信度。

2)成图处理

成图处理是对预处理后的数据处理,生成海底地形数字模型(DTM)。多波束测量的水深数据密度很高,因此成图系统首先应有合理、快速的数据压缩功能,既能保证水深点密度要求,又能满足航行安全,同时真实地反映海底地形。其次,为了便于对海底声纳图像的处理,需对测量得到的离散的水深数据进行网格化处理。最后,应有符合国际标准的图幅自动配置功能,直接生成符合要求的成果图,能够输出多种图形格式文件(栅格文件、矢量文件等)或数据文件,打印纸质成果图直接被海图出版系统使用。

3)图像处理

声纳图像形成以后,还需对图像进行处理。主要因为:

(1)噪声干扰。多波束测量数据虽然经过了严格的数据处理,但还包含着未被完全消除的噪声的影响。噪声干扰降低了图像质量,造成图像特征提取和识别困难,并产生不良的视觉效果。因而图像处理的一个非常重要的任务便是削弱噪声,提高图像质量。

(2)突出有用特征。寻找和识别目标是多波束声纳图像的一个基本功能。为了更好地分辨多波束条带测深仪绘制的图像细节,使三维地形图更加清晰,就需要对图像进行增强处理,突出图像中的有用信息,以利于目标的发现。

(3)目标被发现后,目标的尺寸、边缘和面积等特征的确定和提取还需通过图像处理获得。

鉴于此,声纳图像处理主要包括图像的平滑、增强和特征提取等功能。

4　讨论

多波束系统需由多传感器协同进行水深测量,观测值多,误差来源多,具有复杂性和隐蔽性。海况因素、人为操作不合理、系统参数设置不合理、多波束仪器的自噪声、测船的本底噪声、其他设备的声波干扰、周围船舶对水体的扰动、水底底质对声波的影响等等,都会不同程度地给多波束系统的正常测量工作带来一定的干扰与影响。因此,在多波束系统作业的各个阶段,必须进行周密细致的布置、切实有效的质量控制、科学正确的精度评估,才能有效地提高多波束测深成果质量,充分发挥多波束测深系统的优越性。

多波束数据后处理总原则为"去伪存真"。在数据编辑时,应忠实于实时采集的数据,尽量减少人为主观因素。在处理异常水深时，操作人员必须谨慎处理，对异常水深所处的位置及处理的方法必须记录，以备检查质量时查证。数据后处理人员应具备一定的专业水平及实践经验，熟悉后处理软件功能及操作流程。

多波束数据后处理应严格按照所用软件要求的流程进行操作，流程错误将会对整个处理结果产生一定的影响。不同的软件其数据后处理流程不相同，数据后处理流程应按所使用的后处理软件所规定的流程操作。

参 考 文 献

1　黄谟涛．海洋测量技术的研究进展与展望．海洋测绘．2008(9)：77~82.
2　刘雁春．我国海洋测绘技术的新进展．测绘通报．2007(3)：1~7.
3　杜明成．海底地形数据获取的手段、精度和用途．专题探讨．2009(9)：64~69.
4　李家彪．多波束测深及影响精度的主要因素．海洋测绘．2001(1)：26~32.
5　宋玲玲．多波束测量数据预处理研究．南京航空航天大学硕士学位论文．2007.
6　穆仁国．浅水多波束测深侧扫系统研究．哈尔滨工程大学硕士学位论文．2008.

浅地层剖面仪在海底管道探测中的应用

罗小桥　李春　赵开龙　许浩

(中国石油集团工程技术研究院)

摘要: 海底管道是海上油气输运的主要方式,管道的裸露和悬跨会严重威胁油气管道的安全,在管道的铺设施工期和运行期必须对其进行检测。本文通过在冀东油田管线调查和中油海63平台插桩移位的调查实践应用,介绍了浅地层剖面仪的基本原理、数据的处理过程以及影响数据采集的主要因素。

关键词: 浅地层剖面仪;多次波;直达波;海底管道

1　引言

近20年来,随着海洋石油勘探开发走向中深水,海底管道在海洋油气运输过程中发挥着非常重要的作用。自1954年美国Brown&Root海洋工程公司在墨西哥湾铺设了世界上第一条海底管道以来,世界各国已在地中海、北海、墨西哥湾等海域总共铺设了数十万公里的各种类型和管径的海底管道。我国于1973年首次在山东黄岛铺设了三条500m从系泊装置至岸上的海底输油管道。又于1985年中日联合在黄河三角洲埕北油田成功地铺设了1.6km钻采平台之间的海底输油管道。目前,海洋已成为我国最重要的油气开发代替区,并且海洋中深水油气勘探开发的日益活跃,海底管道作为油田开发生产的重要组成部分将会逐年增加。

虽然海底管道输油效率高,运油能力大;但是管道长期处于海底,可能会遭遇波流冲刷、海水腐蚀、复杂海底地形、灾害地质等外界条件,不可避免地会出现悬空和裸露现象。一旦管道发生失效,维修和更换困难,不仅影响油气的正常生产运输,造成巨大的经济损失,而且将严重污染海洋环境,甚至引发海洋生态环境灾难。因此,海底管道铺设以后,为保证海底管线的安全运营和延长使用寿命,必须加强对海底管线进行全方位、详细和准确的定期检测,以掌握海底管道在海床上的空间状态。

目前,国内外海底管道探测的主要仪器包括浅地层剖面仪、侧扫声纳、多波束、水下机器人ROV等。其中,浅地层剖面仪可用于调查埋藏管道的埋深、上覆沉积物的类型及厚度;侧扫声纳和多波束可用于调查暴露管道的出露高度或悬跨高度;水下机器人ROV可以搭载多种专业调查及检测设备,对海底管线的外部情况进行全面的检测。本文主要介绍了浅地层剖面仪的基本原理以及在冀东油田和中油海63平台插桩移位中的调查实践,并分析了影响探测数据的主要因素。

2　浅地层剖面仪原理

浅地层剖面仪系统是利用声波反射的原理来探测地层的,声波在海底传播时,一部分声信号会通过，另一部分声信号则遇到声阻抗不同的反射界面发生反射，而且在每一个界面上都会发生此现象。由于不同的地层存在着密度差异和速度差异，这种差异在声学反射剖面上表现为声阻抗界面，差异越大，声阻抗界面就越明显(图 1)。即决定声波反射条件的因素为声阻抗差，反射系数 R_{PP} 表示为：

$$R_{PP} = \frac{\rho_2 V_2 - \rho_1 V_1}{\rho_2 V_2 + \rho_1 V_1} \tag{1}$$

式中，V 为声波在介质中传播的速度，ρ 为介质密度，ρV 为声阻抗。

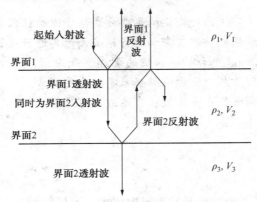

图 1　剖面仪工作原理示意图

由式(1)可以看出，能否获得强的反射(R_{PP})取决于界面两侧物质是否存在较大的声阻抗差。当 $\rho_2 V_2 - \rho_1 V_1$ 值值很小，即界面两侧的物质差异不大时，声阻抗差很小，产生的反射很弱甚至没有反射；相反，当 $\rho_2 V_2 - \rho_1 V_1$ 值很大，即界面两侧的物质差异很大时，声阻抗差很大，就能得到较强的反射。

浅地层剖面仪所发射的低频声波对海底有一定的穿透深度，能准确反映出海底以下不同深度的沉积物结构构造特征。垂向和水平分辨率是衡量浅地层剖面仪性能的重要参数，分别表示为：

$$\Delta Z = T_c \cdot C/2 \tag{2}$$
$$\Delta X = \sqrt{\lambda \cdot H/2} \tag{3}$$

式中，ΔZ、ΔX 分别为垂向和水平分辨率；C 为声速；T_c 为有效脉冲宽度；λ 为波长；H 为水深与声波穿透深度总和。

受浅剖分辨率的限制，对于直径大于 0.3m 的管道较易判别；对于直径 0.2~0.3m 的海底管道在海况较好、图像清晰时也能判别；对于直径小于 0.2m 管道和电缆来说，在浅剖图像上很难或无法识别。

3　浅地层剖面仪的组成

浅地层剖面仪主要由发射系统和接收系统两大部分组成。发射系统包括发射机和发射换能器，接收系统由接收机、接收换能器和用于记录和处理用的计算机组成，此外还有电源、电缆、接线盒等其他配套设备。

3.1 声源

即发射换能器，在地震勘探上称为震源。它是产生声波的装置，实现电能或化学能向声能的转化。根据海底的地层结构和探测目的的不同选择不同的发射功率。

电磁脉冲式：其发声原理是电磁效应，即脉冲电流通过处于磁场中的线圈时，将使作为线圈负荷的金属板产生相对位移，从而引起周围介质产生振荡而发出声波。

3.2 水听器

即接收换能器，是将介质的质点振动（位移、加速度的变化）转化成电信号并输出的系统，是将机械能（声能）转化为电能的装置。水听器由密封在油管里的多个按照一定顺序排列起来的检波器组成，其性质与检波器的本身指标、排列间隔和数量有关。

3.3 记录和显示系统

记录声波反射波的返回时间和强度并将其在计算机屏幕上显示出来的设备。随着计算机技术日新月异的发展，该系统也越来越智能化、人性化，不但能够将记录显示在操作员面前，更能进行完全存储，使得记录资料更全面。

4 浅地层剖面仪数据处理

4.1 导航定位数据核对

在实际海上作业中，GPS 接收机的位置与浅地层剖面仪的位置并不一致（如图2），因此要通过坐标的偏移实现测线的准确定位。

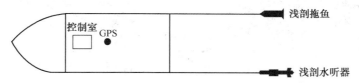

图 2 浅地层剖面仪布设示意图

4.2 追踪海底

海底追踪最有效的办法是对照着同步测深数据来进行，解译出的海底的深度必须要与测得的同步水深相符，否则追踪的海底就是错误的。在海上工作时，可以通过时变增益控制以及改变换能器与水听器间距等办法消除或减弱直达波干扰；在室内资料处理时可采用低通滤波进行压制。

4.3 排除多次波

多次波的产生与水深条件、能量选择、海底地层性质及密实程度等有关。多次波一般由海底和水面的二次或多次反射组成，表现为水深的两倍或多倍。

4.4 解释海底管线以及特殊地质现象

海底管道在浅地层剖面图像中一般表现为一条反射同相轴顶点信号强而两侧反射信号逐渐减弱的抛物线（如图3、图4）。在浅剖图像中，埋藏管道的双曲线顶部位于海床面以下，可以据此判断管道埋藏深度；出露管道的双曲线顶部位于海床面之上，可以据此判断管道的暴露高度。

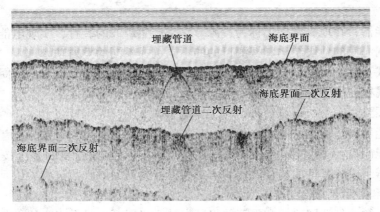

图 3　埋藏管线浅地层剖面图

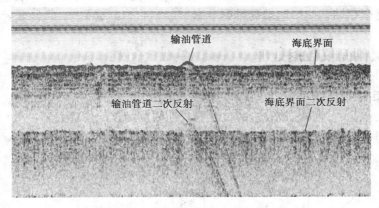

图 4　裸露管线浅地层剖面图

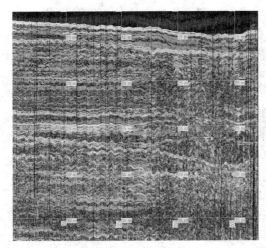

图 5　浅地层剖面干扰图

5　影响浅剖数据的因素

5.1　机械干扰和船速

机械干扰主要是调查船体及螺旋桨、来往船只等产生的噪音干扰,这类干扰在记录上表现为特殊的黑色垂向条带(如图5),影响地层回波形成的真实同相轴,降低了地层剖面的质量。在一定距离内,船速越慢,发射次数越多,反射点越密,地层连续显示就越清晰,浅地层剖面仪使用的船速在4~5节为最佳。

5.2　增益调整

浅地层剖面仪的增益是根据探测区水深,地层性质,地层厚度,界面反射系数和噪声干扰等综合因素进行调整。增益的抑制过分,得不到反射信号，使记录消失，不进行抑制，直达波，噪声等干扰信号也被记录下来，直接影响记录清晰度，所以调整较适宜的增益值能地层记录浓度均匀，噪声干扰背景浅淡，使地层信号清晰可辨。

6 总结

本文通过对浅地层剖面仪的数据处理分析得出以下结论：

（1）浅地层剖面仪作为目前常用的海底管道检测方式，但是它所探测的海底管道为一个剖面，不利于大面积、快速的掌握管道的空间状态，应该采用综合的物探方法，发挥各自的技术优点，综合解释海底管道的埋深状态。

（2）海底管道探测效果的好坏取决于海底管道的管径、材质、埋设状况以及对各种探测方法原理的理解。因此，检测前必须尽量地分析海底管道的物理性质、海床的地形和沉积地层情况，并根据其特征选择合适的仪器组合方法进行检测，是海底管道探测的关键所在。

参 考 文 献

1 崔征科. 海底输油气管道维护性检测中的工程物探技术[J]. 海洋石油，2006. 26(2)：104~107.

2 金伟良，张恩勇，邵剑文，等. 海底管道失效原因分析及其对策[J]. 科技通报，2004，20(6)：529~533.

3 马胜中，陈炎标，陈太浩. 近岸海底管线路由调查与管线的探测[J]. 南海地质研究，2005，1：101~107.

4 周兴华，姜小俊，史永忠. 侧扫声纳和浅地层剖面仪在杭州湾海底管线检测中的应用[J]. 海洋测绘，2007，27(4)：64~67.

浅析酸性海上油气田输气管道选材

李艳[1]　彭泽煊[2]　郑飞[1]　许文妍[1]　庄钢[1]

(1 天津钢管集团股份有限公司；2 中海石油(中国)有限公司湛江分公司)

摘要：对国内某酸性油田的海底输送管道根据实际工况进行选材分析。结果表明，在未有保护措施的模拟工况下，实际腐蚀速率也能满足设计要求。但在正常使用过程中考虑实际工况的苛刻性要加严缓蚀剂的使用和后期维护。

关键词：酸性环境；抗硫化氢腐蚀；硫化物应力腐蚀开裂；缓蚀剂

随着安全开发意识的增强，酸性环境用管的设计、生产和研究也逐渐增加。从项目的初步设计就考虑到用具有抗腐蚀性能的材料，以及实际使用过程中通过管道内防护如添加缓蚀剂等措施确保管道的安全使用。油气田中的主要腐蚀性气体为 H_2S 和 CO_2。当分压 $P_{H_2S}>$ 300Pa 时必须对管材提出抗 SSCC 和 HIC 的要求。随着输气压力的提高，要满足 $P_{H_2S} \leqslant$ 300Pa 则须将 H_2S 的百分量降得非常低，例如输送压力为 10MPa 时，需要将 H_2S 降至 0.003% 以下。CO_2 腐蚀最典型的特征是呈现局部的点蚀、癣状腐蚀和台面状腐蚀。当 $P_{CO_2}<$ 0.02MPa 时，没有腐蚀；当 $P_{CO_2}=0.02\sim0.21MPa$ 时，发生腐蚀；当 $P_{CO_2}>0.21MPa$ 时，严重腐蚀。针对这两种气体的腐蚀性特点，国内的大型钢管生产企业都在逐步开发和完善满足酸性油气田用管的产品，出现了一系列抗硫化氢腐蚀、抗二氧化碳腐蚀以及双抗(即抗硫化氢腐蚀又抗二氧化碳腐蚀)的石油专用管和输送用管线管，以满足当前石油天然气行业发展的需要。

本文根据国内某酸性油田的输送管道的设计、开发过程中所使用的抗硫化氢腐蚀材料进行深入的研究，通过模拟工况进行腐蚀性能评价，以及对其油田的后期维护提出一点建议。

1　输送管道的设计

某酸性油田属于海上油田，水深在 30~120m 之间，主要输送原油。具体的输送工艺设计见管道运行参数表，如表 1 所示。管道内 H_2S 的分压为 3.2kPa，CO_2 的分压为 80.8kPa。H_2S 含量和 CO_2 含量均很高，在工程的设计过程中考虑到了两种腐蚀性气体的影响，根据不同气体的腐蚀特点进行了设计与防护。H_2S 气体主要发生应力腐蚀开裂，表现为不可预见的瞬间开裂。CO_2 主要考虑均匀腐蚀和坑蚀，表现为局部减壁和破漏。用 P_{CO_2}/P_{H_2S} 可以判定腐蚀事故是 H_2S 造成的应力腐蚀还是 CO_2 引起的坑蚀。当 $P_{CO_2}/P_{H_2S}<$ 500 时则主要为 H_2S 腐蚀；当 $P_{CO_2}/P_{H_2S}>500$ 时为 CO_2 腐蚀。根据"先漏后破"的设计理念，首先通过选择合适的材料防护硫化氢应力腐蚀开裂，通过最经济可行的添加缓蚀剂的方式达到管道内 CO_2 腐蚀的控制。

表1 某酸性油田管道运行设计参数表

输油量/(m³/d)	输水量/(m³/d)	入口压力/kPaA	出口压力/kPaA	最大压降/kPaA
12121	1200	4574	1600	2974
设计压力/kPaA	入口温度/℃	出口温度/℃	设计温度/℃	出口流速/(m/s)
6100	60	57	80	1.661

2 管道材料的设计

管道的材料设计依据国际通用标准 API SPEC 5L 1 和 DNF-OS-F101 对输送用管线管的要求，采用 X65QS 钢级，满足酸性环境油气田使用的要求。抗硫化氢应力腐蚀试验评价通过 NACE TM0284 和 NACE TM0177 规定的 HIC 和 SSC（四点弯曲）试验。本公司对管道材料依据设计进行了材料成分设计、生产工艺设计以及保证了最终的力学性能和抗腐蚀性能。

2.1 材料成分的设计

材料的成分设计满足标准对相应钢级的化学成分要求的同时融入微合金化的理念，采用低碳 Nb 系微合金设计，严格控制有害杂质元素，保证了低 S、低 P。成分设计合理，满足标准对管材的各项性能要求。

2.2 生产工艺设计

通过短流程冶炼工艺结合纯净钢冶炼、真空脱气、夹杂物控制和连铸工艺，得到了优质管坯。采用无缝管的热轧工艺，通过世界上最先进的 PQF 轧机进行轧制，结合高端的尺寸控制技术，保证管材具有很好的几寸精度，满足现场施工对管端尺寸精度的要求。最终交货状态为调质处理，通过淬火和回火工艺，既保证了最低使用的力学性能，又获得了优异的强韧性匹配和抗腐蚀性能。

2.3 性能设计

性能要求满足 API 5L 和 DNF-OS-F101 规定的屈服强度、抗拉强度、延伸率、硬度以及冲击功的要求。同时降低冲击功的试验温度，满足最小使用温度下的冲击韧性。具体的力学数据对比见表2。抗硫化氢腐蚀性能评价试验对比见表3。

表2 材料实际生产力学性能数据对比表

项　目	屈服强度/MPa	抗拉强度/MPa	延伸率/%	硬度 HV10	冲击功值 J(-10℃)
标准值	450~565	535~760	≥18	≤250	≥45
实测值	480~530	580~640	35~48	180~220	200~320

表3 材料设计抗硫化氢腐蚀评价试验数据对比表

项　目	HIC	SSC
标准要求	NACE A 溶液，CSR ≤ 2%，CLR ≤ 10%，CTR ≤ 3%	四点弯曲，溶液 A，72%SMYS 加载，试验时间 ≥720h，未出现断裂
实际结果	NACE A 溶液，CSR ≤ 0%，CLR ≤ 0%，CTR ≤ 0%	四点弯曲，溶液 A，80%SMYS 加载，试验时间 720h 未出现裂纹和断裂

3　管道的模拟工况分析

3.1　模拟工况的试验方案

试验条件采用实际输送管道的总压力、P_{H_2S}、P_{CO_2}分压，溶液为 5% NaCl，试验温度为 80℃。试验设备采用美国 Cortest 公司生产的动态高温高压釜，转速为 3m/s。试样尺寸为 50mm×25mm×5mm，试样逐级用砂纸打磨，在超声波清洗机中用丙酮清洗除油，无水乙醇冲洗，冷风吹干后，将试样相互绝缘安装在特制的防腐试样架上，放入高压釜内，加入腐蚀溶液，通入高纯氮 2h 以除氧，随后将高压釜密封，通入 H_2S 和 CO_2 的混合气体，升温升压，试验时间为一周。试验结束后，将试样连同试样架取出用自来水冲洗约 10min，以去掉试样表面残留的溶液。随后将试样放入清洗液中剧烈搅拌至腐蚀产物除净为止。酸洗后去除腐蚀产物的试样立即在自来水中冲洗，并用滤纸吸干后置于无水酒精或丙酮中浸泡 3~5min 脱水。脱水后试样经热风吹干后。而后用 FR-300MKII 电子天平(精度 1mg)称重并计算其失重腐蚀速率。

3.2　试验结果分析

此模拟工况试验是通过模拟实际输送环境和提高旋转速度来达到对材料抗腐蚀性能的评价。一般认为随流速增加，腐蚀速度增大。在 80℃、恒定压力下，腐蚀速度随流速增加而提高。本试验通过提高了旋转速度，来做到加速腐蚀。通过试样表面观察未出现点蚀现象。通过模拟工况试验结果得到了材料在此试验条件下的平均腐蚀速率为 0.4523mm/a，高于 0.127mm/a，属于严重腐蚀。仅考虑均匀腐蚀，通过此腐蚀速率计算，管材在恶劣的环境下也可以满足 30 年的使用年限。模拟工况的试验结果虽然从材料本身未加任何防护可以满足使用年限的要求，但是由于模拟试验的局限性，实际使用过称中会出现增速、压力波动等各种情况会加速腐蚀，所以采取加缓蚀剂的方法是必要的。

4　现场使用

油田在实际使用过程中，针对实际输送的腐蚀介质，采用了抗硫化氢腐蚀材料和缓蚀剂相结合的防护方式，全面预防了电化学腐蚀和点蚀腐蚀的发生。在使用缓蚀剂后，保证了管道内部在中度腐蚀到轻微腐蚀以内，腐蚀速率小于 0.076mm/a，达到了油田腐蚀防护的使用要求。而且做好后期防护，定期清理管道，防止局部点蚀的发生是非常必要的。

5　结论

(1) 酸性油气田用管的选材是依据管道设计而定的。从安全角度考虑，应该加强材料本身进行腐蚀防护。

(2) 对于含 CO_2 的酸性气体输送管道，应该采用抗硫化氢腐蚀管材和 CO_2 相结合的防护方法。

(3) 对于使用缓蚀剂的油气田应该加强后期维护。

参 考 文 献

1 冯耀荣，李鹤林. 管道钢及管道钢管的研究进展及发展方向. 石油规划设计，2006，1：11~16.
2 API 5L，44th Edition(2007)，Specification for Line pipe[S].
3 DNV OS-F101-2007. Offshore Standard OS-F101 Submarine Pipeline Systems[S].
4 NACE TM 0284. Standard Test Method—Evaluation of Pipeline and Pressure Vessel Steels for Resistance to Hydrogen-Induced Cracking[S].
5 NACE TM0177-2005. Laboratory Testing of Metals for Resistance to Specific Forms of Environmental Cracking in H2S Environments[S].

海上钻井作业及自升式平台

风暴自存条件下自升式
平台预压载计算方法研究

张爱霞

（中国石油海洋工程有限公司工程设计院）

摘要：预压载操作是保证自升式平台作业时桩基稳定的重要措施。在进行平台预压载分析时，工程常用的直接叠加法的计算结果较为保守，而使用准静态分析法得到的结果偏小。由于穿刺事故在风暴条件下发生的概率很高，因此该工况下的环境荷载对平台预压载的影响不可忽略。本文使用动态分析法，并考虑了随机波浪的影响，在三种计算方法中更符合实际工况中平台的环境条件，其结果更适用于评估穿刺可能性。

关键词：自升式平台；预压载；风暴自存；动力分析

1 引言

自升式钻井平台在作业过程中，除了承受平台自身重量外，还承受着风、浪、流等环境荷载引起的水平力。这些水平力使平台受到倾覆弯矩的作用，使下风向的桩靴承受附加的垂直力，在恶劣风暴期间这个垂直力会引起桩腿的附加贯入，导致平台倾覆和损坏。因此，需要对自升式平台进行预压载，通过额外的垂直荷载帮助平台插桩至承载力更大的硬土层以提高作业安全性。如果预压荷载小于风暴自存状态下桩靴所承受的作用力，则桩靴入泥深度会继续增加，从而产生平台的沉降甚至穿刺；如果预压荷载大于风暴自存状态下的环境力，会造成自升式平台作业能力的浪费或桩靴入泥过深导致拔桩困难，所以预压载的准确确定对于平台的安全、高效作业至关重要。

自升式平台进行预压作业的荷载一般有两个来源，一种是船体内注水，一种是利用自身重量。三腿自升式平台一般采用第一种方法，即注入海水，以提高桩腿对海底基础的压力，一直达到预定压力为止。而四腿自升式平台则是利用第二种方法按对角桩腿进行预压，如果每条桩腿的预压负荷为某一值 W，这样平台自重至少需保持 $2W$，并对应一定的平台吃水。

预压载操作时为了保证平台安全，防止某一桩腿突然下沉，应根据潮差和海况尽可能选择合适的压载吃水，在操作过程中应随时观察平台是否倾斜和偏移，并及时采取措施纠正。预压操作应持续足够长的时间使土壤固结，从而使地基具有足够的强度和承载力以保证结构的稳定性。当预压载状态稳定之后，如果没有发生平台沉降或贯入，则预压载过程结束。

平台预压载量是根据最大作业水深和极端风暴状态确定的。但在实际作业中，由于平台作业水深不同，作业地点的工程地质情况不同，环境条件不同，因此所需的预压载量与操作手册上的规定值有可能不同，甚至在较温和海况下可能会小于规定值。这种情况下就可以通过实际计算预压载值，控制入泥深度。另一方面，对于较深水作业的自升式平台，在确定预压载时，应充分考虑荷载的动力效应。随着水深的不断增加，自升式平台的自振周期越来越接近波浪的作用周期，动力效应也越来越明显。因此，对于较深水区域作业的自升式平台，如果环境条件与设计值有所不同，则应对压载量重新进行复核，以确保在目标区域作业时平台的安全性。事实上，在实际作业中，按照操作手册规定的压载量进行预压作业的过程中，平台沉降甚至穿刺的案例也时有发生。因此自升式平台在进入目标区域作业之前，对预压载量进行重新复核是非常有必要的。

2　预压载量的确定方法

工程上计算预压载的方法目前常用的有两种：直接叠加法和准静态法。然而，随着平台作业水深的增加，平台动力作用越来越明显，因为本文采用动力分析法进行了预压载的确定，并与前两种方法进行了比较。

2.1　直接叠加法

通常认为作用在桩腿上的最大垂向荷载包括平台的空船重量，可变荷载及极端风暴产生的垂向荷载：

$$Q_p = P + L + E \tag{1}$$

式中，Q_p 为每个腿上的预压荷载，P 为平台空船重量，L 为可变荷载，E 为极端工况下在每个桩腿上产生的垂向荷载，各个分量没有考虑余量或不确定系数。

公式(1)比较简单，但存在以下缺点：认为基础的极限承载力仅与垂向荷载有关，而事实上极端环境荷载对平台的作用非常复杂，并不只是上式中所表述的仅受垂向荷载的作用。环境荷载所引起的平台横向位移会在桩腿中产生附加弯矩，而该弯矩会使桩靴产生倾斜荷载（水平及垂向荷载的联合作用）及离心荷载（由于桩靴旋转引起的）。因此桩靴极限承载力是作用在其上的水平力 H，垂向力 V 及弯矩 M 及塑性变形的函数：

$$f(V, H, M, u_p, v_p, \theta_p) = 0 \tag{2}$$

预压载操作一般都是选取有利于安装的海况进行，此时桩腿上所产生的水平力可以忽略不计；而极端工况下环境荷载所产生的垂向力及水平力很大，因此仅由(1)式确定的预压载条件下基础的稳定性存在着不确定因素。式(1)中，各分量没有考虑任何余量，因而无法涵盖一些不确定性因素：如环境荷载的不确定性，土体在循环荷载作用下有可能产生承载力的弱化，实际操作过程中预压荷载的不准确性等等。另一方面，自升式平台的预压载与可变荷载的大小有关，而某些可变荷载如钻井甲板，悬臂梁等的位置是不断变化的，因此会使平台的重心位置发生变化，从而影响作用在桩靴上的支反力。

由以上分析可以看到，在工程实际中不能直接应用式(1)求解压载量，而应考虑适当的余量，因此桩腿的压载量可表示为：

$$Q_p \geqslant \gamma_w(P + L) + \gamma_E E \tag{3}$$

式中，$\gamma_w = 1.0 \sim 1.1$，以考虑平台重量的不确定性；$\gamma_w = 1.4 \sim 1.5$，以考虑环境荷载的不确定性。式(3)是直接叠加法的表达式，虽然考虑了平台重量及环境荷载的不确定性，但它仍是将垂向荷载直接相加，并没有考虑弯矩及水平力对预压荷载的影响，因此在理论上是不准确的。

另外，从式(3)可以看出，决定平台预压载量有两个因素，一个是平台重量，另一个是环境力所引起的桩腿荷载。平台重量与其状态有关，作业状态下增加的桩靴对地压力要比极端风暴工况下增加的对地压力值小。当然，这与具体的实际工程项目也有关系，可以通过核算进一步确定。尽管如此，在风暴自存状态下，极端荷载所增加的桩腿荷载是需要重点关注的问题。

2.2　准静态法

准静态法，简单地说就是用静力分析的方法来考虑动力因素的影响。具体来说，就是先建立有限元分析模型，计算出作用在结构上的静力荷载，然后计算波浪动力放大系数。宋林松等人研究了用准静态法求解预压载量的过程，并已成功应用于工程实践。使用此法可适当降低操船手册上规定的压载量，在满足工程需要的情况下减小了桩靴的入泥深度，从而降低了拔桩困难的风险。

在准静态法中，使用规则波模拟随机波浪，求出作用在平台结构上的最大外力，然后再采用静力法，求得平台上各部件的应力，进而评估平台结构的安全性。实践证明，在评估结构响应时，固有频率附近的结果会偏高，而远离固有频率处结果会偏低。因此引起平台结构最大应力的波不一定是波高最大的波，而是波高虽较小，但频率与平台结构自振频率接近的波。

一般情况下，准静态法只适用于海况比较温和的海域，或者当平台作业时间较短，且作业期间环境荷载相对较小时。对于作业环境比较恶劣的环境或水深较深的水域，应考虑使用动力分析方法对平台的预压载量进行再次计算。

2.3　动力分析法

自升式平台在风、浪、流等动力荷载作用下，其整体振动体系如图1所示。从图中可看出整个结构振动体系中外力—结构—周围介质(土、海水)三者之间的关系。风载作用于船体及井架，波浪和海流则作用于桩腿；平台在作业期间承受着不规则动力环境荷载的交变作用，结构响应也随之动态变化。海上平台的结构动力分析方法，就是在平台结构自身的力学性能基础上，得到其对外力的响应；输入随时间变化的荷载，输出平台结构的动力响应，进而评估结构物的安全性能。

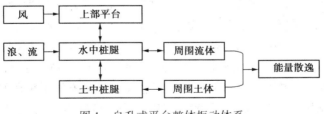

图1　自升式平台整体振动体系

平台动力敏感性、桩土作用的非线性和波浪荷载的随机性是在恶劣工作环境中影响自升式平台结构响应的主要因素。可选择影响平台结构响应的某一因素建立单独的模型进行计算分析，如建立复杂的有限元三维模型、完全时域模拟的结构响应模型及复杂的桩土基础模型等。这些模型的计算结果更准确，但相应的也提高了计算量，且模型中忽略了其他影响因素。因此对于平台结构动力响应的计算而言，对准确度和计算成本影响最大的是所建立的模型。为平衡考虑这两者的关系，本文在考虑了动力敏感性，接触非线性，荷载随机性等因素之后，建立了目标平台的非线性动力分析模型，对处于风暴自存工况下的自升式平台的预压载量进行研究。

3　计算算例

3.1　平台有限元模型(图2、图3)

本文以渤海某三腿自升式平台为例进行研究，平台全长为 56.0m，型宽为 48.0m，型深为 6.563m。桩腿为四角桁架式桩腿；桩靴为箱型结构，边长 6.3m，高 6.5m；桩靴底部为方形；升降作业时船体重量为 7085.0t。为准确求得平台的预压载量，本文使用 SACS 软件建立了能够真实反映该平台自振特性的有限元模型。

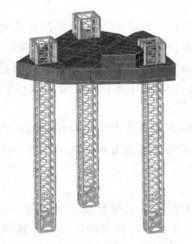
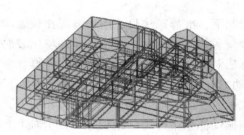

图 2　目标平台有限元模型　　　　　图 3　平台船体有限元模型

为反映结构刚度及桩腿与船体之间的相互连接，在模型中模拟了升降系统的作用。在风暴自存工况，由于锁紧装置，平台与桩腿弦杆之间既不能发生水平向和垂向的相对位移，也不能发生相对于 x 轴与 y 轴的转动位移。针对这种情况，采用了刚性梁的方法来模拟船体与桩腿之间的相互作用，即升降装置、锁紧装置和上下导向(用来限制水平方向的位移和旋转，以保证齿轮与齿条之间的间距)采用仅承受轴向压力的刚性单元模拟。

在工程实际中，自升式平台的桩腿基础处于一种介于固支和铰接之间的复杂状态，且存在桩土之间的非线性相互作用。Kellez 等人使用非线性弹簧模拟了桩靴与土体之间的约束作用；龚闽等人则指出影响基础约束条件的主要因素是土壤刚度及桩靴尺寸。研究成果表明，在硬质地基中，桩靴入泥较浅，可视为铰支约束。在软质地基中，桩腿入泥较深，由于桩靴入泥使土体破坏后固结，因而土体强度增加，所以弯矩比较难以评估；对于小尺寸桩靴，转动约束较小，基础约束可简化为铰支；而对于直径为 12~15m 的桩靴，其底部会产生较大的弯矩，使用铰支作为约束条件就不准确了。

本文所研究平台的桩腿为桁架式结构，桩靴采用大截面刚性梁模拟。桩靴为 6.3m×6.3m×6.5m，由于尺寸较小，因此考虑土壤对桩靴的作用为铰支约束。

3.2 作用在模型上的荷载

1）平台质量荷载

平台质量荷载包括空船重量及可变荷载。上部设备及荷载在模型中施加为 WEIGHT，并通过静载计算确保最终模型中平台的空船质量与实际相同。

在不考虑环境荷载的条件下，可以求得平台在本身重量作用下三个桩靴的反力。如图 4 所示：$L_1 = 12.83$m，$L_2 = 24.17$m，$L_3 = 0.41$m；2 号与 3 号桩腿中心连线的距离为 34.5m，到几何纵轴的距离均为 17.25m；平台重心与坐标原点纵向距离为 6.67m。

根据静力平衡，可求得平台自重荷载在各桩腿上的分布。

（1）作用在 1 号桩腿的自重荷载为：

$$F_1 = \frac{L_1}{L_1 + L_2} \times 7325 \times 9.81 = 24917 \text{ kN}$$

（2）作用在 2 号桩腿的自重荷载为：

$$F_2 = \frac{7325 \times 9.81 \times (17.25 - L_3) - 24917 \times 17.25}{34.5} = 22617 \text{kN}$$

（3）作用在 3 号桩腿的自重荷载为：

$$F_3 = 7325 \times 9.81 - 24917 - 22617 = 24324 \text{ kN}$$

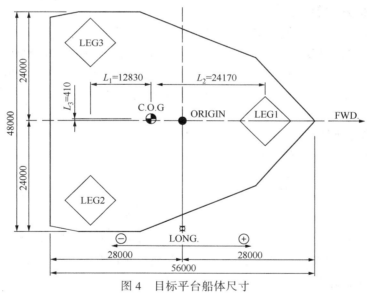

图 4　目标平台船体尺寸

可以看到，SACS 计算的结果（表 1）与手算结果基本一致，可以使用该模型进行下一步的计算分析工作。

表 1　SACS 重力荷载计算结果

桩　腿	LEG1	LEG2	LEG3
重力荷载	24918.32	22614.02	24326.10

2）风荷载

计算风荷载时，首先要确定各部件的受风面积、形状系数和高度系数，进而计算风压值和风力作用高度，然后求得不同风向的风力。

$$F = K \cdot K_z \cdot P_0 \cdot A \tag{4}$$

式中，P_0 为风压，$P_0 = 0.613V^2$，Pa；V 为设计风速，m/s；A 为受风构件的迎风投影面积，m²；K_z 为受风构件高度系数；K 为受风构件形状系数。

3）波浪荷载

假设所研究平台处于风暴自存状态，由桁架式桩腿承受波浪荷载，因此可用 MORISON 方程进行求解，波浪理论选取 STOKES-5 阶波理论。

通过计算可以得到铰支约束条件下平台的自振特性，表 2 给出了平台固有频率和振型。

表 2　平台振型计算结果

序号	1	2	3	4	5
频率	0.186321	0.194426	0.227349	2.406037	2.548054
周期	5.3670781	5.1433507	4.3985221	0.4156213	0.3924563

4　计算结果分析

4.1 直接叠加法计算结果

将 $\gamma_w = 1.0$，$\gamma_E = 1.5$，代入式(4)，则 $Q_p = W + 1.5E$

取八个方向中最大环境力(包括风力、波浪力)可计算得到三个桩靴总的预压荷载：

$$Q_p = W + 1.5E = 7325 \times 9.81 + 1.5 \times (8733 + 1809) \times 3 = 119297.2 \text{ kN}$$

考虑到升降装置的约束力，则每个桩靴实际预压荷载为：

$$Q_p/3 = 39765.73 \text{ kN}$$

4.2　准静态分析的计算结果

在准静态分析中，波浪动力放大系数可用以下公式进行简化计算：

$$DAF = \cfrac{1}{\sqrt{\left[\left(1 - \left(\dfrac{T_p}{T_z}\right)^2\right)^2 + \left(2\beta\dfrac{T_p}{T_z}\right)^2\right]}} \tag{5}$$

式中，T_p 为平台自振周期，T_z 为波浪周期，β 为临界阻尼，可取为 2%。使用 SACS 的 DYNPAC 模块计算出平台自振周期 T_p，如上表所列。在自存工况下，波浪周期为 8.1~15s，因此根据公式(5)求出相应的 DAF 范围为 1.15~1.78。

分别取 DAF 范围的上限值和下限值作为两个工况进行计算，基本荷载工况如表 3 所示。

表 3　基本荷载工况

基本荷载工况	工况描述
1	结构自重(考虑浮力)
2	结构自重(不考虑浮力)
W000	0°方向波浪力及流力
W045	45°方向波浪力及流力
W090	90°方向波浪力及流力

续表

基本荷载工况	工况描述
W135	135°方向波浪力及流力
W180	180°方向波浪力及流力
W225	225°方向波浪力及流力
W270	270°方向波浪力及流力
W315	315°方向波浪力及流力
E000	0°方向波浪力及流力
E045	45°方向波浪力及流力
E090	90°方向波浪力及流力
E135	135°方向波浪力及流力
E180	180°方向波浪力及流力
E225	225°方向波浪力及流力
E270	270°方向波浪力及流力
E315	315°方向波浪力及流力

组合工况及其计算结果：

（1）当 $DAF=1.15$ 时，将各工况按表4进行组合。

表4 工况描述（$DAF=1.15$）

组合工况	工况描述
EXT1	1×1.0+W000×1.0+E000×1.15
EXT2	1×1.0+W045×1.0+E045×1.15
EXT3	1×1.0+W090×1.0+E090×1.15
EXT4	1×1.0+W135×1.0+E135×1.15
EXT5	1×1.0+W180×1.0+E180×1.15
EXT6	1×1.0+W225×1.0+E225×1.15
EXT7	1×1.0+W270×1.0+E270×1.15
EXT8	1×1.0+W315×1.0+E315×1.15

计算得到的桩靴支反力如表5所示。

表5 各工况下的桩靴反力（$DAF=1.15$）

工况 \ 桩靴	LEG1/kN	LEG2/kN	LEG3/kN
EXT1	17635.11	23730.54	25289.91
EXT2	18646.57	30071.17	18030.91
EXT3	23110.01	31926.39	11703.22
EXT4	23259.99	31777.28	11727.62
EXT5	28718.6	19272.3	18754.5

工况 ＼ 桩靴	LEG1/kN	LEG2/kN	LEG3/kN
EXT6	27552.65	12082.66	27091.56
EXT7	23110.63	22624.22	21009.57
EXT8	18646.52	16472.26	31629.88

由上表可得出，桩靴最大预压荷载应为 31926kN。

（2）当 $DAF=1.78$ 时，将各工况按表 6 进行组合。

表 6　工况描述（$DAF=1.78$）

组合工况	工况描述
EXT1	1×1.0+W000×1.0+E000×1.78
EXT2	1×1.0+W045×1.0+E045×1.78
EXT3	1×1.0+W090×1.0+E090×1.78
EXT4	1×1.0+W135×1.0+E135×1.78
EXT5	1×1.0+W180×1.0+E180×1.78
EXT6	1×1.0+W225×1.0+E225×1.78
EXT7	1×1.0+W270×1.0+E270×1.78
EXT8	1×1.0+W315×1.0+E315×1.78

计算得到的桩靴支反力如表 7 所示。

表 7　各工况下的桩靴反力（$DAF=1.78$）

工况 ＼ 桩靴	LEG1/kN	LEG2/kN	LEG3/kN
EXT1	17522.54	23764.17	25323.53
EXT2	18549.43	30311.78	17870.78
EXT3	23101.35	32138.31	11501.8
EXT4	23333.48	31907.52	11539.55
EXT5	28892.43	19187.18	18669.49
EXT6	27626.31	11894.15	27222.08
EXT7	23102.52	22422.58	21221.17
EXT8	18549.69	16312.31	31870.01

由上表可得出，桩靴预压荷载应为 32138kN。

综上所述，由准静力法计算得到的桩靴最大预压荷载为 32138kN。

4.3　动力分析的计算结果

采用 PM 谱分析随机波浪响应，通过使用随机种子的方法在每个入射方向上产生 30 个随机波面，每个随机波面由 150 个 Airy 波组成。对应每个随机波面都计算相应的 DAF，每个入射方向的 DAF 结果为 30 个随机波面的 DAF 的平均值。表 8 为各入射方向的 DAF 值。

表8 各入射方向的 *DAF* 值

入射方向	0°	60°	90°	120°	180°	240°	270°	300°
DAF	1.9213	1.4529	1.2740	1.4299	2.1326	1.4387	1.2740	1.4436

在动力分析下的平台各桩腿的预压载如表9所示。

表9 各入射方向桩腿的支反力

方向	LEG1 反力/kN	LEG2 反力/kN	LEG3 反力/kN
0°	38134.52	16014.48	17721.48
60°	32289.92	7299.148	32246.99
90°	24899.29	19409.7	27820.37
120°	36197.05	14615.34	21066.2
180°	11031.02	29483.33	31190.33
240°	17448.94	38156.94	16272.4
270°	24900.57	30483.63	16478.14
300°	32242.36	30489.35	9104.492

从表 9 中可以看到，三个桩腿的最大预压载分别为 38134.52kN；38156.94kN 和 32246.9kN。

5 结论

本文探讨了三种计算平台预压载的方法，各桩腿上的最大预压载如表10所示。

表10 三种方法计算的最大预压载

方法 \ 桩腿	LEG1/kN	LEG2/kN	LEG3/kN
直接叠加法	39765.7	39765.7	39765.7
准静态分析法	28892.43	32138.31	31870.01
动态分析法	38134.52	38156.94	32246.9

可以看到，直接叠加法的计算结果较为保守，而准静态分析法的结果偏小。由于动态分析法中考虑了随机波浪的影响，在三种方法中更符合实际工况中平台的环境条件，其结果也更准确，尤其适用于环境条件较为恶劣的地区。因此，当自升式平台在波浪动力作用比较明显的较深水中作业前，建议采用动力分析方法对平台的预压载量进行再次核算，以避免穿刺等事故的发生。

参 考 文 献

1　P. Le Tirant, C. Pérol. Stability and operation of Jack-ups[M]. France: Imprimerie Chirat, 42540 Saint-Just-la-Pendue, 1993.

2　龚闽, 谭家华. 自升式平台预压荷载分析[J]. 中国海洋平台, 2005, 20(2): 20~24.

3　宋林松, 王建军, 黎剑波. 自升式平台压载量准静态计算方法应用研究[J]. 中国海上油气, 2010, 22(3): 193~196.

4　L. Kellez, H. W. L. Hofstede, P. B. Hansen. Jack-up footing penetration and fixity analysis [C]. Perth: Proceedings of the International Symposium on Frontiers in Offshore Geotechnics, 2005: 559~565.

5　龚闽, 谭家华. 自升式平台在层状地基上承载能力及穿透可能性分析[J]. 中国海洋平台, 2004, 19(2): 20~23.

深水钻井取心中如何计算取心进尺

乔纯上[1] 孙金山[2] 杜克拯[1] 曹鹏飞[1]

（1. 中海油能源发展股份有限公司工程技术深圳分公司；2. 中海石油深圳分公司勘探部）

摘要： 针对深水取心和浮式钻井平台的作业特点，总结出适合次深水及深水钻井取心作业计算进尺的操作方法，按照该方法操作，可以消除平台升沉对取心作业的影响，精确计算取心进尺，指导深水钻井取心作业的顺利进行。我国第一口自营深水取心井 LH29-2-2 井，进行取心作业 2 次，共取心 4 筒，总收获率达到 99.59%。

关键词： 深水；钻井取心；取心进尺计算

1 概述

2012 年 5 月 9 日，"海洋石油 981"在南海东部海域正式开钻，是中国石油公司首次独立进行深水油气勘探，标志着中国海洋石油工业的深水战略迈出了实质性的步伐。LW6-1-1（水深 1494.50m）井的顺利完钻，标志着我国已经掌握深水钻探技术。

随着深水钻井的不断发展和深水自营化脚步的逐步加快，对录井工作也提出新的标准和要求。深水钻井对综合录井中的迟到时间、气测录井、岩屑录井和钻井取心等方面都有较大的影响，其具体作业要求与陆地及浅水钻井有着许多不同点，这就要求现场人员在实践中去摸索总结，不断提高深水钻井的作业水平和能力。本文着重讨论在深水钻井取心过程中计算进尺的操作方法和要点。

钻井取心在取心进尺计算方面，有着比较严格的要求，由于深水和浮式平台的作业特点，常规的取心作业流程已经不能满足这些要求。因此，急需总结出适合深水作业特点的钻井取心进尺计算方法，以期指导深水取心作业的顺利进行。

2 深水钻井取心的特点

钻井取心作业包括卡准层位、起钻换取心钻具、下钻取心、割心和出心五大步骤，从卡准层位到割心作业时间少则 7h、8h，多则 1d 不等。在这较长的时间内，浮式钻井平台在潮汐、波浪（涌浪）作用下引起的升沉运动，将对作业人员判断取心钻具是否下钻到底、计算取心进尺和校正取心深度等问题产生影响。

3 技术措施

目前在实际取心工作中，南海现场作业大致可以分为两种情况，水深范围处于 200～500m 之间的为次深水，水深在 500m 以上的属于深水。深水取心和次深水取心的区别在于：

除了受潮差影响之外，最大的影响为涌浪的影响；涌浪大，平台升沉幅度大。

由于两种情况受到的潮汐、涌浪影响程度不同以及作业平台设施不同，取心的操作方法也有所区别，现结合南海深水实际作业情况，分述如下。

3.1　次深水取心操作方法

目前在南海东部钻井作业中，水深 500m 以下的作业任务，通常由南海 2 号、南海 5 号等平台承担。该类平台潮汐绳安装特点是：一端连接平台某一隔水管张力器的顶部滑轮外壳，绕过钻台上较高处的定滑轮，另一端连接在钻台浮标上，通过滑动的浮标和固定在钻台上的标尺，组成了潮汐读数器(如图 1)。潮汐绳读数与潮涨高度的关系需要分两部分来推导，一部分是以泥面为参考系的动滑轮系统，一部分是以平台为参考系的定滑轮系统。

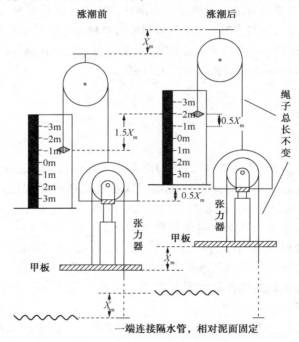

图 1　次深水平台潮汐绳原理示意图

隔水管张力器的简要构造示意如图 1，绕过张力器滑轮的钢丝绳，一端连接隔水管，相对泥面处于固定位置，另一端则连接在平台上；钢丝绳绳长是固定不变且始终处于张紧状态。据此可知，整个隔水管张力器可以看成是一个相对于泥面的倒置的动滑轮系统。当涨潮时，平台相对泥面上升了 X_m，根据动滑轮原理，张力器顶部滑轮相对泥面上升了 0.5 倍 X_m，即相对平台下降了 0.5 倍 X_m。

再将张力器顶部滑轮、钻台定滑轮、浮标和标尺看成一个相对于平台的定滑轮系统。由上述可知，当涨潮 X_m 时，张力器顶部滑轮相对平台下降了 0.5 倍 X_m。因其他组成要素均是相对平台处于固定位置，根据定滑轮原理，另一端的浮标相对标尺上升了 0.5 倍 X_m，正好是潮涨高度的一半。当落潮时，情况正好相反。

在现场作业中，我们一般将标尺刻度规定为上负下正，同时以 1∶2 的比例尺标定标尺刻度(图 1 所示中 1m 的实际距离是 0.5m)，这样在通过标尺校正潮差的时候，只需要直接读出浮标所在的读数(无论正负)，再加上此时的钻具入井深度(本文中"钻具入井深度"均指转盘面以下钻具的总长度），就得到最后的井深校正值。在不同时间对比井深情况，我们都通过校正值来比较。

具体操作方法如下：

1）钻至取心层位时的操作

卡层钻进时，应及时根据钻具节箍校深，保证井深准确。钻进至预计取心层位，停钻，循环至返出干净，检查各项录井数据，如不满足取心要求，则继续钻进卡层；若满足取心要求，则记录此时潮汐绳浮标读数 A，钻具入井深度 C。

2）更换取心钻具下钻至井底时的操作

起钻换取心钻具后重新下入井底，记录此时的潮汐绳浮标读数 B，和钻具入井深度 C'。比较 $(C+A)$ 和 $(C'+B)$ 的大小，若相等，则表明取心钻头正常接触井底，可以开始取心钻进；若前者大于后者，则表明井底有沉砂，应先充分循环后再开始取心作业；若前者小于后者，则先检查钻具表，如果钻具表没有问题，则有可能是钻杆弯曲变形造成的。

3）钻进取心及进尺计算

所有校正完成后，开始取心钻进。取心作业结束时，记录此时钻具入井深度 D，潮汐绳读数 E，则最后的取心进尺 $=(D+E)-(C'+B)$。

3.2 深水取心操作方法

在深水、超深水钻井作业过程中，除了受到潮汐作用，涌浪对平台的深沉影响也很大，一般可达到 1~3m，这使得潮汐绳读数在短时间内可能有一个较大的变化，因此像次深水作业的作业方法照搬到深水的话，就有可能产生较大的误差，以海洋石油 981 为例，潮汐绳并不绕过平台上的定滑轮连接，而是直接连接在隔水导管的支撑环上面（如图 2 所示），这样，当拉直潮汐绳，那么绳上每一点的位置相对泥面都是固定的。

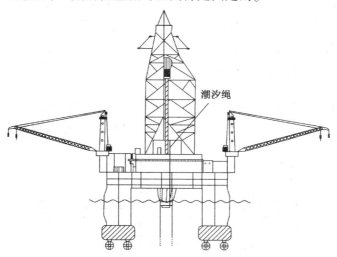

图 2　海洋石油 981 平台潮汐绳原理示意图

深水取心具体操作方法如下：

1）标定一个深度参照物

在潮汐绳上做一个标记 B 点（一般会有一个固定结），作为一个位置参照的标准；该标记的位置要高于转盘面，方便现场操作（如图 3）。

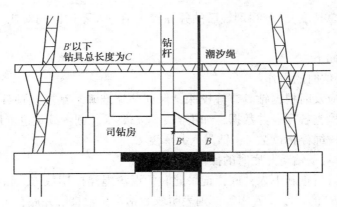

图 3 深水取心操作方法示意图

2）钻至取心层位时的操作

钻进至预计取心层位，停钻，循环至返出干净，检查各项录井数据，如不满足取心要求，则继续钻进卡层；若满足取心要求，则钻头下到井底，此时开顶驱补偿器、加小钻压 W、拉直潮汐绳，取大直角三角尺量出与 B 点水平对应的钻杆位置 B'，丈量 B' 与最近的钻杆节箍之间的距离，再通过钻具表，计算出 B' 点以下钻具的总长度 C(如图3)。开补偿器、加小钻压 W，是为了保证钻具与泥面相对位置不变，W 不宜过大，保持正常钻进时钻压的 1/4 即可。

3）更换取心钻具下钻至井底时的操作

起钻换取心钻具后重新下入井底，加钻压 W，取大直角三角尺量出与 B 点水平对应的钻杆位置 B'' 点，计算出 B'' 点以下的钻具总长度 C'。

比较 C 和 C' 的大小。若 $C=C'$，则表明取心钻头正常接触井底，可以开始取心钻进；若 $C>C'$，则表明井底有沉砂，应先进行循环，循环返出干净后，使 $C'=C$，再进行正常取心，若循环后仍旧 $C>C'$，则应检查钻具表，如果钻具表没有问题，则有可能是钻具自然拉伸的结果；若 $C<C'$，先检查钻具表，如果钻具表没有问题，则有可能是钻杆弯曲变形造成的。

4）进尺计算

所有校正完成后，开始取心钻进。取心作业结束时，取大直角三角尺量出与 B 点水平对应的钻杆位置 D 点(如图4)，计算出 D 点以下钻具总长度 C''，则最后的取心进尺等于 D 点和 B'' 之间的距离或者($C''-C'$)。

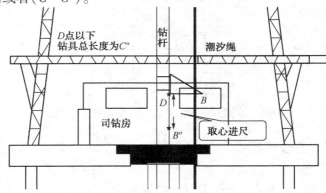

图 4 深水取心操作方法示意图

3.3 两种操作方法的比较

在海上钻井作业中，我们讨论的海面高度变化，实际上是指在一个小区域内能引起平台升沉的海水运动，是一个狭义的概念，通常我们认为海面高度变化受到潮汐和涌浪两个因素的影响。潮汐的变化是一个缓慢的过程，在一个较短的时间内，潮高可以认为是固定值，但是涌浪的变化是瞬时的。

次深水取心校深思路，是以转盘面为参照物，计算钻具入井深度和比较前后海面高度的变化，来进行深度校正；深水取心校深思路，是以潮汐绳上的固定结为参照物，计算该点以下钻具的总长度来实现深度校正的。

因此可知，次深水操作方法中海面高度必须可测量，当海况好、涌浪影响小时，海面的瞬时高度是可测量的；可当海况差、涌浪影响大的时候，海面的瞬时高度是变化的，次深水操作方法的测量误差由此而来。可以说，次深水操作方法的理论基础就是一个忽略了涌浪对平台的影响。相反，深水操作方法则不需要考虑海面高度的变化，其用于校正计算的两个要素，无论是开补偿器、加小钻压的钻杆，还是潮汐绳上的固定结，均是相对泥面位置不变，因此深水操作方法的测量在任何海况下都是精确和可操作的。

3.4 现场其他辅助验证方法

除了上述测量潮汐变化的方法，现场还有其他的设备可用于测量。录井设备中安装在隔水管张力器处的潮汐传感器，可以读出不同时间的海面高度变化，该方法得到的数值，与次深水潮汐绳读数意义相同，将读数与钻具入井深度相加可用于井深对比；深水钻井平台的潮汐绳，通过测量不同时间固定结到转盘面的距离，也可以反映海面高度变化，因为固定结一般取转盘面以上，所以读出的数值均为正数，涨潮时读数变小，落潮时读数变大，用钻具入井深度减去该读数可用于井深对比。

在实际作业过程中，当海况较好、平台总体深沉小于 0.1m 时，可以忽略涌浪的影响，深水平台也可以采取次深水的操作方法；当海况不好、涌浪影响大的时候，则必须严格按照深水操作方法作业。

4 现场应用

4.1 LH29-2-2 井概况

LH29-2-2 井是一口水深742m 的评价井，本井作业平台为南海 8 号半潜式钻井船，属于深水作业范围，该平台潮汐绳装置与海洋石油981平台相似，是直接连接在隔水管的支撑环上面。该井的取心设计：在目的层井段对 sand1 进行常规钻井取心，取心进尺 36m。通过作业风险分析，现场决定分两次取心完成此次作业，每次均采用双筒取心工具，每次进尺 18m。

4.2 取心过程

第一次取心作业。钻进至预计取心层位，停钻，循环至返出干净，检查各项录井数据，满足取心要求，准备取心。钻头下至井底，此时由于这一柱正好钻完，该柱钻杆大部分已经入井，剩余部分扣于顶驱内部，无法标记钻杆位置。现场考虑到海况良好（风速 3m/s，浪高 0.5m），平台总深沉范围小于 0.1m，采用次深水操作方法也可以满足作业要求。因此，记录此时钻具入井深度为2387.20m，录井潮汐传感器补偿值为-0.10m，潮汐绳固定结到转盘面高度为 1.15m。如果海况不满足要求，则必须再接一个单根，以便标记。

起钻，更换取心钻具组合后重新下钻到底，循环一个迟到时间后，钻头压到井底，记录此时钻具入井深度为 2386.90m，录井潮汐传感器补偿值为 0.20m，潮汐绳固定结到转盘面高度为 0.85m。验证潮汐变化量(0.20m+0.10m)与(1.15m-0.85m)均为 0.30m，表示测量结果可信；对比前后两次深度[2387.20m + (-0.10m)]与(2386.90m + 0.20m)均为 2387.10m，表示沉砂已经循环干净，可以开始取心钻进。

取心钻进结束准备割心时，记录此时钻具入井深度为 2402.06m，录井潮汐传感器补偿值为 0.24m，潮汐绳固定结到转盘面高度为 0.81m，验证潮汐变化量为(0.24m-0.20m)与(0.85m-0.81m)均为 0.04m，表示测量结果可信。据此计算得取心进尺为[2402.06m+0.24m-(2386.90m+0.20m)]=15.20m。

4.3　取心结果

第二次取心过程与第一次取心过程类似，不再赘述。两次取心总进尺为 26.78m，心长为 26.77m，收获率为 99.59%，取心结果非常成功，证实了该操作方法在深水取心作业中切实可用。

5　结论

(1) 在次深水取心作业中，通过起钻、下钻到底、取心钻进结束时的浮标读数和钻具入井深度，进行井深的校正，最终得到准确的取心进尺：$(D+E)-(C+B)$；

(2) 在深水取心作业中，通过起钻前标定的深度参照物，准确计算参照物之下的钻具长度，进行取心钻具的井深校正，最终得到准确的取心进尺：$C''-C'$；

(3) 在深水取心作业中，如果海况较好，则也可按照次深水取心作的操作方法进行井深校正，如果海况较差，井深校正过程中平台上下深沉总范围超过 0.1m，则必须严格按照深水取心的操作方法进行作业。

参　考　文　献

1　胡海良. 深水天然气水合物钻井及取心技术[J]. 石油钻采工艺，2009，30(01)：27~30.
2　海洋钻井手册编委会. 海洋钻井手册[M]. 北京：石油工业出版社，2009.

井筒完整性测试技术在浅海油田应用的可行性

孙宝全[1,2]　陈国明[1]　许玲玲[2]

(1. 中国石油大学(华东)海洋油气装备与安全技术研究中心；
2. 中国石化胜利油田采油工艺研究院)

摘要：海洋油气井安全的核心是确保油气井筒的完整性，而完整性测试技术在海洋油气开发过程中的重要性日益凸显。本文阐述了井筒完整性的概念，系统分析海上油田生产环境及制约测试技术应用的因素，并详细介绍地面环空测漏仪、井下超声测试仪及井下电磁探伤测试仪等井筒完整性测试技术，结合生产实际分析了井筒完整性测试技术在浅海油田应用的可行性，指出超声波井下测漏技术是井筒完整性测试技术的发展方向。

关键词：井筒；完整性；测试技术；浅海油田

1　前言

海洋油气资源的开发具有投资高、风险大特点，自墨西哥湾"深水地平线"事故发生后，世界各国对海洋油气井安全的重视程度越来越高。海洋油气井安全的核心是通过强化井筒屏障系统对地层流体的有效隔挡，防止地层流体的失控流动，确保油气井筒的完整性。井筒完整性取决于井筒中各级屏障(表面屏障和井下屏障等)完整性。表面屏障的完整性主要包括采油树阀门、环空阀、井下安全阀等完整性；井下屏障完整性主要包括完井、油管、套管、水泥环等完整性。当表面屏障失效时，需立刻采取相应措施重建油水井的井筒完整性；而井下屏障失效时则应分析其失效的风险，并决定是否、如何整治失效。

目前，浅海油田油水井大多数为定向井和水平井，完井井身结构一般采用三开方式，所有油水井均安装于生产平台上。在其开发过程中，环空封隔器失效、井中液体的腐蚀、作业引起的套管损坏、地应力引起的井筒周围水泥环损坏等因素都会对井筒完整性构成危害，因此需要及时诊断井筒的完整性。然而，常规陆上井筒完整性检测技术(如机械井径检测、超声波成像检测、电磁探伤检测、井温及同位素检测等)大部分是依靠测井车来实现，其体积较庞大，无法在海上生产平台上使用。以胜利浅海油田为例，其生产平台类型有中心平台、修采一体平台、卫星平台和单井平台，其中卫星平台占53%，单井平台占31%，修采一体平台占13%，中心平台占3%。中心平台、采油修井一体化平台上均设有修井模块，有自吊装设备，空间较大，但是受自吊装设备的吊重和悬臂限制，陆上油田常用的测试设备无法在海上平台进行测试作业；而卫星平台平台和单井平台空间较小，既没有修井模块，也没有自吊装设备，修井和作业完全依靠钻井平台、作业平台来实施。因而有必要对浅海油田井筒完整性测试技术应用的可行性进行论证，便于及早发现安全隐患，准确定位井筒完整性失效位置，为采取整改措施、补救等提供可靠依据。

2　井筒完整性测试技术

目前国内外井筒完整性测试技术有两种：一是地面测试技术，二是井下测试技术。地面测试技术主要通过测试环空压力来判断井下各级屏障是否完整，只能判断大概位置；井下测试技术是通过可以过油管测试的井下仪器来测定具体的损坏程度、漏失量等，以此为依据决策是否需要进行补救措施或作业。

2.1　地面测试技术

该技术主要是通过测试环空压力，并依据环空放压及环空压力恢复情况，来判断井筒是否有压力异常，以及压力异常的初步原因，并能够判断出漏点的大致位置。

目前国内已制定了环空测压的操作规程。国外美国石油学会制订了"海上井套管环空带压管理(API RP 90)"文件，规定了环空压力管理程序和井口监测最大允许压力范围。其主要原理是环空放压后，环空压力存在以下三种情况：①环空压力降为零之后，关闭放压阀后，环空压力保持为零；②环空压力降为一定值，关闭放压阀后，环空压力保持不变；③环空压力降为一定值，关闭防压阀后，环空压力迅速上升，并保持在某个数值。其中，①为安全状态；②需要加强实时监控；③为危险状态，需要采取相应补救措施。在海上生产中，需要重点对后两种情况进行监控，并依据环空压力最大允许范围，来判定是否需要立即采取补救措施。

阿联酋阿布扎比海洋石油公司(ADMA)根据海上油田实际情况研制了地面环空测漏仪(图1)，用于测试环空中存在的低速漏失。该仪器结构简单，便于移动，操作方便，可分别计量油、气、水。使用时将该仪器直接与环空放压阀相连，观察环空压力情况，并测试泄漏流体的流速。需要重点监测两个参数：①最大可允许环空表压，用以保护屏障中最弱部件。②环空泄漏速率，用以判断泄漏路径的几何特征，预测表面屏障失效时油气水可能溢出的状态。

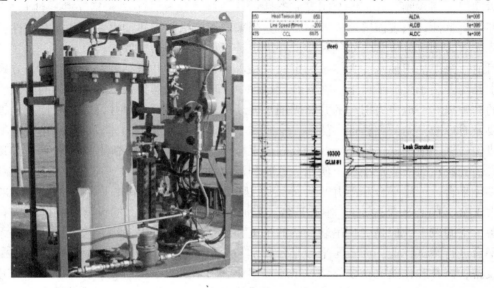

图1　ADMA 地面环空测漏仪

环空油气许用的泄流速率可以依据油气井井况和 API RP 90 标准计算出，测试时一旦超过许用值，应立即采取相应的压井、修井措施。因此该技术可以大大减少井下测试工作量，为浅海油田安全生产起到保驾护航作用。

2.2 井下测试技术

该技术主要是对已产生漏失和存在漏失趋势的两种情况利用相应井下仪器进行验证测试。由于海洋平台空间的局限性，需要一种操作简单、测试时间短的高效测试仪，目前适合海上环境的测试仪器有超声波测漏仪和电磁探伤检测仪。

2.2.1 井下超声波泄漏测试仪

该仪器是利用超声波测已存在的漏失，依据气体或液体流经泄漏点时会发射出超声波，泄漏的速度、压差、路径的几何形态和相应的介质都会影响所产生的超声波信号；由于超声波具有能够穿透钢铁，传播距离较短的特点，因此，超声波测漏仪器监听到的信号更接近声源(泄漏点)，因而测试结果会更加精确。目前美国康菲公司、阿彻丹尼尔斯米德兰公司(ADM)和挪威 Tecwel 公司(见图2)均研发了此类超声测试仪器，用于测试油管内外及套管外发生泄漏的具体位置。

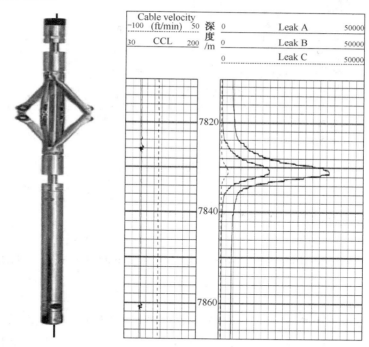

图 2 Tecwel 井下超声波泄漏测试仪

2.2.2 井下电磁探伤检测仪

该仪器是基于法拉第电磁感应定律利用涡流来检测套管的完整性，当油管、套管中厚度变化或存在缺陷时，其产生的感应电动势将发生变化，通过对该变化进行分析和计算，即可判断油套管的损伤程度。利用该仪器可以实现从油管内检测油管和套管的壁厚和损坏，包括裂缝、错断、变形、腐蚀、漏失、射孔井段、内外管的厚度等参数，并能达到精确测量，为评价套管状况，确保油井增、稳产打下基础。目前俄罗斯的维尼吉斯吉达斯公司(VJ)研发了该测试仪器,如图3所示,主要用于描述油管、套管的变形、裂缝等参数。

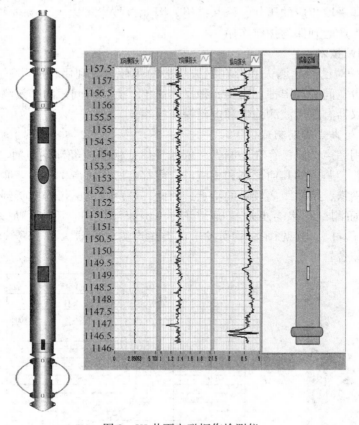

图3　VJ井下电磁探伤检测仪

3　在浅海油田应用的可行性分析

根据胜利浅海油田的实际(平台)情况,可以采用以下两种方式进行油水井的井筒完整性测试。

3.1　不停产测试

对于卫星平台和单井平台,主要是以不影响生产的环空测压为主的测试方式,采用小型化的撬装设备,用船载的方式来定期测试各油水井的环空压力,以判断井下各屏障的完整性,及时对有压力异常问题的井采取相应措施,确保其安全生产。

对于修采一体化平台和中心平台,由于平台空间较大,有修井模块的辅助,因此除了可以采用环空测压方式,还可以对有压力异常的井用电缆过油管作业的方式,进行井下超声波泄漏测试、电磁探伤检测等不停产测试,验证井下泄漏位置和深度。

3.2　停产测试

经过地面环空测压后发现有压力异常问题的井,应进一步采取措施进行井下验证。

对于卫星平台、单井平台上环空存在严重压力异常的油气井,需要借助作业平台、钻井平台的辅助进行检修作业。起出井筒中油管柱后,采用电磁探伤仪、超声波测试仪等进行测试，以确定影响套管的完整性的主要因素，及时制定封堵、补贴等措施，以确保油气井安全生产。

在修采一体化平台、中心平台上，经检测存在严重完整性问题的油水井，应采用作业模块起出井中管柱进行检修作业。起出油管柱后，对套管进行超声波泄漏测试、电磁探伤检测等检验，以定位漏失点和漏失程度，制定补救措施，确保井下各屏障的完整性。

4　结论

井筒完整性测试技术在胜利浅海油田应用是可行的，但是需要根据不同的平台类型采取不同的测试方式。对于卫星平台和单井平台，主要采用以地面环空测压为主的测试方式；对于修采一体化平台和中心平台，除了采用地面环空测压方式，还可以对有压力异常的井采用井下超声波泄漏测试仪、电磁探伤检测仪等进行过油管不停产测试的方法，以便确定井筒损坏程度或位置。

目前在国际上应用效果较好的井筒完整性测试仪器有地面环空测漏仪、井下超声波泄漏测试仪和井下电磁探伤检测仪。而在井下泄漏测试仪器中，超声波测试技术由于可以准确定位各级油套管的泄漏位置，是未来的发展方向。

随着海洋油气资源的开发力度的加大，海洋油气安全生产的重要性也日益凸显，其对各类溢油事故的防范也显得犹其迫切。因此，以井筒中早期溢油为监测对象的完整性测试技术能够帮助技术人员及早发现安全隐患，准确定位出现井筒完整性失效的位置，为采取整改措、补救等施提供可靠依据。

参 考 文 献

1　郑有成，张果，游晓波，等. 油气井完整性与完整性管理[J]. 钻采工艺，2008，31(5)：6~9.

2　American Petroleum Institute. API RP90 Annular casing pressure management for offshore wells[S]. Washington：American Petroleum Institute，2006.

3　Tamimi A A，Mansoori S A，Samad S A，et al. Design and fabrication of a low rate metering skid to measure internal leak rates of pressurized annuli for determining well integrity status[C]. Abu Dhabi International Petroleum Exhibition and Conference，Abu Dhabi，UAE，2008.

4　John J E，Blount C G，Dethlefs J C，et al. Applied ultrasonic technology in wellbore leak detection and case histories in Alaska North Slope wells[C]. SPE Annual Technical Conference and Exhibition，San Antonio，Texas，USA，2006.

5　谷来梅，司朝阳，谷海笑，等. 电磁探伤测井技术与推广应用[J]. 石油地质与工程，2010，24(3)：132~133.

强抑制胺基聚醇钻井液体系研究与应用

鲁江永　侯涛　谷卉琳　蔡玮国　班士军　方子宽

（中石油集团海洋工程有限公司钻井事业部）

摘要：大港油田埕海及滨海地区上部平原组、明化镇组，由于蒙皂石与伊蒙无序间层含量高，胶结差，极易水化膨胀、缩径、造浆，导致钻井施工过程中出现起下钻划眼、拔活塞、泥包钻头、钻井液的流变性难以控制等问题；中下部地层的东营组、沙河街组以伊蒙间层、伊利石为主，层理微裂缝发育，并受较强的地应力影响，极易出现井壁失稳、剥落掉块，造成井径扩大、起下钻阻卡，严重时出现井塌卡钻等复杂情况。针对以上问题，在聚合物钻井液体系的基础之上，引入了强抑制剂胺基聚醇 AP-1，并对钻井液体系进行了优化，形成了一套高性能海水基强抑制胺基聚醇钻井液体系，并在现场成功应用。

关键词：胺基聚醇钻井液；抑制性；井壁失稳；封堵防塌；埕海区块

大港油田埕海及滨海地区上部平原组、明化镇组，由于蒙皂石与伊蒙无序间层含量高，胶结差，极易水化膨胀、缩径、造浆，导致钻井施工过程中出现起下钻划眼、拔活塞、泥包钻头、钻井液的流变性难以控制等问题；中下部地层的东营组、沙河街组以伊蒙间层、伊利石为主，层理微裂缝发育，并受较强的地应力影响，极易出现井壁失稳、剥落掉块，造成井径扩大、起下钻阻卡，严重时出现井塌卡钻等复杂情况。中国石油海洋公司钻井事业部近两年在大港油田滨海及埕海区块所钻的预探井中，由于井身结构不断简化，同一裸眼段存在多套压力系数，密度窗口窄，下部东营组、沙河街组硬脆性深灰色泥页岩均不同程度的出现了井壁失稳问题，常规的聚合物钻井液体系已经很难满足现场的施工要求。针对这一问题，在聚合物钻井液体系的基础之上，引入了强抑制剂胺基聚醇 AP-1，并对钻井液体系进行了优化，形成了一套高性能海水基强抑制胺基聚醇钻井液体系，并在埕海 43 井成功应用，取得良好效果。

1　胺基聚醇 AP-1 抑制作用机理分析

1.1　胺基聚醇 AP-1 分子结构特点

胺基聚醇 AP-1 是国内有机胺类泥页岩抑制剂研究的成果产品之一，其具有独特的分子结构，侧链上有多个胺基，主链上存在醚键，其中胺基起主要抑制作用，醚键能调整其分子结构及链长，无水解的官能团，稳定性好，且不含反应性的官能团，与其他处理剂配伍性好，分子链长适中，生物毒性低。

1.2　胺基聚醇 AP-1 作用机理

胺基聚醇 AP-1 分子链中引入了胺基官能团，胺基极性大，易被黏土优先吸附，会促使黏土晶层间脱水，同时依靠分子链上多个胺基嵌入黏土晶层固定黏土晶片，破坏水化结构，降低了黏土吸收水分的趋势，从而有效地抑制泥页岩分散和造浆。胺基聚醇 AP-1 分子中醚基的存在，增强了胺类化合物的水溶性，更适合在水基钻井液中应用。

2 胺基聚醇 AP-1 性能评价

2.1 胺基聚醇 AP-1 对膨润土抑制性能评价

为评价胺基聚醇 AP-1 的抑制性能，实验中对清水、5%KCl、1%UltraHib 样品和 1%AP-1 进行了抑制性能对比，通过添加膨润土，测定体系流变性能的变化来评价其抑制性，体系抑制性能越强，膨润土越不易水化，添加的膨润土对体系的流变性能影响越小，所添加膨润土的量越多，具体评价结果见下图 1。

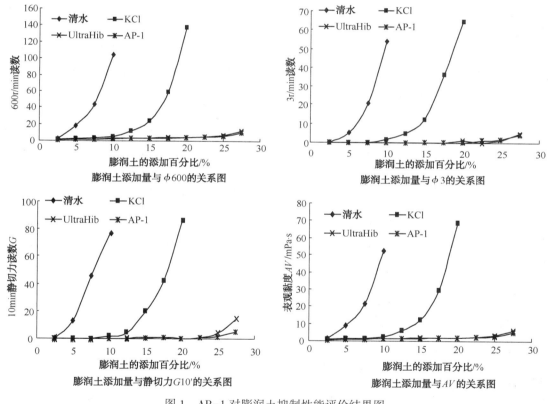

图 1 AP-1 对膨润土抑制性能评价结果图

从图 1 中可看出，随着膨润土添加量的增加，清水的 $\phi600$ 读数、$\phi3$ 读数、静切力 $G10'$ 表观黏度 AV 上升最快，其次是 5%KCl 溶液，1%UltraHib 溶液和 1%AP-1 溶液结果相当，上升较慢；随着膨润土添加量的增加，1%UltraHib 溶液的静切力 $G10'$ 比 1%AP-1 溶液上升要快。说明胺基聚醇 AP-1 对膨润土的抑制性要好于其他样品，与国外有机胺类产品 UltraHib 抑制性能相当。

2.2 胺基聚醇 AP-1 对泥页岩抑制性能评价

对胺基聚醇 AP-1 单剂进行膨胀性试验和滚动回收试验（120℃、16h），岩心和岩屑均使用滨海 6 井 2660～2920m 研磨和筛滤。测试出岩屑在清水、5%KCl、1%UltraHib、0.5% AP-1、0.1%AP-1 水溶液中的膨胀率分别为 75%、19.60%、18.0%、18.80%、18.10%,一次滚动回收率分别为 2.7%、76.2%、85.2%、80.7%、84.8%,二次回收率分别为 0.83%、20.6%、70.0%、65.5%、68.9%。试验表明,岩心在 0.5%以上胺基聚醇 AP-1 溶液中的页岩膨胀率低于 5%KCl 溶液,同时岩屑滚动回收率,尤其是二次回收率明显高于 5% KCl 溶液,与国外有机胺 UltraHib 的抑制性能相当,说明胺基聚醇 AP-1 有很好的抑制泥页岩水化分散作用。

2.3　胺基聚醇 AP-1 与聚合物钻井液体系配伍性评价

测定 AP-1 不同加量对膨润土基浆和大港滨海 6 井钾盐聚磺钻井液流变性的影响。该钻井液取自滨海 6 井三开段 3900m 处井浆,钻井液性能:密度 1.39g/cm^3,漏斗黏度 56s,API 失水 3.8mL,初/终切 4/8Pa,pH9,钻井液配方:4%膨润土+0.5%NaOH+0.3%Na$_2$CO$_3$+0.3%PAC-LV+0.3%PLH+0.2%XC+4%KCl+1.5%RS-2+1%SMP-2+1%SPNH+1%阳离子沥青+重晶石。

从表 1 可以看出胺基聚醇 AP-1 对膨润土基浆有一定的降黏作用,同时可以看出胺基聚醇 AP-1 对滨海 6 井井浆流变性和失水没有影响,从而说明胺基聚醇 AP-1 对聚合物钻井液体系的流变性和滤失性能没有影响,具有较好的配伍性。

表 1　AP-1 对钻井液性能的影响

配　方	条件	$\phi600/\phi300$	PV/mPa·s	YP/Pa	$\phi6/\phi3$	Gel/Pa/Pa	$API\ FL$/mL
4%钠土基浆	热滚前	19/14	5	4	5/4	2/3	22.0
	热滚后	21/16	5	5	5/4	2/3	21.0
基浆+0.5% AP-1	热滚前	17/13	4	4	5/4	2/3	28.0
	热滚后	16/12	4	4	4/3	2/2	29.0
基浆+1% AP-1	热滚前	16/12	4	4	4/3	1/2	31.0
	热滚后	14/10	4	3	3/2	1/2	34.0
井浆	热滚前	112/80	32	24	11/10	4/8	3.8
	热滚后	50/30	20	5	2/1	1/2	3.6
井浆+0.5% AP-1	热滚前	110/78	32	23	10/9	4/8	3.8
	热滚后	48/30	18	6	2/1	1/2	3.4
井浆+1% AP-1	热滚前	110/78	32	23	10/9	4/8	3.8
	热滚后	46/27	19	4	2/1	1/2	2.4

注:热滚条件为 150℃、16h;基浆为 4%钠膨润土。

3　强抑制胺基聚醇钻井液配方优化

在胺基聚醇 AP-1 抑制性能和对聚合物钻井液体系流变性影响评价的基础上,经过大量的室内实验,优选得到强抑制胺基聚醇胺钻井液基本配方如下:

2%膨润土+0.5%NaOH+0.3%Na$_2$CO$_3$+(0.5～1)%AP-1+0.7%PAC-LV+0.3%PLH+0.2%XC+1.5%RS-1+1%DSP-II+1%SMP-2+1%SPNH+1%阳离子沥青。

4　强抑制胺基聚醇钻井液体系性能评价

4.1　基本性能评价

强抑制胺基聚醇钻井液基础配方以及用重晶石加重后配方的各项性能如表2所示。由表2可以看出，该钻井液在较低的表观黏度下，具有较高的动塑比和φ6、φ3读数，且具有较低的滤失量，表明该钻井液有良好的井眼净化能力和保护储层能力，同时基础配方和加重配方在150℃下热滚16h后，各项流变参数和滤失量基本不发生变化，说明该钻井液体系具有良好的抗温性能，能够很好地满足该温度下的施工要求。

4.2　抑制性能评价

强抑制胺基聚醇钻井液具有较高的滚动回收率，二次滚动回收率达到75.9%，其滤液对岩心的膨胀率较低，仅有15.6%，具体结果见表3。从表3可以看出强抑制胺基聚醇钻井液抑制泥页岩水化膨胀的效果明显优于其他钻井液体系。

表2　强抑制胺基聚醇胺钻井液基本性能

体　系	测试条件	PV/mPa·s	YP/Pa	φ6/φ3	YP, PVPa, mPa·s	API, FL/mL	pH 值
基础配方	热滚前	14	8.5	6.0/4.5	0.58	4.6	9
	热滚后	15	10.5	7.5/5.5	0.70	5.0	9
加重配方	热滚前	25	14.5	9.0/5.5	0.60	4.0	9
	热滚后	26	15.5	9.5/6.0	0.60	4.2	9

注：热滚条件为150℃、16h；加重后的钻井液密度为1.25g/cm³。

表3　强抑制胺基聚醇钻井液抑制性能

钻井液	膨胀率/%	一次回收率/%	二次回收率/%
清水	75	7.5	5.2
PEM	16.2	81.3	62.2
聚磺	18.9	79.2	55.8
聚醚多元醇	18.5	79.4	57.9
强抑制胺基聚醇	15.6	86.1	75.9
KCl聚磺	16.9	82.6	65.2

注：热滚条件为150℃、16h；使用滨海6井岩屑（2660~2920m）。

表4　不同钻井液抗污染性能对比

体　系	测试条件	PV/mPa·s	YP/Pa	φ6/φ3	YP, PV/Pa, mPa·s	API, FL/mL	pH 值
强抑制胺基聚醇	热滚前	25	14.5	9.0/5.5	0.60	4.0	9
	热滚后	26	15.5	9.5/6.0	0.60	4.2	9
+5%岩屑粉	热滚前	28	15.0	9.0/6.0	0.56	4.2	9
	热滚后	28	16.0	9.5/6.5	0.57	4.4	9
+3%石膏	热滚前	29	16.5	9.5/6.5	0.57	4.6	9
	热滚后	28	17.0	10.0/6.5	0.61	4.8	9

体　系	测试条件	PV/mPa·s	YP/Pa	$\phi 6/\phi 3$	YP, PV/Pa, mPa·s	API, FL/mL	pH 值
KCl 聚磺	热滚前	25	10.0	6.0/4.0	0.4	4.2	9
	热滚后	29	12.5	6.5/4.5	0.43	4.4	9
+5%岩屑粉	热滚前	33	16.5	8.0/6.0	0.5	4.6	9
	热滚后	31	16.0	8.5/6.5	0.52	4.8	9
+3%石膏	热滚前	26	11.0	6.5/4.5	0.42	4.8	9
	热滚后	29	14.0	7.0/5.0	0.49	5.0	9

注：热滚条件为150℃、16h；钻井液密度为 1.25g/cm³。

4.3　抗污染性能评价

在钻井过程中，钻井液中不可避免地会溶入无机盐、劣质土、钻屑等污染物，钻井液的性能会发生变化，变化较大时势必会影响钻井的安全进行。因此对强抑制胺基聚醇钻井液的抗污染性能进行了室内评价。分别取5%滨海6井(2660~2920m)岩屑烘干研磨成粉和3%的石膏粉对钻井液进行污染，污染后测其常规性能和高温老化后性能，结果见表4。与KCl聚磺钻井液相比，强抑制胺基聚醇钻井液抗盐屑污染和抗石膏污染性能较好，KCl聚磺钻井液抗石膏污染能力强，但抗岩屑污染能力稍弱。

5　现场应用

埕海43井是大港油田在埕海地区布置的一口预探直井，井深结构为二开井，实钻井深2782m，二开井眼分别钻遇明化镇组、馆陶组、东营组、沙河街组地层，进入中生界50m完钻，裸眼跨度大，存在多套压力系数，馆陶组易发生漏失，东营组、沙河街组地层深灰色泥页岩受较强地应力作用，易出现井壁坍塌，钻井液密度窗口窄。

已往在该区块的钻井施工过程中，通常使用具有较强抑制性的KCl聚合物钻井液体系，后由于完井电测核磁项目，要求钻井液的电阻率18℃时大于0.25Ω·m，无机盐KCl被限制使用，单纯使用聚合物钻井液无法很好地满足钻井施工要求，多口井在东营组、沙河街组地层不同程度的出现井壁失稳问题，造成井径扩大、起下钻阻卡，划眼困难、憋泵、蹩顶驱、完井电测困难等复杂情况。

埕海43井在二开井段应用了强抑制胺基聚醇胺钻井液，抑制性强、流变性能好，很好的控制上部地层造浆，进入东营组后密度控制在 1.15~1.20g/cm³，漏斗黏度为40~70s，动塑比基本保持在0.5以上，既有良好的封堵防塌能力，也具有较好的携带岩屑能力，顺利钻穿了馆陶组易漏地层、东营组、沙河街组易坍塌地层，全井起下钻畅通无阻，完井电测、下油层套管等作业一次成功，取得良好的经济效益。钻井液性能见表5。

表5　埕海43井钻井液性能

井段/m	ρ/(g/cm³)	FV/s	PV/mPa·s	YP/Pa	YP, PVPa/mPa·s	Gel/(Pa/Pa)	API, FL/mL	pH 值
2039	1.15	47	24	12.5	0.52	3.0/6.0	3.4	9
2136	1.17	49	21	12	0.57	3.5/6.0	3.2	9
2224	1.17	48	21	11.5	0.54	3.0/6.0	2.6	9

续表

井段/m	$\rho/(g/cm^3)$	FV/s	PV/mPa·s	YP/Pa	YP, PVPa/mPa·s	Gel/(Pa/Pa)	API, FL/mL	pH 值
2330	1.18	49	21	12	0.57	3.5/6.0	2.6	9
2446	1.18	48	20	11	0.55	3.0/6.0	2.6	9
2542	1.19	49	22	12.5	0.56	3.5/6.5	2.6	9
2665	1.20	57	29	15.5	0.52	4.0/8.0	2.6	9
2782	1.20	55	23	13	0.56	3.5/6.0	2.6	9

6 认识及建议

（1）胺基聚醇 AP-1 具有优良的页岩抑制性，对海水基聚合物钻井液体系常规性能无不良影响，其性能与国外同类产品相当。

（2）针对大港油田埕海、滨海地区东营组、沙河街组的泥页岩剥落、坍塌问题，优选的强抑制胺基聚醇钻井液体系，具有优良的页岩抑制性、良好的流变性、良好的井眼清洁能力、抗污染能力强、热稳定性好，能够很好地满足大港油田埕海地区预探井的施工要求，也是对付复杂地层优良的钻井液体系。

参 考 文 献

1 张启根，陈馥，刘彝，等.国外高性能水基钻井液技术发展现状[J].钻井液与完井液，2007，24(3)：74~77.
2 许明标，张春阳.一种新型高性能聚胺聚合物钻井液的研制.天然气工业，2008，28：12，51~53.
3 王树永.铝胺高性能水基钻井液的研究与应用.钻井液与完井液，2008，25：4，23~25.
4 孙德军，王君等.非离子型有机胺提高钻井液抑制性的室内研究[J].钻井液与完井液，2009，26：5，7~9.
5 屈沅治.泥页岩抑制剂 SIAT 的研制与评价[J].石油钻探技术，2009，37：6，53~57.

纤维压裂液工艺研究及配套设备优化

宁波 李慧涛 马骏

(中国石油集团海洋工程有限公司天津分公司)

摘要：海上压裂成本较高，更需要提高施工成功率及压裂效果，纤维压裂液能提高支撑剂的输送效率，减缓支撑剂在液体中的沉降速度，抑制压裂后支撑剂的回流，增强裂缝导流能力，最终大幅提高油气产量。本文根据现场施工经验，总结了常规纤维添加方式的不足，通过优化纤维压裂液的配置工艺，设计相应的纤维添加装置，提高纤维压裂液的质量，为进一步促进纤维压裂液的发展提供有益的建议。

关键词：纤维压裂液；工艺；添加装置

采用水力压裂增长技术可以提高或延长油气井的生产周期，在压裂的过程中，用高压设备以高于压裂液渗入地层的速度向井中快速泵入压裂液，使得地层内压力上升至地层破裂，从而产生裂缝，通过连续泵入压裂液，使裂缝不断向井筒远端地层延伸，并在压裂液中混入支撑剂，当地层裂缝闭合后，支撑剂可以撑开裂缝，确保新形成的流通路径张开，从而增加导流面积，减少地层的渗流阻力，从而达到增产的目的。因此支撑剂的高效输送并在裂缝内铺置方式成了压裂工艺技术发展的关键。

输送支撑剂的压裂液必须具备悬砂能力强、摩阻低、稳定性好、配伍性好及易返排等性能。随着压裂工艺技术的不断发展，在压裂液中添加纤维材料成了近年来发展的一项新技术，压裂液中加入纤维材料能够提高支撑剂的输送效率，减缓支撑剂在液体中的沉降速度，从而影响支撑剂在裂缝内的铺置方式，并能有效防止支撑剂返排。

1 纤维促使支撑剂的输送

在压裂施工的过程中，携砂液将支撑剂带入井内并充填到裂缝中，从而形成良好的人工流体渗流通道。支撑剂的输送受到多种因素的影响，如支撑剂的圆度、粒径、密度、裂缝的形状、尺寸以及携带液体的黏度，流变性能等等，其中支撑剂在携砂液中的沉降速度直接影响到支撑剂输送效率。

支撑剂的沉降速度对支撑裂缝的最终几何形态结构有较大的影响。支撑剂沉降过快将导致支撑剂集中在裂缝的底部，当停泵之后，未得到充填的部分裂缝将重新闭合，导致改造后地层渗透率达不到设计要求，影响最终的产能。相反，当支撑剂沉降较低时，地层闭合后裂缝能得到饱和充填，从而最大程度地增产。

多相流体的沉降一般遵循斯托克斯定律，颗粒在流体中的沉降速度正比于颗粒的粒径和密度，反比于流体的黏度，黏度越高，则沉降速度越低。

$$v = [2(\rho - \rho_0) r^2 / 9\eta] \cdot g$$

式中，v 为颗粒的沉降速度，ρ 和 ρ_0 分别为球形颗粒与介质的密度，r 为颗粒的半径，η 为介质的黏度，g 为重力加速度。

因此根据斯托克斯定律可知压裂液的黏度对支撑剂沉降起到至关重要的作用，提高压裂液的黏度能够使支撑剂沉降速度变慢。

从表 1 可以看出，压裂液的黏度越小，支撑剂沉降速度越快。

表 1　液体黏度对支撑剂沉降速度的影响

液体黏度/(mPa·s)	263	150	90	56	18	1
沉降速度/(cm/s)	0.101	0.503	0.906	2.68	13.7	16.98

为了得到较理想的支撑裂缝结构形态，需要提高压裂液的黏度，与此同时，为了在裂缝中填入尽可能多的支撑剂以提高压裂后裂缝的导流能力，也需要不断提高压裂液的黏度增加压裂液的携砂能力，但是，压裂液的黏度对裂缝的宽度有很大的影响，黏度较低的压裂液形成的裂缝细长且窄，随着黏度增加，裂缝宽度也相应增加。对于大量生产层系复杂，有着多套油气水动力系统、非均质性较强的油井，在进行压裂改造的时候，首要考虑的就是如何控制裂缝高度，一旦裂缝高度超过产层厚度，进入水层或另外的层系，将导致出现压裂串层的事故。

然而，加入纤维后的压裂液却能很好地解决上述的矛盾，压裂液中加入纤维之后，颗粒的沉降速度就不再遵循斯托克斯定律，纤维和颗粒相互作用，阻止颗粒的下沉，纤维和支撑剂混合物是一个慢慢被压实的过程，其沉降过程遵循 Kynch 沉降定律，Kynch 沉降的特点是流体的黏度对颗粒的沉降速度影响极小，因此在纤维压裂液中支撑剂的沉降速度与纤维压裂液黏度没有显性关系，只与纤维支撑剂悬浮物浓度有直接关系。

纤维压裂流体不仅提高了支撑剂输送能力，纤维压裂液可以显著减少压裂液中聚合物的质量分数，从而有效减少降低压裂液对储层的伤害。

由图 1 可以看出，较高的沉降速度导致裂缝闭合前支撑剂集中在裂缝的底部，较低的沉降速度能促使支撑剂完全分布到整个裂缝中。

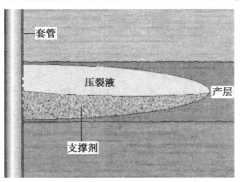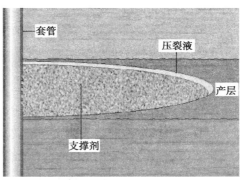

图 1　沉降速度与支撑剂分布关系图

2　纤维防止支撑剂的回流

压裂施工结束后会出现支撑剂回流现象，支撑剂回流会影响增产效果，还可能损伤井下工具或地面设备，支撑剂沉积在管柱内还会砂埋储层，给后续的完井工作带来了极大的困扰。

采用纤维压裂液技术防止支撑剂返排的最大优点是不需要经过复杂的化学反应而是利用纤维的力学原理(见图2),纤维在支撑剂中分散形成三维空间网状结构,纤维与砂粒相互缠绕将支撑剂束缚于其中,增大了支撑剂间的摩擦力,阻止支撑剂的移动,从而提高支撑剂充填层稳定性。

另外由于支撑剂间的摩擦力增强,裂缝的临界出砂流速得以大幅度提高,相应地可以加大压后排液速度,压裂施工后直接开井返排,有利于提高返排效率和降低地层伤害。尹洪军等人采用掺纤维技术进行预防支撑剂回流实验,结果表明,纤维材料的最佳加入量是 0.9% ~ 1.2%,加入纤维后,支撑剂充填层的返排液不出砂流速提高了10倍以上。

在美国的得克萨斯州南部地区对一口气井产层进行纤维压裂液施工(A层),并对另一口气井的两个产层分别进行加纤维压裂液施工(B层)和常规压裂施工(C层)作为比较,压后聚合物返排情况如图3所示。

图3表明,采用纤维压裂液施工的产层A层和B层,其聚合物的返排速度和返排率要明显高于常规压裂产层C层。

　　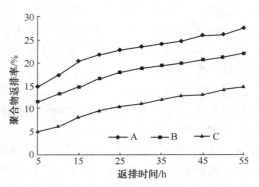

图2　纤维支撑剂的空间网络结构照片　　　　　图3　气井3个产层压裂后聚合物返排情况

3　纤维压裂液的配置工艺

由于纤维的特性是其长径比较大,当量直径 10 ~ 25μm,密度 1.36 ~ 1.39g/cm³。在与液体混合时纤维极易漂浮在液面上,且有成团、成撮现象,难于与胶液均匀溶合,影响了纤维压裂施工的效果,还容易造成压裂施工事故。

常规纤维压裂工艺是采用人工手动或者风力输送的方式加入,纤维对人体有较大的危害,由于纤维细小,很容易穿过衣服接触到皮肤,造成施工人员皮肤瘙痒红肿,更细小的纤维还会通过人体的呼吸道进入肺部,影响人体健康,在现场的施工中,在搅拌罐上盖上一层蚊帐用以阻挡纤维的飞溅,但效果不佳。

通过风力输送的方式很难实现纤维的均匀加入,也无法准确控制纤维加入比例。由于纤维比重较轻,通过风力吹送至搅拌罐后,大量的纤维一直浮在液面之上,难以与胶液混合均匀,成团的纤维与携砂液一同进入压裂泵后,造成泵头跳动严重,泵压变化剧烈。图4所示,即为南海×××井全程加纤维压裂的施工曲线,可以看到加纤维后压力曲线波动明显。

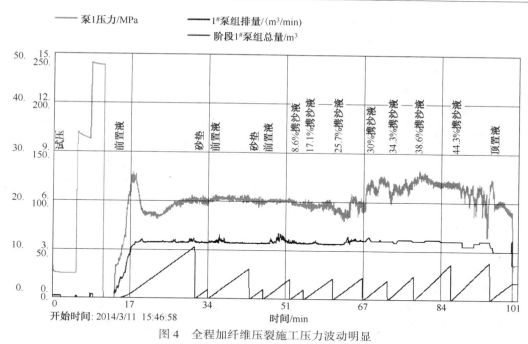

图 4 全程加纤维压裂施工压力波动明显

为了使纤维与胶液充分溶合，获得纤维浓度均匀一致的压裂液，消除纤维表面漂浮及团聚现象，减轻施工人员劳动强度，降低纤维添加过程中的危害因素，重新优化了纤维压裂液的配置工艺，采用先加纤维后加砂的顺序，设计了新型的纤维添加装置，用以负压输送代替常规风力输送或者机械输送的纤维添加方式。

4　纤维添加设备的优化设计

由于纤维极易缠绕成团，纤维在添加之前需采用适当的方式将其打散，在纤维储存容器内增加机械装置，用来将成团的纤维分开，然后通过螺旋输送器将纤维均匀送至漏斗内，再利用负压输送工艺原理，将纤维从漏斗内吸入搅拌罐，在罐内经过均匀搅拌，促使纤维均匀分散到压裂基液中，从而配制出均匀合格的纤维压裂液。为了不影响增稠剂的溶胀，纤维要在压裂液配置均匀后加入，纤维在添加的过程中通过计量装置控制添加比例。纤维添加装置示意图如图 5 所示。

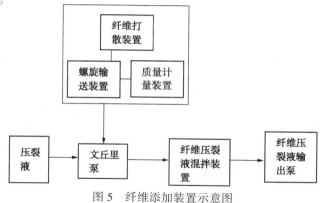

图 5　纤维添加装置示意图

4.1　核心部件——文丘里泵

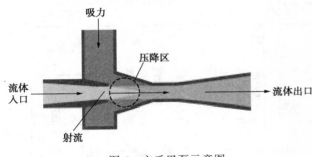

图 6　文丘里泵示意图

文丘里泵(图 6)应用了文丘里效应,根据文丘里和伯努利描述的流体动力学定律,流动通道直径收缩后流速增加,同时在局部出现压力下降,以满足机械能守恒定律,静压发生局部下降就出现了真空,因此产生一股吸力,利用射流产生负压,直接将纤维物料带入,完成纤维在压裂液中的均匀混合。

4.2　核心部件——纤维打散装置

针对纤维物料的特性,采用齿状螺带打散机构将成团的纤维分散。纤维储供装置中安装有外部齿状螺带和内部齿状螺带,外部螺带将纤维推移至储供装置中心位置,内部螺带将纤维推移至储供装置两端,纤维物料在储供装置中沿顺时针或逆时针方向旋转,做辐射状运动,纤维束在运动中被拉散,达到了纤维物料在储供装置中呈均匀蓬松状态,保证了纤维物料的均匀性。纤维储供装置结构如图 7 所示。储供装置下部通过螺旋给料装置均匀、定量地将分散的纤维输送至漏斗,然后负压吸入文丘里泵,混合成纤维压裂液。

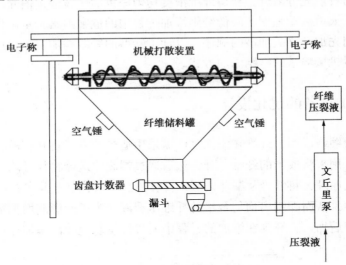

图 7　纤维打散混合装置

4.3　核心部件——连续质量计量装置

纤维储供装置中纤维物料的质量及给料速度可以通过安装在下部的电子秤进行监测与计量,采用失重法实时控制纤维加入比例,通过装配电子称配合螺旋输送机的投料方式,失重法在线计量纤维的质量,动态控制物料的输出量,实现连续均匀的加料,加料精度达±1%。

通过重新优化设计的纤维压裂液配置工艺及纤维添加装置,可以实现使纤维在压裂液中快速均匀混合的目的,与压裂液连续混配设备配套使用,满足连续配制纤维压裂液的要求。

5　结语

　　在海上压裂施工中采用纤维压裂液不仅能提高支撑剂的输送效率，还能减少压裂液中增稠剂的用量，降低压裂液中聚合物的浓度，进而降低压裂液的伤害，压裂液的黏度降低使裂缝高度得到相应的控制，形成更好的裂缝铺置剖面，因为纤维和支撑剂的相互作用，不仅能抑制压裂后的支撑剂回流，提高返排液的临界流速，有效保护储层。鉴于纤维压裂液在压裂工艺技术中的有着良好的应用前景，通过进一步优化纤维压裂液的配制工艺，设计新型的纤维添加装置，提高纤维压裂液的质量，减轻纤维对现场配液人员的伤害，对纤维压裂液的推广使用有着重要的现实意义。

参 考 文 献

1　张绍彬，谭明文，张朝举，等. 实现快速排液的纤维增强压裂工艺现场应用研究[J]. 天然气工业，2005，25(11)：53~55.
2　黄禹忠，任山，兰芳，等. 纤维网络加砂压裂工艺技术先导性试验[J]. 钻采工艺，2008，31(1)：77~79.
3　Constein VG："Fracturing Fluid and Proppant Characterization"，Economides MJ&KG：reservoir Stimulation，Englewood Cliffs：Prentice Hall(1989 years)：5-1-5-23.
4　周福建. 纤维复合防砂理论与技术研究[D]. 东营：中国石油大学(华东)，2006.
5　尹洪军，刘宇，付春权. 低渗透油藏压裂井产能分析[J]. 新疆石油地质，2005，26(3)：285~287.
6　Romero J，Feraud J P. Stability of proppant pack reinforced with fiber for proppant flowback control[C]. SPE 31093，1996.
7　刘庆，等：纤维压裂液配制工艺及设备研究[J]. 石油矿场机械，2013，42(1)：22.

自升式平台桁架式桩腿波流载荷计算方法探讨

曲健冰　　王琳

(中国船级社海工审图中心)

摘要： 自升式海上平台作为现在应用广泛的一种移动平台形式，在海上作业过程中承受着巨大的环境载荷。由于其自身的结构特点，当其处于站立状态下只有桩腿承受波流载荷，且波流载荷在其所受的环境载荷中占有相当大的比重，因此在自升式平台的结构计算过程中，是否能够准确的计算出波流载荷的大小非常关键。因此本文对实际应用中集中计算桁架式桩腿波流载荷的方法进行大量的数据比较，目的在于找出一种既简单、准确且在实际使用中便于掌握的方法，提高波流载荷计算的精度与速度。

关键词： 自升式平台；桁架式桩腿；波流载荷；拖曳力系数；附加质量系数；SNAME

1　概述

自升式平台桩腿形式可以简单的分为圆柱式和桁架式两种。圆柱桩腿在站立时均垂直于水面严格的符合莫里森方程的适用条件，只要选择合适的拖曳力系数和惯性力系数即可。图1为一种典型桁架腿的结构形式，桁架腿的主要构件包括垂直方向的弦杆、水平方向的水平撑、与弦杆成一定角度的斜撑、以及布置在水平撑之间的内撑。这些构件中只有弦杆垂直海平面，符合莫里森方程的适用条件。水平撑杆与水面近似平行，斜撑则与水面成一定的角度，这些构件均不能严格符合莫里森方程的适用条件，此时再利用莫里森方程简单的进行计算则精度上很难得到保障，因此找到一种合适的等效方法非常必要。

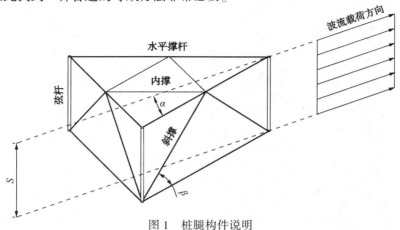

图1　桩腿构件说明

　　笔者通过大量的审图项目，接触过较多的桩腿波流载荷计算。比较推荐的做法是：现在业界中普遍认同的桁架式桩腿波流载荷的计算方法——SNAME 5-5A（美国船舶与海洋工程师协会）中推荐的做法。由于该做法拥有大量的实验数据支撑，且得到了美国船舶与海洋工程师协会及业界的普遍认可，因此可以认为该做法的结果可以反映桩腿的实际载荷。但该做法在实际应用中也存在一定的弊端，即在结构计算的有限元模型中无法将该方法较好的进行结合，这即为本文研究所要消除的主要问题。本文主要对拖曳力系数 C_D、惯性力系数 C_M 进行研究，对于波流形状系数暂不做考虑。

2　SNAME 推荐做法主体思路介绍

　　SNAME 推荐做法的主体思路可以简单的分为拖曳力系数的等效和附加质量系数的等效两个步骤。通过等效整个桁架腿简化为一根圆管，这根圆管的外径如下：

$$D_e = \sqrt{\left(\sum D_i^2 l_i \right) / s} \tag{1}$$

式中，D_i 为第 i 个构件的外径；l_i 为第 i 个构件的长度；s 为桁架桩腿的截距，即两个水平撑之间的垂向距离。

　　SNAME 中同时还给出了这个圆管的等效截面积公式：

$$A_e = \left(\sum A_i l_i \right) / s \tag{2}$$

式中，A_i 为第 i 个构件的截面积；其他同公式（1）。

　　通过计算得到这两个构件为同一外径的构件，因此实际计算中选取一种计算方法即可。

　　以下公式（3）（4）为 SNAME 中给出的拖曳力系数与惯性力系数等效的过程，也是本文中进行优化变形的主要依据。

$$C_{De} D_e = D_e \sum C_{Dei} \tag{3}$$

式中，C_{De} 为等效后圆管的拖曳力系数；C_{Dei} 为第 i 个构件折算到等效圆管上的拖曳力系数。

$$C_{Me} A_e = A_e \sum C_{Mei} \tag{4}$$

式中，C_{Me} 为等效后圆管的惯性力系数；C_{Mei} 为第 i 个构件折算到等效圆管上的惯性力系数。

　　公式（3）与公式（4）中的 C_{Dei} 与 C_{Mei} 均为根据各个构件具体形状及在桁架腿中所处的姿态进行计算得到，由于本文对该处未进行任何变化，因此对于如何计算详见参考文献。

3　计算方案设定

　　由于在日常的有限元模型中通常把桩腿的各个弦杆和撑杆分别建出，因此如果严格按照 SNAME 中推荐的做法实行，就涉及到一个如何将计算得到的波流载荷施加到模型中的问题。为了解决这一问题，选取如下几个解决方案，并对这些方案与严格执行 SNAME 推荐做法的结果进行比较，验证这几种方法的正确性。且对不采用 SNAME 思路做法计算得到的结果进行考量。

3.1　完全按照 SNAME 做法进行计算

本方案严格执行 SNAME 中推荐的做法,作为判断以下两种方案结果正确与否的标准。在模型中使用 pipe59 单元将平台的桁架腿模拟为一根圆柱腿。以下简称方案 A。

3.2　不考虑 SNAME 做法,各个构件均按实际状态进行建模计算

在本方案中,模型中的各个构件均根据其各自的形状选取 C_D、C_M,不对构件的姿态进行考虑,该方法不采用 SNAME 思路进行波流载荷计算,用于比较考虑各个构件姿态前后,整个桩腿波流载荷的具体变化趋势。在模型中使用 pipe59 单元模拟桁架腿的所有构件,包括弦杆、水平撑、斜撑和内撑。以下简称方案 B。

3.3　将根据 SNAME 中计算得到的水动力系数分配到弦杆上

根据公式(3)与公式(4)的原理,将水动力系数分配到各个弦杆上而非等效的圆柱上,如公式(5)与公式(6)所示。

$$n \cdot C_{Dc}D_c = C_{De}D_e \tag{5}$$
$$n \cdot C_{Mc}A_c = C_{Me}A_e \tag{6}$$

式中,n 为桩腿上弦杆的数量;D_c 为弦杆的外径;A_c 为模型中弦杆的横截面积,与弦杆的外径对应;C_{Dc} 为弦杆的拖曳力系数;C_{Mc} 为弦杆的惯性力系数。

以下简称方案 C。

4　结果数据对比

利用实际项目中某平台的桩腿进行计算,选择该平台操作手册中自存工况下的环境条件,详见表1。

表1　平台自存工况环境条件

水深/m	波高/m	波周期/s	表面流速/(m/s)	底层流速/(m/s)
94.5	12.2	10	1.0	0.5

本次计算中桩腿的基本参数如表2所示。

表2　单个截距内桩腿参数

	垂直斜撑	水平撑	弦　杆	内　撑
长度 L/m	5.917	10.600	5.260	2.630
直径 D/m	0.298	0.324	0.762	0.114
根数 n	6	3	3	3

通过计算得到 D_e 为 1.7311m,A_e 为 2.3535m²。

根据上述方案建立模型如图2所示。

根据 SNAME 中的相关公式,计算得到各入射角度下的水动力系数如表3所示。本次计算的桩腿为三角形桩腿,由于其对称性,每 120° 为一个周期,120° 内为轴对称。因此详细计算 0°~60° 范围内的水动力系数,由此推算全方位下的桩腿水动力系数值。

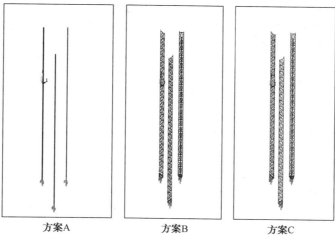

方案A   方案B   方案C

图2　各方案中的模型视图

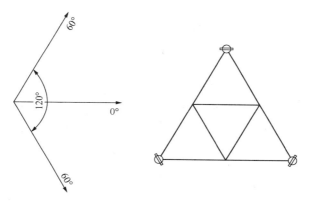

图3　水动力系数入射角度示意图

表3　计算得到的各项水动力系数

Angle	0	10	20	30	40	50	60
C_{De}	2.621	2.601	2.548	2.515	2.548	2.601	2.621
$C_{De} * D_e$	4.538	4.502	4.410	4.354	4.410	4.502	4.538
C_{Dec}	1.985	1.969	1.929	1.904	1.929	1.969	1.985
C_{Me}	1.840	1.840	1.840	1.840	1.840	1.840	1.840
$C_{Me} * A_e$	4.331	4.331	4.331	4.331	4.331	4.331	4.331
C_{Mec}	3.166	3.166	3.166	3.166	3.166	3.166	3.166

通过计算得到同一入射角(0°入射)，不同相位角下，波流载荷的比较如表4所示。

表 4　不同相位角下的波流载荷

相位角/(°)	方案 A/kN	方案 B/kN	方案 C/kN	相位角/(°)	方案 A/kN	方案 B/kN	方案 C/kN
0	2557.5	2647.7	2530.2	185	−38.7	97.9	1.3
5	2380.9	2463.8	2364.3	190	44.3	178.7	84.4
10	2194.9	2291.9	2188.2	195	136.3	268.6	175.8
15	2005.1	2114.9	2007.1	200	235.2	366.9	273.6
20	1816.6	1937.4	1825.6	205	338.3	470.6	375.6
25	1633.5	1762.7	1647.9	210	443.1	578.1	480.1
30	1459.0	1593.8	1477.4	215	547.1	685.7	586.1
35	1295.5	1433.5	1316.9	220	649.1	792.2	692.0
40	1144.5	1277.0	1166.8	225	751.0	928.9	797.0
45	1007.0	1128.6	1029.8	230	853.0	1034.1	900.4
50	883.3	991.3	905.7	235	953.7	1137.0	1001.9
55	773.3	863.4	794.8	240	1052.4	1238.5	1102.2
60	676.6	752.6	696.7	245	1149.1	1341.3	1201.2
65	592.4	654.9	610.7	250	1244.7	1444.1	1299.7
70	519.7	566.3	535.0	255	1341.1	1548.0	1399.0
75	457.3	485.0	467.5	260	1440.5	1654.9	1500.9
80	402.6	410.1	406.2	265	1545.5	1764.9	1607.4
85	350.1	340.0	348.9	270	1658.5	1879.1	1720.2
90	297.2	274.2	294.0	275	1781.4	1967.2	1840.8
95	242.9	211.9	239.6	280	1915.1	2100.3	1969.6
100	187.3	152.2	184.7	285	2059.2	2239.5	2106.2
105	130.5	90.4	129.2	290	2211.7	2382.7	2248.5
110	73.2	38.1	73.5	295	2369.4	2541.7	2393.6
115	15.9	−10.7	18.1	300	2527.3	2699.0	2537.0
120	−40.6	−55.5	−35.9	305	2679.2	2848.1	2673.5
125	−95.4	−94.8	−87.0	310	2818.2	2984.5	2797.2
130	−147.2	−129.4	−133.8	315	2937.4	3097.4	2902.2
135	−193.7	−157.2	−175.4	320	3030.1	3173.9	2983.1
140	−231.8	−177.3	−210.0	325	3090.8	3209.7	3035.3
145	−259.7	−188.5	−235.2	330	3115.8	3229.5	3055.8
150	−276.6	−189.8	−249.4	335	3103.6	3216.5	3043.0
155	−281.5	−180.6	−251.7	340	3054.5	3170.6	2996.9
160	−273.7	−160.4	−241.5	345	2971.1	3083.3	2918.9
165	−252.9	−130.1	−218.4	350	2857.8	2961.1	2812.0
170	−218.7	−89.3	−182.2	355	2718.4	2813.6	2680.9
175	−171.2	−34.9	−133.1	360	2557.5	2647.7	2530.2
180	−110.9	26.4	−71.6	最大值	3115.8	3229.5	3055.8

将表4中的数据整理为曲线如图4所示。

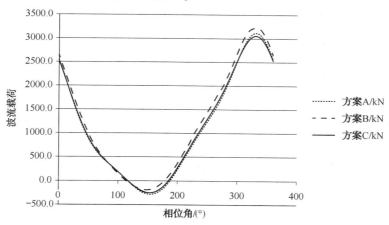

图4　不同相位角波流载荷对比曲线

通过计算发现：以上几种方案下最大波浪力对应的相位角均相同，最大的波浪力差距并不大。通过对不同入射角下桩腿波流载荷的计算，得到不同入射角下的波流载荷如表5所示。

表5　不同入射角下的最大波流载荷

入射角/(°)	方案 A/kN	方案 B/kN	方案 C/kN	比值方案 C/方案 A
0	3115.64	3229.48	3055.76	1.02
10	3042.87	3153.60	3006.67	1.01
20	2855.32	2969.45	2878.70	0.99
30	2662.14	2790.71	2723.81	0.98
40	2598.64	2786.98	2634.65	0.99
50	2661.51	2856.27	2664.79	1.00
60	2687.12	2877.34	2692.93	1.00
70	2657.80	2818.62	2671.10	1.00
80	2612.21	2748.26	2642.19	0.99
90	2698.53	2834.23	2733.34	0.99
100	2879.13	2983.91	2888.29	1.00
110	3019.01	3115.43	3010.38	1.00
120	3064.12	3184.40	3054.23	1.00
130	3019.52	3178.02	3008.56	1.00
140	2877.09	3074.93	2883.67	1.00
150	2691.94	2902.05	2730.29	0.99
160	2595.42	2779.12	2637.97	0.98
170	2675.21	2826.47	2667.05	1.00
180	2723.14	2890.78	2694.91	1.01

将表 5 中的数据中的数据整理为曲线如图 5 所示。

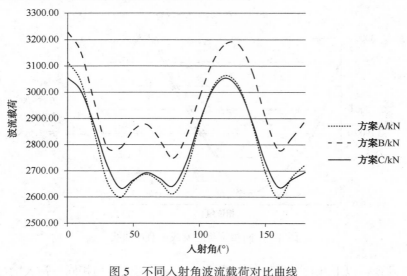

图 5　不同入射角波流载荷对比曲线

5　结论

通过以上计算比较发现：各方案均能找到各入射角度下最大波流载荷对应的相位角，但在不考虑桁架腿各构件的倾斜角度时计算得到的波流载荷偏大，最大可以达到 SNAME 提供算法的 1.078 倍，平均为 SNAME 提供算法的 1.055 倍。本文中尝试的简化算法与 SNAME 中提供的算法计算结果比较一致，最大为其 1.023 倍，最小为其 0.981 倍，平均为其 1.003 倍，围绕 SNAME 的算法上下波动，基本一致。

通过以上计算验证发现：本文中采用的简化做法(方案 C)准确可行，笔者对其他平台也做过类似的对比趋势，结果与本文十分接近，由于篇幅限制本文中不再赘述。由于通过比较发现，方案 C 中曾出现较方案 A 中波流载荷小的情况，如欲使计算结果足够保守，可以将 C_D，C_M 上调 0.02 倍，此时各入射角度下均能大于方案 A 的数值。调整后的波浪力如表 6 所示。

表 6　不同入射角下的最大波流载荷

入射角/(°)	方案 A/kN	推荐/kN	入射角/(°)	方案 A/kN	推荐/kN
0	3115.64	3116.88	100	2879.13	2946.05
10	3042.87	3066.80	110	3019.01	3070.59
20	2855.32	2936.28	120	3064.12	3115.31
30	2662.14	2778.28	130	3019.52	3068.73
40	2598.64	2687.34	140	2877.09	2941.35
50	2661.51	2718.09	150	2691.94	2784.90
60	2687.12	2746.79	160	2595.42	2690.73

入射角/(°)	方案 A/kN	推荐/kN	入射角/(°)	方案 A/kN	推荐/kN
70	2657.80	2724.52	170	2675.21	2720.39
80	2612.21	2695.04	180	2723.14	2748.81
90	2698.53	2788.01			

将表 6 中的数据整理为曲线如图 6 所示。

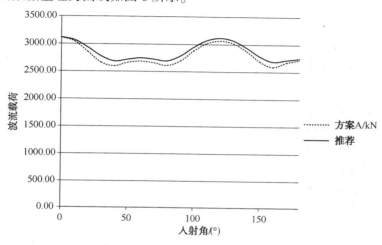

图 6　不同入射角波流载荷对比曲线

南海深水钻井隔水管设计与作业技术

畅元江　陈国明　刘秀全　刘康

(中国石油大学(华东)海洋油气装备与安全技术研究中心)

摘要：深水钻井隔水管设计与作业技术是深水钻井的关键技术之一。本文针对我国南海深水钻井作业的迫切需要，考虑了平台与装备的实际条件，开展了深水钻井隔水管设计与作业技术研究，具体包括隔水管系统配置、排列设计和张紧力、钻井作业窗口、下放/回收作业窗口和悬挂作业窗口等。算例依托南海某深水钻井平台，依据某井位具体的水深和环境条件，给出了隔水管设计与作业技术的具体应用，设计方案与作业参数已在南海深水钻井实践中得到应用。本文相关结论可为深水钻井隔水管设计与作业提供参考。

关键词：深水钻井；隔水管设计；系统配置；作业窗口；限制准则

1 引言

深水钻井隔水管设计与作业技术是海上钻井设计关键问题之一。就隔水管设计来说，须考虑隔水管几何尺寸、管材强度、浮力块位置和尺寸、张力器极限张力、海洋环境载荷和水深等因素。就隔水管作业技术来说，需要依据作业工况，通过作业窗口计算确定不同工况下允许的平台最大偏移和环境载荷极限条件，为深水钻井隔水管的现场作业提供参考。

目前，已经有较多文献介绍了南海深水钻井隔水管与井口技术。文献[3]综述了深水钻井隔水管与井口技术研究进展，指出了南海深水钻井隔水管钻前设计与作业技术应用的关键问题。文献[4]研究了深水和超深水钻井隔水管设计影响因素，分析了隔水管设计应考虑的问题；文献[5]研究并提出采用通用组合确定准则和非线性搜索方法研究深水钻井隔水管连接作业窗口，并给出钻井作业窗口的确定流程、方法及其具体应用。文献[6]研究并提出隔水管悬挂模式作业窗口分析方法，基于隔水管悬挂作业限制准则，进行不同海况条件下的隔水管悬挂窗口研究。文献[7]研究并提出三种隔水管系统顶张力确定方法，并给出相关方法的具体应用。文献[8，9]等给出了如何采用有限元分析软件进行深水钻井隔水管分析。

本文在上述研究成果的基础上，结合我国南海深水钻井作业的需要，依托南海某深水钻井平台和某井位具体的条件，特别是考虑了现场实际作业条件，具体开展了深水钻井隔水管设计与作业技术研究，具体包括隔水管系统配置、排列设计和张紧力、钻井作业窗口、下放/回收作业窗口和悬挂作业窗口等。本文相关结果与结论可为南海深水钻井隔水管分析与设计提供参考。

2 深水钻井隔水管设计

深水钻井隔水管设计主要包括隔水管系统配置、排列设计和张紧力确定等。

2.1 隔水管系统配置与排列设计

参考规范 API RP 16Q 开展隔水管配长设计，计算过程与方法如下：

（1）隔水管系统总长度=水深+钻台距水面高度−分流器顶面至钻台的距离；

（2）隔水管附属部件总长度=分流器+上球铰+伸缩节（位于中冲程）+LMRP/BOP 组+井口；

（3）需要的总隔水管单根长度=隔水管系统总长度−隔水管附属部件总长度；

（4）隔水管单根数量=需要的总隔水管单根长度/隔水管单根长度，剩余长度采用短节进行补偿即可。

需要指出，上述只能形成隔水管系统配置而不是形成具有实际指导意义的隔水管下放列表。在确定具体的隔水管下放列表过程中，还要充分考虑浮力单根的浮力等级、现场作业效率和隔水管在堆放区的排列情况，然后对隔水管单根的使用做出取舍。

2.2 隔水管所需张紧力确定

确定隔水管系统所需的张紧力主要有三种方法，分别为 API 理论算法、基于过提力（隔水管底部总成与防喷器之间的张力）的确定方法和现场作业时参考用的基于下放钩载的张紧力确定方法。

2.2.1 API 规范推荐方法

根据 API RP 16Q 规范，张紧力设置是确保隔水管稳定性的条件之一。张紧力的设置要确保即使有部分张力绳失效，也能保证隔水管底部会产生有效张力。最小张紧力 T_{min} 按如下公式确定：

$$T_{min} = T_{SRmin}N/[R_f(N-n)] \tag{1}$$

式中，T_{SRmin} 为滑环张力；N 为支撑隔水管的张力绳数目；n 为出现突然失效的张力绳数目；R_f 为用以计算倾角和机械效率的滑环处垂直张力与张力绳设置之间的换算系数，通常为 0.90~0.95。

式（1）中滑环张力 T_{SRmin} 计算公式为：

$$T_{SRmin} = W_s f_{wt} - B_n f_{bt} + A_i(d_m H_m - d_w H_w) \tag{2}$$

式中，W_s 为参考点之上的隔水管没水重量；f_{wt} 为没水重量公差系数；B_n 为参考点之上的浮力块净浮力；f_{bt} 为因弹性压缩、长期吸水和制造容差引起的浮力损失容差系数；A_i 为隔水管内部横截面积；d_m 为钻井液密度；H_m 为至参考点的钻井液柱高度；d_w 为海水密度；H_w 为至参考点的海水柱高度。

2.2.2 基于底部残余张力的张紧力确定方法

根据此方法，隔水管张紧力计算必须保证隔水管底部挠性接头处的残余张力等于或大于隔水管底部总成的湿重，以确保恶劣海况条件下启动紧急脱离程序时能够安全提升整个隔水管系统。

隔水管张紧力 T_{top} 计算公式如下:

$$T_{\text{top}} = \sum_{\text{top}}^{\text{bottom}} (W_{\text{riser}} + W_{\text{mud}}) + RTB \tag{3}$$

式中, W_{riser} 为隔水管湿重, W_{mud} 为钻井液湿重, 底部残余张力一般取至少 50Kips(22.5t 以上, 不包含隔水管底部总成的湿重)。

此外还有现场作业时参考采用的基于下放钩载的张紧力确定方法, 具体可参考文献 [7]。

3　深水钻井隔水管作业技术

从指导隔水管作业的角度出发, 作业技术研究的目的是要确定钻井作业窗口、隔水管下放/回收窗口和隔水管悬挂作业窗口, 也就是确定各种作业条件下的容许作业参数和环境条件, 为隔水管的安全作业提供参考。深水钻井隔水管作业技术框架如图 1 所示。

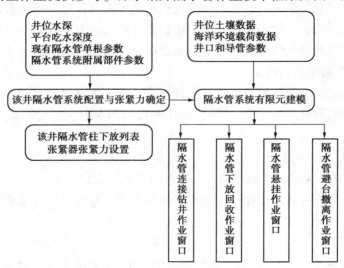

图 1　隔水管作业技术框架图

由图 1 可知, 隔水管系统作业技术主要包括管柱排列设计、张紧力、隔水管钻井作业窗口、下放/回收作业窗口、悬挂作业窗口和避台撤离作业窗口等。其中避台撤离作业技术分析是否开展取决于平台定位方式, 如果平台采用动力定位, 则需要开展研究以确定避台撤离的方向和速度, 如果平台采用锚泊定位, 则一般不予考虑, 具体方法可参考文献[11]。

3.1　钻井作业窗口

钻井隔水管系统钻井作业窗口分析与确定的目的是明确进行正常钻井作业、连接非钻井作业和解脱作业的环境载荷条件和钻井平台偏移范围, 形成相应的绿圈、黄圈和红圈, 可为隔水管的连接作业提供指导。

为此, 需要首先明确钻井作业窗口的确定准则, 参考 API RP 16Q 规范和相关研究成果, 确定的钻井作业窗口限制准则见表 1。

表1　钻井作业窗口限制准则

名　称	正常钻井工况	连接非钻井工况	极限工况
顶部球铰转角/(°)	2	13.5	13.5
底部挠性接头转角/(°)	2	6	9
伸缩节冲程长度/ft	53	53	53
隔水管等效应力/屈服强度	0.67	0.67	0.67
导管等效应力/屈服强度	0.67	0.8	1.0
低压井口弯矩/极限抗弯能力	0.67	0.67	1.0

在明确上述准则的基础上，可采用有限元分析软件建立隔水管—井口—导管整体有限元分析模型，并以钻井平台偏移值、表面海流流速和伸缩节冲程组合参数形式确定隔水管钻井作业窗口。

3.2　隔水管悬挂作业窗口

在恶劣的海况条件下，当环境载荷超过隔水管作业极限时，需要将隔水管从底部断开，使隔水管处于悬挂状态。在悬挂状态时，隔水管可能会出现动态压缩。一旦出现严重的动态压缩，一方面会导致隔水管的局部屈曲失稳，增加隔水管的弯曲应力，另一方面也增加了隔水管上部碰撞月池的风险，于是在设计和使用中应该考虑悬挂状态下隔水管的动态响应。

在计算隔水管悬挂作业窗口时，同样也需要首先明确隔水管悬挂作业窗口的限制准则，参考相关研究成果，确定的隔水管悬挂作业窗口限制准则见表2。

表2　隔水管悬挂作业窗口限制准则

名　称	悬挂模式准则
隔水管最大等效应力/屈服应力	0.67
下部挠性接头转角/(°)	10
隔水管最大许用张力/MN	8.898
隔水管最小许用张力/MN	0
平台月池宽度/m	6.4

然后采用有限元软件建立悬挂隔水管柱轴向与侧向耦合分析动力学模型，通过计算确定容许进行隔水管悬挂的极限海况条件(包括波高和海流流速等)。

3.3　下放/回收作业窗口

在海上钻井过程中，需要将隔水管与LMRP/BOP下放至海底，此过程形成隔水管下放工况；另外，当每口井完钻后，需要将隔水管与LMRP/BOP回收到平台上，此过程形成隔水管回收工况。与前文所描述的隔水管悬挂工况类似，两种工况下唯一不同之处是下放/回收工况下隔水管系统下端除了有LMRP(悬挂工况也有)之外，在LMRP下部还有BOP(悬挂工况没有)。

下放与回收工况在分析模型、分析方法与流程完全相同，其作业窗口的限制准则与上述悬挂作业也相同。为避免隔水管下放/回收模式隔水管顶部在平台升沉运动作用下产生动态压缩，必须针对不同的环境条件进行分析，确定允许进行下放/回收作业的最大环境载荷，从而保证隔水管的作业安全。

4 算例

4.1 基础数据

南海某深水井，水深为492m，依托平台为某深水钻井平台，钻台距水面的高度为26m，吃水深度为20m。设计海况条件为：一年一遇条件下，波高为8.4m，波浪周期为12.1s；采用近似三角形流剖面，表面流速为1.07m/s，海底流速为0.31m/s。井口抗弯能力为2.0Million ft-lb(约2.7MN·m)。

4.2 隔水管排列设计和张紧力

依据前述的隔水管设计技术，针对某深水钻井平台隔水管配备情况，参考API RP 16Q规范[10]设计出的隔水管系统见表3。

表3　南海某深水井隔水管系统配置

名　　称	数　量	单根长度/m	距海底高度/m
分流器 & 上部挠性接头	1	3.09	516.53
伸缩节	1	29.718	513.44
40ft(12.19m)短节/作业水深可至4000ft(1219m)	1	12.192	483.184
60ft(18.3m)浮力单根/作业水深可至2000ft(610m)	12	18.288	470.992
60ft(18.3m)浮力单根/作业水深可至3000ft(914m)	4	18.288	251.536
60ft(18.3m)浮力单根/作业水深可至4000ft(1219m)	7	18.288	178.384
50ft(15.24m)隔水管短节	1	15.24	50.368
60ft(18.3m)隔水管裸单根	1	18.288	35.128
LMRP/BOP 组	1	12.84	16.84

注：高压井口出泥高度为4m。

根据上述隔水管系统配置可以很方便形成隔水管下放列表，用以指导现场作业。

根据上述隔水管系统配置，可以采用三种方法计算该隔水管系统所需的张紧力，基于API理论算法得到隔水管系统所需的最小张紧力为90.8t，基于底部残余张力法确定的张紧力为146t，基于下放钩载法确定的张紧力为175.5t。考虑到API理论算法得到的仅为最小张紧力，而基于下放钩载法确定的张紧力会导致底部残余张力过大，最终推荐采用基于底部残余张力法确定的张紧力，设计结果为146t。

4.3 作业窗口计算与分析

4.3.1 钻井作业窗口

根据底部残余张力法确定的146t张紧力，针对表3给出的隔水管系统配置并形成详细的下放列表，采用前述的海洋环境条件，通过有限元计算得到钻井作业窗口如图2所示。

图2中横轴与纵轴确定了可进行各种作业模式的极限钻井船偏移和表面海流流速。绿色区域内可进行正常钻井作业，当钻井船偏移和表面海流流速参数达到黄色报警线时，需要停止钻井并进行解脱准备，此时隔水管处于连接非钻井模式；当钻井船偏移和表面海流流速参数达到红色报警线时，需要启动解脱程序；当钻井船偏移和表面海流流速参数达到最外围的白色区域时，解脱作业应当已经完成，隔水管处于悬挂模式(自存状态)。图2中，绿圈与

黄圈的外围边界均是由于上球铰和下部挠性接头转角的限制，而红圈的外围边界主要是受低压井口抗弯能力的限制。

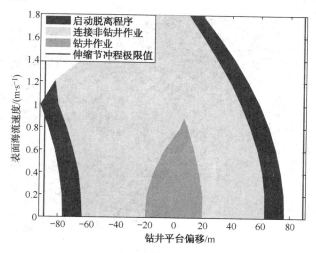

图2　隔水管系统的钻井作业窗口

4.3.2　悬挂作业窗口

隔水管悬挂作业窗口如图3所示(具体数据略)。图3中绿色部分为允许悬挂作业区域，红色区域为不允许在当前配置下进行硬悬挂作业的区域。

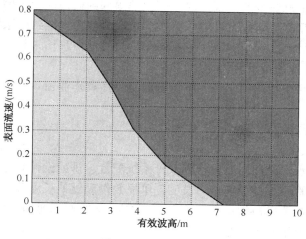

图3　悬挂作业窗口

由图3可知，隔水管悬挂模式下，隔水管作业窗口主要受隔水管应力、动态张力放大(悬挂装置过载)与隔水管压缩等因素的影响。相对该井作业海域具体的海况数据，海流和波浪载荷对硬悬挂作业影响显著，随着海流增大隔水管允许悬挂作业的最大波高不断减小。

4.3.3　下放/回收作业窗口

隔水管下放/回收作业窗口的确定是在获得作业海域详细环境条件的基础上，进行不同工况组合下下放/回收隔水管的悬挂有限元分析，根据下放/回收作业限制准则判断是否能够进行下放/回收作业，允许作业的工况组合起来即为隔水管的下放/回收作业窗口。

　　隔水管的下放/回收作业窗口如图4所示(具体数据略)。图4中绿色部分为允许作业区域,红色区域为不允许在该配置下进行下放/回收的环境条件。

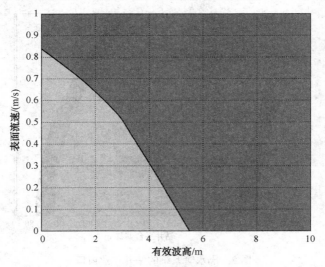

图4　隔水管下放/回收作业窗口

　　由图4可知,隔水管下放/回收作业窗口对海流极为敏感,随着波高的增大允许作业的最大海流迅速减小,根据计算结果显示限制作业的主要因素为隔水管最大等效应力,这是由于隔水管下放过程中上球铰安装之前,隔水管顶部顶部约束被简化为固定端,高速海流作用于隔水管使其顶部产生很大弯矩,在隔水管顶部造成大应力,导致隔水管顶部等效应力超出限制。此外,在所有计算工况下,隔水管有效张力与月池位移均未超出限制,等效应力是限制隔水管下放/回收作业的最重要因素。

　　此外,由于该平台采用锚泊定位,不再考虑避台撤离作业窗口。

5　结论与展望

　　(1)深水钻井隔水管设计主要包括隔水管系统配置、排列设计和张紧力确定。隔水管系统配置主要确定隔水管系统各个部件的长度、单根数量和短节长度等。排列设计就要确定隔水管具体的下放列表供现场司钻使用,而张紧力的确定既要满足API规范关于最小张紧力的要求同时也应更适合于现场作业。

　　(2)隔水管作业技术研究主要是依据设计得到的管柱排列和张紧力,结合给定海域的海况条件和依托平台的具体情况,同时也要考虑井口、导管参数以及土壤条件,确定隔水管钻井作业窗口、下放/回收作业窗口和硬悬挂作业窗口,确定各个窗口对应的极限作业参数与极限环境条件,保证隔水管作业的安全性。

　　(3)对于悬挂作业窗口,本文仅仅考虑回收一部分隔水管后采用卡盘与万向节支撑剩余管柱重量的作业窗口,即硬悬挂的作业窗口,虽然可行但相对保守。后续将进一步研究软悬挂作业窗口,并研究硬悬挂条件下万向节的铰支作用对于悬挂作业窗口的影响。

参 考 文 献

1 畅元江. 深水钻井隔水管设计方法及应用研究[D]. 东营: 中国石油大学(华东). 2008.

2 鞠少栋. 深水钻井隔水管及井口钻前设计与作业分析技术研究[D]. 青岛: 中国石油大学(华东), 2012.

3 陈国明, 刘秀全, 畅元江, 等. 深水钻井隔水管与井口技术研究进展[J]. 中国石油大学学报(自然科学版), 2013, 37(5): 129~139.

4 畅元江, 陈国明, 许亮斌, 等. 超深水钻井隔水管系统设计影响因素分析[J]. 石油勘探与开发, 2009, 36(4): 523~528.

5 鞠少栋, 畅元江, 陈国明, 等. 深水钻井隔水管连接作业窗口分析[J]. 石油勘探与开发, 2012, 39(1): 105~110.

6 鞠少栋, 畅元江, 陈国明, 等. 深水钻井隔水管悬挂窗口确定方法[J]. 石油学报, 2012, 33(1): 133~136.

7 鞠少栋, 畅元江, 陈国明, 等. 超深水钻井作业隔水管顶张力确定方法[J]. 海洋工程, 2011, 29(1): 100~104.

8 孙友义. 深水钻井隔水管强度评价方法及应用研究[D]. 东营: 中国石油大学(华东), 2009.

9 CHANG Yuanjiang, CHEN Guoming. Theoretical investigation and numerical simulation of dynamic analysis for ultra-deepwater drilling risers[J]. Journal of Mechanics, 2010, 14(6): 596~605.

10 API RP 16Q. Recommended practice for design selection operation and maintenance of marine drilling riser system[S]. 1993.

11 陈黎明, 陈国明, 孙友义, 等. 深水钻井隔水管避台撤离动力与长度优化[J]. 海洋工程, 2012, 30(2): 26~31.

12 中国石油大学(华东)海洋油气装备与安全技术研究中心. 南海深水钻井隔水管钻前设计与作业技术研究报告[R]. 2013.12.

自升式钻井平台桩腿升降时的桩靴触底分析研究

邓贤锋　李红涛

(中国船级社海工审图中心)

摘要：本文以某一自升式钻井平台为例，对平台的桁架式桩腿升降时桩靴与海底之间的碰撞受力分析进行分析研究。文中依据土壤条件和桩腿承受能力，并考虑平台的水动力运动性能，运用能量守恒原理，给出桩靴与海底间的碰撞受力计算方法和原理，得出桩腿升降时的限制海况。本文对自升式平台的使用者和设计人员有一定的指导意义。

关键词：自升式钻井平台；桩腿升降；触底分析；能量守恒定律

1　概述

本文研究桁架自升式钻井平台在升降桩腿时桩靴与海底间碰撞的受力情况。桁架自升式钻井平台主船体一般呈三角形，作业时主船体由 3 条桩腿支撑，每条桩腿下端有一个圆形桩靴，通过桩靴与海底的接触为整个船体提供支撑反力。在平台升降桩腿至桩靴与海底将要接触的时候，由于外部环境力(风浪流)的作用，平台不可避免的会产生一定的运动导致桩靴与海底发生碰撞，恶劣海况时甚至可能会有碰撞力大于桩腿承受能力导致桩腿发生严重变形或破坏的情况发生，因此在升降作业过程中应予以重视。

依据美国造船工程师协会颁布的自升式平台现场评估指南(Guidelines for Site Specific Assessment of Mobile Jack-Up Units)，海底土壤的极限承载能力与土壤的特性(如黏土、砂土的参数)、桩靴的外形以及贯入深度确定。桩靴在克服土壤承载力不断贯入土壤的过程中，平台的动能一部分逐渐被土壤吸收，一部分转化为桩腿的变性能。

本文以某一桁架式桩腿的自升式钻井平台为例，首先计算了平台在不同环境条件下运动响应和动能，其次计算桩靴与海底碰撞受力公式得到桩靴贯入深度、土壤承载能力以及吸收能之间的对应关系，最后通过能量守恒定律，得出钻井平台在不同土壤条件不同海域的波浪限制条件，结果与平台的实际操作情况符合良好。本文提供方法和思路可为自升式钻井平台使用人员和设计人员提供参考，对平台桩腿升降操作具有一定的指导作用。

2　计算方法和原理

2.1　平台运动计算

根据波浪理论，关于波浪载荷的评估，板壳类结构适用于三维势流理论，而细长类杆件则适用于莫里森方程。因此在分析中对自升式钻井平台船体和桩靴部分建立湿表面模型，桩腿部分建立莫里森杆件模型，以采用不同的模型和分析理论。通过分析得到平台各运动自由度运动的势流阻尼、附加质量、运动 RAO（单位波幅响应幅值）。然后结合具体的环境条件参数，进行 3h 的短期统计分析，可计算得到平台的运动速度、加速度等运动信息。

对于自升式钻井平台的运动计算，目前很多商业的水动力商业软件都能完成，计算理论依据是三维势流理论和莫里森公式且都较为成熟，在此就不赘述。在分析中通常需输入湿表面模型（Panel Model）、莫里森模型（Morison Model）和质量模型（Mass Model）等水动力模型，根据自升式钻井平台对称特性，水下部分通常沿中纵剖面对称，为节省计算时间和工作量，平台船体湿表面模型只需建立左舷部分，右舷部分利用对称规则即可得到。自升式平台水动力模型图如图 1 所示。

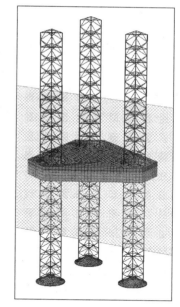

图 1　自升式平台水动力模型图

2.2　土壤的承载能力计算

砂土及类似颗粒状的土壤的对圆形桩靴的垂向承载能力可由下列公式进行计算：

$$F_v = (0.5\gamma' B N_\gamma s_\gamma d_\gamma + p'_o N_q s_q d_q) A \tag{1}$$

黏土中的桩靴垂向承载力由下列公式进行计算：

$$F_v = (c_u N_c s_c d_c + p'_o) A \tag{2}$$

在桩靴最大压力达到土壤承载能力 F_v 的时候，还应考虑回流的作用，如图 2 所示。桩靴以上最大压载可按下式进行修正：

$$V_{L0} = F_v - F'_o A + \gamma' V \tag{3}$$

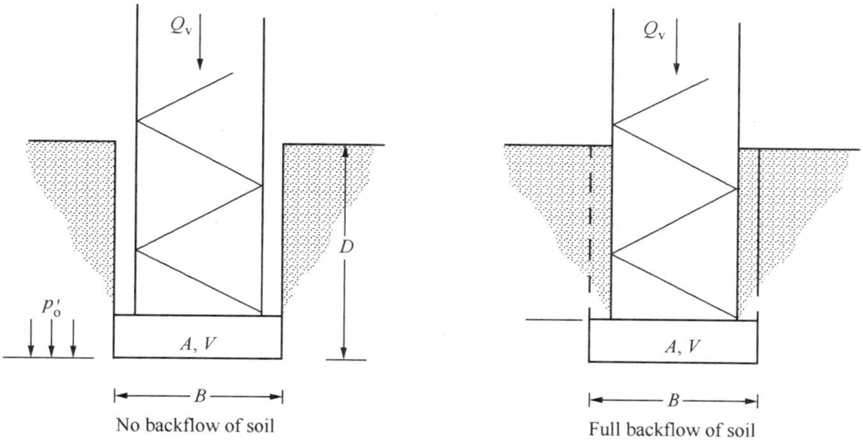

图 2　桩靴贯入土壤时的回流

在桩靴完全垂直贯入砂类土壤的过程中，我们假定土壤对桩靴没有作用力时，垂向承载能力可按公式（1）计算。在工程计算时根据实际现场情况会考虑一个倾斜系数，一般会将它假定为有一个垂向力承载和一个水平承载力的组合作用，如式（4）计算。

$$F_{VH} = A(0.5\gamma' B N_\gamma s_\gamma i_\gamma d_\gamma + p_0 N_q s_q i_q d_q) \tag{4}$$

i_γ，i_q 为垂向承载力与水平承载力相互关系确定的系数。如下式所示：

$$i_r = (1 - (F_H / F_{VH})^*)^{m+1}$$
$$i_q = (1 - (F_H / F_{VH})^*)^{m}$$

土壤水平承载力可按下式计算:

$$F_H = F_H^* + 0.5\gamma'''(k_p - k_a)(h_1 + h_2)A_s ,\qquad(5)$$

其中 $F_H^* = F_{VH}\tan\delta$

桩靴贯入黏土时考虑倾斜系数后土壤的垂向极限承载力按下式计算:

$$F_{VH} = A((N_c c_u s_c d_c i_c) + p_0' N_q s_q i_q d_q)\qquad(6)$$

其中, $i_c = 1 - 1.5 F_H^* / N_c A c_u$, $i_q = (1 - F_H^* / F_{VH})^{1.5}$

土壤水平承载力可按下式计算:

$$F_H = F_H^* + (c_{u0} + c_{u1})A_s\qquad(7)$$

式中, $F_H^* = A c_{u0}$ 。

式中, A 为桩靴底面与土壤接触投影面积, γ' 为土壤密度, B 为桩靴直径, N_γ , N_q 为承载力系数, $s_\gamma s_q s_c$ 为承载力形状系数, $d_\gamma d_q d_c$ 为承载力深度系数, c_u 为土的不排水抗剪强度, 为填土压力, 当没有土壤回填时, 为 0; m 为桩靴支撑形状系数, 圆形一般取为 1.5, k_p 为被动土压系数, k_a 为主动土压系数, l_1 为桩靴最大面积处入泥深度, 如桩靴没有完全入泥取为 0, l_2 为桩靴尖端入泥深度, A_s 为入泥桩靴侧向投影面积。

在计算水平承载力时, 假定, k 为可变因子, 随着 k 的变化依次得出不同因子下的垂向力和水平力贯入曲线, 可选取最保守的情况作为计算海况限制条件的依据。

2.3　能量守恒定律及计算

在桩靴贯入土壤过程中, 桩腿因变形吸收的能量可参考杆件的应变能公式计算:

$$U_{DEF} = \int_0^l \frac{M^2(x)\,\mathrm{d}x}{2EI} = \int_0^l \frac{(M_0 - F_H x)^2 \mathrm{d}x}{2EI} = \frac{M_0^2 l^2}{2EI} + \frac{F_H^2 l^3}{6EI} - \frac{M_0 F_H l^2}{2EI}\qquad(8)$$

式中, F_H 为土壤水平承载力, l 为桩靴至导向的长度, M_0 为桩腿底部的弯矩, I 为桩腿等效惯性矩; E 为弹性模量。

土壤吸收的能量可以表示为:

$$U_{SOIL} = \int_0^{d0} F_{VH}(h)\,\mathrm{d}h + \int_0^{s0} F_H(s)\,\mathrm{d}s\qquad(9)$$

式中, $F_{VH} F_H$ 为土壤垂向和水平承载力, $h0$ 为桩靴贯入深度, s_0 为横向位移。

根据能量守恒定律, 钻井平台的运动能应等效于土壤及桩腿弯曲吸收的能量之和, 可以用公式表示如下:

$$U_{MOTION} = U_{DEF} + U_{SOIL}\qquad(10)$$

3　计算实例

以某一桁架自升式钻井平台为例, 本文计算得到了该平台升降桩腿时在 3 个水深下已知土壤条件下的海况限制条件。平台的基本设计参数如表 1 所示。

表 1　平台基本参数

项　目	单　位	工况 1	工况 2	工况 3
水深	m	80.0	100.0	122.0
吃水	m	6.57	6.57	6.57

续表

项　目	单　位	工况 1	工况 2	工况 3
排水量	t	21742	21856	21966
重心距基线高	m	-0.46	-6.52	-13.20
横摇惯性半径	m	36.20	41.24	48.22
纵摇惯性半径	m	38.60	43.36	50.05
首摇惯性半径	m	25.35	25.35	25.35

波浪预报统计中使用的波浪谱为 JONSWAP 谱，谱峰周期范围为 4～15s，间隔 1s，谱峰周期与跨零周期之间比值取为 JONSWAP 平均值 1.286；有义波高范围为 1.0～4.0m，间隔为 0.5m；波谱的谱峰因子 γ 值按下列通用关系式确定：

$\gamma = 5.0$，当

$\gamma = \exp\left(5.75 | 1.15^{T_p}/\sqrt{H_s}\right)$，当

$\gamma = 5.0$，当某海域的土壤特性为砂土，具体参数如表 2 所示。

表 2　某海域砂土具体参数

土壤特性	深度/m	水下容重/(kN/m³)	粒状土设计参数/ϕ	承载力系数/N_q	承载力系数/N_r
砂土	0.8	10.9	20	6.4	5.4
	3.8	9.3	25	10.7	10.9
	9	7.9	20	6.4	5.4

实际作业过程中土壤极限水平承载力与垂向承载力之比 k 是难以确定的，随着 k 值的逐渐增大，极限垂向承载力逐渐减小，而极限水平承载力呈现先增大后减小的趋势（如图 3 所示）。计算结果表明，当比值 $k = 0.3$ 时，极限水平承载力达到了临界值（贯入深度为 2.0m），如图 3 所示。

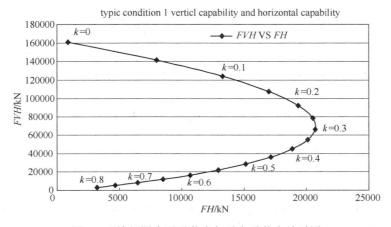

图 3　土壤极限水平承载力与垂向承载力关系图

在 $k = 0.3$ 时，我们还可得到土壤贯入深度与极限极限垂向承载力、水平极限承载力的对应关系如表 3 所示。

表3　贯入深度与极限垂向承载力、极限水平承载力的对应关系

FH/FVH	贯入深度 D	垂向贯入承载力 FVH/kN	水平承载力 FH/kN	80m 水深 UF	100m 水深 UF	122m 水深 UF
0.3	0.00	2430	729	0.13	0.16	0.19
0.3	0.20	5139	1544	0.27	0.33	0.40
0.3	0.40	8851	2665	0.47	0.58	0.70
0.3	0.50	11082	3341	0.59	0.72	0.87
0.3	0.56	12542	3784	0.66	0.82	0.99
0.3	0.57	12794	3860	0.68	0.84	1.01
0.3	0.66	15175	4584	0.80	0.99	1.20
0.3	0.67	15452	4668	0.82	1.01	1.22
0.3	0.78	18665	5647	0.99	1.22	1.48
0.3	0.79	18972	5740	1.01	1.24	1.50
0.3	0.89	44774	13519	2.37	2.93	3.53

　　结果表明，土壤承载能力随着土壤容重和粒状设计参数的增大而增强，随着水深增大而降低，本例中平台升降桩腿时的最小允许有义波高为1.16m，如图4所示。

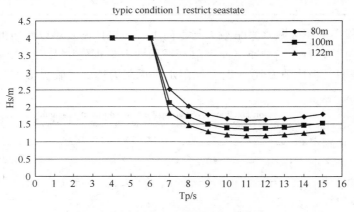

图4　不同水深下升降桩腿海况限制图

4　结论

　　本文研究了桁架自升式平台在升降桩腿时桩靴与海底的碰撞作用，并结合具体的平台和土壤参数给出了限制海况条件，结果与平台实际操作情况较为符合，此种方法对桁架自升式平台升降桩腿起到很好指导作用。

　　本文的主要结论如下：

　　(1) 桁架自升式平台在升降桩腿时应充分了解平台的运动性能和作业海域的土壤参数，

同时密切关注平台的运动情况，避免在平台运动超过极限能力时升降桩腿。

（2）土壤承载能力随着土壤容重和粒状设计参数的增大而增强，升降桩腿时的限制波高也相应增大。

（3）在相同海底土壤参数条件下，桁架自升式平台一般在水深逐渐增大时的限制波高减小。

（4）在相同海底土壤参数和水深条件下，限制波高还与波浪谱的谱峰周期有关，波浪谱周期从小至大会导致限制波高的突然减小到最小值然后缓慢增大。

浅析 JU2000E 钻井平台安全消防系统设计

王柏和　　郭艳欣

（中国石油海洋工程有限公司钻井事业部）

摘要： 由于钻井平台远离陆地、环境恶劣、布局紧凑、设备集中、造价昂贵，一旦发生火灾，可能会造成巨大损失。本文针对 JU2000E 自升式钻井平台，分析了平台的安全消防系统，为今后海上钻井平台安全消防系统的设计建造和优化升级提供了有较好的借鉴。

关键词： 自升式；钻井平台；JU2000E 船型；消防系统；火灾；安全

1　前言

随着经济的快速发展，社会对油气资源的需求与日剧增。近年来，海洋石油油气勘探开发日趋活跃，且趋势由近海向深海转移，钻井平台需求量不断增加，海上钻井平台成为海洋油气勘探开发不可或缺的海工装备。

据统计，火灾引起的灾难事件居首位。海上移动钻井平台远离陆地、布局紧凑、设备高度集中、易有可燃易爆气体，一旦发生火灾事故，会造成巨大损失，甚至人员伤亡或平台沉没。近年来，海上钻井平台火灾爆炸事故频频发生。2010 年 4 月 20 日夜间，位于墨西哥湾的"深水地平线"钻井平台发生爆炸并引发大火，造成 11 名工作人员死亡，36h 后沉入墨西哥湾，导致了大量石油泄漏，酿成一场经济和环境惨剧。因此，加强对钻井平台火灾的防控研究，特别是对平台安全消防系统的设计研究和消防设施的配置具有非常重要的意义。

中油海 16 钻井平台是 JU2000E 升级版的船型。本文以其为例，针对 JU2000E 自升式钻井平台，对平台的安全消防系统，主要包括泡沫灭火系统、消防水系统、喷淋系统、固定式 CO_2 灭火系统、其他消防设施、火灾/气体探测系统等方面，进行了详细分析。

2　固定式泡沫灭火系统

2.1　系统设计

泡沫灭火剂的相对密度小，流动性好，持久性和抗烧性强，导热性低，黏着力大，能迅速覆盖在燃烧液面上并隔绝可燃蒸汽、空气、热量的传递，加上冷却效果，起到了灭火的作用，对油类物质引起的火灾具有较好的灭火效果，在海上平台泡沫灭火系统应用较多。平台固定式泡沫灭火系统服务区域为：直升机甲板区域、直升机的加油罐区域、加油泵区域、加油单元区域。

固定式泡沫灭火系统主要由泡沫/喷淋泵、泡沫液柜、泡沫比例混合器、泡沫炮、泡沫管网、控制柜等组成。系统设计的泡沫液持续时间至少为 5min。

平台泡沫灭火系统的水源取自于海水系统，消防水泵和钻井水/应急总用泵也连接至该系统管路，提高了系统设计的可靠性。另在直升机甲板区域配置了 3 个便携式泡沫液箱和泡沫枪以进一步提高泡沫消防系统的安全性。

2.2 系统配置

系统配置如表 1 所示。

表 1 泡沫灭火系统主要设备参数

设 备	泡沫/喷淋泵	泡沫柜	泡沫比例混合器	泡沫炮	泡沫枪	便携泡沫箱
参数	250m³/h @ 11.1bar，192kW，DESMI，德国	600L，OAKWELL，新加坡	100 ~ 5600L/min，3% 混合比，OAK-WELL			5GAL，OAKWELL
数量/个	1	1	1	3	3	3

2.3 控制功能

（1）泡沫/喷淋泵能够本地、配电间、中控进行启动/停止控制。

（2）在三个泡沫炮、油罐附近设置防爆启动按钮。

泡沫灭火系统原理图和直升机甲板泡沫消防炮布置图如图 1、图 2 所示。

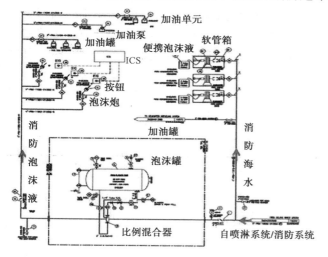

图 1 泡沫灭火系统原理图

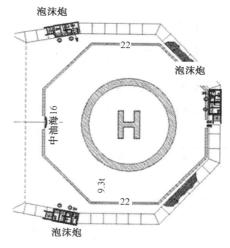

图 2 直升机甲板泡沫消防炮布置图

2.4 参数的确定

1）泡沫/喷淋泵容量计算

直升机平台直径约为 22.3m，直升机甲板面积为：$\pi \times r^2 = 3.14 \times 11.15^2 = 390.37m^2$，取泡沫的最低使用率是 6L/m²/min，泡沫喷射速率为：$6.0 \times 390.37 = 2342.22L/min$。直升机甲板配置 3 个泡沫消防炮，每个的容量为 1200L/min；加油区域共设置了 5 个喷头，每个喷头的容量为 93L/min。所以直升机甲板水的消耗量为：$(3 \times 1200 + 5 \times 93) \times 97\% \times 60 \times 10^{-3} = 237m^3/h$。泡沫供应时间为 5min，混合率 3%，因此泡沫消耗量为：$(2342.22 + 5 \times 93) \times 5 \times 3\% = 421.08L$。

2)泡沫/喷淋泵压力计算

按照规范要求,泡沫系统的泵至少需使系统保持 7bar 的压力。泡沫/喷淋泵供水管线至泡沫炮间的静压头为 21.8m,即 2.18bar。考虑管子和附件的压力损失大约为 18.3m(1.83bar),所以泡沫/喷淋泵压头应为 7bar+2.18bar+1.83bar = 11.01bar。考虑损失和余量,故选择泡沫/喷淋泵 1 台,其容量 250m³/h,压头 11.1bar;选择的泡沫柜容量为:600L。

3)泡沫总管尺寸计算

按照流速公式,取每台消防泵出口的管路为 6″,管内液体流速为 3.8m/s。

3　消防水系统

3.1　系统设计

消防水灭火系统是一种常用的安全可靠、经济适用型灭火系统。消防水系统类型一般分为干式消防水系统和湿式消防水系统,此平台水消防系统为湿管恒压设计。平台消防水灭火系统服务区域为全船各处所,同时还给直升机燃油罐冷却、生活楼喷淋系统提供水源。

消防水系统由消防泵、消防压力柜、消防压力柜增压泵、钻井水/应急消防通用泵、消防水管网、消防软管站、国际通岸接头、压力传感器、控制柜等组成。

按照 ABS 和 CCS 规范的要求,设计 2 个互为备用的消防泵。钻井水/应急消防通用泵可以起到作为消防泵的备用功能,进一步提高系统的可靠性。在平台的左右舷按有关规范和公约要求配置国际通岸消防水国际通岸接头,以便当平台的消防泵不能满足消防要求时,可以借助外来水源协助平台进行消防。

3.2　系统配置

消防水系统配置如表 2 所示。

表 2　消防水系统主要设备参数

设　备	消防泵	消防水柜	增压泵	钻井水/应急消防通用泵
参数	125m³/h @ 8bar,54kW, DSEMI,德国	1000L@ 6.5bar	15m³/h @ 7.3bar,22.2kW, DSEMI,德国	125m³/h@ 8bar; 140m³/h@ 4.5bar; 90kW, DSEMI, 德国
数量/个	2	1	1	1

3.3　控制功能

(1)平时消防水管网由消防水压力柜来保持恒定压力,当消防水管网压力低于 0.55MPa 时,压力柜增压泵自动启动;当消防水压力高于 0.65MPa 时,增压泵自动停止。

(2)如果发生火灾、消防泵处在自动模式时,消防水管网压力低于 0.45MPa,第 1 台消防泵自启动投入运行,并报警;当消防水管网压力低于 0.4MPa,第 2 台泵自启动投入运行,并报警。消防泵能本地、配电间 MCC、中控 ICS 进行启动/停止控制。在自动模式,2 个消防泵是次序控制,并且此时本地启动/停止仍有效。

消防水系统原理图如图 3 所示。

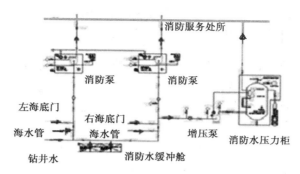

图 3　消防水系统原理图

3.4　参数的确定

1）消防水泵容量计算

按规范要求必须有 2 台独立驱动的消防水泵，每台消防泵的输送压力应保证在任何两个消防栓通过消防水带和水枪同时出水的情况下，能使任一消防栓处保持 3.5bar 的最低压力。两个消防栓的出水量约为 50m³/h。有一路水管从消防水总管连接至生活区喷淋系统。依据 ABS 规范要求，喷头的供水率不应小于 5L/m²/min，A 级分割处所面积不大于 280m²，所以喷淋水的消耗量为：5L/m²/min×280m²×60min/h÷1000L/m³ = 84m³/h。有一路水管从消防水总管连接至直升机甲板泡沫系统，直升机甲板泡沫系统水的消耗量为 237m³/h。所以消防水消耗最大 237m³/h，消防泵的总排量应选择 250m³/h，每个消防泵的排量为 125m³/h。

2）消防水泵压力计算

消防泵应能使离消防泵最远的消防栓保持有 3.5bar 的压力。最远的消防栓距消防泵的高度大约为 30m，管路和附件的压头损失大约为 14m，所以消防泵的排出压力应该为 35m+30m+14m = 79m，即 7.9bar。选择的消防水泵，数量 2 台，排量 125m³/h，压头 8bar。选择消防水压力柜 1000L@ 6.5bar，增压泵数量一台，排量 15m³/h，压头 8bar。

3）消防总管尺寸计算

消防总管管路流速一般控制在 2~4m/s。按照流速公式，取每台消防泵出口的管路为 6in，管内水流速为 1.96m/s；两台消防泵的消防总管为 8in，管内流速为 2.2m/s。

4　喷淋系统

4.1　大喷淋系统

4.1.1　系统设计

按照规范要求，此喷淋系统用以保护钻台、井口甲板和试油区域的安全消防。其特点是水流量大、压力大，通过雨淋阀及喷嘴能将火焰覆盖区域快速灭火。大喷淋系统分为干管设计和湿管设计，平台为干管设计。

大喷淋系统主要由泡沫/喷淋泵、雨淋阀、消防炮、喷头、喷淋管网、控制柜等组成。大喷淋系统是指保护区域火灾失控时，启动泡沫/喷淋泵和雨淋阀，泵送海水至区域，通过喷头喷水，实现灭火。

4.1.2　系统配置

喷淋系统配置如表 3 所示。

表 3　大喷淋灭火系统主要设备参数

设　备	泡沫/喷淋泵	雨淋阀	消防炮	喷　头
参数	250m³/h@ 11.1bar, 192kW，DESMI，德国	WILHELMSEN， 挪威	1200L/min	
数量/个	1	1	2	15

4.1.3　控制功能

(1) 泡沫/喷淋泵能够本地、配电间、中控进行启动/停止控制。

(2) 雨淋阀可以在本地或中控(如司钻房)进行启停控制。

(3) 当按下钻台区域和井口甲板的本地按钮时，雨淋阀和泡沫/喷淋泵同时启动。

(4) 当按下主甲板右舷试油区域的本地按钮，泡沫/喷淋泵启动，雨淋阀不动作。

大喷淋灭火系统原理图如图 4 所示。

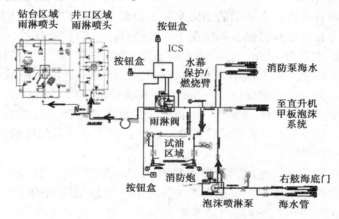

图 4　大喷淋灭火系统原理图

4.1.4　参数的确定

1) 大喷淋系统水泵容量和供应率计算

大喷淋系统主要为钻台、井口甲板、试油区域消防服务，按照 ABS 规范要求，水量供应率最小要求为 10.2L/min/m²。以钻台区域为例：

钻台区域：面积 $A_1 = 167m^2$，要求的最小供应率为 $d = 10.2L/min/m^2$，最小水幕流量为 $Q_{min1} = A_1 \times d = 167 \times 10.2 = 1703.4L/min$。选型喷嘴型号 N8W(484L/min@ 5bar) 4 个，N5W(168L/min@ 5bar) 1 个，N4W(123L/min@ 5bar) 2 个。喷嘴的总流量为 $Q_1 = 4 \times 484 + 1 \times 168 + 2 \times 123 = 2350L/min = 0.0392m^3/sec = 141m^3/h$。供应率为：$Q_1/A_1 = 2350/167 = 14.07L/min > 10.2L/min/m^2$，满足要求。

同上，井口甲板区域满足最小供应率要求，喷嘴水流量 59.04m³/h。试油区域亦满足供应率要求，选型的 2 个消防炮，总流量 144m³/h。故泡沫/喷淋泵的流量容量 250m³/h 可以满足，设计选泡沫/喷淋泵作为大喷淋系统的动力源。

2) 大喷淋系统水泵压力计算

喷淋水泵应能使出水压力保持有 3.5bar 的压力。最远的喷嘴距泡沫喷淋泵的高度大约为 28.49m，管路和附件的压头损失大约为 14m，所以消防泵的排出压力应该为 35m +

28.49m+14m=77.49m，即 7.749bar。而选择泡沫/喷淋泵压头 11.1bar，可以满足压力需求。

  3）管径尺寸计算

  管路的尺寸计算公式：$D^2=1.273(Q_1+Q_2)/V$，式中，V 为平均流速，单位 m/s；Q 为流量，单位 m^3/s；D 为管子内径，单位 m。取流速 4m/s。钻台和井口区域：$D^2=0.318$，$Q=0.318\times(0.0392+0.0164)=0.0177$，得出 $D=0.133m$。因此选钻台和井口的分配管径尺寸为 $DN150(6in)$。同理，可计算出试油区域的分配管径尺寸为 $DN150(6in)$。

4.2 生活楼喷淋系统

4.2.1 系统设计

  生活楼喷淋系统是指在生活楼区域设计的自动喷淋系统，具有价格低廉、安全可靠、自动控制、使用方便等特点。一般分为干式和湿式设计。平台的生活楼喷淋系统采用湿管设计。

  生活楼喷淋系统主要由淡水保压柜、保压柜增压泵、专用喷淋泵、喷头、喷淋管网、流量开关、带限位开关蝶阀、控制柜等组成。生活楼区域发生火灾，当房间温度达到喷头设定值时，喷头的温度敏感元件（破裂，水从喷头中喷出，起到自动喷淋灭火的效果，同时反馈信号给火气系统和中控，激活报警，如管网压力不足时，泡沫/喷淋泵自启动补充水源。

4.2.2 系统配置

  生活楼喷淋系统配置如表 4 所示。

表 4 生活楼喷淋灭火系统主要设备参数

设 备	增压泵	淡水保压柜	专用喷淋泵	喷 头
参数	$3m^3$/h@9bar，WILHELMSEN	2.8m^3 WILHELMSEN	$100m^3$/h@8bar，44.4kW，DESMI	
数量/个	1	1	1	

4.2.3 控制功能

  喷淋水柜的增压泵由液位开关控制启停，确保喷淋管网保压。专用喷淋泵能够本地、配电间、中控进行启动/停止控制，在自动模式下本地启停仍有效。当喷淋柜压力低于 5bar 时，低压报警；当压力低于 4.5bar，专用喷淋泵（自动模式时）自启动。生活楼喷淋系统原理图如图 5 所示。

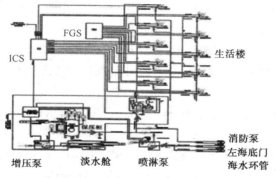

图 5 生活楼喷淋系统原理图

4.2.4　参数的确定

1）生活楼喷淋系统水泵容量计算

生活区喷淋系统依据规范要求，喷头的供水率不应小于 $5L/m^2/min$，A 级分割处所面积不大于 $280m^2$，所以喷淋水的消耗量为：$5L/m^2/min×280m^2×60min/h÷1000L/m^3=84m^3/h$。

2）生活楼喷淋系统水泵压力计算

喷淋水泵应能使出水压力保持有 3.5bar 的压力。最远的喷头距专用喷淋泵的高度大约为 29m，管路和附件的压头损失大约为 14m，所以消防泵的排出压力应该为 35m+29m+14m=78m，即 7.8bar。

所以选择专用喷淋泵压头 $100m^3/h@8bar$，可以满足压力需求。

3）管径尺寸计算

同理，可计算出生活楼喷淋系统的分配管径尺寸为 DN100（4in）。

5　固定式 CO_2 灭火系统

5.1　系统设计

固定式 CO_2 灭火系统特点是降低可燃物周围或氧气浓度，产生窒息作用而灭火，高效快速、可靠安全，而且现场不留痕迹、不沾污设备或物品、无水渍损失和不导电等性能，多适用于扑灭带电电器、重要设备和仪器仪表等场所。本平台设计 2 组集中 CO_2 系统释放和 4 组本地系统释放。保护区域为：主船体区域（发电机间/VFD 间/泥浆池间），悬臂梁区域（泥浆处理室/MCC 间），应急发电机室，油漆间，厨房 A 排烟管，厨房 B 排烟管。

固定式泡沫灭火系统主要由释放控制箱、CO_2 气瓶组、CO_2 报警系统、CO_2 管网等组成。

5.2　系统配置

表 5　二氧化碳灭火系统消防处所和瓶组配置参数

消防处所	主船体区域	悬臂梁区域	应急发电机室	油漆间	厨房 A	厨房 B
气瓶参数	45kg/瓶，TYCO	45kg/瓶，TYCO	45kg/瓶，TYCO	45kg/瓶，TYCO	6.8kg/瓶，TYCO	6.8kg/瓶，TYCO
数量/个	36	23	5	1	1	1

5.3　控制功能

CO_2 灭火系统一般可以远程和本地进行遥控释放灭火。当 CO_2 灭火系统释放时会有声光报警，并给信号至中控系统关闭相关的舱室通风和油泵。管路设置压力传感器，平时如有气瓶泄漏，也会发出报警。

CO_2 灭火系统气控原理和手动原理分别如图6、图7所示。

5.4　参数的确定

按照 SOLAS 规范，CO_2 总量计算公式如下：$W(kg)=V(m^3)×C/0.56(m^3/kg)$，式中，$W$ 为保护区域 CO_2 总量，V 为保护区域体积，C 为灭火设计浓度。设计浓度一般取 40%。

主船体 CO_2 间主要保护机舱、泥浆池舱、VFD 房。$W_{机舱}=2264m^3×0.4/0.56(m^3/kg)=$

1617kg，CO_2 气瓶为 45kg，需 36 个，设计主阀尺寸 $DN80$。$W_{VFD房} = 742m^3 \times 0.4/0.56$（$m^3$/kg）$= 530kg$，$CO_2$ 气瓶为 45kg，需 12 个，设计主阀尺寸 $DN50$。$W_{泥浆池间} = 1616m^3 \times 0.4/0.56$（$m^3$/kg）$= 1154kg$，$CO_2$ 气瓶为 45kg，需 26 个，设计主阀尺寸 $DN80$。机舱所需 CO_2 量最大，故主船体 CO_2 间设计 36 瓶 45kg 的 CO_2 气瓶。其他处所同理配置 CO_2 气瓶。

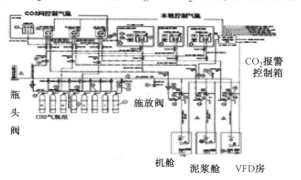

图 6　CO_2 灭火系统气控原理图

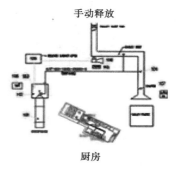

图 7　CO_2 灭火系统手动原理图

6　其他消防设施

按照规范要求，在各处所配备了相应的灭火器和消防员装备等消防设施。

6.1　灭火器

在起居处所、服务处所、控制站和机械处所配备了手提式灭火器、推车式灭火器，用于初期火灾或局部的小火灾的灭火控制。灭火器形式主要是 CO_2 灭火器、泡沫灭火器、干粉灭火器。在通往该直升机甲板的通道附近配备并存放满足规范要求的消防器材（如消防斧等）。

6.2　消防员装备

按照 MODU CODE 2009 规范应至少配备两套符合相关要求的消防员装备。本平台分别在主甲板、悬臂梁、直升飞机甲板处各配备了 2 套，共 6 套，包括隔热防护服、消防手套、呼吸器、安全灯、消防头盔等。

7　火灾/气体探测系统（FGS）

火灾/气体探测系统（FGS 系统）能及时、准确地探测到可能或已经发生的火情或可燃气/有毒气体泄漏事故，并采取相应措施，以保护平台人员和设备设施的安全。一旦在平台上检测到火灾、可燃气或有毒气体泄漏的输入信号，系统将做出逻辑判断，然后启动相应的报警系统、消防动作和关断动作等。必要的确认火灾/气体报警信号会发送到中控的安全切断（ESD）系统，能自动关断风机，空调，油泵，分油机，油阀等。

FGS 系统由现场探测设备、报警设备和火气控制设备组成。平台现场探头为可寻址式，主要包括感烟探头、感温探头、火焰探头、可燃气/有毒气体探头。全平台共划分为 24 个火区。当火区着火时，探头将监测到的火灾信号传至 FGS 系统，同时触发声光报警。在本地处所, 设有手动报警按钮, 激活后能触发 PA/GA 火灾报警(图 8)。

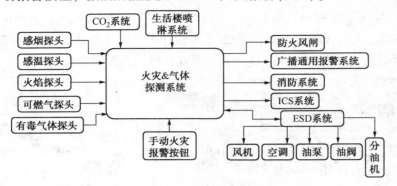

图 8　FGS 系统控制原理框图

8　结论

本文介绍了 JU2000 钻井平台的集监控、防火、灭火为一体的安全消防系统设计, 发生火灾时, 具有可以定位准确、响应速度快和灭火效率高的功能, 对今后海上平台安全消防系统的设计建造和优化升级均有很好的借鉴意义。钻井平台的消防立足于自救, 预防为主, 防消结合, 因此为了保障平台的安全作业生产, 还需人们不断地对安全消防系统进行优化设计和开发研究。

参 考 文 献

1　中国船级社. 海上移动平台入级规范 2012[S]. 人民交通出版社, 2012, 7.
2　美国船级社. 海上移动平台入级规范 2012[S]. 美国船级社, 2011.
3　中国船级社. 国际消防安全系统规则(FSS). 2001. 12.
4　Standard for the Installation of Sprinkler Systems, 2013 Edition, American.
5　蔡涛, 霍有利, 许晓丽. 海上平台消防水系统设计. 2007, 20(3).
6　杨勇, 徐江果, 孔维文. 主要设备估算书. 上海外高桥造船厂. 2012, 10.

极浅海域 L178 井区开发对策研究

杨东科

（胜利油田石油开发中心有限公司）

摘要：L178 井区位于老河口油田桩 106 块北极浅海海域，北为渤海海域，与埕岛油田相望，井区为水深 3.6～4.6m 的极浅海海域。针对 L178 井区极浅海海域特点，及复杂的自然地理和气候条件，依托目前海上设施，开发中配套应用适合浅海油田开发的海工工程，使一个极浅海边际油田开发获得了较高的效益，形成了独具特色的海上油田高速高效开发配套技术，有效动用边际油田储量。

关键词：边际油田；浅海油田；开发对策

老 178 井区位于老河口油田桩 106 块北极浅海海域，北为渤海海域，与埕岛油田相望；西为飞雁滩油田，西南为埕东油田，东为桩西油田。井区为水深 3.6～4.6m 的极浅海海域，距离桩西采油厂采油八队约 6.5km，距离桩 106 接转站约 7km，南距桩西海堤约 3km，整个工区处于自然保护区内。工区内每月都出现 6 级以上的大风，4 月份、11 月份大风日数最多，分别为 14.2d 和 14.5d。7 月、9 月大于 6 级的大风日数较少，分别为 8.6d 和 9.3d，其他各月均在 10d 以上。工区位于半封闭的渤海内部，外海大浪不易侵入，该海区灾害性大浪均为渤海内的风生浪，特点为生成快消失快，波周期 10s 以上的大浪很少出现。强浪向为北北东—东北东，其次为北西向。海区潮间带宽，底平坡小，水深较浅，气象条件受大陆的影响极为明显，每年冬季皆有不同程度的结冰现象，大片流冰对海上构筑物具有较大威胁。

本文根据 L178 井区实际情况及周边油田现状，根据不同的开发阶段，开发方式提出了以下两个方案：①前期试采阶段：井口平台+移动式采油平台+船拉油；②试采完毕稳产阶段：井组平台+海底管线。两个方案相辅相成，前期试采阶段由于油藏的不确定性大，所以采用投资较小的井口平台+移动式采油平台+船拉油的方案进行，一旦试采能到达预期的稳定产量，则考虑在原有井口平台的基础上增加计量平台和海底管线、海底电缆等配套设施，采用比较稳定的常规井组平台方式生产。

1 井口平台+移动式采油平台+船拉油方案

该方案充分利用移动式采油平台，尽量简化 L178 井口平台，采用船拉油生产方式生产。充分利用移动式采油平台已有设施及其平台空间，L178 井区原油通过管道混输至移动式采油平台进行处理，油气分离计量，放空火炬，原油储罐，装船泵等均依托移动式采油平台，油井供配电依托移动式采油平台。

1.1 工艺流程

L178 井口试采平台共布置 8 口油井。油井所产油气经栈桥输送至移动式采油平台平台加热计量后储存在移动式采油平台上的储罐内，然后通过船拉油方式外输。流程如图1所示。

图1　方案流程图

1.2　移动式采油平台配套要求

本方案L178井组试采平台油气的计量、储存、运输等的生产设施均依托移动式采油平台上已有设备。因此，移动式采油平台上至少应具备以下基本设备：

（1）计量分离器1台，设计压力：2.5MPa，油计量范围：$3 \sim 30 m^3/d$。气计量范围：$81 \sim 810 m^3/d$。

（2）生产分离器1台，设计压力：2.5MPa，油气处理能力：油 $150 m^3/d$，气 $5000 m^3/d$。

（3）储油罐：$800 m^3$(有效容积)，带伴热维温功能，$W=50kW$。

（4）装船泵：$Q=200 m^3/h$，$H=30m$。

（5）放空火炬：$Q=5000 m^3/d$。

1.3　海工结构部分

由于本海区水深较浅，按照正常工作工况、极端波浪工况、极端冰工况进行分析。

1.3.1　荷载组合

荷载组合按 API RP 2A 中建议的做法进行，平台结构设计时应按可能同时作用于平台上的最不利荷载组合进行设计。荷载设计条件包括固定荷载和活荷载，按下面的形式与环境荷载组合：

与固定荷载和相应于与工作环境条件相组合的最大活荷载组合的设计工作环境条件。

与固定荷载和相应于与工作环境条件相组合的最小活荷载组合的设计工作环境条件。

与固定荷载和相应于与极端环境条件相组合的最大活荷载组合的设计极端环境条件。

与固定荷载和相应于与极端环境条件相组合的最小活荷载组合的设计极端环境条件。

按以上荷载组合的原则，分别考虑了工作波浪条件、极端波浪条件、极端冰、地震工况四种组合条件。

1.3.2　桩的设计

1）桩的贯入度

桩的贯入度应能使桩具有足够的能力，以承受最大的计算承载力和上拔力，且具有适当的安全系数。

桩的允许承载力为极限承载力除以适当的安全系数，安全系数不应小于表1中的数值。

表1　三种工况下安全系数

荷载工况	安全系数
工作工况	2.0
极端波浪工况	1.5
极端冰工况	1.5

2）桩的强度设计

桩的强度应能承受设计荷载条件下，轴向荷载和弯矩的联合作用。

1.3.3 井口平台甲板标高计算

根据《海上固定平台安全规则》(中华人民共和国国家经济贸易委员会) 中第 2.3.2 及《浅海钢质固定平台结构设计与建造技术规范》中 2.1.4 规定，平台底层甲板高程应按下式确定：

$$T = H + 2Hb/3 + \triangle$$

式中，T 为平台底层甲板或设备底面高程，m；H 为校核高水位的水面高程，m；Hb 为校核高水位的最大波高，m；$\triangle$ 为富裕高度，取 1.5m。

$$T = 3.08 + 2 \times 4.5/3 + 1.5 = 8.11$$

因此，L178 平台井口平台甲板标高设计为 8.6m，隔水管顶标高 8.8m。

1.3.4 井口平台加固

L178 井口平台依托移动式采油平台进行试采，本次海工结构为试采平台和栈桥。试采平台包括桩、上部平台。在 L178 井口平台外围增加井口保护桩 4 根，桩采用 φ1000 开口变壁厚钢管桩，壁厚分别为 30mm、38mm，桩入泥深度约 45m；桩布置在井口平台的外围，修井侧距井口稍近，以方便修井作业。桩沿导向框架打入。桩顶要控制为相同标高，或者通过切割调平。桩和桩之间在标高 2.5m 和 5.0m 现场增加水平及竖向斜撑连接杆件，采用 φ500×19 钢管。上部平台为单层梁板结构，梁顶标高 8.6m，平台尺寸为 7.1m×11.4m；主梁采用焊接 H 型钢 H400A 及 H400，次梁采用热轧 H 型钢 HM300、HM200，甲板满铺 8mm 厚花纹钢板。

图 2　结构整体示意图

L178 井口平台通过栈桥与移动式采油平台连接。栈桥采用 φ219×12 钢管，单层梁式。结构整体示意图见图 2。

2　井组平台+海底管缆方案

该方案新建 8 井式无人值守钢结构常规井组平台 1 座，平台设油气加热、计量、分离设施及配套的变配电、自控、消防、通信系统。平油气产物经过计量、加热、分离后进入海底管道输送至陆地，电力由海底电缆提供。

2.1　工艺流程

图 3 为井组平台+海底管缆方案工业流程图。

2.2　外输管线设计

L178 井区的外输系统考虑采用海底管线+陆地管线的外输方案，即从 L178 铺设海底管线登陆桩西海堤。根据 L178 产量预测指标，采用 PIPEPHASE 软件，选取油量及液量最大的关键年份进行计算，选定 L178 平台外输管线管径为 φ168mm。

2.3　海工结构部分

L178 井区平台包括计量平台一座、8 井式井口平台一座以及连接栈桥 1 座，本方案中井口平台与方案一相同。

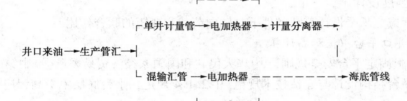

图3　井组平台+海底管缆方案工业流程

2.3.1　计量平台

计量平台包括导管架、桩、上部组块、配电室(图4)。导管架采用四腿导管架型式,导管架的四个面的斜度为10∶1。导管架顶标高4.0m,底标高-4.6m,工作点标高5.0m,工

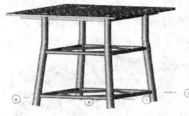

图4　计量平台结构模型图

作点尺寸为8m×8m。主导管采用ϕ1354×26钢管,成矩形布置,在标高3.0m,-4.6m处设加强段,采用ϕ1370×38钢管,在标高3.0m,-4.6m处设水平拉筋及水平斜拉筋,分别采用ϕ700×22钢管和ϕ500×18钢管;导管架上设靠船构件、登船平台等附属构件。

桩采用ϕ1200开口变壁厚钢管桩,桩入泥50m左右。

上部组块由四根立柱、甲板、梁格和斜撑组成。平台梁顶标高为10.0m,主尺寸为13.0m×13.8m(轮廓尺寸)。

平台梁格采用H型钢焊接而成,主梁采用焊接H型钢H600×300,次梁采用热轧H型钢HM300×200、HM200×150。立柱采用ϕ1200×28钢管,主梁与立柱之间的斜撑采用ϕ500×18钢管,甲板之上满铺8mm厚钢板。

配电室位于计量平台上,主尺寸为8.7m×5.5m×7.8m(轮廓尺寸),共两层。

2.3.2　栈桥

计量平台与井口平台之间采用20m跨栈桥连接,栈桥采用桁架式结构,主桁采用ϕ219X12钢管,端面尺寸宽×高为1.5m×2.2m。

3　环境影响简要分析

3.1　海上施工阶段的环境影响

3.1.1　钻井作业的环境影响

钻井作业产生的主要污染物为钻屑和泥浆。根据预测计算及类比分析结果,预计在钻屑排放过程中,排放的钻屑颗粒大部分将沉积在平台周围100m范围内的海底,形成锥状堆积,覆盖一部分原海底,所覆盖的区域的沉积物类型会有所变化。泥浆排放的影响仅局限于平台不超过900m海域范围内,但当泥浆停止排放后,环境状态恢复一类海水水质标准要求所需的时间很短,最长约为140min。

3.1.2　海底管线和电缆铺设作业的环境影响

铺设海底管线和电缆时产生的主要污染物为挖沟掀起的悬浮砂。通过预测计算和类比分析可知,挖沟时,悬浮物超一类水质扩散半径一般不超过610m。在挖沟停止后6~12h,周

围海域的环境状态便可恢复到一类海水水质标准的要求。

3.2 生产阶段环境的影响

生产阶段产生的主要污染物为甲板冲洗水，正常情况下排放的主要污染物为达标排放的生活污水和甲板冲洗水，由于这些污染物排放量小，因此不会对海域水质产生明显的影响。

3.3 海上工程对生态环境的影响

由于本工程对环境的影响仅限于平台周围及管线施工两侧附近海域，因此，对海洋生物的影响仅局限在污染物排放源周围，主要是对浮游植物、卵子、幼虫、幼体及底栖生物可能产生一定的影响，对于成体鱼类和无脊椎动物类群，由于他们对异常环境具有回避行为，对其产生的影响较小，但由于游泳生物的回避反应，可能会使平台附近海域的游泳生物量、群落组成发生一定的变化。

4 结论

本文对极浅海海域 L178 井区的开发划分为两个开发阶段，分别采用不同的开发方式，形成了独特的海工建设模式，降低了极浅海海域油藏开发成本，获得较高的效益，为极浅海海域边际油田开发提供经验。

参 考 文 献

1 曾宪锦. 海上油气田生产技术 [M]. 北京，石油工业出版社，1993.
2 陈清汉、徐冬梅、朱凯，等. 埕岛极浅海油田注采方案优化研究 [J]. 钻采工艺，2004，27(3)；53~56.
3 贾士栋. 采油平台总体设计的基本思路. 中国海上油气(工程)，2001，2(1)；1~3.
4 方华灿. 我国海上边际油田采油平台选型浅谈 [J]. 石油矿场机械，2005，34(1)；24~16.

400ft 自升式平台主体结构强度分析研究

田凯　施昌威　刘忠彦

(中国石油海洋工程公司工程设计院)

摘要： 400ft 自升式钻井平台是世界上主流的海洋钻井装备之一。掌握其设计技术对提升集团公司海洋开发能力具有重要意义。为了评估恶劣的工作环境对平台主体结构的影响，需要建立平台主体三维力学模型。本文探讨了在 ABAQUS 中建立平台模型的工作流程，并研究了船体—桩腿约束，桩土相互作用和作用于桩腿上的环境荷载的模拟方法。考虑不同作业水深和环境载荷入射角，分别针对静载工况、作业工况及风暴自存工况进行强度校核。结果表明，平台固桩区的设计对平台强度影响最大。同时，不同方向入射的环境载荷对结构的影响差距较大，平台到位作业时应特别注意。

关键词： 400ft 自升式平台；主体强度；环境载荷；结构响应

1　前言

随着我国海洋油气资源开发利用由近海向深海转移，对大型海洋石油装备需求量逐步增大。自升式平台作为目前世界上应用最广泛的移动式平台，在海洋石油开发中扮演着重要的角色。但是中石油目前所有的自升式平台工作水深有限，如'中油海5'平台最大作业水深 40m。因此急需掌握深水 400ft 平台的相关设计技术。

近几年国内外海洋平台事故频发，如中海油某平台在拔桩过程中由于环境荷载的影响导致 3#桩腿发生严重弯曲(如图1)。这使我们认识到风浪流等环境载荷对平台结构有较大影响。传统的基于相关规范建立简化模型的方法很难在细节上给出更准确的结果。而随着计算机性能的发展，在平台设计初期，我们在保证效率的前提下已经有能力采用三维有限元结构模型对平台在各作业工况下的主体结构强度进行校核，以评估恶劣的工作环境对平台的影响。

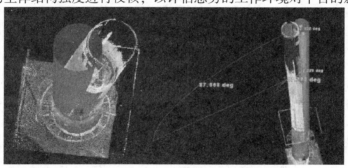

图1　中海油某自升式平台拔桩事故

2　平台模型的建立

目标平台主体为三角形，由 3 根桩腿支撑．桩腿是由 3 根弦管组成的三角形桁架结构。平台长度 70.36m，总宽 76m，主船体型深(侧面) 9.45m，桩腿长度 166.98m，平台的空船重量为 9110t，可变载荷最小为 376t，最大为 2995t，桩腿和桩靴的总重量为 4729t。

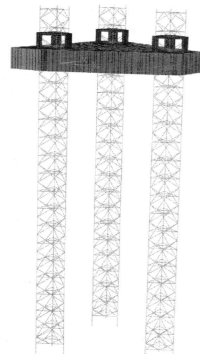

本文根据相关图纸采用 ABAQUS 软件进行建模和计算，其基本流程如下：

(1) 使用 Shell 单元建立船体甲板模型；

(2) 使用梁单元建立桩腿桁架结构；

(3) 根据图纸，在甲板上布置加强筋；

(4) 对每层甲板设定材料和截面属性；

(5) 组装船体与桩腿，建立固桩区的耦合约束；

(6) 划分网格，将实体模型转为单元体，以减少计算要求。

平台模型如图 2 所示。

应用 ABAQUS 软件对船体、桩腿进行组装，使用 COUPLING 耦合桩腿及围阱区对应节点的自由度，模拟桩腿和围阱区之间的荷载传递。根据 CCS 规范[3] 的推荐，采用在泥面以下 3m 处对桩腿铰接的边界条件。

图 2　自升式平台整体有限元模型

3　载荷的施加

本文考虑风、浪、流 3 种环境载荷的作用。假设风、浪、流同向。选取了 5 个入射方向：0°、63°、90°、117°、180°，如图 3 所示。评估在不同入射方向的风、浪、流载荷作用下平台的主体结构强度。

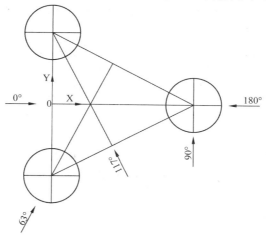

图 3　风、浪、流入射方向

各工况的计算用环境参数如表 1 和表 2 所示：

（1）作业工况：

表 1　设计作业工况的环境条件

水深/m		121.92	106.68	99.98
最大浪高/m		17.07	20.73	17.68
相应的海浪周期/s		13.8	14.7	16
最大风速/(m/s)(1min 平均值)		36.01	36.01	36.01
流速/(m/s)	底流	0.00	0.00	0.00
	表面流	0.77	1.03	0.51
气隙/m		12.19	15.24	19.81

（2）风暴自存工况：

表 2　设计风暴自存工况的环境条件

水深/m		121.92	106.68	99.98
最大浪高/m		13.41	17.37	21.95
相应的海浪周期/s		14.1	15.5	15.5
最大风速/(m/s)(1min 平均值)		51.44	51.44	44.75
流速/(m/s)	底流	0.00	0.00	0.00
	表面流	0.77	1.03	0.51
气隙/m		12.19	15.24	19.81

风、浪、流载荷的计算方法如下：

1）风载荷

（1）计算公式：

$$F = K \cdot K_z \cdot P_0 \cdot A$$

式中，P_0 为风压，$P_0 = 0.613V^2$；A 为受风构件的迎风投影面积；K_z 为受风构件高度系数；K 为受风构件形状系数；V 为设计风速。

（2）受风面积计算。对下甲板以上构件和模块的风载荷，本文定义相应的受风面积和受力节点。根据各个方向的受风面积，分配给相应的节点，对该部分模型构件不再重复计算其风载荷；对下甲板以下至水面以上构件的桩腿受风部分，使用 AQUA 模块将风载荷直接作用于构件上。

2）流载和波浪载荷

波浪速度和波浪加速度采用 Stokes 五阶波理论计算，波浪和流联合作用在桩腿上的水动力载荷采用 Morison 方程计算，并通过 ABAQUS 软件中的 AQUA 模块施加到受力桩腿上。

4　计算结果与分析

静载工况不考虑环境荷载的作用，在水深 121.92m 的情况下计算结果如图 4 所示。

针对水深 121.92m 的工况进行分析，分别计算五个入射方向下平台的结构响应。结果如表 3 和表 4 所示。

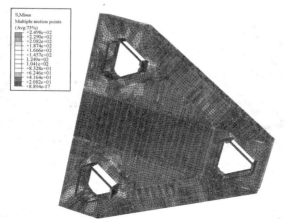

图 4　静载工况船体结构应力分布

表 3　121.92m 水深作业工况下船体最大应力/MPa

结构 ＼ 入射角度	0°	63°	90°	117°	180°
船体	251.7	295.7	254.6	265.1	277.0

表 4　121.92m 水深风暴自存工况下船体最大应力/MPa

结构 ＼ 入射角度	0°	63°	90°	117°	180°
船体	232.6	317.2	255.4	271.9	272.4

从表 3 和表 4 中可以发现入射角为 63°时环境荷载对平台船体结果的影响最大。

以 63°为入射角，分别计算水深 106.68m 和 99.98m 时的船体结构响应。

作业工况下的计算结果如图 5～图 7 所示。风暴自存工况下的计算结果如图 8～图 10 所示。

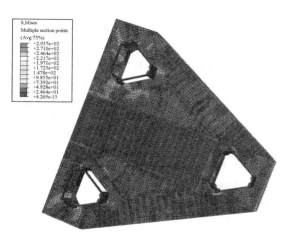

图 5　水深 121.92m 船体结构应力分布

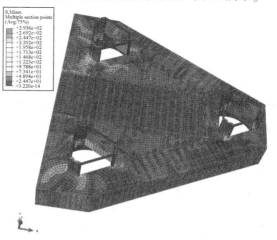

图 6　水深 106.68m 船体结构应力分布

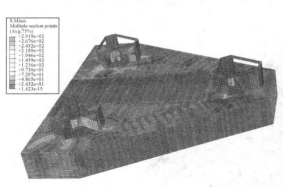

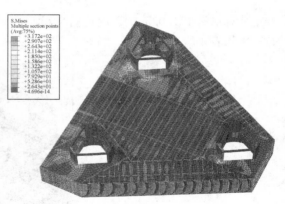

图 7　水深 99.98m 船体结构应力分布　　　　图 8　水深 121.92m 船体结构应力分布

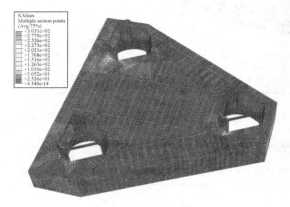

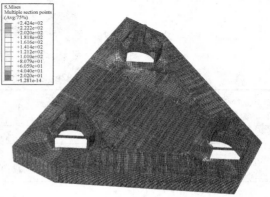

图 9　水深 106.68m 船体结构应力分布　　　　图 10　水深 99.98m 船体结构应力分布

通过比较图 4 和图 5 可知，环境荷载的作用使船体上最大应力增加了 67MPa。同时对不同方向的入射角对平台结构响应的影响进行比较，发现目标平台受 63°入射的风浪流荷载影响最大。因此在井位作业时应根据当地的统计环境资料选择合适的平台朝向。通过计算发现平台船体的危险点出现在围阱区，在设计时应对这一区域的结构进行详细评估。

5　结语

本文针对 400ft 自升式钻井平台，探讨在 ABAQUS 中建立平台细化模型的技术，评估静载工况，作业工况和风暴自存工况下平台的结构强度，分析环境荷载入射角度对平台结构响应的影响。发现 63°的入射环境荷载对平台结构的影响最大。平台船体结构的危险点出现在围阱区，设计者应着重考虑此处的结构强度设计。

参 考 文 献

1　郭洪升．"中油海 5"自升式钻井平台总体研究设计．船舶，2009(3)：1~5

2　Weiliang Dong. Recent Advances on Operation of Jackup Rigs in China. ISOPE2011：8~18

3　季春群，孙东昌．自升式平台上外载荷的分析计算．海洋工程，1995，13(3)：19~24

4　中国船级社．海上移动平台入级规范．北京：人民交通出版社，2012

深水高压气井测试管柱流固耦合振动响应分析

刘红兵[1]　陈国明[1]　孟文波[2]

(1. 中国石油大学(华东)海洋油气装备与安全技术研究中心;
2. 中海油湛江分公司钻完井部)

摘要: 针对深水油气测试产量扰动诱导测试管柱耦合振动,建立管柱与内流流固耦合方程,充分考虑管道与流体之间的泊松耦合和摩擦耦合作用,采用 Hamilton 原理及 Ritz 法对该方程进行求解,对测试管柱系统流固耦合振动响应进行了分析与探索。以南海某深水高压气井为例,分析了该井测试产量的波动与管柱之间的耦合振动响应过程。研究结果表明:测试管柱振动频率随着测试产量增大而逐渐减小;产量的波动将诱导测试管柱发生耦合响应,从而导致管柱受到不稳定的交变脉动应力作用,这将加剧测试管柱结构疲劳破坏。

关键词: 深水高压气井;测试管柱;流固耦合;泊松耦合;摩擦耦合

1　引言

随着我国陆上和浅海油气资源勘探开发进程逐渐衰减,油气勘探逐渐走向深海,深水油气测试对于及时发现和准确评价海洋油气资源具有重要意义。深水测试管柱作为深水测试的主要工具,包括油气测试过程中测试油管柱、井下工具、阀门等。测试过程中,由于温度、压力、管径变化,阀门操作,气嘴节流等因素使得测试管柱内流体处于不稳定状态,并诱发管柱与流体一起耦合振动。目前,管柱力学研究通常忽略流体对结构振动诱发作用,仅考虑内外流体压力作用。Lee 综合 paidoussis 和 wiggert 管柱力学模型,提出了描述管柱非线性流固耦合运动四方程模型,但其没考虑泊松耦合的影响;张立翔利用 Hamilton 变分原理建立了弱约束管道非线性四方程模型,该模型充分考虑了摩擦耦合、泊松耦合以及管道轴向和横向运动的耦合;王宇和樊洪海建立了适用于气井完井管柱的流固耦合振动四方程模型,指出天然气瞬变流动通过泊松耦合效应诱发完井管柱轴向往复运动,但其没考虑生产过程中,产量波动的影响。本文针对深水高压气井测试过程中产量扰动诱导管柱振动现象,建立测试管柱内流流固耦合模型,充分考虑泊松耦合和摩擦耦合作用,探讨产量波动对测试管柱振动特性的影响,相关研究成果具有重要的理论和工程意义。

2　测试管柱流固耦合振动分析方法

2.1　测试管柱内流流固耦合模型

将测试管柱简化为具有横截面的梁单元(线弹性、各向同性的圆管)，则考虑气体和管柱之间的泊松耦合及摩擦耦合效应的动力学微分方程如下式：

$$\rho_p A_p \frac{d^2 Y}{dt^2} + \rho_f A_f \frac{d^2 Y}{dt^2} + A_f \frac{dP}{dt} \frac{dY}{dt}/c^2 + 2\rho_f A_f v_f \frac{dY}{dt} \frac{dY}{dy} + \rho_f A_f$$

$$\frac{dv_f}{dt} \frac{dY}{dy} + \left[\rho_f A_f v_f^2 + (1 - 2\gamma) PA_f - EA_p\right] \frac{d^2 Y}{dy^2} + 4\lambda \rho_f v_f^2 PA_f/DK + \tag{1}$$

$$\rho_f A_f (\frac{dv_f}{dt} + v_f \frac{dv_f}{dy}) + A_f \frac{dP}{dt} v_f/c^2 + \rho_p A_p g + \rho_f A_f g = 0$$

$$\rho_p A_p \frac{d^2 X}{dt^2} + \rho_f A_f \frac{d^2 X}{dt^2} + A_f \frac{dP}{dt} \frac{dX}{dt}/c^2 + 2\rho_f A_f v_f \frac{dX}{dt} \frac{dX}{dx} +$$

$$\rho_f A_f \frac{dv_f}{dt} \frac{dX}{dx} + \left[\rho_f A_f v_f^2 + (1 - 2\gamma) PA_f\right] \frac{d^2 X}{dx^2} + EI \frac{d^4 X}{dx^4} + \tag{2}$$

$$\rho_f A_f (\frac{dv_f}{dt} + v_f \frac{dv_f}{dx}) + A_f \frac{dP}{dt} v_f/c^2 = 0$$

式中，ρ_p 为管柱密度，kg/m^3；ρ_f 为天然气密度，kg/m^3；A_p 为管壁截面积，m^2；A_f 为流体截面积，m^2；v_f 为天然气流速，m/s；D 为管柱内径，m；E 为管柱弹性模量，N/m^2；K 为流体体积弹性模量，N/m^2；γ 为泊松比；λ 为摩阻系数；g 为重力加速度，m/s^2；I 为管柱截面惯性矩，m^4；c 为压力波传播速度；$c^2 = \left[\rho_f(\frac{1}{K} + \frac{D\varphi}{Eb})\right]^{-1}$，其中，$b$ 为管柱壁厚，m；φ 表示与管道约束状况有关的因素。

2.2　模型离散求解

深水高压气井测试管柱长径比相对较大，径向上形变相同仅存在一定角度差，采用一阶 Hermite 插值多项式进行离散插值求解。

$$N(\xi) = \left[N_1(\xi), N_2(\xi), N_3(\xi), N_4(\xi)\right] \tag{3}$$

式中，$N_1(\xi) = 1 - 3\xi^2 + 2\xi^3$，$N_2(\xi) = \xi - 2\xi^2 + \xi^3$，$N_3(\xi) = 3\xi^2 - 2\xi^3$，$N_4(\xi) = \xi^3 - \xi^2$，采用局部无量纲坐标时取 $0 \leqslant \xi \leqslant 1$。

通过 Ritz 方法可建立测试管柱振动方程近似解的标准方程：

$$\left[M^e\right]\{\ddot{x}_j\} + \left[C^e\right]\{\dot{x}_j\} + \left[K^e\right]\{x_j\} = \left[Q^e\right] \tag{4}$$

式中，各离散矩阵如下所示：

$$\left[C^e\right] = \left[C_{1ij}^e\right] + \left[C2_{ij}^e\right] \qquad\qquad \left[K^e\right] = \left[K_{1ij}^e\right] + \left[K_{2ij}^e\right] + \left[K_{3ij}^e\right]$$

$$\left[Q^e\right] = \left[Q_{1ij}^e\right] + \left[Q2_{ij}^e\right] \qquad\qquad \left[M^e\right] = \left[M_{ij}^e\right]$$

$$\left[M_{ij}^e\right] = \int_l N_i (m_p + m_f) N_j dx \qquad\qquad \left[C_{1ij}^e\right] = \int_l N_i (2m_f v_f) \frac{\partial N_j}{\partial x} dx$$

$$[C^e_{2ij}] = \int_l N_i (\frac{A_f}{c^2} \frac{\partial P}{\partial t}) N_j \mathrm{d}x \qquad\qquad [K^e_{1ij}] = \int_l \frac{\partial^2 N_i}{\partial^2 x} (EI) \frac{\partial^2 N_j}{\partial^2 x} \mathrm{d}x$$

$$[K^e_{2ij}] = -\int_l \frac{\partial N_i}{\partial x} (m_f v_f^2 + (1-2\gamma) A_f P) \frac{\partial N_j}{\partial x} \mathrm{d}x \quad [K^e_{3ij}] = \int_l N_i (m_f \frac{\partial v_f}{\partial t}) \frac{\partial N_j}{\partial x} \mathrm{d}x$$

$$[Q^e_{1ij}] = \int_l (-m_f \frac{\partial v_f}{\partial t}) N_j \mathrm{d}x \qquad\qquad [Q^e_{2ij}] = \int (-\frac{v_f A_f}{c^2} \frac{\partial P}{\partial t}) N_j \mathrm{d}x$$

2.3 边界条件及流程

1) 边界条件

测试过程中，测试管柱边界条件可简化为两端固支的简支梁，其数学表达式如下：

$$\begin{cases} y(0, t) = 0, \dfrac{\partial y}{\partial x}\Big|_{x=0} = 0 \\[2mm] y(L, t) = 0, \dfrac{\partial y}{\partial x}\Big|_{x=L} = 0 \end{cases} \tag{5}$$

2) 求解流程

利用 matlab 软件，建立测试管柱内流流固耦合有限元模型，分别计算各时间步各单元矩阵及等效节点应力，结合初始和边界条件，求解有限元方程，程序流程如图 1 所示。

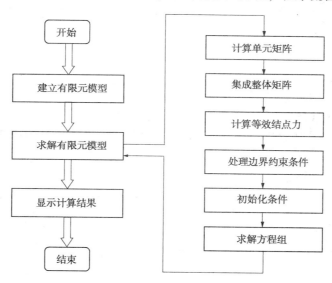

图 1　测试管柱流固耦合有限元仿真程序流程图

3　计算实例

以南海某深水高压气井测试管柱为研究对象，该测试管柱长 3550m，内径 37.8mm，壁厚 9.652mm。产层气体密度 0.735kg/m³，气层压力为 25MPa，测试均产气量分别为 0.3/0.7/1.2×10⁶m³/d，详细参数详见表 1。

表 1　测试管柱相关参数

名称及单位	符号	数值大小	名称及单位	符号	数值大小
管长/m	L	3557	摩阻系数	λ	0.023
管内径/m	D	0.0378	气体密度/(kg/m³)	ρ_f	0.735
管壁厚/m	b	0.009652	气体体积弹性模量/GPa	K	0.025
管柱密度/(kg/m³)	ρ_p	7850	气体压强/MPa	$\bar{P}$	25
管柱弹性模量/GPa	E	2.1	气体产量/(10e⁴m³/d)	q_{sc}	30/70/120
泊松比	γ	0.3			

测试过程中，由于温度、压力等变化将会导致产量存在一定的波动，如图 2 所示。

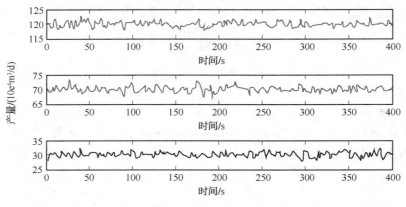

图 2　测试产量波动图

3.1　固有频率

令载荷矩阵 $[Q]=0$，求解测试管柱自由振动特征值和特征向量，进而求得管柱各阶振型及振动频率，如图 3 所示。

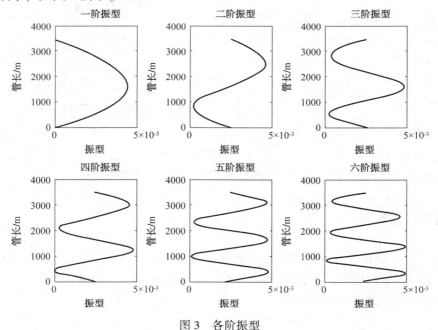

图 3　各阶振型

表 2 为不同产量下，测试管柱各阶振动频率，由表知，测试管柱一阶振型对应的固有频率最小，各阶振型对应的振动频率随着振型的增大而增大；当产量为 0 时，管柱一阶自振频率为 0.01971Hz，随着产量的增大，管柱自振频率逐渐减小，产量为 120w/d 时，一阶自振频率减小了约 4.5%，这主要是由于产量越大，测试管柱刚度越小。

表 2　不同产量下测试管柱振动频率

产量/$10^4 m^3$	一阶/Hz	二阶/Hz	三阶/Hz	四阶/Hz	五阶/Hz	六阶/Hz
0	0.01971	0.04034	0.05935	0.08028	0.09944	0.11982
30	0.01883	0.03834	0.05657	0.07655	0.09448	0.11454
70	0.01869	0.03806	0.05615	0.07599	0.09378	0.11371
120	0.01833	0.03734	0.05506	0.07456	0.09196	0.11156

3.2　振动响应

以均产量为 30W/d 为例，提取测试管柱中点振动幅值，如图 4 所示。由图 4 知，随着产量的波动，导致测试管柱压力发生变化，压力的改变通过泊松比诱发管柱产生振动，整个管柱振动幅值处于一种不稳定的交变脉动状态，将会加剧测试管柱疲劳破坏。对振动幅值进行傅里叶变化，可获得管柱中点振动频率，为 0.01855Hz，略小于产量为 30w/d 时管柱自振频率，如图 5 所示。

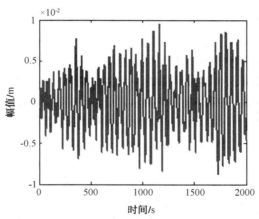

图 4　平均产量 30w/d 管柱中点振动幅值

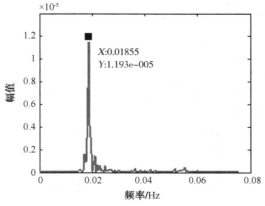

图 5　平均产量 30w/d 管柱中点振动频率

　　图6为不同均产量下测试管柱等效应力图，由图6知，不同位置处测试管柱等效应力相差较大，管柱两端附近，等效应力较大，中间位置处等效应力相对较小且存在一定波动；对比不同产量下测试管柱等效应力知，随着产量的增大，等效应力也逐渐增大，但增大的幅值不明显。

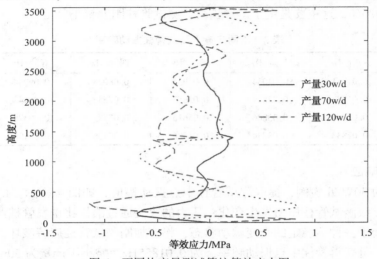

图6　不同均产量测试管柱等效应力图

4　结论

　　(1) 测试产量对于测试管柱振动频率及等效应力具有一定影响：管柱振动频率随着产量的增大逐渐减小；而等效应力则随着产量的增大也逐渐增大，但增大的幅值不明显。

　　(2) 测试过程中，产量的波动将诱导测试管柱与管内流体发生耦合响应，从而导致管柱受到不稳定的交变脉动应力作用，这将加剧测试管柱结构疲劳破坏。

参 考 文 献

1　张晓涛. 深水完井测试管柱结构设计[D]. 青岛：中国石油大学，2010.

2　谢鑫，付建红，张智，等. 深水测试管柱动力学分析[J]. 天然气工业，2011，01：77~79.

3　王宇，樊洪海，张丽萍，等. 高温高压气井测试管柱的横向振动与稳定性[J]. 石油机械，2011，01：36~38.

4　Mitchell R F. Fluid momentum balance defines the effective force[R] SPE，119954，1996.

5　樊洪海，王宇，张丽萍，等. 高压气井完井管柱的流固耦合振动模型及其应用[J]. 石油学报，2011，03：547~550.

6　Lee V，Pak C H，Hong S C. The dynamic of a piping system with internal unsteady flow[J] Journal of Sound and Vibration，1995，180：297~311.

7　张立翔，黄文虎. 输流管道非线性流固耦合振动的数学建模[J]. 水动力学研究与进展，2000，01：116~128.

8　曾国华. 输流管道非线性振动模型及仿真研究[D]. 武汉：武汉科技大学，2007.

9　娄敏. 海洋输流立管涡激振动试验研究及数值模拟[D]. 青岛：中国海洋大学，2007.

10　王宇，樊洪海，张丽萍，等. 高压气井完井管柱系统的轴向流固耦合振动研究[J]. 振动与冲击，2011，06：202~207.

11　王弥康，林日亿，张毅. 管内单相流体沿程摩阻系数分析[J]. 油气储运，1998，07：22~26.

井下摄像技术在胜利油田套损检修中的使用

刘 荣

（中国石油集团海洋工程有限公司天津分公司）

摘要：套管损坏一直是油田发展最严重问题之一，特别对于油田开发已经步入中后期的老油田，其问题更加突出。井下摄像技术在管损坏井的检测中发挥了较好的作用。本文主要介绍套损的原因及井下摄像技术在胜利油田埕北251D-5井修井中的应用。

关键词：套损；井下电视；修井

随着油田勘探开发时间的延长，油水井的套管损坏程度呈逐年上升趋势，仅胜利油田每年就有上百口井发生套管损坏。近年来，虽然采取了很多防护措施，但套管腐蚀、变形和错断等各种井况事故仍逐年增加，不仅影响了受损井的正常生产，而且也影响到邻井乃至区块的正常开发，对整个油田的稳产造成极大的威胁。因此，在加大套管防腐工作的同时，也必须积极采取有效的井况监测措施。目前，有多项用于分析和解决套损问题的方法，但因本身的局限性，应用这些技术并不能确切掌握井下套管损坏的真实情况，尤其是在套管损坏严重的情况下，井下套管的监测技术要求越来越高。目前，井下电视测井系统在管损坏井的检测中发挥了较好的作用。

1 套管损坏原因分析

套管损坏的原因是相当复杂的，目前国内外学者普遍认为地质因素和工程因素是套管损坏的主要原因。

我们知道，地层（油层）的非均质性、油层倾角、岩石性质、地层断层活动、地下地震活动、地壳运动、地层腐蚀等情况是导致油水井套管技术状况变差的客观存在条件，这些内在因素一经引发，产生的应力变化是巨大的、不可抗拒的，这无疑将使油、水井套管受到严重损害，导致成片套管损坏区的出现。地质因素是客观存在的因素，往往在其他因素引发下成为套损的主导因素。采油工程中的注水，油层改造中的压裂、酸化，钻井过程中的套管本身材质、固井质量，固井过程中的套管串拉伸、压缩等等因素，是引发诱导地质因素产生破坏性地应力的主要因素。对于一个具体的油田或某一区块的一口油、水井，这两类因素很有可能有的是主要因素，有的是次要因素，而更多的情况是两种因素综合作用的结果，如图1、图2。

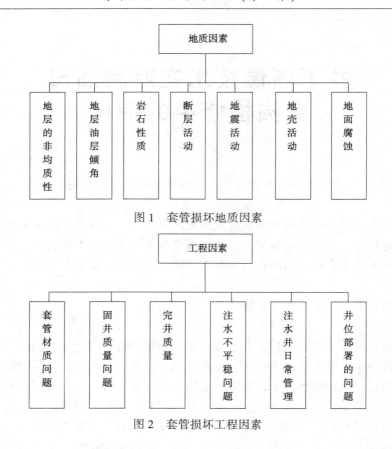

图 1　套管损坏地质因素

图 2　套管损坏工程因素

2　套损井的检测方法

随着油田的开发油、水井套管损坏急剧增加,直接影响油、水井的使用寿命、油气产量和注水效果.因此,对于套管缺陷的检测和分析处理能力已成为推进石油行业发展的关键因素。

套管损坏基本类型有套管变形、套管破裂、套管错断、腐蚀穿孔和密封性破坏等几种。套管检测方法主要有印模法检测、薄壁管法检测电磁检测法、机械式直接接触测量法、超声检测法和井下视像检测法等。

(1)电磁探伤利用涡流与直流原理测量套管的剩余壁厚和套管内、外径变化,破裂、腐蚀部分,判断出腐蚀是内腐蚀还是外腐蚀,可检测油、水井各层管柱的壁厚变化及损坏情况,但精度有限。

(2)机械井径测井仪种类较多,如微井径仪、两臂井径仪、四臂井径仪、八臂井径仪等。这种方法能够确定套管孔眼和腐蚀并能直观准确地给出变形截面形态,但是精度较低,不能全面检测套管。

(3)超声检测法。利用超声波的传播特性和套管内壁对超声波的反射特性。超声换能器以一定的转速沿井壁方向旋转扫描,向井壁发射一定点数、一定频率的探测超声波,实时接收反应井壁物理特性的回波幅度信号和回波时间信号,然后进行成像计算,得出套管内壁图像。如果同时记录回波余震频率，还可以计算出套管壁厚。其中包括 Sondex 套损成像仪、Weatherford 套损成像仪、Russia 套损成像仪、Halliburton 套损成像仪、schlumberger 套损成像仪、Atlas 套损成像仪。此方法进行套管腐蚀的识别、定位和定量评价，根据剩余套管厚度评价腐蚀或损坏情况，但是测速较慢，取决于扫描头转速，并且在大斜度井中，必须保持良好的居中测量，否则将影响仪器转动及成像质量。

3　井下摄像技术方法

井下摄像技术是利用微型电视摄像机的光源，获得充满空气和液体井眼的高分辨实时图像，以连续的模式记录在标准录像带上，然后使用图像处理软件在计算机上处理。

20 世纪 70 年代井下电视技术应用于水井中，随着技术的发展，配备最新镜头技术和光纤电缆，井下摄像更加直观的对套管井观察井下落物或套管的受损情况，并可估算射孔孔眼中的油、气和水的产出情况。

光纤井下摄像系统由以下部分组成：井下设备、车载地面系统、绞车系统和液压系统控制设备等。

3.1　测试工艺

由于该测试系统为可见光测试系统，因此需要井内介质的清晰度达到一定程度才能得到清晰的图像。

（1）环检测工艺。该工艺通常在测试前通过其他的检测方式已经知道套损点和鱼顶的大概位置，只需将洗井管柱尾部下至目标区上部 0.5~1.0m 位置，井口安装洗井三通，通过正循环清水，达到清洁鱼顶、套损点检测区域的目的，最后实施检测。

适用井况：鱼顶及鱼腔的检测；遇卡、遇阻、漏失位置的检测。

（2）注检测工艺。该工艺通常在测试前，不明确问题井段的具体位置，只知道大概范围，需要将挤注管柱尾部下至目标区上部位置，管术上部安装悬挂器、洗井三通，通过加压正挤清水，将井内不透明液体压回地层，达到清洁检测区域的目的，最后实施检测。

适用井况：低压、高渗透地层井眼的检测；产气量较大的井眼检测；漏失井段的测试。

（3）合检测工艺。该工艺通常在测试前，将管柱尾部下至目标区下部位置，悬挂器坐井口、接洗井三通，首先打开套管闸门正循环清水，将管柱上部彻底清洗干净后，上提管柱至目标井段上部，再加压正注清水，将管柱下部井内不透明流体压回地层，达到清洁检测区域的目的。最后实施检测。

适用井况：侧钻井眼的检测；较长井段的检测；渗透率较低或漏失量较少的井眼测试。

3.2　井下摄像术在埕北 251D-5 井的应用

埕北 251D-5 井 2002 年 6 月 15 日开始注水，常压笼统合注，注水层位 $Ng3^6 4^4 4^5$ 层，日配注量 80.0m³，日注水量 84.0m³，累计注水 10.45×104m³，2007 年 4 月开始对该井进行大修作业，5 月 20 日下入 Y211-150 封隔器分别在 587.82m、490.91m、479.26m、470.59m 多次反复打压进行验套，初步判断在 470.59~479.26m 井段存在漏点。5 月 27 日下管柱底带井下摄像仪至 481.0m 处，替清水，上提下放在 470.0~481.0m 井段反复观察摄像，在 476.94m 处发现套管破损。该井首次在海上作业中使用了井下摄像技术，该技术对井内的清洁要求极高。当时 615 船靠在平台一晚上，使用清水达 400 多立方米。

现场证明井下摄像技术的应用在胜利海上修井作业中确定套挂损坏的确定位置起到很好的作用，相比较常规验套方法实效性更好。

4　结论

检测套管的方法很多，检测仪器种类也较多，各种方法都有其优缺点。

（1）井下摄像技术用于套管检测，不仅可以明确检测出套管损坏的具体情况，而且有助于了解套管损坏的原因，为选择合理的修井措施提供可靠的依据。在很大程度上避免了修井作业的盲目性，提高了油水井的作业成功率。

（2）井下摄像技术的成功应用结束了修井作业长期靠打铅印落实井下故障，对提高油井作业水平起到了积极作用。

（3）随着胜利油田开发进入中后期，套损问题日益突出，井下摄像技术对于修井作业提高效率和成功率起到了很好的作用。

（3）井下介质的清浙程度是制约井下摄像检测能否成功的主要因素，针对不同井况采取适合的洗井工艺基本上可以满足井下摄像对井况条件的要求。

参 考 文 献

1　姚洪田，王伟，边志家. 套管损坏原因与修井效果. 大庆石油地质与开发. 2001（1）
2　刘丽. 生产井套管检测技术研究［D］. 西安：西安石油大学，2006
3　刘锐熙. 套管检测技术在中原油田的应用［D］. 东营：中国石油大学，2007

阶梯式水平井钻完井工程方案设计

何沛其

(中国石油海洋工程有限公司工程设计院)

摘要: 本文对内陆地区某区块进行了钻完井工程方案设计,参照《油田总体开发方案编制指南》中钻完井工艺设计的有关要求,设计了适用于该区块的开发井的井型、井身结构,同时也对该井三压力剖面预测技术进行了分析。钻井工程风险评价也进行了详细的介绍。

关键词: 井身结构;阶梯式定向钻井;三压力剖面预测技术;风险评价

1 前言

水平井井身结构方案设计是水平井成功实施的一项关键技术,它不仅关系到钻井施工的安全,而且关系到钻井的经济效益。某区块实施水平井,井身结构设计主要还是以经验设计为主,考虑安全、高效因素,一般以三开为主。随着油田的不断发展,研究不断深入,水平井井身结构设计逐渐从经验设计转向以科学计算为依据,采用常规方法二条剖面(地层孔隙压力和地层破裂压力剖面)取得 6 个参数,然后根据压力平衡关系确定出井身结构方案,在油田复杂地质条件下进行阶梯式定向钻井井身结构设计。其合理性在很大程度上依赖于对钻井地质环境(包括岩性、地下压力特性、复杂地层的分布、井壁稳定性、地下流体特性等)的认识程度,同时也需要有科学的设计思路和方法。根据已钻井的测井资料利用 3 个压力剖面预测技术可充分了解地层的岩性、地层压力分布等,从而确定出井身结构方案。

2 区块地质概况及设计要求

A 区块的工区地表为草原戈壁,地面较平坦,植被稀少,地面海拔 70~270m;区块内地下水埋藏较深,浅层无地下水分布。根据 A 区块中三口探井钻遇的地层情况,可以预测A-X井钻遇的地层及岩性如表 1 所示。

表 1 A-X 井钻遇地层预测表

地层	底深/m	层厚/m	岩性描述
N	312	312	棕黄色、灰黄色砂质泥岩、泥岩
E	487	175	棕褐色、棕黄色、桔红色泥岩、泥质砂岩,底部为深灰色小砾岩
J₂t	667	180	深灰色、绿灰色、黑灰色泥岩、泥质砂岩、砂质泥岩夹薄层砂砾岩、不等粒砂岩

续表

地层	底深/m	层厚/m	岩性描述
J_2x	751	84	黑灰色、灰黑色泥质砂岩、粉砂质泥岩、泥岩
J_1s	923	172	黑灰色、深灰色泥岩、泥质砂岩，绿灰色细砂岩、含砾不等粒砂岩
J_1b	1154	231	深灰色、绿灰色泥岩、泥质砂岩、砂质泥岩、细砂岩
T_1j	1384	230	黑灰色、绿灰色、深灰色白云质泥岩、泥岩、泥质白云岩、泥质粉砂岩
P_3wt_1	1440	56	细砂岩，底部为棕褐色砂砾岩，含砂砾岩

1）X井设计要求

该井设计为阶梯式定向井，最大井斜角84.2°，井口位于探井D1井150°方向100m处，补心海拔260m，设计井深1800m，垂深1414m，方位角为150°目的层位为二叠系梧桐沟的梧一段，完钻层位二叠系梧桐沟的梧一段。根据三口探井的温度梯度可以预测，A-X井的温度梯度变化大致分为两段，从井口到200m，主要受地表温度的影响；从200m到1400m，温度梯度在$0.0214\sim0.0397℃/m$，主要受地温梯度影响，温度逐渐升高。其完钻原则为钻达设计靶段。

2）需要解决的问题

A区块内目前已打三口直探井，从已钻井的资料分析，该区块钻井遇到的复杂问题是地层井漏严重，并且地层强度较高，导致钻井速度十分缓慢，钻井周期延长，严重提高了钻井成本，需要对井型进行优选。

3　井眼轨道设计分析

3.1　井眼轨道类型确定

井眼轨道是指一口井钻进之前人们预想的该井井眼轴线的形状。井眼轨道可以分为直井轨道、定向井轨道、水平井轨道、侧钻井轨道以及大位移井轨道等。在选取井眼轨道时需要根据地面环境条件、地下地质条件、甲方产量以及经济效益要求等来确定。

A区块为薄层断块油藏，储层向东南方向下倾，倾角为5.8°，且层内存在夹层，因此我们选择阶梯状定向井对A区块储层进行开发。图1为A断块油藏剖面图。

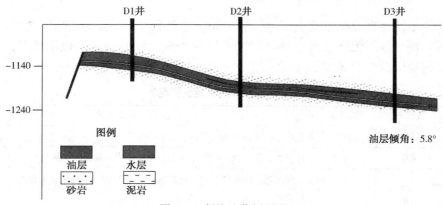

图1　A断块油藏剖面图

A-X 定向井的井斜方向与储层倾斜方向相似，最大井斜角为 84.2°。设计在 D1 井附近进行开发井的钻取，为使设计的井眼轨道尽量穿过三口探井所组成的三角区域，A-X 井方位角定为 150°，井位定在 D1 井 150°方向 100m 处。

3.2　井眼轨道设计

A-X 井的井眼轨道采用"直—增—稳—稳(目标层段)—降—增—稳(目标层段)"的七段制井身剖面，剖面简图如图 2 所示。

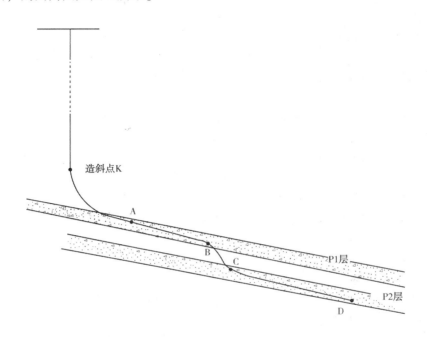

图 2　A-X 井井眼轨道剖面简图

根据所给的基础资料以及开发要求，我们可以确定以下参数：

① K 点垂深 $D_K = 1250m$，井斜角 $\alpha_K = 0$；

② A 点垂深 $D_A = 1380m$，井斜角 $\alpha_A = 84.2°$；

③ 第一增斜段造斜率 $K_1 = 13.5°/30m$，曲率半径 $R_1 = 127.33m$；

④ 第一目标层段长度 $\Delta D_{mm1} = 198m$，第二目标段长度 $\Delta D_{mm2} = 100m$；

⑤ B 点与 C 点间的垂深差 $\Delta H = 4m$，水平位移差 $\Delta S = 30m$；

⑥ C 点井斜角 $\alpha_A = 84.2°$。

在给定的条件下，计算可得：稳斜段长度 $\Delta D_{mw} = 32.87m$，稳斜段井斜角 $\alpha_b = 84.2°$，A 点水平段长度 $S_A = 147.17m$，降斜段造斜率 $K_2 = 7.5°/30m$，曲率半径 $R_2 = 229.2m$；第二增斜段造斜率 $K_3 = 7°/30m$，曲率半径 $R_3 = 245.57m$。

对井眼轨道节点和分点的有关参数进行计算，结果如表 2 所示。

依据节点参数计算结果，分别画出 A-X 井的井眼轨道的水平投影图和垂直剖面图，如图 3、图 4 所示。

表 2　井眼轨道设计数据表

井深/m	井斜角/(°)	方位角/(°)	垂深/m	水平位移/m	N/m	E/m	备　注
0.00	0.00	0.00	0.00	0.00	0.00	0.00	
1250.00	0.00	0.00	1250.00	0.00	0.00	0.00	造斜点 K
1270.00	9.00	150.00	1269.92	1.57	−1.36	0.78	
1290.00	18.01	150.00	1289.35	6.23	−5.40	3.12	
1310.00	27.01	150.00	1307.80	13.88	−12.02	6.94	
1330.00	36.02	150.00	1324.84	24.32	−21.06	12.16	
1350.00	45.02	150.00	1340.03	37.29	−32.29	18.65	
1370.00	54.02	150.00	1353.01	52.48	−45.45	26.24	
1390.00	63.03	150.00	1363.45	69.52	−60.20	34.76	
1410.00	72.03	150.00	1371.10	87.98	−76.19	43.99	
1430.00	81.04	150.00	1375.76	107.40	−93.01	53.70	
1437.03	84.20	150.00	1376.67	114.37	−99.05	57.18	稳斜段起点
1450.00	84.20	150.00	1377.98	127.28	−110.22	63.64	
1460.00	84.20	150.00	1378.99	137.23	−118.84	68.61	
1469.90	84.20	150.00	1379.99	147.07	−127.37	73.54	靶点 A
1480.00	84.20	150.00	1381.01	157.12	−136.07	78.56	
1500.00	84.20	150.00	1383.03	177.02	−153.30	88.51	
1520.00	84.20	150.00	1385.05	196.92	−170.54	98.46	
1540.00	84.20	150.00	1387.07	216.82	−187.77	108.41	
1560.00	84.20	150.00	1389.10	236.71	−205.00	118.36	
1580.00	84.20	150.00	1391.12	256.61	−222.23	128.31	
1600.00	84.20	150.00	1393.14	276.51	−239.46	138.25	
1620.00	84.20	150.00	1395.16	296.41	−256.70	148.20	
1640.00	84.20	150.00	1397.18	316.30	−273.93	158.15	
1660.00	84.20	150.00	1399.20	336.20	−291.16	168.10	
1667.90	84.20	150.00	1400.00	344.06	−297.97	172.03	靶点 B(降斜段起点)
1670.00	83.68	150.00	1400.22	346.15	−299.77	173.07	
1680.00	81.18	150.00	1401.49	356.07	−308.36	178.03	
1682.30	80.60	150.00	1401.54	358.38	−310.36	179.19	增斜段起点
1690.00	82.40	150.00	1402.68	365.99	−316.96	183.00	
1697.73	84.20	150.00	1403.59	373.67	−323.60	186.83	靶点 C(增斜段终点)
1700.00	84.20	150.00	1403.82	375.93	−325.56	187.96	
1720.00	84.20	150.00	1405.86	395.82	−342.79	197.91	
1740.00	84.20	150.00	1407.89	415.72	−360.02	207.86	
1760.00	84.20	150.00	1409.93	435.61	−377.25	217.81	
1780.00	84.20	150.00	1411.96	455.51	−394.48	227.75	
1800.00	84.20	150.00	1414.00	475.41	−411.71	237.70	靶点 D

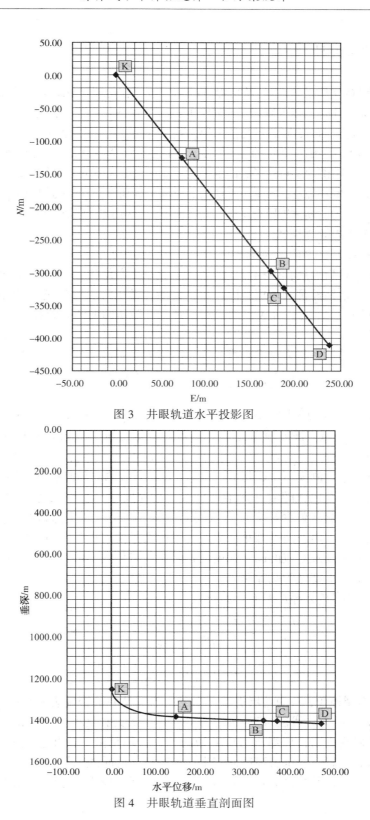

图 3 井眼轨道水平投影图

图 4 井眼轨道垂直剖面图

4　井身结构设计

井身结构设计的实质是确定套管的层次和下入深度，在传统井身结构设计方法中，主要保证在钻井过程和井涌压井时不会压裂地层而发生井漏，并在钻井和下套管时不发生压差卡钻事故。主要有自下而上、自上而下2种设计方法来逐层确定每层套管的下入深度。自上而下的井身结构设计方法是自上而下逐层确定套管的下入深度，保证套管下入深度最浅，套管费用最少，套管下深的合理性取决于会下部地层特性了解的准确度；而在自上而下的井身结构设计方法中，套管下深根据上部已钻地层资料确定，不受下部地层的影响，有利于井身结构的动态设计。每层套管下入的深度最深，从而为后续钻进留有足够的套管余量，有利于保证顺利钻达目的层位。

4.1　地层三压力计算模式

4.1.1　地层孔隙压力计算模型

地层孔隙压力是指地层孔隙内流体的压力，它是井身结构设计乃至整个钻井工程设计的重点，有效、准确地钻前预测地层孔隙压力，判断异常压力层位对安全、顺利钻进具有重要的意义。本文利用 Eaton 法，对 A 区块进行了地层孔隙压力的测井解释。

Eaton 法：

选取声波测井的地层压力预测模型，表示方法如下：

$$G_p = G_o - (G_o - G_h)\left(\frac{V}{V_n}\right)^n \tag{1}$$

式中，G_p 为地层孔隙压力梯度，g/cm^3；G_o 为上覆岩层压力梯度，g/cm^3；G_h 为静液压力梯度，g/cm^3；V 为计算点声波波速；V_n 为计算点对应正常压实趋势线上的波速值；n 为伊顿指数，与地质条件有关。

电阻率、电导率预测模型伊顿指数一般取 1.2，声波测井预测模型伊顿指数一般取 3.0。

在正常地层压力井段，随着井深增加，岩石孔隙度减少，声波速度增大，声波时差减小。利用这些井段的测井数据建立正常压实趋势线。当进入压力过渡带和异常高压带地层后，岩石孔隙度增大，声波速度减小，声波时差增大，偏离正常压力趋势线。将地层各深度处的实测声波时差值以及对应的同一深度处正常压实趋势线上的声波时差值带入 Eaton 公式中，即计算出地层各深度处的孔隙压力。

4.1.2　地层坍塌压力梯度剖面计算模型

$$\rho_c = \frac{\eta(3\sigma_H - \sigma_h) - 2CK + \alpha P_p(K^2 - 1)}{(K^2 + \eta)H} \times 100 \tag{2}$$

$$K = \cot\left(45° - \frac{\phi}{2}\right)$$

式中，ϕ 为岩石内摩擦角；ρ_c 为地层坍塌压力，用当量钻井液密度表示，g/cm^3；C 为岩石的黏聚力，MPa；η 为应力非线性修正系数；σ_H 和 σ_h 为最大和最小水平地应力，MPa。

部分学者的研究表明，坍塌压力可分为两种，一种是由于钻井过程中若钻井液密度过低，井壁应力将超过岩石的抗剪强度而产生剪切破坏，此时的临界压力定义为坍塌压力。但是当钻井液密度过高，井壁也会发生剪切破坏，发生坍塌掉快。考虑到坍塌压力上下限的计算模型：

坍塌压力下限值计算公式：

$$P'_{c1} = (3\sigma_h - \sigma_H)\frac{1-\sin\varphi}{2} + \alpha P_p \sin\varphi - C\cos\varphi \tag{3}$$

$$P''_{c1} = [\sigma_v - 2\mu(\sigma_H - \sigma_h)]\frac{1-\sin\varphi}{1+\sin\varphi} - \frac{2C\cos\varphi}{1+\sin\varphi} + \frac{2\alpha P_p \sin\varphi}{1+\sin\varphi} \tag{4}$$

$$P_{c1} = \max\{P'_{c1},\ P''_{c1}\} \tag{5}$$

坍塌压力上限值计算公式：

$$P'_{c2} = (3\sigma_h - \sigma_H)\frac{1+\sin\varphi}{2} - \alpha P_p \sin\varphi + C\cos\varphi \tag{6}$$

$$P''_{c2} = 3\sigma_h - \sigma_H - [\sigma_v - 2\mu(\sigma_H - \sigma_h)]\frac{1-\sin\varphi}{1+\sin\varphi} + \frac{2C\cos\varphi}{1+\sin\varphi} - \frac{2\alpha P_p \sin\varphi}{1+\sin\varphi} \tag{7}$$

$$P_{c2} = \min\{P'_{c2},\ P''_{c2}\} \tag{8}$$

4.1.3　地层破裂压力的计算模型

地层破裂压力是由于井内钻井液密度过大使井壁岩石所收的周向应力超过岩石的拉伸强度而造成的。目前计算地层破裂压力主要分为两种情况，即将地层认为是可渗透的和不可渗透两种情况。

对于不可渗透地层，破裂压力计算公式为：

$$P_f = 3\sigma_h - \sigma_H - \alpha P_p + S_t \tag{9}$$

对于可渗透地层：

$$P_f = \frac{3\sigma_h - \sigma_H - \left(\alpha\frac{2-3\mu}{1-\mu} - f\right)P_p + S_t}{1 - \alpha\frac{1-2\mu}{1-\mu} + f} \tag{10}$$

式中，f 为地层的孔隙度，%。

4.1.4　相关参数确定

要求取地层的坍塌压力和破裂压力，必须已知地层的地应力、弹性模量、泊松比、内聚力、内摩擦角、孔隙压力、有效应力系数等参数。岩石的声学性质和力学性质间具有很好的相关性。这样可利用测井数据间接获取地层的力学参数。如果数据转换精度较高，是一种非常实用的方法。因此，可利用所求得的力学参数，利用 3 个压力表达式求出 3 个压力。

4.1.5　地层三压力剖面建立结果

通过上面介绍的方法利用所给出的 D1 井的测井资料建立 A-X 井的地层三压力剖面图，结果如图 5 所示。

4.2　安全钻井液密度窗口建立

根据已知的测井数据建立 A-X 井的安全钻井液密度窗口，如图 6 所示。

4.3　定向井井身结构设计

4.3.1　设计原则

（1）有效地保护油气层，使不同地层压力的油气层免受钻井液的损害；

（2）应避免漏、喷、塌、卡等井下复杂情况的发生，为全井顺利钻进创造条件，以获得最短建井周期；

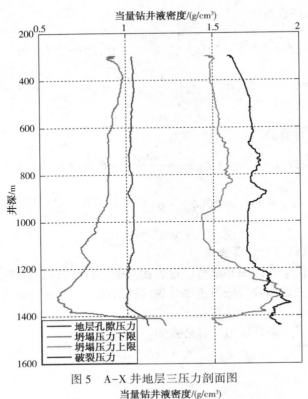

图 5　A-X 井地层三压力剖面图

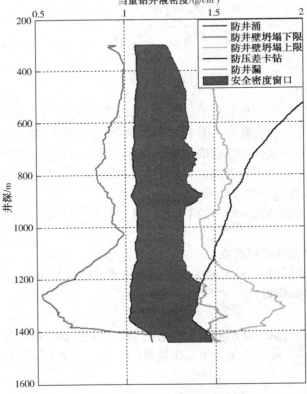

图 6　A-X 井安全钻井液密度窗口

（3）钻下部地层采用重钻井液时产生的井内压力不致压裂上层套管处最薄弱的裸露地层；

（4）下套管过程中，井内钻井液柱的压力和地层压力之间的差值不致产生压差卡套管；

（5）满足地质对轨迹控制的要求；

（6）现有的轨迹控制技术能够实现，即现有的工具和技术能力要求能否满足；

（7）现有的完井工具和技术能够实现，即完井电测、油层套管的下入等工艺要求；

（8）有利于快速钻进，设计的井身尽量短，成本尽量低。

4.3.2　井身结构设计结果

根据建立的安全钻井液密度窗口，用自下而上的设计方法对 A-X 井进行井身结构设计，设计结果如表 3 和图 7 所示。

表 3　A-X 井井身结构设计数据表

开　　次	套管名称	井眼尺寸/mm	钻深/m	套管尺寸/mm	套管下深/m	水泥返高
一开	表层套管	444.5	446	339.7	445	地面
二开	技术套管	311.1	1469.9	244.5	1466.9	地面
三开	尾管	215.9	1800	177.8	1797	完井注水泥

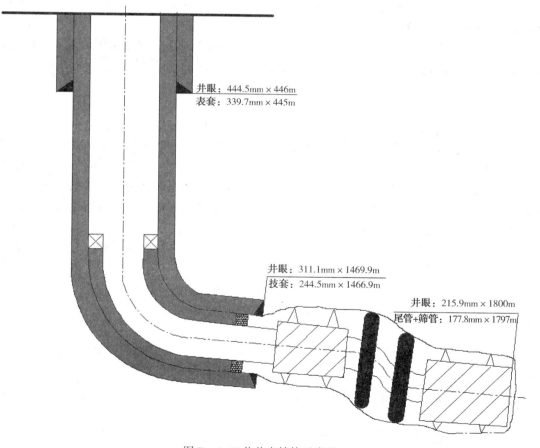

井眼：444.5mm × 446m
表套：339.7mm × 445m

井眼：311.1mm × 1469.9m
技套：244.5mm × 1466.9m

井眼：215.9mm × 1800m
尾管+筛管：177.8mm × 1797m

图 7　A-X 井井身结构示意图

5　钻井工程风险评价

5.1　钻井工程风险类别

以安全钻井液密度设计约束条件为依据，将套管层次及下深的风险主要分为井涌、井漏、井壁坍塌和压差卡钻五大类。

1）井涌风险

在套管层次及下深的设计过程中，由于钻井液密度偏低，使得在实际钻井过程中，井筒中某一深度处的钻井液液柱压力小于地层孔隙压力，从而导致地层中的流体侵入井筒，引发井涌复杂情况的发生。当钻井液密度设计值偏低或对地层压力异常程度预计不充分，使套管下入深度设计值超过安全深度，从而导致井涌风险的发生。

2）钻进过程中井漏

由于钻井液密度偏高，使得在钻进过程中，井筒中某深度处钻井液液柱压力大于同深度处的地层破裂压力，从而导致压裂地层、钻井液漏失，造成了钻进过程中井漏。当对地层破裂压力预测不准确而使钻井液密度设计值偏高，则在钻进过程中会出现井漏复杂情况。

3）井壁坍塌

钻进过程中钻井液密度小于地层坍塌压力，就会引发坍塌。当钻井液密度设计值或对地层坍塌压力预测不准确，都有可能造成井壁坍塌。

井壁坍塌同样是一个比较复杂的问题，除了上述压力关系引起地层坍塌外，地层岩性、地质构造、钻井液的性能等都是可能造成井壁坍塌的原因。在实际钻井过程中，优选钻井液类型和确定钻井液密度值，能有效预防井壁坍塌的发生。

4）压差卡钻

钻井液密度与地层孔隙压力梯度之间的差值过大会导致压差卡钻的发生。

本文中所论述的套管层次及下深的风险种类，主要以压力剖面和安全钻井液密度约束条件为基础，且造成风险的主要原因也是安全钻井液密度约束条件没有得到满足。对于特殊地层和其他原因引发的上述或其他复杂情况，在套管层次及下深设计时，应根据具体层段特殊对待，确定地质必封点，做好备用方案的制定，减少钻井过程中井下复杂情况的发生。

5.2　钻井工程风险评价方法

在地层三压力剖面和安全钻井液密度约束条件下，几种常见钻井过程中井下复杂情况的风险评价函数如下式所示：

$$\begin{cases} m_k = \rho_d - p_p - S_b - \Delta\rho \\ m_c = S_b + \rho_d - p_c \\ m_L = p_f - S_f - S_g - S_c - \rho_d \\ m_{sk} = p_p + \dfrac{\Delta P}{h \times 0.00981} - \rho_d \end{cases} \quad (10)$$

式中，m_k、m_c、m_L、m_{sk} 分别表示深度 h 处的溢流、井壁坍塌、井漏、压差卡钻风险评价函数；p_p、p_c、p_f 分布为地层孔隙压力、地层坍塌压力、地层破裂压力的当量密度，g/cm^3。

为实现科学化描述，将风险评价函数值映射到区间[0，1]，并将其定义为钻井过程中井下复杂情况的风险指标。

令风险评价函数值为 x，那么风险指标函数为：

$$RI = \begin{cases} \dfrac{2}{\pi} arccot(x), & x \le 0 \\ 1, & x > 0 \end{cases} \tag{11}$$

其中，RI 越靠近 1 钻井工程越安全；RI 越靠近 0 钻井工程越不安全。

5.3 钻井工程风险评价结果

按照前面介绍的钻井工程风险评价方法，对设计的井身结构进行风险评价，得到全井段的风险指标为表 4 所示。

表 4　A-X 井全井段风险指标

工程风险	井　涌	井壁坍塌	井　漏	压差卡钻
风险指标	1	1	1	1

由表 4 可知钻井工程风险指标都为 1，说明设计的井身结构符合安全生产要求。

6　结论

（1）该区块储层中存在夹层，所以设计了阶梯式定向井对两层同时进行开采；

（2）三压力剖面预测技术是近年来应用于钻井设计的专项技术之一，详细解释了该区块的三压力分布情况；给出了井身结构设计工程系数范围，按照井身结构设计的基本原则、方法和步骤，设计出适合该区块的最优水平井井身结构，并在保护油气藏、防止井下复杂情况等方面取得良好的效果；

（3）以压力剖面和安全钻井液密度约束条件为基础，确定了钻井工程风险函数，并建立了风险指标，从而对井身结构进行了风险评价。

埕北海域压裂防砂技术应用

王海波　孙永涛　陈肖帆　乔铁　李永

（中国石油海洋工程有限公司天津分公司）

摘要：压裂防砂工艺是目前比较先进成熟的防砂技术，本文着重讨论对渤海湾埕北海域油井出砂老井采取胶液压裂防砂加高速水防砂工艺进行改造，并在其中应用端部脱砂理论。

关键词：胶液压裂防砂；高速水充填防砂；端部脱砂；裂缝

埕北片区位于渤海山东海域，埕岛油田，其老井经多年开采，多为低渗出砂井，为稳产增产必须对油井进行改造，但常规防砂方法效果不好，无法满足工业出油要求，所以要结合实际对工艺进行改良。

1 防砂原理

利用压裂泵车组将压裂液高泵压、大排量地正挤入地层中，在地层中形成人工裂缝及沟通天然裂缝，然后携砂液将支撑剂携带进入裂缝，穿透污染带并裹带砂浆，在裂缝内形成高渗透率的人工砂桥，形成阻挡地层出砂屏障的同时，增加出油通道面积，降低流体流速，利用井筒内的防砂管柱或树脂胶结砂，防止砾石的返吐，防止油层细粉砂并提高油井产液能力。

2 防砂方法分类及技术应用

管内支撑剂充填尽管是比较广泛的方法，但其油井产量低，无法减少炮眼以外的地层伤害，故本文不讨论。

压裂防砂按携砂液类型可分为胶液充填压裂防砂技术和高速水充填压裂防砂技术。

2.1 胶液充填压裂防砂技术

胶液充填压裂防砂技术通常采用端部脱砂水力压裂技术，使携砂液在裂缝的端部漏失，造成支撑剂脱砂，控制裂缝进一步延长；在脱砂前裂缝增长规律及压力特征同常规压裂一样，但在开始出现脱砂后，缝长和缝高不再增长，只有缝宽增长较快，象吹气球一样形成一个短、宽的高导流能力的裂缝，同时井底压力开始按一定速度稳步升高。常规压裂在整个施工过程中，裂缝长、宽、高一般都是不断增长的，因而井底压力是基本稳定的。端部脱砂压裂形成具有高导流能力的"短宽裂缝"是中高渗透油藏压裂防砂成功的关键，在低渗地层中也可以适当应用，据资料显示在裂缝 8~16m，排量 2.5~4m³/min，支撑剂浓度 1440~1800kg/m³，加砂量 1300kg/m，缝宽 10cm 以下，压裂防砂产量是砾石充填产量的 5 倍左右。

2.2　高速水充填压裂防砂技术

高速水充填压裂防砂技术以填砂为主要目标，目的是充填炮眼和穿过近井污染带的裂缝，不要求较长的裂缝。一些研究表明，当地层污染带半径为 3m 时，3.6m 长缝具有最大产能。当地层污染带半径为 0.5~1m 时，缝长应为 1.5m。因此采用低黏携砂液（盐水）施工规模小，可以采用砾石充填设备，功率几百千瓦而不是压裂防砂充填设备的几千千瓦。缝长 2~5m，排量 1.3~2m³/min，支撑剂浓度 120~240kg/m³，加砂量 150~200kg/m。用盐水做携砂液的优点是：低黏液有利于支撑剂在近井地带的沉积，充填质量高，减少空洞形成；可消除压裂表皮、射孔表皮、裂缝节流表皮和液体漏失表皮。压裂表皮由胶液残渣产生；射孔表皮由不良的炮眼充填质量造成；裂缝节流表皮由于胶液充填质量不好，需要放压使充填砂返吐充实空洞，从而造成近井地区裂缝变窄造成的节流损失；液体漏失表皮由高黏液漏失造成地层伤害而产生。

2.3　端部脱砂原理

端部脱砂压裂技术是指在水力压裂施工过程中泵注携砂液的时候，控制缝内砂浆使其前缘提前到达裂缝周边，使支撑剂在裂缝的周边脱出，形成一个周边支撑剂桥堵，从而限制缝长、缝高的进一步增长，随后继续泵入高砂比携砂液使裂缝中的液量增加，缝内压力急剧增加，促使裂缝宽度较快增长，缝内填砂质量浓度变大，压裂结束后地层中形成一条高导流能力的短宽裂缝。

端部脱砂压裂中压裂液黏度低于常规压裂液，对压裂液黏度的要求比常规压裂更严格。端部脱砂压裂的压裂液黏度要求满足两个相互矛盾的方面：一是保证液体悬砂，二是利于在裂缝周边脱砂。若黏度太低，在缝内不能保证悬砂，缝上部分会出现无砂区，达不到周边脱砂目的，黏度太高周边滤失太慢，难以实现周边适时脱砂。端部脱砂压裂的泵注排量低于常规压裂，主要目的是减缓裂缝延伸速度，控制缝高，便于周边脱砂。端部脱砂压裂的前置液用量比常规压裂少，常规压裂要求泵注足够的前置液，充分造缝当施工结束时缝内砂浆前缘接近或恰好到达裂缝前端。端部脱砂压裂的前置液用量少，目的是使砂浆前缘能在停泵前一段时间提前到达裂缝周边，实现周边脱砂。端部脱砂压裂的砂比通常高于常规压裂，端部脱砂压裂的砂比可分为两个阶段设计。造缝，端部脱砂的第一阶段，通常采用低砂比携砂液，在裂缝扩宽，充填的第二阶段应注入高砂比携砂液，由于缝内填砂质量浓度增大故可提高裂缝支撑效率。

3　针对埕北老井措施改造方法研究

胶液充填及高速水充填应用范围有所区别：

（1）采用胶液充填更容易造成一个单裂缝将全部砾石加入各砂岩油层的情况。若没有清晰的砂岩隔层，高速水充填多阶段处理砾石的自我暂堵不能使垂直裂缝延长。

（2）当井段含有几个清晰的砂岩层，应采用高速水充填一次施工多阶段处理。如果采用胶液充填，高黏度和高浓度混砂液不利于自我暂堵，松软页岩阻碍垂直裂缝的增长，极有可能仅压开部分井段。

（3）当射孔井段接近油气水界面时，垂直裂缝的扩展是有害的。在同一砂岩油藏内，油气、油水界面在 3m 以上，可以采用高速水充填，在 3m 以内时，不能采用压裂。

（4）页岩可以控制裂缝，若油水层被6m以上页岩间隔，可以谨慎地采用胶液充填，但必须对适用处理规模进行风险评价或采用高速水充填，页岩间隔小于6m，应用高速水充填。

（5）高速水充填是利用设备泵送的小规模压裂，受到油藏压力限制。

（6）超高压油藏要求较高功率设备，欠压油藏液体漏失量大，同样也要求较高功率设备，因此应采用胶液充填。

（7）由于高速水携砂液可以获得无空洞的坚实的充填效果，并且由于不采用胶液，受地层温度降解影响小，高速水充填适用于高斜度长井段井和高温井。

总而言之胶液充填形成长缝，盐水充填在近井形成短宽缝通过加砂改进近井地带渗透率，但最早将压裂与防砂两种工艺结合起来应用于中、高渗透疏松砂岩的想法出现在20世纪60年代，但由于常规压裂技术在应用于中、高渗透性油藏时受到限制，直到1984年才首次出现了以充填宽缝为主要目的的端部脱砂压裂技术，使中、高渗油藏的压裂防砂进一个新时期，并随时间推移不断完善和发展。低渗油层也可以借鉴，用防砂压裂成熟工艺起到防砂和增产的双重作用，满足工业出油。

经研究，针对埕北老井采用先胶液充填后高速水充填方式比较适宜，并且在胶液充填时采用端部脱砂工艺效果更好。

4　埕北海域老井压裂防砂及高速水充填应用实例

此井为埕北某老斜井，2002年电泵投产，后因出砂严重，顾考虑防砂。经检测共发现油层23m/6层，其中主力油层有两层，间隔16.1m，采用分层压裂防砂及笼统高速水充填解决近井地带污染。

图1中采用线性胶未交联充当携沙液，以便通过控制排量使得支撑剂更容易在裂缝的周

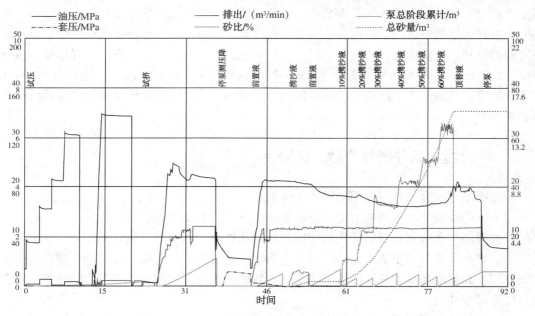

图1　压裂防砂

边脱出，通过高砂比实现形成砂桥，从而限制裂缝的长与高的伸张，达到端部脱砂目的。其中入井总液量为130m³，总砂量15.56m³，泵压6~21.5MPa，施工排量2.0~2.5m³/min。图2中的高速水充填施工使用改性水源井水，小砂比携砂缓慢填满井筒，最后多次打压使其压实及达到检验目的，入井总液量为51.6m³，总砂量1.1m³，泵压0~28MPa，施工排量0.25~1.2m³/min。后期追踪看出防砂效果显著。

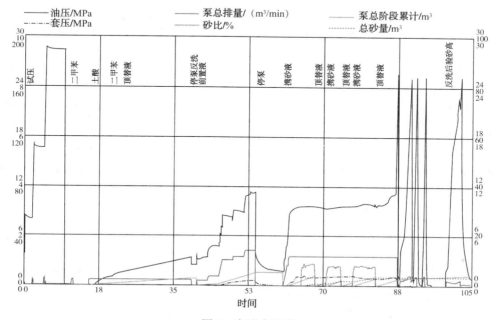

图2　高速水充填

5　结论

低渗出砂老井采取压裂防砂工艺，但单一介质防砂工艺不能很好地解决老井低产问题，所以采用多介质、多次防砂即胶液压裂防砂加高速水防砂工艺，首先使用胶液压裂防砂工艺产生长、宽、高不断增长的裂缝并携砂支撑地层，后采用降排量及控制交联液黏度的方式使得实现端部脱砂，把原有胶液压裂防砂产生的裂缝不断增宽，更好的实现近井地带的防砂效果并开通油水通道，最后采用高速水充填防砂工艺使得近井地带进一步形成短宽缝，通过加砂充填炮眼和穿过近井污染带的裂缝，改造地层靠近井筒附近渗透率，消除无机垢和地层微粒的堵塞，满足大泵提液的生产要求。

参 考 文 献

1　朱彩虹，孙军. 疏松砂岩翻油油藏防砂方法优选试验研究[J]. 特种油气藏.

2　王腾飞，胡永全，赵金州. 端部脱砂压裂技术新模型. 2005.5.

3　李勇明，纪禄军，郭建春，等，压裂液滤失二维数值模拟[J]. 西南石油学院学报，2000，22(2).

工业结构陶瓷新材料在油田回注水系统中的应用

袁振宇[1]　孙明术[1]　彭振宇[1]　李庆列[2]

(1. 中国石油集团海洋工程有限公司天津分公司；2. 辽河油田公司大连分公司)

摘要： 随着海洋石油的发展，海洋经济已成为世界经济新的增长点。海上油田注水开发是油田开采的一种重要方式，往往为了保证地层压力，需要向地层储集层中注入海水或油田采出水，因为海水和油田采出水量大易得，但同时海水和油田采出水中由于各种盐分、化学元素、大量固体悬浮物颗粒及各种强腐蚀性物质的存在，导致了各海洋采油和陆地注水站、集输站的柱塞泵使用寿命极短，尤其是柱塞泵柱塞的损坏更是尤为严重。

关键词： 陶瓷材料；柱塞；磨损

随着经济发展，陆地油田已渐渐不能够满足工业发展的需求，海上油田的开采将会作为国家的战略，成为世界各国经济新的增长点。不论是陆地采油还是海上采油，在油田生产时，为了保证地层压力，需要向地层回注油田采出水或海水，而油田采出水和海水中含有大量机械杂质、固相颗粒和强的腐蚀性液体，从而导致了陆地和海洋采油平台注水站、注气站、集输站的柱塞泵金属柱塞腐蚀严重、使用寿命极短。本文主要介绍了工业结构陶瓷材料在油田回注水系统中的应用，陶瓷新材料的原理、成型、烧结方法，以及在解决油田注水站、注汽站、集输站柱塞泵柱塞易损问题的优缺点。

1　海上油田注水开发现状

油田的回注水开发技术是利用注水设备将质量符合要求的水有计划的注入油层，注入的水将原油从存储层驱替出来。以该方式降低石油开采的难度，提高油井的产量及油藏采收率。在石油开采业发展初期，该技术尚未形成，只能依靠油田自然能量进行开采，即为一次采油。注水技术形成后，即为二次采油，既能够提高油井的产量和油藏采收率，也能够具有较好的经济效益，使之成为现代油田开采的主要方式。

然而，在各油田进行二次采油的过程中，无论陆地还是海上采油平台注水系统最关键的设备均为注水柱塞泵，柱塞泵通过柱塞在缸体中作往复运动改变缸体中密封容积而产生压力差，从而使流体介质由进水管线高压输入到地层中。每个注水系统配备三台注水柱塞泵，通过柱塞泵柱塞的往复运动，实现液体的吸入和排除，从而将液体打入到地层之中（详见图1）。目前基本上所有的柱塞泵柱塞均采用喷焊硬质合金、镀铬等方式，这种方式加工而成的柱塞在工况复杂的环境中，大部分仅仅能够工作1个月，有的甚至不超过2周，目前已经有部分厂家研究将高性能工业结构陶瓷材料运用到回注水系统中，在解决注水泵柱塞方面取得了很好的成效，下面将介绍一下高致密增韧陶瓷柱塞的制备方法，以及和普通金属柱塞在性能参数和性价比方面的对比。

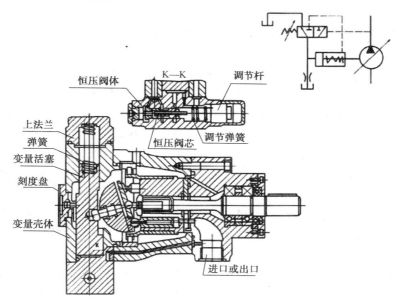

图1　柱塞泵结构示意图

2　高致密增韧陶瓷柱塞的制备

工业结构陶瓷材料按照原料可分为两大类，一类是天然原料为主生产的陶瓷，二是以人工合成原料为主生产的陶瓷，本篇文章介绍的陶瓷柱塞主要使用原料为氧化锆，通过相变增韧原理获得高性能制品。其主要原理是将氧化锆粉末和与基体陶瓷粉末（如氧化铝）混合，为了获得最佳的强度和韧性，氧化锆必须保证一定的粒度，才能保证发生必要的相转变，同时又不能使粒度过大。一般纯氧化锆的粒度为 $1\sim2\mathrm{mm}$，半稳定氧化锆粒度为 $2\sim5\mathrm{mm}$，氧化锆在氧化铝中的体积分数为 15% 左右，在等静压时才能保证基体对氧化锆粒子的压迫。粉末通过机械混合后，使用等静压机保证基体对氧化锆粒子的压迫，保证氧化锆发生必要的相转变，同时防止发生破坏性的体积膨胀。在粉末制备时还进行了氧化钇、氧化铈、氧化镧等稳定剂的配伍试验，利用微裂纹化机理和相转变机理，从而专门设计一种最适合柱塞泵部件产品的双增韧结构陶瓷组分，并对该陶瓷部件产品进行加工生产，对成品进行力学性能测试和各种工作环境下的试运转。具体工艺如图2所示。

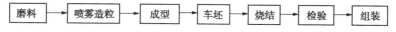

图2　高致密增韧陶瓷柱塞制备工艺

通过等静压、烧结制备后的陶瓷柱塞的参数如下：

（1）陶瓷柱塞陶瓷部件的材料的抗弯强度大于 600MPa，断裂韧性大于 $7\mathrm{MPa/m_{1/2}}$。

（2）陶瓷柱塞的陶瓷部件耐温指标为 $-50\sim350℃$，强度和性能无明显降低。

（3）陶瓷柱塞的陶瓷部件的表面粗糙度 Ra 值不大于 0.25μm。

（4）陶瓷柱塞的陶瓷部件要耐腐蚀指标为在 10% 硫酸溶液中浸泡 1000h，腐蚀率小于 0.01%。

3　工业结构陶瓷柱塞和普通柱塞对比分析

陶瓷柱塞泵与普通柱塞泵的主要区别在于利用了高性能复合增韧结构氧化锆陶瓷材料，该材料具有耐高压、高磨损、高寿命、抗腐蚀、耐强酸强碱等独特的性能，抗磨损性是普通喷焊柱塞的 10 倍，使用寿命能够达到普通柱塞的 10 倍以上，使用中能节省调整压盖和更换密封盘根的时间和费用。工业结构陶瓷材料由不锈钢连接件进行连接，独特的工业设计结构，保证了柱塞泵柱塞在任何恶劣的工作情况下，不会造成陶瓷柱塞泵柱塞的断裂。

目前，现场使用的柱塞主要是表面喷焊、镀铬以及表面渗碳淬火柱塞，这些柱塞在使用中不但本身寿命短，而且在使用中还要频繁的调整压紧螺母和更换盘根，严重影响工作效率，延长工人的工作时间，增加工人的劳动强度，同时给安全生产带来很多隐患，尤其是近年来油田采出污水和海水被广泛处理再利用，油田高压泵的柱塞寿命更是大大缩短，成为油田生产中急需解决的问题。

工业结构陶瓷柱塞的出现，以其耐高压、高磨损、高寿命、抗腐蚀、耐强酸、强碱等独特的性能占据了很大的优势，先后在中国石油集团辽河油田分公司下属的金马油田、曙光油田、浅海油田公司进行试验，试验数据表明该产品性能能够满足现场使用要求，是普通柱塞寿命的 10 倍以上，既节省了大量的工作时间和劳动力，也节省了大量的费用。以下为陶瓷柱塞和普通柱塞的性能参数和性价比对比表：

表 1　陶瓷柱塞和普通柱塞的性能参数和性价比对比表

序　号	参数指标	普通柱塞	陶瓷柱塞	备　注
1	工作表面厚度	0.3~0.5mm	整体均为陶瓷	
2	工作表面硬度	HRC62	≥HRA91	
3	工作表面粗糙度	≤0.3μm	≤0.25μm	
4	耐腐蚀性	不耐腐蚀	1000h，腐蚀率小于 0.01%	10% 硫酸溶液
5	更换柱塞次数	12 次	1 次	1 年内
6	更换盘根次数	5 次	1 次	1 年内

4　结语

高性能工程结构陶瓷材料是国家"十二五"规划大力支持的研究项目，属于高科技新材料范围内的非金属材料。本文主要介绍了陶瓷新材料在油田回注水系统中的应用，同时介绍了高致密新陶瓷材料柱塞的制备过程及要点，并从性能参数和性价比方面与普通金属柱塞进行了对比，通过对比表可以看出，高性能致密陶瓷柱塞不论是在性能参数、降低安全隐患、减少停泵时间、降低劳动强度等方面，还是在性价比方面都远远优于普通金属柱塞。通过本文的介绍，为广大用户以及柱塞泵制造者提供一些帮助，以便在设计和生产过程中减少劳动强度，节省资金。

参 考 文 献

1　倪新华，等．共晶基陶瓷复合材料的强度模型．北京：固体力学学报，2009

2　张长瑞．陶瓷基复合材料原理、工艺、性能与设计[M]．湖南：国防科技大学出版社，2001

3　李敬锋等．新型陶瓷在日本的开发和研究动向．北京：新材料产业，2003

4　郑昌琼，等．新型无机材料[M]．北京：科学出版社，2003

5　王零森．特种陶瓷[M]．长沙：中南工业大学出版社，1998

浅谈自升式移动平台建造技术

李耀明　焦庆　王华斌　陈军

(中石化胜利油建工程有限公司)

摘要：简要说明自升式移动平台主要组成结构，并对海上平台的分类及其发展历程进行了简单的介绍，对自升式移动平台建造流程进行论述，指出自升式移动平台建造中的重点、难点，从平台主体建造技术、升降系统建造技术、尺寸精度控制技术、平台下水技术等方面进行了分析讨论，并进行了简单的对比分析。

关键词：自升式移动平台；平台主体建造技术；升降系统建造技术；尺寸精度控制技术；平台下水技术

1　引言

自升式移动平台主要由平台结构、桩腿、升降机构、钻/修井等装置设备(包括动力设备和其中设备)以及生活楼(包括直升机平台)等组成。平台在工作时用升降机构将平台举升到海面以上，避免受海浪冲击，依靠桩腿的支撑站立在海底进行作业。完成作业任务后，降下平台到海面，拔起桩腿并将其升至拖航位置，即可拖航到下一个井位作业。

世界上第一艘自升式钻井平台"天蝎号"生产于 20 世纪 50 年代，是一艘三腿自升式钻井平台。我国第一艘自升式钻井平台"渤海一号"于 1967 年由 708 所完成设计，1972 年在大连造船厂建成交船，是一艘四腿式液压油缸插销式升降平台，开创了我国自升式钻井平台的先例。

海上平台分为移动式平台和固定式平台两类。其中，座底式平台、自升式移动平台、半潜式平台、钻井船是 4 种主要的海上移动式平台，历经半个多世纪的发展，自升式移动平台已占海上主要 4 种平台总数量的 60%。

自升式移动平台在海洋能源勘探、开发过程中占有重要地位，自 1970 年至今，国内建造完成多艘自升式移动平台，建造技术已经日趋成熟；有国内外多个平台、船体的建造经验，在自升式移动平台建造领域，中国的总体技术水平已经达到世界先进水平。

2　自升式移动平台建造流程

现代建造模式是将平台建造作为一个系统工程，以最科学的方法，在时间和空间上，对各种生产要素实现最佳配置和优化，达到消耗少、速度快的建造目的。根据专业组成，将其分为结构、轮机、电气、通风及舾装等专业，其中，平台结构是其它各个专业的载体，贯穿于整个建造工程。在建造前期，要做到生产设计的深化、材料及设备采购的高效化；在建造阶段，要从可操作性、经济性、安全性等方面对施工方案进行优化，生产管理要做到统一协调、经济高效；在竣工阶段，要保证资料的完整化、标准化。通过不断协调各工序、各专业的建造顺序、进度，在动态的、发展的过程中寻求最佳的建造流程。

自升式移动平台常规的建造流程依次为下料、结构构件及分片预制、分段组装、舾装件及设备安装、涂装、船台合拢、密性试验、下水、码头舾装及后续试验。平台主体建造、升降系统建造、平台下水方式、平台重量控制等是建造重点、难点，要做到严格把关、精细控制，确保自升式移动平台的建造质量。

3 自升式移动平台的建造技术

从 20 世纪 50 年代，第一艘自升式移动平台建造开始，历经半个多世纪的发展，随着科技、经济水平的不断提高，自升式移动平台的建造技术不断突破创新，从最开始的平铺、顺序建造，到现今的模块、数字化建造，在建造速度、建造质量、建造精度、成本控制等方面实现了跨越式的发展。今时今日，模块化、数字化建造的理念已经普遍应用到了各种类型的海洋工程设备建造领域中。

自升式移动平台建造过程中的平台主体建造、升降系统建造、尺寸精度控制、平台下水是建造过程的几大控制点，现针对以上几个控制点进行建造技术的分析说明。

3.1 平台主体建造技术

自升式移动平台的主体结构一般为多边形箱体结构，组装成一个箱型结构体可以有多种方式，可以从下至上、从内向外分片依次组拼成一个箱体；也可以由多个小模块组装成一个箱体，就有了两种不同的平台主体建造技术：分片预制法、分段预制法。

3.1.1 分片预制法

早期，平台主体建造多采用分片预制的方法，按照平台主体结构形式，依次进行平台外底板分片拼板、焊接–分片构件安装、焊接–外底板分片合拢–内底板安装、焊接–横、纵舱壁安装、焊接–舷侧板安装、焊接–甲板安装、焊接，完成平台主体建造。

采用分片预制方法，每一道工序依次顺序进行，无法多道工序并序开展，只有等相关结构区域建造完成，后续的轮机、电气、通风等专业施工才能开展；交叉作业频繁，受施工空间限制，作业面难以铺开；延长了平台建造预制周期，导致占用船坞周期长、占用场地大，限制了多项工程的同步开展。

优点是分片质量相对较轻，可以采用小型吊装机械进行吊装作业，降低机械成本；同时，分片预制方法可以直接对平台整体建造尺寸精度进行测量，有利于总体尺寸精度的控制，降低质量风险；在切割余量方面，可以减小预留量，降低部分材料损耗；在材料使用方面，平台主体综合套料，进行整体平衡、优化，有利于材料利用率的提高。

3.1.2 分段预制法

分段预制法最早兴起于 20 世纪 70 年代，以"壳、舾、涂"一体化为建造方针，对平台主体进行分段，划分成多个模块，依次进行分片预制、焊接–分段组装、焊接–分段舾装、涂装–平台合拢，完成平台主体建造。

采用分段预制法，按照"壳、舾、涂"一体化的要求，将自升式移动平台结构分成主船体部分、生活楼部分、悬臂梁部分、桩腿、固桩结构及井架部分；在分段预制阶段，将该分段的铁舾装件、管舾装件、电气焊接件等尽可能的全部安装上去，并完成分段涂装，提高分段预舾装率。

优点是可以多个分段模块、多个专业同步并序展开建造，大大缩短预制周期，减少占用船坞周期，拓宽工作面，降低风险；分段集中吊装合拢，减少大型吊装机械使用时间，从而控制机械费用；通过托盘化管理分段套料，避免材料混用、乱用，减少材料浪费。但在分段预制过程中，无法直接测量平台整体尺寸，对分段建造对工艺精度和管理体系有着相当高的要求，否则分段的合拢精度和工艺流程就不能得到保证。

3.2 升降系统建造技术

自升式移动平台升降系统主要由桩腿、桩靴、围阱区、固桩结构、升降装置及控制系统组成。

3.2.1 桩腿建造技术

桩腿的结构形式一般有两种，一种为壳体式、一种为桁架式。按照桩腿截面形式，壳体式桩腿有圆形和方形；桁架式桩腿有三边形和四边形。但无论是哪种形式的桩腿，它的建造和安装是建造自升式移动平台最重要也是最困难的工作。

桩腿是大型钢结构件，一般长度尺寸较大，多采用"分段预制、对接合拢"的方案进行建造。平台桩靴尺寸、主体型深、固桩结构高度、舾装码头水深等诸多因素直接影响着桩腿的分段划分，需综合考虑，确定分段划分方案。

桩腿的结构材料为高强度钢，特别是齿条，多为合金钢，焊接难度较大，对焊接工艺评定、焊接过程控制管理、焊接顺序及温度控制等方面有着严格控制。在桩腿建造开工前，对桩腿结构钢材、齿条、座板或弦管等结构材料进行焊接工艺评定试验，制定 WPS、确定相关焊接参数、焊接方法，作为后续焊接作业的指导；制定焊接管理制定，焊接工人要培训、考试上岗，对焊接材料进行规范化管理等；严格控制焊接顺序及焊接温度，要针对结构形式、焊接方式、焊接材料的性能制定合理的焊接顺序及温度控制措施。

虽然桩腿为大型钢结构，焊接会产生较大的应力及变形，但建造精度要求达到机械加工的精度。对此应从来料尺寸、胎架工装、焊接尺寸、焊接过程尺寸、焊后尺寸等方面进行认真测量监控，防止严重尺寸超差事故发生。

在建造过程中，多采用"预合拢"技术进行整体精度控制。通过设计合理的胎架及工装，对桩腿进行定位；通过定时、定点的测量，监控尺寸精度；通过焊接及预留余量、刚性固定等方法，对桩腿的成型尺寸进行控制。在桩腿分段合拢时，通过工装进行合拢、检测，完成桩腿建造。

3.2.2 升降系统组装技术

目前，最常用的自升式移动平台的升降系统主要分销孔式液压升降系统和齿轮齿条升降系统。前者由桩腿、液压系统、环梁及插销组成；后者由桩腿、升降装置及锁紧装置组成。

对于销孔式液压升降系统，先进行液压系统油缸底座预制安装，再进行桩腿合拢、定位，最后进行环梁安装，进行系统连接，完成升级系统组装。

对于齿轮齿条升降系统常用的组装技术有两种,一种先安装桩腿、后安升降装置等结构;另一种则是先安装升降装置等结构,后安装桩腿。两种组装技术区别在于安装顺序不同,前者是通过桩腿定位升降装置,能够实现升降系统的直接组装,可直接测量组装精度,通过调节升降装置安装和焊接实现组装精度控制,但缺点是升降装置安装、焊接空间狭小,施工难度大;后者需要通过"预安装"完成升降装置定位,焊接完成后进行桩腿安装,精度测量难度大,存在较大风险。

3.3　平台过程中的尺寸精度控制技术

在平台建造的每一道工序,都必须进行尺寸精度控制,焊前、焊中、焊后都要进行尺寸精度的监控,否则就难以保证正常的生产、难以满足设计及规范的要求。造成尺寸误差及变形的原因有很多,有人、控制管理等诸多因素,只要加强建造过程监控、管理,这些影响因素都可以消除,但焊接应力产生的焊接变形只能尽量控制减小,难以消除。

在平台建造过程中,要注意焊接变形的控制,主要从以下几个方面进行:

(1)严格控制加工、装配精度。在检验过程中,严格控制预制件的加工尺寸精度,构件的坡口形式、安装间隙等尺寸控制,避免因间隙过大,增大焊接量,加大变形。

(2)预留收缩余量。焊接结构的收缩变形是不可避免的。在建造过程中,为了弥补焊接后尺寸的缩短,往往在下料中预先考虑加放收缩余量。收缩余量的大小根据船厂的建造工艺及焊接量的大小而定。

(3)反变形法。根据结构的焊接变形情况,预先给出一个反方向、大小相等的变形,用于抵消结构焊接后的变形。反变形的数据也是根据经验来确定的。

(4)刚性固定法。刚性固定的方法有很多,钢板焊接时,在焊缝的两侧放置压铁或"马板",并点焊固定,就可以减少焊接后的波浪变形。

(5)合理的焊接顺序。当构件安装后,焊接顺序对焊接变形的大小和焊接应力分布有很多影响。因此,在施工设计中,应按照建造方法、分段结构特点及装配的顺序,预先制定焊接顺序。

3.4　平台下水技术

平台下水是当平台建造工程大部分完工之后,利用某种下水设备,将平台从合拢区移至水域区的工艺过程。目前,全世界主要使用的下水方式有:气囊下水、重力式下水、漂浮式下水、机械化下水。后两种技术常用于自升式移动平台下水。

3.4.1　漂浮式下水

漂浮式下水是一种将水用水泵或自流方式注入建造船舶的大坑里,依靠船舶自身的浮力将船浮起的下水方式。最常见的是造船坞下水,是目前具备一定规模的船厂常用的下水方式。

3.4.2　机械化下水

(1)纵向船排滑道机械化下水,在带有滚轮的整体船排或分节船排上建造,下水时用绞车牵引船排沿着倾斜船台上的轨道将平台送入水中,使平台全浮的一种下水方式。

这种滑道技术要求较低,施工较简单,投资也较小,而且下水操作平稳安全。但船排高度小,船底作业很不方便。

（2）两支点纵向滑道机械化下水，使用两辆分开的下水车支撑下水平台，它可以直接将平台从水平船台拖曳到倾斜滑道上，从而达到下水目的(图1)。

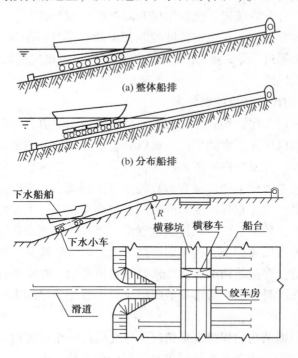

图 1　两支点纵向滑道机械化下水结构示意图

优点是结构简单、施工方便、操作容易，缺点是由于只有两辆下水车支撑船舶艏艉，对结构纵向强度要求很高。

（3）楔形下水车纵向机械化下水，这种滑道上的下水车架面是水平的或稍有坡度，船舶下水时是平浮起来的，不会产生艏端压力，下水工艺简单可靠，应用范围较广泛(图2)。

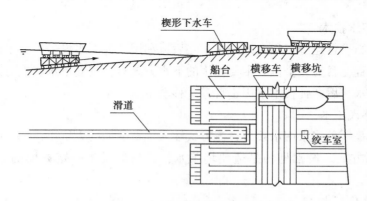

图 2　楔形下水车纵向机械化下水结构示意图

（4）浮船坞下水。利用浮船坞下水作业，首先使浮船坞就位，坞底板上的轨道和岸上水平船台的轨道对准，用船台小车承载的船舶移入浮坞，然后将浮坞脱离与岸壁的连接，如果坞下水深足够的情况下，浮坞就地下沉，船舶即可自浮出坞；如果坞下水深不足就要将浮坞拖带到专门建造的沉坞坑处下沉。浮坞下水设施具有能与多船位水平船台对接的能力，造价较低，建造周期亦短，下水作业平稳安全，但作业复杂，多数时候要配备深水沉坞坑。

4 结束语

海洋油气开发装备产业是直接关系到海洋油气资源开发、影响国家能源稳定和经济安全的战略产业，其中，海洋石油平台是海洋油气开发的关键装备，在海洋油气产业持续快速发展的带动下，正处于高速发展的新时期。我国在自主设计能力、设备及原材料的国产化、建造技术的数字化等领域有了较大的提高，如今已经拥有了一套完整的与海洋工程设备配套的教育、科研、生产和工业体系，随着中华人民共和国经济发展对能源需求的提高及科技的不断进步，相信在不久的将来，中国必将在自升式平台的设计、建造及市场占用率上居重要地位。

参 考 文 献

1 陈宏. 自升式钻井平台的最新进展[J]. 中国海洋平台，2008(10)
2 陶永宏. 我国海洋工程发展现状[J]. 中外船舶科技，2009(3)
3 汪张棠，赵建亭. 我国自升式钻井平台的发展与前景[J]. 中国海洋平台，2008(8)
4 黄悦华，任克忍. 我国海洋石油钻井平台现状与技术发展分析[J]. 石油机械，2007
5 孙东昌，潘斌. 海洋平台模块化设计与建造的研讨[J]. 中国海洋平台，2000(2)
6 陈章兰，熊云峰. 船舶设计建造技术现在及展望[J]. 船舶工程，2010(32)
7 黄俊宏. 自升式平台桩腿的建造原则工艺分析[J]. 造船工艺.
8 郑庆涛，范德华. 自升式海洋钻井平台中连接桩腿与齿条的座板焊接[J]. 焊工之友，2008(12)
9 余祖文. 船舶下水前完工程度的确定和下水方式的选用[J]. 造船工艺

海洋深水动力压井方法理论研究与分析

王鄂川

(中国石油集团海洋工程有限公司工程设计院)

摘要： 随着陆地石油资源的日益匮乏，越来越多的油气专家开始向蕴藏丰厚资源的海洋进军，石油钻探也逐渐向海洋深水(深度≥500m)区域迈进。深水所面临的特殊环境对井控压井方法提出了更多更高的要求，此时传统的压井方法的适用性与有效性存在一定的局限与不足。本文在总结分析现有动力压井方法模型的基础上，提出了基于多相多组分-分阶段的动力压井方法流动模型，重点研究了动力压井液排量的理论计算方法。并分阶段考虑动力压井"动压稳"阶段和"静压稳"阶段的多相多组分流动规律，为提高动力压井方法工艺参数的计算精度提供一定的理论作用。对比分析了新模型与常规方法之间的区别和联系，期待该理论方法为中石油海洋工程公司缅甸深水项目提供适当的指导作用。

关键词： 海洋深水；动力压井；理论方法；研究分析

1 前言

海洋深水钻探面临的特殊环境和挑战主要有以下几方面：

(1) 特殊的温度和压力环境，尤其是温度分布规律复杂，具体分为泥线以上海水的低温及泥线以下随地层深度是加深而增加的地层温度；

(2) 深水钻井中可能会钻遇浅层流和天然气水合物，容易引起井涌溢流、压井管线堵塞等复杂或事故；

(3) 海洋深水钻井节流管线较长，流体在管线中流动时会产生较大的摩阻损耗，增加了压井工艺设计的复杂和困难；

(4) 钻井液安全钻进窗口窄。海洋钻进，被海水替代的上覆岩层压力变小，导致破裂压力与孔隙压力之间的安全密度窗口变窄；

(5) 深水钻井，安全井控余量小。较大的节流管线摩阻损耗，使得井控余量变小，增加了深水井控的难度。

海洋动力压井方法是一种适用于深水钻井处理钻遇的浅层气流的新型压井方法，它不同于传统的压井方法。常规的压井方法主要是依靠井口各类装置产生的回压来有效平衡地层压力，动力压井方法是借助于流体循环时克服管柱环空流动的阻力和静液柱压力之和的井底压力来平衡地层压力，其理论方法原理示意图如图1所示。井筒内的压力梯度可用重力位差压力梯度、加速度压力梯度和摩擦压力梯度表示，因此可通过使用较大密度的压井液、增大摩擦阻力梯度和提高加速度压力梯度来增大井筒内压力梯度，进而增加井底压力，确保发生井涌甚至井喷时可以有效平衡地层压力，实现压井操作。

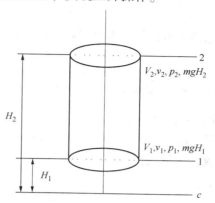

图 1　井筒内能量平衡示意图

在压井过程中，动力压井可以大致分为两个阶段。通过增大压井排量，提高压井流体循环流速，第一阶段，以一定量泵入初始压井液（一般为海水），使得井底的流动压力等于或大于地层孔隙压力，进而阻止流体进一步进入到井筒内，防止井涌严重恶化，达到"动压稳"状态；然后，逐步加入加重压井液，以实现完全压井的目的，达到"静压稳"状态。

2　海洋深水动力压井多相多组分-分阶段研究模型

2.1　现有模型对比分析

目前对动力压井方法的研究，主要是核心压井液排量的研究，从最初的单相流动模型、两相流动模型开始，直到现在的多相流动模型，所建立的动力压井方法模型主要有：纯摩阻计算法、稳态两相流动模型、瞬态两相流动模型、瞬态多相多组分流动模型。其中，纯摩阻计算法考虑因素过于简单，无法满足较复杂的压井要求；稳态两相流动模型将两相流动简化为稳定状态的流动与实际情况存在差异，没有考虑时间变化对各参数（地层参数、环空摩阻损耗、静液柱压力等）的影响；瞬态的两相流动模型虽考虑了时间变化对压井参数的影响，但并没有全面地对压井过程中的各类相态进行全面的分析；瞬态多相多组分的模型考虑了时间和多相流动的问题，但是却没有详细地对动力压井特有的两个压井阶段进行研究。

因此，在上述模型的基础上，考虑动力压井不同阶段中由于受到多相流流动的影响而模型方程的不同，本文拟建立正常钻井过程、井涌过程和动力压井过程的井筒多相流流动方程组。其中，动力压井过程分为"动压稳阶段"和"静压稳阶段"两个过程分别建立模型方程，因此本模型可称为海洋深水动力压井多相多组分-分阶段模型。建立的模型方程考虑了动力压井过程中可能出现的地层油、地层水、钻井液、压井液、浅层气、钻屑等组分的流动规律，模型方程主要由连续性方程、动量方程、能量守恒方程及相关辅助方程组成。

2.2　新建立的模型

本文建立在尚未安装隔水管时的瞬态多相多组分-分阶段的海洋动力压井方法模型。考虑正常钻进、井涌过程、动力压井过程三种工况下的多组分流动模型方程。

1）正常钻进过程

正常钻井过程中，没有钻遇浅层气流，不会出现井涌甚至井喷问题，流体的流动为稳定

流动,建立的连续性方程、动量方程、能量方程和辅助方程分别为:

(1) 连续性方程。

正常钻井,钻井液正常循环,可得如下表达式:

对钻井液液相有:

$$\frac{\mathrm{d}}{\mathrm{d}s}(\rho_m v_m E_m A) = 0 \tag{1}$$

式中 ρ_m——钻井液密度,kg/m^3;

v_m——钻井液上返速度,m/s;

E_m——钻井液体积分数,无量纲;

A——横截面积,m^2。

对地层产出水有:

$$\rho_w v_w E_w A = q_w \tag{2}$$

式中 ρ_w——地层水的密度,kg/m^3;

v_w——地层水上返速度,m/s;

E_w——地层水体积分数,无量纲;

q_w——单位长度的地层水产生速率,kg/s。

对地层产出油有:

$$\rho_o v_o E_o A = q_o \tag{3}$$

式中 ρ_o——地层产出油的密度,kg/m^3;

v_o——地层产出油上返速度,m/s;

E_o——地层产出油的体积分数,无量纲;

q_o——单位长度的地层产出油产生速率,kg/s。

对岩屑有:

$$\rho_s v_s E_s A = q_s \tag{4}$$

式中 ρ_s——地层岩屑的密度,kg/m^3;

v_s——地层岩屑上返速度,m/s;

E_s——地层岩屑的体积分数,无量纲;

q_s——单位长度的岩屑产生速率,kg/s。

(2) 动量方程。

何谓动量方程? 物体动量随时间的变化率等于其所受合外力,即:

$$\frac{d}{d}(mv) = \sum F \tag{5}$$

另外,某一单元体内部所有流体的动量的总量对时间的导数由两部分组成:其中一部分类似于当地导数,等于单元体内所有流体动量的总量随时间的变化率;另一部分类似于迁移导数,等于通过静止单元体单位时间内流出和流入的动量的差值。即:

$$\frac{\partial}{\partial t}\left(\sum_{i=1}^{n} \rho_i v_i E_i A\right) + \frac{\partial}{\partial s}\left(\sum_{i=1}^{n} \rho_i v_i^2 E_i A - \sum F\right) = 0 \tag{6}$$

而单元体所受的合外力主要是由体积力和面积力所组成,则:

$$\sum F = - Ag\cos\alpha \left(\sum_{i=1}^{n} \rho_i E_i A \right) - \frac{\mathrm{d}(Ap)}{\mathrm{d}s} - \frac{\mathrm{d}(AF_r)}{\mathrm{d}s} \qquad (7)$$

式中　α——井斜角，（°）；

$\quad\quad p$——压力，Pa；

$\quad\quad F_r$——摩阻损耗，Pa；

$\quad\quad s$——沿程方向坐标，m。

综上式（5）~式（7）可得动量方程：

$$\frac{\mathrm{d}}{\mathrm{d}s}(\rho_m v_m^2 E_m A + \rho_w v_w^2 E_w A + \rho_o v_o^2 E_o A + \rho_s v_s^2 E_s A) +$$

$$Ag\cos\partial(\rho_m E_m + \rho_w E_w + \rho_o E_o + \rho_s E_s) + \frac{\mathrm{d}(Ap)}{\mathrm{d}s} + \frac{\mathrm{d}(AF_r)}{\mathrm{d}s} = 0 \qquad (8)$$

式中　$\dfrac{\mathrm{d}(AF_r)}{\mathrm{d}s}$——整个井筒及管柱的摩阻损耗。

（3）辅助方程组。

为了求解上述方程，必须要保证上述方程形成封闭方程，因此，这里必须要建立相应的辅助方程。常见的辅助方程主要包括：速度方程、气相滑脱方程（正常钻进时未涉及到）、流体的 PVT 方程、体积分数方程、几何方程、流体沿程摩阻损耗方程、海水温度场方程、地层温度场方程、地层压力变化规律方程、钻柱等管柱内的流动方程、流体相变方程等。结合辅助方程，与控制方程形成封闭的方程组体系，才能求解多相流控制方程。

2）浅层流井涌过程

钻进过程钻遇浅层流时，会发生井涌甚至井喷事故。浅层气流预测难度较大，发生突然，对钻井和压井操作挑战较大。发生井涌时，井筒内会侵入地层水、浅层气，也有可能会出现地层产出油。同时海洋深水温度和压力变化的复杂，也可能会导致浅层流气液相变。因此，需进一步建立基于多相多组分的流动模型方程。同理，分别建立连续性方程、动量方程和能量方程等方程。

（1）连续性方程。

首先，以气相为例说明连续性方程建立的过程。取研究的某一单元体，若在 $\mathrm{d}t$ 时间内所流入到单元体的质量流量为：

$$\rho_g v_g E_g A \mathrm{d}t \qquad (9)$$

式中　ρ_g——气相密度，kg/m³；

$\quad\quad v_g$——气相上返速度，m/s；

$\quad\quad E_g$——气相体积分数，无量纲。

而 $\mathrm{d}t$ 时间内流出单元体的质量流量为：

$$\left(\rho_g v_g E_g A + \frac{\partial(\rho_g v_g E_g A)}{\partial s}\mathrm{d}s \right)\mathrm{d}t \qquad (10)$$

浅层流井涌过程中，钻井液在循环时，井底可能会出现浅层气、浅层水等物质，此时地层压力大于井底压力，气液混合进入井筒内。因此，此时井底存在流体进入到井筒内，若 $\mathrm{d}t$ 时间内进入单元体的气体流量为 q_g，而 $\mathrm{d}t$ 时间内由于单元体内部质量的变化，即由密度和截面含率变化引起的质量增量为：

$$\left(\frac{\partial(\rho_g E_g A)}{\partial s}ds\right)dt \tag{11}$$

据质量守恒定律可知，在 dt 时间内单元体气体流入量与流出量的差值等于 dt 时间内单元体内部质量的变化，即可得到气相的连续性方程：

$$\left(\frac{\partial(\rho_g E_g A)}{\partial t}+\frac{\partial(\rho_g v_g E_g A)}{\partial s}\right)=q_g \tag{12}$$

同理，井涌期间，dt 时间内流入单元体的钻井液流量为零，则建立钻井液液相的连续性方程为：

$$\left(\frac{\partial(\rho_m E_m A)}{\partial t}+\frac{\partial(\rho_m v_m E_m A)}{\partial s}\right)=0 \tag{13}$$

对地层产出油，dt 时间内流入单元体的地层油流量为 q_o：

$$\left(\frac{\partial(\rho_o E_o A)}{\partial t}+\frac{\partial(\rho_o v_o E_o A)}{\partial s}\right)=q_o \tag{14}$$

对地层产出水：

$$\left(\frac{\partial(\rho_w E_w A)}{\partial t}+\frac{\partial(\rho_w v_w E_w A)}{\partial s}\right)=q_w \tag{15}$$

对钻井岩屑：

$$\left(\frac{\partial(\rho_s E_s A)}{\partial t}+\frac{\partial(\rho_s v_s E_s A)}{\partial s}\right)=q_s \tag{16}$$

（2）动量方程。

由前述可知，在井涌过程中，可列动量方程为：

$$\frac{\partial}{\partial t}(\rho_g v_g E_g A+\rho_m v_m E_m A+\rho_w v_w E_w A+\rho_o v_o E_o A+\rho_s v_s E_s A)+$$

$$\frac{\partial}{\partial s}(\rho_g v_g^2 E_g A+\rho_m v_m^2 E_m A+\rho_w v_w^2 E_w A+\rho_o v_o^2 E_o A+\rho_s v_s^2 E_s A)+ \tag{17}$$

$$Ag\cos\partial(\rho_g E_g+\rho_m E_m+\rho_w E_w+\rho_o E_o+\rho_s E_s)+\frac{\partial(Ap)}{\partial s}+\frac{\partial(AF_r)}{\partial s}=0$$

式中　$\dfrac{\partial(AF_r)}{\partial s}$——井涌期间整个井筒及管柱的摩阻损耗。

（3）辅助方程组。同理，为了求解上述方程，需将上述方程构成封闭方程。也需建立相对应的辅助方程。主要包括：速度方程、气相滑脱方程、流体的 PVT 方程、体积分数方程等。将辅助方程与多相流动方程相结合形成封闭的方程组体系，进而求解多相控制方程。

3）动力压井过程

深水钻井过程中，在遭遇浅层流井涌时，考虑是否能够有效处理浅层气流等问题，选用动力压井方法。相较于前述的井涌过程，动力压井过程差别在于井控时，地层流体（地层油、地层水）和岩屑没有产出，流量变化量为零。其他建立方程的原理方法均与前述相同。这里依据动力压井分为"动压稳阶段"和"静压稳阶段"，本文在建立模型方程时也分为这两个阶段分别建立相对应的模型方程。

（1）"动压稳"阶段。

① 连续性方程。"动压稳"阶段，井筒内主要为初始压井液——海水。研究多相多组分流动模型时，考虑浅层气在深水温度和压力环境下的相变问题。即在深水特殊的温度和压力环境下，气液两相之间会发生相态的相互转化。

考虑气液两相之间的变化，引入地层油溶解油气比 R_s、地层油体积系数 B_0，对于气相，其连续性方程变化为：

$$\frac{\partial(\rho_g E_g A)}{\partial t} + \frac{\partial}{\partial s}\left(\rho_g v_g E_g A + \frac{E_o v_o \rho_{gs} R_s}{B_0} A\right) = 0 \tag{18}$$

式中　ρ_{gs}——标准状态下气相密度，kg/m^3；

　　　R_s——地层油溶解油气比，m^3/m^3；

　　　B_0——地层油体积系数，无量纲。

对初始压井液海水相，其连续性方程为：

$$\left(\frac{\partial(\rho_{m1} E_{m1} A)}{\partial t} + \frac{\partial(\rho_{m1} v_{m1} E_{m1} A)}{\partial s}\right) = 0 \tag{19}$$

式中　ρ_{m1}——初始压井液，海水的密度，kg/m^3；

　　　E_{m1}——初始压井液的体积分数，无量纲；

　　　v_{m1}——初始压井液上返速度，m/s。

地层产出油，在深水温度压力环境下，会与气相发生相态变化，溶解部分浅层气，因此，其连续性方程为：

$$\frac{\partial(\rho_o E_o A)}{\partial t} + \frac{\partial}{\partial s}\left(\rho_o v_o E_o A - \frac{E_o v_o \rho_{gs} R_s}{B_0} A\right) = 0 \tag{20}$$

式中，各符号所表示物理量与式(18)相同。

地层水的连续性方程为：

$$\left(\frac{\partial(\rho_w E_w A)}{\partial t} + \frac{\partial(\rho_w v_w E_w A)}{\partial s}\right) = 0 \tag{21}$$

地层岩屑的连续性方程为：

$$\left(\frac{\partial(\rho_s E_s A)}{\partial t} + \frac{\partial(\rho_s v_s E_s A)}{\partial s}\right) = 0 \tag{22}$$

动力压井过程中，暂时不考虑钻井液的连续性方程。

② 动量方程。综上浅层气、初始压井液、地层油、地层水、地层岩屑各类组分，并结合式(5)~式(7)可得"动压稳"阶段的动量方程：

$$\frac{\partial}{\partial t}(\rho_g v_g E_g A + \rho_{m1} v_{m1} E_{m1} A + \rho_o v_o E_o A + \rho_w v_w E_w A + \rho_s v_s E_s A) +$$

$$\frac{\partial}{\partial s}(\rho_g v_g^2 E_g A + \rho_{m1} v_{m1}^2 E_{m1} A + \rho_o v_o^2 E_o A + \rho_w v_w^2 E_w A + \rho_s v_s^2 E_s A) + \tag{23}$$

$$Ag\cos\partial(\rho_g E_g + \rho_{m1} E_{m1} + \rho_o E_o + \rho_w E_w + \rho_s E_s) + \frac{\partial(Ap)}{\partial s} + \frac{\partial(AF_r)}{\partial s} = 0$$

③ 辅助方程。同理，为了求解上述方程，需将上述方程结合辅助方程(速度方程、气相滑脱方程、流体的 PVT 方程、体积分数方程、几何方程、流体沿程摩阻损耗方程等)构成封

闭方程。进而求解模型方程。

(2)"静压稳"阶段。

① 连续性方程。"静压稳"阶段是指在达到"动压稳"阶段后，逐步加入加重钻井液，保持井底压力等于或大于地层压力，达到完全压井的目的。此时井筒内主要为加重压井液。类似于"动压稳"阶段，考虑研究多相多组分流动模型的同时，综合考虑浅层气液的相变问题。引入地层油溶解油气比 R_s、地层油体积系数 B_0，因此气相的连续性方程变化为：

$$\frac{\partial(\rho_g E_g A)}{\partial t} + \frac{\partial}{\partial s}\left(\rho_g v_g E_g A + \frac{E_o v_o \rho_{gs} R_s}{B_0} A\right) = 0 \qquad (24)$$

加重压井液的连续性方程为：

$$\left(\frac{\partial(\rho_{m2} E_{m2} A)}{\partial t} + \frac{\partial(\rho_{m2} v_{m2} E_{m2} A)}{\partial s}\right) = 0 \qquad (25)$$

式中　ρ_{m2}——加重压井液的密度，kg/m^3，其值受海洋深水温度和压力的影响而变化；

　　　E_{m2}——加重压井液的体积分数，无量纲；

　　　v_{m2}——加重压井液的上返速度，m/s。

地层产出油，在深水特殊的温度压力环境下，会与气相发生相态变化，溶解部分浅层气，因此，其连续性方程为：

$$\frac{\partial(\rho_o E_o A)}{\partial t} + \frac{\partial}{\partial s}\left(\rho_o v_o E_o A - \frac{E_o v_o \rho_{gs} R_s}{B_0} A\right) = 0 \qquad (26)$$

地层水的连续性方程为：

$$\left(\frac{\partial(\rho_w E_w A)}{\partial t} + \frac{\partial(\rho_w v_w E_w A)}{\partial s}\right) = 0 \qquad (27)$$

地层岩屑的连续性方程为：

$$\left(\frac{\partial(\rho_s E_s A)}{\partial t} + \frac{\partial(\rho_s v_s E_s A)}{\partial s}\right) = 0 \qquad (28)$$

"静压稳"阶段，暂时不考虑钻井液的连续性方程，主要研究压井过程相态变化规律。

② 动量方程。同上理可得"静压稳"阶段的动量方程为：

$$\frac{\partial}{\partial t}(\rho_g v_g E_g A + \rho_{m2} v_{m2} E_{m2} A + \rho_o v_o E_o A + \rho_w v_w E_w A + \rho_s v_s E_s A) +$$

$$\frac{\partial}{\partial s}(\rho_g v_g^2 E_g A + \rho_{m2} v_{m2}^2 E_{m2} A + \rho_o v_o^2 E_o A + \rho_w v_w^2 E_w A + \rho_s v_s^2 E_s A) + \qquad (29)$$

$$Ag\cos\partial(\rho_g E_g + \rho_{m2} E_{m2} + \rho_o E_o + \rho_w E_w + \rho_s E_s) + \frac{\partial(Ap)}{\partial s} + \frac{\partial(AF_r)}{\partial s} = 0$$

式中，各物理量的含义如前所述。

(3)辅助方程。为了求解上述各方程，需结合辅助方程(速度方程、气相滑脱方程、流体的 PVT 方程、体积分数方程、几何方程、流体沿程摩阻损耗方程、海水温度场方程、地层温度场方程、地层压力变化规律方程、钻柱等相关管柱内的流体流动方程、流体相变方程等)构建封闭方程。

3　新模型特征分析

研究对比现有的深水动力压井模型与本文建立的海洋深水多相多组分—分阶段模型，所建立的新模型具有以下特征：

（1）相较于纯摩阻计算法、稳态两相流动模型、瞬态两相流动模型和瞬态多相流动模型，该模型考虑更为全面和详细，考虑了多相多组分的流动规律及动力压井的分阶段压井工艺操作。

（2）建立深水动力压井方法模型时，分别考虑三种钻井工况下的模型方程，即正常钻进过程、井涌过程、动力压井过程。这样建立的模型方程，更能表述动力压井的整个过程，从浅层流发生至处理再到动力压井成功，一体化的动力压井流程更为完整。

（3）在动力压井过程中，充分考虑到动力压井分为"动压稳"阶段和"静压稳"阶段两个阶段，分阶段建立了动力压井模型的方程。"动压稳"阶段，选用海水作为初始压井液，重点研究对象为海水相。"静压稳"阶段，重点研究加重压井液的流动规律。动力压井过程中，分阶段考虑更能描述初始压井液和加重压井液流动规律，且更为准确。若笼统地将初始压井液和加重压井液混为一起，其受海洋深水温度和压力的变化更为复杂，极大地增加了计算的难度。因此，提出分阶段建立动力压井模型方程，可一定程度上提高描述压井过程的准确度。

（4）多相多组分主要指深水钻井及井控过程中，容易出现的浅层气、地层产出油、地层产出水、钻井液、压井液（初始压井液和加重压井液）和岩屑等组分。主要考虑在深水特有的温度（温度场存在着"大温差"）和压力环境下，浅层气容易与地层油发生相态变化，产生天然气水合物，增加了井控的难度，本文也进行了研究和探讨。

4　总结与建议

本文在前人对动力压井方法研究的基础上，分别考虑了在正常钻进过程、浅层流井涌、动力压井三种工况下，建立了多相多组分—分阶段动力压井模型方法。其中，重点研究了建立模型的理论方法和建立的方程组。通过与其他现有模型的对比分析，新模型考虑的多相多组分因素和压井分阶段工艺流程更加全面完整。诚然，后期应加快模型理论方法的实际运用与误差对标分析，为海洋深水钻井安全、高效、顺利进行提供保障，进而初步指导中石油缅甸深水钻井项目。

参　考　文　献

1　邓大伟，周开吉．动力压井法与计算方法研究[J]．天然气工业，2004，24(9)：83～87．

2　金业权，徐泓，刘振宇．动力压井法的参数设计和实施方法[J]．断块油气田，2000，7(2)：50～54．

3　金业权，李自俊．动力压井法理论及适用条件的分析[J]．石油学报，1997，V18(4)：106～110．

4　Abel L. W. and Shackelford D. W. Comparison of Steady State and Transient Analysis Dynamic Kill Models for Prediction of Pumping Requirements [A]．IADC/SPE Drilling Conference [C]．IADC/SPE 35120, 1996：631～637．

5　章梓雄，董曾南. 粘性流体力学[M]. 北京：清华大学出版社，1998：17~57.

6　孙宝江，颜大椿. 垂直气—液两相管流中的流型转化机制与控制[J]. 北京大学学报，2000，V36(3)：382~388.

7　Flow Regime Transition Model for Drilling Hydraulics[J]. SPE Drilling & Completion Journal，2000，V15(1)：44~56.

8　Dodge D. W. , Metzner A. B. Turbulent Flow of Non-Newtonian Systems[J]. AICHE Journal，1959，V5(2)：189~204.

9　Hasan A. R. , Kabir C. S. A Simplified Model for Oil-Water Flow in Vertical and Deviated Wellbores[A]. SPE Annual Technical Conference and xhibition[C]. SPE49163，1998：493~500.

10　Ansari A. M. , Sylvester N. D. , Brill J. P. , et al. A Comprehensive Mechanistic Model for Upward Two-Phase Flow in Wellbores[A]. SPE Annual Technical Conference and Exhibition [C]. SPE 20630，1990：151~165.

11　Gould T. L. , Tek M. R. Steady and Unsteady State Two-Phase Flow Through Vertical Flow Strings[A]. SPE Symposium on Numerical Simulation[C]. SPE 2804，1970：1~11.

12　王志远，孙宝江，程海清，高永海，崔海林 深水井控过程中天然气水合物生成区域预测[J] 应用力学学报，2009，26(2)：224~229.

基于稳性对自升式修井平台改造方案的可行性研究

郭学龙　杨涵婷　李冬梅　施昌威

（中国石油集团海洋工程有限公司工程设计院）

摘要： 为提高中油海 62 自升式海上修井平台的作业水深范围，拟对其进行桩腿接长改造，技术改造将导致平台的重量重心发生变化，对平台拖航的稳性和浮态产生不利影响。本文依据《海上移动平台入级与建造规范》（2012）（以下简称规范），采用 MOSES 软件计算平台改造后拖航的完整稳性和破舱稳性，从稳性的角度研究该改造方案的可行性。

关键词： 自升式修井平台；稳性校核；MOSES；可行性研究

1　概述

中油海 62 自升式平台为三角形三桩腿结构，主要用于海上修井作业。为提高其作业水深，拟将其桩腿接长 2.5m。改造后桩腿长度增加将使得平台的重量增加重心升高，对拖航稳性产生不利的影响，因此需要对平台改造后在各种典型装载工况下的完整稳性、破舱稳性进行校核，以确定该改造方案的可行性。

2　计算模型

1）坐标系选取

采用 MOSES 计算平台的完整稳性和破舱稳性，坐标系取随船坐标系，坐标原点位于船中基线处，X 轴方向沿船长方向，往船艏为正；Y 轴方向沿船宽方向，左舷为正；Z 轴方向沿型深方向，基线以上为正。

2）计算假定

假定平台原有的装载方案不变，平台拖航时候桩腿完全收起，新接长的桩腿相当于在原桩腿的顶部增加质量和额外的受风面积，该假定对于稳性的影响最为不利，计算偏于保守。

3）计算工况

稳性计算时考虑远洋拖航（轻载、重载）、油田拖航（轻载、重载）、油田拖航（三桩靴灌水）五种工况。改造后平台典型的装载工况见表 1。

表1 典型装载工况质量重心表

工 况	质量/t	X(距舯)/m	Y(距中)/m	Z(距基线)/m
远洋拖航(重载)	4157.5	-3.38	0.00	14.91
远洋拖航(轻载)	4045.0	-3.42	0.00	15.28
油田拖航(重载)	4427.5	-3.49	0.00	14.11
油田拖航(轻载)	4198.0	-3.54	0.00	14.77
油田拖航(桩靴灌水)	4427.1	-3.52	0.00	14.07

3 完整稳性计算

3.1 稳性衡准

规范对完整稳性要求如下:

(1) 复原力矩曲线,从正浮至第二交点的所有角度范围内,均应为正值。经自由液面修正后的初稳性高度应不小于0.15m。

(2) 至第二交点或进水角处的复原力矩曲线下的面积,取其中较小者,至少应比至同一限定角处风倾力矩曲线下面积大40%。

3.2 风倾力矩计算

作用在平台上的风倾力矩 M_q 由下式确定:

$$M_q = FZ(kN \cdot m) \tag{1}$$

式中,F 为风力,kN;Z 为倾力臂,m。

根据规范要求,远洋拖航风速取51.5m/s(100kN),油田拖航取36m/s(70kN)。

3.3 进水点位置

完整稳性时考虑的进水点位置主要有机舱、锅炉舱、空压机舱、配电间等的进排气风筒,以及进入这些舱室的梯道门。

3.4 计算结果

3.4.1 浮态计算结果

采用 MOSES 计算平台在不同装载情况下的浮态,如表2所示。

表2 平台拖航时浮态计算表

序号	项目	单位	符号及公式	浮态计算结果				
				远洋(重载)	远洋(轻载)	油田(重载)	油田(轻载)	油田(桩靴灌水)
1	排水量	t	Δ	4157.5	4045.0	4427.5	4198.0	4427.1
2	排水体积	m³	V	4056.1	3946.4	4319.5	4095.6	4319.2
3	重心高度	m	Zg	14.91	15.28	14.11	14.77	14.07
4	平均吃水	m	T	2.96	2.88	3.15	2.97	3.15
5	浮心高度	m	Zb	1.47	1.43	1.57	1.48	1.57
6	重心纵向坐标	m	Xg	-3.38	-3.42	-3.49	-3.54	-3.52

续表

序号	项目	单位	符号及公式	浮态计算结果				
				远洋 （重载）	远洋 （轻载）	油田 （重载）	油田 （轻载）	油田 （桩靴灌水）
7	浮心纵向坐标	m	Xb	−3.21	−3.21	−3.21	−3.21	−3.21
8	漂心纵向坐标	m	Xf	−3.22	−3.22	−3.22	−3.22	−3.22
9	横倾角	°	$ROLL$	−0.05	−0.04	−0.05	−0.04	−0.05
10	纵倾角	°	$PITCH$	−0.26	−0.32	−0.46	−0.51	−0.50
11	纵倾值	m	$t=\Delta(Xg-Xb)/(100MTC)$	−0.20	−0.24	−0.35	−0.39	−0.39
12	艏吃水	m	TF	2.84	2.74	2.95	2.75	2.93
13	艉吃水	m	TA	3.05	2.98	3.30	3.14	3.32
14	横稳性高	m	GMT	19.95	20.47	18.81	20.09	18.85
15	纵稳性高度	m	GML	37.83	38.84	35.60	37.97	35.64

3.4.2　稳性计算结果

用 MOSES 计算平台在不同方向风的作用下回复力臂与风倾力臂，根据进水点位置计算最小进水角，比较复原力臂曲线与风倾力臂曲线下的面积，判断是否满足稳性标准，计算结果如图 1 所示。

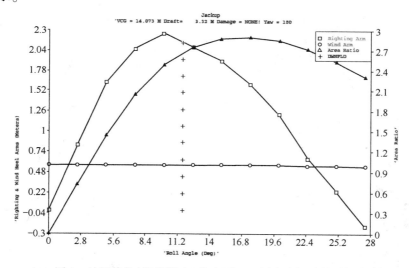

图 1　油田拖航（桩腿灌水）状态下 180°风向稳性计算结果

图 1 为平台油田拖航（桩靴灌水）时 180°风向下的稳性计算结果，初稳性高 $GMT=18.85$ >0.15，最小进水点为 11.63°，面积比 $K=2.67>1.4$，满足稳性要求。分别计算平台在不同装载不同风向下的完整稳性，结果均能满足规范要求。

4　破舱稳性

4.1　破舱稳性衡准

规范对自升式平台破舱稳性要求如下：平台应具备足够的干舷、储备浮力和稳性，以便在任何作业或迁移工况下，舱室破损后，在来自任何方向，风速为 25.8m/s(50k) 的风倾力矩作用上计及下沉、纵倾、横倾的联合影响后，破损水线低于可能发生继续进水的任何开口的下缘。

4.2　破舱范围

根据规范 2.4.4.2 对评定自升式平台破损稳性时破损范围的假定，本平台的破损考虑表3 所示的 7 种情况。

表 3　破舱情况组合

破损情况	破损范围	破损情况	破损范围
S1	1#压载水舱(P)+桩靴	S5	7#压载水舱(P)+桩靴
S2	锅炉舱+生活污水处理室(P)	S6	压井液舱+压井液/泥浆舱+泥浆舱
S3	发电机舱+配电间	S7	压载舱 4P+压载备用舱 1P
S4	6#压载水舱(P)		

舱室的布置情况及破舱后可能的最大吃水点位置如图 2 所示。

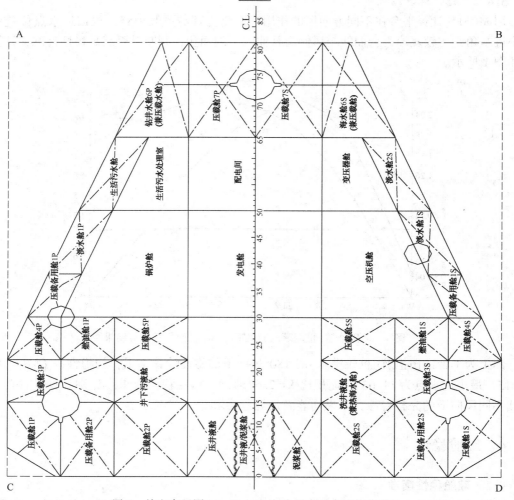

图 2　舱室布置图(A，B，C，D 为最大吃水可能位置)

4.3 计算结果

采用 MOSES 计算不同装载工况下，各个破舱状态下平台的浮态，并比较最大吃水点的吃水深度与进水点高度。表 4 为远洋拖航(重载)时平台破损后平衡状态的稳性及浮态。

表 4 远洋拖航(重载)时平台破损后在平衡状态时的浮态及稳性

No	项 目	符号	单位	破舱 S1	破舱 S2	破舱 S3	破舱 S4	破舱 S5	破舱 S6	破舱 S7
1	排水量	D	t	4242.0	4652.4	4898.8	4288.2	4282.0	4468.3	4204.6
2	平均吃水	Tm	m	3.03	3.31	3.48	3.06	3.06	3.18	3.00
3	重心纵向坐标	XG	m	-3.66	-2.84	-1.34	-2.77	-2.78	-4.45	-3.44
4	重心距中纵面	YG	m	-0.27	-0.99	0.00	-0.23	-0.08	0.00	-0.20
5	重心距平台底	ZG	m	14.65	13.53	12.93	14.50	14.54	14.00	14.76
6	浮心纵向坐标	XB	m	-3.82	-2.71	-2.03	-2.61	-2.62	-4.88	-3.52
7	浮心距中纵面	YB	m	-0.44	-1.64	0.01	-0.38	-0.12	0.01	-0.32
8	浮心距平台底	ZB	m	1.51	1.70	1.75	1.52	1.52	1.61	1.49
9	漂心纵向坐标	XF	m	-3.22	-3.22	-3.22	-3.22	-3.22	-3.22	-3.22
10	漂心距中纵面	YF	m	0.01	0.01	0.01	0.01	0.01	0.01	0.01
11	破舱进水量	P	t	84.31	494.70	741.02	130.45	124.22	310.58	46.84
12	横倾角	$ROLL$	°	0.75	3.12	-0.05	0.66	0.20	-0.05	0.53
13	纵倾角	$PITCH$	°	-0.70	0.62	1.55	0.69	0.67	-2.01	-0.35
14	平台船艏左舷吃水	FP	m	2.98	4.70	4.16	3.60	3.43	2.26	3.03
15	平台船艏右舷吃水	FS	m	2.45	2.48	4.20	3.14	3.29	2.29	2.65
16	平台船艉左舷吃水	AP	m	3.53	4.21	2.94	3.06	2.90	3.84	3.31
17	平台船艉右舷吃水	AS	m	3.00	1.99	2.97	2.59	2.76	3.88	2.93
18	最大吃水位置	TP	-	C 点	A 点	A、B 点	A 点	A 点	C、D 点	C 点
19	初稳心高	GM	m	16.68	15.33	16.73	18.85	19.27	18.47	18.62

从表 4 可见，远洋(重载)拖航状态下，任意破舱进水后的初稳性高 GM 均大于零，所有进水点高度均大于风倾力矩作用下最大吃水高度，因此整个船体能够保持水密，破舱稳性满足规范要求。

计算平台在各种装载条件下的破舱稳性，结果均能够满足规范要求。

5 结论

分析结果表明，平台在五种典型装载工况下的完整稳性和破舱稳性均能够满足规范要求，因此从稳性角度考虑，该技术改造方案是可行的。但是，该技术方案的实施与否，还需综合考虑平台结构强度、改造工艺、工程经济等多方面的问题。

参 考 文 献

1　梅荣兵，姚云熙，等. 自升式钻井平台完整性计算方法研究[J]. 中国造船，2010. 51(2)：101~106.
2　潘斌，刘震，等. 自升式平台拖航稳性研究[J]. 海洋工程，1996. 14(3)：15~20.

胜利埕北油田自升式平台插桩压载作业探析

祁磊[1,2]　吴航舟[3]　崔文勤[3]　耿春义[3]　许浩[1,2]

(1. 中国石油集团工程技术研究院，2. 中国石油天然气集团
海洋工程重点实验室，3. 中石油海洋工程公司天津分公司)

摘要： 本文结合公司自升式平台在胜利埕岛油田作业存在的问题进行分析，通过分析自升式平台在埕岛油田插桩压载作业存在的问题，提出了自升式平台在埕岛油田作业需要注意的问题及解决措施。

关键词： 埕北油田；插桩压载；工程地质勘察

1　引言

随着海洋公司钻修井业务的拓展，公司最近几年在胜利油田海域有大量的修井作业工作量。平台在施工作业期间多次出现平台桩腿贯入深度计算结果与实际插桩深度差别很大等现象。据初步统计，公司平台在胜利海域插桩异常井位占施工井总数的比例约占40%。这无疑增大了平台插桩难度及施工风险，影响到平台的正常作业。本文从自升式平台在胜利埕北油田插桩压载作业中存在的问题，问题的原因以及解决措施等方面进行研究，对保障公司自升式平台在胜利海域的安全作业具有一定的价值。

埕岛油田地处黄河口滩海交界地带(图1)，水深4~16m。自1988年在该海域发现储量丰富的油气资源以来，大量海上工程设施如人工岛、海上油气勘探平台、海底油气管道等不断建成。到2009年已建成平台89座，海底输油管线132.8km，海底输气管线11.6km，海底注水管线46.5km，海底电缆199km。埕岛油田井位及管缆分布如图2所示。

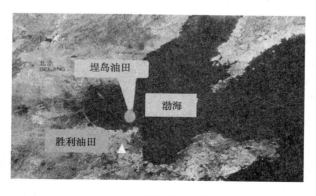

图1　埕岛油田位置图

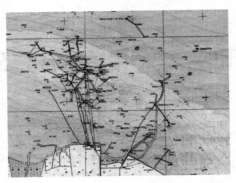

图2 埕岛油田井位及管缆分布图

受场区海洋环境及油田开发模式的影响,井场的浅层工程地质、海底地貌条件十分复杂。

2 自升式平台在胜利埕北油田插桩压载作业存在的问题

由于埕岛油田复杂的地质条件,以及目前我国自升式平台插桩压载技术的缺陷及作业方式的不规范,造成平台插桩压载出现危险状况。存在的主要问题包括:

(1)实际插桩入泥深度与估算深度相差较大:如表1所示,在2014年3月,平台预测插桩深度为8.4m,实际插深在左艉桩为1.7m,最大相对误差为79.4%。

表1 A平台在埕岛油田部分作业插桩深度表

序号	施工时间	井组/井号	预测深度/m	入泥深度/m			最大相对误差
				艏桩	左艉桩	右艉桩	
1	2012.05	埕北27A	11.7	1.8	2.1	2.2	84.6%
2	2012.05	埕北25C	13.1	10.6	2.8	8.8	78.6%
3	2014.03	埕北1H	8.4	3.9	1.7	4.8	79.4%

(2)插桩入泥至地表浅薄地层:如表2所示,A平台在埕北251C及埕北6AG井位。由于A平台桩靴高1.6m,插深太浅,桩靴顶端裸露在海水中,在海浪及海流的冲刷下,海底表层土体容易发生液化,极易导致平台滑移,甚至发生海损事故。

表2 平台在埕岛油田部分作业插桩深度表

序号	施工时间	井组/井号	入泥深度/m		
			艏桩	左艉桩	右艉桩
A平台					
1	2011.12	埕北6AG	1.7	1.6	1.5
2	2012.02	埕北251C	0.6	0.5	0.5
3	2012.05	埕北27A	1.8	2.1	2.2
B平台					
1	2012.03	埕北12B	9.1	0.68	0.93
2	2012.04	埕北11H	8.2	3.45	1.68

（3）同一井位不同时间出现截然不同的插桩深度（表3）：例如：中油海某平台埕北11H井组在2011年：就位后预压载1701t，三桩入泥深度分别为1.2m、1.16m、1.05m；而2012年就位后预压1692t，三桩入泥深度分别为8.2m、3.5m、1.7m，平台在一年时间内插桩深度变化较大。

表3　某平台在埕岛油田作业不同时间插桩深度对比表

施工时间	入泥深度/m		
	艏桩	左艉桩	右艉桩
2011	1.2	1.2	1.1
2012	8.2	3.5	1.7

（4）桩腿最终入泥地层不满足承载力要求：2012年4月中油海某平台就位埕北11H井组，左艉入泥深度3.48m，但是土层强度参数显示该层为抗剪强度4.8~8.8kPa的薄弱粘土层，不满足承载力要求，自升式平台不应该插住。

（5）不同桩腿入泥深度相差较大：例如：中油海某平台在埕北25C井组首桩和左艉桩插桩深度相差7.84m；在埕北12B井组艏桩和左艉桩入泥深度相差8.4m，如表4所示。

表4　某平台在埕岛油田部分作业插桩深度表

序号	施工时间	井组/井号	入泥深度/m			最大差异
			艏桩	左艉桩	右艉桩	
1	2012.03	埕北12B	9.1	0.7	0.9	8.4
2	2012.04	埕北11H	8.2	3.5	1.7	6.5
3	2012.05	埕北25C	10.6	2.8	8.8	7.8

3　平台作业存在问题分析

针对以上存在的问题，通过对井场工程地质勘察报告、操船手册以及与现场工作人员的交流，初步确定导致目前存在问题的主要因素包括如下两个方面：工程地质参数不准确；计算插桩深度方法的局限性。

1）工程地质参数不准确

目前，业主每年都会对埕北油田井场进行工程地质勘察，更新地质资料。但其工程地质勘察存在几个问题：井位工程地质勘察资料不具备时效性；海洋工程物探及工程地质方法不准确。

（1）井位工程地质勘察资料不具备时效性。插拔桩引起的工程地质条件变化：插桩对井场的海底地貌、浅表地层产生扰动破坏，插桩后改变了平台周围海洋动力的方向和强度，拔桩后形成桩穴，桩穴重新充填后，地基土工程性质又会发生变化。

固定平台及管线周边冲刷严重，浅层地质条件时刻在发生改变：受胜利埕岛油田平台及管网纵横交错影响，在海流等环境力作用下，海底表层持力层剥蚀、掏空和液化，冲刷严重，部分井场年平均冲刷量可达 1m。

（2）海洋工程物探及工程地质方法不准确。对岩土定名不准或性质判别有误。对岩土的定名及土工试验标准都采用了国家的《岩土工程勘察规范》，而《API RP 2A –WSD》规范中推荐的计算公式是基于美国材料学会《ASTM–D2487》规范，两国规范相异，土工试验的方法和仪器不统一，对岩土的定名和性质的判断也各有不同。

将桩穴内扰动地层等同于周围原始地层。图 3 可以看出，扰动地层的层位界限、物质组分及物理力学特征与桩穴外的原始地层存在非常大的差别。内地层多由粒状土回填组成，粒径较大，且都经有一段时间的排水固结，其强度一般要较周围原始地层高。

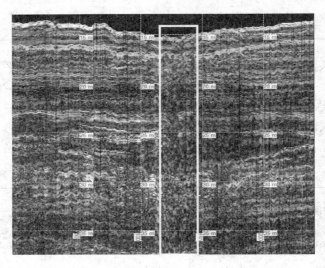

图 3　浅地层剖面图

钻孔取样数量过少。目前胜利对一个井场只钻 1~2 孔，因此所给出的岩土参数是平均值而非标准值，变异性较大，难以较好地代表实际地层。

现场取样方法落后。埕岛油田粉土、砂土等地层较多，该类土体极易发生失水和扰动，进而导致室内试验结果与真实土性存在较大偏差。

低估硬黏土的不排水抗剪强度值。在部分岩土工程勘察报告中，对粉质黏土的不排水抗剪强度的推荐值通常为 20kPa 左右，而现场原位测试中部分黏土的标贯锤击数在 15~21 击，如此高的锤击数，其不排水抗剪强度应在 50 kPa 以上。

2）计算插桩深度方法的局限性

目前，国内对土体承载力的计算方法较为粗略，只考虑了黏土及砂土的承载力计算方法，而忽略了碳酸盐砂土、粉砂等其它土体，埕岛油田粉土层数量较多，粉土强度介于黏土和砂土之间，在勘察报告中将粉土作为黏土进行计算。因此抗剪强度偏低，导致计算出的预测深度偏大。

计算公式没有考虑无桩靴和带桩靴两种不同桩腿型式的差异性，同时忽略了土体粗糙度、锥角等多种因素，从而导致平台贯入深度预测结果与实际差别很大。

4 解决措施

4.1 完善工程地质调查

（1）加大海洋调查钻孔的工作量。从安全角度出发，充分的海底钻孔取样工程地质参数分析是不可缺少的。有几条桩腿就贴近钻几个样孔，每个桩腿至少钻 2 个孔，充分分析海床岩性和不均匀性。我们作业的井位一般只钻一个孔，分析不充分，不具备参比性。因此当确定作业平台尺寸及就位方向以后，应贴近桩腿预插桩处多钻几个地质样孔，以供充分分析使用。

在井场周边开展海洋工程物探调查，采用多波速、侧扫声呐、及浅地层剖面仪等进行探摸，以确定海底有无障碍物及桩穴脚印，如锚、海工施工废弃的料物，被丢弃的套管、钻杆及隔水管固井施工返出的多余水泥固结等。如果存在应进行充分的评估，以确定能否升船作业。

（2）提高海洋调查钻孔原位测试及室内试验参数的精确度。做地质钻孔时应尽量贴近井位，偏离太远时没有参考性和指导意义。当井位确定后海上钻孔 GPS 定位误差不应超过 1.5 米。实际插桩深度与海调资料预测深度存有极大差别也与原钻孔位置和实际井位距离相差太远地层岩性有很大差异有关。同时也与地质勘查单位的钻孔取样方法有很大关系。岩土参数的可靠性和适用性，在很大程度上取决于岩土的结构受到扰动的程度。由于现场取样的不规范造成土样与原状发生了很大的变化。因此在工程地质勘查中需要监督和规范勘查单位的勘查质量。

4.2 修正完善承载力计算方法

目前，我国自升式平台的插桩深度计算没有现成规范可循，基本上是平台的设计者借用长桩深基础的极限承载力提出一个插桩穿刺力的预测方法。计算方法简单，但计算误差较大。自升式平台的桩基础直径达 3m 左右，不能算是细长的桩基础，特别是对于带靴的桩基础，桩靴的尺寸一般超过 10m，更不适合，用这种计算方法必然导致插桩深度计算的误差或错误。锥角、粗糙度、埋入深度对承载力的影响如表 5 所示。应该从以下方面修正完善承载力计算方法。

表 5 锥角、粗糙度、埋入深度对承载力的影响

锥角 β 取值	30°	60°	90°	120°	150°	180°
埋入深度 D/R 取值	0.0	0.2	0.5	1.0	2.0	5.0
粗糙度 α 取值	0.0	0.2	0.4	0.6	0.8	1.0

（1）针对胜利埕岛油田复杂的地质条件，完善平台桩腿贯入深度计算流程，如图 5 所示。

（2）针对 API 计算方法中忽略土体回流的因素，引入回流判别式计算不同土性承载力。

（3）考虑锥角粗糙度埋入深度的承载力分析。

（4）考虑不同土性贯入深度计算方法的差异性。

4.3 编制预防应急管理手册完善作业管理制度

加强作业应急演练，提升紧急情况下作业人员的应急反应能力和应急处置水平。必须严

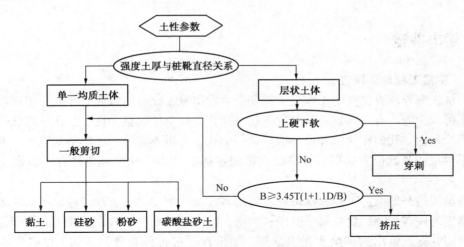

图 5　平台桩腿贯入深度分析计算流程

格执行平台操船手册及其它相关安全作业规定，并根据作业特点编制相关应急预防规程。

针对埕岛油田复杂地质条件下平台作业有发生穿刺、滑移等风险，提出具体的作业指导规程，借鉴国外先进方法，实践 Swisschessing 等预防穿刺、重复就位等复杂作业条件的作业方法。

5　结语

本文结合公司自升式平台在胜利埕北油田作业存在的问题进行分析，通过对不同桩腿入泥深度相差较大、桩腿最终入泥地层不满足承载力要求等问题的分析，初步确定目前存在的问题部分是由工程地质参数不准确和计算插桩深度方法存在局限性引起的，并对这两个方面进行了详细的分析，最后从完善工程地质调查、修正承载力计算方法等角度提出了自升式平台在埕岛油田作业提高作业安全的众多解决措施。

参　考　文　献

1　Society of Naval Architects & Marine Engineers (SNAME). Guidelines for Site Specific Assessment of Mobile Jack-up Units. Technical & Research Bulletin 5-5A, Jersey City, New Jersey, 1st Edition – Rev 2, January, 2002.

2　HSE RR (UK) series. Guidelines for jack-up rigs with particular reference to foundation stability.

3　陈小华，田丰，等. CB22C 平台调查技术报告. 2014. 1.

4　赵维霞，杨作升，冯秀丽. 埕岛海区浅地层地质灾害因素分析[J]. 海洋科学，2006，30(10).

5　杨作升，王涛. 胜利油田勘探开发海洋环境[M]. 青岛：青岛海洋大学出版社，1993. 84~86.

基于加速度信号的自升式平台损伤识别方法与实验研究

曹文冉[1,2]   徐爽[1,2]

(1. 中国石油集团工程技术研究院；2. 中国石油天然气集团海洋工程重点实验室)

摘要： 基于欧拉梁横向振动偏微分方程，提出了一种基于结构振动加速度信号的损伤识别方法，以某一时刻结构各点加速度值的二阶导数为损伤指标，仅需结构振动时的加速度信号就可以对结构杆件进行损伤定位，避免了测量结构模态的频率或振型。实验表明：上述方法可以较为准确的标定自升式平台模型的杆件损伤位置，并且具有一定的抗噪性。

关键词： 自升式平台；损伤识别；加速度信号；加速度曲率

1 引言

随着我国海上油气资源的不断开发，越来越多的海洋平台达到甚至超过其设计寿命，数据显示平台平均服役年限已超过 15 年。在风、浪、流等荷载的长期作用下，平台出现损伤的几率逐渐增大，再加上环境腐蚀和材料老化，损伤不断累积导致结构抗力下降，严重时还会导致平台失效。因此，及时发现平台在使用期间存在的损伤，对于预防事故的发生有着极其重要的现实意义。

近年来，基于结构振动特性的损伤识别方法得到了大量的理论研究，已经开始应用于航天、机械、土木等工程领域。但对于海洋平台等大型结构，该方法还存在一些实际困难，如响应信息不完备、测试工作量大、识别敏感性低等，目前尚处于探索阶段。由于结构反应的加速度信号采集方便、技术相对成熟，逐渐成为未来结构检测的发展趋势，因此发展一种直接利用加速度信号的损伤识别方法是非常有必要的。

本文基于欧拉梁横向振动偏微分方程，提出了一种基于结构振动加速度信号的损伤识别方法，以某一时刻结构各点加速度值的二阶导数为损伤指标，仅需结构振动时的加速度信号就可以对结构杆件进行损伤定位，避免了测量结构模态的频率或振型，同时结合自升式平台模型实验验证了该方法的损伤识别效果。

2 损伤识别原理

2.1 梁各质点振动的加速度

设均质等截面欧拉梁的抗弯刚度为 EI，单位长度质量为 m，横向位移为 $v(x, t)$，如图

1 所示。

图 1　欧拉梁模型图

当不计剪切变形和转动惯性，并假定轴向力影响也可以忽略时，其无阻尼横向振动方程为：

$$EI\frac{\partial^4 v(x, t)}{\partial x^4} + \overline{m}\frac{\partial^2 v(x, t)}{\partial t^2} = 0 \tag{1}$$

在等式两边除以 EI，并用撇表示对 x 的导数和用圆点表示对 t 的导数，上式变为：

$$v^{\text{iv}}(x, t) + \frac{\overline{m}}{EI}\ddot{v}(x, t) = 0 \tag{2}$$

这个方程的解的一种形式可用分离变量法求得，假定解具有形式：

$$v(x, t) = \phi(x) \cdot Y(t) \tag{3}$$

把(3)式代入(2)式可得：

$$\phi^{\text{iv}}(x) Y(t) + \frac{\overline{m}}{EI}\phi(x) \ddot{Y}(t) = 0 \tag{4}$$

用 $\phi(x) Y(t)$ 去除上式，使变量分离：

$$\frac{\phi^{\text{iv}}(x)}{\phi(x)} + \frac{\overline{m}}{EI} \cdot \frac{\ddot{Y}(t)}{Y(t)} = 0 \tag{5}$$

因为方程(5)的第一项仅是 x 的函数，第二项仅是 t 的函数，只有等每一项都等于一个常数时，对于任意的 x 和 t，方程才能满足，即：

$$\frac{\phi^{\text{iv}}(x)}{\phi(x)} = -\frac{\overline{m}}{EI} \cdot \frac{\ddot{Y}(t)}{Y(t)} = C \tag{6}$$

这样，得到了两个常微分方程，每个方程含有一个变量。为了方便，令 $C = a^4$，这两个方程就可以写成：

$$\phi^{\text{iv}}(x) - a^4 \cdot \phi(x) = 0 \tag{7a}$$

$$\ddot{Y}(t) + \omega^2 \cdot Y(t) = 0 \tag{7b}$$

式中：

$$\omega^2 = \frac{\overline{m}}{EI}a^4 \tag{8}$$

方程(7b)就是熟悉的单自由度体系无阻尼自由振动方程，其解为：

$$Y(t) = A\sin(\omega t + \varphi) \tag{9}$$

由此可知，梁自由振动时轴线上各质点运动形式为以轴线为平衡位置的简谐振动，其运动加速度为：

$$\ddot{Y}(t) = -\omega^2 A\sin(\omega t + \varphi) = -\omega^2 Y(t) \tag{10}$$

可以看出，梁自由振动时任一时刻各质点的加速度值等于该时刻梁的形状（各质点偏移梁初始轴线的位置）乘以梁振动频率平方的相反数。

2.2 损伤识别指标

由材料力学可知，结构的曲率是结构形状函数的二阶导数。设梁振动在 t 时刻的曲率函数为 $k(x, t)$，梁的形状函数为 $Y(x, t)$，则有：

$$k(x, t) = \frac{\partial^2 Y(x, t)}{\partial x^2} \tag{11}$$

把（10）式代入（11）式可得：

$$\frac{\partial^2 \ddot{Y}(x, t)}{\partial x^2} = -\omega^2 k(x, t) \tag{12}$$

式中，$Y(x, t)$ 为 t 时刻梁 x 位置的加速度，ω 为梁振动的频率。

由式（12）可以看出，对于梁任意 t 时刻 x 位置，质点加速度对 x 的二阶导数和该点曲率成正比，比例系数为梁振动频率平方的相反数。

另外，纯弯曲梁结构的弯曲变形与力学性能参数的基本关系为：

$$k(x) = \frac{M(x)}{EI(x)} \tag{13}$$

式中，$k(x)$ 为弯曲曲率，$M(x)$ 为梁的截面弯矩，$EI(x)$ 为梁的抗弯刚度。

把（13）式代入（12）式可得：

$$\frac{\partial^2 \ddot{Y}(x, t)}{\partial x^2} = -\omega^2 \frac{M(x, t)}{EI(x, t)} \tag{14}$$

由于结构频率只对杆件整体刚度敏感，假设忽略局部损伤对结构频率和质量的影响，由式（14）可知，在弯矩不变的情况下，如果梁出现损伤，局部刚度就会降低，任一时刻加速度值的二阶导数（以下称加速度曲率）必随之偏离原位置。基于此，提出基于加速度信号的结构损伤识别指标。

由于结构自由度是无限的，因此无法利用函数直接得到该指标，一般可由中心差分法计算得到：

$$\frac{\partial^2 \ddot{Y}(x, t)}{\partial x^2} = \frac{a_{i-1} + a_{i+1} - 2a_i}{\Delta^2} \tag{15}$$

式中，下标 i 表示第 i 个测点，a_i 表示同一时刻 i 测点的加速度值，Δ 是相邻两个测点之间的距离。

3 自升式平台损伤识别实验

3.1 实验模型

以某筒型桩腿自升式平台模型为研究对象，桩腿总高 2320mm，采用 $\phi 114mm \times 10mm$ 的钢管，底部为八角型桩靴，宽 370mm，甲板为三棱台型，尺寸为 1900mm×2000mm，上面安置高 1150mm 的井架和长 1100mm 导轨。实验时，将模型底部埋于实验池内并分层夯实，埋深约 500mm，防止其移动产生噪声。

自升式平台模型就位后的实验照片如图 2 所示。

(a)平台模型正立面图　　　　　　　　　(b)平台模型侧立面图

图 2　自升式平台实验模型

3.2　实验过程

1) 传感器布置

模型就位后，在某桩腿一侧从上到下分别布置 9 个加速度传感器，间距为 20mm。安装过程中，传感器与被测结构表面要保持清洁，同时保证最下侧的传感器离开地面一定距离以方便安装。

传感器安装就位的实验照片如图 3 所示。

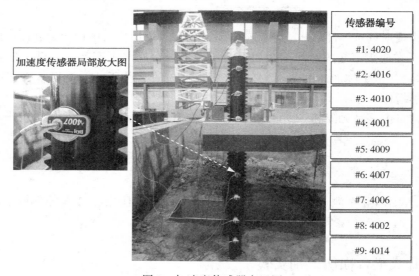

传感器编号
#1: 4020
#2: 4016
#3: 4010
#4: 4001
#5: 4009
#6: 4007
#7: 4006
#8: 4002
#9: 4014

图 3　加速度传感器布置图

2) 系统搭建

本实验在中国石油天然气集团海洋工程重点实验室进行，整个检测系统由激振部分、信号采集和信号处理三部分组成。

根据操作手册将各部分依次连接，确保连接无误后，将各设备开启，通过信号采集软件对各路传感器初始值进行调零，然后用铁锤敲击模型局部，观察各通道波形变化，从而判断线路连接是否有效、传感器工作是否正常。

搭建完成的实验检测系统如图 4 所示。

图 4　实验检测系统

3）荷载施加

检测系统搭建完成后，按照图 5 所示的实验流程施加荷载。实验时，通过控制系统发出正弦波激励信号，利用电液伺服动态加载试验机在模型甲板处施加位移荷载，同时各路传感器分别采集各测点的加速度反应信号，经由数据采集模块采集后传送至电脑存储。

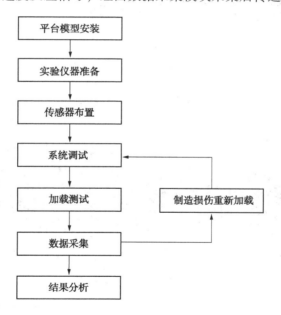

图 5　实验流程

控制系统参数设置如表 1 所示。

表 1　控制系统参数设置

参数名称	加载频率/Hz	振幅/mm	采样频率/Hz	采样时间/s
指标	1.0	10.0	50	60

整个实验过程分两种工况分别加载：一是桩腿没有损伤，二是桩腿单一损伤。实验时，桩腿无损伤工况应先进行，然后是在平台甲板以下 1/5 桩腿处，即 6# 测点附近，使用砂轮机制造深约 10mm 的损伤切口，如图 6 所示。

图 6　桩腿损伤切口图

3.3　实验数据

实验结束后，利用信号采集软件的回放功能，可以清晰直观的看到各传感器采集到的原始信号。以#6 测点为例，图 7 给出了 4007 传感器采集到的部分原始信号。

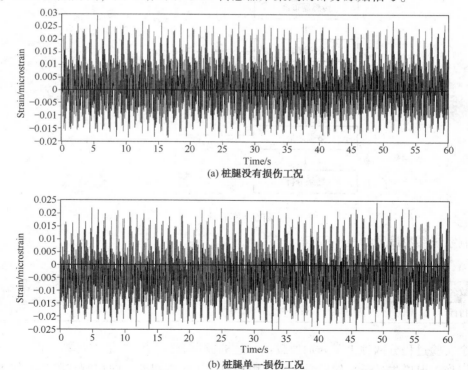

图 7　传感器 4007 采集的传感器信号

3.4 实验结果分析

提取结构反应前60s的加速度信号，选择加速度值最大的两个时刻，即6s和28s，将加速度值带入式(15)计算损伤识别指标，如表2和表3所示。

表2 6s时的加速度值及损伤识别指标

测点间距：0.20m　　　　　　　　　　　　　　　　　　　　　　　　时刻：6.0s

测点号	加速度值/(m/s²)		加速度曲率	
	无损伤	单损伤	无损伤	单损伤
1	0.03716	0.03724	−1.02857	−1.01471
2	0.03318	0.03388	0.04468	0.01450
3	0.03099	0.03111	0.04186	0.01267
4	0.03047	0.02884	−0.14827	−0.08966
5	0.02402	0.02299	0.13522	0.10356
6	0.02298	0.02128	−0.15622	−0.02549
7	0.01568	0.01855	0.10515	−0.01746
8	0.01260	0.01512	0.03769	−0.07593
9	0.01102	0.00865	−0.23617	−0.05469

表3 28s时的加速度值及损伤识别指标

测点间距：0.20m　　　　　　　　　　　　　　　　　　　　　　　　时刻：28.0s

测点号	加速度值/(m/s²)		加速度曲率	
	无损伤	单损伤	无损伤	单损伤
1	0.03512	0.03751	−0.92839	−1.05414
2	0.03311	0.03285	−0.05231	0.08352
3	0.02900	0.03153	0.01725	−0.02937
4	0.02558	0.02904	0.04555	−0.04593
5	0.02399	0.02471	0.01152	−0.01212
6	0.02285	0.01989	−0.11207	0.02827
7	0.01723	0.01621	0.06258	0.00143
8	0.01412	0.01258	0.00048	−0.01882
9	0.01102	0.00820	−0.19821	−0.09564

根据上表，可以得到桩腿损伤前后的加速度曲率曲线图，如图8所示。

通过图8可以看出，加速度曲率曲线在测点6#节点处开始出现明显突变，而其他节点处则相对光滑；另外，由于结构损伤导致局部强度降低，使得6#节点的相邻节点也发生了不同程度的变化。因此本方法可以较为准确的识别出杆件的损伤位置。

3.5 随机噪声对损伤识别效果的影响

受制于环境影响、电磁干扰、实验设备等方面，测量误差在实际结构的振动测试中不可避免。假设忽略实验设备精度的影响，由噪声引起的误差将是对损伤识别效果影响最大的因素。由于噪声往往不具有零均值性，而且在统计分布规律上又不容易得到，因此本文采用在测试信号中加入均值为 0、方差为 1 服从高斯分布的随机数的方法考虑随机噪声对损伤识别效果的影响。

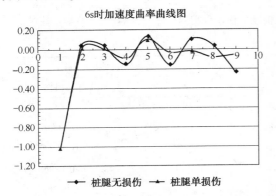

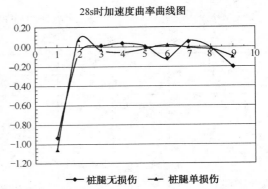

图 8　桩腿损伤前后的加速度曲率曲线图

假设具有噪声的加速度信号满足以下公式：

$$\tilde{\alpha}_i = [1 + \varepsilon \cdot rand(-1, 1)] \cdot \alpha_i \tag{16}$$

式中：ε 表示振型的噪声水平，$\tilde{\alpha}_i$ 和 α_i 分别表示结构在第 i 时刻加速度的实测值和计算值，$rand(-1, 1)$ 则表示均值为 0、方差为 1 服从高斯分布在 $(-1, 1)$ 范围内的随机数。

本文选取 6s 时桩腿损伤后的加速度值，按照 (16) 式进行转换来研究随机噪声对损伤识别效果的影响，如图 9 所示。

通过图 9 可以看出，在随机噪声影响下，加速度曲率曲线的光滑程度下降。随着噪声水平的提高，曲线出现多个突变点。当噪声水平达到 3% 时，噪声产生的曲线突变程度超过了损

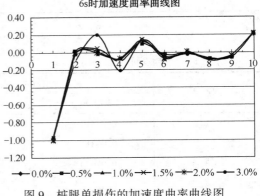

图 9　桩腿单损伤的加速度曲率曲线图

伤引起的曲线突变值，致使损伤位置无法准确判断。但当噪声水平小于 2% 时，本文方法仍可以很好的识别损伤位置。

4　结论

本文推导了欧拉梁横向振动偏微分方程，建立了结构加速度曲率损伤识别指标，形成了基于加速度信号的损伤识别方法，进行了自升式平台模型损伤识别实验。通过对比分析，得到如下结论：

（1）在自升式平台模型实验中，加速度曲率曲线在杆件损伤位置会出现明显的局部突变，说明基于加速度信号的损伤识别方法可以较为准确的标定杆件损伤位置。

（2）对于海洋平台等大型结构，采用加速度信号作为损伤识别指标不易丢失结构的损伤信息，不仅可以减少测量工作量而且具有一定的抗噪性，具有推广应用价值。

（3）目前，损伤识别方法的理论研究较多，但试验验证和工程应用较少，因此为进一步验证上述方法的可靠性，有必要继续开展相应的数值模拟和配套的试验研究。

参 考 文 献

1　杨东平，牛更奇，支景波，等．现役近海老龄平台延寿决策模型[J]．中国安全科学学报，2011，21（5）：97~103.

2　杨和振，李华军，黄维平．基于振动测试的海洋平台结构无损检测[J]．振动工程学报，2003，16（4）：480~484.

3　李峰，徐长航，刘初升，等．基于振动测试的海洋平台损伤识别试验研究[J]．煤炭技术，2011，30（8）：207~209.

4　马宏伟，杨桂通．结构损伤探测的基本方法和研究进展[J]．力学进展，1999，29（4）：513~527.

5　王术新，姜哲．基于结构振动损伤识别技术的研究现状及进展[J]．振动与冲击，2004，23（4）：99~103.

6　祁泉泉．基于振动信号的结构参数识别系统方法研究[D]．清华大学工学博士学位论文，2011.

7　王涛．基于振动特性的结构损伤识别方法与试验研究[D]．北京工业大学工学硕士学位论文，2009.

8　Ray W. Clough，Joseph Penzien. Dynamic of Structures 3rd Edition ［M］. Berkeley USA：Computers & Structures，Inc.，1995.

9　刘鸿文．材料力学（第5版）[M]．北京：高等教育出版社，2011.

10　尹涛，朱宏平，佘岭．基于敏感性的结构损伤识别中的噪声分析[J]．应用数学和力学，2007，28（6）：659~667.

金属磁记忆方法在自升式平台结构检测中的应用研究

徐爽　杨甸² 刘孝强³ 王刚⁴

(1. 中国石油集团工程技术研究院　中国石油集团海洋工程重点实验室；

2. 中国石油集团海洋工程有限公司钻井事业部；

3. 中国石油集团海洋工程有限公司天津分公司；

4. 中国石油大学(华东)海洋油气装备与安全技术研究中心)

摘要： 为保证自升式平台服役期间安全运行，本文介绍了磁记忆检测的优势和原理，开展有关金属磁记忆检测技术在自升式平台进行现场检测的检测方法和数据分析处理的研究。通过对平台桩腿、吊钩等结构的检测、分析得到了检测部位的应力集中状态，验证了金属磁记忆检测方法应用于自升式平台现场检测的可行性，也为设备的保养和维护提供参考和依据。

关键词： 自升式平台；金属磁记忆；桩腿；吊机吊钩；TSC 检测仪；MMM–System

1　引言

自升式平台的检测传统上一般使用磁粉和超声波检测的方法，需要对铁磁性构件和被检设备的表面进行打磨、抛光等特殊处理，有时还需要进行人工磁化，金属磁记忆方法较传统的方法则不需要这些工序，且快速准确，可以减少工序，降低劳动强度，缩短检测工期。

金属磁记忆检测方法在检测中可快速确定应力集中区域，适用于大面积的普查，可以快速发现可能产生缺陷的部位，对于自升式平台的结构安全诊断有一定的指导意义，为验证金属磁记忆检测技术在自升式海洋平台无损检测实际应用中的可行性，开展现场检测方法和分析处理技术的相关研究。

2　金属磁记忆检测原理

20 世纪 90 年代，俄罗斯学者杜波夫首先提出利用金属磁记忆效应进行金属材料应力检测。金属磁记忆检测技术是一种全新的无损检测手段，金属磁记忆检测技术是一种利用金属磁记忆效应来检测部件应力集中部位的快速无损检测方法。它能够对铁磁金属构件内部的应力集中区，即微观缺陷、早期失效和损伤等进行诊断，防止突发性的疲劳损伤，是对金属部件进行早期诊断的一种无损检测新方法。近年来，金属磁记忆检测技术在无损检测领域蓬勃发展，在工程制造业、石油化工，尤其是在油气管道中和航空航天等工程实践中有着广泛的应用。

铁磁性金属零件在加工和运行时，由于受载荷和地磁场共同作用，在应力和变形集中区域会发生具有磁致伸缩性，值得磁畴组织定向和不可逆的重新取向，这种磁状态的不可逆变化在工作载荷消除后不仅会保留，还和最大作用应力有关。金属构件表面的这种磁状态"记忆"着微观缺陷或应力集中的位置，即磁记忆效应。

金属磁记忆检测的原理是基于铁磁性构件在运行时，受工作载荷和地球磁场的共同作用，在应和变形集中区域发生磁化强度不可逆变化。在应力集中区域，构件表面磁场的切向分量 $H_p(x)$ 具有最大值，而法向分量 $H_p(y)$ 改变符号且具有零值点。通过对构件表面磁场法向分量的检测，可方便的确定应力集中部位，原理如图1所示。

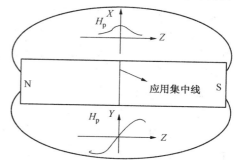

金属磁记忆技术诊断设备，是要查找漏磁场法向分量符号的变换线，即应力集中线 $-H_p=0$ 线。定量评估应力集中的水平，需要确定 $H_p=0$ 线上磁场 H_p 法向分量的梯度值，即变化强度。

$$k_{in} = \frac{|\partial H_p|}{2l_k} \quad (1)$$

式中　k_{in}——磁场 H_p 变化强度表征的漏磁场梯度值或应力强度磁系数；

图1　金属磁记忆原理图

$|\partial H_p|$——位于 $H_p=0$ 线两侧同等线段 l_k 上两检测点之间磁场 H_p 差数模量。

此时，线段 l_k 应垂直于 $H_p=0$ 线。线段 l_k 对于 $H_p=0$ 线的垂直位置，是由于这些线段同最大拉伸应力方向相重合所决定的。

为确定应力集中线附近的应力强度，与相等基准距离 l_δ 两侧，如图2所示，在1和2点测量 H_p 并确定 H_p 沿长度 l_δ 的梯度值。由式(1)确定的梯度值代表管件表面的残余应力水平。

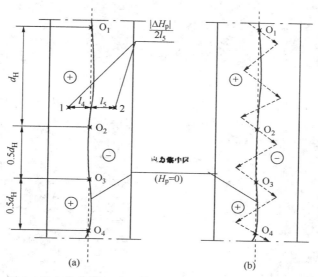

图2　应力集中线 $-H_p=0$ 线确定法及应力强度系数确定法

3　试验设备及检测方案

使用金属磁记忆检测仪 TSC-2M-8 及相关传感器进行检测，如图 3 所示。在检测开始之前对金属磁记忆检测仪进行各通道校准。测试时，当传感器通过需要测试的位置，当 x 通道有最大值，且同时 y 通道过零点，记下此时被测结构的位置。调整仪器的检测方式 ALL d_H，对在进行 ALL H 检测时记录下的可能有力集中的位置进行验证，如果在标记处的 d_H 在反复的测试中不断的出现峰值，可初步断定此处有应力集中。

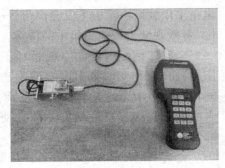

图 3　金属磁记忆检测仪

4　检测及结果分析

主要针对平台桩腿、吊机吊钩等结构进行扫描式检测，采集相关磁场数据进行结构应力集中状态分析，为平台的安全管理工作提供参考和依据。

4.1　桩腿

针对船舶区桩腿，选定围阱区桩腿使用金属磁记忆检测仪进行测量，如图 4 所示。

图 4　桩腿金属磁记忆检测区域图

根据选定区域，分别沿桩腿竖向扫描式检测及沿桩腿焊缝横向检测，如图 5 所示。

图 5　桩腿金属磁记忆检测图

对采集到的数据利用 MMM-System 软件进行分析，数据分析图如图6和图7所示。

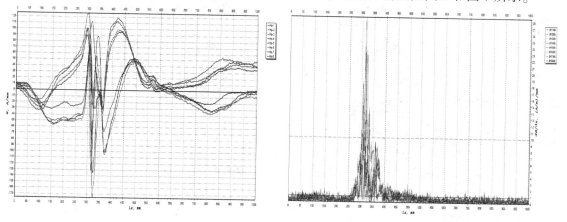

图6　桩腿竖向检测数据分析 H 图及桩腿竖向检测数据分析 d_H 图

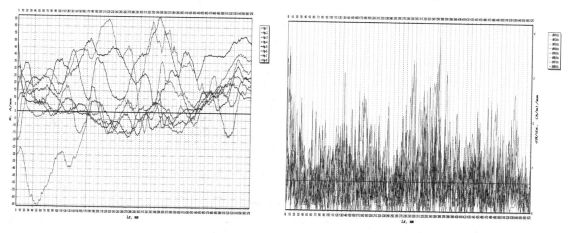

图7　桩腿焊缝横向检测数据分析 H 图及桩腿焊缝横向检测数据分析的 d_H 图

由图6桩腿竖向检测分析 H 图可知，位于竖向直线检测325mm处，即焊缝所在区域，x 切向通道有最大值，且 y 通道过零点，同时由 d_H 图可知此处磁场梯度值较大，磁场变化剧烈，超出初始设定的极限系数 K 值，可判定焊缝处存在应力集中。在此基础上，针对焊缝区域进行横向检测，由图7桩腿横向检测数据分析图可知，焊缝处磁场梯度值普遍较大，应力集中状态较桩腿其他区域明显，应作为设备维修和维护的重点区域。

4.2　吊机吊钩

对于常规检验方法难以检验的部位，如吊机吊钩区域，也进行了检测的可行性研究，分别对吊钩内侧和吊钩外侧进行检测，如图8所示。

对采集到的数据利用 MMM-System 软件进行分析，数据分析图如图9及图10所示。

由图9吊钩内侧及吊钩外侧检测分析 H 图可知，吊钩整体未出现明显的 x 切向通道有最大值且 y 通道过零点位置，同时由 d_H 图可知此处磁场梯度值变化较为均匀，未超出初始设定的极限系数 K 值 $10 \times 10^{-3}\mathrm{A/m^2}$，基本处于 $(2 \sim 6) \times 10^{-3}\mathrm{A/m^2}$ 范围，可判定吊钩整体未出现明显的应力集中，应用状态良好。

图 8　吊机吊钩金属磁记忆检测图

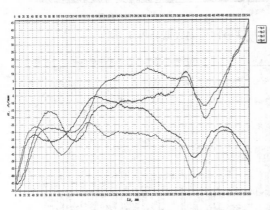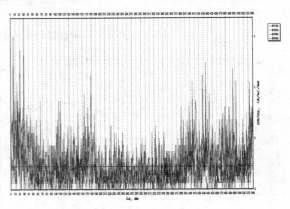

图 9　吊钩内侧检测数据分析 H 图及吊钩内侧检测数据分析 d_H 图

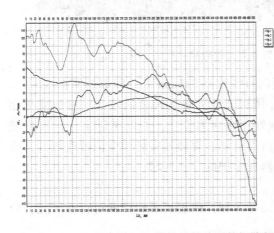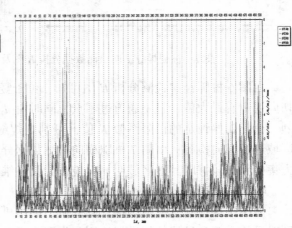

图 10　吊钩外侧检测数据分析 H 图及吊钩外侧检测数据分析 d_H 图

5　结论

通过对平台桩腿、吊钩等结构进行金属磁记忆检测，验证了该检测手段可应用于平台现场检测，对于常规检测手段难以检测的部位也可进行有效快速的检测，通过对数据的处理分析，得到平台桩腿和吊机吊钩的应力集中状态，为设备的保养和维护提供参考和依据。但是在实验数据处理与分析，探索自升式海洋平台承载力机构应力集中的形成规律方面还有待进一步的研究。

参　考　文　献

1　祁欣，郑兴业．非常规情况下金属磁记忆检测方法的研究[J]．无损探伤，2008，32(6)：9~11．

2　Doubov A A. Screening of Weld Quality Using the Metal Memory. Weldong In the World，1984(41)：196~199．

3　刘俊，李燕民，张卫民．便携式金属磁记忆检测仪[J]．电工技术，2004，12：52~54．

4　周鹏，唐德东．磁记忆技术在管件裂纹检测中的应用[J]．计量技术，2005，1：16~17．

浮式装置及水下系统

新型 ETLP 设计及水动力分析

巩超 黄维平

（中国海洋大学）

摘要：本文提出了一种新型延展式张力腿平台(ETLP)，它由 4 个方柱和 1 个矩形环形浮箱组成。其特点是，环形浮箱是由 4 个箱型梁首尾相接而成。新型延展式张力腿平台既能继承现有延展式张力腿平台的优点，又能克服其不足。同时采用三维势流理论，运用 SESAM 软件分别对两种延展式张力腿平台进行了水动力性能分析，通过对比幅值响应函数 RAO，证明新型延展式张力腿平台具有良好的水动力性能。

关键词：张力腿平台；延展式张力腿平台；水动力性能；结构设计

1 引言

随着海岸和浅海海域油气资源的枯竭，海洋油气开采逐步向深水甚至超深水进军。因此，在海洋工程行业中需要不断研发新型海洋结构来适应更加严酷的海洋条件。在世界范围中已经有很多类型的浮式结构正在服役，包括张力腿平台(TLP)，Spar，浮式生产储存卸货装置(FPSO)和半潜式平台。张力腿平台是一种顺应式海洋平台，由甲板、主体和锚泊系统三部分组成。锚泊系统由垂直张力筋腱组成，张力筋腱上端与平台连接，下端与海底基座连接，具有较大的垂直连接刚度，形成了顺应式结构，从而可采用干采油树。

张力腿平台是在 1970 年代早期由一群工程师提出的概念。这种结构第一次在实际中投入使用，同时也是第一座采用干采油树的浮式平台的是 1984 年美国康诺克石油公司在英国北海安装的 Hutton 张力腿平台。从此以后，张力腿平台在世界各地广泛使用，其结构形式也逐渐丰富，除传统张力腿平台外，还有 MOSES、Seastar 和延展式张力腿平台(ETLP)。

延展式张力腿平台(ETLP)是张力腿平台的形式之一，与传统张力腿平台不同之处在于，延展式张力腿平台在立柱外侧有 4 个外伸的悬臂浮箱，用于锚固张力腿，称之为延展结构。延展结构使得张力腿的连接位置由立柱外侧移至延展结构端部，从而在减小立柱间距的情况下能有效地增加张力筋腱群组的距离，增大平台的回复力矩。同时减小了上部平台甲板跨距，从而降低了甲板结构用钢量。但是，由于延展结构与立柱的焊接连接，因此，焊缝受到较大的剪力作用，易于产生强度或疲劳破坏。

本文提出了一种新型的延展式张力腿平台，它由 4 个立柱和 1 个环形浮箱连接而成，环形浮箱是由 4 个箱型梁焊接而成。与传统延展式张力腿平台相比，由于延展结构与浮箱是一体结构，因此，结构组块比传统型 ETLP 少，从而减少了组对焊缝，而且延展结构的接口焊缝也不用再考虑。同时，为了证明新型平台的稳定性，对新型平台进行了水动力分析，并与同尺寸传统延展式张力腿平台的水动力进行了比较,结果表明新型延展式张力腿平台具有合理的水动力特征。

2 新型 ETLP 的构造与设计

2.1 新型 ETLP 的构造

新型 ETLP 由上部组块、下部壳体和张力腿系统组成,其壳体由四个立柱和环形浮箱组成。为了减少结构焊缝,将锚固张力腿的延展结构与浮箱设计为一体结构,即将浮箱的四根箱型梁的一端延长出浮箱结构而形成延展结构,如图1所示。每个箱型梁的一端焊接到另一根梁梁长 1/4 处,另一端为自由端,距其梁长约 1/4 与另一梁焊接相连。立柱截面为方形截面,只要方立柱上的圆角足够大($r \approx D/4$)就能达到大多数圆立柱的水动力性能的优势。尽管大部分采用圆立柱,但是总体趋势是采用方立柱,而影响截面选择的主要因素的浮箱、立柱及张力腿的连接方式。平台采用 12 根张力腿系泊,张力腿连接在浮箱自由端的外侧,每一个自由端处连接三根张力腿。

2.2 新型 ETLP 的特点

传统 ETLP 的 4 个圆立柱和 4 个浮箱以及 4 个延展结构全部采用焊接连接,建造时,需分别将 12 个分块建造之后,完成 12 个分块的组装焊接,即 12 个接口焊缝,其结构示意图如图2所示。新型 ETLP 的四个延展结构与浮箱为整体结构,因此,只有 8 个分块结构,与传统结构相比减少了 4 个分块。

图 1 传统延展式张力腿平台

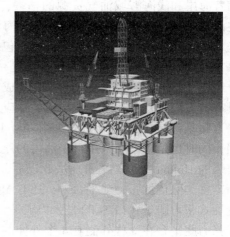

图 2 新型延展式张力腿平台

传统 ETLP 中主体结构的连接采用焊接连接。每一个立柱处连接两个浮箱与一个延展结构,需要 3 条平面焊缝,6 条立面焊缝以及 3 条仰焊缝。整个主体的连接需要 12 条平面焊缝,12 条仰焊缝及 24 条立焊缝,总计 48 条焊缝。而新型 ETLP 立柱与浮箱连接需要 24 条平面焊缝,浮箱自身连接需要 4 条平面焊缝,4 条仰焊缝及 8 条立面焊缝,如果建造流程合理地话,可以通过 8 条立焊缝 8 条平面焊缝实现,总计 32 条焊缝,与传统结构相比减少了 16 条焊缝。新型的结构分块与焊缝的减少,可以缩短建造周期和成本。

传统延展式平台的张力腿固定在延展结构上,延展结构相当于一根悬臂梁,悬臂梁的固定端是延展结构与浮箱连接处，因此，延展结构与浮箱的接口焊缝承受较大的荷载，易发生撕裂和疲劳开裂等破坏。在长期海洋环境荷载的作用下，易产生强度和疲劳破坏。而新型 ETLP 中延展结构就是浮箱的一部分，这不仅解决了延展结构的连接问题，而且延展结构与浮箱成为一体结构，改善了延展结构的强度和疲劳可靠性问题。

2.3 新型平台的尺寸

根据平台的设计依据，初步选择平台主体结构尺寸。为了更准确的对比两种平台的水动力性能，本文在选取平台尺寸时考虑两种平台应具有相同的几种参数，包括吃水深度、水线面面积、立柱间距、总排水量。据此两种平台的尺寸给出如表 1。

表 1 两种延展式张力腿平台的主要参数

平台参数	新型 ETLP	传统 ETLP	平台参数	新型 ETLP	传统 ETLP
吃水/m	31.2	31.2	浮箱长度/m	50	22
立柱截面/m²	16×16	$R=18$	悬臂浮筒宽度/m		12
立柱高度/m	42	50	悬臂浮筒高度/m		12
立柱间距/m	40	40	悬臂浮筒长度/m		14
浮箱宽度/m	18	12	总排水量/kg	$5.39×10^7$	$5.38×10^7$
浮箱高度/m	8	12			

3 计算方法

在 Wadam 中采用势流理论计算一阶波浪力。采用 3D 计算速度势和水动力系数。势流理论中的自由表面条件进行线性化处理。结构湿表面处的绕射和辐射速度势是采用自由面源势作为格林函数，通过格林定理求解边界条件得出的。

3.1 三维势流理论

势流理论假定流体为均匀、无粘性和不可压缩的理想流体，因此速度势 ϕ 满足线性拉普拉斯方程，即：

$$\nabla^2\phi = 0 \tag{1}$$

由于谐波的时间独立性，定义一个与速度势 ϕ 相关的复速度势 ϕ：

$$\phi = Re[\phi \cdot \exp(i\omega t)] \tag{2}$$

其中，ϕ 是入射波频率，t 是时间。线性化的自由表面条件为：

$$\phi_Z - K\phi = 0 \quad Z = 0 \tag{3}$$

其中，$K = \omega^2/g$，g 为重力加速度。入射波的速度势定义为：

$$\phi_0 = \frac{igA}{\omega}\frac{\cosh(kz+H)}{\cosh KH} \cdot \exp[-k(x\cos\beta + y\sin\beta)] \tag{4}$$

其中，波数 k 是色散关系中的实根，β 是入射波方向与 x 轴正方向的夹角。问题的线性化使得速度势 ϕ 可以分解为绕射和辐射分量 ϕ_D 和 ϕ_R。

3.2 运动方程

平台运动的复向量 $X(\omega, \beta)$ 可由下式表达，式中包含了阻尼、附加质量和波浪激励力。

$$[-\omega^2(M+A(\omega))+i\omega(B(\omega)_p+B_v)+C+C_e]\cdot X(\omega,\beta)=F(\omega,\beta) \tag{5}$$

式中，M 表示质量和惯量矩阵；$A(\omega)$ 结构的附加质量矩阵；$B(\omega)_p$ 则表示频域下的势流阻尼矩阵；B_v 表示频域下的黏性阻尼矩阵；C 表示静水回复力矩阵；C_e 表示外部回复力矩阵；$F(\omega,\beta)$ 表示外部激励力矩阵。

在方程（5）中，黏性阻尼矩阵 B_v 是通过 Morison 公式中的拖曳力项线性化成与速度的一次方成正比得到的。拖曳力项可用下式表述：

$$F_D=\frac{1}{2}\rho C_D AV|V|=\frac{1}{2}\rho C_D AV_a\cos\omega t|V_a\cos\omega t| \tag{6}$$

将 $V_a\cos\omega t|V_a\cos\omega t|$ 进行傅里叶展开可近似得到：

$$F_D=\frac{1}{2}\rho C_D AV|V|=\frac{4}{3\pi}\rho C_D AV_a|V_a\cos\omega t| \tag{7}$$

式中，V 为平台与水质点的相对速度；V_a 为平台与水质点相对速度的幅值；C_D 为拖力系数。它的取值和结构物形状、雷诺数和 KC 数等有关。根据 DNV 规范建议，传统延展式张力腿平台立柱为圆柱，取 $C_D=1.05$，新型延展式张力腿平台立柱为方型柱（有倒角），取 $C_D=1.3$。

4　水动力分析

设定 ETLP 的工作水深为 1500m，海水密度为 1025kg/m³。频域分析时，规则波的波浪周期从 2~30s，频率步长为 1s。波浪的入射方向从 0°~90°，间隔为 15°。运用 SESAM 软件中的 Wadam 模块计算分别计算两种张力腿平台在上述海况下的频域响应。

4.1　平台模型的建立

根据已确定的平台尺寸，运用 SESAM 软件中的 GeniE 模块分别建立两种张力腿平台的边界面单元模型和杆单元模型，其整体模型图如图 3 和图 4。将两平台模型导入 SESAM 软件中的 Hydro D 模块建立水动力模型进行频域计算。

图 3　传统延展式张力腿平台模型　　图 4　新型延展式张力腿平台模型

4.2　平台模型的运动响应

张力腿平台在流场中有 6 种运动形式，分别是平面内运动[x 方向纵荡（Surge）、y 方向横荡（Sway）、z 方向艏摇（Yaw）]和平面外运动[z 方向升沉（Heave）、x 方向纵摇（Roll）、y 方向横摇（Pitch）]。其中纵荡、横荡和艏摇频率应该低于环境荷载风浪的频率，而升沉、横摇和纵摇频率应该高于风浪的频率。图 5~图 16 依次分别给出了两种延展式张力腿平台在垂荡、纵摇、横摇、纵荡、横荡和艏摇 6 个自由度上的运动响应 RAO。

图 5~图 16 给出的是 0°、45°、90°3 个波浪入射方向的幅值响应函数，其中虚线为波浪入射方向为 0°时的幅值响应，实线为波浪入射方向为 45°时的幅值响应，短划线为波浪入射方向为 90°时的幅值响应。

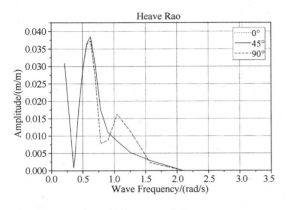

图 5　传统 ETLP 垂荡 RAO

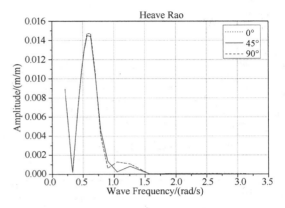

图 6　新型 ETLP 垂荡 RAO

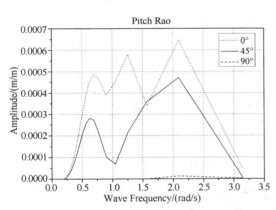

图 7　传统 ETLP 纵摇 RAO

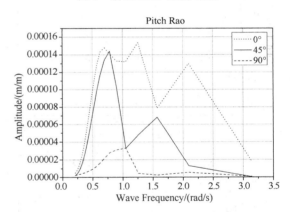

图 8　新型 ETLP 纵摇 RAO

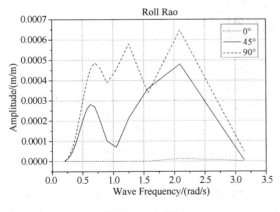

图 9　传统 ETLP 横摇 RAO

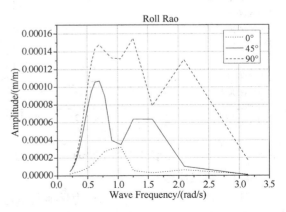

图 10　新型 ETLP 横摇 RAO

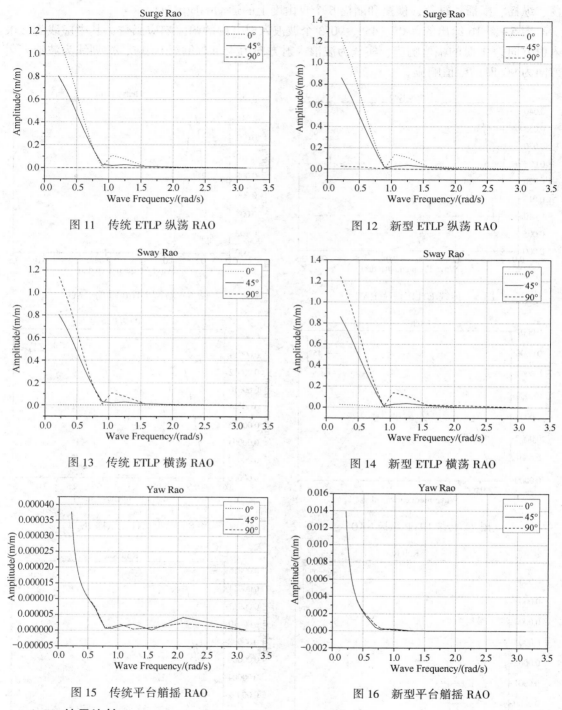

图 11　传统 ETLP 纵荡 RAO　　　　　　　　图 12　新型 ETLP 纵荡 RAO

图 13　传统 ETLP 横荡 RAO　　　　　　　　图 14　新型 ETLP 横荡 RAO

图 15　传统平台艏摇 RAO　　　　　　　　图 16　新型平台艏摇 RAO

4.3　结果比较

对张力腿平台而言，其水动力性能与响应有密切的联系，因而应将平台的响应尽量控制在一个可以接受的范围内。张力腿平台的纵、横荡运动固有周期为 100~200s，升沉运动固有周期为 2~4s，艏摇运动固有周期大于等于 60s，横摇、纵摇运动固有周期小于等于 4s。

通过图 5 和图 6 可以看出新型平台的垂荡随波浪平率变化的响应规律与传统平台相似，出现最大响应幅值的波浪频率均在 0.6rad/s 左右。从响应幅值上看，传统平台垂荡的最大响应幅值在 0.04 左右，而新型平台垂荡的最大响应幅值为 0.014 左右，小于传统平台。

由于张力腿平台在构造上的对称性，纵摇和横摇的运动响应 RAO 是相似的，纵荡和横荡的运动响应 RAO 也是相似的。从图 7~图 10 中可以看到两种平台的纵摇和横摇响应是相似的，都随波浪频率的增大呈起伏状，分别在波浪频率等于 0.6rad/s 和 2.0rad/s 左右出现相应峰值。

从图 11~图 14 中可以看出两种平台的纵荡和横荡响应都是随波浪频率的增大而减小的，其响应峰值都出现在低频区。这是由于张力腿平台的纵荡、横荡固有周期在 100~200s，远大于波浪周期，因而在波浪低频区响应值显著增大。

从图 15 和图 16 中可以看出两种平台的艏摇响应都随波浪频率的增大而减小。艏摇响应在低频区出现峰值，这是由于张力腿平台的艏摇固有周期在 40s 左右，大于波浪周期，因而在波浪低频区响应值增大。

在常见的波浪频率带中，从平台运动响应函数图中显示的不同波浪频率时平台运动的固有周期可以看出，新型平台各运动分量的固有周期均满足张力腿平台的运动特性。在同一运动模态的传递函数（RAO）中，运动曲线在不同的浪向下形状走向十分相似。其中平台平面内的运动艏摇、纵荡与横荡运动具有明显的低频效应。从运动响应图中可以看出平面内运动响应幅值在波浪低频范围内具有较大的值，随着波浪频率的增加其运动幅值逐渐减小。从平台的平面内运动的固有周期知道平台在波浪常有频率内运动响应幅值在规定的幅值范围内，幅值出现最大值时频率很小，避开了波浪的运动频率。从平台的 6 个方向的运动响应函数可以看出横荡和纵荡的运动幅值较大，其他 4 个方向的运动幅值较小。此种现象主要是因为横荡、纵荡与波浪水平运动的耦合作用。

从分析的结果来看，平台在 6 个自由度方向上的运动响应的固有周期都尽量避开了波浪能量集中频带，并且其运动幅值均小于浮式平台所规定的设计值，具有良好的运动性能。

5 结语

本文提出了一种新型延展式张力腿平台，利用环形浮箱以及浮箱与延展结构一体化减少了平台主体结构的连接焊缝和结构分块，从而缩短了建造周期节约了建造成本，同时避免了延展结构与立柱的连接，提高了平台的结构强度和疲劳可靠性。进一步对比分析新型延展式张力腿平台与传统延展式张力腿平台的水动力性能，证明了新型平台具有良好的水动力性能，对我国张力腿平台平台的研发和设计优化具有重要意义。

参 考 文 献

1 李润培，谢永和，舒志. 深海平台技术的研究现状和发展趋势. 中国平台，2003，18(3)：1~5.

2 Subrata K, Chakrabarti. Handbook of Offshore Engineering[M]. London：Elsevier Ltd，2005.

3 Horton，E. E.，Brewer，J. H.，Silcox，W. G.，and Hudson，T. A. Means and methods for anchoring an off-shore tension leg platform：US Patent 3934528[P]，1976-7-27.

4 John Murray，ChanK. Yang and Wooseuk Yang. An extended tension leg platform design for Post-Katrina Gulf of

Mexico.

5 Ma, S., Shi, S., Miao, W. J.. Viscous damping effect investigation on global performance of SPM buoy in shallow water. Deepwater Offshore Specialty Symposium, 2009.

6 DNV-OS-C105TLPs. Structural Design of TLPs (LRFDMETHOD) 2005.

7 鲍莹斌, 李润培, 顾永宁. 张力腿平台研究领域和发展趋势. 海洋工程, 1998, 16(4): 22.

8 典型深水平台概念设计研究课题组. 张力腿平台水动力响应分析. 中国造船, 2005, 46(增): 484~485.

9 李牧. 南海张力腿平台优化选型研究, 硕士学位论文. 天津: 天津大学, 2009.

深水半潜平台下浮体舱室布置

张海燕

(中国船级社海工审图中心)

摘要： 本文介绍了深水半潜平台下浮体舱室布置的原则。根据半潜平台舱室的功能，给出了下浮体舱室的位置和数量的要求；结合深水钻井平台的功能，确定了在泵舱内泵系设备数量和布置的要求。根据半潜平台的总体性能（在水深、钻井深度、吃水、可变载荷、完整稳性和破舱稳性等）要求，确定下浮体的尺度、压载舱的总容量和个数、燃油舱的总容量和个数，以及滑油污油舱的布置。先进的半潜平台一般具有自航和动力定位的功能，因此，推进器舱设备要按照航行和动力定位的要求进行配备。由于双下浮体的尺度（长度和宽度）和布置度影响立柱的尺寸及上浮体的尺度，进而影响上甲板的利用空间及可变载荷的大小。因此，下浮体的尺度和布置决定着平台的整体性能，是半潜平台设计的基础。

关键词： 半潜平台；下浮体；舱室布置；泵舱；推进器舱

随着我国深水海洋石油开发战略的实施，半潜平台成为海上石油勘探的重要设备，人们开始研究适用于 3000m 水深的第六代半潜平台，如 2011 年底建造完成的海洋石油 981 平台。半潜平台通常称为柱稳式平台，由上浮体、立柱和下浮体组成。下浮体指半潜平台立柱以下的连续浮体，主要为平台提供足够的排水量（特别是拖航状态下的排水量）和专用液舱舱容；为了减小拖航阻力，下浮体首、尾端设计成半圆形，舷部为圆弧形。下浮体中浮体的数目和布置包括平行双浮体、6 个下浮体和环形下壳体等。平行双浮体占绝大多数，是较为传统、惯用的型式，拖航时阻力小；环状浮体是新的发展型式，该结构型式提高了平台总强度，增大了装载量，但航行阻力增大，故在拖航移位时一般置于大型半潜船上（即干拖）。

下浮体一般承载燃油、基油、钻井泥浆、大部分压载水、一部分消耗品和/或动力定位用推进器。因此，下浮体的舱室主要有水密液舱（如装载钻井水、盐水、基油等液体消耗品）、压载水舱、泵舱、燃油舱和推进器舱（若设有）等。图 1 为某深水半潜平台下浮体舱室布置图。

1 舱室布置原则

由双浮体组成的下浮体原则上左、右舷浮体布置一致。下浮体的长度与立柱的纵向间距有关，决定着平台的总体性能要求和完整稳性；下浮体的宽度和高度要符合部分工作舱室布置（特别是泵舱、推进器舱）要求。

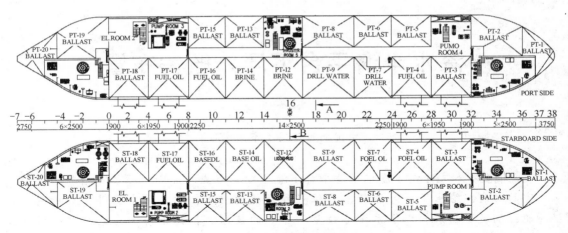

图 1　下浮体布置图

下浮体液舱布置要满足舱容要求和破舱稳性等要求，同时要满足安全和防污染的要求。通常把燃油舱和基油舱布置在下浮体的内侧，降低破损后泄油的风险。

划分油、水舱时，应考虑管系(包括空气管)的布置。

破舱稳性达到平衡状态的最大角度确定下浮体舱室的设备不会由于平台的倾斜角度过大而导致失效。半潜平台破舱稳性衡准中规定了平台和重要设备的最大静倾角和动倾角的角度要求，见表1。

表 1　半潜平台倾斜角

设备类型	任何方向	
	静　倾	动　倾
与安全操作有关的关键机械设备、部件和系统	15°	22.5°
应急电源和压载系统	25°	22.5°
破舱稳性	25°(风速50节)	17°(无风)

破舱稳性平衡的角度决定着重要设备备用数量的配备。同时，有可能导致下浮体对角两个舱室的设备同时失效。若是这样的话，需要重新考虑下浮体的大小、分舱及重要设备放置的位置。

2　舱室布置

2.1　压载舱

半潜平台的压载舱一般布置在下浮体内，其布置以成组、对角、对称为宜，便于平台的沉浮作业。压载舱的总舱容，应具有在平台可变载荷消耗到最少时仍然能将平台压载至作业吃水的能力。通过确定在拖航工况与自存工况、自存工况与作业工况的吃水差来确定最大压载量，进一步确定压载舱需要的舱容。因此，下浮体压载舱的布置要考虑在拖航工况、作业工况和自存工况压载水的调整情况。

压载舱的大小设置应满足完整稳性和破舱稳性的要求，同时考虑拖航时最小吃水的要求，希望使压载时间和待处理的压载水数量达到最小。

　　大部分压载水在操作期间都保持静止不动，但部分压载水，通常在立柱下方的下浮体内或者在立柱内，需经常用来调整吃水深度和平衡纵、横倾，这样的舱室布置在立柱的角位置，可以达到用最少量的压载水获得最大的调平效果。由于立柱中设置电梯和斜体的逃生通道，因此，立柱不能全部设置为液舱或压载舱，压载舱尽量设置在接近立柱的位置上。

　　压载舱室容易受到腐蚀损坏，应具有高效的防腐性能，应满足文[1]中 PSPC 防腐的要求。

2.2　泵舱

　　泵舱一般布置在立柱下面的下浮体位置上，下浮体至少设计 4 个泵舱，每舷对称布置在左、右舷及前后对称的位置上。泵舱设置的应满足平台静态倾角和动态倾角的要求，见表 1。某平台泵舱布置位置如图 1 所示。

　　此外，还应设置从上浮体进入下浮体的通道(如电梯和梯道)，图 2 给出了某深水半潜平台下浮体泵舱通道具体布置。

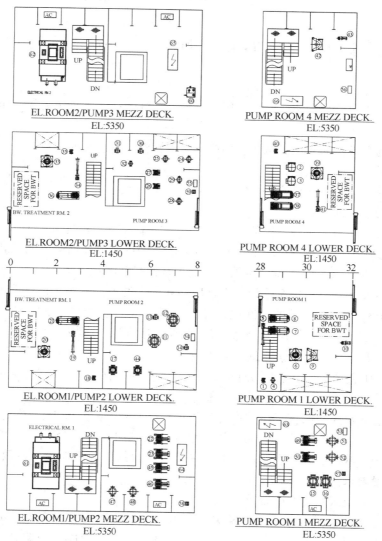

图 2　泵舱通道布置图

在泵舱内配置的泵设备见图3。

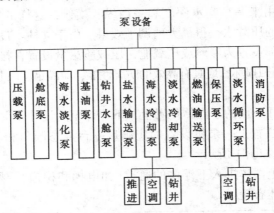

图3 泵设备组成

图3中泵设备配置的数量与布置具体要求如下：

1）压载泵

对压载泵的配备要求：

（1）压载系统应至少配备两个独立压载泵，一旦其中任何一个泵失效，压载系统仍能保持工作；

（2）所配的泵不必为专用压载泵，但应随时可以作为压载泵使用；

（3）压载系统具有冗余性；

（4）压载系统可随时获得应急电源。

对压载泵的能力要求：

（1）完好无损状态：压载系统的设计和布置应在平台完整无损和向任何方向倾斜不大于5°的情况下能够排出任何压载舱的水，能在合理的时间内完成任何必要的压载交换，并应在3h内，使平台从最大操作吃水排载至强风暴吃水或使平台吃水下降4.6m，取较大者。

（2）破损及浸水状态：压载系统的设计应能在假定的破损或浸水条件下进行工作，以在最大作业吃水条件下，在合理的时间内，在不超过最大破损排水量的情况下，使平台恢复（恢复能力应是在任何一个泵不能工作的情况下所具有的能力）到无倾斜状态。

总排压载水量不包括自流排水的压载水量，且

$$总排压载量=立柱处水线面面积×max(作业与自存工况吃水差, 4.6m)$$

因此，立柱的尺寸大小影响总排压载量。

压载泵的总排量主要取决于注排水所需时间，对半潜平台要求3h。

$$泵总排量=总排压载水/(压载泵-1)/3×1.25$$

其中，对于压载泵的冗余度要求，考虑一个舱室内的压载泵失效；系数1.25一般在工程中考虑的余量要求。

挪威海事局对压载泵能力的要求：

（1）压载系统具有在3h内，使平台从最大操作吃水或拖航吃水达到强风暴吃水；

（2）在破损工况下，所有压载泵完好，压载系统能在3h内恢复到无倾斜状态和可接受的吃水；

（3）在破损工况下，任何一台压载泵失效，压载系统能恢复到无倾斜状态和可接受的吃水。

一般情况下，文[3]比文[1]中对压载舱的舱容和压载泵的能力要求高些，这是由于拖航吃水到自存吃水差的排水体积比作业吃水到自存吃水差或降低 4.6m 的排水体积大。根据半潜平台的破舱稳性计算书，确定破损工况的最大倾斜角度，进而确定压载泵对最远处压载舱的最大吃水差，最终确定压载泵的吸入性能要求、压载泵的能力要求和给出合理的配载工况。

2）舱底泵

对舱底泵的配备要求：

（1）平台上应至少配有两台符合排量要求的自吸能力的动力舱底泵；

（2）独立动力的压载泵及总用泵，如其排量足够且为自吸式泵或带自吸装置的泵并与舱底水管系有适当连接时，均可作为独立动力舱底泵；

（3）任一舱室包括舱底泵舱进水，都不能使舱底系统失效，因此，至少布置在两个舱室内且有备量要求。

舱底泵的排量以抽出最大一个水密舱室内积水（破舱进水，临海水密舱壁失效浸水，管路失效浸水，消防水枪释放、水喷淋释放积水，水密、风雨密装置失效漏水和设备、管路的正常放泄和漏泄积水）的需要进行确定。因此，舱底泵的容量要求：

（1）需计算舱底水管尺寸确定舱底泵的排量；

（2）主机舱、主发电机舱、推进器舱和泵舱吸水管及吸口的布置具有冗余性；

（3）危险区域的舱底水系统与非危险区域的舱底水系统相互独立；

（4）污油系统与舱底水系统相互独立。

3）基油泵和钻井水泵

基油泵和钻井水泵的作用均是调配水基泥浆，为平台的钻井系统服务，基油泵还应防止基油不应有的外溢、外泄为火灾提供燃料或造成污染。

根据钻井能力配备基油柜及容量，选取基油泵。基油泵除主用泵之外，还应设有与主用泵相同能力的备用泵，其一般布置在下浮体的泵舱内。基油泵除能就地控制外，还应能在其处所进行遥控关停。

若配备钻井水泵，需要配备钻井水舱，根据钻井能力确定其容量。

4）燃油输送泵

燃油输送泵的主要用途包括：①从供应船、岸上装载燃油及各油舱间的调驳；②把燃油转到燃油日用柜和燃油沉淀柜；③为钻井和第三方用途输送。

燃油系统泵配备主要包括：燃油泵、燃油驳运泵、燃油输送泵、燃油增压泵、喷油器冷却泵和燃油供给泵。除燃油供给泵外，其他泵应设有主用泵和备用泵。

应设有一台有足够容量的独立动力驱动的主供给泵和一台备用泵。当装有多台机并各设有独立的供给泵时，则可仅设 1 台能供立即使用的备用泵或每台机的供给泵互为备用，其条件是每台泵的容量能够满足两台机同时使用。泵的排量以 2~3h 注满沉淀柜为宜，排出压力在 0.25~0.35MPa。两泵之间应有接管相通，在必要时互为备用。

5）淡水冷却泵

每台推进和发电柴油机应设有一台在柴油机输出最大功率时，有足够容量的主冷却水泵和一台能使平台正常运行的足够容量的备用泵,备用泵应为独立动力驱动并应能供立即使用。当装有多台推进和发电柴油机时,如各自均带有或各自设有冷却水泵,则可不设备用冷却水泵。

6)海水冷却泵

至少应有 2 台独立动力的海水冷却泵,在任何一台泵失效时,其余泵的排量应满足平台用水的需要。应保证当平台上任一水密舱室浸水时,都不能使两台泵同时失去效用,即需要分舱布置。

7)消防泵

至少应设置 2 台独立驱动的动力消防泵,每台的布置应均能直接从海中抽水并输送到固定的消防总管,至少有一台应专门用于消防,并随时可用。至少布置在 2 个舱室内,而不使一个舱室失效而导致 2 台泵同时失效。

8)淡水循环泵

每一循环系统应至少设有 2 台淡水循环泵;当一台泵故障时,另一台泵自动投入工作;每一台泵的容量均应满足所有工况的要求。

9)海水淡化泵

根据业主要求,和运输淡水的成本来考虑是否配备。

2.3　燃油舱

半潜平台燃油系统一般包括燃油注入和输送系统、燃油日用系统、燃油分油系统和燃油泄放系统等。半潜平台需要使用燃油的设备有:主柴油发电机、应急柴油发电机(必要时,半潜平台可不配备)、焚烧炉、锅炉(一直工作在温暖海域可不配备)、钻井液舱(调制油基钻井液)、燃烧臂、吊机、固井单元、ROV、试油单元、以及满足 DP3 要求的燃油量等。

根据平台的总体性能(包括钻井深度、航速、作业水深、动力定位),确定主发电机和应急发电机的台数与功率及其它设备的功率;根据发电机的电力负荷,确定需要的总燃油量,得到燃油舱的总舱容需要量。

燃油舱布置原则:

一般设置在两个下壳体的内侧,双层底的高度应满足 MARPOL 公约的有关要求,若不能设置双底,则需要依照 MARPOL 附则 I 进行泄油量计算以证明其泄油量能够满足要求;

(1)单个燃油舱的容量不应超过 $2500m^3$;

(2)燃油舱与润滑油舱之间、燃油舱与淡水(饮用水、推进装置和锅炉用水)舱之间应设置隔离空舱。燃油舱与灭火泡沫液体舱之间应设置隔离空舱;

(3)燃油系统应与压载系统进行隔离。

燃油日用柜与沉淀柜布置原则:

推进、发电和重要系统所必需的每一种燃油应配备两个燃油日用柜或等效布置。燃油日用柜的设置,应满足当一个油柜在清洁或修理时,另一个油柜可持续供应燃油。每一油柜的容量至少能供推进装置于最大持续功率和发电机组正常工作负荷情况下工作 8h。

燃油沉淀柜,油中或多或少含有水分和一些石蜡之类的比重较大的物质。燃油在这个舱里可以慢慢沉淀这些物质,并且通过专门的泄放管线放到污油舱里面去,等待日后送岸处理。它的容积是日用柜的 1.5 倍大一点。也是因为它的净化作用。分油机不停的从沉淀柜抽出燃油排入日用柜,过多的燃油会溢流到沉淀柜中。这就是为什么沉淀柜要大一点的原因。

2.4 滑油污油舱

滑油污油舱的容积应为每1000kW配1.5m³。其布置应满足：

（1）滑油柜与水柜或燃油柜相邻时，应以隔离空舱隔开；

（2）日用滑油柜、滑油循环柜或液压油柜不能与任何其他液柜共用一个壁板；

（3）润滑油系统应与液压油系统进行隔离。

2.5 推进器舱

推进器系统是半潜平台动力定位系统的一个组成部分。根据半潜平台的作业水深、钻井深度、动力定位风、波、流的环境条件和航行能力确定推进器的性能。动力定位分析报告中需计算剩余的推进器仍应有足够的横向和纵向推力以及控制首向的转向力矩。

为了满足钻井工况和自存工况的定位要求，要考虑一个舱室的进水或失火而失效，根据一个舱室的失效选取推进器电机的功率。由于舱室的进水或破损而使平台发生破舱，根据平台的破舱而达到平衡状态的最大角度确认下浮体舱室的设备见表1。由于平台的倾斜角度过大，有可能导致下浮体对角两个舱室的设备同时失效。若是这样的话，需要重新考虑下浮体的大小、分舱及重要设备放置的位置，来避免设备配置的备用量。

半潜平台一般设置6~8个推进器舱来满足平台自航和动力定位的能力。推进器舱布置在下浮体首、尾和船中位置处，某半潜平台下浮体推进器舱的位置见图4，推进器舱布置图详见图5。

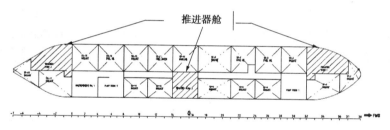

图4　下浮体推进器舱布置图

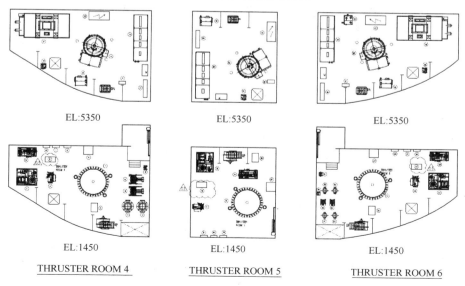

图5　推进器舱布置

推进器的布置如下要求：

（1）推进器位置应尽可能减小推进器与船壳之间、推进器与推进器之间的干扰。

（2）推进器的浸没深度应足以降低吸入漂浮物或形成旋涡的可能性。

推进器的数量和容量应满足如下要求：

（1）在规定的环境条件下，推进器系统应提供足够的横向和纵向推力以及控制首向的转向力矩；

（2）DP-2：在出现单个故障(不包括一个舱室或几个舱室的损失)后，可在规定的环境条件下，在规定的作业范围内自动保持平台的位置和首向；

（3）DP-3：在出现任一故障(包括由于失火或进水造成一个舱室的完全损失)后，可在规定的环境条件下，在规定的作业范围内自动保持平台的位置和首向。

推进器舱配备了为动力定位和航行相关的设备如下：推进器系统由推进电机、推进器(螺旋桨)、推进变压器、推进变频器、推进器不间断电源、推进器马达控制中心、推进器冷却系统、推进器液压系统、推进器转舵单元和推进器滑油单元等组成。

3　结束语

随着海洋石油勘探向深海逐步发展，半潜平台设计需要考虑更恶劣环境条件、极限作业水深和最大的钻井深度，作业者对平台安全性、舒适性、高效率性等提出了更高要求。半潜式平台的运动性能、稳性储备、定位性能、可变载荷、总体布局等性能需要达到最优化，而这些性能指标都与半潜平台主尺度和舱室布置密切相关。本文仅为下浮体布置的设计提供参考。

参 考 文 献

1　中国船级社 . 海上移动平台入级规范[S]. 人民交通出版社，2012.

2　Norwegian Maritime Directorate. Regulations for mobile offshore units [S]. 2003.

3　中国船级社 . 钢质海船入级规范[S]，2012.

4　谢彬 . 深水半潜式钻井平台设计与建造技术[M]，北京：石油工业出版社，2013.

海洋石油 113 FPSO 新增双介质核桃壳滤器逻辑设计

吴桂松

(中海油能源发展油田建设工程设计研发中心)

摘要：由于海洋石油平台产液量、生产水量的增加，113 FPSO 需要增加 3 台双介质核桃壳滤器以提供对含油污水的处理能力。本设计方案采取利用原有就地控制盘与新增控制盘联动控制方式实现对新老双介质核桃壳滤器的自动控制。

关键词：FPSO；双介质核桃壳滤器；PLC；就地控制盘；中控系统

1 绪论

1.1 FPSO 介绍

FPSO(Floating Production Storage and Offloading)，即浮式储油卸油装置，可对原油进行初步加工并储存，被称为"海上石油工厂"。FPSO 是对开采的石油进行油气分离、处理含油污水、动力发电、供热、原油产品的储存和运输，集人员居住与生产指挥系统于一体的综合性的大型海上石油生产基地。与其他形式石油生产平台相比，FPSO 具有抗风浪能力强、适应水深范围广、储/卸油能力大，以及可转移、重复使用的优点，广泛适合于远离海岸的深海、浅海海域及边际油田的开发，已成为海上油气田开发的主流生产方式。图 1 为 113 FPSO 所在油田总图。

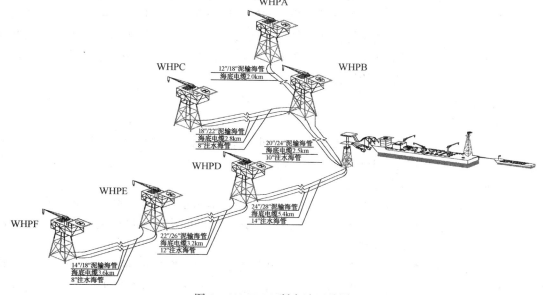

图 1　113 FPSO 所在油田总图

1.2　核桃壳过滤器

核桃壳过滤器是以核桃壳为过滤介质，经特殊处理的核桃壳，由于表面面积大，吸附能力强，因而去除率高。由于亲水不亲油的性质，在反洗时采用搅拌使核桃壳在运动中相互磨擦，因而脱附能力强，使得再生能力强，化学稳定性好，有利于过滤器性能长期稳定。核桃壳过滤器广泛应用于海洋石油、船舶及其他含油污水处理过程。

核桃壳过滤器工作原理：该过滤器是利用过滤分离原理研制成功的分离设备，采用了耐油滤材——特殊核桃壳作为过滤介质，利用核桃壳比表面积大、吸附力强、截污量大的特性，去除水中的油和悬浮物。该设备有自动和手动两种控制方式。过滤时，水流自上而下，经布水器、滤料层、集水器，完成过滤。反洗时，搅拌器翻转滤料，水流自下而上，使滤料得到彻底清洗再生。

2　系统概述

2.1　概述

113 FPSO 已有 6 台核桃壳滤器，2 台反冲洗水泵，由一面就地控制盘完成过滤以及反冲洗逻辑。随着 BZ25-1/S WHPB 和 WHPD 两个平台产液量、生产水量的增加，113 FPSO 需要增加 3 台双介质核桃壳滤器以提高对含油污水的处理能力。由于空间限制，新增 3 台核桃壳滤器需与原 6 台共用反冲洗泵。

按照常规设计思路，有两个方法实现。①改造原就地控制盘，使原就地控制盘对共 9 台滤器进行逻辑控制，但是原就地控制盘内仅剩 4 个多余端子，不能满足对新增三台滤器的逻辑控制。②改造中控系统，将原有 6 台以及新增 3 台滤器和 2 台泵的控制信号全部接入中控系统，但原中控系统剩余点数不够，不能实现对新增滤器的控制，不能实现利用硬点进行滤器关键控制点的监控。

综上提出了一种新的设计方案，新增一面就地控制盘对新增的 3 台滤器进行控制，使原控制盘和新增控制盘采用串口通讯方式，利用逻辑编程使新老就地控制盘共同控制反冲洗水泵，实现对 9 台滤器的反冲洗功能，并且最终实现对 9 台滤器的 8 用 1 备控制方式。该方案采用就地控制盘既可以满足空间要求，又能够节约成本，并充分的利用了中控系统的剩余点数，使项目经济指标达到最终的设计要求。

2.2　设计思路及创新

1）设计思路简述

（1）两套 PLC 并联运行：当 9 台滤器同时进入来液状态，依靠各自的 PLC 进入工作流程时，由于 9 台滤器需要公用反洗泵，所以需要实现两套系统的并联运行，主要解决两套系统不能在同一时刻均有需要反洗的过滤器问题。

（2）接口信号传输：当老 PLC 启动反洗泵时，新 PLC 同时发出启动反洗泵信号

各自输出"正在反洗"信号，给另一个 PLC。新、老 PLC 均需要结合此信号逻辑，做出是否启动触发反冲洗水泵的判断。

（3）接口信号逻辑：9 台滤器中任何一台滤器在进入"反洗"状态时，需要向另一个现场控制盘，输出一个"新(老)过滤器系统正在反洗"信号。当滤器反洗完毕后，信号不再输出

给另一个控制盘，另一个控制盘 PLC 系统进入到可以开始反洗的状态，依次循环，达到新、老控制盘 PLC 系统共同控制反冲洗水泵的目的。

信号逻辑图如图 2 所示：

图 2　信号逻辑图

2）成果创新点介绍

（1）利用中控系统将两个就地控制盘的 PLC 系统连接，实现 9 台分别受 2 个 PLC 系统控制的核桃壳滤器达到 8 用 1 备的运行状态。

（2）利用中控系统剩余的 MODBUS 接口，将电磁阀状态信号引入中控系统，实现对电磁阀阀位的实时监控。

（3）充分利用 PLC 的功能，修改逻辑实现反冲洗功能的串联使用，使两个 PLC 系统能共同控制 2 台反冲洗泵，有效的提高了反洗泵的利用率。

2.3　经济效益和社会效益

（1）未增加中控点数，节省卡件约 8 个，电缆约 1000m，降低投资约 20 万元。

（2）未增加反冲洗水泵，节省投资 20 万元。

（3）未对原 PLC 控制逻辑进行修改，节约了投产时间。

（4）状态点利用 MODBUS 协议传输，节省大量中柜空间，为今后其他改造内容预留控制点数。

（5）仅利用 PLC 时序控制的简单特性，实现了就地控制以及两个 PLC 的并联控制。

3　逻辑控制方案

3.1　控制流程：

（1）原就地控制盘对原 6 台核桃壳滤器的控制流程（如图 3 所示）：

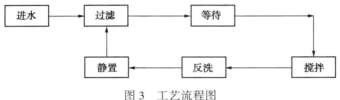

图 3　工艺流程图

自动模式下，各电机及电磁阀动作由 PLC 根据工艺流程要求自动控制，流程之间的转换由时间控制。

（2）新增就地控制盘对新增 3 台核桃壳滤器的控制流程（如图 4 所示）：

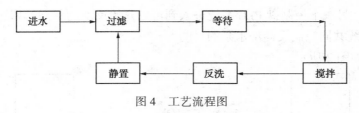

图 4　工艺流程图

3.2　逻辑流程

逻辑流程图如图 5 所示：

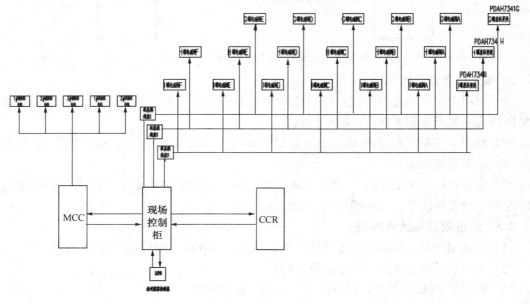

图 5　逻辑流程图

新增 PLC 控制系统遵循原有控制方式，以可编程控制器(PLC)为核心，实现三个过滤器的全自动并联运行。手动操作时，PLC 可以从就地控制盘面板接受用户操作指令，启、停任一个滤罐，或让三个滤罐同时投入运行。PLC 也可接受 CCR 或 MCC 的紧急关断信号，并进行相应的处理，以保护全套设备的安全。PLC 还可以向 CCR 提供过滤器的启动、停止状态及故障报警信号，也可通过 MCC 控制搅拌电机及反洗电机的运行与停止。在自动工作方式下，通过 PLC 对各电磁阀及电机的控制，使滤器按照固定流程自动运行，滤器运行时，各流程之间的状态转换以定时转换的方式为主，但在滤器由等待向搅拌流程转换时，还受到了差压的控制，当滤罐进，出水口之间的压差达到设定值时，即便未达到等待时间，程序也将提前进入搅拌状态。

3.3　新老 PLC 系统的 8 用 1 备公用反冲洗水泵功能

综合以上两点，9 台滤器同时进入来液状态，依靠各自的 PLC 进入工作流程，但由于 9 台滤器需要公用反洗泵，所以需要实现两套系统的并联运行，主要解决的是两套系统不能在同一时刻均有反洗的过滤器问题。可以利用 PLC 的时序控制功能来错开反洗时间，从而实现这个功能。

系统关联示意图如图 6 所示：

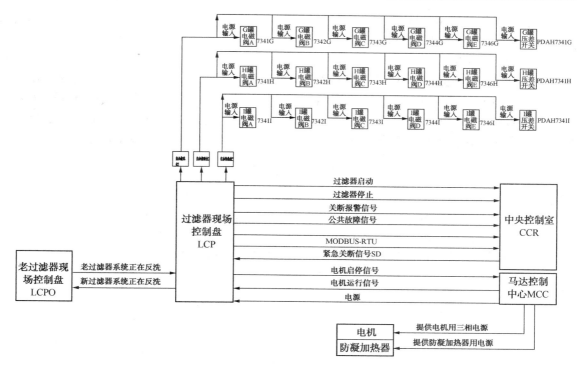

图6　系统关联示意图

老过滤器现场控制盘(LCP0)所控制的原6台滤器，正常运行流程是，滤器 A、B、C、D、E、F 根据设定时间，完成"进水""过滤""等待""搅拌""反洗"，切入反洗流程时，LCP0 向马达控制中心 MCC 输出"电机启动信号"启动反洗泵，当滤器 A 结束"反洗"后，进入"静置"状态；此时此时依照程序，滤器 B 自动进入"反洗"，结束后进入"静置"；依次类推，直至6台滤器全部反洗完毕。任何一台滤器在进入"反洗"状态时，需要向新增过滤器现场控制盘(LCP)，输出一个"老过滤器系统正在反洗"信号(老 PLC 的逻辑为"或"逻辑，既有有 1 则 1)。当 F 滤器反洗完毕后，"老过滤器系统正在反洗"信号不再输出给新增控制盘(LCP)，新控制盘 PLC 系统进入到可以开始反洗的状态，即当 G 滤器达到时序控制时间，则向马达控制中心 MCC 输出"电机启动信号"启动反洗泵，开始 G、H、I 三台滤器的依次反冲洗。同样，3 台滤器中任何一台滤器在进入"反洗"状态时，需要向老过滤器现场控制盘(LCP)，输出一个"新过滤器系统正在反洗"信号(新 PLC 的逻辑为"或"逻辑，既有有 1 则 1)。当 I 滤器反洗完毕后，"新过滤器系统正在反洗"信号不再输出给老控制盘(LCP)，老控制盘 PLC 系统进入到可以开始反洗的状态，依次循环，达到新、老控制盘 PLC 系统共同控制反冲洗水泵的目的。

4　总结

本文提出了一种海洋石油 113 FPSO 新增双介质核桃壳滤器逻辑设计的方法，从而可以快速的提高 113 FPSO 对含油污水的处理能力。为此，本文主要做了以下工作：

(1) 设计方案改造关键点简述。

（2）技术创新思路分析。

（3）逻辑控制方案的实现方法。

（4）设计方案的价值评估。

本文从理论上简述了 113 FPSO 新增双介质核桃壳滤器逻辑设计方案，并且此设计方案已经在 113 FPSO 改造项目中运用，并且得到了良好的效果且和中控系统链接通讯运行状况良好。随着海洋石油平台产液量、生产水量的不断增加，类似 113 FPSO 的改造项目还会有很多，尤其是对含油污水处理能力的要求不断提高，该方案将会得到广泛的应用。

参 考 文 献

1 赵耕贤. 浮式生产储油船(FPSO)设计[J]. 上海造船. 2002(2).

2 王立国，王琳，等. 核桃壳过滤—超滤工艺处理油田含油污水[J]. 石油化工高等学校学报，2006.

3 侯德霞，蔡爱斌，等. 油田污水处理自动化控制系统[J]. 石油化工腐蚀与防护，2004.

4 王景昌，杜中华，等. 核桃壳滤料的油田水处理应用[J]. 西部资源，2012(1).

AIS 航标在天津港航道的应用

李国亮

（中国石油集团海洋工程有限公司船舶事业部）

摘要： 本文介绍了 AIS 的基本概念，阐述了 AIS 航标的原理，电文结构和种类，并结合天津港航道特点，探讨了 AIS 航标在天津港航道的应用前景和需要注意的相关问题。

关键词： AIS 航标；天津港；航道；数字航道

AIS 全称船舶自动识别系统（Automatic Identification System），诞生于 20 世纪新经济崛起的 90 年代，是集现代通信、网络和信息技术于一体的多门类新型航海助航设备和安全信息系统。AIS 是一种工作在 VHF（甚高频）频段采用 SOTDMA（自组织时分多址接续）现代通讯技术的广播式自动报告系统，它由船台基站组成。船台可向他船及基站自动播发本船的动态信息（船位、航速、航向等）、静态信息（船名、目的港等）和安全短消息等相关资料，同时也可自动接收他船及基站的资讯，有助于船舶的识别和信息交换，从而提高船舶航行安全和效率；基站则可依靠所获取的信息，拓展主管机关的服务、管理范围，及时掌握水上通航动态，提高管理效率。

航标系统是海上交通安全保障体系的重要组成部分，是保障船舶安全、经济航行的重要设施。对发展水上交通运输、海洋资源开发、渔业捕捞、国防建设等起着重要作用。航标信息化成为国际海事组织正在推进的 E-航海战略的重要组成部分。航标的信息化建设包括其工作状态的遥测遥控和助航信息的实时播发。基于 AIS 的虚拟航标、航标监控等技术正成为航标信息化的重要技术手段。

目前，中国 AIS 岸基网络系统已基本覆盖我国沿海、高等级内河航道，是全球规模最大的 AIS 岸基网络系统。中国的 AIS 系统的建设已处于世界先进水平。与此同时，AIS 技术的应用拓展也正逐步开展。国际电信联盟（ITU）规定将 AIS 电文 21 专门用于航标。国际航标协会（IALA）A-126 号建议案详细阐述了 AIS 在航标上的应用并提出了实施方法。AIS 技术在航标上的应用已成为广泛讨论的话题，而 AIS 虚拟航标也已付诸实践，其应用优势正逐渐显现。

1 AIS 航标系统的组成及分类

1.1 AIS 系统

船舶自动识别系统是由舰船、飞机敌我识别器发展而成。AIS 系统集航海信息采集处理、无线信息传输、电子海图信息系统于一体，采用自组织时分多址通信技术，将本台有关信息由 VHF 发射机播发所有装有 AIS 设备的船舶或岸台自动接收后，在其显示器上显示，并能够按要求发送有关安全信息。

1.2　AIS 航标

AIS 航标是指加装了 AIS 设备的航标或独立存在和工作的 AIS 设备，对船舶航行具有导航功能的航标。传统的航标主要以视觉航标(或者称为实体航标)为主，它是人们视觉可以直接观察到的助航标志，具有易辨识的形状与颜色，并装有灯器及其他的附属设备。

AIS 航标主要包括 AIS 基站、AIS 应答器和 AIS 虚拟航标三种。因为 AIS 基站也可以作为特定航标给船舶定位和导航，所以在这里也将其列入 AIS 航标的范畴。

1) AIS 基站

AIS 基站是整个 AIS 系统的一个最重要的组成部分，各沿海国为加强其对海上交通的监视，已建立或着手建立 AIS 岸基设施。2011 年，由交通运输部中国海事局规划建设的中国 AIS 岸基网络系统在天津建成并投入运行。这个全球规模最大的 AIS 岸基网络系统，覆盖了我国 99.97% 的沿海水域和 4 大水系的内河高等级航道，全部 264 座基站与 AIS 国家数据中心成功实现互联互通，也为天津港发展 AIS 航标奠定了基础。

2) AIS 应答器

通常的 AIS 航标就是将 AIS 应答器安装在实体航标上。在航标上加装 AIS 设备，可以使航标能够直接地在船载 AIS 设备上辨识出航标的编号、标名及性质。相比于雷达应答器，AIS 的辨识功能更加强大，更为清晰、直观。航标加装 AIS 设备后，雷达应答器将逐步退出历史舞台，单个 AIS 应答器覆盖半径可达 6 海里(nmile)(1nmile = 1852km)，每 3min 播发一次信息，目前在天津港水域已经得到广泛应用。

3) AIS 虚拟航标

虚拟航标是基于 AIS 网络而产生和发展的新型航标应用技术。它是 AIS 与电子海图显示和信息系统(ECDIS)有机结合的产物。其原理是通过岸基台站或航标 AIS 站广播信息，将管理区域内的航标信息实时动态传递给用户(主要指船舶)，并在 ECDIS 上显示出来，但事实上航标实体并不存在。这种在电子海图上标示出来而没有实物的航标称为虚拟航标，由虚拟航标构成的系统称为虚拟航标系统。

2　AIS 航标在天津港的功能应用

与传统航标比较，将 AIS 应用于航标设施能够通过以下一个或多个方面来提高和增强航行安全和航道管理效率，如：在 AIS 船台提供可信和全天候方式的航标识别；提供浮标移位或失常指示；监视航标状态；遥控改变航标参数；为船载雷达提供参考点；取代雷达应答器；标示航迹、航线、区域边界、近岸建筑物等。

航标信息可以由航标本身产生，直接由 AIS 本身广播；也可以采集航标数据传递到另外一个地方，然后集中发播相关 AIS 信息；甚至只产生 AIS 航标信息，而并不存在实物的航标。

2.1　标示特定水域

标示特定水域的常规方法是根据相应类别设置管线标、界限标等传统航标，通常需要设置四个或更多航标，成本高且工作量较大。而天津港航道狭长并且情况复杂，常会碰到各种设标困难情况。

2.2 标示特定通道

天津港作为我国航道等级最高的人工深水港，2013 年航道拓宽二期工程结束后，其航道宽度已达到 415m，可满足吃水量在 21m 以下的 30 万吨级油船和散货船进出港的通航需求。航道水深和宽度不断提高的同时，如何充分利用航道宽度释放黄金水道潜力，也是值得航道管理部门思考的问题。

我国海事局早在 2001 年底就发布了船舶强制配备 AIS 设备的公告，目前我国 300 总吨及以上国际航行的船舶，500 总吨及以上非国际航行的货船，以及所有客船，均已配备了 AIS 设备。而对深吃水船舶来说，配置 AIS 船台和电子海图更是必须的。因此可以考虑在满足条件的航段建设复式航道，即利用虚拟航标标示出深水航道边界供深吃水的大型船舶航行，而在深水航道两侧仍采用传统航标标示一般航道边界，这样既有效利用了水深，又充分利用了航宽，提高了航道通过能力，更加利于船舶经济便利的航行。天津港复式航道将在 2014 年下半年建成并投入使用，在港内深水航道的南北两侧分别设置万吨级船舶单向航道，届时，占天津港进出港货轮量 70% 的万吨级船舶将进入浅水航道，实现大小船分道通航，互不干扰，减少船舶压港时间，大幅提高航道的通航效率和通航能力，并产生巨大的经济及社会效益。

2.3 标示节点位置

航标可标示航道边界、确定航道方向，引导船舶安全通行。从某种程度来讲，传统航标在起着助航作用时，其本身也有一定的碍航特性。随着天津港吞吐量的不断增加，对进出港航道的利用日趋饱和，尤其是在港内的部分深水航道设置传统航标一定程度上影响了通航，而且深水泊位往往出现设标位置影响船舶靠离码头的情况。条件允许的情况下，在这些交通流复杂而设标困难的位置，可设置虚拟航标代替实体航标标示节点位置，提示船舶及时调整船位航向。

2.4 与航标监控结合

目前，天津海事局已经实现了对辖区内所有航标的实时监控，可以第一时间了解到航标的技术状态和失常信息。航标可以与航标监控系统相结合，除了可以增强航标的识别性以外，当确认实体航标发生失常情况时，航标管理部门还可以通过 AIS 电文发布航标失常信息，警告过往船舶不予引用。

2.5 航道应急措施

由于虚拟航标具有设置、更改速度快的特点，在需要快速设标的情况下，这个优点会更加突出，例如突发海事，可以立即设置一座虚拟航标标示出警告位置，也可以用一系列的虚拟航标来标明一个临时性的"禁航区"或者航行通道，在最短的时间内采取应急航道安全保障措施，提高快速反应能力，保证航道安全畅通。

2.6 监测潮流

随着天津港货物吞吐量逐年激增，到港船舶大型化，进出航道船舶密度和港区水域面积发生了较大变化，多个 $20\sim30\times10^4$t 级码头陆续投入使用，港池水域大面积挖泥，使得港内蓄水容量增加，同一时间内流进流出的海水增多，流速增大，航道、港池、泊位各地域水深的不规则性，也使得流向变得复杂，带来港内航道潮流场的相应变化，对大型的深吃水船舶通航安全产生一定的影响。

为进一步实时并且准确地监测天津港航道潮流的变化，可考虑将部分 AIS 航标安装内置的水文气象传感器，升级为潮流检测工具，开创全新潮流监测手段。涨潮时，将天津港原有的潮流检测"视频系统"中界面监管所监测的水尺数据和 AIS 航标采集到的水文数据共同传输到海事监管终端。海事终端将这些数据进行分析和处理，通过发射机互通，再利用天津港 VTS 频道统一向港区发布潮流信息；另一方面，AIS 智能航标也可以自动发送相关信息给过往船舶。

3　AIS 航标应用于天津港航道的功能优势

3.1　AIS 航标的优点

(1) 利用 AIS 设备，可以开发航标的遥测遥控系统，监测航标设备的工作电流、工作电压、开关状态、方位、换泡机动作次数、主备灯切换情况等，实现灯质的远程更改、日光阀阀值的更改、灯器的开关、换泡机的动作等功能，而且这个系统非常容易实现全部天津港内航标遥测遥控的一体化，实现统一管理，统一标准，不需要专门申请频点，不需另建专用的通信网络，便于将航标信息发送给船舶及其它用户，另外还具有系统的建设周期短、成本低、方便易行等特点。

(2) 可以使航标更易于辨识。航标加装了 AIS 设备后，船舶可以在远距离(VHF 作用距离内)很直观地在船载 AIS 设备屏幕上辨识出航标的编号、标名及性质，从而使驾驶员容易识别出航道。相比较于雷达应答器，AIS 的辨识功能更为强大，更加清晰直观，而雷达应答器的回波会在雷达显示屏上淹没一部分物标，这无疑是一个安全隐患。航标加装 AIS 设备后，雷达应答器将会逐渐退出历史舞台。

(3) 可以使水中航标(如灯浮标、灯船等)与船舶碰撞的机率降低。即便发生了碰撞，也更容易查到肇事船舶。这个目的的实现可以有几种手段，如可以在航标周围设置警戒圈，一旦有船舶进入，则报警并自动做好记录；另一种手段是在 AIS 设备中设定安全距离，一旦与船舶的距离小于安全距离，立即向该船舶发出警告，并通知航标管理中心。

(4) 孤立危险物标志或方位标志在加装 AIS 设备后，可以通过警告的方式引起驾驶员注意。

(5) 如果船舶用计算机装有相应的导航模型，可以利用该模型进行自动引航，或进行模拟引航演练。

3.2　虚拟航标的优点

(1) 航标设置或更改的速度非常快，在需要快速设标的情况下，这个优点会更加突出。如当发生海难沉船，就可以立即利用 AIS 网络系统设置一座沉船标。

(2) 航标的设置或更改成本非常低。航标设置或更改都可通过软件实现，几乎没有直接费用。

(3) 虚拟航标的设置不受天气条件的限制。由于 AIS 采用无线数字通信技术，与 VHF 相比较，具有点对点、排它性、抗干扰、信息量大和更新实时等特点，这些特点使得虚拟航标的设置更具有稳定性。

(4) 不会出现标位漂移等问题，导航精确度更高。

3.3　AIS 航标与潮流监测工作结合的优点

AIS 航标它能将航标的实时位置及时通报给船舶驾驶员和海事部门，帮助船舶驾驶人员在模糊的视野中探明前方的路，使船员能尽情地享受到更加完美的电子信息服务。内置的水文气象传感器能将采集到的水域信息：如潮汐情况、风速、风向、流速、流向及能见度，通过 AIS 系统传输给过往船舶和海事管理部门。船舶不再是以往只能接收海事部门发送的航行信息那么单一，信息渠道多样化、信息实时化。能大大调动目前船舶管理人和所有人安装 AIS 的积极性，进一步推进天津港数字化航道建设。同时，该功能还可以利用于洪水监测、施工水域流速监测，为提升海事部门非现场执法能力，提供强大技术支撑。

4 关于 AIS 航标设置规范的建议

一个完善、科学的航标配布方案应该综合港口水文气象、设施布局、航道走向、船舶习惯航法等诸多因素。同样，AIS 虚拟航标的设置也应综合考虑船舶航行需求、航道(航线)条件及重要程度、周围环境、背景条件等因素决定；并与其他导助航标志和设施的配布统筹考虑，以组成综合导助航系统。

鉴于 AIS 虚拟航标的技术特点，根据不同情况下的设置需求，AIS 虚拟航标的设置可分为临时性设置和永久性设置两种类型。

4.1 临时性设置

在设置实体航标前应用 AIS 虚拟航标临时性标识导助航位置点，表示相关导助航信息；

临时性设置 AIS 虚拟航标一般用于沉船位置的标识。发生沉船事故后，可第一时间设置虚拟航标警示过往船舶注意航行安全，待实体航标抛设完成后可撤除虚拟航标；也可用于因受海况、气象等因素影响实体航标无法及时抛设时，临时标识航行危险区。

4.2 永久性设置

应船舶航行需求、航道(航线)条件及重要程度、周围环境、背景条件等因素需求永久性设置 AIS 虚拟航标。

永久性设置 AIS 虚拟航标应融入港口、航道导助航系统整体布局，从而起到完善、增强导助航系统效能的作用。一般可用于以下几种情况：

（1）在沿海航路重要转向点等处可设置 AIS 虚拟航标；

（2）为标示分道通航制水域的端口，可在分隔带(线)上设置 AIS 虚拟航标；

（3）为指引船舶接近和进入港口、重要航道，可在口门位置设置 AIS 虚拟航标；

（4）在船舶交通流密集、复杂的区域可设置 AIS 虚拟航标；

（5）某一水域孤立的航标可增设 AIS 虚拟航标以增强警示效果。

5 结束语

AIS 航标和虚拟航标在性能上的独特优势，大大拓展了航标的概念，适应了信息化发展的要求，与普通航标互为补充，可有效地补充和拓展航标信息，使航标为航行船舶提供更完善的助航服务，具有广阔的发展前景，在未来相对于实体航标将逐步占据优势。考虑到 AIS 航标的使用还存在一定的局限性和可能存在的某些不确定因素，对实体 AIS 航标和虚拟航标的设置和管理还需要在使用中做更深入、广泛的研究和探讨，以使航标的设置更科学、管理更规范。

参 考 文 献

1　徐峰 . AIS 航标在长江下游航道应用的思考 . 中国水运, 2012(6)：40~41.
2　李楠 . 浅谈规范 AIS 虚拟航标设置 . 转型创新促通信业新发展论坛论文集, 2012：10~15.
3　翟久刚 . AIS 应用在航标中存在的问题及建议 . 航海技术, 2012(4)：33~36.

国外海洋油气行业系泊系统的发展与应用

赵延辉

（中石化上海海洋石油局工程研究院）

摘要：鉴于国内深水海域勘探开发基础工艺技术的薄弱环节，针对动力定位（DP）系统目前存在的不足，本文通过收集并翻译了国外石油行业深水海域典型的系泊定位技术（Mooring）近期发展与应用方面的资料，并对系泊系统的三大组成配置锚机或系泊绞车的特点、系泊缆的组成、系泊锚的形式和操作工艺进行了分析和综述，认识到加快深水海域基础工程技术的研究与应用，逐步形成深水系泊成套技术的重要性。

关键词：系泊千斤；吸力锚；系泊缆；预抛锚；张紧

1 国外系泊和动力定位系统比较与发展概况

随着世界海洋工程技术的发展，深水概念一直在变化，同时海上系泊（Mooring）和动力（DP）定位技术也在不断地升级和创新。目前海上油气行业浮式钻井生产设施除了系泊和动力定位系统的配置外，还有一种组合的动力辅助系泊定位形式；对于深水浮式的生产设施一般采用永久系泊定位系统，对于海上移动钻井设施（MODU）选择何种定位系统更合理仍值得探讨和研究，众所周知，锚泊系统是最古老的系泊定位技术，直到动力定位系统崭露头角和近期的升级换代，在计算机控制技术的支持和成本效益不断下降的情况下，DP适合深水海域的优点变得更加明显，在某一时期深水海域的MODU大有普遍推广应用DP系统的趋势，尤其是它快速而精确的停泊技术，短暂的离岸无锚系泊是港口拥挤管理的有效解决途径，然而DP的高额成本等不足（见表1）一直没有让海上石油行业停止寻找更经济的系泊定位方案，近来在欧洲、巴西和西非等地区对于一定深水海域的MODU有采用系泊定位系统（如图1）的回潮，深水预先抛锚作业场景的出现似乎感觉又回到了锚桩工作船AH&PH和拖曳工作船TS协调作业的时代。

表1 锚泊定位系统与动力定位系统比较

锚泊定位系统优点	动力定位系统优点
没有推进器、额外发电机和控制部分涉及的复杂系统	操作性好，容易改变位置
没有系统失效或断电导致脱离定位的可能性	无锚作拖船的要求
没有水下推进器带来的危险	不受水深的影响
	动员准备工作快
	不受海底情况的限制

续表

锚泊定位系统缺点	动力定位系统缺点
一旦锚定操作性受限	推进器，额外发电机和控制部分涉及的系统复杂
要求锚作拖船	高额的初始安装成本
不适合深水	高额的燃料成本
收锚时间几个小时甚至几天	系统失效或断电导致位置脱离的可能性存在
局限于海底情况(管线等设施)	推进器水下事故需要潜水员或 ROV
	高额的机械系统维护成本

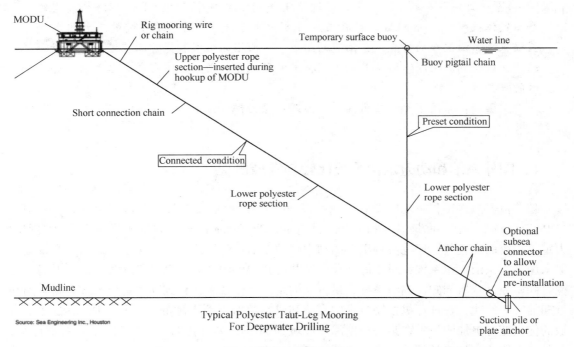

图 1　深水钻井张紧系泊

根据国外有关标准系泊系统有永久和临时之分，它们之间所选材料性能和设计依据明显不同，临时系泊不能用作永久系泊系统，而且它们之间成本相差很大。系泊定位系统的配置包括锚链或锚缆绞车(滚筒)，系泊缆(锚链、钢缆、各种纤维缆和浮力装置)的组合和各种系泊锚(如吸力锚、重力锚和板锚)。锚链(缆)绞车主要有液压千斤(Jack)、牵引和提升绞车三种方式，研究方向是改善提高调速操作控制性能，减小占用甲板面积、减轻重量、增加恒张力自动调节功能和降低安装重心；系泊缆的研究近几年重点主要放在材料的组成上，目的提高屈服、抗拉强度和蠕变等性能参数，减轻整体重量和改善操作性，其海底安装有悬垂、张紧和半张紧方式，系泊缆各种浮力元素(MLBE)的配置使用主要用来改善系泊缆的系泊受力状况；目前深海系泊锚的类型及功能创新层出不穷，主要是改善深水系泊系统的安装工艺和回收能力，提高锚的抓地能力，缩小系泊缆在海底的安装范围，达到降低成本的目的。如下针对深水系泊系统的三大配置组成，通过应用实例的收集整理分别进行了简要说明和阐述。

2 国外几种典型系泊绞车的特点介绍

阿克公司 Pusnes 海洋系泊产品包括锚链提升绞车，锚链液压千斤，牵引绞车和组合绞车以及纤维缆与钢缆绞车；配套的监控系统给单个或整个绞车系统提供准确的处理和管理功能，其最受欢迎的创新包括（Chain Jacks-RamWinchesTM）锚链千斤-Ram 绞车和导链轮止链器。Aker Barents 钻井平台甲板上安装的提升绞车锚链直径 ϕ84mm，两套锚链绞车采用同一台变速箱分时驱动（如图 2 Aker Barents 用锚机），其次导链轮这种独特的设计允许锚链被锁定在作业水线面以下（如图 3 导链锁紧装置），把最大负荷限制在有限的区域，止链器是棘轮式的，收链期间可自动关闭，放链期间可液压或机械打开，其优点把链条磨损降到最低限度，设计紧凑，重量减轻，安装维护成本低，张力测量整合在导链轮止链器上，甲板上的重量减轻，占用空间减小。

图 2　Aker Barents 用锚机

图 3　导链锁紧装置

在北海的 Snorre B 生产平台甲板上安装的单套锚链（ϕ145mm）绞车（如图 4）主要由 4 台锚缆提升装置，一个电驱或液驱齿轮变速箱，4 套故障保护带刹装置组成，在动力失效等紧急情况下刹车可由储能瓶存储的能量操作释放，主要亮点在于变速箱输出轴和 4 台锚链绞盘的主轴在同一轴线上；Aker 的另一个概念设计可移动锚链绞车和可移动锚链千斤（如图 5）每一次操作一根系泊缆，通过特定的基础（轨道）或其他方式移动依次操作平台所有其它的系泊缆，可移动锚链绞车已在北海的 Goliat FPSO 上得到应用；海洋石油 981Semi/D 的系泊系统 2009 年由这家公司设计提供，采用 4×3 旋转绞车/电驱/锚链 ϕ84/12 个导链轮偏心轮结构，据分析锚链锁紧装置可能位于导链轮偏心轮处。

由图 6 和图 7 判断 Bardex 锚链线性液压千斤系统本身重量和占地面积比普通锚链锚机轻而小，现已形成行业标准，适用于 SPAR 等生产平台的长期系泊系统；而勘探钻井平台通常自备整套锚泊系统，属于临时系泊系统，收放锚链频次相对较高，油缸的往复直线运动转变为锚链轮的回转运动不太适应这种 MODU 系泊系统，除非采用预抛锚-联接-张紧的方式。

Genesis SPAR 钻井生产平台锚链液压千斤（如图 8 和图 9）操作的锚链直径达 5¼in（ϕ133mm）；Neptune SPAR 钻井生产平台锚链液压千斤操作的锚链直径达 4¾in（ϕ121mm），系泊缆预紧张力达 50t；这种锚链液压千斤操作的锚链直径最大可达 6in（152mm），张力可达 525 公吨，其保持的定位能力几乎是同时配置的组合锚机系泊绞车的 2 倍，但其锚链收放速度比起锚机锚链系泊绞车慢得多(Genesis 和 Neptune SPAR 仅 4.0fpm)；在钻井生产平台甲板上锚链千斤和系泊绞车一般组合使用，每根系泊缆的组成配置由短的靠近船体和海底段的无档锚链，以及之间的钢缆组成；海底锚使用高抓地能力的拉力桩锚。

图 4　Snorre B 用锚链

图 5　可移动锚链

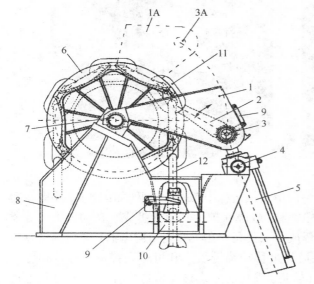

图 6　锚链液压千斤

图 7　锚链液压千斤

图 8　锚链液压千斤

图 9　锚链液压千斤

Bardex 锚链千斤油缸设计使用再生循环液压系统，减小主泵最大排量和电机功率；系泊控制和咨询系统位于 SPAR 平台中央控制室，用于自动操作和监控，同时平台全套系泊缆绞车配备有 2 个 PLC 机箱，分布安装的 4 套控制仪表板(I/O)均接口到中央控制室；整套系泊系统设计为主动系统-必要的时候通过联动调节装置收放系泊缆使得 SPAR 平台在井口中心位置周围移动然后固定。目前锚链千斤设计的主要区别在于操作锚链千斤的自动化程度，Oryx 设计力求简单，一个操作者到锚链千斤控制台并插上控制板电源就能进行收放两种模式的作业；而 Chevron 设计通过计算机管理咨询系统来控制操作 Genesis 整个锚泊系统，这种运行方式需要每个液压锚链千斤本地控制台的系泊咨询系统计算提供所需收放锚链的长度数据，然后同时协调自动操作全部锚链千斤(Neptune 同时操作仅 2 台，而 Genesis 可同时操作 7 台)。

3　系泊缆的研究发展和组合配置

为了改善系泊缆的操作性能和减轻系泊缆的自重，纤维缆在深水系泊系统中逐步获得应用，同时其性能和优点越来越受到海洋油气行业的密切关注。自从 2004 年和 2005 年 Ivan，Katrina 和 Rita 三大飓风导致几座 MODU 平台挣脱系泊系统并随波逐流在 GoM 以来，欧美海洋石油工程行业迅速投入资金来改善 MODU 平台系泊系统在 GoM 海上的的生存能力，其中包括使用合成纤维系泊系统。

起初蠕变性能一直限制 HMPE 纤维用于深海系泊系统，因为过度的蠕变导致系泊船只偏移日益增加，所以在过去相当长的时间里海洋石油行业对深海处理缆绳纤维的开发研究主要目的就是减小蠕变。直到 2003 年，低蠕变机械性能的 HMPE 纤维问世才开始进入永久系泊系统，第一次用于深水 FPSO 系泊上。随着海洋油气勘探开发向深水进一步的发展，系泊设计人员在系泊方面面临一个工程问题，就是如何权衡平台最大偏移、风浪峰载和回流长期高张力三者之间的关系；Polyester 纤维系泊超过 2000m 水深将会带来平台水平偏移问题，2000m 水深 Polyester 缆绳有 40m 的延伸，3000m 水深 Polyester 缆绳可达 60m 的延伸，这样形成的水平偏移则超过隔水管(生产立管)容许的限制；使用具有相同破断强度的 HMPE 纤维，3000m 水深 MODU 只有 12m 的偏移，所以现在被广泛考虑为深水系泊缆绳最合适的材料，其高强度、高模量和高刚性特征使得缆绳可作得更轻，直径更小，与直径相同的钢缆比较具有同等的强度，但重量不到钢缆的 1/7，直径仅为等强度涤纶或尼龙缆绳的 60%，重量仅为它们的 30%，性能和操作方面都优于传统的 Polyester、尼龙和涤纶系泊缆绳。对于相同结构的 HMPE 纤维绳缆比起 Polyester 纤维来说有更长的疲劳寿命，更适合配套隔水管，然而高刚性的 HMPE 纤维同样存在一个制约因素，就是在极端风暴和飓风里系泊系统需要向外伸展以维持抗风暴的生存能力，而 HMPE 和 Polyester 组合形成的混合系泊缆绳在风暴定位期间可提供最大负载处理所需的刚性，同时保证有足够的弹性以减轻波浪引起的最大峰载对平台产生的影响。

Delmar 公司曾从事 HMPE 纤维系泊分析，研究的最大水深为 10000ft(3048m)；系泊设计人员通过钢缆中接入合成纤维缆来减轻整个系泊的重量，从而简化处理安装工艺而不降低系泊系统的极端生存能力。如图 10 Polyester 系泊系统由吸力锚、3.5in(89mm)(EEEIPS)钢缆、6.3in(160mm)Polyester 纤维绳、潜水浮筒、到平台甲板的 3.5in 钢缆组成；HMPE 系泊系统配置和 Polyester 相同. 由吸力锚、3.5in 钢缆(EEEIPS)、4.5in(114mm)HMPE 绳、潜水浮筒、到平台甲板的 3.5in 钢缆组成；如图 11 Hybrid 混合系泊系统由吸力锚、3.5in 钢缆(EEEIPS)、4.5inHMPE 纤维缆、6.3inPolyester 纤维缆、潜水浮筒和到平台甲板的 3.5in 钢缆组成。在逃生状态下张力使得系泊缆没有任何着地的长度。

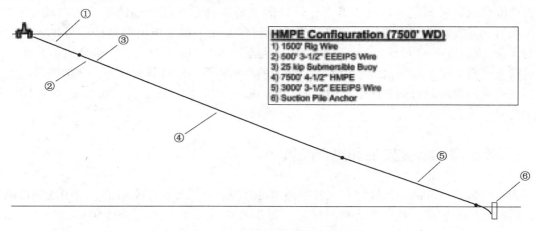

图 10　HMPE/Poly 系泊缆组成配置

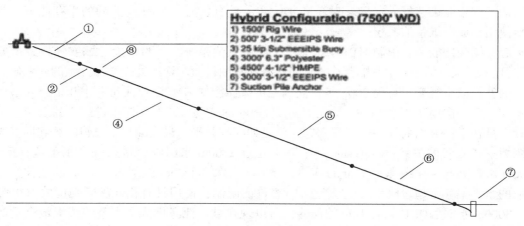

图 11　HMPE&Poly 系泊缆组成配置

随着水深的增加，混合系泊组成配置里的 HMPE 和 Polyester 长度%比的变化如下：

6000ft(1829m)水深：50%HMPE/50%Polyester 缆绳

7500ft(2286m)水深：60%HMPE/40%Polyester 缆绳

10000ft(3048m)水深：75%HMPE/25%Polyester 缆绳

对于特定条件下的混合系泊系统，设计人员可以根据系统规定和刚性要求，灵活调整极端负载事件期间低刚性系泊所具有的低峰载和高刚性系统位置保持能力二者之间的组合。

为了比较分析 HMPE、Polyester 和 Hybrid 三种系泊系统的性能，把相应水深的常规悬链系泊和半张紧钢质系泊均归并到同一图表(如图 12、图 13 和图 14)，由此可以看出不同的系统存在负荷/被动偏移之间的差异，HMPE 系泊在负荷一定的情况下比其他提供的偏移更小，这与系泊系统的刚性或恢复力有关。不同系泊"被动偏移与负荷"的比较表明在生存方面偏移一般不是关键因素，分析最后得出 HMPE 纤维适合于 7500ft 水深 MODU 系泊系统的结论，其他类似分析同样表明 HMPE 纤维适合于 6000ft 和 10000ft 水深不同船体形式的半潜式 MODU 系泊系统。配置 HMPE 纤维缆的系泊系统在深水应用上不但具有 Polyester 的性能，而且改善了 MODU 系泊系统的生存能力，配置 HMPE 成分的系泊系统才是刚性更大和定位性能更好的系统。

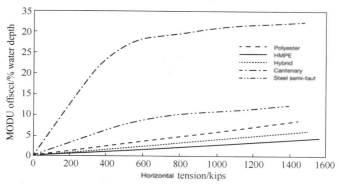

图 12　水平张力/偏移比较

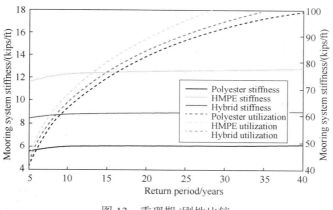

图 13　重现期/刚性比较

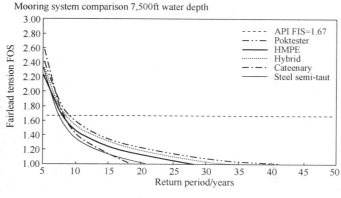

图 14　重现期/导缆张力比较

　　和 HMPE 纤维一样，荷兰皇家 DSM Dyneem 公司生产的海洋石油及海洋工程级纤维 Dyneema SK78 专门用于长期承受静载荷的场合，是唯一一种得到法国船级社(BV)和美国船级社(ABS)关于移动式石油钻井平台(MODU)系泊系统等级认证的纤维，其破断伸长率不到 2.5%，几乎与钢缆相同，同时适合于钢缆适用的甲板设备；与涤纶系泊缆相比，其直径小得多，可以在同一机位上容纳 3 倍于涤纶缆绳的长度；它的轻质特性使得操作放置系泊系统的安装时间减少了 40%。在跨越水下结构时，按照严格的规程钢缆悬垂系泊系统中必须联接 Dyneema 纤维缆绳段，以防断缆时水下结构被破坏。最后须补充强调的是，对于半潜式钻井平台水平偏移的极限是以隔水管的挠性接头最大偏移角度为参考依据，不是系泊系统相关标准单独规定作业水深的 5%而是 2.5%。

4　几个典型的深水系泊锚及操作工艺

　　1995 年挪威研究理事会启动了一个深水项目，主要焦点就是系泊缆和系泊锚，因为油气勘探进入更深水域依赖当时的定位技术成本呈指数倍增长，所以海洋工程行业需要一个成本合算的解决方案。制定准则：锚安装简单；锚不能复杂或太昂贵；短期加载须有 400~500t 的抓地能力，长期静张紧加载须有 300t 的抓地能力；解决方案考虑张紧腿系泊和垂直拔出负载。

　　如图 15 锚从海底之上预定的高度自由释放，安装力是重力。75t 的 DPA 锚(如图 16)从 50~75m 的高度落下到达海底时将获得 25~30m/sec 的速度，以这个速度可获得进入更硬更深海底(取决于土壤强度和变形特征)深度的穿透力量。DPA 锚(如图 16)概念建立的原理：

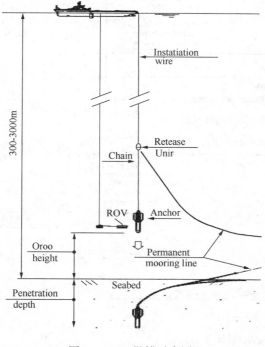

图 15　DPA 抛锚示意图

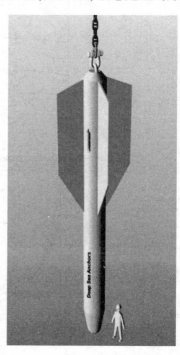

图 16　DPA 锚

自由落体形成的较大动能有效地把锚射进海底，无需外部能源如现场加载，达到高自由落体速度和无旋转稳定的最佳流体动力性能；锚设计利用深水土壤特征；由于锚下部横截面积小，下落安装时流体动力作用对它的影响有限。DPA 锚可任意方向加载，水平定位精确，安装迅速，适用于张力腿系泊。一般由锚专用船只（AHT）实施安装操作。深水须用 2 艘船安装，如图 15 揭示了锚下放时的联接状态，悬挂在安装钢丝绳端部联接释放装置上的系泊缆绳有足够的松弛；锚安装的另一个主要问题在于下落定位的海底附近情况；安装钢丝绳端部的联接释放装置要求应答器，利用位置保持和船的调整能力来实现海底定位；由 AHT（锚专用船）操作控制 ROV，用于在定位期间锚下落时的监控，下落前的预先勘察和下落后的核实检查。

DPA 系泊锚海底安装方式主要根据重力水中自由落体原理，如回收需要很大的系缆桩拉力即锚作拖轮需匹配大马力。深水桩驱锤击装置安装锚桩主要利用机械冲击振动的作用，如标准 IHC 液压大锤比较适应安装 1000m 水深的桩锚，到 1500m 的深度，液压软管或者控制电缆绞车用来驱动液压大锤显得大而笨重，在这种情况下荷兰开发的火驱工具是一个具有吸引力的解决方案，原则上没有水深的限制；火驱装置在大锤上装有紧凑动力包，火箭推进燃料在其燃烧室里燃烧，产生动力把锚或桩推进到海底。吸力锚的海底埋置主要根据锚桩内外压差的原理，目前不仅单独作为一种系泊锚，而且其功能延伸作为一种锚安装工具。

吸力锚通常用于半潜式平台，SPAR 和张力腿（TLP）平台。自从 20 世纪 80 年代初引进以来，吸力沉箱或桩在海上勘探和开发领域就变得越来越普遍。油气需求的增长和后续深水的勘探刺激了吸力锚的使用，因为相对深水驱动桩安装方法他们被证实是更好的选择。与常规的拉力锚比较有更小的占用范围的优点。吸力锚简单可靠，无重负荷举升船的要求，大大降低安装成本；安装过程有更多的控制，比起桩驱，吸力锚提供更好的侧向阻力。

Aberdeen 石油展设计的 U 型半潜式钻井船，其特点就是每个角上配备了吸力锚。钻机进入位置并自身操纵锚的下放，一旦吸在海底排放压载水，变成一种张力腿平台，比起几百英尺水域的常规系泊系统最大的优点就是无需陪伴服务船只，钻机配套吸力锚的概念或许会流行。

海底黏土吸力锚安装方法和沙土基本相似，当沉箱落入水中的时候排气阀打开让沉箱圈闭的空气逃逸，使得沉箱下沉，直到海底。自重穿透厚度（黏土通常 1m）提供抽吸所要求的密封能力。沉箱内外的压差在顶板上提供压力使沉箱吸入土壤，迫使沉箱裙部插入黏土直到沉箱内部无水剩余。黏土吸力沉箱一般是细长形。沙土吸力沉箱吸入稍有不同，一般是方形结构。吸力沉箱的壁厚一般是 10~20mm，安装期间一个重要的步骤就是压力控制。

NGI 是世界上吸力锚主要的设计公司，提供一系列专门用于吸力锚安装的抽吸和监测设备。如图 17 独立泵撬主要包括控制部分、HPU 和变压器、控制软管绞车、下水结构和浮动泵撬。浮动泵撬有下水系统和推进单元，能够完全独立于 ROV 辅助设备在海底操作；所有泵撬系统配备与吸力锚顶部对接的标准接口界面，对接后通过液压锁紧；抽吸泵速可调，抽吸方向可反向。

大多数吸力锚（如图 18）因结构简单对其抓地能力没有多大的提高效果。自从 InterMoor 公司 1997 年引进 SEPLA 板锚（如图 19）专利以来，使得深水系泊发生了革命性的变化，给行业提供了抽吸安装锚桩的方法。SEPLA 板锚在海床土壤较软的 GoM 很受欢迎，动用两艘大的驳船或大的工程船或吊机船通过 DGPS 定位系统，找到锚下放的位置，凭借熟练的技术，用吸力锚把板锚埋置在规定的深度，前提是专用工作船在甲板上须容纳足够的锚，滚筒须有足够的钢丝绳，另外要求配套下水操作和回收 ROV 系统。这种抛锚方法独立于钻机，不但提高了锚桩的定位精度，埋藏深度和抓地能力，从岩土工程技术上来说比起常用的吸力桩锚更有效地抵制了垂直负载，节省半潜式钻井平台高昂的日租金(存有争议)。SEPLA 板锚完全埋置在更深更强的土壤层，所有结构组成主动抵制系泊负载，从 GoM 到 WA(西非)和 FE(远东)浮动生产设施的安全保护案例足以证明这个概念的价值。

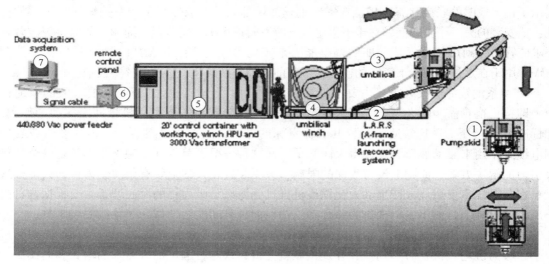

图 17　独立泵撬系统

图 18　吸力锚

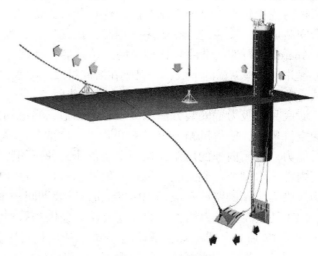

图 19　SEPLA 板锚

　　Delmar Systems Inc. 在 GoM Garden Banks 地区曾为深水 MODU 成功埋置了第一套重力垂直负荷锚(VLA)。首先锚作拖船/供应船(AHTS)预先部署专利 OMNI-Max 锚(如图 20)，拉力测试后停止施工，等待 MODU 的到来。钻机一到，将锚缆用 Delmar 专利海底系泊连接器联接到钻机自带的系泊部件上。OMNI-Max 系泊系统设计的益处就是减少系泊定位损坏或失效对海底基础设施带来的风险。Delmar 公司第一套专利海底联接器通过船级社的认证，获准在永久系泊上应用；并在 Murphy West Africa's Azurite project 项目中为世界第一艘 FPDSO 船提供其专利海底联接器(如图 21)，将 FPDSO 锚定在水深 4593ft(1400m)的水域，这个项目标志 Delmar 第七套海底联接器在世界范围内永久安装。这种联接器技术适用于移动钻井设备和永久系泊安装，允许单船部署锚和系泊缆，海底联接器通常用标准 ROV 操作连接和断开。

图 20　Delmar OMNI-Max 锚

图 21　球抓海底联接

深水预抛锚和后回收工艺需要建造有突破性的专用工作船，在船尾配有 A 型架子、甲板上有配备工作滚筒和牵引滚筒的绞车、有拉锚放锚的辊子和功能强大的吊机，能够处理纤维缆和举升吸力锚。另一方面 MODU 运载足够的系泊系统到 1500～2000m 左右的水深定位对于整个钻井运作来说不切合实际，依靠专业船只运载系泊锚和缆（钢系）绳缆变得更合理，这样 MODU 可以把锚枕拆除，保留锚机或锚链千斤、短的连接锚链和链条导向装置，其结果解决了深水锚枕损坏的问题。早期系缆桩拉力 48t，现在升级到 200t，绞车举升能力 500t，海洋供应船 UT741 船配备 27400bhp，系缆桩拉力达 280t，采用吸力锚安装工艺后减少了要求的系缆桩拉力，目前墨西哥湾配备使用 15000bhp 左右现在或多或少成了北海的标准。

另外还有一个绝对不可忽视的就是抛锚作业技巧。不管设备如何先进，专业软件如何模拟逼真，然而在锚工作船甲板上十分不同，船长和工作人员的技巧显得非常重要，这在许多关于深水系泊的技术论文里得到共识，如果某一时期动力定位技术真的全部代替系泊定位技术，那后果将是抛锚技术将很快消失于行业。

5　结论和建议

系泊定位系统和波浪升沉补偿系统一样重要，是海洋工程最基础最普遍的技术之一，考虑到水下器具（如隔水管和 BOP）安装和作业，海洋石油行业有必要制定自己的系泊标准；更重要的是，在南海区块勘探开发前期建造和改造几条适合当地水深海况的锚作施工船和拖曳工作船等专业船只，研究开发出适合自身配套设施的吸力锚延伸扩展产品，以及开发研制自己的波浪举升补偿着陆系统和被动举升补偿系统，形成并熟练掌握 1500～2000m 水深海域预抛锚和回收锚的操作工艺，逐步调查研究当地海况和海底土壤特性，在预可研阶段和 ODP 阶段练就和夯实自身的专业技术基础，培养出深海系泊设计工程技术人员。

在深水海域 MODU 定位系统的选型配置上不宜一味追求最先进最省事，而应结合自身的经验和技术、具体的水深和海底土壤工程特性、成本和后续投入选择适合自身的定位系统，没有哪一种定位系统最适合所有的海况条件，只有在某种海况条件下选择最合适的定位系统。

浅析海洋工程水下生产系统产业的发展前景

魏彦 岳巧 刘继颖

(海洋石油工程股份有限公司)

摘要：简要介绍了海洋深水发展趋势，从国内外市场行情、水下生产模式、国内外发展现状来探讨国内产业发展，对产业发展前景进行了展望。

关键词：水下生产系统；市场前景；生产模式

1 引言

从世界深水技术发展趋势来看，水下生产系统是深水油气田开发的主流模式，以 2009 年为例，世界水下油气开发模式平均占到总开发的 67%。在美国墨西哥湾的深水生产系统中，水下生产系统占有比更高达至 85%。

深水水下工艺装备是水下生产系统的重要载体。水下工艺装备附加值高，目前仅有少数国外厂商具备制造、测试水下工艺装备的技术能力。随着我国石油勘探开发向深海的战略转移，对海洋石油装备的需求进一步加大，对国外的技术和装备依赖性更大，所以无论是从国家能源安全方面还是从装备制造业未来发展方面，研究适合我国油气勘探和开发的海洋石油水下工艺装备的制造技术和测试装备，实现水下相关技术装备的产业化都迫在眉睫。

目前国家出台了多部政策，大力扶持海洋工程深水水下生产系统相关产业。今年年初，国家发展和改革委员会发布了《关于组织实施 2013 年海洋工程装备研发及产业化专项的通知》，明确将海洋工程水下关键设备确定为今年国家专项支持产品。不难看出，海洋深水工程已上升为国家战略，国家要大力发展海洋深水技术，为中国南海深水油气田的开发奠定基础。

2 水下生产系统产业的国内外市场前景

根据中国海洋石油"十二五"油气生产规划，未来几年海上油气田的建设将继续处于高峰期，在 2012~2015 年期间，预计有 40 座水下井口将建设，国内市场前景看好。根据目前的海底设备开发市场行情，一个大中型水下油气田的海底设备费用约为 1~2 亿美元，预计国内市场至少将有 30~80 亿美元市场份额。

英国咨询公司 Douglas-Westwood 预测未来 5 年(2012~2016 年)全球在海底设备产品上的花费总金额将达到 1350 亿美元，2016 年的海底设备花费将达到 320 亿美元。其中，水深超过 500 米的海底开发项目经费将占到未来 1350 亿美元一半以上的市场份额。

3　水下生产系统模式介绍

　　水下生产系统主要由水下采油树、水下管汇、跨接管、输送管道、脐带缆等部件组成。在各种水下生产设施安装到海底之后，借助于水下连接技术和装备，将水下井口、水下采油树、水下管汇、水下油气处理设施以及海底管线终端等水下生产设施连接起来，形成一套完整的水下生产系统。

　　目前，世界水下生产系统主要开发模式主要有以下形式，见表1和图1：

表1　世界水下生产系统模式主要类型

类　　型	适用范围	类　　型	适用范围
水下生产系统+FIXED PLATFORM	中深水边际油田	水下生产系统+FPSO+FPS	大型油田
水下生产系统+FPSO	独立开发边际油田	水下生产系统+TLP（SPAR）	深水边际油田
水下生产系统+FPS+回接到依托设施	气田	水下生产系统直接上岸	海底地势坡度大

图1　水下生产系统主要开发模式图

4　国内外水下生产系统发展现状

　　国外水下生产系统技术已发展了近50年，技术已很成熟，关于水下产品和关键技术的国内外情况分析见表2：

表2　国内外情况分析对比表

类　　别	国内现状	国外现状
已应用水下生产系统情况	油气田 LF22－1 油田、LH11－1 油田、HZ32－5、26－1N气田（均为合作开发）	约5700套水下生产系统
关键技术	国内刚起步，未突破设计、安装、测试关键技术，但在水下生产系统的操作，运行和维护方面积累了一定的现场经验。	近50年发展历史，技术成熟，优势明显
水下产品	主要依赖进口	5家主要公司垄断（FMC Technologies、Aker Solutions、Cameron、Dril－Quip、GE Vetco Grey）

在水下产品、设备方面：经过多年的储备和发展，世界五大水下生产设备制造厂商，FMC、Cameron、Aker Solutions、GE Vecto Gray 和 Drill Quip 几乎瓜分垄断了水下设备市场。国外公司自主产品和技术较多，实力强大。

在产品的设计、制造、组装和测试方面：目前国外水下生产系统产品主要由 FMC、Aker Solutions、Cameron、GE Vetcogray 等少数国外厂商垄断，这些公司具备对于水下产品的设计、制造、组装和测试能力，技术成熟。

在水下工程方面：国际知名的专业水下工程公司有 Saipem - Sonsub、Technip、Helix、Fugro、Oceaneering、Hallin 等，集设计、建造、安装、维修到各种水下作业支持于一身，这些公司具备深水水下工程的世界领先研发技术。

5　结论

经过多年的储备和发展，国外专业公司基本垄断了水下生产市场。目前我国自主产品少、技术薄弱，整个产业基本处于初步研究阶段。由此可见与国外专业公司相比，中国企业在还存在相当大的差距，未来国内企业要加强自主创新能力、增加技术储备、整合有效研发资源。

通过国家政策的大力扶持，国内企业将经历阶段性历练而取得突破，未来国内水下生产系统产业会逐步取得市场份额，将成为国家的一个经济增长点。

大马力工作船主要配套设备优选分析

摘要：本文对大马力工作船的主推进系统、拖带/起锚设备、发电设备等主要
配套设备进行了分析，提出了具体分析结论。
关键词：大马力工作船；设备

1 大马力工作船主要设备配套及布置形式介绍

主要设备配置：主机及主推进系统、主发电机组、艏艉侧推、舵机、鲨鱼钳、主拖缆机
及储缆绞车、锚机、对外消防系统、散料输送系统、泥浆输送系统、动力定位系统推进系
统。布置示意图见图1、图2和图3。

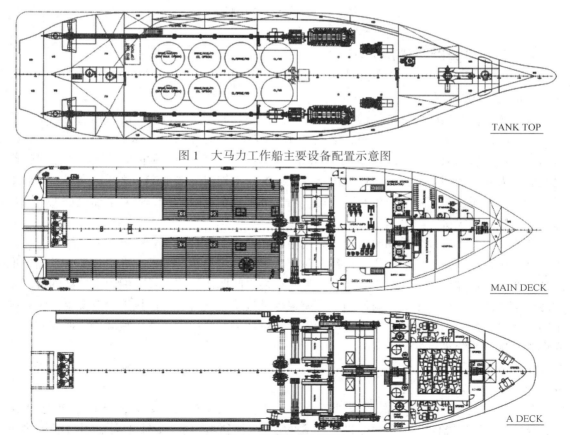

图 1　大马力工作船主要设备配置示意图

图 2　拖带设备布置图

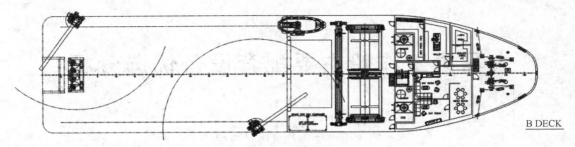

图 2　拖带设备布置图(续)

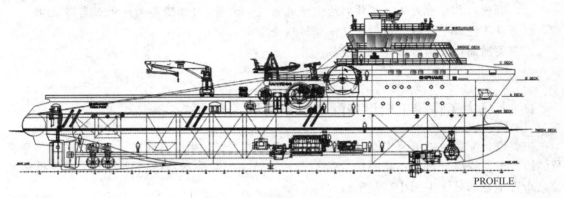

图 3　主要设备布置侧视图

2　主要配套设备优选分析

2.1　主推进系统

根据调研,本类船舶的主推进系统主机均选用中速船用柴油机,目前国际上主要生产船用柴油机的厂商有瓦锡兰(Wartsila)公司、卡特彼勒(Caterpillar-MAK)公司、曼恩(MAN Diesel)公司、劳斯莱斯(Rolls-Royce)公司等,国内柴油机厂商目前也有部分厂商能够生产此类船用大功率船用柴油机,主要采用国外厂商的技术授权方式生产,这些厂家有:潍柴重机股份有限公司、镇江中船设备有限公司、南车资阳机车有限公司、陕西柴油机重工有限公司、广州柴油机股份有限公司等。

在船舶建造项目设备采购时,建议采用主机和推进系统打包方式进行采购,因此统称为主推进系统,即以主机厂商为主,由其打包提供主机、齿轮箱、轴系、螺旋桨等一系列主推进系统产品。这样可以有效减少不同厂家之间的接口问题。目前世界范围内主要柴油机厂商均能够生产或有其固定配套的齿轮箱、可调桨等推进系统设备、可以根据船东要求提供各种不同的配套产品。因此为工作船配套的齿轮箱及可调桨生产厂家不作单独调研,而和主机一起作为主推进系统进行调研。

主机生产厂家简介:

1)瓦锡兰(Wartsila)公司

瓦锡兰成立于1834年,总部位于芬兰赫尔辛基,员工达1.9万人,分布于70多个国家、160多家分支机构。瓦锡兰是世界最大的船用设备供应商,专注于向船用市场提供可靠、经济及环保的船舶动力系统。该公司生产的用于大马力工作船的四冲程中速机型主要有26、32、38、46 等系列机型。

2）卡特彼勒（Caterpiler—MAK）公司

美国卡特彼勒公司成立立于 1925 年，卡特彼勒公司是世界上最大的工程机械和矿山设备生产厂家、燃气发动机和工业用燃气轮机生产厂家之一，也是世界上最大的柴油机厂家之一。该公司已与 MAK 柴油机公司合并为一个公司，并将于今年收购 BERG 推进系统，进一步拓展了其业务范围。该公司生产的用于大马力工作船的四冲程中速机型主要有 3616、3618、C280、M25C、M32C、M43 以、M46DF 等系列机型。

3）德国曼恩（MAN Diesel）公司

MAN 柴油机公司是德国曼恩集团的子公司之一，总部设在德国，是世界最主要的船用柴油机设计、开发和制造企业之一，在柴油机研制方面有百余年的丰富经验。公司主要致力于新产品研发、出售专利技术、售前售后技术服务，同时也制造小缸径低速机和中、高速机等。MAN 柴油机公司主要设计、开发、生产船用柴油机、发电厂用柴油发电机、涡轮增压器、螺旋桨等，其船用两冲程船用低速柴油机在市场占有较高份额。该公司生产的用于大马力工作船的四冲程中速机型主要有 21/31、27/38、32/40、32/44、35/44、48/60 等系列机型。

4）劳斯莱斯（Rolls-Royce）公司

Rolls-Royce 集团是一家综合性公司，拥有甲板机械拖缆机、锚机、舵机、吹灰、主机遥控、KAMEWA（推进桨、侧推等）、BERGEN（主机）等船用设备厂家，同时该公司能够提供海洋工程船舶的设计。Rolls-Royce 公司为其客户提供设计的做法是：他们的设计一般要与设备捆绑打包销售，一般不出售纯设计，要求所设计的船上配置的重要设备都由 Rolls-Royce 打包提供。该公司生产的用于大马力工作船的四冲程中速机型主要有 32：40、25：33 等系列机型。

5）潍柴动力股份有限公司

潍柴成立于 1946 年，具有 60 多年的发展历史，产品广泛应用于重型汽车、大客车、各类工程机械、农用机械以及发电、排灌和船舶动力。船用柴油机功率范围覆盖从 38～4500kW。2008 年与德国曼（MAN）公司签订了许可证生产协议，能够生产 L21/31、L32/40 等机型。最近中海油田服务股份有限公司新建船舶项目与该公司签订了主推进系统设备供应合同，其主要机型就是该公司生产的 MAN L21/31 机型。

6）镇江中船设备有限公司

镇江中船设备有限公司是中国船舶工业集团公司直属企业，由创建于 1976 年的镇江船用柴油机厂等中船集团公司企业经过资产重组设立的有限责任公司。公司成立于 2001 年 10 月 18 日，主要生产经营功率范围 430～16020kW 的船用柴油机。该公司引进了 MAN 公司 L16/24、L21/31、L23/30、L27/38、L28/32、L/V32/40、S35、S40、S42、S46、S50 和 Wartsila 公司 RT-flex35、RT-flex40、RT-flex48T、RT-flex50 等系列船用柴油机产品的生产许可证。得到 MAN 公司和 Wartsila 公司的质量和全球售后服务担保。

7）陕西柴油机重工有限公司

陕西柴油机重工有限公司（SDX）隶属于中国船舶重工集团公司，是国内规模最大的中、高速大功率船用柴油机制造企业和柴油发电机组制造商，同时也是中船重工集团公司所属的中、高速大功率船用柴油机专业制造企业和海军多型舰艇主动力科研生产定点企业。公司先后引进法国热机协会的 PA6、PA68、PC2-5/6 和 PC2-6B 系列，日本大发公司 DS、DL-22、DL-26、DK-28、DK-20 系列、德国 MTU 公司 MTU956/1163 系列和德国 MAN 公司 L16/24、L21/31、27/38、32/40 系列柴油机专利技术并开展国产化研制。目前主要生产缸径 160~400mm、转速 390~1500r/min、单机功率 550~5500kW 的八个系列船用及陆用柴油机和 440~12000kW 的船用、陆用柴油发电机组成套设备以及为柴油机配套的离合器、冷却器等产品。

8）南车资阳机车有限公司

中国南车旗下的南车资阳机车有限公司始建于 1966 年，是由铁道部兴建并培育壮大的中国西部唯一的机车制造企业。该公司引进了美国卡特彼勒公司 36 系列发动机制造技术、德国 MAN 公司 27/38、32/40 船用发动机制造技术、日本三菱公司 30G 燃气发动机制造技术。

9）广州柴油机厂股份有限公司

广州柴油机厂股份有限公司是广州机电集团（控股）有限公司的下属公司。广州柴油机厂股份有限公司创业于 1911 年，现有职工 1100 人。是中国华南地区最大的中速柴油机生产专业厂家。现有产品功率覆盖范围从 400 马力到 3300 马力，其中 G32 型柴油机最大功率超过 5000 马力。

2.2　拖带、起锚设备

大马力工作船的拖带、起锚设备主要指主拖缆机的配置，并能够利用该设备进行对外起抛锚作业。主拖缆机又称拖曳绞车或拖缆绞车，主要组成部分有卷筒、离合器、底座、驱动装置、控制装置、排缆装置等组成。其最主要的作用是连接工作船和被拖物，并承受相应的负载载荷，同时起到收缆、放缆、储缆的作用。拖缆机按卷筒数量分为单卷筒、双卷筒、三卷筒等形式，按动力源分为电动、液压、柴油机和蒸汽驱动等方式，目前国内较大的船用主拖缆机均采用液压驱动方式。

对一艘大马力工作船舶而言，与主拖缆机相关的最重要的参数就是船舶系柱拖力，系柱拖力是指船舶在最大持续功率时所产生的拖力。从目前已知的 12000~15000HP 多用工作船的资料统计来看，系柱拖力主要范围是 1120~1800kN，因此目标船型系柱拖力不能低于 1300kN，换算成吨为 132.7t。

根据中国船级社的规定：拖缆机卷筒上最内层拖缆的拖力，至少为拖船系柱拖力的 2.5 倍。拖缆机的制动装置应具有相应于其适用的最大拖缆的破断负荷的 1.1 倍的静态握持力"。所以拖缆机最内层拖缆的拖力需要达到 3225kN 换算成吨为 329.1t，因此确定目标船型的系柱拖力至少为 133t，所配备的主拖缆机内层拖力至少为 330t。

根据前期的研究结果和分析并考虑设计冗余，大马力工作船的主拖缆机内层拖力应能够达到 400t，世界范围内能够生产此类大型主拖缆机的公司主要有以下几家：

1）劳斯莱斯（Rolls-Royce）公司

Rolls-Royce 集团是一家综合性公司，拥有甲板机械拖缆机、锚机、舵机、吹灰、主机遥控、KAMEWA（推进桨、侧推等）、BERGEN（主机）等船用设备厂家，同时该公司能够提供海洋工程船舶的设计。世界上第一台液压绞车在 1937 年 6 月 7 日诞生于该公司。该公司的起抛锚绞车有着优异的性能，故世界上大功率起抛锚船，几乎全部采用的是该公司低压起抛锚绞车，该公司在大马力工作船使用的 400t 以上大型拖带设备市场基本处于垄断地位。

2）挪威卡默（Karmoy）公司

Karmoy 公司成立于 1915 年，现有经营、设计、管理、工人等员工 200 多人。成立之初公司是以生产柴油机为主，从 1960 年开始，开始生产甲板机械。工厂室内可生产加工部件的最大尺寸达 30m×15m×20m，工厂现有的测试中心，可测拉力为 500t 的甲板机械，可测试部件的重量也达 500t。目前公司所生产的鲨鱼钳及挡销产品最大达到 750t，所生产的拖缆机最大达到 500t。我公司中油海 223、224、225、226、241、242、261、262、263、264、281、282 船的甲主拖缆机和鲨鱼钳均采用了该公司的产品。

3）麦基嘉（MacGregor）公司

麦基嘉集团始建于 1937 年，是 Cargotec 集团的成员之一，产品包括船舶舱盖，克令吊，滚装船设备，绑扎设备。该公司拥有 Plimsoll 品牌的甲板机械，Plimsoll 公司成立于 1974 年，是一家专业的甲板机械设备设计及制造公司，主要为船舶及海洋工程提供专门设备和工程技术服务。该公司目前主拖缆机产品内层拖力最大的能达到 400t。我公司的中油海 251、252 船锚机、主拖缆机采用了 Plimsoll 的产品。

4）德国哈特拉帕（HATLAPA）公司

哈特拉帕公司成立于 1919 年，在 7 个不同的国家有 500 名员工，以主空压机和绞车闻名，除空压机外还生产舵机，甲板机和海工用的绞车，提供全球售后服务。2011 年 HATLAPA 收购了挪威的 Triplex AS。Triplex 公司成立于 1933 年，在挪威和智利拥有 90 名员工，以起重机和渔船装卸系统闻名，生产起重机，和海工用的抛锚系统，生产特种吊和科考船的装卸系统。该公司抛锚和拖缆绞车可根据客户需求定制，分为单筒、双筒、三卷筒瀑布式设计，操锚系统最大到 650t 拉力。所有的绞车驱动都可以选择液压驱动和电驱动 2 种方式。

5）武汉船用机械有限责任公司

武汉船用机械有限责任公司隶属于中国船舶重工股份有限公司，公司占地面积 120 万平方米，现有员工 2500 余人，注册资本 145890 万元。产品涵盖为民船配套的锚机、绞车、侧推、舵机等产品，形成了甲板机械、舱室机械、推进系统等多品种系列化设备。目前该公司最新的拖缆机产品拖力最大的也能够达到 400t，但是该产品还未能在实船上得到应用。

因大马力工作船工作环境复杂，作业海况恶劣，对甲板机械的可靠性要求极高，如果因为设备故障影响海上作业进行，将产生一系列影响，因此建议在新建大马力工作船时，对主拖缆机的选型应重点考虑其可靠性，在满足参数需求的同时，在成熟可靠的产品范围内进行优选。

2.3　发电机组设备

根据前期调研结果，大马力工作船配套的主发电机组应能达到 400kW 的功率，配置数量 3 台。此类发电机组属小型高速船用发电机组，因大马力工作船工作环境恶劣，作业工况复杂，对发电机组的可靠性要求极高，因此综合考虑建议发电机组设备选用国际知名品牌的成熟进口产品。目前世界范围内大马力工作船使用较多的厂家有 CAT、VOLVO、CUMMINS 等公司，建议在设备选型时根据船舶实际需求在此范围内进行进一步优选。

1）美国卡特彼勒（Caterpiller）发电机

Caterpiller（卡特彼勒）公司是世界上最大的工程机械和建筑机械的生产商。也是全球高品质柴油发电机组和天然气发电机组的首席供应商。卡特彼勒公司于 1939 年开始推出发电机组，累积了超过 70 多年的设计和生产经验。能够提供满足船东功率范围要求的多种发电机组。多年来，卡特彼勒在设备的设计、开发研究上，投入了大量的人力、物力，使得 CAT 产品在质量和性能上不断跃升。美国卡特彼勒柴油发电机组是行业内唯一从发动机、发电机、控制系统及所有部件均由卡特彼勒公司一家厂家统一设计、制造、测试及保用，其发电机产品在全球范围内享有较高声誉。经调研，该公司的 C9、C18、3400 系列发电机组功率范围较适合大马力工作船使用。

2) 瑞典沃尔沃（VOLVO）公司

该公司是瑞典最大的工业企业，有 120 多年历史，是世界上历史最悠久的发动机制造厂商之一；至今为止其引擎产量已达 100 万台以上，并广泛应用于汽车、工程机械、轮船等的动力部分，它更是发电机组的理想动力。其产品功率范围涵盖从 68～550kW 范围，我公司中油海 251、252、261、262、263、264、281、282 等船舶采用了该公司生产的主发电机组，目前运行状态良好。该公司的 D16 系列发电机组功率范围适合作为大马力工作船的发电机组使用。

3) 美国康明斯发电机公司

美国康明斯发动机公司始建于 1919 年，主要生产发电设备、工业及汽车等行业用发动机。康明斯公司是 200 马力以上柴油发动机最大生产厂家及 50 马力以上柴油发动机第二生产厂家。我公司的船舶中油海 2000HP、4000HP、油轮、602 船、631 船采用了国产重庆康明斯和东风康明斯产品，使用数量较多，共计有 37 台。在近几年使用过程中频繁出现了较多的游车等设备故障。建议如果选用该公司产品，则选用原装进口产品与其他厂商进行同等对比优选。该公司的 KTA19、VTA28 系列发电机组功率范围适合作为大马力工作船的发电机组。

2.4 侧推

根据前期调研结果，舶艉部侧推是大马力工作船必须配备的侧向推进设备。目前世界范围内能够生产此类侧推装置的厂商有如下几家：

1) 挪威 BRUNVOLL 公司

该公司成立于 1912 年，是专业的推进器生产厂家，其产品涵盖了各类船用管道式推进器、全回转推进器及控制系统等，已经为约 2800 艘船舶提供了 4800 套推进器产品。其管道式侧推的功率范围覆盖了 100～2600kW 的功率范围，可升降式推进器的功率范围为 500～2200kW。我公司中油海 241、242、251、252、261、262、263、264、281、282 船的侧推均采用了该公司的产品。

2) Rolls-Royce 公司

Rolly-Royce 是一家综合性公司，能够设计和生产多种船用产品，其侧推产品主要为 KAMEWA 品牌（包括主推进系统、侧推等）。该公司生产的侧推类产品也在此类海洋工程船上得到了较多的应用。

3) Wartsila 公司

Wartsila 公司也是一家综合性公司，其推进系统和侧推产品主要为 LIPS 品牌，其产品在海洋工程船上也有较多应用。

4) SCHOTTEL 公司

该公司生产的船用推进装置以舵桨、调距桨、各类侧推器为主，我公司中油海 241、

242 船使用了该公司生产的全回转舵桨。

　　5）BERG 公司

　　该公司以生产各类船用推进设备为主，包括齿轮箱、可调桨、侧推器等，其产品在海洋工程上也有较多应用。船今年卡特彼勒公司将完成对该公司的收购，使 BERG 公司成为卡特彼勒的一个品牌。

2.5　舵机

　　根据调研情况，此类大马力工作船的舵机几乎全部采用了 Rolls-Royce 公司的转叶式舵机系列产品，这种舵机具有运行可靠、维护简单、占用空间小等优点，最适合结构复杂的大马力工作船需求。

3　结论和建议

3.1　结论

　　经过对一系列大马力工作船主要设备主推进系统、主拖缆机、发电机组、侧推、舵机等产品的设备型号、参数和厂商调研，对大马力工作船上述关键设备的选型形成了初步研究结果如表 1 所示。

表 1　大马力工作船关键设备选型

主要设备	参数范围	可选品牌
主机及推进系统	主机功率约 9000～12000kW，推进系统及轴带发电机等由主机厂商配套	MAN，Wartsila，Caterpiler-MAK 等
主拖缆机	拖缆机卷筒内层拖力不小于 400T	Rolls-Royce，Karmoy 等
主发电机组	约 400kW，3 台	VOLVO，CAT，Cummins 等
侧推	艏侧推约 1000kW，2 台 艉侧推约 800kW，1 台	BRUNVOLL，Rolls-Royce，SCHOTTEL 等
舵机	转叶式舵机	Rolls-Royce

3.2　建议

　　因海洋工程公司新建大马力工作船具有深水海域的起抛锚、拖带、供应、守护等多种作业能力，并考虑远距离拖航、恶劣海况条件下的紧急救助、安全守护和对突发事件的应变能力，必须保证海上生产和人员的安全，因此对设备的可靠性有较高的要求。因此对设备的选型除技术参数满足要求外，还应着重对所选设备的成熟性、可靠性等方面进行综合考虑。建议在大马力工作船项目启动后，根据已调研结果所确定的主要设备参数范围和有相对丰富制造经验的厂商范围进行进一步优选订货，以加快新造船项目的建造进度。

浅谈航运业务统计对生产经营的指导作用

摘要：通过对船舶航运数据进行统计来达到指导生产经营的目的。
关键词：统计；船舶；生产经营

通过统计分析，不仅可以了解企业的生产结构、规模水平及增长变化速度，而且可以发现生产经营中的某些问题，从而有利于采取措施，加以改进。统计分析包括运用多种数学公式处理数据，以及用数学概念描述情况。它将复杂的情况用简单的语言进行描述，给出预测观点。

解释的质量和分析具有同等的重要性。统计本身并没有任何用处，解释不准确时甚至可能有误导作用。

下面从以下几方面浅谈船舶航运数据统计。

1 船舶情况介绍

船舶事业部隶属中国石油集团海洋工程有限公司，共计 23 艘船舶，其中工作船，19 艘；油轮 2 艘；交通艇 1 艘；滚装船，1 艘。数据见表 1。

表 1 各类船只相关参数

序号	船名	船型	航区	定员	主尺度/m			空载吃水/m	满载吃水/m	满载排水量/t	总吨	净吨	甲板货/t
					总长	型宽	型深						
1	中油海281	多用途工作船	无限	24	72.5	15	7	4.8	5.7	3923.4	2095	628	500
3	中油海282			24	72.5	15	7	4.8	5.7	3923.4	2095	628	500
3	中油海261	多用途工作船	无限	24	70.4	14.2	6.9	4.8	5.7	3635.8	1822	546	600
4	中油海262			24	70.4	14.2	6.9	4.8	5.7	3635.8	1822	546	600
5	中油海263	多用途工作船		24	70.4	14.2	6.9	4.8	5.7	3635.8	1822	546	600
6	中油海264			24	70.4	14.2	6.9	4.8	5.7	3635.8	1822	546	600
7	中油海251	破冰型多用途工作船	近海	22	67.2	13	5.2	3.3	4	2184.6	1295	388	500
8	中油海252			22	67.2	13	5.2	3.3	4	2184.6	1295	388	500
9	中油海241	全回转多用工作船	近海	16	56.3	12	5.35	3.7	4.03	1696.6	1078	323	400
10	中油海242			16	56.3	12	5.35	3.7	4.03	1696	1078	323	400

序号	船名	船型	航区	定员	主尺度/m			空载吃水/m	满载吃水/m	满载排水量/t	总吨	净吨	甲板货/t
					总长	型宽	型深						
11	中油海231	浅吃水多用工作船	近海	9	59.4	12	4	1.9	2.6	1388	902	270	250
—	中油海221			15	58.7	12.2	3.9	1.9	2.6	982	848	252	150
—	中油海225			15	58.7	12.2	3.9	1.9	2.2	982	848	252	150
17	中油海226			15	58.7	12.2	3.9	1.9	2.2	982	848	252	150
18	中油海211	浅吃水工作船	沿海	10	45.8	9.2	3.2	1.3	1.6	522	489	273	140
19	中油海202	浅吃水工作船	沿海	10	47	8.5	3.4	1.65	1.95	547	412	124	80
20	中油海511	油轮	近海	22	86.6	16	4.2	2	2.5	2808.8	1995.6	1117.5	1500
21	中油海512			22	86.6	16	4.2	2	2.5	2808.8	1995.6	1117.5	1500
22	中油海602	交通艇	近海	6	38	6.2	3.2	1.32	1.4	127.42	215	108	0
23	中油海631	客滚渡船	近海	8	69.5	15.6	4.5	2.124	2.9	2143.7	2676	1445	720
	合计										29997.2	10829	10290

2　船舶作业性质

（1）为海上各类平台及海上大型结构物提供远近洋拖航、移位、就位、起抛锚服务；

（2）承担各类平台设施的安全守护、消防值班、应急救助、防污染和溢油回收等任务；

（3）为海上各类平台及作业设施运送生产物资和生活物资，并负责海上各类平台设施人员的倒班和交通；负责海上原油的运输；

（4）为海上各类平台、导管架、模块及其它工程构件提供运输、负责船舶码头的管理及其后勤保障工作。

3　航运业务统计的基本内容

3.1　航运业务统计概念

航运业务统计是对船舶生产活动进行不间断的审核和计算，并及时向业务计划人员、调度人员和企业负责人汇报运输生产成果以及存在的问题。

3.2　航运业务统计主要包括两项内容

一是快速统计，即值班调度快速统计按日、周、旬、月、季度、半年、年统计船舶运输生产完成情况，并按统一的格式编报日、周、旬、月、季度、半年、年的统计工作，为企业内部和上级提供生产情况信息。

船舶事业部成立7年来，不断完善日、周、旬、月、季度、半年、年统计报表，使之不断适应生产需求。表格样本见表2和表3。

表2　中国石油集团海洋工程有限公司船舶事业部船舶动态日报表

船舶动态为　　年　　月　　日8：00-　　年　　月　　日8：00

类型	船舶名称	服务单位	动态	服务类别	航程/nm	航时/h	存灰数量/t	船长	在船人数	在岗人员	实习人员
工作船	中油海202										
	中油海211										
	中油海221										
	—										
	中油海282										
特船	中油海602										
	—										
	中油海631										
外雇船											

气象 渤海湾	天气	风向	风力	备注	
制表：					

备注：每天下午4点之前报送生产运行科。

表3　中国石油集团海洋工程有限公司船舶事业部船舶动态周、月、旬、半年、年报表

序号	船名	航程/nm	航时/h	航次	航天	靠平台/h	靠码头/h	守护/锚泊/h	运甲板货/t	运原油/m³	运污水/m³	燃油/m³ 消耗	燃油/m³ 库存	淡水/m³ 消耗	淡水/m³ 库存	为平台输送/m³ 燃油	为平台输送/m³ 淡水	为平台输送/m³ 水泥/t	运送人员	运送车辆	备注
1	中油海202																				
2	中油海211																				
3	中油海221																				
—	中油海602																				
23	中油海631																				
24	外雇船																				
	合计																				

4　船舶航运数据术语

（1）航程：船舶航行经过的距离。单位：海里（nmile）。1nmile＝1852km。

（2）航速：在船舶相对于水的运动速度。单位：节（Kont）（Kn），1Kn＝1nmile/h。

（3）航次：船舶为完成某一次运输任务，按照约定安排的航行计划运行，从出发港到目

的港为一个航次。

（4）货物周转量：是指在统计报告期内指海运企业实际运送的每批货物重量与其相应运送距离的乘积之和。

（5）旅客周转量：是指在统计报告期内海运企业船舶实际运送的每位旅客与其相应运送距离的乘积之和。

（6）船舶总航程载重量：指报告期内每艘在用船舶在运输过程中总航行里程与定额载重量的乘积之和。一般可分为船舶营运航程载重量和船舶非营运航程载重量。计算单位：千吨海里（公里）。

计算公式：总航程载重量＝∑（每艘船舶定额载重量×该船舶总航行里程）

（7）实际航行时间：船舶完成实际航行距离所用时间。

（8）靠泊时间：船到码头准备放锚固定的过程所用时间。

（9）锚泊时间：是指船舶在锚的抓力牢固控制下的一种运动状态。只有锚爪牢固地抓住水底，锚位不移动，船舶只能围绕锚位，在锚链长度的极限范围内随风流漂荡回转的情况下，是在锚泊中。到下一工作，起锚之间的时间为锚泊时间。

（10）航天：船舶为完成一个或对个航次运输任务所用的天数。可以计算到小时。

（11）拖航、移位：承托方用拖轮将被拖物经海路从一地拖至另一地。

5 航运统计分析方法

航运统计分析是根据航运企业统计工作中调查和整理的统计资料，运用有关的统计分析方法，并结合实际情况，对企业乃至整个航运业生产经营活动的过程和结果进行由此及彼、由表及里的系统研究和分析，从而揭示航运生产经营活动中的成绩和薄弱环节，促进航运生产经营的科学管理，提高其经济效益。统计分析方法因不同的研究课题、对象、不同的用途而异，下面介绍几种船舶事业部的统计分析方法。

1）对比分析法

（1）实际与计划对比，反映计划完成程度。

程度对比：计划完成程度＝实际水平/计划水平× 100%

差额对比：超额完成或未完成计划＝实际水平−计划水平，这是经常使用的比较直观的分析方法，这就要求对计划水平进行严格测算，避免出现计划不周出现偏高或过低现象。

（2）本企业与同行业水平对比，反映本企业的差距。

基本公式：同一指标差别程度＝本企业水平/同行业水平× 100%

同一指标绝对差距＝本企业水平−同行业水平。

2）同期平均法

航运生产经营中航线货流量呈现季节性变化，分析这种季节（定期）变动，掌握其规律性，对运力调配、生产安排的合理进行，提高企业的经济效益具有重要意义。分析季节（定期）变动一般采用同期平均法。这种方法就是将被研究现象若干个周期的资料编成平行数列，然后计算相同时期的平均数。通过一系列平均数的比较，掌握现象的变化规律。

如，2008 年 1~11 月~2011 年 1~11 月生产运行数据比对表 4。

表4 生产运行数据比对

序号	项　目	2008 年 1~11 月	2009 年 1~11 月	2010 年 1~11 月	2011 年 1~11 月
1	航程	166850	171627	186309	170310
2	航次	5640	3548	3169	3936
3	航天	13693	7099	7611	5353
4	运货物	332076	212956	215191.4	152501
5	运人员	39256	20021	19700	20805
6	拖航移位次数	27	48	62	52

再如，2008 年 1~6 月至 2011 年 1~6 月同期形象收入比对表5。

表5 同期形象收入比

序号	年份 市场板块	2008 年 1~6 月	2009 年 1~6 月	2010 年 1~6 月	2011 年 1~6 月
1	钻井事业部	4854.8	7282.6	8495.9	6382.45
2	天津分公司	10370.93	1235.86	2679.44	3788.49
3	青岛海工事业部			265.7	41.51
4	冀东志达公司	3801.3	564.5	411	1373.23

可以反映同期不同板块的收入情况，分析收入升高降低的原因，指导市场导向。

3）船舶航行率变动情况的分析

船舶航行率是船舶航行时间与全部营运时间的比值。船舶航行率的高低是生产组织工作和自然条件影响的综合反映。提高船舶航行率，关键在于缩短停泊的时间，即要努力提高码头的装卸效率，减少非生产性停泊；要研究非生产性停泊时间的构成，看看其中哪些是可以压缩的，以便在一定的航线、航速情况下，提高航行率，加速船舶周转，充分发挥船舶使用效率。

提高船舶航行速度，可以从两方面着手：一方面是减少船舶的运行阻力；另一方面是加大推进器的推力。在减少船舶运行阻力方面，造船时应选择阻力小的船型营运船舶要通过利用潮流，确定合理的载重定额，尽可能减少船底的粗糙程度等方法来提高船舶航行速度。

4）船舶运用情况对船舶生产量的影响分析

运输周转量＝日历天数×平均每天实有船舶吨位×营运率×航行率×平均航行速度×载重量利用率。

由上式可以看出，船舶生产量的变动往往是这些指标综合变动的结果。这些指标的变动对船舶生产量变动的影响，可用因素分析法中的指数分析来进行。

如 2012 年 4~6 月中油海 224 船 5 月、6 月不同航线运营情况表6。

表6 不同航线运营情况

项 目	A 航线		B 航线	
	基期	报告期	基期	报告期
日历天数	30	30	30	30
平均每天实有船吨位	150	150	150	150
营运率/%	100	100	100	100
航行率/%	70	90	75	85
平均航行速度/(nmile/d)	100	90	120	100
载重量利用率/%	75	60	60	50
货物周转量/kt. n. mile	23625	21870	24300	19125

不同月份运输周转量的变动情况：（21870+19125）/（23632+24300）×100%＝0.8554，即85.54%，6月比5月减少了2745kt. n. mile。

（21870+19125）−（23632+24300）＝2745

说明：报告期运输周转量比基期减少14.46%，即减少2745kt. n. mile，其原因是甲方货物周转量减少，船舶航行率提高。

6 统计分析的优点和优势

统计分析是对公司十分有用的分析工具，因为在运营中，它提供了搜集数据和有用信息的系统、客观的方法。统计分析可用于简化复杂问题，提供可用于将来数据复审和理解的方法。

由于计算机的广泛运用，甚至小公司也可对所获信息进行复杂和强大的数据分析。许多广泛运用的分析软件，例如EXECL，都包含可进行专业分析的功能，而无需其他专业软件支持。

统计分析可以提供数据趋势和可能性观点，它反映了公司现在和将来的数据趋势。统计分析也可帮助决策者用客观的数据补充他们的知识，这对他们将来发展有很大的帮助。统计分析的结果可以提供公司运营、客户和市场地位的一般客观信息，要避免任何阻碍公司成功的偏见。分析中运用数学方法的中立性可以去除结果的偏见，通过详细解释后，统计分析法的结果可以转化为变化的强大工具和动因。

7 统计分析的缺点与局限

统计分析很容易被误用和曲解。使用任何分析方法都会提供看上去很权威的结果，为了避免得到无用的结果，谨慎的解释对于评估和运用分析方法十分重要。

为了使统计分析找出解决方案，通过选择有限数据简化问题或真实情况可能使分析人员得不到现实的解决方法，使得结果在运用时毫无效果。

统计分析的设计过程十分重要和复杂，任何错误都会造成统计结果不准确。例如，数据的偏颇对于结果的实用性是致命的，当分析设计有缺陷或数据较为零散时，结果就可能产生偏颇。

8　统计分析应把握的原则

（1）未来导向性：统计分析运用的是已有的历史数据。分析基于历史数据的推断，为制定未来决策提供指南；

（2）准确性：统计分析的准确性取决于数据的准确性，同时也取决于使用的恰当性。数据分析解释可能产生偏差。

（3）资源有效性：取决于问题的本质和分析的设计。谨慎选择数据，有效性最高，运用大量的数据可以减低有效性；

（4）客观性：统计分析作为组织和解释大量数据十分有用。但是，如果使用不恰当数据、分析有误或错误地解释结果，都会导致实用性降低。

（5）时效性：数据通常都是在事件发生后搜集，分析有可能是对前几年数据进行的。数据可能过于庞大，分析技巧也十分复杂。

参 考 文 献

1　王左军. 统计实务入门. 四川省南方印务有限公司，2006，7.
2　克雷格 S. 弗莱舍，芭贝特 E. 本苏桑. 商业竞争分析，北京瑞德印刷有限公司，2009，8.

浅谈如何确定 G/T_e 值有效控制
船舶节能降耗—控制经济负荷的最佳点

李林 刘铁涛 郑兆恒 苏立军

(中国石油集团海洋工程有限公司船舶事业部)

摘要：统计工作是指通过收集、汇总、计算统计数据反映事物的面貌与发展规律。通过参与科学调查，决策计划，经济监督和管理，将分析结果作为市场经济性的导向，为企业提供制定政策和计划的依据。本文主要以海洋公司船舶事业部近两年船舶运行数据为基础，以经济航速为切入点，摒除不重要因素，通过对船舶运行数据横向、纵向对比分析论证经济负荷对 G/T_e 值的影响，从而确定控制经济负荷的最佳点。

关键词：统计；船舶；运行数据；G/T_e 值；经济航速；经济负荷；最佳点

本文通过综合指标法、时间序列分析法等统计学方法对船舶运行数据进行了综合统计分析、归纳，并对这些运行数据的内在和外在关系进行归纳总结，以论证经济负荷、经济航速与 G/T_e 值的相互关系。同时，就如何确定经济负荷，推广经济负荷在船舶中的应用提出了建议。

首先，我们提出一个概念，耗油量与航时的比值：G/T_e 值，该比值表示单位航时的耗油量。可以充分反映船舶经济航速下的负荷与非经济航速下的负荷船舶效能比的大小。

在分析 G/T_e 值之前，我们先以 6500HP 船舶为例，2013 年上半年为时间坐标，简要分析影响 G/T_e 值的因素，然后摒除不重要影响因素，用模糊数学模型来分析 G/T_e 值。

通过统计运行数据可得：

航程 $S = \sum_{i=1}^{n=6} X_1 + X_2 + X_3 + X_4 + X_5 + X_6 = 28779\text{nm}$（$X_i$ 为第 i 月航程 Si）

航时 $T_e = 3686.6\text{h}$；

航次 $V = 147$ 次；

航天 $D = 599\text{d}$；

靠平台时间 $T_p = 887.09\text{h}$；

靠码头时间 $T_w = 7047.58\text{h}$；

守护时间 $T_g = 1860.45\text{h}$；

锚泊时间 $T_m = 3260.89\text{h}$；

运货物 $C_a = 12196\text{t}$；

千吨海里 $\text{ktnm} = 14984.8\text{kt} \cdot \text{nm}$

以月份为横坐标，将以上运行数据做曲线，对运行趋势做对比分析。图 1~图 4 分别为航程、航时、航天、航次曲线。

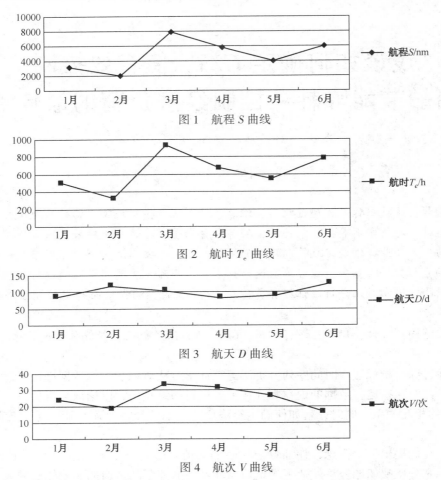

图 1　航程 S 曲线

图 2　航时 T_e 曲线

图 3　航天 D 曲线

图 4　航次 V 曲线

由图 1 和图 2 可知，航程 S 与航时 T_e 成正相关，S 与 T_e 是船舶位移与时间量，表明了船舶的航行状态；图 1 和图 4 则反映了船舶作业海域距离港口距离大小，航程 S 与航次 V 的比值越小，即 S/V 越小，则作业海域与港口距离越大，反之亦然。

图 3 航天 D 反映了船舶作业量情况，是船舶在租状态的一个重要指标，与船舶收入和营运率成正比。

图 4 航次 V 反映了船舶进出码头次数的一个参量，此值与港务费等运行费用指标有关，一般情况 V 越大，港务费越多。

从图 5 可以看出：船舶某一种运行状态时间的比例大小。船舶运行时间 T_p、T_w、T_g、T_m、T_e 有内在的联系。原则上讲，这 5 个时间段相加应该等于一个日历月换算成小时的 4 倍。即：T_h(1 日历月) = (T_p + T_w + T_g + T_m + T_e)/4。此公式可以验证统计数据的准确性和统计数据的质量(若 T_h 大于(T_p + T_w + T_g + T_m + T_e)/4，则说明船舶某一运行状态时间统计存在误差，数据偏小，反之亦然。

通过数据分析，T_p、T_e 和 T_g 的大小反映了船舶主机运转状态，与船舶耗油量成正比。

图 6 是船舶货物运输量的一个重要参数指标，体现了船舶运量和运距的能力，对于专业运输船舶，此参数至关重要，此数据客观反映了船舶主机在高负荷运行状态下的耗油量大小。

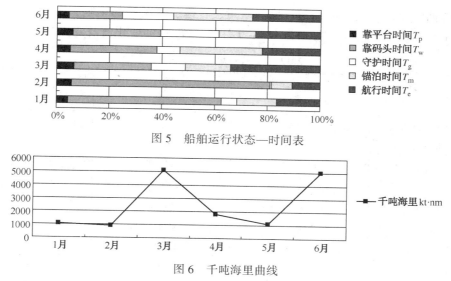

图 5　船舶运行状态—时间表

图 6　千吨海里曲线

通过以上多个船舶运行数据的对比分析，可以得到以下公式：

$$Y = f(T_e, V, D, T_p, T_w, T_g, T_m, \text{ktnm})$$

Y 为船舶经济性指标值。Y 与航天 D 成正相关；Y 与 T_e，ktnm 等其他数值的关系主要体现在燃油消耗量上。当燃油为船东负担时，Y 与 T_e，ktnm 等其他数值成负相关，当燃油为租船人负担时，T_e、ktnm 为常数，即不影响船舶经济性指标。利用模糊数学模型法，由于 V、D、T_p、T_w、T_g、T_m，ktnm 对耗油量 G 的作用远小于 T_e，故可以忽略这些因素对 G/T_e 值的影响，即 $G = f(T_e)$（G 为耗油量，T_e 为航行时间）。

从节能降耗的角度来分析，不论是站在船东或租船人的立场，我们希望船舶运营成本相对最低时，实现效益最大化，即在不影响作业时，G/T_e 值相对越小越好。

因此，G/T_e 值相对小且能保证正常作业时所对应的航速或负荷就是经济航速或经济负荷。船舶传统意义上常用的经济航速的概念有三种：最低燃油消耗率航速、最低燃油费用航速、最高盈利航速。经济航速通常采用最低燃油消耗率航速。然而，从船舶实际运营情况出发，我们在此强调了另一个指标——经济负荷。经济负荷比经济航速更具有可操作性和现实意义。

船舶耗油主要是船舶主机、发电柴油机和锅炉等，其中，船舶航行中，主要是主机耗油。船舶耗油主要发生在船舶主机运转向船舶提供航行动力的过程中。在理想状态下，船舶功率与航速是三次方关系，即 $P = KV^3$ 故航速的少量降低便可节省大量的燃油消耗。反之，高航速会使燃油成本大大增加。

柴油机燃油消耗率 g_e 随航速变化的曲线如图 7 所示。

接下来，我们将利用统计数据以及船舶实际运行情况来确定船舶作业工况最佳点。从船舶柴油机实际运行工况考虑，当功率与转速变

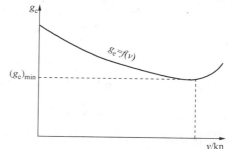

图 7　燃油消耗率 g_e 随航速变化的曲线

g_e—柴油机燃油消耗率；v—船舶航速

化时，其燃油消耗率 g_e 受到喷油量、换气质量、转速、海况等的影响，实际上 g_e 不是一个定值。表1、图1是2012年1月至2013年9月的 G/T_e 值的变化值及变化曲线。

表 1　2012 年 1 月—2013 年 9 月 G/T_e 值

时间 ＼ 参数	G	T_e	G/T_e 值
2012 年 1 月	1179.69	1733.25	0.68
2012 年 2 月	1074.3	1861.82	0.57
2012 年 3 月	1576.73	2742.07	0.58
2012 年 4 月	1202.92	2577.06	0.47
2012 年 5 月	1251.09	2615.34	0.48
2012 年 6 月	1560.62	3248.89	0.48
2012 年 7 月	1772.97	2890.22	0.61
2012 年 8 月	1997.46	3038.25	0.66
2012 年 9 月	1852.49	3663.92	0.51
2012 年 10 月	1962.98	3105.23	0.63
2012 年 11 月	2091.07	3149.39	0.66
2012 年 12 月	1681.69	1906.25	0.88
2013 年 1 月	1934.15	2438	0.79
2013 年 2 月	1372.73	1809.34	0.76
2013 年 3 月	1872.21	2955.05	0.63
2013 年 4 月	1812.63	2777.5	0.65
2013 年 5 月	1596.28	2838	0.56
2013 年 6 月	1729.4	3414.79	0.51
2013 年 7 月	1749.46	3049.52	0.57
2013 年 8 月	1612.51	2469.7	0.65
2013 年 9 月	1707.48	2849.1	0.60

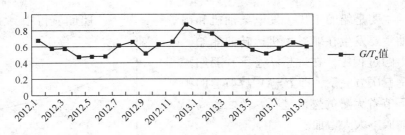

图 8　2012 年 1 月 ~ 2013 年 9 月 G/T_e 值变化曲线

根据船舶实际情况，在正常天气情况下，船舶主机维持 70% ~ 80% 的负荷比，所对应的 G/T_e 值为 0.4 ~ 0.6；主机维持 80% ~ 100% 负荷比时，所对应的 G/T_e 值为 0.6 ~ 1.0。实践论证，在正常海况下，当船舶主机维持 70% ~ 80% 的负荷比时能够保证正常运行，此时，我们认为所对应的航速为经济航速。由此可见，经济航速也不是一个定值，表 7 是理想状态下的经济航速，是一个定值，未考虑海况、船况等情况的影响。在某些海况下，经济航速的变动幅度要比经济负荷的变动幅度大的多。

举例说明 G/T_e 值变化对耗油量的影响。通过船舶运行数据统计分析可知：75%负荷比对应 G/T_e 值约为 0.5，90%负荷比对应的 G/T_e 值约为 0.8。G/T_e 值相差约 0.3，比如 2012 全年累计航时为 32000h，则假设状态下，经济负荷比非经济负荷要节省燃油 $0.3 \times 32000 = 9600\mathrm{m}^3$，合计约 7000 多万元。

所以，从实际操作出发，在正常海况下，控制经济负荷比控制经济航速更有现实意义和可操作性，所产生的效益也是巨大的。在此，笔者提出如下建议，减小 G/T_e 值，以供船运公司参考。

船舶正常航行或往来平台期间，应当将主机的工作负荷控制在 70%~80% 之间，保持经济负荷航行；紧急情况下，可根据情况增大负荷。

船舶在平台附近巡航守护时，可采取单车维持舵效的巡航方式，就单船来说，这样 G/T_e 值就减少了将近一半。若天气状况良好，巡航时可以采取停车飘航形式进行守护作业，此时，船舶主机停止运转，可大大降低耗油量。

大风浪巡航过程中，应采取保持维持舵效的最低航速巡航，减少燃油消耗。

停靠码头或平台，等待解缆离泊时，船长要提前通知机舱进行暖车，并密切沟通海事局或作业甲方，掌握离泊动态，得到明确的离泊指令后，再通知机舱备车，尽可能减少主机空转造成的燃油消耗以及低速运行对主机的损伤。另外，船长的操船水平也直接影响着 G/T_e 值。

综上所述，G/T_e 值保持在 0.4~0.6，负荷比保持在 70%~80% 范围内，此时，对应的负荷为经济负荷。在经济负荷下，可有效降低油耗，使效益最大化。

深水半潜钻井平台 DP-3 动力定位模型水池试验程序介绍

张本伟

（中国船级社 海工技术中心）

摘要：深水半潜钻井平台深水作业操作时，定位能力至关重要。通过水池试验验证 DP-3 定位能力，为设计、建造和作业都提供了一个可靠的依据。DP-3 模型试验过程中，对模拟真实作业海况的设施、试验模型的选取、实验内容的确定都是整个试验程序重要组成部分。本文结合某半潜平台的水池模型试验过程，对深水半潜钻井平台的 DP-3 水池模型试验程序进行了归纳和总结。

关键词：深水半潜钻井平台；动力定位；模型试验

1 概述

深水半潜钻井平台一般是指设计工作区域水深在 1000~1500m 以上的钻井平台。深水平台的定位系统一般都是动力定位，考虑到作业定位的可靠性，通常选用 DP-3 系统。

深海海况比较复杂，为了验证 DP-3 系统能否适应设计海况及系统本身的冗余度和可靠性，必须通过水池模型试验来验证，同时为平台的设计提供重要依据。一般来说，在所设计的海况下，平台最大的运动漂移量控制在水深的 2%~5% 之内即可。

2 试验设施

为了保证试验结果的额准确性和真实性，试验设施必须能够模拟出近似真实的海况，包括风，浪和流的模拟。这对水池实验室配置要求比较高。国际上比较有名的海洋工程试验室有荷兰船舶及海洋工程研究院（Maritime Research Institute，简称 MARIN），瑞典国家海洋工程试验室，国内上海交大海洋工程试验室。这里以目前世界最大的荷兰船舶及海洋工程研究院试验室为代表进行介绍。

2.1 风的模拟

海风包括稳态风和阵风，其中阵风的方向和速度是随时变化的，但是属于零均值白噪声，一般不做考虑。稳态风对平台的运动影响很大，动力定位系统必须能够抵抗稳态部分，所以试验室必须能够模拟出各个方向的稳态风，如图 1 所示。

2.2 流的模拟

深水半潜平台的下浮体一般吃水都在十几米深，海流对平台运动的影响也比较大，深海中，海流流速随水深也不同，所以试验水池也必须能够模拟出不同水深下的流速。为了能够模拟真实的海流，最好可以造曲线形的流剖面。

图 1 模拟海风

2.3 海浪的模拟

海浪的成分比较复杂。一般来讲包括高频，低频。低频包括波漂力的定常部分。虽然动力定位系统只是控制低频中的定常波漂力部分，但是为了能够更加接近真实海况，要求模拟出高频部分，如图 2 所示。考虑到水池面积的有限性，在水池一半周长需要安装吸波装置，防止波浪的反射造成模拟失真。

图 2 模拟海浪

3 试验模型

依据水池大小，确定试验模型。试验模型必须按比例缩放，平台甲板上的井架、吊车、生活楼、直升机甲板、操作间等受风面积比较大的物体都需要按照相应比例缩小，布置在模型甲板上。

安装有能够实时测量风和流的传感器装置以及平台模型运动和位移装置。

推进器装置也必须按比例缩小，可控电驱推进器。

实时控制的软件系统与真实动力定位操作软件相同，对平台模型进行实时控制和操作，并能够记录分析数据。试验模型控制原理如图 3 所示。

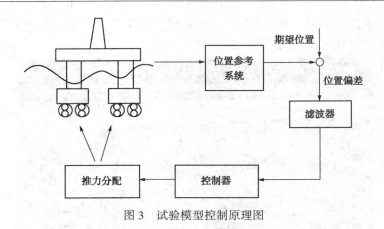

图 3   试验模型控制原理图

4   试验内容

4.1   试验工况的确定

平台设计工况大致可分为两类,一个是立管连接状态的最大作业海况,一个是立管断开状态的最大自存海况。每一状态下,都分为 DP 系统完整和出现最严重故障状态。总结起来见表 1。在试验时,考虑到平台不同方向受风面积不同,应该在不同方向进行试验,其中包括受风面最大的方向。

表 1   试验工况

海 况	DP-3 系统状态	海 况	DP-3 系统状态
作业海况(立管连接)	完整状态	自存工况(立管断开)	完整状态
作业海况(立管连接)	最严重故障	自存工况(立管断开)	最严重故障

4.2   推进器效率验证

半潜平台动力定位系统安装在下浮体上的推进器数量都比较多。推进器一般都会受到下浮体、水中的流速及推进器与推进器的影响,导致推进器的效率降低,从而使推进器有效推力减小,影响了动力定位实际的控位能力,降低了平台作业效率。所以,在动力定位模型水池试验中,对推进器受上述三项影响下的效率的验证是一个非常重要的工作。

在推进器效率验证过程中,还有一个非常重要的内容就是确定各个推进器的禁角。下浮体安装的推进器比较多,推进器之间的距离并不大,当上游螺旋桨改变到一定角度或距离时对其尾流下游推进器直接而强烈的冲击,产生严重的干扰。所以在实际工程中,在螺旋桨工作时可以对全方位推力器设置某些角度范围作为禁止工作区域,从而避免大幅度的推力损失,这个角度范围即是所谓的禁止角(Forbidden Angle),如图 4 所示。

5   试验实例介绍

下面就某深水半潜平台 DDU 在荷兰国家实验室 MARIN 水池试验为例进行详细介绍。

MARIN 是荷兰国家实验室,成立于 1932 年,至今已有 76 年的试验研究经验。目前,

MARIN 已经拥有 7 个用于不同研究目的的试验水池。动力定位模型试验是在海洋工程水池进行的，如图 5 所示。

　　MARIN 海洋工程水池的长 45m，宽 36m，深 10.5m。带有可上下移动的假底，以模拟不同的水深。在水池的中间有一个直径为 5m，深 20m 的深井，用于深水模型试验。

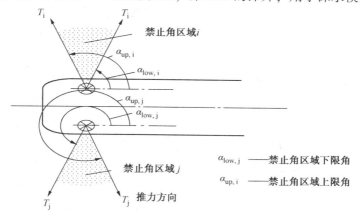

图 4　推进器禁角范围示意图

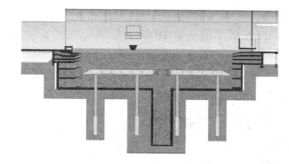

图 5　MARIN 海洋工程试验水池

　　该海洋工程水池中可以从纵向和横向两面造不规则波，可以造长峰波，也可造短峰波(世界上只有少数几个水池能造短峰波，短峰波更接近海洋实际情况)。该水池还可以造曲线形的流剖面，即模拟海洋的实际情况，在不同的水深处海流的速度是不一样的，如图 6 所示。

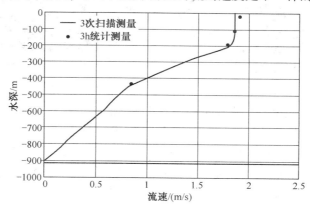

图 6　MARIN 海洋工程试验水池不同水深的海流剖面曲线图

　　该海洋工程水池也可以模拟从各个方向来的风速。模拟的风、浪、流可以同向，也可以不同向。总之，可以模拟各种不同的海洋环境条件，如图7所示。

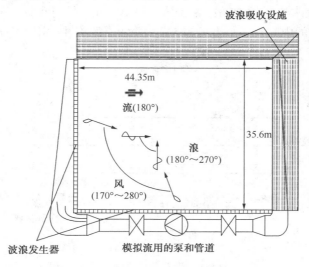

图7　水池模拟风、浪、流功能示意图

5.1　试验模型

　　该深水半潜平台 DDU 下浮体安装有 8 个全回转推进器，分为四组，如图8所示。设计满足 DP-3 要求。最严重故障工况为失去两个对角推进器。

　　DDU 模型的缩尺比为 1∶50，如图9所示。

图8　DDU 下浮体推进器布置图

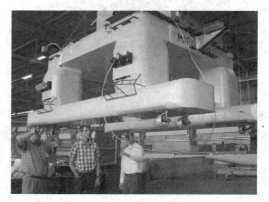

图9　DDU 试验模型(1∶50)

　　螺旋桨和导流管的尺寸、推进功率以及推力都是按相似原理按比例缩小，如图10所示。模型螺旋桨是由微型电机驱动的螺旋桨的安装位置也完全模拟实船。

　　8 个螺旋桨是由安装在模型平台上的计算机用程序进行控制的。由 MARIN 编制的 RUN-SIM 程序具有操控实船一样的功能，它可根据接收到的风、浪、流力的信号来控制推进器的方向和发出推力的大小，以抵抗环境力，控制平台的漂移量，保持平台位置在设计允许的范围之内。模型试验完全模拟了实船的动力定位操控性能。

5.2 试验环境工况

DDU 的动力定位模型试验共做了 12 种环境工况，试验中的模型试验如图 11 所示，分别为：

在钻井作业环境条件下，做了 3 种 6 台推进器工作(2 台失效)工况和 3 种 8 台推进器工作工况，如表 2 所示。

图 10 DDU 试验模型安装的电力推进器

图 11 试验中的 DDU 模型

表 2 试验环境工况

平台迎浪方向	工作推进器数量	平台迎浪方向	工作推进器数量
迎浪	6 台	迎浪	8 台
艏斜浪(45°)	6 台	艏斜浪(45°)	8 台
横浪(90°)	6 台	横浪(90°)	8 台

在隔水套管断开连接作业环境条件下也做了上表 2 种工况推进器之间的相互影响试验。

由于平台的每个下浮体的前部与后部都有 2 个推进器，而且安装距离比较近，当一个螺旋桨处于另一个螺旋桨的尾流中时，螺旋桨的效率将降低。为了找到引起螺旋桨效率显著下降的相邻 2 个推进器的方位角，以便在自动定位控制程序时避开这些方位角。

5.3 试验结果与分析

模型试验结果直接换算到实船。12 种工况的 DP 试验结果汇总于表 3。

表 3 DDU 各工况试验结果

	试验序号	推进器工作台数	风浪流方向角/(°)	漂离原点直线距离 R 平均值/m	漂离原点直线距离 R 最小值/m	漂离原点直线距离 R 最大值/m	漂移运动双幅最大值/m	推进器平均使用频率/%	推进器达最大功率出现的频率/%
钻井工况	803005	8	0	34.5	13.0	62.4	49.3	53.2	0
	803009	6	0	34.4	17.7	73.5	55.8	69.6	9
	803013	8	45	28.2	16.0	43.1	27.1	51.2	0
	803014	6	45	28.7	17.2	46.4	29.2	69.6	1
	803016	8	90	26.3	14.9	44.3	29.5	57.3	0
	803019	6	90	26.3	14.0	45.6	31.6	73.7	7

	试验序号	推进器工作台数	风浪流方向角/(°)	漂离原点直线距离 R 平均值/m	漂离原点直线距离 R 最小值/m	漂离原点直线距离 R 最大值/m	漂移运动双幅最大值/m	推进器平均使用频率/%	推进器达最大功率出现的频率/%
连接工况	804007	8	0	38.9	22.3	67.0	44.7	60.2	1
	804008	6	0	40.7	20.5	76.0	55.5	79.5	18
	804012	8	45	32.6	21.5	49.6	28.1	59.5	0
	804009	6	45	33.6	20.2	48.9	28.7	80.1	5
	804003	8	90	29.6	18.5	53.0	35.0	64.8	1
	804004	6	90	30.3	18.6	65.6	47.0	82.8	15

试验结果表明,当水深超过1500m时,DDU的动力定位系统完全能够保证平台在设计作业环境条件下进行正常的钻井作业,也能保证平台在隔水套管连接环境条件下安全待机。

试验证明:DDU 船型是可靠的,其定位性能也是可靠的。

图 12 显示两个相邻推进器之间的相互影响引起的推进效率的降低。当一个推进器处于另一个推进器的尾流中时,其推进效率最多将下降 30%~40%。

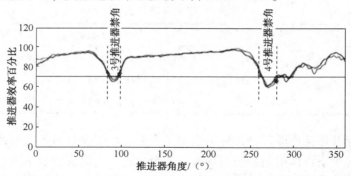

图 12   DDU 同一象限内的 2 个推进器的禁角曲线

为了避免在实际操作中推进器的效率下降太多、推力损失太大,在自动定位控制程序编制时,要设定各个推进器的禁用区。表 4 是 DDU 试验中确定的各个推进器的禁用区(禁止使用的转角范围):

表 4   试验获取的 DDU 推进器禁角

推进器编号	禁用区上界角/(°)	禁用区下界角/(°)
1	80	101
2	262	276
3	84	98
4	259	280
5	260	281
6	82	96
7	264	278
8	79	100

此次模型试验是成功的，试验结果为详细设计和今后平台的操作提供了可靠的依据，尤其是推进器禁用方位角的确定，是其他方法所不可替代的。

6　结论

深水半潜平台的动力定位水池模型试验对动力定位的实际控位性能以及平台的运动性能是一个直观、准确的评估。其结论可以为详细设计、建造、试验及作业操作的依据，并且为动力定位控制推进器参数设置和修正提供了重要的参考。这里近介绍了常用的试验方法和试验内容，对于设计作业于不同环境条件下的平台，还需要具体确定如控制方式的选取等其它因素，确保定位能力的可靠性在水池试验中得到真实的反映。

参 考 文 献

1　IMO. Cir. 645 , Guidelines for Vessels With Dynamic Positioning Systems，1997.
2　杨欢，王磊. 锚泊辅助动力定位研究与进展. 试验室研究与探索，2012，131(4)：88~92.
3　Dynamic Positioning Vessel Design Philosophy Guidelines. DNV，2012.

HSE、风险评估及
项目管理

中国最大水深气田-荔湾3-1气田深水工程合同策略与管理实践

吴兆南[1] 张长智[1] 朱军[2]

(1. 中海石油深圳分公司 荔湾3-1气田深水项目组;
2. 中海石油深圳分公司 29/26合同区块联合管理委员会)

摘要: 荔湾3-1气田最大水深1500m,采用水下生产系统进行开发,通过长达79km的海底管线和脐带缆,实现和中心平台的远程回接,是迄今为止我国水深最深、回接距离最长的气田(此前,中国最深的油气田水深约为330m)。荔湾3-1气田的顺利投产标志着我国海洋石油开发实现了从浅水到深水的里程碑式跨越。本文通过该气田深水工程合同策略与管理实践的介绍,力图对深水工程建设所面临的市场制约和实施过程中可能出现的不利情况进行初步总结,以期为今后深水油气田的开发提供参考。

关键词: 中国最大水深气田;深水工程;合同策略;管理实践

1 概况

荔湾3-1气田位于中国南海珠江口盆地29/26合同区块,距离香港东南约310km的海域,水深1350~1500m,是中海油及其合作伙伴哈斯基石油中国有限公司(以下简称哈斯基)在中国南海发现的深水气田,采用水下生产系统长距离回接至中心平台的开发方式。

荔湾3-1气田开发项目工程包括深水工程和浅水工程。深水工程包括:9套水下采油树,东、西丛式井口管汇,海底集气管道终端管汇,井口跨接管道及4条12in集气支管,2条长79km的22in海底管道,1条长79km的6in乙二醇管道,和1条79km长的控制脐带缆。气田产出物通过22in海底管道回接到荔湾3-1浅水中心平台进行处理。浅水工程包括中心平台、至陆上终端的海底管道、陆上气体处理厂以及与下游用户的接口。哈斯基担任荔湾3-1气田深水工程作业者,中海油担任浅水工程作业者。

2009年5月荔湾3-1气田开发项目基本设计启动以来,项目建设者们克服了深水海管路由坡度大、平台/海管/终端场址恶劣的地质条件和南海夏季台风、冬季季风的干扰,攻克了深水水下生产系统和超大平台的设计、建造、安装等诸多难题,创造了多项记录。2014年4月荔湾3-1气田终于成功投产,这标志着中国海洋油气开发实现了从浅水到深水里程碑式的跨越!也是中国海油首次在一个项目中,与合作方分段担任作业者的有益探索和尝试。

2　荔湾 3-1 气田深水工程的合同策略

深水工程建设伊始，就面临国内资源短缺、国际上有资质的承包商屈指可数、项目进度紧、设备交货期长以及技术界面多等项目管理难题。2010 年，在完成了前期工程设计和总体开发方案编制的基础上，作业者提出了将深水工程工作范围分成三个工作包的合同策略：即水下设备 EPC 工作包、海上安装 EPCI 工作包和乙二醇模块 EPC 工作包。目的是减少界面管理，降低执行风险。荔湾 3-1 气田深水部分开发示意图见图 1。

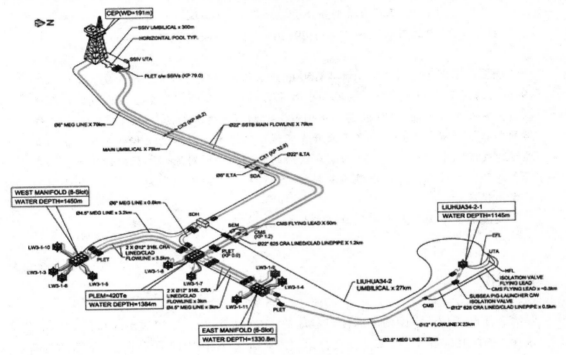

图 1　荔湾 3-1 气田深水部分开发示意图

3　水下设备 EPC 合同

3.1　水下设备包工作范围

水下设备 EPC 合同的工作范围主要包括：提供水下采油树、水下管汇和水下分配单元、水下接头、放置在中心平台的水下设备控制系统和安装调试工具，以及详细设计、项目管理、系统联调、安装时的技术支持和培训等相关服务。

3.2　面临的主要问题

水下设备 EPC 工作包准备招标时，作业者面临着深水采油树技术要求高、水下设备交货期长，以及和钻井船(安装采油树)、海上安装总包商(安装水下管汇)的时间配合等一系列挑战。通盘考虑各种因素后，作业者确定了以交货期为核心要求的合同立场，通过招评标、合同谈判，油公司的立场在合同中基本得以体现。主要问题、制约因素和合同相关内容如表 1 所列。

表 1　水下设备 EPC 合同面临主要问题

主要问题	制约因素/其他考虑	合同相关内容
采油树交货期	已签钻井船租约 3 年，要求采油树尽早交货，避免钻井船待机	第一批采油树签订合同后 10 个月内交货。违约赔偿金额为：2%/周，上限为设备费用的 20%
管汇等大型水下构件交货期	管汇等大型水下结构拟由海上安装总包商安装。为避免海上安装船队的多次动复员，要求管汇等构件交货期满足海上安装的计划要求	东/西管汇、管道终端管汇和水下分配单元签订合同后 16 个月内交货。违约赔偿金额为：2%/周，上限为设备费用的 20%
水下设备的可靠性以及质保期	准备招标文件期间，适逢 2010 年 5 月英国石油公司在美国墨西哥湾原油泄漏事件。其导致的环境污染问题和油公司的巨额赔偿责任引起了国际社会和业界的高度关注，水下设备可靠性和质量保证显得尤为重要	质保期为交货后的 36 个月或投入使用后的 24 个月，但总共不超过交货期后的 60 个月
管汇建造国产化	项目组中方成员建议管汇建造在国内建造，一方面有利于进度和费用控制，另一方面希望以此推动水下设备国产化的进程	将 2 家国内承包商家列入管汇承包商名单中

3.3　水下设备包合同执行情况

水下设备包 2010 年 11 月签订合同，2012 年初收到第一批采油树，2013 年 5 月完成全部采油树安装和上部完井，2013 年第二季度陆续收到水下分配单元、东/西管汇和中心管汇。尽管在招评标初始阶段已经考虑到交货期是本合同的核心问题，并在合同中强化约束。但在项目执行过程中，还是出现了一些偏差。主要问题如下：

1）采油树和管汇交货期滞后

导致交货延后的原因很多，包括详细设计阶段的调整，承包商总体控制力度不够等等。但采油树交货期延后导致钻井船的待机和完井周期的延长，管汇交货延后导致与海上安装总包商的争议，影响了项目的总体进度，增加了相关费用。虽然根据合同，承包商支付了一部分违约赔偿，但远不足以弥补其造成的严重后果。

2）管汇建造未能实现国产化

合同签订后，承包商以国内厂家资质不够为理由，将管汇建造安排在境外。由于分包合同授标后延，长交货期设备采办滞后导致管汇交货进度一再落后，而此时作业者的影响力度十分有限，以至于管汇的交货期和原合同相比，延后了一年。这从另一方面反证了管汇建造国产化建议的合理性。

4　海上安装 EPCI 工作包

4.1　海上安装包工作范围

海上安装工作包采用了设计、采办、建造和安装的总包合同，工作范围主要包括：2 条长 79km 的 22in 海底管道和 4 条 12in 集气支管；1 条长 79km 的 6in 乙二醇管道和支管；1 条长 79km 的主脐带缆和支缆；所有接头和跨接管(线)的安装；东/西管汇、中心管汇和水下分配单元的运输和安装。

4.2　面临的主要问题

荔湾 3-1 气田的海底管道，国内厂家没有成熟产品，如果全部采用国外进口，不但成本高，而且不能满足工期要求。中心管汇重量约 500t，最大工作水深约 1500m。可用船舶资源十分有限，能承接海上安装总包工程的承包商屈指可数。国产深水铺管船即将完工，能否参与深水安装？同时，如何降低税务调整、天气待机、消耗品价格波动等一系列不确定因素的风险，也是作业者面临的挑战。主要问题、制约因素和合同相关内容如表 2 所列。

表 2　海上安装 EPCI 工作包面临主要问题

主要问题	制约因素/其他考虑	合同相关内容
深水海管国产化	22in 海管的壁厚管径比大、强度高、刚度大，其纵向/横向曲强比的要求高于 DNV 标准规定，增加了海管成型控制的难度，国内厂家没有成熟产品。深水海管如全部国外进口，不但成本高，而且不能满足工期要求	2010 年初，在中方成员的推动下，经过广泛调研、严格技术论证和试制、小批量生产等历程，证明国内生产的海管可以满足项目设计要求。将国内厂家列入海管供货商名单
国产深水铺管船能否参与深水安装	国产深水铺管船尚未投入使用，不满足作业者设置的三年以上类似工作经验门槛	通过中方成员的努力，作业者调整了准入门槛。国产深水铺管船承担了 6 英寸乙二醇海底管道的铺设
海上安装能否在一个安装季完成以及界面管理	海上安装工作量大，一个安装季难以完成。管汇交货期紧，如有延误将导致安装船队的第二次动复员产生的巨额变更	通过招评标，选择计划用 2 个安装季完成海上安装的承包商
材料设备进口和船队临时进口的税务问题	"十二五"期间的税务政策尚未明朗，作业者要求总包商承担税务风险，承包商拒绝接受	总包合同价格含税，但列明各种税率以及进口关税和增值税的估算值。如作业者选择自行进口，则退回该项税款
天气待机	南海海域既有台风误工，又有冬季季风影响，天气待机的不确定因素较多。作业者要求总包商承担全部天气待机，承包商拒绝接受	油公司承担命名台风的天气待机
柴油等消耗品的价格波动	柴油等消耗品市场价格波动较大，承包商要求按实际价格结算	总包合同价格含基本消耗量。约定数量之外，油公司进行补贴

4.3　海上安装包合同执行情况

海上安装包 2011 年 4 月签订合同，2012 年 3 月开始进行第一季的海上安装，至 2014 年 3 月完成了海上安装包绝大部分的工作范围，并于 3 月 31 日开井，4 月投产，成功了实现了水下生产系统近 80km 远程回接的设计构想。合同执行情况如下：

(1) 在中方成员的推动下，经过广泛调研、严格技术论证和试制、小批量生产等历程，证明国内生产的海管可以满足项目设计要求。最终，22in 碳钢海管以及 6in 乙二醇海管全部采用了国内产品。

（2）通过和国际总包商合作，国产深水铺管船圆满完成 6in 乙二醇海底管道的铺设，积累了深水铺管的实战经验。

（3）作业者选择自行进口脐带缆，获得部分免税，节省费用一千多万美元。

（4）由于总包商作业效率低于预期和天气待机、机具故障等因素，2012 年和 2013 年的海上安装进度严重滞后。为此，总包商新增了船舶资源，导致费用增加。

5　乙二醇回收处理装置 EPC 合同

5.1　乙二醇包工作范围

荔湾 3-1 由于水深较深、压力较大、海底温度较低等原因，容易形成水合物，因此，在开井、停产及修井时注入甲醇，而正常生产时采用了乙二醇作为水合物抑制剂。从平台通过单独的乙二醇海管向采油树连续注入乙二醇（MEG）；在平台上设置了乙二醇回收装置（简称 MRU），从生产系统中分离出的富乙二醇进入乙二醇回收模块进行处理再生，并重新利用。

乙二醇回收装置 EPC 合同的工作范围主要是：设计、采办和建造一个处理能力为 42m³/h 的乙二醇回收模块，交货地点是中心平台所在青岛场地。

5.2　面临的主要问题

乙二醇回收再利用技术问世时间不长，市场尚未成熟，作业者面临的第一个问题就是可供选择的合格承包商少，同时还面临工期紧、长交货期设备多、与中心平台界面多等问题。主要问题、制约因素和合同相关内容如表 3 所列。

表 3　乙二醇回收处理装置 EPC 合同面临主要问题

主要问题	制约因素/其他考虑	合同相关内容
国内成撬分包商的选取	为减少界面管理，确保乙二醇模块满足中心平台海上安装进度，中方成员建议选取中心平台承建商作为乙二醇成撬分包商	乙二醇 EPC 承包商坚持选择有过合作关系的分包商，作业者支持承包商的选择
违约赔偿	长交货期设备多，模块工期紧，如有延误影响面大	合同签订后 15 个月内交货到青岛场地。违约赔偿金额为：0.15%/天，上限为合同价格的 10%

5.3　乙二醇包合同执行情况

乙二醇包 2011 年 5 月签订合同，随即启动了详细设计。由于承包商长交货期设备采办滞后，导致乙二醇回收装置的建造进度落后。为了不影响中心平台的出海装船计划，2012 年 10 月将未完工的撬块运至中心平台，在平台上完成部分设备的安装和其他遗留工作。由于平台上工作面受限、建造资源紧张，直到 2013 年 10 月乙二醇回收装置才得以实现机械完工。合同执行过程中，虽然项目组采取了各种措施赶工，但模块建造进度仍然严重滞后，并导致费用增加。根据合同，承包商支付了合同价格 10% 的违约赔偿。

6　实践与思考

荔湾 3-1 深水工程三个主要工作包的招评标工作，历时一年多。从准备招标文件开始，直至评标、澄清和合同谈判，中外双方团队成员充分考虑了税务政策、汇率走势、市场变化、气候条件等多种因素，并力图在合同中明确相关内容。作者全程参与了深水工程的前期设计、合同策略制定、招评标以及合同管理工作，通过实践和思考，有以下几点认识：

1）资源稀缺的挑战与国产化的机遇

目前，从水下采油树的设备供货到深水安装船队，有限的资源集中掌握在几家国外承包商手中。资源稀缺导致油公司在招评标过程中选择余地小；在合同执行出现问题时，缺乏后备方案。有时为了实现项目目标，只能做出部分妥协和让步。这给项目实施带来了巨大的挑战，同时也给相关设备和资源的国产厂家带来了难得的机遇。荔湾 3-1 深水工程建设过程中，海管国产化、HYSY201 完成 79km6in 乙二醇管道铺设、HYSY981 完成 4 口深水井完井、HYSY708 完成 1 套水下采油树安装均为成功案例，是国产材料和装备的良好开局。为了改变被动局面，我们应该着力培育相关市场，加快国产化的步伐。

2）长交货期设备的进度控制

荔湾 3-1 深水工程建设之初，作业者就充分认识到采油树、水下管汇、乙二醇模块等长交货期设备能否如期交货是进度控制的关键。在合同谈判时，也一直视之为核心问题，并力图通过合同条款强化约束。但在执行过程中，还是出现了延迟交货等问题。作者认为：深水设备是高技术含量的设备，其设计和建造周期有其自身的客观规律。有时承包商为了争取项目，合同上接受了较短的交货期，但实际上难以实现。因此，油公司对此应该有一个合理的判断，并留有余地。此外，对影响面大的关键设备，油公司应该及早预判、主动关注，考虑其他补救措施减少其负面影响。

3）总包合同的项目管理模式

与自营项目提倡的"一个项目，一个团队"、与承包商合作共赢的理念相比，外方作业者在合同管理实践中，似乎更注重厘清各自的合同责任，理由是避免过多干预给油公司带来的风险。但这种模式，在承包商的表现不尽人意、甚至出现较大问题时，往往显得束手无策，只能听之任之。作者认为，厘清合同责任固然合理，但实现项目目标更为重要。在项目执行过程中，对于关键技术问题和控制目标，油公司项目组应该有自己的判断，通过与承包商沟通，及时解决问题，实现项目的既定目标。

7　结语

深水气田开发周期长、资源约束多、投资费用高、作业风险大，合同执行过程中如出现偏差将导致高昂的费用，并可能严重影响进度。因此，我们必须精心组织，未雨绸缪，做好各种预案，保证关键设备的交货节点和海上安装的作业时效。荔湾 3-1 深水气田的开发实践，为我们积累了宝贵的经验和教训，并为今后我国深水油气田的开发提供了借鉴。

H-120 防火分隔和 JF-15 防火漆在平台被动防火中的应用

刘 健

（中国船级社青岛分社山东青岛）

摘要：海上油气平台有较大的火灾爆炸风险，在采取必要的主动防火措施的同时，也应采取完善的被动防火措施。一旦发生事故，被动防火措施在抵御火灾爆炸对平台结构的破坏、限制火势的蔓延、延长平台的生存等方面发挥关键作用，能够为救灾逃生赢得宝贵时间。本文以我国目前建造的最大荔湾 3-1 CEP 平台为案例，介绍 H-120 级防火分隔和 JF-15 防火漆等被动防火措施的应用，以期对其他海洋固定平台项目有所借鉴。

关键词：荔湾平台；被动防火；H 级防火分隔；A 级防火分隔；JF-15 防火漆

中海油 LW3-1 CEP 平台是一个超大型天然气平台，相对于油平台防火、防爆的要求更高。除采取充分的主动防火措施外，在被动防火方面，该平台采用了 H-120 级防火分隔来限制火灾的蔓延，并对有关承载构件喷涂 JF-15 级防火漆来延长平台在极端情况下的生存时间，为救灾逃生赢得宝贵时间。H-120 级防火分隔和 JF-15 级防火漆在一般平台很少应用，本文特作简要介绍。

1 H-120 级防火分隔的概念

A 级防火分隔的概念源于 SOLAS 公约，在船舶和海上设施的被动防火中普遍应用，工程师对 A 级防火分隔的概念都非常熟悉。通过 A 级防火分隔和 H 级防火分隔的对比，可以更好地理解 H 级防火分隔的概念。

根据 DNV-OS-D301 FIRE PROTECTION Ch. 1 Sec. 1 C200 Definitions 对 H 级防火分隔的定义，把 A 级与 H 级防火分隔的概念对比表 1。

表 1 H 级防火分隔与 A 级防火分隔概念对比
（H 级和 A 级分隔是由符合下列要求的舱壁与甲板所组成的分隔）

序号	A 级分隔（SOLAS reg. Ⅱ-2/3.3）	H 级分隔（DNV-OS-D301）
1	应以钢或其他等效材料制造	应以钢或其他等效材料制造
2	应有适当的防挠加强	应有适当的防挠加强
3	其构造应在 1h 的标准耐火试验至结束时，能防止烟及火焰通过	其构造应在 2h 的标准耐火试验（碳氢火焰）至结束时，能防止气、烟及火焰通过

序号	A 级分隔(SOLAS reg. Ⅱ-2/3.3)	H 级分隔(DNV-OS-D301)
4	应以认可的耐火材料隔热,使在下列时间内,与原始温度相比较,其背火面的平均温度增高不超过 140℃;且在包括接头在内的任何一点的温度增高不超过 180℃; A—60 级　　　60min A—30 级　　　30min A—15 级　　　15min A—0 级　　　　0min	应以认可的耐火材料隔热或以等效的被动防火保护,使在下列时间内,与原始温度相比较,其背火面的平均温度增高不超过 140℃;且在包括接头在内的任何一点的温度增高不超过 180℃; H—120 级　　　120min H—60 级　　　　60min H—0 级　　　　　0min
5	必须按标准耐火试验的要求对用于 A 级分隔的隔壁和甲板试样进行一次耐火试验,确保满足结构完整性和温升的要求	必须按标准耐火试验的要求对用于 H 级分隔的隔壁和甲板试样进行一次耐火试验(烃类火焰试验),确保满足结构完整性和温升的要求

注:(烃类火焰试验)为笔者注

通过表 1 可以看出,H 级防火分隔与 A 级防火分隔在材质、结构强度、温升方面的要求类似,主要的区别如下:

第一,耐火试验要求不同。主要是耐火试验的时间和试验温度要求不同:H 级分隔试验时间是 2h,A 级分隔试验时间是 1h。A 级分隔的最高试验温度是 925℃,H 级分隔的最高试验温度是 1150℃,耐火试验时间-温度曲线如表 2。

表 2　H 级防火分隔与 A 级防火分隔耐火试验时间-温度曲线表

试验持续时间/第 min	A 级试验温度/℃(标准耐火试验)	H 级试验温度/℃(碳氢火焰试验)
3		890
5	556	926
10	659	982
15	718	—
30	821	1110
60	925	1150
120	—	1150

第二,在结构完整性方面要求不同。从定义的文字上分析,A 级分隔要求经过耐火试验后要防止"烟和火焰"通过,H 级分隔要求经过耐火试验后要防止"气、烟和火焰"通过,特别强调要防止"气(gas)"的通过。在实践中,能够防止"烟和火焰"通过,是否就能防止"气"通过,未查到有关资料。

第三,对钢结构的隔热措施不同。仅从定义文字上分析,A 级分隔要求以"认可的耐火材料隔热",H 级分隔要求以"认可的耐火材料"(如陶瓷棉)或以"等效的被动防火保护"(如防火漆)隔热。在工程应用中,防火漆的成本比陶瓷棉高,因此只要用耐火材料(如陶瓷棉)能够满足 H 级防火分隔的要求,不会使用等效的被动防火保护(如防火漆)。A 级比 H 级防火分隔的要求低,有非常成熟的隔热材料,更无须使用成本更高的防火漆。

第四,除上述三点概念上的区别外,H 级和 A 级分隔在适应条件上不同。A 级分隔应用于热能载荷小于 $100kW/m^2$ 的情况,热能载荷大于 $100kW/m^2$ 的情况须使用 H 级分隔。

DNV 海工规范对 H 级和 A 级防火分隔的适应条件要求如下：

DNV-OS-D301 FIRE PROTECTION Ch. 2 Sec. 1 Table C2 notes

The required fire integrity should be qualified through the conditions for the dimensioning acci-dental loads that applies. Areas where the dimensioning fire load exceeds 100kW/m², H-rated divi-sions should be applied. See DNV-OS-A101 Sec. 2.

DNV-OS-A101SAFETY PRINCIPLE AND ARRANGEMENTS Sec. 2

701 Where the living quarters are exposed to a heat load below 100kW/m² a passive fire protec-tion rating of A-60 is consideredsufficient for the surface facing the source of the heat load. For heat loads above 100kW/m² H-rated protection shall be used.

2　H-120 级防火分隔在 LW3-1 CEP 平台的应用

通过上述概念介绍，可以看出 H 级防火分隔的要求比 A 级要高。LW3-1 CEP 平台在采用 A 级防火分隔的基础上，还采用了要求更高的 H 级防火分隔，而且采用了 H 级防火分隔中的最高要求 H-120 级分隔。整个平台设置了 3 道 H-120 级防火防爆墙，2 道用于立管登平台区、工艺处理区和其他设备区分隔，1 道用于生活楼和压缩机、透平发电机及 MEG 回收处理撬（MRU）分隔。3 道 H-120 级防火防爆墙的具体布置如下：

第一道 ROW 3 轴 EL。（+）19m 至 EL。（+）29m 至 EL（+）EL（+）33。5 至 EL（+）EL。（+）41mm，把天然气工艺处理区与其他设备区分开；

第二道 ROW 2 轴 EL。（+）19m 至 EL（+）23.5 至 EL（+）EL。29mm，把海管登平台区与天然气工艺处理区分开；

第三道是生活楼外墙，ROW 4.1+4m 轴 EL。（+）41m 至 EL（+）44.5 至 EL（+）EL。（+）48mm，把生活楼和压缩机、透平发电机及 MEG 回收处理撬（MRU）分隔。

LW3-1 CEP 平台 H-120 级防火防爆墙结构由 DNV 做原型试验认可，贯穿 H-120 级防火防爆墙的管线贯穿件、电缆贯穿件也经船级社型式认可。

H-120 级防火防爆墙的结构形式：槽型钢板+厚度 110mm（50+60）容重 70kg/m³ 的陶瓷棉+1mm 的不锈钢板。具体施工与 A 级分隔类似，陶瓷棉用保温钉固定，保温钉用螺柱焊焊接在槽型钢板上。不锈钢板用拉铆钉固定在内装框架结构上。

3　JF-15 级防火漆在 LW3-1 CEP 平台的应用

平台钢结构在高温下强度变弱，严重时会造成平台坍塌。《固定平台安全规则》13.3 条规定：凡暴露在火灾中，一旦垮塌断裂使火灾危险性升级的结构，应考虑结构防火措施。

据李海林和李治在《消防在线》撰文《大跨度钢结构火灾特点》介绍："钢结构在火灾情况下强度变化较大，温度超过 200℃时强度开始减弱，温度 350℃时，钢结构强度下降三分之一，温度达到 500℃时，钢结构强度下降一半，温度达到 600℃时，钢结构强度下降三分之二，当温度超过 700℃时，钢结构强度则几乎减少殆尽。据统计，火灾中钢结构建筑在燃烧 15~20min，就有可能发生倒塌。"普通建筑火灾尚且如此，油气平台一旦发生爆炸和火灾后果更加严重。为防止平台坍塌，在采取充分的主动防火措施的同时，采取一定的被动防火措施很有必要。

LW3-1CEP 平台 JF-15 级防火漆的应用，就是根据该平台《火灾爆炸分析报告（FEA）》为延长平台在极端情况下的生存时间而采取的被动防火措施。《火灾爆炸分析报告（FEA）》根据平台的管线、设备布置情况和结构形式对平台生产营运期间潜在的火灾、爆炸情况及可能造成的后果进行定量性分析，并根据分析结果提出相应的防范措施。

基于平台倒塌分析结果，《火灾爆炸分析报告（FEA）》建议对平台 EL(+)8.5 以上主导管和组块立柱、拉筋、梁等相关结构喷涂 JF-15 级防火漆进行保护，以抵御在可能发生的最严重的爆炸和火灾时延长平台的生存时间。JF-15 级防火漆，能够抵御热负荷为 $250kW/m^2$ 的喷射火焰（Jet Fire）15min 不会造成平台坍塌，为施救和逃生赢得宝贵时间。

防火漆是一种糊状物，喷涂在钢结构表面，膜干后形成一种阻热系数较高的保护层，保护内部结构因外部温升而强度变弱。LW3-1CEP 平台使用的 IP 公司 CHARTEK 7 防火漆要求在室温 15℃ 以上施工，其他工艺要求与普通油漆一样，最大区别在于因固体物含量高需刮抹或用专用设备喷涂。LW3-1CEP 平台 JF-15 级防火漆的主要技术要求如下：

防火级别：JF-15

涂层结构：底漆+防火漆+加强网+防火漆+面漆

膜厚：底漆 $75\mu m$+防火漆 $3100\mu m$+面漆 $50\mu m$（此为防火漆，不同厂家的防火漆要求不同）

施工方法：喷涂、刮抹

中西方石油公司的项目管理侧重点对比分析

戴忠　贾慧峰　李良龙　周昕达

(海洋石油工程股份有限公司)

摘要：基于作者在涉外项目的工作经验，对中西方石油公司在海洋石油工程领域的项目管理侧重点进行对比分析，总结出西方石油公司在作为项目业主时的甲方管理方法，包括谈合同阶段和项目执行阶段。进而为国内石油公司走出国门提供有益的借鉴。

关键词：项目管理；合同管理；分包管理；变更控制；采办管理

国内石油公司经过几十年的发展，已形成一套比较完善的工程项目管理思路和方法，也取得了长足的发展进步，但在项目管理上与国外老牌石油公司相比仍有一些差距。本文仅就个人在涉外项目中的经历与感受，简单对比一下国内外油公司作为项目业主时在管理上的不同，以期发现我们可以改进的地方，进而为国内石油公司走出国门提供借鉴。

国内石油公司的项目管理主要在下述几方面与国外存在差距：

(1) 签合同阶段对于合同的审核重视度；

(2) 项目执行过程中通过合同对乙方的控制力；

(3) 对分包商的控制能力；

(4) 变更控制；

(5) 对详细文件的审查力度；

(6) 对物料采办的管理。

1　签合同阶段对于合同的审核重视度

1.1　合同是整个项目执行的基础

一个项目很重要的是风险控制，而合同是保护各方利益的最基本也是最有法律效力的武器。国外多数公司都是按合同办事，很少掺杂个人关系或感情因素。由于中国国情的原因，国内公司对合同多数不够重视，合同签订前审核不细致，对很多条款内含的风险缺乏有效识别和认识，容易让外方公司设下陷阱或增加不利条款。目前的情况是，国内油公司与乙方签合同前审核阶段投入的精力和人力都偏少，也未把能力最强的人投入谈判和审核，合同中经常能发现自相矛盾或界面不清的地方。由于国内油公司与乙方同属一家母公司，合同签的有问题双方还可以友好协商；然而若是和外方合作，在签合同阶段识别不出合同中风险点的话，极有可能造成我方的巨大损失。这个我认为是油公司国际化的最大隐忧，也是当前很多国内公司实行国际化的最大隐忧。

反观国外石油公司，他们十分注重合同谈判阶段，商务合同部门配备的人员在经验和能力上都是整个公司最强的，薪水也是最高的。这样的薪水结构就能保证把最优秀的人才留在合同部门。它们一般都有一个标准的合同样本，自然是由合同专家们严格审核过的，到具体项目时再在此基础上适当修改。

1.2　合同签的粗糙会导致的问题

（1）工作界面不清。作为业主方，工作界面不清会给乙方留下巨大的讨价还价和索取变更的空间。同时界面不清也会导致扯皮现象，耽误项目的进展，后续实施过程中将需要大量的时间和精力来做界面澄清。

（2）技术和质量要求不清楚，导致执行阶段分歧。乙方拿到合同后都希望用较简单、较节约的方案来完成项目，每个步骤和细节也是能简单就简单能省则省，这是利益导向决定了的，无可厚非。但作为业主来讲，则希望在总价不变的前提下，选择对安全性和质量最有保障的方案。由于双方立场不同，在技术要求和质量要求上会有差别，而这些技术和质量要求最好能在签订合同时予以体现，避免后期出现分歧。

1.3　变更增多

项目执行过程中难免会有意外发生，如果合同中对很多意外事件定义不清楚，会增加乙方索取变更的数量。

为了控制总价和风险，对于业主来讲最好签总包项目，将风险转嫁给乙方，如果一些风险点或工作量识别不出，应写入总包范围或干脆不提。如南海某国际项目，合同的"变更项目"部分就写得很少，后期国外业主让海工做跨越点处理时，却以该项工作不在合同"变更项目"中而海工签合同时事先知晓为由不承认变更，认为应该算作总包范围。

另外如"台风待机"中起始和终止时间点的定义，"台风"的定义，"渔业待机"的定义，这些都是可以作文章的地方。

1.4　付款条件偏于宽松导致业主资金紧张

作为业主的目标应是尽量保证自己的现金流，晚些付给乙方。同时对付款条件要严苛，可以的话将尾款放多。如果合同中付款点靠前，后面尾款留的少，将导致业主的资金链紧绷。同时付款条件偏宽松的话，则不能约束乙方。

1.5　对乙方供货设备或乙方再分包的控制条款未写清，导致项目执行时对乙方控制力不够

2　项目执行过程中通过合同对乙方的控制力

合同签的好，漏洞少，是基础，一份好的合同应清楚规定项目的目标、界面、步骤、进度、技术要求和质量要求等。但这并不表示乙方就会乖乖按照合同办事。后续更需要业主在项目执行过程中严格对照合同来管理，监督乙方是否严格执行合同，及时发现不符合项并予以制止。国外成熟的石油公司基本就是按照合同和计划来管理项目，一旦发现不符合项即正式发文制止，明确告知乙方违反了合同哪一条款，指出由此产生的后果，申明一切责任由乙方承担，从而牢牢控制了乙方。

反观一些国内公司，由于商务人员对合同技术和商务条款了解不足，发现不符合项后只是单纯的发文制止，不能与具体的合同条款有效结合起来，这样就显得单薄无力，不如国外做法那样有威慑力。

合同是保护缔约双方的最有力武器，作为占有先天优势的业主一方，在项目管理过程中

更应运用好合同,让其成为监督、控制乙方的有力工具。

相比国外,我们另一个软肋是时效性不够,很多问题明明已经发现了,但时间观念不强,没有第一时间发文予以制止,或碍于情面,采取私下口头沟通的方式,没有留下书面证据。这种做法部分与文化习惯有关,但在项目管理上则属大忌。干项目特别讲求时效性,一旦错误发生就必须马上指出并责令改正,以免尾大不掉积重难返,事情发生过去久了再提醒属于"马后炮",于事无补;项目的本质是工商业契约,凭据的重要性更是不言而喻。

3 对分包商的控制能力

针对海洋工程施工中工作量大、分包商多的特点,国外习惯于从两方面入手来对再分包商和重要设备的制作来进行控制:一方面加强每道工序的控制;另一方面加强分包商的准入和筛选。

3.1 对重要工序的控制

3.1.1 要求每个工序都要写 MPS(Manufacture Production Specification)和 ITP(Inspection and Test Plan)并报批

MPS 即"生产工艺技术规格书",是由生产厂家来写的,目的是将对应的详设规格书具体化,细节化,条理化,易于现场生产使用,类似于生产图纸的加工设计。由于详细设计出的规格书较为笼统且内容庞杂,不利于现场工人阅读和理解,同时不同的生产厂家有不同的生产习惯,故不同厂家根据同一详设技术规格书写出的 MPS 是不同的,它是厂家技术人员对详设规格书的理解,并映射到厂家生产能力及习惯做法等实际制约因素后相结合的产物。套用一句俗语就是"技术规格书与厂家实际情况相结合的产物"。

不管你要求与否,实际上每个生产厂家都有一份生产规格书,只不过国外业主会让厂家按照自己提供的设计规格书来专门细化一下生产工艺规格书并提交审批,业主通过审核该"生产工艺技术规格书"来确认生产工艺是否满足技术规格书的要求,生产厂家是否真正的完全的理解了技术规格书要求,如有问题可以在此阶段提出。国内业主则多数不会要这份文件,他们习惯于将设计规格书丢给厂家,然后等着厂家交货,但这样做就有个风险:万一厂家的生产工艺有问题怎么办?万一厂家技术人员对规格书理解错误进而将生产参数弄错了怎么办?不要忘记,绝大多数工人是看不懂笼统而庞杂的技术规格书的,他们只是按照以往的经验和习惯来生产,除非你的技术要求与上一批产品完全相同,否则工人是不会也没有能力给你专门修改的。

很明显,MPS 的编制与审核可以避免这些问题。

3.1.2 重要工序都派专人全程监控

重要工序是指对项目的结构安全或设备运行会产生影响的工作,如海管的焊接质量、无损检验,导管架的焊接质量与检验,发电机的调平及试运转等等,应该说大多数有关结构、机管电及调试的工作都属于重要工序,当然还包括设备。

国外业主对分包商和海工的焊接及 NDT 检验盯得非常紧,几乎每一道口都亲自看着你检验。另外他们也从源头上审核焊工和检验人员的水平,比如 100% 见证焊工考试。按理说参加考试的焊工两次不合格就应该 PASS,但实际中乙方经常会让该焊工反复考试,直到通过为止,这样考出的焊工其实际水平和一次焊接合格率自然难以保证。

另外对于 NDT 无损检验员不但要审核资质证书，还要考察你的实操能力，看看检验员是否真实拥有检出水平，还是滥竽充数。

而对水下部分如海管的生产、弯管、涂敷及膨胀弯预制等，外国业主基本是全程派员监督，严保不出纰漏。

当然在这一点上我并不赞同完全效仿外国业主做法，他这种做法比较费人。而应看业主对该分包商的熟悉程度，如果该分包商你很熟悉并有把握，可以适当降低监控，节约成本。但对不熟悉的分包商或重要工序，还是要 100% 严格监控。

3.2　加强分包商的准入和筛选

加强分包商的审核，对每个分包商都要派专人（不少于 2 人，至少要有一名技术工程师和一名质量工程师）去考察，不符合他们对技术和质量要求的分包商直接发文禁止进入，这便从源头上把握住了方向。

曾经在弯管分包时，老外业主考察了天津和廊坊各一家弯管厂，随后即发文将其中一家踢出了分包商名单，理由是该公司技术能力不达标，质量体系不健全。

反观国内业主，对乙方再分包的管理显不足。对乙方提供的备选分包商名单，如果在以前项目的合格名单里，一般就不再考察。即使考察也多是走马观花地参观，回头写的评价报告也很少直接剔除。

其实对分包商的筛选是整个分包环节最最重要的一环，只有把好这一关，才能为后面产品质量和交货期提供保证，这是本。如果分包商没选好，后续会产生很多问题，到时再谈严格控制就属于亡羊补牢舍本逐末的性质了。

4　变更控制

国外业主对变更控制的非常严格，轻易是拿不到变更的，除非你的理由很充分。他们会以合同、规格书及国际惯例为依据，对乙方提出的变更申请予以驳回，一个变更往往要多个回合才会同意。

为了减少乙方要变更的机会，他们一方面加强自己的合同部实力，聘请最优秀的人才；另一方面重视设计阶段规格书和图纸的审查，将他们的意图或习惯做法在详设阶段就融入规格书和图纸。如果恰好此时乙方的设计人员经验偏少或对自己公司的实际施工水平了解不足，往往会接受国外业主提的意见，并修改自己出的图纸和规格书。这样到实施阶段，国外业主就以你们乙方的规格书就是这样写的为由，来让乙方公司就范。

国外业主对引起变更的工作量和时间也跟踪得非常紧。比如海上铺管期间的台风待机，它会自己记录弃管时间和起管时间，避免被乙方蒙蔽。台风一旦登陆就让船离开锚地驶往作业点，避免乙方船舶浪费作业时间和天气窗口。曾有个国际合作项目，蓝疆在锚地避风后起锚晚了五六个小时，业主就发文给乙方，说乙方故意拖延，这段时间不算变更。

国内油公司在变更控制上，对乙方盯得就没有这样紧，常常是乙方的船想几点起锚走就几点走，拖延些时间也不抗议，同时时间点记录上也不精确，乙方多写一两个小时天气待机也可以。这对业主来说就是利益损失。

综合来看，业主要想控制住变更，需要在合同谈判和签订、设计文件及图纸审核、项目实际管理和变更点记录上下功夫。

5 对详设文件的审核力度

对业主来说，详设阶段是贯彻自己思路和习惯做法的好时候，不能过于相信承包商的设计。承包商的规格书等都是按照自身习惯做法写的，趋向于方便和减少工作。但实际上每个项目都有它的特殊性，详设审查的细点，能为后续施工减少不少麻烦。国内业主对海工的设计比较相信，较少提意见。相比而言国外业主审核就非常严格。

比如海管半瓦环缝的检验方式，海工为了操作方便通常会选用 UT+MT，不愿意用 AUT，但 AUT 是更加灵敏更加准确同时能留下可追溯记录的一种无损检验方式。国外业主在审核检验规格书或程序时就要求全部 AUT。同样对于双层管的外管检验方式，也推荐要求用 AUT，减少人为干预的可能。

6 对物料采办的管理

在项目采办阶段，业主批准了 AVL(合格供应商名单)，但国外业主对进入 AVL 的合格供应商是很认真的去考察，对海工的设备供应厂商也是一样，都实地考察厂家的能力是否满足规格书、技术能力、场地、厂家资质、人员资质、体系健全度等要求，对不满意的厂家会直接发文 PASS。

对设备和物料供应商，我的体会是，拥有核心技术和优秀质量的一般也就两三家，其余厂家都是跟随者，很多并不具备核心技术和产品质量。而好的物料能大大降低施工风险并提高作业效率，即使表面上价格贵点，但会节约海上施工和调试成本，总体上算还是划算的。比如海管膨胀弯要用的法兰，TAPER-LOC 的法兰就比其它家的小接近一半，利于海上安装。

其实国内海工干了这么多项目，应有个很健全的分包商及物料供应商跟踪库。这些厂家在供货时中间出过什么问题，解决速度怎么样，图纸是否规范，产品质量如何。这些记录本是很宝贵的财富，但国内海工没有记录，以致一些分包商导致的问题循环出现。建议引入供货商和分包商打分机制和评价机制，使后面的同事能分享过去失败的教训，优选好的厂家。这方面可以借鉴淘宝网的评分和评价机制。

7 结论与展望

以上六条只是在与西方石油公司合作工作中感受到的一部分，实际运作中我们国内与国外石油公司的差距不仅上述几方面，还有人才引进和退出机制，奖惩、激励机制等。但考虑到国企的体制阻力和传统，很多东西不能照搬国外的做法，以上六条是在体制允许的范围内可以改进的地方。当然我们国内企业的管理也有可取之处。

我认为认识到差距就是迈开了最重要的一步，我们国内的管理水平会随着国家进一步的开放和"走出去"策略而逐步提高。

工程项目质量管理/质量控制与专业化人员素质解析

彭 伟

（海洋石油工程股份有限公司工程项目管理中心）

摘要： 本文结合理论与工作实践活动积累的工作经验，阐述了工程项目质量管理与质量控制的概念含义；以及对专业化人员的管理素质要求，表达了工程项目质量管理过程中应用的管理模式与做法，剖析项目质量控制的过程控制点要求及影响产品质量的因素。进一步说明了工程项目质量管理工作中专业人员资源的重要性。

关键词： 项目质量管控与人员解析

质量对每个人来说并不陌生，谈到生活质量、食品质量、工作质量、产品质量、工程质量等等都与我们习习相关。这里主要是针对工程项目质量管理与质量控制，科学合理的运用人力资源，结合自己工作实际谈谈实施的做法与见解与大家共分享。

1 工程项目质量管理

项目质量管理是项目管理的一个主要部分，它通过对顾客质量要求的识别和确认，制定出满足这些质量要求的方法和步骤，并在项目实施过程中进行检测和测量，从而保证项目在规定的时间、批准的预算范围内，完成预先确定的工作内容，并且使项目的交付结果符合顾客的要求，使顾客满意。

质量管理的首要任务是确定质量方针、目标和职责，核心是建立有效的质量管理体系，通过具体的质量策划、质量保证和质量改进活动，确保质量方针、目标的实施和实现。

海洋石油工程股份有限公司是中国海洋石油总公司控股的上市公司，以海洋油气田开发及配套工程的设计、建造与海上安装为主营业务。我已在公司从事质量管理工作多年，目前在工程项目管理中心负责项目质量管理。随着公司的发展而不断成长，与公司的发展共命运。就项目质量管理工作的开展，我们实施的管理模式如下。

1.1 质量管理标准化建设

工程项目管理中心在质量管理制度建设及执行方面注重能力提升和过程管理，结合项目实际情况，通过有质量管理经验的工程师编制完成《项目质量管理工作指南》一册，指南作为项目质量管理工作指导性文件，系统描述了工程项目启动、规划、执行、监控、收尾五个实施过程中的各项质量管理要求、管理流程、管理方法和各过程执行的依据性文件和记录。指南具有较强的针对性、实用性和可操作性。其中质量管理要求部分对项目组及关键岗位指明了项目各级管理人员的质量职责；国家法律法规部分摘录了近年来国家颁布实施的与公司生产经营活动密切相关的各项法律、法规，为项目的依法合规运营提供了法律的保障。该指南下发各工程项目组，供项目经理和项目质量工程师学习和使用。与此同时编制标准化的项目质量管理程序、项目质量培训课件，借鉴项目良好的质量管理方法和制度，并固化下来形成工程项目管理中心的标准化文件，并推广到各工程项目中去。

1.2　建立项目质量管理工作达标标准

建立项目质量管理工作标准，实施达标考核，促进提升项目工作质量。具体体现为建立健全制度，落实项目质量责任制，建立和完善领导带班制度以及分包商/供货商的质量检查、验收以及质量检查制度。强化过程监督检查，项目经理每月带班检查不少于两次；大型作业现场带班。项目质量人员日常检查、周检及专项检查等现场工作时间不少于60%；每周至少参加2次班前会，对班前会的质量要求内容进行指导；组织项目隐患排查，且每周至少提交一次质量隐患排查报告；参加重大作业和专项工作检查、按要求及时上报各类质量事件和事故；配合项目经理做好项目质量风险的辨识分析与管理工作；每月进行案例总结并提交月报；项目每累计100万工时时提交质量管理报告；每年提交年度质量案例和年度项目质量总结。每季度对项目质量管理计划进行评估完善，以满足项目实施运行的需要。

1.3　质量隐患排查范围、频率和深度增强

随着工程项目的增加逐渐加强隐患排查的力度和频率，促使现场质量管理问题及时发现，及时整改。工程项目管理中心组织质量检查不仅包括公司场地，还包括定期到承包商场地进行隐患排查，以保证公司质量管理要求能有效落实。这里根据统计工程项目管理中心质量人员深入工程项目及分包商场地检查质量情况统计，针对发现的质量隐患督促及时整改，减少了质量重大问题的发生。表1为2012年、2013年隐患排查对比表。

表1　隐患排查对比表

对比时间	2012 年	2013 年
排查范围	塘沽、青岛、深圳场地	塘沽、青岛、深圳场地、惠州场地、分包商场地
隐患数量	1166 个	3137 个
质量检查深度	常规的过程控制	举一反三，延伸到对重大技术方案审查、设备、材料管理、过程记录使用、标准使用、海管质量等重点环节梳理
质量检查力度	常规的隐患排查	开展质量生产大检查活动、质量专项提升过程检查、项目经理积极响应，参与
整改力度	在建项目组整改	协调主管部门和作业单位共同整改

1.4　完工经验交流

工程项目管理中心组织召开质量管理经验交流会，对完工项目质量管理难点及风险、典型案例分析等方面进行汇报和交流。对工程项目质量管理工作提出具体指导要求，对质量管理好的做法和典型案例分析进行借鉴，达到了经验共享，教训互警的目的。

1.5　提高培训的有效性

为使工程项目质量管理扎实深入开展，从规范项目质量管理入手，注重制度建设的同时

加强基础培训与指导，有效提升项目质量管理人员的业务管理水平，更好的为项目提供支持与服务，编写工程项目质量课件，完成工程项目质量培训 PPT，实施对项目质量的有效培训。

1.6　质量专项活动

以每年开展质量月活动为契机，工程项目管理中心积极组织各在建项目开展各项质量专项活动，专项活动包括：焊接质量专项检查，技术文件交底专项治理活动，供应商/分包商质量管理专项治理活动，技术方案审查制度执行专项检查，"质量兴业"活动，QC 小组活动，项目文件管理检查等。通过一系列专项活动，排查质量隐患，降低质量风险，推动了项目质量管理工作有效发展。

2　工程项目质量控制

工程项目质量控制就是监控具体项目结果以确定其是否符合相关的质量标准，并制定相关措施消除导致不满意执行情况的原因。我们都清楚工程质量是在施工工序过程中形成的，而不是靠最后的检验检出来的。因此为了把工程质量从事后检查把关，转向事前控制，达到"以预防为主"的目的，必须加强施工工序的质量控制。

2.1　工序质量控制的概念

工程项目的施工过程，是由一系列相互关联、相互制约的工序所构成，工序质量是基础，直接影响工程项目的整体质量。要控制工程项目施工过程的质量，首先必须控制工序的质量。工序质量包含两方面的内容，一是工序活动条件的质量；二是工序活动效果的质量；从质量控制的角度来看，这两者是互为关联的，一方面要控制工序活动条件的质量，即每道工序投入品的质量(人、材料、机械、方法和环境的质量)是否符合要求；另一方面又要控制工序活动效果的质量，即每道工序施工完成的工程产品是否达到有关质量标准。

工序质量的控制，就是对工序活动条件的质量控制和工序活动效果的质量控制，据此来达到整个施工过程的质量控制。工序质量控制的原理是，采用数理统计方法，通过对工序一部分(子样)检验的数据，进行统计、分析，来判断整道工序的质量是否稳定，正常；若不稳定，产生异常情况须及时采取对策和措施予以改善，从而实现对工序质量的控制。其控制步骤如下：

(1)实测：采用必要的检测工具和手段，对抽出的工序子样进行质量检验。

(2)分析：对检验所得的数据通过直方图法、排列图法或管理图法等进行分析，了解这些数据所遵循的规律。

(3)判断：根据数据分布规律分析的结果，如数据是否符合正态分布曲线；是否再上下控制线之间；是否在公差(质量标准)规定的范围内；是属正常状态或异常状态；是偶然性因素引起的质量变异，还是系统性因素引起的质量变异等，对整个工序的质量予以判断，从而确定该道工序是否达到质量标准。若出现异常情况，即可寻找原因，采取对策和措施加以预防，这样便可达到控制工序质量的目的。

2.2　工序质量控制的内容

进行工序质量控制时，应着重于以下四方面的工作。

1）严格遵守工艺规程

施工工艺和操作规程，是进行施工操作的依据和法规，是确保工序质量的前提，任何人都必须严格执行，不得违犯。

2）主动控制工序活动条件的质量

工序活动条件包括的内容较多，主要是指影响质量的五大因素：施工操作者、材料、施工机械设备、施工方法和施工环境等。只要将这些因素切实有效地控制起来，使它们处于被控制状态，确保工序投入品的质量，避免系统性因素变异发生，就能保证每道工序质量正常、稳定。

3）及时检验工序活动效果的质量

工序活动效果是评价工序质量是否符合标准的尺度。为此，必须加强质量检验工作，对质量状况进行综合统计与分析，及时掌握质量动态。一旦发现质量问题，随即研究处理，自始至终使工序活动效果的质量，满足规范和标准的要求。

4）设置工序质量控制点

控制点是指为了保证工序质量而需要进行控制的重点、或关键部位、或薄弱环节，以便在一定时期内、一定条件下进行强化管理，使工序处于良好的控制状态。

2.3 质量控制点的设置

质量控制点设置的原则，是根据工程的重要程度，即质量特性值对整个工程质量的影响程度来确定。为此，在设置质量控制点时，首先要对施工的工程对象进行全面分析、比较，以明确质量控制点；然后进一步分析所设置的质量控制点在施工中可能出现的质量问题、或造成质量隐患的原因，针对隐患的原因，相应地提出对策措施予以预防。由此可见，设置质量控制点，是对工程质量进行预控的有力措施。

质量控制点的涉及面较广，根据工程特点，视其重要性、复杂性、精确性、质量标准和要求，可能是结构复杂的某一工程项目，也可能是技术要求高、施工难度大的某一结构构件或分项、分部工程，也可能是影响质量关键的某一环节中的某一工序或若干工序。总之，无论是操作、材料、机械设备、施工顺序、技术参数、自然条件、工程环境等，均可作为质量控制点来设置，主要是视其对质量特征影响的大小及危害程度而定。现列举如下：

1）人的行为

某些工序或操作重点应控制人的行为，避免人的失误造成质量问题。如对高空作业、水下作业、危险作业、易燃易爆作业，重型构件吊装或多机抬吊，动作复杂而快速运转的机械操作，精密度和操作要求高的工序，技术难度大的工序等，都应从人的生理缺陷、心理活动、技术能力、思想素质等方面对操作者全面进行考核。事前还必须反复交底，提醒注意事项，以免产生错误行为和违纪违章现象。

2）物的状态

在某些工序或操作中，则应以物的状态作为控制的重点。如加工精度与施工机具有关；计量不准与计量设备、仪表有关；危险源与失稳、倾覆、腐蚀、毒气、振动、冲击、火花、爆炸等有关，也与立体交叉、多工种密集作业场所有关等。也就是说，根据不同工序的特点，有的应以控制机具设备为重点，有的应以防止失稳、倾覆、过热、腐蚀等危险源为重点，有的则应以作业场所作为控制的重点。

3）材料的质量和性能

材料的质量和性能是直接影响工程质量的主要因素；尤其是某些工序，更应将材料质量和性能作为控制的重点。如预应力加工，就要求钢材匀质、弹性模量一致，含硫（S）量和含磷（P）量不能过大，以免产生热脆和冷脆；钢材可焊性差，易热脆，用作预应力时，应尽量避免对焊接头，焊后要进行通电热处理，否则，就会影响质量。

4）新工艺、新技术、新材料应用

当新工艺、新技术、新材料虽已通过鉴定、试验，但施工操作人员缺乏经验，又是初次进行施工时，也必须对其工序操作作为重点严加控制。

5）质量不稳定、质量问题较多的工序

通过质量数据统计，表明质量波动、不合格率较高的工序，也应作为质量控制点设置。

2.4　工序质量的检验

工序质量的检验，就是利用一定的方法和手段，对工序操作及其完成产品的质量进行实际而及时的测定、查看和检查，并将所测得的结果同该工序的操作规程及形成质量特性的技术标准进行比较，从而判断是否合格或是否优良。

工序质量的检验，也是对工序活动的效果进行评价。工序活动的效果，归根结底就是指通过每道工序所完成的工程项目质量或产品的质量如何，是否符合质量标准。为此，工序质量检验工作的内容主要有下列几项：

1）标准具体化

标准具体化，就是把设计要求、技术标准、工艺操作规程等转换成具体而明确的质量要求，并在质量检验中正确执行这些技术法规。

2）度量

度量是指对工程或产品的质量特性进行检测度量。其中包括检查人员的感观度量、机械器具的测量和仪表仪器的测试，以及化验与分析等。通过度量，提出工程或产品质量特征值的数据报告。

3）比较

所谓比较，就是把度量出来的质量特征值同该工程或产品的质量技术标准进行比较，视其有何差异。

4）判定

就是根据此较的结果来判断工程或产品的质量是否符合规程、标准的要求，并做出结论。判定要用事实、数据说话，防止主观、片面，真正做到以事实、数据为依据，以标准、规范为准绳。

5）处理

处理是指根据判定的结果，对合格与优良的工程或产品的质量予以认证；对不合格者，则要找原因，采取对策措施予以调整、纠偏或返工。

6）记录

记录要贯穿于整个质量检验的过程中，就是把度量出来的质量特征值，完整、准确、及时地记录下来，以供统计、分析、判定、审核和备用。

2.5　施工项目质量的预控

施工项目质量的预控，是事先对要进行施工的项目，分析在施工中可能或最容易出现的质量问题，从而提出相应的对策，采取质量预控的措施予以预防。现举例说明如下：

钢材焊接质量预控：

（1）可能出现的质量问题：

① 焊接接头偏心弯折；

② 焊条规格长度不符合要求；

③ 焊缝长、宽、厚度不符合要求；

④ 气压焊镦粗面尺寸不符规定；

⑤ 凹陷、焊瘤、裂纹、烧伤、咬边、气孔、夹碴等；

⑥ 焊条型号不符要求。

（2）质量预控措施：

① 检查焊工有无合格证，禁止无证上岗；

② 焊工正式施焊前，必须按规定进行焊接工艺试验；

③ 每批钢材焊接完后，应进行自检，并按规定取样进行机械性能试验。专职检查人员还需在自检的基础上对焊接质量进行抽查，对质量有怀疑时，应抽样复查其机械性能；

④ 气压焊应用时间不长，缺乏经验的焊工应先进行培训；

⑤ 检查焊缝质量时，应同时检查焊条型号。

3　专业化人员素质提高

质量管理中最主要的因素是人，产品质量问题往往是由人的失误造成的。在质量管理8项原则中，"顾客"、"领导"、"全员"、"供方"等指的就是与公司质量管理有关的各个方面的人。"以顾客为关注焦点、领导作用、全员参与、与供方的互利关系"这4条原则，则直接表明了人是质量管理的核心；"过程方法、管理的系统方法、持续改进、基于事实的决策方法"这4条原则，也必须在人的操作和控制下进行；因此，公司的质量管理必须以人为本。其中，人员素质是决定全员参与是否实现的关键。

在质量管理体系中，人是质量管理体系中最活跃、最主要的因素。人员素质在质量管理体系运行中的影响不可忽视，了解人员素质在质量管理体系中的影响，对公司实施有效的管理具有重要意义。

（1）人格素质。在质量问题上能否坚持原则，既是道德观念的反映，也是人格素质的重要体现。

（2）精神素质。必须解放思想、敢于创新，只有思维活跃、开放，才能认识和把握发展的机会，发现和遏制存在的威胁。质量管理需要的就是这种理性而又积极的人生精神和思想。

（3）道德素质。在公司的质量问题中，道德问题是最主要问题，特别突出的莫过于诚信问题了。道德素质还包括良心、爱心、同情心等。

（4）科技素质。科技素质包括对基本的科学常识和科学方法的掌握，其前提是接受过良好的教育。首先是科学的态度，能够以事实为依据；其次是掌握科学的知识，懂得科学的道理，不为眼见的东西所蒙蔽；还要有科技的能力，能够用先进的方法解决问题。

（5）职业素质。一是对角色的认知，要能够认识自己工作的角色及其作用；二是敬业精神，要兢兢业业地扮演好工作的角色；三是具有团队精神，要善于沟通和合作，管理者还要有组织、指挥和协调的能力，要充分调动团队成员的工作积极性，并充分发挥每一个人的积极作用。

（6）健康素质。健康包括生理健康、心理健康和社会适应能力。生理健康，是保证质量的身体素质要求；心理健康，是影响质量的重要方面，一些质量问题不是技术和能力的水平不够，就是因为心理不健康而导致的；社会适应能力，这是心理健康问题的另一方面，要求能够适应社会的发展变化、坦然面对危机和困难。

（7）文化素质。一方面是指人的知识水平和学习能力。另一方面是专门为管理者提出的要求，是指认识公司文化的知识和能力。在管理实践中特别要懂得公司的文化习俗和文化积淀的作用，这一因素对质量而言可能是致命的，但也可能是最重要的。管理者必须认识公司文化的存在和其重要性，并能够借助于公司文化的积极作用，推动质量的持续提高。

由此，有效提高质量管理人员的素质专业化有着十分重要的意义。培育和提升公司质量管理人员素质的途径：

（1）加强质量道德意识。质量道德是产品质量的灵魂，质量道德管理被视为质量经营体系的一个重要因素，实行公司内部的质量道德管理，使每一位员工的劳动行为始终处于道德动机的驱动之下，有效地激发公司全员的质量意识和工作积极性，保持健康的劳动道德心理——不只是把工作当成是谋生的手段，也看成是精神的需求、看成是获得价值满足的主要手段。

（2）确立"质量第一"的核心价值观。把"质量就是生命"、"靠质量求信誉，向质量要效益"作为一种公司生存观念融化在职工的头脑中，并以此倡导整个公司的经营行为。在激烈的市场竞争中，一个公司需要有市场竞争意识，开拓进取意识、科技经营意识、改革创新意识和团结作战意识，但紧密结合公司生产经营过程，决定公司兴衰存亡首当其冲的还是质量意识。

（3）加强培训和教育。培训和教育是公司发展的一个永恒主题，质量意识的提高需要通过各种方法培养。只有不断加强质量意识，才能使员工自觉地把自己的工作同公司产品质量、成本、效益及顾客利益联系起来，尽职尽责地做好各项工作。加强对管理人员、特殊工序检验人员、操作人员的培训，要特别注意对骨干力量和后备力量的培养。一支质量意识高、责任感强、且训练有素的职工队伍，是公司质量管理体系持续有效运行最重要的资源保证。

（4）完善质量激励机制 推进公司发展。要把提高质量变成公司职工的自觉行动，就必须依靠完善的质量激励机制的作用。质量工作能否切实按标准规程操作，关键在奖惩制度制定得如何，如果奖惩制度能够切实地将质量与奖惩制度挂钩，就能充分调动管理、技术和操作人员在过程监控中的积极性，才能确保产品的质量。

（5）完善质量责任制。要制订各部门、各级各类人员的质量责任制，明确任务和职权，各司其职，密切配合，以形成一个高效、协调、严密的质量管理工作的系统。这就要求公司的管理者要勇于授权、敢于放权。授权是现代质量管理的基本要求之一。原因在于，第一，顾客和其他相关方能否满意、公司能否对市场变化做出迅速反映决定了公司能否生存。而提高反应速度的重要和有效的方式就是授权。第二，公司的职工有强烈的参与意识，同时也有很高的聪明才智，赋予他们权力和相应的责任，也能够激发他们的积极性和创造性。其次，在明确职权和职责的同时，还应该要求各部门和相关人员对于质量做出相应的承诺。当然，为了激发他们的积极性和责任心，公司应该将质量责任同奖惩机制挂起钩来。只有这样，才能够确保责、权、利三者的统一。

参 考 文 献

杨清. 项目质量管理［M］. 北京：机械工业出版社，2008.6.

基于 LEC 的工作安全分析在导管架吊装装船风险评估中的应用

王军　徐振振

（中国石油集团海洋工程有限公司海工事业部）

摘要：导管架吊装装船是海洋工程陆地建造中风险较大的一项作业，运用工作安全分析(JSA)可以有效地对作业过程中存在的风险进行识别和分析，并制定预防控制措施，防止事故发生。但工作安全分析只是一种定性分析方法，无法量化的确定危险性等级，将作业条件危险性评价(LEC)引入 JSA 分析过程，利用 LEC 法计算各个步骤危险性等级，确定关键作业步骤，以确保整个吊装装船过程的安全。

关键词：工作安全分析(JSA)；作业条件危险性评价(LEC)；导管架；吊装装船作业风险评估

导管架平台是滩、浅海海洋石油作业的主要装备，导管架吊装装船是海洋工程陆地建造中风险性较大的一项作业。做好导管架吊装装船作业风险评估，制定相应的预防控制措施，是保证吊装装船作业安全进行的前提。

工作安全分析(JSA)是目前欧美企业在安全管理中使用最普遍的一种定性的风险评价方法，而作业条件危险性评价(LEC)是安全评价中简单易行且广泛使用的一种半定量方法。将 JSA 分析和 LEC 评价结合在一起，构建基于 LEC 评价的 JSA 表，应用到导管架吊装装船作业，综合分析作业中的风险并定量评价，为导管架吊装装船作业的顺利进行提供安全保障。

1　工作安全分析

工作安全分析是一种危险源辨识方法，最初由美国葛玛利教授于 1947 年提出的，是事先或定期对某项工作任务进行风险评价，并根据评价结果制定和实施相应的控制措施，达到最大限度消除和控制风险的方法。与其他的危险源识别和评价方法相比，工作安全分析最大的特点在于更加关注人、机、环境系统的协调问题，其主要关注的对象是生产活动和工作过程，而不是系统人、机、环境三要素本身，强调将岗位分解到具体的操作步骤，以每一操作步骤作为评价的基本单元。组织者可以指导岗位工人仔细地研究，将作业按顺序划分为若干个步骤，对每一个作业步骤逐步地从人、机、物、法、环五个方面进行危害识别分析，识别已有或者潜在的危害，找到最好的办法来削减或者消除这些隐患所带来的风险，以预防事故的发生。其主要分析过程如图 1 所示。

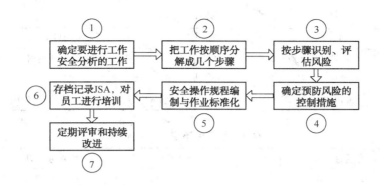

图 1　工作安全分析流程图

工作安全分析的深入推广和有效使用，可以帮助企业快速、全面识别生产过程中的各类风险，并及时采取有效的控制措施，从而避免一些重大安全事故或职业伤害事故的发生，提升企业安全管理方面的绩效。虽然工作安全分析已经得到了广泛应用，但在实际的应用中，工作安全分析只注重定性分析，对于潜在的危险的可能性和严重度没有量化的标准作为依据，因而无法直观的识别出作业过程中风险程度高、后果严重的关键性步骤，从而更好地起到防范事故发生的目的。

2　LEC 分析法

作业条件危险性评价法（LEC）是对具有潜在危险的环境中作业的危险性进行半定量评价的一种方法。它是由美国的格雷厄姆和金尼提出的，他们认为，对于一个具有潜在危险性的作业条件，影响危险性的因素有 3 个：发生事故或危险事件的可能性 L，见表 1；暴露于这种危险环境的频率 E，见表 2；事故一旦发生可能产生的后果 C，见表 3。用公式来表示，则为：$D = L \times E \times C$，式中，D 为作业条件的危险性，见表 4。

表 1　发生事故可能性 L

事故发生的可能性	分数值	事故发生的可能性	分数值
完全可以预料	10	很不可能，可以设想	0.5
相当可能	6	极不可能	0.2
可能，但不经常	3	实际不可能	0.1
可能性小，完全意外	1		

表 2　暴露于危险环境的频率 E

暴露于危险环境的频率	分数值	暴露于危险环境的频率	分数值
连续暴露	10	每月暴露一次	2
每天工作时间暴露	6	每年几次暴露	1
每周一次或偶然暴露	3	非常罕见的暴露	0.5

表 3　事故造成后果 *C*

事故造成的后果	分数值	事故造成的后果	分数值
大灾难,许多人死亡,或造成重大财产损失	100	严重,重伤,或造成较小的财产损失	7
灾难,数人死亡,或造成很大财产损失	40	重大,致残,或很小的财产损失	4
非常严重,一人死亡,或造成一定的财产损失	15	引人注目,不利于基本的安全健康要求	1

表 4　危险性等级划分标准

危险程度	危险性分值 *D*	风险等级	危险程度	危险性分值 *D*	风险等级
极度危险	$D \geqslant 320$	5	可能危险	$20 \leqslant D < 70$	2
高度危险	$160 \leqslant D < 320$	4	稍有危险	$D < 20$	1
显著危险	$70 \leqslant D < 160$	3			

作为一种半定量的安全评价方法,作业条件危险性分析法(LEC)评价结果比较直观,并且该方法简单易行,便于掌握,在安全评价过程中得到了广泛应用。

3　构建具有 LEC 的 JSA 表

根据工作安全分析和作业条件危险性分析的主要特点,构建一种基于 LEC 评价的 JSA 表,充分发挥 JSA 在危害辨识上的优势,而 LEC 评价的半定量分析则可以有效弥补 JSA 分析确定危险性等级不足的缺点,使发生事故的原因和提出的风险控制措施更加具体,更加具有针对性,从而更好地适应现场风险管控的要求。具体的表格形式见表 5。

表 5　基于 LEC 分析的 JSA 表

编号	工作步骤	危害因素描述	初始风险等级				预防控制措施	剩余风险等级				责任人
			L	*E*	*C*	*D*		*L*	*E*	*C*	*D*	
1												
2												
…												
N												

4　基于 LEC 的 JSA 在导管架吊装装船作业中的应用

4.1　导管架吊装装船特点分析

导管架吊装装船是海洋工程建造中常用的装船方式。装船过程是将导管架从陆地搬运到海上的第一步,对自然环境条件、浮吊的稳定性以及操作人员的要求很高,因此导管架吊装装船是一项风险较大的作业。下面以导管架吊装装船作业为对象,应用基于 LEC 评价的 JSA 进行风险分析。

4.2　划分作业步骤

根据海洋工程建造相关操作规程和现场实践经验,导管架吊装装船作业可以划分为以下几个步骤：

（1）开始潮汐监测及接收气象预报：在进行吊装装船作业前，要对影响作业的风、浪、流等环境因素进行风险分析，确定装船具体时间。

（2）浮吊、驳船就位：浮吊驳船按照设计好的靠泊路线和速度进入作业区域，通过缆绳将船舶与码头连接进行固定，并进行相应的检查和沟通工作。

（3）浮吊、驳船、吊索具和吊点检查：对浮吊、驳船、吊索具和吊点进行全面的检查，确保浮吊、驳船、吊索具和吊点等安全可靠。

（4）导管架安装吊索具：确保索具、吊点等安全可靠后，开始按照设计安装吊索具，并将吊索具挂到浮吊吊机吊钩上。

（5）导管架索具预张紧检查：浮吊缓慢上升吊臂，进行索具预张紧操作，确保索具正确安装。

（6）开始切割导管架固定支撑：将导管架与陆地支撑切割、分离，为起吊装船做准备。

（7）分步加载起吊：分离工作完成后，开始起吊作业，将导管从陆地搬运到驳船夹板上方。

（8）吊装下放：在确保导管架在驳船正确的方位上以后，缓慢下方吊臂，直到将导管架放到夹板的正确位置上。

（9）开始固定作业：将导管架与驳船进行焊接固定，确保导管架在运输以及特殊自然环境条件下的稳性。

（10）导管架摘钩：固定作业完成后，将吊索具卸下，完成吊装装船作业。

4.3 导管架吊装装船风险评估

导管架吊装装船步骤划分完成后，结合基于 LEC 评价的 JSA 工作表，按照步骤进行危害辨识和风险分析，确定初始风险等级，对于超过不可接受水平或立法要求的风险制定相应的预防控制措施，评价剩余风险等级，直至风险在可控范围之内，如表 6 所示。

表 6 导管架吊装装船作业 JSA 表

编号	工作步骤	危害因素描述	初始风险等级				预防控制措施	剩余风险等级				责任人
			L	E	C	D		L	E	C	D	
1	开始潮汐监测及接收气象预报	未进行潮汐监测，或数据不准确、不全面影响驳船调载，造成驳船损坏	3	1	40	Ⅲ	①设立天气预报预报小组，向现场装船总指挥报告 ②设立现场潮水/水位的测量机制。装船前应对现场潮水/水位进行测量，并向场装船总指挥/调载工程师报告	1	1	40	Ⅱ	
2	浮吊、驳船就位	①船舶与码头碰撞，造成船舶损坏或码头结构损坏	3	1	40	Ⅲ	①浮吊船长具有类似施工经验 ②码头与浮吊之间设置防碰垫	1	1	15	Ⅰ	
		②绞缆作业中，缆绳断裂，造成人员伤害	1	3	40	Ⅲ	①严格遵守现场作业程序 ②绞缆时指挥人员选择合理位置，注意密切注意缆绳受力情况	1	3	15	Ⅱ	

编号	工作步骤	危害因素描述	初始风险等级				预防控制措施	剩余风险等级				责任人
			L	E	C	D		L	E	C	D	
3	吊索具和吊点检查	索具不合格、吊点焊接质量缺陷,造成起吊事故	1	1	40	Ⅱ	① 作业前对吊点焊接检验 ② 索具应取得检验证书才可使用	0.5	1	40	Ⅱ	
4	导管架安装吊索具	高处安装吊索具,存在人员坠落伤害	3	6	15	Ⅳ	① 安装索具须严格遵守现场作业程序 ② 高处作业须系安全带,并固定在合适位置	1	6	7	Ⅱ	
5	导管架索具预张紧检查	吊索具挂钩错误,造成起吊事故	3	1	7	Ⅱ	① 安排两个挂勾人员进行现场互检 ② 对索具和吊耳进行编号,防止吊耳和索具安装不匹配	1	1	7	Ⅰ	
6	开始切割导管架固定支撑	未完全切开,造成结构物损坏	3	3	40	Ⅳ	① 制定切割作业程序 ② 严格遵守切割作业程序,切割完成后做好检查	1	1	40	Ⅱ	
7	分步加载起吊	① 吊索具的自然延伸影响吊装过程的留空量控制,导管架与浮吊吊臂碰撞,造成严重事故	3	1	40	Ⅱ	① 为吊装作业制定详细的工程与操作程序 ② 审核索具自然延伸量,以明确提升留空量	1	1	40	Ⅱ	
		② 导管架重量、重心与设计误差过大,导管架结构损坏或大幅横向移动	3	1	40	Ⅱ	①注意监察 ②建议进行导管架称重作业	1	1	40	Ⅱ	
		③ 使用的加载经验值超过计算值,造成碰撞、人员落水、挤压伤害	3	1	40	Ⅱ	① 标准化工程设计 ② 审查设计荷载	1	1	40	Ⅱ	
		④ 导管架与施工现场其他结构碰撞造成导管架倾翻	3	1	40	Ⅲ	① 严格遵守浮吊作业规程 ② 作业人员须经过安全培训后方可作业 ③ 检查吊臂作业半径内是否存在障碍结构物	1	1	40	Ⅱ	

续表

编号	工作步骤	危害因素描述	初始风险等级				预防控制措施	剩余风险等级				责任人
			L	E	C	D		L	E	C	D	
8	吊装下放	① 导管架与船舶碰撞，造成导管架或船舶损坏	3	1	40	Ⅲ	① 吊装下放应缓慢操作 ② 吊装下放作业过程保证通讯和指挥信号畅通	1	1	40	Ⅱ	
		② 大型物件摆放不平，滑动挤压伤人	3	1	40	Ⅲ	指挥人员仔细检查物体摆放处有无障碍物，并及时清理干净，使用工具进行固定	1	1	40	Ⅱ	
9	开始固定作业	焊接质量缺陷，对导管架结构造成损害	3	2	40	Ⅳ	① 焊接作业程序 ② 焊接作业应选择有经验的施工人员，并采取必要的防护措施	1	1	40	Ⅱ	
10	导管架摘钩	① 高处作业，人员坠落伤害	3	6	15	Ⅳ	① 安装索具须严格遵守现场作业程序 ② 高处作业须系安全带，并固定在合适的位置	1	6	7	Ⅱ	
		② 吊扣挂兜物体，吊索具砸伤人	3	6	15	Ⅳ	① 吊扣解掉后固定好索具，劳动防护用品穿戴整齐 ② 指挥人员始终密切注视吊扣动态，发现情况及时处理	1	6	7	Ⅱ	

根据表 6 所示内容，以步骤 4 导管架安装吊索具为例，作业中可能存在的风险为高处安装吊索具，存在人员坠落伤害，其事故发生的可能性 L 为 3，暴露频率 E 为 1，后果严重程度 C 为 7，得到危险性 D 分值为 21，根据表 4 可确定其初始风险等级为 Ⅱ 级。采取风险控制措施：安装吊索具须严格遵守现场作业程序和高处作业必须系挂安全带，并将安全带固定在合适的位置后，事故发生的可能性 L 变为 1，危险性 D 的分值变为 7，剩余风险等级为 Ⅰ 级，风险在可控范围之内。按照这种方法，分别对各个步骤进行分析，确定剩余风险等级，对于剩余风险等级相对较高的步骤，加强监督监控，确保整个作业过程的安全。

4.4 JSA 的宣贯与评审改进

基于 LEC 评价的 JSA 表构建完成后，及时对员工进行宣贯，使每一名员工熟悉导管架吊装装船的基本流程、主要风险及风险控制措施，并鼓励员工进行讨论分析，根据自身工作经验改进 JSA 表中的不足，直至 JSA 表适应现场作业的整个过程，最后将 JSA 表张贴到作业现场，做到施工安全受控。

吊装装船作业完成后，召开总结会，根据实际经验对 JSA 进行评审改进，并编制到安全操作规程或作业标准化中，为以后的类似作业提供依据。

5　结论

本文结合工作安全分析和作业条件危险性评价法(LEC)的优缺点提出了基于 LEC 评价的工作安全分析，并应用该方法对导管架吊装装船作业进行了风险评估。将导管架吊装装船作业划分为 10 个步骤，运用工作安全分析识别每一步骤中的风险，并运用 LEC 评价风险等级，有针对性的制定预防控制措施，将风险控制在可接受范围之内，为导管架吊装装船作业安全、顺利进行提高安全保障。

参 考 文 献

1　Q/SY1238—2009，工作安全分析管理规范[S]. 中国石油天然气集团公司，2009.
2　刘杰 . 工作安全分析 JSA 模式在施工现场实践研究[J]. 中国安全生产科学技术，2011，7(9)：190~194.
3　王刚，徐长航，陈国明 . 基于工作安全分析和风险矩阵法的自升式平台拖航作业风险评估[J]. 中国安全生产科学技术，2013，9(10)：109~114.

镍矿模块项目安全管理技术分析

郭志农

（海洋石油工程股份有限公司）

摘要： 镍矿项目是海工首次承揽的大型模块化矿冶工厂总包工程。该工程总计 15 个模块总重近 $4×10^4$ t 的工作量。该项目不同于传统的海洋工程项目，它是世界首次将 15 个、最重约 5000t 的模块进行集成的矿冶工厂，并且首次在海工青岛场地通过 SPMT 小车拖运模块，经码头连接栈桥横向装船。本项目工期紧、施工分包商多达 24 家，生产组织、安全管理难度极大，项目充满着诸多难点与挑战。本项目在实施过程中不断创新，贯彻"同一团队、同一策略、同一目标"的团队协作理念，创新采用"一体化"直通式项目管理模式，创新安全管理理念和技术，实现了项目安全管理目标并创造 830 万工时零伤害的安全管理新记录。

关键词： 镍矿项目；模块；安全管理

工程项目管理的四大控制包括安全、质量、进度和费用管理，工程建设项目的首要任务也是重中之重就是项目安全管理目标，安全第一已经在工程建设项目中是人人皆知的。我国项目管理规范 GB/T 50326 中，专门规定了项目管理中健康安全环保的要求和一般安全管理技术措施；美国杜邦公司在安全管理方面可谓首屈一指，不仅提出了安全管理十大理念，而且在安全管理技术、安全管理文化和安全管理培训等方面也给工程项目管理提供了良好的做法。

本文主要是介绍镍矿项目如何参考国内外的安全管理理念和技术，进行安全管理技术创新并实现安全管理目标，按照合同要求完成项目，达到安全管理的国际水平，得到了业主的一致好评，提升了公司实施国外项目的安全管理水平。

1 镍矿项目安全文化和管理理念

镍矿项目安全管理秉承并执行公司健康安全环保管理体系，坚持"安全第一、以人为本"的原则，致力于实现"零伤害、零事故和零污染"的管理目标。同时，镍矿项目深入贯彻落实诚实诚信的安全文化，强化执行力，保障项目管理体系的有效运行和项目安全管理绩效的不断提高。镍矿项目在实施过程中形成了独特的项目安全文化"镍矿项目的每位成员在每一天都做到零伤害、零事故"（Everyone associated with KONIAMBO Nickel project will end each day incident and injury free.）以及"回归基础"（Back to basic）、"安全是过程不是终点"（Safety is not a destination is a journey）的安全管理理念。

在此文化理念的引领下，镍矿项目将安全管理工作扎扎实实从基础做起，侧重于细节的把握、关键环节的控制。通过入场教育、培训、会议、安全检查、现场宣传牌、管理绩效考核等管理活动, 积极宣传镍矿项目的安全文化, 使参与项目的每个人都能理解镍矿项目的安全文化, 熟知镍矿项目的管理要求, 以此促进项目的安全管理。

另外, 镍矿项目从公司"以人为本"的角度和"安全对家庭的重要性"及"家庭关爱对员工安全行为的重要作用"出发, 提出了独特的亲情安全管理创新理念, 向每一名员工及家属同志寄出了"致员工的一封信"和"致员工家属的一封信"累计达 7450 余封, 有效的传达了项目组对员工的关爱和对员工家属大力支持的谢意, 同时也有效的提高了员工的安全责任意识, 家庭责任感, 形成"公司-家庭"联手抓安全的良好氛围, 为各项安全管理制度的落实创造良好条件。

2　镍矿项目安全管理模式

镍矿项目按照"一体化、五条线"的管理模式指引, 贯彻"安全管理一体化", 建立了安全管理直通式组织机构(见图 1)。在项目经理领导下, 以项目安全经理和安全管理人员组成核心小组, 同时将甲方和 12 家施工单位/分包单位安全管理人员纳入项目整体管理, 形成了业主+项目组+分包商的直通式 48 人的安全管理团队, 施工人员与安全监督的比例达到了30∶1的标准, 明确了各级安全管理人员的职责, 为现场安全管理建立了良好的信息沟通渠道, 统一了现场管理标准, 保障了各项规章制度的执行。

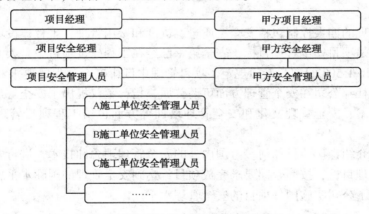

图 1　镍矿项目安全管理模式组织机构

安全管理核心小组以模块为单位进行分工, 覆盖项目的所有施工区域。每个模块又由业主、核心小组成员和分包单位安全监督组成相对独立的直通式管理团队; 项目安全经理直接报告项目经理, 并与甲方的安全经理保持良好沟通; 分包单位的安全管理人员与项目安全管理人员一一对应, 保障信息畅通, 形成管理互补。重大事情项目经理直接与甲方项目经理进行沟通。

3　镍矿项目安全管理标准和制度

项目核心小组与业主沟通, 把业主的要求、公司安全管理体系和项目施工特点相结合, 形成了业主认可、便于现场操作的管理标准(包括脚手架搭设安全标准、高空作业安全标准、吊装设备安全标准、电气设备安全标准、PTW 标准等), 涵盖了现场各项作业活动, 总计 16 个文件，统一了现场管理标准，保证了海工和业主安全管理的顺利开展。

另外根据管理标准，镍矿项目还建立了安全管理如下制度，并严格执行：

（1）班前会检查制度。项目安全经理或安全监督和施工单位安全监督提前到岗，共同参加和检查班前会，讲解安全管理要求，分享经验教训信息，直接向一线员工传达安全标准，并在班前会讲话卡上签字，提高了班前会的质量，对班前会这一重要环节进行有效控制。

（2）施工负责人和安全监督共同参加的周检制度。由业主、海工项目模块经理、安全监督、施工负责人等组成的检查组每天对 2 个模块进行全面检查，同时在每周三对没有检查的其它模块进行集中检查，形成检查报告发往责任单位，要求各单位对存在问题进行确认整改。全部整改完毕后进行复查直至全部关闭。

（3）完善隐患跟踪治理制度。对日常检查中发现的隐患，能够立即解决的要求马上采取整改措施。需要时间进行整改的，确定整改责任人和整改期限。对联合检查和专项检查中发现的问题以备忘录形式发往各施工单位，要求各单位确认整改。全部整改完毕后通知项目安全管理人员进行复查。每月底对本月发现的隐患进行汇总分析，总结本月发现的突出问题、严重问题和未整改问题，并制定下一月的工作计划和重点，提高安全管理的针对性。并以上述分析结果和计划为基础，组织施工负责人员和安全监督召开会议宣贯安全管理要求和分享隐患治理的经验教训。

（4）完善安全管理各种会议制度。

① 安全监督早会制度。每天上午 8 点钟，所有的安全监督召开现场晨会，传达项目管理要求，明确目前存在的问题，促进现场问题及时整改，避免隐患和问题的累积。

② 项目组安全例会制度。每周二由安全经理组织项目组全体人员召开短会，分享项目安全管理信息，提高项目组人员的安全意识，形成人人参与安全管理的氛围和环境。

③ 高风险隐患分析会制度。根据风险分析对现场存在的高风险隐患，如高处作业违章、动火作业防护措施不当等提高其控制级别，召开分析会当作事故来分析，制定控制措施。截止到装船前，共召开高风险隐患分析会 38 次。

④ 项目分包商安全月会制度，通报每月存在的典型问题，强调现场问题的整改要求和管理标准。针对个别分包商的突出问题，推行约谈制度，加强与分包商负责人的交流，解决管理中疑难问题。

⑤ 特殊作业前 JSA 分析会制度。特殊作业前组织作业人员及相关技术人员召开 JSA 分析会，分析作业过程中的风险，明确相关安全要求；同时对具体作业人员进行技术交底，向作业人员传达已形成表格的 JSA 材料，确保作业人员都能理解并执行相关安全要求。截止到模块装船，共召开各类 JSA 会议 78 次。

4　镍矿项目安全培训与宣传

为了把项目的管理要求和安全标准落实下去，镍矿项目大力进行各种安全培训和宣传工作。主要包括：

（1）严抓入场安全教育，实施胸卡制度。根据项目特点编制入场安全教育培训课件，对参加项目施工的人员进行培训，使之明确安全管理要求，到模块装船前累计培训 5493 人次。经培训考试合格的人员办理镍矿项目胸卡，注明姓名、工种、公司、培训日期等重要信息，并将应急联络方式印制在胸卡上。本项目作业人员在施工场地必须佩戴胸卡,无胸卡者不得在现场进行作业活动,杜绝未接受本项目培训就进行作业的违章行为。

(2)开展专项培训,培养安全技能。根据项目需要,镍矿项目编写了项目安全培训计划,并按计划开展各类专项安全培训,在项目实施过程中共进行事故案例、脚手架、起重、高处作业、打磨作业、热工作业、监火员培训等专项培训 96 次。还特别邀请外籍脚手架专家为镍矿项目的架子工进行专项培训 5 期。

(3)推行 TAKE-5 工具,鼓励员工自我培训。作业人员在作业前花 5min 阅读并填写 TAKE-5 手册,通过询问自己是否充分了解作业中存在的危险,是否采用了安全控制措施等,对自身安全的进行自我提醒,自我管理。镍矿项目先后向分包商分发 TAKE-5 手册 2000 余套,营造员工的自我教育和培训氛围。图 2 是 TAKE-5 自我培训的流程。

(4)设置安全信息宣传板,规范宣传内容。项目组统一安全宣传板的内容,对安全信息及时共享和交流。内容包括公司安全管理方针、"五想五不干"、场地应急电话、日常作业的 JSA 分析表、季度检验合格色说明、班前会讲话主题、模块经理和安全人员联系表、现场发现的典型隐患、其他项目或其他模块的经验和做法等。

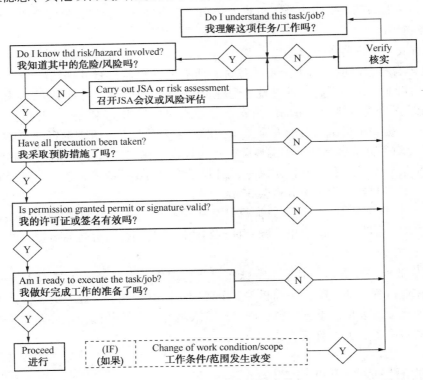

图 2　TAKE-5 自我培训流程

(5)在办公区域设置 HSE 信息宣传板,形成人人关注并参与安全管理的良好气氛。在项目组办公区设置安全信息宣传板,内容包括公司方针、组织机构和安全人员信息、安全管理目标和目前情况、关键里程碑点、安全管理好的做法和近期典型隐患等,与项目人员及时沟通,贯彻"安全是每个人的责任"的管理理念。

(6)施工现场悬挂安全宣传横幅 30 余条,张贴"五想五不干"宣传材料,发放安全手册、起重手册等学习材料，方便现场作业人员了解公司方针、目标、理念等，规范作业行为，营造人人关注安全、人人管安全的良好氛围。还在施工区域开展全员护手运动和护眼运动，强化作业人员的手部和眼部防护意识，有效减少手部和眼部伤害事件的发生。

5 镍矿项目安全管理的完整性管理

镍矿项目除了重视安全文化和宣传培训工作，还强化本质安全管理，即加强施工设备设施及工机具的完整性管理。

（1）严格执行工机具入场检查制度。各施工单位的施工机具入场必须经过安全管理部门的检查，不符合安全要求的工机具不得入场。禁止使用无产品合格证和检验证书的工具。

（2）加强吊索具管理。吊索具必须进行登记，提交产品合格证书和检验证书；在使用中进行季检制度；要求钢丝绳上必须配有标识牌或用信息钢印的形式打在钢丝绳压头上；并参照国家标准明确吊带和钢丝绳的报废标准。

（3）注重用电工具管理。用电工机具必须进行登记，提交产品合格证和检验证书；实行手持电动工具、移动电气设备等用电工机具的季度检查制度；实施配电箱日检制度；明确安全用电标准、焊机接地要求、电线报废标准等。

（4）提高防护用品的本质安全。禁止非阻燃帆布在现场使用；禁止半身式安全带在现场使用，必须使用全身双钩式安全带；焊工必须使用与安全帽配套的防护面罩，禁止使用手持焊工面罩。

6 镍矿项目安全管理的文明施工

镍矿项目秉承"创造干净有序的施工环境是保证作业安全的基本条件"这一理念，并采取具体措施保证每个模块落实文明施工管理制度。每个模块至少一名专职卫生清洁员，负责垃圾清理，把线气带整理；模块负责人带头、作业人员全员参与文明施工管理，做到垃圾废料"人人清，时时清"；将文明施工作为日检第一项；举行现场培训，增强作业人员文明施工意识；开展文明施工竞赛，对表现好的模块实施奖励；赋予文明施工"一票否决"权，通过罚款、停工等方法严肃处理"脏、乱、差"的模块。

7 镍矿项目安全管理的风险管理与应急管理

（1）积极开展项目风险分析，编制风险管理手册进行风险防范。镍矿项目是海工首次承担非海洋工程的模块化项目，而且15个大型模块均是首次在非滑道区进行建造，项目的难度极大。因此项目伊始项目经理积极组织开展风险分析和评估，并编制了项目风险管理手册，确定项目风险分析原则和管理机制，并在项目实施过程中不断进行评估完善和更新风险清单，并把风险分析的结果添加完善到项目管理计划中。项目总计识别分析175个风险因素，其中高风险因素27个，较高风险因素24个，全部制定了风险管控措施和责任人。

（2）充分使用JSA和PTW。针对日常作业创建了13个中英文JSA模板，在现场宣传板上粘贴，每天班前会上进行宣讲；对特殊作业活动采取召开风险分析会和进行PTW签署双重控制，共记录 370 次。

（3）提高大型吊装作业标准，严格吊装风险管理。凡是大于 20t 的吊装均按大型吊装进行控制，对整个过程进行监督；对大于 20t 的甲板片垫高、运输均要求召开 JSA，填写大型吊装作业检查表，并进行现场监督。对小于 20t 的吊装作业，按常规作业 JSA 要求进行作业。

（4）加强脚手架安全管理。针对项目特点编制项目脚手架搭设方案并报业主批准；脚手架搭设执行澳洲标准；严格执行脚手架周检挂牌制度；施工材料与脚手架安全距离不小于 1.5M，并进行隔离；架子工领班参加模块日检，及时整改脚手架问题；另外还组织 5 期脚手架专项培训，架子工安全培训 15 次。

（5）重视项目应急计划和应急预案编制，明确应急响应程序。在项目实施中共组织应急培训 150 余人次，并设置应急急救员；还在办公区域和施工现场组织项目组成员和施工人员进行应急演习，不仅验证应急预案和应急程序的有效性，还提高了项目人员的应急管理意识。表 1 为镍矿项目应急演练统计表。

表 1　镍矿项目应急演练统计表

镍矿项目应急演习统计

序号	名　称	时间	地点	参加单位	参加人数	备注
1	办公室火灾应急疏散演习	08-12-16	结构辅助楼	项目组	42 人	
2	办公室火灾应急疏散演习	09-3-10	业主楼 B 座	项目组	46 人	
3	现场急救演习	09-5-9	3M101 组块	中机建设	20 人	
4	消防急救演习	09-6-3	3M203 模块	川崎公司	21 人	
5	高空急救演习	09-6-13	3M104 模块	川崎公司	19 人	
6	应急撤离演习	09-7-21	3M105 组块	中机建设	45 人	
7	办公室应急疏散演习	09-8-25	业主楼 B 座	项目组	47 人	
8	架子工应急撤离演习	09-9-2	3M105 组块	远鸣公司	11 人	
9	高空急救演习	09-10-19	3M131 模块	海林公司	18 人	
11	消防演习	09-11-23	3M102 模块	中机建设	20 人	
12	高空急救演习	10-1-16	3M151 模块	中冶实久	18 人	
13	办公室应急疏散演习	10-3-2	业主楼 B 座	项目组 & 业主	86 人	

8　结束语

镍矿项目在历时 3 年的设计、采办和建造直到装船出货的过程中，始终坚持安全第一、科学管理的原则，通过扎实精细化的安全管理措施，为项目成功保驾护航，创造了海工 830 万工时安全零事故的记录并且所有模块在工厂一次连接成功。为推广项目中的好的做法，笔者根据项目工作经验进行总结，以推动海工工程项目实现安全、平稳、受控的目标，为海工工程项目树立国际品牌而努力，为公司赢得更大效益而贡献价值。

参 考 文 献

1 袁昌明．安全管理技术[M]．北京：冶金出版社．
2 宋大成．安全生产技术内容精讲和试题解析[M]．北京：中国石化出版社．
3 方东平，黄新宇．工程建设安全管理[M]．北京：中国水利水电出版社．

基于 C/S 和 B/S 架构的海洋钻修机完整性管理系统

刘康[1]　陈国明[1]　朱本瑞[1]　畅元江[1]　邓欣[2]　陈实[2]

(1. 中国石油大学(华东) 海洋油气装备与安全技术研究中心;

2. 湛江南海西部石油勘察设计有限公司)

摘要： 便于有效实施海洋模块钻修机的完整性管理，本研究开发了基于 C/S 和 B/S 混合架构的海洋钻修机完整性管理系统。该系统依据结构完整性管理思想，按照数据、评估、策略和规划四个过程要素进行软件框架的整体设计，并以构件安全度、井架稳定性、结构耐久性和钻修机寿命为准则详细设计海洋模块钻修机的风险评估方法。以安全信息化理论为技术手段开发的海洋钻修机完整性管理软件，全面反映海洋模块钻修机的安全状况，并具有结构评估、安全分析和检修策略等实用功能，满足我国海洋模块钻修机完整性管理的基本要求，方便公司内部专业技术人员的交互工作和项目经理的实时查询与决策，具有良好的应用效果和推广价值。

关键词： 海洋钻修机；完整性管理；风险评估；检修策略；安全信息化

随着我国海洋石油工业的发展，运移性能差，拆卸安装速度慢的钻修机逐步向模块化发展。海洋模块钻修机将钻井装置按照功能和作业需求分装在不同的底座上，在拆卸、移运和安装等方面具有较大的优势，对于降低钻修井的成本，减少运输和停工时间有着重要的意义。海洋模块钻修机作业环境复杂，主体钢结构容易出现腐蚀、疲劳等安全问题，受到作业者的关注和重视，然而目前国内针对海洋模块钻修机的安全评估和管理问题却鲜有研究。笔者以完整性管理为理论基础，采用安全信息化技术手段研发海洋钻修机完整性管理系统(Offshore Drilling and Workover Rig Integrity Management System，ODWRIMS)，该系统可以作为海洋模块钻修机完整性评估和管理的信息平台，为其安全管理提供便捷的服务和良好的技术支持。

1　系统功能设计

海洋模块钻修机完整性管理的核心流程是通过识别影响模块钻修机安全性的潜在风险，收集整理相关数据，对模块钻修机进行风险评价，制定相应的策略以减缓风险。分析对象主要包括钻修机设备模块(Drilling Equipment Set，DES)和钻修机支持模块(Drilling Supports Module，DSM)两大部分，其中 DES 模块又可划分为井架和底座两部分。ODWRIMS 的功能设计需要考虑结构完整性管理(Structure Integrity Management，SIM)的基本要求，以 SIM 为指导思想制定海洋模块钻修机的完整性管理框架如图 1 所示，具体包括数据、评估、策略和规划四个过程要素。

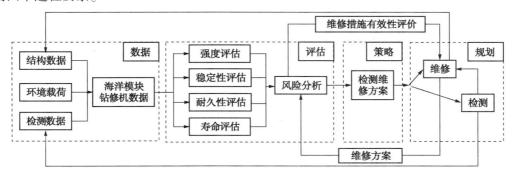

图 1　海洋模块钻修机完整性管理框架

数据：海洋模块钻修机结构的完整性管理必须有充分的数据作支持，ODWRIMS 须构建基础数据库，存储完整性管理所必备的数据信息，其中不仅包括设计时的结构、制造和材料数据，还包括环境载荷、检测维修等服役过程参数。对数据的管理不仅是收集整理还需要对积累数据进行更新，其存储方式和结构需保证数据的快速存取、检索和维护。

评估：根据海洋模块钻修机完整性管理的需要，ODWRIMS 包含确定结构强度、稳定性、耐久性及寿命是否能够满足安全要求的模块，综合考虑各子模块的评估结果，最终以风险作为结构完整性评价指标。风险分析作为海洋模块钻修机完整性管理的核心内容，直接影响到判别和决策结果，具有举足轻重的作用。

策略：策略环节需要将详细评估信息转化为决策和行动。对模块钻修机的策略主要包括退役决策和检修计划等方面。对于退役的模块钻修机直接报废或者改为他用，可不进行结构完整性管理；对于后期服役的模块钻修机需要制定详细检修计划，对检修次数、检修时间和检修方法进行合理的优化。

规划：制定检修计划后需制定详细的检测与维修步骤，再对维修后平台的风险削减效果进行评价，将最新的结构状态反馈于海洋钻修机数据库中，修正实际与计划之间的偏差，并对事件做出反馈以不断改进风险评估和管理。实施过程中需对安全评估、策略规划和实施效果进行跟踪和记录，以改进和确保海洋模块钻修机的完整性。

整个海洋钻修机完整性管理系统依据上述 4 个过程要素编写，这 4 个过程要素顺序执行后，最后一个过程"规划"后的结果又对第一个过程"数据"进行更新，形成一个闭环系统。在这个闭环系统内部，维修作为平台结构风险控制技术，而风险分析作为维修效果的评价工具，又形成一个小的闭环系统。

2　软件系统开发

2.1　配置结构设计

作为海洋模块钻修机完整性管理的信息平台，必须利用公司现有的计算机和网络资源。ODWRIMS 采用 Client / Server 体系结构为主，Browser/ Server 体系结构为辅的混合技术架构，既方便公司内部专业技术人员的交互工作，也方便于项目经理的实时查询和决策。ODWRIMS 的整体配置方案如图 1 所示。图 1 左端的外部事物模块采用 WEB 发布系统，完成 B/S 模式下的信息查询、统计分析及策略与规划等内容；右端的内部应用模块为内网 C/S 模式下的底层客户端，完成数据库维护、结构评估及风险分析等内容。该配置方案结合了 C/S 模式和 B/S 模式的优点，具体体现在如下两个方面：

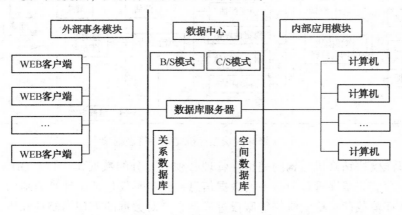

图 1　海洋钻修机完整性管理系统配置方案

（1）C/S 模式可以满足海洋钻修机完整性评价中大量计算的要求，如结构强度评估、稳定性分析、疲劳寿命评估等内容需要求解非线性方程组，占有较多的系统资源，C/S 模块可以将任务分配至客户端，有效减轻服务器运算负荷，保障软件处理的响应速度；

（2）B/S 模式具有广泛的信息发布能力，在 ODWRIMS 中用于实时数据查询和策略规划制定，项目管理者在客户端只需采用浏览器的方式即可对项目进行统筹规划，便捷实现海洋模块钻修机完整性管理的目的。

2.2　开发环境设计

目前广泛使用的数据库有 SQL Server，Oracle，MySQL，Access 等，考虑到 ODWRIMS 采用 C/S 和 B/S 混合技术架构，以及操作需要、数据类型、数据量等因素，数据库服务器采用 MySQL 小型数据库；另外，综合考虑开发工具应具有良好的开发性和集成环境，以及开发工具的通用性、易于学习程度等条件，ODWRIMS 选用 Visual Studio 2008 中的 VB. NET 进行开发。

3　主要功能模块

3.1　数据管理

海洋模块钻修机完整性评价必须有充分的数据做支撑，因而数据库的设计是 ODWRIMS 的基础。依据海洋模块钻修机的特点，基本数据类型包括数字、文件、图片等，完整性管理所涉及的数据包括恒定数据和时变数据两部分。其中海洋模块钻修机的设计参数、结构参数、性能参数、关键设备参数等属于恒定数据。钻修机的服役参数、检测维修参数、结构评估参数等属于时变数据。

ODWRIMS 设计数据模板以增加数据管理的规范性。对于新加入到海洋模块钻修机对象，需要在首次建立时完善恒定数据；之后用户可以根据实际情况，适时更改数据库中的时变数据。ODWRIMS 的数据全部存放于服务器端，客户端计算和查询数据时调用服务端数据库以实现数据的时效性和统一性。此外，ODWRIMS 还具有批量数据导入和数据统计分析功能，便于现场的应用。

3.2 结构评估

ODWRIMS 按照 SY-T 5025 和 API RP 2A WSD 的评估准则实现 DES 模块和 DSM 模块的结构评估，该模块主要包括静力评估、地震评估、稳定性评估、耐久性分析及疲劳寿命分析等方面。静力强度评估校核模块钻修机构件在静态载荷作用下是否能够满足强度与刚度的要求；地震强度评估确定模块钻修机抵御由甲板地震响应加速度产生动力载荷的能力；由于海洋钻修机井架绝大多数是由细长杆件组成的杆系结构，稳定性评估由于失稳造成井架毁坏事故的可能性；结构耐久性评估是在海洋模块钻修机结构正常使用和维护条件下，判定结构在指定的使用年限内能否满足安全性的要求；另外，由于井架结构在工作年限内应力变化的循环次数较多，需要对井架进行疲劳评估，以确定海洋钻修机井架结构的疲劳寿命。

DES 模块和 DSM 模块是由主梁、副梁及管单元焊接而成的框架结构，为更全面的评估结构中构件的强度，ODWRIMS 按照模型中不同单元对结构整体强度的影响程度将 DES 和 DSM 模块中的杆件分为 3 类：①Ⅰ类构件是结构中的关键构件，主要包括：所有组合梁、主要承重的梁、井架立柱、转盘梁、立根梁、主框架横梁与纵桁及其他主要支持管柱(如 DES 下底座的管柱、H 型钢斜撑)等结构；②Ⅱ类构件是结构中的一般构件，主要包括：副梁、斜撑、井架斜横拉筋等结构；③Ⅲ类构件是结构中的次要构件，如：非重要承重的梁结构、挡风墙、梯子和栏杆等结构。

在结构强度评估过程中，以 UC 值作为评估指标，其通用表达式为：

$$UC = F_0 / F_a \tag{1}$$

式中，F_0 和 F_a 分别为构件在所有受力状态中的最大应力值和该受力状态下的许用应力值。

3.3 风险分析

海洋模块钻修机的整体风险评估起着非常重要的作用。风险作为 SIM 的决策指标，需综合考虑失效概率与后果的影响。为客观地衡量海洋模块钻修机结构失效的可能性，ODWRIMS 通过结构安全裕量、稳定性、耐久性和疲劳寿命等指标制定相应的失效准则，具体准则及权重如图 2 所示。参考 API 4F 等相关规范，制定海洋模块钻修机结构失效可能性分值如表 1 所示。

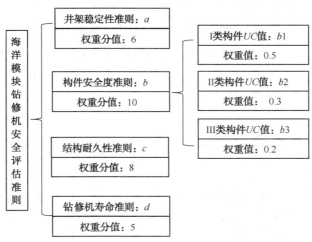

图 2　海洋模块钻修机安全评估准则及权重

表 1   海洋模块钻修机失效可能性评分

代　号	范　围	分　值	代　号	范　围	分　值
a	<2.2	8	b3	0.8~1.0	2
a	2.2~3	4	b3	>1.0	6
a	>3	2	c	I	2
b1	<0.8	4	c	II	4
b1	0.8~1.0	6	c	III	6
b1	>1.0	10	c	IV	8
b2	<0.8	2	c	V	10
b2	0.8~1.0	4	d	<5y	10
b2	>1.0	8	d	5y~10y	8
b3	<0.8	0	d	>10y	4

结合相关文献及评分标准，将海洋模块钻修机失效的可能性划分为 A、B、C、D、E 五个等级，定性的衡量结构失效发生的概率大小，详见表 2。

表 2   海洋模块钻修机失效可能性等级划分

可能性等级	分　值	描　述
A	大于 220 分	可能性很大
B	180~220 分	可能性较大
C	140~180 分	可能性中等
D	100~140 分	可能性较小
E	0~100 分	可能性很小

结构失效后果等级的划分应综合制造商意见和其在生命安全、环境污染、经济损失和公众关注后果方面的定性分析来确定，这里将海洋钻修机结构的后果等级划分为 1、2、3 三个级别，其中 1 级表示严重失效后果，2 级表示中等失效后果，3 级表示轻微失效后果。结构失效后果等级的划分见表 3，该划分方案更加注重了生命安全的影响。

表 3   海洋模块钻修机失效后果等级划分

生命安全	其他关注(环境污染、经济损失、社会影响等)		
	1	2	3
1	1	1	1
2	1	2	2
3	1	2	3

3.4　策略与规划

策略与规划是 ODWRIMS 编制中的重要组成部分，其实施的关键是考虑今天所做的决策对未来的影响。依据海洋模块钻修机的结构评估和风险分析结果，可将策略与规划过程要素划分为检测、维修与报废三个层次。

风险矩阵给出了海洋模块钻修机的风险水平，如图 3 所示。当海洋模块钻修机处于绿色区域时，其风险水平较低，对这类模块钻修机无需采取风险控制措施，可继续按照原规划进行检测，即每五年检测一次；当海洋模块钻修机处于黄色区域时，结构处于中等风险，这类钻修机应综合考虑风险控制措施和成本效益，适当增加检测次数，建议将结构定期检测周期缩短为三年或四年；处于红色区域的海洋模块钻修机风险较高，必须采取控制措施，此时，应把检测周期缩短至一年或两年。

高	4	4	3	2	1
中	5	4	4	3	2
低	5	5	4	4	3
	E	D	C	B	A

图 3 海洋模块钻修机风险矩阵

当海洋钻修机模块结构的风险超过允许范围上限时（处于红色区域），应采取风险控制技术削减风险。通常采用根据检测结果进行维修加固的方式。维修等级的具体划分如表 4 所示。

表 4 海洋模块钻修机维修等级划分表

维修等级	范　围	目　的
小修	主要包括预防性维修和改善结构的服役现状，如改善阳极保护、修补裂纹和机械损伤等	防止结构服役状况恶化的加剧，抑制结构安全度的衰减，但不能提高结构的实际强度
中修	包括小修内容，重点放在改善低安全储备比的构件，需加强防腐措施、必要的加固等维修策略	抑制结构安全度衰减速度，适当提高低安全储备比构件的安全度，改善整体安全性能
大修	包括小修和中修的内容，主要通过加固甚至拆换杆件等维修措施，改善结构性能	较大幅度地提高低安全度储备构件的安全度，明显提高结构整体安全性能

海洋模块钻修机结构报废或者退役可通过经济准则来进行判定，主要考虑结构在未来 N 年内继续使用所创造的效益 B 和结构维修费用 C 与未来 N 年内结构可能失效的损失期望 E 之和的关系，报废准则定义为：

$$C + E \geqslant B \tag{2}$$

4 应用实例

以南海海域某海上平台模块钻修机为工程实例进行风险分析，软件运行结果如图 5 所示。根据结构失效分值准则的评估结果，该海洋模块钻修机结构失效的总分值为 130 分，结合表 2 可知其失效的等级为 D 级。综合模块钻修机结构失效的概率和后果，确定该海洋模块钻修机结构的风险矩阵，结果显示该结构的风险水平较低，根据上述推荐做法，为保证该海洋钻修机结构在后期服役阶段风险可控，需采取小修措施，即根据损伤类型对相应结构或构件进行适当的维修与加固，并应根据结构检测方案进行四年一次的定期检测。

5 结论

（1）以结构完整性管理（SIM）为指导思想，按照数据、评估、策略和规划四个过程要素

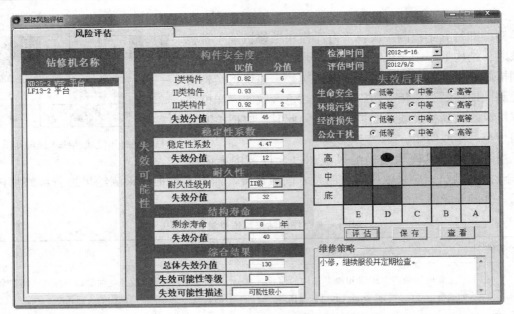

图 5　海洋钻修机完整性管理系统应用实例

设计海洋钻修机完整性管理系统的整体框架，详细设计海洋模块钻修机的风险评估方法及检测维修策略，完成完整性管理系统的功能设计和模块设计。

（2）开发基于 C/S 和 B/S 架构的海洋钻修机完整性管理系统，软件采用数据接口技术实现信息的共享与同步，提供稳定性评估、耐久性分析、疲劳寿命分析及安全分析、检修策略与规划等功能，可以满足海洋模块钻修机完整性管理与评价的基本需要。

（3）海洋模块钻修机应用效果良好，具有较好的推广价值，进一步发展方向包括优化海洋模块钻修机完整性管理系统的智能决策方法，利用云计算方法提高数据存储的可靠性、安全性与完整性等方面。

参 考 文 献

1　冯定，杨成，王鹏，等．海洋钻修机模块划分研究[J]．石油机械，2011，39(5)：75~78.

2　朱庆忠，杨和义，张彦彬，等．基于 C/S 和 B/S 体系结构的数字油田应用系统[J]．石油学报，2004，25(4)：67~70，74.

3　帅健，王晓霖，牛双会．基于 C/S 网络模式的管道完整性管理系统[J]．石油学报，2010，31(2)：327~332.

4　SY/T 5025-1999．钻井和修井井架、底座规范[S]．1999.

5　API RP 2A, Recommended Practice for Planning, Designing and Constructing Fixed Offshore Platforms - Working Stress Design[S]. 2002.

6　周传喜，郭伟，南丽华．海洋修井机井架稳定性计算研究[J]．石油机械，2009，37(8)：48~50.

7　朱本瑞，陈国明，康健，等．海洋钻修机模块结构耐久性评估[J]．石油机械，2013(2)：61~65.

8　Spec API 4F. Specification for Drilling and Well Servicing Structures[S], 2008.

9　宋剑．海洋平台结构在偶然灾害作用下的可靠性研究[D]．浙江大学，2005.

生产储油平台定量风险分析(QRA)

摘要：本文通过对海上生产储油平台可能发生的火灾和爆炸风险进行定量分析(QRA)，研究平台可能风险状况下个人年度风险和群体风险，针对高风险状况，考虑采取相应的措施降低风险。同时对生产储油平台的巨型原油储罐进行了敏感性分析，研究了储罐对平台的风险贡献值。

关键词：储罐；PSP；QRA；ALARP；PLL

1 引言

渤海海域某大型油田群中生产储油平台(PRODUCTION AND STORAGE PLATFORM，简称 PSP)是一种新型的综合石油平台，兼有原油处理系统、公共系统、动力系统、原油储存外输、油轮靠泊等多种功能于一体的石油平台，该种平台的使用为低效益海上油田开发开辟了新的思路。

为了研究 PSP 平台的危险性，便于在工程设计中进行有针对性的保护，本项目进行了定量风险评估(Quantified Risk Assessment，QRA)。本文以 PSP 平台为研究对象，研究 QRA 分析过程。

1988 年，英国北海 PIPER ALPHA 平台爆炸事故之后，风险评估成为许多国家主管机关对海上油气工程项目的法定要求，各类风险评估方法越来越多用于系统分析存在的风险。

通过风险评估对海工项目的设计、建造、运营等不同阶段存在的事故、事故隐患及其后果进行系统分析，针对事故和事故隐患发生的可能原因及和条件，提出消除风险的技术方案特别是从设计角度采取相应的措施，设置多从安全屏障，实现生产过程本质安全化，做到即使发生误操作或者设备故障，系统存在的危险因素也不会导致重大事故发生。

2 PSP 平台概况

生产储油平台(PSP)平台共分四层甲板，分别为上层甲板、中层甲板、下层甲板和外输甲板。上层甲板布置有主发电机房、锅炉、主机燃油罐等，中层甲板布置有分离器等原油生产设施，下层甲板布置有两个方形原油储罐(尺寸均为 40m×21m×8m)，有效容积 12000m³，属于重大危险源。PSP 平台的构造详见图 1，原油储罐甲板布置图详见图 2。

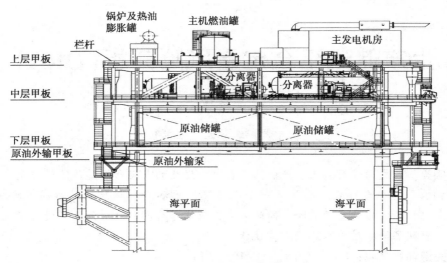

图 1　PSP 平台立面图

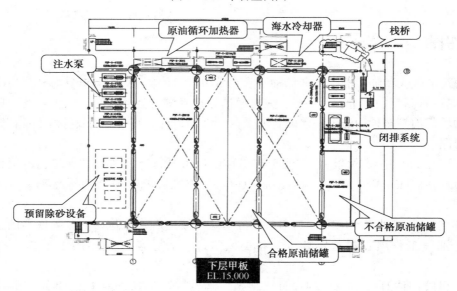

图 2　原油储罐甲板布置图

储罐构造与平台结构一体，储罐与生产系统紧密相邻，无安全间距，储罐与平台生产设施互相影响，PSP 平台储罐相对陆上储罐危险性大增。储罐原油火灾火焰温度高、辐射热强，易产生沸溢、喷溅现象，进而形成大面积火灾。另外，由于受海上平台空间的限制，储罐周围无防火堤，火灾工况下，储罐溢出或者泄漏的原油无法处理，这是和陆地原油储罐重大区别之一。

因此，PSP 平台储罐的保护措施必须安全、可靠，否则原油储罐一旦发生火灾，就会造成整个平台着火和海洋污染，甚至平台垮塌、海洋生态破坏等灾难性后果。

3　PSP 平台 QRA 分析过程

PSP 平台 QRA 安全分析方法采用国际通用的 QRA 分析方法，同时充分考虑中国海上平

台设施操作现状。本项目 QRA 分析主要步骤如下:

（1）数据采集;

（2）危害识别(HAZID, Hazard Identification（study));

（3）频率分析;

（4）后果模拟;

（5）风险总和和结果;

（6）风险评估与风险标准;

（7）风险排序;

（8）推荐的降低风险的措施;

（9）研究结论;

（10）报告。

结合 PSP 平台结构和工艺特点, QRA 的风险量化研究主要集中在主工艺系统(油气处理)设备的火灾和爆炸危险方面, 同时对其他的意外事件, 如船舶碰撞, 临界结构失效和职业风险, 进行定量地评估。所有这些危险, 需要在风险识别阶段(HAZID)进行。

本项目采用的定量评价值为:

（1）个体年度风险值——IRPA（Individual risk Per Annum);

（2）群体风险——PLL（Potential Loss of Life)。

IRPA 个人年度风险值计算公式如下:

$$IRPA = \Sigma \ LSIR \times Present \ Factor$$

Where:

$$LSIR = Event \ Frequency \times Fatal \ Probability \ for \ an \ Individual \ Presents \ in \ Area$$

$$\Sigma = Sum \ of \ all \ areas \ of \ the \ platform$$

群体风险 PLL 计算公式如下:

$$PLL = \Sigma \ IPRA \times N$$

Where:

$$\Sigma = Sum \ for \ all \ events$$

$$N = number \ of \ fatalities \ caused \ by \ the \ outcome$$

个人年度风险值是一个重要的评价指标, 它说明某一个工种的个体风险, 而与暴露于危险中的人员数量无关。在本 PSP 平台 QRA 分析中, IRPA 被用来评价平台各类工作人员的个体风险, 并和相关的风险可接受标准进行比较分析。通过比较, 可以看出哪类工种面临的风险较高。

PLL 衡量是作为一个整体人群面临的风险, 在不同的风险消除措施的有效性进行评价时, 最恰当的方法是对他们进行 PLL 比较。

4　风险可接受的准则

对于风险评估的结果, 人们往往认为风险越小越好, 这是一个不合理的观点。因为减少风险是要付出代价的, 无论减少事故发生的概率还是采取防范措施减少损失, 都是花费投入, 往往投入巨大。如何将风险降低到合理的、可接受的水平, 需要从各种方面进行综合分析，尤其是投资和收益方面。

目前确定风险可接受准则主要是 ALARP（AS LOW AS REASONABLE PRACTICABLE）原则，即最低合理可行原则，在海洋工程事故分析中被广泛采用。从图 3 可以看出 ALARP 区域个体年度风险值从 10 万年 1 次到 1000 年 1 次，即 $1×10^{-5}$ 次/年到 $1×10^{-3}$ 次/年，处于 ALARP 区域属于中风险，尽可能采取措施降低风险。IRPA 高于 $1×10^{-3}$ 次/年属于高风险，必须采取措施降低风险；IRPA 低于 $1×10^{-5}$ 次/年，只需要维持现状即可，不需要采取进一步措施。

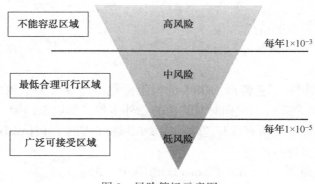

图 3　风险等级示意图

5　PSP 平台主要风险点分析和 IRPA 评价

QRA 分析人员需要对 PSP 平台的总体布置、工艺系统、辅助工艺系统、操作、检测、维修程序等进行充分的了解，包括工艺、机械、电气、结构、舾装等专业，才能在 QRA 分析中将各个可能潜在的风险识别出来，并加以分析，同时提出合理的解决措施。

在本项目 QRA 分析中，危险识别采用 HAZID 方法。根据 PSP 平台特点，充分考虑总体布置、工艺流程、生产操作等，PSP 平台主要风险点如下：

（1）PSP 平台上层甲板应采取措施防止吊机吊物坠落破坏主机燃油系统。

采取措施：对吊机设置自动控制，锁定吊臂运作角度，超过角度发出报警提示吊机操作人员，制定严格操作，不允许吊臂跨越燃油系统装置上空。对于湿气压缩机的保护，额可以设置防坠落物保护（罩）。

（2）PSP 平台下层甲板上布置有万方原油储罐，储罐北侧和东侧布置有油气设备，电脱水泵撬块、油循环泵和加热撬块。以上设备潜在的火灾爆炸危险性较高，可能破坏原油储罐罐，导致火灾升级，油罐大泄露，大量原油落入海中，污染海洋。

采取措施：PSP 平台储罐北侧和东侧采用 A60 等级保温进行保护。

（3）由于 PSP 平台接收 WHPA 和 WHPB 两座井口平台的原油，如果 PSP 平台发生火灾，应切断来自井口平台的原油。

采取措施：编制油田应急预案，当 PSP 发生灾情，立即关断井口平台生产，仪表专业应急关断控制原理图中应体现该应急预案。

（4）PSP 平台具有处理、储存、外输原油几大功能，穿梭油轮需要频繁靠泊 PSP 平台装卸合格原油，船舶对平台导管架的碰撞可能造成结构失效，平台垮塌，因此船舶碰撞是最大的危险源。

采取措施:制定原油装卸靠泊程序,设定船舶靠近条件,合理计划吊货作业,减少守护船/供应船靠平台次数和时间。

(5)一旦平台储罐泄漏,平台没有大容量的应急缓冲罐,势必落入海中,污染海洋。

采取措施:PSP平台装备比正常平台(无油罐)更多的溢油处理设备,如消油剂,围油栏。

根据PSP平台的主要风险点,通过QRA频率分析、风险计算,IRPA评价结果如图4。

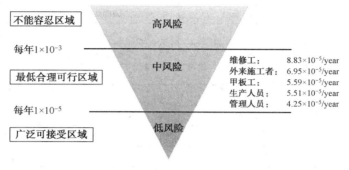

图4　风险等级示意图

通过图3可以看出,PSP平台所有人员的个体风险虽然都处于ALARP区域,但可以明显看出维修工的个体风险较高,有必要进一步加强培训提高操作技能减少人为误操作造成的事故发生。

6　PSP平台原油储罐敏感性分析

由于PSP平台设有10000方原油储罐,必须对原油储罐的危险性进行分析。本项目QRA分析采用敏感性分析。即,假设LD 32-2 PSP平台没有储油罐,那么减少的风险有哪些呢?PSP平台无原油储罐,无穿梭油轮装卸油作业,减少了穿梭油轮碰撞的风险,同时可以取消某些工艺系统,如原油循环系统、原油外输系统、原油储存系统,减少工艺泄露的风险。经过QRA风险计算,PLL变化如表1,IRPA变化如表2。

从表1和表2可以看出,原油储罐对PSP平台危险性贡献值不大,PSP平台主要危险源是工艺泄漏,工艺泄露中PLL的主要贡献设备:

(1)下甲板的电脱水泵和过滤器;

(2)中甲板的二级换热器和加热器;

(3)上甲板的燃料油处理系统。

表1　PSP平台有无原油储罐PLL值对比表

风　　险	有储罐	无储罐	风险减少/%
工艺泄漏	8.44×10^{-4}	7.76×10^{-4}	8.1
船舶碰撞	1.95×10^{-3}	1.5810^{-3}	19
总计	6.14×10^{-3}	5.70×10^{-3}	7.2

表 2　PSP 平台有无原油储罐 IRPA 值对比表

平台人员	工　况	个人风险 IRPA	
		工艺泄漏	船舶碰撞
管理人员	有储罐	3.29×10^{-6}	2.03×10^{-5}
	无储罐	3.02×10^{-6}	1.64×10^{-5}
	减少/%	8.2	19.2
生产人员	有储罐	6.62×10^{-6}	2.03×10^{-5}
	无储罐	6.16×10^{-6}	1.64×10^{-5}
	减少/%	6.9	19.2
维修工	有储罐	5.61×10^{-6}	2.03×10^{-5}
	无储罐	5.14×10^{-6}	1.64×10^{-5}
	减少/%	8.4	19.2
甲板工	有储罐	4.41×10^{-6}	2.03×10^{-5}
	无储罐	4.00×10^{-6}	1.64×10^{-5}
	减少/%	9.3	19.2
外来施工人员	有储罐	1.34×10^{-5}	2.03×10^{-5}
	无储罐	1.23×10^{-5}	1.64×10^{-5}
	减少/%	8.2	19.2

因此对于 PSP 平台的安全保护主要针对工艺设备泄漏，而非 PSP 平台万方原油储罐。这个结论对于 PSP 平台设置巨型原油储罐方案非常重要，首先证明海上平台设置原油储罐安全可行，虽然原油储罐是重大危险源，一旦发生事故，后果严重，但储罐发生事故的概率很低，远远低于海上石油平台常规油气生产设备故障。据此 QRA 结论，对 PSP 平台原油储罐的保护，重点应针对与原油储罐关系密切的设备和操作，如原油储罐北侧和东侧的油气设备、原油储罐的装卸油保护系统、穿梭油轮作业操作等。

7　结论

由于石油行业科学技术的发展，很多规范标准不能及时更新发布，大量新型石油生产设施的设计、建造，大量早期建造的超期服役平台的延寿评估无现成的规范标准可参照，只能依靠安全分析进行研究评估，根据评估结果指导设计或采取保护措施。目前，渤海海域油田有大量的石油平台设计寿命即将到期，可以采用 QRA 或其他安全分析方法进行安全评估，为老龄平台是否延期服役提供技术支持。

企业采购合同分析

徐素芬

（中海石油(中国)有限公司天津分公司）

摘要： 随着市场竞争的加剧，企业从重视生产、营销已经逐步发展到重视采购、物流和供应链的时代。采购工作涵盖了从供应商到需求方的货物、技术、信息、服务流动的全过程。合同作为公司利益的集中体现，是采购管理的核心，是合同双方的最高行为准则，是双方争执解决的依据。而合同分析是合同管理中一项十分重要的工作，是管理工作的起点。本文主要是在结合自身岗位工作的基础上阐述合同分析的必要性及在企业采办在不同阶段的工作内容和分析重点。

关键词： 采购管理；合同分析

1 合同分析的必要性和意义

1.1 合同分析的必要性

由于实际工作中，诸多因素的存在，在签订合同前、执行和实施合同后有必要进行合同分析：

（1）企业采购中巨大的数量与数额、不同的货物或服务及物流等的种类、灵活多样的采购方式等，为了规范程序、统筹资源、提供采购效率，需要在公司层面对采购工作进行合同签订前的分析。

（2）合同执行时，合同条文不够直观明了的法律用语、合同所定义的各方极为复杂的权利义务关系、合同执行人员对合同内容理解的不够充分透彻、合同中存在的问题和风险等，需要合同执行人员对合同文件、工作界面、合同条款和索赔等进行全面的分析。

（3）合同执行后，合同执行的效果与效率、工作得失与对管理的促进，使得合同执行后的分析非常必要。

1.2 合同分析的意义

（1）采购流程是否规范，采购效益与效率的高低，直接决定企业的盈利能力和市场竞争力，决定企业的生存和发展，毫不夸张的说，采购竞争优势已经成为决定企业竞争力的高低。采购直接体现了公司的利益需求，维护公司的财务安全。公司层面的整体采购分析，即合同签订前的合同分析，是基于想建立完善的采购管理体系、规范的操作流程、规避经营决策上的风险点，维护公司的利益需求。

（2）合同执行过程中，分析合同中的漏洞，解释有争议的内容。在合同起草和谈判过程中，双方都会力争完善，但仍然难免会有疏漏，通过合同分析，找出漏洞，可以作为履行合同的依据；在合同执行过程中，合同双方同时也会发生争议，往往是由对合同条款的理解不一致造成的，通过分析，就合同条文达成一致理解，从而解决争议；在遇到索赔事件后，合同分析也可以为索赔提供理由和根据。分析合同风险、制定风险对策。对于不同的工程合同，由于其风险来源和风险量的大小都各不相同，因此要根据合同进行分析，制定并采取相应的风险对策。在工作过程中，要将合同中的任务进行分解，将合同中与各部分任务相对应的具体要求明确，然后落实到具体的部门、人员身上，从而便于工作实施和监察。

(3) 合同执行后，对合同执行过程的回顾与管理总结，总结合同执行过程中遇到的问题，提出改进意见，促进公司流程的建设、管理的规范与效率的提升。

2　合同分析的内容

合同分析，在不同的情况，为了不同的目的，有不同的内容，通常有以下方面：

2.1　合同签订前的分析

(1) 合同分类。企业中的合同，通常涉及货物、工程、信息、服务等类别。不同的合同分类中，采购过程也呈现出不同的特点，如货物采购具有多样性、技术性和来源的广泛性等特点，工程采购具有对象种类多，供应量大、采购时间和数量不均衡等特点，而服务采购与货物、工程采购相比具有采购标的服务或相关服务，具有：无形性、评审侧重质量而不是价格，无法储存、易变性等特点。对合同类别的分析可以，可以使企业的商务采购部门有针对性的根据不同类型的合同制定不同的采购策略和管理流程，从而完善管理。

(2) 合同的采购计划与采购策略。通过收集企业内部不同作业单元的采购计划需求，根据不同的合同分类，归纳总结，制定符合公司整理利益的、有效的采购策略。采购计划可以以年度计划为基础，根据企业业务开展情况，细化季度、月度计划，用以指导采购工作的执行。根据采购计划与合同分类，制定集中采购、公开招标、邀请招标、议标等不同的策略。

(3) 采购程序与管理风险。采购程序的设置是对采购过程及供方进行控制，确保所采购的物资能符合适时、适量、适价、适质的要求。采购过程，涉及企业内部的分工协作，公司内部的各职能部室各负其责，公司领导分权受理，职责明确的过程。风险管理包括对风险的量度、评估和应变策略。理想的风险管理，是一连串排好优先次序的过程，使当中的可以引致最大损失及最可能发生的事情优先处理、而相对风险较低的事情则押后处理。首先，要识别风险，其次要管控风险，再次，要尽量规避风险。完备的采购程序可以减少风险事件，有效的风险管理能促进程序的完善，有利于企业做出正确的决策、有利于保护企业资产的安全和完成、有利于实现企业的经营活动目标。

(4) 采购的效率。采购效率是指采购所投入的精力、费用和时间与所取得成果之比。企业的采购计划、采购策略制定后，在适用的采购程序下，加强人员的培训与培养，必将提高企业的采购效率。

2.2　合同执行中的分析

(1) 合同的法律基础和合同类型。合同的法律基础是指合同签订和实施的法律背景。通过分析，了解适用于合同的法律的基本情况(范围、特点等)，用以指导整个合同实施和索赔工作。而对合同中明示的法律则应重点分析。不同类型的合同，其性质、特点、履行方式不一样，双方的责权利和风险分配也不一样。这直接影响合同双方责任和权利的划分和索赔。

（2）合同内容。通常由采购合同中物品品质、数量、包装、交货，保险条件等，工程合同的工程量清单、图纸、工程说明、技术规范所定义。合同内容应很清楚，否则会影响变更和索赔，尤其是固定总价合同。合同变更条款和特殊规定，在合同管理和索赔处理中极其重要，要重点。

（3）合同双方当事人的权利义务责任。需方的责任，主要是分析需方的权力和合作责任，尤其在工程服务合同中，需方的合作责任是供方顺利完成合同所规定任务的前提，同时也是进行索赔的理由和推卸工程拖延责任的托词。

（4）合同价格。对合同的价格，应重点分析以下方面：合同所采用的计价方法及合同价格所包括的范围，如固定总价合同、单价合同、成本加酬金合同等。合同价格的调整，即费用索赔的条件、价格调整方法，计价依据，索赔有效期规定。

（5）合同期限。在实际工作中，合同工期拖延极为常见和频繁，而且对合同实施和索赔的影响很大，所以要特别重视。重点分析合同规定的开始时间、完成时间，工期的影响因素，获得工期补偿的条件和可能等。

（6）合同的违约责任。如合同一方未遵守合同规定，造成对方损失，应受到相应处罚。这是合同分析的重点之一，其中常常会隐藏着较大的风险。

（7）合同索赔程序和争执的解决。它决定着索赔的解决方法，同时也在很大程度上决定了供方的索赔策略。主要分析索赔的程序、争议的解决方式和程序、冲裁条款。包括仲裁所依据的法律、仲裁地点、方式和程序、仲裁结果的约束力等。

2.3 合同完成后的分析

合同执行完成后的分析，主要涉及合同供应商的后评价、合同管理过程问题总结、对现有采购程序的建议与意见。最后的总结，是对前面管理过程的回顾与梳理，提成的意见和建议更是改进工作方法、提高工作效率与规避管理风险的保证，并形成管理的闭环。

3 结束语

企业采购全过程的分析是为企业管理服务的，它必须全面、准确、客观地反映合同采购工作的内容、目的和当事人的主观真实意图。实际工作中，合同问题非常复杂且千奇百怪，合同分析和解释常常反映出一个管理者对合同管理的水平，对合同签订和实施过程的理解程度及当事人处理合同问题的经验。因此，要规范采购流程，提高采购效率与效益，实现成功的合同管理，做好合同分析工作是至关重要的。

参 考 文 献

1 李政．姜宏锋．采购过程控制[M]．北京：化学工业出版社，2010.1.1
2 刘鹏程，顾祥柏．工程合同分析与设计[M]．北京：中国石化出版社，2010.7.4.

浅述 EPC 工程总承包项目现场施工管理

孙金亮　罗晓健

(中国石油集团海洋工程有限公司工程设计院)

摘要：EPC 工程总承包是工程建设项目组织实施的方式之一，目前在国际工程建设市场中大约占有 30%~40% 的份额。在我国，EPC 工程总承包市场还不够健全，随着国内市场逐渐成熟，工程总承包的优越性将逐渐被认识，市场也将逐渐扩大。EPC 工程总承包项目管理涉及面很广，本文将以 NP1-3D 直升机平台建设总包工程为基础，浅述 EPC 工程总承包项目现场施工管理。

关键词：EPC 工程总承包项目管理现场施工管理

1　概述

EPC(Engineering，Procurement and Construction)工程总承包模式不仅要求承包商必须具备采购和施工能力和水平，而且必须具备提供初步设计和详细施工图设计的设计能力和水平。承包商在设计—采购—施工(EPC)项目上的执行能力不仅减少了设计采购施工之间的摩擦，缩短了项目建设周期，而且进一步为业主提供了可以预测和控制的固定总价的项目执行模式，从而促进了 EPC 总承包模式在国际承包市场的应用和发展。

施工管理是 EPC 管理的核心，是实施 HSE、质量、工期、投资及合同控制和管理的基础。施工管理涉及到技术控制、计划控制、质量控制、HSE 控制等诸多因素。本文将以 NP1-3D 直升机平台建设总包工程(见图 1)为基础，对 EPC 工程总承报项目现场施工管理进行探讨。

图 1　冀东油田 NP1-3D 直升机平台

2　施工技术控制

工程总承包项目施工技术控制的主要任务有两项：一是充分理解设计思路，科学地组织各项技术工作；二是确立正常的生产技术秩序，文明施工，以技术保障工程质量安全。鉴于本工程项目施工难度大、风险高等特点，项目组制定了图纸会审制度、施工日志制度、施工记录制度、技术交底制度、班前班后会议制度、材料验收制度、工程验收制度等管理规定。

施工过程中，项目组对施工人员进行施工方案技术交底及作业指导教育培训，确保施工人员了解施工过程，熟知作业规程，明白作业要求，有效地消除了安全隐患、避免了质量问题、降低了施工成本、提高了作业效率。

3 计划控制

一个总承包项目能否在预定的时间内完成，直接关系到其经济效益的发挥。对总承包项目的进度进行有效的管理，使其达到预期的目标，是项目管理的主要任务之一。总承包项目的进度管理主要是通过进度计划编制、实施和控制来达到项目进度要求。

该项目进度受天气及设备供货周期影响较大，为了保证项目进度计划，项目组每日进行进度数据采集和整理，分析可能对项目工期造成影响的各种因素，并在单项工程完成后及时进行进度管理总结，为剩余项目的运行不断积累经验和提供支持。同时，项目组建立了设备供货跟踪计划表(表1)与项目施工进度跟踪表(图2)，最大限度的保证了施工效率和项目进度。

表1 设备供货跟踪计划表(冀东 NP1-3D 直升机降落平台项目)

序号	名　称	型　号	品牌厂家	单位	数量	供货周期(周)	订货时间	到货时间	合同编号	验货时间	目前状态
一	结构及防腐										
	涂层材料										
1	环氧底漆(浅灰色)	EGA236/EGA248 灰色		L	115	2	2013.1.29	2013.2.25	2013-HNZY-03	2013-3-13	已验货
2	环氧富锌底漆(灰色)	EPA854/EPA853 灰色		L	30	2	2013.1.29	2013.2.25	2013-HNZY-03	2013-3-13	已验货
3	环氧云铁中间漆(浅灰色)	EVA004/EVA056 浅灰色		L	50	2	2013.1.29	2013.2.25	2013-HNZY-03	2013-3-13	已验货
4	聚氨酯面漆(灰色)	PHD704/PHA046 灰色		L	100	2	2013.1.29	2013.2.25	2013-HNZY-03	2013-3-13	已验货
5	聚氨酯面漆(桔红色)	PHC243/PHA046 桔红色		L	5	2	2013.1.29	2013.2.25	2013-HNZY-03	2013-3-13	已验货
6	聚氨脂面漆(黄色)	PHB117/PHA046 黄色		L	8	2	2013.1.29	2013.2.25	2013-HNZY-03	2013-3-13	已验货
7	聚氨脂面漆(白色)	PHB000/PHA046 白色		L	7	2	2013.1.29	2013.2.25	2013-HNZY-03	2013-3-13	已验货
8	聚氨脂面漆(黑色)	PHY999/PHA046 黑色		L	2	2	2013.1.29	2013.2.25	2013-HNZY-03	2013-3-13	已验货
9	聚氨脂面漆(绿色)	PHG590/PHA046 绿色		L	3	2	2013.1.29	2013.2.25	2013-HNZY-03	2013-3-13	已验货
10	高耐磨环氧漆(灰色)	EGA236/EGA248 灰色		L	180	2	2013.1.29	2013.2.25	2013-HNZY-03	2013-3-13	已验货
11	高耐磨环氧漆(深绿色)	EGG590/EGA248 深绿色		L	180	2	2013.1.29	2013.2.25	2013-HNZY-03	2013-3-13	已验货

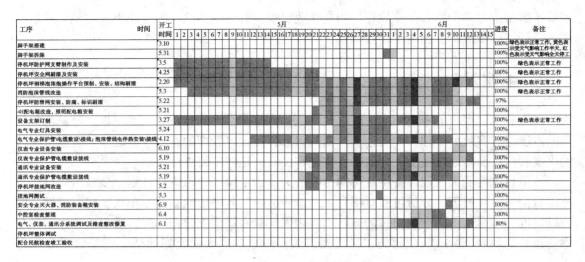

图 2　项目施工进度跟踪表

4　质量控制

质量控制是工程总承包项目管理工作的一项重要内容。为保证达到项目工程质量目标，项目组遵循公司质量体系文件及总包管理规定，结合项目施工特点编制施工组织设计、检验试验计划（ITP）、施工安装程序、设备调试程序等技术指导文件。施工质量管理由 EPC 项目组统一领导，质量安全组监督、检查，施工管理组与分包方具体实施。本项目质量管理采用"计划、实施、检查、处理"循环的工作方法，持续进行项目实施全过程的质量控制，最终实现项目质量有效控制，在项目实施过程中重点做好以下工作：

（1）坚持以岗位职责为基础，全面落实质量责任制，以制度保质量。

严格执行国家技术标准和规范，提高工程一次合格率，确保工程优质。

（2）坚持关键工序研究制度。施工前施工管理组组织各方对关键工序进行讨论，研究合理的施工方案，编制相关技术指导文件。

（3）坚持施工方案交底制度。关键工序施工前，对施工人员进行交底，确保各岗位明白作业流程，熟知质量要求。

建立质量控制、检查、验收制度。对质量问题实行一票否决制。

建立施工自检制度。施工方自检合格后方可报验现场项目组，项目组报验合格后按照ITP 文件要求申请监理及业主报验。

（4）坚持施工班组互检制度。下道工序施工前必须对上道工序的分项工程再次进行质量检查验收。检查合格后，方可进一步施工。

（5）坚持巡回检查制度，发现问题立即整改，避免质量问题遗漏。

建立工程质量检查验收档案管理制度，工程检验后及整理检查记录，并存档备案，及时将整改通知发放到分包单位手中，图 3 为整改通知单。

（6）坚持每日例会制度，每日班后会分析当日施工质量问题，并对相关质量问题提出整改措施。

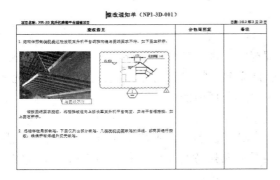

图 3　整改通知单

5　安全控制

　　HSE 管理是工程总承包项目的重要环节，HSE 控制成功与否直接关系到项目的经济效益和社会效益。工程总承包项目应确立"以人为本，健康至上"的理念，本着"安全第一，预防为主"的原则，追求"无事故、无伤害、无损失、无污染"的目标，最大限度地保障作业过程中的人身健康安全，企业财产不受损失及环境资源不受破坏。本项目 HSE 管理由 EPC 项目组统一领导，质量安全组监督，施工管理组贯彻执行，最终实现现场 HSE 高效控制。对本项目的 HSE 管理中的经验分享如下：

　　1）建立 HSE 管理体系

　　HSE 管理体系与制度是关键。本项目建立了健全 HSE 组织机构，制定了完整的 HSE 保证体系，全面实安全生产责任制度。针对冀东油田 3 号岛特殊地理环境，项目组编制了 HSE 作业指导书、HSE 计划书、项目危害因素评价、应急预案等管理文件，并与 3 号岛安全经理沟通协调，了解 3 号岛应急方案，确保出现紧急情况时可及时做出响应。

　　2）加强安全教育培训，规范员工行为

　　新员工入场前经过安全教育培训后方可上岗作业。通过培训，新员工对本项目有了全方位认识，熟悉岗位职责，为项目施工安全奠定基础。同时施工管理组定期组织施工人员进行消防培训，确保每位现场施工人员可正确使用消防器材。

　　3）做好风险识别，宣贯到人

　　根据施工流程，针对施工过程中脚手架搭设及拆除、结构件安装、电议讯设备安装等关键风险点进行了识别，并对施工人员进行了宣贯与培训。坚持每天班前、班后会议制度。班前会上除了对当日工作进行安排，还着重检查个人劳动防护用品配备情况，并对当日工作风险点进行宣贯，提高施工人员的安全意识，避免安全事故。班后会，施工管理人员总结当天工作及存在的问题和隐患，并提出处理措施；同时排第二天工作，根据第二天工作，分析施工风险，提出相应的控制及消减措施。

　　4）加强安全检查，监管到位

　　施工过程中，施工管理组认真落实项目 HSE 管理要求，质量安全组监管到位，严查无证上岗、违章施工、违章指挥、违反劳动纪律等行为。现场安全员每日对施工现场进行安全巡检，并对当日的巡检情况进行记录，发现问题立即处理，做到安全隐患不过夜。每月由质量安全组牵头组织现场安全检查,发现问题勒令整改。

　　5)遵守属地管理规定,文明施工

　　作业前,施工管理组监督分包商按作业区管理规定办理好各种作业许可单。本停机坪位于 3 号岛办公楼楼顶,项目组特别强调文明施工,严禁暴力拆除,有序作业,保持施工场地整洁,做好施工区域环境卫生,尽量减少施工作业对办公环境的影响。

　　6)以人为本,关注健康

　　项目运行过程中,施工管理人员经常深入施工人员居住场所,听取工人意见,了解工人思想动态、身体状况,及时作好工人思想工作,确保工人驻岛期间具有良好的心情、积极的心态、健康的身体,为现场安全施工提供保障。

6　结语

　　以设计为依托的 EPC 工程总承包模式,可充分发挥设计主导作用,在设计、采购、施工进度上合理交叉,既有利于缩短工期,又能有效地对项目全过程的质量、费用和进度进行综合控制。现场施工管理体现 EPC 工程总承包模式优势的关键,施工与设计、采购密切配合方可确保工程项目整体利益的最大化以及项目的顺利进行。EPC 项目是交钥匙施工模式,必须通过严格而有效的施工管理,以确保设计、采购、施工一次性达到验收标准。

参 考 文 献

1　吕鹏.国际总承包工程项目施工管理模式探讨[J],河南建材,2012,2:61~64.
2　邓家祥、刘伟才、雷军.设计院承担 EPC 项目在施工管理中的优势,水电站设计,2012,02~05.
3　张慧欣、王福强.浅议 EPC 总承包项目的设计和施工管理[J],内蒙古科技与经济,2009,61~65.

海油工程施工过程的电气安全管理与技术

李彦勇[1]　韩雁凌[1]　王郝平[2]　刘波[1]　王永杰[1]　杨富广[1]

(1. 海洋石油工程(青岛)有限公司；2. 青岛港集团有限公司)

摘要： 海洋石油工程一般建设工期较长，在施工过程中工序多、交叉作业多，大型机械的使用也很频繁，尤其对电气作业而言，安全控制难度更大。本文从临时用电施工组织设计、电气安全管理和电气安全技术等几个方面，对海洋石油工程为保障电气安全作业采取的必要措施进行了较为详尽的论述。

关键词： 施工组织设计；等电位联接；绝缘电阻

海洋石油工程行业属于高风险、高投入、高回报的行业，电气安全管理与技术是海洋工程施工管理中风险管理的重要组成部分。在电气作业过程中，一个操作顺序的颠倒或漏掉一个其中的操作项目，都可能造成设备损毁、人员伤亡甚至火灾爆炸等严重的后果。另外，由于海洋工程施工现场的潮湿、多盐雾的恶劣环境，进一步加重了电气作业的风险性。因此，在电气作业施工过程中，必须严格遵守相关电气安全管理条例和电气操作规程，从组织管理和技术管理多方面采取措施，以确保施工中的电气安全。

1 临时用电施工组织设计

海洋工程施工现场临时用电主要以焊接、打磨、照明以及平台调试为主，根据《施工现场临时用电安全技术规范》和公司相关管理规定，临时用电设备在5台及其以上或设备总容量50kW及其以上者，应编制施工现场临时用电施工组织设计，临时用电设备不足5台或设备总容量不足50kW者，应编制安全用电技术措施和电气防火措施。临时用电施工组织设计由电气技术人员编制，项目部技术负责人审核，并经主管部门批准后实施。临时用电施工组织设计主要内容包括：现场勘查；确定电源进线，变电所、配电室、总配电箱、分配电箱等的位置及线路走向；进行负荷计算；选择变压器容量、导线截面积和电器的类型、规格；绘制电气平面图、立面图和接线系统图；制定安全用电技术措施和电气防火措施等。

2 电气安全管理措施

2.1 健全管理机构

电气作业属于特种作业，施工过程中不安全因素较多，极容易产生设备和人身伤亡事故。同时，随着海洋工程项目的不断增多，除了本公司电工作业人员逐渐增加外，分包商也越来越多，给管理工作带来的挑战也越来越大。为了做好电气安全管理工作，健康安全管理部门设立专人负责电工的安全培训和取证工作，并进行相应的监督检查。对分包单位的电工作业人员，由健康安全管理部门进行作业资质严格审查，并全程进行跟踪监督检查。

2.2　建立规章制度

建立必要和合理的规章制度是保障电气作业安全，促进生产顺利进行的有效手段。参照国家相关电力法规、规范和规程，并结合海洋工程施工的特殊性，由技术、生产和安全相关部门共同制定了相应的《电气安全管理规则》、《电气安全操作规程》、《电气调试安全规则》及其它相关规章制度。特别对于夜间作业、高电压作业和密闭空间作业，坚持工作许可制度、工作票制度和工作间断、转移、终结制度，以保证电气作业的安全。

2.3　安全检查

电气作业安全检查可分为定期性、季节性和经常性几种情况，在执行过程中要综合应用，发现安全隐患及时解决。特别应该注意的是雨季前和雨季中电气设备的检查。安全检查内容一般包括电气设备的绝缘有无损坏，绝缘电阻是否合格，设备裸露带电部分是否有防护，屏护装置是否符合要求，手提灯和局部照明灯的电压是否是安全电压，保护接零和接地是否可靠，安全用具和灭火器材是否齐全，电气设备安装是否合格，安装位置是否合理，电气连接部位是否完好，电气设备或电气线路是否过热等。对于使用中的电气设备应定期测定其绝缘电阻，接地装置定期测定接地电阻，绝缘靴、绝缘手套以及避雷器、变压器等应按照预防性试验规程定期进行耐压试验并妥善保存相关试验数据。

2.4　安全教育

安全教育主要是为了使工作人员懂得用电的基本知识，认识安全用电的重要性，掌握安全用电的基本方法，并时刻保持用电安全意识，从而安全、有效地进行电气相关工作。新入公司员工要接收公司、车间、班组三级安全教育。对一般职工要懂得安全用电的一般知识，而对从事电气作业的专业电工还应懂得有关安全规程，熟悉电气装置在安装、使用、维护过程中的安全要求，学会扑灭电气火灾的方法，掌握触电急救的技能，并通过考试，最终取得相应的电气作业许可证。新参加电气作业的电工作业人员、实习人员和临时参加劳动的人员，必须经过安全知识的教育方可到现场从事相应辅助性工作。

3　电气安全技术措施

3.1　绝缘保护

绝缘防护就是将电气设备的带电部分用绝缘材料封护和隔离，或者在工作中使用绝缘防护工具，以防止人体与带电部分接触而发生触电事故的技术措施。同时，绝缘防护也是电气作业中最基本，应用最广泛的安全防护措施之一。例如，导线的外包绝缘、变压器的油绝缘、敷设线路的绝缘子、塑料管、包扎裸露线头的绝缘胶布等，都是绝缘防护的实例。优质的绝缘材料，良好的绝缘性能，正确的绝缘措施，是人身与设备安全的前提和保证。但是，在构成电气设备、电缆的材料中，绝缘材料往往也是最薄弱的环节，任何绝缘材料的老化和热击穿，都会导致电气设备绝缘性能的降低和损坏，并最终导致电气事故的放生。同时，由于海油工程基地地处沿海，由于沿海潮湿和多盐雾的气候特点，在绝缘材料的表面易形成潮湿的漏电薄膜，在湿热条件下霉菌分泌有机酸，进一步加剧了电气设备绝缘的老化。因此，要保持电气设备的良好绝缘性能，不但要在设备选型上对防护等级、耐水和耐腐蚀提出较高的技术要求，更要建立起完整的设备绝缘预防性试验规章制度。预防性试验按照对设备造成的影响程度分为非破坏性试验和破坏性试验两类。非破坏性试验是在较低电压下或用其它不会损伤绝缘的方法测量绝缘的不同特性，并采用综合分析的方法来判断绝缘内部缺陷的试验方法，如绝缘电阻和泄漏电流的试验、介质损耗角试验、局部放电试验等。破坏性试验是以高于设备的正常运行电压来考核设备的电压耐受能力和绝缘水平的试验，它能保证绝缘具有一定的绝缘水平或裕度，缺点是可能对设备绝缘造成一定的损伤，包括交流耐压试验、直流耐压试验、操作冲击耐压试验等。定期对设备和电缆进行绝缘测试，掌握电气设备的绝缘性能的变化情况，可以及时发现设备的内部缺陷，并采取相应的措施进行维护和检修，保证设备的安全可靠运行。

3.2 漏电与过载、短路保护

漏电是指电气设备绝缘破坏或性能下降时导致的设备金属外壳的非正常带电现象，其危害是三相电流的平衡状态遭到破坏，出现零序电流，当设备外壳出现对地电压时甚至会危及人的生命。在施工现场，我们以每秒30毫安的漏电电流为设计依据，采用了分支线保护和末端保护相结合，以末端保护为主的设计思路，不但缩小了发生人身触电及故障时所引起的停电范围，还便于查找故障，提高了供电的可靠性。

过载是指负荷实际电流大于线路和电气设备的额定电流的现象，它会造成线路和设备长期过热或烧毁。而短路，是指电源通向用电设备的导线不经过负载而相互直接连通的状态，其危害是产生数倍于导线和电气设备额定工况的电流，不仅对设备和线路产生严重危害，甚至还可能引起火灾。针对这两项可能的故障，在低压配电系统中，我们多采用了带过载、短路保护功能的断路器，继电保护定值分级计算。另外，对大容量的风机、泵类等用电设备，设置了专门的综合保护模块，并在接触器末端设置专门的热继电器。

3.3 等电位与接地保护

海洋工程结构物是一个钢结构的组合体，平台电力系统也不同于陆地，它是中性点不接地的IT系统。为了保证人身安全，防止触电事故，除了电气设备金属外壳和电缆铠装做保护接地外，整个海洋石油平台金属结构物，包括平台钢结构、金属管道、非电气设备金属外壳等在施工开始时就需要做等电位联接，然后通过滑道接地点与施工现场接地网做有效连接。对于平台电力系统调试，一般采用三相火线加地线的四芯电缆临时供电，平台配电盘的绝缘监视也相应地调整为陆地模式，而对焊机配电箱等移动设备用电，仍采用三相五线制的供电方式进行供电。

4 高压电气设备防误操作措施

高压电气设备误操作主要是指带负荷拉合隔离开关、带电合接地刀闸或挂接地线、带接地刀闸或接地线送电等。出现以上事故，轻则会对电气设备造成冲击、损坏触头或设备，重则会导致电网瓦解，波及整个电网并可能造成人身伤亡。因此，对于高压电气设备要严格按照如下要求进行操作：

（1）拉、合隔离开关前，一定要确认所要拉、合的隔离开关对应的断路器在分闸位置方可操作。操作时注意核对设备名称和编号，并注意一定不能跑错位置拉、合隔离开关，严格按照倒闸操作规程进行操作。

（2）成套开关装置上虽然多数有带电显示装置，但不能作为设备是否带电最可靠的依据，防止带电合接地刀闸、挂接地线的最有效措施是验电，验电时 A、B、C 三相都要验，以防出现意外。

（3）送电时严格按停电顺序相反的顺序和步骤进行，要注意停电时是否挂了接地线或合了接地刀闸，并注意拆除。还应注意人员是否撤离，工具是否遗漏，以防出现其他不安全事故。

另外，还要保证机械和电气闭锁可靠，以防带接地刀闸或地线合闸、带电合接地刀闸或挂接地线的事故发生。

5　结束语

在海洋工程施工过程中，电工作业是高危险、事故多发的特殊工种之一，必须从各方面把安全保障措施做好。有统计资料显示，电工作业中各种事故，绝大多数并不是施工者的技术水平低造成的，而是由于员工的安全意识淡薄的缘故。因此，只有把电气安全管理和电气技术结合起来综合运用，在作业人员中时刻树立安全意识，才能预防和减少电气安全事故的发生，进而保障海洋工程施工项目的顺利进行。

风险评价标准研究

李明亮

(中国船级社 海工技术中心)

摘要：本文简述了各种人命风险的概念和表示方法，解读了 ALARP 原则的含义，阐明了制定风险评价标准和费用有效性标准要考虑的问题，提出了适合于我国的风险评价标准。

关键词：个体风险；群体风险；ALARP 原则；风险评价标准；费用有效性标准

在我们的日常生活中时刻伴随着各种各样的风险，比如，交通事故引起的死伤风险，所购股票被套牢的风险，乘电梯时停电被困的风险，在家做饭时断水耽搁吃饭的风险，等等。这些说法反映了人们对风险的朴素认识。如果给风险下一个通俗的定义那就是发生不幸事件的概率，用公式表示那就是事件后果与概率的乘积。本文所涉及的风险只是诸多风险中的一种，即人类生命方面的风险。人的生命风险分为个体风险和群体风险。

1 个体风险和群体风险

1.1 个体风险

个体风险 IR（Individual Risk）通常是指在特定位置（岗位处所）上的个人所遭受的死、伤和健康受损的风险。人们的工作分布在各个行业，每个行业的个人风险是不一样的，在不同行业中，不同岗位的人员，其个体风险也是不一样的，比如在钻井平台上，钻井工人和厨师所承担的风险很显然是不一样的。

个体风险有个人特别个体风险 ISIR（Individual-Specific Individual Risk）和平均个体风险 AIR（Average Individual Risk）之分。ISIR 是指个人在不同地点，不同时期存在的风险；而 AIR 是指从历史数据中计算出的每年死亡人数除以处于风险之中的人数。

个体风险通常用年概率 $IRPA$（Individual Risk Per Annum）表示，比如，根据统计，人遭雷击死亡的年概率为 10^{-7}，其意思是人遭雷击的年概率为千万分之一，也可以这样理解，平均每一千万人当中，每年有一人遭雷击死亡。

个体风险也通常用死亡事故率 FAR（Fatal Accident Rate）表示，FAR 的数字代表每暴露在风险中 10^8h 的事故死亡人数，也就是每 1 亿人工时的死亡人数。为什么以 10^8h 为单位呢？因为这样统计出的 FAR 值通常在 1 和 30 之间，如表 1 所示，看起来比较直观，与年概率相比，更便于普通大众理解和掌握。

表1　英国不同行业统计的 FAR 值

行　业	FAR	行　业	FAR
油气生产业[1]	30.9	机械工程[1]	1.0
农业[1]	4.1	电气工程[1]	0.4
林业[1]	7.6	建筑业[2]	5.0
深海渔业[2]	42.0	铁路[2]	4.8
电能生产[3]	1.3	所有制造业[1]	1.0
金属制造[3]	2.9	所有服务业[1]	0.4
化学工业[1]	1.1	所有行业[2]	0.9

注：1. 统计时段 1987, 04～1991, 03；2. 统计时段 1987～1990；3. 原文未标统计时段

IRPA 和 FAR 同为个体风险的表示方法，只是所选取的时段单位不同而已，一个用人·年表示，一个用工·时表示。IRPA 和 FAR 是可以互相转换的，其转换公式为：

$$IRPA = FAR \times (h/10^8) \tag{1}$$

式中　h——为每年的暴露时间。

对于陆上工作的人员现在通常取 2000（即每天工作 8h，每周 5d，一年 50 周）；对于海上平台工作的人员可以取每天 24h，每年有 2/3 的时间在平台上工作。

1.2　群体风险

群体风险（Societal Risk）是指一群人在事故场景中所遭受到的死伤风险。比如，发生在 2003 年四川的 12.23 井喷事故，由于有大量巨毒硫化氢气体从井底喷出，导致现场工人和附近村民 243 人死亡，近 2142 人受伤。群体风险就是用于估计一种事故影响到众多人的风险。人们普遍认为一次事故死亡 1000 人比 1000 次事故每次死一个人更为严重。其实，这两种情况的个体风险是一模一样的。由于这种公众认知上的偏见存在，社会舆论对于群死群伤事故厌恶度极高。一次灾难性的群死群伤事故可能导致所涉公司面临破产，也可能致使相关高层官员下台，因此不管是公司还是政府不得不对群体风险格外重视，想方设法使群死群伤事故降下来，以便稳定社会情绪。这也是为什么学者们引入群体风险概念的理由。

群体风险由两种表示方法。

一种是 FN 曲线法如图 1 所示。

图中的横坐标表示死亡人数 N，纵坐标表示死亡人数等于 N 或多于 N 人的累加频率。

为什么要采用累加频率呢？这是不少初学者感到困惑和不太理解的问题。通过实际的作图，我们就能搞清这一问题。

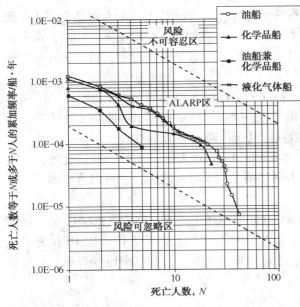

图 1　FN 曲线图（源自 MSC 72/16）

如果把每一独特(Each Unique)事故的死亡人数和其发生的频率标在图上，就如同图2所示，从图上可以看出有很多密密麻麻小点组成，看不出有什么有意义的结果。

如果把死亡人数分几组，比如，把死1~3人分为第一组，把死3~10人分为第二组，把死10~30人分为第三组，把死30~100人分为第四组，再把每组的频率组合起来，则图2就变为图3那样的直方图，此图就变得有些意义了。

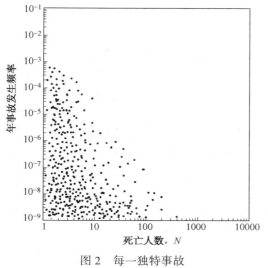
图2　每一独特事故

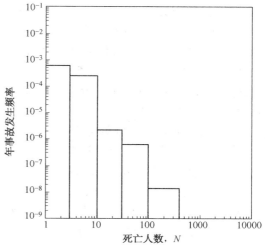
图3　分组死亡人数

如果把图3再做进一步修改，再把每一组的频率再叠加其后的每一组的频率，即第一组的频率再加上第二、三、四组的频率，第二组的频率再加上第三、四组的频率，依次类推，则图3就变成了图4的样子。其实，我们仔细思考一下，在 FN 图上使用累加频率是很有道理的，比如，我们想知道本行业每年死10人以上的大事故的概率是多少，以便从宏观上去把控。如果你仅仅盯住死10人的单个频率，无多大意义，而且恰好一次死10人的事故，其概率可能是极低的，甚至在某个时段内也可能没有。因此，对群体风险来说，使用累加频率才有意义。根据 FN 图，群体风险可定义为能够引起 N 宗或大于 N 宗人死亡的事故的累加频率。这种概率也是用年概率表示的。

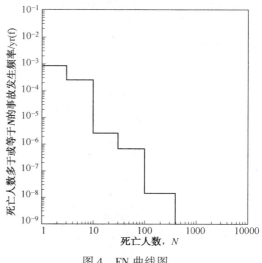
图4　FN曲线图

FN 曲线图上的坐标通常以双对数标尺表示，对数坐标是按着相等的指数增加变化表示的，在数量级变化较大的情况下，使用对数坐标才能容易画出比较清楚的曲线。应注意的是图中坐标上的数字都是真数，而不是求出对数后的数字。

FN 曲线的分布特征是低死亡发生在高频率区，而高死亡一定落在低频率区。

另外一种比较简单的群体风险表示方法叫做潜在的人命损失 PLL(Potential Loss of Life)。

对于船舶行业其表示方法为每船每操作年的死亡人数(N/船·年);对于海上平台,其表示方法为每平台每操作年的死亡数(N/平台·年)。PLL 与个体风险是可以互相转换的,其公式如下:

$$PLL = IRPA \times POB \qquad (2)$$

式中,POB(Peoples On Board)为配员。

从式(2)中我们可以看出:PLL 与配员有很大关系,减少配员,特别是高风险岗位(位置)的配员,是减少群体风险的一种有效办法。

在我国很多文章中把群体风险叫做社会风险,我认为这是翻译不准的问题,Societal 可以是社会的意思,也可以是团体和社团的意思,根据 Societal Risk 的真正含义,译作群体风险更准确。在较早的有关风险的英文文章中曾一度出现过 Societal Risk 与 Group Risk 两个术语同时并存的情况,Group Risk 侧重于事故对工作者的影响(比如一个与外界隔离的高危化工厂),而 Societal Risk 则侧重于事故对社会大众的影响(比如一个人驾驶一辆高危化学品油罐车从公众场合通过)。现在基本上只用 Societal Risk 这个术语,它既涵盖对工作者的风险也涵盖对社会大众的风险。如果我们把 Societal Risk 译为社会风险,易被人们误解为也包括经济的、政治的、环境的等风险。

众所周知,人人都想在工作中承担的死、伤和健康受损的风险越小越好,为了满足人们的期望并照顾到社会成本,于是就产生了风险尽量可行低的原则。

2　风险尽量合理可行的低原则

风险尽量合理可行低 ALARP(As Low As Reasonable Practicable)的原则是世界上目前普遍遵循的一个原则,从事风险评估的人员必须透彻理解这一原则,我们可以借助图 5 来详细解释一下该原则。

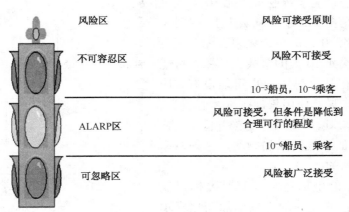

图 5　风险区划分及其可接受原则示意图

图中把风险划分为三个区,即顶部的高风险不可容忍区,中部的中等风险的 ALARP 区和底部的低风险的可忽略区。为了便于理解,我们可以把此三个区分别比喻为交通灯的红灯区、黄灯区和绿灯区。

红灯区因为其高风险不能证明是合理的,所以不可容忍,也不可以接受,必须强制采取措施把此风险降下来，不管其代价多高。

绿灯区因为其风险低到可以忽略不计的地步，所以很自然地被人们普遍接受。如果对某个现有工程项目经过风险评估后，风险落在了此区就认为是安全的，只要遵循正常的安全实践，那什么附加的安全措施也不用再采取了。

黄灯区的风险是在可容忍线以下，但是不能不管它，还要想方设法采取措施把风险再往下降，直至把风险降到尽可能合理可行的低的地步才为止，也就是说在此区的风险只有做到了尽可能合理的低，而且在实践上可行才可以接受。ALARP 原则的真谛就是在 ALARP 区真正做到了 ALARP 之后，那风险才可接受。有的人认为经风险分析之后，如果风险落在了 ALARP 区，因为在可容忍范围之内，就万事大吉了，不必再采取降低风险的措施了，这种理解是完全错误的。

在这里需要特别指出的是可容忍(Tolerable)和可接受(Acceptable)的含义是不同的，可容忍不一定是可接受的，可接受是有条件的，但不可容忍一定是不可接受的。

根据实际情况对红、黄、绿区进行明确的划分并在黄区内具体落实 ALARP 原则，这就是风险评价标准要解决的问题。

3　推荐的风险评价标准

要建立风险评价标准，首先要确定风险可容忍线和可忽略线的风险值。国际船级社 IACS(International Association of Classification Societies)所推荐的船员个体风险的不可容忍和可忽略的年概率分别为 10^{-3} 和 10^{-6}(见图 5)，而船上乘客的个体风险值的不可容忍值和可忽略值则分别为 10^{-4} 和 10^{-6}。

为什么确定 10^{-3} 为风险的不可容忍线呢？根据以往的事故统计 10^{-3} 是高危行业，如采矿业和深海捕鱼业的人员所遭受的平均个人风险值，因此该红线值还是很宽容的，有的国家如英国把此作为各行各业个体风险不可逾越的红线。乘客承担的风险标准为什么比船员低呢？这是因为乘客不像船员那样拿着薪水自愿承担船上的风险，所以，乘客承担的风险红线应比船员低一些。英国把不志愿承担风险的所有公众的个人风险值的红线都定为 10^{-4}。

关于个体风险的可忽略线，世界上大多数国家都规定为 10^{-6}，个别发达国家定为 10^{-7}。

群体风险 FN 图上的不可容忍线和可忽略线的划定涉及两项工作，第一项是要确定两线在纵坐标上的起始点，第二项是要确定两线的斜率。IACS 对油船、化学品船、油船和化学品混装船以及液化气体船所推荐的标准如图 1 所示。两线的起始点分别为 $2×10^{-2}$ 和 $2×10^{-4}$，ALARP 范围为两个数量级，线的斜率为-1。

FN 图上的不可容忍线随不同国家、不同地区、不同公司有很大的不同。该线在纵坐标上的起始点大多数相差两个数量级(例如 $10^{-1} \sim 10^{-3}$)。该线的斜率也大不一样，有的为-1，有的为-1.5，有的为-2，有的线还有两个斜率(见图 6)。斜率越陡说明对大量死伤事故控制的越严。有的国家规定的 FN 曲线的起点从 5 人开始(如荷兰)，这说明该国家不把 5 人以下的风险列为群体风险控制的主要对象。从图上还可以看出香港地区的不可容忍线终止并封闭在 1000 人以内，这意味着大于 1000 人的死亡事件不允许发生。

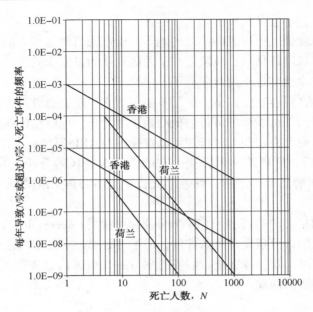

图6　香港、荷兰群体风险标准

群体风险的另一不同的标准就是风险等值线标准。典型的风险等值线如图7所示。

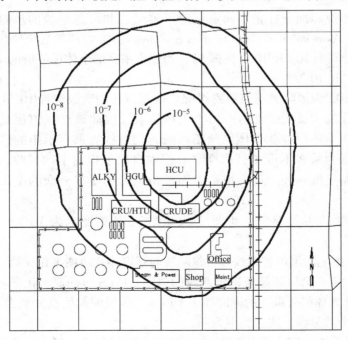

图7　风险等值线图举例

　　图中表示在危险源(如一个具有潜在爆炸、火灾、毒气释放风险的化工厂)周围，距危险源不同位置上，假定一个人一年(365天)每天24h呆在那里的死亡概率，此种个人风险叫做特别位置个体风险 LSIR(Location-Specific Individual Risk)。如果对具有危险源的工厂采取降低风险的措施，使每一等值线的范围变小，即事故波及的范围就会减少，那群死群伤的人数也会减少。加拿大、荷兰等国就使用风险等值线标准来规划土地的使用。如表 2 所示。

表 2　临近危险源的允许的建筑用地

国家	LSIR			
	>10⁻⁴	10⁻⁴~10⁻⁵	10⁻⁵~10⁻⁶	<10⁻⁶
加拿大	禁区	制造业、仓储、开放区(公园、高尔夫场等)	商业。办公室、低密度居住区	所有其他用地包括各种结构、高密度居住区
荷兰（新建筑）	—	仅被免除的建筑	办公室、仓储、饭店	住宅、学校、医院

从表中可以看出在 10^{-4} 圈以内除危险工厂外之外不允许建任何建筑，而在 10^{-6} 圈之外才可建设高密度住宅、学校和医院，此要求还是比较严格的。

从上述我们可以看出风险等值线标准虽然没有显示死亡人数和频率的关系，也无任何显示高死亡和低频率的区域，但它确实能降低群体风险。另外，LSIR 虽属个体风险范畴，但此概念的创造是为降低群体风险服务的。在实践上 LSIR 实际上是不存在的，因为一个人不可能一年 365 天 24 小时呆在同一地点，除非是坐牢。

关于群体风险的 PLL 值，到目前为止，笔者还未看到一个公开的可容忍标准，经仔细琢磨笔者认为制定此标准是没有必要的，因为 PLL 与个体风险是可以直接转换的，确定了个体风险的标准，就可以求出 PLL 值；另一方面，在 FN 标准中已经限制了大量死亡的概率。

需要指出的是风险的不可容忍线和可忽略线(不管是个险还是群险)依国家、行业、公司的不同而不同，应根据国情、行业特点和公司特点制定出符合本国、本行业及本公司的红线和绿线。对国民生产总值 GNP 贡献大的行业，其风险值可以高一些。公司对个险和群险红线和绿线的制定，实际上也体现了公司的安全文化。红线制定的另一原则是其值不能高于本行业以前风险的统计值。另外，还应注意随着时代的发展，科学的进步，人民生活水平的提高，其红线和绿线的之值应与时俱进，呈逐步下降趋势。

解决风险评价标准的第二个问题就是风险落在了黄区，怎样才算具体体现了 ALARP 原则呢？体现 ALARP 原则的核心是合理的低风险，所谓合理的低风险就是当你采取降低风险措施所花的费用与所得到的收益(风险的减少)严重不成比例时，就认为做到了合理，判定费用和收益不成比例要有一个标准，IACS 推荐的标准是每避免一个死亡所花的费用 CAF (Cost of Averting a Fatality)如果超过了三百万美元，就认为费用和收益不成比例了。费用和收益不成比例的界限制就是所谓的费用有效性标准。

4　费用有效性标准

如果对两个风险控制方案 RCO(Risk Control Option)进行比较，看哪一个方案更有效，其最好的方法就是看哪个方案的 CAF 少。由于费用有总(Gross)费用和净(Net)费用之分，于是就创造了 GCAF 和 NCAF 两个费用有效性概念，费用有效性标准可分别用下述两个公式表示：

$$GCAF = \Delta C / \Delta R \not> 300 \times 104 \ USD \tag{3}$$

$$NCAF = (\Delta C - \Delta B)/\Delta R = GCAF - \Delta B/\Delta R \not> 300 \times 104 \quad USD \qquad (4)$$

式中　　ΔC——实施 RCO 所花的总费用;

　　　　ΔB——实施 RCO 后所得到的经济好处;

　　　　ΔR——实施 RCO 后所降低的死亡人数。

在计算 ΔC 时, 应考虑到实施 RCO 后所花的一切附加费用, 比如设计和建造费用、设备购置费用、文件编制费用、发证费用、人员培训费用及其以后的维修保养费用等。应特别注意的是如果仅考虑 RCO 的初装费用是不全面的, 也是不对的。

在估算 ΔR 是, 应注意先估算出实施 RCO 前的等效死亡人数(也就是基准状况), 然后再估算出实施 RCO 后的等效死亡人数, 这两个等效死亡人数之差就是 ΔR。

在这里需要把等效死亡人数的概念介绍一下, 所谓等效死亡就是把受伤的风险也计算在死亡人数之中, 即 10 个重伤(如肢体发生残缺)算作一个死亡, 100 个轻伤也算作一个死亡。笔者建议在事故场景描述和统计中还是要把死亡、受伤、健康受伤的情况分别写清楚, 但在具体的风险评估中应使用等效死亡的概念, 因为这样做才能全面体现费用投入的有效性; 另外, 在人命风险的不可容忍和可忽略标准中也应包括大伤, 因为重伤造成的后遗症和社会负担有时候比死还要严重。

实施 RCO 后, 所得到的收益除了等效死亡人数的减少之外, 有时也会挽回一些经济损失, 这就是 ΔB。比如散货船第一货舱舱盖及第一货舱与第二货舱之间横舱壁加强后, 散货船沉没的概率就减低了, 除了减低人员死、伤之外, 与基准情况相比也挽回了恢复修理的费用和货物损失的费用。

在实际的计算中笔者建议先计算 $GCAF$, 如果其值低于标准值 $300 \times 10^4 USD$, 那就应该贯彻执行该项 RCO; 如果该值超过了 $300 \times 10^4 USD$, 再考虑 $NCAF$ 的计算。

在计算 $NCAF$ 时可能会出现负值, 出现负值有两种情况, 一种是 ΔB 大于 ΔC, 即经过实施 RCO 后所带来的经济收益比所花费的费用还要大, 这说明这种 RCO 太好了。另一种情况可能是 ΔR 极小, 因为 ΔR 极小时, $\Delta B/\Delta R$ 就会变得很大, 如此比值超过了 $GCAF$, 从公式(4)中可知 $NCAF$ 就变为了负值, 出现这种情况, 说明实施该 RCO 后几乎没有降低等效死亡人数。在实际的评估中应对出现的负值情况给与特别的考虑。

费用有效性计算之后, 不要仅仅盯住计算结果是否满足费用有效性标准这一数字。要对整个风险分析的过程和费用有效性计算的过程进行总回顾, 要对整个风险评估过程中的不确定性进行全面评估。如果费用有效性计算的结果与标准值相比如果很高或很低对于决策者来说是很容易的, 那就是采用或不采用该项 RCO。如果计算结果与标准值很接近, 那就要具体问题具体分析, 比如, 其风险值本来就接近不可容忍线, 为了把风险降下来费用有效性即使超过标准一点点, 也可以认为该项 RCO 是有效的。

应注意的一个问题是费用有效性标准依国家的不同而不同, 发达国家标准应高于发展中国家, 比如英国规定的费用有效性标准就高达六百万英镑。在这里我再解释一下每避免一个死亡所花的费用不管是三百万美元还是六百万英镑, 这些钱并不是要花在某一个人身上, 也不是一个人的身价值这么多钱, 而是执行某项风险控制措施所化的总费用再除以执行该项措施后所减少的死亡人数。

还应注意的是费用有效性标准应随平均无风险回报率(例如 5%)逐年增加或者说安照通胀率逐年增加。

　　另外，在计算费用时还会遇到净现值、贴现率等概念，从事风险评估的人员应及时向财务人员请教，最好由财务人员参与费用的计算工作。

　　在费用有效性评估中往往还会遇到 ICAF(Implied Cost Averting a Fatality) 和 CURR(Cost per Unit of Risk Reduction) 这两个概念，其实 ICAF 与 GCAF 是相同的，NCAF 和 CURR 是相当的，CURR 的每单位风险包括更广一些。

5　结语

　　以上我们全面论述了个体风险和群体风险以及风险评价标准问题。制定风险评价标准主要包括三项工作：其一是确定高风险的红线；其二是确定低风险的可忽略线；其三是正确理解 ALARP 原则，确定费用有效性标准。

　　我国的个体风险可接受标准笔者建议如下：

　　(1) 个人风险的不可容忍线是 10^{-3}；(公司标准可以更严一些，如，0.5×10^{-3})

　　(2) 个人风险的可忽略线是 10^{-6}；

　　(3) 费用有效性标准如公式(3)和(4)所示。

　　我国的群体风险可接受标准笔者建议如下：

　　(1) 风险的不可容忍线和可忽略线如图 6 中的绿线所示；

　　(2) 费用有效性标准如公式(3)和(4)所示。

　　没有风险评估标准，就无法正确地进行定量风险评估，笔者希望此文能够起到抛砖引玉的作用，有助于我国各行各业乃至公司风险评估标准的建立，从而推动我国，特别是我们海洋工程业的风险评估工作有更大发展。

陆岸终端及装备

埕岛油田采修一体化平台的标准化设计

李春磊

（中石化石油工程设计有限公司）

摘要： 本文对固定式采修一体化平台的标准化设计进行了探讨，从工艺流程、平面布置、平台结构、设备选型、信息化提升、三维配管等方面进行了论述，形成了一套详细的采修一体化平台成果，为从简、从省、从优的加快油田项目建设进度，降低投资，提高效益做出了突出的贡献。

关键词： 修采一体化平台；标准化设计

1 引言

胜利油田海上勘探开发始于 1992 年，作业区主要位于渤海湾，是我国第一个投入规模开发的浅海边际油田。经过 20 年的开发建设，埕岛、新北两个海上油田累计产油 3694.5×10^4 t，2013 年产油 290×10^4 t。为胜利油田的稳产增产做出了突出的贡献。

随着胜利埕岛油田的不断发展，在安全、合理、经济可靠的前提下，如何"从简、从省、从优"的加快项目建设进度，降低投资，提高效益，我们开始标准化设计工作研究。其中固定式采修一体化平台因为可大幅降低海上修井作业成本、有效缓解现有修井能力不足对原油生产的制约，并大大提高作业安全性等特点，这种平台模式已逐渐成为目前埕岛油田的主导建设模式。因此研究采修一体化平台的标准化设计就变得非常有实际意义。

2 标准化设计思路

总结目前已建的 CB26、CB1F、CB11N、KD481、CB25G、CB1G、CB20C、CB22F 等多座固定式采修一体化平台的实践经验，再按照功能相对独立、便于采购或建造的原则，对平台的主要节点分模块进行研究，在总平面布置、平台结构、工艺流程、设备选型、三维配管设计等方面进行提炼统一，最终达到标准设计的要求。

3 标准化设计研究

3.1 标准化生产工艺

根据开发区块的地理位置以及周边的集输系统现状，确定该类平台的生产工艺采用卫星平台与中心平台相结合的集输模式，即油气产液加热计量后利用井口剩余压力通过海底管线混输至中心平台进行处理后外输，注水水源也是由中心平台经海底高压注水管线提供。在采油修井平台只进行较为简单的油气计量加热，不考虑深处理，由于工艺相对简单，设备数量较少，因此可大幅节约平台面积，降低投资。

在标准化设计研究过程中，油气系统方面逐步完善形成了标准的油井井口流程、单井加热计量流程、以及井组加热外输流程等。注水系统方面逐步完善形成了标准的自动配水流程、洗井流程以及注水井井口流程等。以油气系统为例，采修一体化平台典型油气系统工艺流程如图 1 所示。

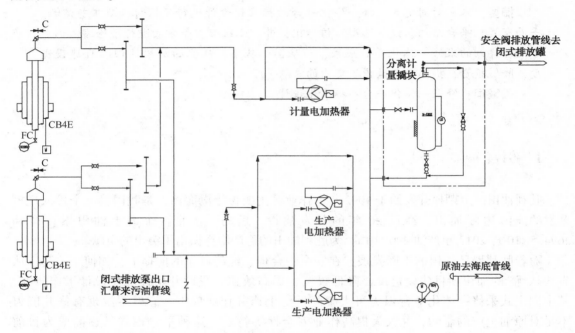

图 1　典型油气系统工艺流程图

3.2　标准化平面布置

由于该类平台采油相同的生产工艺，因此为平面布置的标准化设计奠定了基础。在满足生产作业、安全逃救生、便于海上施工等原则的前提下，从平台面积、分层、高度、平台与钻井船相对位置关系等方面入手开展平面布置的标准化研究，目前已形成了定型的油气处理区、井口区、消防区、配电室、生活楼、注聚预留区等标准化区域划分。固定式采修一体化平台标准化平面布置考虑分两层设置，主甲板顶层是修井作业甲板，配有生活楼、固定式修井机及修井设备，修井机可沿固定轨道对两边的外挂井口分别进行作业，轨道中间部分为油管堆场。主甲板底层是生产甲板，靠船侧布置是配电室、消防区，另一侧为油气处理区、注聚预留区。主甲板两侧是井口区，与主甲板之间用防火墙进行分隔。

通过标准化研究，目前逐步完善形成了 18 井式、24 井式、40 井式等系列的标准采修一体化平台平面布置图。以 40 井式为例，采修一体化平台标准化平面布置如图 2、图 3 所示。

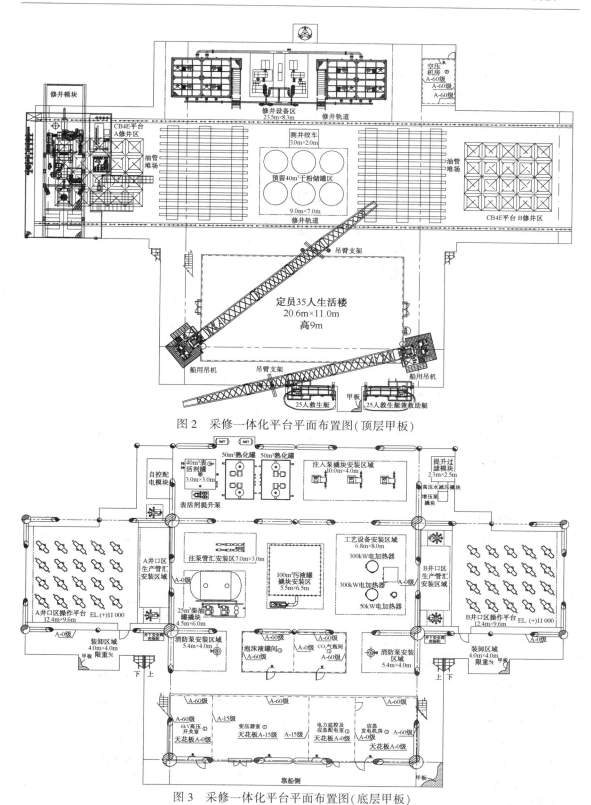

图2 采修一体化平台平面布置图(顶层甲板)

图3 采修一体化平台平面布置图(底层甲板)

3.3　标准化平台结构

平台结构的标准化主要从整体构架、材质型号、舾装设计、附属构件等方面考虑，由于该类平台的规模及平面布置已基本定型，因此目前桩基础、平台主梁格、次梁格、斜撑杆件等的尺寸也基本定型。形成了相对固定的平台结构形式，主要由导管架、桩、上部组块、井口隔水管导向框架等组成。导管架采用四腿或六腿导管架型式，中间以多层水平撑相连；导管架向左右两侧挑出井口隔水管导向框架；导管架远离井口的一侧设靠船构件、登船平台等附属构件。采修一体化平台标准化的平台结构示意图如图4所示。

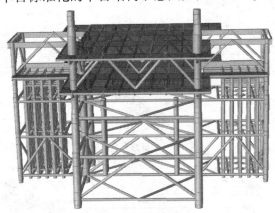

图4　采修一体化平台结构示意图

3.4　标准化设备选型

标准化的生产工艺为设备定型提供了条件，通过近年来多个类似平台的实践及标准化设计总结，目前已形成分离计量装置、电加热器、消防泵等标准化技术规格书40余项，开式排放罐、闭式排放罐、柴油日用箱3项非标设备图集。设备选型的标准化为标准化采购打下了基础，将极大缩短采购工期，降低投资。

3.5　标准化自控检测系统

信息化提升是标准化设计的重要组成部分，提高海上平台的自动化水平，不但能够减少劳动定员，同时能够大大提高平台的安全性。自控检测系统的标准化主要从自控仪表阀门、就地控制盘、火气系统和集成控制系统(简称ICS)等几个部分进行提炼统一。通过标准化研究，采修一体化平台已形成完善的自控检测系统，即ICS系统通过现场仪表、阀门监控平台工艺过程的平稳、安全运行，同时与橇块就地控制盘和火气系统通信，进行统一的数据显示和操作。ICS系统还与中心平台SCADA系统通信，上传平台所有数据，同时接收操作员的遥控指令，完成远程操作和控制。采修一体化平台自控系统结构如图5所示。

3.6　标准化三维设计

三维设计是海上平台设计的发展趋势，也是我们标准化设计的重要组成部分。目前埕岛油田采修一体化平台我们已利用Intergraph设计集成软件完成5座海上平台的三维设计，采用包括工艺(SP PID)、三维(3D)、仪表(SPI)、电力(SPEL)专业设计软件、材料数据库管理软件(SPRD)和数据集成平台(SPF)等进行全三维设计。三维设计的标准化主要从材料等级库、管网规划、橇块化安装等方面考虑，尽量统一管线选材、管线走向标高及增大陆地工厂橇块化预制量。标准化三维设计，极大的提高了设计质量，同时也缩短了设计周期、加快了项目进度。采修一体化平台三维效果如图6所示。

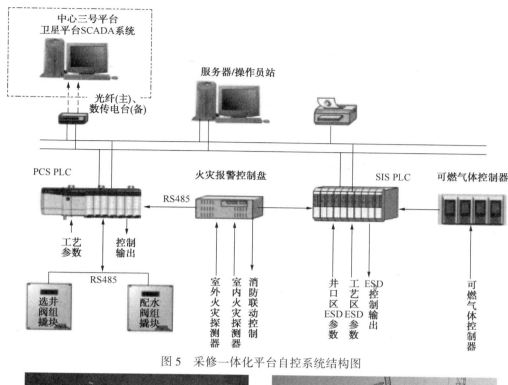

图 5 采修一体化平台自控系统结构图

图 6 采修一体化平台三维效果图

4 结束语

采修一体化平台的标准化设计自开展以来，已在 CB4E、CB256 平台进行了实验，并已取得明显效果，缩短了项目工期、提高了平台的设计质量，并降低了投资。但应该认识到，标准化设计应是一个不断完善的过程。个人理解，设计应最终达到"六个标准化"：规模系列化、工艺流程通用化、平面布置标准化、安装预配模块化、设备管线定型化、建设标准统一化。同时还应便于标准化采购，便于标准化施工，便于标准化管理。相信随着埕岛油田的不断发展，采修一体化平台的标准化设计也将得到更广泛地推广及完善，为胜利油田的稳产上产做出更突出的贡献。

埕岛油田采油平台布局模式
系列化、标准化研究

邵光帅

(中石化石油工程设计有限公司)

摘要： 对中石化埕岛油田开发历程中采油平台布局模式的发展进行总结，结合目前胜利油田海上钻井装备能力，重点对目前适用性最强的采修一体化平台布局模式进行研究，分析不同布局模式的优势和不足，形成适合埕岛油田开发需要的系列化、标准化设计思路。

关键词： 埕岛油田；采油平台；布局模式；系列化；标准化

1　概述

随着胜利海上埕岛油田的不断勘探开发，至 2013 年建成了年产油能力 $290×10^4$t 的浅海整装大型油田。目前埕岛油田正在进行加密提液二次开发，每座采油平台总井数由原来的 6 口、9 口、12 口增加到目前的 24 口、30 口、32 口、40 口，采油平台的钻采修模式也由传统的简易采油平台向采修一体化平台方向发展。本文总结了胜利埕岛油田开发历程中采用的采油平台布局模式，分析了目前采用的采修一体化平台不同布局模式的优势和不足，形成了适合埕岛油田开发需要的采油平台系列化、标准化设计思路。

2　采油平台钻采修模式

目前采油平台可以采用的钻修井模式主要有三种：
(1) 模式 A (简易采油平台)：钻井、修井均依托外来钻井(修井)船；
(2) 模式 B (采修一体化平台)：外来钻井平台(钻井船)钻井，平台修井机修井；
(3) 模式 C (钻采修一体化平台)：平台钻机钻修井。

2.1　模式 A (简易采油平台)

1) 简介

该种钻修井方式在传统的埕岛油田滚动开发过程中得到了广泛应用。固定采油平台上部设施尽量简化，通过建造一批适应埕岛油田所在海域水深条件、地质条件和井深条件等要求的钻井平台和修井平台，为简易采油平台提供钻修井服务，简易采油平台的钻井、修井均依托外来钻井(修井)平台。

2）实施顺序

首先预制好平台的水下基盘或导管架(埕岛油田主体区域水深多在15m以内，通常使用水下基盘结构；在水深超过15m的埕岛油田东区及主体区域以北一般使用导管架结构)，在海上安装就位后钻井平台就位实施钻井，钻井完成后，自升式钻井平台移走，再安装平台的上部组块(钻井的同时上部组块已在陆地预制)连接、调试、投产。在采油平台生产期间的修井作业由外来自升式修井平台完成。

3）优缺点

优点：平台施工周期相对较短，前期固定平台上部设施较少，仅配备简单油气计量加热装置及配电、自控设施，建设阶段投入小，单一平台的投资抗风险能力强。

缺点：由于使用外来钻井平台实施钻井，钻井费用较高，以 CB22F 平台为例，平均单井钻井投资约为 1230 万元/井，在钻井周期内总共 49200 万元。后期修井作业也需要依赖外来修井作业平台，由于胜利海上修井平台资源非常稀缺，只有作业 5 号平台可以使用，而目前胜利需要依赖外来修井作业的采油平台近百座，修井作业任务繁重。

4）管理模式

由于该种类型采油平台功能单一，设施较少，一般采用无人值守的生产管理模式(部分该种类型平台为拉油生产，采用有人值守模式)，消防系统也采用移动式(半固定式)消防系统设计。

5）适用条件

该种方式一般应用于井数部署较少的小型采油平台(目前设计最多井数为 12 井式)。

2.2 模式 B(采修一体化平台)

1）简介

随着埕岛油田的深入开发，为了综合考虑投资的经济性，通过减少平台数量来降低生产管理的工作量和面对自然灾害时的安全隐患点，将方式 A 中较为分散的井位进行整合，集中建设井位较多的采修一体化平台。平台上布置有固定式修井模块用于平台修井，修井机可以在修井轨道上滑行，并可实现横移，满足井口区内所有井口的修井作业。平台上另外布置有油气工艺区、注聚设备区、公用设施区、消防设备区、机械设备区、修井作业区、生活管理区等，各区块之间有清晰的界面。

2）实施顺序

首先预制好平台的主体导管架结构，在海上安装就位后钻井平台就位实施钻井，根据工期需要和钻井平台资源情况，可两侧实施钻井，钻井完成后，自升式钻井平台移走，再安装平台的上部组块(钻井的同时上部组块已在陆地预制)连接、调试、投产，为了尽快见油投产，有时可对主体结构上部组块和井口平台上部组块分别吊装就位，这样就能够保证钻井的同时先期投产部分完钻油井。

3）优缺点

方式 B 的优点是从整体上对油田开发进行了整合优化，减少了固定平台数量及配套的海底管线、海底电缆数量，从根本上降低了面对自然灾害时的安全隐患及油田整体投资风险。通过修井模块修井可以节约大量修井费用，而且无需依赖外界修井资源。

4）管理模式

由于采用该种方式的采油平台上部设施较多，一般都采用有人值守的生产管理模式，有利于油田的精细化管理，但同时对于平台结构安全、人员逃救生、消防系统设计要求更高。在消防方面一般采用固定式消防系统(水喷淋消防系统、泡沫消防系统和气体消防系统)，人员逃救生方面配备有救生艇、救生筏等逃救生设施，并合理规划设计逃生通道。

5）适用条件

该种类型的平台部署井位一般多于18口。

2.3　模式C(钻采修一体化平台)

1）简介

根据调研，目前在中海油该种钻采修方式得到了较为广泛的应用。平台上布置钻井模块(可兼做修井模块使用)，用于平台钻井和修井的需要。

2）实施顺序

需要根据井深条件、水深条件及平台结构情况确定钻井模块的设计形式，钻采修平台及钻井模块的设计需要钻井部门和固定平台设计部门进行密切配合共同完成。在钻井模块的荷载、尺寸等主要参数确定后，可以开始固定平台的设计，然后预制好平台的主体导管架结构及上部组块，待钻井模块建造完毕后在固定平台安装、调试，实施钻井，完钻后投产。

3）优缺点

在方式B的基础上增加了钻井功能，兼有修井功能，没有了对外来钻井平台和修井作业平台资源的依赖，但新建钻井模块造价高昂、周期较长，根据调研，新建一座钻井模块的全过程(设计、预制、安装、调试)就需要2年左右的时间，这个时间周期明显长于固定平台的设计、建造的周期。

4）管理模式

采用有人值守的生产管理模式，消防方面采用固定式消防系统，人员逃救生方面配备有救生艇、救生筏等逃救生设施，同时优化平台平面布置，合理分区布置，并合理规划设计逃生通道。该种方式比方式B定员人数较多，生活楼尺寸及救生设备规格和数量都较大。采用钻采修模块进行钻井和修井在埕岛油田还没有应用先例。由于该种钻采修模式建造周期较长，仅钻机模块设计、建造、调试、安装就需要近2年时间，因此短期看来在埕岛油田尚无实际应用的可能。

图1　井口外置形式

3　采修一体化平台布局模式

采修一体式平台按照井口区与导管架主结构的相对位置关系分为井口内置、井口外置和混合布置三种形式。埕岛油田目前实施的该类型平台均为井口外置形式(图1)，中海油所实施的基本都是井口内置形式(图2)，部分平台为了满足所使用的钻井平台的要求则采用了混合布置形式(图3)。

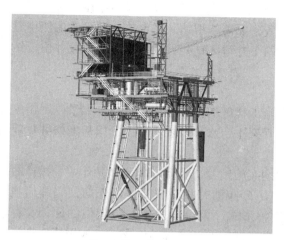

图2　井口内置形式

图3　井口混合布置形式

下面以40井式平台为例，对几种布局模式进行对比。

3.1　井口全部外置(双井口区)

主要优点：

（1）可两侧同时钻井，另外钻井期间可以先安装主甲板，已完井的油井可先期投产，见效快；

（2）安装机具选择较为灵活，两侧井口区甲板和主甲板可分块单独吊装；

（3）胜利油田目前已实施的采修一体化平台均为同类结构，施工经验较为丰富。

主要缺点：

（1）井口外置于导管架外侧，对井口的保护较差，外来船舶撞击井口的可能性相对较大。

（2）两侧井口区向外横向悬挑尺寸较大，抗冰载荷冲击较差。

在单侧布置12口井时，已达到结构悬挑极限，当每侧布置更多的井口时，必须在两侧井口区外侧打4根支撑桩及其与主导管架的连接框架结构，导管架整体安装重量要增加10%～12%。

（3）海底管缆布置时需考虑避让后期预留井口钻井作业区域，再考虑到靠船侧不能布置管线，给管线电缆的布置和施工带来较大难度。

（4）井口区分开布置影响平面布置的功能分区界面。

该种布局模式是用钢量最大的一种，对钻井平台能力要求相对较高，同样结构形式的平台在胜利油田已成功应用多座，施工经验丰富。图4为两井口区全部外置示意图。

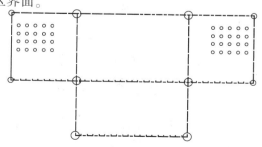

图4　两井口区全部外置

3.2　井口全部外置(三井口区)

在3.1的基础上分出部分井口，形成第三个井口区，且设计为独立的导管架平台，与主导管架平台连为一体。该种模式对钻井平台的钻井覆

海洋石油工程技术论文（第六集）

盖能力要求较低，且可以根据钻井见油效果决定实施第三个井口区的时间和必要性。

主要优点：

与3.1相比对每个井口区的井数进行了分散布置，一期实施靠近导管架的两个井口区，胜利九号等内部钻井平台可独立完成钻井作业任务，无需外租钻井平台。二期可考虑使用胜利十号或外租钻井平台。第三个井口区可根据前两个井口区钻井见油效果进行井数井位及钻井轨迹的调整，机动性较强。

主要缺点：

与3.1相比增加一次井口区的海上安装，对施工精度的要求也相对更高，如果施工精度达不到要求可能会造成第三个井口区平台与主导管架平台水平对正不准确，给后期修井作业带来困难。

该种布局模式是用钢量最小的一种，可分两期实施钻井，平台安装及钻井作业、投产时序等较为灵活，同时由于靠近导管架的两个井口区分布油井相对较少，可先期钻完井后投产，因此见油最快。CB11N等平台就是采用的这种形式，但可能由于安装就位的原因，存在第三个井口区平台与主导管架平台水平对正不准确的问题。这种结构形式一般用于后期加密开发扩建第三个井口区，不推荐用于新建平台。图5为三井口区全部外置示意图。

3.3 井口混合布置（三井口区，其中一个布置于导管架内侧）

主要优点：

与3.2相比把第三个井口区内置于导管架内部，因此平台总体尺寸小于方案三，胜利九号等内部钻井平台可独立完成钻井作业任务，无需外租钻井平台。

主要缺点：

与3.2相比需先完钻导管架内部井口，后安装导管架及外置的另外两个井口区。由于内置了一个井口区，与方案三相比相当于占用了导管架内部原来布置设备的空间，因此导管架主结构尺寸比3.2大。

该种布局模式用钢量较大，仅次于3.1中的模式。且安装就位相对复杂，平台整体平面布局并不理想，因此一般不推荐采用。图6为井口混合布置示意图。

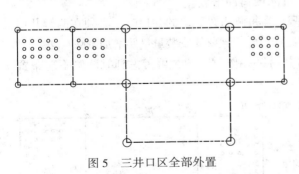

图5　三井口区全部外置　　　　　　　　图6　井口混合布置

3.4 井口全部内置

主要优点：

（1）井口内置不需要考虑井口区悬挑与主导管架外侧过多的问题，整体受力较好；

（2）井口均位于主导管架内，相对于井口外置形式对井口的保护较好；

（3）修井作业区位于导管架内部，对于平台的施工就位精度要求相对井口外置方案

较低;

（4）超过 24 井以上的平台，井口内置结构钢材量略低于井口外置结构。

（5）整体布局功能分区界面清晰，有利于平台上部管线、电缆桥架等的走向布局优化;

（6）生活楼距离油管堆场(危险区)距离相对较远，有利于人员安全。

主要缺点:

（1）钻井周期长;

（2）如果希望在钻井期间对已完井的油井先期投产，必须安装完上部组块，然后将钻井平台自升至顶层甲板上继续钻井，对钻井平台拔高能力和施工过程控制要求较高;

（3）上部组块和井口区必须整体安装，对浮吊能力要求高，施工机具选择余地较小。

该种布局模式结构布局合理，平面布置整齐有序，功能分区界面清晰，用钢量合理，且对井口的保护最优。但实施工期最长，投产见油时间最长，因此在业主对投产时间要求不高的前提下一般应作为优选布局方案。图 7 为井口全部内置示意图。

图 7　井口全部内置

3　结论

通过对埕岛油田采油平台钻采修模式的研究可见，目前及以后较长的一段时间内，采修一体化平台这种钻采修模式将会得到最为广泛的应用，简易采油平台可作为小产能、小油藏开发的有效补充。目前埕岛油田共建成采修一体化平台 10 座，其中绝大部分采用了井口外置的结构形式，个别采用了井口部分内置的结构，对于满足业主投产时效、适应现有钻井平台钻井能力方面取得了良好的效果。整个"十二五"期间还将新建采修一体化平台 3 座，采修一体化平台基本成为埕岛油田开发的主要采油平台结构形式，为整个油田的上产增效发挥了巨大作用。

胜利海域水文地貌对滩海陆岸
孤东油田石油生产开发的影响

孙　慧

（中石化胜利分公司生产管理处）

　　摘要：胜利油田滩海开发模式从早期油田围海造陆到开敞式、滩海陆岸平台开发，形成了三种截然不同的、具有胜利特色的滩海油田开发建设模式：第一种是滩海陆岸平台开发模式；第二种是全封闭式开发建设模式；第三种是开敞式开发建设模式。本文主要介绍了具有典型的全封闭式开发建设模式的孤东油田所处海域的水文地貌对孤东油田石油生产开发的影响。该海域沿岸滩涂广阔，地势平坦，在浅水区极易形成强烈的风暴潮灾害。风暴潮对孤东油田的影响主要体现在破坏孤东海堤上。孤东海堤建成后，多次受到风暴潮的破坏。孤东油田主要是通过防护工程来应对风暴潮、黄河洪汛及内涝灾害。防护工程主要由孤东海堤、黄河河堤、排涝泵站、进海路及海油陆采平台、漫水路及站台等工程组成，用来保障油田的开发。由于胜利油田正着力发展海上油气生产，海上设施的建设进入高峰期，但是对海洋环境、水文条件尚没有开展相应的调查研究，没有取得相应的基础数据，因此还需重新对油田海域的海洋环境进行调查，为海上设施的设计、施工提供数据保障。

　　关键词：胜利海域；水文地貌；孤东油田；生产开发

1　前言

1.1　滩海陆岸油气生产设施分布范围

"滩海陆岸石油设施，是指最高天文潮位以下滩海区域内，采用筑路或者栈桥等方式与陆岸相连接，从事石油作业活动中修筑的滩海通井路、滩海井台及有关石油设施"。

胜利油田滩海陆岸油区北起马颊河东胜无棣油田，南至潍坊埕北油田，海岸线长约700km，滩涂面积约1500km^2。

1.2　开发模式

胜利油田滩海开发模式从早期油田围海造陆到开敞式、滩海陆岸平台开发，形成了三种截然不同的、具有胜利特色的滩海油田开发建设模式：

第一种是在极浅海区域修建进海路+人工岛或海底管线+钢平台开发方式，称为滩海陆岸平台开发模式。

第二种是在滩涂区域修建海堤，围海造陆、变海上开发为陆地开发，称为全封闭式开发建设模式。

第三种是在滩涂区域，修建漫水路+丛式井组平台，介于海上和陆地之间的一种开发方式，称为开敞式开发建设模式。

2　胜利海域的水文、地质

2.1　孤东油田的开发模式
孤东油田位于黄河入海口南北两侧，其开发模式为全封闭式开发建设模式。

2.2　海域水文、地质条件及冲淤特征
孤东油田海域位于渤海湾西南部的黄河三角洲滩海海域。黄河三角洲为渤海的渤海湾和莱州湾所包围，海岸线长、地形平缓、潮间带宽广，10m 等深线以内的浅水水域面积达 4800km²。现代黄河三角洲是 1855 年黄河于铜瓦厢决口夺大清河改道注入渤海以后发育而成的，迄今只有 150 年左右的历史，其海岸发育历史更短，是一条不断演化着的年轻海岸。受 1976 年黄河由钓口河流路改道水清沟流路和近年来黄河经常断流、泥沙来源减少的影响，黄河三角洲前沿海岸线开始不断后退，遭受严重侵蚀。20 世纪 80 年代初，为了保护孤东油田，修建了孤东防潮大堤。虽然有效地控制了海岸线在平面上向陆地方向推进。但由于孤东海堤处于三角洲东北突出部位，海洋动力强，泥沙运动活跃，泥质岸滩冲淤变化快而不稳，使黄河入海泥沙不易在此海域淤积，因此，岸滩蚀退非常严重，堤外岸滩不断地被冲蚀形成水下岸坡并在大堤根部形成与大堤平行的侵蚀沟槽。

2.3　海底地貌特征
根据侧扫声纳探测结果综合看来，孤东海区海底地形呈现由北向南缓倾的趋势，以侵蚀特征为主，发育有较多的侵蚀微地貌类型。由于组成海底地层的物质成分和固结程度不均匀，土体被冲蚀程度也不均一，较松软的土层被侵蚀速度快，侵蚀深度大，较硬的土层被冲蚀的速度慢，而近岸由于构筑物而使海流的辐聚及扩散导致的流场变化，使局部地段发生明显的差异侵蚀现象。通过海底地貌特征可以看出孤东海区内绝大部分处于冲刷状态。

2.4　地层结构
该海域表层沉积物以软弱粉质黏土、粉质黏土为主，含少量淤泥。距目前行河河口较近部位表层为松散粉土—粉砂，亚粉质黏土薄层。三角洲沉积物之下为全新世海相沉积，主要为淤泥质粉质黏土、淤泥质黏土、淤泥质粉质土等软弱土层；海相层之下为全新世早期滨海湖沼相粉质黏土、黏质粉土以及其下晚更新世河湖相粉质黏土、黏土、粉土和粉砂。总体看来，该海域多为淤泥质粉砂。

3　海域海岸演变及冲淤对孤东油田的影响

3.1　海岸侵蚀结构的变化
近十年的河口河道续建堤防工程使黄河河水收束在黄河三角洲中分线上，成为黄河三角洲的岭脊，而且这岭脊仍在不断加高、延伸。胜利油田陆续兴建的海堤、围堤、公路奠定了三角洲海岸格局，发现的诸多大油田都在这些工程的保护圈内，原来作为道路的一些工程，由于海岸的变化，已直接受到了海潮的作用，起着防护陆地的作用，但由于修建标准低，破坏严重，需要加倍防护。孤东海堤及垦东 401、垦东 22、垦东 12 等海油陆采工程起到了规

模巨大的丁坝作用，丁坝的结构与方向在局部海域起到了良好的消浪、减潮作用，使冲刷部位从岸边转移到丁坝坝头位置，减除了海岸直接侵蚀的威胁，但加重了丁坝及丁坝防护范围外工程的防护形势。

黄河三角洲潮间带宽广，广阔的滩涂上依次生长着黄须菜、芦苇、红荆、怪柳等耐碱性植物链植被。大堤、公路、围堤等工程设施穿过这些植被，改变了植物链结构，尤其这些工程起到了挡潮坝的作用，挡潮坝两侧土壤环境发生了重大改变，植物链被断开，发生跳跃式进程，改变了原海滩的防潮侵蚀结构。

3.2　该海域的海洋、地质条件及冲淤特征对油田开发的影响

该海域沿岸滩涂广阔，地势平坦，在浅水区极易形成强烈的风暴潮灾害。风暴潮主要由寒潮引发，在夏秋季节还会受到台风的侵蚀而形成，从 20 世纪 60 年代至今，该海域沿岸就遭受过多次风暴潮侵害，引起水位暴涨，海水侵溢内陆，酿成灾害。其中严重的有 1964 年、1969 年、1980 年和 2003 年由寒潮造成的风暴潮灾害，以及 1972 年、1985 年、1992 年、1997 年和 2007 年由台风所引起的风暴潮灾害。

孤东油田是一个采用封闭式开采的油田，风暴潮对孤东油田的影响主要体现在破坏孤东海堤上。孤东海堤建成后，多次受到风暴潮的破坏，1992 年 9 月 1 日，风暴潮袭击孤东油区经济损失上亿元。1997 年 9 月 19 日至 21 日的风暴潮，海堤堤脚受到严重淘刷，多处堤段出现了空洞，抛石和扭工体损失严重。2003 年 10 月 10 日至 13 日的风暴潮，造成大堤抛石和砼扭工字块大量流失，东大堤浆砌石平台全部毁坏，整个海堤的砌石挡浪墙大部分被破坏。2011 年 9 月 16 日的风暴潮，又造成了海堤的严重破坏。

4　应对风暴潮等自然灾害的措施

4.1　保障油田开发的主要方式

孤东油田主要是通过防护工程来应对风暴潮、黄河洪汛及内涝灾害。防护工程主要由孤东海堤、黄河河堤、排涝泵站、进海路及海油陆采平台、漫水路及站台等工程组成，用来保障油田的开发。

4.2　海堤防护工程

孤东海堤位于孤东油田东侧，是孤东油田防范海潮侵袭的主要屏障。1976 年黄河改道后，孤东油田区域海岸逐渐蚀退，水深逐渐增加，大规模勘探开发无法展开。

1985 年，孤东海堤动工兴建，1988 年 7 月，孤东海堤竣工。大堤北接桩西海堤，南接孤东南围堤，全长 16.7km，顶宽 10m，顶高程 4.5m，其中北部 6.7km 堤段为北大堤，南部 10km 堤段为东大堤。孤东海堤围海造陆 76.3km²，成为孤东油田的开发建设区域。

4.3　黄河防护工程

黄河紧贴红柳油田南部穿越新滩油田，洪水和冰凌威胁采油厂生产经营活动的开展。1992 年建设了垦东六围堤，2000 年，接手了黄河六号路和孤东南围堤两段河堤，形成了完整的防汛、防凌体系。2010~2011 年，在黄河口清 8 河段建设了控导工程，稳定了现行黄河流路，可有力保证红柳、新滩油田免受黄河口自然改道的影响。

4.4　防洪排涝工程

孤东油田东部边缘低于海平面 0~0.5m，区内雨水只能靠排涝泵站强排入海，1986 年始

建排涝工程，保障勘探开发正常进行。目前在孤东海堤边沿建成 4 座排涝站。可有效保证遇到 100mm 降水时排涝周期不超过 72h。

5 结束语

滩海油田特定的环境决定了其开发建设模式与海洋和陆上不同。滩海油区濒临海洋，直接受潮汐及风暴潮的冲击，海岸冲淤状态不稳定，自然环境十分恶劣，油区内需要采取有效的环境保护措施，防止对沿海生态造成污染。所以滩海油田开发建设技术难度大、工程投资相对陆地较高。

胜利油田正着力发展海上油气生产，海上设施的建设进入高峰期，但是对海洋环境、水文条件尚没有开展相应的调查研究，没有取得相应的基础数据，目前海上设施方案、设计的依据仍然是 1985 年青岛海洋大学做的埕岛海洋环境资料。基础数据的一成不变，就出现片面性、不充分性，在部分区域可能是不安全的，有的部分区域可能过于保守。因此需要重新对胜利油田的海洋环境进行调查，为海上设施的设计、施工提供数据保障。

中心平台集输管网安全缓存时间研究

张玉萍

（中石化石油工程设计有限公司）

摘要：中心三号平台是埕岛油田第三座综合性中心平台，集中处理其周围 32 个卫星平台的来液。如果中心三号平台海底管线入口的紧急切断阀出现关断，此时卫星平台的液量继续流入，海底管线压力会持续上升，一旦压力超过卫星平台的最大设计压力(2.5MPa)，需要关闭卫星井口，以免对卫星平台设备造成损坏，或者出现漏油等环境污染事故。本文通过用 OLGA 软件对集输管网进行动态模拟，得出海底管线的安全缓存时间约为 15min，基于该结论指导完成中心三号平台的一键停井设计。

关键词：埕岛油田；中心三号；动态模拟；安全缓存时间；一键停井

1 引言

埕岛中心三号平台是埕岛油田第三座具有油气水处理能力的综合性平台，集中处理其周围 32 个卫星平台的来液。如果中心三号平台由于出现火灾、断电以及外输海底管线泄漏等事故工况，会连锁关断平台海底管线入口的紧急切断阀，此时卫星平台的油气继续流入，会导致海底管线压力持续上升，一旦压力达到卫星平台的最大设计压力（2.5MPa），需要关闭卫星井口，以免对平台设备造成损坏或出现漏油等环境污染事故。在以往设计中，中心平台出现事故后，立刻对中心平台所管辖的油井实现断电操作，关停所有生产油井，但是关井操作会产生一系列的问题，如会对油井电泵绝缘造成极大冲击损害导致油井再无法正常开启，因此从生产方的角度来讲，应尽量避免关井操作。综上，对中心平台故障后的海底管线最大安全缓存时间进行研究，从而给生产方的管理和操作提供数据支持，显得尤为关键。

2 基础数据

2.1 中心三号所辖管网

中心三号平台所辖区域共有四个分支，各卫星平台的油气通过海底管道混输到中心三号平台进入油气处理系统，见图 1。

2.2 原油物性

原油物性见表 1。

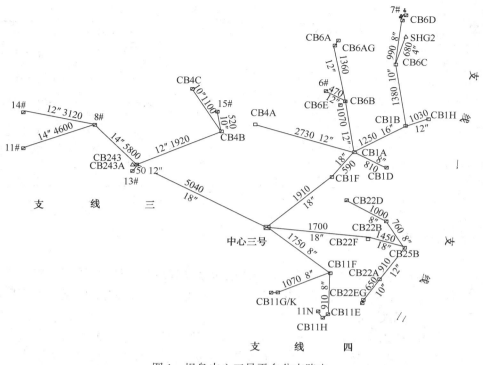

图 1　埕岛中心三号平台分支路由

表 1　中心三号原油物性表

特　性	中心三号	特　性	中心三号
密度（20℃）/（kg/m³）	935.6	沥青质/%	1.5
黏度（50℃）/mPa·s	212.2	含盐量，ω盐/（mg/L）（NaCl）	157
凝固点/℃	-4	含砂，ω砂/%	0.011
析蜡点/℃	29.5	酸值/mg（KOH）	1.34
含蜡/%	11.6	初馏点/℃	66.7
含硫量/%	0.27	馏分（300℃）/%	8.86
含胶/%	26.8		

2.3　天然气物性

中心三号天然气物性见表 2。

表 2　中心三号天然气物性表

区块	相对密度	摩尔百分含量/%										
		CO_2	N_2	C_1	C_2	C_3	iC_4	nC_4	iC_5	nC_5	C_6	C_7
中心三号	0.597	0.625	0.326	94.551	2.506	1.596	0.0312	0.124	0.041	0.023	0.060	0.112

2.4　分平台指标

由于每个平台每年的生产指标都在变化，选取典型年份最大液量年 2017 年数据（见表 3）进行计算。

表 3　各平台 2017 年生产数据指标

名称	CB22EG	CB22A	CB22D	CB22B	CB25B	CB22F	CB1H	CB1D	7#	CB6D	CB6C	CB1B	CB1A	CB1F
液量	4257	360	240	240	360	1813	1790	640	309	674	674	385	384	4546
温度/℃	55	57	50	55	55	53	50	50	50	57	58	59	55	50
含水/%	90	88	88	90	88	82	88	93	91	91	91	93	93	85
汽油比	20	37	19	19	33	30	30	30	30	16	26	21	15	30

名称	CB6A	CB6BE	CB4A	6#	11#	14#	8#	SH2	SH201	13#	CB243	CB4C	15#	CB4B
液量	505	505	1348	1752	899	701	1227	1580	505	674	337	1144	337	899
温度/℃	58	52	59	50	55	50	50	50	48	50	60	50	53	55
含水/%	91	86	91	91	90	90	90	90	64	81	86	92	86	90
汽油比	81	2	63	30	22	25	22	8	22	8	25	20	9	22

3　安全缓冲时间的确定

埕岛中心三号平台所辖管网极其复杂，共包括海底管线 31 条，介质为气液两相流。中心三号平台故障时，海底管线的压力变化是一个动态变化过程，如此庞大的复杂管网的动态工况，根本无法实现人工计算。

目前，常用的多相流计算软件如 PIPEFLO 和 PIPEPHASE 均为静态模拟软件，TLNET 和 TGNET 软件为单相流动态计算软件。能够进行多相流动态计算的软件，主要有 OLGA 和 TACITE 等，但 TACITE 不支持管网的模拟，只能模拟单线连接(Single Link)的情况。因此，在软件选择上，最终确定用 OLGA 软件对中心三号的管网进行动态模拟。

3.1　假设条件

假设一：根据实际的海上油气集输管网，不同油井的产出物的油气比和含水率等均不同，应分别作出对应的流体文件进行模拟；但是由于 OLGA 软件自身限制，要求各平台的流体物性应相同，因此在计算时各平台的取各支线对应的平均气、油、水质量含率。

假设二：假设中心三号平台入口阀门在计算模拟开始后 3600s(60min)后关断，这样使关阀操作前使管线运行状况达到稳定状态。

3.2　计算结果

中心三号所各支线动态压力曲线计算结果见图 2~图 5。

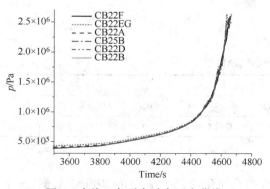

图 2　支线一各平台动态压力曲线

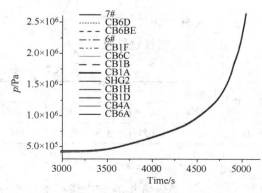

图 3　支线二各平台动态压力曲线

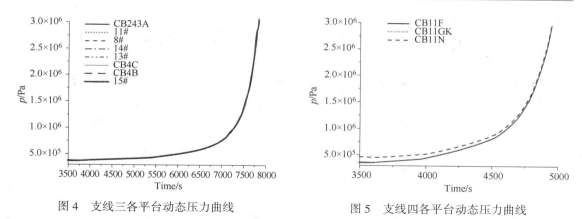

图 4　支线三各平台动态压力曲线　　　　图 5　支线四各平台动态压力曲线

经过计算，支线一中 CB22EG 平台在 4630s 时首先达到 2.5MPa 的极限压力，所用时间为 1030s（17.17min）；支线二中 CB4A 平台在 5022s 时首先达到 2.5MPa，所用时间为 1422s（23.7min）；支线三中 CB243A 平台首先到达 2.5MPa，所用时间为 4141s（69.02min）；支线四中 CB11N 平台首先达到 2.5MPa，所用时间为 1310s（21.83min）。

计算结果表明，发现支线一安全缓存时间最短为 17.17min，支线三安全缓存时间最长为 69.02min。

4　结论及建议

4.1　主要结论

（1）OLGA 软件对于单根多相流管线的动态模拟应用较多，计算结果比较准确，但像中心三号如此复杂的集输管网应用实例很少，准确性用经验很难判断。

（2）计算的基础数据选用的是 2017 年平台的最大液量年数据，如果后期继续有产能的增加，各支线的安全缓冲存时间需要重新核算。

（3）应用 OLGA 计算海底管线最短的安全缓存时间为 17.17min，虽然得到的结果与实际情况有一定的偏差，但是该结果仍然可以为设计提供一定的参考。基于该计算结果，对埕岛中心三号平台的关井设计以下方案：

在埕岛中心三号平台设置五个手动关断卫星平台的操作按钮，一个可以关断所有平台，其余每个支线对应一个关断按钮。中心三号入口紧急切断阀全部关断后，平台开始报警，10min 时开始提示执行一键关井功能，如不操作，12min 时执行一键关断功能，要求在 1.5min 内关停所有生产井的电泵功能，从中心三号入口紧急切断阀关断到关断所有井口的紧急切断阀，总用时不得超过 15min。

（4）在生产管理中，一旦中心三号平台出现故障，需要现场人员做出迅速判断，如果中心平台的事故可以在 10~15min 内解决，就无需对平台进行关井操作，但必须保证平台人员对每个平台的压力变化情况进行密切的检测，如果在该时间内无法排除故障，必须进行关井操作，关井的顺序可以按照支线一、支线二、支线四、支线三进行。

4.2　建议

（1）逐渐积累对多相流混输管网的动态模拟计算经验，对不同的软件压降公式的适用性进行深入研究，选择适用胜利油田的经验关系式。

（2）继续对投产平台的现场数据进行搜集，从而与模拟结果进行对比。及时调整关井时间设置。

（3）加强对平台人员的培训，提高应对的事故的能力，同时做好对突发事故的预防措施及预案。

砼管桩水位变动区防腐施工技术研究

侯艳斌　邵德朋

（中石化胜利建设工程有限公司）

摘要： 21世纪是海洋的世纪，海洋工程建设蓬勃发展，钢筋混凝土是海洋工程最主要的建筑结构材料，其在严酷海洋腐蚀环境下的过早失效日趋普遍化和严重化，给基建安全和国民经济带来巨大的隐患和损失。本文通过桥东油田青东5块新区产能建设地面工程透空式进海路砼管桩防腐工程施工技术的研究，解决了位于水位变动区砼结构的防腐和修复技术，潜存着巨大的开发和应用前景。

关键词： 砼管桩；防腐；技术；研究

1　引言

21世纪是海洋的世纪，海洋工程建设蓬勃发展。钢筋混凝土是海洋工程最主要的建筑结构材料，其在严酷海洋腐蚀环境下的过早失效日趋普遍化和严重化。腐蚀不仅给混凝土结构安全带来重大隐患，而且给国民经济带来巨大损失。有数据表明，2009年我国因腐蚀造成的损失约为7500亿元，其中钢筋混凝土腐蚀损失约2000亿元，沿海地区钢筋混凝土腐蚀损失超过了数百亿元。这既表明了海洋工程钢筋混凝土结构失效日趋普遍化和严重化，给基建安全和国民经济带来巨大的隐患和损失，也表明了我国相关防腐和修复技术仍存在着亟待突破的技术难点和迫需满足的市场切求，潜存着巨大的开发和应用前景。

2　工程概况

桥东油田青东5块新区产能建设地面工程透空式进海路位于东营市东营区莱州湾西部极浅海海域，总长2190m。该进海路所处海域平均水深2.6m，采用直径1200mm长24m、28m的PHC管桩(混凝土强度等级为C80)作为桩基础，3根(错车台处4根)作为1榀，其上浇筑盖梁形成墩台，每榀间距为10m。

根据国内现有大直径高强度PHC管桩锤击沉桩施工的情况看，管桩桩顶往下1~3m范围内容易出现纵向裂缝等质量通病，本工程管桩出现纵向裂缝位置正处于浪溅区及水位变动区，虽然未对结构受力造成不利影响，但将导致管桩钢筋的腐蚀从而给桥梁带来安全隐患，因此对此部位纵向裂缝必须进行必要的防腐处理，以确保透空式管桩结构进海路安全。由于施工时部分部位位于水下，需进行水下作业，如何进行水位变动区混凝土管桩的防腐施工便成了一个技术难题。

3　可行的施工技术方案

目前，国内外多数海洋工程，对水面以上部分进行防腐处理分为表干区及表湿区防腐层施工，施工工艺较成熟，而在浪溅区及水位变动区进行混凝土工程水下防腐施工存在环境恶劣、施工难度大、成本高的特点，施工过程中可参考借鉴类似工程少，针对本工程设计院也没有成熟的设计经验，未出具正式的设计方案及图纸。为解决混凝土管桩水下防腐处理的目的，可采用以下施工技术方案。

（1）传统法——钢套筒围堰法：采用分节钢套筒通过法兰盘连接潜水员配合安装就位于施工管桩处，将钢套筒内水抽干后按通常做法进行桩周砼浇筑完成后拆除模板及护筒围堰。施工方法如图 1 所示：

第1步　钢套筒安装

第2步　围堰排水封底

第3步　桩柱植筋之钢模板

第4步　浇筑混凝土

第5步　拆除模板及钢护筒

图 1　钢套筒围堰法施工方法

（2）采用玻璃布浸透防腐材料在管桩表面缠绕两层，外面再包裹一层抗老化柔性材料（密肋土工格栅）进行防护以抵抗冬季流冰的破坏。

（3）FX-70®水下玻纤套筒加固系统——夹克法。

FX-70®水下墩柱玻纤套筒加固系统，主要应用于对各种腐蚀的结构基础、码头桩基和桥墩柱(包括混凝土桩、钢桩和木桩)等修复和加固防护，以及对新建结构的预先防护。它具有如下特性：

① 防腐性 —— 利用氢酯(HYDRO-ESTER)高分子聚合物，有高强度的防腐蚀作用，可应对海水腐蚀。由于玻纤套筒对化学反应的惰性，可抗各种化学制剂，耐酸、耐碱性。

② 水下施工 —— 由于其对水不敏感，在水下施工仍有超强、紧密的黏结力。特别是可在"水下施工"，而不需要搭建围堰和花费高昂的排水设备，是一套省时、省工、省钱的防腐蚀系统。

③ 耐久性 —— 可抵抗因气候循环所引起的干湿、冷热、冻融等交互作用，及水流、海洋潮汐、废水、电解等持续性或间歇性的腐蚀作用，耐久性特佳。

夹克法施工方案示意图如图2所示：

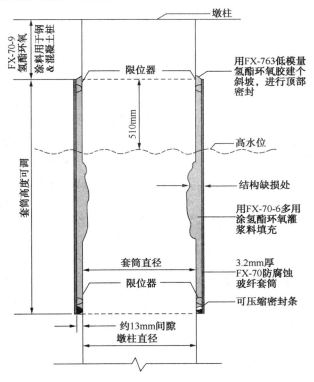

图2 "夹克法"施工方案示意图

(4) 复层矿脂包覆防腐(PTC)技术方案：

目前，该技术在国内主要应用于钢结构防腐，具有表面处理要求低；施工简单，可带水作业；良好密闭性和抗冲击性能，无附加载荷；防腐效果优异，防护寿命长，绿色环保，无毒无污染等优点。

复层矿脂包覆防腐(PTC)技术由四层紧密相连的保护层组成，即矿脂防蚀膏、矿脂防蚀带(宽度20cm)、密封缓冲层和防蚀保护罩。管桩复层矿脂包覆防腐技术结构示意图如图3所示。

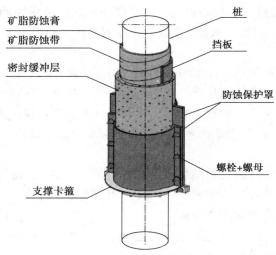

图 3　管桩复层矿脂包覆防腐技术结构示意图

4　施工技术方案比选及确定

该工程为海上施工，施工有效作业时间短，并且该桥已通行，因此采用传统围堰的方法无法满足工期要求，而且得投入大型机械设备，施工工期长、费用高，因此方案(1)首先予以摒弃。

采用方案(2)首先需解决防腐材料的水下涂刷问题，可采用抹刀涂刷和玻璃布浸透等方式进行涂刷作业，由于作业面 PHC 管桩为曲面以及在混浊的海水环境下施工，无法确保将防腐材料很好的涂刷于管桩混凝土表面，即防腐材料无法保证在水下与混凝土面紧密结合，而且采用柔性材料包裹防护其耐久性亦无法得到保证，无法保证施工质量和防腐效果，因此方案(2)不予采用。

方案(3)及方案(4)从技术上和工期上考虑均为可行和高效的施工方案。采用"夹克法"其施工费用约为 1800 元/m^2；采用"PTC"技术进行防腐，其施工费用约为 1500 元/m^2。

综上所述，采用"PTC"技术进行管桩防腐施工，将该法从钢结构防腐应用于混凝土结构防腐领域，无论从技术、工期还是成本等方面均为最优方案。

5　复层矿脂包覆防腐(PTC)技术施工工艺流程

复层矿脂包覆防腐(PTC)技术施工工艺流程见图 4：

图 4　复层矿脂包覆防腐(PTC)技术施工工艺流程图

5.1　施工准备

1) 确定施工部位和方式

确定现场施工范围，标记出具体施工区域。如果有影响施工的突出物，可采用专用工具切除。

2）搭建作业平台

根据施工现场条件和施工位置，搭建作业平台。可以直接使用施工作业船、搭建施工吊篮或脚手架。注意作业平台应安装牢固，便于施工操作，必须保证施工人员的安全。

3）预制防蚀保护罩

根据实际情况计算出防护罩长度，进行防蚀保护罩的预制生产，每个防护罩直径为1.2m 的两个半圆。

5.2　管桩表面覆着物清理

清理管桩表面附着物用铲刀铲除 PHC 桩裂缝处内部及溢出的水泥砂浆浸泡物，用砂纸、电动钢刷打磨 PHC 桩表面，清除附着的海生物及杂质，触摸不拉手，表面水、油污不需要完全清理干净，对于附着牢固的贝类海生物的残留物不应高于 10mm。

5.3　安装卡箍

安装卡箍的目的是为防止防蚀保护罩在自身重力的作用下发生滑脱。

根据要求把卡箍安装到预定位置，并把抱箍上的螺栓拧紧，保证防护罩不会脱落。

5.4　涂抹矿脂防蚀膏

1）涂抹方法

挤出少许矿脂防蚀膏于手掌中间，进行涂抹，重复 5~10 次，使矿脂防蚀膏在结构表面均匀分布。

2）矿脂防蚀膏用量

水面以上只涂抹管桩裂缝宽度为 40cm。水面以下全部涂抹。矿脂防蚀膏用量对于光滑表面约 300g/m²；特别粗糙的表面约 400~500 g/m²。

3）注意事项

施工时，可以带水作业。在海水上涨可浸没的施工区带涂抹矿脂防蚀膏时，应尽量选在低潮时进行，减少水中作业量，如果是低温作业，矿脂防蚀膏使用前需进行加热，再用塑料刮板涂抹，如果是常温作业可直接使用，每次取少量矿脂防蚀膏，使矿脂防蚀膏在 PHC 桩表面均匀分布。对于裂缝处和有空隙的部分一定用矿脂防蚀膏将裂缝和空隙填满抹平。图 5 为涂抹矿脂防蚀膏示意图。

图 5　涂抹矿脂防蚀膏

5.5　缠绕矿脂防蚀带

1）缠绕方法

（1）进行缠绕时起始处首先缠绕两层(重叠)，然后依次搭接 1/2；

（2）缠时稍用力将矿脂防蚀带拉紧铺平，将里面空气压出；

（3）必须保证各处至少缠了两层；

（4）对于垂直结构一般采用由下至上的方式进行缠绕。特别是在平均中潮位以下需要带水作业时，应在水中自上而下涂抹好防蚀膏后，立即自下而上缠绕矿脂防蚀带至无水区。如图 6 所示。

图 6　缠绕矿脂防蚀带

2）注意事项

（1）缠绕时，应用手拉紧、铺平矿脂防蚀带，保证被缠绕处无气泡出现。

（2）保证钢桩各处均有 2 层以上矿脂防蚀带覆盖。必要时可以缠绕 3 层以上。

（3）在水中缠绕的矿脂防蚀带若因海况和其它原因不能立即安装防蚀保护罩时，应用外束缚的方法将矿脂防蚀带固定，以防止海浪和海流冲击脱落。每卷矿脂防蚀带交接处的头尾重叠要求有 150mm 的宽度。

5.6　防蚀保护罩安装

1）防蚀保护罩安装

垂直安装防蚀保护罩(密封缓冲层需提前粘贴在防蚀保护罩内侧)，并同时在防蚀保护罩对接处安装同材质的厚度为 1~2mm 的密封防渗挡板，以防止外部海水自两片防蚀保护罩连接处渗入。最后将两块防蚀保护罩用不锈钢螺栓紧固。

2）防蚀保护罩端部密封

将两个端部用水中固化型环氧树脂填满防蚀保护罩两端并外延 10~20mm，密封防水。

3）注意事项

（1）螺栓紧固时应注意使防蚀保护罩的密封受力均匀，以防止因局部应力过大造成防蚀保护罩的变形和密封边破裂。

（2）环氧树脂填完后外延部分应保持外斜面，以利于溅上的海水及雨水的滑落，避免积水。

（3）防护罩由底向上安装。在安装防护罩时，要对准螺丝洞口的位置，经检查位置正确后，上紧螺丝，螺栓要隔天用专用扳手拧紧，共紧 3 遍。注意螺丝上紧的顺序及扭力矩大小，推荐的最大扭力矩为 28N·m。对接缝处安装挡板，挡板也要涂上矿脂防蚀膏，挡板与防护罩材料相同，以防止安装防护罩时刮破矿脂防蚀带。

5.7　端部密封

在防护罩下端部安装支撑卡箍，防止玻璃钢外壳下滑；并在其缝隙处使用水中固化型环氧树脂密封；防护罩上端部用水中固化型环氧树脂密封。水中固化型环氧树脂的使用方法：环氧树脂和固化剂的比为 1∶1，固化时间为 0.5~1h。

6　结束语

复层矿脂包覆防腐(PTC)技术具有表面处理要求低；施工简单，可带水作业；良好密闭性和抗冲击性能，无附加载荷；防腐效果优异，防护寿命长，绿色环保，无毒无污染等优点。

该技术适应于海洋石油平台、跨海大桥、油港码头、桥梁、海上风电平台、人工岛、水利大坝、燃气管线等钢筋混凝土结构和钢结构设施的防腐修复及保护。采用复层矿脂包覆防腐(PTC)技术对海洋工程浪溅区及水位变动区进行保护，不但能延长其维修周期，节省维修保养费用，而且能大大延长设施的使用寿命，对保护海洋工程设施的安全运行具有重要的经济价值和社会意义。

水位变动区桥梁墩台帽施工研究

邵德朋　侯艳斌

（中石化胜利建设工程有限公司）

摘要： 该施工工艺采用以抱箍法支设系统为主，经过对抱箍支设系统进一步予以改进使用，满足海上施工便利，有可靠的安全保证系统，化水上施工为陆上施工，减少了水上施工作业时间，大大提高工作效率，具有结构轻便、加工制作简单、成本低廉等优点，从而大大降低造价，具有较好的经济效益。

关键词： 抱箍支设系统；海上施工；提高工作效率；降低造价

1　项目概况

桥东油田青东5块新区产能建设工程透空式进海路，桩基础采用直径1200mm的PHC管桩（桩长分别为24m、28m），3根作为一榀，其上现浇墩台帽（盖梁），榀之间安装车行道板，其上浇筑铺装层以及路面结构层，每跨车行道板长10m，路面顶高程为4.0m，桥梁全长2190m。该区域平均海底高程−3.5m，平均水深4m。

盖梁底设计高程为1.6m，盖梁高1.3m，施工处于近海区域，盖梁在高潮位时部分被海水淹没，只能赶潮施工。盖梁施工采用抱箍法支撑系统作为施工平台，同时配以U型反吊筋辅助承载；侧模采用定型钢模板，底模采用竹胶板；钢筋骨架采用在陆地上焊接绑扎成型，后通过船只运输至施工现场进行安装。桥东油田青东5块新区产能建设透空式进海路标准断面图如图1所示。

2　主要研究内容

2.1　工艺原理

抱箍法支撑系统主要由柱箍、牛腿、紧固件及工字钢四部分组成，采用在柱墩顶部偏下一定位置设抱箍，根据柱间距和盖梁结构等重量，选择两根适当型号的工字钢架设在抱箍两侧的牛腿上，作为盖梁模板支撑梁。支撑系统利用在低潮位时暴露出的工作面和工作时间进行安装支设，摆脱了受地形影响和水下施工所带来的施工困难。

盖梁侧模采用定型钢模板并在驳船甲板上进行拼装，钢筋骨架在陆地上焊接绑扎成型，侧模及钢筋骨架现场均采用起重船进行安装，减少了水上作业时间，极大消除了海上风浪多等不利天气对施工的影响，大大加快了施工进度。

2.2　施工工艺流程

水位变动区桥梁墩台帽（盖梁）施工工艺流程如图2所示。

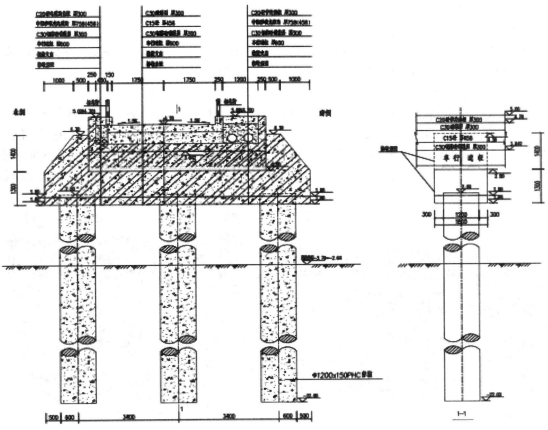

图 1　桥东油田青东 5 块新区产能建设透空式进海路标准断面图

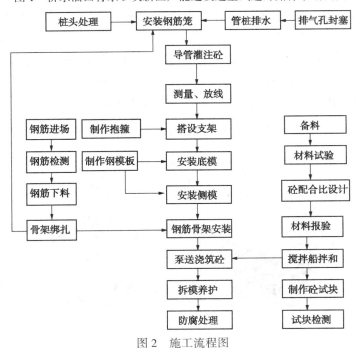

图 2　施工流程图

　　　　　　　　海洋石油工程技术论文(第六集)

2.3　操作要点

1）桩头处理

管桩插打完成后，对管桩高程、中心位置、垂直度及桩身质量进行检查，并做好记录。对高于设计高程的进行截桩(图3)，对低于设计高程的进行接桩。

2）浇筑管桩内砼

浇筑管桩内砼前，先将存水用潜水泵抽干，下吊篮由人工进至管桩内，用钢丝刷清理内壁浮浆，并涂刷水泥浆。再将加工好的钢筋骨架通过陆运及驳运至施工现场，利用起重船把钢筋骨架垂直吊入管桩内并采取固定措施。再将导管至管桩内，导管底部距管桩内泥面不大于2m，导管由吊车悬吊，根据桩内砼浇筑量，慢慢提高，直至管桩顶。砼采用砼搅拌船拌和，泵送至导管内。管桩砼浇筑过程如图4所示。

图3　截桩施工图　　　　　　　　　图4　管桩砼浇筑过程

3）抱箍支设系统施工

盖梁支撑采用钢制抱箍，根据工期安排确定抱箍数量，底模采用竹胶板并一次性使用。侧模采用定制钢模，便于安装拆除。

支撑系统(图6)主要由柱箍、牛腿、紧固件及工字钢四部分组成，采用在柱墩顶部偏下一定位置安设抱箍，根据柱间距和盖梁结构等质量，本工程选择两根I40c的工字钢架设在抱箍两侧的牛腿上，作为盖梁模板支撑梁。图5为安装抱箍示意图。

图5　安装抱箍

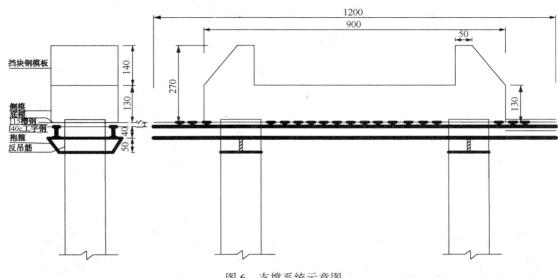

图 6　支撑系统示意图

（1）柱箍采用 A3 钢，厚度 1.2cm，高度 60cm，考虑到安装方便，分两片拼装，抱箍内用万能胶粘贴 3mm 厚的橡胶垫。牛腿及紧固件尺寸见附图，每个紧固处设连接螺栓 1 排共 5 个，采用 M24 高强螺栓连接。

（2）计算好柱箍安放高度，在立柱上作记号。将柱箍在船上试拼装好，紧固件螺栓略松，再用吊车将柱箍顺立柱顶部向下安放到位。在紧固连接螺栓时，要两侧交替对称施加预紧力，以免不对称紧固引起部分螺栓不能充分发挥效力降低抱箍与立柱间的摩擦力。

（3）沿盖梁方向设置 12m 长 I40c 工字钢，立柱每侧各 1 根，作承重使用，工字钢紧贴立柱，牛腿剩余位置可铺设木板作施工平台使用，但不得承受其他机械质量。为防止工字钢侧向倾覆，工字钢与抱箍之间采用卡槽固定。

（4）在 I40c 工字钢其上横向铺设一层 3m 长［15 槽钢（或 15×15cm 方木），间距为 20cm，作为横梁。利用铁丝绑扎在工字钢上，以免施工过程中被风浪破坏。

（5）在高潮位时，抱箍整体被海水淹没致其握裹力下降，为了保持其承载力，在每个抱箍处设置 U 型反吊筋以加强承载作用，反吊筋采用螺纹 25mm 的钢筋，并在桩顶两侧受剪处各增加 1 根长 30cm 螺纹 25mm 的钢筋与反吊筋双面焊在一起。在抱箍上预留贯通口穿入反吊筋，端部采用 2 个 M24 螺栓帽拧紧并进行焊接。

4）支立模板

待方木或槽钢铺设完成后，进行底模施工，盖梁底模采用一次性竹胶板，利用 GPS 放样盖梁平面位置，做好标记，再安装侧模，侧模采用定型钢模板，模板及其加固件均由驳船运至施工位置，并由起重船吊模安装就位。

5）钢筋运输及安装

钢筋在项目部焊接绑扎成钢筋骨架后，通过陆运、海运至施工现场，待侧模安装完成后，进行钢筋安装，由起重船吊模安装就位。钢筋安装过程如图 7 所示。

6）浇筑盖梁砼

（1）砼拌和：盖梁砼采用砼搅拌船拌和，泵送直接进行浇筑。各种原材料均通过陆运和

海洋石油工程技术论文（第六集）

海运至施工现场。在施工中搅拌船布置在迎浪侧，以减少风浪对盖梁施工的影响。

盖梁采用 C50F300 砼，砼拌和应严格按设计配合比施工，混凝土配比原材采取电子计量，施工时严格控制砼的水灰比。

（2）砼浇筑：盖梁砼采取分层连续浇筑的方式，每层厚 30~40cm，插入式振捣器振动，混凝土振捣要密实，不得有过振、漏振现象，每层混凝土的间歇时间不宜大于 1h。浇筑混凝土期间，要设专人观察检查，发现支架及模板有松动时，及时停止施工进行处理，确保施工人员安全。图 8 为盖梁砼浇筑过程。图 9 为浇筑后的盖梁。

图 7　钢筋安装过程

图 8　盖梁砼浇筑过程

7）拆模养护

待砼达到一定强度后，拆除侧模，喷涂养护剂养生。待混凝土达到设计强度后，松动反吊筋及抱箍螺栓，下移 10cm 左右，抽出工字钢及横担，抱箍采用钢钩反吊在盖梁上，两侧同步松动螺栓，拆除底模，并及时喷涂养护剂养生。拆模采用的起重船布置在盖梁的背浪侧，防止在拆除过程中对成品的损坏。图 10 为拆除底模过程。

图 9　浇筑完成后的盖梁

图 10　拆除底模过程

8）钢筋加工

（1）盖梁钢筋在项目部生活区钢筋加工场地集中下料、加工，为缩短海上施工作业时间，盖梁钢筋在钢筋加工场地直接绑扎成钢筋骨架，钢筋骨架尺寸及绑扎、焊接均应符合设计及规范要求。

（2）钢筋骨架绑扎完成后，采用三点吊装法将钢筋骨架吊放在拖盘车上，吊装时要轻起轻放，并下垫方木，支垫位置不少于 3 处，以防钢筋骨架发生过大变形。由拖盘运输至广利港北岸码头，装船海运至施工现场安装。

（3）待底模安装调整完成后，利用起重船将盖梁钢筋骨架吊装就位，再将管桩内预留的钢筋骨架连接筋按设计或规范进行调整。

3 质量控制

3.1 质量标准

（1）《水运工程质量检验标准》（JTS257—2008）；

（2）《水运工程混凝土施工规范》（JTS202—2011）。

3.2 施工操作及质量保证措施

1）测量控制点

利用 GPS 及水准仪配合，对成品合格桩测定高程、坐标；测量时按照规范操作，保持测量杆位置精确，保持水平，确保数据准确；每根桩至少测量 2 次。

2）桩头处理控制点

如高程在 2.0~2.1m 之内，并且 3 根桩保持同一水平点（误差在 5cm 内），可以直接施工；如出现高于设计高程，需截桩处理。如出现低于设计高程，及时与项目部沟通，制定处理方案。截桩时，先利用切割锯在标记位置割 5cm 左右深缝，再进行上部施工，以免造成桩身破裂。

3）灌桩

先用自吸泵排出管桩内积水，安装钢筋笼网，确保锚筋长度不小于 70cm，然后浇筑混凝土，在上部钢筋部分进行振捣；如排出后不能及时浇筑混凝土，超过 3h 的，浇筑前需重新排水处理。如遇见管桩排水排不出等异常情况，停止施工，施工人员及时向项目部汇报情况。

4）支设抱箍

（1）根据从底模至抱箍之间所用工字钢及槽钢高度，计算出抱箍安装位置，施工技术员负责放线，并做好标记。在施工过程中负责校核位置，避免出现偏差。

（2）安装抱箍：检验抱箍的质量，除锈、粘贴橡胶垫等准备工作，现场 2 片拼接成整体（保持螺栓预留长度，并加固确保抱箍整体性，防止松动），螺栓孔处加固后，利用吊机或挖掘机自桩头套至安装位置，或利用倒链放在指定位置拼接、安装。

（3）位置控制：抱箍安装时，要保持 2 个抱箍的牛腿沿 3 根轴线在一同直线上。在安装抱箍前，利用长 8m 左右直杆放置 3 根桩轴线位置，标记处两侧桩的垂直位置（此位置为牛腿位置）。施工队伍可以利用其他方法，但一定控制好牛腿位置，避免 2 个抱箍牛腿偏离过大，并桩有偏离，造成其上工字钢无法放置。

（4）安装时，安装抱箍预留的螺栓孔全部拧紧螺栓，人工尽可能的拧紧螺栓，检查是否与管桩完全接触，预留间隙是否小于抱箍预留宽度，如符合以上要求，反复锤击箍身，再进行拧螺栓，直至达到要求为止。

（5）吊筋制作安装：利用螺纹 25mm 钢筋弯曲成 U 形，悬挂在桩头上，两侧插入抱箍牛腿位置，利用 M24 高螺栓连接，确保螺栓牢固。并在桩头边缘弯曲部分，钢筋受剪位置，双面焊接加强筋长 300mm（加工成 L 型），螺栓与钢筋焊接时，焊接长度不小于 7.5d，采用双面焊。

（6）底模安装：在底模竹胶板铺设前，先由施工人员测定盖梁平面位置，放样后，再进行铺设。底模要加固处理，缝隙利用胶带封死，防止高潮位时，海水进入。如在测量放样过程中，出现管桩偏离过大等问题，停止施工，立即向项目总工反映情况，待确定处理方案后再进行施工。

（7）安装侧模：在安装前，对钢侧模涂刷脱膜剂，保持模板洁净，检验模板的平整度等，尺寸是否符合设计要求，如有变形提前整形处理，不得安装完成后，再进行整形处理。在安装过程中，侧模加固要牢固，包括侧模与侧模之间，侧模与底模之间；完成需多次检查加固点是否全部拧紧。侧模与底模之间缝隙利用胶带处理，封闭严实，防止海水进入。

（8）钢筋骨架安装：钢筋在运输过程中，轻吊轻放，避免压载，防止钢筋骨架产生变形。在侧模安装之前，先进行底模处钢筋网片绑扎、焊接，其下布设垫块。在侧模安装完成后，再进行盖梁钢筋骨架安装，安装时，确保四周保护层厚度符合设计要求，同时埋置挡块钢筋及支座垫石钢筋。

（9）浇筑混凝土：浇筑混凝土之前，需严格遵守报检程序，经检验合格后方可进行。浇筑过程中，分层浇筑，加强振捣，避免产生漏振。

（10）挡块施工：在盖梁达到初凝后，进行挡块钢筋绑扎，经施工人员检验合格后进行钢模板支设并浇筑混凝土。

（11）拆模：待挡块混凝土达到初凝后，利用吊车配合拆除挡块模板及侧模。盖梁混凝土达到设计要求规定后进行底模拆除，底模拆除时，先松动抱箍上的吊筋螺栓，至抱箍慢慢松动下移，抽出其上工字钢及槽钢，最后拆除抱箍。

4　安全措施

（1）所有人员都必须具有海上施工操作证、具有海上逃生、救生经验。

（2）编制海上施工应急预案，相关人员进行海上应急培训。

（3）设专人收听天气预报，作好天气预报记录。遇有风暴潮，要及时做好安排，将全体参战人员、设备撤离至安全地带。

（4）码头位置设专人对上下船人员进行登记，并检查进入现场的所有人员是否统一着装、穿戴劳保服、救生服，佩带安全帽。

（5）施工现场配备安全用具，如救生衣、救生艇、救生圈、安全帽。救生艇 24h 巡逻，所有人员必须 2 人以上行动，便于发生落水事故后及时报警。

（6）作业人员严格按操作规程施工，不得违章作业。

5　环保措施

（1）严格遵守《中华人民共和国海洋环境保护法》，严格执行国家关于海洋环境保护的各项规定。

（2）督促施工船编制环保实施细则和操作规程，制定环保预警和应急救援预案，并指定专人负责环保工作的实施。

（3）项目经理部所属施工船舶须采取有效措施，集中油污、污水并妥善处理，严防油污、污水泄露到施工水域中。加燃、润油时做好全过程的管理，做好溢油事故的应急处理方案。

（4）在施工水域和生活区的垃圾，应放置到专用垃圾袋、箱内，联系当地环保部门定期妥善处理。

（5）积极配合当地海洋环保部门的工作，做好当地海洋环保部门要求的其它工作。

6 效益分析

水位变动区桥梁墩台帽施工在胜利油田尚属首次，通过抱箍承载力试验，掌握该特殊环境下的施工工艺参数及流程，很好地解决了水位变动区恶劣施工环境下的墩台帽施工难题。同时在本工法的应用过程中，可以多个作业面同时施工，大大提高了工作效率，缩短了施工工期，从而节约了大量工程成本。对今后这一工艺推广提供了基础数据及经验借鉴，也有利于提高本单位滩浅海海域专业施工水平，拓宽施工领域，增强参与市场竞争的能力，为公司今后站稳滩浅海区域施工市场打下坚实的基础，也将产生显著的社会效益。

7 应用实例

水位变动区桥梁墩台帽施工通过中国石化胜利油田石油开发中心桥东油田青东5区块透空式管桩结构进海路工程得到了充分的应用实践，整个透空段220架盖梁均采用了该施工工艺，不仅克服了水位变动区桥梁墩台帽施工过程中的种种条件限制，同时也加快了施工进度，节约了工程成本，取得良好的经济及社会效益，同时被证明是一种非常值得推广的一种新型施工工艺。

参 考 文 献

1 张永民，战启芳．公路桥现浇盖梁的包箍托架法施工技术[J]，国防交通工程与技术，2004，2(3)：46～48.

2 黄雄军．桥梁盖梁抱箍法施工技术[J]，西部探矿工程，2005，48(1)：41～43.

3 苏年就．双圆柱式盖梁钢抱箍支架施工[J]，广东公路交通，2004，22(6)：254～258.

4 马仁波，王建，丰效丽．柱墩盖梁施工支撑方法的探讨[J]，山东交通学院学报，2005，1(18)：132～133.

浅谈滩浅海水下不分散片石砼基础施工

卢显辉 王庆霞

(中石化胜利工程建设有限公司)

摘要：本文介绍了滩浅海水下不分散片石砼基础施工工艺，通过对水下不分散混凝土的性能，施工模板加工制作及施工方法、质量控制上的研究，为以后类似工程提供成功经验。

关键词：水下不分散混凝土；整体定型钢模板；施工工艺；质量控制

1　前言

近年来胜利油田逐渐加大滩海区域的开发力度，由于滩海环境地势平坦，受水深限制，采用"进海路+海油陆采平台"开发模式，首先修筑进海路，然后以进海路为依托修筑海油陆采平台，通过海油陆采方式降低勘探开发成本。

2　项目概况

桥东油田青东 5 块新区产能建设地面工程属于胜利油田管理局产能建设重点工程，由 2.6km 滩涂道路、3.58km 实体式进海路和 2.17km 透空式进海路与海油陆采平台连接。其中实体式进海路施工区域海底高程-1.30～-2.50m，如用以往进海路的设计方案，即抛石防护及路基、桩板组合路堤等结构，不仅其工程造价较高，且后期防护维修频繁，后期维护费用也较高，因此我们结合胜利油田设计咨询有限责任公司，采用基床抛石上浇筑水下不分散砼砌片石基础作为路基，南侧基础宽 3.5m，北侧基础宽 3.7m，厚度为 1.4～2.8m，其不仅整体稳定性好，工程造价较低，且该结构不需进行过多防护，后期基本不需进行维护。图 1 为桥东油田青东 5 块新区产能建设地面工程实体式进海路横断面图。

3　主要研究内容

3.1　工艺原理

水下不分散砼砌片石基础施工工艺原理主要是借鉴传统的陆上浇筑片石混凝土基础工艺流程，同时结合海上施工这一特殊条件，克服潮汐、风浪的影响，把水下支设模板作为重点环节进行研究，首先是进行基床抛石，然后根据抛石粗平后水下支模的不确定因素，加工制作模板。施工船机到达指定区域后，利用 GPS 定位系统测出道路中心线及模板支设边缘线，然后进行模板的支设，最后进行水下不分散砼的浇筑、养护。图 2 为水下不分散砼砌片石基础施工流程图。

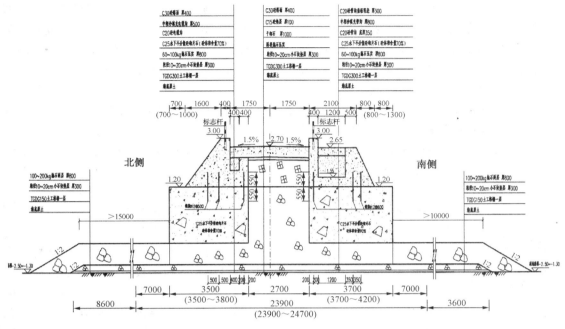

图1　桥东油田青东5块新区产能建设地面工程实体式进海路横断面图

3.2　施工工艺流程

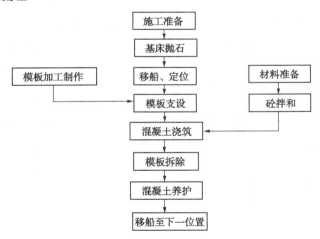

图2　水下不分散砼砌片石基础施工流程图

3.3　操作要点

1）基床抛石

基床抛石为60~100kg片石，其上抛填级配石灌缝，片石及级配石通过大型石料船海运附近深海区，利用倒驳船倒至施工现场，卸至抛石围堰外侧，再用挖掘机进行二次倒运至基床内。

抛填完成后，再利用低潮位，采用挖掘机进行水下粗平，碾压密实。由于抛石在水下整平，施工难度大，其机械碾压不少于8遍，尽量减少混凝土渗漏。

2）模板制作加工

（1）模板选用：滩浅海海域受潮汐、暗涌、风浪的影响，如采用竹胶板模板和组合定型钢模板，只能在低潮位时进行模板的拼装和拆卸，施工有效作业时间非常有限，造成施工工效大幅降低，在拼装和拆卸过程中工序繁琐，操作难度大，且在浇筑时容易出现跑模、漏浆等现象，混凝土外观成型较差，工程质量难以保证，同时施工工人在水中操作时间较长，存在一定的安全隐患。

因此模板选用整体定型钢模板，在陆上加工完成后，直接起吊至施工地点进行安装，有效的解决了作业时间短、施工工效低、操作难度大、质量安全难以保证等问题。

（2）模板制作：钢模板的选材下料时除考虑正常混凝土施工侧压力外，还应考虑海域高潮位水位，暗涌及 6 级风力下水流波浪等荷载影响，防止施工过程中模板变形，及遇较大风浪时模板的损坏。

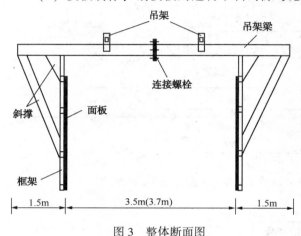

图 3　整体断面图

制作时根据设计尺寸要求，定制大型整体定型钢模板，加工时所有钢材材质采用 Q235B，面板钢板厚度为 6mm，框架采用[10 槽钢，斜撑采用 [12 槽钢，吊架梁采用[25 槽钢，连接螺栓采用 M16，钻孔 17.5mm，面板钢板与框架间可采用间断焊接，吊架焊缝为满焊，焊后变形应矫正，每块按 2.5m 为一单元制作，然后拼装成整体，整体宽度分 3.5m 和 3.7m 两种，整体定型钢模板净重约 2.5t，钢模表面进行抛丸除锈 2.5 级，涂醇酸防锈漆 1 度。简图如图 3、图 4 所示：

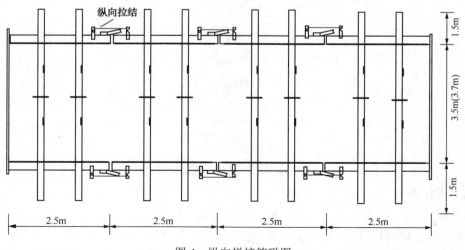

图 4　纵向拼接俯瞰图

该整体定型模板（图 5）的研究制作，主要是为了解决了在水下施工时水下抛石不平整，支模难度大的问题，保证了混凝体成型后的外观线型，从而有效的提高了施工质量，同时大幅减少了工人在水中施工的时间，消除了安全隐患。

（3）模板下料：整体定型钢模板的下料套数，可根据工程实际确定。

3）移船定位

（1）移船：根据拌合船自带输送泵自转幅度，将拌合船移至施工区域指定位置。

（2）放线定位：在基床抛石上，利用 GPS 定位系统，设拟建道路中心桩，且在垂直中心线横向位置，测出模板内侧边线。

4）模板支设

根据设计图纸定制每 2.5m 一块的定型钢模，用起重船吊运，GPS 放线确定每 10m 路由中心线位置，相邻钢模间采用拉结固定成整体。由于混凝土下承层为抛石，水下整平无法达到直接支设模板要求，支模时出现高低不平现象，纵向模板间出现的三角型缺口采用竹胶板填堵，底部空隙采用土工布铺设堵塞，防止大量漏浆。模板放线支设如图 6 所示。

图 5　整体定型钢模板图　　　　　　图 6　模板放线支设

5）水下不分散混凝土浇筑

（1）水下不分散砼的主要性能：水下不分散砼是在普通混凝土配比中掺加 UWB-Ⅱ 水下絮凝剂，使混凝土具有良好的水中抗分散性，在水中落下时不分散、不离析，水泥很少流失，不污染环境；且具有良好的流动性，水中浇注能自流平、自密实，无需震捣；水下不分散砼坍落度可达 18~24cm，不泌水，不离析。

（2）配比要求：本项目水下不分散混凝土强度等级设计要求为 C25F250，为了满足设计强度、极佳的流动性能、抗分散性能及施工方便，配合比设计按东营胜利建筑工程材料质量检测有限责任公司出具的混凝土配合比检测报告施工，其原材料要求如表 1：

表 1　原材料要求一览表

材料名称	水泥	砂	碎石	水	外加剂 1	外加剂 2
单位用量/（kg/m³）	524	640	1000	220	10.48	15.72
材料规格	PO42.5R	河砂	5~30mm	自来水	AE-200 引气剂	UWB-Ⅱ 水下絮凝剂
技术条件	1. 水灰比或水胶比：0.42； 2. 坍落度：220mm； 3. 砂率：39%					
说明	1. 配合比以书面形式通知搅拌船操作人员，并进行技术交底。 2. 施工时应测使用材料含水率，并及时调整配比					

（3）材料准备：砂石料采用大型料船运深海区，再驳船倒运至施工现场存料船上，散装

图 7　原材料准备

水泥罐车陆运至码头，压入散装水泥船海运至现场，存料船和散装水泥船停靠在大型专业搅拌船一侧，絮凝剂、引气剂、钢筋等采用陆运至码头，淡水由运水船从码头运至施工现场搅拌船上存放备用，如图 7 所示。

（4）砼拌合浇筑：采用大型专业砼搅拌船拌合，拌合能力为 100m³/h，砼搅拌后泵送至钢模内直接浇筑，南北两侧同时分层浇筑。先浇筑 30~50cm 水下不分散砼一层，然后用挖掘机配合人工添加片石；片石必须均匀摆放，确保片石之间保留 10~15cm 空隙，添加时不

得带有杂物、淤泥等，然后浇筑第二层水下不分散砼，当砼盖过片石后再摆放第二层片石，依次循环，直至达到设计高程。若在浇筑过程中潮水没过正在浇筑的高程面，应将导管插入砼内 10cm 浇筑，不得从空中直接浇筑到水面上。图 8 为水下不分散砼浇筑示图。

图 8　水下不分散砼浇筑

（5）试块制作：评定混凝土强度的试件，采用 150mm×150mm×150mm 试模，在混凝土浇筑地点随机取样制作，保证砼浇注质量的跟踪，如图 9 所示。

图 9　试块制作

　6）模板拆除

　　待水下不分散砼砌片石基础成型后，可整体拆装移位，然后用人工配合起重船吊装至下一指定地点安装，依次循环，操作简单，有效的提高了劳动生产率，大幅减少了工人在水中施工的时间，消除了安全隐患，如图 10 所示。

图 10　模板拆除

　7）砼养护

　　为防止不分散砼硬化过程中受动水、波浪等冲刷造成的水泥浆流失及混凝土被淘空，必须进行养护，低潮位时对于暴露在空气中的混凝土，进行与普通混凝土相同的养护。

4　质量控制措施

　　（1）对混凝土原材料进行严格控制，水泥采用不低于 R42.5 普通硅酸盐水泥进场后，必须有厂家检验报告，另外，必须按规定进行抽样试验，合格后方准使用。粗骨料中不得混入煅烧过得石灰石、白云石块或大于 1.25mm 的黏土团块，骨料颗粒表面不宜附有粘土薄膜。

　　（2）水下不分散混凝土及抗冻混凝土按照设计及相关规范要求，配合比设计由有资质的土建试验室进行，并出具配比单。

　　（3）严格控制外加剂的掺量，经常测定砂、石含水率，尤其是雨天，以便及时调整配比。水下不分散砼按照设计要求，拌和时先干拌 1min，再湿拌 3min，坍落度要求达到 18cm 以上。

　　（4）模板应在陆上加工组装牢固，水下安装时考虑水流、波浪的影响，特别是两端的横向模板，必要时应增荷加压，确保稳定。

5　效益分析

5.1　经济效益分析

　　水下不分散砼砌片石基础采用整体定型钢模板，大型拌合船施工后，其每天完成南北双侧 40m，全长 2000m，仅用日历天数 60d 全部完成，比计划工期 3 个月 90 日历天提前 30d 完成，大大的提高了施工工效。

采用水下不分散片石砼基础结构比传统抛石路基结构，大大的减少了路基两侧的防护结构，且传统抛石防护结构的后期维护费用较高，每年约需 30~50 万元，而水下不分散片石砼基础结构后期不需防护维修，大大节省了投资。

5.2　社会效益

水下不分散砼砌片石基础采用特制的整体定型钢模板施工在胜利油田属于首次，目前可参考的同类工程和技术很少。该施工工艺的顺利实施，解决了在水下施工时水下抛石不平整，支模难度大的问题，保证了混凝体成型后的外观线型，从而有效的提高了施工质量，同时大幅减少了工人在水中施工的时间，消除了安全隐患。特别是整体定型钢模板已申请国家实用新型专利，进一步提高了我公司在海上施工能力，赢得更好的社会效益。

参 考 文 献

1　左志刚．水下不分散混凝土配合比设计．港工技术，2010，6
2　陈少东．水下不分散混凝土施工技术．城市建设力量研究，2011，11

激光式露点仪在天然气终端处理装置上的应用

只伟　张晓

(中海石油(中国)有限公司天津分公司)

摘要： 本文根据激光式露点仪在天然气处理终端的应用，通过对比露点温度的不同测量原理，提出激光式露点仪在天然气测量方面的优势。激光式露点仪通过光电探测器测量激光强度，能够利用损失的激光与射入光之间的相互关系对水的分压进行直接测量。由于天然气终端装置中的露点测量本身具有一定的工艺特殊性。激光式露点仪的出现解决了传统方式露点仪在天然气测量时所带给用户的困扰。

关键词： 激光式露点仪；微量水分；吸收频率；分压；二级取样处理系统；软件

1　测量天然气中水份含量的定义

露点温度(Dew Temperature)指空气在水汽含量和气压都不改变的条件下，冷却到饱和时的温度。形象地说，就是空气中的水蒸气变为露珠时候的温度叫露点温度。露点温度本是个温度值，但常用其表示湿度值，这是因为，当空气中水汽已达到饱和时，气温与露点温度相同；当水汽未达到饱和时，气温一定高于露点温度。所以露点与气温的差值可以表示空气中的水汽距离饱和的程度。露点仪就是指能直接测出露点温度的仪器。

天然气一种燃料，水分会降低天然气的热值，同时水分是有质量的，会增加天然气运输及压缩成本。水分含量高了会引起腐蚀，与 H_2S，CO_2 结合形成酸，腐蚀管道，增加维护成本及安全风险。

在低温状态下水分凝结结冰，而在高压下水分和甲烷会结合形一种类似固态冰的水合物，会堵住或损坏管道或阀门。

当高压天然气膨胀降压时，如果水份含量高会出现结冰冻，天然气每降 1000kPa（2.1°F/100Psi），温度会降 5.6℃。

因此有必要精确、快速、安全可靠地测量天然气中水分含量(露点)。

2　常用露点测量方式

目前来讲，常用的露点测量方式主要有以下几种：

2.1　镜面式露点仪

不同水分含量的气体在不同温度下的镜面上会结露。采用光电检测技术，检测出露层并测量结露时的温度，直接显示露点。镜面制冷的方法有：半导体制冷、液氮制冷和高压空气制冷。镜面式露点仪采用的是直接测量方法，在保证检露准确、镜面制冷高效率和精密测量结露温度前提下，该种露点仪可作为标准露点仪使用。目前国际上最高精度达到±0.1℃（露点温度），一般精度可达到±0.5℃以内。

由于镜面式露点仪是目前精度最好的测量方式，因此一般被用于实验室作为校验标准。

2.2　电传感器式露点仪

采用亲水性材料或憎水性材料作为介质，构成电容或电阻，在含水分的气体流经后，介电常数或电导率发生相应变化，测出当时的电容值或电阻值，就能知道当时的气体水分含量。建立在露点单位制上设计的该类传感器，构成了电传感器式露点仪。目前国际上最高精度达到±1.0℃（露点温度），一般精度可达到±3℃以内。

2.3　电介法露点仪

利用五氧化二磷等材料吸湿后分解成极性分子，从而在电极上积累电荷的特性，设计出建立在绝对含湿量单位制上的电解法微水仪。目前国际上最高精度达到±1.0℃（露点温度），一般精度可达到±3℃以内。

2.4　晶体振荡式露点仪

利用晶体沾湿后振荡频率改变的特性，可以设计晶体振荡式露点仪。这是一项较新的技术，目前尚处于不十分成熟的阶段。国外有相关产品，但精度较差且成本很高。

2.5　红外露点仪

利用气体中的水分对红外光谱吸收的特性，可以设计红外式露点仪。目前该仪器很难测到低露点，主要是红外探测器的峰值探测率还不能达到微量水吸收的量级，还有气体中其他成分含量对红外光谱吸收的干扰。但这是一项很新的技术，对于环境气体水分含量的非接触式在线监测具有重要的意义。

2.6　半导体传感器露点仪

每个水分子都具有其自然振动频率，当它进入半导体晶格的空隙时，就和受到充电激励的晶格产生共振，其共振频率与水的摩尔数成正比。水分子的共振能使半导体结放出自由电子，从而使晶格的导电率增大，阻抗减小。利用这一特性设计的半导体露点仪可测到-100℃露点的微量水分。

3　激光式露点仪测量原理

3.1　背景

随着现代科学技术的发展，人们纷纷把光电技术、新材料技术、红外技术、微波技术、微电子技术、光纤技术、声波技术甚至纳米技术应用到气体中水分的测量，使水份测量这一古老领域焕发出青春。

美国一些公司凭着自己多年的行业经验与先进技术，采用可调谐二极管激光吸收光谱技术（TDLAS），成功开发出了一种目前应用成熟、技术先进的天然气水分测量方法：激光式露点仪 AURORA。

可调谐二极管激光吸收光谱技术（TDLAS）天然气水分分析仪是一种用于持续监控（在线）天然气中水分含量的系统，它本质上测量的水汽（气态水）分压。由于同时测量压力和温度，所以该露点仪可以提供天然气参数中的所有常用水分参数。包括：

① 百万分体积比，ppm；

② 绝对湿度，即每百万标准立方英尺的磅数(ibs/mmscf)或者每立方米的毫克数(mg/m^3)；

③ 露点温度，℃或℉；

④ 压力露点，℃或℉。

3.2　测量原理

基本水汽压的测量都是给予比尔．朗伯定律：

$$A = \ln(I/I_o) = S \times L \times N$$

式中　A——吸收率；

I_o——入射光强度；

I——通过样气传输后的光强度；

S——吸收系数*；

L——吸收光程长度(常数)；

N——水汽浓度(与水的分压和总压力之比直接相关)。

* 对于处于给定压力和温度下的特定气体组成而言，吸收系数为一个常数。

在某些特定频率下，水分子将吸收光能，而在其他频率下，气体实际上是透明的，如图1所示。在给定吸收频率下限，随着水汽浓度的增加，吸收能量也将增加。TDLAS 激光器采用的是近红外光谱中那个某一窄频带的二极管激光器，该激光器在高频率下调幅。激光式露点仪通过光电探测器测量激光强度，能够利用损失的激光与射入光之间的相互关系对水的分压进行直接测量。

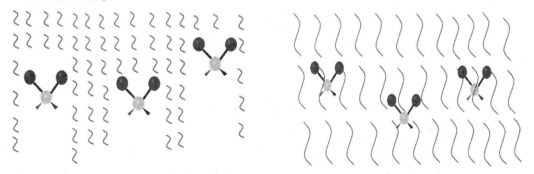

一定波长的红外光被水分子吸收　　　　　　其他波长激光的能量不被水分子吸收

图1　特定频率下光能量被水分子吸收示意图

3.3　传感器结构

激光式露点仪传感器结构图如图2所示，激光穿过特殊玻璃制成的光学窗口然后被镀金反光镜反射，然后再返回到窗口中，被窗口处的光源探测器捕获。由于只有光线接触过程气体，且其它所有连接部件均由惰性材料制成，因此该技术不会出现使用基于传感器技术的露点仪所发生的偏差问题。

4　激光式露点仪在天然气开发工程中的应用

天然气的烃露点和水露点随温度、压力变化曲线图如图3所示：

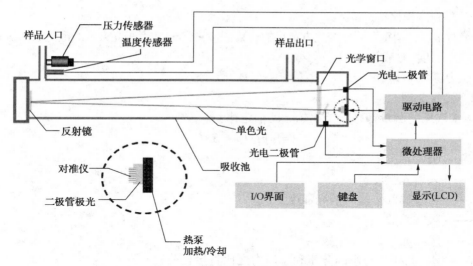

图2　激光式露点仪传感器结构图

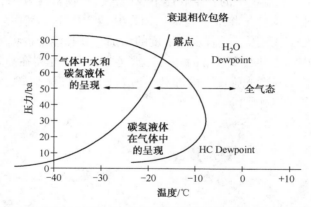

图3　天然气中的烃露点和水露点随温度、压力变化曲线图

4.1　激光式露点仪在天然气露点测量中的优势

4.1.1　天然气的露点测量必须准确

由于天然气终端装置中的露点测量本身具有一定的工艺特殊性。激光式露点仪的出现完全解决了传统方式露点仪在天然气测量时所带给用户的困扰。

激光式露点仪在测量过程中，只有激光才与天然气样品接触，因此对天然气中所含的 H_2S、CO_2、乙二醇、或其他污染物等均不敏感。

同时根据上述高精度测量原理与测量技术，导致了激光式露点仪具有非常高的测量精度。其测量精度为测量读数的±2%，或4ppmv。测量精度与水分含量对比图如图4所示。

4.1.2　天然气的露点测量必须有快速的反应

基于激光的测量系统可提供非常快速的响应，光响应时间小于2s。一旦吹扫样品池，系统就能在1s之内做出响应。该系统能够立即检测天然气脱水系统中的水分异常。一旦采取了纠正措施后，激光式露点仪能做出最为迅速的响应，确保天然气符合合同供气要求。以Aurora型激光式露点仪为例，其测量水分含量的反映速度与其它测量原理的露点仪对比如图5所示。

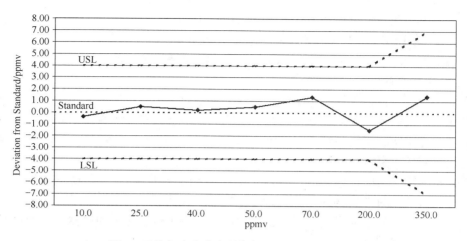

图4 天然气中水分含量与仪器测量精度关系图

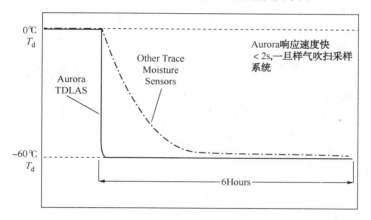

图5 不同测量原理的仪器对水分变化的响应速度对比图

4.1.3 天然气的露点测量必须安全可靠

（1）防爆等级：

Ⅰ级，1区，C和D组：

TEX 和 IEC Ex：

Ex de IIB T6 −20～+65℃；

带有增安型阻火隔离室。

（2）防护等级：

IP66 或 NEMA4X。

（3）只有低功率激光才与天然气样品接触，保护了仪表核心部件。

（4）接液样品系统组件和吸收单元均采用优质抗腐蚀材料制成，保证了系统的可靠性。

（5）完善的采样处理系统保证了只有清洁的低压气体才能进入吸收池。

4.1.4 天然气露点仪必须具有良好的开放性

激光式露点仪配有多种信号接口和通信接口，满足天然气终端处理装置的控制部分的开放性、系统性和完整性的要求。是连接数据采集系统或 SCADA 系统的理想选择，实现对天然气质量进行长期监控。具体如下：

（1）三个可编程的模拟量输出接口（0/4-20mA DC）；

（2）两个 MODBUS RTU 协议数字端口（RS-485/232）；

（3）一个辅助的 4~20mA DC 输入通道，用于连接压力变送器。

4.2　采样处理系统

采样处理系统与仪表采用一体集成化设计，安装简便。

激光式露点仪内置二级取样处理系统，可选的第一级含有一个直接安装在管道中的膜过滤器和减压阀，它防止了任何液体（液相的碳氢化合物、乙二醇或液态水）进入样品管路中，管道压力通过调压阀减压。

当其它进入第二级时，它将流过凝聚式过滤器，而调压阀将进一步降低压力，流量通过一个针阀加以调节。只有清洁的低压气体才能进入吸收池。

对于低温气候条件下的应用，可以在外壳内加装一个可选的电加热器，该加热器也可以将样品保持在气相状态，产品效果图如图 6 所示。

图 6　激光式露点仪产品效果图

4.3　现场显示单元

激光式露点仪的电源、控制器、数字信号处理电路安装在防爆外壳中。其中现场显示单元为液晶显示器，三行显示，带背光，可直接读出用户设定的参数及系统状态。

激光式露点仪使用的是磁感应按键，因此用户可以用磁棒来给露点仪组态，无需开盖。

水分可显示 Lbs/mmscf，mg/m^3，dew point（℃/℉），ppmv 等单位。

可现场设置以公制或英制单位来显示水分/压力/温度，如图 6 所示。

4.4　组态软件

激光式露点仪可以配置相关组态软件，这是一种可以让露点仪与远程计算机进行对接的实用程序。该软件可以远程读取用户设定的参数，在计算机上合成数据趋势图、诊断以及捕获光扫描结果。其中趋势图和光谱扫描结果可以另存为 ASCII 文本文件，方便了导出到 EX-CEL 等其它应用软件中，实现数据共享。如图 7 所示。

4.5　校验与检定

激光式露点仪可以采用氮气作为背景气体进行校准，然后采用甲烷背景气体进行检定。这一创新技术使用户可以使用水分浓度已知的氮气来检定激光式露点仪。

激光式露点仪具有高可靠性，实验证明工厂维修或校准的时间间隔为 5 年一次。

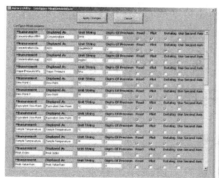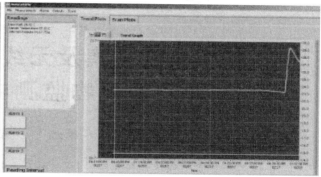

图 7　软件组态图

5　结束语

最新且具有成熟应用案例的可调谐二极管吸收光谱（TDLAS）技术的在线式露点仪，可以高精度、快速、安全地实时监控天然气中水分的含量，确保天然气的最大在线供应。与传统的测量方式相比，能够快速的测出天然气管道中的水分含量。

维护校准周期短和集成式的整表设计，使激光式露点仪更能适用于天然气开发工程。

自动数据采集及无线传输技术在
海工建筑物监测中的应用

许浩[1,2]　牟振北[1,2]　袁振宇[1,2]

（1. 中国石油集团工程技术研究院；2. 中国石油天然气集团海洋工程重点实验室）

摘要：本文根据目前海工监测行业的发展状况，分析了海工建筑物传统监测技术存在的缺点，结合工程实例详细介绍了一种新型的监测技术，该技术可以实现数据自动采集及无线传输，稳定性较好，具有良好的社会效益和经济效益。

关键词：海工建筑物；自动监测；数据自动采集；数据无线传输

1　引言

当前我国海上工程建设已经向深水、大型和专业化方向高速发展，大型深水港、防波堤、跨海大桥、海底隧道、人工岛等海工建筑物越来越多。在复杂深水区域，建筑物所承受的环境条件更加恶劣，如水流流速增大、波浪条件变差、地质条件更加复杂多变等，这就对深水建筑物的设计、施工、监测都提出了很高的要求。

随着离岸距离越远，恶劣工况出现的频率越高，当海上建筑物遭遇大风、大雪、大雾等恶劣天气时常规监测无法正常进行，而恶劣天气恰恰对工程的安全极为不利，尤其是台风期间，监测数据的缺失导致我们无法实时获得地基土的状态，无法进行危害评估，从而不能充分发挥监测的重要作用。在恶劣天气如何获得实时、准确的监测数据已成为业内一大难题，传统监测方法无法做到这一点，对深水建筑物监测失败的案例比比皆是。

传统的监测方法是利用传感器数据采集仪直接测读数据，通常在施工现场设置测量浮标或平台，把监测传感器的电缆线头从海底引到浮标或平台上，测量人员乘船至现场，将电缆线头连接到数据采集仪上读取数据，并记录下当前时刻的监测数据。近年来施工位置距离陆地少则几公里，多则几十公里，传统监测方式的缺点也逐渐显现：一是受天气影响较大，恶劣天气时测量人员无法到达测量现场；二是测量现场容易被破坏，监测传感器的电缆从海底引至浮标或平台上，其水下悬空部分很容易遭到施工船只的破坏；三是消耗大量的人力物力，为充分掌握施工期间地基的状态，监测频率一般为一至两天测一次，关键节点时一天测两至三次，测量人员每次测量时需乘车船至现场，耗费了大量的人力物力，并且由于海洋环境复杂多变，增大了人员和船只的危险性；四是数据存在人为误差，监测工作往往会产生大量繁琐的数据，传统监测方式数据全部依靠人工读取和记录，不可避免地会产生人为误差。

近年来，随着对岩土工程问题研究的深入，海工建筑物的监测手段也越来越先进，自动监测技术很好地解决了传统监测方式存在的问题，并成功应用于工程实例。

2 自动监测技术原理

海工建筑物地基原位自动监测系统主要包括四个部分：监测传感器、数据自动采集系统、数据无线传输系统、数据接收系统（上位机）。在监测现场埋设相关传感器后连接自动测控系统，自动测控系统按照设置的测量频率自动测取并存储传感器的数据，并可以将数据通过无线传输的方式实时地发射到陆地上的数据接收端，从而可以实现自动化、无线化和实时化监测。

2.1 监测传感器

地基土体在上部荷载作用下会发生沉降和水平位移，目前海工建筑物地基原位监测通常有土体表层沉降监测仪、水平位移监测仪、分层沉降监测仪和孔隙水压力监测仪等。

传感器在构筑物施工之前通过钻孔方式埋入相应土层中，然后对传感器及其电缆进行充分地保护，防止被施工破坏，将电缆引出施工区域后接入自动测控系统。为适应海上构筑物监测的复杂条件，监测传感器需满足以下条件：适合较深水使用条件，应有很好的密封性和稳定性，精度需达到使用要求且抗干扰能力强。

2.2 自动数据采集系统

自动数据采集系统包括监控系统、数据采集系统及数据存储上传系统。监控系统可以提供人机对话界面即通讯功能，可以设置测量周期、配置传感器参数等；采集系统的测量端子跟监测传感器电缆相接，可以自动向传感器发射电子激励信号采集传感器的数据，数据采集频率可以根据监测需要随时调整，因此可以较为连续地观测到地基土体状态随外界因素改变或突发事件引起的变化；数据存储上传系统一方面将采集到的数据存储，提高了监测的可靠性，另一方面跟无线传输系统相连接，将数据上传至无线传输系统，实现了监测的实时化、无线化。自动测控系统工作示意图如图1所示。

自动测控系统接入传感器电缆后应做好密封防护措施，通常安装在海底，可以避免过往施工船只的破坏及恶劣天气的干扰。自动测控系统一般使用直流电源，其供电方式可采用以下两种方式：

（1）只采用蓄电池供电，但需定期打捞电池进行更换，自动测控系统应尽量采用低能耗设备，以降低电池的更换频率，减少工作量。

（2）利用太阳能对电池充电，优点是不需定期更换电池，比较环保，缺点是需在水面上架设太阳能板，容易受到外界因素的干扰或破坏。

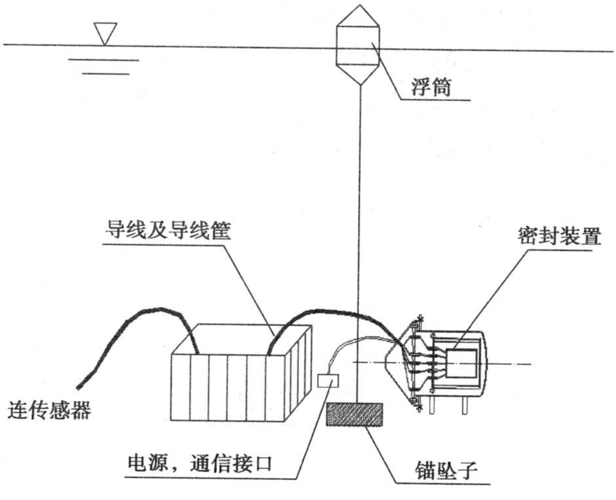

图1 自动测控系统工作示意图

2.3 无线传输系统

自动测控系统通过一定密封方式安装在海底，只能进行监测数据的自动测量和存储，无法实现数据的远程传输，而无线传输系统与自动测控系统连接后可以将监测数据无线发送到数据接收端，从而实现了数据的远程传输，形成了一套完整的自动监测系统。测量人员无需乘船至现场，在码头或工作室即可进行数据的接收工作，从而节省了大量的人力和物力，保证了人员安全，同时可以不受恶劣天气的影响，可以实时监测到恶劣天气期间软土地基的状态，进而实现了信息化监测。

无线传输系统包括数据的发射端和接收端，发射端通过通讯接口与自动测控系统连接，其供电方式二者相同，接收端通过串口与上位机相连。无线传输方式有以下几种类型：

（1）水下无线传输。该技术主要的设备包括收发合置换能器和信号处理机，如图2所示，水下换能器和水下信号处理机与测控系统连接后安装在海底，与水上接收机通过水声传播原理进行数据无线传输。该技术通过半双工通信的水下数据转发系统，能够接收海洋环境监测数据，利用扩频通信算法将数据调制到扩频信号，并发送到水声信道中，由上位机接收信号并解调数据。

（2）GPRS网络信号传输。GPRS无线数据传输是基于公众移动平台及Internet的一种传输方式，只要现场有移动信号并开通了GPRS服务，接收端接入了互联网就可以实现对现场数据的采集和接收。GPRS设备调制解调器安装在自动测控系统的通讯接口上，用户监控主机通过Internet与中心端连接，中心端是一个具有固定IP地址的服务器，通过中心端由GPRS调制解调器可以控制自动测控系统采集数据。工作示意图如图3所示。

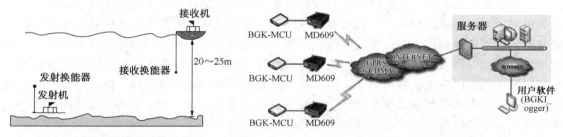

图2　水下无线传输系统示意图　　　　　图3　GPRS无线传输示意图

（3）无线数传电台传输。在现场没有GPRS信号服务时可采用无线电传输方式，将上位机与测控系统各连接一部无线数传电台，通过数传电台无线遥控测控系统进行采集和传输数据。工作示意图如图4所示。

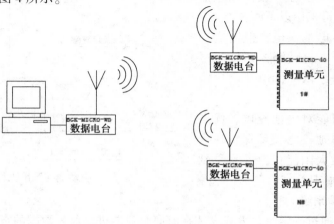

图4　无线数传电台传输示意图

以上三种方式均可实现数据传输的无线化，各有利弊：方式(2)、方式(3)需要将 GPRS 和无线电通讯模块的天线架设到空气中，而方式(1)的换能器安装在海底可以更好地避免施工干扰及外界破坏因素。方式(1)一般能实现 10km 左右的通讯距离，并要求传输路径通畅，无山体障碍物，而方式(2)可以实现跨地域通讯，但受限于 GPRS 信号服务，式(3)耗能较小，传输距离可达 20km，亦要求传输路径通畅。

2.4　数据接收系统

数据接收系统即上位机，只需合适的电脑安装上相应的数据接收软件即可。

3　工程实例

3.1　GPRS 无线传输技术

3.1.1　工程概况

港珠澳大桥全长约 35.0km，采用桥隧组合方案，桥隧通过东、西人工岛衔接。隧道沉管段是港珠澳大桥岛隧工程的重点和难点，而沉管段的地基处理结果直接影响隧道沉管的施工质量。西人工岛附近的 E1、E2 和 E3 管节所在的区段的 A1、A2、A3 区淤泥较厚，水深达 25m，采用挤密砂桩结合堆载预压的方案进行加固处理，堆载期对其进行地表沉降和分层沉降监测，以确定卸载时间，并确定固结度及后期残余沉降量。现场数据采集采用的是 GPRS 无线传输技术。

3.1.2　监测结果

由图 5 可以看出堆载前期表层土体主要发生瞬时沉降，由于打设了排水砂井，后期固结沉降速率较快。由表层沉降监测数据计算土体最终沉降量和土体固结度，得到土体固结度已达到 90% 以上，已完成了大部分固结沉降，当前预压荷载下的残余沉降满足设计要求，场地地基得到了显著改善。

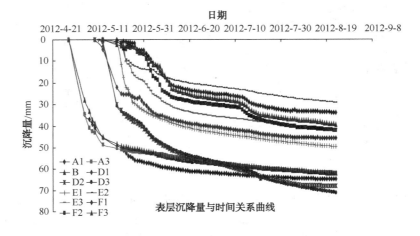

图 5　表层沉降监测图

由图 6 可以看出被处理土层(−27 ~ −36m)沉降量较小，地基承载力及地基刚度得到极大的改善，通过技术最终的固结速率已很小，说明固结沉降已基本完成。

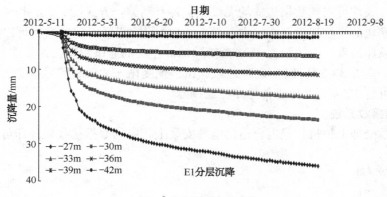

图6　分层沉降监测图

3.2　水下无线传输技术

3.2.1　工程概况

南海某工程防波堤长约2100m，自然水深18~26m，采用人工块体护面抛石斜坡堤结构。原泥面下分布有淤泥和淤泥质黏土，软土层平均厚度26m，最大厚度32m。软基处理采用开挖置换方法，基本挖除上层淤泥，保留淤泥质黏土，开挖后的水深达45m，堤心石采取分层抛填的施工方式。在本工程中，设置地表沉降、深层土体水平位移、孔隙水压力三方面的监测内容，现场数据采集采用的是水下无线传输技术。

3.2.2　监测结果

截取前4层堤心石抛填过程中的沉降数据和孔隙水压力数据，绘制成曲线，如图7、图8所示。

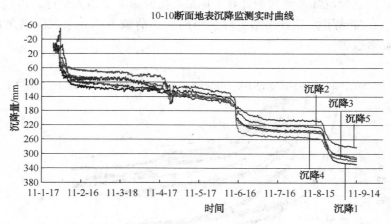

图7　表层沉降监测图

从二者监测曲线可以看出，曲线的变化节点与抛石时间节点吻合。由于地基表层土体为淤泥和淤泥质黏土，属高压缩性土，欠固结，渗透系数较小，故前四层堤心石抛填过程中主要以瞬时沉降为主，沉降速率较大，但在抛填间歇期沉降速率缓慢，并降至在允许值范围内，此时土体缓慢发生固结沉降。期间监测到了超静孔隙水压力，且孔隙水压力增量比通过计算符合要求，抛填间歇期超静孔隙水压力缓慢消散。监测结果客观地反映了地基土体的真实变化情况，从中可以了解当前施工对地基土造成的影响，从而可以指导施工进度，确保地基土体的安全，达到了监测的目的。最后可以利用监测数据计算固结度，预测工后沉降，并为计算参数的修正提供依据。

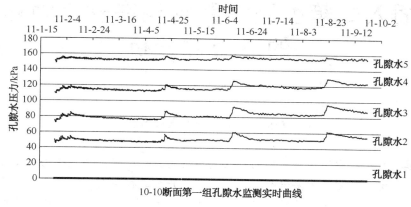

图8　孔隙水压力监测图

4　结束语

本文重点介绍了海工建筑物地基原位监测新技术的组成和原理，除了本文介绍的技术要点外还要着重做好系统在海水中的密封防腐保护。该技术依托工程已成功应用，采集到的数据客观准确，稳定性比较好，将其优点和应用经验总结如下：

（1）应用该技术可以实现信息化监测，可以随时调整数据采集的时间间隔，可以实时监测到地基的客观状态，填补了海上建筑物原位地基监测技术的空白，为深水监测工作开辟了一条新的道路，取得了良好的社会效益；

（2）数据接收方便快捷，节约了大量的人力物力，保障了测量人员的安全，且数据受人为因素影响较小，数据稳定可靠，取得了良好的经济效益。

随着我国海工建筑物建设逐渐外移，水深越来越深，监测条件越来越恶劣，该项技术将会有更广阔的应用前景。

参 考 文 献

1　天津港湾工程研究所. 水下地基原位自动监测成套技术方法. 中国，岩土工程学报，101037864［P］. 2007-09-19. 1997，19（2）：1~4.

2　高志义，苗中海. 水下地基形态自动监测控制系统［J］. 中国港湾建设，2007（5）：42~44，67.

3　中交天津港湾工程研究院有限公司. 具有水下无线传输系统的海上构筑物自动监测技术方法. 中国，ZL201010149403.4［P］. 2011-07-27.

4　周锋，高金辉，孙宗鑫. 基于正交频分复用的水下转发器的设计与实现. 声学技术，2010（3）：264~267.

5　韩晶，黄建国. 正交 M-ary/DS 扩频及其在水声远程通信中的应用. 西北工业大学学报，2007（4）：465~464.

6　Stojanovic M，Proakis J G，Rice J A. Spread Spectrum Underwater Acoustic Telemetry. IEEE，Oceans'98 Conference Proceedings，1998，2：650~654.

插入式箱型进海路结构在软土地基的适用性分析

邵文静

(大港油田滩海开发公司)

摘要：本文提出了一种新型的插入式箱型进海路结构，对该结构在大港滩海软土地基的稳定性及施工方法进行了分析论证，并对工程实例的稳定性进行了计算分析。认为插入式箱型进海路结构在软土地基是适用的，具有路基材料用量较少、结构整体性好、地基受力均匀、沉降变形较均匀、施工工序少、现场工程量小、施工期短、工程造价较低等优点。

关键词：插入式箱型；进海路；适用性

1 引言

采用"海油陆采"的开发模式对近海油气资源进行开发，是一种经济、快捷、有效的途径，即先在海上修筑人工岛和连接人工岛与陆地的进海路，然后在人工岛上开采海底油气资源。在近海软土地基上，传统的进海路结构形式有抛石斜坡堤路基结构、对拉板桩路基结构、抛石基床混合体路基结构等。当水深较深时，这些路基结构的建造成本将大幅度增加，一方面是由于材料用量增加，另一方面，由于受风浪因素的影响，施工效率降低、施工费用增加。

抛石斜坡堤路基结构对软土地基的适应性强，但建筑材料用量大，施工期长；对拉板桩路基结构节省建筑材料，但其构件均为单件预制，现场拼装，现场工作量大，施工受风浪影响大，施工质量难于控制；抛石基床混合体路基结构需要对软土地基进行加固处理，施工期较长。上述几种路基结构由于现场施工工序多，工程量大，施工期间受风浪干扰影响均较大。

插入式箱型进海路是一种新型的实体进海路，主要由插入式箱型进海路基础结构件和上部的混凝土路面所组成。本文重点对插入式箱型进海路结构在大港滩海软土地基的稳定性和施工方法进行分析论证，探讨其适应性。

2 插入式箱型进海路结构技术

2.1 进海路结构形式

插入式箱型进海路结构具备砂石用量少、现场安装工作量少、施工质量易控制、施工效率高等特点，优于对拉板桩进海路的结构特征、受力特征和施工质量。

　　插入式箱型进海路由插入式箱型进海路基础结构件和上部的混凝土路面所组成。插入式箱型基础结构件由钢筋混凝土挡墙、连接墙和限位板组成，两片平行的横向连接墙垂直地将两侧的两片挡墙连接成箱体，在横向连接墙的底部设置水平的限位板，两片横向连接墙之间设置一片与横向连接墙垂直相交的纵向连接墙。该结构件中，挡墙长度为 10m、高度为 10m，横向连接墙长度为 7m、高度为 3.6m，两片横向连接墙间距为 6m，纵向连接墙高度为 1.5m，水平限位板的宽度为 2m。插入式箱型基础结构平面如图 1 所示。

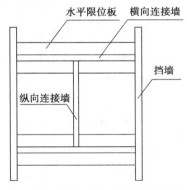

图 1　插入式箱型基础结构平面图

2.2　进海路稳定性计算方法

2.2.1　环境载荷计算

（1）水平波浪力：作用于路基结构上的波浪力按极端高水位情况下的极限波浪计算。浅水极端情况下，在箱型进海路路基上的波浪力类型为中基床的近破波和远破波。

　　直墙建筑物上近破波的波浪力可按下列规定确定。

　　① 静水面以上高度 z 处的波浪力强度为 0，Z 按下列公式计算：

$$Z = \left(0.27 + 0.53\frac{d_1}{H}\right)H \tag{1}$$

　　② 静水面处的波压力强度，按下列公式计算：

$$当\ \frac{1}{3} < \frac{d_1}{d} \leqslant \frac{2}{3}\ 时：p_s = 1.25\gamma H\left(1.8\frac{H}{d_1} - 0.16\right)\left(1 - 0.13\frac{H}{d_1}\right) \tag{2}$$

$$当\ \frac{1}{4} \leqslant \frac{d_1}{d} \leqslant \frac{1}{3}\ 时：p_s = 1.25\gamma H\left[\left(13.9 - 36.4\frac{d_1}{d}\right)\left(\frac{H}{d_1} - 0.67\right) + 1.03\right]\left(1 - 0.13\frac{H}{d_1}\right) \tag{3}$$

　　③ 墙底处的波浪压力强度，按下列公式计算：

$$p_b = 0.6p_s \tag{4}$$

　　④ 单位长度墙身上的总波浪力按下列公式计算：

$$当\ \frac{1}{3} < \frac{d_1}{d} \leqslant \frac{2}{3}\ 时：P = 1.25\gamma Hd_1\left(1.9\frac{H}{d_1} - 0.17\right) \tag{5}$$

$$当\ \frac{1}{4} \leqslant \frac{d_1}{d} \leqslant \frac{1}{3}\ 时：P = 1.25\gamma Hd_1\left[\left(14.8 - 38.8\frac{d_1}{d}\right)\left(\frac{H}{d_1} - 0.67\right) + 1.1\right] \tag{6}$$

　　⑤ 墙底面上的波浪浮托力按下式计算：

$$P_u = \mu\frac{bp_b}{2} \tag{7}$$

式中　μ——波浪浮托力分布图的这件系数，取 0.7。

　　当箱型进海路路基上的波浪力类型为中基床的远破波时，直立式建筑物上远破波作用力可按下列规定确定。

　　静水面以上高度 H 处的波浪压力强度为 0。

静水面处的波浪压力强度按下式计算：

$$p_{\mathrm{S}} = \gamma K_1 K_2 H \tag{8}$$

式中，K_1 为系数，水底坡度 i 的函数；K_2 为系数，波坦 L/H 的函数。

静水面以上的波浪压力强度按直线变化。

静水面以下深度 $Z = H/2$ 处的波浪压力强度：

$$p_Z = 0.7 p_{\mathrm{S}} \tag{9}$$

水底处波浪压力强度按下式计算：

$$当\ d/L \leqslant 1.7\ 时，\ p_{\mathrm{d}} = 0.6 p_{\mathrm{S}} \tag{10}$$

$$当\ d/L > 1.7\ 时，\ p_{\mathrm{d}} = 0.5 p_{\mathrm{S}} \tag{11}$$

（2）冰荷载：大面积冰场遇到桩或墩时产生挤压破坏时产生较大冰荷载，极限冰压力标准值计算公式：

$$F_1 = m A b h R_{\mathrm{y}} \tag{12}$$

式中，F_1 为极限冰压力标准值，kN；m 为桩或墩应冰面形状系数；A 为冰温系数；b 为桩或墩应冰面投影宽度，m；h 为计算冰厚，m；R_{y} 为冰的抗压强度标准值，kPa。

2.2.2　结构稳定性及沉降量计算

水平抗滑稳定性和抗倾覆稳定性的计算，参照《重力式码头设计与施工规范》JTJ290—98规范规定，建立验算表达式；整体稳定性计算，按《港口工程地基规范》（JTJ250—98）中的圆弧滑动或非圆弧滑动方法进行计算，并满足相关要求。结构沉降量计算利用《港口工程地基规范》（JTJ250—98）建议的分层总和法，根据地基土的压缩曲线，分别计算箱型进海路结构中点处和边界处的竖向沉降量。

2.2.3　计算参数选取

埕海二区工程位置处的设计水位：设计高水位 1.65m，设计低水位 −1.78m，极端高水位 3.21m，极端低水位 −3.62m，100 年一遇高水位 3.39m。

泥面高程取分别按 −3.0m、−2.0m、−1.0m、0m 泥面四种情况考虑。

上部使用荷载设计值取为 $10\mathrm{kN/m^2}$。

本工程场区抗震设防烈度为 6 度，设计基本地震加速度值为 0.05g。根据工程的重要性，本工程抗震设防烈度提高一度，按 7 度设防考虑，设计基本地震加速度值取 0.10g。

结构计算需考虑三种工况，分别对进海路的抗滑稳定性、抗倾稳定性、整体稳定性及地基承载力进行核算，每种工况需计算的内容如表 1 所示。

表 1　各工况计算内容

工况一 波浪荷载（控制）		工况二 冰荷载（控制）+路面荷载					工况三 自重（控制）+路面荷载		
极端高水位/设计高水位		设计高水位			设计低水位		极端低水位		
整体稳定性	地基承载力	抗滑	抗倾	整体稳定性	整体稳定性	地基承载力	整体稳定性	地基承载力	

3　插入式箱型进海路工程实例分析

3.1　稳定性计算分析

3.1.1　结构尺度初步设定

对于箱型进海路结构尺度的初步设定：结构顶标高+2.0m，在不同泥面高程下，结构入土深度和结构两侧抛石尺寸如表2所示。

表2　结构入土深度和结构两侧抛石尺寸设定

泥面标高/m	结构两端插板底标高/m	结构入土深度/m	结构两侧抛石顶标高/m	抛石厚度/m	抛石宽度/m
0	-4.0	4	+1.5	1.5	7
-1.0	-5.0	4	+1.0	2	10
-2.0	-7.0	5	0.0	2	12
-3.0	-8.0	5	0.0	3	15

3.1.2　荷载计算结果

1）土压力计算

利用《重力式码头设计与施工规范》中相关土压力计算公式，求得各淤积高度对应的土压力及其对结构中心点的力矩。

2）波浪力

作用于路基结构上的波浪力按产生最大波浪力对应水位下的波浪力计算。利用《海港水文规范》中相关计算公式，求得各泥面高程对应的波浪力及其对前趾力矩，计算结果见表3。

表3　波浪力计算结果

泥面高程	最大波浪力对应水位/m	P_w/kN	MP_w/kN·m
-3	2.71	162.710	925.984
-2	3.21	131.810	930.842
-1	3.21	94.542	525.275
0	3.21	45.479	228.441

3）冰荷载

冰厚按0.25m考虑，各参数取值及冰荷载标准值计算结果如表4和表5所示。

表4　挤压冰荷载计算参数取值及结果

参数	m	A	b/m	h/m	R_y/kPa	冰荷载 F_1/kN
取值	1.0	2.0	1	0.25	750	375

表5　弯曲冰力计算参数取值及结果

参数	B/m	K_n	δ_f/kPa	α/(°)	冰荷载水平分量 F_H/kN	冰荷载竖直分量 F_V/kN
取值	1.0	0.1	664	71.56	12.5	4.2

3.1.3　稳定性计算结果

海底泥面高程分别为−3.0m、−2.0m、−1.0m、0m时，考虑三种工况，分别对进海路的抗滑稳定性、抗倾稳定性、整体稳定性及地基承载力进行核算，计算结果如表6所示，均满足稳定性要求。

表6　结构稳定性总结

泥面高程/m	工况一 波浪荷载(控制)				工况二 冰荷载(控制)+路面荷载						工况三 自重(控制)+路面荷载	
	极端高水位/设计高水位				设计高水位			设计低水位		极端低水位		
	抗滑	抗倾	整体稳定性	地基承载力	抗滑	抗倾	整体稳定性	整体稳定性	地基承载力	整体稳定性	地基承载力
−3	1.005	1.304	2.1164	1.219	2.539	8.384	1.5940	1.1358	1.073	1.0467	1.064
−2	1.028	1.401	1.8270	1.351	2.017	5.904	1.4480	1.0111	1.217	1.0088	1.270
−1	1.166	1.849	1.8246	1.299	2.180	7.142	1.4152	1.0010	1.036	1.0107	1.093
0	1.566	3.038	2.1481	1.363	2.319	7.960	1.6442	1.2316	1.021	1.2511	1.059

3.1.4　沉降量计算结果

海底泥面高程分别为−3.0m、−2.0m、−1.0m、0m时，进海路结构的沉降量计算结果如表7所示。

表7　进海路结构的沉降量计算结果

海底泥面高程/m	边界点处沉降量/mm	中心点处沉降量/mm
0	34.4	47.9
−1	39.7	55.8
−2	36.7	52.9
−3	50.2	68.9

3.2　施工方法可行性分析

现场施工时，插入式箱型基础结构件在陆地上预制，可用船舶将结构件运输至安装现场，再用船吊将结构件吊装下水并在安装现场定位，之后，船吊缓慢放下结构，在结构自重作用下，结构件的挡墙插入到泥土中，至水平放置的限位板的底面和海底泥面接触后，结构下沉安装到位。将插入式箱型进海路结构件在软土海底地基上沿轴线方向排列安放，就构成了一条海上路基。之后，在箱体内部和外部抛填石料，待结构沉降基本稳定后，在箱体内部的抛填石料上铺设路面层，路面可设管线沟和电缆沟，就建成了进海路。插入式箱型进海路结构断面如图2所示。

4　结语

通过对结构的稳定性计算和施工方法分析，插入式箱型进海路结构安全稳定，适用于大港滩海软土地基。利用插入式箱型进海路结构件在近海水深较深的软土地基上修建进海路时，材料用量较少、路基结构的整体性好、地基受力均匀、沉降变形较均匀、各组结构间的相对沉降量容易控制；施工时施工工序少、现场工程量小、施工期短、工程造价较低。

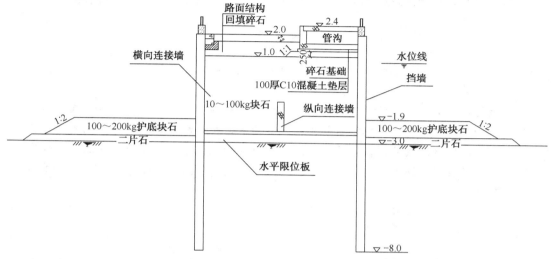

图 2　插入式箱型进海路结构断面图

筒型基础应用于试采平台的可行性探讨

邵文静

（大港油田滩海开发公司）

摘要：本文对已建的大港滩海油田箱筒型基础围埝人工岛、防波堤及栈桥工程结构进行了总结分析，设想了将筒型基础作为试采平台的基础结构，从地质适应能力、安全稳定性以及施工技术等五个方面进行分析论证，认为筒型基础试采平台应用是可行的。同时还对筒型基础试采平台的下沉、起升以及拖航方法进行了详细介绍。

关键词：箱筒型基础；试采；平台

1 引言

大港滩海油田控制储量升级评价，利用试采平台施打评价井，获取连续开发参数。试采平台需要配套相应的油气采集、油气处理、数据采集、原油外输等工艺系统和相应的工程配套设施。配置全套油气井试油试采的工艺设备，可以进行油气的采集、加热、分离计量、油气井生产数据采集、储存、装船等。采出的油气经加热、分离计量后，原油进入原油储存罐储存，通过装油泵装船，天然气经燃烧器放空烧掉。不需要建海上固定式配套设施，海上固定设施投资风险小，试采周期可根据实际需要确定；可以避开恶劣天气原油船出海，可实现连续生产，采集的生产数据对分析油藏产能和生产规律相对比较准确。

现在大港滩海急需一种适用于软土地基，具备一定的储存功能，满足试采、注水、油气处理，靠船等需要的可移动试采平台。本文提出了将筒型基础结构应用于试采平台的想法，探讨了其可行性。

2 已建箱筒型基础工程结构分析

大港滩海油田将箱筒结构作为人工岛围埝、防波堤以及栈桥的基础结构，已经进行了多次成功的尝试。如埕海 1-1 人工岛南侧箱筒型基础围埝及应急停靠点，埕海 2-2 人工岛西南侧的箱筒型基础应急停靠点，埕海 2-2 进海路中的箱筒型基础栈桥。

2.1 埕海 1-1 人工岛船舶应急停靠点及防波堤

埕海 1-1 人工岛船舶应急停靠点设置于人工岛南侧，共采用 8 组钢箱筒基础结构，南侧围埝长 163.5m，船舶停靠点面层顶高程+3.5m，顶面 18.2m 宽的面层，前沿海底泥面高程为−2.8m，后侧挡浪墙顶高程+6.5m。

埕海 1-1 人工岛东侧防波堤兼作消防取水结构，长 47.4m，上部砼大圆筒顶高程+5.6m。防波堤结构的钢箱筒基础部分与南侧围堨结构的箱筒型基础部分相同，上部为现浇的混凝土盖板，板厚 0.5m。

箱筒型基础结构由四个上部带顶盖板、下部开口的钢质基础圆筒体成矩形排列，通过顶板和基础筒体间的侧板刚性连接而成。基础圆筒直径 9.0m，高 8.5m，上部 3m 壁厚 12mm，下部 5.5m 壁厚 10mm，筒壁内外均设有竖向肋板；顶板为下侧带肋梁的平板，板厚 10mm；相邻两个基础圆筒间的最小间距 3.0m，通过两侧带肋梁的钢板连接。每组钢圆筒上所形成的基础结构长和宽均为 22.8m，相邻组钢箱筒结构的安放间距为 1.5m，在该间距内插入混凝土挡板进行连接。箱筒型基础结构如图 1 所示，建好的工程如图 2 所示。

图 1　箱筒型基础结构　　　　　　　图 2　埕海 1-1 人工岛南侧围堨及防波堤

2.2　埕海 2-2 人工岛箱筒型基础应急停靠点

埕海 2-2 人工岛的西南角位置建造一小型船舶应急停靠点，该船舶应急停靠点结构与埕海 1-1 人工岛的相同，应用箱筒型基础结构和空心方块结构建造，采用了 2 组钢箱筒基础结构。该场所南北长 46.3m，东西宽 22.8m，顶面高程+3.5m，在其西北侧墙上预埋管线上岸构件，南侧和西南侧墙供船舶停靠。工程完工后如图 3 所示。

2.3　埕海 2-2 进海路箱筒型基础栈桥

埕海 2-2 进海路 3828m 处设置长 158m 的箱筒型基础结构栈桥，桥面宽 7m。共采用 8 组钢箱筒基础结构，每组箱筒型基础结构由四个直径 8.0m，高 8.5m，带顶板的焊接钢质圆

图 3　埕海 2-2 人工岛船舶应急停靠点

筒呈矩形连接而成；圆筒间的横向（垂直于路轴线）连接间距为 1.0m，纵向（平行于路轴线）连接间距为 2.0m，每组箱筒型基础结构的平面外观尺度为 17.0m ×18.0m。圆筒钢顶板上部为 0.5m 厚现浇钢筋混凝土封板，每个筒中心设钢护筒混凝土栈桥柱，横向相邻两个柱顶现浇钢筋混凝土横梁；四个钢圆筒为一组，钢圆筒之间由两道钢箱梁连接；横梁两端为钢板包裹的三角形防冰锥；路面板、管沟板和电缆沟板三种桥面梁均为预制构件。箱筒型基础栈桥完工后现场图片如图 4 所示。

箱筒型基础结构气浮拖运时，结构中间成过水断面，并且将拖带点设在前筒上，在筒内

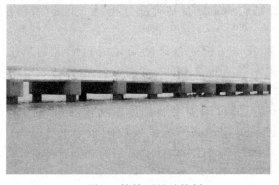

加设传力钢缆。这样气浮拖运水阻力减少，拖运速度提高，结构基本上不变形；箱筒型基础结构下沉时采用加载与抽负压相结合的方式最终达到设计要求。

埚海1-1人工岛工程于2006年完工，埚海2-2路岛工程于2010年11月完工，工程投运以来，经历了多次风暴潮袭击，特别是2009~2010年冬季遭遇30年一遇的特大冰情，箱筒型基础结构应急停靠点及栈桥工程的沉降量和水平位移量基本为零，结构安全稳定，各

图4　箱筒型基础栈桥

项指标均满足规范设计要求。由此可见，钢箱筒基础技术在大港滩海工程建设中已经具有很好的应用效果和比较成熟的应用前景，值得推广。

3　筒型基础试采平台应用可能性探讨

3.1　筒型基础试采平台适用性分析

采用筒型基础建造试采平台，具有以下优势：

（1）地质适应能力：大港滩海地区表层淤泥较厚，土壤抗水平承载力较差，筒型基础更适合大港滩浅海软土工程地质条件，采用浅基础形式即可获得足够承载能力，容易下沉安装和起升移位。

（2）安全稳定性：筒型基础结构形式对荷载及变形适应性强，可充分利用周边软土的黏聚力和摩擦阻力来保证结构的抗滑和抗倾性，利用插入埋深来提高基底的承载力和整体稳定性。结构底部软黏土的吸附力可以降低波浪力作用下结构底部的地基应力，增强结构的稳定性。

（3）施工技术：筒型基础结构陆上预制，气浮拖运至试采井位，下沉、起升均采用负压自安装技术，不需要打桩设备，海上施工工作量小，整体安装调试时间短，便于实现重复移位。

（4）功能需求：筒型基础试采平台满足短期试采要求，能够负压下沉和正压起升，节省海上施工费用，可移动重复使用，并且结构安装到位后，变形小；并且该基础结构所形成的直立式岸壁有利于船舶停靠。

（5）建设投资：筒型基础试采平台建设投资较小，可移动重复利用，经济性上具有明显优势。

3.2　平台下沉、起升方案

桶型基础平台负压下沉和正压起升是桶型基础平台节省海上施工费用，实现可重复使用的重要技术环节。

（1）下沉方案：

① 水深≥桶高时，通过抽水实现桶型基础试采平台负压下沉；

② 水深<桶高时，先通过抽气下沉，当抽气口出水后改用抽水下沉；

③ 平台下沉负压控制范围：−0.02~−0.04MPa，平台下沉速度：20~30mm/min。

（2）起升方案：

① 水深≥桶高时，通过注水加压，在发生管涌前，改为注气加压，并控制好气压，减小注气量，充分利用浮力，实现平稳起升。

② 水深<桶高时，通过注水加压起升，当桶顶露出水面后，再注气加压，并控制好气压，充分利用浮力，实现完全起升。

③ 平台起升速度：50~80mm/min。

（3）平台下沉起升应急预案：

① 拖航前由潜水员在平台就位点进行海底扫视，确定海底平坦、无障碍，确保平台下沉时无障碍。

② 配备足够的备用设备，以备平台下沉、起升过程中的设备损坏。

③ 对试验平台下沉（起升）状态进行实时监控，监控参数包括四个桶的入泥深度、桶内水面高度、压力、甲板上的倾斜度等。平台下沉起升过程中倾角控制在±1°以内，整体下沉速度 20~30mm/min。

④ 平台出现不均匀下沉（起升）时，及时调节各桶内的压力，使平台均匀下沉。

（4）桶基平台实时监测及控制：

通过理论计算得到，在拖航过程中应根据平台倾斜情况及拖航工况，可以对筒内气体进行调整（抽气/充气）或者施加助重对吃水高度进行调整，可以很大程度上提高平台稳性，以满足在恶劣海况下的拖航要求。除干舷高度外，在实际拖航过程中稳性还与平台的拖航速度、拖缆点的位置等因素有关。

3.3　平台拖航方法

筒型基础平台可以采用干拖和湿拖两种方法，拖航条件分别为：干拖，风况<6级；湿拖，风况<4级。

3.3.1　湿拖方案

桶型基础平台可实现海上湿拖，拖航时采用1艘主拖轮、1艘副拖轮，在拖航过程中应根据平台倾斜情况及拖航工况，控制平台的拖航速度，及时对筒内气体进行调整（抽气/充气）或者施加助重对吃水高度进行调整，提高平台稳性，以满足在恶劣海况下的拖航要求。拖航示意如图5所示。

图 5　筒型基础平台拖航示意

（1）拖点位置与系缆方式：拖点的位置选在桶体顶部，系缆方式以双桶系缆后合为一根的总缆，如图6所示。

（2）拖航启动、停泊：为了保持平台的稳定性，平台由静止达到最后稳定拖航的加速度 $a \leqslant 0.08\text{m/s}^2$；平台停泊时，采用后方拖轮协助平台减速停泊。

（3）湿拖应急预案：

① 平台拖航时选择较好海况条件（风速<4级，浪高<2m），保证拖航安全。

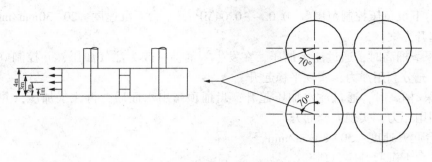

图 6　筒型基础平台拖点位置与系缆方式

② 拖航时采用 1 艘主拖轮、1 艘付拖轮，拖航速度 3~4 节，可考虑增设两个傍拖，增强平台拖航稳性。

③ 拖航过程中实时监测桶内气压，一旦发现气压减小，及时补气。

④ 如遇潮位小于平台吃水深度，平台可临时负压下沉，待潮位上涨后再起升拖航到预定位置。

3.3.2　干拖方案

当建造场地距离试采井位较远时，桶基平台宜采用干拖方案，可在于建造场地通过浮吊将平台吊装于驳船上，干拖至试采井位，再通过浮吊将平台吊入水中，采用负压就位下沉。

经过研究论证，大港油田滩海地区桶型基础试采平台方案先进、成熟、可靠，技术可行，经济效益良好。适合大港滩浅软土工程地质条件，试采结束后可进行平台的海上拆除，并可实现平台的移位重复使用。对大港油田进一步落实滩海地区的油藏规模，准确评价油藏类型、储层产能、油水边界、储层物性等地质特征，对该地区重点探井及评价井进行试采评价具有重要意义。

4　结语

综上所述，筒型基础应用于试采平台，结构安全稳定，容易实现移动可重复利用，是可行的。但还需要针对具体工程位置处的环境条件、作业要求以及功能要求，确定平台总体结构型式、主体尺度等，对筒型基础结构的稳定性开展进一步论证分析。